全国科学技术名词审定委员会

公　布

科学技术名词·自然科学卷（全藏版）

16

化　学　名　词

（第二版）

CHINESE TERMS IN CHEMISTRY

（Second Edition）

化学名词审定委员会

国家自然科学基金资助项目

科　学　出　版　社

北　京

内 容 简 介

　　本书是全国科学技术名词审定委员会审定公布的第二版《化学名词》，内容包括：无机化学、有机化学、分析化学、物理化学、高分子化学、放射化学，共 9142 条。本书对 1991 年公布的《化学名词》做了少量修正，增加了一些新词，每条名词均给出了定义或注释。这些名词是科研、教学、生产、经营以及新闻出版等部门应遵照使用的化学规范名词。

图书在版编目 (CIP) 数据

科学技术名词. 自然科学卷：全藏版 / 全国科学技术名词审定委员会审定.
—北京：科学出版社，2017.1
ISBN 978-7-03-051399-1

Ⅰ. ①科…　Ⅱ. ①全…　Ⅲ. ①科学技术–名词术语　②自然科学–名词术语
Ⅳ. ①N61

中国版本图书馆 CIP 数据核字 (2016) 第 314947 号

责任编辑：才　磊　周巧龙 / 责任校对：陈玉凤
责任印制：张　伟 / 封面设计：铭轩堂

科 学 出 版 社 出版
北京东黄城根北街 16 号
邮政编码：100717
http://www.sciencep.com
北京厚诚则铭印刷科技有限公司印刷
科学出版社发行　各地新华书店经销
*
2017 年 1 月第 一 版　开本：787×1092 1/16
2017 年 1 月第一次印刷　印张：57 1/2
字数：1 360 000
定价：5980.00 元（全 30 册）
（如有印装质量问题，我社负责调换）

全国科学技术名词审定委员会
第七届委员会委员名单

特邀顾问：路甬祥　许嘉璐　韩启德

主　　任：白春礼

副 主 任：侯建国　杜占元　孙寿山　李培林　刘　旭　何　雷　何鸣鸿
　　　　　裴亚军

常　　委（以姓名笔画为序）：

戈　晨　田立新　曲爱国　沈家煊　宋　军　张　军　张伯礼
柳建尧　袁亚湘　高　松　黄向阳　崔　拓　康　乐　韩　毅
雷筱云

委　　员（以姓名笔画为序）：

卜宪群　王　军　王子豪　王同军　王建朗　王家臣　王清印
王德华　尹虎彬　邓初夏　石　楠　叶玉如　田　森　田胜立
白殿一　包为民　冯大斌　冯惠玲　毕健康　朱　星　朱士恩
朱立新　朱建平　任　海　任南琪　刘　青　刘正江　刘连安
刘国权　刘晓明　许毅达　那伊力江·吐尔干　孙宝国　孙瑞哲
李一军　李小娟　李志江　李伯良　李学军　李承森　李晓东
杨　鲁　杨　群　杨汉春　杨安钢　杨焕明　汪正平　汪雄海
宋　彤　宋晓霞　张人禾　张玉森　张守攻　张社卿　张建新
张绍祥　张洪华　张继贤　陆雅海　陈　杰　陈光金　陈众议
陈言放　陈映秋　陈星灿　陈超志　陈新滋　尚智丛　易　静
罗　玲　周　畅　周少来　周洪波　郑宝森　郑筱筠　封志明
赵永恒　胡秀莲　胡家勇　南志标　柳卫平　闻映红　姜志宏
洪定一　莫纪宏　贾承造　原遵东　徐立之　高　怀　高　福
高培勇　唐志敏　唐绪军　益西桑布　　　　黄清华　黄璐琦
萨楚日勒图　龚旗煌　阎志坚　梁曦东　董　鸣　蒋　颖
韩振海　程晓陶　程恩富　傅伯杰　曾明荣　谢地坤　赫荣乔
蔡　怡　谭华荣

化学名词审定委员会委员名单

第一届委员(1986—2004)

顾　　问：张青莲　戴安邦　邢其毅　顾翼东　王葆仁

主　　任：梁树权

副主任：梁晓天

委　　员（以姓名笔画为序）：

王　夔　王宝瑄　王积涛　叶秀林　刘元方　刘若庄　苏　锵

苏勉曾　邱坤元　汪德熙　张　滂　张中岳　张锡瑜　陈维杰

林尚安　罗勤慧　周同惠　周维善　屈松生　胡日恒　胡宏纹

施良和　秦启宗　高　鸿　黄葆同　蒋栋成　韩德刚　程铁明

傅献彩

秘　　书：王宝瑄（兼）　程铁明（兼）

第二届委员(2004—)

顾　　问（以姓名笔画为序）：

王　夔　王佛松　江　龙　苏勉曾　汪尔康　胡宏纹　黄葆同

戴立信

主　　任：白春礼

副主任：张礼和

委　　员（以姓名笔画为序）：

马季铭　王哲明　王祥云　王颖霞　方　智　邓　勃　叶国安

叶蕴华　伍贻康　庄乾坤　刘虎威　刘国诠　刘忠范　花文廷

劳爱娜　李　巍　李子臣　李文新　李永舫　李亚栋　李星洪

李隆弟　吴文健　吴世晖　吴世康　吴国庆　吴念祖　吴毓林

何煦昌　何嘉松　宋心琦　宋礼成　张中岳　张生栋　张立群

张新祥　陈诵英　陈敏伯　陈慧兰　陈耀全　金林培　金昱泰

金熹高　周天泽　周公度　周其庠　项斯芬　赵振国　赵新生

荣国斌　钟　炳　姚光庆　秦　芝　柴之芳　高　松　高盘良

郭子健　曹立礼　章宗穰　彭　卿　焦　奎　焦　斌　焦荣洲

廖沐真　黎占亭　薛芳渝　穆　青　魏根拴

秘　　书：才　磊（兼）

路甬祥序

我国是一个人口众多、历史悠久的文明古国，自古以来就十分重视语言文字的统一，主张"书同文、车同轨"，把语言文字的统一作为民族团结、国家统一和强盛的重要基础和象征。我国古代科学技术十分发达，以四大发明为代表的古代文明，曾使我国居于世界之巅，成为世界科技发展史上的光辉篇章。而伴随科学技术产生、传播的科技名词，从古代起就已成为中华文化的重要组成部分，在促进国家科技进步、社会发展和维护国家统一方面发挥着重要作用。

我国的科技名词规范统一活动有着十分悠久的历史。古代科学著作记载的大量科技名词术语，标志着我国古代科技之发达及科技名词之活跃与丰富。然而，建立正式的名词审定组织机构则是在清朝末年。1909 年，我国成立了科学名词编订馆，专门从事科学名词的审定、规范工作。到了新中国成立之后，由于国家的高度重视，这项工作得以更加系统地、大规模地开展。1950 年政务院设立的学术名词统一工作委员会，以及 1985 年国务院批准成立的全国自然科学名词审定委员会（现更名为全国科学技术名词审定委员会，简称全国科技名词委），都是政府授权代表国家审定和公布规范科技名词的权威性机构和专业队伍。他们肩负着国家和民族赋予的光荣使命，秉承着振兴中华的神圣职责，为科技名词规范统一事业默默耕耘，为我国科学技术的发展做出了基础性的贡献。

规范和统一科技名词，不仅在消除社会上的名词混乱现象，保障民族语言的纯洁与健康发展等方面极为重要，而且在保障和促进科技进步，支撑学科发展方面也具有重要意义。一个学科的名词术语的准确定名及推广，对这个学科的建立与发展极为重要。任何一门科学（或学科），都必须有自己的一套系统完善的名词来支撑，否则这门学科就立不起来，就不能成为独立的学科。郭沫若先生曾将科技名词的规范与统一称为"乃是一个独立自主国家在学术工作上所必须具备的条件，也是实现学术中国化的最起码的条件"，精辟地指出了这项基础性、支撑性工作的本质。

在长期的社会实践中，人们认识到科技名词的规范和统一工作对于一个国家的科技发展和文化传承非常重要，是实现科技现代化的一项支撑性的系统工程。没有这样一个系统的规范化的支撑条件，不仅现代科技的协调发展将遇到极大困难，而且在科技日益渗透人们生活各方面、各环节的今天，还将给教育、传播、交流、经贸等多方面带来困难和损害。

全国科技名词委自成立以来，已走过近 20 年的历程，前两任主任钱三强院士和卢嘉锡院士为我国的科技名词统一事业倾注了大量的心血和精力，在他们的正确领导和广大专家的共同努力下，取得了卓著的成就。2002 年，我接任此工作，时逢国家科技、经济飞速发展之际，因而倍感责任的重大；及至今日，全国科技名词委已组建了 60 个学科名词审定分委员会，公布了 50 多个学科的 63 种科技名词，在自然科学、工程技术与社会科学方面均取得了协调发展，科技名词蔚成体系。而且，海峡两岸科技名词对照统一工作也取得了可喜的成绩。对此，我实感欣慰。这些成就无不凝聚着专家学者们的心血与汗水，无不闪烁着专家学者们的集体智慧。历史将会永远铭刻着广大专家学者孜孜以求、精益求精的艰辛劳作和为祖国科技发展做出的奠基性贡献。宋健院士曾在 1990 年全国科技名词委的大会上说过："历史将表明，这个委员会的工作将对中华民族的进步起到奠基性的推动作用。"这个预见性的评价是毫不为过的。

科技名词的规范和统一工作不仅仅是科技发展的基础，也是现代社会信息交流、教育和科学普及的基础，因此，它是一项具有广泛社会意义的建设工作。当今，我国的科学技术已取得突飞猛进的发展，许多学科领域已接近或达到国际前沿水平。与此同时，自然科学、工程技术与社会科学之间交叉融合的趋势越来越显著，科学技术迅速普及到了社会各个层面，科学技术同社会进步、经济发展已紧密地融为一体，并带动着各项事业的发展。所以，不仅科学技术发展本身产生的许多新概念、新名词需要规范和统一，而且由于科学技术的社会化，社会各领域也需要科技名词有一个更好的规范。另一方面，随着香港、澳门的回归，海峡两岸科技、文化、经贸交流不断扩大，祖国实现完全统一更加迫近，两岸科技名词对照统一任务也十分迫切。因而，我们的名词工作不仅对科技发展具有重要的价值和意义，而且在经济发展、社会进步、政治稳定、民族团结、国家统一和繁荣等方面都具有不可替代的特殊价值和意义。

最近，中央提出树立和落实科学发展观，这对科技名词工作提出了更高的要求。我们要按照科学发展观的要求，求真务实，开拓创新。科学发展观的本质与核心是以人为本，我们要建设一支优秀的名词工作队伍，既要保持和发扬老一辈科技名词工作者的优良传统，坚持真理、实事求是、甘于寂寞、淡泊名利，又要根据新形势的要求，面向未来、协调发展、与时俱进、锐意创新。此外，我们要充分利用网络等现代科技手段，使规范科技名词得到更好的传播和应用，为迅速提高全民文化素质做出更大贡献。科学发展观的基本要求是坚持以人为本，全面、协调、可持续发展，因此，科技名词工作既要紧密围绕当前国民经济建设形势，着重开展好科技领域的学科名词审定工作，同时又要在强调经济社会以及人与自然协调发展的思想指导下，开展好社会科学、文化教育和资源、生态、环境领域的科学名词审定工作，促进各个学科领域的相互融合和共同繁荣。科学发展观非常注重可持续发展的理念，因此，我们在不断丰富和发展已建立的科技名词体系的同时，还要进一步研究具有中国特色的术语学理论，以创建中国的术语学派。研究和建立中国特色的术语学理论，也是一种知识创新，是实现科技名词工作可持续发展的必由之路，我们应当为此付出更大的努力。

当前国际社会已处于以知识经济为走向的全球经济时代，科学技术发展的步伐将会越来越快。我国已加入世贸组织，我国的经济也正在迅速融入世界经济主流，因而国内外科技、文化、经贸的交流将越来越广泛和深入。可以预言，21世纪中国的经济和中国的语言文字都将对国际社会产生空前的影响。因此，在今后10到20年之间，科技名词工作就变得更具现实意义，也更加迫切。"路漫漫其修远兮，吾将上下而求索"，我们应当在今后的工作中，进一步解放思想，务实创新、不断前进。不仅要及时地总结这些年来取得的工作经验，更要从本质上认识这项工作的内在规律，不断地开创科技名词统一工作新局面，做出我们这代人应当做出的历史性贡献。

2004 年深秋

卢嘉锡序

科技名词伴随科学技术而生，犹如人之诞生其名也随之产生一样。科技名词反映着科学研究的成果，带有时代的信息，铭刻着文化观念，是人类科学知识在语言中的结晶。作为科技交流和知识传播的载体，科技名词在科技发展和社会进步中起着重要作用。

在长期的社会实践中，人们认识到科技名词的统一和规范化是一个国家和民族发展科学技术的重要的基础性工作，是实现科技现代化的一项支撑性的系统工程。没有这样一个系统的规范化的支撑条件，科学技术的协调发展将遇到极大的困难。试想，假如在天文学领域没有关于各类天体的统一命名，那么，人们在浩瀚的宇宙当中，看到的只能是无序的混乱，很难找到科学的规律。如是，天文学就很难发展。其他学科也是这样。

古往今来，名词工作一直受到人们的重视。严济慈先生 60 多年前说过，"凡百工作，首重定名；每举其名，即知其事"。这句话反映了我国学术界长期以来对名词统一工作的认识和做法。古代的孔子曾说"名不正则言不顺"，指出了名实相副的必要性。荀子也曾说"名有固善，径易而不拂，谓之善名"，意为名有完善之名，平易好懂而不被人误解之名，可以说是好名。他的"正名篇"即是专门论述名词术语命名问题的。近代的严复则有"一名之立，旬月踟蹰"之说。可见在这些有学问的人眼里，"定名"不是一件随便的事情。任何一门科学都包含很多事实、思想和专业名词，科学思想是由科学事实和专业名词构成的。如果表达科学思想的专业名词不正确，那么科学事实也就难以令人相信了。

科技名词的统一和规范化标志着一个国家科技发展的水平。我国历来重视名词的统一与规范工作。从清朝末年的科学名词编订馆，到 1932 年成立的国立编译馆，以及新中国成立之初的学术名词统一工作委员会，直至 1985 年成立的全国自然科学名词审定委员会(现已改名为全国科学技术名词审定委员会，简称全国名词委)，其使命和职责都是相同的，都是审定和公布规范名词的权威性机构。现在，参与全国名词委领导工作的单位有中国科学院、科学技术部、教育部、中国科学技术协会、国家自然科学基金委员会、新闻出版署、国家质量技术监督局、国家广播电影电视总局、国家知识产权局和国家语言文字工作委员会,这些部委各自选派了有关领导干部担任全国名词委的领导,有力地推动科技名词的统一和推广应用工作。

全国名词委成立以后,我国的科技名词统一工作进入了一个新的阶段。在第一任主任委员钱三强同志的组织带领下,经过广大专家的艰苦努力,名词规范和统一工作取得了显著的成绩。1992 年三强同志不幸谢世。我接任后,继续推动和开展这项工作。在国家和有关部门的支持及广大专家学者的努力下,全国名词委 15 年来按学科共组建了 50 多个学科的名词审定分委员会,有 1800 多位专家、学者参加名词审定工作,还有更多的专家、学者参加书面审查和座谈讨论等,形成的科技名词工作队伍规模之大、水平层次之高前所未有。15 年间共审定公布了包括理、工、农、医及交叉学科等各学科领域的名词共计 50 多种。而且,对名词加注定义的工作经试点后业已逐渐展开。另外,遵照术语学理论,根据汉语汉字特点,结合科技名词审定工作实践,全国名词委制定并逐步完善了一套名词审定工作的原则与方法。可以说,在 20 世纪的最后 15 年中,我国基本上建立起了比较完整的科技名词体系,为我国科技名词的规范和统一奠定了良好的基础,对我国科研、教学和学术交流起到了很好的作用。

在科技名词审定工作中,全国名词委密切结合科技发展和国民经济建设的需要,及时调整工作方针和任务,拓展新的学科领域开展名词审定工作,以更好地为社会服务、为国民经济建设服务。近些年来,又对科技新词的定名和海峡两岸科技名词对照统一工作给予了特别的重视。科技新词的审定和发布试用工作已取得了初步成效,显示了名词统一工作的活力,跟上了科技发展的步伐,起到了引导社会的作用。两岸科技名词对照统一工作是一项有利于祖国统一大业的基础性工作。全国名词委作为我国专门从事科技名词统一的机构,始终把此项工作视为自己责无旁贷的历史性任务。通过这些年的积极努力,我们已经取得了可喜的成绩。做好这项工作,必将对弘扬民族文化,促进两岸科教、文化、经贸的交流与发展做出历史性的贡献。

科技名词浩如烟海,门类繁多,规范和统一科技名词是一项相当繁重而复杂的长期工作。在科技名词审定工作中既要注意同国际上的名词命名原则与方法相衔接,又要依据和发挥博大精深的汉语文化,按照科技的概念和内涵,创造和规范出符合科技规律和汉语文字结构特点的科技名词。因而,这又是一项艰苦细致的工作。广大专家学者字斟句酌，精益求精，以高度的社会责任感和敬业精神投身于这项事业。可以说，全国名词委公布的名词是广大专家学者心血的结晶。这里，我代表全国名词委，向所有参与这项工作的专家学者们致以崇高的敬意和衷心的感谢！

审定和统一科技名词是为了推广应用。要使全国名词委众多专家多年的劳动成果——规范名词，成为社会各界及每位公民自觉遵守的规范，需要全社会的理解和支持。国务院和4个有关部委〔国家科委(今科学技术部)、中国科学院、国家教委(今教育部)和新闻出版署〕已分别于1987年和1990年行文全国，要求全国各科研、教学、生产、经营以及新闻出版等单位遵照使用全国名词委审定公布的名词。希望社会各界自觉认真地执行，共同做好这项对于科技发展、社会进步和国家统一极为重要的基础工作，为振兴中华而努力。

值此全国名词委成立15周年、科技名词书改装之际，写了以上这些话。是为序。

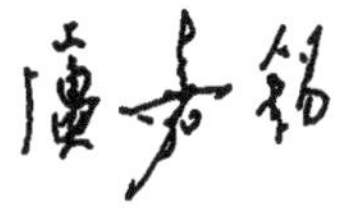

卢嘉锡

2000 年夏

钱 三 强 序

科技名词术语是科学概念的语言符号。人类在推动科学技术向前发展的历史长河中，同时产生和发展了各种科技名词术语，作为思想和认识交流的工具，进而推动科学技术的发展。

我国是一个历史悠久的文明古国，在科技史上谱写过光辉篇章。中国科技名词术语，以汉语为主导，经过了几千年的演化和发展，在语言形式和结构上体现了我国语言文字的特点和规律，简明扼要，蓄意深切。我国古代的科学著作，如已被译为英、德、法、俄、日等文字的《本草纲目》、《天工开物》等，包含大量科技名词术语。从元、明以后，开始翻译西方科技著作，创译了大批科技名词术语，为传播科学知识，发展我国的科学技术起到了积极作用。

统一科技名词术语是一个国家发展科学技术所必须具备的基础条件之一。世界经济发达国家都十分关心和重视科技名词术语的统一。我国早在 1909 年就成立了科学名词编订馆，后又于 1919 年中国科学社成立了科学名词审定委员会，1928 年大学院成立了译名统一委员会。1932 年成立了国立编译馆，在当时教育部主持下先后拟订和审查了各学科的名词草案。

新中国成立后，国家决定在政务院文化教育委员会下，设立学术名词统一工作委员会，郭沫若任主任委员。委员会分设自然科学、社会科学、医药卫生、艺术科学和时事名词五大组，聘请了各专业著名科学家、专家，审定和出版了一批科学名词，为新中国成立后的科学技术的交流和发展起到了重要作用。后来，由于历史的原因，这一重要工作陷于停顿。

当今，世界科学技术迅速发展，新学科、新概念、新理论、新方法不断涌现，相应地出现了大批新的科技名词术语。统一科技名词术语，对科学知识的传播，新学科的开拓，新理论的建立，国内外科技交流，学科和行业之间的沟通，科技成果的推广、应用和生产技术的发展，科技图书文献的编纂、出版和检索，科技情报的传递等方面，都是不可缺少的。 特别是计算机技术的推广使用，对统一科技名词术语提出了更紧迫的要求。

为适应这种新形势的需要，经国务院批准，1985 年 4 月正式成立了全国自然科学名词审定委员会。委员会的任务是确定工作方针，拟定科技名词术语审定工作计划、实施方案和步骤，组织审定自然科学各学科名词术语，并予以公布。根据国务院授权，委员会审定公布的名词术语，科研、教学、生产、经营以及新闻出版等各部门，均应遵照使用。

全国自然科学名词审定委员会由中国科学院、国家科学技术委员会、国家教育委员会、中国科学技术协会、国家技术监督局、国家新闻出版署、国家自然科学基金委员会分别委派了正、副主任担任领导工作。在中国科协各专业学会密切配合下，逐步建立各专业审定分委员会，并已建立起一支由各学科著名专家、学者组成的近千人的审定队伍，负责审定本学科的名词术语。我国的名词审定工作进入了一个新的阶段。

这次名词术语审定工作是对科学概念进行汉语订名，同时附以相应的英文名称，既有我国语言特色，又方便国内外科技交流。通过实践，初步摸索了具有我国特色的科技名词术语审定的原则与方法，以及名词术语的学科分类、相关概念等问题，并开始探讨当代术语学的理论和方法，以期逐步建立起符合我国语言规律的自然科学名词术语体系。

统一我国的科技名词术语，是一项繁重的任务，它既是一项专业性很强的学术性工作，又涉及亿万人使用习惯的问题。审定工作中我们要认真处理好科学性、系统性和通俗性之间的关系；主科与副科间的关系；学科间交叉名词术语的协调一致；专家集中审定与广泛听取意见等问题。

汉语是世界五分之一人口使用的语言，也是联合国的工作语言之一。除我国外，世界上还有一些国家和地区使用汉语，或使用与汉语关系密切的语言。做好我国的科技名词术语统一工作，为今后对外科技交流创造了更好的条件，使我炎黄子孙，在世界科技进步中发挥更大的作用，做出重要的贡献。

统一我国科技名词术语需要较长的时间和过程，随着科学技术的不断发展，科技名词术语的审定工作，需要不断地发展、补充和完善。我们将本着实事求是的原则，严谨的科学态度做好审定工作，成熟一批公布一批，提供各界使用。我们特别希望得到科技界、教育界、经济界、文化界、新闻出版界等各方面同志的关心、支持和帮助，共同为早日实现我国科技名词术语的统一和规范化而努力。

1992 年 2 月

第二版前言

化学是最古老的学科之一，人类的化学活动可追溯到有历史记载以前的时期。在人类多姿多彩的生活中，化学可以说是无处不在。

中国古代科技成就辉煌，其炼金术开启了我国早期化学研究，但是近代化学却未在中国发生，直到 19 世纪中叶以后，近代化学才经翻译而逐渐传入中国。

化学名词的中文译名，一直是一个重要而复杂的问题。正确的化学名词的定名，为学习化学知识、推动中国的化学教育以及化学的国际交流创造了条件。

1855 年(咸丰五年)，上海墨海出版社出版了由英国人合信(Benjamin Hobson)用中文编著的《博物新编》，它是近代西方科技输入中国的第一本著作，最早介绍了西方的化学知识。

1915 年，民国政府教育部颁布《无机化学命名草案》，这是民国政府成立后第一份官方的化学名词草案，1918 年，民国政府教育部在南京成立"科学名词审查会"。1932 年 8 月，民国政府教育部和国立编译馆成立以郑贞文为主任委员的"化学名词审查委员会"，同年 11 月，由郑贞文等拟定的《化学命名原则》由民国政府教育部颁布。

新中国成立后，中国化学会成立了化学名词研究小组，参与官方的名词统一工作。1950 年对《化学命名原则》进行重新修订，1955 年出版《无机化合物系统命名原则》，1960 年出版《有机化合物系统命名原则》；1978 年，再次组织专家重新修订，1982 年，出版《无机化学命名原则》、《有机化学命名原则》。1985 年，全国科学技术名词审定委员会成立，1991 年，全国科学技术名词审定委员会与中国化学会共同成立第一届化学名词审定委员会，公布并出版了第一版《化学名词》，共计 5874 条化学术语。2005 年，公布并出版了《高分子化学命名原则》。

2004 年全国科学技术名词审定委员会与中国化学会共同成立第二届化学名词审定委员会，负责《化学名词》的第二版修订工作。同年 12 月 8 日在北京召开了第二届化学名词审定委员会成立大会，委员会主任由中国科学院院长白春礼院士担任，张礼和院士担任副主任，无机化学专业组由高松院士担任组长，有机化学专业组由吴毓林研究员担任组长，分析化学专业组由庄乾坤教授担任组长，物理化学专业组由薛芳渝教授、赵新生教授担任组长，高分子化学专业组由何嘉松研究员担任组长，放射化学专业组由王祥云教授担任组长。成立会确定了化学的体系框架、收词范围、如何处理化学各专业间的交叉和平衡问题，以及今后审定工作的计划草案。

成立会后，各专业组分别进行了术语的收词审定工作，各专业的第一次审定会分别确立了各自的增补数量的原则、增补的方法、增补词条的范围、增补的工作方式、审定进度的安排以及审定中需要用到的相关参考资料。

2006 年 4 月底，无机化学、有机化学、分析化学、物理化学、高分子化学、放射化学相继完成了术语词条的审定工作，各专业组都召开了审定会，对增补的术语进行了逐条审定。

2006 年 5 月开始在全国范围内对修订后的术语进行了审定。参与审定的专家有，无机化学：

华彤文、严宣申、谢高阳、车云霞、申泮文、孟庆金、廖代正、陈小明、王恩波、苏锵、冯守华、张洪杰、郑丽敏、陈军、苏勉曾、杨频、黄仲贤、杨晓达、任劲松。有机化学：朱道本、张礼和、黄志镗、陈海宝、张佩瑛、陈淑华、李艳梅、孔繁祚、陈惠麟、于德泉、王峰鹏、陆熙炎、秦金贵、康北笙、钱长涛、王剑波、刘中立、张永敏、赵成学、谢毓元、吴成泰、黄培强、胡跃飞。分析化学：方惠群、郭祥群、李克安、邵学广、刘锋、张华山、沈含熙、李娜、汪正范、欧庆瑜、李启隆、李景虹、方惠群、王光辉、康致泉、钱小红、李勇、裴奉奎、谭志成、周长新、胡继明。物理化学：吴世康、刘云圻、张复实、沈俭一、郑小明、林励吾、李芝芬、陈晓、赵剑曦、肖进新、梁敬魁、邵美成、周公度、王颖霞、李晓霞、陆君涛、章宗穰、苏文煅、朱志昂、马兴孝。高分子化学：黄葆同、徐僖、张俐娜、李福绵、沈之荃、丘坤元、习复、杨玉良、施良和、徐懋、何天白、乔金梁、黄锐、朱美芳。放射化学：刘元方、严叔衡、林懋贞、陆九芳、范我、张现忠、贾红梅、陶祖贻、郭景儒、范显华、张生栋、翟茂林、刘春立等。

化学名词审定委员会秘书组不定期发布《化学名词审定简讯》，先后发布了 22 期，《化学名词审定简讯》成为全体委员沟通信息、交流经验的园地，各位委员利用这个园地介绍审定工作中的经验和体会，并对名词工作提出了宝贵的建议和意见

在数年来的化学名词审定工作中，委员们都是在繁忙的本职工作中挤出时间，多方收集最新资料，每一个专业组多次召开审定会，对每一条术语逐条审查，自斟酌句。对于有争议的术语多次反复讨论，并广泛征求业内专家意见。

由于定义的撰写难度较大，审定工作进行的进展不很平衡。原定先行公布《化学名词》的第二版术语修订版改为分上、下册定义版进行出版，上册：无机化学、放射化学、高分子化学、分析化学；下册：物理化学、有机化学，而不再出版词条修订版。后考虑到化学学科的完整性，将分册出版的计划又调整为一本。

化学术语完成定义注释后，又聘请了有关专家进行了本专业领域的再次审定。参加审定的专家有，无机化学：王科志、杨晓达、荆西平、施祖进。有机化学：于德泉、王剑波、席振峰、张礼和、张佩英、王梅祥、黄宪、孙汉董、沈延昌、计国桢、姚子鹏、王锋鹏、胡宏纹、戴立信、黄志镗、成莹。分析化学：李克安、李隆第、金巨广、张华山、何锡文、倪永年、邵学广、何锡文、许禄、许振华、王光辉、杨松成、胡乃非、李启隆、傅若农、汪正范、张克明。物理化学：赵孔双、戴乐蓉、沈钟、李干佐、杨孔章、冯绪胜、高盘良、孔繁敖、杨清传、王颖霞、吴国庆、吴骊珠、杨国强、薛芳瑜、张复实、李宣文、杨西尧、李成岳、沈师孔、王德民、黄明宝、周公度。高分子化学：张俐娜、李福绵、李弘、韩哲文、沈之荃、焦书科、邱坤元、张鸿志、曹维孝、程镕时、薛奇、黄锐、徐僖、殷敬华。放射化学：王方定、刘元方、刘伯里、朱永赠、傅依备等。

在化学名词审定期间，各专业再细分为小专业，并邀请业内知名专家参加会审，先后召开审定会 40 余次，向全国业内专家学者发求意见信 200 余封。

2009 年 6 月，无机化学、分析化学、放射化学、高分子化学完成定义版审定工作上报全国科技名词审定委员会，2009 年 11 月，有机化学完成定义版审定工作上报全国科学技术名词审定委

员会，2013 年 6 月物理化学完成定义版审定工作上报全国科学技术名词审定委员会。

全国科学技术名词审定委员会又委托朱永赠、邱坤元、李克安、荆西平、许寒分别对化学名词各分支学科进行复审，根据复审意见，又做了进一步修改和审定。

化学科学的发展离不开化学名词的规范化，孔子曰："名不正，则言不顺。言不顺，则事不成"，正确的定名、明确概念内涵所反应的对象的本质属性，有利于了解事物的本质。汉语中的化学名词符合汉语文字、构词及语法特点，这不但会有利于化学本身的发展，同时也能为汉语词汇的规范和发展做出贡献。

此次公布的《化学术语》，相信还会有不妥之处，希望海内外同行、专家、读者多提宝贵意见，以便今后不断修改、增补，使之日趋完善。

化学名词审定委员会

2015 年冬

第一版前言

化学是自然科学基础学科之一，它与其他自然科学以及许多应用技术，工程技术学科有着密切的联系。因此，审定好化学名词对科学技术交流和传播有着重要的意义。

在我国，化学名词工作有着悠久的历史。早在 1932 年，当时的教育部就公布了《化学命名原则》，1942 年公布了《化学工程名词》。化学名词命名在化学界一直受到重视，历届中国化学会都将化学名词工作作为学会经常性工作之一，并与有关国际组织进行交流。前辈们的辛勤劳动为我国化学名词的统一奠定了良好的基础。新中国成立后，中央人民政府政务院文化教育委员会下设的学术名词统一工作委员会于 1952 年公布了《化学物质命名原则》，1955 年公布了《化学化工术语》，为国内外学术交流和我国化学名词的统一起了积极作用。

全国自然科学名词审定委员会（以下简称全国委员会）成立后，于 1986 年 3 月委托中国化学会组建了化学名词审定委员会，在全国委员会的领导下，开始了化学名词的审定工作。1986~1987 年主要进行《无机化学命名原则》和《有机化学命名原则》的修订和增补工作，提出了《高分子化学命名原则》的初稿。同时完成了无机化学、有机化学、分析化学、物理化学、高分子化学、放射化学等六个分支学科的名词初稿。

1988 年根据全国委员会的计划安排，工作重点转到化学名词的审定工作，六个分支学科分别完成了初审，并散发了征求意见稿广泛听取化学工作者的意见。化学名词审定委员会收回了全国有关院校、科研、生产、新闻出版等 100 多个单位，近 200 位专家的书面审查意见。1988~1989 年各学科组分别召开了二审会，逐条讨论了反馈的意见，以后对初稿进行修改并向全体委员印发了二审稿。1989 年底召开了三审会，对六个学科组中的共同问题和交叉问题进行了讨论，并与物理、生化等有关学科进行协调，1990 年年底上报全国委员会。张青莲、邢其毅、曾云鹗、高小霞、吴征铠、冯新德、罗文宗七位先生受全国委员会委托进行复审。1991 年初化学名词审定委员会对专家们提出的意见进行了认真的讨论，再次修改定稿。现经全国委员会批准，予以公布。

这次公布的化学名词基本词，分七个部分共 5874 条词。每条名词都给出了国外文献中较常用的相应英文词。正文中汉文名词按学科分类和相关概念排列。类别的划分主要是为了便于从学科概念体系进行审定，并非严谨的学科分类。同一名词可能与多个专业概念相关，但作为公布的规范词编排时只出现一次，不重复列出。

根据全国委员会名词审定工作条例的要求，这次化学名词审定工作是遵循自然科学名词订名的原则与方法，从科学概念出发，确定规范的汉文名，使其符合我国的科学体系及汉语习惯，以达到我国自然科学名词术语统一的目的。在审定过程中力求体现订名的科学性、系统性、简明通俗性和约定俗成等原则，并尽可能与国际通用的命名方法相一致。这次审定中尚有以下几个问题，需加以说明。

1. 有机化学中以往用介词"叉"、"撑"、"川"描述取代基的结合方式，现根据结构命名为"亚基”、“次基”，必要时在“亚基”前用阿拉伯数字标明价键位置以区别“叉”与“撑”。

2. 高分子化学名词中“官能”与“功能”以往使用比较混乱，此次审定作了明确规定，“官能”指官能团，用于单体、引发剂；“功能”指性能，只用于类名如：“功能高分子”。

3. “苷”和“甙”的订名长期有争议，这次审定中经再三考虑，多方征求意见，最后决定与生物化学取得一致，推荐使用“苷”字。

4. 关于“络合物”与“配合物”的问题，也一直存在着两种不同的意见。这次审定经过多次认真的讨论，并听取了多方面的意见，最后决定“配合物”作为“配位化合物”（coordination compound）的简称。“络合物”一词因使用历史较长，应用范围较广，含义较宽故仍沿用。

5. 在物理化学中“轨道”(orbital)一词，用于“原子轨道”、“分子轨道”时应定名为“轨函数”，比较符合科学概念，但因沿用已久，涉及面广，故这次审定中暂不改动。

6. 一些概念相同但在不同的分支学科中长期使用不一致的名词如：“电势”与“电位”，“阴、阳”与“正、负”，“耦合”与“偶合”，因各分支学科使用习惯不同很难求得一致，暂按习惯使用，未作统一。

7. 分析化学中“铬黑 T”等名词，就科学性而言并不理想，但已约定俗成，且从未引起误解，不宜再改。

在三年多的审定过程中，全国化学界及有关专家、学者，给予了热情支持，提出了许多有益的意见和建议。在各专业组的审定工作中，我们还邀请了下列专家参加审定工作（按姓氏笔画为序）：王方定、王光辉、王盈康、邓勃、卢湧泉、印永嘉、朱永赠、孙以实、孙亦樑、严宣申、李南强、李树家、沙逸仙、沈其丰、陈懿、陈伯涛、宋心琦、邵美成、林漳基、周国楹、俞凌翀、祝疆、桂琳琳、曹庭礼、蒋丽金、焦书科、童有勇、蔡孟深、黎乐民等同志谨此一并致谢。我们希望大家在使用过程中继续提出宝贵意见，以便今后修订，使其更趋完善。

化学名词审定委员会

1991 年 3 月

编 排 说 明

一、本批公布的是化学名词，共 9142 条，每条名词均给出了定义或注释。

二、全书分 6 部分：无机化学、有机化学、分析化学、物理化学、高分子化学、放射化学。

三、正文按汉文名所属学科的相关概念体系排列。汉文名后给出了与该词概念相对应的英文名。

四、每个汉文名都附有相应的定义或注释。定义一般只给出其基本内涵，注释则扼要说明其特点。当一个汉文名有不同的概念时，则用（1）、（2）……表示。

五、一个汉文名对应几个英文同义词时，英文词之间用"，"分开。

六、凡英文词的首字母大、小写均可时，一律小写；英文除必须用复数者，一般用单数形式。

七、"[　]"中的字为可省略的部分。

八、主要异名和释文中的条目用楷体表示。"全称"、"简称"是与正名等效使用的名词；"又称"为非推荐名，只在一定范围内使用；"俗称"为非学术用语；"曾称"为被淘汰的旧名。

九、正文后所附的英汉索引按英文字母顺序排列；汉英索引按汉语拼音顺序排列。所示号码为该词在正文中的序码。索引中带"*"者为规范名的异名或在释文中出现的条目。

目　录

01. 无 机 化 学

01.01　元素及无机化学

01.0001　原子　atom
物质结构的 1 个层次，由带正电荷的原子核和带负电荷的核外电子组成。原子核则由带正电荷的质子和电中性的中子组成。原子是化学反应的基本单位，在发生化学变化时，原子的核外价层电子发生变化，而原子核保持不变。

01.0002　原子量　atomic weight
又称"相对原子质量(relative atomic mass)"。某元素 1 个原子的平均质量与标准原子质量单位[^{12}C 原子质量的 $1/12$，$1.6605402 \times 10^{-27}$kg]的比值。对自然界存在的元素，按各同位素丰度权重而取平均值，所得的数值称为元素的原子量。说明如下：①原子量可对任何 1 个样品而言，同位素组成不同的元素可以有不同的原子量；②原子量是对处于电子与核的基态的原子而言；③1 个原子的平均质量(特定来源)为该元素的总质量除以原子总数；④每两年发表的标准原子量表是当时对地球上自然存在的元素所知其丰度范围而言。按照上述定义，对人工合成元素则无原子量可言，但原子量与同位素丰度委员会同时给出放射性核素的相对原子质量表，列出这些元素的重要核素的相对原子质量，或者标明其质量数，有时也采用半衰期最长的同位素的相对原子质量作为原子量，加方括号 []。

01.0003　标准原子量　standard atomic weights
由国际纯粹与应用化学联合会(IUPAC)原子量与同位素丰度委员会推荐发布的原子量。每两年修订一次，适用于可信度高的正常样品。正常样品指广泛用于工业和科学研究的任意合理来源的单质和化合物，且在短暂的地质年代里不发生同位素组成的显著变化。

01.0004　原子的平均质量　atomic average mass
按元素的各种同位素在自然界中的存在丰度加权平均求得的原子质量。

01.0005　原子质量常量　atomic mass constant
处于基态的 ^{12}C 原子质量的 $1/12$。符号为 m_u，$m_u = 1.6605402(10) \times 10^{-27}$kg，为标准的原子质量单位。

01.0006　分子　molecule
由一个以上原子通过共价键形成的独立存在的电中性实体。分子是保持物质特有化学性质的最小微粒。稀有气体由原子组成，习惯上，也称此基本微粒为单原子分子。

01.0007　化学式　chemical formula
表示物质化学组成的方式。采用元素符号、数字等符号表示。包括分子式、实验式、结构式和电子式等表示方式。例如，水的化学式是 H_2O。

01.0008　分子式　molecular formula
用原子及其个数表示分子组成的方式。

01.0009　实验式　empirical formula
表示化合物中各原子最简比例的方式。

01.0010　结构式　structural formula

用化学符号表示单质、化合物分子中原子连接顺序和成键情况的方式。

01.0011 分子量 molecular weight
又称"相对分子质量(relative molecular mass)"。分子质量与 ^{12}C 原子质量的 $1/12$($1.6605402\times10^{-27}kg$)之比,无量纲。等于分子中原子个数与原子量乘积的代数和。

01.0012 式量 formula weight
给定化学式中所有原子质量的加和与 ^{12}C 原子质量的 $1/12$($1.6605402\times10^{-27}kg$)之比。量纲为一。等于化学式中原子个数与原子量乘积的代数和。

01.0013 分子实体 molecular entity
任何分别独立存在的原子、分子、离子、离子对、复合体等的总称。

01.0014 分子片 molecular fragment
组成分子的结构单元。如 $Os_3(CO)_{12}$ 从结构上可视为由 3 个 $Os(CO)_4$ 结构单元即分子片组成;$(\eta^5\text{--}C_5H_5)Mn(CO)_3$ 可视为由 $\eta^5\text{--}C_5H_5$ 和 $Mn(CO)_3$ 两个分子片组成。

01.0015 价层电子对互斥 valence shell electron pair repulsion, VSEPR
中心原子价层的电子对尽可能远离以使相互的排斥作用最小。价层电子对 $n=2$ 时,取直线型;$n=3$ 时,取三角形;$n=4$ 时,取四面体型等等。

01.0016 离子 ion
带电荷的原子或原子团。

01.0017 离子式 ionic formula
表示离子组成的化学式。

01.0018 阳离子 cation
又称"正离子"。带正电荷的原子或原子团。

01.0019 阴离子 anion
又称"负离子"。带负电荷的原子或原子团。

01.0020 水合离子 aqua ion
与水分子结合的离子。

01.0021 水合氢离子 hydronium ion
氢离子与水结合形成的水合离子。通常表示为 H_3O^+。在水溶液中,水合氢离子的存在形式比较复杂,除 H_3O^+ 外,还有其他各种形式,如四水合的 $H_9O_4^+$。

01.0022 正负[离子]同体化合物 zwitterion, zwitterionic compound
又称"内盐(inner salt)""两性离子化合物"。正、负离子存在于同一分子中的电中性化合物。常见于同时含有酸根和碱基的分子,例如氨基酸。甘氨酸在一定 pH 条件下形成的 $H_3N^+C(=O)O^-$,就是一种正负离子同体化合物。这类化合物常表现出一定的离子化合物的性质。

01.0023 摩尔 mole
SI 单位制中,表示物质的量的基本单位。符号 mol。1 摩尔物质的量对应于体系中包含的指定的基本单元的数目等于 $0.012kg$ ^{12}C 所含的原子数目。基本单元可以是原子、分子、离子、电子及其他粒子,或是这些粒子的特定组合。

01.0024 摩尔分数 molar fraction
根据摩尔数的关系表示混合物中物质含量的方法。某一物质的摩尔分数等于该物质的摩尔数除以混合物中所有物质摩尔数的总和。

01.0025 摩尔体积 molar volume
每摩尔指定物种(如原子、分子、或者某种粒子及其组合等)所具有的体积。

01.0026 摩尔质量 molar mass

每摩尔指定物种(如原子、分子、或者某种粒子及其组合等)所具有的质量。

01.0027 摩尔丰度 molar abundance
用摩尔分数表示的元素(物种)含量的方法。

01.0028 摩尔浓度 molarity
又称"体积摩尔浓度"。曾称"物质的量浓度"。用每升溶液中所含溶质的摩尔数表示的浓度。用符号 c 来表示。单位 $mol \cdot L^{-1}$。

01.0029 摩尔溶解度 molar solubility
饱和溶液中溶质的摩尔浓度。

01.0030 质量摩尔浓度 molality
每千克溶剂中所含溶质的摩尔数。单位 $mol \cdot kg^{-1}$。

01.0031 溶液 solution
由两种或两种以上物质组成的均匀、稳定的分散体系。溶液由溶质和溶剂组成。固体状态的溶液,如某些合金。液态溶液如盐水、糖水。气态溶液如纯净空气。通常所指的溶液是液态溶液。

01.0032 溶剂 solvent
能溶解其他物质形成溶液而保持本身为连续状态的物质。水是最常用的溶剂。通常气体或固体溶解在液体中时,液体为溶剂。如果液体分散于液体,则以量多者为溶剂。

01.0033 溶质 solute
溶液中被溶解的物质。溶质被溶剂所分隔,往往不能保持本身的连续状态。通常固体或气体物质溶于液体时,固体或气体物质是溶质。液态物质溶于液态物质时,量少者为溶质。

01.0034 浓度 concentration
溶液中溶质的含量。

01.0035 溶解度 solubility
一定温度压力下的饱和溶液的浓度。通常用一定量溶剂所溶解溶质的量表示。固体或液体溶质的溶解度,常用 100g 溶剂所溶解的溶质质量来表示;气体溶质的溶解度常用 100g 溶剂所溶解气体的体积表示。

01.0036 饱和溶液 saturated solution
在一定温度和压力下,溶质的溶解和析出达平衡的溶液。

01.0037 不饱和溶液 unsaturated solution
在一定温度和压力下,溶质的浓度低于饱和溶液浓度的溶液。

01.0038 过饱和溶液 super-saturated solution
在一定温度和压力下,溶质的浓度超过饱和溶液的溶液。是一种介稳状态的溶液。过饱和溶液受到扰动,如搅拌,或向其中加入晶种,过量溶质可以析出。

01.0039 溶度积 solubility product
与解离平衡相对应,难溶电解质饱和溶液中各离子浓度的幂的乘积。用符号 K_{sp} 表示。对于某电解质 A_mB_n,沉淀溶解平衡为:$A_mB_n(s)=mA^{n+}(aq)+nB^{m-}(aq)$, $K_{sp}=[A^{n+}]^m[B^{m-}]^n$。

01.0040 化学能 chemical energy
与化学键及分子间作用力相关的能量。在化学反应中表现出来。

01.0041 纳米化学 nanochemistry
研究纳米尺度范围(1~100nm)内物质的结构、性质和应用的学科。

01.0042 [化学]元素 element
具有相同核电荷数的原子的总称。如氢、氧、碳、硫、铁、铜、银、金、汞、铝等都是人们所熟知的元素。

01.0043　元素符号　atomic symbol

表示元素种类的符号。既表示相应的元素，还可表示此元素的 1 个原子。元素符号通常取元素拉丁文名称的第 1 个字母并大写，若第 1 个字母与其他元素相同，则附加小写的第 2 个或第 3 个字母。

01.0044　原子序数　atomic number

又称"原子序"。元素在周期表中排列的序号。等于原子的核电荷数，即核内质子数。符号为 Z。

01.0045　同位素　isotope

质子数相同而中子数不同的原子的总称。它们有相同的原子序数，在周期表上位于同一位置，但由于中子数不同而具有不同的质量数。

01.0046　质量数　mass number

原子核中质子数与中子数的和。

01.0047　同量异位素　isobar

质量数相同但原子序数不同的核素。

01.0048　稳定同位素　stable isotope

某种元素中不发生或极不易发生放射性衰变的同位素。即使运用当代放射性探测手段也无法检测出其放射性衰变的信号。

01.0049　同位素丰度　isotopic abundance

某特定同位素的原子数与该元素的总原子数之比。

01.0050　人造元素　artificial element

通过人工引发核反应得到、在自然界中尚未发现的元素。元素周期表中原子序数高于 95 号的元素均为人造元素。

01.0051　核电荷　nuclear charge

原子核所带有的正电荷。原子核所带的正电荷来自质子，而 1 个质子所带正电荷数值上

等于 1 个电子的电荷。人为地把 1 个电子的电荷 $1.60217733 \times 10^{-19}$ C (库)定义为 1 个基本电荷。因此原子核电荷数就等于核内质子数，也等于其中性原子的核外电子数。

01.0052　核素　nuclide

具有相同的质子数 Z、相同的中子数 N、处于相同的能态且寿命可观测(>10 s)的一类原子。

01.0053　元素周期律　periodic law of the elements

元素的性质随着原子序数的增加呈周期性变化的规律。如元素的电离能、电子亲和能、电负性、原子半径、金属性、单质的熔点、沸点、密度、所形成的氧化物及其水合物的酸碱性等性质，随着原子序数递增都呈现周期性变化。

01.0054　元素周期表　periodic table of the elements

按核电荷数和原子核外电子排布的周期性变化排列元素的表。元素周期表反映元素性质周期性变化规律，可给出有关元素的原子序数、原子量、价层电子排布、放射性、来源(是否人造)等基本信息，有时也给出同位素、常见氧化态、单质的熔沸点等数据。元素周期表是化学的基石，从中可了解和推测元素及其化合物的性质和变化规律。

01.0055　周期　period

元素周期表中的横行。表中有 7 个横行即 7 个周期。同一周期的元素具有相同的最高主量子数。

01.0056　族　group, family

元素周期表中的纵列。同族元素有相似的价层电子结构，自上而下有相似的但渐变的物理和化学性质。周期表中有 18 纵列，依次为第 1 至第 18 族。

01.0057　主族　main group

元素周期表中第1、2、13、14、15、16、17族，即ⅠA~ⅦA族。这些族也分别称作碱金属、碱土金属、硼族、碳族、氮族、氧族、卤族。主族元素的价电子层是未填满电子的最外层。也有把第18族(稀有气体)包括在主族内，称为ⅧA族。

01.0058 元素丰度 abundance of element
又称"克拉克值(Clarke value)"。各元素在地壳中的平均含量。由美国地球物理学家化学家克拉克(Clarke)等总结了世界各地多种矿样分析数据最早给出。常用质量分数或摩尔分数表示，前者称质量克拉克值，后者称原子克拉克值。

01.0059 副族 subgroup
元素周期表中第11、12、3~7族，8~10即ⅠB~ⅧB族。副族元素的价层电子可分布在最外层、次外层甚至倒数第三层。也有把第8、9、10族称为ⅧB，划归副族。

01.0060 化学物质 chemical substance, chemicals
天然或人工合成的单质与化合物的总称。

01.0061 单质 elementary substance
由同一种元素的原子组成的纯净物。如氢气、硫磺、铁皆是单质。

01.0062 化合物 compound
两种或两种以上元素形成的单一的、具有特定性质的纯净物。如 H_2O、CS_2、$NaCl$、K_2NiF_4 等。

01.0063 混合物 mixture
两种或两种以上物质形成的混合体系。混合物可以是均相的，也可以是非均相的。

01.0064 氕 protium
质量数为1的氢的核素。符号为 ^1H。

01.0065 氘 deuterium
质量数为2的氢的核素。符号为 ^2H 或 D。

01.0066 氚 tritium
质量数为3的氢的核素。符号为 ^3H 或 T。

01.0067 碱金属 alkali metal
元素周期表中第1(ⅠA)族除氢以外的元素。包括锂、钠、钾、铷、铯、钫。

01.0068 碱土金属 alkaline earth metal
元素周期表中第2(ⅡA)族元素。包括铍、镁、钙、锶、钡、镭。

01.0069 磷属元素 pnicogen
元素周期表中第15(ⅤA)族元素磷、砷、锑的总称。这些元素性质相似而与氮有显著的差别。

01.0070 硫属元素 chalcogen
元素周期表中第16(ⅥA)族元素硫、硒、碲的总称。这些元素性质相似而与氧有显著的差别。

01.0071 卤素 halogen
又称"卤族元素"。元素周期表中第17(ⅦA)族元素的总称。包括氟、氯、溴、碘、砹。

01.0072 拟卤素 pseudohalogen
由两种或多种非金属原子团形成的性质与卤素相似的分子。如 $(CN)_2$，$(SCN)_2$。

01.0073 过渡元素 transition element
(1)广义是指原子核外价电子层中有未充满的 d 轨道或/和 f 轨道的所有元素。(2)通常指元素周期表中第3~12族元素。包括 d、ds区元素，也有将锌分族(ⅡB)除外。

01.0074 内过渡元素 inner transition element
镧系(Ln)15 个元素(原子序数 57~71)和锕系

(An)15 个元素(原子序数 89~103)的总称。

元素周期表中位于过渡元素之后的邻近元素。

01.0075 稀土元素 rare earth element
钇和镧系(第 57~71 号)元素的总称。也有将钪纳入其中。

01.0076 s 区元素 s-block element
周期表中第 1 和 2 列(第 I A 和 II A 族)元素。核外价电子构型为 $ns^{1~2}$。

01.0077 p 区元素 p-block element
周期表中第 13~18 列(第IIIA~VIIIA 族)元素。除 He 元素的核外电子构型为 $1s^2$ 以外,核外价电子构型为 $ns^2np^{1~6}$。

01.0078 d 区元素 d-block element
周期表中第 3~12 列(第IIIB~VIIIB 族、I B 族和 II B 族)元素。核外价电子构型为 $(n-1)d^{1~10}ns^{1~2}$。也有把 I B 族和 II B 族元素排除在外。

01.0079 ds 区元素 ds-block element
周期表中第 11~12 列(第 I B 和 II B 族)元素。核外价电子构型为 $(n-1)d^{10}ns^{1~2}$。

01.0080 f 区元素 f-block element
元素周期表中,镧系除镧以外的元素与锕系除锕以外的元素。核外价电子构型为 $(n-2)f^{1~14}(n-1)d^{0~2}ns^2$。也有把镧、锕包括在内。

01.0081 铁系元素 iron group
元素周期表中第四周期第 8、9、10 族(第VIIIB)族的元素铁、钴、镍的总称。

01.0082 铂系元素 platinum group
又称"铂系金属"。元素周期表中第五、六周期的第 8、9、10 族(第VIIIB)族元素的总称。包括钌、铑、钯、锇、铱、铂 6 个元素。

01.0083 过渡后元素 post-transition element

01.0084 镧系元素 lanthanide, lanthanoid
元素周期表中第 57~71 号元素。即由镧至镥共 15 个元素的总称。以 Ln 表示。价层电子构型为 $4f^{0~14}5d^{0~2}6s^2$,属内过渡元素;也有把不含 4f 电子的镧排除在镧系之外。

01.0085 镧系收缩 lanthanide contraction
镧系元素随着原子序数的增加,相应的原子、离子半径减小的现象。镧系收缩的特点是相邻元素半径收缩小,故镧系元素化学性质相似;但 15 个元素的半径累计收缩效果明显,为 15pm,从而使得镧系后面的元素铪、钽等的原子半径并未随电子层增加而增加,分别与同族第五周期相应的元素锆、铌等相近。

01.0086 锕系元素 actinide
简称"锕系"。元素周期表中 89~103 号元素。即锕至铹共 15 个元素的总称。以 An 表示。价层电子构型为 $5f^{0~14}6d^{0~2}7s^2$,属内过渡元素。也有把不含 5f 电子的锕排除在外。锕系元素皆为放射性金属元素。

01.0087 铀后元素 transuranium element
又称"超铀元素"。第 92 号元素铀之后的元素。

01.0088 铹后元素 translawrencium element
又称"锕系后元素"。第 103 号元素铹之后的元素。

01.0089 同素异形体 allotrope
由同种元素组成的结构不同的单质。

01.0090 稀有金属 rare metal
通常指在自然界中含量很少,或分布稀散、发现较晚,或制备困难的金属。如锂、铷、铯、铍、镭、钒、铌、钽、铪、钼、钨、铼、镓、铟、铊、锗以及稀土元素等。

01.0091 稀有气体 noble gas, rare gas
曾称"惰性气体(inert gas)"。元素周期表中第18列(0族或ⅧA族)元素氦、氖、氩、氪、氙、氡的总称。

01.0092 金属 metal
最外层电子数目较少的元素。容易失去电子而形成正离子。金属通常有光泽,有良好的延展性以及良好的导电导热性能。周期表中大部分元素是金属,如碱金属、碱土金属、过渡元素及部分p区元素。常温下,除汞是液体外,其他金属皆为固体。

01.0093 非金属 non-metal
倾向于获取数目较少的电子而形成具有稀有气体电子构型负离子的元素。非金属原子之间通过共用电子而结合,导热导电性差。

01.0094 半金属 metalloid
兼有一定金属性和非金属性的元素。如硅、锗、砷、锑、碲等,它们通常具有半导体性质。

01.0095 贵金属 noble metal, precious metal
金、银和铂系元素锇、铱、铂、钌、铑、钯等金属。它们在自然界中含量稀少,价格昂贵,化学稳定性好,常用来制造贵重饰品和艺术品,以及贵重仪器的零部件,故得此名。

01.0096 黑色金属 ferrous metal
又称"铁类金属"。铁、锰、铬以及铁碳合金。

01.0097 有色金属 non-ferrous metal
除去黑色金属铁、铬、锰外的所有金属。

01.0098 正氢 orthohydrogen
核自旋取向对称的氢分子(核自旋转动量子数取奇数值,$J = 1, 3, 5, \cdots$)。其统计权重比仲氢大两倍。

01.0099 仲氢 parahydrogen
核自旋取向反对称的氢分子(核自旋转动量子数取偶数值,$J = 0, 2, 4, 6, \cdots$)。

01.0100 活性炭 activated carbon, activated charcoal
将木材等原料通过干馏得到的产物进一步在水蒸气或真空下加热处理活化而得到的多孔碳。具有很高的比表面积和吸附能力。常用于气体或液体的纯化。

01.0101 酸 acid
(1)根据不同的酸碱理论,广义的酸可以是:①在水溶液中电离产生氢离子的物质[阿伦尼乌斯理论(Arrhenius)];②提供质子的物质[布朗斯特-劳里(Brønsted-Lowry)理论];③接受电子对的原子、离子或分子[路易斯(Lewis)理论]。(2)通常用狭义的含义,指在水溶液中电离产生的阳离子全部是氢离子的物质。

01.0102 碱 base
(1)根据不同的酸碱理论,广义的碱可以是:①在水溶液中电离产生氢氧根离子的物质[阿伦尼乌斯(Arrhenius)理论];②接受质子的物质[布朗斯特-劳里(Brønsted-Lowry)理论];③提供电子对的原子、离子或分子[路易斯(Lewis)理论]。(2)通常用狭义的含义,指含有氢氧根离子或羟基,在水溶液中电离出的阴离子全部是氢氧根离子的物质。

01.0103 酸碱质子理论 Brønsted-Lowry theory of acids and bases
由丹麦科学家布朗斯特(Brønsted J.N)和英国科学家劳里(Lowry T. M)提出的一种酸碱理论。该理论以物质对质子的授受为依据来划分酸碱,认为给出质子的物质为酸,或称布朗斯特酸,接受质子的物质为碱,或称布朗斯特碱。酸碱不仅可以是分子,也可以是离子；不仅存在于水溶液中，也可扩展到非水溶液和气相。

01.0104 布朗斯特酸 Brønsted acid
又称"质子酸"。酸碱质子理论中提供质子的物质。

01.0105 布朗斯特碱 Brønsted base
又称"质子碱"。酸碱质子理论中接受质子的物质。

01.0106 共轭酸碱对 conjugate acid-base pair
以质子得失关系联系起来的酸和碱。根据酸碱质子理论，酸和碱总是对应存在，酸给出质子变成其共轭碱，而碱得到质子变成其相应的共轭酸，这种关系叫共轭关系。

01.0107 路易斯酸碱理论 Lewis theory of acids and bases
又称"酸碱电子理论"。美国科学家路易斯提出的一种广义酸碱理论。以物质对电子对的授受为依据来划分酸碱，认为可给出电子对的物质是碱，可接受电子对的物质是酸。

01.0108 路易斯酸 Lewis acid
又称"电子对受体(electron-pair acceptor)"。路易斯酸碱理论中可接受电子对的物质。

01.0109 路易斯碱 Lewis base
又称"电子对给体(electron-pair donor)"。路易斯酸碱理论中可提供电子对的物质。

01.0110 软硬酸碱[规则] hard and soft acid and base[rule], HSAB[rule]
对路易斯酸碱理论的发展和补充。由皮尔逊(R. G. Pearson)在研究配合物稳定性的基础上提出。根据路易斯酸碱性质的差异将其分为软、硬和交界三大类，认为"硬亲硬，软亲软"，即硬酸易与硬碱结合，软酸易与软碱结合，各自能形成稳定化合物。软硬酸碱规则可用于解释许多化学事实，如化合物的稳定性、配位情况、溶解度等。但它只是1个定性规则，有不少例外。

01.0111 软酸 soft acid
作为电子对受体的路易斯酸，如果其体积大，可极化性高，正电荷低或等于零，则对外层电子吸引作用较弱，称为软酸。

01.0112 软碱 soft base
作为电子对给予体的路易斯碱，若给予体原子可极化性强，电负性低，半径较大，对外层电子作用也比较弱，称为软碱。

01.0113 硬酸 hard acid
作为电子对受体的路易斯酸，如体积小，正电荷高，可极化性低，电负性强，则对外层电子束缚得很强，称为硬酸。

01.0114 硬碱 hard base
作为电子对给体的路易斯碱，若给出电子对的原子电负性高、可极化性低，半径较小，该原子对外层电子吸引力强，称为硬碱。

01.0115 交界酸 borderline acid
酸性软、硬特征介于硬酸与软酸之间的路易斯酸。

01.0116 交界碱 borderline base
碱性软、硬特征介于硬碱和软碱之间的路易斯碱。

01.0117 原酸 orthoacid
成酸元素连接的羟基数目与其氧化数相同的酸。如硼酸 H_3BO_3。有些成酸元素的原酸实际并不存在，常会脱去一定数目的水分子，例如 C 的原酸 H_4CO_4 并不存在，它脱去1分子水而形成碳酸 H_2CO_3。

01.0118 无机酸 inorganic acid

曾称"矿物酸(mineral acid)"。无机类酸的总称。常见的无机酸，按组成分为含氧酸与无氧酸。

01.0119　无氧酸　hydracid
又称"氢某酸"。由单原子阴离子或不含氧的多原子阴离子与氢离子结合生成的酸。也包括全硫代酸和各种络合酸。

01.0120　含氧酸　oxo acid, oxyacid
酸根中含有氧原子的酸。其中氧原子与成酸元素的中心原子相连。

01.0121　酐　anhydride
主要指酸或碱完全脱水后形成的化合物。特别是酸彻底脱水后形成的以氧相连的产物。

01.0122　酸酐　acid anhydride
酸彻底脱水后形成的产物。

01.0123　一元酸　monoprotic acid
每个酸根结合 1 个可电离的氢离子的酸。

01.0124　二元酸　diprotic acid
每个酸根结合两个可电离的氢离子的酸。

01.0125　多元酸　polyprotic acid, polybasic acid
每个酸根结合 1 个以上可电离的氢离子的酸。

01.0126　盐　salt
酸中的氢离子被金属离子(或铵根离子)取代而形成的离子化合物。可以通过酸碱中和反应得到。

01.0127　酸式盐　acid salt
酸中的部分氢离子被金属离子取代而形成的化合物。

01.0128　碱式盐　basic salt

金属离子与羟基或氧基及酸根离子共同形成的化合物。

01.0129　复盐　double salt
由两种或两种以上简单盐所组成的具有特定性质的化合物。溶于水后以简单水合离子形式存在。

01.0130　王水　aqua regia
浓盐酸与浓硝酸按体积比 3∶1 形成的混合物。

01.0131　卤化物　halide
卤素与其他元素形成的化合物(通常卤素表现负价)。

01.0132　硫属化物　chalcogenide
硫属元素与其他元素形成的化合物(通常硫属元素表现负价)。

01.0133　磷属化物　pnictide
磷属元素与其他元素形成的化合物(通常磷属元素表现负价)。

01.0134　根　-ate, -ide, -ite
两个或两个以上原子之间以共价键形成的带电荷的基团。阴离子对应于英文的 "-ate"，"-ite"等后缀，如硫酸根 SO_4^{2-} (sulfate)，亚硫酸根 SO_3^{2-} (sulfite)；阳离子对应于英文的 "ium"等后缀，如铵根离子 NH_4^+ (ammonium)。

01.0135　基　group
化合物中以共价键与其他组分相结合的中性原子团。

01.0136　自由基　free radical
带有单电子的原子或原子团。

01.0137　氧化物　oxide

氧元素以单个氧原子或氧离子参与结合而与其他元素之间形成的化合物。

01.0138 复合氧化物 complex oxide
氧与两种或两种以上其他元素结合形成的氧化物。

01.0139 低氧化物 suboxide
含氧量相对较少的氧化物。是元素的低价氧化物。

01.0140 过氧化物 peroxide
含有过氧键(—O—O—)或过氧离子(O_2^{2-})的化合物。

01.0141 超氧化物 superoxide
含有超氧离子(O_2^-)的化合物。

01.0142 臭氧化物 ozonide
含有臭氧离子(O_3^-)的化合物。

01.0143 倍半氧化物 sesquioxide
化学式中氧与其他元素数目之比为 3 : 2 的氧化物。

01.0144 氢过氧化物 hydroperoxide
含有 HOO— 的化合物。

01.0145 羟基氧化物 oxyhydroxide
氧离子、氢氧根离子与某一金属离子形成的化合物。如羟基氧化铁(FeOOH)。

01.0146 酸性氧化物 acidic oxide
溶于水呈酸性或可与碱发生中和反应的氧化物。大多数非金属氧化物和一些高氧化态的金属氧化物,如三氧化硫(SO_3)、三氧化铬(CrO_3)等为酸性氧化物。

01.0147 碱性氧化物 basic oxide
溶于水呈碱性或可与酸发生中和反应的氧化物。大多数碱金属和碱土金属(除氧化铍)及其他低价的金属氧化物,如氧化亚铜(Cu_2O)、氧化亚锰(MnO)、氧化亚铁(FeO)为碱性氧化物。

01.0148 水合物 hydrate
含有结晶水的化合物。

01.0149 蒸馏水 distilled water
通过加热使水先气化再冷凝而得到的纯净水。

01.0150 去离子水 deionized water
除去阴、阳离子杂质的纯净水。

01.0151 硬水 hard water
含有较多可溶性钙盐、镁盐的天然水。有时也含 Fe^{3+} 等高价离子。水的硬度标准是 1 L 水中含有的钙、镁等总量相当于 10mg 氧化钙,硬度定为1°。硬度大于 8°,称作硬水。

01.0152 软水 soft water
含有少量钙盐、镁盐,硬度小于8°的天然水或软化水。

01.0153 重水 heavy water
氘(以 D_2O 或 HDO 形式存在)含量显著高于正常水(H_2O)中氘含量(约 1/6500)的水。

01.0154 过氧化氢合物 perhydrate
结构中存在过氧化氢分子的化合物。

01.0155 混合价化合物 mixed valence compound
又称"同素异价化合物"。化合物中某一元素以两种或两种以上的价态存在。

01.0156 溶剂合物 solvate
溶质与溶剂分子结合而形成的物种。

01.0157 硅烷 silicane, silane
硅氢化合物的总称。通式为 Si_nH_{2n+2}。

01.0158 硅氧烷 siloxane
通式为 $H_3Si(OSiH_2)_nOSiH_3$，其中含 Si—O—Si 键。

01.0159 硼烷 borane
硼氢化物的总称。具多面体骨架结构，主要包括闭式—$B_nH_n^{2-}$，开式—B_nH_{n+4} 和网式—B_nH_{n+6} 三个系列。

01.0160 碳硼烷 carborane
部分 BH^- 被等电子体 CH 基团取代，通式为 $[(CH)_a(BH)_mH_b]^c$ 的硼烷的衍生物。式中 c 可为正、负或零。

01.0161 金属硼烷 metalloborane
由硼原子和金属原子共同组成骨架多面体的簇合物。是硼烷的衍生物。

01.0162 金属碳硼烷 metallocarborane
由硼原子、碳原子和金属原子共同组成骨架多面体的簇合物。是硼烷的衍生物。

01.0163 杂硼烷 heteroborane
由硼原子和硫或磷等杂质原子共同组成骨架多面体的簇合物。是硼烷的衍生物。

01.0164 闭式 closo-
前缀词。表示笼形或闭合型的结构。特别用于描述笼形硼烷及其衍生物的多面体骨架结构。

01.0165 巢式 nido-
前缀词。表示类似于鸟巢的开放型结构。特别用于描述开式硼烷及其衍生物的骨架结构。

01.0166 网式 arachno-

前缀词。表示比巢式更为开放，类似于网状的结构。特别用于描述硼烷及其衍生物的结构。

01.0167 互卤化物 interhalogen compound
不同卤素原子之间形成的化合物。

01.0168 多卤离子 polyhalide ion
两个或两个以上卤素原子通过共价键结合而形成的阴离子团。

01.0169 多卤化物 polyhalide
多卤离子与其他阳离子形成的化合物。

01.0170 镓离子 onium ion
中性分子 AH_n 结合 1 个质子 H^+ 形成的正离子 AH_{n+1}^+。

01.0171 氧镓离子 oxonium ion
化学式为 H_3O^+ 的离子。

01.0172 氧镓化合物 oxonium compound
含氧镓离子的化合物。

01.0173 磷镓离子 phosphonium ion

化学式为 PH_4^+ 的离子。

01.0174 砷镓离子 arsonium ion

化学式为 AsH_4^+ 的离子。

01.0175 硫镓离子 sulfonium ion
化学式为 H_3S^+ 的离子。

01.0176 镓盐 onium salt
镓离子与其他阴离子结合而形成的盐。

01.0177 叠氮化物 azide

含有叠氮离子(N_3^-)的化合物。

01.0178　主客体化合物　host-guest compound
由主体，即接受分子、离子或原子的受体，与较小的分子、离子或原子等客体主要以非共价键形式，即离子-偶极、氢键、范德瓦耳斯力和疏水作用等相互作用形成的化合物。例如包合物、穴合物等。

01.0179　包合物　inclusion compound
客体被包裹在主体结构的空腔或沟槽内所形成的化合物。主客体间不存在共价键，一般通过范德瓦耳斯力结合在一起。

01.0180　笼合物　clathrate
曾称"包合物"。笼形结构的包合物。

01.0181　富勒烯　fullerene
又称"球碳"。闭式空心球形或椭球形结构碳原子簇的统称。为双数碳原子构成的闭合稠环体系，其中 12 个为五元环，其余为六元环。最著名的为 C_{60}，由 12 个五元环，20 个六元环围成。

01.0182　裸原子簇　naked cluster
又称"无配体原子簇"。非金属或金属原子间相互键合，形成以多面体骨架为特征的聚集体。其中不含任何配体。

01.0183　标记原子　tagged atom
标记化合物中用以示踪的原子。

01.0184　给体　donor
可提供指定物种，如质子、电子对的分子或离子等。在酸碱质子理论中，给出质子的分子或离子为质子给体；在路易斯理论中，提供电子对的为给体。

01.0185　受体　acceptor, receptor
可接受指定物种，如质子、电子对等的分子或离子等。在酸碱质子理论中，接受质子的分子或离子为质子受体；在路易斯理论中，接受电子对的为受体。

01.0186　亲电[子]试剂　electrophilic reagent
在化学反应中吸引电子的反应物。为路易斯酸。

01.0187　疏电[子]试剂　electrophobic reagent
在化学反应中可提供电子给其他反应物以形成化学键的物质。为路易斯碱。

01.0188　等电子体　isoelectronic species
具有相同的非氢原子数、价电子数以及相同类型的骨架结构的分子实体。

01.0189　等结构体　isostructural species
原子数相同、结构相同的分子或离子。

01.0190　化合价　valence
又称"原子价"。1 个原子(或原子团)与其他原子(或原子团)化合时的成键能力。数值上等于该原子或原子团可能结合的氢原子或氯原子的数目。在共价化合物中，把化学键数和化合价联系起来，碳共价数为 4，化合价为 4，氢成单键即 1 价。在离子化合物中，离子的电荷数可看成离子的化合价，称离子价或电价。

01.0191　氧化态　oxidation state
又称"氧化数(oxidation number)"。物质中原子氧化程度的量度。按一定原则分配电子时原子可能带有的电荷。确定物质中氧化数的主要原则有：①元素在单质中的氧化数等于 0；②在二元离子化合物中，各元素的氧化数等于该离子的电荷数；在共价化合物中，将成键电子对人为分配给电负性大的元素，这些元素带负电荷；③在中性分子中所有元素氧化数的代数和等于零；在离子团中，所有元素氧化数的代数和等于该离子团的电荷数；④某一元素在 1 个化合物中的氧化数一般取平均值。

01.0192 氧化剂 oxidant, oxidizing agent
在氧化还原反应中得到电子的物质。该物质能氧化其他物质而自身被还原，氧化数降低。

01.0193 还原剂 reductant, reducing agent
在氧化还原反应中失去电子的物质。该物质能还原其他物质而自身被氧化，氧化数升高。

01.0194 抗氧[化]剂 antioxidant
能阻止或延缓其他物质氧化进程的物质。

01.0195 桥基 bridging group
与同一分子中两个或两个以上不同部位键合的原子或基团。

01.0196 边桥基 edge bridging group
与同一分子两个不同部位键合的原子或基团。

01.0197 面桥基 face bridging group
与同一分子 3 个不同部位键合的原子或基团。

01.0198 半桥基 semibridging group
高度不对称的边桥基。

01.0199 氧桥 oxo bridge
氧原子作为分子中的桥基。

01.0200 过氧桥 peroxo bridge
过氧基作为分子中的桥基。

01.0201 羟桥 hydroxy bridge
羟基作为分子中的桥基。

01.0202 氢桥 hydrogen bridge
氢原子作为分子中的桥基。

01.0203 卤桥 halogen bridge

卤原子作为分子中的桥基。

01.0204 氢键 hydrogen bond
与电负性高的原子 X(如 F，O，N 等)键合的氢原子和另一电负性高的原子 Y(如 F，O，N 等)上的孤对电子之间发生的较强的吸引作用。氢键可发生在分子间，也可在分子内。

01.0205 过氧键 peroxy bond
过氧基团中两个氧原子间的化学键。即 —O—O—。

01.0206 载体 carrier
用于负载指定物种参与一定的化学或物理过程的物质。

01.0207 光气 phosgene
碳酰氯的俗称。化学式为 $COCl_2$。无色气体，剧毒。

01.0208 苛性钠 caustic soda
又称"烧碱"。氢氧化钠的俗称。化学式为 $NaOH$。水溶液呈强碱性，因对皮肤、羊毛、纸张等有强烈的腐蚀作用而得名。

01.0209 纯碱 soda
又称"苏打"。无水碳酸钠的俗称。化学式为 Na_2CO_3。白色粉末，水溶液呈碱性。

01.0210 小苏打 baking soda
碳酸氢钠的俗称。化学式为 $NaHCO_3$。白色，单斜晶系。

01.0211 洗涤碱 washing soda
又称"晶碱"。十水合碳酸钠的俗称。化学式为 $Na_2CO_3 \cdot 10H_2O$。无色晶体。主要用于洗涤剂。

01.0212 海波 hypo
又称"大苏打"。五水合硫代硫酸钠的俗称。

化学式为 $Na_2S_2O_3 \cdot 5H_2O$。无色透明的单斜晶体。

01.0213 硼砂 borax

四硼酸钠的俗称。化学式为 $Na_2[B_4O_5(OH)_4] \cdot 8H_2O$，又写作 $Na_2B_4O_7 \cdot 10H_2O$。

01.0214 水玻璃 water glass

又称"泡化碱"。多硅酸钠的俗称。化学式为 $Na_2O \cdot nSiO_2$。模数(SiO_2 与 Na_2O 的摩尔比)大于 3 的为中性水玻璃,小于 3 的为碱性水玻璃。有固态、黏稠状液态的产品。

01.0215 格雷姆盐 Graham salt

可溶性偏磷酸(HPO_3)的钠盐。常呈聚合态 $(NaPO_3)_n$,$n=3,4,6$ 等。为良好的软水剂。

01.0216 漂白粉 bleaching powder

主要成分为 $CaCl_2 \cdot Ca(ClO)_2 \cdot 2H_2O$ 的物质。常混有 $Ca(OH)_2$。有效成分为 $Ca(ClO)_2$。白色粉末。水解产生的次氯酸有漂白作用。

01.0217 钾碱 potash

碳酸钾的俗称。化学式为 K_2CO_3。不纯的俗称草碱或珠灰。纯品为无色吸湿性单斜晶体。

01.0218 矾 vitriol

泛指某些含结晶水的硫酸盐或复合硫酸盐。特指通式为 $A_2SO_4 \cdot B_2(SO_4)_3 \cdot 24H_2O$ 的复盐,式中 A 为+1 价金属离子(或铵根离子),B 常为+3 价金属离子。

01.0219 明矾 alum

又称"钾铝矾"。由硫酸钾和硫酸铝形成的含结晶水的复盐。化学式为 $K_2SO_4 \cdot Al_2(SO_4)_3 \cdot 24H_2O$。无色晶体。

01.0220 锌矾 zinc vitriol

七水合硫酸锌的俗称。化学式为 $ZnSO_4 \cdot 7H_2O$,无色晶体,正交晶系。

01.0221 绿矾 green vitriol

又称"水绿矾"。七水合硫酸亚铁的俗称。化学式为 $FeSO_4 \cdot 7H_2O$,浅绿色晶体,单斜晶系。

01.0222 胆矾 blue vitriol

五水合硫酸铜的俗称。化学式为 $CuSO_4 \cdot 5H_2O$,蓝色晶体,三斜晶系。

01.0223 莫尔盐 Mohr's salt

六水合硫酸亚铁铵的俗称。化学式为 $(NH_4)_2SO_4 \cdot FeSO_4 \cdot 6H_2O$。因德国化学家莫尔(Mohr)将其引入容量分析化学做基准物而得名。

01.0224 氟硼酸盐 borofluoride, fluoborate

氟硼酸(HBF_4)的盐。如氟硼酸钠 $NaBF_4$。

01.0225 碳酸氢盐 bicarbonate

俗称"重碳酸盐"。酸式碳酸盐。如碳酸氢钠($NaHCO_3$)、碳酸氢铵(NH_4HCO_3)等。

01.0226 雷酸盐 fulminate

又称"雷汞"。雷酸($HONC$)的盐。如雷酸汞 $Hg(ONC)_2$,常用作起爆药。

01.0227 甘汞 calomel

氯化亚汞的俗称。化学式为 Hg_2Cl_2。白色,四方晶系,毒性较 $HgCl_2$ 小。

01.0228 升汞 corrosive sublimate

氯化汞的俗称。化学式为 $HgCl_2$。白色,正交晶系,剧毒。

01.0229 汞齐 amalgam

又称"汞合金"。汞与其他金属形成的合金的总称。如银汞齐、钠汞齐、锌汞齐和钛汞齐等。

01.0230 蒙乃尔合金 Monel metal
又称"蒙铜"。以镍和铜为主要成分的合金。另含少量的铁和锰等。机械性能优良，耐腐蚀性好。

01.0231 黄铜 brass
铜锌合金的总称。仅含铜和锌的为普通黄铜，加入少量其他组分的为特种黄铜，如铅黄铜、锡黄铜和镍黄铜等。

01.0232 青铜 bronze
铜锡合金的总称。呈青白色，故名。含锡的青铜为锡青铜；亦有不含锡的青铜，如铝青铜、铍青铜和硅青铜等。

01.0233 钨青铜 tungsten bronze
钨的氧化态在 5~6 之间的钨酸盐。通式为 $M_{1-x}WO_3 (0<x<1)$，M 为碱金属、碱土金属元素等。外观似青铜。

01.0234 金属陶瓷 cermet
又称"陶瓷金属"。由陶瓷和金属组成的非均相复合材料。

01.0235 红铅 red lead
又称"铅丹""红丹"。化学式为 Pb_3O_4，实际组成是 $Pb_2[PbO_4]$。鲜橘红色粉末，四方晶系。

01.0236 铅白 white lead
碱式碳酸铅的俗称。化学式为 $2PbCO_3 \cdot Pb(OH)_2$。白色粉末，六方晶系。

01.0237 铬黄 chrome yellow
又称"铅铬黄"。含铬酸铅($PbCrO_4$)的黄色颜料。

01.0238 铅糖 lead sugar
三水乙酸铅的俗称。化学式为 $(CH_3COO)_2Pb \cdot 3H_2O$。白色，单斜晶系。

01.0239 锌白 zinc white
氧化锌的俗称。化学式为 ZnO。两性氧化物。白色粉末，六方晶系。

01.0240 锌铬黄 zinc yellow
又称"锌黄"。含铬酸锌的淡黄色颜料。化学成分在 $4ZnO \cdot CrO_3 \cdot 3H_2O$ 和 $4ZnO \cdot 4CrO_3 \cdot K_2O \cdot 3H_2O$ 间变动。

01.0241 硅石 silica
白色或无色结晶状的二氧化硅(SiO_2)。如石英、方石英、玛瑙等。

01.0242 方石英 cristobalite
氧化物矿，化学式为 SiO_2。有四方晶系的α方石英和立方晶系β方石英。

01.0243 长石 feldspar
长石族矿物的总称。属硅铝酸盐系矿物。通式为 $M(T_4O_8)$，M 主要为钠、钾或钙，T 主要为硅和铝。如钾长石 $K[AlSi_3O_8]$、钙长石 $Ca[Al_2Si_2O_8]$。

01.0244 正长石 orthoclase
主要成分为 $K(AlSi_3O_8)$ 的硅铝酸盐矿。K^+ 常被一定量的 Na^+ 取代，单斜晶系。

01.0245 钙长石 anorthite
主要成分为 $Ca(Al_2Si_2O_8)$ 的长石族铝硅酸盐矿。

01.0246 钠长石 albite
主要成分为 $Na(AlSi_3O_8)$ 的长石族铝硅酸盐矿。

01.0247 橄榄石 olivine
岛状结构的硅酸盐矿。如镁橄榄石 Mg_2SiO_4、铁橄榄石 Fe_2SiO_4 及二者的系列中间体 $(Mg, Fe)_2SiO_4$。

01.0248 辉石 pyroxene

辉石族矿的总称。硅酸盐矿。通式为 $M_2[Si_2O_6]$，M 为铁、镁、钙等，或者铁、镁、钙、钠、铝、锂等之间的组合，结构中硅酸根为链状结构。

01.0249 角闪石 amphibole

角闪石族矿的总称。含羟基的镁、铁、钙、钠、铝等的硅酸盐矿。硅酸根为双链结构。

01.0250 绿柱石 beryl

又称"绿宝石"。主要成分为 $Be_3Al_2(Si_6O_{18})$ 的环状结构的硅酸盐矿。因含微量铬而呈翠绿色的称祖母绿，含铁呈蔚蓝色的称海蓝宝石。是铍的主要矿物。

01.0251 烧绿石 pyrochlore

又称"黄绿石"。主要成分为 $CaNaNb_2O_6F$。常含钽、稀土元素和铀等。是提取上述元素的重要矿物原料。

01.0252 硅藻土 kieselguhr

由硅藻遗体形成的主要成分为 SiO_2，含有 Na_2O 和 MgO 等成分的硅质岩石。呈多孔状。常混有碳酸盐和黏土。

01.0253 漂白土 bleaching clay

又称"脱色土(decoloring clay)""漂白黏土"。活性强的天然黏土。可作漂白剂。

01.0254 [钾]硝石 saltpeter

又称"火硝""土硝"。天然产硝酸钾的俗称。化学式为 KNO_3。

01.0255 智利硝石 Chile saltpeter, Chile nitre

又称"钠硝石"。天然产硝酸钠的俗称。化学式为 $NaNO_3$。

01.0256 白云石 dolomite

碳酸盐矿，化学式为 $CaMg(CO_3)_2$。常含 Fe^{2+}、Mn^{2+}、Zn^{2+}、Pb^{2+}、Co^{2+} 等取代的同晶混入物。三方晶系。

01.0257 方解石 calcite

碳酸盐矿，化学式为 $CaCO_3$。常含 Mg^{2+}、Fe^{2+}、Mn^{2+}、Zn^{2+}、Sr^{2+}、Ba^{2+} 等取代的同晶混入物。三方晶系。

01.0258 文石 aragonite

又称"霰石"。碳酸盐矿。与方解石同为 $CaCO_3$ 的同质多晶型变体。正交晶系。在自然界比方解石少得多。

01.0259 冰洲石 iceland spar

无色透明的纯净方解石。优质冰洲石是制造光学元件的高级材料。

01.0260 石灰石 limestone

又称"石灰岩"。一种沉积岩。属碳酸盐岩，主要成分为方解石。易溶蚀，能形成石林、溶洞等奇观。

01.0261 生石灰 quick lime

又称"石灰"。主要成分为氧化钙(CaO)。可由石灰石煅烧而成。

01.0262 熟石灰 slaked lime

又称"消石灰"。氢氧化钙的俗称，化学式为 $Ca(OH)_2$。澄清水溶液称为石灰水，碱性；乳状悬浮液称为石灰乳。

01.0263 金绿石 chrysoberyl

主体组成为 $BeAl_2O_4$ 的矿物。颜色可以从灰色、绿色变到黄色或褐色。正交晶系。

01.0264 绿松石 turquoise

主体组成为 $CuAl_6(PO_4)_4(OH)_8 \cdot 5(H_2O)$ 的矿物。呈青绿色，三斜晶系。

01.0265 变石 alexandrite

在自然光下为淡绿色，在白炽灯下呈红色的金绿石的一种变体。

01.0266　铝土矿　bauxite
主要成分为含水氧化铝或氢氧化铝的多组分矿物。如三水铝石、水铝石等。有些矿物中含铁，还可富集铌、钽、锆、镓等稀有元素。

01.0267　三水铝石　gibbsite
又称"水铝氧石"。化学式为γ-Al(OH)$_3$。单斜晶系。铝土矿的组分之一。

01.0268　三羟铝石　bayerite
又称"拜三水铝石"。化学式为α-Al(OH)$_3$。

01.0269　水铝石　diaspore, boehmite
包括硬水铝石α-AlO(OH)和软水铝石γ-AlO(OH)。铝土矿的组分之一。

01.0270　明矾石　alunite
硫酸盐矿，化学式为KAl$_3$(SO$_4$)$_2$(OH)$_6$。其中钾可部分或全部被钠置换，形成钠明矾石。三方晶系。

01.0271　砒霜　white arsenic
又称"砷华""白砒"。三氧化二砷的俗称，化学式为As$_2$O$_3$。无色或白色。剧毒。

01.0272　滑石　talc
层状结构的硅酸盐矿，化学式为Mg$_3$(Si$_4$O$_{10}$)(OH)$_2$。常含Mn^{2+}、Ca^{2+}、Fe^{2+}、Ni^{2+}等取代的同晶混入物。单斜晶系。

01.0273　沸石　zeolite
由TO$_4$四面体(T=Si, Al, Ge, P,…)通过共顶点方式连接而形成的三维骨架结构的结晶型多孔物质。结构中存在分子尺寸的孔道或空穴，能使不同大小的分子分离或选择性反应。可用作吸附剂和催化剂。天然沸石多为

硅(铝)酸盐，人工合成的沸石主要也是硅(铝)酸盐，也有磷铝酸盐、锗酸盐等。

01.0274　分子筛　molecular sieve
能在分子水平上筛分分子的多孔材料。不仅包括沸石，也包括活性炭、无定性硅胶以及其他各种具有多孔性质的非晶或晶体材料。

01.0275　方钠石　sodalite
天然存在的一种沸石，亦可人工合成。骨架结构中存在由24个硅(铝)氧四面体连接形成的β笼。β笼通过共用四元环相互连接而成方钠石结构。理想结构属立方晶系。

01.0276　八面沸石　faujasite
天然存在的一种铝硅酸盐沸石。基本结构单元为β笼，其通过双六元环以金刚石型的方式相连接，形成空旷的八面沸石笼。理想结构属立方晶系，在对角线方向存在12元环孔道。相同骨架类型的人工合成产物称为X-, Y-沸石。组成可在一定范围变化，典型组成为[(Ca^{2+}, Mg^{2+}, Na$^+_2$)$_{29}$(H$_2$O)$_{240}$][Al$_{58}$Si$_{134}$O$_{384}$]。

01.0277　云母　mica
云母族矿物的总称。为层状结构的硅酸盐矿物，可沿解理面剥离成薄片。种类繁多，重要的有白云母、黑云母、金云母和锂云母等。

01.0278　白云母　muscovite
云母族矿的亚族。化学式为KAl$_2$(Si$_3$AlO$_{10}$)(OH, F)$_2$。

01.0279　白榴石　leucite
化学式为K$_2$O·Al$_2$O$_3$·4SiO$_2$。立方晶系。用于提炼钾及其盐。

01.0280　石榴[子]石　garnet
石榴石族矿物的总称。硅酸盐矿物，通式为A$_3$B$_2$(SiO$_4$)$_3$，A为Ca^{2+}、Mg^{2+}等二价阳离子，B为Al^{3+}、Fe^{3+}等三价阳离子。常见的有钙

铝榴石、镁铝榴石等。

01.0281　刚玉　corundum
化学式为α-Al_2O_3，三方晶系。结构中氧离子
按六方密堆积排列，Al^{3+}占据 2/3 的氧八面
体空隙。

01.0282　红宝石　ruby
含微量铬呈红色的刚玉。

01.0283　蓝宝石　sapphire
含微量铁和钛呈蓝色的刚玉。

01.0284　炭黑　carbon black, charcoal black
由工业生产主要成分为碳的黑色粉末。是重
要的助剂和填料。

01.0285　石墨　graphite
碳的一种同素异形体。有天然矿物。层状
结构，六方晶系。层内碳原子以sp^2杂化轨
道相互结合形成六元环，并在二维方向无
限延伸，所余 p 轨道相互重叠形成大π键；
层间为范德瓦耳斯力。用作电极材料、润
滑剂等。

01.0286　金刚石　diamond
碳的一种同素异形体。天然矿物，也可人工
合成。立方晶系，其中碳原子以sp^3杂化轨
道按四面体分布成键，并贯穿整个晶体。为
自然界中硬度最大的物质。

01.0287　电气石　tourmaline
电气石族矿物的总称。为含硼的环状结构的
硅酸盐矿物。通式为：$NaM_3Al_6(Si_6O_{18})(BO_3)_3$
$(OH, F)_4$。M 为 Mg^{2+}、Fe^{2+}时，分别称镁电
气石或铁电气石。三方晶系。

01.0288　赤铁矿　hematite
氧化物矿，化学式为α-Fe_2O_3。常含 Ti^{4+}、Al^{3+}、
Fe^{2+}、Mg^{2+}等取代的同晶混入物。三方晶系。

是提炼铁最主要的矿物。

01.0289　锐钛矿　anatase
二氧化钛矿物。二氧化钛(TiO_2)的一种异构
体，四方晶系。

01.0290　钛铁矿　ilmenite
氧化物矿，化学式为$FeTiO_3$。其中部分铁常
被镁或锰置换。三方晶系。钛的重要矿物。

01.0291　金红石　rutile
氧化物矿，TiO_2的一种异构体。富含铁时称
铁金红石；富含铌、钽时称铌钽金红石。四
方晶系。钛的重要矿物。

01.0292　软锰矿　pyrolusite
氧化物矿，化学式为 MnO_2。四方晶系。为
分布较广的锰矿。

01.0293　钙铁石　brownmillerite
组成为 $Ca_2(Al, Fe^{3+})_2O_5$ 的矿。是一种存在有
序氧缺陷的钙钛矿相关结构。

01.0294　黛眼蝶相　aurivillius phase
由 Bi_2O_2 层与钙钛矿层交替生长而成的一种
结构类型。通式为$(Bi_2O_2)[A_{n-1}B_nO_{3n+1}]$，其
中 A 可以是碱金属、稀土金属等半径较大的
离子，B 通常为过渡金属离子。

01.0295　方铁锰矿　bixbyite
组成为$(Mn, Fe)_2O_3$的矿。立方晶系。

01.0296　尖晶石　spinel
氧化物矿，化学式为$MgAl_2O_4$。立方晶系。

01.0297　钙钛矿　perovskite
氧化物矿，化学式为$CaTiO_3$。立方晶系。重
要的结构类型之一。

01.0298　独居石　monazite

又称"磷铈镧矿"。磷酸盐矿,主要成分为(Ce, La)PO$_4$。其成分复杂。含其他稀土及钍、铀等元素。单斜晶系。是提取稀土和钍的重要矿物。

01.0299　重晶石　barite
硫酸盐矿,化学式为 BaSO$_4$。为钡的主要矿物,常含 Sr^{2+}、Ca^{2+} 等取代的同晶混入物。正交晶系。

01.0300　芒硝　mirabilite
又称"格劳伯盐(Glauber salt)"。硫酸盐矿,化学式为 Na$_2$SO$_4$·10H$_2$O。单斜晶系。

01.0301　石膏　gypsum
又称"生石膏"。硫酸盐矿,化学式为 CaSO$_4$·2H$_2$O。单斜晶系。

01.0302　无水石膏　anhydrite
又称"硬石膏"。硫酸盐矿,化学式为 CaSO$_4$。主要为盐湖中化学沉积产物,常与食盐、光卤石等矿物共生。地表条件下,可水化为石膏。正交晶系。

01.0303　烧石膏　burnt plaster
又称"煅石膏"。化学式为 CaSO$_4$·1/2H$_2$O。生石膏受热部分脱水的产物。

01.0304　磷灰石　apatite
磷酸盐矿,通式为 Ca$_5$(PO$_4$)$_3$X。X 为 F,Cl,OH 等。六方晶系。

01.0305　羟基磷灰石　hydroxyapatite
化学式为 Ca$_5$(PO$_4$)$_3$(OH) 的磷酸钙盐。六方晶系。

01.0306　氟磷灰石　fluorapatite
化学式为 Ca$_5$(PO$_4$)$_3$F,磷灰石的亚种之一。

01.0307　褐铁矿　limonite

为多种矿物的混合物。主要由针铁矿 α-FeO(OH) 及其水合物组成,常含纤铁矿 γ-FeO(OH) 和赤铁矿等其他成分。

01.0308　孔雀石　malachite
碳酸盐矿,化学式为 Cu$_2$(CO$_3$)(OH)$_2$。翠绿至暗绿色,故名。单斜晶系。常与蓝铜矿或黄铜矿共生。

01.0309　白钨矿　scheelite
钨酸钙矿(CaWO$_4$)的俗称。常含 Mo^{6+}、Cu^{2+}、Mn^{2+} 等取代的同晶混入物。四方晶系。与透辉石、萤石等矿物共生。为钨的主要矿物。

01.0310　黑钨矿　wolframite
又称"钨锰铁矿"。主要成分为(Fe,Mn)WO$_4$。是钨铁矿 FeWO$_4$ 和钨锰矿 MnWO$_4$ 完全类质同晶系列的中间体。单斜晶系。

01.0311　铬铁矿　chromite
氧化物矿,主要成分为 FeCr$_2$O$_4$。普遍存在类似离子置换现象,其中 Cr^{3+} 可被 Fe^{3+} 或 Al^{3+} 置换,Fe^{2+} 可被 Mg^{2+} 置换,从而形成铁铬铁矿、铝铬铁矿和镁铬铁矿。立方晶系。

01.0312　冰晶石　cryolite
氟化物矿,化学式为 Na$_3$AlF$_6$。单斜晶系。

01.0313　雌黄　arsenblende, orpiment
硫化物矿,化学式为 As$_4$S$_6$。六硫化四砷的俗称。常与雄黄、辉锑矿共生。单斜晶系。层状结构。柠檬黄色。为砷的主要矿物。

01.0314　雄黄　realgar
硫化物矿,化学式为 As$_4$S$_4$。四硫化四砷的俗称。有 α、β、γ 三种变体,均属单斜晶系。天然产物雄黄属α型。

01.0315　黄铜矿　chalcopyrite, copper pyrite

硫化物矿，化学式为 $CuFeS_2$。为分布最广的铜矿。四方晶系。常与其他矿物共生。在风化作用下，可转化为孔雀石或蓝铜矿等其他铜矿。

01.0316 蓝铜矿 azurite
俗称"石青"。主要成分为 $2CuCO_3 \cdot Cu(OH)_2$。

01.0317 闪锌矿 sphalerite, zinc blende
硫化物矿，化学式为 ZnS。立方晶系。是锌的主要矿物。

01.0318 方铅矿 galena
硫化物矿，化学式为 PbS。立方晶系。为重要的铅矿。

01.0319 辉锑矿 stibnite
硫化物矿，化学式为 Sb_2S_3。常与雄黄、雌黄、辰砂等矿物共生。正交晶系。为分布最广的锑矿。

01.0320 辉钼矿 molybdenite
硫化物矿，化学式为 MoS_2。层状结构。为分布最广的含钼矿。

01.0321 黄铁矿 pyrite
硫化物矿，化学式为 FeS_2。常含 Co^{2+}、Ni^{2+} 等取代的同晶混入物。立方晶系。

01.0322 辰砂 cinnabar

又称"朱砂""丹砂"。硫化物矿，化学式为 HgS。三方晶系。是汞的主要矿物。

01.0323 萤石 fluorite, fluorspar
氟化物矿，化学式为 CaF_2。

01.0324 岩盐 rock salt
主要成分为氯化钠。是提取氯化钠的重要天然资源之一。立方晶系。

01.0325 铈土 ceria
含二氧化铈为主的轻稀土氧化物。

01.0326 菱镁矿 magnesite
碳酸盐矿，化学式为 $MgCO_3$。常含 Fe^{2+} 等取代的同晶混入物。三方晶系。

01.0327 菱锰矿 rhodochrosite
碳酸盐矿，化学式为 $MnCO_3$。常含 Fe^{2+}、Ca^{2+}、Zn^{2+} 等取代的同晶混入物。三方晶系。

01.0328 风化 efflorescence
结晶水合物在干燥空气中失去结晶水，形成粉末状沉积物使晶体破坏的过程。

01.0329 潮解 deliquescence
某些易溶于水的物质，在潮湿的空气中吸水而溶解的过程。

01.02 一般化学反应及无机化学反应

01.0330 化合 chemical combination
由两种或者两种以上的单质或化合物发生反应，生成一种化合物的过程。例如氢气和氧气化合生成水。

01.0331 化学反应 chemical reaction
又称"化学变化""化学作用"。物质发生变化而产生新物质的过程。在化学反应中，

组成物质的原子的排列组合发生变化，旧的化学键被打断，新的化学键生成。化学反应除物质发生变化外，还常常伴随光、热等效应。

01.0332 化学活性 chemical activity
物质参加化学反应的动力学性能。通常由化学反应速率的快慢来衡量，反应速率快则化

学活性大。

01.0333 化学浸蚀 chemical etching
又称"化学刻蚀"。将物件置入适当浓度的酸、碱或盐溶液中，使其表面层如锈层或氧化层溶解的过程。

01.0334 化学修饰 chemical modification
化学反应的一种类型。以某一化合物作基础，保持其基本结构，改变分子的某些部分。

01.0335 化学镀 chemical plating
利用化学方法在物件表面沉积某种致密金属镀层的过程。化学镀不用电流，仅通过氧化还原反应实现。

01.0336 化学反应性 chemical reactivity
物质参加化学反应的热力学性能。主要指化学反应的倾向性大小。

01.0337 化学稳定性 chemical stability
通常指热力学稳定性。化学反应的化学势小，即反应的推动力小，体系处于稳定状态，不易发生化学反应。

01.0338 化学渗透 chemosmosis
当两种不同浓度的溶液被半透膜隔开时，稀溶液中的溶剂分子通过半透膜向浓溶液扩散的现象。

01.0339 不可逆反应 irreversible reaction
在一定的条件下，只能向一个方向进行的反应，且反应可以进行完全。

01.0340 可逆反应 reversible reaction
在一定的条件下，正、逆两个方向均可进行的反应。随反应条件的变化可正向或逆向移动。

01.0341 氧化还原[作用] oxidation-reduction, redox
化学反应过程中伴有电子得失而引起元素氧化态变化的反应。

01.0342 自氧化还原反应 self-redox reaction
属于歧化反应。特指分子中同一元素的原子间相互传递电子，使该元素本身既被氧化又被还原，产生不同氧化态的反应。

01.0343 歧化反应 disproportionation reaction, dismutation
(1) 具有 A+A→A′+A″ 的反应形式。其中 A′ 和 A″ 表示不同的化学物种。(2) 处于某一氧化态的物种发生反应后，产生高低不同的两种氧化态的物种的过程。

01.0344 归中反应 comproportionation reaction
又称"逆歧化反应"。歧化反应的逆反应。

01.0345 水煤气反应 water-gas reaction
水蒸气和炽热的炭作用，生成一氧化碳、氢气以及少量二氧化碳的反应。水煤气是合成氨和甲醇等的原料。

01.0346 水解 hydrolysis
物质与水反应发生的分解作用。通常指弱酸或者弱碱形成的盐与水作用后，弱酸根阴离子或弱碱的阳离子和水中的氢离子或氢氧根结合，使溶液的 pH 发生改变。

01.0347 分解 decomposition
由一种化合物生成两种或两种以上物质的反应。

01.0348 中和 neutralization
酸和碱作用生成盐和水的反应。其本质是酸中的 H^+ 和碱中的 OH^- 作用生成水。

01.0349 水合 hydration

物质与水或者水分子中的基团(如 OH^-，H^+)加合形成分子实体的作用。

01.0350　[分子间]缩合　[intermolecular] condensation
通常指两个或多个反应物分子结合，生成较大分子，同时伴随水或其他小分子生成的化学反应。

01.0351　共缩合　cocondensation
由两个或多个不同的分子结合，并伴随水或其他小分子生成的化学反应。

01.0352　分子反应　molecular reaction
在整个反应历程中，各个基元反应均由反应物分子的化学键断裂和重组形成新分子的化学反应。

01.0353　分子重排　molecular rearrangement
又称"分子内反应(inner molecular reaction)"。在一定的条件下，分子中的某些基团发生转移，或者原子位置发生改变，生成另一个新的化合物的化学反应。

01.0354　嵌入反应　intercalation reaction
又称"插层反应"。将客体引入层状主体结构的层间，而主体结构并无明显变化的化学反应。

01.0355　插入反应　insertion reaction
通式为 $X-Z+Y \longrightarrow X-Y-Z$ 的化学反应。其中 Y 插入反应物 XZ 中 X 和 Z 的化学键间。Y 通常为不饱和基团或分子，如烯、一氧化碳等。

01.0356　加成反应　addition reaction
通常指有机化学反应中，一种单质(或一简单小分子化合物)与另一化合物(通常存在双键或三键不饱和键)反应，生成一种加成产物。是化合反应的一种。

01.0357　湿法反应　wet reaction
在溶液中进行的反应。

01.0358　干法反应　dry reaction
在非溶液中进行的反应。

01.0359　电合成　electrosynthesis
利用电化学法合成有机或者无机化合物。常用于化工、制药、生物等工业。

01.0360　正[向]反应　forward reaction
通常指可逆反应的化学方程式中，从反应箭头左边反应物到右边生成物方向的反应。

01.0361　逆[向]反应　backward reaction
通常指可逆反应的化学方程式中，从生成物到反应物方向的反应。

01.0362　电离　ionization
产生离子的过程。即中性原子或分子在热、电、辐射以及溶剂分子的作用下产生离子的过程。

01.0363　电解　electrolysis
电解质溶液或熔融电解质在直流电作用下发生化学反应的过程。

01.0364　去离子化　deionization
又称"脱离子化"。用物理、化学或者电化学的方法除去溶液中的离子的过程。

01.0365　去溶剂化　desolvation
通常指在火焰光谱中，气溶胶微小液滴的溶剂蒸发过程。该过程把湿气溶胶转变为仅含固体或液体溶质的干气溶胶。

01.0366　过氧化　peroxidization
使过氧化物，即含有过氧键($R-O-O-R$)的有机化合物或者含 O_2^{2-} 阴离子的无机化合物生成的过程。

01.0367 溶剂解 solvolysis
溶质与溶剂或者溶剂化的阴离子或阳离子发生作用，使其中参加反应的溶质分子的化学键断裂的过程。

01.0368 氨解 aminolysis, ammonolysis
以氨为溶剂的溶剂解。

01.0369 醇解 alcoholysis
以醇为溶剂的溶剂解。

01.0370 电离平衡 ionization equilibrium
又称"离子平衡(ionic equilibrium)"。弱电解质在溶液中达到电离和结合动态平衡时的状态，弱电解质电离不完全。

01.0371 自发反应 spontaneous reaction
反应引发后不需要从外部提供能量就能继续进行的反应。

01.0372 吸附 adsorption
一个或多个组分在界面中或在体相中富集的现象。固体表面的吸附指气体或液体在固体表面富集的现象。溶液的表面吸附指溶质在溶液表面和体相浓度不同的现象。表面浓度大于体相浓度称为"正吸附(positive adsorption)"，反之称为"负吸附(negative adsorption)"。

01.0373 物理吸附 physical adsorption, physisorption
吸附剂和吸附质(被吸附物)通过分子间力相互作用发生的吸附。吸附的热效应较小，吸附质在一定的温度下容易脱出，吸附剂和吸附质可保持原来的化学性状。

01.0374 化学吸附 chemical adsorption, chemisorption
吸附剂和吸附质(被吸附物)产生化学键作用的吸附。吸附的热效应较大，被吸附的物质在较高的温度下才能脱出，原有的化学性状

有可能已被改变。

01.0375 同素异形转化 allotropic transition
在一定的温度和压力下，某种单质由一种结构形式转变为另一种结构形式的过程。

01.0376 阳极沉积 anodic deposition
通常指用电解方法精炼金属时，作为阳极的粗金属被氧化溶解后，在阳极沉积出不溶物的过程。

01.0377 阳极氧化 anodic oxidation
用电解法将作为阳极的金属制件的表面氧化，形成一层致密的氧化膜，使金属部件具有美观、抗腐蚀和耐磨等性能。

01.0378 阳极合成 anodic synthesis
在阳极得到预期的产物的电化学合成方法。

01.0379 自分解 autodecomposition
自动进行分解的反应。

01.0380 协同催化 concerted catalysis
两种不同催化剂的协同作用。

01.0381 协同效应 synergic effect, cooperative effect
反应物分子彼此靠近后，相互协调并连续转化为产物的作用。

01.0382 协同反应 synergic reaction, concerted reaction
又称"一步反应"。反应物分子彼此靠近并连续转化为产物分子。其过程中没有稳定中间体生成或其他反应物分子的干扰。例如电环化反应、环加成反应以及σ迁移反应等。

01.0383 光化学反应 photochemical reaction
可见、红外或者紫外辐射引发的化学反应。入射光子被反应物吸收，产生激发态分子或

自由基，从而使反应进行。

01.0384 光解 photodecomposition
可见、红外或者紫外辐射引发的分解反应。

01.0385 光卤化 photohalogenation
可见、红外或者紫外辐射引发的卤化反应。

01.0386 光[致]氧化还原反应 photoredox reaction
可见、红外或者紫外辐射引发的氧化还原反应。

01.0387 活化 activation
(1)通常指从外部向反应体系提供能量，使反应物吸收能量而提高反应活性的过程。(2)添加某种物质，加快催化反应的速率，或者使物质潜在的特殊功能表现出来的过程。

01.0388 钝化 passivation
金属经电化学或者化学方法处理后，在表面形成致密的氧化膜，使其性质由活性变为惰性的过程。

01.0389 还原 reduction
1个或多个电子转移到1个分子实体(元素氧化态降低)的过程。

01.0390 自燃 spontaneous ignition, autoignition
自发的着火燃烧。通常是物质在缓慢氧化过程中积累了足够的热量，使其不需外部热量就达到了该物质的燃点而自发燃烧。

01.0391 沉淀 precipitation
固体物质从溶液中产生和析出的过程。

01.0392 共沉淀 coprecipitation
不同的化合物同时沉淀的现象。

01.0393 质子化 protonation

化合物结合氢离子的过程。

01.0394 汞齐化 amalgamation
汞和其他金属合金化的过程。

01.0395 均相平衡 homogeneous equilibrium
在化学平衡体系中只存在单一相态(气相或者液相)。

01.0396 多相平衡 heterogeneous equilibrium
在化学平衡体系中存在两种或者两种以上的相态。

01.0397 卤化 halogenation
又称"卤化反应"。在化学反应中引入卤素原子的反应。引入不同的卤素原子而分为氟化、氯化、溴化、碘化。可以把化合物和卤素直接反应，也可和其他卤化物反应实现。

01.0398 胶凝作用 gelation
通过改变温度、加入电解质等方式使溶胶变硬成为凝胶的作用。

01.0399 均裂反应 homolytic reaction
打断分子中的化学键，使其变为两个不带电荷的基团或自由基的反应。

01.0400 异裂反应 heterolytic reaction
打断分子中的化学键，使其变为带正电荷的阳离子和带负电荷的阴离子的反应。

01.0401 质子传递 proton transfer
在分子内或者分子间，质子从一个键合的位点转移到另一个位点的过程。

01.0402 固氮[作用] nitrogen fixation
包括天然固氮和人工固氮。天然固氮指空气中的氮气被固氮菌转化为有机含氮化合物，进入氮循环的过程。人工固氮是让氮气在一定的条件下生成含氮的化合物的过程。

01.0403 苛化 causticization
用碳酸钠和氢氧化钙溶液反应生成氢氧化钠和碳酸钙沉淀，除去碳酸钙，得到氢氧化钠的过程。曾是工业制造氢氧化钠(苛性钠，烧碱)的一种方法。

01.0404 逐级分解 stepwise decomposition
在分解反应中，至少生成 1 个反应中间体，以及至少包含两个连续的基元反应步骤。

01.0405 逐级解离 stepwise dissociation
多元酸或者多元碱在电离过程中分步解离出氢离子或者氢氧根离子的过程。如磷酸(H_3PO_4)在电离过程中逐级解离出 $H_2PO_4^-$、HPO_4^{2-} 和 PO_4^{3-} 离子。

01.0406 逐级水解 stepwise hydrolysis
高价阳离子或者多元弱酸的酸根离子在水解时分步结合氢氧根离子或者氢离子。

01.0407 时钟反应 clock reaction
又称"B-Z 反应""振荡反应(oscillating reaction)"。反应过程中，一个或多个反应中间体或产物的浓度呈非单调性变化，周期性地增大与降低，发生振荡，同时伴随体系颜色(或通过加入指示剂而显色)的周期性变化。

01.0408 金丹术 alchemy
炼金术和炼丹术的合称。试图用人工的方法把丹砂(HgS)炼制成黄金或金丹的方法。或试图把常见的铅和铁等廉价金属炼制成黄金和白银。金丹术虽以失败告终，但制备了一些药剂和合金，得到了一些简单的化学反应规律，为化学的发展积累了经验。

01.0409 氨碱法 ammonia-soda process
又称"索尔维法(Solvay process)"。工业上以氯化钠、碳酸钙(分解为 CO_2, CaO)和氨气为原料制备纯碱的方法。该方法能同时得到氯化铵和大量氯化钙。

01.0410 复分解 double decomposition, metathesis
两种化合物互相交换基团生成两种新化合物的反应。可用化学反应式 AB+CD ——→ AD+CB 表示。

01.0411 氢化 hydrogenation
又称"加氢"。(1)化合物与氢气发生的化学反应。通常指不饱和烃在催化剂作用下和氢气的加成反应。(2)煤炭被氢化转变为碳氢化合物燃料油的过程。(3)长碳链烃加氢断裂为小分子的过程。

01.0412 诱导反应 induced reaction
在反应体系中，一个反应被另一个同时存在的反应加速的过程。

01.0413 臭氧化 ozonization
(1)用臭氧作为氧化剂，对反应物进行处理的反应。(2)氧气变成臭氧的反应，特别是在大气层中氧气在紫外线作用下发生光化学反应生成臭氧。

01.0414 热解 pyrolysis
化合物的高温分解，由于加热导致化合物分解或转化。

01.0415 离解 dissociation
又称"解离"。在温度、溶剂等条件下，分子分离为更简单的原子团、单个原子或离子的化学过程。

01.0416 氧炔焰 oxy-acetylene flame
乙炔在氧气中燃烧，产生 3500℃高温的火焰。用于切割或焊接金属。

01.0417 溶剂化 solvation
(1)溶质和溶剂分子之间的相互作用。(2)溶剂和不溶性物质(如离子交换树脂中的离子)间类似的作用。其相互作用主要依赖于静电力和范德瓦耳斯力以及氢键。

01.0418　醇化　alcoholization
溶剂为醇的溶剂化作用。

01.0419　铝热法　aluminothermy
用铝粉还原金属氧化物的还原法。当铝粉还原金属氧化物时，反应产生大量的热，使生成的金属熔化，并与熔渣分离。用于金属的冶炼和焊接。

01.0420　酐化　anhydridization
含氧酸缩水生成酸酐的反应。

01.0421　缓冲　buffer
由弱酸(或弱碱)与其共轭酸根(或其阳离子)组成的溶液，能减小所加入的少量酸或碱的影响，使溶液的酸碱性基本不变。

01.0422　胶态化　colloidization
物质形成胶态的过程。使固体、液体或气体形成微小尺度颗粒($10^{-9}\sim10^{-6}$m)，均匀分散在连续介质中，不易从该悬浮液中分离出去。

01.0423　配位反应　coordination reaction
(1)中心原子或离子与配体反应形成配合物的过程。(2)配位化合物之间进行的化学反应。主要有配体交换反应和中心金属原子间的电子转移(氧化还原)反应。

01.0424　配位作用　coordination
化合物的中心金属原子或离子被其他配位原子或基团围绕，并接受配位原子提供的电子对，使中心原子和配位原子形成配位键的作用。

01.0425　立体效应　steric effect
又称"空间效应"。(1)在分子中两个基团接近时，范德瓦耳斯斥力所产生的效应。此效应能在分子的基态或反应过渡态中显示。

(2)广义上还包括由于键角张力和键伸缩所产生的效应。

01.0426　对映体选择性反应　enantioselective reaction
配体与手性分子反应形成配合物时，倾向于生成两个对映异构体之中的一种。该反应力求使产物以期望的异构体为主，尽量避免另一个不需要的对映体的形成。

01.0427　偶联反应　coupled reaction, coupling reaction
在一个反应体系中，一个反应诱导另一个反应的发生或者促进另一个反应的进行。通常是第一个反应的中间体或产物诱导第二个反应。常发生在氧化还原反应或链反应中。也有把热力学上$\Delta G^0<0$的反应偶联另一个$\Delta G^0>0$的反应，使总的反应得以进行。

01.0428　消除反应　elimination reaction
反应物的一个分子分解成两部分，其中的小的部分例如水、氢气和卤化氢等通常在反应中被除去，且伴随不饱和键或环的形成。

01.0429　离子解离　ionic dissociation
分子或者晶体解离出简单离子的过程。

01.0430　离子水合　ionic hydration
离子与水的结合作用。电解质在水溶液中电离后，产生的离子与水分子结合，形成水合离子。例如，氯化钠晶体在水溶液中被水分子作用解离为水合的Na^+和Cl^-(通常书写中省略H_2O)。

01.0431　离子反应　ionic reaction
有离子参加或者生成的反应。大多离子反应在水溶液中进行。

01.0432　离子取代　ionic replacement
离子化合物的某种离子被另一种离子替代。

01.0433 氧化 oxidation
(1)狭义的氧化是指物质与氧气化合的作用。
(2)广义的氧化是指原子失去电子(氧化态升高)的过程。

01.0434 氧化加成反应 oxidation addition
具有配位空位的金属配合物中插入某些小分子形成配位共价键，同时金属氧化态升高的反应。

01.0435 还原消除反应 reduction elimination
为氧化加成反应的逆过程。

01.0436 电子转移 electron transfer
电子从一个分子实体转移到另一个分子实体，或在同一个分子实体中两个定域位置之间的转移。

01.0437 电子跃迁 electron transition
原子或分子中的基态电子在获得外界的能量后，由基态能级跃迁到激发态的某些能级，或者由激发态放出能量回到基态的过程。电子跃迁产生吸收光谱或发射光谱。

01.0438 副反应 side reaction
相同反应物在进行反应的过程中，可同时发生几种不同的反应，其中不希望发生的次要反应。副反应不仅影响产物的产率，也影响产物的纯度，因此要尽量避免副反应的发生。

01.0439 热分解 thermal decomposition, thermolysis
加热引起的化学分解反应。

01.0440 包合作用 clathration, inclusion
某些客体分子嵌入主体分子的笼中或晶格中的过程。

01.0441 脱水 dehydration

从物质中除去水分的过程。其中包括：除去物质中不定量水；结晶水合物脱去一定量的结晶水；化合物分子内或者分子间的邻近两羟基脱去一分子水。

01.0442 脱氢 dehydrogenation
有机化合物在高温和催化剂作用下，分子中的相近的两个碳原子上的氢原子形成氢气脱去的过程。

01.0443 置换反应 displacement reaction
一种单质代替化合物中的某一原子或原子团，形成另一种单质和新的化合物的反应。是广义的取代反应。可表示为 A+BC $\longrightarrow$ BA+C。

01.0444 硅氢化作用 hydrosilication
生成硅烷(硅氢化合物)的反应。单质硅不易直接氢化，通常用卤化硅和氢化铝锂等还原剂反应制取。

01.0445 硅化作用 silication
生成金属硅化物的过程。通常以无水金属卤化物和硅粉作为起始原料，通过还原-硅化途径制备难熔金属硅化物的方法。

01.0446 断裂反应 cleavage reaction
分子内由于化学键断裂生成小分子的反应。常指有机化合物在受热和催化剂作用下，碳碳键断裂生成小分子的反应。

01.0447 成链作用 catenation
原子之间相互连接形成长链的作用。

01.0448 链[式]反应 chain reaction
又称"连锁反应"。体系自我支撑的循环反应。前一步反应的生成物可引发下一步反应。通常引发反应的中间产物为自由基，是链反应的关键。

01.0449 模板合成 template synthesis

在反应体系中加入一定形状或具有某种性质的分子或离子，使其作为"模板"诱导某种特定结构或性质的产物的形成。

01.0450 自组装 self-assembly
基于静电力、范德瓦耳斯力、氢键、疏水相互作用等非化学键相互作用，由于内聚能降低，若干分子、颗粒等形成某种有序结构聚集体的过程。

01.0451 分子识别 molecular recognition
一个分子对另一个分子或原子具有的特殊高选择性。是生物化学(酶与底物的识别)、主-客化学(主体与客体的识别)和超分子化学(受体与底物的识别)的基本特征。

01.0452 酸解 acidolysis
物质在酸作用下发生的分解反应。

01.0453 酸碱平衡 acid-base equilibrium
弱酸或弱碱在水溶液中的电离平衡。

01.0454 碱熔 alkali fusion
火法冶炼中熔解矿石的方法之一。将金属矿石与碱性熔剂(如 $NaOH$ 或 Na_2CO_3)混合加热共熔，使其发生反应分解，以便于金属盐被水浸出。多用于稀有金属矿石的处理。

01.0455 酸化 acidification
加酸使分子或离子与 H^+ 结合的过程。

01.0456 碱性聚合 alkaline polymerization
在碱性条件下把某种单体或者不同单体的混合物转变为多聚体或高聚物的过程。

01.0457 碱化 alkalization
加碱使分子或离子与 OH^- 结合的过程。

01.0458 缔合反应 association reaction
相同或相异的分子之间由较弱的非化学键作用力(如极性分子的偶极作用、氢键等)结合的反应。

01.0459 渗碳 carburization
利用热扩散作用，把钢等金属制件与碳一同加热处理，使碳渗入到制件的表层，形成合金层，以增加其表面的抗氧化性、耐磨性和硬度。

01.0460 羰基化 carbonylation
在无机化学中，主要指引入一氧化碳的反应。

01.0461 氰化 cyanidation
贵金属单质或者难溶化合物与氰化钠溶液作用生成相应的可溶性氰络合物的过程。是提取金、银等贵金属的一种方法。

01.0462 磷化 phosphorization
对钢铁配件进行处理，使其表面形成一层不溶于水的磷酸盐薄膜的过程。磷化膜常为磷酸铁、磷酸锰和磷酸锌。配件经磷化处理后具有较高的抗腐蚀性能和润滑吸收性。

01.0463 温室效应 greenhouse effect
大气层的某些气体吸收红外辐射引起地球气候变暖的现象。与温室效应有关的气体主要是二氧化碳，也包括水汽、氯氟烃和甲烷气等。它们能让可见光和紫外线透过到达地面，同时吸收从地球表面辐射的热量，引起全球气候变暖。

01.03 配位化学

01.0464 配位化学 coordination chemistry
研究配位化合物的制备、形成、结构、性质

及应用的一门学科。

01.0465 配位化合物 coordination compound, complex
简称"配合物"。又称"络合物"。中心原子(或离子)与配体通过配位键按一定的组成和空间构型所形成的化合物。

01.0466 络离子 complex ion
又称"配离子"。由阳离子或原子与一定数目的分子或离子以配位键相结合形成的复杂离子。

01.0467 络阴离子 complex anion
又称"配阴离子"。带负电荷的络离子。

01.0468 络阳离子 complex cation
又称"配阳离子"。带正电荷的络离子。

01.0469 中心原子 central atom
在配合物中接受孤电子对或离域电子的原子(或离子)。

01.0470 配[位]体 ligand
配合物中向中心原子(或离子)提供孤对电子或离域电子的原子、分子、离子、离子团。

01.0471 配位原子 ligating atom, coordination atom
配体中与中心原子直接键合的原子。

01.0472 络合剂 complexing agent, complexant
又称"配位剂"。提供配位体的分子或基团。

01.0473 单齿配体 monodentate ligand
只提供 1 个配位原子的配体。

01.0474 多齿配体 polydentate ligand
提供两个或两个以上配位原子的配体。

01.0475 大环配体 macrocyclic ligand
由 3 个或 3 个以上配位原子组成的环状配体。

01.0476 大分子配体 macromolecular ligand
含有配位原子的大分子化合物或基团。

01.0477 穴状配体 cryptand
又称"穴合剂"。3 个或 3 个以上配位原子与有机基团通过共价键结合形成的多环化合物。其具有空腔,能容纳客体分子或离子。

01.0478 端基配体 endo-ligand, terminal ligand
只与 1 个金属原子(或离子)直接连接的配体。

01.0479 桥联配体 exo-ligand, bridging ligand
连接两个中心原子或离子的配体。

01.0480 羟联 olation
羟基的氧原子与两个或两个以上的中心原子相连接。

01.0481 氧联 oxalation
氧基与两个或两个以上的中心原子相连接。

01.0482 σ 配体 σ-bonding ligand
以孤对电子与中心原子或离子形成 σ 配位键的配体。

01.0483 π 配体 π-bonding ligand
以π电子与中心原子或离子形成配位键的配体。通常是含碳-碳多重键的基团或分子。

01.0484 金属配合物配体 metalloligand
向中心原子提供孤对电子或离域电子的金属配合物。

01.0485 螯合配体 chelating ligand
具有两个或两个以上的配位原子且能与同一中心原子结合形成环状结构的配体。

01.0486 螯合物 chelate

中心原子与螯合配体形成的配合物。

01.0487 螯合效应 chelate effect

由于螯合环的形成使配合物具有特殊稳定性的作用。

01.0488 螯合基团 chelate group

具有两个或两个以上的配位原子并能与同一中心原子结合形成环状结构的基团。

01.0489 螯合环 chelate ring

螯合物中包括中心原子和配位原子在内的环状结构。

01.0490 螯合作用 chelation

同一配体中两个或两个以上配位原子与同一个中心原子间的配位成环过程。

01.0491 螯合剂 chelating agent

具有两个或两个以上的配位原子并能与同一中心原子键合形成环状结构的化合物。

01.0492 配位数 coordination number

直接同中心离子(或原子)结合的配体原子或 π 电子对数。

01.0493 配位多面体 coordination polyhedron

与中心原子相连的配位原子构成的几何体。

01.0494 配位层 coordination sphere

直接与配合物的中心原子相连的配位体层。

01.0495 内层 inner sphere

又称"内界"。配合物中,中心原子及与其直接相连的配体所组成的稳定实体。在配合物化学式书写中放在方括号内。

01.0496 外层 outer sphere

又称"外界"。配合物中不与中心原子形成配位键的分子或基团。在配合物化学式书写中放在方括号外。

01.0497 内轨配合物 inner orbital coordination compound

价键理论中,中心原子以内层 d 轨道参与杂化成键而形成的配合物。

01.0498 外轨配合物 outer orbital coordination compound

价键理论中,中心原子全部以最外层空轨道杂化成键而形成的配合物。

01.0499 低自旋配合物 low spin coordination compound

配体产生的配位场造成中心金属离子的 d 轨道分裂,对于某些 d 电子组态,如在八面体配位场下的 $d^4{\sim}d^7$ 电子组态,当分裂能大于电子成对能(称为强场)时,d 电子优先占据能量低的 d 轨道,导致较多的电子成对形成低的配合物。

01.0500 高自旋配合物 high spin coordination compound

当分裂能小于电子成对能,电子可以排布在能量高的 d 轨道,导致较多的电子未成对形成的配合物。

01.0501 顺磁性配合物 paramagnetism coordination compound

磁化率大于零的配合物。

01.0502 抗磁性配合物 diamagnetism coordination compound

磁化率为负的配合物。

01.0503 八面体配合物 octahedral complex

中心原子的配位多面体为八面体的配合物。

01.0504 四面体配合物 tetrahedral complex

中心原子的配位多面体为四面体的配合物。

01.0505 平面四方配合物 planar square complex
中心原子的配位多面体为平面四方形的配合物。

01.0506 金属簇 metal cluster
又称"金属簇合物"。通过金属-金属键，形成以多面体骨架为特征的聚集体。

01.0507 夹心配合物 sandwich coordination compound
中心原子夹在平面型π配体之间形成的配合物。如二茂铁。

01.0508 多元配合物 polycomponent coordination compound
含有三种或三种以上中心原子和(或)配体的配合物。

01.0509 单核配合物 mononuclear coordination compound
只含有一个中心原子的配合物。

01.0510 多核配合物 polynuclear coordination compound
含有两个或两个以上中心原子的配合物。

01.0511 同多核配合物 isopolynuclear coordination compound
中心原子种类相同的多核配合物。

01.0512 杂多核配合物 heteropolynuclear coordination compound
中心原子种类不同的多核配合物。

01.0513 混合配体配合物 mixed ligand coordination compound
简称"混配化合物"。具有不同种类配体的

配合物。

01.0514 手性配合物 chiral coordination compound
与其镜像不能重合的配合物。具有旋光活性。

01.0515 易变配合物 labile complex
又称"活性配合物"。配体取代反应迅速的配合物。

01.0516 惰性配合物 inert complex
配体取代反应缓慢的配合物。

01.0517 金属卟啉 metalloporphyrin
配体为卟啉的金属螯合物。如铁卟啉。

01.0518 金属酞菁 metal phthalocyanine
配体为酞菁的金属螯合物。

01.0519 穴合物 cryptate
穴状配体与客体组成的化合物。

01.0520 金属羰基化合物 metal carbonyl compound
含羰基(CO)配体的配合物。

01.0521 金属亚硝酰配合物 metal nitrosyl complex
含亚硝酰(NO)配体的配合物。

01.0522 金属卡宾 metal carbene
低价过渡金属与亚烷基形成的配合物。

01.0523 金属卡拜 metal carbine
低价过渡金属与次烷基形成的配合物。

01.0524 金属茂 metallocene
又称"茂金属"。由两个环戊二烯(茂)基或其衍生物以η^5方式(五原子共同配位的方式)与金属配位形成的化合物。

01.0525　二茂铁　ferrocene
特指由两个环戊二烯(茂)基以 η^5 方式与铁配位形成的有机金属化合物。

01.0526　蔡斯盐　Zeise salt
化学名称是三氯乙烯合铂(Ⅱ)酸钾。化学式为 $K[PtCl_3(C_2H_4)]$。1827 年由蔡斯(Zeise)发现。

01.0527　金属配位聚合物　metal coordination polymer
金属之间通过配位键形成的具有一维、二维或三维扩展结构的配合物。

01.0528　金属有机骨架　metal-organic framework, MOF
金属原子和有机桥连配体通过配位键形成的一维、二维或三维骨架。

01.0529　金属氧酸　oxometallic acid
中心原子为金属元素的含氧酸。

01.0530　金属氧酸盐　oxometallate
含金属氧酸根的盐。

01.0531　多酸　polyacid, polynuclear acid
含有两个或两个以上中心原子的含氧酸。中心原子可以直接键连或桥连。

01.0532　同多酸　isopolyacid
中心原子为同种元素的多酸。

01.0533　杂多酸　heteropolyacid
中心原子为不同种元素的多酸。

01.0534　多金属氧酸　polyoxometallic acid
中心原子为金属元素的多酸。

01.0535　多金属氧酸盐　polyoxometallate
含多金属氧酸根的盐。

01.0536　大环效应　macrocyclic effect
与非环状配体相比较，大环配体能够形成更稳定的配合物，并具有更高选择性的效应。

01.0537　反位效应　*trans*-effect
在平面正方形和八面体构型的配合物中，配体对其反位配体的活化作用。

01.0538　反馈作用　back donation
金属的π对称性d电子反馈到配体的π型反键轨道的成键作用。

01.0539　配体交换　ligand exchange
配合物的配体与其他基团之间发生的取代反应。

01.0540　配位异构　coordination isomerism
配合物的异构现象之一。由配阴离子和配阳离子组成的配合物，相互交换两者各自配体的异构现象。

01.0541　几何异构　geometrical isomerism
配合物中，配体相同但空间排布方式不同而产生的异构现象。

01.0542　电离异构　ionization isomerism
组成相同的配合物在溶液中产生不同离子的异构现象。

01.0543　键合异构　linkage isomerism
配体能以两种或两种以上方式与中心原子键合的现象。

01.0544　旋光异构　optical isomerism
又称"光学异构"。手性配合物与其镜像不能相互重叠，并能使偏振光发生不同方向偏转的异构现象。

01.0545　立体异构　stereoisomerism
原子在空间排列不同但连接方式或成键方

式无差异的异构现象。

01.0546 对映异构 enantiomerism
由一对具有镜像关系的手性配合物构成的
异构体现象。

01.0547 多面体异构 polytopal isomerism
组成和配位数都相同的配合物中，配位原子
在中心原子周围的排列方式不同而产生的
不同配位多面体的现象。如平面四方形和四
面体、八面体和三棱柱等。

01.0548 溶剂合异构 solvate isomerism
溶剂分子取代不同数目的内界配体产生的
异构现象。溶剂分子为水时称为水合异构。

01.0549 价态异构 valence isomerism
配合物组成、结构相同而中心原子价态不同
所产生的异构现象。

01.0550 面式异构体 facial isomer
八面体配合物(MA_3B_3)中 3 个配体 A 和 3 个
配体 B 各占据八面体的 1 个三角形顶点的几
何异构体。

01.0551 经式异构体 meridianal isomer
八面体配合物(MA_3B_3)中 3 个配体 A 或 3 个
配体 B 占据八面体外接球的经线位置的几
何异构体。

01.0552 顺式异构体 *cis*-isomer
平面四方形或八面体的配合物中相同配体
处于邻位的几何异构体。

01.0553 反式异构体 *trans*-isomer
平面四方形或八面体的配合物中相同配体
处于对位的几何异构体。

01.0554 配位键 coordination bond
由配体提供电子对与中心原子结合所形成

的化学键。

01.0555 共价配[位]键 covalent coordination bond
中心原子与配体以共价键结合的配位键。

01.0556 电价配[位]键 electrovalent coordination bond
中心原子与配体以离子键结合的配位键。

01.0557 配位场 ligand field
又称"配体场"。配合物中配体在中心原子
周围所建立的静电场，该场使中心原子的简
并轨道发生分裂。

01.0558 配位场理论 ligand field theory
在晶体场理论的基础上，考虑配体的电子结
构及其与中心原子间的共价作用所形成的
理论。

01.0559 配位场分裂 ligand field splitting
配位场导致原子或分子能级的简并度发生
改变，轨道产生分裂。

01.0560 零场分裂 zero field splitting
在没有外磁场的情况下，中心原子的亚能级
多重态产生的分裂。

01.0561 配位场稳定化能 ligand field stabilization energy
过渡金属的 d 电子进入分裂的 d 轨道后相对
于它们处在未分裂 d 轨道时总能量下降，其
额外获得的这部分能量使体系更稳定。

01.0562 电子成对能 electron pairing energy
当 2 个电子占有同一轨道自旋成对时必须克
服电子之间的相互排斥作用所需要的能量。

01.0563 自旋磁矩 spin magnetic moment
电子的自旋角动量所产生的磁矩。

01.0564 轨道磁矩 orbital magnetic moment
原子或分子中电子轨道运动具有的角动量产生的磁矩。

01.0565 低自旋态 low spin state
自旋平行的电子数较少的一种状态。

01.0566 高自旋态 high spin state
自旋平行的电子数较多的一种状态。

01.0567 π酸 π-acid
又称"π受体(π-acceptor)"。以空的π轨道接受电子，又以其充满的轨道给出电子的一类配体。

01.0568 π碱 π-base
又称"π给体(π-donor)"。利用π轨道给出电子的一类配体。

01.0569 反馈键 back donating bonding
具有σ和π双重成键作用的配位键。其中配体除给出孤对电子以形成σ键外，还接受中心金属原子反馈的电子形成π键。

01.0570 金属-金属键 metal-metal bond
金属原子之间直接形成的化学键。

01.0571 金属-金属多重键 metal-metal multiple bond
键级大于1的金属-金属键。

01.0572 金属-金属四重键 metal-metal quadruple bond
键级等于4的金属-金属键。通常由1个σ、2个π和1个δ分子轨道组成。

01.0573 有效原子序数规则 effective atomic number rule
部分配合物中金属原子的全部电子数与所有配体提供的电子数的总和恰好等于金属

元素所在周期中稀有气体的原子序数。

01.0574 18电子规则 eighteen electron rule
部分配合物中，金属价电子数加上配体给出的电子数的总和等于18的分子是稳定的。

01.0575 光谱化学序列 spectrochemical series
根据配位场分裂能的大小排列配体的一种顺序。分裂能由光谱实验数据得到。

01.0576 角重叠模型 angular overlap model
描述过渡金属配合物的成键作用及解释它们的结构和光谱的一种半定量的分子轨道模型。主要考虑中心原子和配体的电子云重叠，采用角重叠参数和标度因子，简化分子轨道的复杂计算。

01.0577 等瓣 isolobal
又称"等叶片"。具有相同的电子数目、前线轨道、对称性及相近能量的两个分子碎片。

01.0578 条件稳定常数 conditional stability constant
由于热力学稳定常数的计算需要考虑各平衡物种的活度，实验上通常在恒定离子强度的溶液中进行测定，常将所得配合物的浓度常数作为衡量稳定性的尺度，因此，基于浓度的稳定常数称为条件稳定常数。

01.0579 逐级稳定常数 stepwise stability constant
金属离子M与配体L形成配合物ML_1, ML_2, ML_3, $\cdots$, ML_n的过程中，配体L与ML_{i-1}逐级形成配合物ML_i($i=1, 2, \cdots, n$)的分步反应的平衡常数$K_1, K_2, \cdots, K_{n-1}, K_n$。

01.0580 累积稳定常数 cumulative stability

constant

金属离子 M 与配体 L 形成配合物 ML_1，ML_2，ML_3，…，ML_{n-1}，ML_n 的累积稳定常数 $\beta_1=K_1$，$\beta_2=K_1K_2$，…，$\beta_n=K_1K_2\cdots K_n$。

01.0581 稳定常数 stability constant
金属离子与配体形成配合物的反应平衡常数。是配合物在溶液中稳定性的量度。

01.0582 不稳定常数 instability constant
配合物在溶液中分解为它的组成部分金属离子与配体的反应平衡常数。

01.0583 质子化常数 protonation constant
物种结合质子的反应平衡常数。

01.0584 生成常数 formation constant
在溶液中由组成物种生成配合物的反应平衡常数。通常与配合物的稳定常数相对应。

01.0585 条件生成常数 conditional formation constant
基于浓度的生成常数。与条件稳定常数相对应。常用于生物化学和分析化学。

01.0586 水合数 hydration number
金属离子周围直接键合的水分子数目。

01.0587 解离机理 dissociative mechanism

取代反应的 S_N1 机理。取代反应过程中反应物分子离解出配体形成配位数减少的中间体，该步反应为决速步。

01.0588 缔合机理 associative mechanism
取代反应的 S_N2 机理。取代反应过程中生成了配位数增加的中间体，该步反应为决速步。

01.0589 互换机理 interchange mechanism
发生取代反应时，进入配体的结合和离去配体的断裂几乎同时进行，中心离子的配位数没有发生变化。

01.0590 共轭碱机理 conjugate base mechanism
配合物失去质子生成共轭碱的水解反应机理。

01.0591 内层机理 inner sphere mechanism
两个配合物发生电子转移反应时，在还原剂和氧化剂之间的电子转移涉及桥式中间体的形成和基团的转移，反应过程中伴随有键的断裂和形成。

01.0592 外层机理 outer sphere mechanism
两个配合物发生电子转移反应时，金属离子的配位层保持不变，电子在还原剂和氧化剂之间发生，转移过程中没有键的断裂和形成。

01.04 生物无机

01.0593 活性氧[物种] reactive oxygen species, ROS
氧分子代谢产物及其衍生的所有高反应性的含氧自由基、过氧化物和单线态氧等物种。

01.0594 超氧自由基 superoxide radical
氧分子接受 1 个电子形成的氧自由基·O_2^-。具

有重要的生物功能，与多种疾病密切相关。

01.0595 羟自由基 hydroxyl radical
氧分子的三电子还原产物(·OH)。反应活性高、寿命短、对机体危害大。

01.0596 自由基清除剂 free radical scavenger
能与自由基反应并清除自由基的试剂。

01.0597 氧载体 oxygen carrier
生物体系中具有储存和运输氧分子功能的一类生物分子。

01.0598 铁结合物 siderophore
又称"铁载体"。泛指由细菌产生的可与三价铁配位并用于清除铁的化合物。

01.0599 内稳态 homeostasis
生命过程中，每一种元素总是在不停地被排出并不停地蓄积，但它们在生物体内的总浓度要保持稳定的状态。

01.0600 生物矿化 biomineralization
生物体内无机矿物的形成过程。

01.0601 生物矿物 biomineral
生物体内形成的无机矿物材料。

01.0602 生物陶瓷 bioceramic
具有生物兼容性的陶瓷材料。

01.0603 矿化组织 mineralized tissue
形成晶态或无定形态矿物的生物组织。

01.0604 去矿化 demineralization
又称"脱矿"。机体、组织尤其是骨骼中矿物成分缺失或减少的现象。

01.0605 矿化 mineralization
有机组织转化为矿物的现象。

01.0606 光合作用 photosynthesis
植物和某些细菌通过叶绿体等利用光能将二氧化碳(CO_2)和含氢物质合成有机物的过程。

01.0607 生物利用度 bioavailability
食物成分或外源物质被器官或生物体吸收和转运到特定部位的能力。

01.0608 生物模拟 biosimulation
又称"仿生(bionic)"。人工模拟生物体的化学过程。也指在结构或功能上对生物材料的模拟。

01.0609 金属离子激活酶 metal ion activated enzyme
本身不含金属离子，但需要金属离子的存在才能表现生物活性的酶。

01.0610 金属酶 metalloenzyme
活性位点上含有 1 个或多个金属离子的酶。金属离子对其生物功能起着关键作用。

01.0611 血卟啉 hemoporphyrin
存在于血红蛋白和肌红蛋白中，由 4 个吡咯环组成的含特定侧链的大环化合物。

01.0612 血红素蛋白 hemoprotein
含有铁-卟啉单元的蛋白质。

01.0613 血红素 heme
铁和血卟啉形成的配合物。是血红蛋白、肌红蛋白和细胞色素的辅基。

01.0614 高铁血红素 ferriheme
三价铁和血卟啉形成的配位化合物。

01.0615 血红蛋白 hemoglobin
红细胞中的载氧蛋白。通常由 2 个 α 亚基和 2 个 β 亚基组成，每个亚基含有一分子血红素辅基。

01.0616 肌红蛋白 myoglobin
存在于肌肉中的载氧蛋白。其结构与血红蛋白的亚基类似。

01.0617 天青蛋白 azurin
某些细菌中含有 I 型铜活性中心的电子转移蛋白。

01.0618 脱辅基蛋白 apoprotein
脱去特有辅基或金属中心的蛋白。

01.0619 细胞色素 cytochrome
具有电子传递功能的血红素蛋白。其还原态在 510 nm 至 615 nm 间有很强的吸收谱带(α带和 β 带，α带波长较长)。依据细胞色素所含血红素类型的不同而表现出的不同 α 谱带，可分为细胞色素 a, b, c 或 d。

01.0620 细胞色素 P-450 cytochrome P-450
含有血红素的单加氧酶的统称。在 450nm 有强吸收谱带。肝脏等组织中微粒体所含有的细胞色素 P-450 具有对多种外源物包括药物进行代谢的功能。

01.0621 细胞色素 c 氧化酶 cytochrome c oxidase
动物和植物线粒体中的主要呼吸酶。其功能是催化氧化细胞色素 c，从而使氧气被还原为水。

01.0622 必需元素 essential element
生命过程中必不可少的元素。目前认为有 27 种，例如其中硼为植物必需元素。

01.0623 非必需元素 nonessential element
生物效应不明确且无明显毒性的元素。

01.0624 微量元素 microelement, trace element
生物体内含量很少但是维持生理功能所必需的元素。

01.0625 离子泵 ion pump
利用三磷酸腺苷(ATP)或光等能量将离子沿着热力学不利的方向跨膜转运的蛋白。

01.0626 钙泵 calcium pump
在细胞膜上以主动转运机制跨膜运送钙离

子的蛋白。

01.0627 金属结合蛋白 metal binding protein
对特定金属离子具有选择性结合能力的蛋白。如钙结合蛋白、铁结合蛋白等。

01.0628 金属蛋白 metalloprotein
含有金属中心并具有重要的生理功能的蛋白质。

01.0629 铁蛋白 ferritin
又称"储铁蛋白"。由 24 个亚基组成，能包裹多达 4500 个铁原子的蛋白。

01.0630 运铁蛋白 transferring
存在于血浆中的运输铁的蛋白。每分子可以结合两个三价铁。

01.0631 血浆铜蓝蛋白 ceruloplasmin
存在于血浆中的一种蓝色的含铜氧化酶。与生物体的铁代谢有关，在其分子结构中含有多个不同结合类型的铜离子。

01.0632 铁氧化还原蛋白 ferredoxin
含有铁硫原子簇的蛋白。具有电子传递的功能。

01.0633 蚯蚓血红蛋白 hemerythrin
蚯蚓等无脊椎动物体内存在的载氧蛋白。其活性中心含有 1 个双氧桥连的双核铁结构。

01.0634 锌指蛋白 zinc finger protein
在基因转录和复制中起重要作用的一类脱氧核糖核酸(DNA)结合蛋白。一般含有多个结构域，每个结构域含有多个半胱氨酸和多个组氨酸残基，与 Zn^{2+} 配位形成类似于手指状结构，称为锌指结构。

01.0635 血蓝蛋白 hemocyanin

存在于节肢动物、软体动物等无脊椎动物中的载氧蛋白。其活性中心含有双核铜结构。

01.0636 质体蓝素 plastocyanin
含有Ⅰ型铜中心的电子转移蛋白。参与植物和蓝藻菌的光合作用。

01.0637 钙调蛋白 calmodulin
又称"钙调素"。感受细胞内钙离子浓度变化，参与细胞信号转导的钙离子结合蛋白。

01.0638 电子传递蛋白 electron transfer protein
含有金属离子、在生命过程中具有电子传递功能的蛋白质。

01.0639 金属转运载体 metal transporter
具有跨膜转运和胞内移动金属离子功能的蛋白质。

01.0640 氧饱和曲线 oxygen saturation curve
血红蛋白结合氧的百分数随氧分压变化的曲线。

01.0641 长程电子传递 long range electron transfer
生物大分子内间隔10nm以上的电子给体和受体之间的电子传递。

01.0642 金属结合部位 metal binding site
蛋白质中与金属离子结合的氨基酸残基、多肽片断或结构域。

01.0643 活性中心 active center
又称"活性位点(active site)"。酶分子中发生特定反应的部位。

01.0644 离子载体 ionophore
能携带特定离子穿过细胞膜或细胞器膜结构的化合物。

01.0645 金属伴侣 metallochaperone
协助金属离子将其传输到细胞的特定区域或物种的蛋白质。

01.0646 离子通道 ion channel
选择性透过某种离子(如Ca^{2+}, Na^+, K^+)的细胞膜通道。通常是膜蛋白。

01.0647 跨膜运输 transmembrane transport
底物分子(包括金属离子)通过膜蛋白等转运体在细胞膜内外的传输过程。

01.0648 可移动化 mobilization
结合在大分子上的金属离子解离下来，形成可以在一定区域内自由移动的小分子配合物的过程。

01.0649 造影剂 contrast agent
应用在医学诊断技术中，能改善组织如血管、体腔成像效果的试剂。

01.0650 铁硫蛋白 iron-sulfur protein
分子中铁与半胱氨酸硫以及无机硫原子配位的一种非血红素铁蛋白。

01.0651 金属硫蛋白 metallothionein
富含半胱氨酸并且能与锌、镉和铜等金属离子以簇的形式结合的小蛋白。

01.0652 结合位点 binding site
分子中能与其他分子或离子形成稳定相互作用的特定位置。

01.0653 氧化性损伤 oxidative damage
氧化性物质尤其是含氧自由基对生物大分子或细胞组织所造成的损伤。这些损伤与多种疾病的发生、发展直接相关。

01.0654 双金属酶 bimetallic enzyme
含有双金属活性中心的酶。金属中心之间通过协同效应发挥作用。

01.0655 钴胺素 cobalamine
钴(III)与咕啉衍生物的配合物。维生素 B_{12} 是其中重要的一种，在微生物中合成并储存在肝脏中。

01.0656 博来霉素 bleomycin
可螯合金属离子的糖肽类抗生素。三价铁的博来霉素配合物，是一种抗肿瘤试剂。

01.0657 去铁敏 desferrioxamine
由细菌合成的铁螯合试剂。常作为铁排出剂，广泛用于治疗血色素沉着病和地中海贫血症等铁过量引发的疾病。

01.0658 肠杆菌素 enterobactin
在大肠杆菌等肠内细菌中存在的一种铁载体。

01.0659 索雷谱带 Soret band
卟啉类化合物的吸收光谱上位于短波长区域的强吸收带。

01.0660 氧合作用 oxygenation
氧分子作为配体与金属蛋白的结合。

01.0661 辅酶 B_{12} coenzyme B_{12}
5′-脱氧腺苷钴胺素。为催化分子内重排反应有关酶的辅因子。

01.0662 辅因子 cofactor
酶显现活性所需的分子或离子。

01.0663 超氧化物歧化酶 superoxide dismutase, SOD
能催化超氧负离子发生歧化反应生成过氧化氢和氧气的酶。其活性位点含有铜和锌，或者铁或锰。

01.0664 谷胱甘肽过氧化物酶 glutathione peroxidase
生物机体内重要的抗氧化酶之一。底物是低分子量的含硫化合物谷胱甘肽。具有消除机体内的过氧化氢和过氧化物，阻断其对机体损伤的功能。

01.0665 黄嘌呤氧化酶 xanthine oxidase
能将核酸降解产物之一的黄嘌呤催化氧化为尿酸，在生物体内普遍存在的一类钼转氧酶。

01.0666 固氮酶 nitrogenase
催化氮气还原为氨的酶。常存在于根瘤菌等细菌中。

01.0667 磷酸二酯酶 phosphodiesterase
能催化正磷酸二酯水解生成磷酸单酯和醇的酶。

01.0668 卤素过氧化物酶 haloperoxidase
能催化卤离子转变成次卤酸根 XO-(X 为 Cl，Br 或 I)或有机卤化物的过氧化物酶。多为血红素蛋白。海藻中的卤素过氧化物酶含有钒。

01.0669 脲酶 urease
能催化尿素水解生成氨和二氧化碳的含镍酶。其活性中心含有氨基甲酸根桥连的双核镍。

01.0670 蛋白酶 proteinase
能催化蛋白质水解的酶的总称。

01.0671 过氧化氢酶 catalase
能催化过氧化氢歧化为氧气和水的血红素蛋白。也能催化过氧化氢氧化其他化合物的反应。

01.0672 过氧化物酶 peroxidase
能催化过氧化物对底物氧化作用的酶。

01.0673 全酶 holoenzyme
包含辅基和/或辅因子的酶蛋白分子。

01.0674 硝酸盐还原酶 nitrate reductase
能将硝酸根还原为亚硝酸根的含钼金属酶。

01.0675 亚铁螯合酶 ferrochelatase
能催化亚铁离子结合原卟啉 IX 形成血红素的酶。哺乳动物的亚铁螯合酶中含有 1 个铁硫簇。

01.0676 亚硝酸盐还原酶 nitrite reductase
能催化亚硝酸盐还原的金属酶。异化亚硝酸盐还原酶含有铜，能将亚硝酸根还原成一氧化氮。同化亚硝酸盐还原酶含有赛罗血红素(Siroheme)和铁硫原子簇，能将亚硝酸根还原成氨。

01.0677 酯酶 esterase
催化酯水解的酶的总称。

01.0678 氢化酶 hydrogenase
在氢分子存在下，催化铁氧化蛋白及其他化合物的还原反应并参与细菌光合作用中的电子传递的酶。

01.0679 嗜热菌蛋白酶 thermolysin
从嗜热菌中分离得到的含钙和锌的中性蛋白酶。

01.0680 多铜氧化酶 multicopper oxidase
含有多个铜结合中心、催化有机底物氧化的酶。

01.0681 水解酶 hydrolase
催化有机分子水解的酶。

01.0682 碳酸酐酶 carbonic anhydrase
催化碳酸分解成二氧化碳和水及其逆反应的含锌酶。

01.0683 单加氧酶 monooxygenase, monooxygenase
催化氧分子中的 1 个氧原子插入到芳香族或脂肪族化合物中的酶。该催化反应伴随着尼克酰胺腺嘌呤二核苷酸[NAD(P)H]或 2-氧代戊二酸等共底物的氧化。

01.0684 核酸酶 nuclease
催化水解核糖核酸和/或脱氧核糖核酸中磷酸二酯键的酶。只催化核糖核酸(RNA)水解的为核糖核酸酶；只催化脱氧核糖核酸(DNA)水解的为脱氧核糖核酸酶。

01.0685 核糖核酸酶 ribonuclease
能够催化水解核糖核酸中磷酸二酯键的酶。

01.0686 顺铂 cisplatin
顺-二氨二氯合铂(II)。第一代抗肿瘤药物，其结合位点是脱氧核糖核酸(DNA)分子上的碱基。

01.0687 卡铂 carboplatin
又称"碳铂"。顺-二氨(环丁基-1, 1-二羧酸)合铂(II)。第二代铂类抗癌药物，其毒性小于顺铂。

01.0688 芬顿反应 Fenton reaction
二价铁离子还原过氧化氢，生成羟自由基的反应。$Fe^{2+} + H_2O_2 \longrightarrow Fe^{3+} + \cdot OH + OH^-$。

01.0689 地中海贫血症 Thalassemia
血红蛋白突变造成的一种慢性遗传疾病。有 α、β、δβ、δ 4 种类型。

01.0690 威尔逊氏症 Wilson disease
铜离子过剩而引起的遗传疾病。由于铜离子无法从胆汁中排出，导致其在肝脏、大脑、肾脏和红细胞内不断累积，从而引发溶血性 贫血、慢性肝脏疾病以及神经综合征。

01.05 无机固体化学

01.0691 固溶体 solid solution
以某一组元为溶剂，溶入其他组元(溶质)所形成的均匀混合的固态溶液。分有限无限、有序无序、置换、间隙等类型。固溶体的晶体结构常保持溶剂晶体结构的基本特征，或为溶剂晶体结构的超结构。

01.0692 非晶态 amorphous state
原子排列无长程周期性有序特点的固体，实为凝固了的过冷液体。包括玻璃、凝胶、玻璃态金属或合金、玻璃态半导体、无定形碳以及玻璃态聚合物(高分子)等。玻璃态属热力学介稳态。

01.0693 共价晶体 covalent crystal
又称"原子晶体(atomic crystal)"。(1)由共价键连接的原子构成的三维无限网络结构的晶体。如金刚石、碳化硅等。(2)广义的共价晶体包括由共价键连接形成的一维无限链状结构(如灰硒)和由共价键连接形成的二维层状结构(如 α-BN)。

01.0694 分子晶体 molecular crystal
以有限原子组成的电中性分子为结构单元，通过范德瓦耳斯力、氢键等弱化学作用力构成的晶体。例如冰、干冰等。

01.0695 缺陷晶体 imperfect crystal
理想晶体的平移对称性因少量原子的错位、代换、欠缺或填隙而导致的破缺，称为晶体的缺陷。实际晶体都有缺陷，都是缺陷晶体。缺陷有体缺陷、面缺陷、线缺陷和点缺陷之分。晶体缺陷是晶体许多特性的本原。

01.0696 位错 dislocation
晶体内部质点受到杂质、温度和外力等作用产生排列变形，原子行列间相互滑移，形成线状的缺陷。有刃型位错和螺型位错及混合型位错。

01.0697 掺杂晶体 doped crystal
掺入杂质原子的晶体。例如，在半导体硅中掺入一定量的磷，得到 n 型半导体，掺入一定量的铝或镓，得到 p 型半导体。

01.0698 半导体 semiconductor
导电性介于绝缘体与导体之间的材料。有本征半导体、n 型半导体和 p 型半导体之分。

01.0699 固体电解质 solid electrolyte
又称"离子导体(ionic conductor)"。离子在电场中能发生定向迁移而导电的固体。常见的迁移离子有：氢离子、锂离子、钠离子、银离子、氧离子和氟离子等。

01.0700 发光材料 luminescent materials
在光、电、高能辐射等激发下，或因发生化学反应释放出可见、红外或紫外光的材料。

01.0701 光电导体 photoconductor
光辐照下具有导电性的材料。用于光传感器、测光元件、静电复印等。

01.0702 电子陶瓷 electronic ceramics
又称"功能陶瓷(functional ceramics)""结构陶瓷(structural ceramics)"。具有与电学、光学和磁学等功能性质的功能陶瓷材料。如绝缘陶瓷、导电陶瓷、介电陶瓷、压电陶瓷、磁性陶瓷、热电陶瓷、光电陶瓷和高温超导陶瓷等。

01.0703 磁性材料 magnetic materials

常温下表现为强磁性的铁磁性和亚铁磁性材料。

01.0704　仿生材料　biomimic materials
在分子水平和超分子水平(包括晶体结构)上模仿生命体的组成、结构、构造和功能的材料。如人造血浆、人造骨骼、人造牙、仿生膜和仿生物表面材料等。

01.0705　固体酸　solid acid
能给出质子或接受电子对的固态化合物。

01.0706　整比化合物　stoichiometric compound
又称"道尔顿体(Daltonide)"。曾称"化学计量化合物"。组成符合简单整数比的化合物。

01.0707　非整比化合物　nonstoichiometric compound
又称"贝陀立体(Berthollide)"。曾称"非化学计量化合物"。组成不符合简单整数比，并可在一定范围内变化的化合物。例如 $Fe_{1-x}O$，$0<x<1$。

01.0708　等离子体　plasma
高度离子化而整体呈电中性的气体。等离子态有物质第四态之称。

01.0709　纳米线　nanowire
三维中的两维尺度为纳米级的线状物体。纵向尺度可能达到微米或以上尺寸。

01.0710　纳米管　nanotube
直径尺度为纳米级的管状物体。如碳纳米管，有单层、多层、开口、封闭等之分。

01.0711　纳米粒子　nanoparticle
粒子尺度为纳米级的物质。

01.0712　纳米材料　nanomaterial

至少有一维处于纳米尺度的材料，或者由纳米结构单元构成的具有特殊性质的材料。

01.0713　纳米结构　nanostructure
(1)纳米材料的原子排列和相互作用。(2)纳米结构单元构筑的空间关系和相互作用。

01.0714　纳米技术　nanotechnology
研究纳米尺度物质(包括原子、分子)的特性和相互作用以及利用这些特性的科学和技术。

01.0715　离子性参数　ionicity parameter
晶体中的化学键的离子性分数。离子性分数越高离子性越强。

01.0716　[晶格]格位　[lattice] site
晶体中有一定点群对称性的位点。格位有多重性、对称性和坐标等要素，其特征取决于晶体所属的空间群。

01.0717　晶格间隙　interstitial void
晶体中原子间的空隙。常用其周围的原子构成的配位多面体表达，如八面体、四面体等，可填入原子，或作为快离子导体中的离子在电场作用下发生迁移的通道。

01.0718　缺陷　defect
晶体中对晶格的规整性的偏离。通常将缺陷分为点缺陷、线缺陷、面缺陷和体缺陷。

01.0719　本征缺陷　intrinsic defect, native defect
由热运动导致晶体固有原子偏离理想晶体格位形成的空位、填隙以及错位缺陷。主要有肖特基缺陷和弗仑克尔缺陷。

01.0720　杂质缺陷　extrinsic defect, impurity defect
由外来杂质原子(离子)进入晶体产生的缺陷。

01.0721　弗仑克尔缺陷　Frenkel defect

正常格位离子进入间隙位置形成的一对间隙离子和空位。

01.0722　肖特基缺陷　Schottky defect

晶体中等量的阴离子空位和阳离子空位。

01.0723　取代缺陷　substitutional defect

晶体中的原子被同价或异价原子取代导致的缺陷。

01.0724　间隙缺陷　interstitial defect

因晶体的间隙位置填入原子而导致的缺陷。

01.0725　空位缺陷　vacancy defect

晶体中的原子或离子离开原格位留下的空格位。如氟化钙(CaF_2)中氟离子空位。

01.0726　错位原子　misplaced atoms

偏离晶体理想结构格位的原子。

01.0727　缺陷的有效电荷　effective charge of defect

点缺陷的有效电荷等于缺陷位置的实际电荷减去理想晶体相应格位上的电荷。用缺陷符号右上角的"·"，"′"和"×"分别表示带有正、负电荷和不带有效电荷。

01.0728　电荷补偿　charge compensation

晶体掺杂时，不等价取代会在晶体中形成带电中心，为保持晶体的电中性，需要引入 1 个带相反电荷的中心，这种作用称为电荷补偿。例如，制备掺杂一价铜的硫化锌时加入铝离子可起到电荷补偿的作用。

01.0729　缺陷的类化学平衡　quasi-chemical equilibrium of defect

晶体中各种点缺陷、电子及空穴的浓度关系遵循化学平衡原理。包括缺陷的电离平衡、复合平衡 、互相缔合平衡等。

01.0730　缺陷簇　defect cluster

又称"缔合缺陷(aggregation defect)"。晶体中的缺陷在一定的条件下，形成的缔合体。缺陷簇的光学和电学性能与孤立的点缺陷有所不同。

01.0731　结晶[学]切变　crystallographic shear

又称"切变结构(shear structure)"。晶体某些晶面沿特定方向的位移。很多复杂的晶体结构可理解为简单结构的结晶学切变。

01.0732　有序点缺陷　ordered point defect

一般点缺陷在晶体中是无序分布的，但在一些特殊的体系中，点缺陷具有一定的有序性，在衍射图谱上会出现超结构衍射点。

01.0733　有序-无序转变　order-disorder transition

无序结构和有序结构间的相互转化。通常高温有利于向无序相转化，低温则有利于向有序相转化。有序-无序转化会影响物质的物理性质和化学性质。

01.0734　混合价　mixed valence

一种元素在同一晶体中呈现不同的氧化态。

01.0735　价态起伏　valence fluctuation

化合物中金属离子价态的不稳定性或组态间的波动。例如硫化亚钐中钐的 $4f^6$ 与 $4f^5 5d^1$ 组态间的能量差很小，在一定的温度或压力下，电子可以在上述电子组态间迁移，电子迁移的时间小于 10^{-11}s，在光电子能谱中可以看到不同价态的分布。

01.0736　嵌入化学　intercalation chemistry

固体化学的 1 个分支，研究向层状化合物的层间嵌入(插入)原子、离子或基团的反应和机理，以及产物的结构、组成、性质与应用。

01.0737　化学计量　stoichiometry

化学反应中各物质的量的相互关系。常用计

量方程式，其通式为 $a\mathrm{A}+b\mathrm{B}+\cdots \longrightarrow \cdots+y\mathrm{Y}+z\mathrm{Z}$，式中，反应物 A、B…的化学计量数为 $a,b\cdots$，生成物 Z、Y…的化学计量数为 $z,y,\cdots$ 表达的就是化学计量关系。

01.0738　掺杂　doping
在固体中添加少量其他成分的过程。掺杂常导致固体性质如导电性、颜色等的改变。

01.0739　[陷]阱　trap
晶体中有些缺陷能够俘获电子或空穴。其俘获的电子或空穴可因光或热激励而释放出来，这种缺陷所形成的能级称为陷阱。

01.0740　空穴　hole
因电子移去形成的正电荷。

01.0741　被俘[获]电子　trapped electron
又称"陷落电子"。被束缚在势阱中的电子。

01.0742　能带　energy band
在孤立原子中，原子轨道的能级是量子化的，当大量的原子周期性排列形成晶态固体时，原子轨道线性组合形成的分子轨道为准连续的能级。

01.0743　能带宽度　band width
简称"带宽"。能带中的最低能级到最高能级之间的能量范围。能带宽度有时还特指价带和导带间的禁带的能量范围。

01.0744　导带　conduction band
在绝对零度下，未被电子占满或者完全空的能带。导带中的电子很容易吸收微小的能量而跃迁至稍高能量的轨道，使固体具有导电能力，常用来解释金属和半导体的导电性。

01.0745　态密度　density of state
能带中单位能量间隔内的状态(分子轨道、能级)数。

01.0746　价带　valence band
由原子的价轨道线性组合而形成的能带。该能带被价电子占据。对于金属，价带是导带。对于半导体和绝缘体，价带是绝对零度时被电子全部充满的最高能带。

01.0747　禁带　forbidden band
又称"带隙(band gap)"。相邻两能带间的能量范围，固体中电子的能量不能位于该范围。对于半导体或绝缘体，一般特指从价带顶到导带底之间的能量间隙。

01.0748　电子-空穴复合　electron-hole recombination
半导体中导带的电子跃迁至价带中，与空穴结合的过程。该过程伴有能量的释放。

01.0749　电子-空穴对　electron-hole pair
电子和空穴通过库仑作用而形成的 1 个束缚体系。

01.0750　载流子浓度　carrier concentration
单位体积内载流子的数目。

01.0751　载流子　carrier, charge carrying particle
带有电荷的自由粒子。例如自由电子、离子等。半导体中的空穴也常作为载流子处理。

01.0752　电子迁移率　electron mobility
在外电场作用下，电子在材料中漂移的平均速度与电场强度的比值。

01.0753　费米能级　Fermi level
在绝对零度时，处于基态的费米子系统，费米子(电子、质子、中子等)在固体能带中的最高占据能级。费米能级以下的所有电子态均被占满，能量高于费米能级的电子态全空。材料的很多物理性质都与费米能级附近的电子状态有关。

01.0754 载流子迁移率 carrier mobility
载流子在单位电场作用下的平均漂移速度。即载流子在电场作用下运动速度快慢的量度。载流子电荷、浓度和迁移率决定了材料的电导率。

01.0755 电荷转移 charge-transfer
简称"荷移"。又称"电荷迁移"。在外来辐射的激发下，同时具有电子给予体和电子接受体的分子实体，吸收辐射能，使电子从给予体向接受体转移的过程。

01.0756 离子导电性 ionic conductivity
离子迁移而引起的导电现象。在固体中，离子一般通过缺陷移动，离子电导率较小。固体电解质的结构具有特殊的通道，离子易在其中移动，其电导率和强电解质溶液或熔体的相当。

01.0757 极化率 polarizability
分子实体在电场中感生出的偶极矩与电场强度的比值。固体中的极化率来源于正负电荷在电场作用下的分离，包括电子位移极化率、离子位移极化率、取向极化率和空间电荷极化率。

01.0758 介电性 dielectricity
在电场作用下，材料不以载流子传输的方式传递电场的作用和影响，而在体相或表面感生出一定量的电荷，产生的电极化现象。一旦电场去除，材料内部的电极化随之消失，这一性质称为介电性。介电性是材料的普遍性质，是一种电场诱导的物理效应。

01.0759 热电性 thermoelectricity
又称"温差电效应(thermoelectric effect)"。热能变电能或电能变热能的现象。常见的热电性晶体如 Bi_2Te_3、填充方钴矿等，用于温差发电、半导体制冷等。

01.0760 热释电性 pyroelectricity
某些极性晶类的晶体由于温度的变化而在晶体表面上出现电荷的现象。

01.0761 反铁电性 antiferroelectricity
晶体内部存在固有电偶极，但相邻的电偶极极化强度相等而方向相反，彼此极性相互抵消，这样晶体在宏观上不呈现净电偶极矩的现象。

01.0762 压电性 piezoelectricity
在应力的作用下，一些电介质晶体发生形变而极化，在对应的晶面上产生电荷的记录的现象。利用压电性可以实现电场-应力或应力-电场的转换。通过机械形变可在晶体表面产生电荷；反之，通过施加激励电场，晶体将产生机械形变。

01.0763 紧束缚近似 tight binding approximation
能带计算的近似方法之一。与分子轨道理论相似，紧束缚近似从原子轨道波函数出发，将在 1 个原子附近的电子看作主要受该原子势场作用，再结合晶体的周期性，通过原子轨道线性组合得出晶体轨道的波函数。从紧束缚近似可以了解能带的主要构成轨道和理解固体中的化学键。

01.0764 准自由电子近似 quasi-free electron approximation
能带计算的近似方法之一。忽略电子之间的相互作用，认为固体内部的电子不再束缚在单个原子周围，而是在整个固体内部运动，并受到原子实势场的微扰。在晶体中，原子实势场具有周期性，可认为准自由电子在 1 个周期性等效势场中运动。这样，可根据布洛赫公式计算出晶体轨道波函数。

01.0765 声子 phonon
晶格振动的能量量子。

01.0766 发光中心 luminescence center
发光体的发光离子或基团。包括分立发光中心、复合发光中心和复合离子发光中心等。

01.0767 发光猝灭 luminescence quenching
材料的发光强度减弱的现象。很多因素可以导致发光猝灭，如：激发态反应、无辐射跃迁、能量传递等。在基质中掺入某种杂质导致发光减弱，甚至消失，这类杂质称为猝灭剂。

01.0768 热猝灭 thermal quenching
又称"温度猝灭"。随温度升高发光效率降低的现象。温度升高，处于激发态的发光中心位于更高的振动能级，通过非辐射方式回到基态。

01.0769 发光 luminescence
物质吸收电子或振动能量产生光发射的现象。

01.0770 激活剂 activator
在发光材料的基质中掺入某种杂质，使原来不发光或发光很弱的材料发光或发光增强。所掺入的杂质为激活剂。

01.0771 敏化剂 sensitizer
在发光材料的基质中掺入的能促进激活剂发光，使材料发光亮度增加的物质。

01.0772 非线性光学效应 non-linear optical effect
激光的电场强度可与原子内部的库仑场相比拟，与介质的相互作用使得介质的极化强度等物理量与场强的高幂次项相关的效应。包括倍频效应、合频效应和差频效应等。

01.0773 电致发光 electroluminescence
曾称"场致发光"。材料在电流或电场激发下发光的现象。电致发光主要是由过热电子碰撞产生的电子空穴对的复合而发光，或由载流子的注入和复合而发光。

01.0774 阴极射线发光 cathodoluminescence
材料在电子束(阴极射线)激发下产生的发光。电子束的电子能量通常在几千至几万电子伏特，入射到发光材料中将产生大量二次电子，使发光中心离化和激发而发光。

01.0775 X射线发光 X-ray luminescence
物质受 X 射线激发后以发光形式退激发的现象。

01.0776 热释发光 thermoluminescence
发光体在较低温度下被激发后，贮存了能量，当温度升高时，以光的形式把贮存的能量再释放出来的现象。热释发光材料中含有一定浓度的发光中心和陷阱，受激发后，晶体内产生自由电子或空穴，其中一部分被陷阱俘获。晶体受热升温时，被俘的电子热激发成为自由载流子，与电离的发光中心复合发出光。

01.0777 热敏 thermosensitivity
材料的某些物理性质随温度变化发生较明显改变的现象。热敏材料主要有：热敏电阻材料、热敏变色纤维、热敏成像材料、热敏陶瓷、热敏聚合物等。

01.0778 摩擦发光 triboluminescence
某些固体受机械研磨、振动或应力作用而产生的发光现象。

01.0779 发射光谱 emission spectrum
物质受热、电或光激发而发射出特征光辐射所形成的光谱。发射光谱有由灼热固体所产生的连续光谱，分子受激发射的带状光谱，以及原子或离子被激发而发射的线状光谱或带状光谱。

01.0780 位形坐标 configuration coordinate

描述发光中心和其周围的晶格离子所形成的系统能量和晶格离子位置之间关系的图形。用于解释发光材料中能量的吸收、弛豫和发射过程。位形坐标中纵坐标表示系统的能量，横坐标表示中心离子和周围离子相互作用的距离。

01.0781 光电效应 photoelectric effect
材料受到光照后电性能发生变化的现象。包括光电导效应、光伏效应和光电子发射效应。

01.0782 光电导性 photoconductivity
在电磁辐射作用下半导体电导率增加的现象。这种增加通常是由载流子浓度提高引起的。

01.0783 电致伸缩 electrostriction
固体介质在外电场作用下，原子或离子偏离其平衡位置产生电场诱导极化而导致的应变现象。其应变与电场强度的平方成比例。

01.0784 磁矩 magnetic moment
闭合回路中电流强度与该回路所包围面积的乘积。磁矩为矢量，方向由右手定则确定。在微观层次上，原子核外电子的轨道运动和自旋运动产生轨道磁矩和自旋磁矩，两者耦合组成原子本征磁矩，本征磁矩是物质磁性的根源。

01.0785 磁性 magnetism
物质和磁场相互作用的性质。可分成顺磁性、反磁性、铁磁性、反铁磁性等几种类型。与物质的电子结构、有无未成对电子、微观磁矩之间的相互作用、晶体结构等因素有关。

01.0786 磁化率 magnetic susceptibility
又称"[单位]体积磁化率"。物质的磁化强度与外磁场强度的比值。

01.0787 顺磁性 paramagnetism
物质的磁化率为正值的磁性。其数值约 $10^{-6} \sim 10^{-3}$。

01.0788 抗磁性 diamagnetism
又称"反磁性""逆磁性"。物质的磁化率为负值的磁性。抗磁性物质中没有未成对电子的离子、原子或分子，没有净的原子(固有)磁矩。无外磁场作用时，物质不表现出磁性；在外磁场作用下，电子的轨道运动产生附加转动，动量矩发生变化，产生与外磁场相反的感生磁矩，表现出抗磁性。

01.0789 铁磁性 ferromagnetism
磁化率较大(一般在 10 以上)的磁性。是相邻原子磁矩发生同向排列而产生的自发磁化。

01.0790 反铁磁性 antiferromagnetism
物质中存在净的原子磁矩，但相邻原子磁矩大小相等，并作反向排列的自发磁化的现象。反铁磁性物质总磁矩为零。

01.0791 亚铁磁性 ferrimagnetism
物质中存在净的原子磁矩，但相邻原子磁矩大小不等，并作反向排列的自发磁化的现象。亚铁磁性物质在外磁场中的磁性现象与铁磁性物质相似。

01.0792 超顺磁性 superparamagnetism
某些铁磁性或亚铁磁性物质中，单畴粒子受热运动的影响很大，在一定温度下其行为体现出顺磁性的性质。在外磁场中，单畴粒子沿外场方向取向排列，达到饱和磁化；去掉外磁场后，单畴粒子的热运动使其呈无规分布状态，失去剩磁，无磁滞现象。

01.0793 摩尔磁化率 molar susceptibility
1 摩尔物质在单位外磁场作用下，所产生的磁化强度。其数值等于物质的摩尔质量与密度之比值乘以体积磁化率。

01.0794 磁阻效应 magneto-resistance effect
在外磁场的作用下，材料的电阻率发生变化的现象。磁阻材料按产生的磁阻效应的大小，可以分为普通磁阻材料、巨磁阻材料和庞磁阻材料等，在磁记录和存储领域有着重要的应用。

01.0795 居里常数 Curie constant
顺磁性物质的磁化率与温度成反比的关系称为居里定律，其比例系数称为居里常数。

01.0796 外斯常数 Weiss constant
居里-外斯定律是对居里定律中温度项的修正，其修正参数称为外斯常数。

01.0797 双交换 double exchange
两个不直接相邻、不同价态的过渡金属离子，通过氧原子作为中间媒介，发生的电子交换相互作用。电子在离子间转移时，其自旋方向不发生改变，使金属离子间呈铁磁性耦合。

01.0798 磁滞回线 magnetic hysteresis loop
在恒定温度下，当外加磁场对磁体(铁磁体或亚铁磁体等)进行磁化和退磁的循环扫描时，磁化和退磁的磁化强度曲线不重合(通常退磁曲线比磁化曲线的数值大)而形成的闭合曲线。它表示了磁体磁化的不可逆性。

01.0799 示踪原子扩散 tracer diffusion
利用示踪原子法研究物质的扩散过程。

01.0800 互扩散 mutual diffusion
在固相反应过程中，多组分体系的不同组分在固体中的扩散。互扩散有利于固相反应的进行，各组分的扩散对固相反应过程的影响，可用互扩散系数表示。

01.0801 表面扩散 surface diffusion
原子在固体表面上的迁移。对于多晶材料，扩散可以沿着三种不同的途径进行，即体扩散、晶粒间界扩散和表面扩散，其中表面扩散所需的扩散激活能最低。

01.0802 晶粒间界扩散 grain boundary diffusion
沿多晶体晶粒界面发生的原子迁移过程。晶界处的原子排列不规则，原子密度较低，所以晶界扩散速度通常比晶粒内扩散要快。

01.0803 体扩散 bulk diffusion
物质在晶体内部通过缺陷发生的迁移过程。参与物质迁移的缺陷可以是间隙离子、空位等。缺陷在晶体中经过不同格位迁移时，要通过一定的势垒，需要提供一定的能量才能进行。

01.0804 固相反应 solid state reaction
(1)广义上讲，凡有固体参加的反应，包括单一固体反应、固-固相反应、固-气相反应和固-液相反应等都属于固相化学反应。(2)狭义上讲，固相反应是指发生在固体与固体之间生成新固体的反应。一般的固相反应需要在高温下进行。

01.0805 外延生长反应 epitaxial growth reaction
利用晶体界面上的二维结构相似性成核的原理，在一块单晶片上，沿着其原来的结晶轴方向再生长一层晶格完整、且可以具有不同杂质浓度和厚度的单晶层的反应。外延生长法有气相外延、液相外延和分子束外延等。

01.0806 热扩散 thermal diffusion
由于温度梯度而引起的物质扩散的过程。

01.0807 烧结 sintering
加热陶瓷胚体，使其内部颗粒黏结、致密化和再结晶，成为具有一定机械强度和几何外形的整体的过程。

01.0808 锈蚀 tarnishing

金属及合金在大气中由于氧气、水分及其他物质的作用而发生的腐蚀。主要由于电化学作用造成。

01.0809 均相反应 homogeneous reaction

在单一固相、气相或液相中进行的化学反应。在反应过程中与其他物相没有物质交换。固体均相反应是指在单一的固相中的结构重组(相变)。

01.0810 多相反应 heterogeneous reaction

有多个物相参加的化学反应。例如气-固相反应、液-固相反应和固-固相反应等。

01.0811 非均相反应 inhomogeneous reaction

有多于1个物相参加的化学反应。与多相反应类似,但非均相反应常指以某一种物相内反应为主的过程。

01.0812 失透 devitrification

玻璃体中部分物质由热力学亚稳态的玻璃相转变为热力学稳定态的晶相,使玻璃透明度降低的现象。玻璃体的失透与其组成和制备过程有关。

01.0813 化学气相输运 chemical vapor transportation, CVT

单晶生长和物质提纯的重要方法。纯化或制备固体物质 A 的晶体时,在密闭容器中,物质 A 与输运剂 B 反应生成挥发性的产物 C。在一定温度梯度下,C 从容器的一端输运到另一端,分解沉积出 A,使其获得纯化或生长为晶体。

01.0814 化学气相沉积 chemical vapor deposition, CVD

借助气相化学反应在衬底表面上沉积另一种固体物质的方法。是一种应用非常广泛的化学合成方法。常用于制取固体薄膜。该过程包括气相反应物的生成、输运和沉积。利用化学气相沉积可以得到从非晶态、晶态及外延单晶薄膜等各种材料,并可控制薄膜组成、合成新的结构和材料。

01.0815 金属有机气相沉积 metal organic chemical vapor deposition, MOCVD

用金属有机化合物作为前驱物的化学气相沉积方法。金属有机气相沉积技术主要用于制备III-V 族、II-VI 族等半导体超晶格、量子阱等低维材料,以及多元固溶体的多层异质结构等各种薄膜材料。

01.0816 [晶体生长]提拉法 Czochralski method

又称"捷克拉斯基方法"。常用的单晶生长方法之一。将原料置于坩埚内加热熔融,熔体在略高于材料熔点的温度下,将固定拉杆上的籽晶与熔体表面接触,拉杆在不停地旋转中缓缓地向上提升。拉杆的散热作用使籽晶上产生一定的温度梯度,使熔体在晶体的下端不断地结晶。晶体长到需要尺寸时,使其脱离熔体、退火取出。这种方法适合于制备大尺寸的晶体。

01.0817 [晶体生长]坩埚下降法 Bridgman-Stockbarger method

又称"布里奇曼-斯托克巴杰法"。常用的晶体生长方法之一。将原料置于圆柱型的坩埚中,缓慢下降通过 1 个具一定温度梯度的加热炉,炉温控制在略高于材料的熔点附近。在通过加热区域时,坩埚中的原料被熔融,当坩埚持续下降时,底部的温度先下降到熔点以下开始结晶,晶体随坩埚下降而持续长大。这种方法生长的晶体尺寸大,操作和设备简便,生长晶体品种多,在晶体生长中被广泛运用。

01.0818 [晶体生长]焰熔法 Verneuil flame fusion method

又称"火焰熔融法"。生长高熔点晶体的方

法之一，常用于制备氧化物晶体。将极细的氧化物粉末原料以均匀的细流添加到特制的氢氧火炬中，火炬的火焰喷向基座的籽晶上，粉末经火焰熔融后连续沉积和结晶在籽晶和基座上。这种方法适于制备宝石类、钨酸钙和金红石材料的晶体，但由于此法温度梯度很大，需要还原气氛，在一定程度上限制了这种方法的应用。

01.0819 助熔剂法 flux method
常用的晶体生长方法之一。熔点较高的无机固体化合物直接从熔体中生长晶体比较困难，可选择一些低熔点化合物为助熔剂，将原料溶解在其中，再缓慢降低体系温度或使助熔剂挥发而析出晶体。

01.0820 区熔法 zone melting method
晶体生长方法之一。将物料水平或悬浮地通过一段很窄的加热区域，区域的温度略高于材料的熔点。在物料的移动过程中，被加热部分经历了熔化和再结晶的过程，最终形成单晶。区熔法的优点是可以控制杂质的生长，无坩埚区熔法还可以避免坩埚对材料的污染及坩埚熔点的限制，适合于制备高熔点金属或氧化物的单晶体。

01.0821 射频感应冷坩埚法 radio frequency cold crucible method
无机固体材料的合成与制备方法之一。在高频电场中，导电材料内部感应出很强的涡流，产生热量使材料在很短的时间内被加热到很高的温度(可达 1500~1600℃)得到产物。常用于制备合金或金属间化合物。

01.0822 水热法 hydrothermal method
在相对较高的温度和自生压力的水溶液中进行化学合成的一种方法。需在密闭反应釜中进行。

01.0823 溶剂热法 solvothermal method
在相对较高的温度和自生压力下，以有机溶剂作为反应介质进行化学合成的一种方法。需在密闭反应釜中进行。

01.0824 溶胶-凝胶法 sol-gel method
利用胶质悬浮物来制备无机固体材料的一种方法。将水溶性盐或油溶性醇盐等前驱物，溶于水或有机溶剂中形成均质溶液，溶质发生水(醇)解反应形成溶胶，溶胶经蒸发干燥转变为凝胶，最后经一定温度煅烧得到粉体或玻璃体。

02. 有机化学

02.01 有机化合物

02.01.01 有机化合物及其类名

02.0001 有机化合物 organic compound
碳的化合物。分子内含有的其他元素有氢，且常常还含有氮、氧、硫、磷以及卤素，有时还含有准金属和金属。分子内各元素的原子之间由共价键互相结合，有些有机化合物分子还含有离子键或配位键。历史上曾认为这类化合物只在有机体内存在，故得名。不包括碳化物、一氧化碳、二氧化碳、碳酸盐及氰化物。

02.0002 同系物 homolog
具有共同的化学通式，在组成上相差一个或几个碳原子基团，化学性质相似，物理性质随碳原子数的增加而规律性地变化的化合物系列中的各化合物互为同系物。如甲烷、乙烷、丙烷……为链状烷烃 C_nH_{2n+2} 系列的同系物。

02.0003 类似物 analog, analogue

(1)狭义的，保留母体化合物的基本结构，以类似原子或基团代替母体化合物结构中的碳原子或其他原子而生成的新化合物。例如核苷类似物、肽类似物等。(2)广义的，具有母体化合物核心结构特征的化合物。

02.0004 衍生物 derivative

保留了母体化合物的基本骨架，只在侧链、官能团或取代基上发生变化的一类新化合物称为原母体化合物的衍生物。

02.0005 异构体 isomer

原子组成(分子式)相同但原子排列方式(构造)不同或立体结构(构型、构象)不同的分子互称为异构体。

02.0006 缀合物 conjugate

一般指碳水化合物、氨基酸或肽、核苷(酸)、脂质等生物分子(一般情况下均保持各自的基本骨架)之间通过缩合反应以共价键互相连接形成的更大的分子。

02.0007 杂化物 hybrid [compound]

由两个或多个具有不同光电等物理性质或生物活性的有机分子或其特征片段之间通过共价键互相连接形成更大的、有如杂交形成的分子。

02.0008 脂肪族化合物 aliphatic compound

非芳香性链状和环状有机化合物。也即链状的和环状的饱和或不饱和有机化合物。但不包括芳香族化合物。

02.0009 碳氢化合物 hydrocarbon

又称"烃"。仅由碳元素和氢元素构成的化合物。

02.0010 石蜡 paraffin wax

由长链饱和烃形成的蜡状物质。

02.0011 蜡 wax

由长链羧酸和长链醇或甾醇形成的酯。在室温下为液体或软滑的固体。

02.0012 烷[烃] alkane

由碳和氢两种元素构成的饱和有机化合物。包括链烷烃和环烷烃。

02.0013 烯[烃] (1)alkene (2)olefin

(1)含有 1 个或多个碳-碳双键的链状烃和环状烃。其中链状单烯烃分子通式为 C_nH_{2n}，环状单烯烃分子通式为 C_nH_{2n-2}。(2)链烯烃、环烯烃以及相应的多烯烃的总称。不包括芳香烃。

02.0014 炔[烃] alkyne

含有碳-碳三键的烃类化合物。其中含有 1 个三键的链状炔烃分子通式为 C_nH_{2n-2}。

02.0015 二烯 diene

又称"双烯"。含两个碳-碳双键的烯烃。

02.0016 三烯 triene

含 3 个碳-碳双键的烯烃。不包括芳香烃。

02.0017 联烯 allene

两个碳-碳双键共用同 1 个碳原子的烯烃。$R_2C=C=CR_2$。其最简单的成员是丙联烯。

02.0018 累积多烯 cumulene

又称"联多烯"。含 3 个或更多个碳-碳累积双键的烯烃。

02.0019 烯炔 enyne

分子内同时含有碳-碳双键和碳-碳三键的烃。

02.0020 炔化物 acetylide, alkynide

乙炔或端炔的炔氢原子被金属或其他阳离子取代而形成的化合物。

02.0021 二炔 diyne

分子内含有两个碳-碳三键的炔烃。

02.0022 卤代烷 haloalkane

又称"烷基卤[化物](alkyl halide)"。结构为 RX (R=烷基，X=卤素)的化合物。

02.0023 氟代烷 fluoroalkane

又称"烷基氟[化物](alkyl fluoride)"。卤代烷 RX 中 X=F 的化合物。

02.0024 氯代烷 chloroalkane

又称"烷基氯[化物](alkyl chloride)"。卤代烷 RX 中 X=Cl 的化合物。

02.0025 溴代烷 bromoalkane

又称"烷基溴[化物](alkyl bromide)"。卤代烷 RX 中 X=Br 的化合物。

02.0026 碘代烷 iodoalkane

又称"烷基碘[化物](alkyl iodide)"。卤代烷 RX 中 X=I 的化合物。

02.0027 醇 alcohol

羟基(—OH)连接在饱和碳原子上的化合物。一元醇结构式为 $R'R''R'''C$—OH (R', R'', R''' 为 H 或烃基)。

02.0028 甲醇 carbinol

只用做词根。某某 carbinol 用来表示某某取代的甲醇，其中 carbinol 是甲醇 methanol 的同义词，如三苯甲醇(triphenylcarbinol)。国际纯粹与应用化学联合会(IUPAC)建议废除这个词。

02.0029 硫醇 thiol, mercaptan

结构式为 RSH(R≠H)的化合物。如乙硫醇 CH_3CH_2SH。thiol 与 mercaptan 是同义词，但 mercaptan 是 1 个惯用术语，虽然 IUPAC 建议放弃，但仍然被广泛使用。

02.0030 硫醇盐 thiolate

由硫醇(SH)基团上的 H 被金属或其他阳离子(M)取代而衍生的化合物 RSM (R≠H)。

02.0031 烯丙醇 allylic alcohol

结构式为 CH_2=CH—CH_2OH 的化合物或其取代衍生物。

02.0032 高烯丙醇 homoallylic alcohol

在烯丙醇的烯键与羟甲基之间多 1 个 CH_2 的同系物。结构为 CH_2=CH—CH_2—CH_2OH 或其取代衍生物。

02.0033 卤代醇 halohydrin

由卤原子在醇类化合物的只含氢或烃基的饱和碳原子上取代而形成的化合物。通常指 β- 卤代醇(1,2- 卤代醇)。RC(X)H—CH_2OH (X=卤素)。

02.0034 醚 ether

结构式为 ROR(R≠H)的化合物。如乙醚 $CH_3CH_2OCH_2CH_3$。

02.0035 硫醚 sulfide

结构式为 RSR (R≠H)的化合物。

02.0036 环氧化合物 epoxy compound, epoxide

环烃分子中成环碳原子基团 CH_2 被氧原子取代衍生的环状醚类化合物。如环氧乙烷、四氢呋喃等。

02.0037 溶纤剂 cellosolve

乙二醇的醚。有时专指乙二醇单乙醚 $HOCH_2CH_2OCH_2CH_3$，是溶解性极强的有机溶剂，因毒性较大，已很少使用。

02.0038 硝基化合物 nitro-compound

含硝基(—NO_2)(自由价在氮原子上)的化合物。硝基可以连接在碳原子、氮原子或氧原子上，但是通常指连接在碳原子上的化合物。

02.0039　胺　amine
由烃基取代氨分子(NH₃)的 1 个、2 个或 3 个氢原子而形成的化合物。其结构分别为 RNH_2(伯胺)、R_2NH(仲胺)和 R_3N(叔胺)。

02.0040　季铵化合物　quaternary ammonium compound
又称"四级铵化合物"。结构为 $R_4N^+X^-$(R= 烃基)的化合物。

02.0041　重氮化合物　diazo compound
具有重氮基(=N⁺=N⁻)连接到碳原子上的化合物。如重氮甲烷 $CH_2=N_2$。

02.0042　重氮烷　diazoalkane
连接有二价重氮基(=N⁺=N⁻)的烷烃。

02.0043　磺酸　sulfonic acid
结构式为 $HS(=O)_2OH$ 的化合物及其 S-烃基衍生物 $RS(=O)_2OH$。

02.0044　亚砜　sulfoxide
结构式为 $R_2S=O$ (R≠H)的化合物。如二甲基亚砜 $Me_2S=O$。

02.0045　砜　sulfone
结构式为 $RS(=O)_2R'$(R, R′≠H)的化合物。如乙基甲基砜 $C_2H_5S(=O)_2CH_3$。

02.0046　砜烯　sulfene
硫醛和硫酮的 *S*, *S*-二氧化物。结构式为 $R_2C=SO_2$。

02.0047　醛　aldehyde
结构式为 $RC(=O)H$ 的化合物。其中羰基与 1 个氢原子和 1 个烃基(R)连接(甲醛：R=H)。

02.0048　酮　ketone
结构式为 $R_2C=O$ 的化合物。其中羰基与两个烃基(R)连接(R 可相同，也可不同)。

02.0049　硫酮　thioketone
酮分子中的 O 被二价 S 取代的化合物。结构式为 $R_2C=S$ (R≠H) (两个烃基 R 可相同，也可不同)。

02.0050　*S*-氧化硫酮　thioketone *S*-oxide
结构式为 $R_2C=S=O$(R≠H)的化合物(两个烃基 R 可相同，也可不同)。

02.0051　醛水合物　aldehyde hydrate
又称"偕二羟基化合物"。由醛羰基水合而成的化合物。结构式为 $RCH(OH)_2$。

02.0052　酮水合物　ketone hydrate
由酮羰基水合而成的化合物。结构式为 $R_2C(OH)_2$ (R≠H)(两个烃基 R 可相同,也可不同)。

02.0053　半缩醛　hemiacetal
由一分子醛与一分子醇缩合产生的结构式为 $RCH(OH)OR'$ (R, R′≠H)的化合物。

02.0054　半缩酮　hemiketal
由一分子醇与酮羰基加成产生，结构式为 $R_2C(OH)OR'$(R, R′≠ H)的化合物。

02.0055　缩醛　acetal
结构式为 $RCH(OR')_2$ (R′≠H, 可相同或不同)的化合物。是偕二醇的二醚。R=H 时为缩甲醛。

02.0056　缩酮　ketal
由酮衍生的缩醛。结构式为 $R_2C(OR')_2$ (R, R′≠H)。

02.0057　缩丙酮化合物　acetonide
由丙酮和二醇(通常是邻位二醇)或多羟基化

合物形成的环状缩酮。

02.0058 二噻环己烷 dithiane
由 1,3-丙二硫醇和甲醛缩合形成的六元环二硫缩醛。系统命名为 1,3-二硫杂环己烷。

02.0059 胺缩醛 aminal
又称"偕二胺"。两个氨基连接在同 1 个碳上的化合物。结构式为 $R_2C(NR'_2)_2$。

02.0060 半胺缩醛 hemiaminal
又称"α-氨基醇"。氨、伯胺或仲胺与醛或酮羰基的加成物。结构式为 $R_2C(OH)(NR'_2)$。

02.0061 单硫缩醛 monothioacetal
结构式为 $R_2C(OR')(SR'')$ 的化合物。

02.0062 单硫缩酮 monothioketal
单硫缩醛的亚类。结构式为 $R_2C(OR')(SR'')$，其中，R，R'，R''≠H。

02.0063 二硫缩醛 dithioacetal
结构式为 $R_2C(SR')_2$ 的化合物。

02.0064 二硫缩酮 dithioketal
二硫缩醛的亚类。结构式为 $R_2C(SR')_2$。其中 R，R'≠H。

02.0065 硫缩醛 thioacetal
单硫缩醛和二硫缩醛的总称。

02.0066 硫缩酮 thioketal
硫缩醛的亚类。单硫缩酮和二硫缩酮的总称。

02.0067 硫代半缩醛 thiohemiacetal
单硫代半缩醛[结构式为 $R_2C(SR')(OH)$ 或 $R_2C(OR')(SH)$]，以及二硫代半缩醛[结构式

为 $R_2C(SR')(SH)$]的总称。

02.0068 硫代半缩酮 thiohemiketal
硫代半缩醛的亚类。结构式为 $R_2C(SR')(OH)$ 或 $R_2C(OR')(SH)$，以及 $R_2C(SR')(SH)$，其中，R，R'≠H。

02.0069 硫醛 thioaldehyde
醛分子的氧被二价硫取代形成的化合物。结构式为 $RC(=S)H$。

02.0070 亚胺 imine
分子中含有碳-氮双键的有机化合物。结构通式为 $R_2C=NR'$（R'=H 或烃基），是醛或酮的类似物。该术语包括甲亚胺和席夫(Schiff)碱。在系统命名法中亚胺(imine)还用做词尾表示 C=NH 基团中的=NH 部分。

02.0071 醛亚胺 aldimine
结构式为 $RCH=NR'$ 的亚胺。由氨或伯胺与醛缩合形成。

02.0072 酮亚胺 ketimine
结构式为 $R_2C=NR'(R≠H)$ 的亚胺。由氨或伯胺与酮缩合形成。

02.0073 肟 oxime
结构式为 $R_2C=NOH$ 的化合物。由醛或酮与羟胺缩合形成。

02.0074 醛肟 aldoxime
由醛与羟胺缩合形成的肟。结构式为 $RCH=NOH$。

02.0075 酮肟 ketoxime
由酮与羟胺缩合形成的肟。结构式为 $R_2C=NOH (R≠H)$。

02.0076 亚硝基化合物 nitroso compound
亚硝基(—NO)与碳或其他元素(多为氮或氧)

连接的化合物。

02.0077 硝酮 nitrone
又称"次基氮氧化物(azomethine oxide)"。亚胺的氮氧化物。其结构通式为 $R_2C=N^+(O^-)R'(R'\neq H)$ 和 $R_2C=N^+(O^-)H$。

02.0078 腙 hydrazone
由醛或酮与肼或取代肼缩合形成的化合物。结构式为 $R_2C=NNR_2$。

02.0079 缩氨基脲 semicarbazone
由醛或酮与氨基脲缩合形成的化合物。结构式为 $R_2C=N-NHC(=O)NH_2$。

02.0080 氰醇 cyanohydrin
又称"羟腈"。氰基取代的醇。最常见的是氰基和羟基连接在同 1 个碳原子上,由氰化氢和醛或酮加成产生。

02.0081 片呐醇 pinacol
又称"频哪醇"。四烃基乙烷-1,2-二醇。结构式为 $R_2C(OH)-C(OH)R_2$。四甲基乙烷-1,2-二醇是其最简单的成员。

02.0082 烯醇 enol
特指羟基连接于烯碳位的醇。与醛($R'=H$)或酮($R'\neq H$)为互变异构体,结构式为 $HOCR'=CR_2$。

02.0083 烯醇醚 enol ether
由烯醇和醇或硅烷醇形成的醚。结构式为 $R_2C=CR'-O-R''$ 或 $R_2C=CR'-O-SiR''_3$。

02.0084 烯醇酯 enol ester
由羧酸和烯醇形成的酯。结构式为 $R_2C=CR'-O-C(=O)R''$。

02.0085 烯醇化物 enolate
(1)烯醇(或醛/酮互变异构体)的盐。其中负电荷离域分布在氧和碳原子上。(2)类似的金属衍生物。其中金属联结在氧上。

02.0086 烯胺 enamine
又称"烯基胺"。特指氨基连接于烯碳位的胺。结构式为 $R_2C=CR'NR''_2$。

02.0087 炔胺 ynamine
氨基位于炔碳的胺。结构式为 $RC\equiv CNR'_2$。

02.0088 曼尼希碱 Mannich base
结构式为 $RC(=O)-CHR'CHR''-NR'''_2$ 的化合物。由曼尼希反应生成,即由甲醛(或其他醛)与氨(或胺)及活泼亚甲基化合物反应生成。

02.0089 羧酸 carboxylic acid
结构式为 $RC(=O)OH$ 的含氧酸。在系统命名中用作词尾表示含有—$C(=O)OH$ 基团的一类化合物。

02.0090 酯 ester
(1)形式上从含氧酸 $R_kE(=O)_l(OH)_m$ ($l,m\neq 0$) 和醇、酚、杂芳酚或烯醇通过前者的酸羟基和后者的羟基之间失去一分子水而连接形成的化合物。(2)广义的,还包括醇类似物的酰基衍生物。如 $R'C(=O)OR$, $R'C(=S)OR$, $R'C(=O)SR$, $R'S(=O)_2OR$, $(HO)_2P(=O)OR$, $(R'S)_2C(=O)$,$ROCN$ (但不包括 $R-NCO$) ($R\neq H$)。

02.0091 原酸酯 ortho ester
结构式为 $RC(OR')_3$ ($R'\neq H$) 或 $C(OR')_4$ ($R'\neq H$) 的化合物。如原甲酸甲酯 $HC(OCH_3)_3$、原碳酸甲酯 $C(OCH_3)_4$。

02.0092 原酰胺 ortho amide
结构式为 $RC(NH_2)_3$ 及其 N-取代衍生物的假想化合物。

02.0093 酰卤 acyl halide

酰基与卤素连接形成的化合物。如乙酰氯 [$CH_3C(=O)Cl$]，甲磺酰氯[$CH_3S(=O)_2Cl$]。

02.0094 酰氟 acyl fluoride

酰基与氟连接形成的化合物。如乙酰氟 [$CH_3C(=O)F$]，甲磺酰氟[$CH_3S(=O)_2F$]。

02.0095 酰氯 acyl chloride

酰基与氯连接形成的化合物。如乙酰氯 [$CH_3C(=O)Cl$]，甲磺酰氯[$CH_3S(=O)_2Cl$]。

02.0096 酰溴 acyl bromide

酰基与溴连接形成的化合物。如乙酰溴 [$CH_3C(=O)Br$]，甲磺酰溴[$CH_3S(=O)_2Br$]。

02.0097 酰碘 acyl iodide

酰基与碘连接形成的化合物。如乙酰碘 [$CH_3C(=O)I$]，甲磺酰碘[$CH_3S(=O)_2I$]。

02.0098 烯酮 ketene

羰基通过双键与烷基连接的化合物。结构式 为 $R_2C=C=O$。

02.0099 过酸 peracid

这是 1 个含义不严格的术语。既可指中心原 子具有更高氧化态的酸，如过氯酸，又可指 过氧化氢的酰基衍生物，如过乙酸[$CH_3C(=O)$ OOH]。因此不推荐作为类名使用。

02.0100 过氧酸 peroxy acid

酸基上的—OH 被—OOH 取代的酸。如过氧乙酸 [$CH_3C(=O)OOH$],过氧苯磺酸[$PhS(=O)_2OOH$]。

02.0101 过氧酸酯 perester

又称"过酸酯"。过氧酸和醇形成的酯。结 构式为 $RC(=O)OOR'(R'≠H)$。

02.0102 酰基过氧化物 acyl peroxide

结构式为 $RC(=O)—O—O—(O=)C—R'$ 的化

合物。通常 $R=R'$。

02.0103 胺氧化物 amine oxide, aminoxide

胺的氮原子与 1 个氧原子连接形成的化合物 $R_3N^+—O^-$。胺可以是伯胺、仲胺和叔胺。

02.0104 腈 nitrile

结构式为 $RC≡N$ 的化合物。是氢氰酸 $HC≡N$ 的 H 被烃基取代的衍生物。在系统 命名法中，词尾"腈"仅指三键结合的≡N 原子，而不包含与之连接的碳原子，因此 $CH_3C≡N$ 为乙腈，而非甲腈。

02.0105 异腈 isocyanide

氢氰酸($HC≡N$)的异构体 $HN^+≡C^-$ 及其烃基 取代的衍生物。结构式为 RNC。

02.0106 腈氧化物 nitrile oxide

结构式为 $RC≡N^+—O^- \longleftrightarrow RC^-=N^+=O$ 的化合物。

02.0107 腈硫化物 nitrile sulfide

腈氧化物的硫类似物。结构式为 $RC≡N^+—$ $S^- \longleftrightarrow RC^-=N^+=S$。

02.0108 酰胺 amide

含氧酸 $R_kE(=O)_l(OH)_m$ ($l,m≠0$)的衍生物。其 中酸羟基被氨基或取代的氨基所替代。

02.0109 酰亚胺 imide

又称"二酰亚胺"。氨或伯胺的二酰基衍生 物。特别是由二酸衍生的那些化合物。

02.0110 硝胺 nitramine

N 上带硝基取代基的胺。是硝酸的酰胺，包 括 O_2NNH_2 及其取代衍生物。

02.0111 硝亚胺 nitrimine

结构式为 $O_2NN=CR_2$ 的化合物。

02.0112　亚硝亚胺　nitrosimine
结构式为 $O=NN=CR_2$ 的 *N*-亚硝基亚胺化合物。

02.0113　腈亚胺　nitrilimine
又称"腈酰亚胺(nitrile imide)"。结构式为
$RC≡N^+—N^-—R ⟷ RC^+=NN^-—R ⟷ RC^-=N^+=NR$ 的化合物。

02.0114　酰肼　hydrazide
含氧酸 $R_kE(=O)_l(OH)_m$ $(l,m≠0)$ 的一OH 基团被—$NRNR'_2$ 取代产生的化合物。当 $R=R'=H$ 时，有羧酰肼 $RC(=O)NHNH_2$、磺酰肼 $RS(=O)_2NHNH_2$、膦酰肼 $RP(=O)(NHNH_2)_2$ 等。

02.0115　酰叠氮　acyl azide
含氧酸 $R_kE(=O)_l(OH)_m$ $(l,m≠0)$ 的一OH 基团被—N_3 取代产生的化合物。如羧酰叠氮 $RC(=O)N_3$、磺酰叠氮 $RS(=O)_2N_3$。

02.0116　脒　amidine
含氧酸 $R_kE(=O)_l(OH)_m$ $(l,m≠0)$ 的衍生物。其中羟基被氨基取代，$=O$ 被 $=NR$ 取代。脒包括碳脒、硫脒和膦脒。

02.0117　亚脒　imidine
环状酸酐的衍生物。其中 $=O$ 被 $=NR$ 取代，—O— 被—NR'—取代。

02.0118　氧亚基代羧酸　oxo carboxylic acid
曾称"氧代羧酸"，又称"酮酸"。羧酸分子链中 CH_2 的 2 个 H 被氧亚基($=O$)取代。通常取代在α位，如丙酮酸[$CH_3C(=O)C(=O)OH$]。

02.0119　酮酸酯　keto ester
由酮酸和醇形成的酯。如α-酮酸酯结构式为 $RC(=O)C(=O)OR'$。

02.0120　酰腈　acyl cyanide
氢化氰(HCN)的 H 被酰基取代生成的化合物。结构式为 $RC(=O)CN$。

02.0121　二氧化三碳　carbon suboxide
分子式为 C_3O_2、结构式为 $O=C=C=C=O$ 的无色气体。由丙二酸热分解制得。用于制丙二酸酯、改进纤维染色性能等。

02.0122　氨基甲酸　carbamic acid
甲酸[$HC(=O)OH$]分子中与 C 连接的 H 被氨基取代而形成的化合物。结构式为 $H_2NC(=O)OH$

02.0123　氨基甲酸酯　carbamate
氨基甲酸[$H_2NC(=O)OH$]或 N-取代的氨基甲酸[$R_2NC(=O)OH$]的酯。

02.0124　氨基甲酸盐　carbamate
氨基甲酸[$H_2NC(=O)OH$]或 N-取代的氨基甲酸[$R_2NC(=O)OH$]的盐。

02.0125　脲　urea
又称"尿素"。哺乳动物氮代谢的最终产物。结构式为 $H_2N—C(=O)—NH_2$。分子中的 H 被烃基取代所产生的化合物也属于脲类化合物。

02.0126　氰胺　cyanamide
氢化氰(HCN)中的 H 被氨基取代形成的化合物。结构式为 $H_2N—CN$。

02.0127　硫氰酸酯　thiocyanate
硫氰酸($HSC≡N$)的酯。如硫氰酸甲酯 $CH_3SC≡N$。

02.0128　硫氰酸盐　thiocyanate
硫氰酸($HSC≡N$)的盐。

02.0129 碳二亚胺 carbodiimide

结构式为 HN=C=NH 的化合物或其烃基衍生物。

02.0130 脲基甲酸酯 allophanate

甲酸[HC(=O)OH]分子中与 C 连接的 H 被脲基取代形成的化合物与醇形成的酯。结构式为 H$_2$NC(=O)NH-C(=O)OR。

02.0131 硫代酸酯 thioester

硫羟酸或硫羰酸的酯。结构式为 RC(=O)SR′或 RC(=S)OR′。

02.0132 硫羟酸 thiol acid

羧酸 RC(=O)OH 分子中 OH 基被 SH 基取代形成的化合物。结构式为 RC(=O)SH。

02.0133 硫羰酸 thio acid

羧酸 RC(=O)OH 分子中羰基 O 被 S 取代形成的化合物。结构式为 RC(=S)OH。

02.0134 内酯 lactone

羟基羧酸的环酯。含有 1-氧杂环烷-2-酮的结构，或具有不饱和度或取代 1 个或几个环碳原子的杂原子的类似物。如：

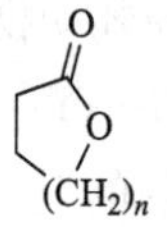

02.0135 内半缩醛 lactol

由羟基醛的羟基与羰基分子内加成而形成的环半缩醛。

02.0136 内半缩酮 lactol

由羟基酮的羟基与羰基分子内加成而形成的环半缩酮。

02.0137 亚氨基酸 imino acid

具有亚氨基取代基 HN=(取代 2 个氢原子)的羧酸。

02.0138 内鎓盐 betaine

最初指甜菜碱化合物(CH$_3$)$_3$N$^+$-CH$_2$C(=O)O$^-$以及从其他氨基酸衍生的类似的两性离子化合物。后来泛指具有不带质子并且不与阴离子原子相邻的阳离子原子的电荷分离形式的中性分子。如 (CH$_3$)$_3$P$^+$CH$_2$S(=O)O$^-$。

02.0139 内酰胺 lactam

氨基羧酸的环酰胺。具有 1-氮杂环烷-2-酮的结构，或者有不饱和度或 1 个或两个取代环碳原子的杂原子的类似物。如：

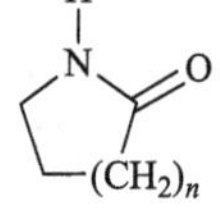

02.0140 内羟亚胺 lactim

内酰胺的互变异构形式。具有环内碳-氮双键。因此是环亚氨酸。如：

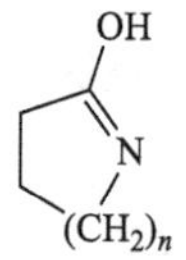

02.0141 二醇 glycol, diol

两个羟基在不同碳原子上(通常是但不必须是相邻的)的二醇。如乙二醇(HOCH$_2$CH$_2$OH)、1,4-丁二醇[HO(CH$_2$)$_4$OH]。glycol 一般指脂肪族二醇；diol 指含有两个羟基的化合物，一般(但非必定)是醇。

02.0142 环多醇 cyclitol

羟基化的环烷烃。至少含 3 个羟基，各连接在不同的环碳原子上。

02.0143 羟醛 aldol

两个醛分子缩合产生的化合物 3-羟基醛(β-羟基醛)，结构式为 RCH(OH)CH(R′)CHO。

02.0144 偶姻 acyloin

α-羟基酮 RCH(OH)C(=O)R。由于形式上由羧酰基的还原偶合产生而得名。

02.0145 黄原酸 xanthic acid
结构式为 ROC(=S)SH 的化合物。国际纯粹与应用化学联合会(IUPAC)不推荐使用 xanthic acid 一词。

02.0146 黄原酸酯 xanthate, xanthonate
黄原酸的酯。

02.0147 黄原酸盐 xanthate, xanthonate
黄原酸的盐。

02.0148 三氟甲磺酸酯 triflate
三氟甲磺酸 (F_3CSO_3H) 的酯。结构式为 F_3CSO_3R。

02.0149 三氟甲磺酸盐 triflate
三氟甲磺酸 (F_3CSO_3H) 的盐。结构式为 F_3CSO_3M。

02.0150 脂环化合物 alicyclic compound
具有碳环结构的脂肪族化合物。可以是饱和的或不饱和的，但不能是苯类或其他芳香系统的。

02.0151 环烷烃 cycloalkane
饱和的单环烃。

02.0152 环烯烃 cycloalkene
不饱和的单环烃。含有 1 个环内双键。

02.0153 双反式环烯 betweenanene
又称"双扭环烯"。在桥头原子之间有 1 个双键，每个支链都和双键反式连接的一类双环烯烃。是反-双环[m.n.0] (m+n+2)烯-1。

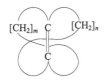

02.0154 螺烷烃 spirane
结构式为  的烃类化合物。

如果环上带有不同的取代基，螺环节点还会具有手性。

02.0155 螺桨烷 propellane
又称"[a.b.c] 螺桨烷"。三环饱和烃。系统命名为三环[a.b.c.0^{1,(a+2)}](a+b+c)烷烃。

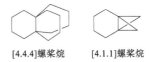

[4.4.4]螺桨烷　　[4.1.1]螺桨烷

02.0156 多面体烷 polyhedrane
$(CH)_n$ 系列的多环烃。具有相应于规则或半几何学中正或半多面体的骨架。如立方烷：

。

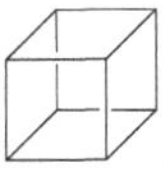

02.0157 梯[形]烷 ladderane
通式为 $\left[HC-CH \right]_n$ ($n \geqslant 2$)的烷烃。因其结构

像一把梯子，故得名。

02.0158 并环化合物 fused ring compound
又称"稠环化合物"。相连的两个环通过共有 2 个相邻的环原子而并合在一起的多环有机化合物。

02.0159 蕃 phane
多个环或环系通过原子链连接成链或环者的总称。其中成环者称为环蕃。虽然蕃类环系的命名也可通过其中的其他环系母体氢化物进行，但一般情况下用蕃母体氢化物命名将较为简单明了。如1(4)-嘧啶杂-3,6(5,2),9(3)-三吡啶杂九蕃。

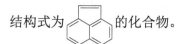

蕃是IUPAC 1998年明确建议的一类复杂环系的类名，虽然环蕃名称早在五、六十年代即已在文献上出现，但大致仅局限于一些较特殊的结构类型。

02.0160 芳香化合物 aromatic compound

具有芳香性的一类有机化合物。即由于分子中π电子的离域化，其稳定性比相应的定域化结构显著增大的环状共轭分子。芳香化合物的代表性分子为苯。π电子数服从$4n+2$规则($n=0,1,2,3,\cdots$)。

02.0161 芳烃 arene

单环和多环的芳香烃类化合物。

02.0162 苯 benzene

第1个被发现并研究的芳香化合物。分子式为C_6H_6。其结构式为：

02.0163 萘 naphthalene

由2个苯分子并合形成的化合物。其结构式为：

02.0164 茚 indene

由苯和环戊二烯并合形成的化合物。其结构式为：

02.0165 苊 acenaphthylene

结构式为 的化合物。

02.0166 蒽 anthracene

结构式为 的化合物。

02.0167 芴 fluorene

结构式为 的化合物。

02.0168 菲 phenanthrene

结构式为 的化合物。

02.0169 芘 pyrene

结构式为 的化合物。

02.0170 䓛 chrysene

结构式为 的化合物。

02.0171 苉 picene

结构式为 的化合物。

02.0172 苝 perylene

结构式为 的化合物。

02.0173 蔻 coronene

结构式为  的化合物。

02.0174 卵苯 ovalene

结构式为  的化合物。

02.0175 烷基苯 alkylbenzene

苯环上的 1 个或几个氢被烷基取代所形成的化合物。

02.0176 联苄 bibenzyl

2 个苄基通过各自的 CH₂ 连接形成的化合物。其结构式为:

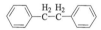

02.0177 联芳 biaryl

芳烃上的 1 个 H 被另一个芳基取代所形成的化合物。

02.0178 联苯 biphenyl

苯环上的 1 个 H 被另一个苯基取代所形成的化合物。其结构式为:

02.0179 联萘 binaphthyl

萘环上的 1 个 H 被另一个萘基取代所形成的化合物。有α,α-、β,β-和α,β-等三种连接方式。

02.0180 富烯 fulvene

结构式为 =CH₂ 的烃或其取代化合物。

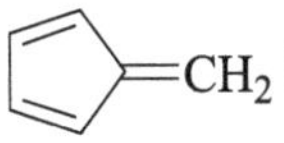

02.0181 并苯 acene

曾称"省"。由直线排列的并合苯环构成的多环芳香化合物。其结构式为:

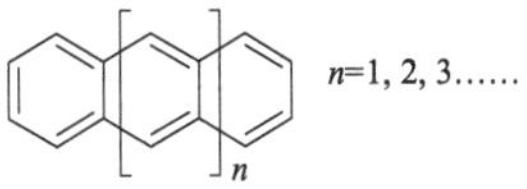

n=1, 2, 3……

02.0182 螺旋烃 helicene

邻位并合的多环芳族或杂芳族化合物。其中所有的环(至少 5 个)成角度地排列,产生螺旋形分子,并具手性。如六螺旋烃,其结构式为:

02.0183 芳炔 aryne

从芳烃的相邻的两个碳原子夺取两个氢原子而形成的烃。芳炔通常用形式三键表示。如苯炔,其结构式为:

02.0184 轮烯 annulene

通式为 C_nH_n(n 为偶数)或 C_nH_{n+1}(n 为奇数)的无侧链的含最大数非累积双键的单环烃。如环壬- 1,3,5,7-四烯为[9]-轮烯,其结构式为:

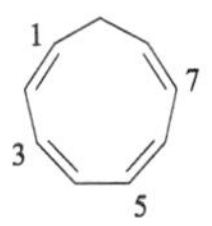

02.0185 杜瓦苯 Dewar benzene

在苯的结构研究历史中由杜瓦(Dewar)在1867 年提议的苯的结构。其系统命名为双环[2.2.0]-2,5-己二烯。其结构式为:

02.0186 盆苯 benzvalene

化学通式为(CH)₆的有机化合物的1个成员。其结构式为：

02.0187 桶烯 barrelene

化学通式为(CH)₈的有机化合物的1个成员。其系统命名为双环[2.2.2]辛-2,5,7-三烯。其结构式为：

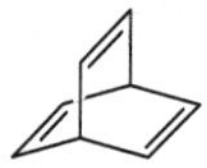

02.0188 薁 azulene

化学通式为$C_{10}H_8$的有机化合物的1个成员，由1个环戊二烯环和1个环庚三烯环并环而成。蓝色固体化合物，化学性质稳定，具有芳香性，容易发生芳香取代反应。其结构式为：

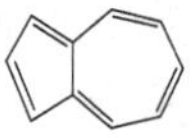

02.0189 环庚三烯酚酮 tropolone

又称"草酚酮"。2-羟基环庚-2,4,6-三烯酮及其取代衍生物。

02.0190 环庚三烯酮 tropone

又称"草酮"。含环庚-2,4,6-三烯酮环系统的化合物。其结构式为：

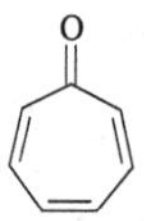

02.0191 重氮盐 diazonium salt

结构式为$RN_2^+Y^-$的化合物。其中 R 通常是芳基，其阳离子通常写作 $RN^+\!\equiv\!N$，如氯化苯重氮。

02.0192 重氮氢氧化物 diazohydroxide

结构式为 Ar—N＝N—OH 的化合物。其中

Ar 代表芳基。

02.0193 重氮氨基化合物 diazoamino compound

结构式为 RN＝N—NR₂(R 不能全是 H，通常 1 个 R 是芳基)的化合物。在系统命名中，重氮氨基放在 RN＝NNHR′ (R=R′) 化合物的 RH 前作为前缀，如 N-甲基重氮氨基苯 PhN＝N—NHMe。

02.0194 偶氮化合物 azo compound

二氮烯(HN＝NH)的衍生物。其中两个氢都被烃基取代，如偶氮苯 PhN＝NPh。

02.0195 氢化偶氮化合物 hydrazo compound

含氢化偶氮基(—NHNH—)的化合物。如氢化偶氮芳烃及其 N-取代衍生物[ArN(R)N(R)Ar]。

02.0196 氧化偶氮化合物 azoxy compound

偶氮化合物的 N-氧化物。结构式为 RN＝N⁺(O⁻)R。如氧化偶氮苯[PhN＝N⁺(O⁻)Ph]。

02.0197 偶氮亚胺 azo imide

偶氮化合物的 N-亚胺。与氧化偶氮化合物类似，具有离域结构 RN＝N⁺(R)N⁻R ⟷ RN⁻N⁺(R)＝NR。

02.0198 酚 phenol

有 1 个或多个羟基连接在苯或其他芳烃环上的化合物。如 2-萘酚，其结构式为：

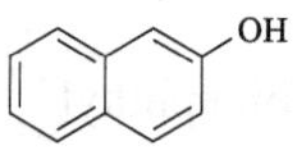

02.0199 酚氧化合物 phenoxide

又称"酚盐(phenolate)"。酚的盐或类似的金属衍生物。

02.0200 醌 quinone

具有完全共轭的环二酮结构的化合物。如对

苯醌。由芳香化合物通过偶数个—CH=转化为—C(=O)—，同时发生必需的双键重排而生成。包括多环和杂环类似物。

02.0201　苯醌　benzoquinone
苯环上的 2 个—CH=转化为—C(=O)—，同时发生必需的双键重排而生成的化合物。根据—C(=O)—的相对位置可有邻苯醌和对苯醌 2 种化合物。

02.0202　邻苯醌　*o*-benzoquinone
又称"1,2-苯醌(1,2-benzoquinone)"。结构式为 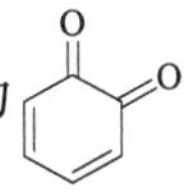 的化合物。

02.0203　对苯醌　*p*-benzoquinone
又称"1,4-苯醌(1,4-benzoquinone)"。结构式为 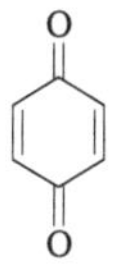 的化合物。

02.0204　萘醌　naphthoquinone
萘环上的 2 个—CH=转化为—C(=O)—，同时发生必需的双键重排而生成的化合物。根据—C(=O)—的不同位置可有 1,2-、1,4-、1,5-、1,7-萘醌和 2,6-萘醌 5 种化合物。

02.0205　菲醌　phenanthrenequinone
又称"9,10-菲醌"。菲环上的 2 个—CH=转化为—C(=O)—，同时发生必需的双键重排而生成的化合物。最常见的菲醌为菲环上 9,10 位的 2 个—CH=转化为—C(=O)—，同时发生必需的双键重排而生成的化合物。其结构式为：

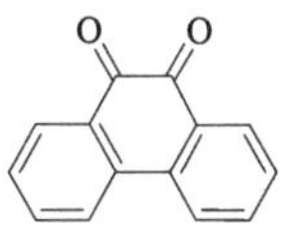

02.0206　蒽醌　anthraquinone
蒽环上的 2 个—CH=转化为—C(=O)—，同时发生必需的双键重排而生成的化合物。最常见的蒽醌为 1,4-蒽醌和 9,10-蒽醌二种。

02.0207　醌氢醌　quinhydrone
一分子醌与一分子相应氢醌的分子复合物。

02.0208　半醌　semiquinone
结构式为⁻O—Z—O•的自由基负离子。其中 Z 是邻-或对-亚芳基或类似的亚杂芳基，形式上由 1 个电子加成到醌而形成。

02.0209　苯偶姻　benzoin
又称"安息香"。结构式为 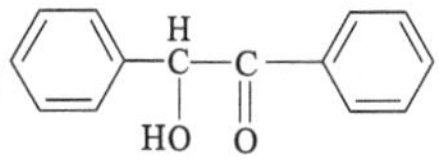 的化合物。

02.0210　偶苯酰　benzil
又称"1,2-二苯基二酮"。结构式为 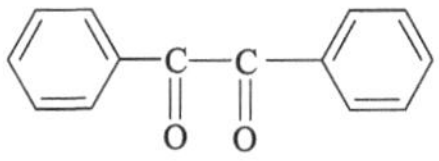 的化合物。

02.0211　氯硼烷　chloroborane
氯取代的硼烷。如 BH_2Cl，其中的 H 可被有机基团取代。

02.0212　膦　phosphine
PH_3 被烃基取代 1 个、2 个或 3 个氢原子而产生的化合物。

02.0213　鏻盐　phosphinium salt
含四配位鏻离子和相关负离子的盐。结构式为 $[R_4P]^+X^-$。

02.0214　膦氮烯　phosphazene
含磷-氮双键的化合物。即 $H_3P=NH$ 和 $HP=NH$ 的衍生物。在许多链状、环状和笼状化合物中存在多重这样的键。如：

02.0215　磷氢化合物　phosphane
通式为 P_nH_{n+2} 的三价磷的饱和氢化物。

02.0216　膦氧化物　phosphine oxide
膦的磷氧化物。即结构式为 $R_3P=O \longleftrightarrow R_3P^-—O^-$ 的化合物。

02.0217　胂　arsine
三氢化砷(AsH_3)被烃基取代 1 个、两个或 3 个氢原子而产生的化合物。$RAsH_2$，R_2AsH 和 R_3As ($R \neq H$) 分别称为伯、仲和叔胂。具体的胂称为某基胂烷，如乙基胂烷 $CH_3CH_2AsH_2$。

02.0218　多硫化物　polysulfide
又称"聚硫化物"。结构式为 $R—[S]_n—R$ 的化合物。其中 $n \geqslant 2$ 并且 $R \neq H$。

02.0219　硅碳烯　silene
结构式为 $R_2Si=CR'_2$ 的化合物。

02.0220　硅碳炔　silyne
结构式为 $RSi \equiv CR'$ 的化合物。

02.0221　硅硅烯　disilene
又称"乙硅烯"。结构式为 $R_2Si=SiR'_2$ 的化合物。

02.0222　硅硅炔　disilyne
又称"乙硅炔"。结构式为 $RSi \equiv SiR'$ 的化合物。

02.0223　氨基硅烷　aminosilane, silazane
结构式为 NH_2SiH_3 的化合物。其中的 H 被有机基团取代后就是有机硅胺。

02.0224　有机硅胺　organyl silazane
结构式为 $R_nSi(NR'_2)_{4-n}$ (R, R'=有机基团)的化合物。

02.0225　硅胺　silyl amide
结构式为$(R_3Si)_2NH$ 的化合物。其碱金属化合物如$(R_3Si)_2NLi$ 是位阻碱，用于催化有机反应。

02.0226　硅亚胺　silyl imine
结构式为 $RCH=NSiR'_3$ 的化合物。

02.0227　环硅胺　cyclosilazane
具有交替的 Si—N 单元的环状的化合物。如

02.0228　四氨基硅烷　silanetetramine
结构式为 $Si(NR_2)_4$ 的化合物。

02.0229　碳氟化合物　fluorocarbon
由碳元素和氟元素构成的化合物。

02.0230　氟利昂　Freon
几种氟氯代甲烷和氟氯代乙烷的总称。包括 CCl_3F (F-11)、CCl_2F_2 (F-12)、$CClF_3$ (F-13)、$CHCl_2F$ (F-21)、$CHClF_2$(F-22)、$FCl_2C—CClF_2$ (F-113)、$F_2ClC—CClF_2$ (F-114)。

02.0231　氟油　fluorocarbon oil
泛指烷烃或环烷烃分子中与碳原子联结的氢原子全部被氟原子取代所得到的液态全氟烷烃或全氟环烷烃。

02.0232　离子液体　ionic liquid
由离子构成的液体。可为无机离子或有机离子。21 世纪以来较多指常温下为液态的有机离子液体。

02.0233　液晶　liquid crystal
同时具有固体和液体性质的分子晶体。主要由棒状或香蕉状有机分子形成。这些分子在一定的温度区间内从正常的晶体过渡为正常的液体，此时规则晶格已部分或完全破坏，但仍保持相当程度的有序排列，显示出不同程度的流动性和各向异性。

02.0234　铁电液晶　ferroelectric liquid crystal, ferroelectric LC
具铁电性的液晶。层间的电偶极子呈平行排列。

02.0235　反铁电液晶　antiferroelectric liquid crystal, antiferroelectric LC
具反铁电性的液晶。层间的电偶极子呈反平行排列。

02.0236　向列相　nematic phase
分子排列的平均取向平行或反平行于分子的长轴，不排列成层，能上下、左右、前后滑动的一种介晶状态。

02.0237　胆甾相　cholesteric phase
大都为甾醇衍生物所形成，呈层状排列，层内分子相互平行，分子主轴平行于层面，层面间此排列方向形成一垂直于层面(分子长轴)的螺旋线变化轨迹的一种介晶状态。

02.0238　近晶相　smectic phase
由棒状分子所形成，分子排列成层，分子可前后、左右滑动，但不能上下层之间移动的一种介晶状态。

02.01.02　杂环化合物类名

02.0239　杂环　heterocycle
碳环分子中杂有其他元素的原子作为环节原子的环状分子。

02.0240　杂环化合物　heterocyclic compound
含有 1 个或多个除碳原子之外的其他元素原子的环状化合物。

02.0241　氧杂环丙烷　oxacyclopropane
又称"环氧乙烷(epoxyethane)"。曾称"噁丙环(oxirane)"。含有 1 个氧原子和 1 个 1,2-亚乙基($-CH_2CH_2-$)的三元环状醚化合物。其结构式为：

02.0242　硫杂环丙烷　thiacyclopropane, thiirane
又称"环硫乙烷"。曾称"硫杂丙环"。含有 1 个硫原子和 1 个 1,2-亚乙基($-CH_2CH_2-$)的三元环状硫醚。其结构式为：

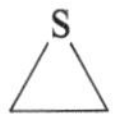

02.0243　氮杂环丙烷　azacyclopropane, azirane, aziridine
又称"氮丙啶"。含有 1 个氮原子和 1 个 1,2-亚乙基($-CH_2CH_2-$)的饱和三元环状胺化合物。其结构式为：

02.0244　氧杂环丙烯　oxacyclopropene, oxirene
又称"环氧乙烯"。相当于环丙烯分子中的亚甲基($-CH_2-$)置换为氧原子的一种三元环烯醚。其结构式为：

02.0245　硫杂环丙烯　thiacyclopropene, thiirene
又称"环硫乙烯"。相当于环丙烯分子中的亚甲基($-CH_2-$)被硫原子置换的一种三元

环烯硫醚。其结构式为:

02.0246　氮杂环丙烯　azacyclopropene, azirine
曾称"吖丙因"。含有 1 个双键和 1 个氮原子的不饱和三元杂环。分子中的氮原子饱和时，称为 1*H*-氮杂环丙烯，不饱和时，称为 3*H*-氮杂环丙烯。其结构式分别为:

02.0247　二氧杂环丙烷　dioxirane
曾称"过氧化酮"。具有二氧杂环丙烷结构的三元环状化合物。是一类氧化剂。如二甲基二氧杂环丙烷，其结构式为:

02.0248　二氮杂环丙烷　diaziridine
又称"亚甲基肼"。含有两个氮原子和 1 个亚甲基(—CH$_2$—)的饱和三元环状化合物。其结构式为:

02.0249　二氮杂环丙烯　diazirine
重氮甲烷的环状同分异构体，是三元环状二胺化合物。分子中含有 1 个饱和氮原子时，称为 1*H*-二氮杂环丙烯(1*H*-diazirine);不含有饱和氮原子时称为 3*H*-二氮杂环丙烯(3*H*-diazirine)。其结构式分别为:

02.0250　氧氮杂环丙烷　oxaziridine
曾称"噁吖啶"。含有氧和氮两种杂原子的饱和三元杂环化合物。其和其衍生物形式上可通过向碳氮双键($>$C$=$N—)中加成 1 个

氧原子，或向碳氧双键($>$C$=$O)中加成 1 个氮原子等加成反应合成。其结构式为:

02.0251　氧杂环丁烷　oxacyclobutane, oxetane
分子中含有 1 个氧原子和 1 个 1,3-亚丙基(—CH$_2$CH$_2$CH$_2$—)的四元环醚类化合物。可由羰基化合物与碳碳双键分子的[2+2]加成反应或由 3-氯代丙醇乙酸酯环化反应合成。其结构式为:

02.0252　硫杂环丁烷　thiacyclobutane, thietane
分子中含有 1 个硫原子和 1 个 1,3-亚丙基(—CH$_2$CH$_2$CH$_2$—)的四元环状硫醚类化合物。其结构式为:

02.0253　氮杂环丁烷　azacyclobutane, azetidin,
azetane
又称"三亚甲基亚胺"。曾称"吖丁啶"。分子中含有 1 个亚氨基和 1 个 1,3-亚丙基(—CH$_2$CH$_2$CH$_2$—)的四元环状胺类化合物。其结构式为:

02.0254　氧杂环丁烯　oxacyclobutene
又称"环氧丙烯"。分子中含有 1 个氧原子和 1 个 1,3-亚烯丙基(—CH$=$CH—CH$_2$—)单元的四元环状烯醚类化合物。其结构式为:

02.0255　硫杂环丁烯　thiacyclobutene, thiete
又称"环硫丙烯"。分子中含有 1 个硫原子和 1 个 1,3-亚烯丙基(—CH$=$CH—CH$_2$—)单

元的四元环状烯硫醚。其结构式为：

02.0256 氮杂环丁烯 azacyclobutene, azetine
曾称"二氢吖丁"。含有 1 个氮原子和 1 个环内双键的四元杂环。如氮杂环丁-2-烯和氮杂环丁-1-烯，其结构式分别为：

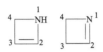

02.0257 氮杂环丁二烯 azacyclobutadiene, azete
曾称"吖丁"。含有 1 个氮原子和两个环内双键的四元杂环化合物。其结构式为：

02.0258 二氮杂环丁二烯 diazacyclobutadiene, diazete
含有两个氮原子和两个环内双键的四元杂环化合物。如 1,3-二氮杂环丁二烯，其结构式为：

02.0259 氧氮杂环丁烷 oxazacyclobutane, oxazetidine
含有 1 个氮原子和 1 个氧原子的饱和四元环。如 1，2-氧氮杂环丁烷，其结构式为：

02.0260 氧杂环丁酮 oxacyclobutanone
又称"1-氧杂环丁-2-酮"。含有 1 个氧原子和 1 个羰基的四元杂环化合物。其结构式为：

02.0261 硫杂环丁酮 thiacyclobutanone
含有 1 个硫原子和 1 个羰基的四元杂环化合物。如 1-硫杂环丁-2-酮，其结构式为：

02.0262 氮杂环丁酮 azacyclobutanone, azetidinone
含有 1 个氮原子和 1 个羰基的四元杂环化合物。其结构式为：

02.0263 呋喃 furan
含有 1 个氧原子和两个环内共轭双键，并具有类似于苯环的 6 个 π 电子大共轭体系的五元芳香性杂环。其结构式为：

02.0264 四氢呋喃 tetrahydrofuran, THF
环戊烷分子中的 1 个亚甲基(—CH$_2$—)被置换为氧原子后的五元环状醚化合物。在空气中容易和氧气反应生成爆炸性的过氧化物。其结构式为：

02.0265 1-氧杂环戊-2-酮 1-oxacyclopentan-2-one
又称"γ-丁内酯(γ-butyrolactone)"。4-羟基丁酸分子内环化生成的五元环状内酯型化合物。其结构式为：

02.0266 噻吩 thiophene

又称"硫杂环戊二烯"。含有1个硫原子和两个环内共轭双键，并具有类似于苯环的6个π电子大共轭体系的五元芳香性杂环。其结构式为：

02.0267 四氢噻吩 tetrahydrothiophene

环戊烷分子中的1个亚甲基(—CH$_2$—)置换为硫原子后的五元环状硫醚类化合物。其结构式为：

02.0268 四氢噻吩砜 sulfolane, tetramethylene sulfone

俗称"环丁砜"。环戊烷分子中的1个亚甲基(—CH$_2$—)被1个磺酰基(—SO$_2$—)置换后的五元环状化合物。是四氢噻吩的氧化产物。其结构式为：

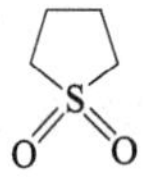

02.0269 二硫杂环戊烷 dithiolane

环戊烷分子中的1个亚乙基(—CH$_2$CH$_2$—)置换为联硫基(—S—S—)的五元饱和杂环化合物。其结构式为：

02.0270 吡咯 pyrrole, azole

又称"氮杂环戊二烯"。含有1个氮原子和两个共轭双键，并具有类似于苯环的6个π电子大共轭体系的五元芳香性杂环。其结构式为：

02.0271 四氢吡咯 tetrahydropyrrole

又称"吡咯烷(pyrrolidine)"。环戊烷分子中的1个亚甲基(—CH$_2$—)置换为亚氨基(—NH—)

后的饱和五元环状胺化合物。其结构式为：

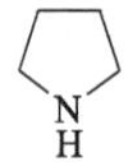

02.0272 1-氮杂环戊-2-酮 2-azacyclopentanone

俗称"α-吡咯烷酮(α-pyrrolidone)"。由4-氨基丁酸分子内环化生成的五元环状内酰胺。其结构式为：

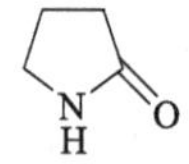

02.0273 吡咯啉酮 pyrrolinone

又称"氮杂环戊烯酮"。具有二氢-吡咯的酮式结构的一类五元不饱和杂环。如5H-吡咯啉-2-酮，其结构式为：

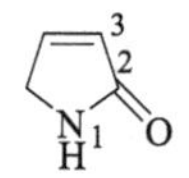

02.0274 卟啉 porphyrin

又称"卟吩(porphine)"。在4个吡咯环的2,5-位上，分别由4个次甲基(═CH—)连接而成的大环分子。是一系列天然色素的功能骨架结构单元。其结构式为：

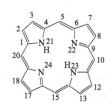

02.0275 咕啉 corrin

又称"可啉"。在4个还原或部分还原的吡咯环的2,5-位上，分别由3个次甲基(═CH—)和1个单键连接而成的1个大环分子。是维生素 B$_{12}$ 等天然化合物分子的基本结构单元。其结构式为：

02.0276 噁唑 oxazole

又称"1，3-噁唑"。环戊二烯分子中的亚甲基(—CH₂—)置换为氧原子、其间位次甲基(═CH—)置换为氮原子，并具有类似于苯环的六电子大π键共轭体系的五元芳香性杂环。其结构式为：

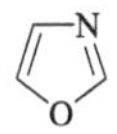

02.0277 异噁唑 isoxazole

又称"1，2-噁唑"。环戊二烯分子中的亚甲基(—CH₂—)置换为氧原子、其邻位次甲基(═CH—)置换为氮原子，并具有类似于苯环的六电子大π键共轭体系的五元芳香性杂环。其结构式为：

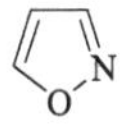

02.0278 噻唑 thiazole

又称"1，3-噻唑"。环戊二烯分子中的亚甲基(—CH₂—)置换为硫原子、其间位次甲基(═CH—)置换为氮原子，并具有类似于苯环的六电子大π键共轭体系的五元芳香性杂环。其结构式为：

02.0279 异噻唑 isothiazole

又称"1，2-噻唑"。环戊二烯分子中的亚甲基(—CH₂—)置换为硫原子、其邻位次甲基(═CH—)置换为氮原子，并具有类似于苯环的六电子大π键共轭体系的五元芳香性杂环。其结构式为：

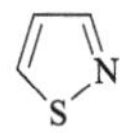

02.0280 咪唑 imidazole

又称"1，3-二唑"。环戊二烯分子中的亚甲基(—CH₂—)置换为亚氨基(—NH—)、其间位的次甲基(═CH—)置换为氮原子，并具有类似于苯环的六电子大π键共轭体系的五元芳香性杂环。其结构式为：

02.0281 吡唑 pyrazole

又称"1，2-二唑"。环戊二烯分子中的亚甲基(—CH₂—)置换为亚氨基(—NH—)、其邻位的次甲基(═CH—)置换为氮原子，并具有类似于苯环的六电子大π键共轭体系的五元芳香性杂环。其结构式为：

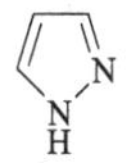

02.0282 噁唑啉 oxazoline

又称"二氢噁唑"。分子中含有 1 个氧原子、1 个间位氮原子和 1 个环内双键的五元不饱和杂环。按其环内双键的位置不同，有三种异构体：2-噁唑啉、3-噁唑啉和 4-噁唑啉。其结构式分别为：

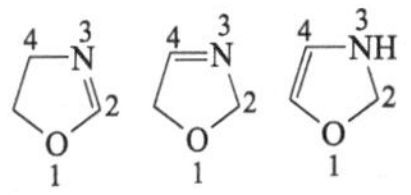

02.0283 噻唑啉 thiazoline

又称"二氢噻唑"。分子中含有 1 个硫原子、1 个间位氮原子和 1 个环内双键的五元不饱和杂环。按其环内双键的位置不同，有三种异构体：2-噻唑啉、3-噻唑啉和 4-噻唑啉。其结构式分别为：

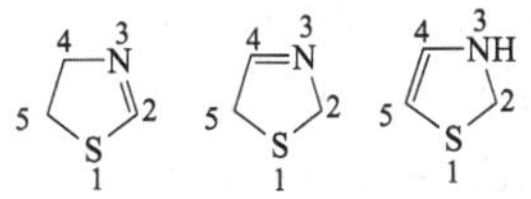

02.0284 咪唑啉 imidazoline

又称"二氢咪唑"。分子中含有两个互为间位的氮原子和 1 个环内双键的五元不饱和杂环。按其环内双键的位置不同，有三种异构体：2-咪唑啉、3-咪唑啉和 4-咪唑啉。其结构式分别为：

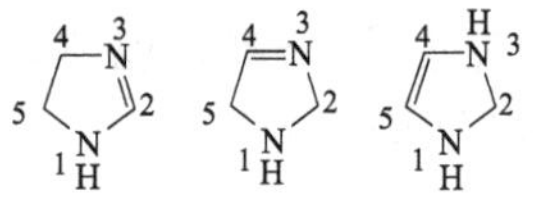

02.0285 吡唑啉 pyrazoline

又称"二氢吡唑"。分子中含有两个相邻的氮原子和 1 个环内双键的五元不饱和杂环。按其环内双键的位置不同，有三种异构体：1-吡唑啉、2-吡唑啉和 3-吡唑啉。其结构式分别为：

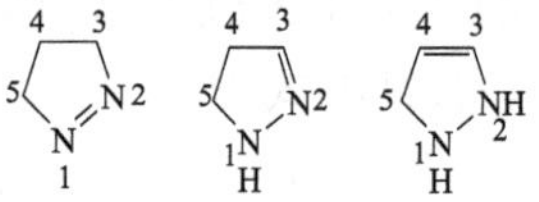

02.0286 噁唑烷 oxazolidine

又称"四氢噁唑"。环戊烷分子中的 1,3-位的两个亚甲基（—CH_2—）被 1 个氧原子和 1 个亚氨基（—NH—）置换后的饱和五元杂环化合物。其结构式为：

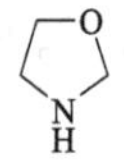

02.0287 噻唑烷 thiazolidine

又称"四氢噻唑"。环戊烷分子中 1,3-位的两个亚甲基（—CH_2—）被 1 个硫原子和 1 个亚氨基（—NH—）置换后的饱和五元杂环化合物。其结构式为：

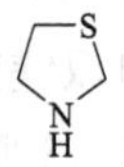

02.0288 咪唑烷 imidazolidine

又称"四氢咪唑"。环戊烷分子中的 1,3-位的两个亚甲基（—CH_2—）被两个亚氨基（—NH—）置换后的饱和五元杂环化合物。其结构式为：

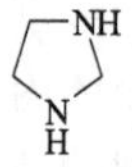

02.0289 吡唑烷 pyrazolidine

又称"四氢吡唑"。环戊烷分子中的 1 个亚乙基（—CH_2CH_2—）被 1 个 1,2-亚肼基（—NHNH—）置换后的饱和五元杂环化合物。其结构式为：

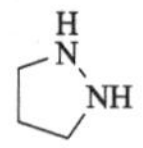

02.0290 异噁唑烷 isoxazolidine

又称"四氢异噁唑"。环戊烷分子中的 1 个亚乙基（—CH_2CH_2—）被 1 个氧原子和 1 个亚氨基（—NH—）置换后的饱和五元杂环化合物。其结构式为：

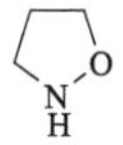

02.0291 噁唑啉酮 oxazolinone

又称"噁唑酮(oxazalone)"。具有互为间位的、氧氮杂环戊烯酮结构的一类不饱和五元杂环化合物。如 2-噁唑啉-5-酮，其结构式为：

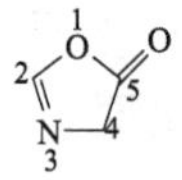

02.0292 噁唑烷酮 oxazolidone

具有互为间位的、氧氮杂环戊酮结构的一类五元杂环化合物。其分子中都有环内酯或环内酰胺的结构单元。如噁唑烷-2-酮，其结构式为：

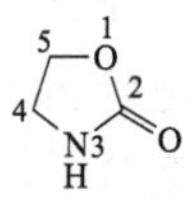

02.0293 咪唑烷酮 imidazolidone

具有互为间位的二氮杂环戊酮结构的一类五元杂环化合物。其分子中都含有环内酰胺或环脲结构单元，如咪唑烷-2-酮，其结构式为：

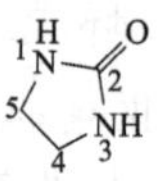

02.0294 吡唑啉酮 pyrazolone

又称"吡唑酮"。环戊烯酮分子中的—CH=CH—、—CH₂—CH=或—CH₂—CH₂—结构单元分别对应地被—N=N—、—NH—N=或—NH—NH—置换的一类不饱和五元杂环化合物。如 2-吡唑啉-5-酮,其结构式为:

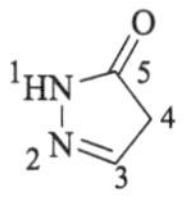

$$\underset{2}{\overset{1}{HN}}-\overset{5}{\underset{3}{N}}=O$$

02.0295 咪唑烷-2,4-二酮 imidazolidine-2,4-dione

又称"乙内酰脲",俗称"海因(hydantion)"。由脲基取代乙酸的分子内环化生成的内酰胺型五元杂环化合物。是多种天然和合成药物分子的基本结构单元。其结构式为:

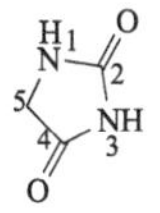

02.0296 噁二唑 oxadiazole

含有 1 个氧原子、两个氮原子和两个次甲基(=CH—),并具有 4n+2 型大π键共轭体系的五元芳香性杂环。分子中的杂原子位置按氧、氮顺序号标在名称中,如 1,2,5-噁二唑

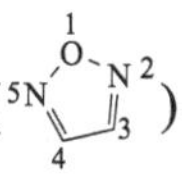

(￼)、1,3,4-噁二唑(￼)等。

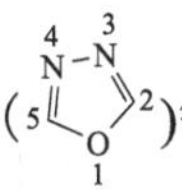

02.0297 噻二唑 thiadiazole

含有 1 个硫原子、两个氮原子和两个次甲基(=CH—),并具有 4n+2 型大π键共轭体系的五元芳香性杂环。分子中的杂原子位置按硫、氮顺序号标在名称中,如 1,3,4-噻二唑

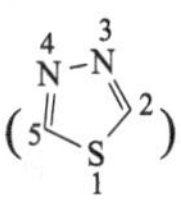

(￼)、1,2,4-噻二唑(￼)等。

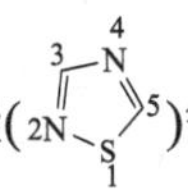

02.0298 三唑 triazole

含有 2 个氮原子、1 个亚氨基(—NH—)和两个次甲基(=CH—),并具有 4n+2 型大π键共轭体系的五元芳香性杂环化合物。如 1,3,4-三唑(￼)、1,2,3-三唑(￼)等。

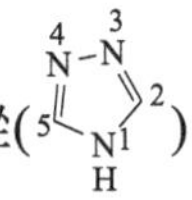

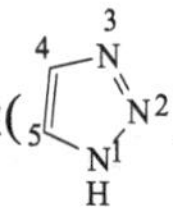

02.0299 四唑 tetrazole,pyrrotriazole

俗称"焦三唑"。含有 3 个氮原子、1 个亚氨基(—NH—)和 1 个次甲基(=CH—),并具有 4n+2 型大π键共轭体系的五元芳香性杂环。其结构式为:

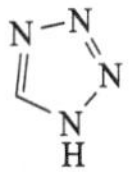

02.0300 硒吩 selenophene

环戊二烯分子中的亚甲基(—CH₂—)被硒原子置换的五元芳香性杂环。其结构式为:

02.0301 碲吩 tellurophene

环戊二烯分子中的亚甲基(—CH₂—)被碲原子置换的五元芳香性杂环。其结构式为:

02.0302 磷杂呋喃 phosphafuran

呋喃分子中的 1 个次甲基(=CH—)置换为磷氢基(=PH₂—)时的五元芳香性杂环。如 3-λ⁵-磷杂呋喃,其结构式为:

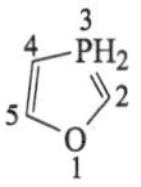

02.0303 吡喃 pyran

环己二烯分子中的 1 个亚甲基(—CH₂—)被置换为氧原子,具有环状烯醚型结构的六元氧杂环化合物。分子中的亚甲基在 2-位时称为α-吡喃(2H-吡喃),在 4-位时称为γ-吡喃(4H-吡喃),都是天然产物的基本结构单元。其结构式分别为:

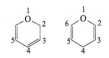

02.0304 四氢吡喃 tetrahydropyran
环己烷分子中的 1 个亚甲基(—CH₂—)被置换为氧原子的六元饱和环氧化合物。其结构式为:

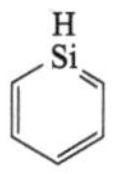

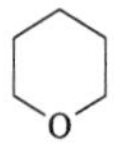

02.0309 吡啶 pyridine
又称"氮杂苯"。苯分子中的 1 个次甲基(=CH—)被置换为氮原子,并具有类似苯环的 6 个环电子组成的大π键共轭体系的芳香性六元杂环。其结构式为:

02.0305 吡喃酮 pyranone
环己二烯酮分子中的亚甲基(—CH₂—)被置换为氧原子后的六元不饱和含氧杂环。分子中的羰基在环氧原子的邻位时,称为α-吡喃酮;在其对位时,称为γ-吡喃酮,其结构式分别为:

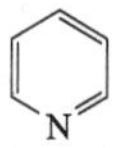

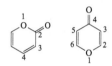

02.0310 六氢吡啶 hexahydropyridine
又称"哌啶(piperidine)"。环己烷分子中的 1 个亚甲基(—CH₂—)被 1 个亚氨基(—NH—)置换的六元环状亚胺。其结构式为:

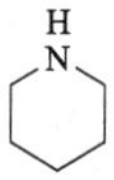

02.0306 吡喃盐 pyranium salt
具有氧杂苯结构(六电子大π键共轭体系)的、含氧盐的芳香性正离子。是多种天然产物的基本结构单元。如:

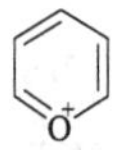

02.0311 哌啶酮 piperidone
环己酮分子中的 1 个亚甲基(—CH₂—)被 1 个亚氨基(—NH—)置换的一类六元氮杂环化合物。如 1-氮杂环己-2-酮,其结构式为:

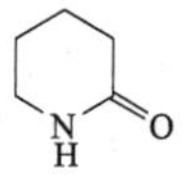

02.0307 噻喃 thiopyran
环己二烯分子中的 1 个亚甲基(—CH₂—)被硫原子置换的六元环状不饱和硫醚。当环硫原子和环亚甲基互为邻位时称α-噻喃;互为对位时称γ-噻喃,其结构式分别为:

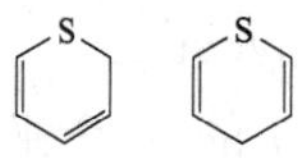

02.0308 硅杂苯 silabenzene
苯分子中的 1 个次甲基(=CH—)被置换为硅氢基团(=SiH—)的芳香性六元杂环。其结构式为:

02.0312 吡啶酮 pyridone
分子中含有 1 个亚氨基(—NH—)、两个碳碳双键(—CH=CH—)和 1 个羰基(—CO—)的六元不饱和杂环化合物。其结构式为:

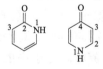

02.0313 硼杂环己烷 boracyclohexane, borinane
环己烷分子中的 1 个亚甲基(—CH₂—)被硼氢基团(—BH—)置换的六元饱和杂环化合物。其结构式为:

02.0314 1,4-二氧杂环己烷 dioxane

俗称"二氧六环""二𫫇烷"。环己烷分子中的 1，4-位两个亚甲基(—CH₂—)被两个氧原子置换的饱和六元环醚化合物。是常用的有机溶剂。其结构式为：

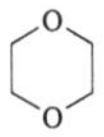

02.0315 1,3,5-三氧杂环己烷 1,3,5-trioxacyclohexane

俗称"三𫫇烷(trioxane)"。其母体化合物是由 3 个分子的甲醛聚合生成的六元环醚化合物。其结构式为：

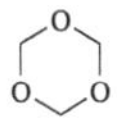

02.0316 1,4-二硫杂环己烷 1,4-dithiacyclohexane

环己烷分子中的 1，4-位两个亚甲基(—CH₂—)被两个硫原子置换的饱和六元环硫醚类化合物。其结构式为：

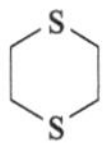

02.0317 哒嗪 pyridazine

又称"1,2-二嗪(1,2-diazine)"。具有 1，2-二氮杂苯型的结构，并有类似苯分子的 6 个环电子组成的大π键共轭体系的芳香性杂环化合物。其结构式为：

02.0318 吡嗪 pyrazine

又称"1,4-二嗪(1,4-diazine)"。具有 1,4-二氮杂苯型的结构，并有类似苯分子的 6 个环电子组成的大π键共轭体系的芳香性杂环化合物。其结构式为：

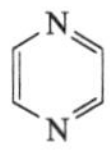

02.0319 嘧啶 pyrimidine

又称"1,3-二嗪(1,3-diazine)"。具有 1,3-二氮杂苯型的结构，并有类似苯分子的 6 个环电子组成的大π键共轭体系的芳香性杂环化合物。其结构式为：

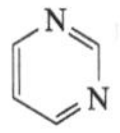

02.0320 丙二酰脲 malonyl urea

俗称"巴比妥酸(barbituric acid)"。由丙二酸和脲缩合环化生成的六元环内酰脲。2,4,6-三羟基嘧啶的酮式互变异构体。其结构式为：

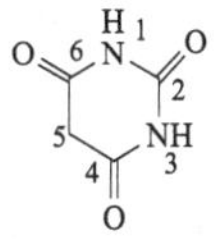

02.0321 1,4-二氮杂环己烷 1,4-diazacyclohexane

又称"六氢吡嗪"，俗称"哌嗪(piperazine)"。具有 1,4-二氮杂环己烷结构的饱和六元杂环。其结构式为：

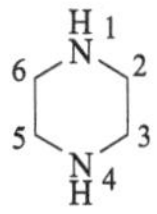

02.0322 2,5-二氧亚基哌嗪 2,5-dioxopiperazine

又称"2,5-哌嗪二酮(piperazine-2,5-dione)"。具有双内酰胺结构(交酰胺)的六元氮杂环化合物。其和其衍生物可由两个α-氨基酸分子缩合环化生成。其结构式为：

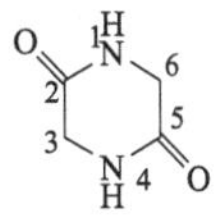

02.0323 吗啉 morpholine

具有1,4-氧氮杂环己烷结构的饱和六元杂环化合物。其结构式为：

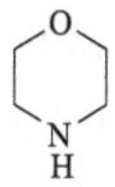

02.0324 噁嗪 oxazine

具有氧氮杂环己二烯结构的不饱和六元杂环化合物。如 4*H*-1,4-噁嗪和 2*H*-1,3-噁嗪，其结构式分别为：

合物。其结构式为：

02.0329 氮杂环庚三烯 azacycloheptatriene

又称"氮杂䓬(azepine)"。含有 1 个氮原子和 3 个环内双键的七元环状不饱和胺类化合物。如 1*H*-氮杂䓬；2*H*-氮杂䓬和 3*H*-氮杂䓬等，其结构式分别为：

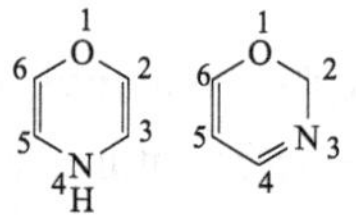

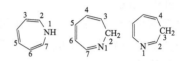

02.0325 噻嗪 thiazine

具有硫氮杂环己二烯结构的不饱和六元杂环化合物。如 2*H*-1,3-噻嗪和 4*H*-1,4-噻嗪，其结构式分别为：

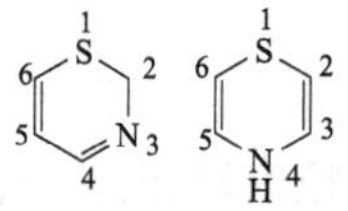

02.0330 二氮杂环庚三烯 diazacyclohepta-triene

又称"二氮杂䓬(diazepine)"。含有两个氮原子和 3 个环内双键的七元环状不饱和胺类化合物。如：1*H*-1,4-二氮杂䓬和 3*H*-1,2-二氮杂䓬等，其结构式分别为：

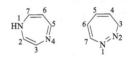

02.0326 三嗪 triazine

又称"三氮杂苯"。含有 3 个氮原子和 3 个次甲基(=CH—)，并具有 6 个环电子组成的大π键共轭体系的六元芳香性杂环化合物。如 1,2,4-三嗪和 1,3,5-三嗪，其结构式分别为：

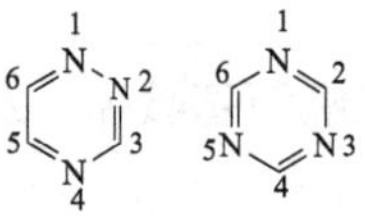

02.0331 氮杂环辛四烯 azacyclooctatetraene

曾称"吖辛因(azocine)"。含有 1 个氮原子和 7 个次甲基(=CH—)的八元环状不饱和胺类化合物。是非平面的、不具有芳香性的分子。其结构式为：

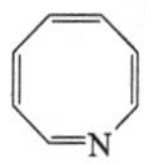

02.0327 氧杂环庚三烯 oxacycloheptatriene

又称"氧杂䓬(oxepin)"。含有 1 个氧原子和 3 个环内碳碳双键的七元环状烯醚类化合物。与环氧化苯是互变异构体。

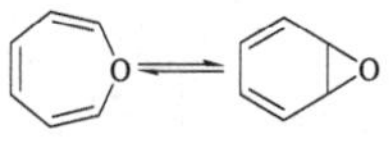

02.0332 苯并呋喃 benzofuran

曾称"氧茚"。由 1 个苯环和 1 个呋喃环通过共用两个环碳原子并合而成的芳香性并杂环化合物。苯环和呋喃环的 2,3-边并合时称为苯并[*b*]呋喃(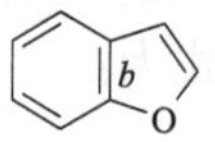)；与其 3,4-边并

02.0328 硫杂环庚三烯 thiacycloheptatriene

又称"硫杂䓬(thiepine)"。含有 1 个硫原子和 3 个环内碳碳双键的七元环状烯硫醚类化

合时称为苯并[*c*]呋喃(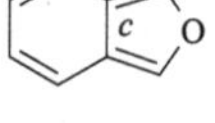)。

02.0333　苯并噻吩　benzothiophene

曾称"硫茚"。由 1 个苯环和 1 个噻吩环通过共用两个环碳原子并合而成的芳香性并环化合物。苯环和噻吩的 *b* 边并合时称为苯并[*b*]噻吩(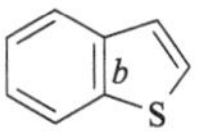)；与 *c* 边并合时称为苯并[*c*]噻吩(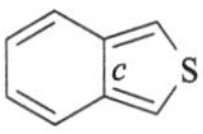)。

02.0334　吲哚　indole

又称"苯并[*b*]吡咯(benzo[*b*]pyrrole)"。1 个苯分子和 1 个吡咯分子的 2,3-边(*b* 边)的两个环碳原子并合而成的芳香性并环化合物。是一大类天然产物分子中的基本结构单元。

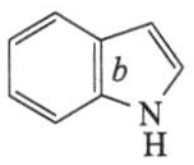

02.0335　异吲哚　isoindole

又称"苯并[*c*]吡咯(benzo[*c*]pyrrole)"。1 个苯分子和 1 个吡咯分子的 3,4-边(*c* 边)的两个环碳原子并合而成的芳香性并环化合物。是一些天然产物和酞菁类染料分子的基本结构单元。

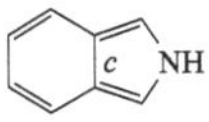

02.0336　苯并呋喃酮　benzofuranone

1 个苯分子和 1 个呋喃酮分子共用碳碳双键边时构成的并环化合物。如 2-苯并呋喃-1(3*H*)-酮(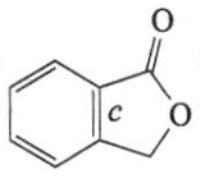)和 3-苯并呋喃-1(2*H*)-酮(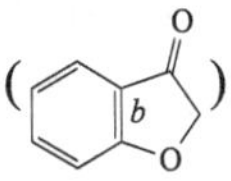)。

02.0337　吲哚酮　indolone

又称"2,3-二氢吲哚-3-酮"。1 个苯环和 1 个吡咯酮分子共用碳碳双键边时构成的并环化合物。是 3-羟基吲哚的酮式互变异构体。其结构式为：

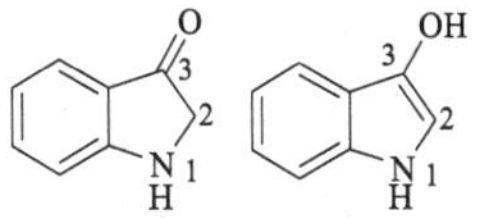

02.0338　靛蓝　indigo

又称"靛青"。由两个吲哚酮分子在其 2-位以双键连接而成的二聚体。是一类天然染料的基本骨架结构。如：

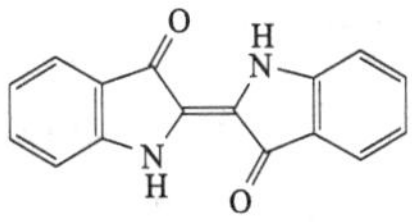

02.0339　1*H*-吲哚-2,3-二酮　1*H*-indole-2,3-dione

又称"吲哚满二酮"。俗称"靛红(isatin)"。1 个苯环和 2,3-吡咯二酮分子共用碳碳双键边构成的一类杂环化合物。是合成多种染料、药物的中间体。其结构式为：

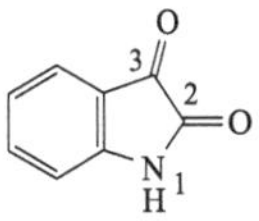

02.0340　二苯并呋喃　dibenzofuran

又称"氧芴"。呋喃分子分别以其 *b*,*d* 两个边和两个苯环并合而成的一类三环并合芳香性化合物。是多种天然产物分子的基本结构单元。其结构式为：

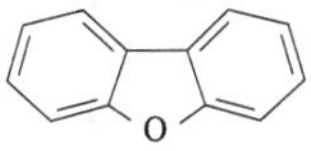

02.0341　二苯并噻吩　dibenzothiophene

又称"硫芴"。噻吩分子分别以其 *b*,*d* 两个边和两个苯分子并合而成的一类三环并合芳香性化合物。存在于煤焦油和石油中的一类有机硫化物。其结构式为：

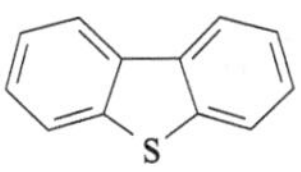

02.0342　二苯并[*b*,*d*]吡咯　dibenzo[*b*,*d*]pyrrole

俗称"咔唑(carbazole)"。芴分子中的亚甲基(—CH$_2$—)被置换为亚氨基(—NH—)的一类三环并合芳香性化合物。是多种生物碱分子的基本结构单元。其结构式为：

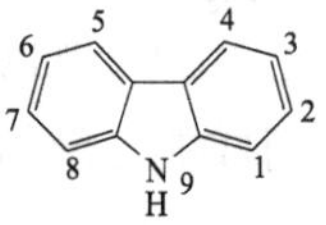

碳碳双键边和苯环并合构成的芳香性并杂环化合物。其中较稳定的是 1H-异构体。如：

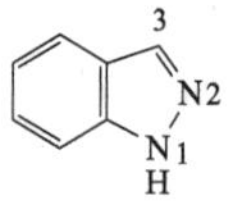

02.0348 苯并三唑 benzotriazole

苯环和 1,2,3-三唑环中的碳碳双键边并合而成的芳香性并杂环化合物。如 1H-苯并三唑和 2H-苯并三唑。其和其取代衍生物都是重要的有机合成试剂，其结构式分别为：

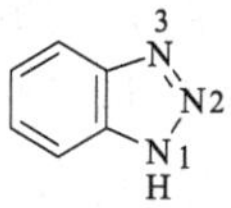

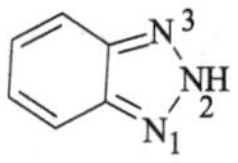

02.0343 苯并噁唑 benzoxazole

1 个苯分子和噁唑分子中的碳碳双键边并合时构成的芳香性并杂环化合物。其结构式为：

02.0349 苯并噁二唑 benzoxadiazole

噁二唑分子中的碳碳双键边和苯环并合构成的芳香性并杂环化合物。如1,2,3-苯并噁二唑，其结构式为：

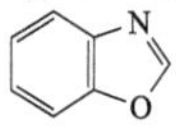

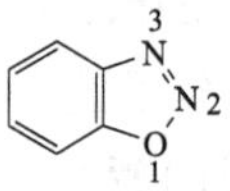

02.0344 苯并噻唑 benzothiazole

噻唑分子中的碳碳双键边和苯环的 1 个边并合构成的芳香性并杂环化合物。其结构式为：

02.0350 苯并噻二唑 benzothiadiazole

噻二唑分子中的碳碳双键边和苯环并合成的芳香性并杂环化合物。如 1,2,3-苯并噻二唑，其结构式为：

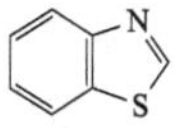

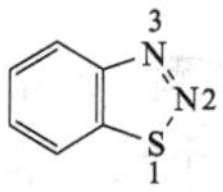

02.0345 苯并咪唑 benzimidazole

咪唑分子中的碳碳双键边和苯环的 1 个边并合构成的芳香性并杂环化合物。是多种药物(如维生素 B$_{12}$)分子中的重要结构单元。其结构式为：

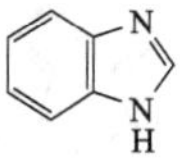

02.0351 苯并吡喃 benzopyran

俗称"色烯(chromene)"。苯环和吡喃环中的 1 个碳碳双键边并合构成的并合不饱和环醚类化合物。分子中的亚甲基(—CH$_2$—)在 2-位的称为 α-色烯，在 4-位的称为 γ-色烯，在 1-位的称异色烯，其结构式分别为：

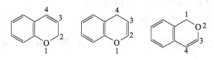

02.0346 苯并异噁唑 benzisoxazole

异噁唑分子中的1 个碳碳双键边和苯环并合构成的芳香性并杂环化合物。如苯并[d]异噁唑和苯并[c]异噁唑，其结构式分别为：

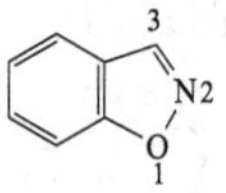

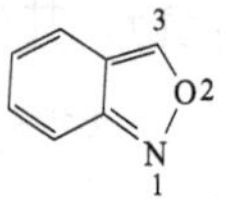

02.0347 1H-苯并吡唑 1H-benzopyrazole

俗称"吲唑(indazole)"。吡唑分子中的 1 个

02.0352 苯并吡喃盐 benzopyranium salt

具有 1-氧杂萘结构的芳香性阳离子。其和其取代衍生物是天然花色素的基本结构单元。其结构式为：

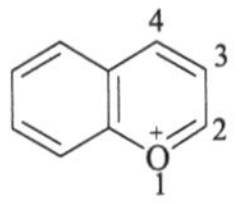

02.0353　2,3-二氢苯并吡喃　2,3-dihyrobenzo-pyran

俗称"色满(chroman)"。具有 1-氧杂-1,2,3,4-四氢合萘结构的环醚类化合物。其结构式为：

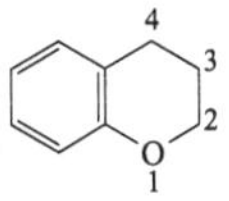

02.0354　2H-苯并吡喃-2-酮　2H-benzopyran-2-one

又称"2H-色烯-2-酮(2H-chromen-2-one)"，俗称"香豆素(coumarin)"。苯环和α-吡喃酮分子中的 e-边(碳碳双键)并合构成的含不饱和内酯型的并杂环化合物。其结构式为：

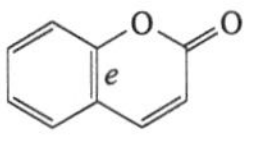

02.0355　4H-苯并吡喃-4-酮　4H-benzopyran-4-one

又称"4H-色烯-4-酮"。俗称"色酮(chromone)"。苯环和γ-吡喃酮分子中的 1 个碳碳双键边并合构成的并环化合物。是多种天然产物分子的基本结构单元。其结构式为：

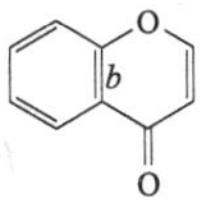

02.0356　二苯并[b,e]吡喃　dibenzo[b,e] pyran

俗称"呫吨(xanthene)"。γ-吡喃分子中的两个碳碳双键边和两个苯环并合的化合物。具有 10(9H)-氧杂蒽的结构。是一类合成染料的基本结构单元。如荧光黄等，其结构式为：

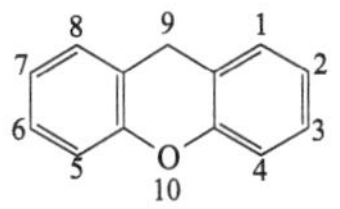

02.0357　二苯并[b,e]吡喃酮　dibenzo [b,e] pyranone

俗称"9-呫吨酮(9-xanthenone)"。γ-吡喃酮分子中的两个碳碳双键边和两个苯环并合的三环化合物。具有 10-氧杂蒽酮的结构，是天然色素和合成染料分子的基本结构单元。其结构式为：

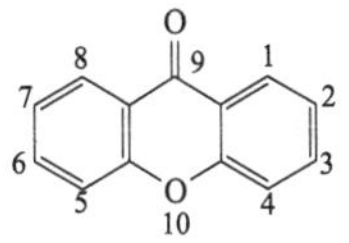

02.0358　二苯并[b,e]噻喃酮　dibenzo [b,e] thiapyranone

俗称"9-噻吨酮(9-thioxanthone)"。γ-噻喃酮分子中的两个碳碳双键边和两个苯环并合的三环化合物。具有 10-硫杂蒽酮的结构，存在于石油等天然产物中。其结构式为：

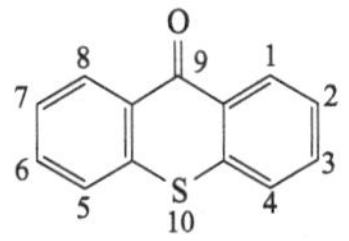

02.0359　喹啉　quinoline

又称"苯并[b]吡啶"。具有 1-氮杂萘的结构，有类似萘环的 10 个环电子大π键共轭体系的芳香性并杂环化合物。其和其衍生物是广泛存在于自然界的一大类生物碱。其结构式为：

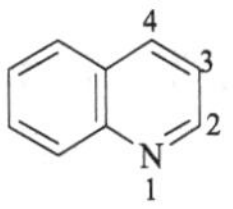

02.0360　异喹啉　isoquinoline

又称"苯并[c]吡啶"。具有 2-氮杂萘的结构，有类似萘环的 10 个环电子大π键共轭体系的芳香性并杂环化合物。其和其衍生物是广泛存在于自然界的一大类生物碱。其结构式为：

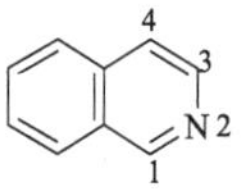

（结构图）

02.0361 喹诺酮 quinolone

苯环和吡啶酮分子中的 1 个碳碳双键边并合的并杂环化合物。如：2-喹诺酮、4-喹诺酮和异喹诺酮等，其结构式分别为：

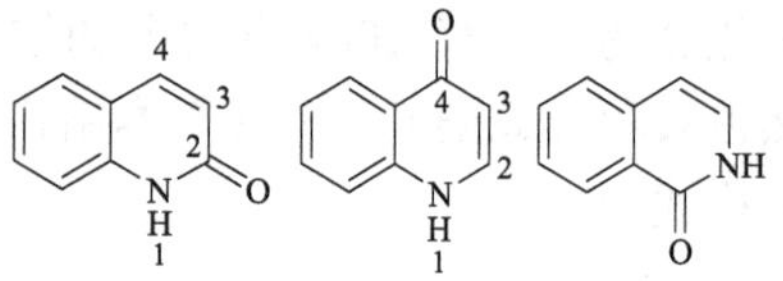

（结构图）

02.0362 二苯并[b,e]吡啶 dibenzo[b,e] pyridine

又称"苯并[b]喹啉(benzo[b]quinoline)"。俗称"吖啶(acridine)"。1 个氮原子置换了蒽环中的 10-位环次甲基(=CH—)、具有氮杂蒽结构的芳香性并杂环化合物。是合成染料、药物和天然产物分子的基本结构单元。其结构式为：

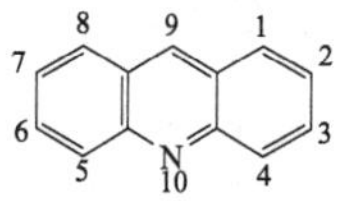

（结构图）

02.0363 9-吖啶酮 9-acridone

蒽酮分子中的 10-位环亚甲基(—CH$_2$—)被亚氨基(—NH—)置换的三环并合化合物。是合成吖啶类染料的中间体。其结构式为：

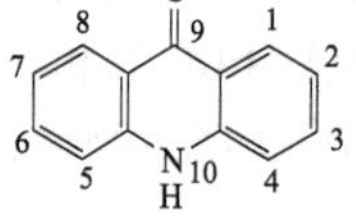

（结构图）

02.0364 苯并[c]喹啉 benzo[c]quinoline

俗称"菲啶(phenanthridine)"。菲分子中的 9(10)-位环次甲基(=CH—)被氮原子置换的芳香性并杂环化合物。是一大类天然生物碱分子的基本骨架结构。其结构式为：

（结构图）

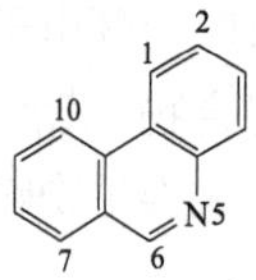

02.0365 菲咯啉 phenanthroline

菲分子中的两个环次甲基(=CH—)被两个氮原子置换的芳香性并杂环化合物。如 1,7-二氮杂菲和 1,10-二氮杂菲(俗称邻菲咯啉)等，其结构式分别为：

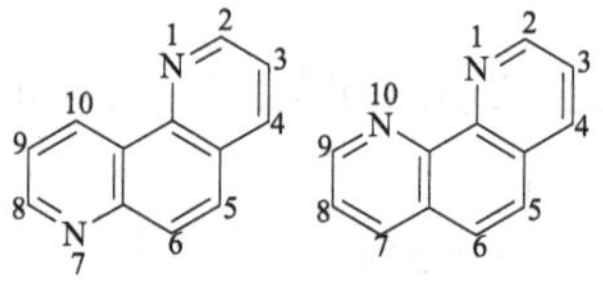

（结构图）

02.0366 二苯并[b,e]吡嗪 dibenzo[b,e]pyrazine

俗称"吩嗪(phenazine)"。蒽分子中的 9,10-位的两个环次甲基(=CH—)被 2 个氮原子置换的芳香性并杂环化合物。是合成染料和药物分子的基本骨架结构。其结构式为：

（结构图）

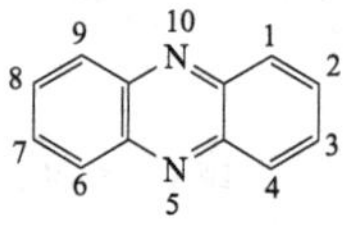

02.0367 二苯并[b,e]噁嗪 dibenzo[b,e]oxazine

俗称"吩噁嗪(phenoxazine)"。蒽分子中的 9，10-位两个环次甲基(=CH—)分别被氧原子和亚氨基(—NH—)置换的并杂环化合物。是吩噁嗪类合成染料分子的基本骨架结构。其结构式为：

（结构图）

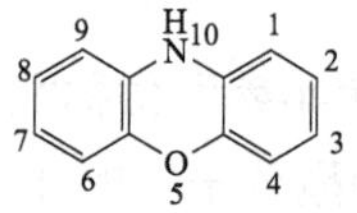

02.0368 二苯并[b,e]噻嗪 dibenzo[b,e]thiazine

俗称"吩噻嗪(phenothiazine)"。蒽分子中的 9，10-位两个环次甲基(=CH—)分别被硫原子和亚氨基(—NH—)置换的并杂环化合物。是吩噻嗪类合成染料的基本骨架结构。其结构式为：

（结构图）

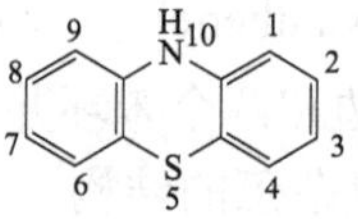

02.0369 吩噁噻 phenoxathine

又称"氧硫杂蒽"。蒽分子中的9,10-位两个环次甲基(=CH—)，分别被氧和硫原子置换的并杂环化合物。是吩噁噻类合成染料分子的基本骨架结构。其结构式为：

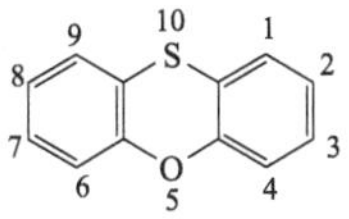

02.0370 2,3,7,8-四氯代二苯并[*b,e*][1,4]-二噁英 2,3,7,8-tetrachlorodibenzo[*b,e*][1,4] dioxin

俗称"二噁英(dioxin)"。生产除草剂过程中的一种有毒副产物。其结构式为：

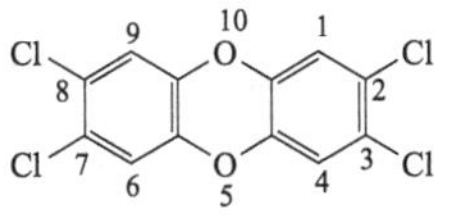

02.0371 苯并哒嗪 benzopyridazine

又称"1,2-苯并二嗪"。1个苯环和哒嗪分子的碳-碳双键边并合的芳香性并杂环化合物。如：苯并[*c*]哒嗪，苯并[*d*]哒嗪，其结构式分别为：

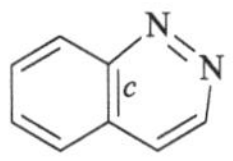

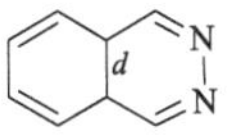

02.0372 苯并[*b*]吡嗪 benzo[*b*]pyrazine

又称"1,4-苯并二嗪"。曾称"喹喔啉"。1个苯环和吡嗪分子的碳-碳双键边并合的芳香性并杂环化合物。其结构式为：

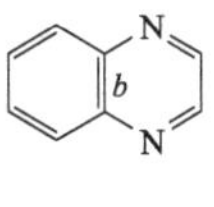

02.0373 苯并嘧啶 benzopyrimidine

又称"1,3-苯并二嗪"。曾称"喹唑啉"。1个苯环和嘧啶环的碳-碳双键边并合的芳香性并杂环化合物。其结构式为：

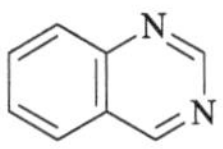

02.0374 苯并三嗪 benzotriazine

1个苯环和三嗪分子中的碳-碳双键边并合的芳香性并杂环化合物。如：1,2,3-苯并三嗪和1,2,4-苯并三嗪，其结构式分别为：

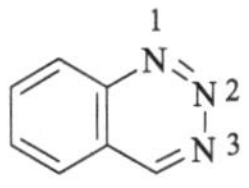

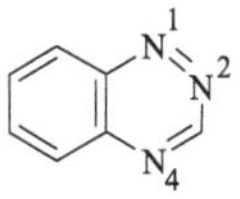

02.0375 苯并噁嗪 benzoxazine

1个苯环和噁嗪分子中的碳-碳双键边并合的并杂环化合物。如：4*H*-1,4-苯并噁嗪和2*H*-1,3-苯并噁嗪，其结构式分别为：

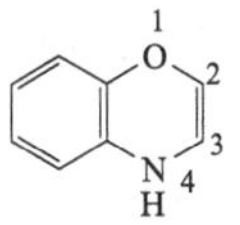

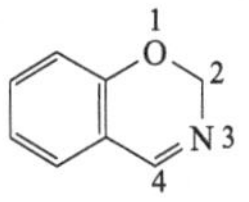

02.0376 苯并噻嗪 benzothiazine

1个苯环和噻嗪分子中的碳-碳双键边并合的并杂环化合物。如：4*H*-1,4-苯并噻嗪和2*H*-1,4-苯并噻嗪，其结构式分别为：

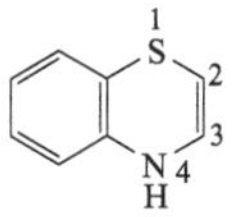

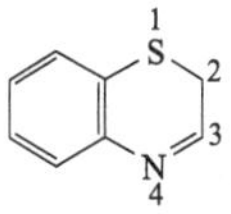

02.0377 嘌呤 purine

由咪唑和嘧啶两个单杂环通过共用1个碳-碳边键并合而成的并杂环化合物。具有类似于萘环的大π-键共轭体系的芳香性杂环。是多种天然生物碱的基本骨架结构。其结构式为：

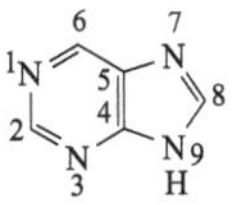

02.0378 蝶啶 pteridine

由嘧啶和吡嗪两个六元单杂环通过其碳-碳边键并合而成的、具有类似于萘环的大π-键共轭体系的芳香性并杂环化合物。是多种天然产物分子的基本骨架结构。其结构式为：

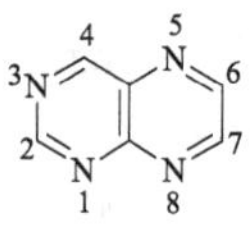

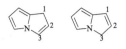

02.0379 喹嗪 quinolizine

由吡啶衍生物环化生成的一类类似二氢合
萘型结构的杂环化合物。分子中的氮原子是
两个环的 1 个共用环节原子。如 4*H*-喹嗪，
其结构式为：

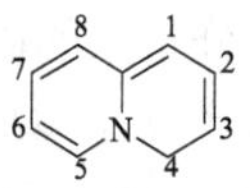

02.0383 萘并[1,8-de]嘧啶 naphtho[1,8-de] pyrimidine

又称"萘嵌间二氮杂苯"。曾称"白啶(perim-idine)"。萘环的两个边和嘧啶环的两个碳碳
边键并合，通过共用 3 个环节碳原子的并杂
环类化合物。如 1*H*-萘并[1,8-de]嘧啶，其结
构式为：

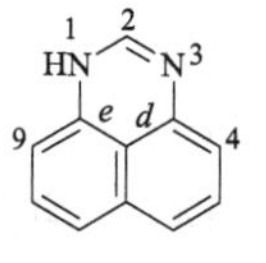

02.0380 吡啶并[2,3-b]吡啶 pyrido[2,3-b] pyri-dine

俗称"萘啶(naphthyridine)"。相当于萘分子
中的 1,8-位两个环次甲基(=CH—)置换成两
个氮原子时的二氮杂萘的结构。是类似于萘
的芳香性并杂环化合物。其结构式为：

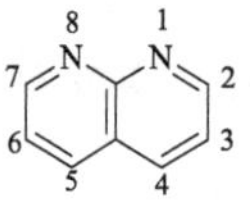

02.0384 2,4-二羟基苯并[g]蝶啶 2,4-dihy-droxybenzo [g]pteridine

俗称"咯嗪(alloxazine)"。苯环和蝶啶环的
碳-碳边键并合的三环并合化合物。其 2,4-
二羟基衍生物通常是以酮式异构体存在于
天然产物分子中，如：

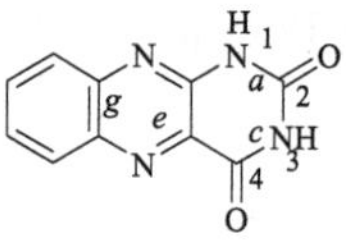

02.0381 吲哚嗪 indolizine

又称"吡咯并[1,2-a]吡啶(pyrrolo[1,2-a]
pyridine)"，由吡啶环和吡咯环的碳-氮边键
并合而成的中性并杂环化合物。分子中的氮
原子是两个环的 1 个共用环节原子。是具有
类似于萘的环电子结构的芳香性化合物。其
结构式为：

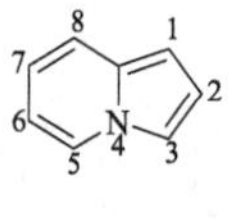

02.0385 吡啶并[3,4-b]吲哚 pyrido[3,4-b]indole

俗称"β咔啉(β-carboline)"。吡啶环 1 个碳-
碳边和吲哚环的 b-边并合的并杂环类化合
物。当 2-位环节原子是氮原子时，俗称β-咔
啉。如：

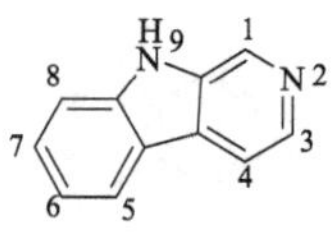

02.0382 吡咯嗪 pyrrolizine

又称"吡咯并[1,2-a]吡咯(pyrrolo[1,2-a] pyr-
role)"，两个吡咯环共用 1 个碳-氮(C—N)边
键的二环并合化合物。如：1*H*-吡咯并[1,2-a]
吡咯和 3*H*-吡咯并[1,2-a]吡咯等，它们都是
一大类天然产物分子的基本结构单元，其结
构式分别为：

02.0386 环吖嗪 cyclazine

以 1 个三价氮原子作为 3 个并合环共用的中
心环节原子的三环并合的芳香性杂环化合
物。具有 4n+2 型的环电子结构。如：[2,2,3]
环吖嗪、[3,3,3]环吖嗪，其结构式分别为：

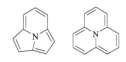

02.0387　联吡啶　bipyridyl, bipyridine

两个或多个吡啶环之间，通过 1 个共价键连接起来的化合物。如：2,2′- 联吡啶、4,4′- 联吡啶，其结构式分别为：

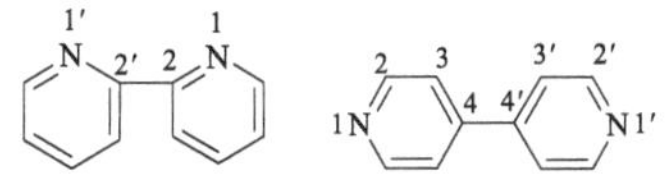

02.0388　四硫代富瓦烯　tetrathiafulvalene

两个 1,3-二硫杂环戊烯分子，在其 2-位上，通过 1 个碳碳双键连接起来的杂环化合物。是多种光电功能分子的基本骨架结构。其结构式为：

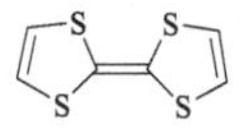

02.0389　螺杂环化合物　spiro heterocyclic compound

两个环状分子(其中至少有 1 个是杂环)之间只共用 1 个环节原子的多环化合物。如：

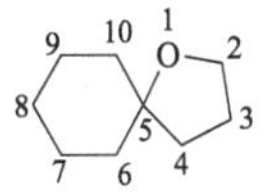

02.0390　桥杂环化合物　bridged heterocyclic compound

两个不相邻的环节原子之间，用 1 个共价键或 1 个或多个原子(桥键或桥原子)连接起来的杂环化合物。其桥原子和桥头原子可以是碳原子，也可以是其他元素的原子。如：3,6-二氧杂-8-氮杂二环[3.2.2.]壬烷，其结构式为：

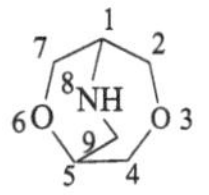

02.01.03　天然产物类名词

02.0391　生物碱　alkaloid

天然来源的含氮有机化合物。但不包括小分子生物胺、氨基酸、蛋白质、核酸、抗生素、维生素以及其他含氮的非生物碱化合物，如吡唑类、异噁唑类、噁唑类、嘧啶类、吡嗪类、蝶啶类、卟啉类、氰酸/氰苷类、己内酰脲类(hydantoin)和辣椒素类等。绝大多数生物碱具有氮杂环和碱性，并主要来自于植物。

02.0392　吡咯烷[类]生物碱　pyrrolidine alkaloid

又称"吡咯里啶类生物碱"。母核为吡咯烷环结构(　NH)的生物碱。

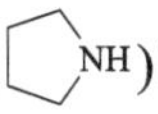

02.0393　莨菪烷[类]生物碱　tropane alkaloid

曾称"托品烷[类]生物碱"。母核为莨菪烷结构(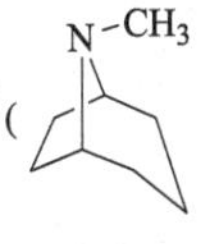　)的生物碱。

02.0394　吡啶[类]生物碱　pyridine alkaloid

母核为吡啶结构()的生物碱。

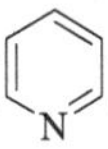

02.0395　哌啶[类]生物碱　piperidine alkaloid

母核为哌啶结构(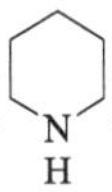　)的生物碱。

02.0396　喹嗪[类]生物碱　quinolizidine alkaloid

又称"喹诺里西啶[类]生物碱"。以喹嗪骨架(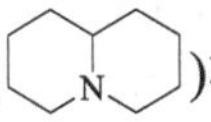　)构成的生物碱。即叔氮并合的 2 个哌啶环构成的生物碱。

02.0397　吲嗪[类]生物碱　indolizidine alkaloid

又称"吲哚里西啶[类]生物碱"。以吲嗪(吡咯并[1,2-a]吡啶)骨架(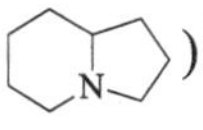　)构成的生物碱。即吡咯烷与哌啶环通过叔氮原子并合形成母核结构的生物碱。

02.0398　吡咯嗪[类]生物碱　pyrrolizidine alkaloid

又称"吡咯里西啶[类]生物碱"。以吡咯嗪(吡咯并[1,2-*a*]吡咯)骨架(![骨架结构])构成的生物碱。即两个吡咯烷环通过叔氮原子并合形成母核结构的生物碱。

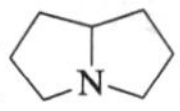

02.0399　苄基苯乙胺[类]生物碱　benzylphenethyl amine alkaloid

生源上由苯丙氨酸或酪氨酸与苯甲醛缩合形成的一类生物碱。其分子骨架中具有苄基和苯乙胺的结构单元，其苯乙胺部分的苯环常呈还原或部分还原的状态。这类代表性化合物有石蒜碱(其结构式如下图所示)和加兰他敏。

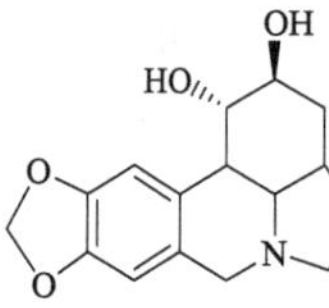

02.0400　喹啉[类]生物碱　quinoline alkaloid

母核具有喹啉环(![喹啉环])的生物碱。

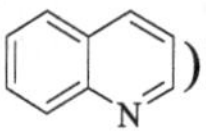

02.0401　异喹啉[类]生物碱　isoquinoline alkaloid

母核为异喹啉环(![异喹啉环])或氢化异喹啉环的生物碱。

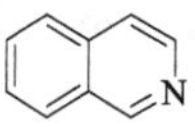

02.0402　阿朴啡[类]生物碱　aporphine alkaloid

母核为*N*-甲基苄基异喹啉分子内脱去2个氢原子，苯环与苯环相结合形成部分氢化菲核的生物碱。其母核结构式为：

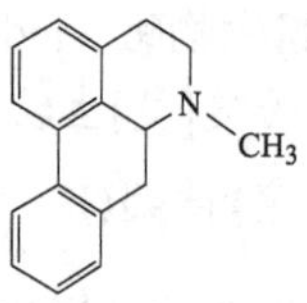

02.0403　吗啡烷[类]生物碱　morphinane

alkaloid

具有部分氢化的菲核结构，母核为如下图所示的一种苄基异喹啉生物碱。

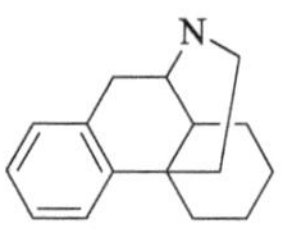

02.0404　原小檗碱类生物碱　protoberberine alkaloid

骨架由2个异喹啉环通过氮原子并合形成的生物碱。其骨架结构式为：

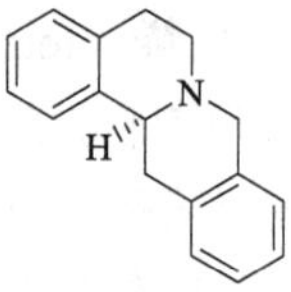

02.0405　吐根碱类生物碱　emetine alkaloid

母核为异喹啉环连接苯并喹啉啶环结构的生物碱。其母核结构式为：

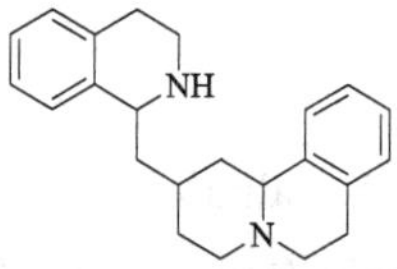

02.0406　双苄基异喹啉[类]生物碱　bisbenzylisoquinoline alkaloid

母核为2个苄基异喹啉在酚羟基位置以醚键方式相连形成的生物碱。可以是异喹啉环相连，也可以是苄基相连，或者是异喹啉与苄基相连。

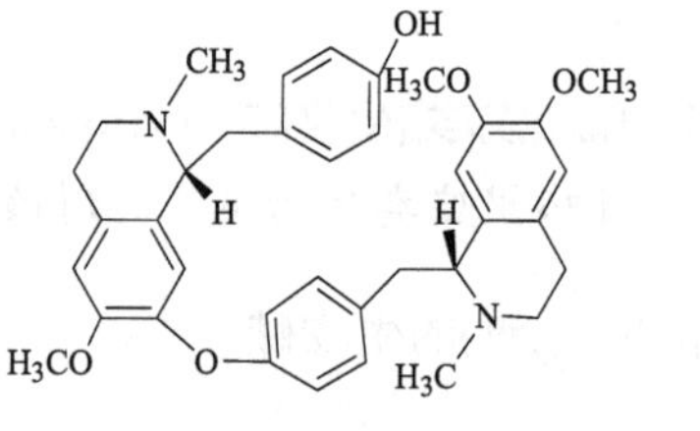

02.0407　吲哚[类]生物碱　indole alkaloid

具有二氢吲哚(A)或吲哚环(B)结构，在生源上以色氨酸或色氨酸和开环环戊并吡喃萜为前体而形成的一大类生物碱。由生源结合化学分类分为四大类：①简单吲哚类；②β-咔啉类；③半萜吲哚类或麦角生物碱；④单萜吲哚类。

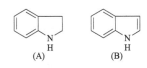

(A) H (B) H

02.0408 番木鳖碱[类]生物碱 strychnine alkaloid

曾称"士的宁[类]生物碱"。属于吲哚类生物碱，具有复杂的环状结构，是一种中枢神经兴奋剂。毒性很大。此类碱中的番木鳖碱和马钱子碱结构式如下图所示：

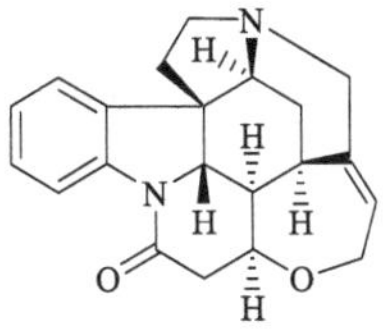

番木鳖碱

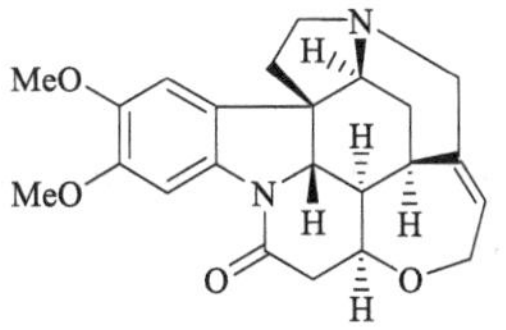

马钱子碱

02.0409 萝芙木生物碱 rauwolfia alkaloid

从热带植物萝芙木属植物中分离到的一类五环吲哚生物碱。按它们的结构骨架分为四种类型：①育亨宾；②阿马利新；③阿马林；④利血平。育亨宾结构式如下图所示：

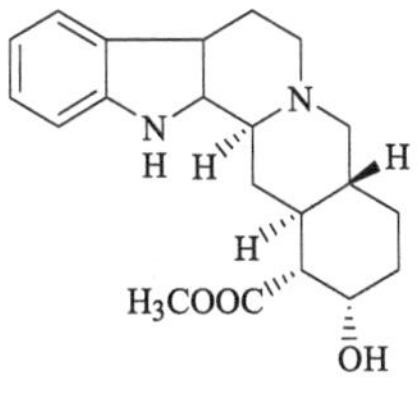

H₃COOC

OH

02.0410 喜树碱[类]生物碱 camptothecine alkaloid

从珙桐科喜树中分离到的带有喹啉环的五环化合物。其中含有内酰胺六元环并吡喃内酯环结构。喜树碱结构式如下图所示：

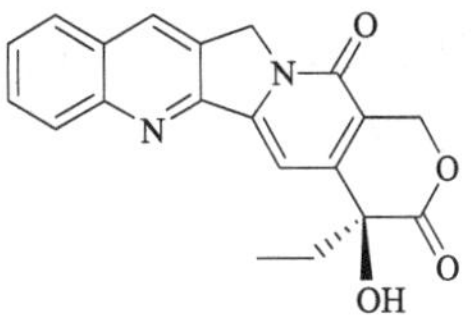

02.0411 奎宁[类]生物碱 cinchonine alkaloid

又称"金鸡纳生物碱"。由两个杂环即喹啉环和奎宁环通过仲醇碳连接构成的生物碱。具有抗疟疾活性的天然化合物。

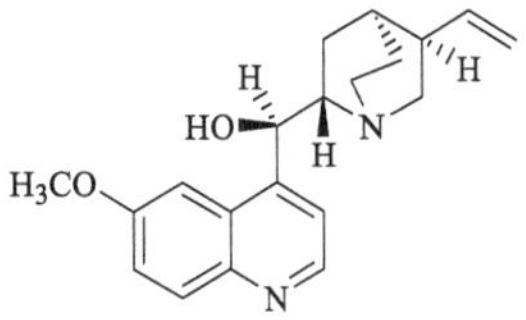

HO

H₃CO

02.0412 咪唑[类]生物碱 imidazole alkaloid

母核具有咪唑环(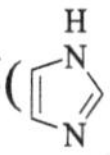)的一类生物碱。

02.0413 喹唑啉[类]生物碱 quinazoline alkaloid

母核具有喹唑啉环(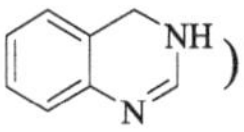)的一类生物碱。这类生物碱主要来自植物常山，其中代表性化合物为含有喹唑酮结构的常山碱乙。

02.0414 嘌呤[类]生物碱 purine alkaloid

母核由嘌呤衍生的生物碱。其嘌呤结构式为：

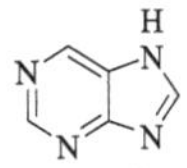

02.0415 甾体生物碱 steroid alkaloid

母核具有环戊烷并氢化菲甾核的生物碱。这类生物碱根据甾核骨架分为：①孕甾烷生物碱；②螺[环]甾烷[类]生物碱；③胆甾烷生物碱。其母核结构式为：

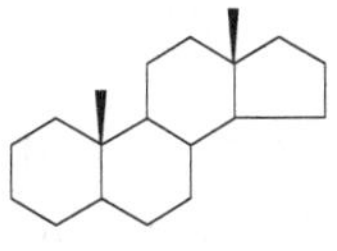

02.0416 孕甾生物碱 pregnane alkaloid

具有孕甾烷结构(如下图所示)的甾体生物碱。

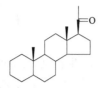

02.0417 胆甾生物碱 cholestane alkaloid

具有胆甾烷四环骨架(如下图所示)的生物碱。在这类生物碱中，氮原子通常以哌啶环的形式存在于结构中。

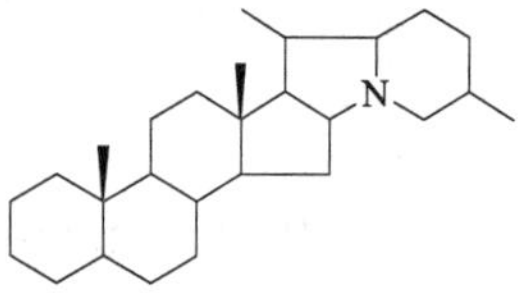

02.0418 螺[环]甾烷[类]生物碱 spirosolane alkaloid

基本骨架为氮杂螺环甾烷(其结构式如下图所示)的螺[环]甾烷衍生物。这类生物碱广泛存在于茄科植物。

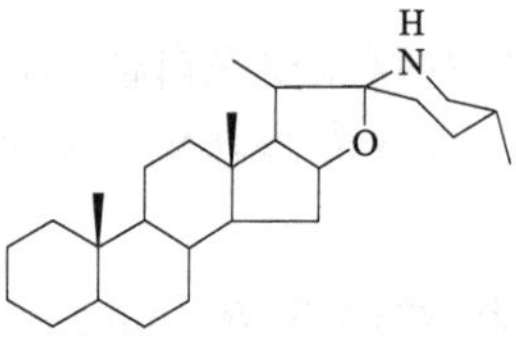

02.0419 异甾烷[类]生物碱 homosteroid alkaloid

具有异甾核与喹诺里西啶并合(其结构式如下图所示)形成的六环骨架的生物碱。

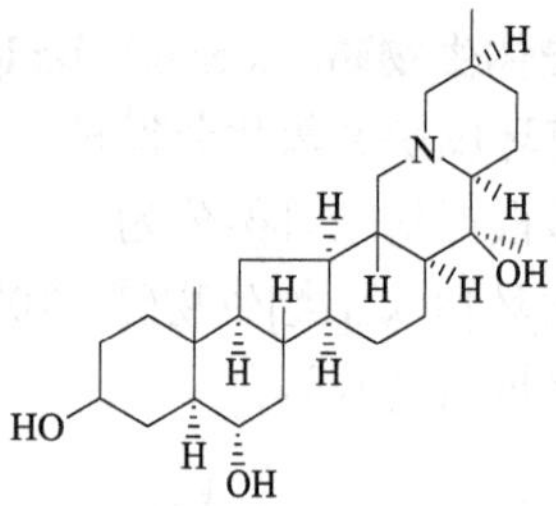

02.0420 肽类生物碱 peptide alkaloid

母核具有肽类结构的生物碱。根据结构可分为直链肽生物碱和环状肽生物碱。

02.0421 二萜[类]生物碱 diterpenoid alkaloid

生源上可认为由四环二萜对映-贝壳杉烷或五环二萜乌头烷经氨基化形成含氨基乙醇、甲胺或乙胺的杂环化合物。由骨架碳原子数目分为三大类: C_{18}-、C_{19}-和 C_{20}-二萜生物碱。

02.0422 乌头碱[类]生物碱 aconitine alkaloid

又称"去甲二萜碱"。C-7 不具有含氧取代基的、母核由七碳环和五碳环并合环组成的 C_{19}-二萜生物碱。为许多药用草乌的主要生物碱成分。主要分布于毛茛科乌头属和翠雀属植物。乌头碱的结构式如下图所示:

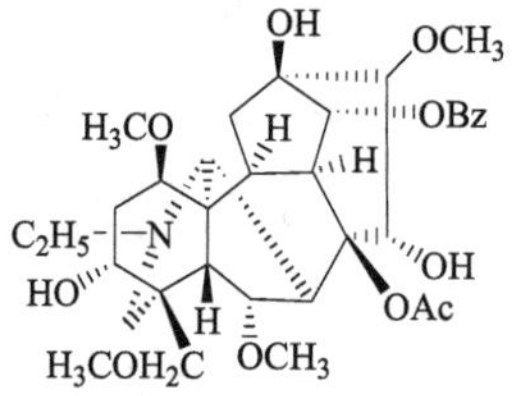

02.0423 大环生物碱 macrocyclic alkaloid

由酯键和酰胺键构成的一类含氮的大环化合物。如美登素(其结构式见下图)以及来源于菌类和海洋生物的生物碱类。这类化合物通常具有多个手性中心和共轭双键。

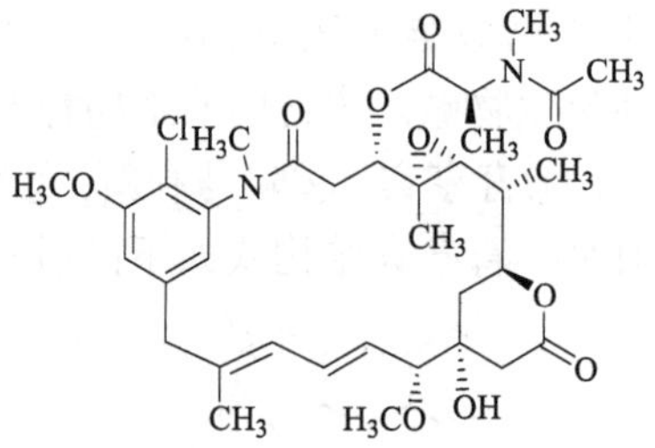

02.0424 香豆素类抗生素 coumarin antibiotics

含有香豆素配基的抗生素。

02.0425 伞形花内酯 umbelliferone

C-7 位上接有羟基的一类香豆素衍生物。其母体结构式为:

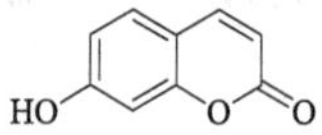

02.0426 呋喃并香豆素 furocoumarin
母核的 6，7 位或 7，8 与二氢呋喃环并合形成的香豆素类化合物。线型呋喃香豆素的母体其结构式为:

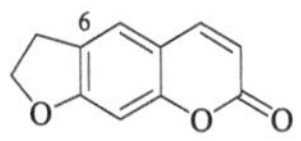

02.0427 角型呋喃并香豆素 isofurocoumarin
香豆素的 7、8 位与二氢呋喃环并合形成的一类化合物。其母体结构式为:

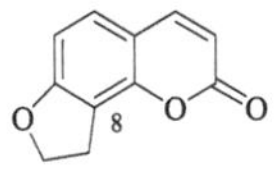

02.0428 吡喃香豆素 pyranocoumarin
香豆素母核与含氧六元二氢吡喃环并合形成的香豆素类化合物。其母体结构式为:

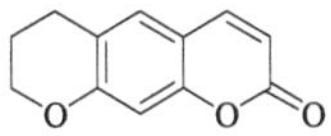

02.0429 色原烷 chromane
母核为苯并二氢吡喃环结构式(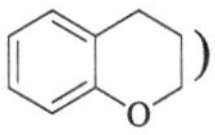)的化合物。

02.0430 色原酮 chromone
母核为苯并γ-吡喃酮结构式(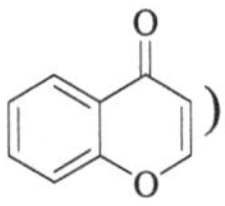)的化合物。

02.0431 色原醇 chromanol
母核为苯并羟基二氢吡喃环结构式
(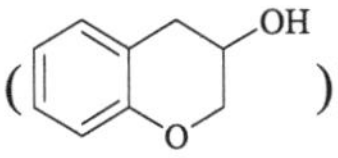)的化合物。

02.0432 色原烯 chromene
母核为苯并吡喃环结构式(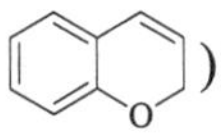)的化合物。

02.0433 花青素 anthocyanidin
又称"花色素"。具有 3-羟基色原烯结构(其结构式如下图所示)的黄酮类化合物。分子中高度共轭,有多种互变异构的形式。

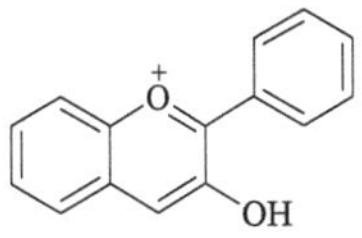

02.0434 儿茶素 catechin
结构为 5,7,3′,4′-四羟基黄烷-3-醇(其结构式如下图所示),具有 2,3-位构型不相同的 4 个异构体构成的多羟基黄烷醇衍生物。

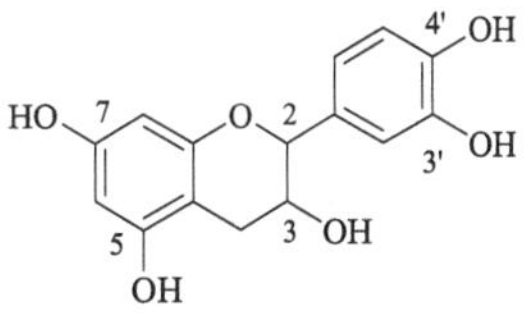

02.0435 白花青素 leucoanthocyanidin
又称"无色花色素"。C-4 位羟基儿茶素。其结构式为:

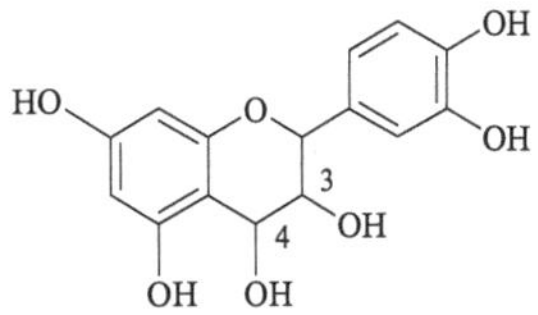

02.0436 橙酮 aurone
含有苯并呋喃酮结构(其结构式如下图所示)的黄酮类化合物。

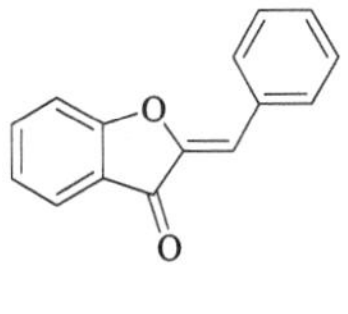

02.0437 黄酮类化合物 flavonoid
两个苯环(A 环与 B 环)通过中央三碳相连而构成的一系列化合物。如下图所示,一般苯环 B 环联结在 C-2 位,4 位多为酮基,中央三碳 C 环部分可以是五元环或六元环,或不成环;根据 B 环取代位置及中央三碳 C 环部

分的氧化与饱和程度、是否成环的区别，形成多种类型的黄酮类化合物。

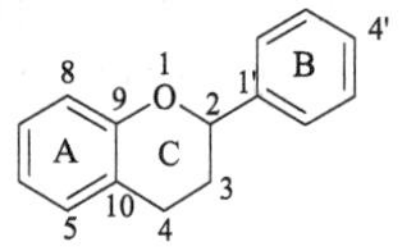

02.0438 黄烷 flavane

苯环 B 环联结在 C-2 位、中央 C 环部分为二氢吡喃环、4 位无酮基的黄酮类化合物。其结构式为：

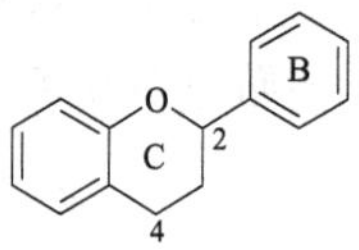

02.0439 黄烷醇 flavanol

黄烷的 3 位为羟基取代的黄酮类化合物。其结构式为：

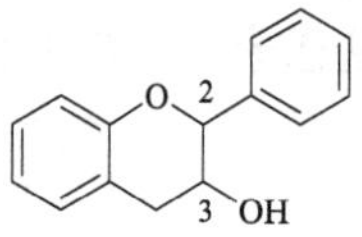

02.0440 黄酮 flavone

骨架为 2-苯基色原酮结构的化合物。其结构式为：

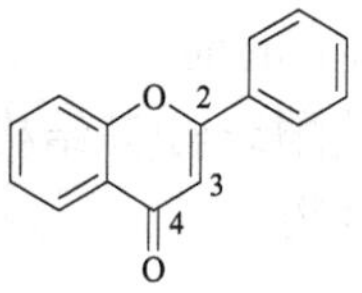

02.0441 黄酮醇 flavonol

黄酮的 3 位为羟基取代的黄酮类化合物。其结构式为：

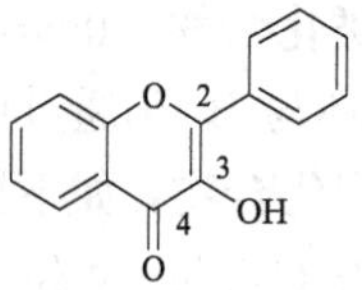

02.0442 异黄酮 isoflavone

苯环 B 环联结在 C-3 位，中央 C 环部分为不饱和的六元环，4 位为酮基的黄酮类化合物。其结构式为：

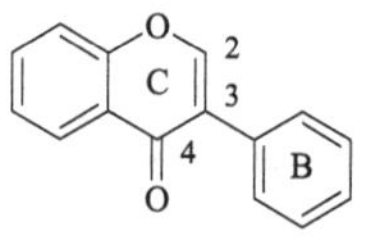

02.0443 二氢黄酮 dihydroflavone

又称"黄烷酮(flavanone)"。黄烷的 4 位为酮基的黄酮类化合物。或黄酮的 2,3 位为氢所饱和的黄酮类化合物。其结构式为：

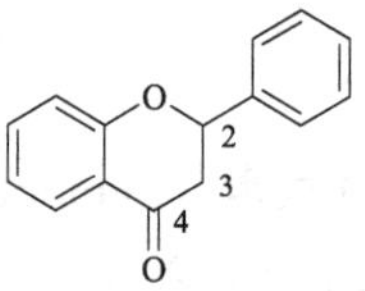

02.0444 二氢异黄酮 isoflavanone, dihydro-isoflavone

苯环 B 环联结在 C-3 位、中央 C 环部分为二氢吡喃酮六元环、4 位为酮基的异黄酮类化合物。或异黄酮的 2,3 位为氢所饱和的异黄酮类化合物。其结构式为：

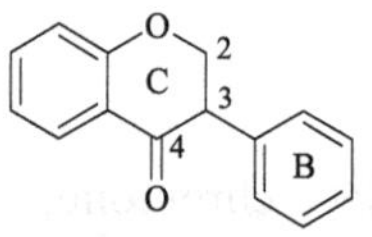

02.0445 二氢黄酮醇 flavanonol, dihydroflavonol

二氢黄酮的 3 位为羟基所取代的黄酮类化合物。其结构式为：

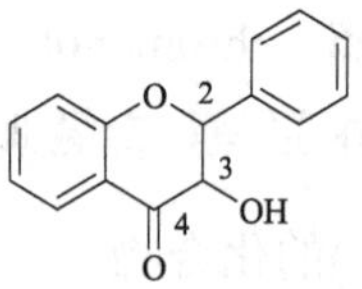

02.0446 双黄酮 biflavone

由两分子黄酮衍生物缩合而成的化合物。缩合方式多样，可以碳碳键缩合，也可以醚氧键缩合，缩合的位置也有区别。

02.0447 查耳酮 chalcone

母体为 1,3-二苯基-2-丙烯-1-酮的化合物。为黄酮类化合物生源合成中的重要中间体。2-羟基查耳酮的结构式如下：

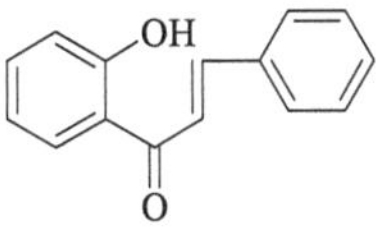

02.0448 鱼藤酮类黄酮 rotenoid

在结构上可以看作为 C-2 位增加 1 个 CH_2 单位与 B 环构成 1 个并吡喃环而形成的一类特殊结构的异黄酮类化合物。鱼藤酮有较强的杀虫和毒鱼作用，其结构式如下图所示：

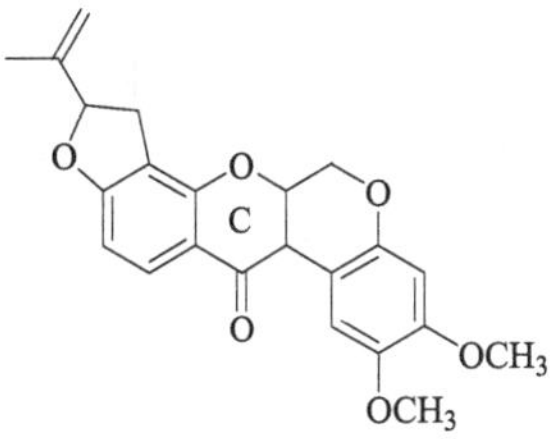

02.0449 木脂素[类] lignan

由苯丙烷结构(C_6—C_3)通过碳-碳键连接形成的一类天然产物。通常为二聚体。碳-碳键连接形式多种多样。如果以 8-8′相连，称为木脂素，其结构式为：

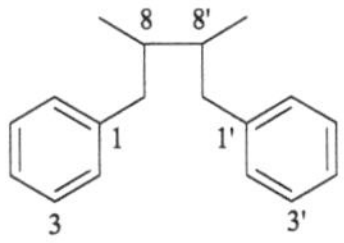

02.0450 新木脂素 neolignan

苯丙烷结构(C_6—C_3)氧化聚合以 8-8′以外方式相连形成的化合物。其结构式为：

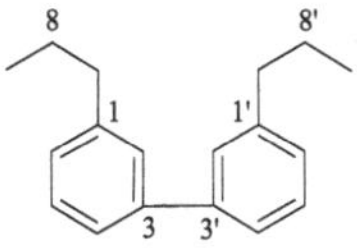

02.0451 降木脂体 norlignan

木脂素或新木脂素中的苯丙烷单元失去 1 个或两个烃基碳而形成的一类木脂素类化合物。

02.0452 倍半木脂体 sesquilignan

由 3 个 C_6—C_3 单元聚合而成的木脂体类化合物。

02.0453 双木脂体 dilignan

由 4 个 C_6—C_3 单元聚合而成的木脂体类化合物。

02.0454 精油 essential oil

又称"挥发油"。具有芳香气味的油状液体的总称。常温下具有挥发性，有芳香气味，可随水蒸气蒸馏出，其化学组成复杂，主要为单萜和倍半萜。

02.0455 萜类化合物 terpenoid

由不同数目的异戊二烯结构单元首尾相连而构成骨架的天然产物化合物。按照异戊二烯的数目可分成半萜、单萜、倍半萜、二萜、三萜、四萜及多萜等。

02.0456 半萜 hemiterpene

单个异戊二烯构成的化合物。

02.0457 单萜 monoterpene

两个异戊二烯构成的化合物。大部分具有香味。可分为无环单萜、单环单萜和双环单萜等结构类型。

02.0458 无环单萜 acyclic monoterpene

两个异戊二烯构成的链状单萜。如β-月桂烯、香叶醇，其结构式分别为：

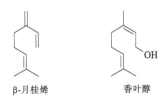

β-月桂烯   香叶醇

02.0459 单环单萜 monocyclic monoterpene

两个异戊二烯构成的单环萜类。是精油和多种香料的主要成分。

02.0460 薄荷烷[类] menthane

基本骨架为 1-甲基-4-异丙基环己烷结构(如下图所示)的一类较典型的单环单萜。其氧化产物薄荷醇衍生物是薄荷属植物挥发油的主要成分。

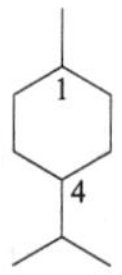

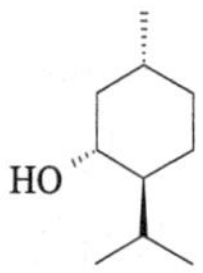

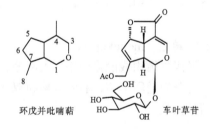

薄荷醇

02.0461 戊环并吡喃萜[类]化合物 iridoid

又称"环烯醚单萜"。以 4,7-二甲基戊环并[c]吡喃为骨架的一类单萜化合物。习惯上将戊环环断开的天然产物称作开环-环戊并吡喃萜，并归入本类单萜。由植物中分得的这类化合物则多为进一步羟基化，并与糖形成糖苷类化合物，一般都有各种各样的生物活性，如从茜草科植物蓬子草等分得的车叶草苷对植物的生长有抑制作用。

环戊并吡喃萜   车叶草苷

02.0462 二环单萜 bicyclic monoterpene

两个异戊二烯构成的双环萜类化合物。由于结构中双键位置和含氧基团的种类及空间取向的不同，每种类型的二环单萜都含有大量异构体。这类化合物存在于精油和多种香料中。如蒈烷类、苧烷类单萜。

02.0463 蒈烷类 carane

基本骨架为如下图所示结构式的二环单萜类化合物。

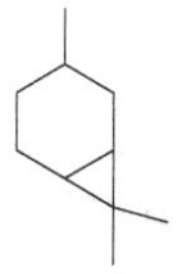

02.0464 侧柏烷 thujane

基本骨架为如下图所示结构式的二环单萜类化合物。

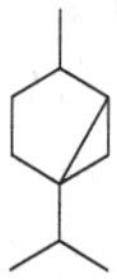

02.0465 蒎烷类 pinane

基本骨架为如下图所示结构式的[3.1.1]桥环单萜类化合物。松属植物中得到的松节油中的主要成分蒎烯是蒎烷去氢类化合物。

蒎烯

02.0466 樟烷类 camphane

基本骨架为如下图所示结构式的[2.2.1]桥环单萜类化合物。一般以含氧衍生物存在，如樟脑为其代表化合物。

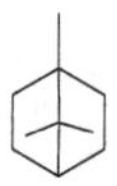

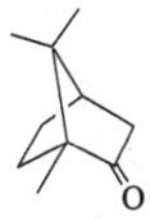

樟脑

02.0467 莰烷[类] fenchane

又称"茴香烷"。基本骨架为如下图所示结构式的[2.2.1]桥环单萜类化合物。茴香酮为其代表化合物。

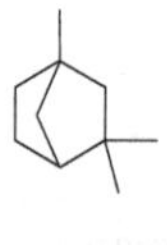

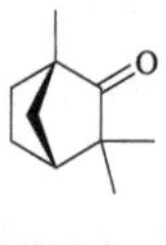

茴香酮

02.0468 倍半萜 sesquiterpene

3 个异戊二烯通过多种连接和环合方式构成

的萜类化合物。其基本骨架复杂多样，在自然界广泛存在。一部分来自海洋生物的倍半萜骨架由 14 或 16 个碳原子构成。

02.0469　无环倍半萜　acyclic sesquiterpene

3 个异戊二烯通过头尾连接方式构成的链状倍半萜类化合物。具有 3,7,11-三甲基十二烷结构骨架。无环倍半萜是形成多种骨架倍半萜的前体，如金合欢烷。

02.0470　金合欢烷[类]　farnesane

又称"法尼烷"。由 3 个异戊二烯通过头尾连接方式(如下图所示)构成的链状倍半萜类化合物。具有 3,7,11-三甲基十二烷结构骨架。

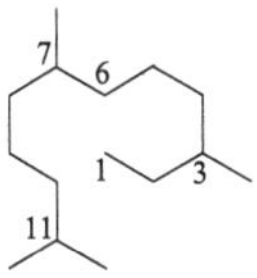

02.0471　单环倍半萜　monocyclic sesquiter-pene

3 个异戊二烯通过不同连接方式构成的含有 1 个碳环的倍半萜类化合物。如没药烷类、吉玛烷类、榄烷类倍半萜。

02.0472　没药烷[类]　bisabolane

基本骨架为如下图所示结构式的单环倍半萜类化合物。可视为法尼烷 1,6-位碳-碳相连形成的六元单环倍半萜(碳原子为法尼烷编号)。

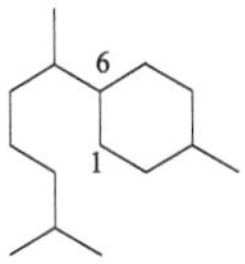

02.0473　榄烷[类]　elemane

基本骨架为如下图所示结构式的单环倍半萜类化合物。可视为吉玛烷 2,7-位碳-碳相连，而 4,5-位碳-碳断开形成的六元单环倍半萜(碳原子为法尼烷编号)。

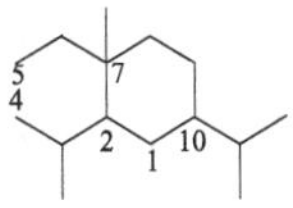

02.0474　吉玛烷[类]　germacrane

又称"牻牛儿烷""大根香叶烷"。基本骨架为如下图所示结构式的单环倍半萜类化合物。可视为法尼烷 1,10-位碳-碳相连形成的十元单环倍半萜(碳原子为法尼烷编号)。

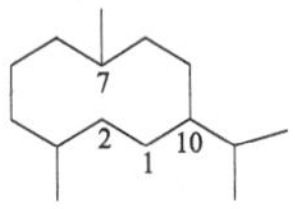

02.0475　二环倍半萜　bicyclic sesquiterpene

3 个异戊二烯通过多种连接方式构成的含有两个碳环的倍半萜类化合物。如杜松烷类、石竹烷类、桉烷类、二环金合欢烷类倍半萜。

02.0476　杜松烷[类]　cadinane

基本骨架为如下图所示结构式的双环倍半萜类化合物。可视为法尼烷 1 位碳与 6,10 位碳同时相连形成的六元双环倍半萜(碳原子为法尼烷编号)。

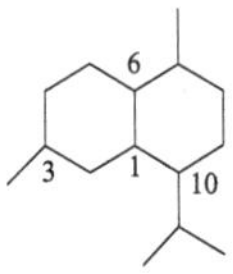

02.0477　石竹烷[类]　caryophyllane

又称"丁香烷类"。基本骨架为如下图所示结构式的双环倍半萜类化合物。可视为法尼烷 1 与 11，2 与 10 位同时相连形成的四元并九元双环倍半萜(碳原子为法尼烷编号)。

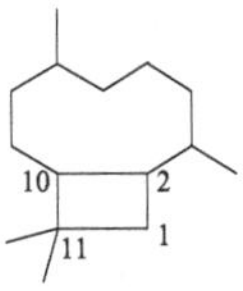

02.0478　桉烷[类]　eudesmane

基本骨架为如下图所示结构式的单环倍半萜类化合物。可视为法尼烷 1 与 10，2 与 7 位(碳原子为法尼烷编号)同时相连形成的双六元环倍半萜。

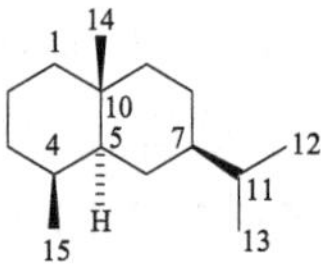

02.0479　二环金合欢烷[类]　bicyclofarnesane, drimane

基本骨架为如下图所示的二环倍半萜类化合物。

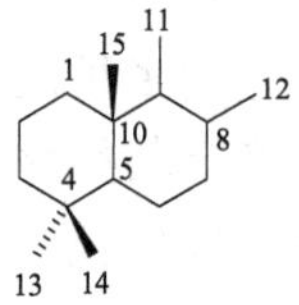

02.0480　三环倍半萜　tricyclic sesquiterpene

3 个异戊二烯通过多种连接方式构成的含有 3 个碳环的倍半萜。如雪松烷类、毕澄茄烷类、樱草花烷类倍半萜。

02.0481　雪松烷[类]　cedrane

又称"柏木烷类"。基本骨架为如下图所示的三环倍半萜类化合物。

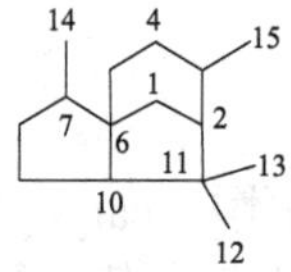

02.0482　荜澄茄烷[类]　cubebane

基本骨架为如下图所示结构式的三环倍半萜类化合物。可视为法尼烷 1 位与 6,10-位碳，2 位与 6 位同时相连形成的三环倍半萜

(碳原子为法尼烷编号)。也可视为 1,6-位环合的愈创木烷。

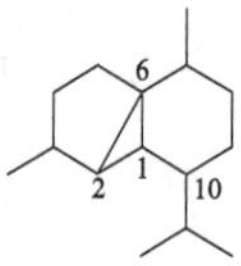

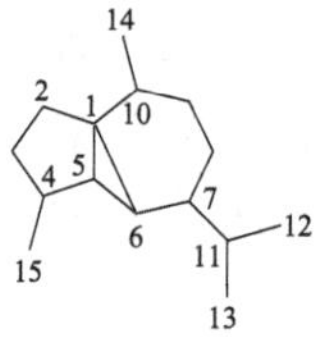

02.0483　樱草花烷[类]　hirsutane

基本骨架为 3 个环戊烷依次并合形成的如下图所示的三环倍半萜类化合物。多为各种真菌中得到的抗生素类化合物。

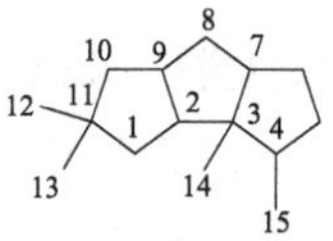

02.0484　长叶松烷[类]　longifolane

2 个环戊烷和 1 个环庚烷并合形成的如下图所示的桥环型三环倍半萜化合物。

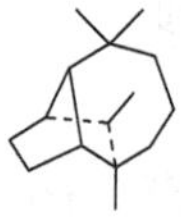

02.0485　α檀香烷[类]　α-santalane

基本骨架为如下图所示的桥环型三环倍半萜类化合物。

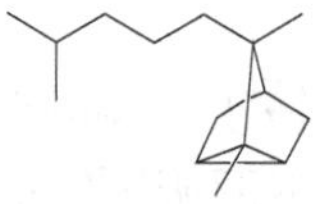

02.0486　二萜　diterpene

骨架具有 20 个碳、由四分子异戊二烯通过多种方式连接、环合构成的化合物。按分子骨架内所含碳环情况，有无环到包含一至五环或大环等多种类型。

02.0487　无环二萜　acyclic diterpene

4 个异戊二烯构成的链状萜类化合物。如植物烷类二萜。

02.0488　植物烷[类]　phytane

4 个异戊二烯头尾相连构成的链状萜类化合

物。其结构式为：

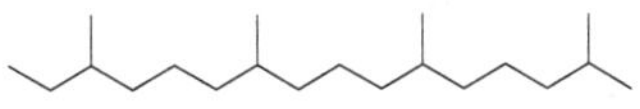

02.0489 单环二萜 monocyclic diterpene
含有 1 个环状结构式的二萜化合物。如视黄醛，其结构式为：

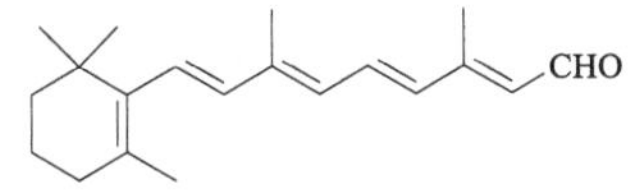

02.0490 二环二萜 bicyclic diterpene
含有两个环状结构的二萜化合物。通常以十氢萘为母核。如半日花烷类、克罗烷类二萜。

02.0491 半日花烷[类] labdane
具有如下图所示分子骨架的二环二萜类化合物。

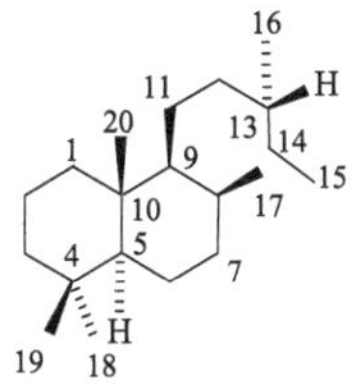

02.0492 克罗烷[类] clerodane
具有如下图所示分子骨架的二环二萜类化合物。

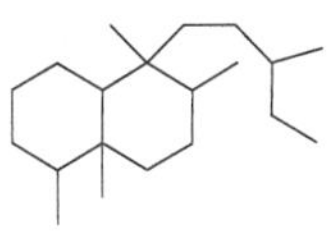

02.0493 海兔烷[类] dolabellane
具有如下图所示分子骨架的二环二萜类化合物。这种类型的二萜最早发现于截尾海兔属(*Dolabella*)。

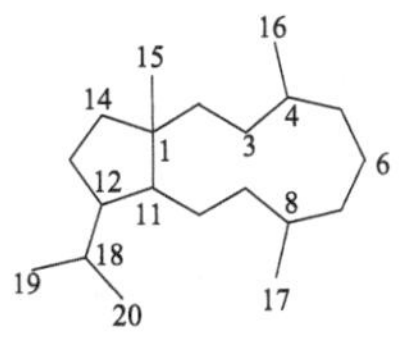

02.0494 三环二萜 tricyclic diterpene

含有三环结构的二萜类化合物。如松香烷类、海松烷类、紫杉烷类、罗汉松烷类、桃拓烷类、卡山烷类、瑞香烷类二萜。

02.0495 松香烷[类] abietane
具有如下图所示分子骨架的三环二萜类化合物。通常具有氢化菲类型或部分氢化菲类型的基本骨架。

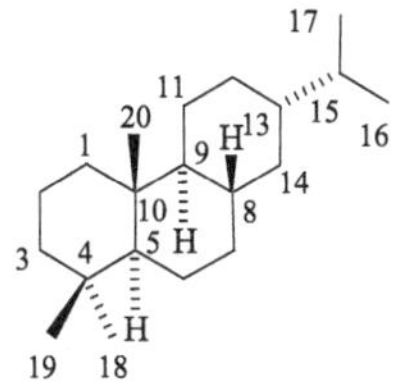

02.0496 海松烷[类] pimarane
与松香烷类二萜具有相同的氢化菲环状结构，同时 17-位甲基由 15 位碳迁至 13-位碳环上而形成角甲基结构的三环二萜类化合物。其结构式为：

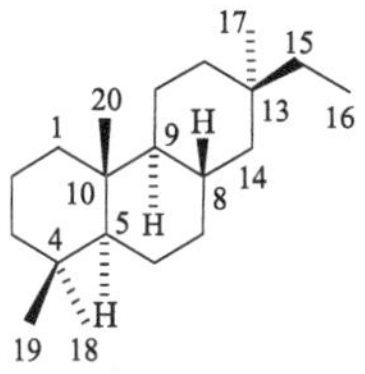

02.0497 紫杉烷[类] taxane
基本骨架以 6/8/6 三环并合方式而形成的化合物。此化合物中的紫杉醇及其类似物是作用于微管类的抗肿瘤药物。

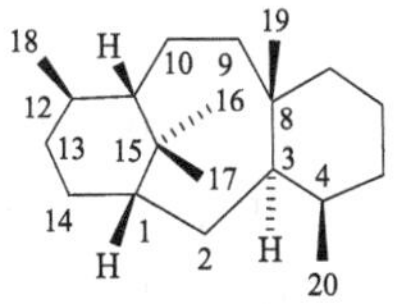

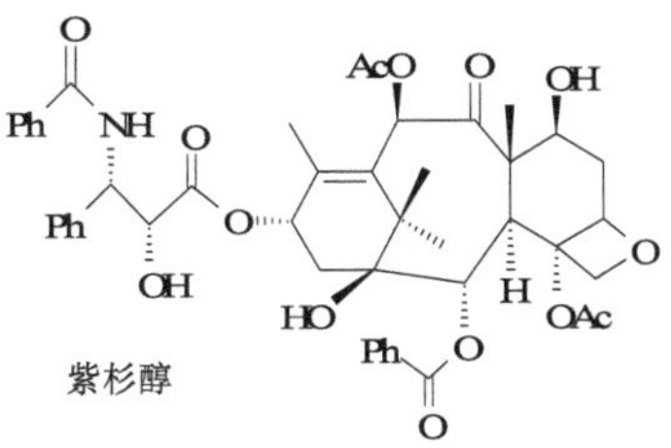

紫杉醇

02.0498 罗汉松烷[类] podocarpane

与松香烷类二萜具有相同的氢化菲环状结构，并在 C 环上消除了异丙基后的一类 17 碳二萜类化合物。这类天然产物的 C 环较多为芳环。其结构式为：

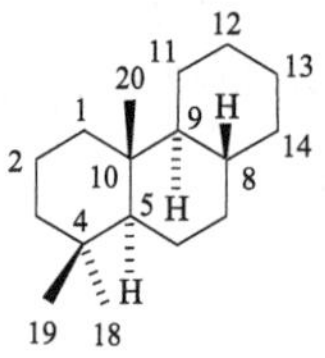

02.0499 桃拓烷[类] totarane

具有如下图所示分子骨架的三环二萜类化合物。可视为松香烷的异丙基由 C-13 位移至 C-14 位形成的异构体。

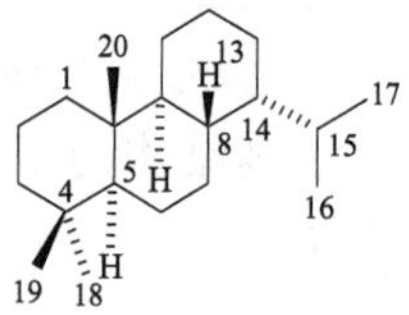

02.0500 卡山烷[类] cassane

具有如下图所示分子骨架的三环二萜类化合物。可视为松香烷的 17-甲基由 15-位碳迁至 14-位碳环上而形成角甲基结构的三环二萜类化合物。

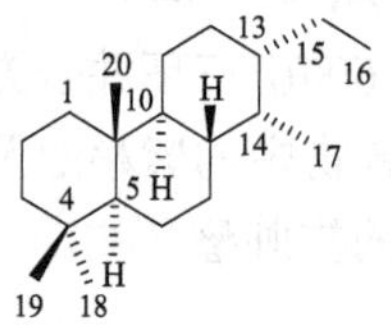

02.0501 瑞香烷[类] daphnane

为环戊烷/环庚烷/环己烷 3 个环并合形成的具有如下图所示骨架的三环二萜类化合物。

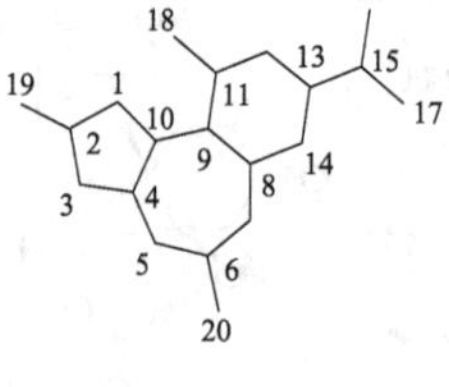

02.0502 四环二萜 tetracyclic diterpene

含有四环结构的二萜类化合物。如赤霉烷类、贝壳杉烷类、对映贝壳杉烷类、贝叶烷类、阿替生烷类二萜。

02.0503 赤霉烷[类] gibberellane, gibbane

具有如下图所示分子骨架的四环二萜类化合物。植物生长激素赤霉素即为这类骨架二萜的 20-失碳衍生物，如赤霉酸(gibberellic acid, GA₃)。

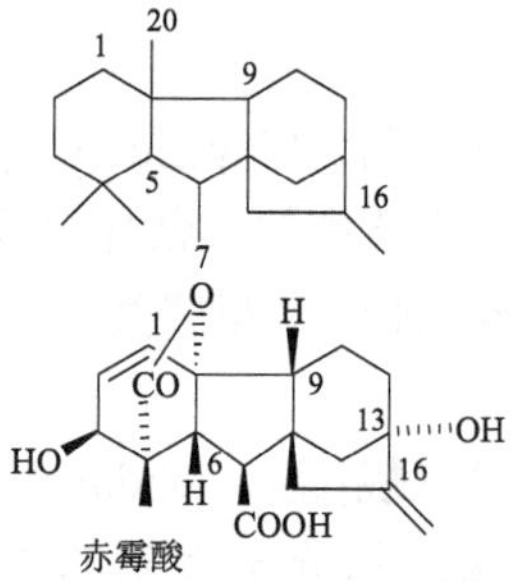

赤霉酸

02.0504 贝壳杉烷[类] kaurane

具有如下图所示分子骨架的四环二萜类化合物。可视为松香烷的 17-甲基与环 C-8 位连接构成 1 个五元环而形成的异构体。也有文献视其 C-8 位和 C-13 位构型翻转的结构式为贝壳杉烷。

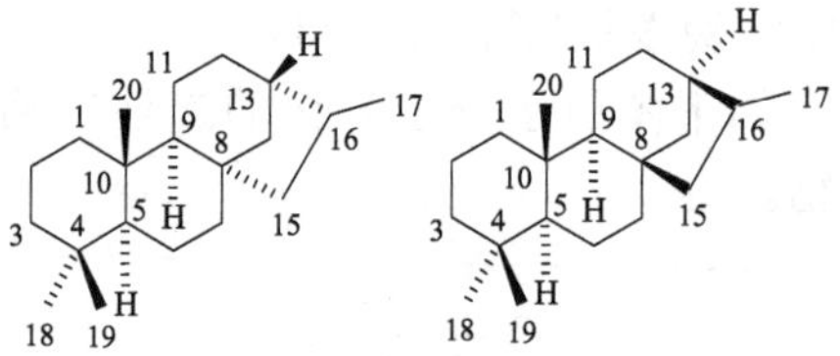

02.0505 对映贝壳杉烷[类] *ent*-kaurane

与贝壳杉烷二萜 C-5，C-9，C-10 位构型相反的一类四环二萜类化合物。其结构式为：

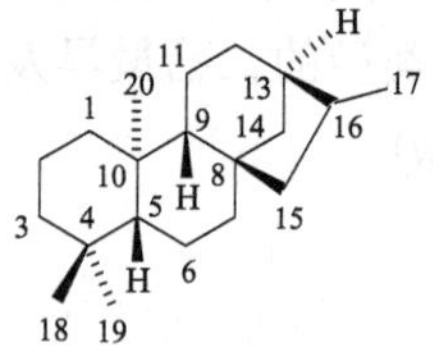

02.0506 贝叶烷[类] beyerane

具有如下图所示分子骨架的四环二萜类化合物。

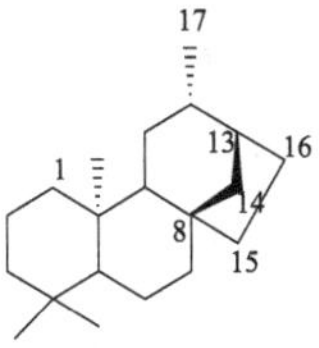

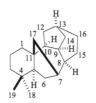

02.0507 阿替生烷[类] atisane

具有如下图所示分子骨架的四环二萜类化合物。

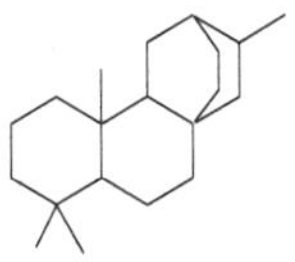

02.0508 五环二萜 pentacyclic diterpene

具有五环结构的二萜类化合物。如阿康烷类二萜。

02.0509 阿康烷[类] aconane

具有如下图所示分子骨架的五环二萜类化合物。

02.0510 大环二萜 macrocyclic diterpene

由二香叶基焦磷酸酯首尾相连形成的单环二萜类化合物。如烟草烷类二萜。

02.0511 烟草烷[类] cembrane

具有如下结构式的单环二萜类化合物。

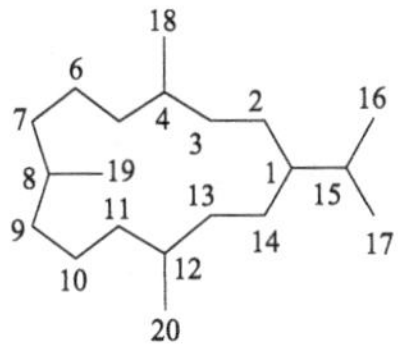

02.0512 二倍半萜 sesterterpene

由 5 个异戊二烯单元构成的萜类化合物。在天然界存在相对较少，以下图示为从虫腊中分得的 1 个二环二倍半萜和从海绵中分得的 1 个五环二倍半萜。

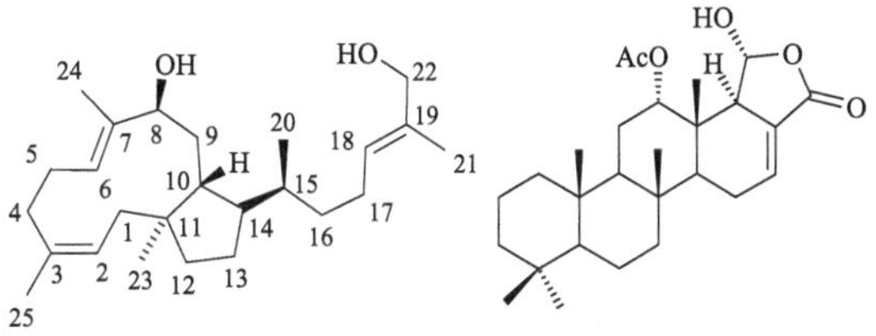

02.0513 三萜 triterpene

由 30 个碳原子组成，具有由六分子异戊二烯单元构成的骨架的萜类化合物。按分子骨架内所含碳环情况，有无环到包含一至五环等多种类型。

02.0514 角鲨烯 squalene

6 个异戊二烯头尾相连构成的无环型链状三萜类化合物。其结构式为：

02.0515 龙涎香烷[类] ambrane

角鲨烯或角鲨烷部分形成六元环，构成如下图所示的骨架，从而形成的龙涎香烷类的三环三萜化合物。

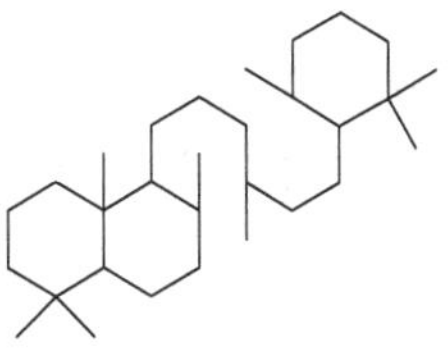

02.0516 羊毛甾烷[类] lanostane

具有如下图所示骨架的四环三萜类化合物。具有环戊烷并氢化菲的结构，特点为 A/B、B/C、C/D 环均为反式构型，C-10 和 C-13 位均有β-甲基，C-14 位有α-甲基，C-17 位为β构型侧链，C-20 位为 R 构型。

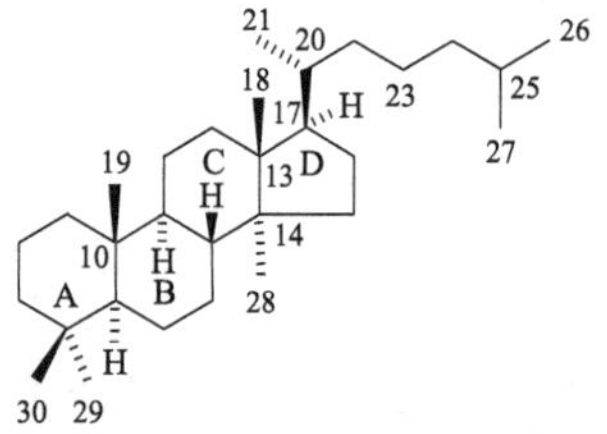

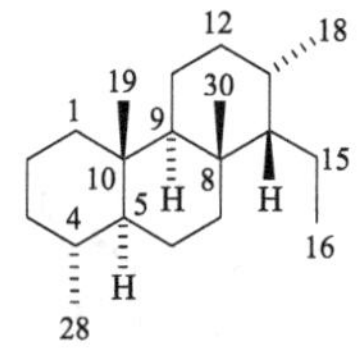

C20 苦树烷骨架

02.0517 大戟烷[类] euphane

具有如下图所示骨架的四环三萜类化合物。呈环戊烷并氢化菲的结构，是羊毛甾烷类 C-13,C-14 和 C-17 位的立体异构体。

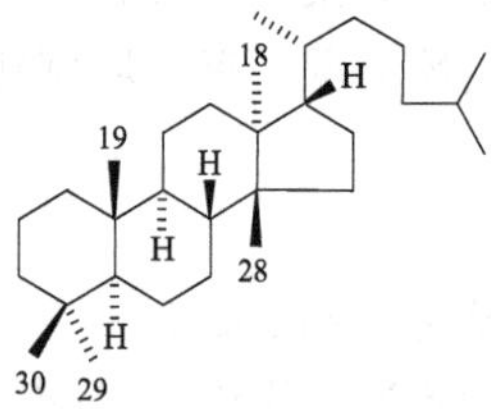

02.0518 楝烷[类] meliacane

又称"四去甲三萜"。由 26 个碳构成，具有环戊烷并氢化菲的结构的一种四环降三萜类化合物。具有如下图所示的骨架。来自楝科植物的果实、根、树皮等部位。具有苦味和杀虫作用。

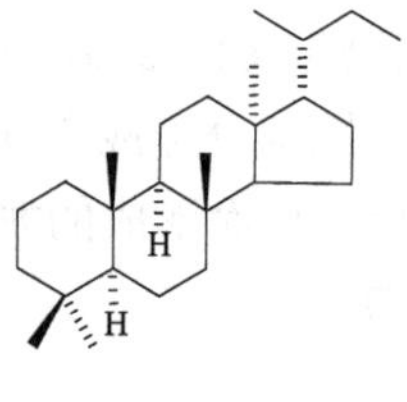

02.0519 苦木烷[类] quassinane

具有如下图所示骨架(20、25 或 19 个碳的多种碳骨架)的三环降三萜类化合物。常发现于苦木科植物。

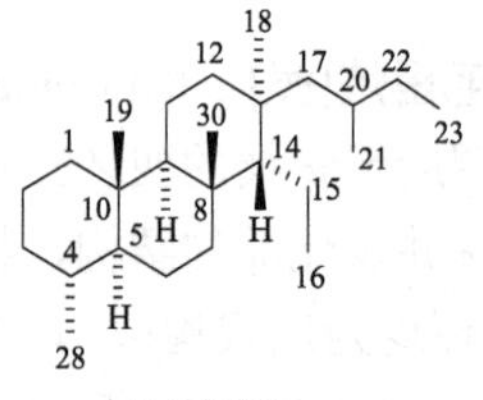

C25 苦木素骨架

02.0520 达玛烷[类] dammarane

具有如下图所示骨架的环戊烷并氢化菲结构的四环三萜类化合物。是原萜烷的立体异构体，常发现于人参属植物，如人参皂苷类化合物，C-20 位为 R 或 S 构型。

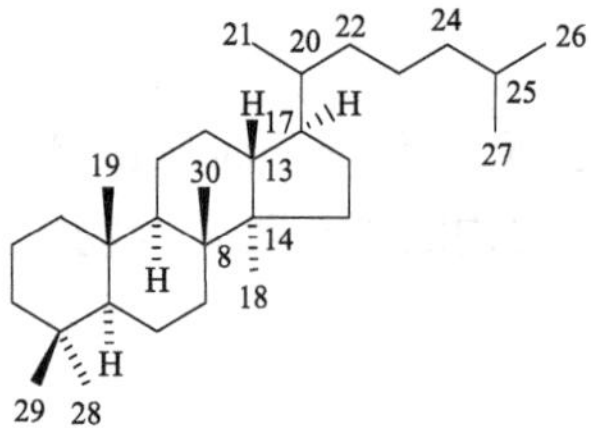

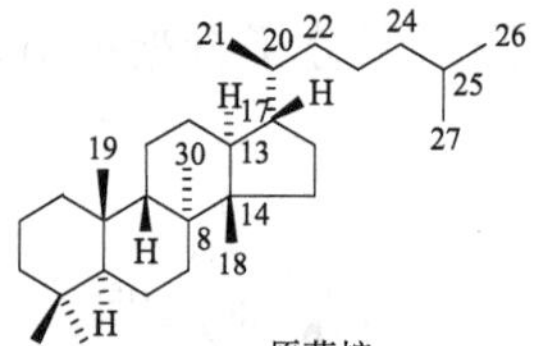

原萜烷

02.0521 齐墩果烷[类] oleanane, β-amyrane

又称"β-香树脂烷类"。具 5 个并六元环构成的氢化芘骨架的五环三萜类化合物。基本骨架如下图所示。结构中 A/B、B/C、C/D 环为反式，D/E 为顺式，C-4、C-20 位均具有偕二甲基，4 个角甲基分别处于 C-8β、C-10β、C-14α 和 C-17β 位。

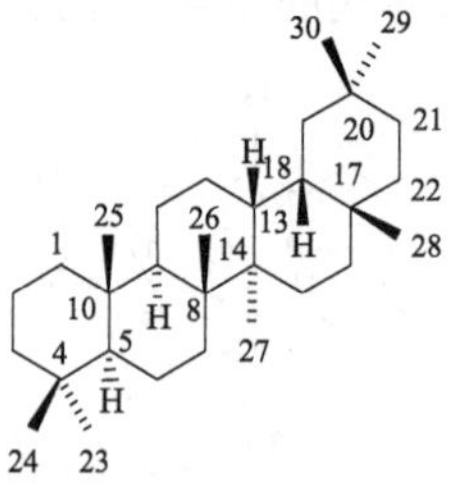

02.0522 何帕烷[类] hopane

具有环戊烷并氢化䓛(苉)(hydrochrysene)骨

架，其中 A/B、B/C、C/D、D/E 环均为反式的五环三萜类化合物。基本骨架如下图所示。

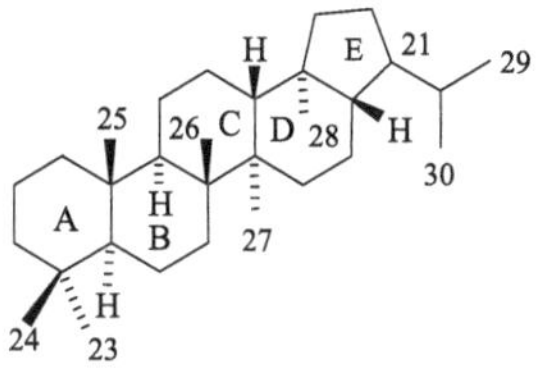

02.0523 乌索烷[类] ursane

又称"α-香树脂烷"。具有 5 个并六元环构成的氢化苊骨架的五环三萜类化合物。基本骨架如下图所示。可视为齐墩果烷 C-20 位的β-甲基迁移至 C-19 位形成的骨架。

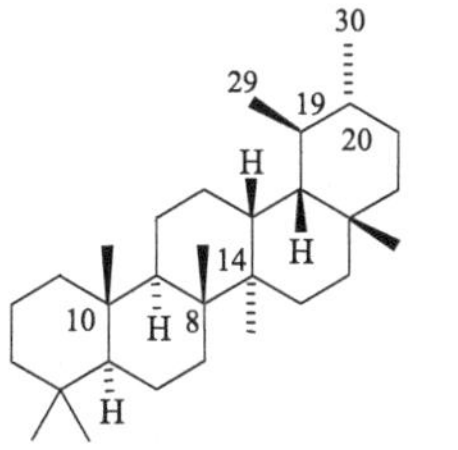

02.0524 羽扇豆烷[类] lupane

基本骨架如下图所示，其中 A/B、B/C、C/D、D/E 均为反式联结，C-19 具有α-异丙基的五环三萜类化合物。

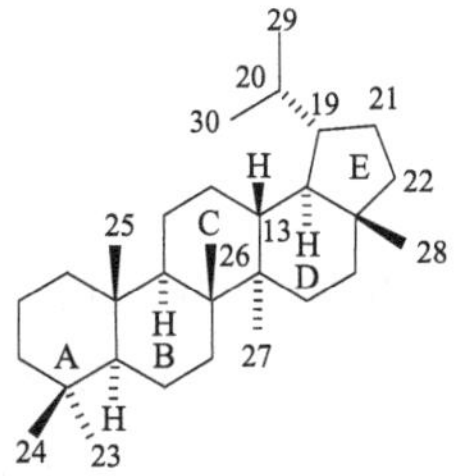

02.0525 木栓烷[类] friedelane

生源上由齐墩果烷经骨架重排形成的五环三萜类化合物。其基本骨架如下图所示：

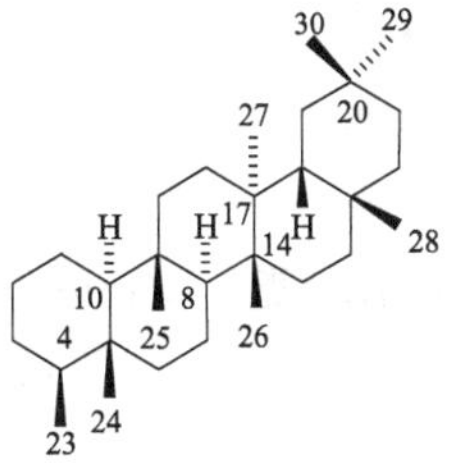

02.0526 羊齿烷[类] fernane

生源上由何帕烷经 C-8 位、C-14 位、C-18 位甲基移位或转位而形成的五环三萜类化合物。基本骨架如下图所示：

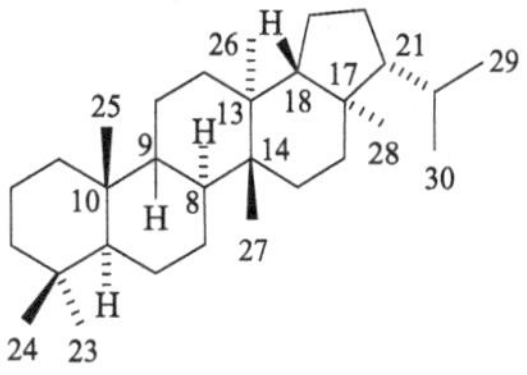

02.0527 四萜 tetraterpene

由 8 个异戊二烯构成的化合物。如胡萝卜素类化合物。

02.0528 胡萝卜素[类] carotene

由 8 个异戊二烯首尾相接构成的四萜类化合物。由于结构中两端环己烯中双键位置的不同，具有多种异构体。如α-胡萝卜素的结构式为：

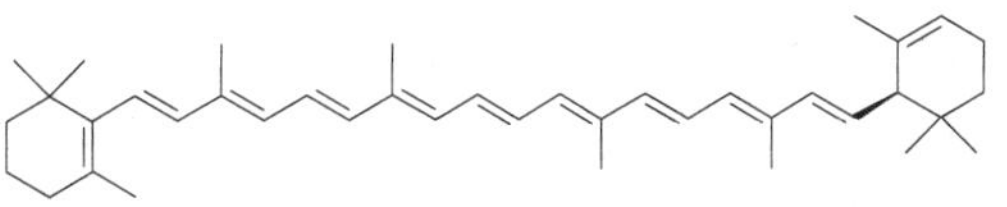

02.0529 甾体 steroid

结构中具有环戊烷并氢化菲骨架(如下图所示)的化合物。其中 C-10 和 C-13 位通常接有甲基，C-17 位接有侧链。根据此三位置上取代碳链的情况可分为甾烷、雌甾烷、雄甾烷、孕甾烷、胆酸烷、胆甾烷、麦角甾烷、豆甾烷等。甾族化合物也可依据其生理性质并结合考虑化学结构分为下列几大类：甾醇、胆酸类、甾族皂苷、强心苷元、蟾蜍素、甾族性激素、甾族皮质激素和甾族生物碱等。

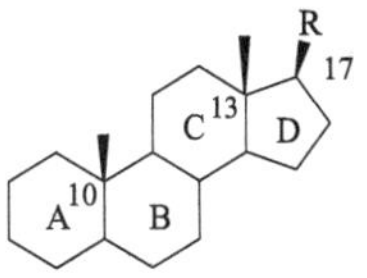

02.0530 雌甾烷[类] estrane

具有 C-13 位甲基的环戊烷并氢化菲骨架(如下图所示)(A 环为芳环)的 C_{18} 甾体激素类化合物。

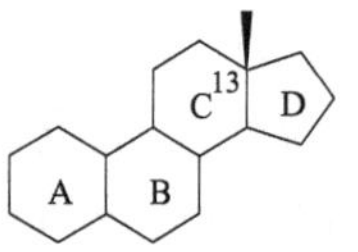

02.0531 雄甾烷[类] androstane

具有 C-10 位、C-13 位甲基的环戊烷并氢化菲骨架(如下图所示)的 C_{19} 甾体激素类化合物。

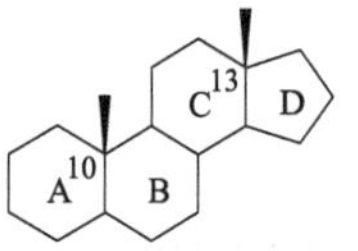

02.0532 孕甾烷[类] pregnane

具有 C-17 位接β-乙基侧链的 C_{21} 甾体骨架(如下图所示)的化合物。

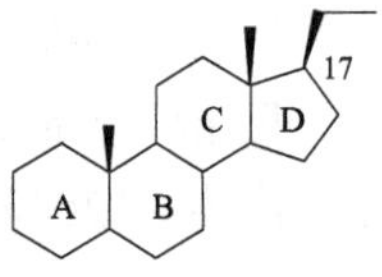

02.0533 胆酸烷[类] cholane

雄甾烷骨架的 C-17 位与戊酸γ-位以β-构型相连接的甾体化合物。其结构式为:

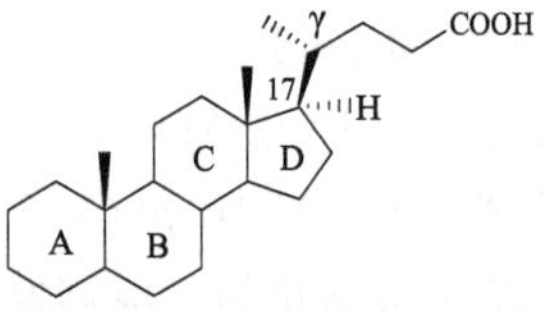

02.0534 胆甾烷[类] cholestane

雄甾烷骨架的 C-17 位与 2′-甲基庚烷在 6′-位以β-构型相连接形成的 C_{27} 甾体化合物。其中 A/B 环为反式构型。其结构式为:

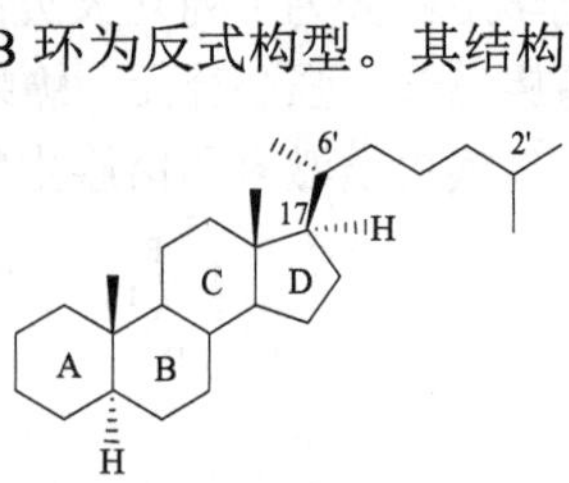

02.0535 麦角甾烷[类] ergostane

C-17 位与 2′,3′-二甲基庚烷在 6′-位以β-构型相连接的 C_{28} 甾体化合物。在紫外线作用下，

9,10-位键断裂形成维生素 D_2 的前体骨架。其结构式为:

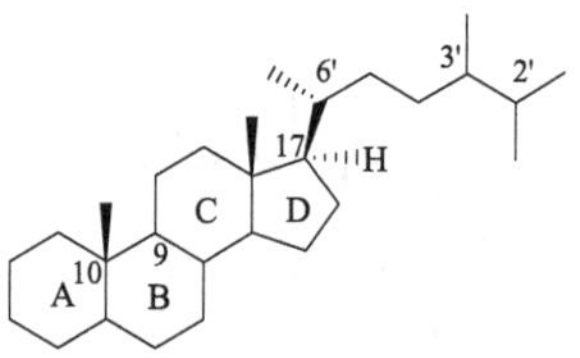

02.0536 豆甾烷[类] stigmastane

雄甾烷骨架的 C-17 位与 2′-甲基-3′-乙基庚烷在 6′-位以β-构型相连接形成的 C_{29} 甾体化合物。其结构式为:

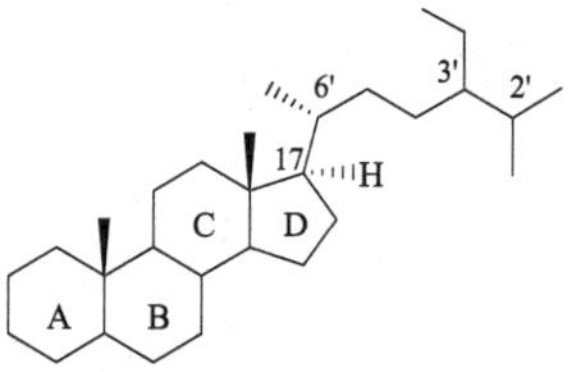

02.0537 螺甾烷[类] spirostane

侧链上有特征的呋喃/吡喃螺环缩酮结构的甾体化合物。根据 C-25 位吡喃环上甲基构型不同可分为螺甾烷醇(C-25S)和异螺甾烷醇(C-25R)两种。其结构式为:

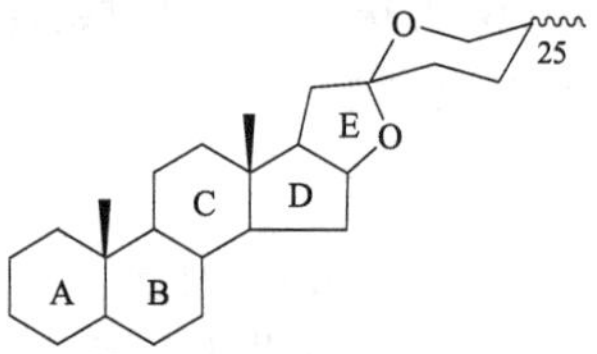

02.0538 呋甾烷[类] furostane

胆甾烷 C-17 位侧链的 C-22 与 C-16 通过氧形成的 16/17 位并合的 C_{27} 甾体骨架化合物。其中 A/B 环有顺、反式，B/C 和 C/D 均为反式构型。其结构式为:

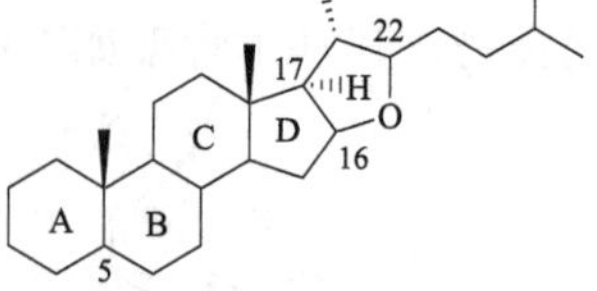

02.0539 心甾内酯[类] cardenolide

又称"甲型强心苷元"。C-17 位为γ-呋喃内酯的 C_{23} 甾体化合物。其中 A/B、C/D 环多数

以顺式并合，B/C 环为反式并合。天然心甾内酯的 C-17 位内酯大多为β-构型(17α-H)。大多数心甾内酯具有α,β-双键，即 C-17 侧基为α,β-不饱和-γ-丁内酯。其结构式为：

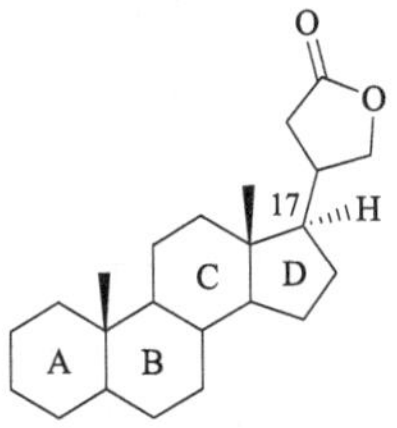

02.0540 蟾甾内酯[类] bufanolide

又称"乙型强心苷元"。C-17 位为 δ-吡喃内酯的 C_{24} 甾体化合物。其中 A/B、C/D 环多数以顺式并合，B/C 环为反式并合。天然蟾甾内酯的 C-17 位内酯大多为 β-构型 (17α-H)。其结构式为：

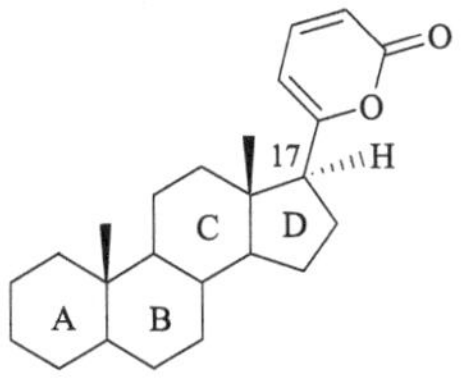

02.0541 皂苷 saponin

曾称"皂甙"。由三萜或甾体等非糖部分(苷元)和糖部分通过苷键连接形成的化合物。

02.0542 苷元 genin, aglycon, aglycone

又称"配糖体"。曾称"甙元"。苷水解后得到的非糖部分。

02.0543 三萜皂苷 triterpenoid saponin

苷元为 30 个碳原子的三萜类化合物苷类化合物。常见有达玛烷型和羊毛脂烷类四环三萜，齐墩果烷类和乌索烷类五环三萜。

02.0544 甾体皂苷 steroid saponin

以 27 碳环戊烷并氢化菲甾体化合物为苷元的一类皂苷。是工业上生产黄体酮、性激素及皮质激素的重要原料。按苷元结构主要可分为螺

甾烷、呋甾烷和呋喃螺环甾烷类甾体皂苷。

02.0545 鞣质 tannin

曾称"单宁"，有机酚类的一类复杂化合物。可分为可水解鞣质和缩合鞣质。鞣质有收敛作用，鞣质水溶液有鞣革作用，用于皮革工业，使动物皮转变成不透水而有柔韧性的皮革。

02.0546 可水解鞣质 pyrogallol tannin

又称"焦性没食子鞣质"。结构中具有—C—O—键，容易水解的鞣质。按水解产物可分为没食子鞣质和逆没食子鞣质两类。

02.0547 没食子鞣质 gallotannin

水解后生成没食子酸(结构式如下图所示)的一类可水解鞣质。

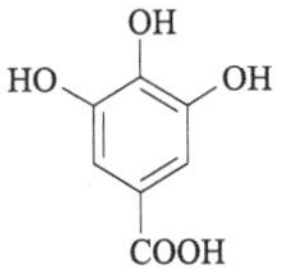

02.0548 逆没食子鞣质 ellagitannin

水解后生成逆没食子酸(结构式如下图所示)的一类可水解鞣质。

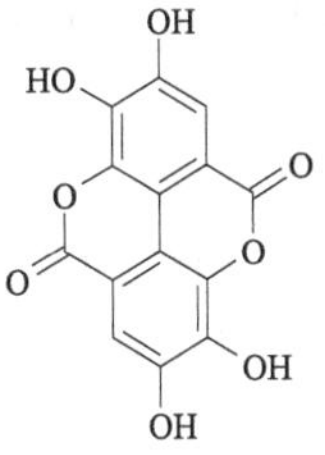

02.0549 抗生素 antibiotic

微生物在代谢中产生的，在低浓度下就能抑制它种微生物的生长和活动，甚至杀死它种微生物的化学物质。也包括由化学合成得到的相应类似化合物。

02.0550 β内酰胺抗生素 β-lactam antibiotic

化学结构中具有β-内酰胺环的一大类抗生素。

02.0551　青霉烷　penam

青霉素类抗生素的基本骨架。其结构式为：

02.0552　青霉烯　penem

2,3-脱氢青霉烷。其结构式为：

02.0553　头孢烷　cepham

头孢类抗生素的基本骨架。其结构式为：

02.0554　头孢烯　cephem

2,3-脱氢头孢烷。其结构式为：

02.0555　肽抗生素　peptide-antibiotic

细菌产生的由肽组成的抗微生物化合物。结构中多含有环状肽链。常见类型有杆菌肽、短杆菌肽和多黏菌肽。肽类抗生素通过干扰细菌细胞壁的合成达到抑菌杀菌目的。

02.0556　氨基糖苷　aminoglycoside

又称"氨基环醇抗生素"。分子中含有 1 个环己醇型配基，以糖苷键与氨基糖或中性糖相结合的一类化合物。

02.0557　聚[乙烯]酮类化合物　polyketide

生源上为乙酰辅酶 A(经丙二酰辅酶 A)反复缩合后形成的羰基和亚甲基交替的化合物以及由此进一步缩合衍生的一类天然化合物。其结构形式多种多样，如四环素类抗生素、大环内

酯抗生素、多烯大环内酯抗生素、多醚类抗生素以及番荔枝内酯等众多天然产物。

02.0558　四环素　tetracycline

由金色链霉菌发酵得到的广谱抗生素。是四环素类抗生素中代表性的化合物。结构式如下图所示。5-羟基四环素衍生物是土霉素。7-氯四环素衍生物为 7-氯四环素。

02.0559　四环素类抗生素　tetracycline-antibiotic

聚乙烯酮类化合物中的 1 个亚类，具有八氢四并苯的基本骨架。其结构通式如下图所示。天然四环素类抗生素来自于链霉菌等发酵产物中。

02.0560　大环内酯抗生素　macrolide-antibiotic

从细菌发酵液或海洋真菌中得到的通过内酯键形成的具有抑制微生物作用的大环化合物。如利福霉素，其结构式为：

02.0561　多烯大环内酯抗生素　polyenemacrolide antibiotic

分子中既有大环内酯，又有一系列共轭双键的抗生素。如霉菌素，其结构式为：

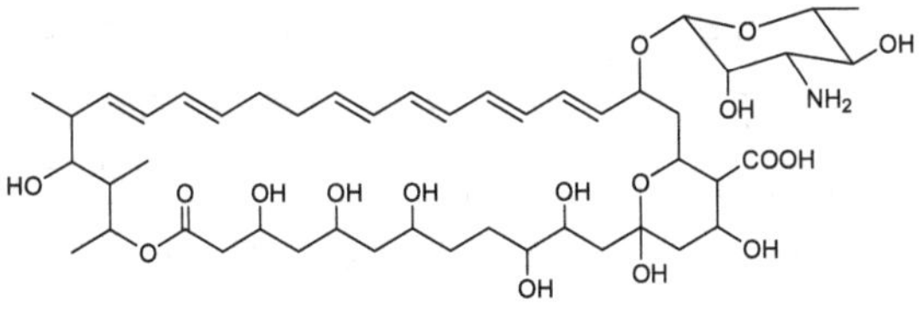

02.0562 多醚类抗生素 polyether antibiotic

又称"聚醚类抗生素"。含有众多的环状醚键的抗生素。如莫能菌素(结构式见下图)。聚醚类抗生素抗菌谱广,具有离子运输的作用,既是很好的促生长剂,又是有效的抗球虫剂。

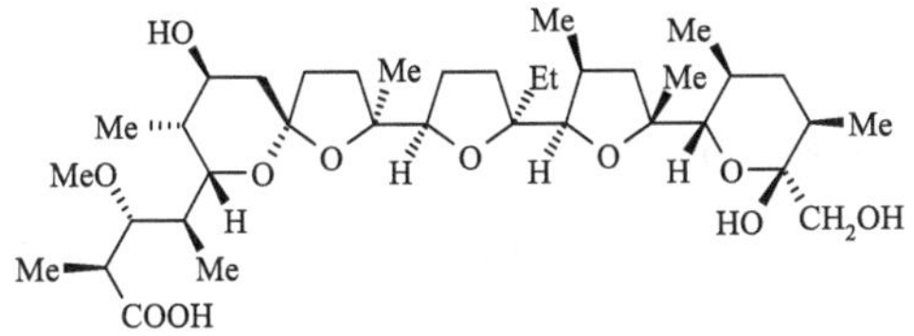

02.0563 蒽环抗生素 anthracycline antibiotic

蒽醌侧环并合 1 个饱和或不饱和环的糖苷衍生物。此类抗生素多数来自链霉属,很多具有抗肿瘤和抗菌活性,如阿霉素,其结构式为:

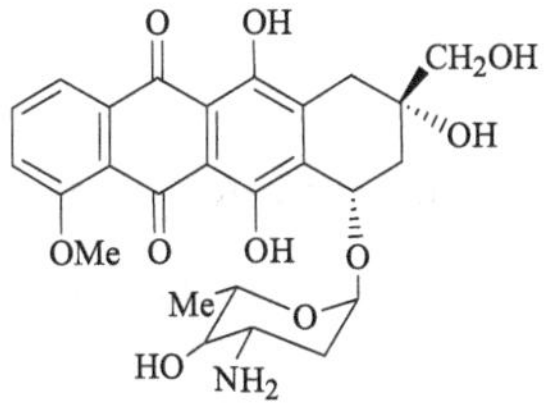

02.0564 核苷抗生素 nucleoside antibiotic

以 1 个杂环核碱基为苷元与糖相结合而构成的抗生素。绝大多数由链霉菌产生,有抗微生物、抗肿瘤、抗病毒和其他生理生化活性。按糖苷键可分为 N—C 糖苷或 C—C 糖苷。C—C 糖苷类主要有间型霉素、间型霉素 B、焦土霉素、吡唑霉素,鲥霉素等。

02.0565 环柄化合物 ansa compound

分子呈环柄状结构的化合物。分子中芳香核的两个不相邻的位置与脂肪链两端相连而形成的环状化合物。

02.0566 环柄类抗生素 ansa antibiotic

又称"安莎霉素"。具有环柄化合物结构的抗生素。环柄状结构中的脂肪链可连于苯醌或苯核上,如苯醌安莎霉素。脂肪链也可连于萘醌或萘核上,如利福霉素 SV。临床用于治疗葡萄球菌及其他革兰氏阳性菌引起的感染及结核和麻风等。

02.0567 番荔枝内酯 annonaceous acetogenin

番荔枝科植物中分离得到的一类具有极强抗癌活性的脂溶性化合物。其分子含 35 或 37 个碳,一端多为γ-甲基-五元内酯环,环内多含α,β-不饱和双键;内酯环α-位连一长脂肪链,其中含有孤立的和(或)相邻的四氢呋喃环,少数为四氢吡喃环,环的邻位通常有羟基。脂肪链上存在数目不等的羟基。结构式如下图所示。

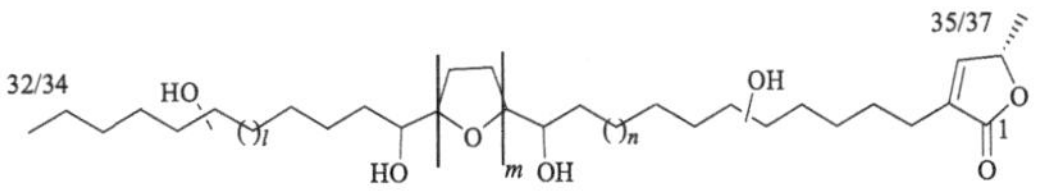

02.0568 [沙]海葵毒素 palytoxin

含 129 个碳,分子式为 $C_{129}H_{223}N_3O_{54}$,分子量 2680,不含氨基酸及糖,结构特殊,从腔肠动物沙海葵中分离得到的化合物。是具有酰胺和聚醚类结构单元的不稳定的剧毒性非蛋白质毒素之一。毒性比河鲀毒素、石房蛤毒素大 10 倍,有极强的生理活性,能使冠状动脉收缩,末梢血管收缩,也是一种神经毒素并有抗癌作用。

02.0569 沙蚕毒素 nereistoxin

海洋天然产物中简单的胺类化合物。结构式如下图所示。

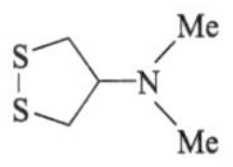

02.0570 河鲀毒素 tetrodotoxin

含 11 个碳(9 个为手性碳)、1 个原酸酯、1 个胍基、5 个羟基,结构特殊的一种含胍基的化合物(结构式如下图所示)。不溶于水及所有的有机溶剂，只溶于稀乙酸及稀矿酸。是一种强烈的神经毒素。

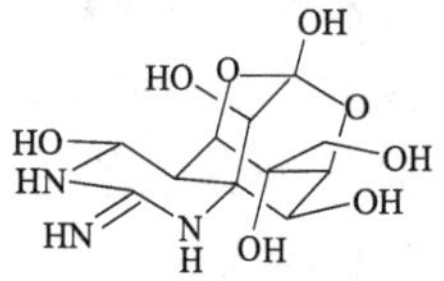

02.0571 石房蛤毒素 saxitoxin

分子中含 1 个不寻常的水合酮基、2 个吸电子的胍基的一种强碱性化合物(结构式如下图所示)。该化合物稳定，是一种麻痹性贝壳毒素，能阻止钠离子进入细胞膜，抑制呼吸而导致生物突然死亡。

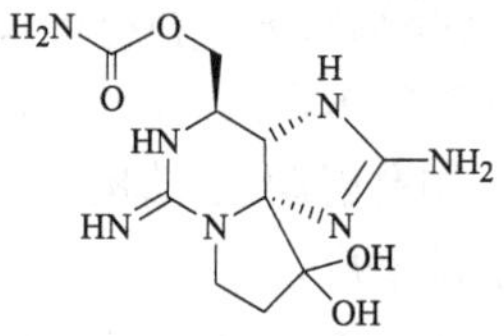

02.02 物理有机化学

02.02.01 有机化合物一般结构原理

02.0572 烷基 alkyl group
烷烃的任何 1 个碳原子上失去 1 个氢原子形成的一价原子团。通式为 C_nH_{2n+1}。从直链烷烃末端碳上失去 1 个氢原子形成的称为正烷基。RCH_2、$R_2CH(R \neq H)$ 和 $R_3C(R \neq H)$ 分别称为伯、仲和叔烷基。

02.0573 亚烷基 alkylidene group, alkylene
又称"烷亚基"，从烷烃的同 1 个或不同的两个碳上失去 2 个氢原子形成的游离二价原子团(R_2C=或—CR'_2—R—CR''_2—)。

02.0574 烯基 alkenyl group
烯烃的碳原子上失去 1 个氢原子的一价原子团。通式为 C_nH_{2n-1}。狭义的烯基则专指通过其烯碳原子与母体分子相连的基团。

02.0575 烯丙基 allyl group
结构式为 CH_2=CH—CH_2—的一价原子团。烯丙基通过其非烯碳原子与母体分子相连。烯丙基为俗名，系统名为丙-2-烯基。

02.0576 烯丙位[的] allylic
烯丙基的饱和碳原子的位置。

02.0577 炔基 alkynyl group

炔烃的任何 1 个碳原子上失去 1 个氢原子形成的一价原子团。狭义上炔基则专指末端炔烃三键的端基碳上失去氢原子后形成的一价原子团的基团。通式为 RC≡C—。

02.0578 苯基 phenyl group
苯分子中失去 1 个氢原子后形成的原子团。结构式为 C_6H_5—。

02.0579 芳基 aryl group
芳香族化合物中芳香环上失去 1 个氢原子后形成的原子团。通常以 Ar—代表芳基。

02.0580 苄基 benzyl group
甲基中的 1 个氢原子被苯基取代后形成的一价原子团。结构式为 $C_6H_5CH_2$—。

02.0581 苄位[的] benzylic
苄基中饱和碳原子的位置。

02.0582 官能团 functional group
一个原子或一组原子。当其存在于不同的化合物中时，仍能显示出相类似的化学性质。有机化合物通常是由一相对较不活泼的骨架如饱和的碳链和若干官能团所组成。有机化合物的物理和化学特性取决于其所具有的官能团。

02.0583　活化基团　activating group

能使所在分子易于进行反应的 1 个官能团。例如：苯分子上带有推电子基团时，苯环上易于发生亲电取代反应，这些推电子基团被称为活化基团。

02.0584　磁各向异性基团　magnetically anisotropic group

在外磁场中显现各个方向的磁化率不等的基团。

02.0585　小环　small ring

由 3 个原子或 4 个原子组成的环状化合物。

02.0586　普通环　common ring

由 4 个、5 个或 6 个原子组成的环状化合物。

02.0587　中环　medium ring

由 7、8、9 个原子组成的环状化合物。

02.0588　大环　large ring, macrocycle

由 10 个及以上原子组成的环状化合物。

02.0589　桥环体系　bridged-ring system

2 个环状体系共用 2 个或 2 个以上碳原子的体系。例如

02.0590　螺环化合物　spiro compound

两个环状结构共用 1 个环碳原子的化合物。例如

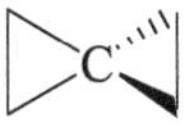

02.0591　同素环状化合物　homocyclic compound

由相同元素的原子组成的环状化合物。例如环戊烷、苯、五氮唑、环六硅烷等。

02.0592　八面体化合物　octahedral compound

在金属有机化学中由 6 个在空间构成八面体结构的配合物、化合物的总称。

02.0593　流变分子　fluxional molecule

一些分子中某些键的实际位置是来回不定或快速流变的，并由此形成另一个骨架结构相同的分子。这种重排现象可以由原子的标记而观察到。例如，1,5-己二烯的科普(Cope)重排。

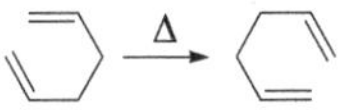

又如有着 1,209,600 个简并结构的公牛烯(bouvalene)的简并重排。

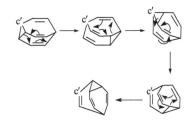

02.0594　流变结构　fluxional structure

流变分子所具的结构。

02.0595　原位进攻　*ipso*-attack

在芳香族化合物中将 1 个基团引入到已经有 1 个取代基(H 除外)的位置的过程。所引入的基团可以取代原有的取代基，也可以被转移到其他位置或又被消除。例如

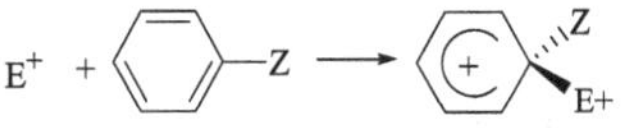

$E^+ \; + \; \langle \rangle - Z \longrightarrow \langle + \rangle \overset{Z}{\underset{E^+}{\cdots}}$

02.0596　邻位　*ortho* position

在有机化合物中两个相邻的碳原子的位置，彼此互相称为邻位。例如芳香族化合物苯环的 1,2 位，彼此互为邻位。

02.0597　间位　*meta* position

在有机化合物中两个相间的碳原子的位置，彼此互相称为间位。例如芳香族化合物苯环的 1,3 位，彼此互为间位。

02.0598　对位　*para* position

主要用于有机环状分子，相对碳原子的位置彼此互相称为对位。例如芳香族化合物苯环的 1,4 位，彼此互为对位。此概念也可用于脂环化合物。

02.0599　远位　*amphi* position

专指萘环上的 2,6 位。

02.0600　近位　*peri* position

又称"迫位"。专指萘环上的 1,8 位或 4,5 位。

02.0601　共轭　conjugation

在共轭体系中，相邻π电子的相互重叠，使体系中各键上电子云密度发生了平均化的现象。此概念也包括多键的π电子与含孤对电子的原子的 p 电子之间的共轭作用，如 $CH_2=CHX:$。在某些分子中，还有 d 轨道参与的共轭。

02.0602　共轭分子　conjugation molecule

具有共轭结构的分子。主要指具有交替单键双键(或三键)结构的分子。例如：$CH_2=CH-CH=CH_2,CH_2=CH-C\equiv N$。

02.0603　共轭体系　conjugated system

分子中具有共轭结构的体系。主要指具有交替单键双键(或三键)结构的体系。

02.0604　高共轭　homoconjugation

两个共轭体系共同连接 1 个非共轭的 CH_2 基团的体系。

02.0605　交叉共轭　cross conjugation

由两个互相独立的共轭体系共用 1 个双键或

带孤对电子的原子。是分子内共轭的一种特殊形式。例如二苯甲酮、二乙烯基醚、富勒烯等都属于交叉共轭的实例。

02.0606　分子轨道法　molecular orbital method

基于成键轨道、反键轨道概念的分析分子稳定性及反应活性的理论方法。

02.0607　四面体杂化　tetrahedral hybridization

又称"sp^3 杂化"。碳原子在其原子轨道以 sp^3 方式杂化时，以其 s 轨道和 3 个 p 轨道杂化形成了 4 个相同的以顶点为四面体的 sp^3 轨道的杂化方式。如下图所示：

02.0608　三角型杂化　trigonal hybridization

又称"sp^2 杂化"。碳原子在其原子轨道以 sp^2 方式杂化时，以其 s 轨道和 2 个 p 轨道杂化形成了 3 个相同的以顶点为三角形的 sp^2 轨道，和另一个与此三角形平面相垂直的 p 轨道的杂化方式。如下图所示：

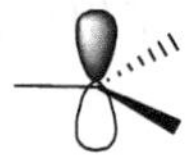

02.0609　直线型杂化　digonal hybridization

又称"sp 杂化"。碳原子在其原子轨道以 sp 方式杂化时，以其 s 轨道和 2 个 p 轨道杂化形成了直线型的 sp 轨道,和 2 个与此直线相垂直的 p 轨道的杂化方式。如下图所示：

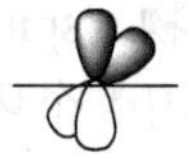

02.0610　共振论　resonance theory

1 个分子实体的电子结构可以用几个提供贡献的路易斯结构来表示的理论。在量子力学价键学说看来，许多贡献结构之间的共振意味着分子的波函数是提供贡献结构的波函数的混合。例如苯的共振结构为：

02.0611 共振效应 resonance effect
由共振而引起的分子理化性质的变化。

02.0612 超共轭 hyperconjugation
涉及σ轨道(常见 C—Hσ轨道)和π轨道(常见 C—C 键，部分填充或空轨道)或 p 轨道间的相互作用。如：

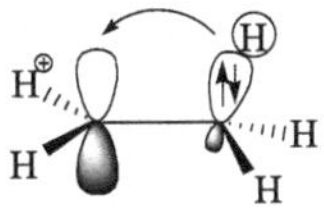

02.0613 等价超共轭 isovalent hyperconjugation
特指在碳正离子和自由基中，超共轭作用的共振式不表现电荷分离的一种超共轭。如：

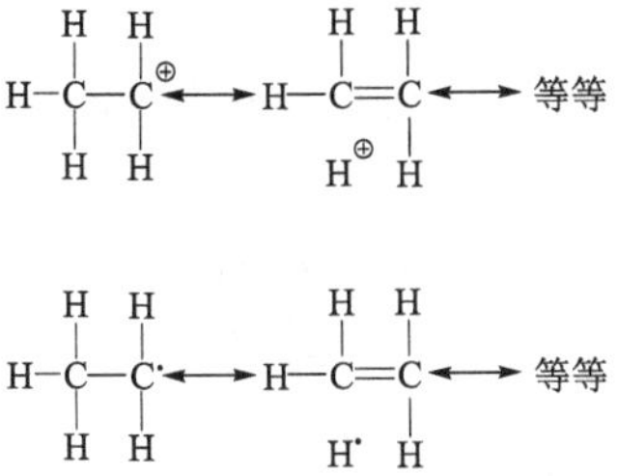

02.0614 无键共振 no-bond resonance
(1)特指在超共轭体系共振式中填充的π体系电子与空的 s 原子轨道间的相互作用的一种超共轭。例如：

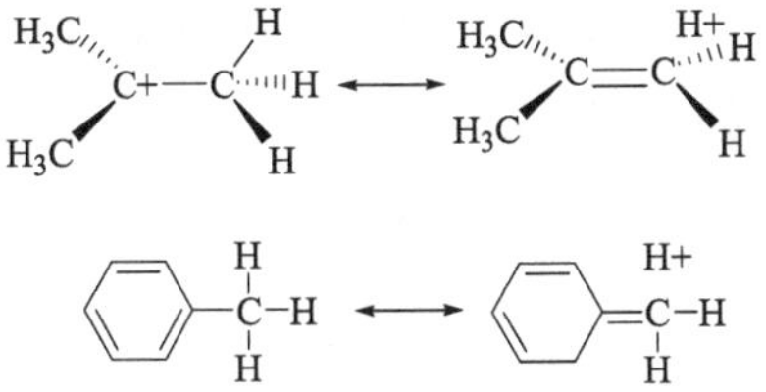

在以上共振式中右方的结构式即为无键共振。(2)当至少连有 1 个氢的碳与一不饱和原子或与有未共享轨道的原子相连时的一种

超共轭。如下图共振式，其中在碳-氢之间完全不结合。

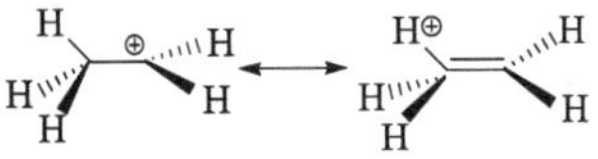

02.0615 芳香性 aromaticity
早期从化合物的气味、特殊的化学反应稳定性出发来判定，后逐步完善为以量子化学的 $4n+2$ 规则、键长的平均性、核磁共振谱反映出的抗磁环电流的存在等作为芳香性存在的依据。

02.0616 芳香六隅 aromatic sextet
特指由 6 个 p 电子组成的芳香性化合物。如苯、噻吩、呋喃等。是早期所用的 1 个名词。

02.0617 抗磁环电流效应 diamagnetic ring current effect
由于芳香性化合物的环形平面共轭的π电子云在外加磁场的作用下形成的 1 个环形电流，其在芳香环平面上下方的圆锥形空间产生抗磁性磁场(屏蔽作用)，而在该圆锥形空间外产生顺磁性磁场(去屏蔽作用)的现象。由于这种效应，在芳香环外平面上的氢原子的核磁共振信号受到去屏蔽，它们出现在较低场。如苯环的氢原子的核磁共振信号在 7ppm 左右。而在芳香环内平面的氢原子受到环电流的屏蔽，其信号出现在较高场。如 18-轮烯分子中处于环外的氢原子，其核磁共振信号出现在 8.9ppm 处；而在环内的氢原子，其核磁共振信号出现在较高场 −1.8ppm处。

02.0618 同芳香性 homoaromaticity
跳过 1 个或几个饱和原子形成的稳定的环状共轭多烯具有芳香族化合物特点的性质。例如：下图所示同草鎓离子是 1 个六电子体系的同芳香性化合物，它跳过了 1 个带有两个氢原子的环上的 sp^3 碳原子。

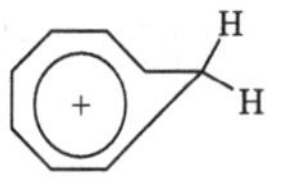

02.0619　反芳香性　antiaromaticity
又称"假芳香性(pseudoaromaticity)"。含有相间的单键-双键的环状分子，但是它们的π电子的能量却高于开环的类似化合物。反芳香性化合物化学性质不稳定，具有高反应活性，且往往为了消除不稳定性而不具有平面性。其电子数目不符合休克尔(Hückel)的芳香性电子规律。反芳香性化合物应具备以下几个特点：①分子具有 $4n$ 个π电子，n 为正整数；②分子为环状；③分子具有共轭的π电子体系；④分子为平面的。

02.0620　交替烃　alternant hydrocarbon
在π电子共轭体系的碳氢化合物中，各碳原子可以分成两组，且这两组内各碳原子间彼此不互相连接的称为交替烃。

02.0621　非交替烃　non-alternant hydrocarbon
在π电子共轭体系的碳氢化合物中，各碳原子可以分成两组，且这两组内各碳原子间彼此互相连接的称为非交替烃。例如乙烯基苯和丁二烯是交替烃，而薁就是非交替烃。也可以说在非交替烃中至少要有 1 个奇数碳原子的环。

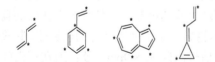

02.0622　默比乌斯体系　Mobius system
默比乌斯芳香性过渡态理论认为，过渡态也可以像基态分子一样，分为芳香性的和反芳香性的。稳定的或芳香性的过渡态将导致活化能的降低，是允许的反应；反之，反芳香性的过渡态使活化能升高，反应是禁阻的。默比乌斯体系认为，对于单环体系其基态的分子轨道存在有奇数个节点的为芳香性，即

$4n$ 个默比乌斯π电子的为芳香性体系，而 $4n+2$ 个默比乌斯π电子的为反芳香性。在过渡态体系中有 $4n+2$ 个默比乌斯π电子的为芳香性，这个过渡态是稳定的；有 $4n$ 个默比乌斯π电子的是反芳香性，这个过渡态是不稳定的。至今尚少发现基态的默比乌斯π体系，但是默比乌斯π体系可应用于周环反应的过渡态中。

02.0623　路易斯结构　Lewis structure
表示分子结构的一种方式。在分子结构式中，两个原子间的价电子以成键的两个原子间的点来代表。一对点代表两个电子或 1 个共价键，即单键，由两对电子代表双键。外层非键电子放在所属原子旁边。价电荷标注在所属原子的右上方，表示该原子正电荷数(原子序数)与电子总数之差。一般情况下两个原子间的成键电子用一条直线代表，表示一根共价键。

02.0624　配位共价键　coordinate-covalent bond
两个原子间共享的电子来自其中 1 个原子的共价键。例如：氨(NH_3)和质子(H^+)形成铵盐(NH_4^+)的键，就是配位共价键。

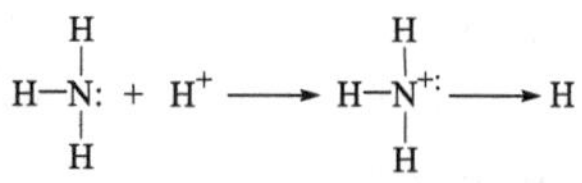

$$H-\overset{\underset{\displaystyle H}{|}}{\underset{\displaystyle H}{N}}: + H^+ \longrightarrow H-\overset{\underset{\displaystyle H}{|}}{\underset{\displaystyle H}{N}}^{+}: \longrightarrow H$$

02.0625　香蕉键　banana bond
有机化学中指一类其形状像香蕉一样的化学键。通常是在小环化合物中其电子密度像 1 个弯曲的香蕉形状。例如在环丙烷(C_3H_6)中，如下图所示：

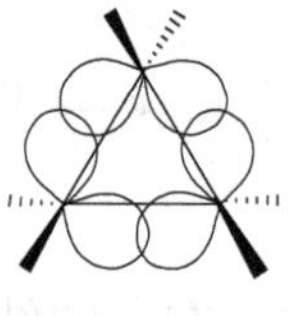

02.0626　鲍林电负性标度　Pauling electronegativity scale

鲍林提出了描述原子吸引电子的能力的计算方法。电负性不能直接测量，而是从其他原子或分子的性质计算得到的。最常使用的方法是由鲍林(Pauling)提出的，是 1 个无单位的量。相应的标度从 0.7 到 4.0。

02.0627　可极化性　polarizability
分子的电子云受电场影响(例如含电荷试剂的靠近)而变形的容易程度。实验中以下面的方程式表示：$\alpha = \mu_{ind}/E$，式中 α 为可极化性，μ_{ind} 为感应偶极矩，E 为外加电场。

02.0628　诱导效应　inductive effect
分子中通过原子链 σ 键传递的电荷静电感应。

02.0629　场效应　field effect
分子内某原子与远端的单极子或偶极子之间通过空间而非直接键连的相互影响。场效应的大小取决于单极子或偶极子电荷的大小、偶极的取向、相互间的距离以及介电常数等因素。

02.0630　电场效应　electrical effect
因环境中正或负电性(未必是 1 个完整的电荷)的存在而对分子理化性质产生的影响。

02.0631　互变异构[现象]　tautomerism
互变异构体的相互转化。

02.0632　互变异构化　tautomerization
同分异构体之间快速的可逆性互变现象。最常见的是移动氢原子(或质子)，同时伴随着单键和相邻的双键的互相转化。

02.0633　酮-烯醇互变异构　keto-enol tautomerism
带 R_2CH 的羰基类化合物存在的酮式异构体 $R_2CH-C(O)-$ 和烯醇式 $R_2C=C(OH)-$ 异构体之间的互变异构。

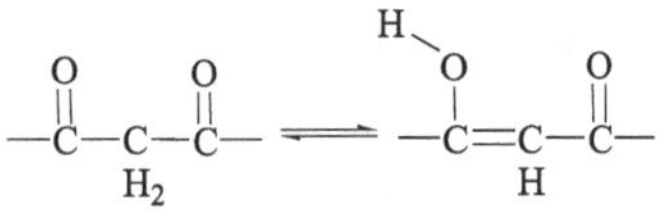

02.0634　酚-酮互变异构　phenol-keto tautomerism
酚-环己二烯酮等之间的互变异构。例如：

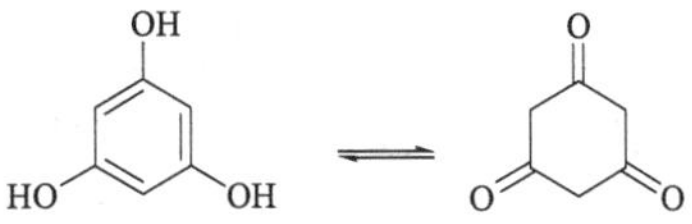

02.0635　亚胺-烯胺互变异构　imine-enamine tautomerism
亚胺与烯胺之间的互变异构。

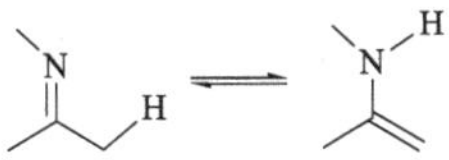

02.0636　环-链互变异构　ring-chain tautomerism
当移动质子的同时所完成的链状化合物与环状化合物之间的转化。例如醛式与吡喃式葡萄糖间的相互转化。

02.0637　价互变异构　valence tautomerism
在快速异构化或简并重排中分子骨架原子的位置和取代基的位置不变，而只是单键和双键的生成和断裂的变化。例如：

02.0638　非键相互作用　non bonding interaction
分子内非直接键连接的原子间的相互吸引或相互排斥的作用。这种相互作用影响着化学物质的热力学稳定性。

02.0639　扭转张力　torsional strain
分子内的相邻两个碳原子上的取代基团处

于重叠位置时的非键相互作用所产生的张力。例如：在乙烷中由于两个氢原子在重叠位置时的相互作用，存在着旋转能垒，因而围绕着C—C键的自由旋转受到阻碍，这种张力称为扭转张力。

02.0640　受阻旋转　restricted rotation, hindered rotation
曾称"阻碍旋转"。分子中1个化学键上的两个基团由于存在着较大的旋转能垒，从而使观察到的自由旋转受到了阻碍的现象。在立体化学中则更明确指分子在构象变化中，沿键的旋转能垒足够大(在特殊实验条件下能观察到的)，因而产生阻转异构体的现象。

02.0641　重叠效应　eclipsing effect
相邻的两个碳原子的各个取代基团都处于最为接近的重叠状态时对物化性质及化学反应所产生的影响。

02.0642　重叠张力　eclipsing strain
又称"皮策张力(Pitzer strain)"。相邻的两个碳原子的各个取代基团都处于最为接近的重叠状态时所具有的张力。

02.0643　角张力　angle strain
分子中的键角偏离键角的正常值时所产生的张力。

02.0644　小角张力　small angle strain

键角比正常的键角小时产生的张力。

02.0645　大角张力　large angle strain
键角比正常的键角大时产生的张力。

02.0646　跨环相互作用　transannular interaction
在中环化合物中，张力来源于环上非相邻原子上的取代基或氢原子的相互排斥作用。例如，下图中环辛烷或环癸烷中的氢原子间的相互排斥作用。

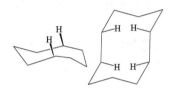

02.0647　跨环张力　transannular strain
跨环相互作用产生的张力。

02.0648　前张力　F strain, forward strain
又称"面张力"。因所连基团体积较大的两个原子之间不易接近产生作用的效应。

02.0649　后张力　B strain, back strain
又称"背张力"。因反应点所连较大的基团之间形成的排斥力造成的影响，而使反应速率产生较明显的变化。这种类型的斥力称为后张力。

02.0650　内张力　I strain, inner strain
主要指小环上存在的张力。

02.02.02　有机立体化学

02.0651　立体化学　stereochemistry
研究化学分子实体中各原子在空间的相互间位置和排列，及其因排列不同而造成立体异构体之间物理性质和化学反应的差异的一门学科。

02.0652　构造　constitution

描述组成分子的原子种类、数量及相互间的连接方式(包括单键或重键)。不考虑其空间结构。

02.0653　构造异构体　constitutional isomer
组成分子的原子种类及数量相同，但排列顺序及方式不同而引起的异构体。构造异构体实际上可能是不同的物质。如二甲醚(CH$_3$OCH$_3$)和乙醇(CH$_3$CH$_2$OH)。

02.0654　立体异构体　stereoisomer
分子构造相同，但因原子上取代基在空间排列不同而引起的异构体，分为对映异构体和非对映异构体。

02.0655　构型　configuration
在立体化学领域，构型是在1个给定构造的分子实体中，用以区分立体异构体的各原子在空间的不同排列状态。但不考虑由构象所造成的差异。

02.0656　绝对构型　absolute configuration
1个手性分子实体或基团中，描述各原子在空间上与其镜像相区别的排列状态，现常用顺序规则的 *R-S* 命名体系来表达绝对构型。在具有多个手性中心的分子中，每个手性中心的绝对构型也可用"顺序规则"来表达。

02.0657　相对构型　relative configuration
(1)同一分子实体中，1个立体异构源相对于另一个立体异构源的构型关系。与绝对构型不同，相对构型在一对对映体中保留不变。
(2)2个不同的手性分子，如 Xabcd 和 Xabce 之间，d 和 e 处于 abc 面的同面，是相同的相对构型。若 d 和 e 处于 abc 面的异面，是相反的相对构型。

02.0658　构象　conformation
在1个给定构造和构型的分子中，各原子间围绕单键旋转而形成空间排列有别的立体异构体。如环己烷有椅式和船式构象。

02.0659　构象异构体　conformer
1个立体异构体由于扭转角不同而处于(局部或整体)不同特性的位能最低位,所产生的异构体。各构象异构体间位能可能不同,位能越低越稳定。

02.0660　旋光异构体　optical isomer
曾称"光学异构体"。对映异构体或非对映异构体之间通常均显示出旋光符号相反或数值不同，因此将其称为旋光异构体。但这不是1个十分确切的术语，建议逐步退出使用。

02.0661　旋光活性　optical activity
曾称"光学活性"。1个手性分子样品具有旋转偏振光面的能力。在给定条件下，引起顺时针旋转称为右旋，以前缀(+)-表达；相反，反时针旋转称为左旋，以(−)-表达。

02.0662　右旋异构体　dextro isomer
引起偏振光面右旋的异构体。现已不推荐使用。

02.0663　左旋异构体　laevo isomer
引起偏振光面左旋的异构体。现已不推荐使用。

02.0664　四面体构型　tetrahedral configuration
通常指连接碳原子的4个取代基排列于以该碳原子为中心正四面体的4个顶端，因此4个不同取代基存在两个非重叠的互为镜像的实体。

02.0665　去对称化　desymmetrization
去除对称分子中的1个或数个对称因素，使其成为新的手性分子的过程。

02.0666　假不对称碳　pseudoasymmetric carbon
1个有4个不同取代基的碳原子。其中2个取代基是互为对映的基团，而此类分子是无手性的，但交换两个取代基则可转变为非对映异构体。

02.0667　虚拟原子　phantom atom, imaginary atom
在立体化学顺序规则中确定四价原子绝对

构型时，如少一取代基，则可代之以一原子序数为零的原子后再加以判别，此原子称为虚拟原子。如亚砜($R_1R_2S{=}O$)中硫原子上的孤对电子就可作为虚拟原子考虑。

02.0668　等位[的]　homotopic
1 个分子中，相同的原子或取代基处于构造和构型等同的位置。其中任何 1 个被新的原子或基团取代，结果得到同一产物。如手性酒石酸分子中(具有 C_2 对称轴)，任何 1 个羟基被另一个取代基替换，仅生成 1 个新化合物。

02.0669　异位[的]　heterotopic
1 个分子中，两个相同的原子或取代基中，任何一个被新的原子或基团取代，得到不同的产物的位置。可分为构造异位或立体异位的，后者可再分为对映异位的和非对映异位的。

02.0670　对映异位[的]　enantiotopic
在分子中，两个构造相同的原子或基团中 1 个被另 1 个新的原子或基团取代，生成一对对映体。原先两个原子或基团则是处于对映异位的；或者 1 个分子中的双键(包括羰基)被 1 个原子和基团加成后,生成一对对映体,双键的两个面称为对映异位的。

02.0671　非对映异位[的]　diastereotopic
在分子中，两个构造相同的原子或基团中 1 个被另 1 个新的原子或基团取代，生成两个非对映体，原先两个原子或基团处于非对映异位的；或者 1 个分子中的双键被 1 个原子或基团加成后，生成两个非对映体，双键的两个面称为非对映异位的。

02.0672　立体异位[的]　stereoheterotopic
对映异位的和非对映异位的统称。

02.0673　拓扑异构化　topomerization

导致分子中一些结构单元的位置发生交换，但不涉及成、断键的变化。这一变化所涉及的几何结构形式称为拓扑异构体。如下述分子中，通过醛与芳基间的 C—C 键的 180 度旋转，发生了结构单元 Na 和 Nb 的交换，成为 2 个拓扑异构体，此时有可能在核磁共振谱中检测到它们的存在。

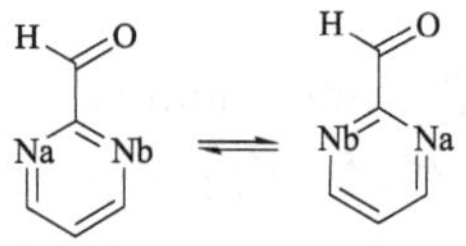

02.0674　立体化学式　stereoformula, stereochemical formula
表达分子中键的空间排列的结构式或投影式。

02.0675　投影式　projection formula
三维分子结构各个键投影于纸平面上的二维表达形式。

02.0676　费歇尔投影式　Fischer projection
主链画在竖向指向纸平面后方，水平线指向纸平面前方的一种表达立体异构体构型的平面投影式。例如结构 Cabcd 的投影式如下图所示。费歇尔投影式最通常用于表达糖类化合物。

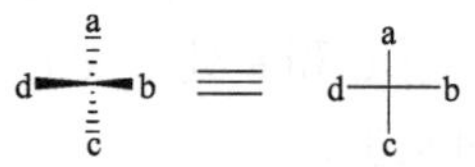

02.0677　纽曼投影式　Newman projection
表达在 1 个分子中，邻近 2 个原子的各个键的空间排列的投影式。沿着 2 个原子间的键观察，表达各原子的各个键的相对位置。

02.0678　锯齿形投影式　zigzag projection
主链画成锯齿形在纸平面上，在纸平面的上

方或下方表示取代基的表达 1 个无环分子的立体化学投影式。

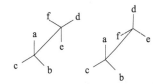

02.0679　锯木架形投影式　sawhorse projection
表达 2 个邻近原子的各个键在空间排列的透视式。通常左边低端接近观察者，右边高端为远离观察者。

02.0680　霍沃思表达式　Haworth representation
表达糖类化合物的一种方式。如 1 个 D 型吡喃糖六元环的氧定位在后，端基于右边，α 或 β 取代分别置于环的下或上方。例如 D-β-吡喃葡萄糖表达式为：

β端基异构体

02.0681　手性　chirality
1 个物体不能与其镜像重叠的现象。最形象的例子如人的左手和右手。立体化学中，立体异构体是由某一个构造异构体中原子或基团在空间排列不同而成，在给定构型和构象的分子结构中，如果它的排列与其镜像不重合，组成一对对映异构体，则这一分子结构就具有手性，分子手性是存在一对对映体的必要和充分条件。

02.0682　手性的　chiral
具有手性性质的。立体化学中，手性的是专门描述分子的结构特性，不宜用于描述一些化学行为或过程，如手性催化，手性合成等。

02.0683　非手性的　achiral
又称"无手性的"。1 个分子实体与其镜像能重叠的。

02.0684　手性分子　chiral molecule
具有手性的分子。手性分子中不具有第二类对称因素(包括对称中心、对称面或旋转反映轴)。手性分子仅表明分子的结构特性，可能存在一对对映异构体。由单一对映异构体构成的分子集合体称对映纯体，一比一的分子集合体则称消旋体，对分子集合体的描述时应避免采用手性分子这一词汇。

02.0685　手性中心　chiral center, chirality center
曾称"不对称中心(asymmetric center)"当分子中的某个原子(中心)上连有若干个不同的原子或基团、导致无法与其镜像重叠时，该原子(中心)就称为手性中心。手性中心是不对称碳原子的扩充，也能表达其他任何元素所形成的手性中心。

02.0686　不对称原子　asymmetric atom
分子中连有 4 个不同的原子或取代基的原子。如连有 a,b,c,d 4 种取代基的碳原子 Cabcd。这是一习惯使用的名词，现用手性中心代替。

02.0687　不对称碳原子　asymmetric carbon
最早由范特霍夫提出，专指不对称原子为碳原子的术语。是习惯使用的名词。

02.0688　面手性　planar chirality
手性面外基团的排列不同而产生手性分子的现象。

02.0689　手性面　chirality plane
与其他部位键合，限制其扭转而不能处于 1 个对称面中的平面单元结构。此手性面外基团的排列位置不同，而形成非重叠的镜像的结果。如 E-环辛烯中手性面是双键碳原子以及连接双键的 4 个原子组成的平面。

02.0690 手性轴 chiral axis, axis of chirality
具有一组取代基的空间排列与其镜像不重叠的 1 个轴。如丙二烯 abC=C=Cab 中 C=C=C 或邻位取代联苯的 C-1，C-1′，C-4 和 C-4′在手性轴上。

02.0691 轴向手性 axial chirality
手性起源于围绕手性轴的现象。4 个取代基非平面排列，如下图中丙二烯或邻位取代的联苯。

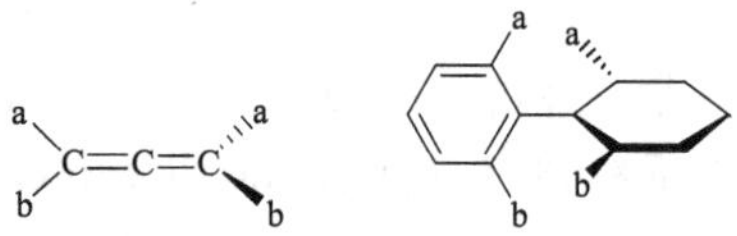

02.0692 手性因素 chirality element
手性中心、手性轴和手性面的统称。

02.0693 手性矢向 chirality sense
区分对映形式的一种性质。参考一指向空间而表征 2 个对映形式的方式。如螺丝有右转螺丝或左转螺丝。

02.0694 手光性的 chiroptic, chiroptical
用于鉴定和区别手性物质的光学性质。包括旋光活性、圆二色散、旋光谱等。

02.0695 手性位的 chirotopic
一个分子结构中任何一点(包括原子)处于手性环境。

02.0696 非手性位的 achirotopic
一个分子结构中任何一点(包括原子)处于无手性环境。

02.0697 同手性[的] homochiral
在异构分子中，具有相同手性观念。如它们所有均是 *R* 或所有均是 *S*。

02.0698 费歇尔-罗森诺夫惯例 Fischer-Rosanoff convention
命名糖类化合物和氨基酸构型的一种习惯规则。先设定(+)–甘油醛和(−)–甘油醛分别为绝对构型 D-和 L-，再以他们的费歇尔(Fischer)投影式为参照标准，与其他化合物的费歇尔投影式比较，从而确定绝对构型为 D-或 L-。
D-和 L-这一对甘油醛的费歇尔投影式如下：

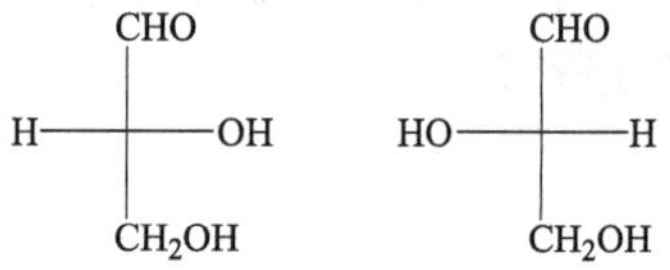

02.0699 D-L 命名体系 D-L system of nomenclature
通常用于描述氨基酸和糖类化合物构型的体系。

02.0700 CIP 顺序规则 Cahn-Ingold-Prelog sequence rule, CIP system, CIP priority
由卡恩(Cahn)、英戈尔德(Ingold)和普雷洛格(Prelog)在 20 世纪 50 年代后提出的一种表达构型的办法。应用原子的序数和质量以及键的性质等一系列规则，指派原子和基团的优先顺序(即顺序规则)来指明分子的绝对构型的方法。如 1 个简单手性分子氟氯溴甲烷，按顺序规则原子序数排列 (a>b>c>d) 成 Cabcd，从远离 d 看，abc 为顺时针旋转，以前缀(*R*)-表达，相反，abc 为反时针旋转，以(*S*)-表达其绝对构型。此规则继而扩展到其他立体异构体的命名(*M. P., r. s., m. p., E. Z.*)

02.0701 *R-S* 命名体系 *R-S* system of nomenclature
按 CIP-顺序规则命名手性分子绝对构型的

体系。

02.0702 对称因素 symmetry element
对称轴(C_n)、对称面(σ)、对称中心(i)和旋转反映轴(S_n)的总称。

02.0703 对称面 plane of symmetry
将 1 个目标物平分为两半的镜面。

02.0704 镜面对称 mirror symmetry
1 个镜面将 1 个目标物平分为两半的现象。

02.0705 对映[异构]体 enantiomer
互为镜像的一对手性分子中的任意 1 个叫 1 个对映体。对映体前常缀以其绝对构型，如 *R*-对映体、*S*-对映体。

02.0706 似对映体 quasi-enantiomer
分子 Xabcd 和 Xabce 中，d 和 e 分别在 abc 面的异位面，分子 Xabcd 和 Xabce 就叫做似对映体。如(*R*)-2-溴丁烷是(*S*)-2-氯丁烷的似对映体。

02.0707 非对映[异构]体 diastereomer
不是对映体的立体异构体。它们之间通常有不同的物理性质和化学性质。

02.0708 差向异构体 epimer
具有 2 个和 2 个以上立体异构体源因素的分子间，仅其中 1 个构型不同的非对映异构体。

02.0709 端基[差向]异构体 anomer
有关糖苷、糖半缩醛或有关的环状糖、醛糖的 1 位，酮糖的 2 位构型不同所形成的非对映异构体。

02.0710 赤式构型 *erythro* configuration
按照费歇尔投影，2 个邻近手性中心上相同的取代基在主链的同一边的构型。

02.0711 赤型异构体 *erythro* isomer
具赤式构型的异构体。

02.0712 苏式构型 *threo* configuration
按照费歇尔投影，2 个邻近手性中心上相同的取代基分别在主链相反的两边的构型。

02.0713 苏型异构体 *threo* isomer
具苏式构型的异构体。

02.0714 四面体型碳 tetrahedral carbon
采取 sp^3 杂化轨道、几何结构为四面体的饱和碳。

02.0715 三角型碳 trigonal carbon
采取 sp^2 杂化轨道、几何结构为三角形的双键碳。

02.0716 直线型碳 digonal carbon
采取 sp 杂化轨道、几何结构为直线型的三键碳。

02.0717 顺反异构 *cis-trans* isomerism
双键和脂环烃的一对异构体，其两个取代基在参考面的同侧为顺式异构体，在异侧为反式异构体。如：

02.0718 顺反异构体 *cis-trans* isomer
由顺反异构现象形成的异构体。

02.0719 *Z-E* 异构体 *Z-E* isomer
通常用于以 CIP 顺序规则描述分子中双键两端取代基的相对位置不同引起的异构现象。

02.0720 *Z* 异构体 *Z* isomer

按照 CIP 顺序规则，2 个高优先取代基在双键碳的同一边称为 *Z*-异构体。

02.0721 *E* 异构体 *E* isomer

按照 CIP 顺序规则，2 个高优先取代基在双键碳的相反一边称为 *E*-异构体。

02.0722 前 *E* pro-E

两个相同取代基在双键中的 1 个碳原子上，如取代其中 1 个取代基产生 *E* 异构体，则原来的取代基处于前-*E*。

02.0723 前 *Z* pro-Z

两个相同取代基在双键中的 1 个碳原子上，如取代其中 1 个取代基产生 *Z* 异构体，则原来的取代基处于前-*Z*。

02.0724 同 syn

描述在 1 个双环体系双环[*x.y.z*]烷(*x*≥*y*>*z*>0)中，非桥头碳上取代基的相对构型。当此取代基朝向编号数最大的桥时(如下例双环[2.2.1]庚烷中的 *z* 桥 C-7)则称"同(*syn*)"，反之则为"反(*anti*)"；当此取代基位于编号数最大的桥上并朝向编号数最小的桥时(如下例中的 *x* 桥 C-2)则称"外(*exo*)"，反之则为"内(*endo*)"。

2-*exo*-溴-7-*syn*-氯-双环[2.2.1]庚烷   2-*endo*-溴-7-*anti*-氯-双环[2.2.1]庚烷

02.0725 内型异构体 endo isomer

取代基处于内型的异构体。

02.0726 外型异构体 exo isomer

取代基处于外型的异构体。

02.0727 前手性 prochirality

分子中存在相同形态的立体异位基团或面，

置换其中 1 个基团或加成到其中的 1 个面，则形成立体异构体。用 *pro-R* 或 *pro-S* 来表达异位基团，用 *re* 或 *si* 来表达异位面。

02.0728 前 *R* 手性基团 pro-R-group

在 Xabc$_2$ 中，两个相同形态的立体异位的基团中的 1 个 c 被另一基团取代(优先于 c)后形成的手性中心为 *R* 构型，该 c 基团称为前 *R* 手性基团。

02.0729 前 *S* 手性基团 pro-S-group

在 Xabc$_2$ 中，两个相同形态的立体异位的基团中的 1 个 c 被另一基团取代后形成 *S* 构型，则称为前 *S* 手性基团。

02.0730 *re* 面 re-face

表达加成至 1 个立体异位面(羰基或双键)的方向。按照顺序规则，如顺时钟方向则为 *re* 面。

02.0731 *si* 面 si-face

表达加成至 1 个立体异位面(羰基或双键)的方向。按照顺序规则，如反时钟方向则为 *si* 面。

02.0732 变旋作用 mutarotation

由于分子发生差向异构化而发生的旋光变化。特别是在糖化学中，半缩醛碳原子上取代基发生差向异构化。

02.0733 外消旋化 racemization

从 1 个手性非外消旋体起始原料，形成外消旋体的过程。

02.0734 外消旋体 racemate

相等量的一对对映体混合物。其不显示旋光性，化学名称或分子式前可冠以(±)-，*rac*-，*RS* 或 *SR* 以区别于对映体。

02.0735 外消旋化合物 racemic compound

具有外消旋体的结晶化合物。即单元晶胞中包含等量对映体。

02.0736 外消旋固体溶液 racemic solid solution

当一对对映体分子间，无论构型相同或相反，它们的亲和力无区别，因此在固态时这一对对映体分子的排列是无序的，此时称外消旋固体溶液。其熔点-对映体组分图为水平线，即对映体、消旋体和不同组分的外消旋固体混合物熔点相同。

02.0737 内消旋化合物 *meso*-compound

由于其分子中存在第二类对称因素而无手性的化合物。如内消旋酒石酸。

02.0738 似外消旋体 *quasi*-racemate

由相等量似对映体形成的混合物。

02.0739 似外消旋化合物 *quasi*-racemic compound

单元晶胞中包含等量的似对映体的化合物。

02.0740 外消旋堆集体 conglomerate

在外消旋体中，对映体各自形成结晶机械混合的混合物。因此，有可能直接拣选出纯的对映体。

02.0741 旋转异构体 rotamer

由于分子中单键限制旋转所产生的构象异构体。

02.0742 构象分析 conformational analysis

评估分子中各构象体之间的变化对相对能量、物理性质和反应性能的效应。

02.0743 构象效应 conformational effect

分子中各构象体之间的变化对相对能量、物理性质和反应性能产生的效应。

02.0744 扭转角 torsion angle

在 1 个非线性分子 A-B-C-D，ABC 和 BCD 中形成的两面角。从其纽曼投影式可分为不同名称区域。定义顺时针两面角为正，反时钟为负。

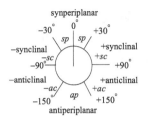

上图中扭转角在-30°至+30°范围间，称为"顺叠(synperiplanar, *sp*)"；扭转角在+150°至-150°范围间，称为"反叉(antiperiplanar, *ap*)"；扭转角在+30°至+90°范围间(+*sc*)，或在-90°至-30°范围间(-*sc*)，称为"顺错(synclinal, *sc*)"；扭转角在+90°至+150°范围间(+*ac*)或在-150°至-90°范围间(-*ac*)称为"反错(anticlinal, *ac*)"。

02.0745 等分构象 bisecting conformation

在 R_3C—$C(Y)$＝X 结构中，X 与 1 个 R 处于反叉构象，另外两 R 基团在邻近两边形成等分构象。如下图所示：

02.0746 反叉构象 antiperiplanar conformation

曾称"反叠构象""反式构象"。扭转角在+150°至-150°范围间的构象。

02.0747 顺叠构象 synperiplanar conformation

曾称"顺式构象(*syn* conformation)"。扭转角在-30°至+30°范围间的构象。

02.0748 反错构象 anticlinal conformation

扭转角在+90°至+150°范围间(+*ac*)或在-150°至-90°范围间(-*ac*)的构象。

02.0749　顺错构象　synclinal conformation
扭转角在+30°至+90°范围间(+*sc*)，或在−90°至−30°范围间(−*sc*)的构象。

02.0750　重叠构象　eclipsed conformation
通常指二面角为 0°的构象异构体。如在 $R_3C—C(Y)=X$ 结构中，X 与其中 1 个 R 重叠，称重叠构象。如下图所示：

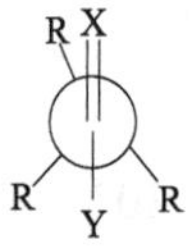

02.0751　重叠性　superposability
在保持原状的转移后 2 个特定的立体化学式(或模型)能很好重合(或在空间能正好重叠或与此相应的分子实体或对象能恰好彼此复制)的性能。

02.0752　邻位交叉构象　gauche conformation, skew conformation
在 A-B-C-D 结构中，取代基 A 和 D 之间扭转角是 60°的构象。属顺错构象。

02.0753　叉开构象　staggered conformation
在 abcC-Cdef 分子中，取代基 a、b 和 c 与 d、e 和 f 处于最大距离的构象。需要 60°扭转角。

02.0754　环翻转　ring reversal, ring inversion
环形状相同但取代基空间位置(例如：平伏键→直立键)不一定相同的环状构象异构体之间通过围绕单键旋转(在过渡态中伴有键角变形)而实现的相互转换。

02.0755　椅型构象　chair conformation
环己烷中 1、2、4 和 5 碳原子形成 1 个面，3 和 6 位各在该面相反的一边的构象。是六元环中最稳定的构象。

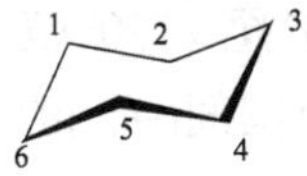

02.0756　船型构象　boat conformation
椅型构象中 3 和 6 位碳在 1、2、4 和 5 碳面的同一边的构象。

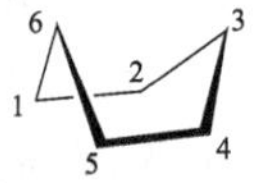

02.0757　扭型构象　twist conformation
又称"扭船型构象(skew boat conformation)"。椅型构象中与环己烷翻转时发生的构象。

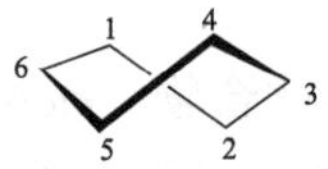

02.0758　半椅型构象　half-chair conformation
通常指环己烯的双键以及连接的 2 个碳构成 1 个平面，其余 2 个碳在该平面的两侧的构象。

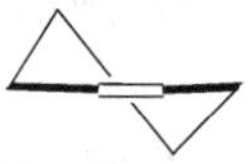

02.0759　信封型构象　envelope conformation
通常指五元环的 4 个碳原子处于 1 个面，另一个碳原子在该平面外的构象。

02.0760　顺向构象　cisoid conformation
在构象中取代基在参考面的同侧的构象。

02.0761　反向构象　transoid conformation
在构象中取代基在参考面的异侧的构象。

02.0762　冠状构象　crown conformation
包含奇数个原子(≥8)的环状化合物，其中原子交替在 2 个平行面两边对称排列的构象。

02.0763　盆式构象　tub conformation
八元环的 1 个构象形式。

02.0764 船杆[键] flagpole

环己烷船式构象的 2 个原子处于另外 4 个原子的面外，两个几乎垂直于该面的取代键则为船杆键(f)。

02.0765 船舷[键] bowsprit

环己烷船式构象的 2 个原子处于另外 4 个原子的面外，两个几乎平行于该面的取代键为船舷键(b)。

02.0766 螺旋手性 helicity

由于螺丝、螺旋桨类螺旋形分子沿其螺旋轴旋转方向不同而引起的手性。右手螺旋标记为正(*P*, plus)，左手螺旋标记为负(*M*, minus)。

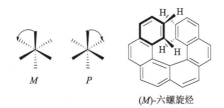

(*M*)-六螺旋烃

02.0767 螺旋轴 axis of helicity

螺丝、螺旋桨类螺旋形手性分子中的轴。

02.0768 旋转能垒 rotational barrier

分子在沿键旋转构象变化中，邻近两个潜能垒的差异。是扭角的函数。

02.0769 假旋转 pseudorotation

描述环戊烷在迅速改变构象中的环原子面外移动的现象。

02.0770 自由旋转 free rotation

分子在构象变化中，沿键的旋转能垒小至不同构象在实验条件下不能观察到它的存在的现象。

02.0771 阻转异构体 atropisomer

化学实体由于单键限制旋转，旋转能垒大到能分离出立体异构体的化合物。如邻位取代的联苯类化合物。

02.0772 顶点向键 apical bond

又称"竖向键(axial bond)"。在双三角角锥结构中(如以磷为中心原子的五配位双三角角锥)，顶点原子(apical atom)系指与中心原子在同一直线上的两端，它们与中心原子相连的键称顶点[向]键。顶点[向]键也用于角锥结构中从角锥底面中心或近乎中心处指向顶端的键。

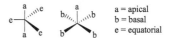

a = apical
b = basal
e = equatorial

02.0773 平向键 equatorial bond

在双三角角锥结构中(如以磷为中心原子的五配位双三角角锥)，与顶点向键垂直并通过中心原子面上的三根同等的键。

02.0774 底端向键 basal bond

在角锥结构中，角锥底面中心到该面各端点原子的连接键。

02.0775 二面角 dihedral angle

又称"扭转角"。相邻两取代基与连键组成二平面间的夹角。

02.0776 立体异构源单元 stereogenic unit, stereogen, stereoelement

分子实体中产生立体异构现象的基本单元。在组成分子实体的原子上存在不多于 4 个取代基时，有三类主要的立体(异构)源单元：

①分子中由 1 个连有不同取代基的中心原子所组成的基团，若该中心原子上的任意两个取代基交换位置，将会导致 1 个新的立体异构体时，此原子即是立体[异构]源中心；②分子中连有 4 个非共平面取代基的，且处于稳定构象态的轴，这时交换任何一端两个取代基（或围绕中心轴旋转至扭转角符号翻转）就会产生 1 个新的立体异构体。这相当于传统上的手性轴；③能产生顺反异构体的带取代基的双键。

02.0777　立体异构源中心　stereogenic center

一种立体[异构]源单元。分子中由 1 个连有不同取代基的中心原子所组成的基团，若该中心原子上的任意两个取代基交换位置，将会导致 1 个新的立体异构体时，此原子即是立体(异构)源中心。传统上的手性中心(不对称碳原子)即属于此类立体(异构)源单元，但立体[异构]源中心不完全等同于手性中心。

02.0778　立体变更　stereomutation

从 1 个立体异构体转变成另一个立体异构体的统称。例如外消旋化、差向异构化、不对称转化。

02.0779　空间张力　steric strain

分子实体或过渡态中，由于键长、键角、扭转角相对于标准之差而产生的能量增长。

02.0780　折叠环　puckered ring

分子形成的环，非完全成平面。如六元环成椅式或船式。

02.0781　基准基团　fiducial group

分子中的 1 个被指定为基准的原子或基团。

02.0782　直立键　axial bond

又称"竖键"。在椅型环己烷中，与环己烷 C_3 对称轴大致平行的取代基键。如下图所示：

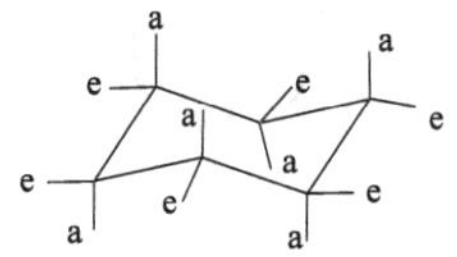

02.0783　平伏键　equatorial bond

又称"横键"。在椅型环己烷中，与两个环己烷成环键大致平行的取代键。如下图所示：

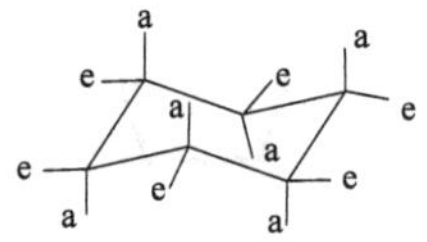

02.0784　似直立键　quasi-axial bond, pseudo-axial bond

在环己烯的烯丙位的取代基偏离正常的直立键。

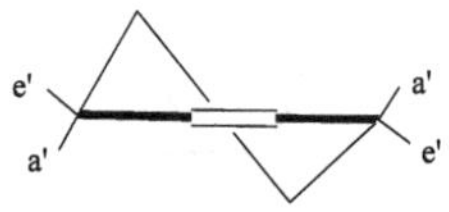

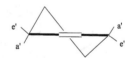

02.0785　似平伏键　quasi-equatorial bond, pseudo-equatorial bond

在环己烯的烯丙位的取代基偏离正常的平伏键。

02.0786　位阻　steric hindrance

由于分子中两个基团的排斥力，在过渡态的能量远大于基态的，从而反应变慢的效应。

02.0787　构型保持　retention of configuration

在化学反应中，反应物和产物手性中心有相同的相对构型。

02.0788　克拉姆规则　Cram rule

1 个邻近手性中心的羰基化合物发生亲核加成，预言主要立体异构体产物的模型。

02.0789　普雷洛格规则　Prelog rule

格氏试剂加成到手性醇的α-酮酯时，由于两个羰基处于反叉构象(L 为醇中大的取代基，M 为中的取代基，以及 S 为小的取代基)，又在同一平面中，因此格氏试剂从 *re* 面加成。水解后加成产物 α-羟基酸的构型和手性酯中醇构型相关。如下图所示：

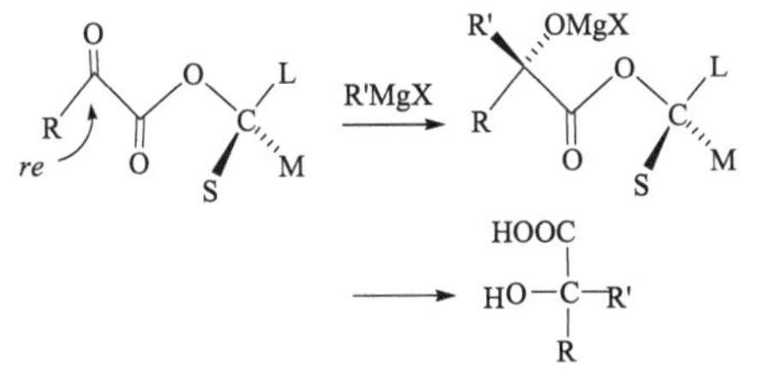

02.0790 不对称转化 asymmetric transformation

又称"去消旋化(deracemization)"。外消旋体转化到手性非外消旋混合物或对映纯化合物的过程。或非对映异构体混合物转化到单一非对映异构体或某一非对映异构体为主的过程。

02.0791 异构[现象] isomerism

存在于异构体之间的相互转化关系。

02.0792 非对映异构化 diastereoisomerization

非对映异构体之间的转化。

02.0793 差向立体异构化 epimerization

在含多个手性中心的分子中，仅在个别中心上发生的立体异构化。

02.0794 构型翻转 inversion of configuration

在化学反应中，反应物和产物的手性中心相反的相对构型。

02.0795 棱锥型翻转 pyramidal inversion

具有 3 个不同取代基的 1 个中心原子有棱锥形三脚架排列，该中心原子翻转到棱锥形另一边的过程。假如该中心原子是立体异构源，则其手性表达也翻转成相应的对映体。

02.0796 拆分 resolution

部分或完全分离外消旋体为单一对映体的过程。

02.0797 动力学拆分 kinetic resolution

1 个外消旋体与手性试剂或酶反应，由于对映体之间反应速率不同，而达到部分或完全拆分的结果的过程。

02.0798 动态动力学拆分 dynamic kinetic resolution

外消旋体底物在动力学拆分过程中，若让底物同时消旋，对映体之间发生平衡，且平衡速度大于反应速率，可大大提高产物对映体纯度，形成某一对映体的富集，甚至有可能获得单一对映体产物的过程。

02.0799 自发拆分 spontaneous resolution

外消旋体中，成为堆集体后各个对映体能够直接拣选出来，而达到拆分的目的。

02.0800 前手性中心 prochiral center, prochirality centre

分子中 1 个原子带两个同形立体异位的原子，替换其中任一个即形成手性中心，该原子称为前手性中心。如 CH_3CH_2OH 中 C-1 或 $CH_3CH_2CH(OH)—CH_3$ 中 C-3 为分子的前手性中心。

02.0801 对映纯 enantiomerically pure, enantiopure

所有分子具相同的手性，为单一的对映体。即 100%*ee* 的样品。

02.0802 旋光产率 optical yield

曾称"光学产率"。产物旋光纯度与反应底物旋光纯度的比值。

02.0803　旋光纯度　optical purity

又称"光学纯度"。手性非外消旋体样品的旋光度对纯对映体的旋光度比例。

02.0804　对映体过量[百分比]　enantiomeric excess, *ee* [percent]

又称"对映纯度(enantiomeric purity)"。1 个对映体对另一个对映体的过量值。通常用百分数表示。

$$ee\% = \frac{|R-S|}{R+S} \times 100\% = |\%R - \%S|$$

02.0805　非对映体过量[百分比]　diastereomeric excess, *de* [percent]

1 个非对映体对另一个非对映体的过量值。

$$de\% = \frac{|D_1 - D_2|}{D_1 + D_2} \times 100\% = |\%D_1 - \%D_2|$$

02.0806　对映体比例　enantiomeric ratio, *er*

一对对映体含量之比。即 $er = R/S$ 或 S/R。

02.0807　非对映体比例　diastereomeric ratio, *dr*

一对非对映体含量之比。即 $dr = D_1/D_2$ 或 D_2/D_1。

02.0808　立体会聚　stereoconvergence

从不同立体异构体起始原料,生成同 1 个立体异构体产物的过程。

02.0809　对映汇聚　enantioconvergence

不同对映异构体,经过不同的反应,产生同一个立体异构体的产物的过程。

02.0810　偏振光　polarized light

又称"平面偏振光"。光波的电场矢量仅局限于 1 个方向的光波。由振幅相等、角频率

相等、相位相同的左、右圆偏振光合成。

02.0811　比旋光　specific rotation

手性分子对偏振光偏转的程度。用[α]表示:
[α]= α /(*l* × *c*),式中α =测得的旋光度(度),*l*=样品管长度(dm),*c*=样品浓度(g/100mL)。正式报告时需注明测量时的偏振光波长(通常用钠灯的 D 线,λ = 589 nm)、温度和浓度。

02.0812　圆偏振光　circularly polarized light

面对光前进方向观察时,电场矢量(或磁场矢量)端点在空间的轨迹是以光传播方向为轴的圆形螺旋(在平面上的投影为圆形)的光波。

02.0813　旋光色散　optical rotatory dispersion

比旋光(α)的大小随入射波长而变化的关系。

02.0814　圆二色性　circular dichroism

手性分子对左、右圆偏振光的吸收程度不同,出射时合成的偏振光就成为椭圆偏振光。此性质变化可用椭圆率θ表示;也可用手性分子对左、右圆偏振光的摩尔吸收系数之差Δε表示。Δε或θ随波长而变化的关系称为圆二色性。

02.0815　科顿效应　Cotton effect

手性分子对左、右圆偏振光的吸收程度不同而形成椭圆偏振光的综合现象。

02.0816　八区规则　octant rule

联系手性羰基化合物绝对构型与科顿效应的经验规则。

02.0817　平坦曲线　plain curve

在旋光色散或圆二色性的谱图曲线中无极值的曲线。

02.02.03　超　分　子

02.0818　超分子　supermolecule

两个或两个以上分子或离子通过非共价键

作用产生的有序多组分集合体。

02.0819 超分子化学 supramolecular chemistry
研究通过分子间非共价键作用形成的超分子体系的一门学科。是分子以上层次的化学。

02.0820 主体 host
与有机或无机客体形成络合物的分子物种。或在其晶体结构的内穴中能包结客体的化学物种。

02.0821 客体 guest
占据主体分子结构形成的内穴与主体形成络合物或包结在主体晶体结构内穴中的分子或离子。

02.0822 主客体化学 host-guest chemistry
研究两个或更多分子通过非共价键形成的有一定结构特征的络合物的化学。

02.0823 非共价键 non-covalent bond
非金属原子间不是通过共有一对电子的方式产生的相互作用。

02.0824 范德瓦耳斯力 van der Waals force
由分子极化产生的分子间的静电作用力。

02.0825 π-π堆积作用 π-π stacking
芳环分子或基团间的堆积排列。

02.0826 离子-偶极相互作用 ion-dipole interaction
离子和具有偶极作用的中性分子间的吸引作用。

02.0827 两亲体 amphiphile
同时带有亲水和亲脂性基团的物种。

02.0828 两可[的] ambident
具有两个能相互影响的反应位点的分子。

02.0829 亲水[的] hydrophilic
分子实体或取代基与极性溶剂，尤其是水，或其他极性基团作用的性能特征。

02.0830 亲水作用 hydrophilic interaction
分子实体或取代基与极性溶剂，尤其是水，或其他极性基团的亲和作用。

02.0831 疏水作用 hydrophobic interaction
烃类(或溶质中亲脂性的烃类样的基团)在含水介质中形成分子间簇集的趋势。也包括分子内类似的作用。

02.0832 疏水[的] hydrophobic
对水排斥的、不利于与水接触的性能特征。

02.0833 亲脂作用 lipophilic interaction
溶解于弱极性溶剂或与弱极性分子相接触的性质和倾向性。

02.0834 卷曲 coiling
线性分子降低表面积的行为。

02.0835 静电作用 electrostatic interaction
带电荷和带部分电荷的物种间的吸引或排斥作用。

02.0836 包结作用 encapsulation
又称"包覆作用"。1个分子对另一个分子或离子的全部或大部分的包裹或覆盖。

02.0837 蓝移效应 hypsochromic effect
吸收峰向短波长区域移动的作用。

02.0838 红移效应 bathochromic effect
吸收峰向长波长区域移动的作用。

02.0839 微泡体 vesicle

有机分子或大分子在液相中形成的封闭的内部包有液体的球形结构。

02.0840 氮杂冠醚 azacrown ether

冠醚中的氧原子(或部分氧原子)被氮原子取代形成的化合物。

02.0841 硫杂冠醚 thiacrown ether

冠醚中的氧原子(或部分氧原子)被硫原子取代形成的化合物。

02.0842 环糊精 cyclodextrin

由 5 到约 10 个葡萄糖单元组成的环状寡聚糖内部形成一疏水管状空间能接纳客体分子而成包结体。含 6 个葡萄糖基的称为α环糊精，7 个称为β环糊精。

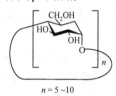

n = 5～10

02.0843 杯芳烃 calixarene

原指由对-烷基酚和甲醛缩合形成的一类杯状环寡聚物。现泛指各种环寡聚(1,3-亚苯基亚甲基)的烃类取代衍生物。如：

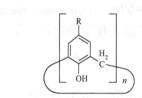

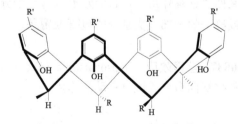

02.0844 穴蕃 cryptophane

以环三藜芦醇为基本砌块构成的具有特定内穴的化合物。可用于分子识别和包结研究

的穴状有机分子。代表性结构如：

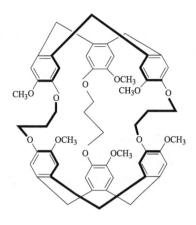

02.0845 穴醚 cryptand

具有三维穴状结构的氮杂大环冠醚。如：

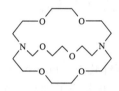

02.0846 穴醚络合物 cryptate

由具有三维穴状结构的氮杂大环冠醚组成的络合物。如：

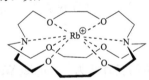

02.0847 轮烷 rotaxane

由 1 个环状分子和 1 个穿过其内穴的线性分子组装成的超分子。线性分子的两端具有大的端基而不能退出此环状分子。

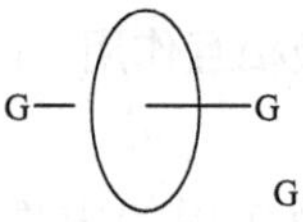

G = 端基

02.0848 索烃 catenane

由两个套在一起的环状分子组成的超分子。如：

02.0849 环蕃 cyclophane
原定义为由芳环和连接链形成的大环结构，现扩大为成环的蕃。如：

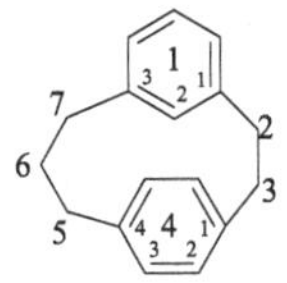

1(1,3),4(1,4)-二苯杂环七蕃

02.0850 笼状化合物 cage compound
内部具有一定空间的三维笼状分子。

02.0851 折叠体 foldamer
受非共价键作用诱导产生一定折叠构象的聚合物或寡聚物。

02.0852 葫芦脲 cucurbituril
由甘脲和甲醛缩合而成的一类大环分子。外形似葫芦或南瓜，内腔能络合金属离子或有机铵离子。如最常见的葫芦[6]脲：

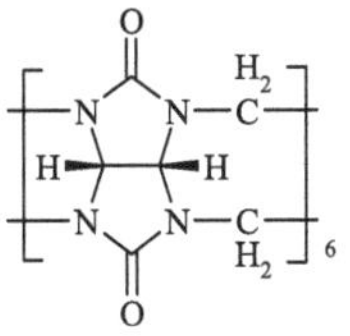

02.0853 分子梭 molecular shuttle
线性分子穿过大环分子内穴的可逆运动及相应的超分子结构。

02.0854 分子钳 molecular clamp
具有夹子一样形状的能够包合特定分子或离子的分子。

02.0855 分子结 molecular knot
具有宏观的结的特征的互相锁连的分子或分子结构。

02.0856 分子带 molecular ribbon
一维的平面性的分子结构。

02.0857 分子机器 molecular machine
通过外部刺激能够实现其特定组成单元可逆运动的分子装置。

02.0858 分子马达 molecular motor
能通过消耗能量发生特定机械运动的分子装置。

02.0859 分子探针 molecular probe
能通过光谱信号探测物种结构和选择性相互作用等生物和化学现象的分子。

02.0860 仿生[的] biomimetic
模拟生物结构和功能的人工分子结构和性能设计。

02.0861 晶体工程 crystal engineering
具有特定性质的分子固态结构的设计与合成。

02.02.04 反 应 机 理

02.0862 [反应]机理 [reaction] mechanism
又称"[反应]历程"。化学反应从原料出发到生成产物之间所经历的所有单元步骤按时间顺序依次排列出的整个过程。包括对所涉及的中间体和过渡态的结构、能量和其他性质尽可能详细的描述。

02.0863 基元反应 elementary reaction
从未检测到中间体的反应或者在分子水平描述时没必要假设存在中间体的反应。此类反应被认为是一步完成而且只经历过 1 个过渡态。

02.0864 取代[反应] substitution [reaction]
分子中某一原子或基团被另一原子或基团替换的基元或分步反应。

02.0865 亲核反应 nucleophilic reaction

富电子或带负电荷的试剂(物种)与贫电子或带正电荷的底物之间的反应。

02.0866 亲核取代[反应] nucleophilic substitution [reaction]

在反应中提供进入基团的试剂，起亲核体作用的反应。

02.0867 单分子亲核取代[反应] unimolecular nucleophilic substitution [reaction]

表观速率只与一种物质(反应物)的浓度有关的一种亲核取代反应。Rate = k[C]，其中 k 为表观速率常数，[C]为反应物浓度。在其决速步骤中只涉及反应物单分子解离成相应的正离子。常用代号为 S_N1。

02.0868 单分子自由基亲核取代[反应] unimolecular free radical nucleophilic substitution [reaction]

反应涉及单电子转移的一种亲核取代反应。是一链式过程，常用代号为 $S_{RN}1$。

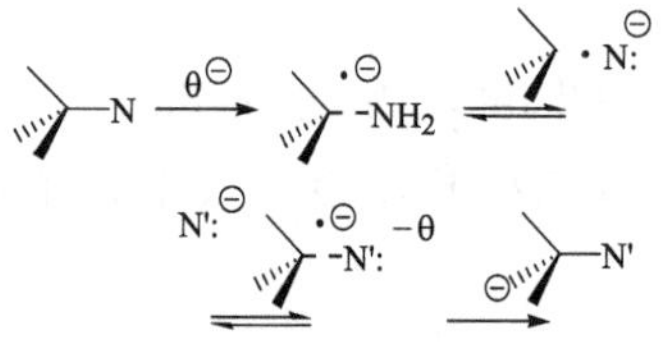

02.0869 双分子亲核取代[反应] bimolecular nucleophilic substitution [reaction]

表观速率与两种物质(反应物)的浓度有关的一种亲核取代反应。Rate = k[RX][Y]，其中 k 为表观速率常数，[RX][Y]为反应物浓度。常用代号为 S_N2。

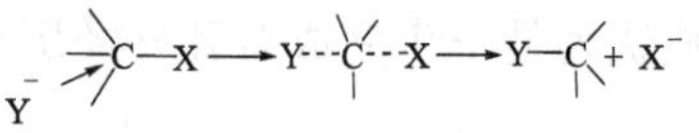

02.0870 烯丙型双分子亲核取代[反应] bimolecular nucleophilic substitution with allylic rearrangement [reaction]

伴随烯丙型重排的双分子亲核取代反应。常

用代号为 S_N2'。例如：

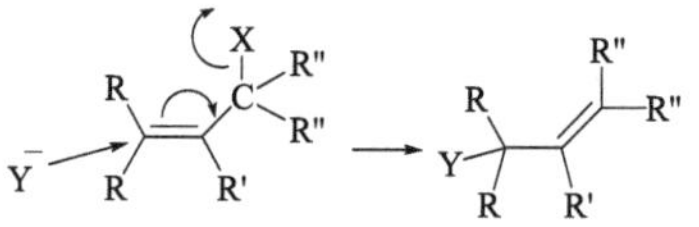

02.0871 分子内亲核取代[反应] internal nucleophilic substitution [reaction]

亲核进攻基团与离去基团同处 1 个底物的亲核取代反应(手性中心构型保留不变)。常用代号为 S_Ni。例如：

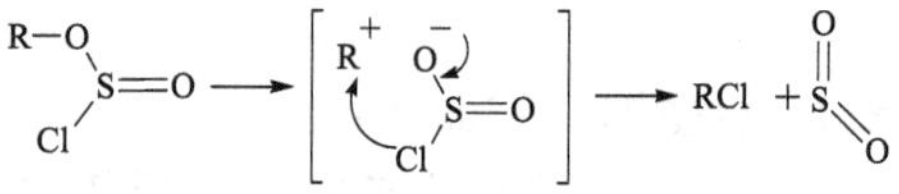

02.0872 芳香族亲核取代[反应] aromatic nucleophilic substitution [reaction]

底物为芳香化合物的亲核取代反应。经加成 -消去两个步骤完成。常用代号为 S_NAr。例如：

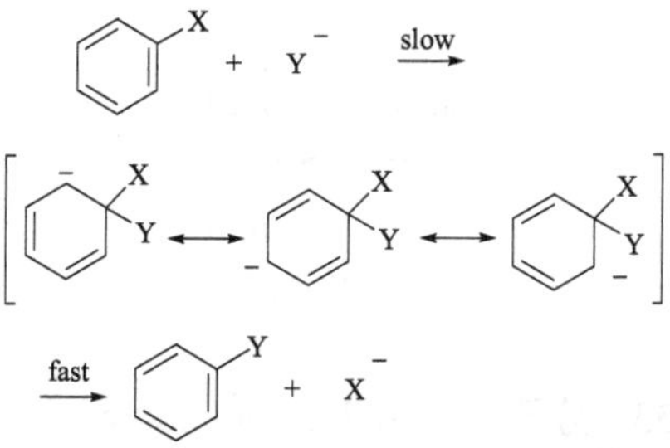

02.0873 亲核替取代[反应] vicarious nucleophilic substitution [reaction]

只发生于具强吸电子取代基的底物的一种芳香族亲核取代反应。常用代号为 VNS。

02.0874 亲电取代[反应] electrophilic substitution [reaction]

在反应中提供进入基团的试剂起亲电体作用的反应。

02.0875 芳香族亲电取代[反应] electrophilic aromatic substitution [reaction]

底物为芳香族化合物的亲电取代反应。经加成-消除两个步骤完成。常用代号为 S_EAr。例如：

$$\text{苯}X + Y^+ \longrightarrow$$

$$\left[\text{苯环}XY \leftrightarrow \text{苯环}XY \leftrightarrow \text{苯环}XY \right]$$

$$\longrightarrow \text{苯}Y + X^+$$

02.0876 单分子亲电取代[反应] unimolecular electrophilic substitution

反应过程中决速步骤是底物产生负离子的一种亲电取代反应。常用代号为 S_E1。例如：

$$R{-}E_1 \longrightarrow E_1^+ + R^- \xrightarrow{E_2^+} R{-}E_2$$

02.0877 双分子亲电取代[反应] bimolecular electrophilic substitution [reaction]

反应过程中底物分子中贫电子的离去基团被另外一个贫电子基团(亲电试剂或路易斯酸)协同取代的一种亲电取代反应。常用代号为 S_E2。

$$E_2^+ + R{-}E_1 \longrightarrow R{-}E_2 + E_1^+$$

02.0878 亲电加成[反应] electrophilic addition [reaction]

在决速步骤中由亲电试剂首先进攻重键原子生成正离子中间体，然后正离子中间体再与亲核试剂反应生成产物的加成反应。

02.0879 双竖键加成[反应] diaxial addition [reaction]

最初是指在对环己烯双键的加成中两个进入基团相互成反式的关系，在加成产物中都处于竖键位置的加成反应。后来发现这一现象实际上反映了 1 个普遍存在的特性，即加成反应的第一步形成 1 个三元环状过渡态，这时两个进入基团 X, Y 及两个双键碳原子都在同一平面中。

02.0880 马尔科夫尼科夫规则 Markovnikov rule

简称"马氏规则"。卤化氢对不对称取代的不饱和烃加成时卤原子总是加到连有数目较少的氢原子的碳原子上。

02.0881 反马氏加成[反应] anti-Markovnikov addition [reaction]

导致与马氏规则相反产物的加成反应。

02.0882 迈克尔加成[反应] Michael addition [reaction]

最初指稳定的碳负离子加到活化的 π 体系中的反应。例如：

但后来逐步发展为泛指所有亲核试剂对被活化了的碳-碳双键的加成。

02.0883 加成-消除机理 addition-elimination mechanism

双键(如碳-碳双键、碳-氧双键)上取代基发生置换时的机理。例如，带负电荷进攻基团首先加成到双键上，形成负离子，然后再由离去基团带着负电荷离去。

02.0884 伯奇还原反应 Birch reduction reaction

用钠和醇在液氨中将芳香环还原成 1,4-环己二烯的有机还原反应。

02.0885 单分子消除[反应] unimolecular elimination [reaction]

在反应中,底物解离成碳正离子(伴随着离去基团带负电荷离去),随后碳正离子失去 1 个质子,形成双键的消除反应。常用代号为 E1。例如:

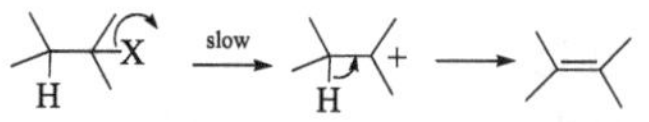

02.0886 双分子消除[反应] bimolecular elimination [reaction]

在反应中被消去的质子被碱夺去,位于相邻碳上的 1 个被消去基团 X 同时离去的消除反应。常用代号为 E2。例如:

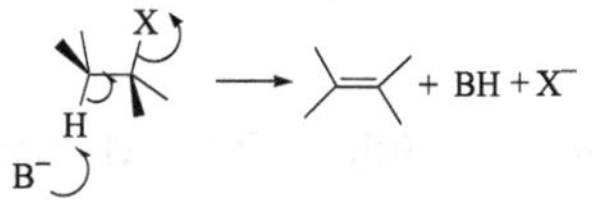

02.0887 单分子共轭碱消除[反应] unimolecular elimination [reaction] through conjugate base

在反应中被消去的质子被碱夺去形成碳负离子,然后位于相邻碳上的 1 个被消去基团 X 离去的消除反应。常用代号为 E1cB。例如:

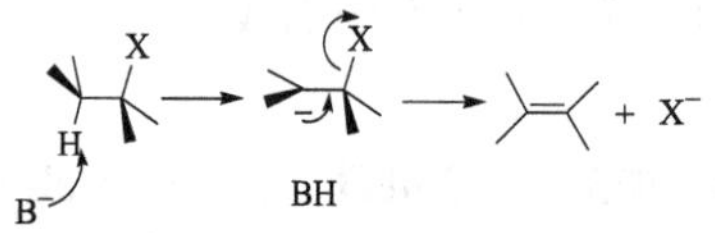

02.0888 双分子共轭碱消除[反应] bimolecular elimination [reaction]through conjugate base

反应速率不仅与碳负离子浓度有关,还与 BH^+ 浓度有关,是一种较为少见、仅发生在特定底物中的消除反应。代号为 E2cB。例如:

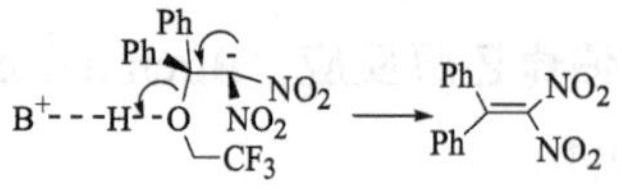

02.0889 单分子酸催化酰氧断裂[反应] unimolecular acid-catalyzed acyl-oxygen cleavage [reaction]

在酸性溶液中,酯水解反应沿酰氧键断裂,

底物质子化以后发生异裂生成醇和酰正离子的反应。是反应的速率控制步骤。整个反应的速率取决于底物的浓度而与[H^+]无关。是羧酸酯水解机理的一种。常用代号为 $A_{AC}1$。例如:

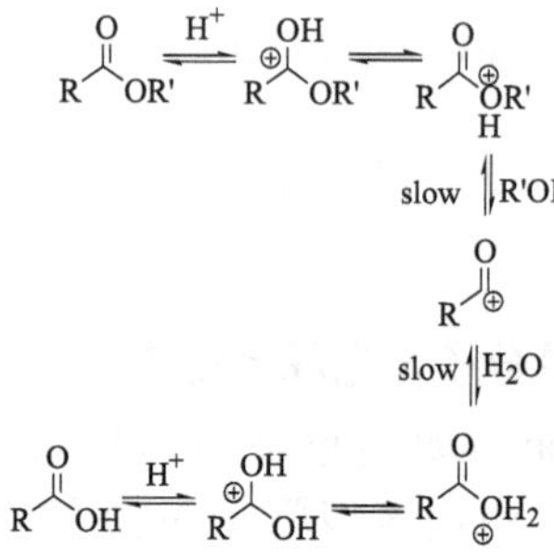

02.0890 双分子酸催化酰氧断裂[反应] bimolecular acid-catalyzed acyl-oxygen cleavage [reaction]

在羧酸酯水解中,在酸的催化下酯沿酰氧键断裂,酸化的酯受水进攻成为四面体结构为反应的决速步,随后快速沿酰氧键断裂为相应的醇和酸的反应。是羧酸酯水解机理的一种。常用代号为 $A_{AC}2$。例如:

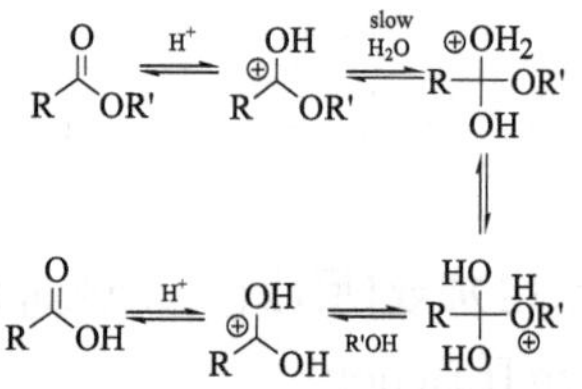

02.0891 双分子碱催化酰氧断裂[反应] bimolecular base-catalyzed acyl-oxygen cleavage [reaction]

酯水解反应沿酰氧键断裂,即酯受 OH^- 进攻生成四面体结构,随后该四面体结构沿酰氧键迅速断裂为相应的醇和羧酸盐的反应。是羧酸酯水解机理的一种。常用代号为 $B_{AC}2$。例如:

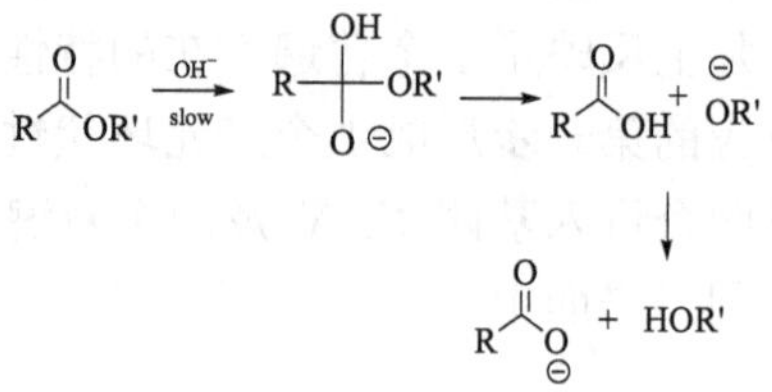

02.0892　单分子酸催化烷氧断裂[反应]　unimolecular acid-catalyzed alkyl-oxygen cleavage

在酯的水解中，酸催化下酯沿烷氧键断裂得到相应的醇和酸的反应。反应速率只与质子化的底物发生烷氧键断裂速率有关而与[H⁺]无关，属单分子反应过程。是羧酸酯水解机理的一种。常用代号为 $A_{AL}1$。例如：

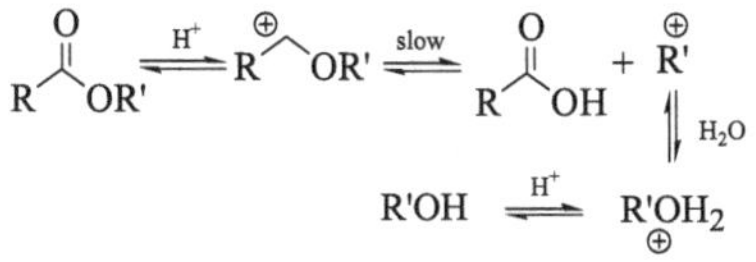

02.0893　双分子酸催化烷氧断裂[反应]　bimolecular acid-catalyzed alkyl-oxygen cleavage [reaction]

在酯的水解中，酸催化下酯沿烷氧键断裂得到相应的醇和酸的反应。反应速率与底物和[H⁺]都有关，属双分子反应过程。是羧酸酯水解机理的一种。常用代号为 $A_{AL}2$。例如：

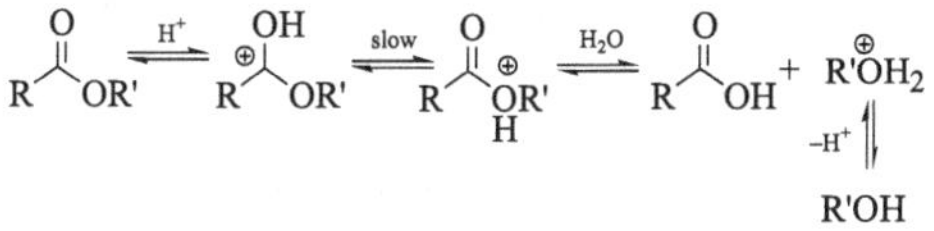

02.0894　单分子碱催化烷氧断裂[反应]　unimolecular base-catalyzed alkyl-oxygen cleavage [reaction]

羧酸酯烷氧键裂解为羧酸负离子与烷基碳正离子，后者与碱(OH⁻)生成醇的反应。羧酸酯烷氧键的异裂为反应的决速步骤，反应的速率只与羧酸酯浓度有关，而与碱浓度无关，属单分子反应。是羧酸酯水解机理的一种。常用代号为 $B_{AL}1$。例如：

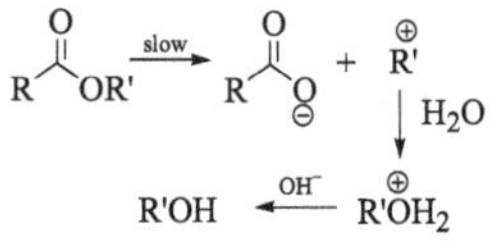

02.0895　双分子碱催化烷氧断裂[反应]　bimolecular base-catalyzed alkyl-oxygen

cleavage

当羰基周围位阻较大，OH⁻不能进攻酯羰基转而改为进攻酯烷基碳原子，发生饱和碳原子上的 S_N2 反应得到相应的羧酸盐和构型转化的醇，反应的速率控制步骤为 OH⁻进攻酯烷基碳原子一步，属双分子反应。是羧酸酯水解机理的一种。常用代号为 $B_{AL}2$。例如：

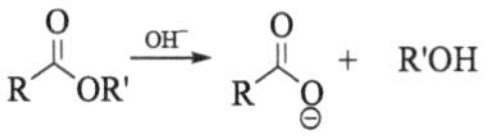

02.0896　π 烯丙型络合机理　π-allyl complex mechanism

先形成三原子配位(η^3)的π-烯丙基金属络合物的反应。较多见于过渡金属催化的反应。

02.0897　边界机理　borderline mechanism

介于两种典型机理之间的中间机理。如介于 S_N1 和 S_N2 之间的亲核取代反应机理。

02.0898　诺里什-Ⅰ 光反应　Norrish type Ⅰ photoreaction

由激发态生成酰基-烷基自由基对为主要产物的开链羰基化合物α-裂解反应或由激发态生成酰基-烷基双自由基为主要产物的环状羰基化合物α-裂解反应。

02.0899　诺里什-Ⅱ 光反应　Norrish type Ⅱ photoreaction

由激发态羰基化合物形成 1,4-双自由基的分子内攫取γ 位氢原子的反应。

02.0900　基元变化　primitive change

又称"基本变化"。用以解析基元反应时一种分子概念上较简单的变动。包括键的断裂和生成、内部旋转，键长键角改变，键迁移，电荷重新分布等。

02.0901　分步反应　stepwise reaction

包含至少两步直接相连的基元反应及至少 1

个中间体的化学反应。

02.0902 周环反应 pericyclic reaction

通过相互键合、依次排列的原子组成的环状过渡态实现价键协同重组的化学反应。周环反应是协同反应。

02.0903 电环[化]重排 electrocyclic rearrangement

由开链全共轭π电子体系(或其中一部分)两端形成1个σ键的分子重排过程。是一种周环反应。例如:

02.0904 顺旋 conrotatory

当共轭系统两个相互作用的末端上的取代基按相同方式旋转的重排过程。下例中,顺旋是对称禁阻的。

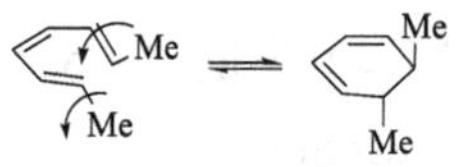

02.0905 对旋 disrotatory

当共轭系统两个相互作用的末端上的取代基中的1个按顺时针方向旋转另一个按反时针方向旋转的重排过程。

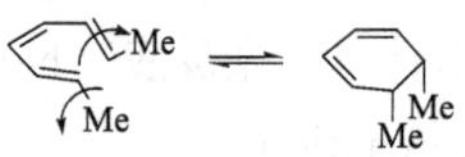

02.0906 对称禁阻反应 symmetry forbidden reaction

对称性相同的分子轨道相互交叉的反应。此类反应因能垒较高而难以发生。

02.0907 异面反应 antarafacial reaction

当分子(或分子碎片)的一部分相对于1个共同的中心或外部的两个相关的中心发生了两个键变化(键形成或键断裂)时,如果分子参与反应的部分在相反的面上,此时的反应

称为异面反应。如果两步变化发生在同1个分子平面上,此时的反应称为"同面反应(synfacial reaction)"。其中的"面"是图表中平面(或接近平面)的两个相互作用的 p 轨道构架(见图1,2例)。在仅有σ键的场合时,在相同轨道相位处发生了两个键变化的反应称同面反应,反之为异面反应(见图3,4,5例)。

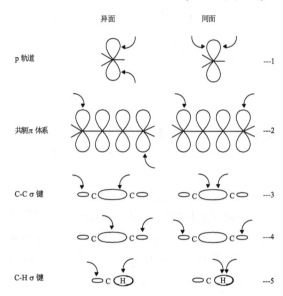

02.0908 共轭酸 conjugate acid

1个碱与质子结合而形成的酸。

02.0909 共轭碱 conjugate base

1个酸释放质子后产生的碱。

02.0910 热力学酸度 thermodynamic acidity

由平衡常数得出的酸度。

02.0911 动力学酸度 kinetic acidity

由反应速率得出的酸度。

02.0912 酸度函数 acidity function

用于度量溶剂系统热力学上质子化或去质子化能力的函数。或者用于度量与之类似的热力学性质的函数。例如溶剂系统失质子离子形成路易斯加合物的趋势。

02.0913 假酸 pseudo acid
需通过具有不可忽略活化能的结构重组或互变(例如酮-烯醇)才能表现出酸性的潜在酸性化合物。

02.0914 超[强]酸 superacid
比 100wt%硫酸的酸性还要强的强酸性物质。超酸可以采用把强路易斯酸或布朗斯特酸溶于适当的布朗斯特酸制得。

02.0915 魔酸 magic acid
HSO_3F 和 SbF_5 的等摩尔混合物。

02.0916 电子供体受体络合物 electron donor-acceptor complex, EDA complex
激发态时电荷由供体向受体部分转移时所形成的络合物。包括电荷转移络合物。有时用来表示路易斯加成物——路易斯酸和路易斯碱形成的加成物。

02.0917 一级同位素效应 primary isotope effect
某一特定反应在决速步骤或预平衡步骤中,与同位素取代原子相连的键发生断裂产生的动力学同位素效应。

02.0918 二级同位素效应 secondary isotope effect
在给定反应的决速步骤或预平衡步骤中,位于未发生键的断裂形成的位置上的同位素被取代所引起的动力学同位素效应。

02.0919 逆反同位素效应 inverse isotope effect
又称"倒置同位素效应"。含重同位素的底物反应比含轻同位素的底物更快(即 $k^l/k^h < 1$,其中上标 l(light)和 h (heavy)分别指轻、重同位素的动力学同位素效应。与正常的同位素效应相反。

02.0920 同位素交换 isotope exchange
不改变化学结构仅同位素组成发生变化的交换反应。

02.0921 空间同位素效应 steric isotope effect
由同位素异构体振动幅度不同所导致的同位素效应。如 C—H 键的平均和均方振幅都大于 C—D 键的,由此含有前者的分子就会在反应速率或平衡常数的立体效应上显示出较大的有效体积。

02.0922 溶剂同位素效应 solvent isotope effect
由溶剂同位素组成变化所引起的同位素效应。

02.0923 动力学同位素效应 kinetic isotope effect
同位素取代所引起的反应速率常数比 k^l/k^h 的变化。其中上标 l(light)和 h (heavy)分别指轻、重同位素。

02.0924 动力学控制 kinetic control
所有平行正向反应的反应产物分布与相应的相对速率成比例(而不是与相应的平衡常数成比例)的状态。

02.0925 热力学控制 thermodynamic control
反应产物分布由相应的平衡常数所控制的状态。

02.0926 微观可逆性 microscopic reversibility
当某一体系达到平衡态时正反应与逆反应的速率就总体而言是相等的。

02.0927 底物 substrate
又称"原料"。与其他化学试剂反应并正处于被观察之中的化学物种。

02.0928 中间体 intermediate
在化学反应中由反应物所形成并继续反应(直接或间接)生成产物的、具有比分子振动时间明显要长的寿命的分子实体。参见下图。图中，A 为反应物，TS 为过渡态，B 为中间体，C 为产物。

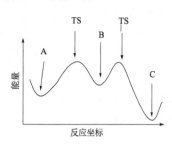

02.0929　活泼中间体　reactive intermediate, reactive complex

又称"活泼络合物"。在化学反应中一种作为中间体的，但寿命极短的物种。此物种仅在特殊场合下存在或被分离。

02.0930　过渡物种　transition species

单元反应中任一中间体物种。包括活泼中间体。

02.0931　四面体中间体　tetrahedral intermediate

双键的(即 sp^2 杂化的)原子，其价键空间排列由原来的三角型转化为四面体型所形成的反应中间体。

02.0932　均裂　homolysis, homolytic

导致构成共价键的两个电子分属两个新形成的分子碎片的共价键的裂解过程。

$$A\text{–}B \longrightarrow A\cdot + \cdot B$$

02.0933　异裂　heterolysis

形成 1 个正离子与 1 个负离子的共价键的裂解过程。

$$A\text{–}B \longrightarrow A^+ + B^-$$

02.0934　反荷离子　counter ion

(1)(离子交换体中)移动、可交换的离子。
(2)(胶体化学中)具相对而言较小分子量并带有与胶体离子相反电荷的离子。

02.0935　离子对　ion pair

未形成共价键而仅靠静电相互吸引在一起的一对具相反电荷的离子。

02.0936　碳正离子　carbocation

在 1 个或更多的碳原子上带有显著部分正电荷的碳离子的总称。包括经典的三价碳正离子和所有类型的高价的非经典碳正离子、烯基碳正离子等。

02.0937　高价碳正离子　carbonium ion

曾称"碳鎓离子"。结构中含有至少 1 个五配位碳原子的虚拟或真实的碳正离子。

02.0938　三价碳正离子　carbenium ion

过量正电荷在形式上可以基本上认为位于碳原子(而不是杂原子)上的、具有空 p 轨道的碳正离子。

02.0939　非经典碳正离子　nonclassical carbocation

基态具有离域(桥状)π电子或σ电子的碳正离子。

02.0940　碳负离子　carbanion

含有偶数电子和未共享电子对的碳离子的通称。此碳可为三键碳原子(如离子 Cl_3C^- 或 $HC\equiv C^-$)或至少能与另一原子的未共享电子对形成明显共振结构的碳原子。例如：

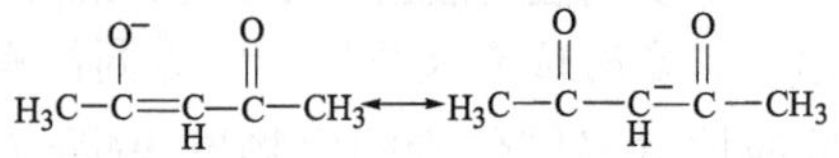

$$H_3C-C=C-CH_3 \longleftrightarrow H_3C-C-C-CH_3$$

02.0941　氢正离子　hydron

具天然丰度同位素(或不强调区分同位素差异时)的氢元素正离子(H^+)的统称。

02.0942　氢负离子　hydride

具天然丰度同位素(或不强调区分同位素差异时)的氢元素负离子(H^-)的统称。氢负离子组成的化合物称为氢化物。

02.0943　苯炔　benzyne
脱除苯环上相邻的两个氢所形成含炔键的化合物及其衍生物。

02.0944　双正离子　dication
分子结构中带有两个正电荷的物种。

02.0945　双负离子　dianion
分子结构中带有两个负电荷的物种。

02.0946　卤正离子　halonium ion
曾称"卤鎓离子"。具有 R_2X^+ 结构的离子。可以是链状或环状的。其中 X 为氟、氯、溴、碘时分别称氟正离子(X=F)、氯正离子(X=Cl)、溴正离子(X=Br)和碘正离子(X=I)。

02.0947　桥连碳正离子　bridged carbocation
将原来按照路易斯规则可表述为经典三价碳正离子中心的两个或更多的碳原子表述为由 1 个基团(如氢原子或烃及其衍生物残基,在不相干位置上可能还带有取代基)连接在一起而形成的具有(真实或虚拟的)桥状结构的碳正离子。例如:

$$H_2C-CH_2 \qquad \left[\begin{array}{c}H\end{array}\right]^+ \qquad \left[\begin{array}{c}CH_3\\H_2C-CH_2\end{array}\right]^+$$

02.0948　紧密离子对　contact ion pair, intimate ion pair, tight ion pair
由相互直接接触的(即未被溶剂或其他电中性分子分隔)离子所组成的离子对。

02.0949　酰[基]物种　acyl species
从形式上来说是从具有以下通式的含氧酸 $R_kE(=O)_l(OH)_m$ ($l \neq 0$)中分别除去氢氧根正离子 HO^+,氢氧根自由基 $HO\cdot$ 或氢氧根负离子 HO^- 而形成。包括酰[基]负离子、酰[基]自由基、酰[基]正离子。

02.0950　酰[基]正离子　acyl cation
含氧酸 $R_kE(=O)_l(OH)_m$ ($l \neq 0$)中除去氢氧根负离子 HO^- 而形成的物种。是酰[基]物种中最常见的一种。

02.0951　苄[基]中间体　benzylic intermediate
分别通过从甲苯的甲基(或其取代衍生物)上除去 1 个氢正离子、氢负离子或氢原子而形成的物种。包括苄[基]负离子、苄[基]正离子和苄[基]自由基。

02.0952　苄[基]正离子　benzylic cation
甲苯的甲基(或其取代衍生物)上除去 1 个氢负离子而形成的活性中间体。

02.0953　芳正离子　arenium ion
从形式上来说是在芳香族化合物的任一位置上加上一氢正离子或其他正离子物种而形成的正离子。包括σ-加成芳正离子

和π-加成芳正离子。

02.0954　芳基正[碳]离子　aryl cation
从芳香族化合物的环碳原子上除去一氢负离子而形成的正离子。如苯基正离子。

02.0955　硅自由基　silyl radical
在严格的意义上指 $H_3Si\cdot$,但实际应用中通常指 $R_3Si\cdot$。

02.0956　硅正离子　silylium ion
碳正离子中带正电荷的碳原子(形式上)由硅原子取而代之所形成的相应的正离子。

02.0957 氨基正离子 aminylium ion, nitrenium ion

正离子 $H_2N{:}^+$ 及其烷基取代衍生物 $R_2N{:}^+$。氮原子上具两个未共享电子并带有 1 个正电荷。

02.0958 腈正离子 nitrilium ion

形式上氰和其烃基衍生物的氮原子上加上一氢正离子而形成的正离子。如苄腈正离子 $PhC{\equiv}N^+H \longleftrightarrow PhC^+{=}NH$。

02.0959 烃基 hydrocarbyl group

由烃类分子失去 1 个氢原子所形成的单价基团。如乙基 CH_3CH_2-、苯基 C_6H_5- 等。

02.0960 羰自由基 ketyl

由酮获得 1 个额外电子所形成的自由基负离子。

$$R_2\overset{\bullet}{C}-\bar{O} \longleftrightarrow R_2\bar{C}-\overset{\bullet}{O}$$

02.0961 自由基离子 radical ion

带有电荷的自由基。

02.0962 自由基正离子 radical cation

带正电荷的自由基。

02.0963 自由基负离子 radical anion

带负电荷的自由基。

02.0964 双自由基 biradical, diradical

电子总数为偶数但含有两个(有可能是离域的)未配对的、几乎互不影响的电子的物种。

02.0965 类双自由基 biradicaloid

双自由基类的自由基。

02.0966 分离式正离子自由基 distonic radical cation

正电荷与未配对电子相互分离的正离子自由基。

02.0967 氮氧自由基 nitroxyl radical, nitroxide

具有 $R_2N-O^{\bullet} \longleftrightarrow R_2N^{+{\bullet}}-O^-$ 结构的化合物,为羟胺分子中羟基上被攫氢所形成的自由基,在很多情况下可以分离出来。

02.0968 二氮烯基自由基 diazenyl radical

具有 $RN{=}N^{\bullet}$ 结构的自由基。

02.0969 叶立德 Ylide, ylide

结构中带负电荷位置 Y^-(最初为碳,现已扩展到其他原子)直接连接到表观上带有正电荷的杂原子 X^+(通常为氮、磷或硫)的 1,2-偶极类化合物 $R_mX^+-Y^-R_n$。当 Y 为碳($R_mX^+-C^-R_2$)、X 为氮、硫、磷、砷时则分别称为氮叶立德、硫叶立德、磷叶立德和砷叶立德。

02.0970 氮叶立德 nitrogen ylide

叶立德 $R_mX^+-Y^-R_n$ 中,当 Y 为碳($R_mX^+-C^-R_2$)、X 为氮时称为氮叶立德。

02.0971 硫叶立德 sulfur ylide

叶立德 $R_mX^+-Y^-R_n$ 中当 Y 为碳($R_mX^+-C^-R_2$)、X 为硫时则称为硫叶立德。

02.0972 磷叶立德 phosphorus ylide

叶立德 $R_mX^+-Y^-R_n$ 中当 Y 为碳($R_mX^+-C^-R_2$)、X 为磷时则称为磷叶立德。

02.0973 砷叶立德 arsenic ylide

叶立德 $R_mX^+-Y^-R_n$ 中当 Y 为碳($R_mX^+-C^-R_2$)、X 为砷时则称为砷叶立德。

02.0974 腈叶立德 nitrile ylide

具有下列结构的 1,2-或 1,3-偶极化合物。

$$R-C\overset{..}{=}N^+-\overset{\underset{|}{R}}{\underset{|}{C}}^- \longleftrightarrow R-C\overset{..}{=}N^+=\overset{\underset{|}{R}}{\underset{|}{C}}$$

$$\longleftrightarrow R-\overset{+}{C}=N-\overset{\underset{|}{R}}{\underset{|}{C}}^- \longleftrightarrow R-\overset{..}{C}:-N=\overset{\underset{|}{R}}{\underset{|}{C}}$$

$$(RC\equiv N^+-\overset{-}{C}R_2 \longleftrightarrow RC^-=N^+=CR_2 \longleftrightarrow RC^+=NC^-R_2$$

$$\longleftrightarrow R\overset{..}{C}-N=CR_2)$$

02.0975 氧鎓叶立德 oxonium ylide

(1)具有 $R_2O^+-\overset{-}{C}R_2$ 结构的化合物。(2)具有 $R_2CO^+-Y^-$ 结构的 1,2- 或 1,3-偶极化合物。包括羰基亚胺($R_2C=O^+-N^-R \longleftrightarrow R_2C^+-ON^-R$)、羰基氧化物($R_2C^--O^+=O \longleftrightarrow R_2C=O^+-O^-$)和羰基叶立德($R_2C=O^+-\overset{-}{C}R_2 \longleftrightarrow R_2C^+-O-\overset{-}{C}R_2$)。

02.0976 类卡宾 carbenoid

具卡宾反应特性、能直接进行反应或能作为卡宾源先产生卡宾然后再反应的类似卡宾的复合物。

02.0977 卡宾 carbene

又称"碳烯"。电中性物种 H_2C: 及其衍生物 R_2C:。其特点是结构中某碳原子以共价键与两个任意类型的单价基团或 1 个两价基团结合,同时带有两个自旋配对(此时称单线态卡宾)或自旋不配对(此时称三线态卡宾)的非价键电子。

02.0978 氮宾 nitrene

曾称"乃春"。(1)具有单价氮原子的中性化合物 RN: 及其衍生物 RN:。(2)1960 年后,氮宾的涵义发生变化,指氮宾的类似物。即把氮酮原来连在双键上的氧改成连在双键上的碳所得到的化合物($R_2C^--N^+(R)=CR_2 \longleftrightarrow R_2C=N^+(R)C^-R_2$)。

02.0979 卡拜 carbyne

又称"碳炔"。中性物种 $H\overset{..}{C}$: 及氢原子被一单价基团取代所形成的衍生物。特点是碳上

含 3 个非键电子。

02.0980 硅烯 silylene

(1)H_2Si: 及其由有机基团取代所生成的衍生物,含有具两个非键电子的电中性硅原子。
(2) 两价键的硅基$-H_2Si-$ (甲硅撑)。

02.0981 酮卡宾 keto carbene

在未指定位置带有氧(=O)官能团的卡宾。

02.0982 [取代基的]电子效应 electronic effect [of substituent]

取代基的电性(电负性或电正性)或甚至电荷对反应中心反应活性的诱导作用。

02.0983 贫电子[体系] electron deficient [system]

(1)电子云少于正常成键电子数的体系。(2)分子中连接有吸电子基团的体系。

02.0984 富电子[体系] electron rich [system]

(1)电子云多于正常成键电子数的体系。(2)分子中连接有给电子基团的体系。

02.0985 立体电子效应 stereoelectronic effect

分子中空间电子轨道(成键的和未成键的)定向因素对化学反应的影响和控制。

02.0986 溶剂效应 solvent effect

溶剂的极性以及氢键、酸碱性、配位能力等对于反应速率、化学平衡以及反应机理的影响。

02.0987 取代基效应 substituent effect

由于取代基的引入,母体化合物的性质发生变化的现象。

02.0988 单电子转移 single electron transfer, SET

在某一基元反应步骤中,在反应坐标上,单个

电子在不同物种间转移的一种反应机理。

02.0989 给电子基团 electron-donating group
又称"推电子基团"。能转移出电子至分子中其他部分的基团。

02.0990 吸电子基团 electron-withdrawing group
又称"拉电子基团"。能从分子中其他部分接受电子的基团。

02.0991 钝化基团 deactivating group
苯环(或其他芳环)上已有的可使得苯环上的亲电取代反应难以进行的取代基。

02.0992 邻对位定位基 *ortho-para* directing group
苯环上已有的能够引导后进入的取代基主要进入到该取代基的邻、对位的取代基。

02.0993 间位定位基 *meta* directing group
苯环上已有的能够引导后进入的取代基主要进入到该取代基的间位的取代基。

02.0994 邻位效应 *ortho* effect
苯环等相邻碳原子上取代基之间的相互作用，使基团的活性和分子的物理化学性能发生显著变化的一种效应。这种效应在间位和对位化合物中不存在。

02.0995 分速率系数 partial rate factor
芳香族化合物进行取代时，在其一个位置的取代速率与在苯环的另一个位置上进行取代的速率之比。这是一种定量表示定位效应的方法。

02.0996 离子对返回 ion pair return
由 RZ 分子离子化后形成的一对离子 R^+ 和 Z^- 重新组合。包括内部返回和外部返回。

02.0997 [离子对]内部返回 internal return
由 RZ 分子离子化后形成的一对离子 R^+ 和 Z^- 重新组合，如果离子不先分离成松散的离子对而直接形成了紧密离子对，就叫做内部返回。

02.0998 [离子对]外部返回 external return
由 RZ 分子离子化后形成的一对离子 R^+ 和 Z^- 重新组合，如果离子先形成松散离子对，并且再通过紧密离子对的形式形成共价化合物，就叫做外部返回。

02.0999 亲电体 electrophile
又称"亲电试剂"。通过接受对方的一对成键电子来与该反应对象(亲核体)成键的试剂。

02.1000 亲电性 electrophilicity
(1)亲电子的性质。(2)与亲电试剂相关的反应性。

02.1001 亲核体 nucleophile
又称"亲核试剂"。通过提供给对方一对成键电子来与该反应对象(亲电体)成键的试剂。

02.1002 亲核性 nucleophilicity
(1)亲核的性质。(2)与亲核试剂相关的反应性。

02.1003 α效应 α-effect
当两个亲核性原子相互邻近时，亲核能力极大增强的一种溶剂化效应。如：溶液中尽管 HO^- 的碱性是 HOO^- 的 16 000 倍，但后者的亲核性是前者的 200 倍。原因是后者亲核位点直接相连原子上的孤对电子使其基态减稳定化，导致亲核试剂更加活泼。

02.1004 背面进攻 backside attack
在 S_N2 反应中，亲核试剂从底物的离去基团背面进攻中心碳原子的过程。

02.1005 离去基团 leaving group

在特定反应中，从底物的残留或主要部分的 1 个原子上离去的原子或基团(可以带电荷或不带电荷)。

02.1006 离去电体 electrofuge

离去时不携带共价键电子对的基团。如在 NO_2^+ 参与的苯的硝化反应中，H^+ 是离去电体。

02.1007 离去核体 nucleofuge

离去时带走所在共价键电子对的基团。如在卤代烷的水解反应中，Cl^- 是离去核体。

02.1008 邻基参与 neighboring group participation

反应中心(通常是，但不一定是刚形成的正碳离子)与母体分子内，但不是与反应中心共轭的，相邻原子的孤对电子或者相邻σ-键或π-键的电子直接作用。

02.1009 邻助作用 neighboring group assistance

由于邻基参与使反应速率增加的作用。

02.1010 邻基效应 neighboring group effect

包括电子因素的邻基参与，以及立体体积因素对相邻反应中心的影响。是一较为模糊的概念。

02.1011 极性效应 polar effect

(1)由于原子电负性差异(同时也是偶极矩产生的原因)而导致的电荷分离或电子的离域。(2)非共价基团的电子效应而不是其立体效应对反应速率产生的影响。

02.1012 [溶剂]极性 [solvent] polarity

就溶剂而言，"极性"这一定义并不严格的术语涵盖了溶剂溶解溶质(这里溶质指研究化学平衡中涉及的反应物和产物，研究反应速率涉及的反应物及活性复合物，光吸收过程中所涉及的基态和激发态的离子和分子等)的总体能力(溶解性能)，包括被溶解的离子或分子与溶剂分子间所有的特异性以及非特异性的相互作用，但不包括那些会导致溶质(即被溶解的离子或分子)化学性质发生明显变化的相互作用。有时溶剂极性专指溶质与溶剂之间的非特异性相互作用。

02.1013 端基[异构]效应 anomeric effect

(1)原为连接在 C-1 上的极性基团在构型上趋向于采取热力学稳定的直立键(C-1 是指吡喃型葡萄糖衍生物的异头碳)。

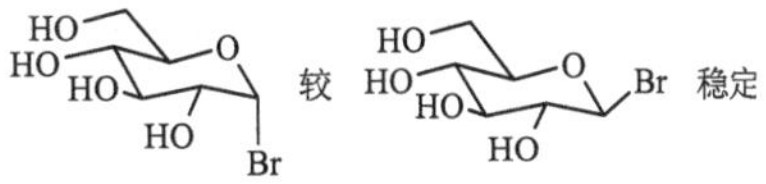

现在这只是这种效应中的 1 个特例。(2)现为 X—C—Y—C 体系中的 C—Y 键通常是优先处于顺错构象(邻位交叉构象)。其中 X、Y 都是含有非成键电子对的杂原子，并且其中至少有 1 个是 N、O 或 F 原子。如甲氧基氯甲烷(Cl—CH_2—O—CH_3)：

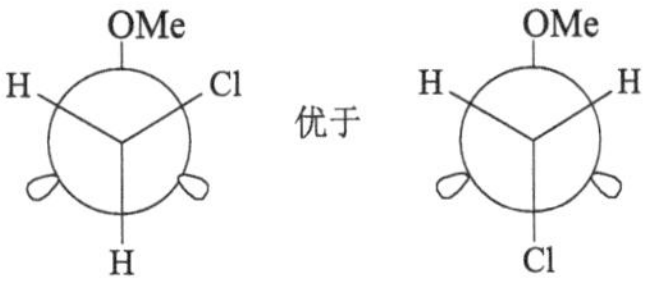

02.1014 瓦尔登翻转 Walden inversion

在化学反应或转化中 1 个手性碳原子的空间构型完全翻转的过程。

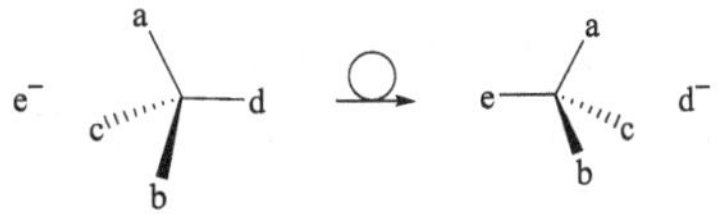

其中 e^- 为进攻基团，d^- 为离去基团，a, b, c 为连在反应中心的其他基团。

02.1015 札依采夫规则 Zaitsev rule, Saytzeff rule

在二级或三级卤代烃的消除反应中，通常消去含氢较少的β-碳上的氢原子。这个规则现在进一步延伸为: 当消除反应可生成两个或更多个烯烃时, 热力学稳定的烯烃为主要产物。

02.1016 霍夫曼规则 Hofmann rule

霍夫曼最初提出的规则为: 含有不同烷基链(至少为乙基)的氢氧根季铵盐在分解时生成的烯烃主要为乙烯。现在被进一步拓展为: 当β消除反应中可生成两个或更多烯烃时, 生成的含有烷基取代数目少的烯烃为主要产物。

02.1017 布雷特规则 Bredt rule

除非环的尺寸足够大、不会导致过分张力生成, 否则不会在桥环体系的桥头位置上形成双键。

02.1018 引发 initiation

产生诱发链反应的自由基(或其他活泼中间体)的反应或过程。

02.1019 游走重排 walk rearrangement

在双环[n.1.0]烯烃体系中发生的一种周环反应类型的重排。反应时其中的环丙环进行走步式的移位。如:

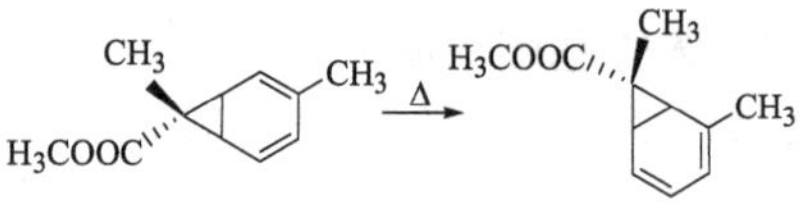

02.03 有机合成和有机反应

02.1024 烷基化 alkylation

在反应底物分子中引入 1 个烷基(—R, —C_nH_{2n+1})的反应。

02.1025 硅烷[基]化 silylation

在反应底物分子中引入 1 个硅烷基(—Si_nR_3)的反应。

02.1026 彻底甲基化 exhaustive methylation

伯胺或仲胺与碘甲烷作用, 氮上的氢原子都为甲基取代而生成烷基多甲基季铵盐的反应。最常见的是烷基三甲基季铵盐。

02.1027 脱甲基化 demethylation

02.1020 链聚合 chain polymerization

聚合物链的生长完全靠聚合物链上反应位点与单体反应, 进而在每一增长步骤结束时产生新的反应位点的链反应。

02.1021 链转移 chain transfer

聚合物生长链自由基端从另一分子攫取 1 个原子, 因而原聚合链停止增长, 但同时又形成了一新的能进行链增长和聚合的自由基。

02.1022 捕获 trapping

使活泼分子或中间体从反应体系中消失或转化为更稳定的形式以便于研究或鉴定。

02.1023 挤出[反应] extrusion

1 个原先分别连接到两个原子或取代基 X 和 Z 的原子或取代基 Y 从分子结构中被排挤出来, 导致 X 直接与 Z 相连接的反应。例如 X—Y—Z $\longrightarrow$ X—Z + Y。

在反应底物分子中脱去 1 个甲基(—CH_3)的反应。

02.1028 乙基化 ethylation

在反应底物分子中引入 1 个乙基(—C_2H_5)的反应。

02.1029 芳基化 arylation

在反应底物分子中引入 1 个芳香基(—Ar)的反应。

02.1030 酰化 acylation

在反应底物分子中引入 1 个酰基[—C(═O)R]的反应。

02.1031 甲酰化 formylation
在反应底物分子中引入 1 个甲酰基[—C(=O)H]的反应。

02.1032 乙酰化 acetylation
在反应底物分子中引入 1 个乙酰基[—C(=O)CH$_3$]的反应。

02.1033 烷氧羰基化 carbalkoxylation
在反应底物分子中引入 1 个酯基[—C(=O)OR]的反应。

02.1034 氨羰基化 carboamidation
在反应底物分子中引入 1 个酰胺基[—C(=O)NH$_2$]的反应。

02.1035 羧基化 carboxylation
在反应底物分子中引入 1 个羧基[—C(=O)OH]的反应。

02.1036 氨基化 amination
在反应底物分子中引入 1 个氨基(—NR$_2$,R 可为 H)的反应。

02.1037 双氨基化 bisamination
在反应底物分子中引入两个氨基的反应。

02.1038 移位取代 cine substitution
在 1 个取代反应中取代基团进入离去基团邻位的反应。通常发生在芳香族分子中。如：

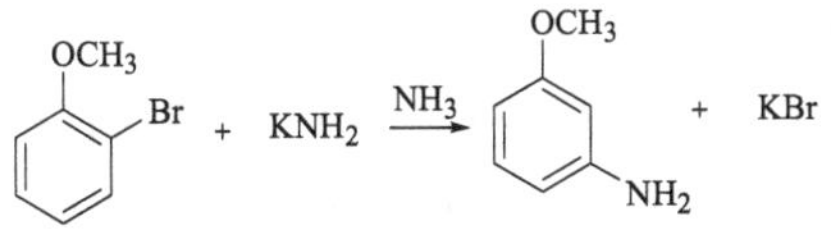

02.1039 转氨基化 transamination
氨基在分子间转移的反应。如伯胺的共轭碱与另一个伯胺反应生成仲胺。α-氨基酸上的 α-氨基与 α-酮酸的酮基间在酶催化进行的转氨基化反应是生物化学中的一个很重要

的反应。

$$RNH_2 + R'NH^- \longrightarrow RR'NH + R'NH_2^-$$
$$R_4N^+ + H_2NCH_2CH_2OH \longrightarrow R_3N + RN^+H_2CH_2CH_2OH$$

02.1040 羟基化 hydroxylation
在反应底物分子中引入 1 个羟基(—OH)的反应。

02.1041 双羟基化反应 dihydroxylation
在反应底物分子中引入两个羟基的反应。常见的是邻二羟基化。

02.1042 环氧化 epoxidation
在反应底物分子中引入 1 个环氧基

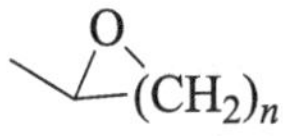

$_{(CH_2)_n}$ 的反应。$n=1$ 的化合物为氧杂三元环化合物，$n>1$ 的化合物为环氧化合物。

02.1043 氨羟化反应 aminohydroxylation, oxyamination
在反应底物分子的重键上发生加成反应引入 1 个氨基和 1 个羟基的反应。

02.1044 氢氨化反应 hydroamination
在反应底物分子的重键上发生加成反应引入 1 个氢和 1 个氨基的反应。

02.1045 酰氧基化 acyloxylation
在反应底物分子中引入 1 个酰氧基[—OC(=O)R]的反应。

02.1046 脱羧 decarboxylation
在带羧基的反应底物分子中消除 1 个 CO$_2$ 的反应。

$$RCO_2H \longrightarrow RH + CO_2$$

02.1047 脱卤 dehalogenation
在反应底物分子中脱去卤素原(分)子(X 或 X$_2$)的反应。

02.1048 硝化 nitration
在反应底物分子中引入硝基($-NO_2$)的反应。

02.1049 脱羧硝化 decarboxylative nitration
在带羧基的反应底物分子中消除 1 个羧基并同时引入 1 个硝基的反应。

02.1050 亚硝化 nitrosation
在反应底物分子中引入亚硝基($-NO$)的反应。

02.1051 磺化 sulfonation
在反应底物分子中引入磺酸基($-SO_3H$)的反应。

02.1052 氯磺酰化 chlorosulfonation
在反应底物分子中引入氯磺酰基[$-S(=O)_2Cl$]的反应。

02.1053 脱磺酸基化 desulfonation
在带磺酸基的反应底物分子中消除 1 个 SO_3 的反应。

02.1054 亚磺酰化 sulfenylation
在反应底物分子中引入亚磺酰基[$-S(=O)-$]的反应。

02.1055 磺酰化 sulfonylation
在反应底物分子中引入磺酰基[$-S(=O)_2-$]的反应。

02.1056 氯亚磺酰化 chlorosulfenation
在反应底物分子中引入氯亚磺酰基[$-S(=O)Cl$]的反应。

02.1057 氯羰基化 chlorocarbonylation
在反应底物分子中引入酰氯基[$-C(=O)Cl$]的反应。

02.1058 重氮化 diazotization
在反应底物分子中引入重氮基($-N_2$)的反应。

02.1059 重氮偶联 diazonium coupling
由重氮化合物参与的偶联反应。

02.1060 交叉偶联反应 cross-coupling reaction
两个非同种分子间发生的偶联反应。

02.1061 加成物 adduct
A 和 B 两个独立组分直接组合成的 1 个新化学物种 AB。A 和 B 中的原子间连接方式在组合前后有所不同，但未失去任何原子。A 和 B 之间的配比未必相等或局限于 1∶1。A 和 B 也可以是分子内的两个基团。其涵义比络合物明了清晰，用得也更广。也可特指一些加成反应的产物，如路易斯加成物、π加成物等。

02.1062 1,4-加成 1,4-addition
在单键和重键交替出现的共轭体系的 1 位和 4 位上发生的加成反应。同时在 2 位和 3 位间形成新的重键。

02.1063 共轭加成 conjugate addition
在单键和重键交替出现的共轭体系的 1 位和 4 位(或 6 位、8 位……)上发生的加成反应。同时在 2 位和 3 位(或 5 位和 7 位……)间形成新的重键。

02.1064 二聚 dimerization
两个同种分子间反应形成 1 个新的分子而未失去任何原子，但原子间的连接次序和单键、重键数有所改变的反应。

02.1065 三聚 trimerization
3 个同种分子间反应形成 1 个新的分子而未失去任何原子，但原子间的连接次序和单键、重键数有所改变的反应。

02.1066　加成二聚　additive dimerization
通过加成实现的二聚反应。

02.1067　硫化　sulfurization
在反应底物分子中引入硫原子($-$S$-$)的反应。

02.1068　硒化　selenylation
在反应底物分子中引入硒原子($-$Se$-$)的反应。

02.1069　铝氢化　hydroalumination
又称"氢铝化"。在反应底物分子的重键上发生加成反应引入氢原子和铝烷基($-$AlR$_2$)的反应。

02.1070　硅氢化　hydrosiliconization, hydrosilation
又称"氢硅化"。在反应底物分子的重键上发生加成反应引入氢原子和硅烷基($-$SiR$_3$)的反应。

02.1071　硼氢化　hydroboration
又称"氢硼化"。在反应底物分子的重键上发生加成反应引入氢原子和硼烷基($-$BR$_2$)的反应。

02.1072　羰基化　carbonylation
在金属催化剂存在下，卤代烃、烯烃或炔烃和 CO 反应生成 1 个羰基化合物的反应。

02.1073　氢甲酰化[反应]　hydroformylation
又称"羰基合成(oxo process)"。烯烃底物和 H$_2$ 及 CO 在金属催化下反应后引入氢和甲酰基[$-$C($=$O)H]的反应。例如：

$$CH_3CH=CH_2+H_2+CO \xrightarrow{CO_2(CO)_8} CH_3CH_2CH_2CHO+CH_3CH(CH_3)CHO$$

02.1074　氢酰化　hydroacylation
在重键的反应底物中引入氢和酰基的反应。

02.1075　脱羰　decarbonylation
在反应底物分子中失去羰基[$-$C($=$O)$-$]的反应。

02.1076　氢羧基化　hydrocarboxylation
在反应底物分子中引入氢和羧基[$-$C($=$O)OH]的反应。

$$\left.\right\rangle\!=\!\left\langle\right. + CO + H_2O \xrightarrow{H_3O^+} \text{（反应式）}$$

02.1077　同系化　homologization
反应底物反应后生成另一个同系物的反应。

02.1078　氰乙基化　cyanoethylation
在反应底物分子中引入 2-氰乙基($-$CH$_2$CH$_2$CN)的反应。

02.1079　脱氰乙基化　decyanoethylation
在反应底物分子中脱去 2-氰乙基($-$CH$_2$CH$_2$CN)的反应。

02.1080　环合　ring closure
形成 1 个新的环结构的反应。

02.1081　电环[化]反应　electrocyclic reaction
在线型共轭分子(或 1 个π体系)的两端之间形成 1 个新的σ键并伴随着π键减少的分子重排反应或其逆反应。

02.1082　环加成　cycloaddition
两个或更多不饱和分子(或分子内的部分)组合形成 1 个环加成产物并伴随着重键数的减少。环加成反应常用象征符号[i+j+$\cdots$]表示，i 和 j 表示从反应底物到成环产物的反应过程中参与反应的单位所涉及的电子数。符号 a(antarafacial, 异面)和 s(suprafacial, 同面)作为下标加在 i 和 j 的后面，表示每个参与反应单位所涉及的立体化学；σ、π和 n 作为下标加在 i 和 j 的前面，表示每个参与反应单位所涉及的电子所在的轨道。故第尔斯-阿尔德反应为[4+2]、[4$_s$+2$_s$]或[$_\pi$4$_s$+$_\pi$2$_s$]。

02.1083 第尔斯-阿尔德反应 Diels-Alder reaction

又称"[4+2]环加成反应"。通常指 1 个组分含共轭 4π电子体系，另一个组分含 2π电子体系，在 4π电子体系两端和 2π电子体系两端之间形成六元环，并伴随着 3 个π键的消失及两个新的σ键和 1 个新的π键的生成。

02.1084 逆第尔斯-阿尔德反应 retro Diels-Alder reaction

逆向的[4+2]环加成反应。反应底物结构中的环己烯开环生成 1 个共轭 4π电子体系和 1 个 2π电子体系。

02.1085 杂第尔斯-阿尔德反应 hetero-Diels-Alder reaction

共轭 4π电子体系或 2π电子体系中含非碳杂原子时发生的第尔斯-阿尔德反应。

02.1086 亲双烯体 dienophile

第尔斯-阿尔德反应中的2π电子体系组分。

02.1087 烯反应 ene reaction

1 个带烯丙基氢的双键组分与另一个带重键组分(亲烯体)之间的加成反应。烯丙基氢转移到亲烯体中，原来的两个π键转换成新的 1 个σ键和 1 个π键。

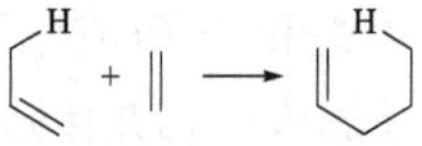

02.1088 负离子环加成 anionic cycloaddition

共轭 4π电子体系中有负离子取代基存在的环加成反应。

02.1089 偶极[环]加成 dipolar addition, dipolar cycloaddition

简称"偶极加成"。由 1,3-偶极组分作为 4π电子体系参与的环加成反应。

02.1090 克莱森重排 Claisen rearrangement

烯丙基苯酚醚或烯丙基烯醇醚发生的[3,3]-重排。如：

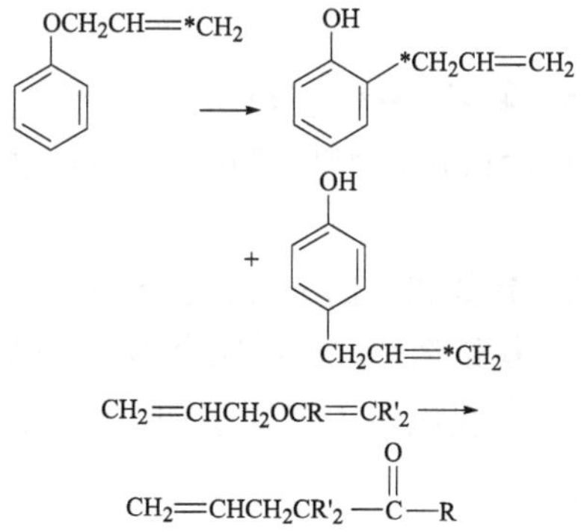

02.1091 库帕重排 Cope rearrangement

σ迁移重排的一种。[3,3]-σ迁移重排。

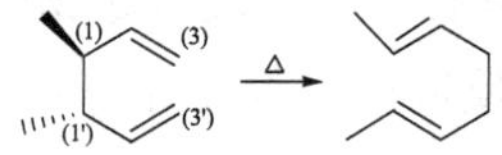

02.1092 消除 elimination

从反应底物失去两个原子(团)并伴随着重键或环生成的反应。

02.1093 脱卤化氢 dehydrohalogenation

从反应底物失去 1 个氢原子和 1 个卤素原子并伴随着重键或环生成的反应。

02.1094 脱氨基 deamination

从反应底物失去 1 个氨基(NR_2)的反应。

02.1095 热解消除 pyrolytic elimination

在高温条件下发生的消除反应。

02.1096 消除-加成 elimination-addition

进行消除反应后，继而进行加成反应的两步反应过程。

02.1097 脱酰胺化 decarboxamidation

从反应底物失去 1 个氨基甲酰基[—C(=O)NR₂] 的反应。

02.1098　脱氰[基]化　decyanation
从反应底物失去 1 个氰基(—CN)的反应。

02.1099　烷基裂解　alkylolysis, alkyl cleavage
反应底物中的烷基所在键发生断裂的反应。

02.1100　酰基裂解　acylolysis, acyl cleavage
反应底物中的酰基所在键发生断裂的反应。

02.1101　真空闪热解　flash vacuum pyrolysis, FVP
在低压接近真空条件下发生的瞬间热裂解反应。

02.1102　碎裂反应　fragmentation
在反应底物中的某键或几处键上发生断键并生成数个小分子碎片的反应。常指如下进行的反应: $a—b—c—d—X \longrightarrow (a—b)^+ + c=d + X^-$。有时也指由自由基或自由基正(负)离子所发生的断键并有小分子生成的反应。

02.1103　螯键反应　cheletropic reaction
共轭体系(常见 1,3-共轭体系)的两个终端原子与另一个反应底物的单一原子形成两个新的σ键的环加成反应。伴随着 1 个π键的减少，并在相关原子上增加了 2 个配位数。如：

$$\text{（图）} + SO_2 = \text{（图）}$$

02.1104　酯化　esterification
酸的羟基与醇(酚)羟基或巯基缩合脱去一分子水 H_2O 后形成具有—C(=O)OR、—C(=O)SR、—C(=S)OR、—S(=O)₂OR、—OP(=O)(OR)₂、—SC(=O)SR、ROCN 等官能团产物的反应。

02.1105　酯交换　transesterification
酯分子中与酰基键连的—OR、—SR 转化成—OR′、—SR′的反应。

02.1106　皂化　saponification
酯分子中与酰基键连的—OR、—SR 转化成—OH 的反应。即酯的水解。

02.1107　乙醇解　ethanolysis
乙醇作为亲核试剂使反应底物分子中的某(几)处键断裂而发生的取代、消除和碎片化等反应。

02.1108　氰甲基化　cyanomethylation
在底物中导入—CH₂CN 的反应。

02.1109　氨甲基化　aminomethylation
在底物中导入—CH₂NH₂ 的反应。

02.1110　羟甲基化　hydroxymethylation
在底物中导入—CH₂OH 的反应。

02.1111　羟烷基化　hydroxyalkylation
在底物中导入—CₙH₂ₙOH 的反应。

02.1112　氯甲基化　chloromethylation
在底物中导入—CH₂Cl 的反应。

02.1113　卤烷基化　haloalkylation
在底物中导入—CₙH₂ₙX 的反应。X=卤素。

02.1114　缩醛交换　transacetalation
缩醛 ⟩C(OR)₂ 转变为 ⟩C(OR')₂ 的反应。

02.1115　烯醇化　enolization
由—CRHC(=O)—转变为—CR=C(OH)—的反应。

02.1116　卤仿反应　haloform reaction

甲基酮或其前体醇在碱性条件下与卤素作用生成少 1 个碳的羧酸和放出一分子 CHX_3 的反应。

02.1117 缩合 condensation
两个或更多的反应组分(或同一分子中的两个分离的不同活性部位)生成 1 个单一的主要产物,并伴随着失去 H_2O、H_2S、NH_3、C_2H_5OH、CH_3CO_2H 等小分子的反应。一般包括加成、消除等多步骤的过程。某些未失去小分子的反应,如生成苯偶姻的反应也被称为缩合。

02.1118 羟醛缩合 aldol condensation
带 α-氢的醛酮在碱或酸催化下缩合生成 β-羟基醛酮的反应。该缩合产物常在反应条件下脱水生成 α,β-不饱和醛酮。

02.1119 交叉羟醛缩合 cross aldol condensation
不同种类的醛酮在碱或酸催化下发生的羟醛缩合反应。

02.1120 逆羟醛缩合 retrograde aldol condensation
α, β-不饱和醛酮或 β-羟基醛酮在碱或酸催化下裂解发生可逆的羟醛缩合而生成醛酮的反应。

02.1121 偶姻缩合 acyloin condensation
脂肪族羧酸酯 RCO_2R' 在高分散的熔融金属钠作用下,二分子二聚并消除 $2R'OH$ 后生成 $RCH(OH)C(=O)R$ 的反应。

02.1122 苯偶姻缩合 benzoin condensation
若干芳醛或 α-酮醛在氰离子(CN^-)作用下二分子聚合生成 $ArCH(OH)C(=O)Ar$ 的反应。

02.1123 环化 cyclization
1 个链状结构通过 1 个新键而生成环结构的反应。

02.1124 增环反应 annulation
通过两个新键将 1 个新环结合到 1 个分子上去的反应。

02.1125 螺增环 spiroannulation
形成 1 个含有季碳原子环节点的新环,即螺环的反应。

02.1126 自氧化 auto-oxidation
化合物在放置期间被空气所氧化的反应。

02.1127 烯丙型氢过氧化 allylic hydroperoxylation
烯丙基氢被氧化成烯丙基型过氧化氢的反应。

02.1128 臭氧解 ozonolysis
重键与臭氧反应所得臭氧化物以锌粉等还原,依双键或三键及其他重键上所连是烷基或氢而产生醛或酮或羧酸或二氧化碳的反应。

02.1129 电化学氧化 electrochemical oxidation
在电化学池中发生的氧化反应。

02.1130 氧化脱羧 oxidative decarboxylation
氧化为羧酸后再发生失去 CO_2 的反应。

02.1131 芳构化 aromatization
由非芳香结构的反应底物转化为芳香环结构的反应。

02.1132 催化氢化 catalytic hydrogenation
在催化剂存在下氢气与反应底物的加成反应。

02.1133 非均相氢化 heterogeneous hydrogenation

催化剂不溶于底物反应相体系的氢化反应。

02.1134 均相氢化 homogeneous hydrogenation

催化剂溶于底物反应相体系的氢化反应。

02.1135 催化脱氢 catalytic dehydrogenation

在催化剂存在下反应底物脱去 2 个氢原子生成新的重键的反应。

02.1136 转移氢化 transfer hydrogenation

氢来自另一个反应底物的氢化反应。反应常需在金属催化剂作用下进行。

02.1137 氢解 hydrogenolysis

在氢气作用下反应底物中的某处键断裂生成两个小分子的反应。

02.1138 溶解金属还原 dissolving metal reduction

由溶解在非水溶剂(如 NH_3、ROH 等)体系中的金属(常用碱金属或碱土金属)进行的还原反应。

02.1139 单电子转移反应 single electron transfer reaction

在基元反应过程中反应底物之间只发生 1 个单电子的转移的反应。

02.1140 双分子还原 bimolecular reduction

决速步骤中涉及两个分子的还原反应。

02.1141 电化学还原 electrochemical reduction

在电化学池中发生的还原反应。

02.1142 还原烷基化 reductive alkylation

还原反应进行的同时或随之发生的烷基化反应。

02.1143 还原酰化 reductive acylation

还原反应进行的同时或随之发生的酰基化反应。

02.1144 还原二聚 reductive dimerization

反应底物进行还原反应的同时或随之发生的二聚反应。

02.1145 脱氧 deoxygenation

反应底物失去氧原子的反应。

02.1146 脱硫 desulfurization

反应底物失去硫原子的反应。

02.1147 脱硒 deselenization

反应底物失去硒原子的反应。

02.1148 金属化 metallation

有机化合物与有机金属化合物(或金属本身)反应后在该有机化合物上键连金属的反应 $(RH + R^1M \longrightarrow R^1H + RM)$。反应通常涉及质子的转移，平衡有利于从强酸 RH 生成弱酸 R^1H 的方向。

02.1149 锂化 lithiation

有机化合物与有机锂化合物(或金属锂)反应后在该有机化合物上键连锂的反应$(RH + R^1Li \longrightarrow R^1H + RLi)$。反应通常涉及质子的转移，平衡有利于从强酸 RH 生成弱酸 R^1H 的方向。

02.1150 碳金属化反应 carbometallation

金属化反应后在底物的某个碳原子上键连上金属的反应。即生成碳-金属键 C—M 的反应。

02.1151 汞化 mercuration

反应后在底物的键连上汞的反应。

02.1152 羟汞化 oxymercuration

烯烃与 $Hg(OAc)_2$ 在 H_2O/THF 体系中反应，发生对双键的快速加成反应。所得中间体有机汞化合物继而以 $NaBH_4$ 处理，最终生成 1 个醇产物。

02.1153 氨汞化 aminomercuration

烯烃与 $Hg(OAc)_2$ 在 $NH_3(l)$ 相系中反应，发生对双键的快速加成反应。所得中间体β-氨基汞化合物继而以 $NaBH_4$ 处理，最终生成 1 个胺产物。反应也可由 $Hg(OAc)_2$ 引发在分子内氨基与双键发生加成反应，$NaBH_4$ 还原除去乙酸汞基团后得环胺。

02.1154 攫取[反应] abstraction

从反应底物分子上夺取 1 个原子(常见的是氢原子)，通常形成 1 个新的自由基中间体的反应。

02.1155 内攫取[反应] internal abstraction

在反应底物分子内发生的攫取[反应]。

02.1156 重排 rearrangement

底物分子反应后构造发生变化。即原子的连接次序或方式发生改变。

02.1157 质子转移重排 prototropic rearrangement

迁移基团是氢原子的重排。是互变异构的一种。

$$H-X-Y=Z \longrightarrow X=Y-Z-H$$

02.1158 双键移位 double bond migration

带双键的底物分子反应后双键所在位置发生变化的反应。

02.1159 烯丙型重排 allylic rearrangement

含烯丙基的底物分子发生取代反应时，除取代基发生变化外，双键位置也由 1,2-位转移至 2,3-位的反应。如 S_N2' 反应过程中就经历了烯丙型重排(见烯丙型双分子亲

核取代)。

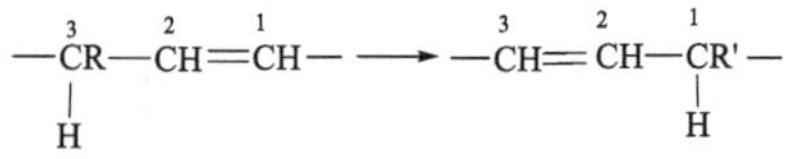

$$\overset{3}{-}CR-\overset{2}{C}H=\overset{1}{C}H- \longrightarrow \overset{3}{-}CH=\overset{2}{C}H-\overset{1}{C}R'-$$
（下附H）

02.1160 烯丙型迁移 allylic migration

带烯丙基的底物分子反应后烯丙基所在位置发生变化的重排反应。

02.1161 缩环[反应] ring contraction

带环的底物分子反应后环碳原子数减少的反应。

02.1162 扩环[反应] ring expansion, ring enlargement

带环的底物分子反应后环碳原子数增加的反应。

02.1163 α酮醇重排 α-ketol rearrangement

α-酮醇中羟基和羰基交换位置的重排，可以是酸或碱催化下的烃基迁移的重排，在非叔醇情况下也可以是通过烯醇化质子迁移的重排。如：

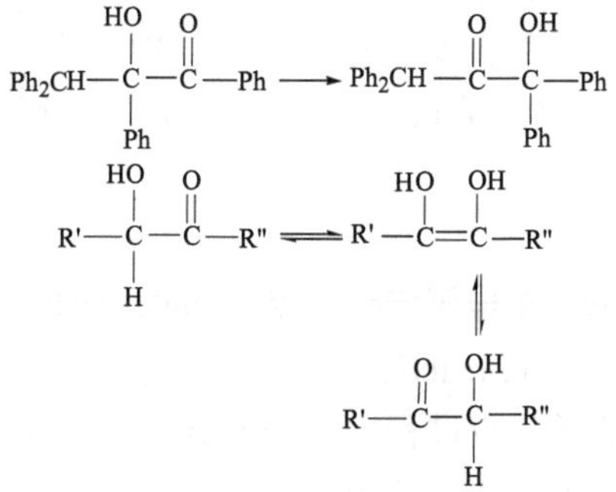

02.1164 片呐醇重排 pinacol rearrangement

片呐醇在质子酸催化下生成三烷基甲基烷基酮的反应。

$$R_2C(OH)\,C(OH)R_2 \longrightarrow R_3C-C(=O)-R$$

02.1165 逆片呐醇重排 retro-pinacol rearrangement

三烷基甲基烷基酮在质子酸催化下发生可逆的片呐醇重排生成四取代-1,2-乙二醇的

反应。

02.1166　半片呐醇重排　semi-pinacol rearrangement

半片呐醇在氨基发生重氮化反应条件下生成三烷基甲基烷基酮的反应。

$$R_2C(NH_2)C(OH)R_2 \longrightarrow R_3C-C(=O)-R$$

02.1167　二苯乙醇酸重排　benzilic acid rearrangement

二苯乙二酮在碱催化下生成α-羟基-α,α-二苯基羧酸的重排反应。

$$PhC(=O)-C(=O)Ph \longrightarrow Ph_2C(OH)-C(=O)OH$$

02.1168　酰基重排　acyl rearrangement

由酰基迁移而发生的重排反应。

02.1169　迁移倾向　migratory aptitude

在参与重排反应的几个基团之间相对发生迁移的活性大小。如在 1 个亲核重排反应中，能更好地稳定部分带正电中心的基团就会有较大的迁移倾向。

02.1170　跨环插入　transannular insertion

在 1 个中环结构的反应底物中，1 个与环原子相连的原子插入相隔 2 个以上环原子的另一个环原子上的键中的反应。

02.1171　跨环重排　transannular rearrangement

重排原子(团)在 1 个中环结构的环上相隔 2 个以上环原子的位置进行的重排反应。

02.1172　迁移　migration

在重排反应中的 1 个原子(团)的转移或键的重组。

02.1173　正离子转移重排　cationotropic rearrangement

由正离子迁移基团进行的重排反应。

02.1174　负离子转移重排　anionotropic rearrangement

通过负离子迁移基团进行的重排反应。

02.1175　σ迁移重排　sigmatropic rearrangement

在原先没有直接相连的两个原子间生成 1 个新的σ键的同时断裂 1 个已有的σ键并在原有π键上协同进行重组的分子重排反应。反应前后总的σ键数和π键数并未变化。

02.1176　同σ迁移重排　homosigmatropic rearrangement

γ位有烷基取代的烯丙基苯酚醚(Ar—O—C—C=C—R)发生重排时生成不正常的副产物(B)，β位碳原子连到环上去了。副产物是由正常的重排产物(A)经过环丙烷中间体继续重排产生的。是一类反常的克莱森(Claisen)重排。"同"的本意是指在共轭体系中插入 1 个额外的原子。

02.1177　亲电重排　electrophilic rearrangement

由贫电子迁移基团进行的重排反应。

02.1178　禁阻跃迁　forbidden transition

1 个反应底物电子从 1 个低能级激发跃迁到较高能级时不能从某一个低能级随意跃迁到某另一个较高能级的过程。禁阻跃迁主要有两种情况：一是自旋改变的跃迁；二是分子轨道有对称中心，反射位不变的跃迁。

02.1179 光化学重排 photochemical rear-rangement

在光引发下发生的重排反应。

02.1180 碘化内酯化反应 iodolactonization

非共轭烯酸(通常为 3 或 4 或 5-烯酸)与碘作用，在双键上进行加成得碘内酯的反应。如在合成科里(Corey)内酯时用到的反应：

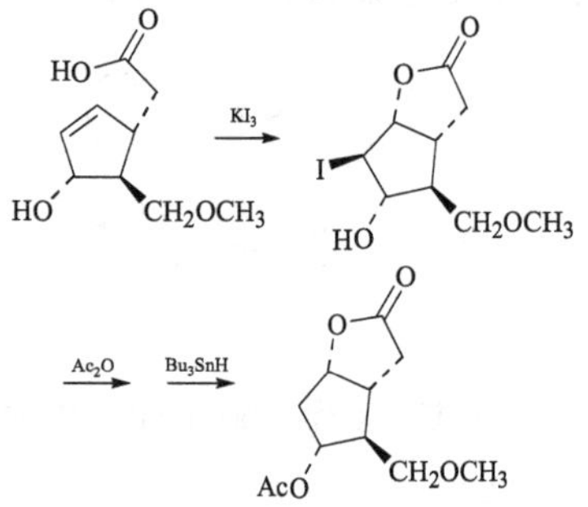

02.1181 溴化内酯化反应 bromolactonization

非共轭烯酸(通常为 3 或 4 或 5-烯酸)与溴作用，在双键上进行加成得溴内酯的反应。

02.1182 维蒂希反应 Wittig reaction

由羰基化合物与膦叶立德形成碳碳双键的反应。

02.1183 换位反应 metathesis

曾称"复分解反应"。在相似结构的两个反应底物之间发生 1 个或几个键的交换，产物中键的组合形式与底物是一样的或接近于一样的反应。高分子化学称为易位反应，无机化学称为复分解反应。

02.1184 烯烃换位反应 olefin metathesis

又称"烯烃互换反应"，曾称"烯烃复分解反应"。由双键参与的换位反应。主要有三种形式：①分子间简单的烯烃换位反应；②环合[烯烃]换位反应及其逆反应开环换位反应；③开环换位聚合反应及非环二烯的换位聚合反应。

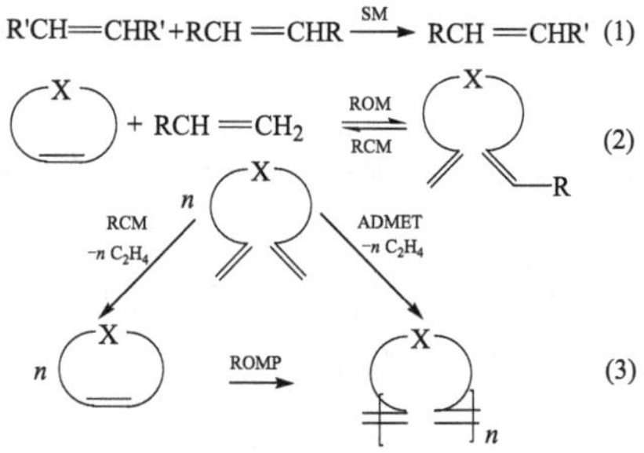

02.1185 环合[烯烃]换位反应 ring closure metathesis, RCM

又称"关环[烯烃]互换反应"。非共轭的双烯转化为环烯烃，由双键参与的换位反应。

02.1186 C-H 键活化反应 C-H bond activation reaction

在催化剂作用下，将如烃类化合物之类分子中化学惰性的 C—H 键转化成带官能团化合物的反应。

02.1187 彻底脱硅基化 exhaustive desilylation

底物分子中的硅基官能团全被取代成氢的反应。

02.1188 亚甲基化反应 methylenation, methylidenation

在底物中引入 1 个新的亚甲基的反应。

02.1189 双π甲烷重排 di-π-methane rearrangement

开链的 1,4-二烯在光照下分子内关环生成环丙烷衍生物的反应。

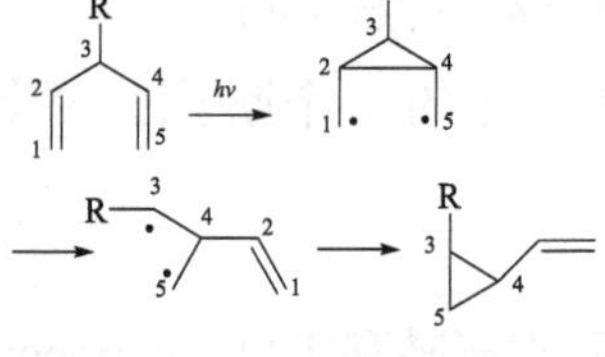

02.1190 霍夫曼消除 Hofmann elimination

又称"霍夫曼降解(Hofmann degradation)"。

四烷基氢氧化季铵碱(常用带 β-氢的烷基三甲基氢氧化季铵碱)受热裂解为三甲胺和烯烃的反应。

02.1191　霍夫曼重排　Hofmann rearrangement

伯酰胺用次卤酸处理，经异氰酸酯中间体而转化为比反应底物分子少 1 个碳原子的伯胺。

02.1192　弗里德-克拉夫茨反应　Friedel-Crafts reaction

芳环在路易斯酸催化下和烷基卤代烃或酰卤发生芳环上的亲电取代反应，生成烷基或酰基取代芳烃的反应。

02.1193　沃尔夫-基希纳反应　Wolff-Kishner reaction

又称"沃尔夫-基希纳-黄鸣龙反应"。在碱性条件下通过腙或缩氨基脲将羰基还原成亚甲基的反应。

02.1194　光化学合成　photochemical synthesis

由在光照条件下发生的化学反应所完成的合成工作。

02.1195　电化学合成　electrochemical synthesis

由在电解池中发生的氧化或还原化学反应所完成的合成工作。

02.1196　声化学合成　sonochemical synthesis

由在超声波作用下发生的化学反应所完成的合成工作。

02.1197　微波促进的反应　microwave assisted reaction

在微波作用下发生的化学反应。

02.1198　无溶剂反应　solvent-free reaction

在无溶剂作为反应介质参与下的净相反应。如无溶剂的固相、气相或液相反应。有时也指在无有机溶剂参与下，如在水相、超临界流体、离子液体和氟相中进行的反应。

02.1199　绿色化学　green chemistry

研究包括从源头上做起，采用无毒无害的原料，进行无害排放条件下的高选择性的原子经济性的反应，获得对环境友好的价廉易得的产物的一门学科。

02.1200　区域选择性　regioselectivity

在一反应底物有不同部位可发生成键或断键反应时，其中某一部位能优先发生反应并生成以某一种结构产物为主的反应选择性。如完全在 1 个部位上反应则称 100%区域选择性，否则则为 x%的选择性。

02.1201　区域专一性　regiospecificity

过去用以表示 100%的区域选择性。

02.1202　立体选择性　stereoselectivity

在 1 个可能生成多种立体异构体的反应中，某个立体异构体产物的生成较多或成为唯一的反应选择性程度。在几种或多种立体异构体为底物的反应中，某种立体异构体反应更多更快的程度也是立体选择性的一类。

02.1203　立体专一性　stereospecificity

以不同的立体异构体为原料生成不同的立体异构体产物的反应。立体专一性的反应一定是立体选择性的，而立体选择性的反应则不一定是立体专一性的。立体专一性可以是完全的(100%)，也可以是部分的(x%)。此名词有时也用于只生成唯一立体异构体的反应，如环己烯溴加成仅生成 trans-1,2-二溴环己烷。

02.1204 对映选择性 enantioselectivity
无手性的底物反应优先地转化为二种可能的对映异构体中之一的选择性程度。

02.1205 非对映选择性 diastereoselectivity
在可能生成两种非对映异构体的反应中，优先得到某一种非对映异构体的选择性程度。

02.1206 合成 synthesis
为得到目标分子而从事的工作。应尽量做到以简单、安全、环境友好的操作将资源丰富或价廉易得的原料快速高产率地转化为目标分子。

02.1207 目标分子导向合成 target oriented synthesis
以得到特定目标分子结构为目的而进行的合成设计和反应操作。

02.1208 多样性导向合成 diversity oriented synthesis
从结构相对较为简单的原料出发经几步反应能得到一批结构相对较为复杂且彼此有较大差异的分子的合成工作。

02.1209 全合成 total synthesis
从结构较为简单的可购得的原料经多步反应得到具有复杂结构的目标分子(经常指天然产物分子)的合成工作。

02.1210 从头合成 *de novo* synthesis
更强调从最简单的原料进行的全合成工作。

02.1211 逆合成 retrosynthesis
又称"反合成"。从目标分子的结构特征出发对合成反应进行合乎逻辑的分析而设计的合成路线。

02.1212 形式合成 formal synthesis
在复杂天然产物分子进行全合成时，合成获得了一已有报道能合成至目标分子的关键中间体，此时可称完成了目标分子的形式合成。

02.1213 半合成 partial synthesis
使用从已知合成方法得到的或结构相对较为简单的天然产物为原料而开始的合成工作，此时完成的目标分子合成称半合成。

02.1214 接力合成 relay synthesis
对复杂天然产物目标分子进行反合成分析，得到相对简化中间体产物分子，此分子可为目标分子的降解产物或来自其他易得的天然产物，它可用来完成最终合成目标分子的合成工作，与此同时也可开展以其为目标分子的全合成工作，这种合成方式称接力合成。

02.1215 连续合成 successive synthesis, sequential programmable synthesis
多步反应在同一个反应容器内先后有序有效地连续进行的反应。

02.1216 组合化学 combinatorial chemistry
研究并模拟生物多样性产生的过程，同时用 n 个单元为一组和另一组 n' 个单元反应而生成 $n \times n'$ 个产物的反应的一门学科。

02.1217 动态组合化学 dynamic combinatorial chemistry
利用反应动力学差异(各反应底物反应活性不同)实现的组合化学。

02.1218 一锅反应 one pot reaction
将需分步反应得以实现合成目标分子的多步反应在同一个反应容器内完成而无中间体产物的分离、纯化步骤的反应。

02.1219 平行合成 parallel synthesis
在同一个反应容器内在反应底物的两个以

上部位同时进行不同类型的反应。是一锅反应的一种。

02.1220　串联反应　tandem reaction
又称"串级反应(cascade reaction)""多米诺反应(domino reaction)"。将有正离子、负离子或自由基等活性中间体产生的多步反应在同一个反应容器内有序有效地连续进行而得到目标分子的反应。

02.1221　多组分反应　multicomponent reaction, MCR
涉及至少 3 种不同原料的一锅合成反应。产物中也包含了所有原料的部分组分。

02.1222　合成元　synthon
又称"合成子"。在反合成设计的切断操作中，由目标分子出发而依次推断出的多个结构单元。合成元可以是分子、离子或自由基。由离子或自由基的合成元则可进一步推断到实际需要的试剂或中间体分子，从而提出供选择的具体合成方案。

02.1223　仿生合成　biomimetic synthesis
以天然产物分子在生物体中的形成过程和规律及相关参与合成的生物大分子催化剂的功能为依据而设计并进行操作的合成工作。

02.1224　保护基　protecting group
在 1 个有多个官能团存在的反应底物发生化学反应时，需要将某个也会参与该反应而造成不需要的副反应的官能团先另行反应转化为另一种对该反应惰性的官能团。好的保护基应能够方便、高效地获得，不影响后续所要的反应且易于除去而回复出原有的官能团来。

02.1225　去保护　deprotection
将保护基转化为原有官能团的操作过程。

02.1226　极性反转　umpolung
官能团正常的极性出现反转颠倒。如醛酮羰基转化为环己二噻烷后，原羰基带正电性的碳可成为带负电性的碳去参与反应。

02.1227　线性合成　linear synthesis
对 1 个由 A、B、C、D、…、Z 等单元组成的目标分子，合成可从 A 出发得到 A—B，再与 C 反应得到 A—B—C，依次反应下去最终得到目标分子的合成路线。线性合成适合于结构较简单，经几步反应就能完成的合成工作。

02.1228　汇聚合成　convergent synthesis
对 1 个由 A、B、C、D、…、Z 等单元组成的目标分子分为几个片段，如 A—B—C、D—E—F、…、X—Y—Z 等的合成，再将这些片段结合起来完成目标分子的合成路线。汇聚合成适合于结构较复杂，需多步反应才能完成的合成工作，总产率高于线性合成方法。

02.1229　合成砌块　building block
用于全合成的已具有一定官能团成分的相对较复杂的分子单元。一般指能够用于合成多种化合物的分子单元。

02.1230　氟碳相　fluorocarbon phase
由全氟烷烃、全氟醚或全氟烷基胺形成的氟相及溶解于该氟相的反应底物、试剂和产物所组成的相。

02.1231　氟[碳]相有机合成　fluorous phase organic synthesis
利用氟碳相与水及有机溶剂的不相溶性建立起的多相反应合成。某反应底物或催化剂需氟载化而可溶于氟碳相，反应结束后通过简单的萃取进行产物的分离操作。

02.1232　氟[碳]相反应　fluorous phase reaction
在氟碳相中进行的反应。氟碳相与有机相或

水相的混溶性都很差，故成为第三液相。在氟碳相参与的两相体系中，含氟催化剂溶于氟碳相，反应底物和产物溶于有机相。该反应可随反应温度的升高成为均相反应，反应结束后再冷却成非均相的体系而达到产物和催化剂的分离。

02.1233 不对称合成 asymmetric synthesis
在 1 个底物上新形成 1 个或多个手性元素的反应(或系列反应)时得到不等量的立体异构体(对映异构体或非对映异构体)的合成。

02.1234 立体选择性合成 stereoselective synthesis
产物分子的两种对映异构体不组成外消旋体或某个立体源中心上两种绝对构型产物不等量或两种双键异构体不等量的合成。

02.1235 手性元 chiron, chiral building block
手性的合成元。一般均指单一对映纯的手性化合物。

02.1236 不对称诱导 asymmetric induction
在不对称合成反应时手性辅基或手性试剂所起的作用。

02.1237 手性辅基 chiral auxiliary, chiral adjuvant
在转变 1 个无手性的反应底物为手性产物的反应中，利用某种手性分子先与反应底物反应，使其诱导出不对称性去进行反应而生成不等量的立体异构体产物，该手性分子在不对称反应完成后又可通过其他反应分离后获得再生。此类手性分子形成的基团即称为手性辅基。

02.1238 手性放大 chiral amplification, asymmetric amplification
通常情况下不对称反应产物的对映异构体

过量不会超过手性试剂的对映异构体过量，但在手性放大的不对称反应中，产物的对映异构体过量与反应所用的手性试剂的对映异构体过量成正的非线性的效应。

02.1239 不对称活化 asymmetric activation
在外消旋或非手性纯的催化剂中加入作为活化剂的手性分子，由分子识别而使外消旋催化剂中的一种对映体激活，从而催化不对称反应的进行，生成不等量的立体异构体产物。

02.1240 不对称毒化 asymmetric poisoning, chiral poisoning
在外消旋催化剂中加入作为毒化剂的手性分子，由分子识别而使外消旋催化剂中的一种对映体失活，另一种对映体则成为活性成分参与反应，生成不等量的立体异构体产物。

02.1241 对映体富集 enantiomerical enrichment, enantioenrichment
在不对称自催化反应中，产物的某一对映体过量越来越多的现象。

02.1242 不对称自催化 asymmetric auto-catalysis
手性产物分子本身作为手性催化剂参与并促进反应的完成。反应初期往往只需较少对映纯的产物作为催化剂，最终可得到较多对映纯的产物。

02.1243 绝对不对称合成 absolute asymmetric synthesis
利用偏振光等物理手段或添加某类无手性物质产生不等量的立体异构体产物或使对映体之一增量的反应过程。

02.1244 固体有机合成 solid phase organic synthesis

在固相载体上进行的有机合成。

02.1245 淋洗 elution
层析时用淋洗液通过固定相的操作。

02.1246 滤液 filtrate
由过滤得到的澄清液体。

02.1247 萃取 extract, extraction
依溶解度不同从混合物中分离其组分的一种操作。

02.1248 分子蒸馏 molecular distillation
对蒸馏物破坏程度低的高真空、低温度下的蒸馏过程。

02.04 生物有机化学

02.1249 一级结构 primary structure
在生物大分子(蛋白质、核酸、多糖等)中其结构单元(氨基酸,核苷酸,单糖)的排列顺序。

02.1250 二级结构 secondary structure
通常是指生物大分子如蛋白质和核酸在一级结构的基础上所形成的构象。是多肽链或核苷酸链借助主链上的氢键盘绕折叠而形成的具有周期性的构象。如 DNA 的右手双螺旋结构、RNA 的发卡式结构、多肽链中的 α-螺旋、β-折叠、β-转角和无规卷曲等结构。

02.1251 三级结构 tertiary structure
生物大分子在二级/超二级结构的基础上进一步盘绕形成的高级结构。如多肽链和多核苷酸链所形成的不规则三维折叠。三级结构产生于肽链上氨基酸侧链之间或多核苷酸链上碱基与碱基(或核糖)之间的相互作用。

02.1252 四级结构 quaternary structure
蛋白质结构中的第 4 个层次。蛋白质分子内具有三级结构的相同或不同的亚基(亚单位)通过非共价键(氢键、疏水键、盐键等)聚合而成的特定结构,每一个具有三级结构的多肽链称为亚基。

02.1253 碳水化合物 carbohydrate
主要由碳、氢、氧组成,含有多羟基的醛类或酮类的化合物。其分子式通式通常为 $C_n(H_2O)_n$,因此有碳的水合物之称。但有例外,如鼠李糖 $C_6H_{12}O_5$。所以现在将含有多羟基的醛类或酮类化合物称为糖。

02.1254 糖 (1)saccharide (2)sugar
(1)简单糖类的统称。经水解仅能得到单糖类分子。由单糖聚合得到不同聚合度的寡糖,包括二糖、三糖等,几十个或更多单糖聚合成多糖。(2)通常是指具有甜味的单糖或寡糖。有时在学术上,也指一些单糖。

02.1255 醛糖 aldose
分子结构中含有醛基的单糖。如葡萄糖是一种己醛糖;核糖是一种戊醛糖。

02.1256 酮糖 ketose
分子结构中含有酮羰基的单糖。如果糖、核酮糖。

02.1257 酮醛糖 ketoaldose
分子内同时含有酮羰基和醛基的单糖衍生物。

02.1258 呋喃糖 furanose
4 个碳原子和 1 个氧原子形成的五元环作为环状结构的单糖。即单糖分子中的 4 位羟基与 1 位醛基缩合生成五元环的半缩醛,称为呋喃糖。如木糖、阿拉伯糖、核糖等通常以呋喃型存在。

02.1259 吡喃糖 pyranose

5 个碳原子和 1 个氧原子形成的六元环作为环状结构的单糖。即单糖分子中的 5 位羟基与 1 位醛基缩合生成六元环的半缩醛,称为吡喃糖。如葡萄糖、甘露糖等通常以吡喃型存在。

02.1260 单糖 monosaccharide

若再进一步分解,便失去糖的性质的最简单的糖类分子。单糖相互连接可形成寡糖和多糖。

02.1261 二糖 disaccharide

又称"双糖"。由两个单糖分子通过糖苷键连接而成的糖。如蔗糖、乳糖、麦芽糖等。

02.1262 寡糖 oligosaccharide

任何由 10 个以下单糖连接而成的糖聚合物。但"10"这一数字并非绝对。

02.1263 多糖 polysaccharide

任何由 10 个以上单糖连接而成的糖聚合物。

02.1264 纤维素 cellulose

D-葡萄糖分子经β-1,4-糖苷键连接而成的多糖。通常含数千个葡萄糖单位,是植物细胞壁的主要成分。

02.1265 糖蛋白 glycoprotein

糖类分子与蛋白质分子共价结合形成的复合大分子。形成此大分子的过程常称为蛋白质的糖基化。糖基化修饰使蛋白质分子的性质和功能更为丰富和多样。

02.1266 淀粉 starch

以 D-葡萄糖为单元聚合而成的多糖。有直链和支链两种不同结构。直链淀粉中仅有 α-1,4 键连的葡聚糖,而支链淀粉则兼有以 α-1,6 连接分支的结构。淀粉是植物中碳水化合物储存的主要形式。

02.1267 糊精 dextrin, amylin

由淀粉经酶法或化学方法水解得到的,含有数个或数十个以上葡萄糖单位的混合物。包括麦芽糊精、极限糊精等种类。

02.1268 糖醇 alditol

单糖分子的醛基或酮羰基被还原成羟基,使糖转化而成的多元醇。例如核糖醇、山梨糖醇等。

02.1269 糖酸 aldonic acid

醛糖的醛基被氧化成为羧基后得到的衍生物。如葡萄糖酸。

02.1270 酮糖酸 ketoaldonic acid, ulosonic acid

糖酸中某一个二级羟基被氧化为酮羰基的单糖衍生物。

02.1271 糖醛酸 uronic acid

醛糖中的羟甲基被氧化成为羧基的化合物。

02.1272 脎 osazone

又称"糖脎"。含有自由醛基或酮羰基的还原糖类(如葡萄糖、果糖、麦芽糖等)与过量苯肼反应生成具有特异结晶形状的黄色化合物。

02.1273 还原糖 reducing sugar

在 C_1 位上具有半缩醛羟基的单糖。大部分双糖也是还原糖,蔗糖例外。能够还原费林(Fehling)试剂或托伦斯(Tollens)试剂的糖。

02.1274 非还原糖 non-reducing sugar

不能还原费林试剂或托伦斯试剂的糖。

02.1275 戊糖 pentose

任何由 5 个碳原子组成的单糖类。通式为 $C_5H_{10}O_5$。最常见的戊糖有核糖、木糖和阿拉伯糖等。

02.1276 己糖 hexose

又称"六碳糖"。由 6 个碳原子构成的单糖。如葡萄糖是己醛糖，果糖是己酮糖。

种戊糖。是核糖核酸(RNA)的构成成分，并出现在许多核苷、核苷酸以及其衍生物中。

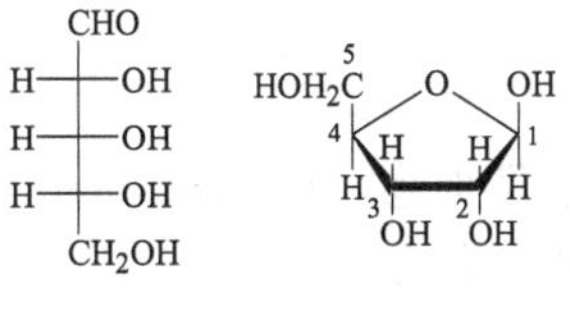

02.1277 叶绿素 chlorophyll

吸收太阳的辐射能进行光合作用，存在于植物体内一组密切相关的绿色色素。在结构上属于卟啉类，但其含有镁离子而不是铁离子。陆地上植物的主要叶绿素是叶绿素 a 和 b；而海洋生物则含有叶绿素 c。

02.1278 甘油醛 glyceraldehyde

又称"2,3-二羟基丙醛"。具有 D-型和 L-型两种对映(旋光)异构体的一种最简单的醛糖。是费歇尔确定碳水化合物构型的参考标准。

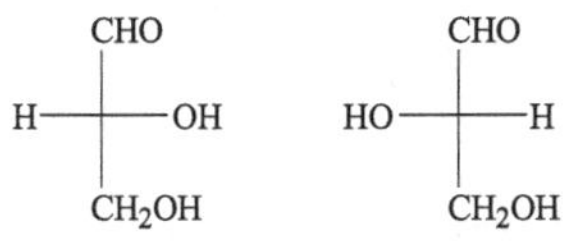

D-(+)-甘油醛   L-(-)-甘油醛

02.1279 D-(-)-赤藓糖 erythrose

又称"赤丁糖"。中间两个碳原子上的羟基在碳链的同一侧的一种四碳醛糖。出现于磷酸戊糖途径中的一种中间代谢物。按费歇尔投影式 D-(-)-赤藓糖的结构式为：

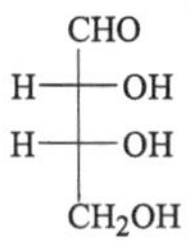

02.1280 D-(-)-苏阿糖 threose

又称"苏丁糖"。中间两个碳原子上的羟基在碳链的两侧的一种四碳醛糖(丁醛糖)。按费歇尔投影式，D-(-)-苏阿糖的结构式为：

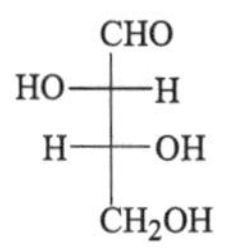

02.1281 核糖 ribose

主要以 D-型形式存在的自然界中最重要的一

D-(-)-核糖   β-D-呋喃核糖

02.1282 脱氧核糖 deoxyribose

核糖中一些羟基被氢取代后的衍生物。通常在核糖的 2-位脱氧，2-脱氧核糖是 DNA 的组成成分。

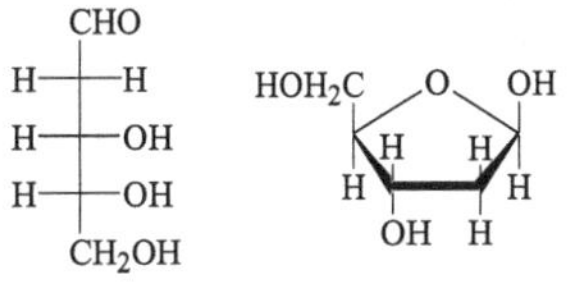

D-(-)-2-脱氧核糖   β-D-呋喃脱氧核糖

02.1283 葡萄糖 glucose

属六碳糖类的醛糖。分子式为 $C_6H_{12}O_6$。葡萄糖有 D、L 两种，D-葡萄糖是自然界广为存在的一种单糖，是构成淀粉和纤维素的成分。L-葡萄糖需人工合成。D-葡萄糖是由链式结构与环状结构组成的平衡体系。环状结构是吡喃型的，有 α 和 β 两种不同的构型。D-葡萄糖环状结构的稳定构象是六元的椅式结构，C2~C5 的羟基和羟甲基都处于平伏键位置。

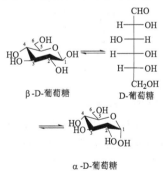

β-D-葡萄糖   D-葡萄糖

α-D-葡萄糖

02.1284 木糖 xylose

一种五碳醛糖。自然界并无游离的木糖存在，而多以木聚糖的形式广泛存在于植物中。D-木糖的结构式为：

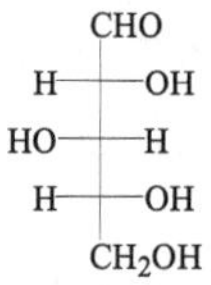

02.1285 抗坏血酸 ascorbic acid

又称"维生素C(Vitamin C)"。烯醇式己糖酸内酯。有 L 及 D 型两种异构体。只有 L 型有生理功效。是一种重要的水溶性维生素。L-抗坏血酸的结构式为：

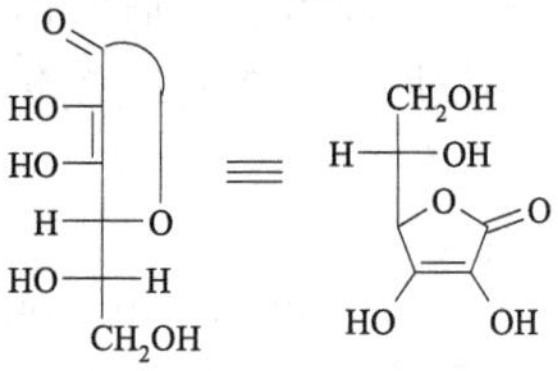

02.1286 果糖 fructose

以呋喃糖和吡喃糖两种形式存在的一种最为常见的己酮糖。晶体 D-果糖以呋喃型结构形式存在。游离的 D-果糖存在于许多水果和蜂蜜中。与葡萄糖缩合构成日常食用的蔗糖。D-果糖的链式结构与环状结构如下：

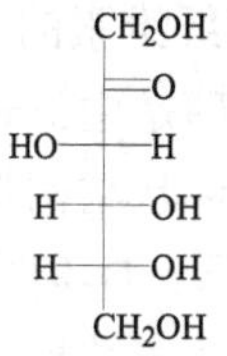

D-果糖 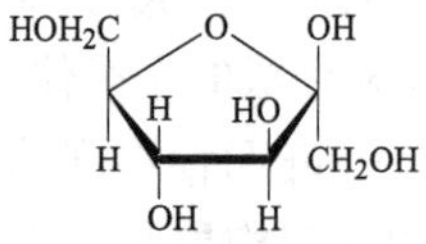　　　β-D-呋喃果糖

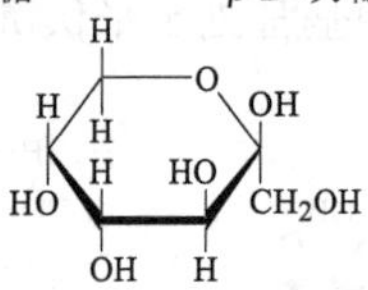

β-D-吡喃果糖

02.1287 蔗糖 sucrose

α-D-吡喃葡萄糖和β-D-呋喃果糖之间通过它们的半缩醛羟基脱水而形成的非还原性二糖，即普通食糖。学名为β-D-呋喃果糖基-α-D-吡喃葡萄糖苷或α-D-吡喃葡萄糖基-β-D-呋喃果糖苷。

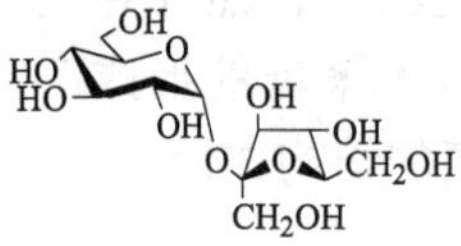

02.1288 麦芽糖 maltose

由两分子吡喃型 D-葡萄糖以α-1，4 糖苷键连接而成的双糖。为还原性糖，是构成淀粉的基本单位。淀粉经酶催化水解，尤其是在β-淀粉酶的作用下，产生大量麦芽糖。

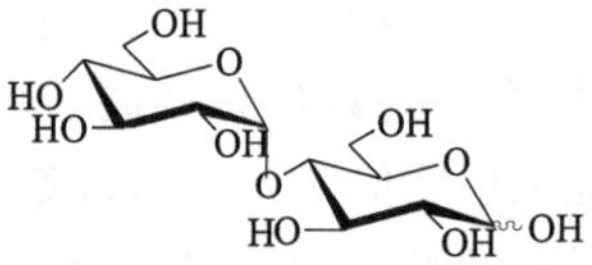

02.1289 糖苷 glycoside

单糖或寡糖通过其半缩醛羟基与另一个化合物的羟基、氨基或巯基失水形成共价键的化合物。其共价键称为糖苷键。糖苷化合物中糖部分称为糖基；与糖基结合的化合物称为配糖体或苷元。

02.1290 葡[萄]糖苷 glucoside

葡萄糖通过半缩醛羟基与另一个化合物或基团共价结合而形成的糖苷类化合物。

02.1291 糖原 glycogen

又称"肝淀粉(liver starch)"。D-葡萄糖以α-1，4 键连接，并有相当多α-1，6 分支的多糖。作为能源贮藏，广泛分布于哺乳类及其他动物的肝、肌肉中。

02.1292 核苷酸 nucleotide

由核苷和磷酸残基组成大分子核酸的基本结构单位。此磷酸基与核苷中糖的 3′或 5′羟基酯化。核苷酸可包括单核苷酸、寡核苷酸、多核苷酸。如：

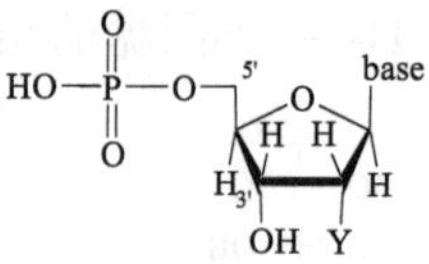

02.1293 脱氧核苷酸 deoxynucleotide

通常指 2′-脱氧核苷的磷酸酯。生物体内常为 5′-磷酸酯，如 5′-脱氧腺苷酸(5′-dAMP)、5′-

脱氧鸟苷酸(5′-dGMP)、5′-脱氧胞苷酸(5′-dCMP)和5′-脱氧胸腺苷酸(5′-dTMP)。是 DNA 的组成单元。

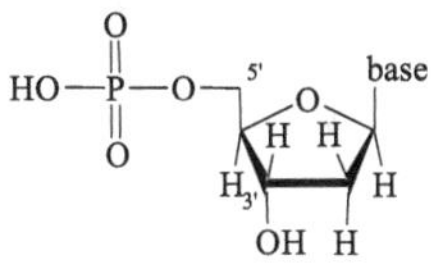

02.1294　单核苷酸　mononucleotide
组成核酸(DNA 和 RNA)的基本结构单位。由 1 个碱基、1 个五碳糖(脱氧核糖或核糖)和磷酸以特定方式(糖苷键和磷酸酯键)连接而成。

02.1295　寡核苷酸　oligonucleotide
由 20 个以下单核苷酸通过 3′,5′-磷酸二酯键连接而成的聚合物。

02.1296　多核苷酸　polynucleotide
由 20 个以上单核苷酸通过 3′,5′-磷酸二酯键连接而成的聚合物。

02.1297　三磷酸腺苷　triphosadenine
又称"腺苷-5′-三磷酸(adenosine-5′-triphosphate, ATP)",简称"腺三磷"。由腺嘌呤、核糖和 3 个磷酸基团按特定方式连接而成。含有 2 个高能磷酸键,水解时释放出能量,是生物体内最直接的能量来源。

02.1298　核糖核酸　ribonucleic acid, RNA
由 4 种核苷酸通过 3′,5′-磷酸二酯键连接而成的单链多聚体。是核酸的一类。不同种类的 RNA 链长不同,行使各式各样的生物功能。其结构式的通式如下:

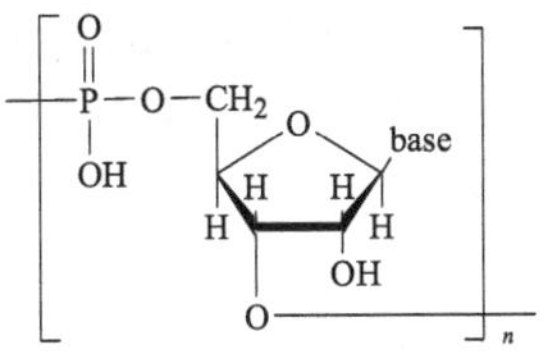

02.1299　脱氧核糖核酸　deoxyribonucleic acid, DNA

由 4 种主要的脱氧核苷酸(dAMP、dGMP、dCMT 和 dTMP)通过 3′,5′-磷酸二酯键连接而成的一类带有遗传信息的生物大分子。其组成和排列不同,显示不同的生物功能,如编码功能、复制和转录的调控功能等。排列的变异可能产生一系列疾病。

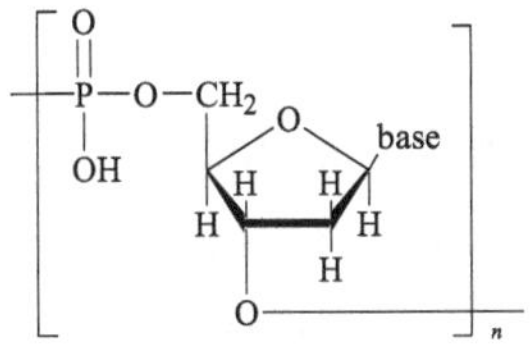

02.1300　核酸　nucleic acid
又称"多聚核苷酸"。分别由核苷酸或脱氧核苷酸通过 3′,5′-磷酸二酯键连接而成的具有非常重要生物功能的一类生物大分子。包括核糖核酸(RNA)和脱氧核糖核酸(DNA)两类。主要功能是储存遗传信息和传递遗传信息。

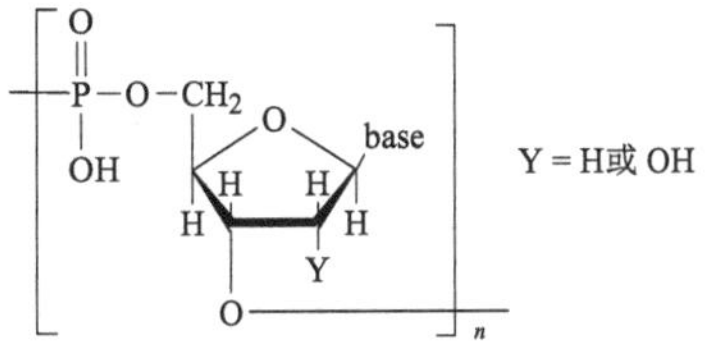

02.1301　核苷　nucleoside
由碱基和五碳糖(核糖或脱氧核糖)连接而成的化合物。是嘌呤的 9 位氮或嘧啶的 1 位氮与核糖或脱氧核糖的 1 位碳通过β-糖苷键连接而成的化合物。包括核糖核苷和脱氧核糖核苷两类。构成 RNA 的核苷是核糖核苷;构成 DNA 的核苷是脱氧核糖核苷。

02.1302　脱氧核苷　deoxynucleoside
嘌呤碱(腺嘌呤,鸟嘌呤)的 9 位氮原子或嘧啶碱(胞嘧啶,胸腺嘧啶)的 1 位氮原子与 2-脱氧-D-核糖的 1 位碳原子通过β-糖苷键相连接生成脱氧核苷。分别为脱氧腺苷、脱氧鸟苷、脱氧胞苷、脱氧胸腺苷。

02.1303 碱基 base

一类带有碱性的杂环有机化合物。DNA 中的碱基主要有腺嘌呤、鸟嘌呤、胞嘧啶和胸腺嘧啶；RNA 中主要有腺嘌呤、鸟嘌呤、胞嘧啶和尿嘧啶。此外，在 DNA 和 RNA 中均发现有一些含量较少或很少的修饰(稀有)碱基，主要存在于转移核糖核酸(tRNA)中。

02.1304 腺嘌呤 adenine

学名为 6-氨基嘌呤，是 DNA 和 RNA 中 5 种碱基之一。符号：A。结构如下图所示：

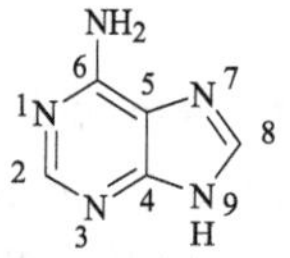

02.1305 胞嘧啶 cytosine

学名为 2-羟基-4-氨基嘧啶，是核酸(DNA 和 RNA)的主要碱基组分之一。有烯醇式和酮式两种形式，但以酮式为主。符号：C。

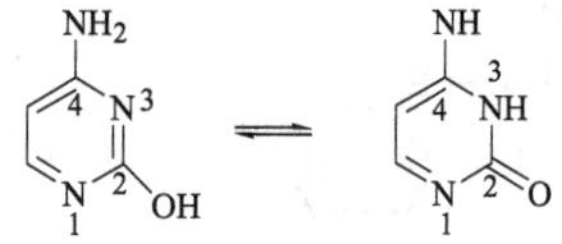

02.1306 鸟嘌呤 guanine

学名为 2-氨基-6-羟基嘌呤，是核酸(DNA 和 RNA)的主要碱基组分之一。有烯醇式和酮式两种形式，但以酮式为主。符号：G。

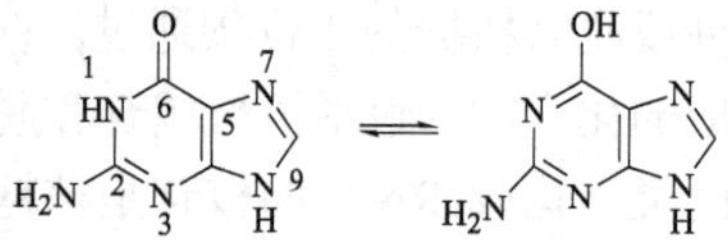

02.1307 尿嘧啶 uracil

又称"二氧嘧啶"。学名为 2,4-二羟基嘧啶，RNA 中的主要碱基组分之一。有烯醇式和酮式两种形式，但以酮式为主。符号：U。

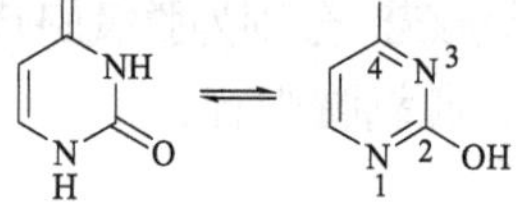

02.1308 胸腺嘧啶 thymine

学名为 2,4-二羟基-5-甲基嘧啶，DNA 中的主要碱基组分之一。也在转移核糖核酸(tRNA)分子中发现。有烯醇式和酮式两种形式，但以酮式为主。符号：T。

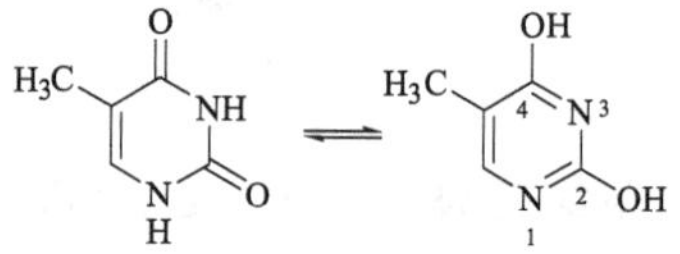

02.1309 腺苷 adenosine

又称"腺嘌呤核苷"。由腺嘌呤的 9-位氮原子与 D-核糖的 1 位碳原子通过 β-糖苷键连接而成的化合物。符号：A, Ado。

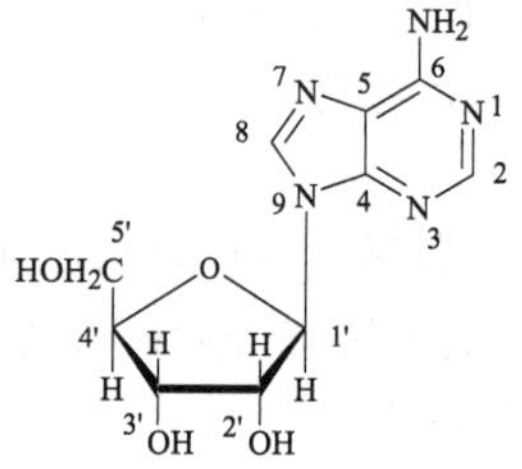

02.1310 胞苷 cytidine

又称"胞嘧啶核苷"。由嘧啶的 1-位氮原子与 D-核糖的 1 位碳原子通过 β-糖苷键连接而成的化合物。符号：C, Cyd。

02.1311 鸟苷 guanosine

又称"鸟嘌呤核苷"。由鸟嘌呤的 9-位氮原子与 D-核糖的 1 位碳原子通过 β-糖苷键连接而成的化合物。符号：G, Guo。

02.1312 尿苷 uridine

又称"尿嘧啶核苷"。由尿嘧啶的 1 位氮原子与 D-核糖的 1 位碳原子通过 β-糖苷键连接的化合物。是 RNA 中核苷的主要成分之一。符号：U, Urd。

02.1313 脱氧胸苷 thymidine thymine-2-deoxyriboside

由胸腺嘧啶的 1-位氮原子与 D-脱氧核糖的

1-位碳原子通过β糖苷键连接而成的化合物。是 DNA 中核苷的主要成分之一。符号：dT。

02.1314 两性离子化合物 zwitterionic compound

具有相反形式电荷基团的中性化合物。即分子中既有正离子又有负离子。氨基酸就是以两性离子(内盐)形式存在的如甘氨酸 $H_3N^+CH_2COO^-$。三甲基氧化胺$(CH_3)_3N^+-O^-$也是两性离子化合物。

02.1315 生物催化[作用] biocatalysis

由酶或酶的复合物以及完整细胞促进化学反应进行的作用。

02.1316 生物转化 biotransformation

又称"生物转换(bioconversion)"。在微生物或酶的作用下，底物被化学转化为另一个化合物的过程。如甾体化合物的羟基化、环氧化与脱氢反应等。

02.1317 仿生学 biomimics, bionics

模仿生物体和生物体生命过程、现象与功能的一门科学。

02.1318 生物有机化学 bioorganic chemistry

应用有机化学的原理和方法，在分子水平上研究生命现象本质的一门学科。是生物化学与有机化学之间的交叉学科。主要研究内容为设计与合成相对简单的模型分子来模拟生物体的生化过程的局部或全部，其中最重要的是对酶和膜作用的模拟。生物活性物质的结构和功能的关系，主客体分子之间的相互识别与相互作用及生物信息的存储、表达、传递和调控作用的分子基础等，也都是生物有机化学重要的研究领域。

02.1319 生物探针 bioprobe

分子生物学和生物化学实验中用于指示特定物质(核酸、蛋白质、细胞结构等)的性质或物理状态的一类标记分子。

02.1320 生物合成 biosynthesis

酶催化的合成过程。这个过程可以在生物体内进行，亦可以在体外进行。例如在灌注的离体器官、培养细胞中进行。

02.1321 激动剂 agonist

可与天然物质的受体细胞结合而产生生物效应的化合物。

02.1322 拮抗剂 antagonist

能抑制激素、药物、酶等物质作用的化合物。其作用与激动剂相反或降低激动剂的作用。

02.1323 氨基酸 amino acid

一般指同时含有氨基和羧基的有机化合物。但通常指在脂肪碳链上同时存在氨基和羧基的化合物。根据氨基与末端羧基的距离，可分为α，β，γ，ω等氨基酸。α-氨基酸是在同一个碳原子上既结合了氨基也结合了羧基的氨基酸。参与蛋白质生物合成的有 22 种 L-构型的α-氨基酸。

02.1324 天然氨基酸 natural amino acid

自然界如动植物、微生物中存在的氨基酸。

02.1325 蛋白[质]氨基酸 protein amino acid

组成蛋白质的氨基酸。

02.1326 非蛋白[质]氨基酸 non-protein amino acid

天然蛋白质中不存在的氨基酸。

02.1327　编码氨基酸　encoded amino acid
　　与核酸中的密码子有对应关系的氨基酸。

02.1328　非编码氨基酸　non-coded amino acid
　　与核酸中的密码子没有对应关系的氨基酸。

02.1329　必需氨基酸　essential amino acid
　　为哺乳动物机体正常生长和功能所需要的，但不能被机体自身合成，而必须从食物中获得的氨基酸。如苯丙氨酸、赖氨酸、亮氨酸、异亮氨酸、甲硫氨酸、苏氨酸、色氨酸、缬氨酸等 8 种氨基酸。儿童生长必需的还有精氨酸和组氨酸。

02.1330　丙氨酸　alanine
　　L-丙氨酸的系统命名为(2S)-氨基丙酸，是编码氨基酸。D-丙氨酸存在于多种细菌细胞壁的糖肽中。β-丙氨酸是维生素泛酸和辅酶 A 的组分。符号：A, Ala。

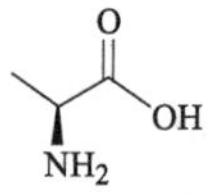

L-α-丙氨酸 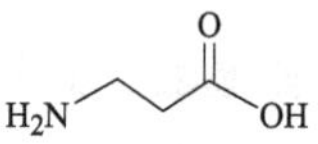　　　　β-丙氨酸

02.1331　天冬酰胺　asparagine
　　L-天冬酰胺的系统命名为(2S)-氨基-3-氨酰基丙酸，是编码氨基酸。D-天冬酰胺存在于短杆菌肽 A 分子中。符号：N, Asn。其结构式为：

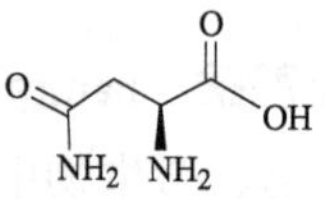

02.1332　半胱氨酸　cysteine
　　L-半胱氨酸的系统命名为(2R)-氨基-3-巯基丙酸，是编码氨基酸。符号：C, Cys。其结构式为：

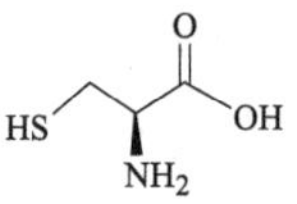

D-半胱氨酸存在于萤火虫的萤光素酶中。

02.1333　胱氨酸　cystine
　　由两个半胱氨酸通过二硫键连接形成，含有两个手性碳原子的化合物。L-胱氨酸广泛存在于毛、发、骨、角的蛋白质中。其结构式为：

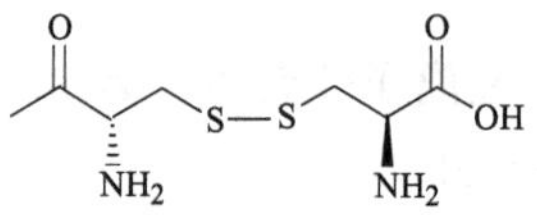

02.1334　L-谷氨酰胺　glutamine
　　系统命名为(2S)-氨基-4-氨酰基丁酸，是编码氨基酸。符号：Gln, Q。其结构式为：

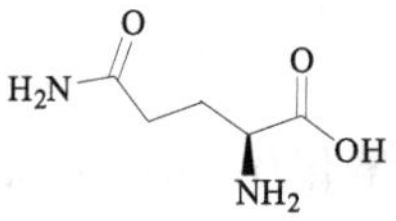

02.1335　甘氨酸　glycine
　　系统命名为 2-氨基乙酸。是编码氨基酸中没有旋光性的最简单的氨基酸，因具有甜味而得名。符号：G, Gly。其结构式为：

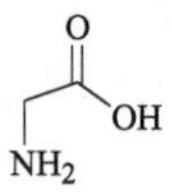

02.1336　L-异亮氨酸　isoleucine
　　系统命名为(2S)-氨基-(3R)-甲基戊酸。是编码氨基酸。有两个手性碳原子，是哺乳动物的必需氨基酸。符号：I, Ile。其结构式为：

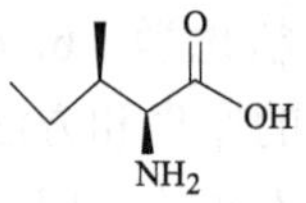

02.1337　L-亮氨酸　leucine
　　系统命名为(2S)-氨基-4-甲基戊酸。是编码氨基酸。是哺乳动物的必需氨基酸。符号：L, Leu。其结构式为：

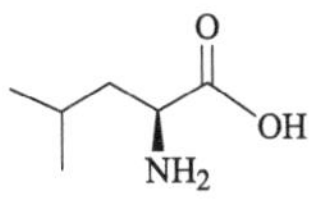

02.1338　L-甲硫氨酸　methionine

又称"蛋氨酸"。系统命名为(2S)-氨基-4-甲硫基丁酸。是编码氨基酸。是哺乳动物的必需氨基酸。符号：M, Met。其结构式为：

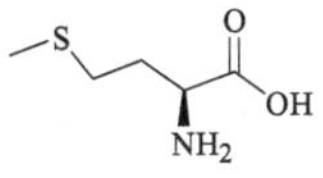

02.1339　L-苯丙氨酸　phenylalanine

系统命名为(2S)-氨基-3-苯基丙酸。是编码氨基酸。是哺乳动物的必需氨基酸。符号：F, Phe。其结构式为：

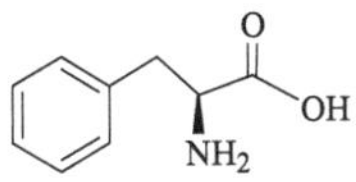

02.1340　L-脯氨酸　proline

系统命名为吡咯烷-(2S)-羧酸。为亚氨基酸。是编码氨基酸。在肽链中有特殊作用，如易形成顺式的肽键等。符号：P, Pro。其结构式为：

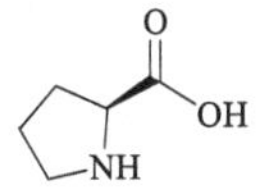

02.1341　L-丝氨酸　serine

系统命名为(2S)-氨基-3-羟基丙酸。是编码氨基酸。因可从蚕丝中获得而得名。符号：S, Ser。其结构式为：

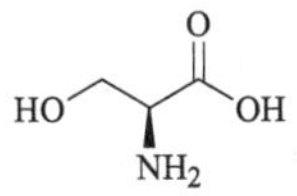

在丝原蛋白及某些抗菌素中含有D-丝氨酸。

02.1342　L-苏氨酸　threonine

系统命名为(2S)-氨基-(3R)-羟基丁酸。有两个手性中心，是编码氨基酸。是哺乳动物的必需氨基酸。符号：T, Thr。其结构式为：

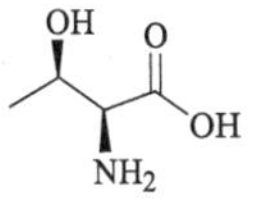

02.1343　L-色氨酸　tryptophan[e]

系统命名为(2S)-氨基-3-(3-吲哚基)丙酸。是编码氨基酸，哺乳动物的必需氨基酸。符号：W, Trp。其结构式为：

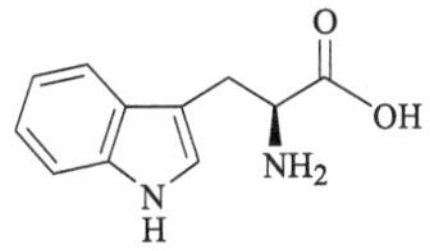

某些抗菌素中含有D-色氨酸。

02.1344　L-酪氨酸　tyrosine

系统命名为(2S)-氨基-3-(4-羟基苯基)丙酸。是编码氨基酸。符号：Y, Tyr。其结构式为：

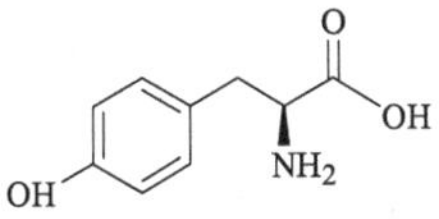

02.1345　L-缬氨酸　valine

系统命名为(2S)-氨基-3-甲基丁酸。是编码氨基酸。是哺乳动物的必需氨基酸。符号：V, Val。其结构式为：

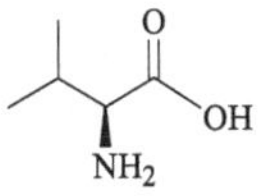

在某些放线菌素如缬霉素中存在D-缬氨酸。

02.1346　L-天冬氨酸　aspartic acid

系统命名为(2S)-氨基-丁二酸。是编码氨基酸，又是神经递质。符号：D, Asp。其结构式为：

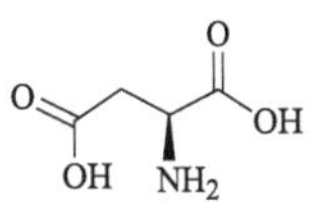

D-天冬氨酸存在于多种细菌的细胞壁和短杆菌肽A中。

02.1347　L-谷氨酸　glutamic acid

系统命名为(2*S*)-氨基-戊二酸。是编码氨基酸。符号：E, Glu。其结构式为：

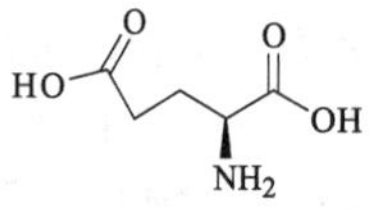

D-谷氨酸存在于多种细菌的细胞壁和某些细菌杆菌肽中。

02.1348　L-精氨酸　arginine

系统命名为(2*S*)-氨基-5-胍基戊酸。在生理条件下带正电荷，为编码氨基酸。是幼小哺乳动物的必需氨基酸。符号：R, Arg。其结构式为：

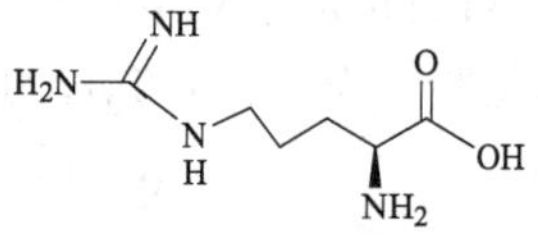

02.1349　L-组氨酸　histidine

系统命名为(2*S*)-氨基-3-(4-咪唑基)丙酸。其侧链带有弱碱性的咪唑基，为编码氨基酸。是幼小哺乳动物的必需氨基酸。符号：H, His。其结构式为：

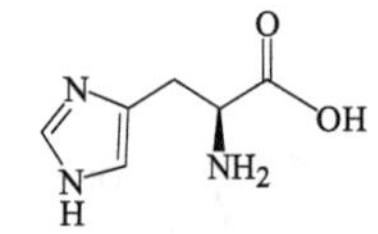

02.1350　L-赖氨酸　lysine

系统命名为(2*S*)-6-二氨基己酸。是编码氨基酸中的碱性氨基酸，哺乳动物的必需氨基酸。在蛋白质中的赖氨酸可以被修饰为多种形式的衍生物。符号：K, Lys。其结构式为：

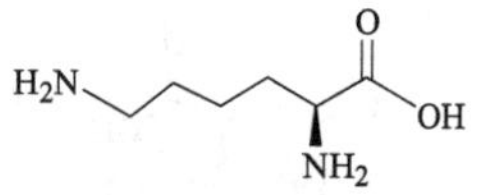

02.1351　硒代半胱氨酸　selenocysteine

为半胱氨酸中的硫原子被硒取代后的衍生

物，即(2*R*)-氨基-3-氢硒基-L-丙酸。是近年发现的第 21 个编码氨基酸。其在信使核糖核酸(mRNA)中的相应密码子为 UGA。符号：U, Sec。其结构式为：

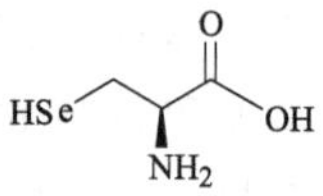

02.1352　吡咯赖氨酸　pyrrolysine

系统命名为 N^6-[(2*R*,3*R*)-3-甲基-3,4-二氢-2*H*-吡咯-2-羰基]-L-赖氨酸。(2*R*,3*R*)-3-甲基-3,4-二氢-2*H*-吡咯-2-甲酰基与赖氨酸的 6-氨基形成酰胺的衍生物。目前仅发现在产甲烷菌和古细菌中存在。是近年发现的第 22 个编码氨基酸。其三联体密码子与终止密码子相同，均为 UAG。符号：O, Pyl。其结构式为：

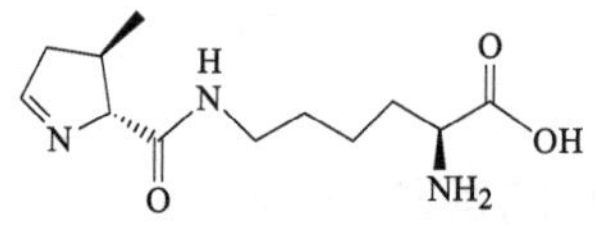

02.1353　焦谷氨酸　pyroglutamic acid

系统命名为 5-氧-吡咯烷-(2*S*)-甲酸。是谷氨酸分子内α碳原子上的氨基与自身γ碳原子上的羧基失去 1 个水分子而形成的环状化合物。符号：pGlu, pyroGlu。其结构式为：

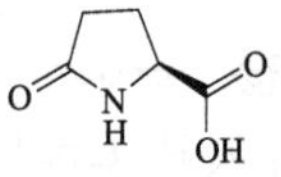

02.1354　瓜氨酸　citrulline

系统命名为(2*S*)-氨基-5-脲基戊酸。首先在西瓜汁中发现。L-瓜氨酸是动物体内氨基酸代谢、尿素循环中的重要中间物。符号：Cit。其结构式为：

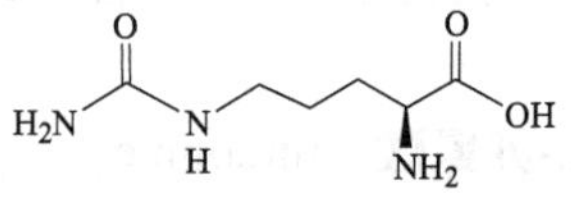

02.1355　鸟氨酸　ornithine

系统命名为(2*S*), 5-二氨基戊酸。由精氨酸降解脱去尿素而产生，是鸟氨酸循环的起始物质。不直接参与蛋白质生物合成。符号：Orn。其结构式为：

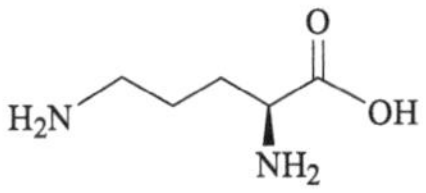

02.1356 羟脯氨酸 hydroxyproline

系统命名为 3-羟基脯氨酸(3Hyp)或 4-羟基脯氨酸(4Hyp)。是从脯氨酸衍生而来的一种亚氨基酸。胶原中约 50%的脯氨酸被羟基化成为 4Hyp 和少量 3Hyp。Hyp 也存在于弹性蛋白、牙齿珐琅和伸展蛋白中。符号：HyPro, Hyp。

02.1357 刀豆氨酸 canavanine

一种碱性 L-α-氨基酸。存在于某些豆中，占刀豆干重 8%，是主要贮氮化合物。种子发芽时水解释放出氮用于生物合成，其结构式为：

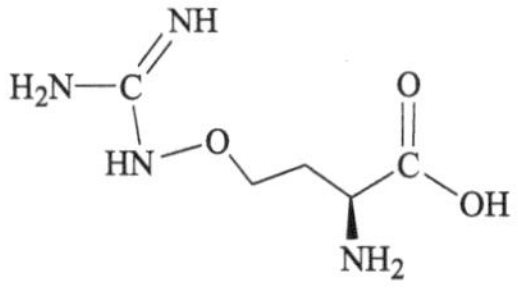

02.1358 南瓜子氨酸 cucurbitine

系统命名为(3S)-氨基-3-羧基吡咯烷。存在于南瓜的种子中，有毒性，可做驱蛔虫药。

02.1359 马尿酸 hippuric acid, N-benzoylgly-cine

系统命名为 N-苯甲酰基甘氨酸。存在于草食动物的尿液中，人尿中亦有少量存在。口服苯甲酸衍生物后，常以马尿酸形式自尿中排出。符号：Hip。

02.1360 多巴 3-(3,4-dihydroxyphenyl) alanine

系统命名为 3-(3,4-二羟基苯基)-L-丙氨酸。由酪氨酸氧化产生的氨基酸。于体内转变为 L-多巴胺。符号：DOPA。

02.1361 γ-氨基丁酸 γ-aminobutyric acid

一种中枢神经触突的抑制性递质。脑中含量较高，在脑的能量代谢中占有重要的地位。符号：GABA。其结构式为：

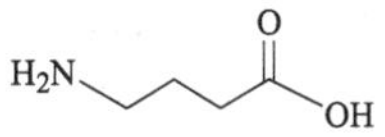

02.1362 氨基酸残基 amino acid residue

两个或两个以上的氨基酸之间经脱水形成肽时，在肽中的每个氨基酸单元。此时羧基组分中的羧基缺少 1 个羟基(NH_2—CHR—CO—)，而氨基组分中的氨基缺少 1 个氢原子(—NH—CHR—COOH)，因此肽链中所有单元均为氨基酸残基—(—NH—CHR—CO—)$_n$, $n = 2,3,4,\cdots$。

02.1363 吡哆醛 pyridoxal

维生素 B_6 的代谢形式之一。是吡哆醇上 4 位的羟甲基被氧化为醛基的结构。其分子中的一级羟基与磷酸生成的吡哆醛磷酸酯(吡哆醛-P)是自然界功能最具多样性的一种辅酶。符号：PL。其结构式为：

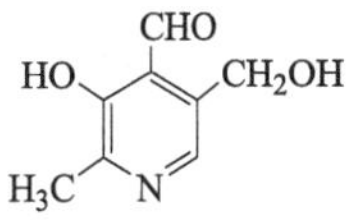

02.1364 吡哆醇 pyridoxol

维生素 B_6 的代谢形式之一。与吡哆胺、吡哆醛合称为维生素 B_6。由于最初分离出来的代谢产物是吡哆醇，故一般以它作为维生素 B_6 的代表。其结构式为：

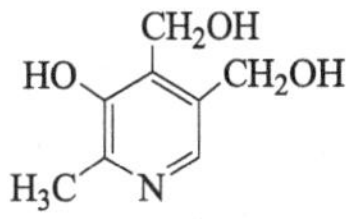

02.1365 吡哆胺 pyridoxamine

吡哆醇上 4 位羟甲基的羟基被氨基取代的产物，是维生素 B_6 的代谢形式之一。符号：PM。其结构式为：

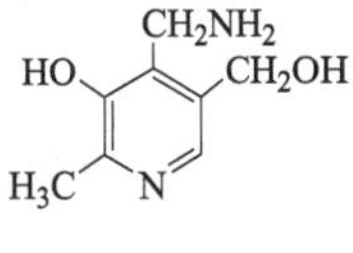

02.1366　肽　peptide
由两个或两个以上相同或不相同的氨基酸之间脱水形成—CO—NH—共价键的酰胺化合物。一般是指由相同或不相同的α-氨基酸之间脱水形成的酰胺化合物，也包括其他氨基酸之间形成的肽。

02.1367　多肽　polypeptide
含有 10 个以上的氨基酸残基的肽。

02.1368　线型肽　linear peptide
直链状的多肽。

02.1369　酯肽　depsipeptide
同时含有氨基酸残基和羟基酸残基(通常为α-氨基酸与α-羟基酸)的天然肽或合成肽。

02.1370　环肽　cyclic peptide, cyclopeptide
线型肽主链或侧链上氨基酸残基的游离氨基(或游离羧基)与主链或侧链上另一个氨基酸残基的游离羧基(或游离氨基)之间失水后形成环状结构的肽。含有二硫键的环肽称为杂环肽。

02.1371　环酯肽　cyclodepsipeptide
环状的酯肽。即在环肽的环中同时含有氨基酸残基和羟基酸残基(通常为α-氨基酸与α-羟基酸)的化合物。

02.1372　肽键　peptide bond
1 个氨基酸的羧基与另一个氨基酸的氨基之间经失水后形成的酰胺键。肽键具有双键的性质。除了稳定的反式肽键外，还可能存在不太稳定的顺式肽键。

02.1373　多肽链　polypeptide chain
氨基酸残基组成的多肽一维结构。

02.1374　伪肽　pseudopeptide
肽键被其他共价键取代后的肽。

02.1375　肽激素　peptide hormone
具有激素活性的多肽和蛋白质的总称。包括下丘脑激素、垂体激素、胰腺激素、胃肠道激素、甲状旁腺素、降钙素、胸腺素、血管紧张素、激肽等。

02.1376　寡肽　oligopeptide
通常指含有 10 个以下氨基酸残基的肽。

02.1377　肽模拟物　peptidomimetic
根据生物活性肽与相应受体的构象、拓扑化学及电性特征，设计具有类似生物活性的非肽类似化合物。

02.1378　肽单元　peptide unit
(1)对肽链的一级结构而言，是肽链中的氨基酸残基。(2)对肽链的高级结构而言，则是肽键组成的肽平面。

02.1379　N 端　N-terminal
又称"氨基端(amino terminal)"。在肽或多肽链中含有游离α-氨基的氨基酸一端。在表示氨基酸序列时，通常将 N 端放在肽链的左边。

02.1380　C 端　C-terminal
又称"羧基端(carboxyl terminal)"。在肽或多肽链中含有游离羧基的氨基酸一端。在表示氨基酸序列时，通常将 C 端放在肽链的右边。

02.1381　侧链　side chain
连接在较长链或环上侧面的短(支)链。在氨基酸上特指氨基酸α-碳上的取代基团。

02.1382　二硫键　disulfide bond
在两个硫原子之间形成的共价键。常见于肽和蛋白质中两个半胱氨酸残基的两个巯基之间形成的二硫键。二硫键对于维持许多蛋白质分子的天然构象十分重要。

02.1383 脑啡肽 enkephalin, ENK

由 5 个氨基酸残基组成的内源性类吗啡肽。属于内啡肽。在脑中已发现有两种脑啡肽:甲硫氨酸脑啡肽(Met-enkephalin),其结构为 L-Tyr-Gly-Gly-L-Phe-L-Met 以及亮氨酸脑啡肽(Leu-enkephalin),二者的区别仅在于 C 端分别是甲硫氨酸和亮氨酸。其 N 端的四肽序列与内啡肽相同。

02.1384 内啡肽 endorphin

与吗啡活性相似的高等生物内源性阿片样肽。最常见于脑下垂体分泌的 α-、β-、γ-内啡肽分别含有 16、31、17 个氨基酸残基,其结构相似,仅 C 端不同。它们的 N 端四肽序列与脑啡肽相同。

02.1385 强啡肽 dynorphin

具有很强的阿片样活性的一种内源性的神经肽。强啡肽 A 为 17 肽,强啡肽 B 为 13 肽,它们的 N 端前 5 个氨基酸序列与亮氨酸脑啡肽相同。

02.1386 阿片样肽 opioid peptide

具有吗啡样镇痛作用的一类内源性多肽的总称。能与中枢神经或外周组织中阿片受体特异结合,其作用可为吗啡拮抗剂纳洛酮阻断。这些肽都有 1 个共同的 N 端序列(Tyr-Gly-Gly-Phe-Met/Leu)。其不仅参与镇痛,而且还在应激、记忆、免疫反应、摄食、血压调节、脑瘤生长以及内分泌调节等生理活动中发挥重要作用。

02.1387 δ 睡眠肽 delta sleep inducing peptide, DSIP

又称"δ 诱眠肽"。内源性的生物活性肽。是 1 个九肽,其结构式为:L-Trp-L-Ala-Gly-Gly-L-Asp-L-Ala-L-Ser-Gly- L-Glu。可促进兔的慢波睡眠,并能特异性地增强兔脑电图中的δ波。

02.1388 心房肽 atrial natriuretic factor, ANF; atrial natriuretic peptide, ANP

为含有二硫键的二十八肽。存在于右心房、左心房、下丘脑、中脑等中。具有利尿、利钠、扩张血管的生物活性。

02.1389 激肽 kinin

引起血管扩张并改变血管渗透性的小分子肽。在人体和高等动物中发现的激肽有 3 种,即舒缓激肽、胰激肽和甲硫激肽,分别为九肽、十肽与十一肽。具有强的血管舒张活性,可使血管扩张,增加毛细管通透性及平滑肌的收缩。

02.1390 血管紧张肽 angiotensin

又称"血管紧张素"。血管紧张肽 I、II 的总称。血管紧张肽 I 由血管紧张肽原在血管紧张肽原酶催化作用下断裂生成,是血管紧张肽 II 的无活性的十肽前体。结构为 L-Asp-L-Arg-L-Val-L-Tyr-L-Ile(L-Val)-L-His-L-Pro-L-Phe-L-His-L-Leu。血管紧张肽 II 是具有促进血管收缩和醛固酮分泌的八肽 L-Asp-L-Arg-L-Val-L-Tyr-L-Ile(L-Val)-L-His-L-Pro-L-Phe。是由血管紧张素酶切去血管紧张肽 I 的 C 端 2 个氨基酸残基而得。

02.1391 [舒]缓激肽 bradykinin

由前体蛋白质经酶解而得到的,能引起血管扩张并改变血管渗透性的九肽。主要作用是扩张血管、降低血压、增强毛细血管通透性、引起疼痛、增加心脏收缩频率等。

02.1392 短杆菌肽 S gramicidin S

系短芽孢杆菌产生的结构对称、并含 D-构型氨基酸残基的环十肽抗生素。结构为 c(L-Leu-D-Phe-L-Pro-L-Val-L-Orn-L-Leu-D-Phe-L-Pro-L-Val-L-Orn)。

02.1393 糖肽 glycopeptide

与糖分子以共价键相连接的肽类化合物。

02.1394 谷胱甘肽 glutathione, GSH
结构式为γ-L-Glu-L-Cys-Gly 的化合物。其中谷氨酸是由γ-羧基而不是α-羧基与半胱氨酸的氨基之间形成肽键。广泛分布于细胞中。是生物体内多种酶的辅酶，可作为抗氧化剂保护酶和使蛋白质的巯基不被氧化。2 个还原型谷胱甘肽(reduced glutathione, GSH)分子可通过二硫键相连而形成氧化型谷胱甘肽(oxidized glutathione, glutathione disulfide, GSSG)。

02.1395 信号肽 signal peptide, leader peptide
又称"前导肽(leader peptide)"。通常被分泌的蛋白质在分泌出膜外时，其肽链 N 端的 20~30 个氨基酸残基组成的肽段为信号序列，可将分泌蛋白引导进入内质网，同时在跨膜运输过程中被信号肽酶切除。新生肽链继续延伸，出现高级结构，从而形成"成熟"的蛋白质。上述信号序列称为信号肽。

02.1396 蜂毒肽 melittin
强碱性的二十六肽。其 N 端的甘氨酸残基被甲酰基化。占蜂毒干重的 40%~50%。其二级结构为两亲螺旋，呈现明显的表面活性。

02.1397 蝎毒素 scorpion toxin
蝎子产生的多肽的混合物。主要含有多种昆虫和哺乳动物的神经毒素。

02.1398 溶液法 solution method
将氨基组分与羧基组分均溶于有机溶剂中，在均相条件及偶联剂作用下缩合形成肽键。每一步反应均需要对产物进行分离纯化，以除去未反应的原料和副产物，所以最终产物较纯，反应规模可大可小，但操作繁杂、费时。是专指多肽合成的一种方法。

02.1399 固相肽合成法 solid phase peptide synthesis
将要合成多肽链的 C 端氨基酸的羧基与不溶性的高分子树脂以共价键相连，再以结合在固相载体上的这个氨基酸作为氨基组分经过脱去氨基保护基并与过量的活化羧基组分反应向 N-端延伸连接成预期肽链(也可以将 N-端氨基酸与不溶性的高分子树脂以共价键相连，向 C-端延伸)。这样的步骤可以重复地进行，最后达到所需要的肽链长度。该法与传统的溶液法不同，不需要每一步提纯，操作简便，易实现自动化，但最终产物不纯，需用高效液相色谱法纯化。是专指多肽合成的一种方法。

02.1400 偶联剂 coupling reagent
在生物有机化学中，指在肽与蛋白质合成时，促使氨基酸之间脱水形成肽键的试剂。

02.1401 肽库 peptide library
以不同方法构建的，不同序列肽组成的混合物。构建的方法可以是组合化学方式的化学合成法，也可以是生物合成法。

02.1402 肽缀合物 peptide conjugate
肽与另一类化合物以共价键形式相连(如与甾体化合物以酯键或酰胺键连接)的化合物。

02.1403 磷酸肽 phosphopeptide
含有 1 个或多个磷酸基的肽类化合物。

02.1404 脂肽 lipopeptide
通过酯键或酰胺键将脂肪酸或长链醇接到肽上所形成的化合物。磷酸甘油酯与肽形成的化合物也属于脂肽。

02.1405 激素 hormone
又称"荷尔蒙"。生物体内特殊组织或腺体产生的，直接分泌到体液中，通过体液运送到特定作用部位，从而起特殊激动效应的一类含量极微的有机化合物。按其化学本质，激素可分为三大类:①含氮激素，包括蛋白质激素、多肽激素及氨基酸衍生物激素;②甾体激素；③脂肪酸衍生物激素。

02.1406　蛋白质　protein
生物体中广泛存在的一类生物大分子。由核酸编码的 22 种α-氨基酸之间通过α-氨基和α-羧基形成肽键连接而成肽链，并经翻译加工后生成具有特定立体结构的生物活性大分子。

02.1407　变性作用　denaturation
生物大分子如蛋白质、核酸受物理因素或化学因素的影响，可改变或破坏蛋白质或核酸分子的空间结构，从而引起蛋白多肽链的展开和核酸螺旋形结构的解体，并导致其生物活性的丧失以及理化性质的改变。

02.1408　埃德曼降解　Edman degradation
从肽或蛋白质逐步切下 N 末端氨基酸的一种方法。即将埃德曼试剂苯基异硫氰酸酯在弱碱条件下与氨基酸、肽或蛋白质的游离氨基反应，通过形成乙内酰硫脲而使 N 末端氨基酸从肽或蛋白质上脱落，并可重复进行这些步骤。此法不仅可确定 N 末端氨基酸的结构，也可以确定氨基酸的序列。

02.1409　氨基酸序列　amino acid sequence
存在于肽或蛋白质中的氨基酸线性顺序。氨基酸线性顺序在表示时，通常是把 N 末端氨基酸写在左边，C 末端氨基酸写在右边。

02.1410　α 螺旋　α-helix
典型的 α 螺旋由 18 个氨基酸残基形成，为五圈螺旋，每一圈含有 3.6 个氨基酸残基，螺距 5.4 Å。在蛋白质中，多数为右手螺旋，主要靠氢键维持此种螺旋结构。此类氢键是由肽链骨架中的第 n 个羰基上的氧原子与第 $n+4$ 肽键的 NH 基上的氢原子所形成。是一种最常见的蛋白质二级结构。

02.1411　β 折叠片[层]　β-pleated sheet
又称"β 片[层] (β-sheet)"。蛋白质中常见的一种二级结构。由两条或多条β-折叠链并排地借相邻主链间的氢键相互作用排列成的片(层)结构。根据相邻肽链的走向，可分为平行、反平行和混合型三类。

02.1412　β 转角　β-turn, β-bend
一般由 4 个氨基酸残基组成，其中第 1 个氨基酸残基上的 CO 基与第 4 个氨基酸残基上的 NH 基之间形成氢键，使多肽链的方向发生"U"形改变。是蛋白质二级结构类型之一。

02.1413　无规卷曲　random coil
直链多聚体的一种比较不规则的构象。其侧链间的相互作用较小。对围绕单键转动阻力极小。并且由于溶剂分子的碰撞而不断扭曲，因此不具有独特的三维结构和最适构象。

02.1414　结构域　structural domain
蛋白质或核酸分子中含有的与特定功能相关的一些连续的或不连续的氨基酸或核苷酸残基形成的区域。

02.1415　前体　precursor
在代谢或合成途径中位于某一化合物之前的一种化合物。

02.1416　配体　ligand
在生物有机化学中，与一大分子化合物以非共价键相结合的原子、一组原子或一分子。

02.1417　受体　receptor, acceptor
在生物有机化学中，受体是有接受、识别外来信息，并由此触发各种应答反应的蛋白质。是指分子水平上的靶部位。通过特定的相互作用，能在这个部位上结合上一种物质。这个部位可能在细胞壁、细胞膜上或在细胞里面的酶上。被结合的物质，可能是病毒、抗原、激素或药物。

02.1418 给体 donor

在生物有机化学中，提供基因 DNA 片段、器官、组织或细胞给另一个个体生物的生物个体。

02.1419 折叠 folding, fold

在有机体中新合成的、线性的长链生物大分子，包括蛋白质、核酸和糖类，通过链内的非共价相互作用形成特定立体结构的过程。

02.1420 解折叠 unfolding

破坏一些生物大分子特有的立体构象的过程和操作。不仅可用于肽链，也可用于核酸，甚至糖类。

02.1421 酶 enzyme

催化特定化学反应的蛋白质、核糖核酸 (RNA) 或其复合体。是生物催化剂，可通过降低反应的活化能加快反应速率，但不改变反应的平衡点。绝大多数酶的本质是蛋白质，但也有些核酸性酶具有催化作用。酶的作用特点是效率高，专一性强，反应条件温和。

02.1422 酶学 enzymology

研究酶的化学本质、结构、作用机制、分类、辅酶和辅因子等的一门学科。

02.1423 比活性 specific activity

每毫克酶蛋白所具有的酶活力。是酶学研究及生产中经常使用的数据，可以用来比较每单位重量酶蛋白的催化能力。对同一种酶来说，比活力越高，表明酶越纯。

02.1424 辅酶 coenzyme

作为酶的辅因子的有机分子。本身无催化作用，但一般在酶催化反应中有传递电子、原子或某些功能基团(如参与氧化还原或运载酰基的基团)的作用。在大多数情况下，可通过透析将辅酶除去。

02.1425 脂肪酶 lipase

催化脂肪水解为甘油和脂肪酸的酶。

02.1426 脱氧核糖核酸酶 deoxyribonuclease

作用于脱氧核糖糖酸(DNA)的磷酸二酯键、降解 DNA 的各种酶。

02.1427 异构酶 isomerase

可催化分子结构重排的酶。即催化同分异构体间相互转化反应的酶。如磷酸葡萄糖异构酶、表异构酶、消旋酶、变位酶等。

02.1428 消旋酶 racemase

能使对映异构体发生消旋化的酶。也是能催化一对对映异构体发生相互转化的酶。

02.1429 连接酶 ligase

催化两个不同分子或同一分子的两个末端连接的酶。

02.1430 合成酶 synthetase

能催化由两个组分合成 1 个分子的有关酶的总称。在合成过程中，需要由三磷酸腺苷(ATP)或其他三磷酸核苷的高能磷酸键提供能量。

02.1431 类脂 lipid, lipoid

又称"脂质"。脂类及其衍生物的总称。由活细胞合成的一组非均一的化合物，溶于非极性溶剂。可从组织中提取。分为简单脂类、复合脂类、衍生脂类、中性脂类、两性脂类和氧化还原脂类等。

02.1432 脂质体 liposome

(1)某些细胞质中的天然脂质小体。(2)由连续的双层或多层复合脂质组成的人工小球囊。借助超声处理使复合脂质在水溶液中膨胀即可形成脂质体。可以作为生物膜的实验模型，在研究或治疗上用于包载药物、酶或其他制剂。

02.1433　磷脂酶　phospholipase

催化磷酸甘油酯水解的酶。如磷脂酶 A 催化其 2 位上酯键的水解；磷脂酶 B 催化 1 位上酯键的水解；磷脂酶 C 催化磷酸基与甘油间的断裂；磷脂酶 D 催化磷酸甘油酯水解产生磷脂酸。

02.1434　磷脂　phospholipid

含有 1 个或多个磷酸基的脂类。包括甘油磷脂和鞘磷脂两类。磷脂属于两亲脂类，在生物膜的结构与功能中占重要地位，少量存在于细胞的其他部位。

02.1435　鞘磷脂　sphingomyelin, phosphosphin-golipid

又称"神经鞘磷脂"。一组由鞘氨醇、脂肪酸和磷酰胆碱(少数为磷酰乙醇胺)组成的磷脂，在高等动物的脑髓鞘和红细胞膜中特别丰富。结构式如下，式中 R 对应的 RCO_2H 为脂肪酸，如硬脂酸、软脂酸、木蜡酸、神经酸等。

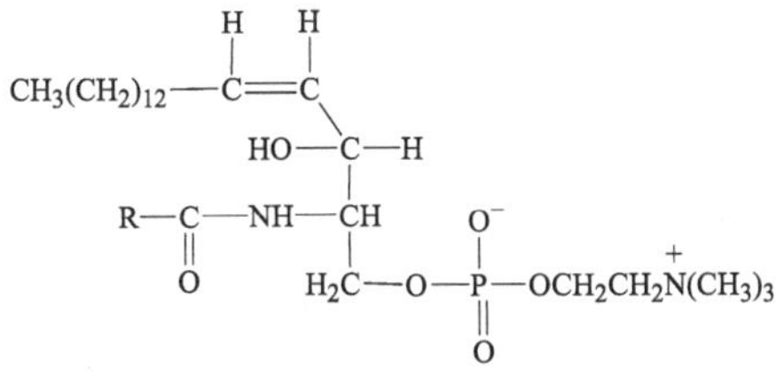

02.1436　糖脂　glycolipid

糖和脂类结合所形成的物质的总称。在糖脂分子中，1 个或多个单糖基与脂类以糖苷键相连。

02.1437　鞘氨醇　sphingosine, 4-sphingenine

又称"神经氨基醇"。长链不饱和脂肪烃的氨基二元醇。自然界存在的主要为十八碳鞘氨醇，而且均为反式构型。系统命名为反式-2-氨基-十八碳-4-烯-1,3-二醇。是体内合成鞘脂、鞘磷脂、鞘糖脂(如脑苷脂，神经节苷脂等)的母体化合物，以及生物膜的重要组

成部分，参与细胞信息识别和传递。

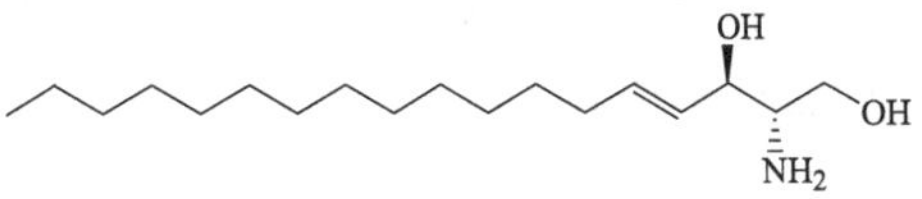

02.1438　神经酰胺　ceramide, Cer

又称"脑酰胺""N-脂酰鞘氨醇"。一类鞘脂。其鞘氨醇的 N-脂酰基衍生物是由一分子脂肪酸的羧基与鞘氨醇的氨基通过酰胺键缩合而成。法伯(Farber)病患者体内有大量神经酰胺堆积。

02.1439　神经节苷脂　ganglioside, GA

从神经节细胞分离的一种鞘糖脂。其脂质部分是神经酰胺，除通过糖苷键相连的糖基(多为单糖)外，还携有 1 个或多个唾液酸残基，属酸性鞘糖脂的一种；另一种是硫酸鞘糖脂(硫苷脂)。主要存在于神经组织、脾脏与胸腺中。

02.1440　乙酰胆碱　acetylcholine, Ach

胆碱的乙酰化产物。在动物体内，乙酰胆碱是一种重要的水解递质，参与水解突触间以及神经突触与肌肉间的信号传递。既是外周神经系统的重要神经递质，又是中枢神经系统的典型递质。

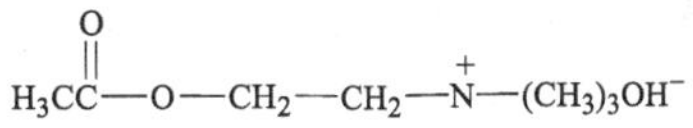

02.1441　前列腺素　prostaglandin, PG

由含一个五元环的二十碳脂肪酸(前列腺烷酸)衍生而来的广泛存在于哺乳动物各种组织中的一种生物活性物质。按双键位置、个数或羟基位置、有无内过氧化结构等，分为 PGA~PGI 九类。

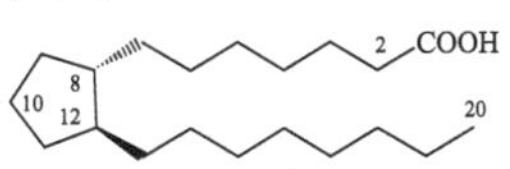

前列腺烷酸

02.1442　白三烯　leukotriene

一组来自花生四烯酸或其他非饱和脂肪酸的非环状生物活性分子，由白细胞等对刺激的应答而形成。

02.1443 甘油酯 glyceride
脂肪酸的甘油酯类。由甘油和1个、2个或3个脂肪酸形成的一种中性脂肪。根据与甘油酯化的脂肪酸分子的数目，产物分别称为甘油一酯、甘油二酯、甘油三酯。

02.1444 促生长素 growth hormone
由垂体前叶分泌的蛋白质激素。

02.1445 蜕皮激素 ecdysone, molting hormone
又称"蜕皮酮"。甾体激素家族中的一类成员。存在于昆虫类、甲壳类动物和某些植物中。能刺激昆虫幼虫蜕皮、成蛹及孵化。某些植物中存在植物蜕皮素，其功能与抗害虫有关。

02.1446 保幼激素 juvenile hormone, JH
又称"咽侧体激素"。昆虫幼虫期的一种激素。由变构的直链类异戊二烯组成，可促进幼虫发育。由咽侧体的神经内分泌结构产生。

02.1447 性激素 sex hormone
主要由性腺分泌的激素。包括雄性激素和雌性激素两大类。雄性激素由睾丸产生，包括睾酮、雄酮等；雌性激素由卵泡分泌，包括雌二醇、雌三醇、雌酮等。此外，机体其他部位也能分泌少量性激素。

02.1448 昆虫信息素 pheromone, insect hormone
又称"昆虫外激素"。昆虫自身产生释放出的，作为种内或种间个体传递信息的微量行

为调控物质。具有引诱、刺激、抑制或取食、产卵、交配、集合、报警、防御等功能。每种信息素的结构都有特定的立体构型。多数信息素是几种化合物按一定比例的混合物。近年也发现其他动物，包括哺乳动物也有释放传递信息物质的现象，这些物质也可称信息素。

02.1449 植物激素 phytohormone
在植物生长过程中起调控作用的有机化合物。已知有七类：脱落酸、植物生长素、细胞分裂素、乙烯、赤霉素、寡糖素和油菜甾醇内酯。

02.1450 抗体酶 abzyme, catalytic antibody
又称"催化抗体"。通过改变抗体中与抗原结合的微环境，并在适当的部位引入相应的催化基团所产生的具有催化活性的抗体。可由两种途径获得抗体酶：①采用过渡态的底物类似物诱导；②在现有的抗体基础上，通过化学修饰或通过蛋白质工程，向其配体结合部位导入催化基团。催化抗体对某一化学反应过渡态(中间体)具有特异催化能力。

02.1451 适配体 aptamer
能与蛋白质或代谢物等配体特异和高效结合的 RNA 或 DNA 片段。通常用体外筛选方法(如 SELEX 法)制备得到。

02.1452 半抗原 hapten
具有反应原性而无免疫原性的简单有机小分子。其本身不能引起免疫应答，只有与蛋白载体结合后才具备半抗原特异的免疫原性，并能与已产生的相应抗体结合。

02.05　金属有机化学

02.1453 金属有机化学 organometallic chemistry
研究金属有机化合物的合成、反应、结构、

性质及应用的化学分支学科。

02.1454 金属有机化合物 organometallic

compound

含金属-碳键(M—C)的化合物。也包括类金属硼、硅、砷、碲与碳键合的化合物。

02.1455　元素有机化学　elemento-organic chemistry

研究元素有机化合物的合成、反应、结构、性质及应用的化学分支学科。

02.1456　元素有机化合物　elemento-organic compound

除氢、氧、氮、硫和卤素(氯、溴、碘)以外的元素与碳直接结合成键的有机化合物。为苏联首创的名称，前东欧国家大都采用。包括金属与碳成键的化合物、类金属(如硼、硅、砷等)与碳成键的化合物、有机磷化合物和有机氟化合物。

02.1457　格氏试剂　Grignard reagent

含镁-碳键的有机卤化镁 RMgX 或其在溶液中与 R_2Mg 和 MgX_2 的平衡混合物。

02.1458　夹心化合物　sandwich compound

金属原子处于两个平行或近乎平行的平面环之间的一类化合物。例如二茂铁[$(\eta^5\text{-}C_5H_5)_2Fe$]、二苯铬[$(\eta^6\text{-}C_6H_6)_2Cr$]。

02.1459　抓桥氢　agostic hydrogen

同时与过渡金属和碳(或硅)原子相互作用的一类桥连氢原子。

02.1460　抓氢键　agostic hydrogen bond

含 C—H 或 Si—H 键化合物的氢原子被不饱和过渡金属抓住所形成的一类桥氢键。如 $Mo(PCy_3)_2(CO)_3$ 分子中的"抓"氢键。

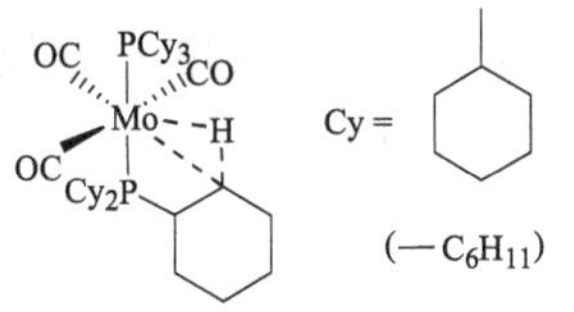

02.1461　金化[反应]　auration

由卤化金生成有机金化合物的一类反应。所生成的金化合物一般为双核化合物，其中金具有平面四方构型。

02.1462　反馈键合　backbonding

当配体将其成键电子对授予金属形成σ键的同时，金属将其 d 轨道中的电子反馈给配体的空π*轨道而形成π键的现象。

02.1463　弯曲夹心化合物　bent sandwich compound

分子内两个环结构单元彼此倾斜呈一定角度的夹心化合物。这类化合物常含 1~3 个其他配体，如二茂羰基钼[$Cp_2Mo(CO)$]、二茂氢化钼[Cp_2MoH_2]、二茂氢化钽[Cp_2TaH_3]。

02.1464　二茂铍　beryllocene

二(环戊二烯基)铍。对空气敏感的无色晶体，示性式$(C_5H_5)_2Be$,是一种具有滑移夹心结构的特殊茂金属化合物。

02.1465　二茂铬　chromocene

二(η^5-环戊二烯基)铬。对空气敏感的猩红色固体，示性式$(\eta^5\text{-}C_5H_5)_2Cr$。

02.1466　二茂铅　plumbocene

二(η^5-环戊二烯基)铅。对空气和水敏感的黄色固体，示性式$(\eta^5\text{-}C_5H_5)_2Pb$, 在气相和溶液中呈弯曲夹心结构。

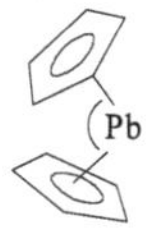

02.1467　二茂钌　ruthenocene

二(η^5-环戊二烯基)钌。对空气稳定的淡黄色固体，示性式$(\eta^5\text{-}C_5H_5)_2Ru$。

02.1468　α-二茂铁碳正离子　α-ferrocenyl carbonium ion

与二茂铁环戊二烯基环直接相连的碳正离子。这类碳正离子十分稳定，可作为阴离子的盐从反应体系中分离出来：

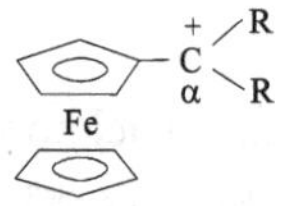

02.1469 敞开式茂金属 open metallocene

过渡金属原子与上下两个平行的非环五碳双烯基阴离子配体相键合的金属有机配合物。可看作茂金属的开环类似物。如敞开式二茂铁。其结构式为：

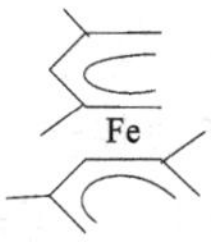

02.1470 生物甲基化 biomethylation

微生物将金属由无机状态转化为甲基金属的生化过程。可将无机 Hg^{2+} 离子转化为剧毒的 $MeHg^+$ 离子。

02.1471 桥头原子 bridgehead atom

存在于双环体系中的共用叔碳或相应的其他金属和非金属原子。如下图所示结构中的 1、4 碳原子：

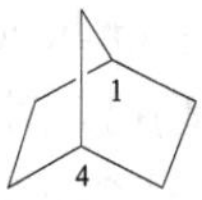

02.1472 蝶状簇 butterfly cluster

骨架原子呈蝴蝶形状排布的原子簇。如蝶状 Fe_2S_2 簇：

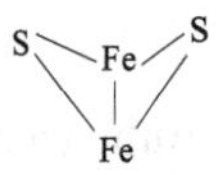

02.1473 伯利假旋转机理 Berry pseudorotation mechanism

三角双锥化合物的两个直立配体和3个平伏配体毋需断裂其直立和平状键而实现其异构化的一种分子内重排机理。

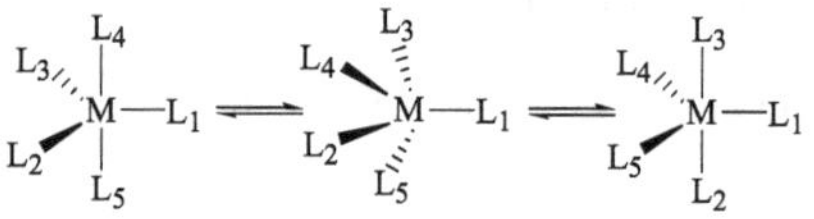

$$L_3\underset{L_2}{\overset{L_4}{M}}-L_1 \rightleftharpoons L_4\underset{L_5}{\overset{L_3}{M}}-L_1 \rightleftharpoons L_4\underset{L_2}{\overset{L_3}{M}}-L_1$$

02.1474 桥羰基 bridging carbonyl

同两个或两个以上金属原子相连的一氧化碳配体。如以下结构中的一氧化碳。

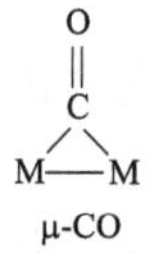

μ-CO

02.1475 二苯铬 bis(benzene) chromium

金属铬位于两个平行苯环的中央，示性式 $(\eta^6\text{-}C_6H_6)_2Cr$。棕色固体。

02.1476 碳硼化[反应] carboboration

有机硼化合物的碳硼键对不饱和有机化合物的加成反应。可用于有机合成实现高对映选择性 C—C 偶联。

02.1477 环金属化[反应] cyclometallation

又称"邻位金属化(orthometallation)"。通过芳烃 C—H 键对过渡金属分子内的氧化加成形成金属杂环的反应。

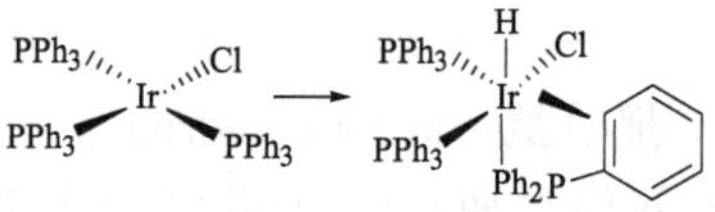

$$PPh_3\underset{PPh_3}{\overset{PPh_3}{\underset{}{Ir}}}Cl \rightarrow PPh_3\underset{Ph_2P}{\overset{H}{Ir}}Cl$$

02.1478 σ供电子配体 σ-donor ligand

以σ键与过渡金属配位的给电子性原子或基团。

02.1479 去除插入[反应] deinsertion

消除连接在 X 和 Z 两部分中间的 Y 原子或基团使 X 与 Z 键合在一起的化学反应或转变。插入反应的逆反应。

$$X—Y—Z \longrightarrow X—Z + Y$$

02.1480 双氮配合物 dinitrogen complex
分子 N_2 作为配体与金属相连的化合物。第一例双氮配合物于 1965 年通过肼、三氯化钌与 N_2 反应制得，其分子式为 $[Ru(NH_3)_5(N_2)]Cl_2$。

02.1481 双氧配合物 dioxygen complex
分子氧作为配体与金属相连的化合物。按照氧的配位方式，双氧配合物可分为 η^2-过氧配合物、η^1-超氧配合物。

η^2-过氧配合物　　η^1-超氧配合物

02.1482 双氢催化剂 dihydride catalyst
存在于催化循环步骤中的含两个顺式氢原子配体的一种均相催化剂。

02.1483 前[期]过渡金属 early transition metal
元素周期表中第 3 副族至第 7 副族中的所有过渡金属元素。包括镧系和锕系元素。是一些 d 轨道(或 f 轨道)没有填满电子或其轨道能级接近于外层价电子轨道能级因而可以利用 d 轨道(或 f 轨道)成键的一些金属元素。

02.1484 后[期]过渡金属 late transition metal
元素周期表中第 8 副族至第 1 副族中的 12 个过渡金属元素：Fe、Ru、Os、Co、Rh、Ir、Ni、Pd、Pt、Cu、Ag、Au。这些元素本身或其化合物含有未充满电子的 d 轨道，它们与前期过渡金属一起构成整个过渡金属元素系列。

02.1485 基元反应步骤 elementary reaction step
途经过渡态而非反应中间体的单一反应过程。常见的过渡金属化合物基元反应步骤有：
配位和解离

$$ML_n + L \rightleftharpoons ML_{n+1}$$

氧化加成和还原消除

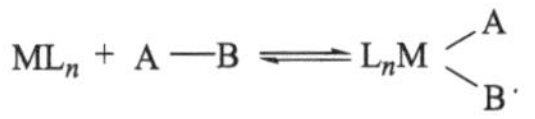

$$ML_n + A—B \rightleftharpoons L_nM \stackrel{A}{\underset{B}{<}}$$

插入和去除插入

$$L_nM—R + X \rightleftharpoons L_nM—X—R$$

02.1486 侧连配体 side-bound ligand, side-on ligand
以配体的两个或两个以上原子与中心金属原子相连的配体。例如以下结构中的 η^2-烯烃配体：

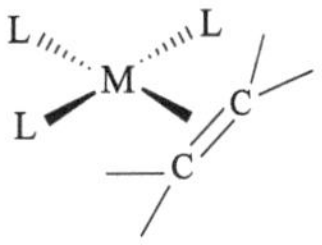

02.1487 端连配体 end-bound ligand, end-on ligand
以配体的 1 个原子与中心金属原子相连的配体。如下列结构中的羰基及卡宾配体：

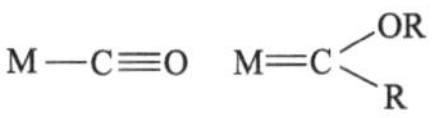

$$M—C\equiv O \qquad M=C\stackrel{OR}{\underset{R}{<}}$$

02.1488 贫电子键 electron deficient bond
相邻原子之间含有不足两个电子构成的化学键。例如存在于乙硼烷 B_2H_6 中，称之为二电子三中心的 B—H—B 键：

02.1489 流变性 fluxionality
常指有机及金属有机化合物分子所发生的一种连续的快速结构重排行为。如以下硅有机化合物所发生的 Me_3Si 基的 1，5-重排：

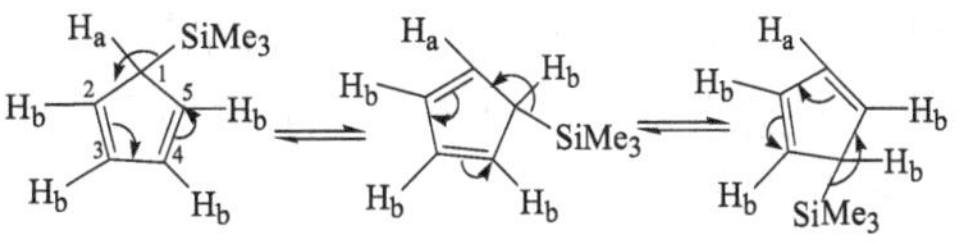

02.1490 甲醛配合物 formaldehyde complex

以甲醛分子作配体的金属配合物。

$$\overset{M}{\underset{H_2C}{\parallel}}\!\!=\!\!O$$

02.1491 甲酰基配合物 formyl complex
以甲酰基作配体的金属配合物。

$$M\!-\!\overset{O}{\underset{\parallel}{C}}\!-\!H$$

02.1492 唯铁氢化酶 Fe-only hydrogenase
含有金属并且所含金属皆为铁的一类生物酶。其主要功能是催化氢气氧化为质子和质子还原为氢气的可逆过程：

$$H_2 \rightleftharpoons 2H^+ + 2e$$

02.1493 盖尔曼试剂 Gilman reagent
二烷基铜锂，分子式为 R_2CuLi。可由卤化铜 CuX 和有机锂 RLi 于原位制得。

02.1494 手套箱技术 glove-box technique
利用通过固定在 1 个箱体口上的一副长橡皮手套，人们可以在氮气或氩气保护的无氧无水条件下的箱体内进行操作的一套实验技术。

02.1495 三扣[连]配体 trihapto ligand
又称"三齿配体(tridentate ligand)"。通过配体的 3 个原子与中心金属相连的配体。

02.1496 全同[配体]配合物 homoleptic complex
只含一种配体的过渡金属或主族金属化合物。

02.1497 半夹心配合物 half-sandwich complex
只含 1 个平面或近乎平面的环结构单元，并且以侧配的方式配位于 1 个金属原子之上的一类化合物。

02.1498 扣数 hapticity
又称"齿数(denticity)"。配合物中的 1 个配体同中心金属原子相连的给予原子数。

02.1499 氢金属化[反应] hydrometallation
金属-氢键对不饱和键加成反应的统称。

02.1500 氢锡化 hydrostannation
又称"锡氢化"。锡-氢键对不饱和键的加成反应。

$$\text{Sn}\!-\!H + A\!=\!B \longrightarrow \text{Sn}\!-\!A\!-\!B\!-\!H$$

02.1501 氢锆化 hydrozirconation
又称"锆氢化"。锆-氢键对不饱和键的加成反应。如：

$$Cp_2ZrCl(H) + \bigcirc \longrightarrow \underset{Cp}{\overset{Cp}{Zr}}\!\!\!\searrow^{Cl}$$

02.1502 杂原子烯烃 heteroalkene
烯烃的 CH_2 结构单元被杂原子及其基团取代的衍生物。如 $R_2C = E(E = S, Se, Te, NR, SiR_2, \cdots)$。

02.1503 杂原子炔烃 heteroalkyne

炔烃的 CH 结构单元被杂原子取代的衍生物。

02.1504 高核簇 higher nuclearity cluster
原子簇核中含有 6 个以上金属原子的原子簇化合物。如 $[Ru_6(CO)_{18}]^{2-}$ 及 $[Rh_{13}(CO)_{24}H_3]^{3-}$。

02.1505 等瓣相似 isolobal analogy
两个或多个分子碎片之间在前线轨道数目、对称性、能量、形状及所含电子数上的相似性。如 CH_3 与 $Mn(CO)_5$ 等瓣相似。

02.1506 等瓣置换 isolobal displacement
分子碎片取代与其等瓣相似的另一种碎片的一种化学反应。例如 $CpMo(CO)_2$ 取代

$Co(CO)_3$ 的反应：

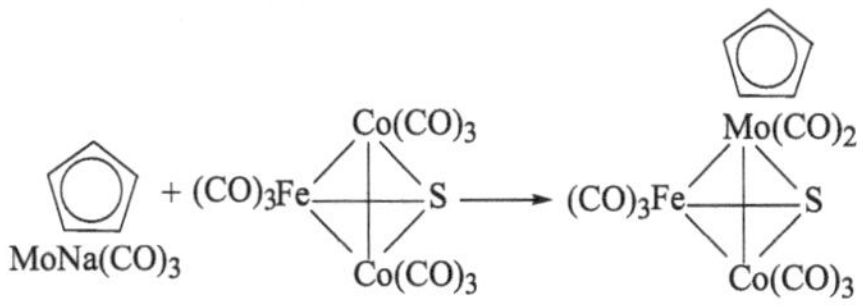

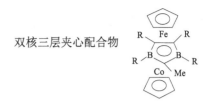

02.1507　等瓣加成　isolobal addition
等瓣碎片之间的偶联或加合反应。例如 CH_3 与 $(CO)_5Mn$ 的偶联或加合形成 CH_3- $Mn(CO)_5$。

02.1508　等瓣碎片　isolobal fragment
具有等瓣相似关系的两个或多个原子团或分子碎片。如等瓣碎片 CH_3 和 $Mn(CO)_5$。

02.1509　异腈配合物　isocyanide complex, isonitrile complex
以异腈分子作配体与金属配位的化合物。

02.1510　镧系元素配合物　lanthanoid complex
又称"稀土金属有机配合物(rare earth complex)"。过渡金属为镧系元素(元素周期表中镧及其后的 14 个元素)的过渡金属有机配合物。

02.1511　金属杂环　metallocycle
由金属原子和碳原子组成的环状金属有机化合物。例如铂杂五元环化合物：

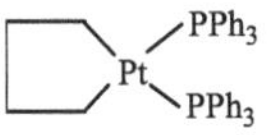

02.1512　金属富勒烯　metallofullerene
以富勒烯作为配体的金属有机化合物。例如：$(\eta^2\text{-}C_{60})Pd(PPh_3)_2$。

02.1513　多层夹心配合物　multidecker sandwich complex
一般指含 3~6 个彼此平行或近乎平行的平面环结构单元，且每两个相邻平面环之间夹有 1 个金属原子的双核、三核、四核及五核金属有机化合物。

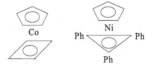

双核三层夹心配合物

02.1514　费歇尔卡宾配合物　Fischer carbene complex
又称"费歇尔金属卡宾"。含有杂原子取代的卡宾碳配体的一类金属卡宾配合物。如：

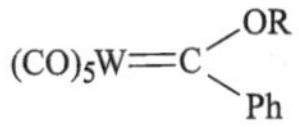

$$(CO)_5W = C\begin{smallmatrix} OR \\ Ph \end{smallmatrix}$$

02.1515　亚烃基配合物　alkylidene complex
又称"史罗克卡宾配合物(Schrock carbene complex)"。不含杂原子的单烃基卡宾碳 $R(H)C$: 或双烃基卡宾碳 R_2C: 类卡宾配体的金属有机配合物。如 $Cp_2(Me)Ta = CH_2$。

02.1516　迁移插入[反应]　migratory insertion
原子或基团通过转移和插入两个过程所完成的分子重排反应。

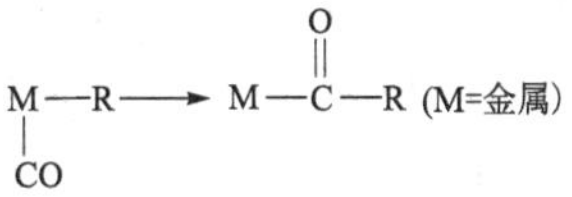

$$M-R \longrightarrow M-\overset{\overset{\textstyle O}{\|}}{C}-R \quad (M=金属)$$
$$\underset{\textstyle |}{\overset{\textstyle |}{}} CO$$

02.1517　混合夹心配合物　mixed sandwich complex
含两种不同平面环结构单元配体的夹心配合物。如：

02.1518　烯基金属　metal alkenyl, alkenyl metal
通过乙烯基的不饱和碳原子与金属以σ键相连的配合物。

$$\underset{M}{\diagdown}C=C\diagup$$

02.1519 炔基金属 metal alkynyl, alkynyl metal
通过乙炔基的不饱和碳原子与金属以σ键相连的配合物。

$$M—C≡CR$$

02.1520 金属氢化物 metal hydride
以负氢离子作配体与金属相连的化合物。如 [OsH(CO)$_4$]$^-$ 及 Cp$_2$ZrCl(H)。

02.1521 炔烃配合物 alkyne complex
通过炔烃的碳-碳三键与过渡金属配位的金属有机化合物。

$$M—\overset{R}{\underset{R}{\overset{\|}{C}}}$$

02.1522 单氢催化剂 monohydride catalyst
含 1 个负氢离子配体的过渡金属氢化物。常作为烯烃氢化催化剂。

02.1523 烯烃配合物 olefin complex
通过烯烃的碳碳双键与过渡金属配位的金属有机化合物。

$$M—\overset{CR_2}{\underset{CR_2}{\|}}$$

02.1524 氧化加成[反应] oxidative addition
共价相连的 A—B 分子对配合物中的金属原子 M 进行加成，从而使 M 发生形式上的双电子氧化或单电子氧化的一类反应。

$$L_nM^m + A—B \longrightarrow L_nM^{m+2} \overset{A}{\underset{B}{\diagdown}}$$
$$2L_nM^m + A—B \longrightarrow L_nM^{m+1}—A + L_nM^{m+1}—B$$

02.1525 有机银阴离子盐 organoargentate
有机银的一种络盐。例如，由卤化银与过量芳基锂反应制得的二芳基银锂盐(Li [AgAr$_2$])。

02.1526 η^5-戊二烯基 η^5-pentadienyl
与金属以五齿相连的戊二烯基配体。是构成敞开式茂金属的一种基本配体。

02.1527 五甲基环戊二烯基 pentamethylcyclopentadienyl
全甲基化的环戊二烯基 Me$_5$C$_5$。由于其具有特殊的电子和空间效应，因此常用以代替母体环戊二烯基以改善茂金属的物化性质和功能。

02.1528 聚层夹心配合物 polydecker sandwich complex
一般指六层以上的多层夹心配合物。如：

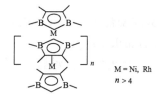

$$M = Ni, Rh$$
$$n > 4$$

02.1529 η^2-过氧配合物 η^2-peroxo complex
分子氧作为双齿配体与过渡金属相连的配合物。

02.1530 氧化还原缩合法 redox condensation method
在温和条件下形成羰基金属原子簇的合成法。

02.1531 珀金反应 Perkin reaction
芳香醛和酸酐在相同羧酸的碱金属盐存在下发生缩合反应，生成 β-芳基-α, β-不饱和酸的反应。

02.1532 半桥羰基 semibridging carbonyl
以不对称方式桥连在两个金属原子之间的羰基配体。可以看作是介于末端羰基和对称桥羰基之间的一种羰基。

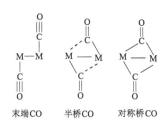

末端CO　　半桥CO　　对称桥CO

02.1533　骨架电子理论　skeletal electron theory

又称"韦德规则(Wade rule)"。20 世纪 70 年代中期由韦德等在分子轨道理论计算的基础上提出的从原子簇化合物(如硼烷原子簇)的骨架的成键电子总数来推断骨架几何形状的一种理论。此理论比较成功地阐明了中等大小多面体硼烷等原子簇的结构规律。

02.1534　滑移夹心结构　slipped sandwich structure

如二茂铍分子所具有的一种特殊夹心结构。即它的上下两个平行的环戊二烯基环是前后"滑"开的，并分别以 η^3 和 η^5 两种配位方式与中心金属铍原子相配位。

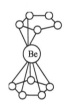

02.1535　η^1-超氧配合物　η^1-superoxo complex

分子氧作为单齿配体与过渡金属相连的配合物。

02.1536　硒羰基　selenocarbonyl

一硒化碳(CSe)配体。是 CO 的硒类似物。例如含 1 个硒羰基配体者，其结构式为：

02.1537　泰伯试剂　Tebbe reagent

由泰伯通过 Cp_2TiCl_2 与 Me_6Al_2 反应制得的 1 个四元环双金属配合物。是一种亚甲基转移试剂。其结构式为：

02.1538　硫羰基配体　thiocarbonyl ligand

一硫化碳(CS)配体。是一氧化碳(CO)的硫类似物。含硫羰基的 1 个例子为：

$$\begin{array}{ccc} Ph_3P & & CS \\ & Rh & \\ Cl & & PPh_3 \end{array}$$

02.1539　反式影响　trans influence

1 个配体对其反位上的另一个配体与中心金属原子之间化学键性质的影响。例如，在以下三种铂(II)的配合物中，Cl、Me_3P 或 H 配体对其反位上 Pt—Cl 键的影响不同：

$$Et_3P—Pt—PEt_3 \quad 2.29\text{Å} \\ Cl$$

$$Me_3P—Pt—Cl \quad 2.39\text{ Å} \\ Cl$$

$$EtPh_2P—Pt—PPh_2Et \quad 2.42\text{ Å} \\ Cl$$

它们使 Pt—Cl 键长依次递增，也就是说键强度依次递减；即它们的反位影响大小顺序为 H>Me_3P>Cl。

02.1540　平面三角构型　trigonal planar configuration

具 D_{3h} 对称性、不太常见的过渡金属的一种配位几何构型。由于其 3 个配位位置的等同性，无异构现象。

$$L_1—M \begin{array}{c} L_2 \\ \\ L_3 \end{array}$$

02.1541　T 状配合物　T-shaped complex

配位几何为"T"字形的过渡金属配合物。

常作为反应中间物出现。例如具有顺式和反式异构体的 T 状配合物。

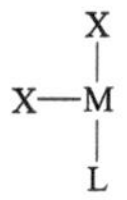

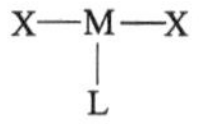

顺式异构体　　反式异构体

02.1542　羰基铀配合物　uranium carbonyl complex
含 CO 配体的金属铀配合物。例如$(\eta^5\text{-}Me_3SiC_5H_4)_3UCO$,由$(\eta^5\text{-}Me_3SiC_5H_4)_3U$ 与一氧化碳作用生成。

02.1543　真空线技术　vacuum line technique
利用带有多个三通活塞的玻璃双排管、真空泵、氮气或氩气钢瓶等部件组成的装置,用于对空气和水气敏感化合物的合成、分离、纯化等操作的一种实验技术。

02.1544　瓦斯卡配合物　Vaska complex
由瓦斯卡(Vaska)通过 $IrCl_3$ 与 PPh_3 在乙醇溶液中反应制得的 1 个淡黄色的配位不饱和的 Ir(I)配合物。该配合物在确立金属有机化学中的氧化加成和还原消除概念中发挥了历史性的关键作用。具有平面四方构型:

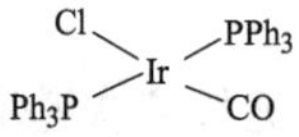

02.1545　18-价电子规则　18-valence electron rule, 18-VE rule

一种形成热力学稳定的过渡金属有机化合物所遵循的规则:当金属离子的价电子数与配体所提供的电子数之和等于 18 时,则形成热力学稳定的过渡金属有机化合物。尽管大多数过渡金属有机化合物服从 18 价电子规则,但也有一些稳定的过渡金属有机化合物不服从 18 价电子规则。例如$(R_3P)_3RhCl$的价电子总数为 16,R_3PAuR 为 14。

02.1546　维尔纳配合物　Werner complex
最初由配位化学先驱维尔纳(Werner)研究的一类经典的寡核金属配合物。与金属原子簇配合物的显著不同之处在于不含金属-金属键,其性质与其单核类似物无重大差别。

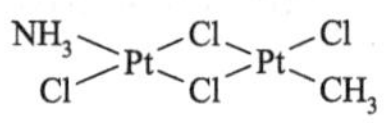

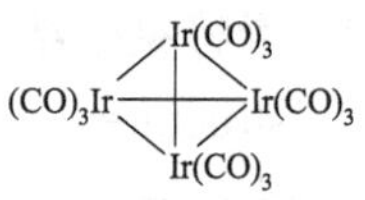

维尔纳配合物　　　　原子簇配合物

02.1547　威尔金森催化剂　Wilkinson catalyst
铑(I)配合物$(Ph_3P)_3RhCl$。红色固体,可由$RhCl_3(H_2O)_n$ 与 PPh_3 在乙醇中反应制得。是烯、炔及其他不饱和分子的均相氢化催化剂。

02.1548　叶立德配合物　ylide complex
含叶立德配体的金属配合物。例如,金的磷叶立德配合物:$Me_3\overset{\oplus}{P}\!-\!CH_2\!-\!\overset{\ominus}{AuMe}$。

03. 分析化学

03.01　一般术语

03.0001　定性分析　qualitative analysis
识别和鉴定纯物质或物料中组分的分析方法。组分常指元素、无机离子和有机官能团、化合物,有时也指含有一种或几种物质的 1 个物相。

03.0002　定量分析　quantitative analysis
测定试样中元素、离子、官能团或化合物含量的分析方法。

03.0003　化学分析　chemical analysis
基于物质的化学反应的分析方法。

03.0004　仪器分析　instrumental analysis
基于物质的物理或化学性质，使用各种较复杂的仪器的分析方法。

03.0005　仪器联用技术　hyphenated technique of instruments
将两种或多种仪器结合起来的分析技术。如气相色谱-质谱、毛细管电泳-质谱及串联质谱等。

03.0006　系统分析　systematic analysis
定性化学分析中，首先用几种试剂将溶液中性质相近的组分分成若干组，然后在每一组中用适当的反应鉴定某种离子是否存在的定性分析方法。

03.0007　例行分析　routine analysis
为配合生产或例行检测而进行的常规分析。

03.0008　仲裁分析　referee analysis, arbitration analysis
按照国际标准的分析方法或公认的分析方法。为在某一问题上争执不决的各方进行调解时，提供公正、准确、权威的分析测试数据，作为仲裁人做出裁决的依据。主要用于对外贸易仲裁以及国内商事和民事上的争议。仲裁分析由仲裁机构委托专门机构或经有关部门考核、认证的实验室来执行。

03.0009　无机分析　inorganic analysis
无机组分的定性、定量和结构及形态分析。

03.0010　有机分析　organic analysis
有机组分的定性、定量和结构及构象分析。

03.0011　元素分析　elemental analysis
测定样品中元素(或原子团)的组成和含量的分析方法。包括定性分析和定量分析。

03.0012　生化分析　biochemical analysis
以生物学、化学、物理学的理论和实验技术为基础而建立起来的为研究生物物质的成分、结构和生物功能之间的关系所进行的分析方法。

03.0013　蛋白质分析　protein assay
利用各种基于蛋白质的检测手段来研究蛋白质的结构、功能、翻译以及蛋白质之间的相互作用的分析方法。

03.0014　环境分析　environmental analysis
研究环境中污染物的种类、成分以及对环境中化学污染物进行的定性、定量和形态分析。

03.0015　过程分析　process analysis
在工业生产过程中，原料检验、工艺流程条件的优化、中间产物分析以及最终产品的质量检验的总称。

03.0016　药物分析　pharmaceutical analysis
运用化学的、物理学的、生物学的以及微生物学的方法和技术对合成药物、天然药物及制剂以及其代谢产物进行的分析与测定。

03.0017　兴奋剂分析　incitant analysis
对试样中兴奋剂进行的分析。旨在保证竞技活动的公平进行。

03.0018　细胞分析　cell analysis
研究细胞的生长、分化、代谢、繁殖、运动、联络、衰老、死亡、遗传与进化等生命过程的分析方法。

03.0019　免疫分析　immune analysis
利用免疫反应中抗体与抗原的特异性结合作用来选择性地识别和测定相应抗体或抗原的分析方法。

03.0020　食品分析　food analysis

以食品为研究对象的分析方法。包括食品的元素分析、化合物分析、添加剂分析、毒物与药物残留分析、食品色香味品质分析、营养分析、快速检测分析、微生物检验和有关食品基础研究与新食品开发分析等。

03.0021　临床分析　clinic analysis
以分析化学手段和方法来辅助进行疾病的诊断、治疗及预防，进而帮助查找疾病的病因。

03.0022　病毒分析　virus analysis
以病毒为研究对象的分析过程。即以分析化学手段研究病毒的结构、功能和测定等。

03.0023　单分子分析　single molecule analysis
检测灵敏度可达到分子水平的一系列高灵敏检测技术。是针对微观个体的测量，可以探测分子个体的行为和特征。

03.0024　单细胞分析　single cell analysis
研究单个细胞的生长、分化、代谢、繁殖、运动、联络、衰老、死亡、遗传与进化等生命过程的分析方法。

03.0025　表面分析　surface analysis
超高真空条件下，分析受激样品表面所产生的次级粒子的能量、质量及其分布与信号强度的关系，以获得样品的表面形貌、元素组成、化学状态及电子结构的分析方法。

03.0026　界面分析　interface analysis
超高真空条件下，测量两相界面附近受激后所产生的次级粒子的能量、质量及其分布与信号强度的关系，以获取界面元素组成、化学状态及电子结构的分析方法。

03.0027　形态分析　speciation analysis
又称"物种分析(species analysis)"。确定某

种成分在所研究系统中的具体存在形式及其分布的分析方法。

03.0028　结构分析　structural analysis
研究物质的分子结构或晶体结构以及结构与性质的关系，为研究物质性质和制备新的化学物质提供可靠的依据。

03.0029　热力学分析　thermodynamic analysis
从热力学的基本定律出发，应用状态函数，经过数学推演得到系统平衡态的各种特性的相互联系。

03.0030　动力学分析　kinetic analysis, dynamic mechanical analysis
通过测定反应速率及监测反应的物理或化学动力学过程的分析方法。

03.0031　常量分析　macro analysis
对被分析物含量大于 0.1g(一般为 0.1~1g)的样品进行的分析。还可细分为大量组分分析(1%~100%)和小量组分分析(0.01%~1%)。

03.0032　半微量分析　semimicro analysis, meso analysis
对被分析物含量为 10~100mg(或体积 1~10mL)的样品进行的分析。

03.0033　微量分析　microanalysis
对被分析物含量为 0.1~10mg(或体积 0.01~1mL)的样品进行的分析。

03.0034　超微量分析　ultramicro analysis
对被分析物含量为 0.1mg 以下(或体积 <0.01mL)的样品进行的分析。

03.0035　痕量分析　trace analysis
对被分析物含量在百万分之一以下的样品进行的分析。痕量分析不一定是微量分析。

03.0036 超痕量分析 ultratrace analysis

对比痕量水平更低含量的样品进行的分析测定。

03.0037 湿法 wet method, wet way

将试样转入溶液后进行测定的分析方法。

03.0038 干法 dry method, dry way

利用固相反应进行分析的总称。

03.0039 试剂 reagent

实现化学反应、分析化验、研究试验、化学配方使用的化学物质。在分析化学中应用极为广泛。试剂的品级与规格应根据具体要求和使用情况加以选择。在中国国家标准(GB)中，将一般试剂划分为 3 个等级：一级试剂为优级纯，二级试剂为分析纯，三级试剂为化学纯。定级的根据是试剂的纯度(即含量)、杂质含量、提纯的难易，以及各项物理性质。有时也根据用途来定级，例如光谱纯试剂、色谱纯试剂，以及 pH 标准试剂等。

03.0040 分析纯 analytically pure, A.P.

又称"二级纯"。化学试剂的规格，属于二级品。分析纯标签颜色为金光红。分析纯试剂主成分含量很高、纯度较高，干扰杂质的含量很低。

03.0041 化学纯 chemically pure, C.P.

化学试剂的规格，属于三级品。化学纯标签颜色为中蓝。用于要求较低的分析实验及要求较高的合成实验。

03.0042 鉴定 identification

对试样中某种组分的鉴别和确定的过程。

03.0043 检出 detection

定性分析中确定试样中某种成分有或无的过程。

03.0044 灵敏度 sensitivity

被测组分的量或浓度改变 1 个单位时分析信号的变化量。在仪器分析中，分析灵敏度直接依赖于检测器的灵敏度与仪器的放大倍数。由于灵敏度未能考虑到测量噪声的影响，现在已不用灵敏度来表征分析方法的最大检出能力，而推荐用检出限来表征。

03.0045 浓度灵敏度 concentration sensitivity

试样中被分析组分的含量改变与测定所得相应的信号的改变的比值。方法的浓度灵敏度越高，工作曲线的斜率越大。

03.0046 质量灵敏度 mass sensitivity

试样中被分析组分的质量改变与测定所得相应的信号的改变的比值。即单位时间内单位物质量通过检测器所产生的信号。

03.0047 峰高 peak height

从峰最大值点到峰底的距离。

03.0048 峰宽 peak width

又称"峰底宽"。从峰两侧拐点作切线与基线相交的两点之间的距离。

03.0049 峰面积 peak area

峰轮廓线与基线之间的面积。

03.0050 分辨率 resolution

又称"分离度"。半峰宽度与峰高的比值。表征相邻两峰分离程度的参数。

03.0051 信噪比 signal to noise ratio

信号强度与噪声强度的比值。

03.0052 检出限 detection limit

又称"检测限"。表征分析方法的最大检测能力。在误差分布遵从正态分布的条件下，能以适当的置信概率(95%)检出的组分的最小含量或浓度。等于对空白试样进行多次(至少 20 次)测定的标准偏差的 3 倍除以校正曲线在低含量或浓度水平区的斜率。

03.0053　定量限　quantification limit
根据统计学原理给出的用于估算能定量测定分析物的最小含量或浓度。若样品中存在的分析物的量大于该量值，则可认为该样品可以某一相对标准偏差被定量测定。在误差分布遵从正态分布的条件下，以适当的置信概率(95%)被定量测定的最小含量或浓度。

03.0054　背景　background
又称"本底"。分析测量中非被测组分产生的信号值。

03.0055　校正　calibration
通过建立校正曲线研究测定组分量(输入量)与响应输出量之间相关关系和确定校正系数。

03.0056　回收率　recovery
体系加入已知量待测物质的测定值和体系原有待测物质含量的差值与此加入量的百分比。在无标准物质和标准方法对照的情况下，是最常用来检验相对系统误差和估计测定准确度的方法。

03.0057　[筛]目　mesh
表示标准筛的筛孔尺寸的大小。在泰勒标准筛中，目就是 2.54cm(1 英寸)长度中的筛孔数目。

03.0058　取样　sampling
又称"采样"。按一定程序从大量物品或材料中抽取少量。具有代表性的用于试验或研究的样品的操作。

03.0059　分配系数　partition coefficient
在分析化学不同的学科领域，具体含义有所

不同。在色谱分析中，指一定温度下，处于平衡状态时，组分在固定相中的浓度和在流动相中的浓度之比，以 K 表示，是分配色谱中的重要参数。在萃取分离中，指一定温度和压力下，当萃取平衡建立时，被萃物组分 A 在有机相中的浓度[A$_有$]与在水相中的浓度[A$_水$]之比(严格说，是活度比)，以 K_D 表示，称为分配系数。其数学表达式为

$$K_D = \frac{[A_有]}{[A_水]}$$，此即为著名的分配定律。

03.0060　预富集　preconcentration
从大量母体物质中收集欲测微量组分至一较小体积中，从而提高其相对含量的操作。

03.0061　在线富集　on-line concentration
在测定试样的过程当中进行的富集。

03.0062　四分[法]　quartering
一种试样缩分的方法。即先将样品充分混匀，堆成圆锥形，并压成饼状，通过中心按十字形划成四等分，取其任意对角的两份，弃去另两份。如此重复，最后可得具有代表性的适当量的试样。

03.0063　试样　sample
又称"样品"。从大量物品或材料中抽取的少数或小量具有代表性的用于试验的物质。

03.0064　进样量　sample size
导入分析仪器系统的样品质量或体积。

03.0065　自动进样　automatic sampling
通过自动进样器将样品导入分析仪器的进样方式。

03.0066　外标法　external standard method
用一定量的纯物质作为外标物，在与样品相同的实验条件下单独进行测定，将测得的外

标物与样品中被测组分的信号值的比值，对样品中被测组分含量建立校正曲线，或求得相对校正因子以进行定量的分析方法。

03.0067　内标法　internal standard method
将一定量的内标物加到一定量的被分析样品中，然后对含有内标物的样品进行分析，分别测定内标物和样品中被测组分的信号值，用内标物与样品中被分析样品信号值的比值对样品中被测组分含量建立校正曲线，或求得相对校正因子以进行定量的分析方法。

03.0068　内标物　internal standard substance
加入到待测样品中作为测定待测组分含量的参照标准的已知质量纯物质。

03.0069　标准加入法　standard addition method
在未知样品中定量加入待测物的标准品，然后根据信号的增加量来进行定量分析的方法。

03.0070　标准物质　reference material, RM
具有足够均匀和精确确定了一种或多种特性值、用以校准设备、评价测量方法或给材料赋值的材料或物质。标准物质可以是纯的或混合的气体、液体或固体。

03.0071　一级标准　primary standard
又称"基准物"。采用绝对测量方法或其他准确、可靠的方法测量标准物质的特性量值，其测量准确度达到较高水平的有证标准物质。该标准物质由国务院计量行政部门批准、颁布并授权生产。

03.0072　二级标准　secondary standard
采用准确可靠的方法或直接与一级标准物质相比较的方法测量其特性量值，均匀性、稳定性和定值准确度能满足现场测量和例行分析工作的需要，经国家有关计量主管部门批准、颁布和授权生产并附有证书的标准物质。主要用作现场与例行分析的质量控制标准。

03.0073　选择性　selectivity
样品中能与检测分析物产生响应的反应或分析方法也产生相同或相似响应的共存组分数目的多少。是表征 1 个反应和分析方法抗干扰能力的 1 个参数。能产生相同或相似响应的数目越少，表示该反应或分析方法的选择性愈高。

03.0074　选择[性]试剂　selective reagent
只与有限的化学物质产生反应的试剂。

03.0075　特效试剂　specific reagent
又称"专一试剂"。仅能与试样中一种组分发生有特征现象的反应的试剂。其他共存组分没有干扰反应。

03.0076　储备溶液　stock solution
比使用浓度高的使用前需要稀释的浓标准溶液。

03.0077　试液　test solution
试样经溶解或分解后，直接供给测定的溶液。

03.0078　熔融　fusion
常压下使固体物质在达到一定温度后熔化，成为液态。

03.0079　熔剂　flux
在高温下与试样一起熔融，使试样转化为能溶于水或酸的化合物的一类化学试剂。

03.0080　称量　weighing
测量物体的质量的过程。

03.0081　恒重　constant weight
试样经连续两次干燥或灼烧后的质量差异在所允许的范围内的重量。即两次称量的质量差异在万分之三以下。

03.0082 残渣 residue

溶液蒸发后的残余物。残渣分为总残渣(总蒸发残渣)、总可滤性残渣(溶解性蒸发残渣)、总不可滤性残渣(悬浮物)三种。

03.0083 灰分 ash

样品经过灼烧后残留的无机物。多为各种矿物元素的氧化物。

03.0084 含湿量 moisture content

又称"水分含量"。物质中所含的水分。不包括结晶水和缔合水,通常是以试样失水后的质量差与原质量之比的百分数来表示。

03.0085 分析物 analyte

分析过程中所涉及的含待测组分的物质。

03.0086 分析天平 analytical balance

能感量到 0.0001g(0.1mg)的天平。

03.0087 单盘天平 single pan balance

单盘天平为不等臂天平,其横梁上只有 1 个力点刀,用以承载悬挂系统。

03.0088 [空气]阻尼天平 air-damped balance

在天平的吊挂系统中增加了套筒式空气阻尼器的天平。这种天平在称量时能使横梁迅速停止摆动,便于定点准确读数。

03.0089 电子天平 electronic balance

用电磁力平衡被称物体重力的天平。其特点是称量准确可靠、显示快速清晰并且具有自动检测系统、简便的自动校准装置以及超载保护等装置。电子天平按精度可分为电子分析天平和精密电子天平。

03.0090 半微量天平 semimicro [analytical] balance

称量一般在 20~100g,分度值小于称量的

10^{-5} 的天平。

03.0091 微量天平 micro [analytical] balance

称量一般在 3~50g,分度值小于称量的 10^{-5} 的天平。

03.0092 超微量天平 ultramicro [analytical] balance

最大称量是 2~5g,标尺分度值小于称量的 10^{-6} 的天平。

03.0093 扭力天平 torsion balance

用钨丝悬挂一根两端有小球的金属杆构成,测量重力场变化的仪器。重力场变化时,金属杆会发生偏转。多用于探矿。

03.0094 石英晶体微天平 quartz crystal microbalance

基于压电石英晶体电极表面质量在一定范围内的微小变化引起压电晶片振动频率的改变的灵敏传感器构造的超微量天平。石英晶体微天平系统主要由电子振荡电路、频率计数器和压电石英晶体三部分组成。

03.0095 砝码 weight

质量量值传递的标准量具。质量量值以保存在法国国际计量局的铂铱合金千克原器实物为唯一基准器。各国均将砝码分为国家千克基准、国家千克副基准、千克工作基准以及由千克的倍量和分量构成的工作基准组和各等工作标准砝码。国家千克基准各国均只有 1 个。中国的国家千克基准是 1965 年由国际计量局检定、编号为 60 的铂铱合金千克基准砝码。

03.0096 游码 rider

天平横梁标尺上的能够滑动的砝码。

03.0097 滤纸 filter paper

常见于化学实验室的一种过滤工具。常见

的形状是圆形，多由棉质纤维制成。滤纸一般可分为定性及定量两种。滤纸的选择应考虑硬度、过滤效率、容量和适用性这4种因素。

03.0098 试纸 test paper
用指示剂或试剂浸过的干纸条。可用以检验溶液的酸碱性和某种化合物、原子、离子的存在。如石蕊试纸、碘化钾淀粉试纸、广范pH 试纸等。

03.0099 pH 试纸 pH paper
检验溶液酸碱性的试纸。pH 试纸按测量精度可分 0.2 级、0.1 级、0.01 级或更高精度。

03.0100 锥形瓶 erlenmeyer flask
由硬质玻璃制成的纵剖面呈三角形状的口小、底大的滴定反应器。

03.0101 [容]量瓶 volumetric flask
细颈梨形平底、带有磨口塞、颈上有标线和标明容积的一种容量器。

03.0102 称量瓶 weighing bottle
一种常用的实验室玻璃器皿。一般用于准确称量一定量的固体和液体。

03.0103 布氏漏斗 Büchner funnel
实验室中使用的一种形状为扁圆筒状、圆筒底面上开了很多小孔、下连一狭长的筒状出口的陶瓷器皿。也有用塑料制作，用来在真空或负压力抽吸过滤。

03.0104 [烧结]玻璃砂[滤]坩埚 sintered-glass filter crucible
用玻璃粉末烧结制成的坩埚式过滤器。

03.0105 烘箱 oven, drying oven
加热使物质干燥的器具。

03.0106 水浴 water bath
化学实验室中以水作为传热介质的加热器具。有的附加温度控制器，可保持某一固定温度，称为恒温水浴。若以水蒸气作传热介质，则称蒸气浴。

03.0107 电热板 hot plate
实验室中使用的一种电炉。炉面为一加热板，需加热的物品可以直接放在板上。

03.0108 洗瓶 wash bottle
化学实验室中盛放洗涤溶液的一种器皿。

03.0109 [电]磁搅拌器 magnetic stirrer
化学实验室中利用电磁力驱动磁棒旋转以实现(进行)搅拌溶液的装置。

03.0110 碘瓶 iodine flask
碘量法中使用的一种反应瓶。喇叭形的瓶口与磨口瓶塞之间形成一圈水槽的锥形瓶。使用时，槽中加纯水可以形成水封，防止瓶中反应产生的 I_2、Br_2 等逸失。

03.0111 试剂瓶 reagent bottle
用于盛放化学试剂的瓶子。按材质分为玻璃试剂瓶和塑料试剂瓶；按盛放物质可以分为固体试剂瓶和液体试剂瓶。

03.0112 化学信息学 cheminformatics
应用信息学方法和计算机技术解决化学问题的学科。

03.0113 纳米分析化学 nano analytical chemistry
研究纳米尺度中的各种分析化学技术与方法。

03.0114 扫描隧道显微术 scanning tunnelling microscopy, STM
利用量子理论中的隧道效应探测物质表面结构的一种技术。所使用的仪器称为扫描隧道显微镜，可以让科学家观察、精确操纵和 定位单个原子。

03.02　化学计量学

03.0115　化学计量学　chemometrics
又称"化学统计学"。以计算机和近代计算技术为基础，以化学量测的基础理论与方法学为研究对象，化学与统计学、数学和计算机科学交叉所产生的一门化学分支学科。

03.0116　数据处理　data handling, data processing
通过对数据的进一步解析，提取蕴含在数据中的原始信息并转化为人们所需要的数据、信息和知识的一系列操作。

03.0117　总体　population
又称"母体(parent)"。(1)由具有同质性和变异性的大量个体所组成的研究对象的全体。(2)随机变量所有可能取得的值的全体。

03.0118　样本　sample
又称"子样"。从总体所包含的全部个体中随机抽取的一部分个体的集合。

03.0119　个体　individual
构成总体的 1 个单位。

03.0120　随机变量　random variable
表示随机试验结果的量。其值在试验之前是无法预言的，但不同的值出现的概率遵从统计规律。

03.0121　协变量　concomitant variable
又称"伴随变量"。在协方差分析中，所考察的不可控的定量因素。

03.0122　频数　frequency
在一组依数值大小排序的测量值中，按一定的组距将其分组时出现在各组内测量值的数目。

03.0123　累积频数　cumulative frequency
在一组依数值大小排序的测量值中，按一定的组距将其分组时测定量值小于某一数值的测定值数目的总和。

03.0124　频率分布　frequency distribution
在 1 个总体中，随机变量取各特定值的频率分布函数。

03.0125　组距　class interval
将一组依数值大小排序的测量数据分组以后各组数据所跨的区间。

03.0126　直方图　histogram
又称"频数分布图"。以矩形高度表示测定量值出现在某一量值范围的频数或相对频数为纵轴、以矩形宽度表示该量值范围(组距边界值)为横轴所绘出的一种直观地表示数据统计分布特性的图形。

03.0127　概率　probability
表示 1 个随机事件发生可能性大小的数。该数在 0 与 1 之间取值。

03.0128　概率密度　probability density
若随机变量 X 落在 x 与 $x+\mathrm{d}x$ 之间的概率为 $P|x<X<x+\mathrm{d}x|=p(x)\mathrm{d}x$，则称 $p(x)$ 为随机变量 X 的概率密度。

03.0129　累积概率　accumulative probability
概率分布在某一区间的概率的加和。用 p 表示，$p(u \geqslant k_{\alpha}) = \dfrac{1}{\sqrt{2\pi}}\displaystyle\int_{k_{\alpha}}^{\infty} \mathrm{e}^{-\frac{u^2}{2}}\,\mathrm{d}u$，式中 p 为

标准正态分布在区间$[k_\alpha, \infty]$内的累积概率。

03.0130 正态分布 normal distribution

又称"高斯分布(Gaussian distribution)"。由数学期望μ、方差σ^2确定的连续随机变量概率分布。其概率密度函数为：

$$f(x) = \frac{1}{\sigma\sqrt{2\pi}} e^{-\frac{(x-\mu)^2}{2\sigma^2}} \quad (-\infty < x < +\infty, \sigma > 0)$$

03.0131 标准正态分布 standard normal distribution

期望值$\mu = 0$、方差$\sigma^2 = 1$的正态分布。

03.0132 对数正态分布 logarithmic normal distribution

随机参量x取对数后的值$\lg x$的正态概率分布函数。

03.0133 F分布 F-distribution

描述正态分布方差比$F = s_1^2 / s_2^2$的概率分布函数。用于方差统计检验。

03.0134 t分布 t-distribution

又称"学生氏分布"。描述正态分布$N(\mu, \sigma^2)$总体平均值μ与样本平均值$\bar{x}$的关系$t = \dfrac{\bar{x} - \mu}{s_{\bar{x}}}$（$s_{\bar{x}}$是样本平均值的标准偏差）的概率分布函数。用于对总体平均值μ作假设检验与区间估计。

03.0135 χ^2分布 χ^2-distribution

由正态分布引出的正态随机变量平方和$\chi^2 = \dfrac{1}{\sigma^2}\sum_{i=1}^{n}(x_i - \bar{x})^2 = (n-1)\dfrac{s^2}{\sigma^2}$的连续型概率分布。用于分布参数的假设检验和区间估计。

03.0136 二项分布 binomial distribution

描述只有两种可能结果(成功与失败)的n次连续随机试验成功次数的一种离散型概率分布。

03.0137 泊松分布 Poisson distribution

概率密度函数为$p(x) = \dfrac{\lambda^x}{x!} e^{-\lambda}$的一种离散型概率分布，$x = 0, 1, 2, \cdots$；$\lambda > 0$。

03.0138 均匀分布 uniform distribution

连续随机变量X在已知区间$[a, b]$以相同概率取值的分布。

03.0139 真值 true value

被测定量的真实量值。真值是一个理想的概念，一般来说不可能确切知道。通常所说的真值，是指理论真值、约定真值、相对真值或排除了所有测量上的缺陷时通过完善的测量所得到的量值。

03.0140 期望值 expectation value

随机变量x一切可能取值依概率加权的统计平均值。表征概率分布的中心位置。

03.0141 估计量 estimator

又称"估计值"。根据样本(测量值)求出的用来估计总体的某个未知参数的随机变量。

03.0142 观测值 observed value

又称"测定值(measured value)"。通过测量或测定所得到的样本值。

03.0143 无偏估计量 unbiased estimator

又称"无偏估计值"。用来估计待估参数没有系统误差、且其期望值就是待估参数真值的估计量。

03.0144 最佳无偏估计量 best unbiased estimator

又称"最佳无偏估计值"。具有无偏性、有效性、一致性和充分性的估计量。

03.0145　极大似然估计量　maximum likelihood estimator

又称"极大似然估计值"。根据概率最大的事件最可能出现的原理，用似然函数达到最大值来估计未知参数的估计量。

03.0146　样本值　sample value

从统计总体中抽出样本进行测定所测得的值。

03.0147　总体平均值　population mean

表示测量数据分布位置特征的统计量。由统计总体全部测量值计算的平均值，是全部测量值的代数和除以测定量值的数目而得到的商。

03.0148　样本平均值　sample mean

表示样本数据分布位置特征的统计量。由样本值的代数和除以测定量值的数目而得到的商。

03.0149　算术平均值　arithmetic mean

在等精度测量中，1 个被测定量 n 个测量值的代数和除以 n 而得到的商。

03.0150　几何平均值　geometric mean

表征一组遵从对数正态分布测量值集中趋势的特征参数，其值为被测定量的 n 个测量值乘积的 n 次方根。$\overline{x}_G = \sqrt[n]{x_1 x_2 \cdots x_n}$。

03.0151　加权平均值　weighted mean

一组不等精度测量值中，用加权方式计算出的平均值。$\overline{x}_w = \dfrac{\sum w_i \overline{x}_i}{\sum w_i}$ ($w_i = \dfrac{1}{s_i^2}$ 是 $\overline{x}_i$ 的权，

s_i^2 是测量 $\overline{x}_i$ 的方差)。

03.0152　中位值　median

在一组依序排列的数目为奇数的测量值中居于中间位置的测量值。数目为偶数的测量值中是居于中间位置的两测量值的算术平均值。

03.0153　众数　mode

一组测量数据中出现次数最多的测量值。

03.0154　变异性　variability

总体中各个个体之间在某个或某些方面的差异。在测量中，由于各种因素综合作用使得各测量值之间出现差异。

03.0155　组内变异性　variation within laboratory

在短时间内用相同的方法在相同的测量条件下对同一被测定量进行连续多次测量时，所得到的各测量值之间的差异。

03.0156　组间变异性　variation between laboratories

用相同的方法在不同测量条件下(不同的操作者、不同的实验室或不同的时间)对同一被测定量进行多次测定时，所得到的各测定量值之间的差异。

03.0157　误差　error

测量值与被测定量真值之差。

03.0158　随机误差　random error

在同一被测定量的多次测量过程中，由于许多未能控制或无法严格控制的因素随机作用而形成的、具有相互抵偿性和统计规律性的测量误差。

03.0159　系统误差　systematic error

在同一被测定量的多次测量过程中，由某个或某些因素按某一确定规律起作用而形成的、保持恒定或以可预知的方式变化的测量误差。

03.0160　误差传递　error propagation
各直接测量值的测量误差向最后测量结果的传递转移。若测量结果 y 是由多个独立直接测定量 x 得到，$y = f(x)$，则最后测量结果的方差为：

$$\sigma_y^2 = \left(\frac{\partial f}{\partial x_1}\right)^2 \sigma_{x_1}^2 + \left(\frac{\partial f}{\partial x_2}\right)^2 \sigma_{x_2}^2 + \cdots + \left(\frac{\partial f}{\partial x_n}\right)^2 \sigma_{x_n}^2$$

式中 σ_{xi}^2 是测定 x_i 的方差，$\left(\frac{\partial f}{\partial x_i}\right)^2$ 是 x_i 的方差 $\sigma_{x_i}^2$ 传递给 y 的误差传递系数。

03.0161　偏倚　bias
由系统误差产生的实际测量值对被测量真值的偏离。

03.0162　过失误差　gross error
又称"粗差"。由于测量人员的过失，在测量过程中出现的明显超出指定条件下所预期的随机误差和系统误差的误差。

03.0163　绝对误差　absolute error
测得的量值与被测定量的真值之差。

03.0164　相对误差　relative error
测量的绝对误差与被测定量真值之比。

03.0165　分析误差　analysis error
在分析全过程中，由于各种因素的影响所产生的测量值与被测定量值的差。

03.0166　测量误差　measurement error
测量值与被测量的真值之差。

03.0167　非线性误差　nonlinear error
在测量过程中出现的随被测定量大小而非线性变化的误差。

03.0168　高斯误差函数　Gaussian error function
以各个测量值相对于总体平均值 μ 的误差 ξ 为横坐标，误差的概率密度 $f(\xi)$ 为纵坐标的高斯分布函数。数学表达式为：

$$f(\xi) = \frac{1}{\sigma\sqrt{2\pi}} e^{-\frac{1}{2}\left(\frac{\xi}{\sigma}\right)^2}$$

03.0169　偏差　deviation
测量列中单次测量值与该测量列的平均值之差。在计量检定中指计量器具实际值与标称值之差。

03.0170　允许偏差　allowable deviation
在测量中所允许的偏差极限值。

03.0171　允许误差　permissible error
技术标准、检定规程对计量器具所规定的允许的误差极限值。在分析测试中所允许的测量误差极限值。

03.0172　残差　residual
又称"残余偏差"。在回归分析中，测定值 y_i 与按回归方程预测的值 Y_i 之差。$\delta_i = (y_i - Y_i)$。

03.0173　总体偏差　population deviation
测量列中单次测量值与总体平均值之差。

03.0174　样本偏差　sample deviation
样本单次测量值 x_i 与平均值 $\bar{x}$ 之差。

03.0175　[算术]平均偏差　arithmetic average

deviation

在测量列中各次测量偏差绝对值的算术平均值。

03.0176 标准[偏]差 standard deviation

又称"均方根偏差(root-mean-square deviation)"。测量偏差平方和除以自由度的方根值。是表征测量精密度的参数。

03.0177 几何标准[偏]差 geometric standard deviation

遵从对数正态分布的测量值 $\lg x$ 与测量平均值 $\overline{\lg x}$ 的偏差的平方和除以样本容量 n 减 1(即自由度)的方根值的反对数值。

$$s_G = \lg^{-1}\sqrt{\frac{\sum_{i=1}^{n}(\lg x_i - \overline{\lg x})^2}{n-1}}$$

03.0178 样本标准偏差 standard deviation of sample

表征对样本进行 n 次测量时几个测量值离散性的参数,样本单次测量值 x_i 与测量平均值 $\overline{x}$ 的偏差的平方和除以样本容量 n 减 1(即自由度)的方根值。记为 s。

$$s = \sqrt{\frac{\sum_{i=1}^{n}(x_i - \overline{x})^2}{n-1}}$$

03.0179 标准偏差的标准偏差 standard deviation of standard deviation

表征标准偏差 s 离散性的参数。$s_s = \dfrac{s}{\sqrt{2(n-1)}}$, n 为样本容量。

03.0180 加权平均值标准偏差 standard deviation of weighted mean

表征加权平均值离散性的特征参数。

$$s_w = \sqrt{\frac{1}{\sqrt{\sum_{i=1}^{m}\frac{n_i}{s_i^2}}}}$$, 式中 s_i^2 和 n_i 分别是测定 m 个

平均值中第 i 个平均值的方差与其测量次数。

03.0181 [绝对]偏差 absolute deviation

单次测量值与测量平均值之差。

03.0182 相对偏差 relative deviation

偏差与测定平均值之比。

03.0183 相对标准[偏]差 relative standard deviation, RSD

又称"变异系数(coefficient of variation)"。标准偏差与算术平均值之比。RSD= $\dfrac{标准偏差}{算术平均值} \times 100\%$。用于比较测定数据的相对离散程度的参数。

03.0184 并合标准[偏]差 pooled standard deviation

按加权方式计算的各组测量值的并合方差的方根值。$\overline{s} = \sqrt{\dfrac{\sum f_i s_i^2}{\sum f_i}}$, $f_i = n_i - 1$ 是计算 s_i^2 的自由度,n_i 是计算 s_i^2 的测量值的数目。

03.0185 容许[误]差 tolerance error, allowable error

测量中所允许的误差。

03.0186 最大容许误差 maximum allowable error

在测量中所允许的最大误差。

03.0187 方差 variance

表示随机变量 x 取值相对于其平均值离散程度的参数。

03.0188 总体方差 population variance
表征总体分布离散性的特征参数。$\sigma^2 = \dfrac{\sum\limits_{i=1}^{n}(x_i - \mu)^2}{n}$，式中 x_i 是测量值，μ 是总体平均值，$n(n \to \infty)$ 是测量值的数目。

03.0189 样本方差 sample variance
表征样本值离散特征的统计量。由样本单次测量值 x_i 与测量算术平均值 $\bar{x}$ 的偏差的平方除以样本容量 n 减 1(即自由度)的商。

$$s^2 = \frac{\sum\limits_{i=1}^{n}(x_i - \bar{x})^2}{n-1}$$

03.0190 并合方差 pooled variance
按加权方式计算的各组测定值的并合方差。

$\bar{s}^2 = \dfrac{\sum f_i s_i^2}{\sum f_i}$，$f_i$ 是计算第 i 组方差 s_i^2 的自由度。

03.0191 组内方差 variance within laboratory
在短时间内用相同的方法在相同的测量条件下对同一被测定量进行连续多次测量时所得到的方差。

03.0192 组间方差 variance between laboratories
用相同的方法在不同测量条件下(不同的操作者、不同的实验室或不同的时间)对同一被测定量进行多次测定时所得到的方差。

03.0193 残余方差 residual variance
在回归分析中，测定值 y 与按回归方程预测的值 Y 之差的平方和除以自由度 f 的商。

$$s_E^2 = \frac{\sum (y_i - Y_i)^2}{f}$$

03.0194 方差估计值 estimator of variance
根据样本(测量值)求出的用来估计总体方差的估计值。

03.0195 差方和的加和性 additivity of sum of deviations squares
在一组测量数据中总差方和等于各部分的差方和之和。

03.0196 方差分析 analysis of variance
基于差方和的加和性和自由度加和性原理及 F 检验，处理多因素试验测量数据的一种数理统计方法。

03.0197 协方差 covariance
描述两个随机变量 X、Y 相关程度的 1 个参数。是 X、Y 与各自的数学期望之差乘积的数学期望。

$$\sigma_{XY}^2 = E[X - E(X)][Y - E(Y)]$$

03.0198 协方差分析 analysis of covariance
基于方差分析与回归分析相结合，用于在有可控因素与不可控因素同时存在时进行的方差分析。通过回归分析建立因变量与协变量的关系，求得协变量对因变量的回归平方和，从总偏差平方和中减去，再用常规方差分析方法对修正后的各项偏差平方和进行方差分析。

03.0199 极差 range
又称"全距"。在一组测定的量值中最大测量值与最小测量值之差。表征该组测量值的最大分散程度。

03.0200 移动极差 moving range
相邻两次单个抽检样品测量值之差的绝对值。

03.0201 统计检验 statistical test

检验和判别给定原假设是否成立的过程。包括假设检验和参数检验。

03.0202 图解统计分析 graphical-statistical analysis
使用反映测试对象特性的图形(如质量控制图)进行统计分析的方法。

03.0203 假设检验 hypothesis test
根据样本数据在约定的显著性水平检验关于总体分布类型、参数的原假设 H_0，以对原假设 H_0 做出接受或拒绝的判断。

03.0204 显著性检验 significance test
为考察事先所做出的关于总体参数的原假设 H_0 同随机样本值之间在一定显著性水平 α 是否存在显著性差异所进行的统计检验。

03.0205 显著性水平 significance level
统计检验时限制犯第一类弃真错误的概率不超过 1 个预定的数。

03.0206 显著性差异 significant difference
被检验参数之间的差异超过一定显著性水平 α 所允许的合理误差范围。

03.0207 检验统计量 test statistic
在统计检验中，遵从一定统计分布且概率密度函数已知、但不包含总体分布中任何未知参数的样本函数。

03.0208 统计量 statistic
可用样本值计算的、用于统计检验和统计推断的样本函数。

03.0209 统计假设 statistical assumption
关于 1 个或多个随机变量总体未知分布参数和性质的假设。如果随机变量分布形式已知，而仅涉及分布中的未知参数的统计假设，称为"参数假设(parameter assumption)"。

03.0210 参数检验 parameter test
基于样本来自正态分布总体的假设，用样本测量数据计算的统计量对总体未知参数进行的检验。

03.0211 非参数检验 nonparameter test
用对是否来自正态分布总体没有严格要求的样本测量数据计算的统计量对总体未知参数进行的检验。如符号检验。

03.0212 参数估计 parameter estimation
用样本观测数据对总体未知参数或未知分布的某个参数进行估计。包括点估计和区间估计。

03.0213 点估计 point estimation
用样本观测数据求出的统计量来估计总体分布所含的未知参数或其函数。

03.0214 区间估计 interval estimation
根据来自于总体的样本值在一定置信水平上构造出表征总体的分布参数或参数的函数的真值所处范围的估计。

03.0215 原假设 null hypothesis
又称"零假设"。对样本测量数据进行统计检验时，事先做出的关于总体未知分布或总体参数所作的统计假设。

03.0216 备择假设 alternative hypothesis
进行假设检验时，当原假设被拒绝而予以采用的与原假设同时设立且对立的备用假设。

03.0217 单侧检验 one-tailed test
又称"单尾检验(one-side test)"。在统计检验时，计算的统计量值落在 $\geqslant k_\alpha$ 的拒绝域内，或者落在 $\leqslant -k_\alpha$ 的拒绝域内才否定原假设的统计检验。

03.0218 双侧检验 two-tailed test, two-side test

又称"双尾检验(two-side test)"。在统计检验时，不管计算的统计量值落在 $\geqslant k_\alpha$ 的拒绝域内，还是 $\leqslant -k_\alpha$ 的拒绝域内，都否定原假设的统计检验。

03.0219　临界值　critical value

在统计检验中为确定是否接受原假设而确立的接受域或拒绝域的界限值。

03.0220　接受域　acceptance region

在统计检验中，原假设为真时，以显著性水平正确接受原假设的概率区间。

03.0221　拒绝域　rejection region

又称"舍弃域""否定域"。在统计检验中原假设为真时，以显著性水平拒绝原假设的概率区间。

03.0222　统计推断　statistical inference

根据样本测量数据，依据概率论的原理，对总体的某个或某些特征从统计上进行的推断。包括参数估计与假设检验。

03.0223　第一类错误　error of the first kind, type 1 error

又称"弃真错误"。在统计检验时，当原假设 H_0 为真而拒绝原假设的错误。

03.0224　第二类错误　error of the second kind, type 2 error

又称"纳伪错误"。在统计检验时，当原假设 H_0 非真而接受原假设的错误。

03.0225　极值　extremum value

(1)在数学上，相应于函数 $f(x)$ 的极大点 $x_{\max}$ 或极小点 $x_{\min}$ 的函数值 $f(x_{\max})$ 和 $f(x_{\min})$。(2)在异常值检验中，由于随机因素极端波动而产生的偏差很大的、接近于统计检验临界值但仍在合理误差范围以内的测量值。

03.0226　异常值　outlier

在一组测量值中，位于约定显著性水平上所允许的合理误差范围之外的测量值。

03.0227　符号检验法　sign test method

一种非参数检验方法。若有两组来自相同概率分布(但对是否为正态分布没有严格规定)的样本值 $x_1, x_2, \cdots, x_n$ 与 $y_1, y_2, \cdots, y_n$，当约定 $x_i > y_i$ 为符号"＋"；$x_i < y_i$ 为符号"－"，可根据两组样本值出现"＋"和"－"的数目多少，依据符号检验的临界值表来判断两组样本值的一致性。

03.0228　狄克松检验法　Dixon test method

利用统计量 $r_{10} = \left[\dfrac{x_n - x_{n-1}}{x_n - x_1}\right]$ 和 $r'_{10} = \left[\dfrac{x_2 - x_1}{x_n - x_1}\right]$ $(n = 3 \sim 7)$ 检验一组按大小顺序排列的测量值中最大测量值 x_n 和最小测量值 x_1 是否为异常值的一种统计检验方法。

03.0229　格鲁布斯检验法　Grubbs test method

利用检验统计量 $G = \left(\dfrac{|x_d - \bar{x}|}{s}\right)$ 检验一组按大小顺序排列的测量值中与测量平均值 $\bar{x}$ 的偏差最大测量值 x_d 是否为异常值的一种统计检验方法。s 为标准偏差。

03.0230　柯奇拉检验法　Cochrane test method

利用统计量 $C = \left(\dfrac{s_{\max}^2}{\sum\limits_{i=1}^{m} s_i^2}\right)$ 检验多个总体方差齐性的一种统计检验方法。$s_{\max}^2$ 是 m 个总体中最大的方差，s_i^2 是第 i 个总体的方差。

03.0231　哈特莱检验法　Hartley test method

利用统计量 $F_{\max} = \left(\dfrac{s_{\max}^2}{s_{\min}^2}\right)$ 检验多个总体方

差齐性的一种统计检验方法。$s_{\max}^2$ 和 $s_{\min}^2$ 分别是最大和最小的方差。

03.0232　*t*检验法　*t*-test method

用服从 t 分布的统计量 $t = \left(\dfrac{\overline{x} - \mu}{s_{\overline{x}}}\right)$ 检验两个正态总体平均值的一种方法。

03.0233　*F*检验法　*F*-test method

用遵从 F 分布的统计量 $F = \left[\dfrac{s_1^2}{s_2^2}\left(s_1^2 \geqslant s_2^2\right)\right]$ 检验两正态总体方差齐性的一种统计检验方法。s 为标准偏差。

03.0234　x^2检验法　x^2-test method

又称"卡方检验(chi-square test)"。利用服从 x^2 分布的统计量 $x^2 = \left[\dfrac{(n-1)s^2}{\sigma^2}\right]$ 对总体方差进行统计检验的一种方法。

03.0235　方差齐性检验法　homogeneity test method for variance

在约定的显著性水平通过方差检验，确定各子样的总体方差是否一致的方法。

03.0236　残差平方和　sum of square of residues

在回归分析中，各实验点实测值 y_i 与按回归方程预测值 Y_i 之差的平方和。$Q_E = \sum(y_i - Y_i)^2$，表征用回归方程拟合该组实验数据的优劣程度。

03.0237　平方和加和性　additivity of sum of squares

1 个测量结果受多个因素影响，总偏差平方和等于各因素与试验误差所产生的偏差平方和之总和。

03.0238　回归平方和　regression sum of square

按回归方程预测的值 Y_i 与各实验点响应值 y_i

的平均值 $\overline{y}$ 之差的平方和。$Q_g = \sum(Y_i - \overline{y})^2$。反映了自变量与因变量之间的相关程度。

03.0239　多重比较　multiple comparison

在多因素水平试验中，对因任何两水平效应差异显著性分别进行检验的统计方法。

03.0240　成对比较　paired comparison

在试验设计和实验中两因素效应成对地进行的比较。

03.0241　随机因素　random factor

其水平可由许多可能的水平中随机选取，尚未试验过的其他水平的效应可由已试验过的因素水平效应从统计上去推断的因素。

03.0242　固定因素　fixed factor

非随机取值的确定性因素。如回归分析中的自变量。

03.0243　可控因素　controllable factor

直接影响试验指标而其水平可以人为地加以调控的因素。

03.0244　因素水平　level of factor

在试验中影响试验指标的因素所处的水平。

03.0245　拟水平　pseudo level

在试验设计中，为保持所需要的因素水平数而为水平数较少的因素所设置的虚拟水平。

03.0246　因素效应　factorial effect

所研究因素对试验指标的影响。包括因素的主效应、因素之间的交互效应。

03.0247　主效应　main effect

在无其他因素协同作用的条件下，所研究因素本身水平变化对试验指标的影响。

03.0248　因子交互效应　factor interaction
在试验中两个或多因素联合起作用对试验指标产生的附加影响。

03.0249　正相关　positive correlation
在回归与相关分析中，因变量值随自变量值的增大(减小)而增大 (减小)，相关系数为正值的现象。

03.0250　负相关　negative correlation
在回归与相关分析中，因变量值随自变量值的增大(减小)而减小(增大)，相关系数为负值的现象。

03.0251　相关性检验　correlation test
利用相关系数 $r = \left[\dfrac{\sum\limits_{i=1}^{n}(x_i - \bar{x})(y_i - \bar{y})}{\sqrt{\sum\limits_{i=1}^{n}(x_i - \bar{x})^2 \sum\limits_{i=1}^{n}(y_i - \bar{y})^2}} \right]$

检验因变量 y 与自变量 x 之间相关程度的一种数理统计方法。

03.0252　相关分析　correlation analysis
研究一个或一组随机变量与另一个或一组随机变量之间的是否相关以及相关的程度的一种数学方法。

03.0253　相关系数　correlation coefficient
表征变量之间相关程度的一个参数。

03.0254　全相关系数　total correlation coefficient
又称"总相关系数""复相关系数"。表示多元回归分析中因变量 y 与自变量 $x_1, x_2, \cdots, x_n$ 整体之间相关程度的参数。

03.0255　偏相关系数　partial correlation coefficient
在多元回归分析中，在消除其他因素影响的条件下，所计算的某两变量之间的相关系数。

03.0256　回归分析　regression analysis
通过建立回归方程，利用数理统计原理研究随机变量与固定变量或随机变量之间相关关系的一种方法。

03.0257　多元线性回归　multivariate linear regression, MLR
通过建立回归方程，利用数理统计原理研究因变量 y 与多个自变量 $x_1, x_2, \cdots, x_n$ 之间线性相关关系的一种方法。

03.0258　多元回归分析　multiple regression analysis
通过建立回归方程，利用数理统计原理研究因变量 y 与多个自变量 $x_1, x_2, \cdots, x_n$ 之间相关关系的一种方法。

03.0259　正交多项式回归　orthogonal polynomial regression
用正交多项式表安排试验与回归分析处理试验数据的一种试验设计方法。

03.0260　主成分回归法　principal component regression method
在多元线性回归分析中，先对量测矩阵 Y 进行正交分解得到主成分，用主成分代替原有变量与浓度矩阵 X 进行回归分析的方法。

03.0261　稳健回归　robustness regression
基于使待估参数拟合残差趋于最小的原理，用总体中心位置稳健估计量拟合回归方程的一种有偏回归算法。是统计学中稳健估计中的一种方法。

03.0262　曲线拟合　curve fitting
根据一组离散的实验点的分布特点，选择适当函数的连续曲线拟合这一组实验点，以尽可能完善地表示被描述的变量之间的相关性。

03.0263　最小二乘法　least square method
基于使偏差平方和达到极小，对参数做最优估计，拟合因变量 y 与自变量 x 函数关系的一种方法。

03.0264　最小二乘法拟合　least square fitting
基于使偏差平方和达到极小，对参数做最优估计，拟合曲线或曲面的操作。

03.0265　偏最小二乘法　partial least square method
在多元线性回归分析中，将量测矩阵 Y 与浓度矩阵 X 同时进行正交分解，基于使偏差平方和达到极小对参数作最优估计，以主成分拟合因变量与自变量函数关系的一种方法。

03.0266　交互检验法　cross validation method
又称"交叉检验"。随机抽取校正集数据的一部分来建立的校正模型，而用校正集的另一部分数据来检验所建模型对未知数据集的预测能力的方法。

03.0267　加权最小二乘法　weighted least square method
基于使各测量值的加权平方和最小，通过求极小值，为一组不等精度的测量值建立加权回归方程的方法。

03.0268　拟合优度检验　goodness of fit test
以失拟方差 s_d^2 和残余方差 s_E^2 比 $(F = s_d^2 / s_E^2)$ 为统计量进行检验，正确地确定回归曲线的线性范围的一种统计方法。

03.0269　回归方程　regression equation
定量描述因变量与固定变量之间统计相关关系的数学表达式。

03.0270　回归曲线　regression curve
描述因变量与固定变量之间统计相关关系的曲线图形。

03.0271　回归曲面　regression surface
在多元回归分析中，因变量与各自变量关系 $y=f(x_1, x_2, \cdots, x_n)$ 在几何空间上显示的 $n+1$ 维曲面。

03.0272　回归系数　regression coefficient
在回归方程中表示自变量 x 对因变量 y 影响大小的参数。

03.0273　偏回归系数　partial regression coefficient
在多元回归分析中，随机变量(响应值)对各个自变量(影响因素)的回归系数。

03.0274　标准回归系数　standardized regression coefficient
消除了因变量 y 与自变量 x 所取量纲的影响之后的回归系数。其绝对值的大小直接反映了 x 对 y 的影响程度。

03.0275　线性回归　linear regression
用最小二乘法将因变量对自变量拟合为直线的方法。

03.0276　非线性回归　non-linear regression
分析具有非线性关系的因变量与自变量之间相关性的方法。

03.0277　逐步回归　stepwise regression
在建立多元回归方程时，逐个引入自变量并对每个自变量的偏相关系数进行统计检验，保留效应显著的自变量，剔除效应不显著的自变量，直到不再引入和剔除自变量，得到最优的回归方程。

03.0278　加权回归　weighted regression

对精度不同的各试验点赋予与其精度相应的权值，利用加权最小二乘法拟合回归方程和回归曲线。

03.0279　多项式回归　polynomial regression

用多项式描述关系不明确的因变量与自变量关系时，通过变量变换将多项式化为多元线性回归方程，建立因变量与自变量对应关系的一种多元回归分析方法。

03.0280　曲线平移　parallel displacement of curve

由于曲线截距变化引起曲线整体向上或向下的移动。

03.0281　校正曲线　calibration curve

用组成相同的或相似的标准试样经历全分析过程制作的、用以表征在给定分析条件下被测组分量或浓度与响应输出量之间关系的曲线。

03.0282　校正曲线法　calibration curve method

在分析测试中，用建立的校正曲线求出被测组分量值的方法。

03.0283　线性范围　linearity range

在一定显著性水平下进行拟合优度检验不存在失拟的条件下回归线所跨越的最大的量值区间。

03.0284　实验设计　experimental design

以数理统计原理为指导科学安排试验、研究因素效应和进行数据分析的一种方法。

03.0285　随机区组设计　randomized block design

按照局部控制的原则，将整个试验划分为若干组(区组)，在同一区组内随机安排各因素的试验顺序的一种试验设计方法。

03.0286　析因试验设计　factorial experiment design

将各因素全部水平相互组合进行试验，以考察各因素主效应及因素之间交互效应的一种试验设计方法。

03.0287　拉丁方设计　Latin square design

由 n 个不同拉丁符号或数字代表试验因素排成的 n 阶矩阵，每个符号在每行每列中出现一次且只出现一次的安排试验的一种试验设计方法。

03.0288　正交试验设计　orthogonal design of experiment

用正交表安排实验，用方差分析处理数据的一种多因素试验设计方法。

03.0289　模糊正交设计　fuzzy orthogonal design

用正交表安排实验，用模糊数学方法表述和分析实验结果的一种多因素试验设计方法。

03.0290　正交表　orthogonal table, orthogonal layout

基于正交性(均衡分散性和整齐可比性)原理，利用组合理论设计出来的安排多因素试验的表格。

03.0291　均匀设计　homogeneous design

用规格化均匀设计表安排试验的一种多因素试验设计方法。

03.0292　单纯形　simplex

在 n 维空间中由 $n+1$ 个顶点构成的体积不为零的一种超多面体凸图形。用于多变量线性规划求最优解和多因素优化试验。

03.0293　单纯形优化　simplex optimization

根据如果线性规划问题的最优解存在，必定

在约束条件所确定的1个凸图形的某个顶点达到的原理，应用 n 个因素组成的具有 $n+1$ 个顶点的多维空间中的一种超多面体凸图形，按照每个试验点所确定的试验条件进行实验，再从此实验结果出发进行新的实验，循此进行，不断移动试验点推进单纯形，直至获得最优目标函数或最优值的一种多因素序贯优化方法。

03.0294 改进单纯形法 modified simplex method
在基本单纯形优化法的基础上，引入了反射、扩展与收缩等操作规则，利用多维空间中的某种凸图形移动以实现多因数优化的一种序贯调优方法。

03.0295 全局最优化 global optimization
在优化过程中，在一定约束条件下，在全空间达到最优条件和获得最优值。

03.0296 局部优化 local optimization
在优化过程中，只是在优化空间的某一子空间而不是在全空间达到最优条件和获得最优值。

03.0297 步长 step size, step width
在单纯形优化过程中，依试验结果和图形对称性原理，沿试验点与单纯形的形心点的连线方向每次移动试验点的距离。

03.0298 可变步长 variable step size
在单纯形优化过程中，依试验结果和图形对称性原理，沿试验点与单纯形的形心点的连线方向移动试验点，各次移动的距离(步长)是变化的。

03.0299 整体收缩 whole contraction
单纯形优化中单纯形移动的1个规则。当试验点的试验效果比沿试验点与单纯形的形心点的连线上各点的效果都好，单纯形向试验点与单纯形的形心点的连线之间的空间移动。

03.0300 最优估计 optimal estimate
从参数的多个无偏估计量中，找出具有最小方差的最佳无偏估计量的一种参数估计方法。

03.0301 最优值 optimal value
在优化过程中所有可能得到的各种量值中的最佳值。

03.0302 最优区组设计 optimal block design
在优化试验中，按照某一标准将试验对象进行分组，将欲考察的因素各水平试验安排在其他试验条件比较一致或相似的区组内进行，以提高试验精度的一种试验设计方法。

03.0303 序贯寻优 sequential search
每进行一次或少数几次试验后，根据试验结果确定下次试验，循此进行，直到获得最佳值或最佳条件的优化方法。

03.0304 梯度寻优 gradient search
从1个给定的起始点出发，沿目标函数变化率最大的梯度方向进行一维搜索，求得目标函数在该梯度方向上的近似极值点，再从该点出发沿该点梯度方向进行搜索，找到近似极值点，依次进行直到找到满足一定精度要求的最佳极值点为止。

03.0305 最速上升法 steepest ascent method
以梯度方向为搜索方向求极大值的一种优化方法。任选1个起始点，计算该点的梯度和梯度方向的单位向量，沿目标函数变化率最大的梯度方向搜索，寻求最优步长，求得该方向目标函数最大点，在以此点为新的起始点继续搜索，直至满足给定的收敛要求为止。

03.0306　最速下降法　steepest descent method
以负梯度方向为搜索方向求极小值的一种优化方法。任选 1 个起始点，计算该点的梯度和梯度方向的单位向量，沿目标函数变化率最大的负梯度方向搜索，寻求最优步长，求得该方向目标函数最小点，再以此点为新的起始点继续搜索，相邻两起始点梯度向量相互垂直，搜索路线呈锯齿形，距极值点远时优化速度快，接近极值点时优化速度慢，直至优化到满足给定的收敛要求为止。

03.0307　黄金分割法　golden cut method
又称"0.618 法"。求单峰函数极值点的一种优化方法。将长度为 L 的优化区 $[a,b]$ 分割为长的一段为 x，短的一段为 $L-x$，且 $\dfrac{x}{L}=\dfrac{L-x}{x}=0.618$，若两个试验点分别设置在距优化区两端 0.618 处时，无论经过试验之后舍去哪一个试验点，保留的试验点始终位于新试验区的 0.618 处。

03.0308　最小残差法　minimum residual method
在回归分析中，判断异常试验点的一种方法。若残差 $\delta_i=(y_i-Y_i)$ 遵从正态分布 $N(0, \sigma^2)$，则标准化残差 $\delta_i' = \delta_i / \sigma$ 遵从标准正态分布 $N(0,1)$，概率 $P(|\delta_i'| \geqslant 2) = 0.0455$，是小概率事件。据此可将 $\delta_i' > 2$ 的试验点判为异常点。

03.0309　迭代法　iterative method
通过运算的反复循环(迭代)获得越来越接近于所要求的结果的计算方法。

03.0310　逐次近似法　successive approximate method
又称"逐次逼近法"。先取解的 1 个初始估计值，然后通过一系列的步骤(迭代)逐步缩小估计值的误差，最后获得最优解的一种求近似解的方法。

03.0311　蒙特卡罗法　Monte Carlo method
又称"随机搜索法"。通过建立随机模型，利用计算机进行数值计算和随机模拟，得到近似数值解和估计出误差的一种重要数学方法。

03.0312　卡尔曼滤波法　Kalman filtering method
基于状态空间描述对混有噪声的信号进行处理的一种线性递推滤波方法。

03.0313　遗传算法　genetic algorithm
模拟自然界生物"优胜劣汰"进化机制，对参数进行编码运算，通过基因(参数)交换、突变(改变参数)等基因操作，在参数的一定范围内沿多种路线平行进行搜索，保留目标函数值较优的解，淘汰目标函数值差的解，不断改善数据结构，最后实现全局最优解的一种寻优算法。

03.0314　人工神经网络　artificial neutral network
由类似于神经元的基本处理单元相互连接，包含输入层、隐含层和输出层的一种非线性动态信息处理系统。

03.0315　前向网络　feedfoward network
又称"前馈网络"。由输入层、隐含层和输出层组成的有向无环路网络。输入层神经元只有输入功能，隐含层神经元具有计算功能，同层各神经元之间没有反馈，信息只在相邻层神经元之间沿 1 个方向向前传递，输出层的神经元只有 1 个输出。

03.0316　反馈网络　feedback network
由输入层、隐含层和输出层组成的各神经元都具有计算功能，可同时接受外加输入和其他各神经元的反馈输入，且都直接向外部输出的无向环路网络。

03.0317　反向传播法　back propagation algorithm

在人工神经网络求解过程中，根据输出值与期望值之间的误差信号，自动地从后向前修正各神经网络层神经元之间的连接权重以使误差减小，依此不断地多次进行直到误差满足要求为止的算法。

03.0318　模拟退火　simulated annealing

模拟固体退火过程迭代求解的一种全局优化方法。优化过程中的1个解和目标函数相应于固体的1个微观状态和其能量，优化进程的控制参数相应于退火过程的温度。先在较高温度下较快进行搜索，使系统进入热平衡状态，大致找到系统的低能区域，随着温度逐渐降低，搜索精度不断提高，越来越准确地找到系统的最低能量的基态，获得全局最优解。

03.0319　主成分分析　principal component analysis, PCR

又称"主分量分析"。从一批变量中通过矩阵分解降维，寻找数目较少的一组由原变量线性组合而成的新的正交变量(主成分)，但仍能最大限度地保留原变量集所包含的信息的多元统计分析方法。

03.0320　聚类分析　cluster analysis

在事先不知道样本类别信息的情况下，依据样本数据内在的相似性规律将样本进行分类的方法。

03.0321　系统聚类分析　hierarchial-cluster analysis

以相似性为基础的一种聚类分析方法。聚类开始，将每个样本各自构成一类，选择距离最小、相似性最大的两个样本合成一个新类，再计算该新类与其他所有各类的距离，将距离最小、相似性最大的两类再合并为另一个新类，依次进行，直到所有样本归类完

为止。

03.0322　灰色分析系统　grey analytical system

分析对象内部信息部分已知、部分未知或非确知的、可用灰色系统理论来研究的分析体系。

03.0323　灰色聚类分析　grey clustering analysis

根据聚类对象对不同聚类指标所拥有的白化数，将聚类对象归属于合适的灰类的一种聚类分析方法。

03.0324　灰色关联分析　grey correlation analysis

用衡量灰色系统因素间关联程度的参数关联度作为量化指标来分析灰色系统因素之间发展趋势的相关程度的一种方法。

03.0325　模糊聚类分析　fuzzy clustering analysis

按照事物本身具有的模糊性，应用模糊数学原理按照最优原则对事物进行分类的一种聚类分析方法。

03.0326　模糊系统聚类法　fuzzy hierarchial clustering

按照事物本身具有的模糊性，基于模糊等价关系，以隶属度 λ 作为聚类的判据对事物进行分类的一种聚类分析方法。

03.0327　逐步模糊聚类法　fuzzy nonhierarchical clustering

基于选定的初始聚类中心，按照样品与类之间的相似程度进行聚类，并根据聚类情况不断修改和选择新的聚类中心(其各项指标是该类中所有样品相应指标的平均值)，再进行聚类，直到分类比较合理为止的一种动态模糊聚类方法。

03.0328　模糊综合评判　fuzzy comprehensive

evaluation

应用因素集和评价集构成的模糊矩阵与因素权重分配模糊子集的模糊运算结果，按最大隶属度原则，综合考虑与被评价事物有关的各因素的影响，用模糊数学的方法对被评判的事物做出综合评价。

03.0329　隶属度　membership

在模糊数学中，用来描述论域(所讨论的全体对象)X中任一元素($x \in X$)隶属于论域X的1个模糊子集$\underset{\sim}{A}$的程度，在[0,1]区间内连续取值。

03.0330　最大隶属度原则　maximum membership principle

在模糊聚类和模糊模式识别时，判别论域X中任一元素x隶属于论域X的n个模糊子集$\underset{\sim}{A}_1$，$\underset{\sim}{A}_2$，$\underset{\sim}{A}_3$，$\cdots$，$\underset{\sim}{A}_n$中哪一个模糊子集$\underset{\sim}{A}_i$的一种准则。若$\mu_{\underset{\sim}{A}_k}(x) = \max\limits_{1 \leqslant i \leqslant n}[\mu_{\underset{\sim}{A}_i}(x)]$，将$x$归属于模糊子集$\underset{\sim}{A}_k$。

03.0331　判别分析　discriminant analysis

在事先已知类别特征的情况下，用若干个变量的1个或几个线性组合或非线性组合建立判别模型对被研究对象进行类别归属的过程。

03.0332　因子分析　factor analysis

多元统计分析中降维的一种方法。通过对数据矩阵进行特征分析，旋转变换等操作，研究和分析庞大复杂的测量数据的基本结构，用少数几个能反映众多变量主要信息的、称之为因子的抽象变量表示其基本结构，并用测量数据赋予抽象因子以物理化学本质的定性和定量的解释。

03.0333　渐进因子分析　evolving factor analysis, EFA

基于对来自某一渐进化学过程的数据矩阵进行重复本征分析，将正向与反向渐进因子分析所得到的本征值作为渐进变量的函数

在同一图上作图，在正向本征值曲线与反向本征值曲线的共有区域得到物种的浓度分布的一种无模型因子分析技术。

03.0334　目标转换因子分析　target transformation factor analysis

原始数据经过特征分解获得主因子，依据原始数据有关的物理或化学参数构成检验向量(目标因子)，并对目标因子逐一单独进行检验以确认是否为真实因子，用真实因子构成完整的数据模型，得到原始数据中的化学信息的方法。

03.0335　迭代目标转换因子分析　iterative target transformation factor analysis

采用迭代目标检验步骤的目标转换因子分析技术。对不完整的原始目标向量进行目标转换，取预测值代替原始目标向量中对应的空白点值，原始向量中其余元素值维持不变，构成1个新的目标向量，再对新目标向量进行变换，依次进行到收敛为止。

03.0336　广义标准加入法　generalized standard addition method

又称"通用标准加入法"。在被测定的多组分体系中，同时对多组分进行多次标准加入，测量标准加入前后的体系的响应信号，由各组分加入的浓度数据与响应值数据建立校正集，估计各组分的原始浓度的方法。

03.0337　模式识别　pattern recognition

一种从大量信息和数据出发，根据已有的若干模式，用计算机和数学推理方法，判定对象应属于哪一种模式的过程。

03.0338　模糊模式识别　fuzzy pattern recognition

按照最大隶属度原则将论域X中1个固定元素x或根据择近原则将论域中1个模糊子集

$\underset{\sim}{B}$，归属于论域上 n 个模糊子集 $\underset{\sim}{A_1}$，$\underset{\sim}{A_2}$，$\underset{\sim}{A_3}$，…，$\underset{\sim}{A_n}$ 中某一个的方法。

03.0339　矩阵　matrix
由数域 P 中的 $s \cdot m$ 个数 a_{ij} 排列成 s 行 m 列的 1 个数的阵列。记为 $A_{s \times m}$，组成矩阵的数 a_{ij} 称为矩阵的元素。

03.0340　特征值　eigenvalue
又称"本征值(eigenvector)"。对于方阵 A，若有非零列矩阵 X 及数 λ，使得 $AX = \lambda X$，则称 λ 是矩阵 A 的特征值。X 为矩阵 A 的特征值所对应的特征向量。

03.0341　信息　information
(1)广义上是指将试验数据、信号中所蕴含的意义，经过加工处理变为人们所接受的知识。(2)按照信息论的观点，信息是指对事物认识不确定性的减小。

03.0342　信息容量　information capacity
若事件发生的概率为 p，信息容量为 $I = -\log_2 p$。是概率的单调递减函数。

03.0343　信息效率　information efficiency
信源(分析方法)实际提供的信息量与该信息源能提供的最大信息量之比。

03.0344　信息比价　specific information price
获得单位信息量所需消耗的费用。

03.0345　信息效益　information profitability
信息效率 E 与信息比价之比。是评价分析方法对具体分析任务适用性的指标。

03.0346　信息增益　information gain
通过试验所获得的信息量，等于试验前后信息量之差。

03.0347　质量控制　quality control
用统计的方法对产品进行抽样检验，根据抽检产品质量的检验结果，对产品质量及其变化趋势做出统计判断和估计，及时发现存在的或隐含的问题，采取有效改进措施使生产过程始终处于统计控制状态。

03.0348　质量控制图　control chart for quality
又称"质量管理图"。根据假设检验的原则构造的用于监控生产过程是否处于统计控制状态的一种以图解方式阐释数据的统计技术。

03.0349　控制中心线　control central line
质量控制图中代表所控制产品特性量值的平均值的实线。

03.0350　平均值控制图　$\bar{x}$-control chart
用在较长时期内积累的预备数据建立起来的以监控产品特性量值的平均值变化趋势的控制图。

03.0351　极差控制图　R-control chart
用在较长时期内积累的预备数据建立起来的以监控产品特性量值的变动性(极差)的控制图。

03.0352　上警告限　upper alarm limit
在质控图中，用虚线表示在控制中心线上侧的预示被控制的产品特性量值有失控征兆的界限值。

03.0353　下警告限　lower alarm limit
在质控图中，用虚线表示在控制中心线下侧的预示被控制的产品特性量值有失控征兆的界限值。

03.0354　上控制限　upper control limit
在质控图中，用虚线表示在控制中心线的上侧的允许被控制的产品特性量值的平均值波动的上限值。

03.0355　下控制限　lower control limit
在质控图中，用虚线表示在控制中心线的下侧的允许被控制的产品特性量值的平均值波动的下限值。

03.0356　随机抽样　random sampling
样品总体中每个样品单位以相同的概率被抽中的一种抽样形式。

03.0357　比例抽样　proportional sampling
不考虑被抽检样品变异性大小，对样品总体的各样品层都按照同一的比例进行的抽样。

03.0358　系统抽样　systematic sampling
又称"等距抽样""机械抽样"。将总体中的各样品按照某种标志顺序排列，然后依照固定顺序或间隔进行抽样。

03.0359　分层抽样　stratified sampling
又称"分类抽样""类型抽样"。依据主要影响因素将样品总体划分为若干个同质层，再在各层内随机抽样或机械抽样的一种抽样方法。

03.0360　序贯分析　sequential analysis
又称"序贯抽样"。事先不规定样本的大小，每次只从产品中抽检1个单位产品，在每抽检1个单位产品之后，根据已抽检的单位产品的检验结果，适时地做出继续抽检或终止抽检的判断。

03.0361　抽样检验　sampling test
又称"抽样检查(sampling inspection)"。从一批产品中随机抽取少量产品(样本)进行检验，应用概率统计理论由检验所得到的产品平均质量指标去估计和推断被检的该批产品(总体)是否合格的一种统计方法。

03.0362　样本容量　sample capacity
样本所包含个体的数目。

03.0363　随机样本　random sample
从总体中随机抽取的样本。

03.0364　随机化　randomization
在一组测量值中，每个测量值都依一定概率独立出现的现象。

03.0365　原始数据　raw data
在试验中直接得到的没有进行过任何处理的含有试验对象原始信息的数据。

03.0366　编码数据　coded data
根据一组含义明确的数据转换法则编码，用离散的数字代码或编码字符表示的数据。

03.0367　准确度　accuracy
在一定测量条件下测量值与被测定量的真值之间一致的程度。

03.0368　精密度　precision
在规定条件下多次重复测量同一量时各测量值彼此相符合的程度。可用标准偏差或相对标准偏差、极差、算术平均差表示。

03.0369　重复性　repeatability
同一分析人员、用同一分析仪器与方法，对同一量相继进行多次测量时，所得到的各测定量值之间的一致性。

03.0370　再现性　reproducibility
又称"重现性"。不同分析人员、不同仪器，在不同或相同的时间内，用同一分析方法对同一量进行多次测定时，所得到的各测定量值之间的一致性。

03.0371　测定限　determination limit
定量分析实际可能测定的某组分的下限。

03.0372　信背比　signal background ratio
信号强度与背景强度的比值。

03.0373　容许限　tolerance limit
在约定显著性水平所确定的统计容许区间的界限。

03.0374　稳定性　stability
在规定的条件下计量仪器保持其计量特性恒定(不随时间而变化)的能力。

03.0375　置信限　confidence limit
在约定显著性水平用统计量由样本值推断总体参数时,于真值估计量的两侧所限定的界限。

03.0376　置信区间　confidence interval
又称"置信范围"。在一定的置信概率 p 水平,由上、下两个置信限定出的参数区间估计。

03.0377　置信系数　confidence coefficient
在一定概率下限定被估参数不确定度的系数。

03.0378　溯源性　traceability
通过连续的比较链使测量结果能够与国家计量基准或国际计量基准联系起来的特性。

03.0379　量值传递　dissemination of quan-tity value
通过计量器具的检定或校准,将国家基准所复现的计量单位量值通过各等级计量标准传递到工作计量器具,以保证对被测定量值的准确和一致。

03.0380　法定计量单位　legal unit of measure-ment
按计量法律、法规所规定的强制或推荐使用的计量单位。

03.0381　不确定度　uncertainty
与测量结果相关联的、表征合理的赋予被测量的值分散性的参数。是描述未定误差特征的量值。

03.0382　标准不确定度　standard uncertainty
用标准偏差表示的不确定度。

03.0383　合成标准不确定度　combined standard uncertainty
由 A 类标准不确定度和 B 类标准不确定度按不确定度传递公式合成的不确定度。

03.0384　扩展不确定度　expanded uncertainty
以标准偏差倍数表示的不确定度。

03.0385　包含因子　coverage factor
又称"覆盖因子"。扩展不确定度与标准不确定度的比值。

03.0386　A 类标准不确定度　type A standard uncertainty
根据直接测量数据用统计方法计算的不确定度。

03.0387　B 类标准不确定度　type B standard uncertainty
基于经验或其他信息(如测定数据、说明书中的技术指标、检定证书提供的数据、手册中的参考数据),按估计的概率分布(先验分布)来评定的不确定度。

03.0388　有效数字　significant figure
对于所记录的没有小数位且以若干个零结尾的数值,从非零数字最左一位向右数得到的位数减去无效零(仅为定位用的零)的个数;对于其他的十进位数从非零数字最左一位向右数得到的位数。

03.0389　修约方法　round-off method
根据有效数字的修约规则而确定的对测量数据有效数字的进、舍的具体运作方法。

03.0390　修约误差　round-off error
由于在数据处理和运算过程中数字取舍产

生的误差。

03.0391　修约规则　rule of rounding off

根据测量仪器和方法的误差与对测量数据精确度的要求，对实际测量数据的位数进行舍、入所依据的原则。

03.03　化　学　分　析

03.0392　重量分析法　gravimetric analysis

通过称量操作，测定试样中待测组分相关物质的质量，以确定其含量的分析方法。

03.0393　滴定分析法　titrimetric analysis

通过滴定操作，确定试样中待测组分含量的分析方法。

03.0394　间接测量法　indirect determination

通过测量与待测组分存在计量关系的其他量值，以确定试样中待测组分含量的分析方法。

03.0395　转化定量法　trans-quantitative method

将试样中所有待测组分均转化成同种化学形式进行测量，以使定量校正简化的一种分析方法。

03.0396　连续分析法　continous analysis

在同一份试样中，通过改变反应条件，或使用自动分析器等依一定顺序测定体系中多种成分的分析方法。

03.0397　目视滴定法　visual titration

用肉眼观察指示剂颜色变化以确定终点的滴定分析法。

03.0398　分步滴定法　stepwise titration

在同一滴定体系中，依次测定体系中各待测组分含量的滴定分析方法。

03.0399　返滴定法　back titration

又称"回滴法"。在试样中加入过量标准溶液与待测组分反应，再用另一种标准溶液滴定剩余部分，进而计算试样中待测组分含量

的滴定分析法。

03.0400　置换滴定法　replacement titration

基于置换反应的滴定分析法。

03.0401　线性滴定法　linear titration

滴定曲线为直线的滴定分析法。

03.0402　对数滴定法　logarithmic titration

滴定分析中产生变化的特定化学量的对数值随滴定剂滴入体积量呈"S"形曲线变化的一类滴定分析法的总称。

03.0403　非水滴定法　non-aqueous titration

滴定体系为非水溶液的滴定分析法。

03.0404　卡尔·费歇尔滴定法　Karl Fischer titration

又称"测水滴定法"。利用卡尔·费歇尔(Karl Fischer)试剂测定试样中微量水分的非水滴定法。

03.0405　卡尔·费歇尔试剂　Karl Fischer reagent

按摩尔比碘：二氧化硫：吡啶=1：3：10 溶于无水甲醇配制而成的液体试剂，能与水定量反应。

03.0406　酸碱滴定法　acid-base titration

基于酸、碱中和反应的滴定分析法。

03.0407　酸量法　acidimetry

又称"碱滴定法"。基于碱标准溶液与酸定量反应的滴定分析法。

03.0408 碱量法 alkalimetry
又称"酸滴定法"。基于酸标准溶液与碱定量反应的滴定分析法。

03.0409 沉淀滴定法 precipitation titration
基于沉淀反应的滴定分析法。

03.0410 络合滴定法 complexometry
又称"配位滴定法"。基于络合反应的滴定分析法。

03.0411 螯合滴定法 chelatometry
基于生成螯合物的滴定分析法。

03.0412 氧化还原滴定法 redox titration
基于氧化还原反应的滴定分析法。

03.0413 高频滴定法 high frequency titration
滴定过程中,基于监测高频电流通过滴定池体系引起电导与电容突变确定终点的滴定分析法。

03.0414 光度滴定法 photometric titration
又称"分光光度滴定法"。基于监测滴定过程中体系吸光度突变确定终点的滴定分析法。

03.0415 催化滴定法 catalytic titration
基于体系对特定反应催化作用的滴定分析法。

03.0416 银量法 argentimetry
基于生成难溶银化合物以测定 Cl^-、Br^-、I^-、SCN^-、CN^- 以及 Ag^+ 的沉淀滴定分析法。

03.0417 莫尔法 Mohr method
以铬酸钾为指示剂,利用与硝酸银的沉淀反应测定 Cl^-、Br^-、I^- 等的银量法。

03.0418 福尔哈德法 Volhard method

以铁铵矾作指示剂,利用硫氢化钾或硫氢化铵滴定银离子的银量法。

03.0419 法扬斯法 Fajans method
用荧光黄或曙红作吸附指示剂以确定滴定终点的银量法。

03.0420 澄清点法 clear point method
用硝酸银滴定浓度较低的碘化物溶液时,在碘化银絮凝物出现后,每加入一滴硝酸银即猛烈振摇,直至上层溶液完全澄清以确定终点的滴定分析法。

03.0421 汞量法 mercurimetry
基于二价汞盐与卤素反应生成络合物的滴定分析法。

03.0422 氰量法 cyanometric titration
基于氰化物与某些金属离子反应生成络合物的滴定分析法。

03.0423 高锰酸钾滴定法 permanganometric titration
基于高锰酸钾与还原性物质定量反应的滴定分析法。

03.0424 重铬酸钾滴定法 dichromate titration
基于重铬酸钾与还原性物质定量反应的滴定分析法。

03.0425 铈(Ⅳ)量法 cerimetric titration
基于铈(Ⅳ)与还原性物质定量反应的滴定分析法。

03.0426 碘量法 iodimetry
基于单质碘氧化性和碘离子还原性的滴定分析法。

03.0427 碘滴定法 iodimetric titration
又称"直接碘量法"。以单质碘作为氧化剂

直接滴定一些强还原性物质的碘量法。

03.0428 滴定碘法 iodometry
又称"间接碘量法"。基于碘离子作为还原剂与试样中氧化剂反应生成单质碘，再用硫代硫酸钠标准溶液滴定单质碘的碘量法。

03.0429 溴量法 bromometry
基于溴酸盐与还原性物质反应的滴定分析法。

03.0430 高碘酸盐滴定法 periodate titration
基于高碘酸根离子具有选择性氧化两相邻碳原子上带有羟基的有机化合物这一特性建立的滴定分析法。

03.0431 温度滴定法 thermometric titration
又称"量热滴定法"。基于监测反应体系发生温度突变以确定终点的滴定分析法。

03.0432 气体分析 gasometric analysis
以气体物质为分析对象的分析方法的总称。

03.0433 流动注射分析 flow injection analysis, FIA
热力学非平衡条件下，将微量试液注入连续流动的适当液体载流并流经检测器且连续记录所测结果的自动分析方法。

03.0434 流动分析 flow analysis
在流动状态下进行化学分析的方法。

03.0435 在线分析 on line analysis
在生产线上接入监测装置，直接对反应过程特定项目的量值进行检测的分析方法。

03.0436 生物体液原态分析 analysis of original organism in body fluid
以血液、淋巴液等生物体液为测试对象，不经任何预处理的分析操作。

03.0437 现场分析 field assay
在取样场所对试样进行的及时分析。

03.0438 快速分析 fast analysis
在保证一定精确度的前提下，操作简单并能在尽可能短的时间内给出结果的分析方法。

03.0439 比色分析 colorimetric analysis
基于比较或测量有色物质颜色深浅以确定试样待测组分含量的分析方法。

03.0440 原位分析 in situ analysis
在取样部位对试样进行的分析。

03.0441 熔炼分析 melting analysis
对按规定方法采制的钢锭试样进行的化学成分分析。

03.0442 体内分析 in vivo analysis
不经任何处理在生命体内原位对生物质或其组织特征结构进行分析的总称。

03.0443 体外分析 in vitro analysis
在离体状态下实际验证生物质或生物体内所发生的某种特定反应的分析的总称。

03.0444 显微镜分析 microscopic analysis
又称"显微结晶分析"。在显微镜下进行溶液中的离子反应，观察生成结晶的形状以确定试样组分的分析。

03.0445 全分析 full analysis
按特定要求，对试样中全部组分进行测定的分析。

03.0446 价态分析 valence analysis
对特定物质的各种化合价态分别进行测定的分析。

03.0447 半定量分析 semiquantitative analysis
报告出试样中组分含量范围或多、中、少量级别的一类分析方法的总称。

03.0448 成品分析 product analysis
按规定方法对产品进行的化学成分分析。

03.0449 总氮分析 total nitrogen analysis
又称"全氮分析"。试样中所有无机态氮和有机态氮总量的分析。

03.0450 农药残留分析 pesticide residue analysis
环境中微量农药残留物定量和定性分析的总称。

03.0451 环境监测 environmental monitoring
对环境介质如大气、水体、土壤以及生物体中各种污染物的监管与检测。

03.0452 矿物分析 analysis of mineral
矿物成分和含量的测定的总称。

03.0453 钢铁分析 iron and steel analysis
对钢铁中 C、S、P、Si 及其他金属组分进行测定的总称。

03.0454 土壤分析 soil analysis
土壤的物理学、化学、矿物学、微生物学、酶学特性及肥力性质测定的总称。

03.0455 酸雨分析 analysis of acid rain
对pH<5.6的大气降水中各种组分测定的总称。

03.0456 臭氧监测分析 ozone monitor analysis
各种监管与检测大气中臭氧含量方法的总称。

03.0457 挥发法 volatilization method
将待分离组分转化为气体并加以收集的方法。

03.0458 蒸馏 distillation
加热使液体混合物中各种挥发性不同的组分随溶剂先后挥发而实现分离的操作。

03.0459 水蒸气蒸馏 water vapor distillation
蒸馏过程中通入水蒸气以分离试样中特定组分的操作。

03.0460 凯氏定氮法 Kjeldahl method
基于试样与浓硫酸和催化剂一同加热消化使蛋白质分解的湿法测定有机物中氮含量的滴定分析法。

03.0461 凯氏烧瓶 Kjeldahl flask
专用于凯氏定氮法溶解样品的一种斜口圆底烧瓶。

03.0462 自动滴定 automatic titration
借助电子技术使滴定过程自动进行的操作。

03.0463 点滴法 drop method
又称"点滴试验"。用毛细管在点滴板或滤纸上分别滴加试液，致使其显出色斑的定性分析法。

03.0464 无机离子定性检测 inorganic ion qualitative detection
检出试样中无机离子的操作。

03.0465 硫化氢分析系统 systematic separation method with hydrogen sulfide
在不同条件下通入硫化氢气体使试样溶液中的金属离子先后形成硫化物沉淀的阳离子定性分析系统。

03.0466 检测管法 detection tube method
借助装有浸渍显色剂的玻璃管定性检出试样中微量组分的分析方法。

03.0467 斑点试验 spot test

又称"斑点分析"。在点滴板或滤纸上进行的试验。

03.0468 环试验 ring test
反应产物在试管内两种液体界面处形成鲜明的环状特征色带的定性试验。

03.0469 吹管试验 blow pipe test
利用玻璃或金属质吹管将火焰吹入试样，观察其燃烧特征的定性试验。

03.0470 火试金法 fire assaying
将试样和助熔剂熔融、焙烧测定金属制品中贵金属含量的方法。

03.0471 硼砂珠试验 borax-bead test
又称"熔珠试验"。将金属元素化合物与硼砂(四硼酸钠)或磷酸氢铵钠等一起加热时，生成具有金属特有颜色的玻璃状硼酸盐、磷酸盐等熔珠所进行的定性分析操作。

03.0472 焰色试验 flame test
将试样置于火焰中，使火焰显出特征颜色以确定试样所含组分的定性分析操作。

03.0473 古蔡试验 Gutzeit test
又称"古蔡试砷法"。根据 AsH_3 与 $HgBr_2$ 或 $HgCl_2$ 试纸作用出现黄棕色斑鉴定含砷化合物的斑点试验。

03.0474 格里斯试验 Griess test
在乙酸介质条件下，用对氨基苯磺酸和 α-萘胺与 NO_2^- 反应，生成红色偶氮化合物以确定体系存在 NO_2^- 的试验。

03.0475 茚三酮反应 ninhydrin reaction
以茚三酮为主要试剂，产生蓝、紫或紫红色标志产物，检测α-氨基酸的反应。

03.0476 硫印试验 sulfur print test
又称"硫印检验法"。借助生成硫化氢并与相纸上的溴化银反应生成硫化银以检验钢中硫化物分布状况的试验。

03.0477 甲基红试验 methyl red test
利用甲基红作为指示剂，鉴定产气肠杆菌和大肠细菌的试验。

03.0478 吲哚试验 indole test
生成吲哚以检测细菌分解色氨酸能力的试验。

03.0479 油脂酸败试验 rancidity test of fat
利用间苯三酚作主要试剂检验油脂是否含有醛或发生酸败的试验。

03.0480 磷印试验 phosphorus printing
用硫代硫酸钠和硫酸氢钾溶液腐蚀试样并与溴化银相纸作用以检验钢中磷分布的试验。

03.0481 银镜试验 silver mirror test
基于托伦试剂将试液中的醛或还原糖氧化，析出金属银并在容器壁上形成银镜以检出醛或还原糖的试验。

03.0482 托伦试剂 Tollen reagent
银盐的氨水溶液。其遇醛可析出银。

03.0483 碘仿试验 iodoform test
基于具有或可经过反应生成乙酰基的有机化合物，在氢氧化钠介质中与单质碘反应，生成具有特殊气味的碘仿及羧酸钠盐的试验。

03.0484 显色剂 chromogenic reagent
与试样待测组分发生反应产生颜色的试剂。

03.0485 苯肼比色法 colorimetric method with phenylhydrazine
用二硝基苯肼测定维生素 C 的比色分析法。

03.0486　水杨酸比色法　colorimetric method with salicylic acid

以水杨酸钠为主要试剂的快速测定蛋白质含量的比色分析法。

03.0487　蒽酮比色法　anthrone colorimetry

以蒽酮作为显色剂测定溶液中糖的总含量的比色分析法。

03.0488　苏木素-伊红染色法　hematoxylineosin staining

以苏木素-伊红为主要试剂的病理组织切片常规染色法。也适用于肿瘤细胞染色。

03.0489　双缩脲法　biuret method

基于双缩脲反应快速测定蛋白质总量的比色分析法。

03.0490　有机试剂　organic reagent

所有用于化学试验中的有机化合物的总称。

03.0491　有机共沉淀剂　organic coprecipitant

能够诱发原本不会形成沉淀的组分与待测组分同时生成沉淀的有机试剂。

03.0492　有机显色剂　organic chromogenic reagent

与待测组分反应生成在紫外或可见光区具有较大吸光度物质的有机试剂。

03.0493　荧光试剂　fluorescent reagent

在紫外、可见及红外区，本身或可形成具有特征荧光物质的一类试剂的总称。

03.0494　化学发光剂　chemiluminescence reagent

能在反应中引起化学发光的试剂。

03.0495　组试剂　group reagent

系统分析法中利用某些组分的共性，将其分组测定所使用的试剂。

03.0496　增效分析试剂　enhanced analytical reagent

能产生增溶、增敏和增稳效应以及改善体系分析性能的一类试剂的总称。

03.0497　铬花青 R　eriochrome cyanine R

又称"蓝光酸性铬花青"。一种金属指示剂，也可作为光度法测定三价铝离子和二价铍离子的显色剂以及细胞核染色剂。其结构简式为：

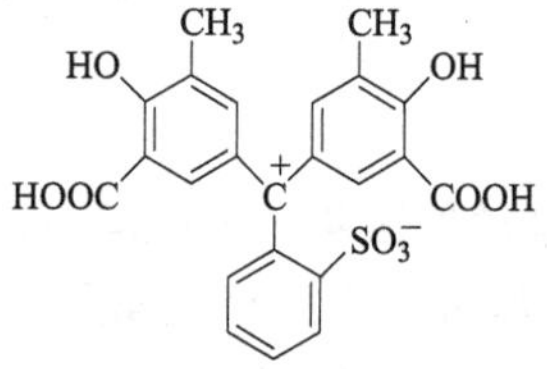

03.0498　变色酸　chromotropic acid

制造偶氮染料和蒽醌染料的中间体，可用作试剂。其结构简式为：

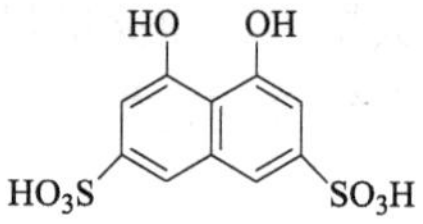

03.0499　二安替比林甲烷　diantipyrylmethane, DAM

用于钴与镍、锌与镉、硒与碲以及钪与稀土元素等化学性质十分相似元素的分离和测定的一种有机溶剂。其结构简式为：

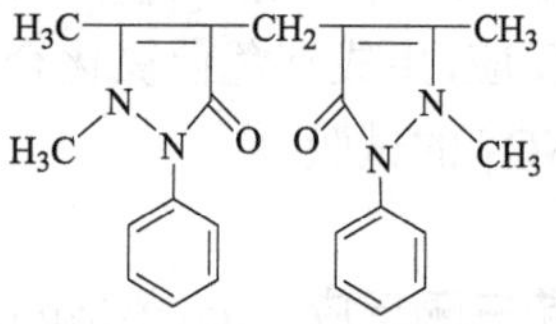

03.0500　二苯卡巴肼　diphenylcarbazide

又称"二苯氨基脲"。一种测定铬、汞和铅等的显色剂。其结构简式为：

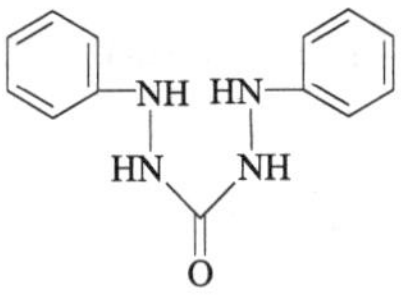

03.0501　二苯卡巴腙　diphenylcarbazone

一种检测镉、铬、铜、铁、汞、铝、铅、锌等的络合剂及吸附指示剂。其结构简式为：

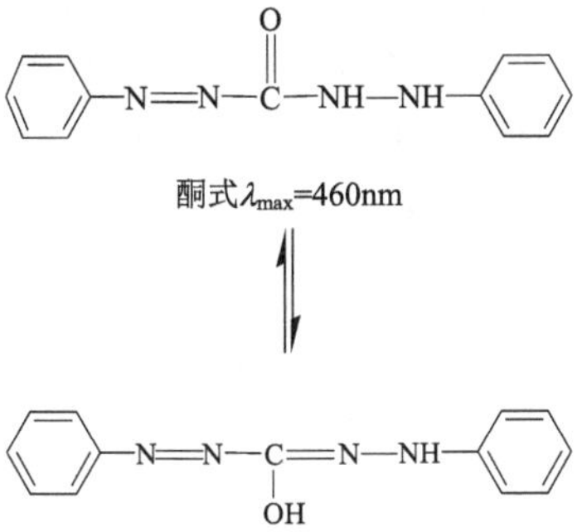

酮式 $\lambda_{max}=460nm$

03.0502　二硫腙　dithizone

过渡金属离子的重要显色剂。其结构简式为：

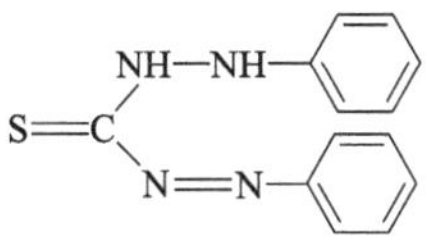

03.0503　镉试剂　cadion

一种检定镉和镁的显色剂。其结构简式为：

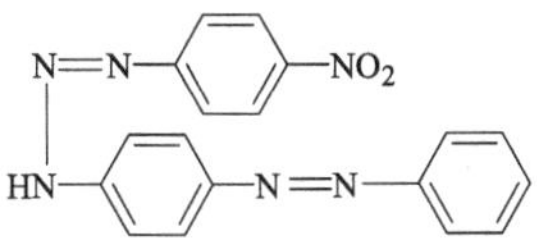

03.0504　铬天青 S　chrome azurol S

又称"铬天蓝 S"。一种金属指示剂，也可用作测定铝、铍、钴、镍、镓、铀等的显色剂。其结构简式为：

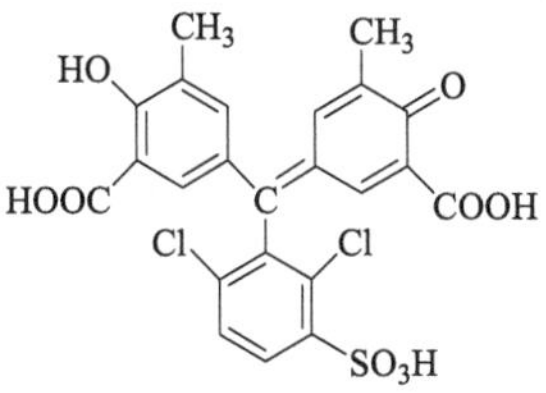

03.0505　氯磺酚 S　chlorosulfophenol S

用作光度法测定钢和矿石中的钨、铀、铍以及合金和岩矿中的铌的显色剂。其结构简式为：

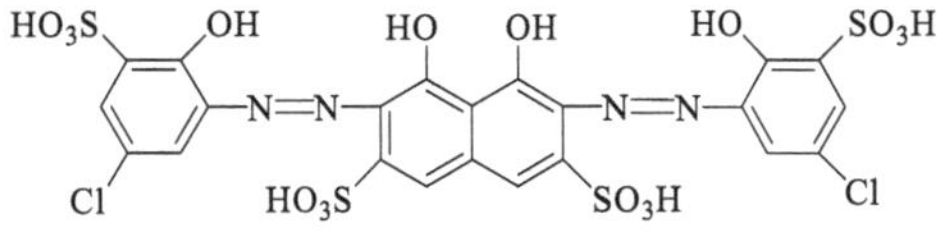

03.0506　2, 2′-联吡啶　2, 2′-bipyridine

一种重金属分析试剂。其结构简式为：

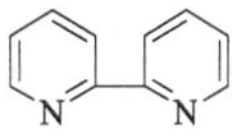

03.0507　亮绿　brilliant green

又称"碱性艳绿"。一种酸碱指示剂。其结构简式为：

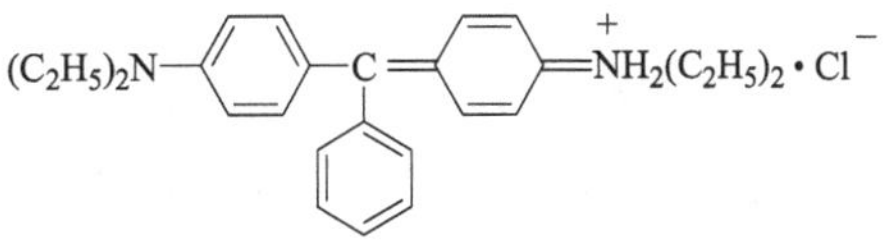

03.0508　氯冉酸　chloranilic acid

用于锆和钼及血清中钙和锶的测定的一种强二元酸。其结构简式为：

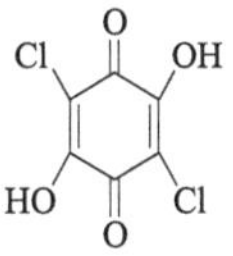

03.0509　铝试剂　aluminon

又称"玫红三羧酸铵"。一种铝的显色剂。其结构简式为：

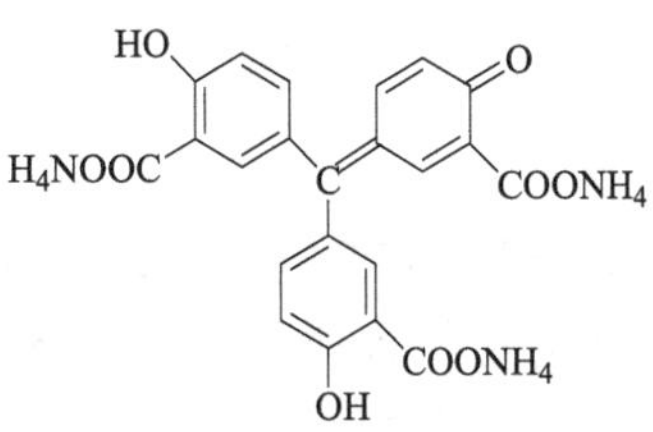

03.0510　偶氮染料　azo dye

分子结构中含有偶氮基($-N{=}N-$)染料的总称。

03.0511 偶氮胂 I arsenazo I

主要用作测定稀土和四价锆离子的络合滴定指示剂和光度法测定的显色剂。其结构简式为：

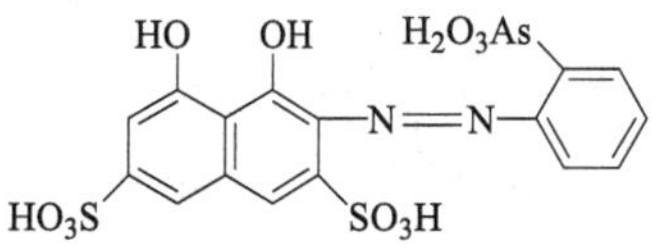

03.0512 偶氮胂 III arsenazo III

又称"铀试剂 III"。广泛应用的络合滴定金属指示剂和光度法测定稀土、钍和铀等的显色剂。其结构简式为：

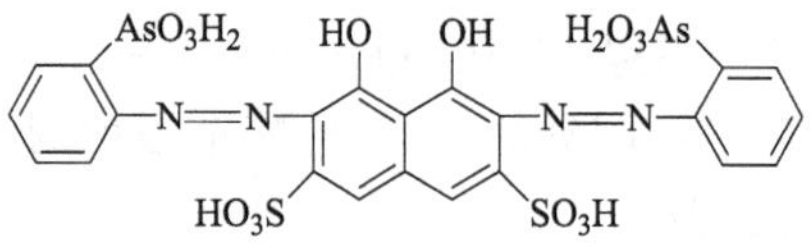

03.0513 偶氮氯膦 III chlorophosphonazo III

一种光度法测定稀土、铀、锶的重要显色剂。其结构简式为：

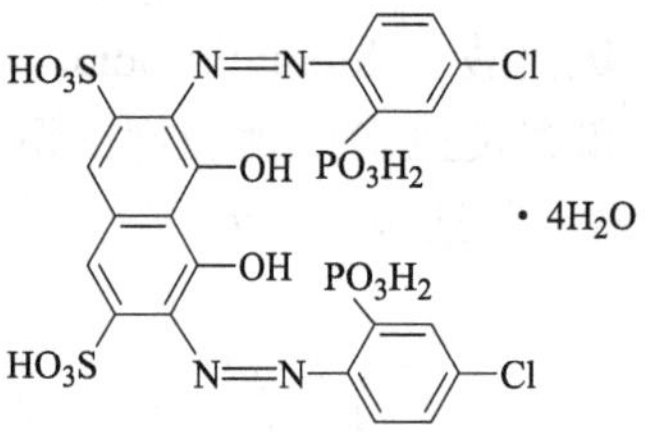

· 4H₂O

03.0514 茜素 alizarin

又称"1,2-二羟基蒽醌"。一种酸碱指示剂和媒介染料。其结构简式为：

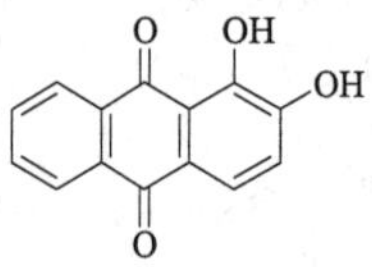

03.0515 茜素氨羧络合剂 alizarin complexant

用作络合滴定的金属指示剂和光度法测定稀土离子等的显色剂。其结构简式为：

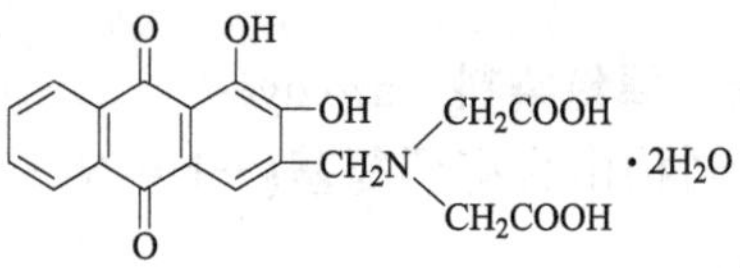

03.0516 茜素红 S alizarin red S

用作络合滴定的金属指示剂和光度法测定稀土离子等的显色剂。其结构简式为：

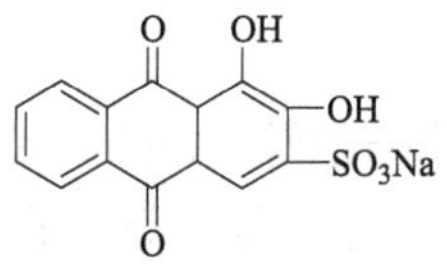

03.0517 新铜铁试剂 neocupferron

又称"亚硝基萘胲铵"。用作分离三、四价金属离子的萃取剂，以及光度法测定铜、铁的显色剂。其结构简式为：

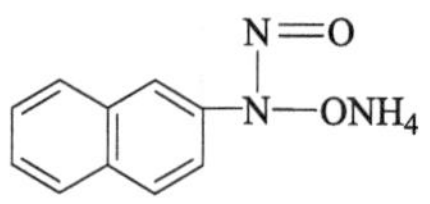

03.0518 新亚铜试剂 neocuproine

又称"2,9-二甲基-1,10-二氮菲"。可与亚铜离子生成稳定螯合物。用作光度法测定铍、钛、砷、镓、锗、硅、钨、铝及铜的试剂。其结构简式为：

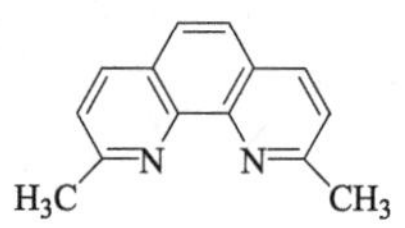

03.0519 溴代邻苯三酚红 bromopyrogallol red

用作金属离子显色剂和稀土金属的络合滴定指示剂。其结构简式为：

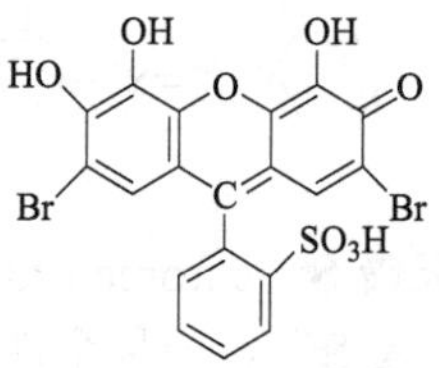

03.0520 亚铜试剂 cuproine

又称"2,2'-联喹啉"。测定亚铜的显色试剂。其结构简式为：

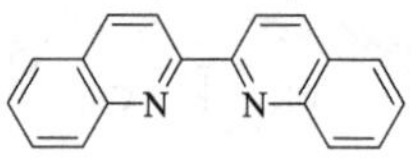

03.0521　乙酰丙酮　acetylacetone

一种重要萃取剂，用作测定铊、铁、氟的试剂。其结构简式为：

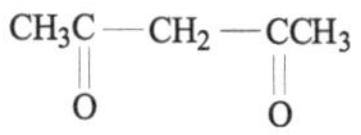

$$CH_3C-CH_2-CCH_3$$

03.0522　奈斯勒试剂　Nessler reagent

按 1∶2 摩尔比配制的碘化汞和碘化钾的碱性溶液。用于检测糖精及铵等。

03.0523　费林试剂　Fehling reagent

由酒石酸钾钠、氯化铜和氢氧化钠等配置而成用以检测脂肪醛的试剂。

03.0524　席夫试剂　Schiff reagent

又称"品红亚硫酸试剂"。遇到醛类物质即由无色转变为紫红色的鉴定醛类的试剂。

03.0525　有机沉淀剂　organic precipitant

可与某些物质生成沉淀的一类有机试剂的总称。

03.0526　α-安息肟　α-benoinoxime

又称"铜试剂(cuprone)"。用作铜、钼和钨的检测试剂。其结构简式为：

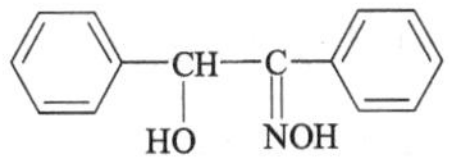

03.0527　安息香酸　benzoic acid

又称"苯甲酸"。一种重要的有机化合物，广泛用于分析、化工、医药、食品以及建筑等领域。其结构简式为：

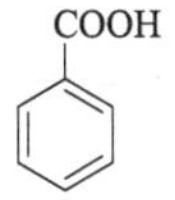

03.0528　7-羟基-4-甲基香豆素　7-hydroxy-4-methyl coumarin

一种用作激光激活介质的有机染料。其结构简式为：

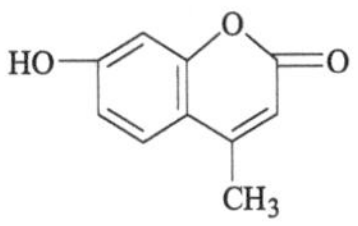

03.0529　苦杏仁酸　mandelic acid

用作测定锆的试剂。其结构简式为：

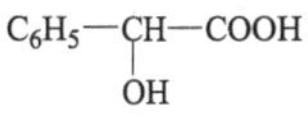

$$C_6H_5-CH-COOH$$
$$OH$$

03.0530　8-喹啉羧酸　8-quinoline carboxylic acid

用作测定金属离子的络合剂。其结构简式为：

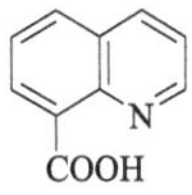

03.0531　喹哪啶酸　quinaldic acid

又称"2-喹啉羧酸(2-quinoline carboxylic acid)"。用作镉、铜、锌及铀等金属重量法测定的有机沉淀剂。其结构简式为：

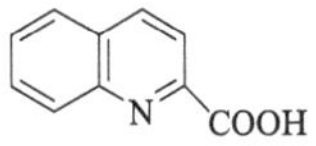

03.0532　联苯胺　benzidine

一种重要的实验室制备有机试剂的常用染料中间体。其结构简式为：

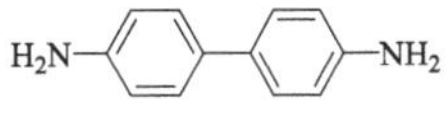

03.0533　双重氮联苯胺　bis-diazotized benzidine

可同时连接数个蛋白质分子的二价偶联剂。在间接凝血试验中用于连接抗原与红细胞。其结构简式为：

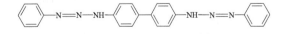

03.0534　连苯三酚　pyrogallol

又称"焦性没食子酸"。用作分析试剂、显影剂、热敏剂等。其结构简式为：

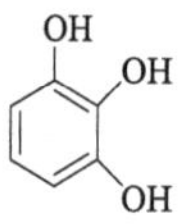

03.0535　邻氨基苯甲酸　anthranilic acid

用作检测铬、镁、镍、钴、汞、铅、锌和铈等的有机试剂。其结构简式为：

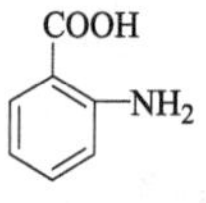

03.0536　5,6-萘喹啉　5,6-naphthoquinoline

一种喹啉衍生物。用于有机试剂合成。其结构简式为：

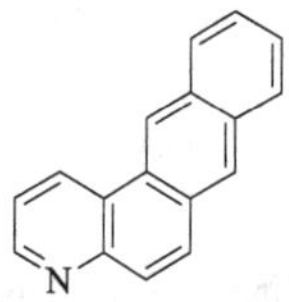

03.0537　氯化四苯砷　tetraphenylarsonium chloride

分离和重量法测定高氯酸盐的沉淀剂。其结构简式为：

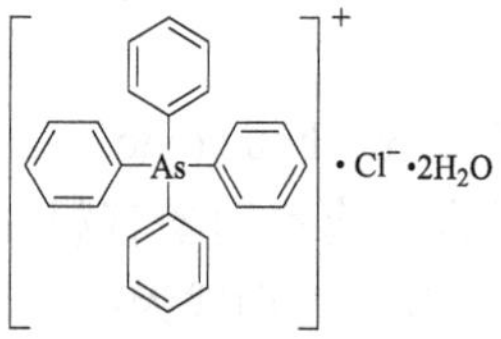

03.0538　8-羟基喹啉　8-hydroxyquinoline

又称"喹啉醇"。一种重要的金属络合剂和萃取试剂。其结构简式为：

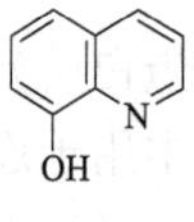

03.0539　巯基苯并噻唑　mercaptobenzothia-zole, MBT

又称"促进剂M"。用作测定银、镉、铱、铅、铂等的试剂。其结构简式为：

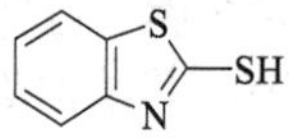

03.0540　8-巯基喹啉　8-mercaptoquinoline

又称"喹啉-8-巯醇"。铅、锌、镍和铜的络合试剂以及测定钢中钒和钼的快速滴定试剂。其结构简式为：

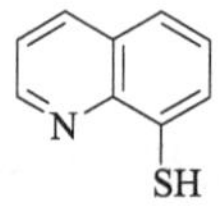

03.0541　水杨醛肟　salicylaldoxime

用作检测铂、铜、锌、铅、镍等的试剂。其结构简式为：

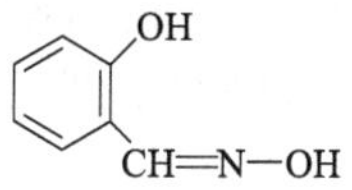

03.0542　四苯硼钠　sodium tetraphenylborate

测钾离子的灵敏试剂，也可用于测铷、铯、铵等离子。其结构简式为：

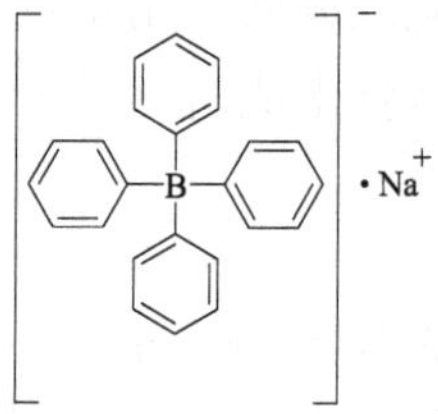

03.0543　铜铁试剂　cupferron

又称"N-亚硝基苯胲铵"。比色、掩蔽、分离用试剂。其结构简式为：

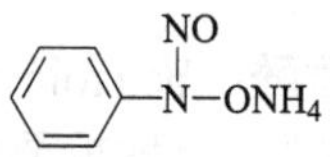

03.0544　硝酸试剂　nitron

又称"硝淀剂"。硝酸根离子和铬酸根离子的沉淀剂。其结构简式为：

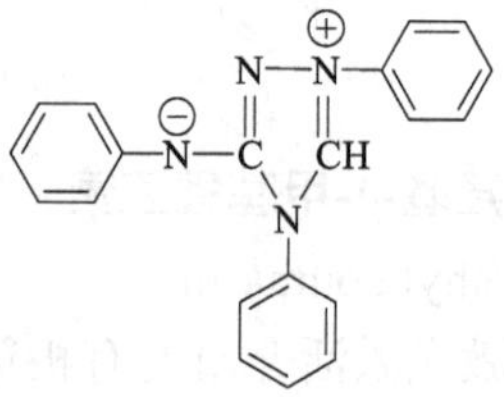

03.0545 辛可宁 cinchonine
系喹啉衍生物。一种铋、钨测定试剂。其结构简式为:

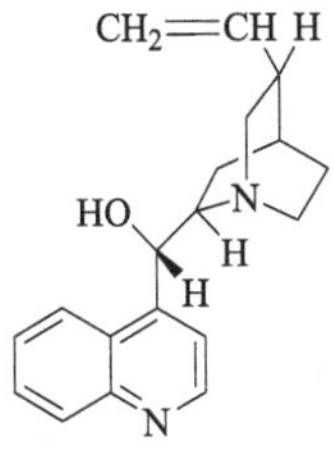

03.0546 硫酸喹宁 quinine sulfate
常用作测定荧光量子产率的标准物质。其结构简式为:

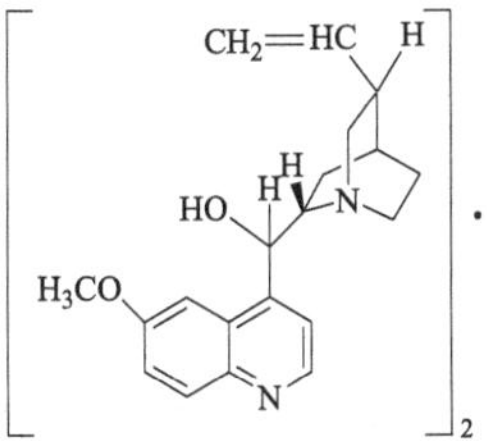

03.0547 1-亚硝基-2-萘酚 1-nitroso-2-naphthol
又称"钴试剂"。用于钴、钯、铜和铁的测定。其结构简式为:

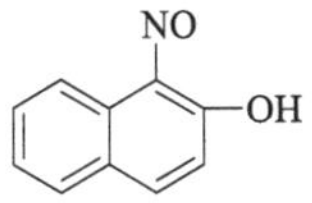

03.0548 *N*-苯甲酰-*N*-苯基羟胺 *N*-benzoyl-*N*-phenyl hydroxylamine
又称"*N*-苯甲酰苯胲"。用于钒、钴、铈、钛、钪、锆、钼、铍、铝、铜和铁的测定,以及钽和铌的分离。其结构简式为:

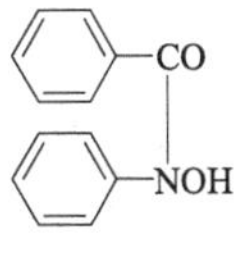

03.0549 丁二酮肟 dimethylglyoxime
又称"二甲基乙二醛肟"。用作测定镍、铅、锡、金、铑、铱及铋的沉淀剂或比色剂。其结构简式为:

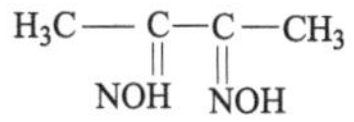

03.0550 指示剂 indicator
化学分析中用于显示滴定终点的一类试剂的总称。

03.0551 通用指示剂 universal indicator
将多种酸碱指示剂按一定比例混合所形成的指示剂。可在较宽 pH 范围介质中应用。

03.0552 酸碱指示剂 acid-base indicator
酸碱滴定中使用的指示剂。

03.0553 吸附指示剂 adsorption indicator
沉淀滴定中,以吸附相关组分或自身被吸附并发生颜色突变的指示剂。

03.0554 金属指示剂 metal indicator
络合滴定中使用的指示剂。

03.0555 氧化还原指示剂 oxidation-reduction indicator
氧化还原滴定中用于确定氧化还原反应终点的指示剂。

03.0556 混合指示剂 mixed indicator
两种(含)以上指示剂,或一种指示剂和一种惰性染料按一定比例混合而成的变色更敏锐的指示剂。

03.0557 自身指示剂法 self indicator method
仅据滴定剂与被滴定物作用即可产生颜色突变指示终点的滴定分析法。

03.0558 特殊指示剂 specific indicator
能与滴定剂或被测组分作用并产生特殊颜色,因而可指示滴定终点并确定特定物质存在的一类指示剂的总称。

03.0559　荧光指示剂　fluorescent indicator

随体系组成改变突然产生荧光或引起荧光突变指示终点的一类指示剂的总称。

03.0560　金属荧光指示剂　metalfluorescent indicator

在一定条件下，能与金属离子生成络合物的一类荧光指示剂的总称。

03.0561　化学发光指示剂　chemiluminescent indicator

因受反应激发而自身发光，且其发光强度与待测组分浓度相关，借此指示终点的一类指示剂的总称。

03.0562　放射性指示剂　radioactive indicator

化学性质或生物学特性与待测组分相同或相近的，具有放射性的一类指示剂的总称。

03.0563　硅氧烯指示剂　siloxene indicator

氧化还原滴定及沉淀滴定中使用的一种化学发光指示剂。其结构简式为：

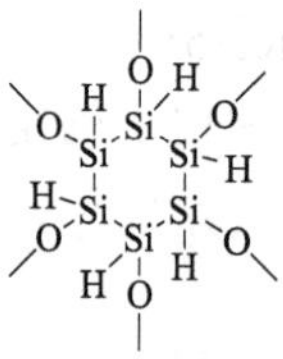

03.0564　石蕊试纸　litmus paper

附着有石蕊的、具有测定溶液酸碱性功能的红色或蓝色滤纸条。

03.0565　姜黄试纸　turmeric paper

以特定方法制备的附着有姜黄试剂的滤纸条。

03.0566　滴定指数　titration exponent

滴定中，指示剂变色区间内颜色变化最明显一点的 pH 值。通常用符号"pT"表示。

03.0567　指示剂常数　indicator constant

表征指示剂离解反应的浓度平衡常数。

03.0568　指示剂空白　indicator blank

在无试样下，按与试样分析相同的条件和操作进行滴定所消耗的滴定剂量。

03.0569　百里酚蓝　thymol blue

又称"麝香草酚蓝"。一种酸碱指示剂及药用有机化合物。其结构简式为：

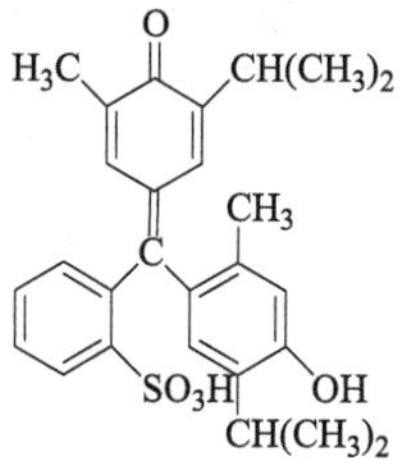

03.0570　百里酚酞　thymolphthalein

又称"麝香草酚酞"。一种酸碱指示剂。其结构简式为：

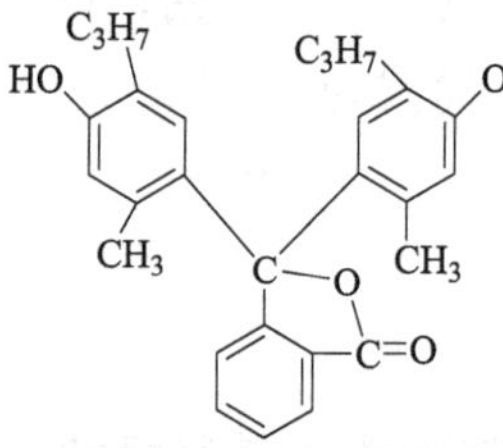

03.0571　苯酚红　phenol red

又称"酚红"。一种酸碱指示剂。其结构简式为：

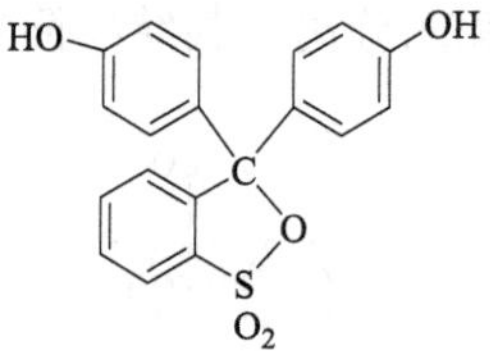

03.0572　酚酞　phenolphthalein

一种常用的酸碱指示剂。结构简式及酸碱反应式为：

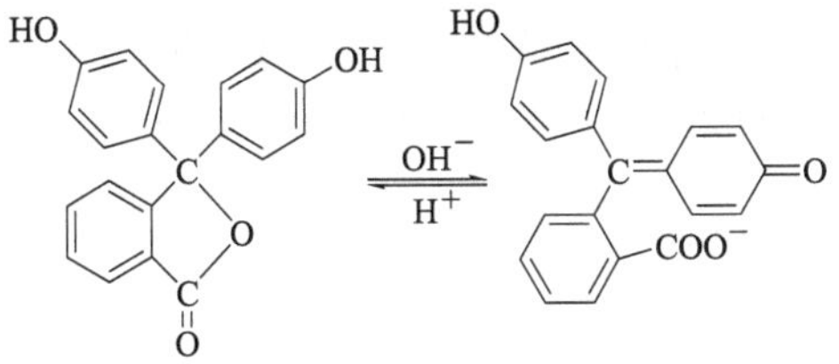

无色　　　　　　　　　　　红色

03.0573　甲酚紫　cresol purple

又称"间甲酚磺肽"。一种酸碱指示剂。其结构简式为：

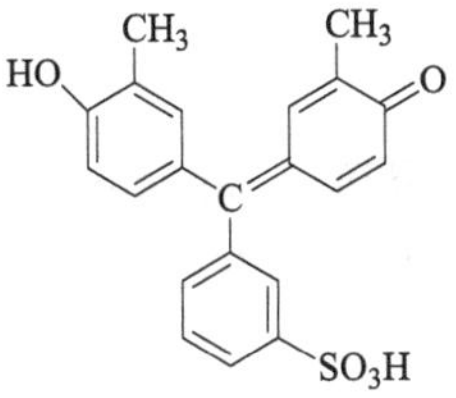

03.0574　甲基橙　methyl orange

一种常用的酸碱指示剂。其结构简式为：

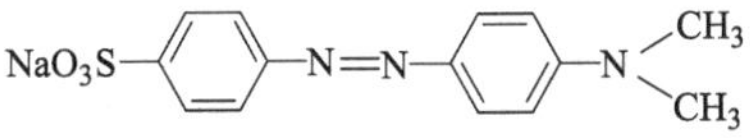

03.0575　甲基红　methyl red

又称"甲烷红"。一种酸碱指示剂和吸附指示剂。其结构简式为：

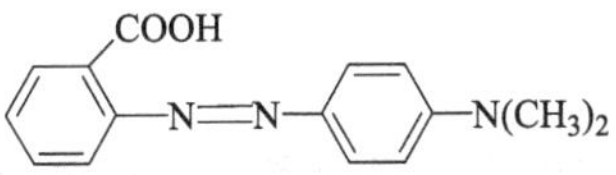

03.0576　甲基黄　methyl yellow

又称"二甲基黄"。一种酸碱指示剂。其结构简式为：

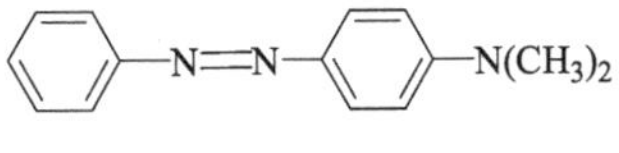

03.0577　氯酚红　chlorophenol red

又称"二氯酚磺酞"。一种酸碱指示剂。其结构简式为：

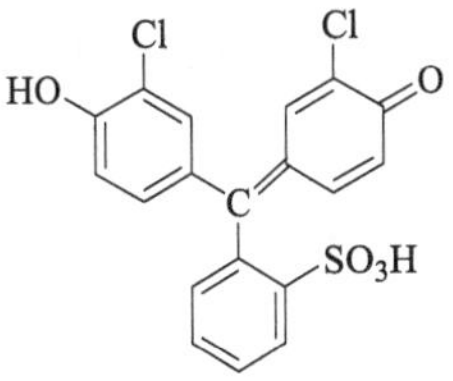

03.0578　茜素黄 R　alizarin yellow R

一种酸碱指示剂。其结构简式为：

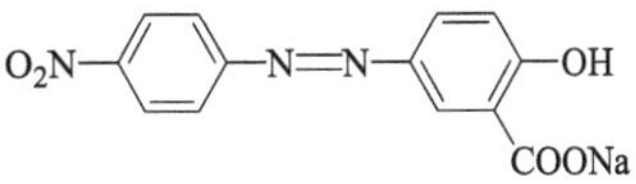

03.0579　溴百里酚蓝　bromothymol blue

又称"溴麝香酚蓝"。一种酸碱指示剂。其结构简式为：

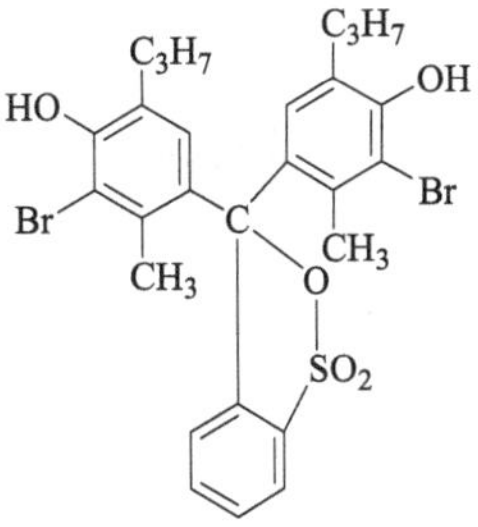

03.0580　溴酚蓝　bromophenol blue

又称"四溴苯酚磺酞"。用作酸碱指示剂和吸附指示剂。其结构简式为：

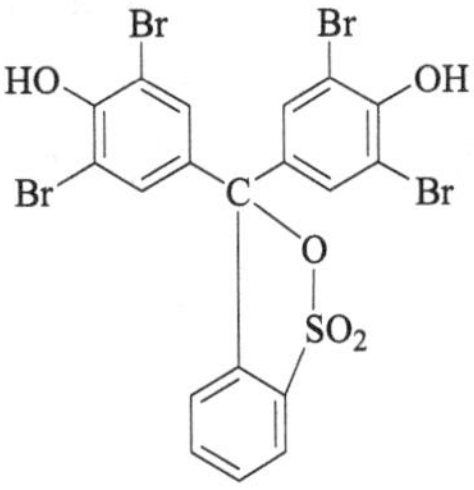

03.0581　溴甲酚绿　bromocresol green

又称"溴甲酚蓝"。一种酸碱指示剂。其结构简式为：

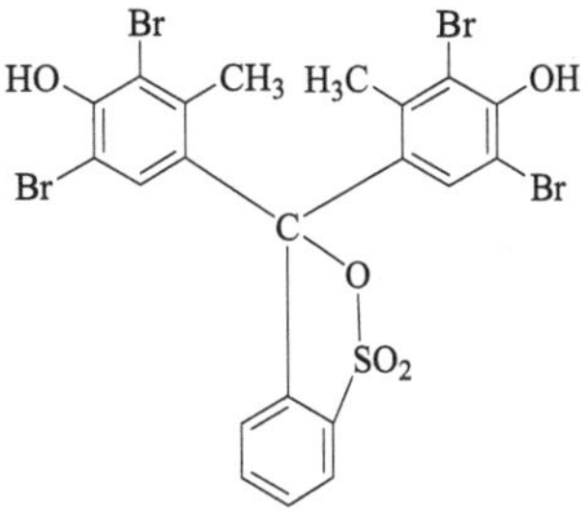

03.0582　中性红　neutral red

一种酸碱及氧化还原指示剂，也作为活体及
细胞染色剂。其结构简式为：

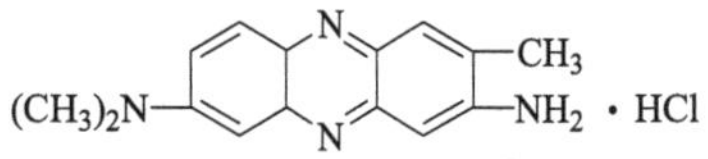

03.0583　结晶紫　crystal violet

又称"甲基紫"。用于铊、锌等的检测的一
种酸碱指示剂。其结构简式为：

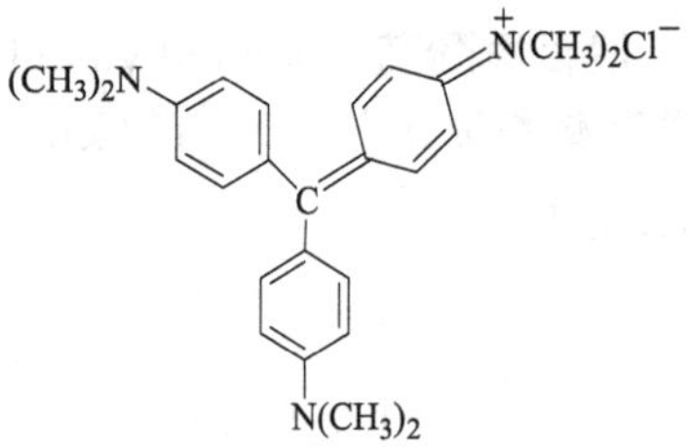

03.0584　喹哪啶红　quinaldine red

一种酸碱指示剂。其结构简式为：

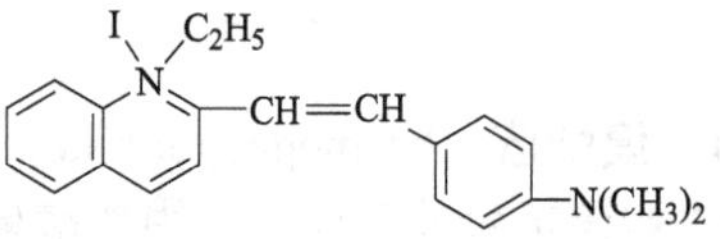

03.0585　孔雀绿　malachite green

又称"品绿"。用于测定亚硫酸盐、铈、钨
等的一种酸碱指示剂。其结构简式为：

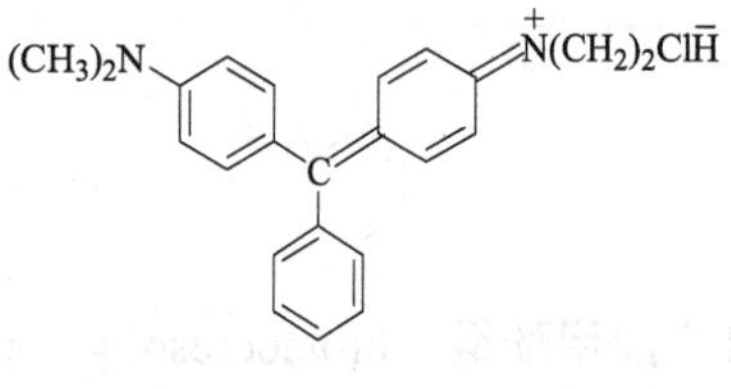

03.0586　尼罗蓝 A　Nile blue A

又称"耐尔蓝"。一种分析用显色剂。其结
构简式为：

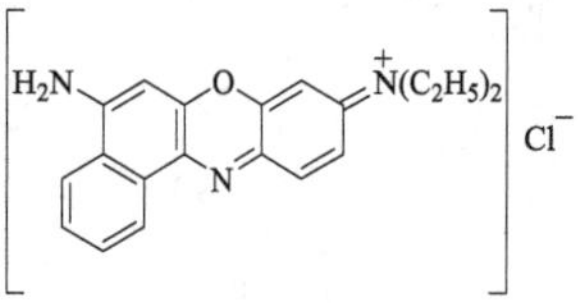

03.0587　[酸性]四号橙　orange Ⅳ

一种酸碱指示剂。其结构简式为：

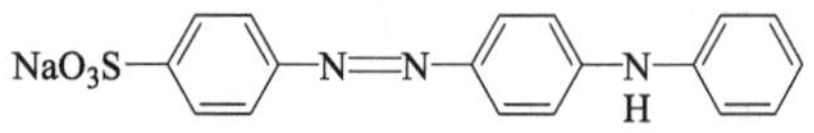

03.0588　对乙氧基菊橙　p-ethoxychrysoidine

又称"对乙氧基柯衣定"。用作酸碱、吸附
及氧化还原的指示剂。其结构简式为：

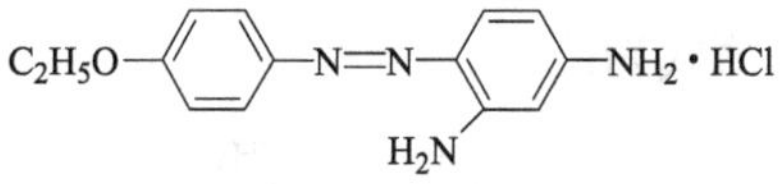

03.0589　二苯胺蓝　diphenylamine blue

二苯胺氧化生成的蓝色化合物。其结构简式
为：

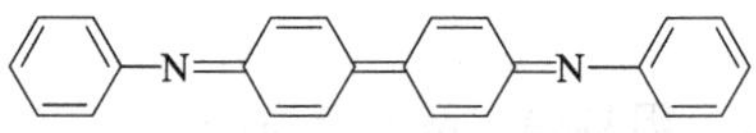

**03.0590　2,7-二氯荧光素　2,7-dichlorofluo-
rescein**

又称"二氯荧光黄"。一种吸附指示剂。其
结构简式为：

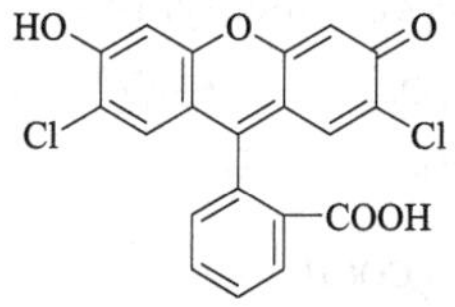

**03.0591　异硫氰酸荧光素　fluorescein isothio-
cyanate, FITC**

一种蛋白荧光标记试剂。其结构简式为：

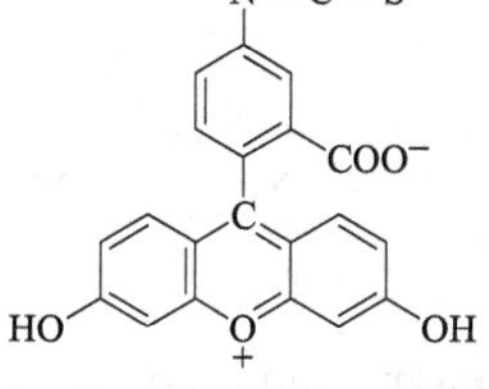

03.0592　荧光胺　fluorescamine

测定氨基酸、肽的分析试剂。本身无荧光。
其结构简式为：

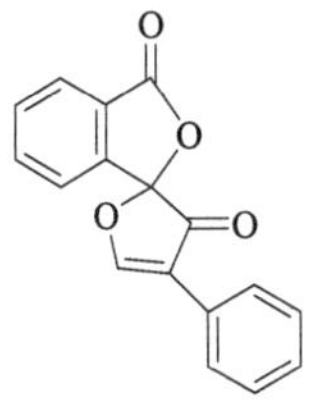

03.0593　酚藏花红　phenosafranine

用作酸碱、氧化还原及吸附指示剂，也用作生物染色剂。其结构简式为：

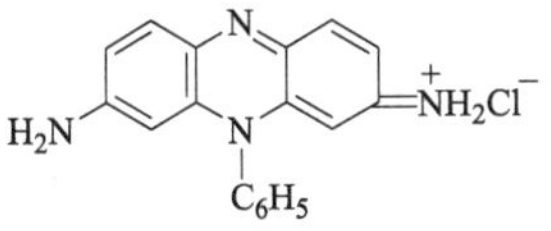

03.0594　刚果红　Congo red

一种酸碱指示剂及吸附指示剂，也用作生化显色剂。其结构简式为：

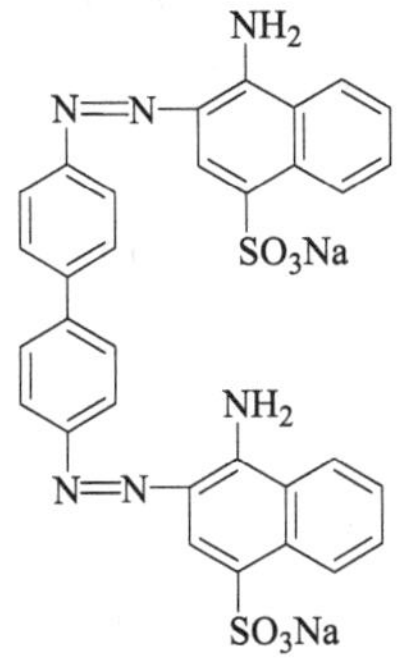

03.0595　罗丹明 6G　rhodamine 6G

又称"玫瑰红 6G"。一种吸附指示剂和生物染色剂。也用作光度法测定金属的试剂。其结构简式为：

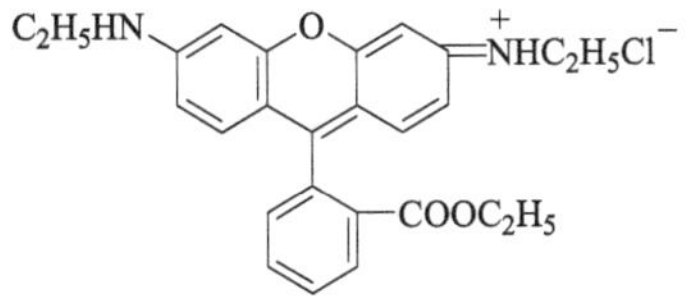

03.0596　罗丹明 B　rhodamine B

又称"玫瑰红 B"。一种着色剂。属氧杂蒽碱性染料。其结构简式为：

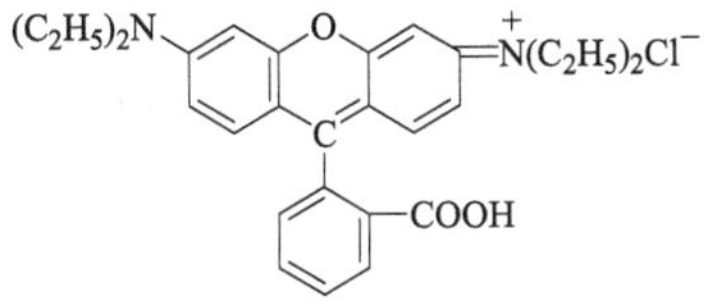

03.0597　玫瑰红　rose bengal

又称"虎红"。用作银量法吸附指示剂和生物染色剂。其结构简式为：

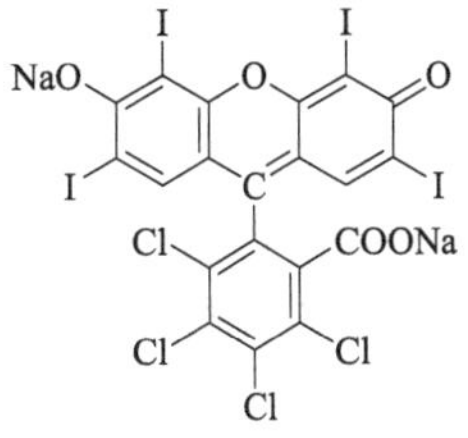

03.0598　曙红　eosine

又称"四溴荧光黄"。一种酸性染料。用作滴定分析吸附指示剂，也用于金属离子的荧光分析。其结构简式为：

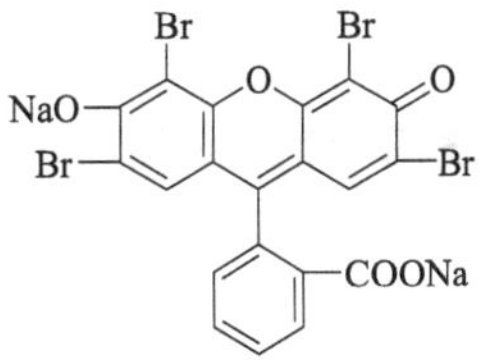

03.0599　钍试剂　thorin

一种络合滴定的金属指示剂。也用作金属螯合光度法测定试剂。其结构简式为：

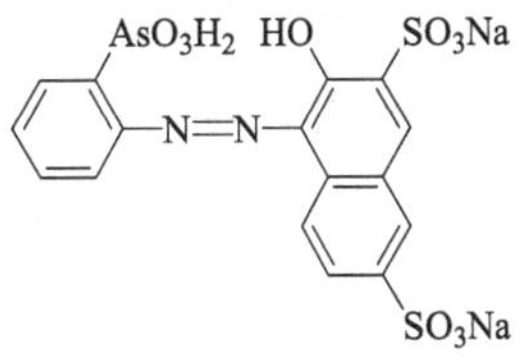

03.0600　荧光素　fluorescein

又称"荧光黄"。用作沉淀滴定的吸附指示剂。其结构简式为：

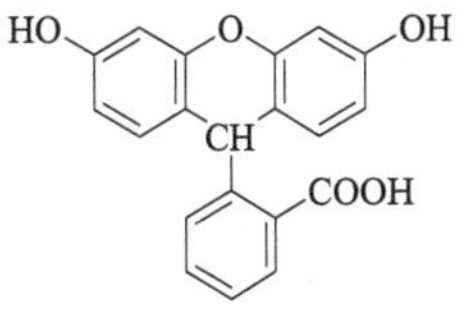

03.0601　二甲四酚橙　xylenol orange

一种滴定铋、钍、铅、钴、铜、铁、铝等的酸碱指示剂及络合滴定指示剂。其结构简式为：

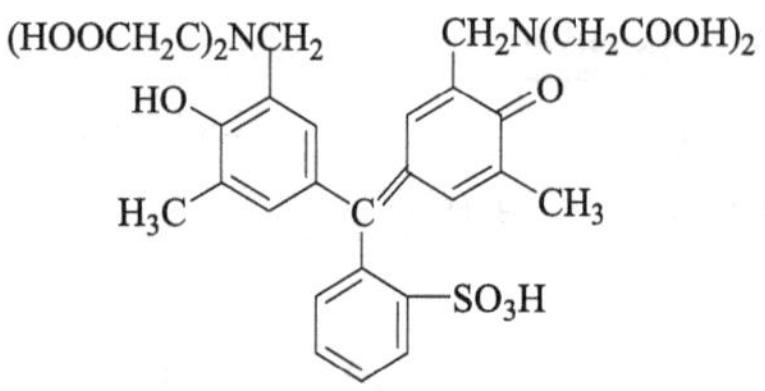

（结构式图）

03.0602　钙黄绿素　calcein

又称"荧光氨羧络合剂"。一种钙荧光试剂。也用作金属荧光指示剂。其结构简式为：

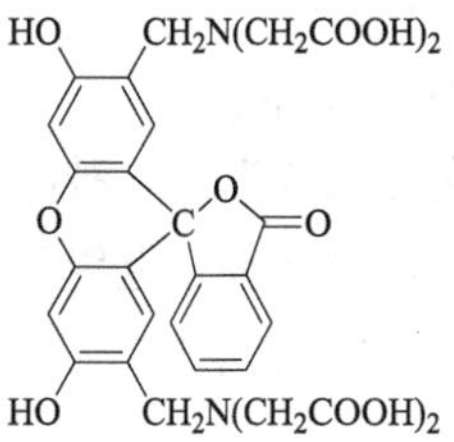

（结构式图）

03.0603　钙镁指示剂　calmagite

一种测定钙、镁的指示剂。其结构简式为：

（结构式图）

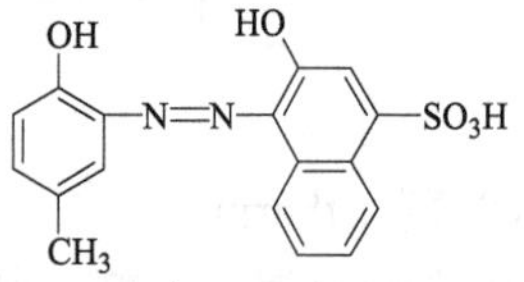

03.0604　钙指示剂　calconcarboxylic acid

又称"钙羧酸指示剂"。一种测定钙的金属指示剂。其结构简式为：

（结构式图）

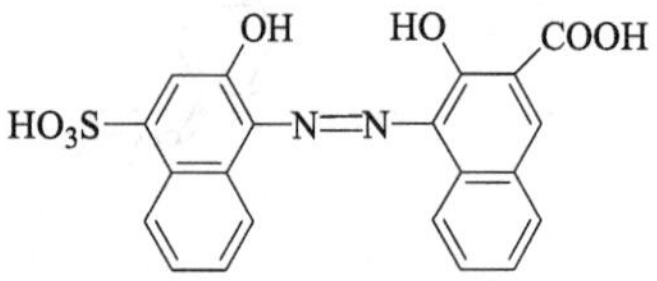

03.0605　钙试剂　calcon

又称"铬蓝黑R"。测定钙离子的显色剂。其结构简式为：

（结构式图）

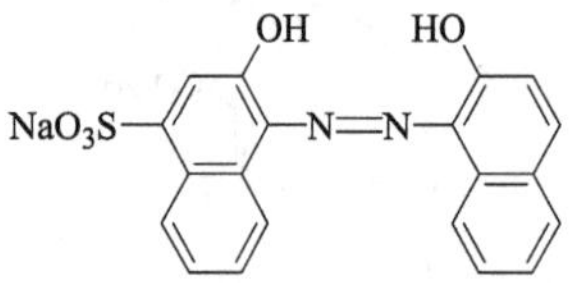

03.0606　铬黑T　eriochrome black T

用作测定镁、锌、镉、铅和汞离子等的指示剂的一种偶氮类染料。其结构简式为：

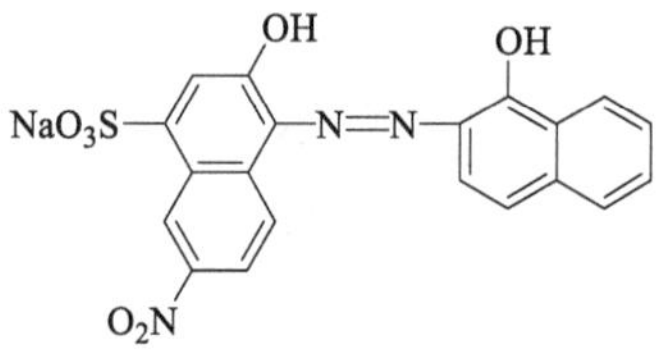

03.0607　铬蓝黑B　eriochrome blue black B

又称"铬黑B"。用作络合滴定钙、镉、镁、锰、锌等二价离子以及四价锆离子的金属指示剂，还用作测定水硬度的指示剂。其结构简式为：

（结构式图）

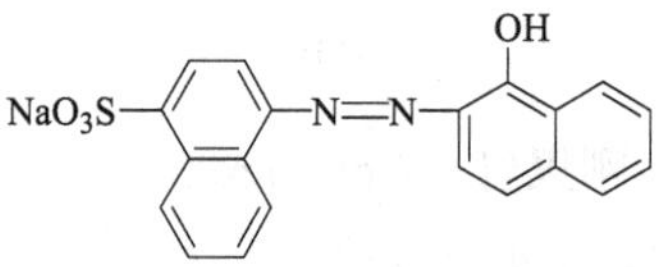

03.0608　铬紫B　eriochrome violet B

一种测定钙、镁、锶等离子的显色剂。其结构简式为：

（结构式图）

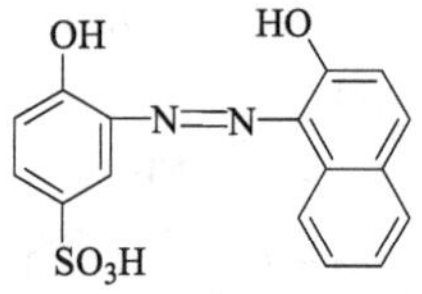

03.0609　甲基百里酚蓝　methylthymol blue

通常为 3,3′-双(二羧甲基)氨甲基百里酚磺酞的钠盐。用作酸碱指示剂及金属指示剂。其结构简式为：

（结构式图）

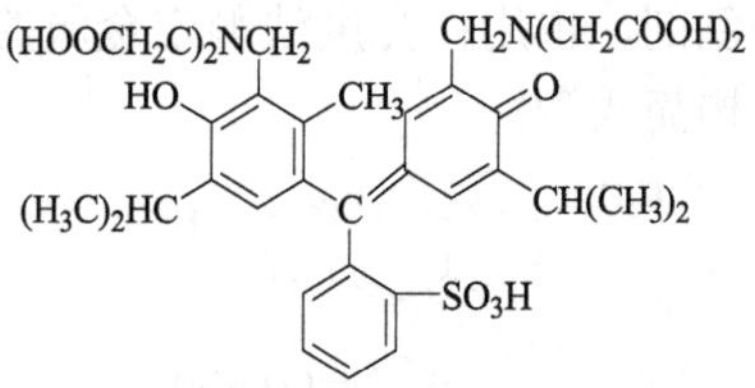

03.0610　金属酞　metalphthalein

又称"酞络合剂"。用作测定钡、钙、镉、镁、锶等的金属指示剂。其结构简式为：

（结构式图）

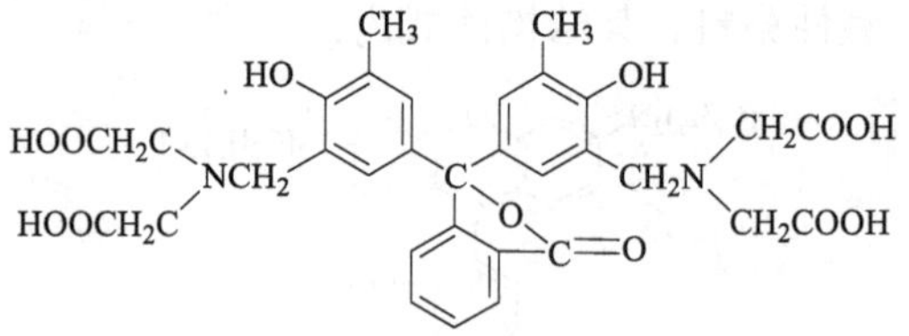

03.0611 邻苯二酚紫 pyrocatechol violet

一种络合滴定金属指示剂。其结构简式为:

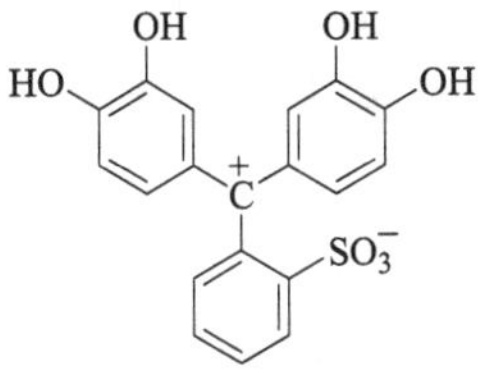

03.0612 1-(2-吡啶基偶氮)-2-萘酚 1-(2-pyridyla-zo)-2-naphthol, PAN

用于镉、锌、钴、铜、三价铁、镓、汞、铟等测定的一种显色剂。其结构简式为:

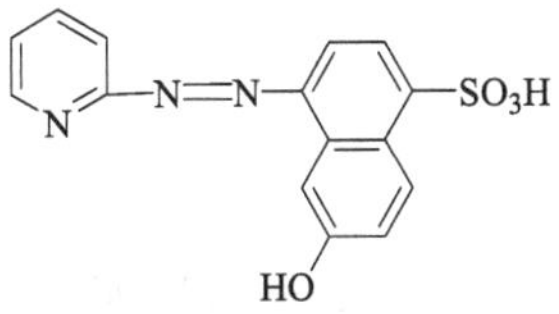

03.0613 4-(2-吡啶基偶氮)间苯二酚 4-(2-pyridylazo)resorcinol, PAR

又称"吡啶-(2-偶氮-4)间苯二酚"。用作铋、钴、铜、镓、铟以及镧系元素等测定的金属指示剂。其结构简式为:

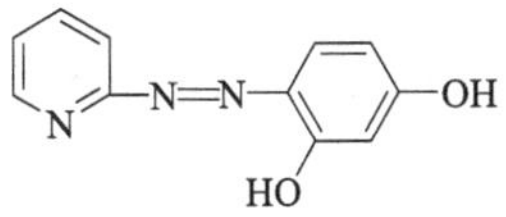

03.0614 锌试剂 zincon

用作锌、汞、钙、铜等的测定试剂。其结构简式为:

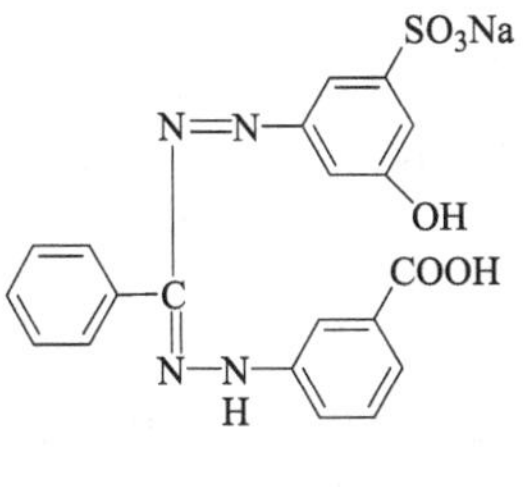

03.0615 紫脲酸铵 murexide

又称"氨基紫色酸"。测定钙、铜、钴和镍等的金属指示剂。其结构简式为:

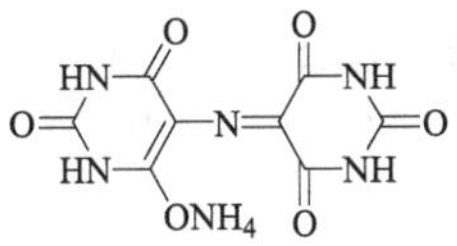

03.0616 磺基水杨酸 sulfosalicylic acid

用于脑脊液、尿蛋白和铝、铍、铬、钠、钛、铊以及硝酸盐等的检测。其结构简式为:

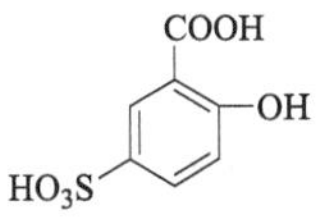

03.0617 钛试剂 tiron

又称"钛铁试剂"。测定钛、铁、钼等的显色试剂。其结构简式为:

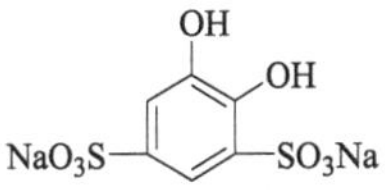

03.0618 变胺蓝 variamine blue

又称"标准色基蓝"。一种氧化还原指示剂。其结构简式为:

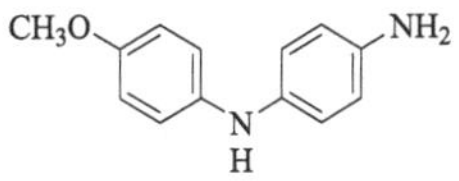

03.0619 靛蓝磺酸盐 indigo monosulfonate

一种氧化还原指示剂。其结构简式为:

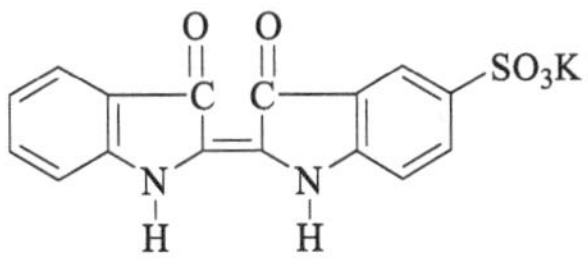

03.0620 酚二磺酸 phenol-2,4-disulphonic acid

一种测定硝态氮的比色试剂。其结构简式为:

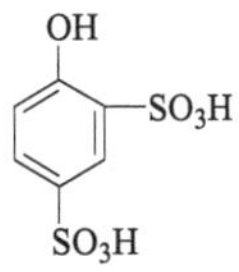

03.0621　靛蓝四磺酸盐　indigo tetrasulfonate

一种氧化还原指示剂。其结构简式为:

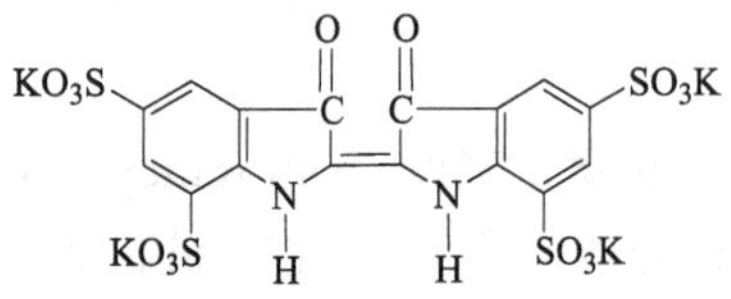

03.0622　对硝基二苯胺　*p*-nitrodiphenyla-mine

一种氧化还原指示剂。其结构简式为:

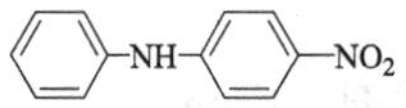

03.0623　二苯胺磺酸钠　sodium diphenyla-mine sulfonate

一种氧化还原指示剂。其结构简式为:

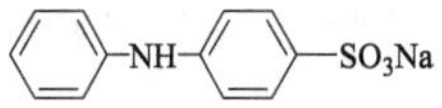

03.0624　邻二氮菲亚铁离子　ferroin

一种氧化还原指示剂。其结构简式为:

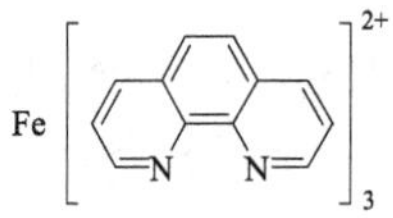

03.0625　硝基邻二氮菲亚铁离子　nitroferroin

一种亚铁络合物离子。用作氧化还原指示剂。其结构简式为:

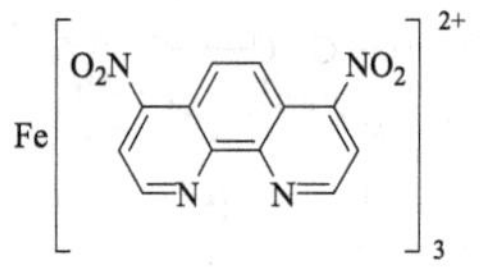

03.0626　亚甲蓝　methylene blue

又称"次甲基蓝"。一种氧化还原指示剂。可用于配制酸碱混合指示剂。光度法测定汞、锡、硼等的显色剂,也用作生物染料。其结构简式为:

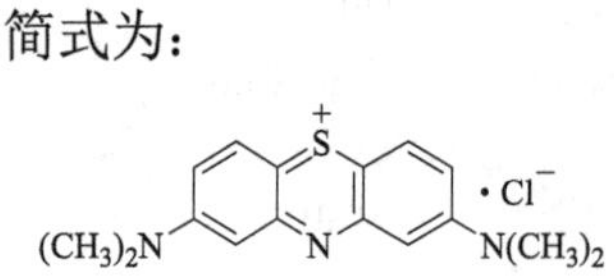

03.0627　考马斯亮蓝　Coomassie brilliant blue, CBB

一种在酸性条件下与蛋白质反应生成深蓝色复合物的三苯甲烷类染料。用于测定痕量蛋白质。

03.0628　罂红 A　erioglaucine A

又称"羊毛罂红 A"。一种氧化还原指示剂。其结构简式为:

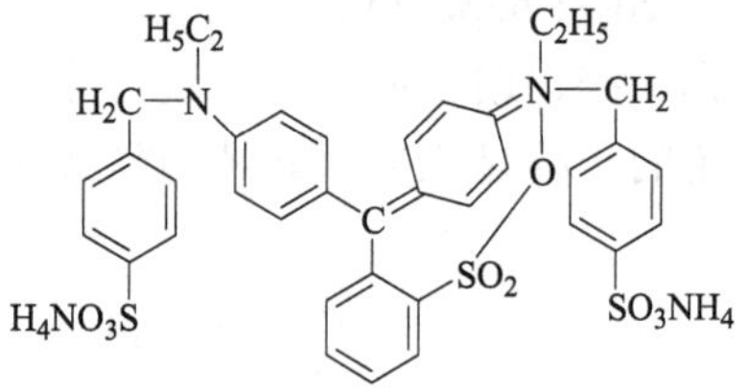

03.0629　*N*-苯基邻氨基苯甲酸　*N*-phenyl-anthranilic acid

检测五价钒及四价铈的试剂。其结构简式为:

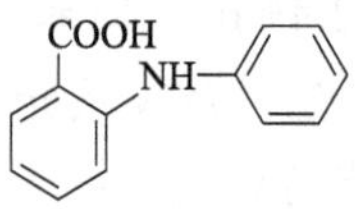

03.0630　氨羧络合剂　complexone

以氨基二乙酸为母体的一类衍生物的总称。多种金属离子的测定试剂。

03.0631　乙二胺四乙酸　ethylenediaminetetra-acetic acid, EDTA

用作重金属定量分析试剂、化学分析掩蔽剂及重金属中毒解毒剂。其结构简式为:

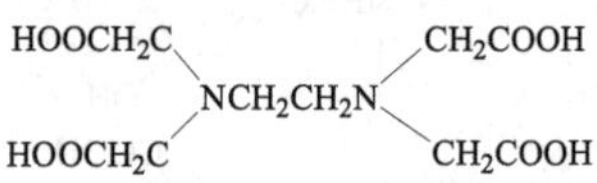

03.0632　氨三乙酸　nitrilotriacetic acid, NTA

测定钙、镁、铁等阳离子的试剂,在钴、铜、钛、铌、镍等和稀土金属络合滴定中用作络合剂和金属掩蔽剂。其结构简式为:

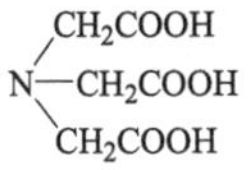

CH2COOH
|
N—CH2COOH
|
CH2COOH

03.0633 环己二胺四乙酸 cyclohexanedia-minetetraacetic acid

一种金属络合剂。其结构简式为：

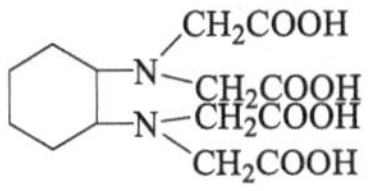

CH2COOH
N—CH2COOH
N—CH2COOH
CH2COOH

03.0634 乙二醇双(2-氨基乙醚)四乙酸 eth-yleneglycol bis (2-aminoethylether) tetraacetic acid, EGTA

一种重要的氨羧络合剂。其结构简式为：

CH2—O—CH2—CH2—N⟨CH2COOH / CH2COOH⟩
CH2—O—CH2—CH2—N⟨CH2COOH / CH2COOH⟩

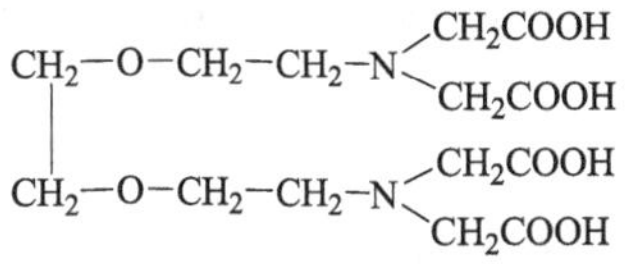

03.0635 2-羟乙基乙二胺三乙酸 2-hydroxy-ethylethylene diamine triacetic acid, HEDTA

一种氨羧络合剂。其结构简式为：

HO—CH2—CH2   CH2COOH
           N—CH2—CH2—N
HOOCH2C   CH2COOH

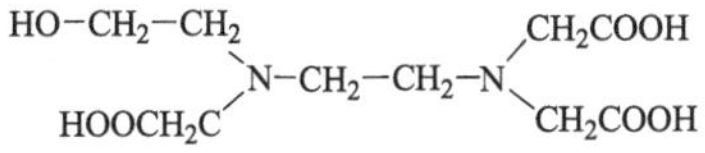

03.0636 吖啶衍生物 acridine derivative

一类以吖啶环为母体的化合物，具有在发生氧化还原反应时发光的特性。

03.0637 胆汁酸 bile acid

胆汁中一大类胆烷酸的总称。均为 24 碳胆烷酸的羟基衍生物。

03.0638 胆红素 bilirubin

系开链二烯胆素类物质。体内由衰老红细胞破坏、降解而来。其结构简式为：

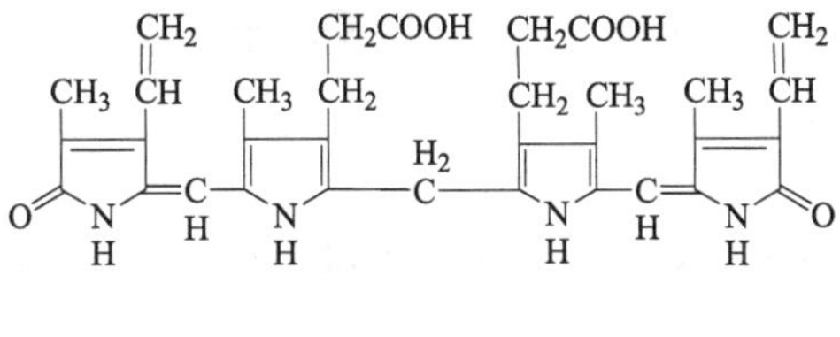

03.0639 冠醚 crown ether

分子结构形如王冠且带有多个醚基的有机化合物的总称。

03.0640 冠硫醚 thiacrown

氧原子全部被硫原子取代了的冠醚。

03.0641 球状冠醚 sperand

醚氧原子配位结合金属离子等客体而形成的类似冠醚的芳香族大环化合物。结构简式为 (Me 表示 CH3)：

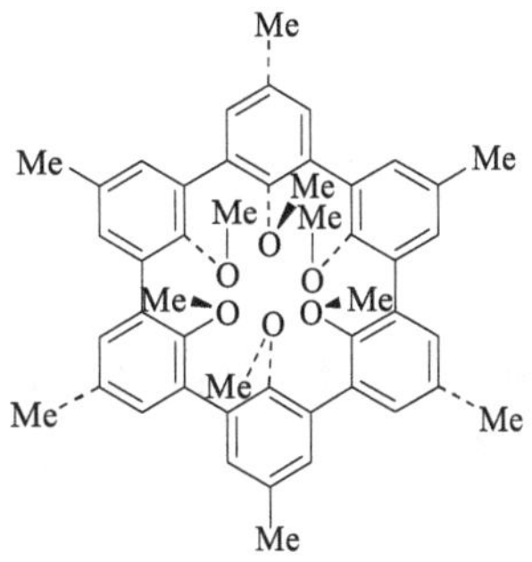

03.0642 离子对试剂 ion pair reagent

能提供与被测离子具有相反电荷的离子，且能与被测离子形成稳定离子对化合物的试剂。

03.0643 席夫碱 Schiff base

由伯胺(R_1NH_2)和醛(R_2CHO)或酮(R_3COR_4)反应缩合得到的具有 $R_1N=CHR_2$ 或 $R_1N=CR_3R_4$ 结构的一类化合物的总称。

03.0644 桑色素 morin

检测金属离子的荧光试剂。也用作织物染料。其结构简式为：

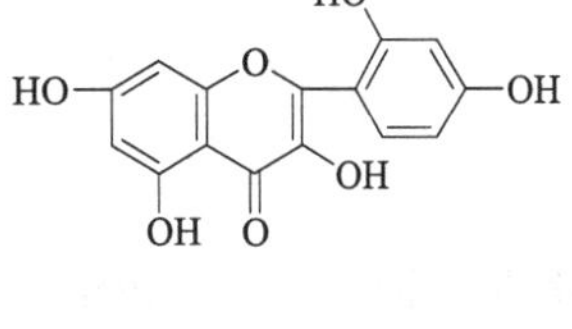

03.0645 鲁米诺 luminol

又称"氨基邻苯二甲酰肼"。一种酰肼类化学发光试剂。常用于过氧化氢和氢离子的定量检测及血迹鉴别。其结构简式为：

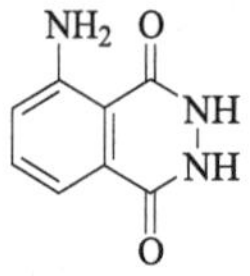

03.0646　光泽精　lucigenin
又称"硝酸-双氮-甲基吖啶"。一种重要的化学发光体系成分。其结构简式为：

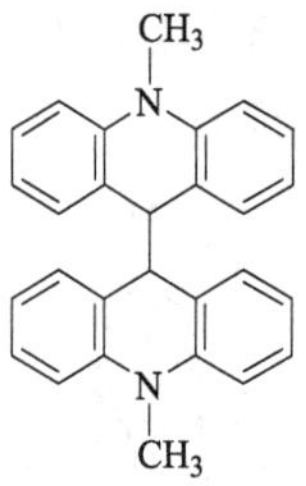

03.0647　硫代米蚩酮　thio-Michler ketone
用作显色剂的一种硫酮类化合物。其结构简式为：

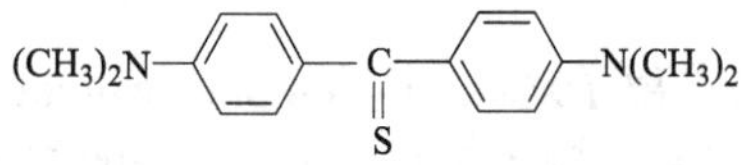

03.0648　精馏　rectification
利用回流使液体混合物得到高纯度分离的蒸馏方法。

03.0649　非水溶剂　non-aqueous solvent
水以外所有溶剂的总称。

03.0650　二甲基甲酰胺　*N*, *N*-dimethylfor-mamide, DMF
一种分析用极性惰性溶剂。其结构简式为：

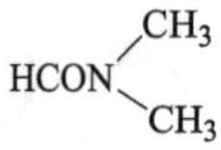

03.0651　惰性溶剂　inert solvent
不直接参加体系化学反应的溶剂。

03.0652　非极性溶剂　non-polar solvent

由非极性分子构成的溶剂。

03.0653　极性溶剂　polar solvent
分子中正负电荷中心不相重合的溶剂。

03.0654　给质子溶剂　protogenic solvent
在体系中释出氢离子的溶剂。

03.0655　拉平效应　leveling effect
强酸(或强碱)溶于质子溶剂中时，强度皆处于同一水平，彼此不能被区分，则称该质子溶剂具有拉平效应。

03.0656　拉平溶剂　leveling solvent
具有拉平效应的溶剂。

03.0657　区分效应　differentiating effect
又称"分辨效应"。酸或碱溶于质子溶剂中时，其强弱能够彼此区别，则称该质子溶剂具有区分效应。

03.0658　离子化溶剂　ionizing solvent
介电常数较高，能使溶质溶解后基本以自由离子形式存在的溶剂。

03.0659　可离子化基团　ionogen
在水溶液中可离解或可结合某种离子的基团。

03.0660　两性溶剂　amphiprotic solvent
既能接受质子，也能给出质子的溶剂。

03.0661　两性物　ampholyte
既能在酸碱反应中提供质子，又能在酸碱反应中接受质子的物质。

03.0662　亲质子溶剂　protophilic solvent
又称"碱性溶剂"。接受质子倾向比水大的溶剂。

03.0663　疏质子溶剂　protophobic solvent

又称"酸性溶剂"。给出质子倾向比水大的溶剂。

03.0664 溶剂化质子 solvated proton
与溶剂分子结合并被其包围的、脱离了阴离子束缚的质子与溶剂的加合物。

03.0665 质子溶剂 protic solvent
能够提供质子的一类溶剂的总称。

03.0666 质子传递物 protolyte
质子可在其分子的不同位置上迁移的物质。

03.0667 质子自递作用 autoprotolysis
在同种两性物质分子间的质子传递作用。

03.0668 萃取剂 extractant
与待测组分所在的物相不相混溶、且可将待测组分从其所在相中抽提出来的试剂。

03.0669 协萃剂 synergistic extractant
为使萃取剂的萃取能力明显提高而加入的试剂。

03.0670 马弗炉 muffle furnace
实验室中使用的高温电炉。最高温度可达1200℃。

03.0671 喷灯 blast burner
预热盆内少量可燃液体点燃后产生热量，使灯座内的可燃液体气化并由灯管排出后点燃的实验室热源。火焰温度可达 800~1000℃。

03.0672 回火 flash back
火焰由燃烧器喷口向燃烧器内部传播的现象。

03.0673 麦克灯 Meker burner
又称"酒精喷灯"。以酒精为燃料的一种喷灯。

03.0674 干燥器 desiccator
具有磨口顶盖，内置干燥剂以保持其内储物干燥的密封厚壁玻璃容器。

03.0675 干燥剂 desiccant
具有物理吸附或化学吸收水蒸气功能的物质。

03.0676 恒湿器 hygrostat
保持某特定空间内湿度恒定的装置。

03.0677 烧碱石棉 ascarite
烧碱与石棉混合制得的用于吸收二氧化碳的颗粒物。

03.0678 燃烧管 combustion tube
用石英或瓷质材料制成的耐高温管状器具，通常用于有机元素分析。

03.0679 舟皿 boat
用于盛固体试样以便于将其灼烧的形如小舟的器皿。

03.0680 坩埚 crucible
用于熔融试样或灼烧沉淀的上大下小形如截圆锥的容器。

03.0681 古氏坩埚 Gooch crucible
用于过滤的底部带有若干小孔的瓷制坩埚。

03.0682 研钵 mortar
和研杵一道用来压碎、研磨和混合固态物质的器具。

03.0683 比重瓶 gravity bottle
测量液体密度的专用玻璃量器。

03.0684 漏斗 funnel
灌注、过滤或分离液体的器具。

03.0685　分液漏斗　separatory funnel
分离两不相混溶液体的器具。

03.0686　采样锥　sampling cone
带有凹槽、可不改变散状物料储存状态获取试样的一种锥形金属取样工具。

03.0687　渗析器　dialyzer
从基体中分离出低分子量的可渗析待测组分以实现连续微量过滤的专用装置。

03.0688　离心机　centrifuge
利用离心力将溶液中比重不同的成分分离的设备。

03.0689　蒸发皿　evaporating dish
用于蒸发或浓缩溶液的器皿。

03.0690　表面皿　watch glass
常用作烧杯盖的略有曲度的玻璃圆片。

03.0691　滴定管　buret
具有精确容积刻度，下端带有控制开关，用于测量滴定过程中所加滴定液体积的管状玻璃器具。

03.0692　移液管　pipet
又称"单标线吸量管"。用于准确转移一定体积液体的器具。

03.0693　吸量管　measuring pipet
又称"刻度移液管"。带有分刻度且下端有滴嘴的，用以准确移取不同体积液体的直形玻璃管。

03.0694　点滴板　spot plate
较厚的带有阵列凹穴用于点滴实验的黑色或白色釉瓷板、玻璃板或塑料板。

03.0695　淀帚　policeman

用以擦扫附着在烧杯内壁上残留的沉淀的带橡皮头的玻璃棒。

03.0696　平行测定　parallel determination
在相同的实验条件下，用同样的方法对同一试样进行的重复测定。

03.0697　双份法　duplicate
测定两份同一试样以评价所用分析方法的性能。

03.0698　三份法　triplicate
即至少需用3个含量不同的已知标准试样制作工作曲线的方法。

03.0699　荷电酸　charged acid
带正电或负电的、可在合适条件下释出质子的一类物质的总称。

03.0700　无荷电酸　uncharged acid
电中性并可在合适条件下释出质子的一类物质的总称。

03.0701　溶剂阴离子　lyate ion
萃取过程中，有机溶剂分子通过本身所含配位原子与被萃取物所含阴离子结合所形成的阴离子基团。

03.0702　溶剂阳离子　lyonium ion
萃取过程中，有机溶剂分子通过本身所含配位原子与被萃取物所含阳离子结合所形成的阳离子基团。

03.0703　阳离子酸　cationic acid
能释出质子的阳离子物质的总称。

03.0704　阴离子酸　anionic acid
能释出质子的阴离子物质的总称。

03.0705　阴离子碱　anion base

能接受质子的阴离子物质的总称。

03.0706   单核配合物   mononuclear complex
分子中只含有 1 个中心离子的配合物。

03.0707   多酸络合物   polyacid complex
由两种(含)以上简单分子的酸组成的至少含
1 个中心离子的络合物。

03.0708   胶束包合络合物   micellar inclusion complex
溶液中表面活性剂超过一定浓度时，所形成
的团状或束状簇合物，包围在金属络合物分
子或其他有机物分子周围而产生的一类
物质。

03.0709   超分子络合物   supermolecular complex
具有两个(含)以上原子基团、借助分子间作
用力结合而形成的具有一定结构和功能的
络合物。

03.0710   多配基配合物   polyligand complex
又称"多配基络合物"。由多个相同配体与
某一种中心离子形成的络合物。

03.0711   电荷转移作用   charge-transfer inter-action
当具有电子给予特性的物质分子与具有电
子接收特性的物质分子相互接近时，两分子
间发生电荷转移而形成稳定结合的作用。

03.0712   电荷转移络合物   charge-transfer complex
电子给体和电子受体通过电荷转移作用形
成的络合物。

03.0713   笼形化合物   clathrate compound
分子结构呈笼形的化合物的总称。

03.0714   离子缔合络合物   ion association complex
由金属配位离子与带异性电荷的离子以静
电引力作用结合而成的电中性化合物。

03.0715   络合作用   complexation
金属离子以配位键与配位体联结的作用。

03.0716   复合反应   composite reaction
体系内同时发生的多个化学反应。

03.0717   兰多尔特反应   Landolt reaction
在抗坏血酸存在下，体系生成的单质碘被还
原成一价碘离子，当体系中所有的抗坏血酸
消耗尽时，继续释出的单质碘即显现出蓝色
的反应。

03.0718   掩蔽剂   masking agent
能改变试样溶液中干扰物质的存在形式，使
其干扰作用减轻甚至丧失而无需分离即可
进行后续操作的物质。

03.0719   解蔽   demasking
被掩蔽的物质恢复到掩蔽前状态的操作。

03.0720   [指示剂]封闭   blocking
络合滴定中，滴定剂不能与金属离子指示剂
发生基团交换而使终点附近无色变发生的
现象。

03.0721   [指示剂]僵化   ossification of indicator
络合滴定中滴定剂与金属离子指示剂间基
团交换过缓而致变色时间拖长的现象。

03.0722   盐效应   salt effect
在弱电解质、难溶电解质或非电解质溶液中
加入非同离子无机盐，致使该物质离解度或
溶解度改变的现象。

03.0723   盐析效应   salting out effect

使目标物质溶解度降低的盐效应。

03.0724　盐溶效应　salting in effect
使目标物质溶解度升高的盐效应。

03.0725　放大效应　multiplication effect
又称"倍增效应"。利用多个彼此间存在化学计量关系的化学反应，直接或间接地使被测组分的表观存在量增大，以实现微量组分的准确测定。

03.0726　增色作用　hyperchromism
使物质吸光系数增大，吸收峰位置红移的作用。

03.0727　减色作用　hypochromism
使物质吸光系数减小，吸收峰位置蓝移的作用。

03.0728　同离子效应　common ion effect
在电解质溶液平衡体系中加入一种或多种已存在离子后，体系重建新的化学平衡的现象。

03.0729　异离子效应　diverse ion effect
又称"异盐效应"。在弱电解质或难溶电解质溶液中加入非同离子的强电解质使之电离度或溶解度增大的现象。

03.0730　均相成核　homogeneous nucleation
溶质在过饱和溶液中通过离子缔合而自发形成晶核的过程。

03.0731　异相成核　heterogeneous nucleation
在沉淀过程中，借助试剂溶液中微小固体杂质或器皿壁上微小颗粒形成晶核的现象。

03.0732　胶溶作用　peptization
用化学方法将较难溶物分散成胶状体系的过程。

03.0733　潘-法-罕吸附规则　Paneth-Fajans-Hahn adsorption rule
沉淀滴定中吸附指示剂吸附能力遵循随其所形成盐溶解度的增大而减小的规律。

03.0734　酸度　acidity
在规定条件下，100g试样中所含酸性物质相当氢离子的毫摩尔量。

03.0735　总酸度　total acidity
溶液中所含酸物质的总量。单位为mol/L。

03.0736　碱度　alkalinity
在规定条件下，100g试样中所含碱性物质相当氢氧根离子的毫摩尔量。

03.0737　氢离子浓度指数　hydrogen exponent
又称"pH[值](pH [value])"溶液中氢离子活度的负对数值。

03.0738　哈米特酸度函数　Hammett acidity function
体系中酸碱指示剂的酸度常数负对数值与该指示剂在体系中两种型体平衡浓度比值的对数值之和。

03.0739　树脂交换容量　exchange capacity of resin
单位质量的干或湿树脂所能交换的一价离子的物质的量。是表征离子交换树脂性能的重要指标。

03.0740　缓冲容量　buffer capacity
以1L溶液pH值改变一定量所需加入的强酸或强碱的摩尔数表示。

03.0741　缓冲值　buffer value
缓冲溶液的特征量值，可由测量和计算获得。

03.0742　缓冲指数　buffer index
抵消外来物质影响以保持体系本身的某种特征量不发生显著变化的能力的标度。

03.0743　缓冲溶液　buffer solution
能抵消少量外来物质的影响，保持体系的某种特征量不发生显著变化的溶液。

03.0744　标准缓冲溶液　standard buffer solution
国内外公认的在一定温度下某种特性具有准确量值的缓冲溶液。

03.0745　广域缓冲剂　universal buffer
可依不同酸碱比例混合构成一系列较宽 pH 范围缓冲溶液的含有两个以上共轭酸碱对的一类物质的总称。

03.0746　化学计量浓度　stoichiometric concentration
用单位体积溶液中目标物质的摩尔数表示的浓度。

03.0747　分析浓度　analytical concentration
又称"标称浓度"。最初称量一定物质所制备溶液的初始浓度。

03.0748　参考水平　reference level
又称"零水平"。在对一系列组元同一目标特性进行比较时，将某一组元的相应目标特性人为地作为比较基准。

03.0749　物料平衡　material balance
又称"物料衡算"。根据质量守恒定律，在任何 1 个生产过程中，原料消耗量应等于产品量与物料损失量之和的计算原则。

03.0750　质子条件　proton condition
又称"质子守恒"。体系酸碱反应达到平衡时，酸所给出的质子数与碱所获得的质子数相等的计算原则。

03.0751　电荷平衡　charge balance
又称"电中性规则"。溶液中各种荷正电物质所带单位正电荷的总量必等于各种荷负电物质所带单位负电荷的总量，溶液总处于电中性状态。

03.0752　浓度常数　concentration constant
又称"浓度平衡常数"。在温度和其他相关条件恒定下，化学反应达到平衡时，生成物浓度乘积与反应物浓度乘积之比。

03.0753　混合常数　mixed constant
在温度及离子强度恒定时，以氢离子或氢氧离子活度以及参与反应的其他物质的活(浓)度计算获得的反应平衡常数。

03.0754　解离常数　dissociation constant
在温度和其他相关条件恒定下，离解反应达到平衡时，生成物浓(活)度乘积与反应物浓(活)度乘积之比。

03.0755　酸度常数　acidity constant
酸的离解常数。常用符号 K_a 表示。

03.0756　萃取常数　extraction constant
又称"萃取平衡常数"。萃取过程中体系达到平衡时，两相反应的平衡常数。

03.0757　条件溶度积　conditional solubility product
计入沉淀反应有关组分副反应贡献的沉淀物溶度积。

03.0758　水的离子积　ionic product of water
又称"水的活度积"。水的质子自递常数。一定温度下，水中质子活度和氢氧根离子活度的乘积。

03.0759　络合物形成常数　formation constant of complex

又称"络合物稳定常数"。络合物稳定性的定量标度。在温度和其他相关条件恒定下，金属离子和配位体形成的络合物达到平衡时，络合物的浓度与金属离子和配位体浓度乘积之比。

03.0760 逐级形成常数 stepwise formation constant
金属离子与配位体逐级反应形成配位体数目由少到多的各级络合物时，各级络合物形成反应所对应的平衡常数。

03.0761 分布分数 distribution fraction
平衡体系中，同一物质各种存在型体的平衡浓度与其总浓度之比。

03.0762 分布分数图 distribution diagram
在温度和其他相关条件恒定下，体系各组分分布分数随酸度改变的关系曲线。

03.0763 总稳定常数 overall stability constant
络合物各级稳定常数的乘积。

03.0764 累积常数 cumulative constant
又称"累积稳定常数"。具有多个配位体的配合物各级配位平衡常数的乘积。

03.0765 副反应系数 side reaction coefficient
又称"α 系数"。副反应对主反应影响程度的表征量，为副反应产物浓度与副反应反应物浓度乘积之比。通过特定方法计算或实验测定求得。常用 α_x 表示，$\alpha_x = \dfrac{[x']}{[x]}$

03.0766 络合效应系数 coefficient of complexation effect
又称"配位效应系数"。络合剂 L 引起副反应时的副反应系数。用特定方法计算求得，以 $\alpha_{M(L)}$ 表示。

03.0767 酸效应系数 coefficient of acid effect
氢离子引起副反应时的副反应系数。常用符号 $\alpha_{L(H)}$ 表示。

03.0768 优势区域图 predominant region diagram
表征若干关联物质在同一溶液中随溶液 pH 或 pL 变化的浓度分布图。

03.0769 固有溶解度 intrinsic solubility
又称"分子溶解度"。温度一定时，微溶物质在其饱和溶液中以分子形式存在的浓度。

03.0770 掩蔽指数 masking index
对掩蔽效率的定量表征。为干扰离子浓度及干扰离子和掩蔽剂形成的各级络合物浓度之和与干扰离子浓度之比的对数值。其值越大，表明掩蔽效率越高。

03.0771 缔合常数 association constant
缔合反应达到平衡时，反应产物浓度与反应物离子浓度乘积之比。

03.0772 质子自递常数 autoprotolysis constant
在温度和其他相关条件恒定下，同种两性物质分子间的质子传递反应达到平衡时的平衡常数。

03.0773 格兰函数 Gran function
各类滴定体系滴定液加入量与体系特性变量(pH、电位等)关系的函数。

03.0774 格兰图 Gran plot
依据格兰函数绘制的曲线图。

03.0775 酸值 acid value
中和 1 g 油品中的酸性物质所需氢氧化钾的毫克量。

03.0776　碘值　iodine number
又称"碘价"。在规定条件下，100g 油品试样消耗以克计的碘的质量。是表示油品中脂肪烃不饱和度的一种指标。

03.0777　溴值　bromine number
又称"溴价"。在规定条件下，100g 油品试样消耗以克计的溴的质量。是表示油品中脂肪烃不饱和度的一种指标。

03.0778　皂化值　saponification number
在规定条件下，1g 油品试样完全皂化时所消耗的以毫克计的氢氧化钾量。

03.0779　溶解氧　dissolved oxygen
溶解于水中的氧气的质量。以 $mg(O_2)/L(H_2O)$ 表示。

03.0780　化学需氧量　chemical oxygen demand, COD
在规定条件下，氧化水体中还原性物质所消耗氧化剂量。以 $mg(O_2)/L(H_2O)$ 表示。

03.0781　生化需氧量　biochemical oxygen demand, BOD
又称"生物耗氧量"。地面水体中微生物分解有机化合物过程中所消耗的水中溶解氧量。

03.0782　水硬度　water hardness
水中钙盐和镁盐的含量，用以表征水体特性的一项质量指标。

03.0783　水溶性碱　water soluble alkali
专指油品中可溶于水的碱性物质的总称。

03.0784　水溶性酸　water soluble acid
专指油品中可溶于水的酸性物质的总称。

03.0785　可萃取酸　extractable acid

某些制剂中可萃取的总有机酸量。

03.0786　总悬浮物　total suspended substance
又称"总悬浮颗粒物"。悬浮在大气中的粒径在 100μm 以下的液体微珠及固体颗粒物的总称。

03.0787　商品检验　commodity inspection
由具有法定资格并独立于贸易关系人的第三者对交易商品的品质、规格、数量、重量、包装以及是否符合安全和卫生要求等所进行的检验。

03.0788　活性组分　active constituent
试样中决定其化学活性的成分。常用质量百分数表示。

03.0789　灰分测定　determination of ash
试样经灼烧后留存在灼烧器具内的残留物的测定。

03.0790　食品防腐剂分析　food preservative analysis
食品中防腐剂成分、含量以及毒性等分析的总称。

03.0791　食品添加剂分析　food additive analysis
食品中添加剂成分、含量以及毒性等分析的总称。

03.0792　蛋白质测定　determination of protein
确定试样蛋白质含量的分析操作。

03.0793　沉淀法　precipitation method
基于生成沉淀的分析方法。

03.0794　均匀沉淀　homogeneous precipitation
又称"均相沉淀"。均相溶液中缓慢形成结

构紧密大颗粒沉淀的过程。

03.0795 分步沉淀 fractional precipitation
应用一种沉淀剂与溶液中两种(含)以上组分所生成沉淀溶度积的不同，使溶液组分分离的过程。

03.0796 聚集速度 aggregation velocity
构晶离子聚集生成微小晶核的速度。

03.0797 晶形沉淀 crystalline precipitate
粒径在 $0.1\sim1\mu m$、晶格排列规则、结构紧密的沉淀物。

03.0798 凝乳状沉淀 curdy precipitate
粒径在 $0.02\sim0.1\mu m$ 的沉淀物。

03.0799 无定形沉淀 amorphous precipitation
粒径$<0.1\mu m$ 的沉淀物。凝乳状沉淀和胶状沉淀的总称。

03.0800 胶状沉淀 gelatinous precipitate
粒径$<0.02\mu m$ 的胶粒聚集形成的含有大量水分的沉淀物。

03.0801 无机共沉淀剂 inorganic coprecipitant
可引发共沉淀的无机化合物试剂的总称。

03.0802 载体沉淀 carrier precipitation
以共沉淀方式或简单的机械载带作用，使痕量待测组分被捕集到沉淀物上的现象。

03.0803 暴沸 bumping
液体由于过热而突然崩沸的现象。

03.0804 防暴沸棒 antibump rod
置于被加热溶液中的带有毛细管的玻璃棒，具有不断释出气泡抑制溶液发生暴沸的功能。

03.0805 透析 dialysis
依据浓度梯度的差别将分子量低的分子或离子通过透析膜从溶液中去除的操作。

03.0806 离心法 centrifugal method
利用离心机从液相中分离出固相的方法。

03.0807 过滤 filtration
固液混合物经由过滤器具分离的操作。

03.0808 超滤 ultrafiltration
依据压力差将一般过滤法难以分离的微粒，通过超滤膜从分散介质中分离的操作。

03.0809 玷污 contamination
在一定测试条件下，外界向分析对象引入杂质的现象。

03.0810 纯度 purity
主成分在一定化学物质中的质量百分数。

03.0811 吸附共沉淀 adsorption coprecipitation
由于主沉淀物表面的吸附功能，致使试样溶液中的杂质附着于其表面的现象。

03.0812 吸留共沉淀 occlusion coprecipitation
沉淀过程中由于杂质被包藏而与主沉淀物同时沉淀的现象。

03.0813 混晶共沉淀 mixed crystal coprecipitation
在沉淀过程中杂质离子占据目标物质沉淀中某些晶格位置或晶格空穴，进而与目标物质共同沉淀的现象。

03.0814 后沉淀 postprecipitation
一种组分沉淀后随母液共同静置过程中，另一可溶或微溶组分从母液中析出的现象。

03.0815 过饱和度 super-saturability
过饱和溶液中溶质浓度与相同条件下溶质溶解度之差。

03.0816 质量控制样品 quality management sample
为确定分析测量中的不确定性，用于日常例行分析质量控制与管理的样品。

03.0817 包藏 occlusion
又称"包藏共沉淀"。杂质和母液被包裹在沉淀内部的共沉淀现象。

03.0818 富集 enrichment
采用化学或物理方法使待测组分在体系中浓度增大的操作。

03.0819 结晶水 crystal water
与目标分子共同构成的晶体中一定晶格位置的水分子。

03.0820 结构水 constitution water
某些物质中需加热至 600~700℃才能脱除的化学结合水。

03.0821 组成水 essential water
作为物质组成部分的水。

03.0822 湿存水 hygroscopic water
固体样品微粒表面所吸附的，可在 105~110℃烘干的水分。

03.0823 消化 digestion
又称"消解"。固体试样被液体试剂分解成为均一体系的过程。

03.0824 陈化 aging
晶形沉淀生成后，在母液中放置一段时间，沉淀发生不可逆结构变化使晶粒转化为较大、较纯净的过程。

03.0825 热陈化 thermal aging
沉淀形成后，随母液在加热条件下陈化的操作。

03.0826 烧爆作用 decrepitation
又称"爆裂作用"。主要指用浓高氯酸加热分解试样时，该酸与有机醇、酯以及糖类物质剧烈反应而发生的爆炸现象。

03.0827 着火温度 ignition temperature
在着火极限内，燃烧能自发地扩展到整个可燃气体的最低温度。

03.0828 灼烧 ignition
将试样置于高温环境中，使之充分分解的操作。

03.0829 热分析图 thermogram
以特定的控温程序控制样品加热过程，并依据检测加热过程中产生的各种物理、化学参数变化值而绘制的曲线图。

03.0830 重量因子 gravimetric factor
又称"重量因数"。具有一定组成称量形式的物质与其中某元素或某元素化合物相互之间质量换算的因数。

03.0831 换算因子 conversion factor
两种相互关联的化学物质互相折算时所采用的基准数值。

03.0832 滴定 titration
用滴定管将滴定剂滴入待测溶液体系的操作。

03.0833 滴定剂 titrant
用于滴定而配制的具有准确浓度的溶液。

03.0834 被滴定物 titrand
用以接收滴定剂并与之发生化学计量反应

的物质。

03.0835 滴定度 titer
1 毫升标准溶液相当于试样中待测组分以克计算的质量。

03.0836 标定 standardization
确定所制备标准溶液准确浓度的操作。

03.0837 标准溶液 standard solution
已知其主体成分准确浓度或其他特性量值的溶液。

03.0838 代用标准物质 surrogate reference material
基体成分与标准物质不同，但含有与标准物质相同或相近的目标组分，且与标准物质一样具有均匀、稳定性的一类物质。

03.0839 空白溶液 blank solution
制作标准曲线的系列溶液中不含被测组分的溶液。

03.0840 稀释 dilution
在溶液中加入溶剂，使溶液浓度降低的操作。

03.0841 逐级稀释 stepwise dilution
每次加入溶剂后，即移取适量溶液至适当容器内，加入溶剂稀释，最终获得所需低浓度溶液的操作。

03.0842 滴定曲线 titration curve
以横坐标代表滴定剂用量，以纵坐标代表待测组分某些特性量值所绘制的关系曲线。

03.0843 滴定突跃 titration jump
当滴定剂的消耗量较体系到达化学计量点所需滴定剂的量在±1%之间时，被滴定体系溶液的某种特性量值发生的突变。

03.0844 化学计量点 stoichiometric point
滴定分析中，加入滴定剂的量与目标物测定形态的量刚好满足化学反应式所体现的反应物间物质化学计量关系时，称为反应到达化学计量点。

03.0845 滴定分数 titration fraction
滴定过程中已加入滴定剂摩尔数与被测组分总摩尔数的比值。

03.0846 终点 end point
体系接近化学计量点时，发生指示剂变色或指示器响应相应的滴定剂用量。

03.0847 拐点 inflection point
滴定曲线中由平坦上升或下降至发生滴定突跃的转折点。

03.0848 中性点 neutral point
强酸强碱间中和反应恰好完全，溶液 pH 为 7 时滴定曲线上对应的测量点。

03.0849 指示剂变色点 indicator transition point
滴定终点到达时与指示剂颜色突变相对应的滴定体系溶液的特性量值。

03.0850 敏锐指数 sharpness index
滴定曲线斜率的变化率，即被滴定溶液某种特性量与滴定分数微小变量的比值。

03.0851 对比度 contrast
由显色剂参与形成的有色物质的最大吸收波长与显色剂的最大吸收波长之差值。

03.0852 变色区间 color change interval
滴定体系颜色发生突变时致色变物质相应特性量值的变化范围。

03.0853 终点误差 end point error

滴定终点与化学计量点不一致所引起的误差。

03.0854 滴沥误差 drainage error
由于移液管管壁液体残留导致的实际移取液体量与标示的移取液体量之间的误差。

03.0855 可靠性 reliability
在给定条件下分析方法达到预期分析结果的概率。

03.0856 样品预处理 sample pretreatment
又称"前处理"。从样品采集后到测定前对其进行的所有化学、物理操作。

03.0857 干法灰化 dry ashing
加热分解试样中有机成分的操作。

03.0858 氧化稳定性 oxidation stability
物质抗氧化的能力。

03.0859 高温灰化法 high temperature ashing method
将先行干燥低温灰化的试样于450~550℃继续分解一定时间,再行后续处理以供测定的方法。

03.0860 低温灰化法 low temperature ashing method
利用低温等离子体发生装置,使试样氧化分解的方法。

03.0861 湿法灰化 wet ashing
一定温度和压力条件下以合适试液使试样分解的方法。

03.0862 微波消解 microwave digestion
又称"微波消化法"。利用微波能,提高并加快试剂消解试样的方法。

03.0863 半熔法 semi-fusion method
加入适量试剂使试样部分熔融即达到固体试样分解要求的方法。

03.0864 助熔剂 assistant flux
可以降低体系熔点,加速试样分解的一类试剂。

03.0865 索氏萃取法 Soxhlet extraction method
又称"索氏抽提法"。应用索氏提取器提取试样组分的方法。

03.0866 干扰成分 interference element
与被测组分同处于试样中,影响测定结果的其他组分。

03.0867 样品污染 sample contamination
样品在分析操作过程中所受到的玷污。

03.0868 专一性 specificity
又称"专属性""特效性"。特定试剂仅与某种组分反应的特性。

03.0869 无尘操作区 dust-free operating space
每立方米大气中,大于0.5μm粒径的颗粒物数目不高于100个的操作场所。

03.0870 标准方法 standard method
经过充分试验,用实验很好地确定了其准确度,并由国家主管部门、国际相关组织或公认权威机构颁布的方法。

03.0871 替换方法 alternative method
又称"推荐方法"。已有充分试验基础和试验数据的,但尚未经法定机构认证的新方法。用以替代较落后的标准方法。

03.0872 比对 comparison
通过对比试验确定和评价分析方法的可靠性、实验室的水平以及分析者技能的操作。

03.0873 密码样品 coded sample

又称"编码样品"。保证值或标准值未对操作人员明示的标准物质、合成标准样、管理样或控制样。

03.0874　对照试验　contrast test
在分析试样的同时，对标准物质或由权威部门制备的合成标准样进行平行分析的试验。

03.0875　成对比较试验　paired comparison experiment
以两种方法分析同一样品或将被比较的两因素以双份法进行比对的试验。

03.0876　回收试验　recovery test
在试样体系中加入已知量被测组分，并测定其回收率，以检查和估计所有测定方法系统误差的试验。

03.0877　空白试验　blank test
在不加待测组分的情况下，按照分析待测组分同样的条件和操作进行的试验。

03.0878　空白值　blank value
空白试验所得结果。

03.0879　试剂空白　reagent blank
所用试剂含有的微量待测组分或其他干扰组分对试样测定所产生的附加响应值。

03.0880　化学分离　chemical separation
通过化学反应实现物质分离的操作。

03.0881　溶剂萃取法　solvent extraction method
基于物质在互不混溶的两种液体间分配特性不同而进行分离的方法。

03.0882　微波萃取分离　microwave extraction separation
利用微波能强化溶剂萃取，有效分离试样中某些有机组分的技术。

03.0883　超临界流体萃取　supercritical fluid extraction
用超临界状态流体作萃取剂的一种气-固萃取分离技术。

03.0884　离子缔合物萃取　ion association extraction
基于形成离子缔合络合物的有机溶剂萃取分离技术。

03.0885　螯合萃取　chelation extraction
基于形成难溶于水但易溶于有机溶剂的金属螯合物的萃取分离技术。

03.0886　双水相萃取　aqueous two-phase extraction
基于两种不相混溶的水溶液的萃取分离技术。

03.0887　反相胶束萃取　reversed phase micelle extraction
基于在非极性溶剂中加入表面活性剂形成反相胶束的萃取分离技术。

03.0888　均相萃取　homogeneous extraction
基于水和某些有机溶剂在较高温度时形成均一的混溶体系的萃取分离技术。

03.0889　固相萃取　solid phase extraction, SPE
基于被萃取组分与试样基质和其他成分在固定相填充物上作用不同，使之分离的液固萃取和色谱技术相结合的萃取分离技术。

03.0890　固相微萃取　solid phase micro-extraction
基于微量被分析物在活性固体表面吸附而实现萃取分离、富集的技术。

03.0891 固-液萃取 solid-liquid extraction
通过溶剂萃取将固态试样中的待测组分与试样基体分离的操作。

03.0892 液-液萃取 liquid-liquid extraction, LLE
又称"溶剂萃取"。待测试样溶液中加入与之不相混溶的溶剂，以分离和提取待测组分的技术。

03.0893 热萃取 thermal extraction
基于特殊高温体系的萃取分离技术。

03.0894 连续萃取 continuous extraction
基于重复使用溶剂使有机相和水相接触时间足够长的萃取分离技术。

03.0895 膜萃取 membrane extraction
利用微孔膜将有机相与水相隔开，在微孔膜与两相接触界面上实现萃取或反萃取的分离技术。

03.0896 液膜分离 liquid film separation
又称"液膜萃取"。以液膜为分离介质，以浓度差为推动力的膜分离技术。

03.0897 萃取浮选法 extraction floatation
基于有机络合剂与待测组分形成沉淀物漂浮于液相表面的萃取分离法。

03.0898 浮选 floatation
水溶液中的目标组分与某些试剂作用生成的物质借助上升气泡流，漂浮到溶液表面，进而使其与水体分离的操作。

03.0899 离子浮选法 ion floatation
某组分的水溶液与络合剂和表面活性剂混合，反应后其中的目标离子转化成能依靠气泡漂浮的疏水物，再向溶液中通入氮气或空气，将此疏水物富集在溶液表面的浮渣或溢流的泡沫层中，从而实现微量组分分离和富集的方法。

03.0900 泡沫浮选法 foam floatation
将空气导入液体形成大量气泡，使液体中待测组分附着于气泡并随之浮于液体表面而使其得以从液体中分离的方法。

03.0901 沉淀吸附浮选 floatation by precipitation adsorption
使体系中待测组分先形成沉淀并吸附于气泡上而被浮选分离的操作。

03.0902 吸附分离法 adsorption separation
利用吸附剂对物质的选择吸附作用，将试样中待测组分与其他组分分离的方法。

03.04 仪 器 分 析

03.04.01 原子光谱分析

03.0903 光谱分析 spectral analysis, spectroanalysis
基于物质与能量相互作用使物质内部发生量子化能级之间跃迁而产生的发射、吸收或散射辐射的波长和强度进行分析的方法。

03.0904 原子光谱 atomic spectrum
原子内电子在不同能级之间跃迁产生的光谱。包括原子吸收光谱、原子发射光谱。原子荧光光谱和X射线光谱。

03.0905 基态 ground state
原子或分子处在其所有可能能级中的最低能级状态。

03.0906　激发态　excited state
能量高于基态的原子和分子状态。

03.0907　激发电位　excitation potential
原子从基态跃迁到某种激发态所需要的以电子伏特表示的激发能量。

03.0908　辐射跃迁　radiative transition
原子或分子内通过吸收或发射辐射而产生的跃迁。

03.0909　非辐射跃迁　non-radiative transition
原子或分子不是通过吸收或发射辐射，而是通过其他方式如吸收或释放热能、与其他粒子碰撞等获得或失去能量而产生的跃迁。

03.0910　自发发射跃迁　transition of spontaneous emission
没有入射辐射的诱导，处于较高能态的激发态原子各自独立地自发跃迁到较低能态或基态时伴随产生辐射的过程。

03.0911　受激发射跃迁　stimulated emission transition
处于高能态的激发态原子，在入射辐射的诱导下跃迁到较低能态同时发射与入射辐射频率相同、相位相同、偏振方向和传播方向相同的相干辐射的过程。

03.0912　受激吸收跃迁　stimulated absorption transition
处于辐射场中的原子从辐射场中吸收能量跃迁到较高能态的过程。

03.0913　受激发射系数　stimulated emission coefficient
在单位入射辐射密度作用下单位时间内原子通过受激发射从高能态跃迁到低能态的概率。

03.0914　自发发射系数　spontaneous emission coefficient
单位时间内原子通过自发发射由高能态自发跃迁到低能态的概率。

03.0915　原子线　atomic line
中性原子激发态所发射的谱线。

03.0916　离子线　ionic line
离子激发态所发射的谱线。

03.0917　吸收线　absorption line
自由原子吸收光源辐射产生的谱线。

03.0918　光谱定性分析　qualitative spectral analysis
根据原子光谱中元素的特征波长确定分析物中所含有的元素。

03.0919　显线法　developing line method
根据感光板上元素不同的灵敏谱线出现与元素含量的关系来估测试样中该元素近似含量的方法。

03.0920　光谱半定量分析　semi-quantitative spectral analysis
根据元素原子光谱线强度估测试样中被测元素近似含量。

03.0921　原子光谱定量分析　quantitative analysis of atomic spectral
根据元素原子光谱线强度确定物质中元素的含量。

03.0922　原子发射光谱　atomic emission spectrum
被热能、电能或其他能量激发的原子从激发态跃迁至较低激发态或基态时以辐射的形式释放出能量所发射的原子光谱。

03.0923 火花光谱 spark spectrum
以电火花为激发光源获得的原子发射光谱。

03.0924 电弧光谱 arc spectrum
以直流或交流电弧为激发光源获得的原子发射光谱。

03.0925 谱线强度 spectral line intensity
单位时间内单位体积原子发射或吸收辐射的总能量。

03.0926 线对强度比 intensity ratio of line pair
内标法原子光谱定量分析中由分析线与内标线组成的分析线对的强度比。

03.0927 谱线自吸 spectral line self-absorption
元素发射的特征辐射被周围温度较低的同种原子吸收的现象。

03.0928 谱线自蚀 spectral line self-reversal
由于谱线严重自吸导致谱线中心几乎完全被吸收而使原来的一条谱线近乎分开为两条谱线的现象。

03.0929 分析线 analytical line
用于原子光谱定性鉴定和定量分析的谱线。

03.0930 最后线 persistent line
原子光谱中随元素含量的降低最后消失的谱线。

03.0931 灵敏线 sensitive line
激发电位较低跃迁几率较大的、试样中元素含量很小时就能出现的一些谱线。

03.0932 共振线 resonance line
原子中电子在激发态和基态之间直接跃迁产生的谱线。

03.0933 内标线 internal standard line
又称"参比线(reference line)"。用内标法进行光谱定量分析时，由内标元素提供的、在分析线对中用作比较线的谱线。

03.0934 原子发射光谱法 atomic emission spectrometry, AES
利用原子或离子发射的特征光谱对物质进行定性和定量分析的方法。

03.0935 电感耦合等离子体原子发射光谱法 inductively coupled plasma atomic emission spectrometry, ICP-AES
用电感耦合等离子体为激发光源的原子发射光谱法。

03.0936 微波诱导等离子体原子发射光谱法 microwave induced plasma atomic emission spectrometry, MIP-AES
用微波诱导等离子体为激发光源的原子发射光谱法。

03.0937 激发光源 excitation light source
光谱分析时为分析物蒸发、原子化和激发原子光谱提供所需能量的装置。

03.0938 交流电弧光源 alternating current arc source
利用交流电在分析间隙发生电弧放电产生的高温来蒸发样品和激发原子光谱的光源。分高压交流电弧和低压交流电弧光源。

03.0939 直流电弧光源 direct current arc source
利用直流电在分析间隙发生电弧放电产生的高温来蒸发样品和激发原子光谱的光源。

03.0940 低压交流电弧 low voltage alternating current arc
由高频引弧电路与低压电弧电路组成的一种原子发射光谱分析的常用光源。

03.0941 断续电弧 interrupted arc
在直流电弧或交流电弧光源的线路中或适当地控制线路，使电弧放电时断时续的一种原子发射光谱分析激发光源。

03.0942 [电]火花光源 spark source
通过击穿控制火花隙产生火花放电激发原子光谱的一种低电极温度、高激发温度和良好稳定性的原子发射光谱常用的激发光源。

03.0943 高频[电]火花光源 high frequency spark source
由小功率高频放电产生的微弱火花激发原子光谱的光源。宜用于样品微区分析和表面分析。

03.0944 等离子体光源 plasma source
在光谱分析中外观上类似火焰的一类放电电源。广义上电离度大于 0.1% 的正、负电荷相等的电离气体都称为等离子体。电弧放电、电火花放电、电感耦合放电、化学火焰都是等离子体光源。

03.0945 [等离子体]炬管 plasma torch tube
等离子体光源实现等离子体放电和限制等离子体的形状和大小的部件，最常用的炬管是由三层同心石英管构成的三管炬。

03.0946 直流等离子体光源 direct current plasma source
以氩气为工作气体，由直流电源供电而形成等离子体的原子发射光谱激发光源。

03.0947 端视电感耦合等离子体 axial inductively coupled plasma
由高频发生器、感应线圈和水平炬管、供气系统和试样引入系统组成，在感应线圈内通电流后产生轴向磁场，在垂直于磁场方向的截面上感生出流经闭合路径的涡流产生高热所形成的、具有环状结构的高温等离子炬。

03.0948 电容耦合微波等离子体 capacitive coupled microwave plasma
由微波等离子体器件、供气系统及连接线路组成的、能量由内导体相对大地构成的电容耦合到工作气体中获得的微波等离子体。

03.0949 微波诱导等离子体 microwave induced plasma, MIP
由微波功率发生器、微波等离子体器件、供气系统及连接线路组成的、能量通过电场(E)或磁场(H)耦合到工作气体中获得的微波等离子体。

03.0950 辉光放电光源 glow discharge source
通过低气压高电压小电流辉光放电形成的正离子，在电场作用下高速撞击试样表面溅射出原子进入等离子体中激发发光的非热激发光源。

03.0951 狭缝 slit
由精密加工的两矩形颚片构成的让光源的光进入光谱仪的缝口装置。

03.0952 准直镜 collimator
在光谱仪器中将经狭缝入射的光准直为平行光束再投射到色散元件的一种光学器件。

03.0953 阶梯减光板 multistep attenuator
沿垂直方向不同区段具有不同透过率的一种光强衰减器件。

03.0954 哈特曼光阑 Hartmann diaphragm
由一块金属制成的放置在光谱仪的入射狭缝前用以限制成像光束截面的多孔遮光板。

03.0955 复制光栅 replica grating
由原刻光栅复制的光栅。

03.0956 全息光栅 holographic grating
利用光学干涉技术和全息照相法将激光所

产生的干涉条纹成像于光致抗蚀剂层上，经显影、定影、复制等过程而制成的光栅。

03.0957　衍射光栅　diffraction grating
由一组精密刻制的等距等宽平行排列的狭缝构成的、通过单缝衍射与多缝干涉作用能将复合光色散为按波长排列的单色光的光学元件。

03.0958　反射光栅　reflection grating
能将复合光色散为单色光并反射至焦面形成按波长排列的光谱的光学元件。

03.0959　中阶梯光栅　echelle grating
具有精密刻制的宽平刻槽，阶梯之间的距离是被色散波长的几十到几百倍、大闪耀角的特殊衍射光栅。

03.0960　闪耀光栅　blazed grating
具有一定形状刻槽、能将能量聚集到欲需要的某一波长范围的衍射光栅。

03.0961　闪耀波长　blaze wavelength
在闪耀光栅中获得最大光强的波长。

03.0962　闪耀角　blaze angle
闪耀光栅中光栅反射面工作面与光栅表面之间的夹角。也是反射面法线与光栅平面法线之间的夹角。

03.0963　光栅效率　grating efficiency
入射到光栅的光能量集中到闪耀光谱区的百分数。

03.0964　色散率　dispersion
光谱线在空间按波长分离的程度。分角色散率和线色散率。

03.0965　线色散　linear dispersion
两条波长相差 $d\lambda$ 的光谱线在光谱成像焦面上分开的距离 dl 之比。用 $dl/d\lambda$ 表示，单位为 mm/nm。

03.0966　角色散　angular dispersion
单位波长间隔内两单色谱线之间的角间距。

03.0967　倒数线色散　reciprocal linear dispersion
在光谱仪成像焦面上单位长度所能容纳的波长数。以线色散率的倒数 $d\lambda/dl$ 表示，单位为 nm/mm。

03.0968　三棱镜　triangular prism
用作棱镜光谱仪色散元件的主截面呈三角形的棱镜。

03.0969　光度计　photometer
通过与参比光束辐射功率进行比较来测量另一光束辐射功率的仪器。

03.0970　光电倍增管　photomultiplier
基于二次电子发射的倍增作用将微弱光信号转换为电信号并将微弱电流放大的光电管。

03.0971　二极管阵列检测器　diode-array detector
以小硅光二极管为光敏元件的新型多通道一维光电转换器件。

03.0972　电荷耦合检测器　charge coupled detector, CCD
检测单元由 P 型掺杂硅半导体衬底、绝缘层与其上面的金属电极按一定规律排列为线型或面型阵列的一种固体多道光学检测器件。

03.0973　电荷注入检测器　charge injection detector, CID
以硅-氧化硅半导体(MOS)电容器为检测单元、准确测量所积累电荷的一种固体多道光学检测器件。

03.0974　摄谱仪　spectrograph
用感光板为光谱接收器,用来获得和记录光谱的原子发射光谱仪器。

03.0975　光谱仪　spectrometer
由光入射系统、色散或调制系统、检测系统、显示或记录系统、控制和数据处理系统构成的用来获得、记录和分析复色光分解为光谱的仪器。

03.0976　光栅光谱仪　grating spectrograph
用光栅作为色散元件的光谱仪器。

03.0977　棱镜光谱仪　prism spectrograph
用玻璃或石英棱镜作为色散元件的光谱仪器。

03.0978　衍射光栅光谱仪　diffraction grating spectrometer
以衍射光栅为色散元件的光谱仪器。

03.0979　光电直读光谱计　photoelectric direct reading spectrometer
由光谱激发光源、光谱仪和测量系统三部分组成的、以光电转换器件为检测器直接测量光谱强度的发射光谱仪器。

03.0980　光量计　quantometer
由光源、凹面光栅分光器、光电测量装置及数据处理和控制装置构成的直读式多通道光谱仪器。

03.0981　顺序扫描电感耦合等离子体光谱仪　sequential scanning inductively coupled plasma spectrometer
用电感耦合等离子体为激发光源、按波长顺序扫描获得元素原子发射光谱的仪器。

03.0982　映谱仪　spectrum projector
又称"光谱投影仪"。将谱片上光谱放大并投影到白色视屏上,以便在比较大的波长区间和较大的视场范围内识谱的仪器。

03.0983　光谱比长仪　spectral comparator
测定光谱线波长或感光板上的谱线之间距离的仪器。

03.0984　测微光度计　microphotometer, microdensitometer
又称"黑度计"。测量光谱感光板上谱线黑度的仪器。

03.0985　看谱镜　steeloscope
又称"析钢仪"。由狭缝、准光镜、色散元件、显微物镜以及目镜组成的目视观察光谱进行光谱定性和半定量分析的光谱仪器。

03.0986　三标准试样法　method of three standard samples
用不少于 3 个标准样品制作校正曲线(工作曲线)进行原子光谱定量分析的方法。

03.0987　标准曲线法　standard curve method
根据已知浓度(含量)的标准系列制作的分析信号响应值对浓度(含量)变化的曲线分析未知样品中被测定组分的浓度(含量)的方法。

03.0988　浓度直读[法]　concentration direct reading
在分析中通过仪器内置校正曲线直接将测量信号换算为含量或浓度显示出来的一种方法。

03.0989　双电弧法　double arc method
同时利用盛样杯形电极和下电极之间的电弧放电预加热石墨杯蒸发试样,杯形电极和上电极之间的电弧放电激发光谱的方法。

03.0990　光谱感光板　spectral photographic plate

由卤化银感光乳剂层、防晕层和薄厚均匀、透明度好并有一定弹性的玻璃片基组成的发射光谱分析用的感光器件。

03.0991　乳剂校准[特性]曲线　emulsion calibration [characteristic] curve
感光板乳剂受光辐照后产生的黑度与直射到乳剂上曝光量的关系曲线。

03.0992　谱线黑度　density of spectral line
在光谱感光板上谱线影像变黑的程度。以感光板上谱线附近透明部分的透射光强 i_o 与谱线变黑部分透射光强 i 之比的对数值。

$$S = \log \frac{i_o}{i}$$

03.0993　燃烧曲线　combustion curve, burning-off curve
原子发射光谱中分析线对强度比随曝光时间变化的曲线。

03.0994　解离能　dissociation energy
使 1 个电子从原子离去成为自由电子所需的能量。

03.0995　沙哈方程　Saha equation
表示电离度 x 与被测元素的电离电位 V_i、火焰温度 T 和火焰中原子的总分压 p 之间关系的方程。$\lg \dfrac{x^2}{1-x^2} = -\lg p - \dfrac{5040 V_i}{T} + \dfrac{5}{2}\lg T - B$，式中 B 是常数。

03.0996　光谱载体　spectroscopic carrier
用电弧光源分析粉末样品时，特意加入到试样中以控制弧温、加强分馏效应提高被测元素谱线强度或抑制基体元素谱线出现的物质。

03.0997　光谱缓冲剂　spectral buffer
在光谱分析中，加入到试样中以减小或消除基体干扰，或控制电极和电弧等离子体温度、电子密度和元素的电离度以及分析物的蒸发行为等的物质。

03.0998　内标元素　internal standard element
在内标法光谱定量分析中提供内标线的元素。可以是基体元素或者是特意加入到标准样品和分析试样中去的某一元素。

03.0999　光谱纯　spectroscopic pure, specpure
能达到光谱分析要求的一种专用试剂纯度。

03.1000　火焰光度分析[法]　flame photometry
以火焰为激发光源的一种原子发射光谱分析方法。

03.1001　火焰发射光谱　flame emission spectrum
用化学火焰作为激发光源获得的发射光谱。

03.1002　火焰光度计　flame photometer
研究和检测火焰原子发射光谱的仪器。

03.1003　原子吸收光谱　atomic absorption spectrum
处于基态的原子吸收辐射跃迁到高激发态形成的暗线光谱。

03.1004　原子吸收光谱法　atomic absorption spectrometry
基于被测元素的基态原子对特征辐射的吸收程度进行定量分析的一种仪器分析方法。

03.1005　原子吸收线　atomic absorption line
基态自由原子吸收光源辐射产生的吸收谱线。

03.1006　非[原子]吸收谱线　non-absorption line
不对入射的特征辐射产生吸收的谱线。

03.1007　[原子]吸收谱线的强度　intensity of absorption line

单位时间内单位吸收体积中分析原子吸收辐射的总能量。

03.1008　振子强度　oscillator strength

表征原子吸收或发射特定频率辐射能力的物理量。分吸收振子强度和发射振子强度。

03.1009　谱线轮廓　line profile

光谱线在有限的相当窄的频率或波长范围内谱线强度随频率(或波长)的变化曲线。

03.1010　[原子]吸收谱线轮廓　absorption line profile

在有限的相当窄的频率或波长范围内原子谱线强度(原子吸收系数 k_ν 或 k_λ)随频率 ν(或波长 λ)分布的曲线。

03.1011　谱线半宽度　spectral line half width

谱线轮廓上峰值强度或极大吸收系数一半处的谱线轮廓上两点之间的频率(或波长)差。

03.1012　自然线宽　natural line width

由发生跃迁的能级有限寿命决定的谱线线型函数两翼半高度处相应的频率(或波长)之间的跨度。

03.1013　多普勒变宽　Doppler broadening

多普勒效应引起的谱线变宽的现象。

03.1014　洛伦茨变宽　Lorentz broadening

分析原子与气体中的局外粒子(原子、离子和分子等)相互碰撞引起的谱线变宽的现象。

03.1015　碰撞变宽　collision broadening

又称"压力变宽"。处于热运动中的原子彼此之间发生碰撞，或与分析体系内其他粒子发生非弹性碰撞引起的谱线变宽的现象。包

括霍尔兹马克变宽和洛伦茨变宽。

03.1016　霍尔兹马克变宽　Holtsmark broadening

又称"共振变宽"。同种元素基态原子之间的碰撞引起的谱线变宽的现象。

03.1017　斯塔克变宽　Stark broadening

在外电场作用下由于斯塔克效应引起的谱线变宽的现象。

03.1018　自吸展宽　self-absorption broadening

同种原子自吸效应引起的谱线变宽的现象。

03.1019　火焰原子吸收光谱法　flame atomic absorption spectrometry

以化学火焰为热源实现化合物元素原子化的原子吸收光谱分析法。

03.1020　石墨炉原子吸收光谱法　graphite furnace atomic absorption spectrometry, GFAAS

以电热石墨炉为原子化器的原子吸收光谱法。

03.1021　塞曼原子吸收光谱法　Zeeman atomic absorption spectrometry, ZAAS

分析物在磁场存在下原子化和利用塞曼效应校正背景的原子吸收光谱法。

03.1022　间接原子吸收光谱法　indirect atomic absorption spectrometry

利用被测元素或组分与可用原子吸收光谱法方便测定的元素产生化学反应，然后用原子吸收光谱法测定反应产物中或未能反应的过量的可方便测定的元素，由此计算被测元素或组分含量的分析方法。

03.1023　冷蒸气原子吸收光谱法　cold vapor

atomic absorption spectrometry

基于汞在常温下气化，用载气将汞蒸气导入原子吸收池进行测定的原子吸收光谱分析法。

03.1024 氢化物发生原子吸收光谱法 hydride generation-atomic absorption spectrometry, HG-AAS

用氢化物发生法进样的原子吸收光谱法。是检测分析元素的一种原子光谱法。

03.1025 微波诱导等离子体原子吸收光谱法 microwave induced plasma atomic absorption spectrometry, MIP-AAS

利用微波诱导等离子体作为原子化器的原子吸收光谱分析技术。

03.1026 空心阴极灯 hollow cathode lamp

阴极呈空心圆柱形、基于高压小电流辉光放电的锐线光源。

03.1027 高强度空心阴极灯 high-intensity hollow cathode lamp

带有一对辅助电极、可分别控制原子溅射过程和光谱激发过程的一种空心阴极灯锐线光源。

03.1028 高性能空心阴极灯 high performance hollow cathode lamp

用空心阴极代替辅助热丝阴极和用空心阴极放电代替低压大电流放电的一种三级结构的高强度空心阴极灯。

03.1029 无极放电灯 electrodeless discharge lamp

将盛有分析物(通常是卤化物)和充有几百帕压强的惰性气体的石英放电管置于射频或微波高频电场中，借助于高频火花引发放电升温，使管内分析物蒸发、解离，分析物原子与惰性气体原子发生非弹性碰撞而被激发发射特征辐射的光源。

03.1030 微波激发无极放电灯 microwave excited electrodeless discharge lamp

由微波高频电场激发的无极放电灯锐线光源。

03.1031 原子化 atomization

将试样中被测元素或其化合物转化为自由原子的过程。

03.1032 原子化效率 atomization efficiency

在原子化过程中，产生的自由原子数与包括原子、离子、激发态原子、处于结合状态的原子等各种形态的总原子数之比。

03.1033 火焰原子化 flame atomization

以化学火焰为热源使试样中被测化合物转变为自由原子蒸气的过程。

03.1034 缝式燃烧器 slot burner

具有缝型燃烧口的燃烧器。分单缝燃烧器、双缝燃烧器和多缝燃烧器。

03.1035 预混合型燃烧器 premix burner

由雾化器、预混合室和缝型燃烧器及相应的气路组成的一种广泛使用的层型火焰燃烧器。

03.1036 全消耗型燃烧器 total consumption burner

燃气和助燃气分别由不同的喷嘴喷出，不经过预混合室直接在燃烧器喷嘴出口上方边混合边燃烧的一种紊流火焰燃烧器。

03.1037 湍流燃烧器 turbulent flow burner

又称"紊流燃烧器"。燃气和助燃气不经预先混合直接在燃烧器喷嘴出口上方边混合边燃烧产生紊流火焰的一种燃烧器。

03.1038　层流燃烧器　laminar flow burner
由喷雾器、预混合室和缝型燃烧器构成的一种燃烧器。产生气溶胶与可燃气在雾化室均匀混合后平稳输送到缝型燃烧器，稳定燃烧产生层流火焰。

03.1039　层流火焰　laminar flame
均匀混合的燃气、助燃气在燃烧器的缝型喷口上方呈层流状态平稳燃烧形成的火焰。

03.1040　富燃火焰　fuel-rich flame
燃气的量比按化学计量所需要的量有富余的可燃混合物燃烧所形成的火焰。

03.1041　贫燃火焰　fuel-lean flame
燃气的量比燃烧时按化学计量所需要的量低的可燃混合物燃烧所形成的火焰。

03.1042　还原性火焰　reducing flame
富含有 CH、CO、CN、C、C_2 等还原性物质，具有强烈还原性的火焰。

03.1043　化学计量[性]火焰　stoichiometric flame
燃气量和助燃气量按化学计量比组成的可燃混合物燃烧所形成的化学火焰。

03.1044　中性火焰　neutral flame
燃气和助燃气的组成符合其反应化学计量关系的可燃混合物燃烧所形成的火焰。

03.1045　氧化性火焰　oxydizing flame
助燃气含量比燃烧时按化学计量所需要的量高的可燃混合气燃烧所形成的具有氧化性的火焰。

03.1046　氧化亚氮-乙炔火焰　nitrous oxide acetylene flame
以乙炔为燃气、氧化亚氮为助燃气的可燃混合物燃烧所形成的高温火焰。

03.1047　空气-乙炔火焰　air-acetylene flame
以乙炔为燃气、空气为助燃气的可燃混合物燃烧所形成的火焰。

03.1048　富氧空气-乙炔火焰　enriched oxygen-acetylene flame
以乙炔为燃气、空气为助燃气并加有部分氧气的可燃混合物燃烧所形成的高温火焰。

03.1049　屏蔽火焰　shielded flame, sheathed flame
利用氮气或氩气惰性气体在火焰周围形成屏蔽鞘，使其与周围的大气隔离的一种火焰。氧气由燃烧缝旁两排气孔流出形成屏蔽，在外焰区氧化乙炔产生大量的热形成高温，而整个火焰仍保持富燃状态、内焰区呈现强还原性的一种火焰。

03.1050　雾化器　nebulizer
在动力的作用下将试液细分散为气溶胶的溶液进样装置。

03.1051　同心雾化器　concentric nebulizer
由同心的外管和位于外管中央的内层吸液毛细管组成的、两管之间形成环形喷口的一种雾化器，高速载气气流由环形喷口喷出时形成负压，空吸作用使试液沿毛细管由端口喷出，使试液分散形成细小的雾珠和气溶胶。

03.1052　气动雾化器　pneumatic nebulizer
由位于外管喷嘴中央的内层吸液毛细管与外管形成环形喷口，载气气流由环形喷口喷出时形成负压及空吸作用使试液沿毛细管上升由管端口高速喷出，将试液分散形成细小的雾珠和气溶胶的一种雾化器。

03.1053　超声雾化器　ultrasonic nebulizer
利用超声波空化作用将试液雾化为气溶胶并引入原子化器的装置。

03.1054 雾化效率 nebulization efficiency

以雾珠或气溶胶形式进入火焰或等离子体中的试样量与吸喷试液的总量之比。

03.1055 缝管原子捕集 slotted-tube atom trap, STAT

被测元素以适当的形态冷凝富集在燃烧器上方几毫米到十几毫米处的捕集管表面，再加热使富集物瞬时蒸发进入火焰原子化产生原子吸收脉冲信号的一种提高火焰原子吸收光谱分析法灵敏度的方法。

03.1056 原子捕集技术 atom trapping technique

利用石英管冷表面预富集被测元素以提高火焰原子吸收光谱分析灵敏度的技术。包括缝管原子捕集、水冷原子捕集和组合原子捕集技术。

03.1057 石英管原子捕集法 quartz tube atom-trapping

利用石英管冷表面捕集自由原子提高火焰原子吸收光谱分析灵敏度的一种方法。

03.1058 原位富集 in situ concentration

在原子吸收分析过程中以适当的方式将分析物在线捕集再原子化以获得更大的原子吸收信号的操作。

03.1059 悬浮液进样 suspension sampling

又称"浆液进样(slurry sampling)"。将细小粒度的固体试样制成足够稳定的悬浮夜引入原子化器的一种简便的固体进样方法。

03.1060 火焰背景 flame background

由于火焰发射、火焰及其燃烧产物(如 CH、OH、C_2 等)对入射辐射吸收以及火焰不完全燃烧产生的微粒对辐射的散射而产生的背景。

03.1061 等温原子化 constant temperature atomization

又称"恒温原子化"。在石墨炉内壁与炉内气相温度达到平衡后，试样从石墨表面蒸发进入气相实现原子化的过程。

03.1062 低温原子化 low temperature atomization

利用某些元素(如 Hg)本身或其氢化物在低温下的易挥发性，将其导入原子化器内，在较低的温度下产生原子蒸气的方法。

03.1063 管壁原子化 tube-wall atomization

将样品置于石墨管壁上，两端与电极紧密接触的石墨管作为电阻发热体通电发热升温，分析物自管壁蒸发、解离和原子化。

03.1064 平台原子化 platform atomization

一种实现等温原子化的重要方法。在石墨炉内放置一个石墨或金属平台，由炽热的石墨管内壁辐射热加热平台，使置于平台上的分析物蒸发、分解和原子化。

03.1065 探针原子化 probe atomization

石墨炉原子吸收光谱分析中，将盛有烘干后的分析物的片状或丝状石墨或金属探针迅速由石墨炉的进样口插入已加热到所设定的温度的石墨炉内，使分析物蒸发、解离和原子化的一种实现等温原子化的方法。

03.1066 稳定温度石墨炉平台技术 stabilized temperature plateau furnace technology

简称"STPF 技术(STPF technology)"。利用高质量热解涂层石墨管，在里沃夫平台上快速升温，实现等温原子化、基体改进剂、原子化阶段停止通氩气、塞曼效应扣除背景、快速电子响应检测电路、峰面积法测量信号等技术的一种石墨炉原子吸收光谱分析方法。

03.1067 原子化器 atomizer
用火焰、电加热或非热方式实现分析物蒸发和原子化的装置。

03.1068 石墨炉 graphite furnace
以石墨管、石墨棒、石墨杯盛放试样，用电加热至高温实现原子化的系统。

03.1069 马斯曼高温炉 Massmann high-temperature furnace
1968 年由马斯曼提出的一种电加热石墨管高温原子化器。

03.1070 横向加热原子化器 transversely heated atomizer
沿石墨管垂直方向加热的石墨炉原子化装置。

03.1071 电热原子化器 electrothermal atomizer
以电为热源实现样品中分析物原子化的装置。

03.1072 非热原子化器 nonthermal atomizer
用非热方式使样品中分析原子化的原子化器。

03.1073 碳棒原子化器 carbon rod atomizer, CRA
用碳棒做成的管型或杯型电热原子化器。

03.1074 阴极溅射原子化器 cathode sputtering atomizer
载气离子在电场作用下高速撞击阴极将原子从阴极表面晶格中溅射出来，形成自由原子蒸气的一种非热原子化器。

03.1075 石英炉原子化器 quartz furnace atomizer
试样盛于石英管，用火焰或电加热石英管实现原子化的一种原子化器。

03.1076 全热解石墨管 completely pyrolytic graphite tube
由全热解石墨制成的石墨管。

03.1077 热解涂层石墨管 pyrolytically coated graphite tube
在 10%甲烷(CH_4)和 90%氩(Ar)的混合气流中用高温热解甲烷的方法在普通石墨管表面涂敷了一层致密的热解石墨的一种特殊的石墨管。

03.1078 难熔金属碳化物涂层石墨管 graphite tube coated with refractory metal carbide
石墨管内壁覆盖了一层钽、锆、镧、钨、钼、钛等难熔金属碳化物的石墨管。

03.1079 最大功率升温 maximum power temperature program
在极短的时间内用最大的功率将石墨炉的温度提高到最终的原子化温度的一种石墨炉原子吸收光谱分析中的快速升温技术。

03.1080 原子吸收系数 atomic absorption coefficient
入射辐射垂直通过原子吸收介质时，单位吸收原子层厚度吸收辐射引起辐射强度相对减弱的程度。

03.1081 积分吸收系数 integrated absorption coefficient
在原子吸收光谱线轮廓内对各种频率辐射吸收系数的总和。

03.1082 峰高测量法 method of peak height measurement
用谱峰高度表征分析信号大小的测量分析信号的方法。

03.1083 最大吸收波长 maximum absorption wavelength
具有最大原子吸收系数的波长。

03.1084　峰面积测量法　method of peak area measurement
用谱峰面积表征分析信号大小的测量分析信号的方法。

03.1085　峰值吸光度　peak absorbance
在最大吸收波长测得的吸光度。

03.1086　峰值吸收系数　peak absorption coefficient
在最大吸收波长的原子吸收系数。

03.1087　基体　matrix
试样中除被测元素(组分)之外的其他组分。

03.1088　基体效应　matrix effect
试样中主要组成元素对被测元素测定结果的影响。包括改变被测元素的蒸发特性、解离行为、已原子化的原子重新复合，以及大量基体分子存在造成的散射影响等。

03.1089　基体改进剂　matrix modifier
在进行石墨炉原子吸收光谱分析时，加入到试样中借以改善基体与被测元素物理化学特性和行为的物质。

03.1090　化学改进技术　chemical modification technique
在进行石墨炉原子吸收光谱分析时，在试样中加入某种物质使基体转化为易挥发的化学形态、待测元素转化为更加稳定化学形态、阻止分析物生成难熔化合物、形成强还原性环境改善原子化过程、改善基体的物理特性以阻止分析元素被基体包藏，减少凝聚相和气相干扰的一种技术。

03.1091　持久化学改进剂　permanent chemical modifier
在化学改进技术中使用经热解还原沉积法、阴极溅射法和电沉积法特殊制备的一种长寿命化学改进剂。包括高熔点铂系金属铱、钯、铂、铑、钌，生成难熔化合物的铪、钼、铌、铼、钽、钛、钒、钨、锆及生成共价碳化物的元素硼、硅等。

03.1092　持久化学改进技术　permanent chemical modification technique
加入一次特殊制备的长寿命化学改进剂可以进行多次甚至上千次测定的一种化学改进技术。

03.1093　释放剂　releasing agent
能从被测元素与干扰组分形成的难解离化合物中将被测元素释放出来的物质。

03.1094　无标分析　standardless analysis
又称"绝对分析(absolute analysis)"。在石墨炉原子吸收光谱分析时，不使用标准物质校正，通过基本物理常数将分析信号与一定分析物质量相联系的分析方法。

03.1095　特征浓度　characteristic concentration
能产生1%吸收或0.0044吸光度所需要的分析元素的浓度。

03.1096　特征质量　characteristic mass
能产生1%吸收或0.0044吸光度所需要的分析元素的质量。

03.1097　记忆效应　memory effect
在原子吸收光谱分析时，前次测定时被测元素未能完全清除而造成对随后测定的影响。

03.1098　峰背比　peak-to-background ratio
吸收峰吸光度与背景吸光度之比。

03.1099　背景吸收　background absorption
由非待测元素(组分)引起的对入射辐射的吸收。包括在原子化过程中产生的气体、氧化物、盐类等分子对入射辐射的吸收。

03.1100 分子吸收 molecular absorption

分子对辐射的吸收。分子吸收形成宽带背景。

03.1101 背景校正 background correction

对叠加在原子吸收分析线上的背景进行校正的操作。

03.1102 氘灯校正背景 deuterium lamp background correction

利用空心阴极灯锐线光源与氘灯发出的连续辐射光源两次分时测得吸光度相减扣除背景吸收。

03.1103 连续光源背景校正法 continuous source method for background correction

利用连续光源(如氘灯)校正原子吸收光谱背景的方法。

03.1104 塞曼效应 Zeeman effect

外磁场与电子磁矩相互作用,克服电子自旋态的正常简并度,谱线分裂为几条偏振化组分的现象。

03.1105 塞曼效应校正背景法 Zeeman effect background correction method

基于谱线在外磁场作用下发生分裂后波长不同及偏振特性的校正背景的方法。分光源调制校正背景法和吸收线调制校正背景法两类。

03.1106 自吸收校正背景法 self-absorption background correction method, Smith-Hieftje background correction method

基于谱线自吸收效应的校正背景方法,元素空心阴极灯以低电流脉冲供电时发射的锐线光谱测得原子吸收与分析谱线附近背景吸收的总吸光度,以高电流脉冲供电时产生

自吸的发射线测得分析谱线附近背景吸收的吸光度,两次测得的吸光度相减得以校正背景吸收。

03.1107 原子吸收光谱仪 atomic absorption spectrometer

又称"原子吸收分光光度计(atomic absorption spectrophotometer)。"用于原子吸收光谱分析和研究的仪器。

03.1108 塞曼原子吸收分光光度计 Zeeman atomic absorption spectrophotometer

配有在磁场作用下实现原子化和塞曼效应校正背景装置的原子吸收分光光度计。

03.1109 双光束原子吸收光谱仪 double beam atomic absorption spectrometer

来自辐射光源的光束被分成样品光束和参比光束,样品光束通过原子化器,产生被测元素的共振吸收,参比光束不通过原子化器,两光束交替地通过分光系统进入检测器的一种原子吸收光谱仪器。

03.1110 双通道原子吸收分光光度计 dual-channel atomic absorption spectrophotometer

使用 1 个或两个辐射光源、两个分光系统和两个检测器、能同时测定两个元素的原子吸收分光光度计。

03.1111 光谱干扰 spectral interference

光谱重叠和背景辐射引起的干扰。

03.1112 光谱重叠 spectral overlap

没有或没有完全被分辨开的谱线、谱带相互叠加在一起的现象。

03.1113 多重线吸收干扰 multiplet line absorption interference

同时有多条能为被测元素吸收的发射线进

入光谱通带内所引起的光谱干扰。

03.1114 电离干扰 ionization interference
由于原子在高温下电离而引起的干扰。

03.1115 化学干扰 chemical interference
在溶液或气相中被测元素与其他组分之间的化学作用形成热力学更稳定的或易挥发性化合物而引起的被测元素分析信号变化的现象。

03.1116 干扰元素 interference element
对被测元素原子吸收光谱测定产生光谱干扰、化学干扰和物理干扰的元素。

03.1117 基体干扰 matrix interference
试样中高含量基体组分对被低含量或痕量元素测定产生的光谱干扰、物理干扰和化学干扰及记忆效应。

03.1118 原子荧光 atomic fluorescence
自由原子吸收了特征波长辐射被激发到高能态，再以辐射方式去活化所发射的荧光。

03.1119 共振原子荧光 resonance atomic fluorescence
原子吸收辐射跃迁到激发态再发射与激发辐射相同波长的原子荧光。

03.1120 非共振原子荧光 non-resonance atomic fluorescence
原子吸收辐射跃迁到激发态再发射的与激发辐射不同波长的原子荧光。包括直跃线原子荧光、热助直跃线原子荧光、阶跃线原子荧光、热助阶跃线原子荧光、反斯托克斯原子荧光。

03.1121 直跃线原子荧光 direct-line atomic fluorescence
由基态激发到亚稳态再激发到高能态的原

子，直接跃迁到高于基态的另一能量较低的激发态所发射出的波长比激发辐射波长较长的原子荧光。

03.1122 阶跃线原子荧光 stepwise line atomic fluorescence
受激原子在发射荧光之前先以碰撞去活化方式损失了部分能量再发射出波长比激发辐射波长较长的原子荧光。

03.1123 斯托克斯原子荧光 Stokes atomic fluorescence
发射波长比激发辐射的波长长的原子荧光。

03.1124 反斯托克斯原子荧光 anti-Stokes atomic fluorescence
处于高于基态的原子吸收辐射跃迁到更高的激发态后以辐射方式去活化回到基态，或者原子吸收辐射由基态跃迁到中间能态再热激发到更高的激发态后以辐射方式去活化回到基态所发射的波长比激发辐射波长短的原子荧光。

03.1125 热助原子荧光 thermally assisted atomic fluorescence
包含辅助热激发过程在内的由辐射激发而发射的原子荧光。

03.1126 热助共振原子荧光 thermally assisted resonance atomic fluorescence
原子先热激发跃迁到亚稳能级再通过吸收激发辐射进一步激发，然后再发射出相同波长的共振荧光。

03.1127 热助阶跃线原子荧光 thermally assisted stepwise atomic fluorescence
包含辅助热激发过程在内的阶跃线原子荧光。

03.1128 热助直跃线原子荧光 thermally as-

sisted direct-line atomic fluorescence
包含辅助热激发过程在内的直跃线原子荧光。

03.1129　敏化原子荧光　sensitized atomic fluorescence

激发态原子通过碰撞将自身的激发能转移给另一个原子使之激发，后者再以辐射去活化方式而发射的原子荧光。

03.1130　双光子激发原子荧光　two photon excited atomic fluorescence

由两个光子依次将自由原子激发到中间能级和高能级，然后以辐射方式去活化发射的原子荧光。

03.1131　原子荧光量子效率　atomic fluorescence quantum efficiency

单位时间发射的荧光光子能量与单位时间吸收的光子能量之比。

03.1132　原子荧光猝灭效应　quenching effect of atomic fluorescence

激发态原子通过与其他粒子(如分子、原子、离子或电子)碰撞、热能或其他无辐射形式释放能量跃迁到低能级导致荧光强度降低的现象。

03.1133　原子荧光的饱和效应　saturation effect of atomic fluorescence

当激发辐射强度增加到一定程度时，基态原子达到饱和吸收状态，激发态原子数不再增加，原子荧光强度不再随光源强度增加而增加的效应。

03.1134　原子荧光光谱法　atomic fluorescence spectrometry, AFS

通过测量元素原子蒸气在辐射能激发下所发射的原子荧光强度进行元素定量分析的仪器分析方法。

03.1135　火焰原子荧光光谱法　flame atomic fluorescence spectrometry

以火焰为激发光源产生原子荧光的原子荧光光谱分析法。

03.1136　等离子体原子荧光光谱法　plasma atomic fluorescence spectrometry

以等离子体为激发光源产生原子荧光的原子荧光光谱分析法。

03.1137　激光激发原子荧光光谱法　laser excited atomic fluorescence spectrometry

以激光为激发光源产生原子荧光的原子荧光光谱分析法。

03.1138　氢化物发生原子荧光光谱法　hydride generation atomic fluorescence spectrometry, HG-AFS

用氢化物发生法进样，原子荧光光谱法检测分析元素原子荧光的一种原子光谱分析法。

03.1139　原子荧光光谱仪　atomic fluorescence spectrometer

用于原子荧光分析的原子光谱仪器。

03.1140　非色散原子荧光光谱仪　nondispersive atomic fluorescence spectrometer

没有单色器的原子荧光光谱分析仪器。

03.1141　X 射线荧光光谱法　X-ray fluorescence spectrometry

基于 X 射线荧光光谱的波长和强度测定物质化学成分及其含量的分析方法。

03.1142　次级 X 射线荧光光谱法　secondary X-ray fluorescence spectrometry

利用能量足够高的 X 射线照射样品激发产生次级 X 射线荧光的波长和强度进行元素定性和定量分析的 X 射线荧光光谱法。

03.1143 全反射 X 射线荧光光谱法 total reflection X-ray fluorescence spectrometry

初级 X 射线束以低于或接近于全反射临界角投射到反射体经全反射后投射到样品，激发分析元素发射的特征 X 射线荧光为垂直放置的 Si(Li)探测器所检测，实现痕量元素的定性和定量分析的表面超痕量分析技术。

03.1144 电子激发 X 射线荧光光谱法 electron excited X-ray fluorescence spectrometry

用聚焦电子束直接轰击样品表面微区产生 X 射线荧光进行元素定性定量的光谱分析方法。

03.1145 质子激发 X 射线荧光光谱法 proton excited X-ray fluorescence spectrometry

用质子束为激发源产生诱导 X 射线荧光进行元素定性定量的光谱分析方法。

03.1146 带电粒子激发 X 射线荧光光谱法 charged particle excited X-ray fluorescence spectrometry

以带电粒子为激发源产生 X 射线荧光进行元素定性定量的光谱分析方法。

03.1147 电磁辐射激发 X 射线荧光光谱法 electromagnetic radiation X-ray excited fluorescence spectrometry

用 X 射线管为激发源产生 X 射线荧光进行元素定性定量的光谱分析方法。

03.1148 同步辐射激发 X 射线荧光法 synchrotron radiation excited X-ray fluorescence spectrometry

用电子同步加速器或电子储存环发出的高强度偏振辐射为激发源产生诱导的 X 射线荧光进行元素定性定量的光谱分析方法。

03.1149 同位素激发 X 射线荧光法 isotope excited X-ray Fluorescence spectrometry, IEXRF

以同位素为激发源产生 X 射线荧光进行元素定性定量的光谱分析方法。

03.1150 波长色散 X 射线荧光光谱仪 wavelength dispersive X-ray fluorescence spectrometer

样品发射的 X 射线荧光经色散元件使其按波长进行空间色散后进入检测器，通过色散元件或检测器的扫描，依次检测被测元素的特征谱线及其强度的一种 X 射线荧光光谱仪器。

03.1151 能量色散 X 射线荧光光谱仪 energy dispersive X-ray fluorescence spectrometer

样品中所有元素发射的 X 射线荧光同时进入探测器，分别产生 1 个高度正比于光子能量的电流脉冲，经放大和脉冲高度分析器处理将对应于不同波长的脉冲分开，以确定各元素特征谱线波长和强度的一种 X 射线荧光光谱仪器。

03.1152 多道 X 射线荧光光谱仪 multi-channel X-ray fluorescence spectrometer

样品发射的 X 射线荧光经色散元件使之按其波长进行空间色散后进入检测器，利用多个固定的检测通道对特定元素的特征谱线同时进行测定的一种 X 射线荧光光谱仪。

03.1153 单色 X 射线吸收分析法 monochromatic X-ray absorption analysis

基于吸收定律和物质对单一波长的 X 射线束的吸收对试样中的被测元素进行定量测定的分析方法。

03.1154 多色 X 射线吸收分析法 multichromatic X-ray absorption analysis

基于吸收定律和物质对 X 射线源发射的未经色散的原级 X 射线束的吸收对试样中的

被测元素进行定量测定的分析方法。

03.1155 X 射线吸收限光谱法 X-ray absorption edge spectrometry
根据 X 射线吸收限位置(波长)进行定性, 吸收陡变的大小进行定量分析的一种 X 射线吸收分析法。

03.1156 X 射线衍射物相分析 phase analysis by X-ray diffraction
基于多晶样品的 X 射线衍射效应, 对样品的物相组成和相含量等进行分析的方法。

03.1157 单晶 X 射线衍射法 single crystal X-ray diffractometry
利用单晶体对 X 射线的衍射效应测定晶体结构的方法。

03.1158 粉末 X 射线衍射法 powder X-ray diffractometry
利用多晶样品对 X 射线的衍射图测定样品中的物相组成和晶体结构的分析方法。

03.1159 劳埃照相法 Laue photography
记录和测定晶体衍射效应的照相方法。

03.1160 X 射线小角散射 small angle X-ray scattering,SAXS
发生在直射光束附近几度范围内的一种相干散射现象。

03.1161 次级 X 射线荧光 secondary X-ray fluorescence
以能量足够高的 X 射线照射样品而激发出的 X 射线荧光。

03.04.02 分子光谱分析

03.1162 分子光谱 molecular spectrum
分子从一种能态改变到另一种能态时的吸收或发射光谱。

03.1163 分子吸收光谱 molecular absorption spectrum
又称"吸收曲线"。分子对辐射的吸收程度(吸光度)随波长(或波数)变化的关系曲线。

03.1164 分子发射光谱 molecular emission spectrum
分子受激后的光辐射强度随波长(或波数)变化的关系曲线。

03.1165 分子吸收谱带 molecular absorption band
分子吸收光谱中呈现明显吸收的曲线。

03.1166 连续光谱 continuous spectrum
在 1 个宽带范围内的连续、无任何细锐谱线的光谱。

03.1167 振动-转动光谱 vibrational-rotational spectrum
分子受激后, 因其振动能态(分子中原子在平衡位置的振动)与转动能态(分子绕轴的转动)发生改变而产生的光谱。

03.1168 可见吸收光谱 visible absorption spectrum
电磁波谱中, 波长在 340 ~ 780nm 区间的吸收光谱。

03.1169 紫外吸收光谱 ultraviolet absorption spectrum
电磁波谱中, 波长在 200 ~ 340nm 区间的吸收光谱。

03.1170 真空紫外光谱 vacuum ultraviolet spectrum

电磁波谱中,波长在 10~200nm 区间的光谱。

03.1171　可见分光光度法　visible spectro-photometry

根据被测量物质分子本身或借助显色剂显色后对可见波段范围单色光的吸收或反射光谱特性来进行物质的定量、定性或结构分析的一种方法。

03.1172　紫外分光光度法　ultraviolet spectrophotometry

根据被测量物质分子对紫外波段范围单色光的吸收或反射光谱特性来进行物质的定量、定性或结构分析的一种方法。

03.1173　紫外反射光谱法　ultraviolet reflectance spectrometry

根据被测量物质分子对紫外波段范围单色光的反射光谱特性进行物质的定量、定性或结构分析的一种方法。

03.1174　电荷转移吸收光谱　charge-transfer absorption spectrum

外来辐射照射下,某些有机或无机化合物可能发生 1 个电子从该化合物具有电子给予体特性部分转移到该化合物的另一具有电子接受体特性的部分;或是因具有电子给予特性的分子 D 与具有电子接受特性的分子 A 相互接近形成从 D 向 A 发生电荷转移的共轭结构(D^+-A^-)时,在紫外-可见区产生的吸收谱带。

03.1175　补偿光谱　compensation spectrum

在参比光路中放置某种物质以补偿样品光路中不需要的吸收或光能损失后测得的光谱。

03.1176　差谱　differential spectrum

从样品光谱中差减某些因素(如仪器噪音、溶剂、基体、已知组分等)产生的干扰光谱之后

所得的光谱。

03.1177　导数光谱　derivative spectrum

光谱信号(吸光度或发射强度等)对波长(波数)求导所得微分信号随波长(波数)变化的曲线。

03.1178　基频谱带　fundamental frequency band

光谱中由基态跃迁到第一振动激发态所产生的吸收谱带。

03.1179　乱真谱带　spurious band

又称"虚假谱带"。因试剂、仪器因素或因操作不当在红外光谱中出现的一些不属于样品本身并与所处理问题无关的吸收谱带。

03.1180　布格定律　Bouguer law

当吸收介质的浓度不变时,入射光被介质吸收的程度与入射光通过的介质厚度成正比。

03.1181　比尔定律　Beer law

当单色光通过均匀的、液层厚度一定的稀溶液时,该溶液对光的吸收程度与溶液中吸光物质的浓度成正比。

03.1182　布格-朗伯定律　Bouguer-Lambert law

由法国人布格首先提出,后经德国人朗伯系统阐述的关于辐射吸收与吸收层厚度的关系定律。即当吸收介质的浓度不变时,入射光被介质吸收的程度与介质的厚度成正比。

03.1183　朗伯-比尔定律　Lambert-Beer law

当一束平行的单色光通过某均匀的稀溶液时,该溶液对光的吸收程度与吸光物质的浓度和光通过的液层厚度的乘积成正比。

03.1184　吸光度　absorbance

曾称"消光度(extinction)"。入射光强度与透射光强度之比的对数或透光度倒数的对数。

03.1185　透射率　transmissivity
一束平行的单色光通过任何均匀、非散射的固体、液体或气体介质时，透过光的强度与入射光的强度之比。常以百分数表示。

03.1186　吸光系数　absorptivity
一束单色辐射通过液层厚度为 1cm、1000ml 含有 1g 被测物质的溶液时所产生的吸光度值。是表征光度分析灵敏度的一种参数，简记为 a，单位为 L/g·cm。

03.1187　比吸光系数　specific absorptivity
一束单色辐射通过液层厚度为 1cm、100ml 含有 1g 被测物质的溶液时所产生的吸光度值。是表征光度分析灵敏度的一种参数，简记为 $E_{1cm}^{1\%}$。

03.1188　摩尔吸光系数　molar absorptivity
一束单色辐射通过液层厚度为 1cm、浓度为 1mol/L 的溶液时所产生的吸光度值。是表征光度分析灵敏度的一种参数，简记为 ε，单位为 L/mol·cm。

03.1189　生色团　chromophoric group
又称"发色团(chromophore)"。分子中能对辐射产生吸收的不饱和基团。

03.1190　增色团　hyperchrome,hyperchromic group
分子中能增大辐射吸收强度的基团。

03.1191　助色团　auxochrome,auxochromic group
分子中本身不吸收辐射而能增强分子中生色基团吸收峰强度并使其向长波长移动的基团。

03.1192　协同显色效应　synergistic chromatic effect
两种或两种以上的显色试剂参与的、显色效果比各试剂单独使用时产生的显色效果的总和要大的效应。

03.1193　桑德尔指数　Sandell index
产生 0.001 吸光度时，单位截面积光程内所能检出的被测物质的最低含量(μg/cm)。是一种表示光度分析灵敏度的参数，简记为 s。

03.1194　动力学比色法　kinetic colorimetry
基于测量反应物浓度与反应速率之间的定量关系实现试样组分定量测定的比色法和分光光度法。

03.1195　催化比色法　catalytic colorimetry
利用被测成分催化化学反应速率的原理进行定量测定的比色分析法。

03.1196　比浊法　turbidimetry,turbidimetric method
又称"透射比浊度法"。根据测量透过悬浮液后透射光的强度来确定悬浮物质含量的方法。

03.1197　浊度法　nephelometry
又称"散射比浊度法"。根据在入射光束垂直方向测量该光束通过悬浮液后被悬浮微粒散射出的光强度确定悬浮物质含量的方法。

03.1198　比色计　colorimeter
用可见光做光源，对有色溶液的颜色深度进行比较或测量的分析仪器。

03.1199　目视比色计　visual colorimeter
又称"视式比色计"。用目视方法进行比色分析的仪器。

03.1200　光电比色计　photoelectric colorimeter
用可见光做光源，但用光电池或光电管作接

收器的比色分析仪器。

03.1201　偏光比色计　polarization colorimeter
装备有偏振器，由光源所得偏振光做测量光束的比色计。

03.1202　全自动比色分析器　completely automatic colorimetric analyzer
用于现场控制工艺流程的能对流体样品中微量组分进行全自动比色分析的仪器。

03.1203　参比光束　reference beam
双光束分光光度计中，经单色器、反射镜出来的等效的两个光束中不经过样品，而仅作为通过样品光束参照的光束。

03.1204　干涉滤光片　interference filter
利用光的干涉原理以获得窄光谱带的器件。

03.1205　截止滤光片　cut-off filter
用来从宽谱带光源中截取窄谱带光束的一种仪器部件。截止滤光片将所考虑的光谱区分为两部分：一部分不允许光通过，为截止区；另一部分允许光通过，为通带区。

03.1206　校准滤光片　calibration filter
校准分光光度计的波长标度和吸光度标度的滤光片。

03.1207　标准滤光片　standard filter
在特征波长处具有恒定吸光度的滤光片，用于校准分光光度计的波长和吸光度标度。

03.1208　中性滤光片　neutral filter
又称"中性密度滤光片"。对一定范围内的不同波长的光具有相同吸光度的滤光片。

03.1209　吸收池　absorption cell, cuvette
在比色和分光光度分析中用于盛放样品溶液的具有精确光程长度的容器。

03.1210　光程　light path
光在介质中传播时所经过的路径几何长度。

03.1211　光电池　photocell
在光线照射下即可直接产生光电流的器件。

03.1212　三波长分光光度法　three wavelength spectrophotometry
采用 3 个测量波长的分光光度法。在吸收曲线上，任意选择 3 个波长处测量吸光度，基于吸光度加和性通过计算确定待测组分浓度的分光光度法。

03.1213　多波长分光光度法　multiple-wavelength spectrophotometry
泛指采用两个以上测量波长的分光光度法。

03.1214　多组分分光光度法　multicomponent spectrophotometry
泛指能同时测定两个或两个以上组分的分光光度法。

03.1215　导数分光光度法　derivative spectrophotometry
利用以吸光度对波长(波数)的导数为纵坐标，以波长(波数)为横坐标所记录的导数光谱进行测定的一种光度分析技术。

03.1216　示差分光光度法　differential spectrophotometry
分光光度法中，当样品中被测组分浓度过大或浓度过小(吸光度过高或过低)时，采用浓度比样品稍低或稍高的标准溶液代替试剂空白来调节仪器的 100%透光率(对浓溶液)或 0%透光率(对稀溶液)以提高分光光度法精密度、准确度和灵敏度的方法。

03.1217　速差动力学分析法　differential reaction-rate kinetic analysis
基于各组分与同一试剂反应在速率上的差

异，不经预先分离实现相似组分的同时测定的分析方法。

03.1218　组合导数分光光度法　combined derivative spectrophotometry

以双波长 K 系数法作为多组分同时测定的数学模型，用于解析不同阶次导数光谱数据的一种分光光度法。

03.1219　停流分光光度法　stopped-flow spectrophotometry

利用流动注射分析中的停留技术，通过反应产物的吸光性质进行物质定量测定的一种分析方法。

03.1220　动力学分光光度法　kinetic spectrophotometry

基于测量反应物浓度与反应速率之间的定量关系以实现试样组分定量测定的分光光度法。

03.1221　催化动力学光度法　catalytic kinetic photometry

利用被测组分对化学反应的催化作用，通过测量反应物浓度与反应速率之间的定量关系实现试样组分定量测定的分光光度法。

03.1222　酶催化动力学分光光度法　enzyme catalytic kinetic spectrophotometry

利用酶对某些反应的催化性，或某些组分能阻抑或促进酶催化反应的性质所建立的一类测定酶、底物、激活剂和抑制剂的分光光度法。

03.1223　褪色分光光度法　discolor spectrophotometry

利用被测组分对某显色反应体系颜色的褪色作用，根据加入被测组分前、后体系吸光度减小的程度与被测组分浓度的关系实现被测组分定量测定的方法。

03.1224　催化褪色分光光度法　catalytical discoloring spectrophotometry

基于被测组分对某个褪色反应的催化作用的分光光度法。

03.1225　抑制褪色分光光度法　inhibition discoloring spectrophotometry

利用被测组分对某褪色反应的抑制作用进行定量分析的分光光度法。

03.1226　阻抑动力学分光光度法　inhibition kinetic spectrophotometry

利用某种组分对某催化显色反应速率的阻抑作用，基于吸光度的变化测定该组分的光度分析方法。

03.1227　萃取分光光度法　extraction spectrophotometry

将被测组分或其形成的有色化合物萃取到有机相后对有机相进行分光光度测定的一类分析方法。

03.1228　萃取催化动力学分光光度法　extraction-catalytical kinetic spectrophotometry

利用萃取技术分离、富集被测组分，然后基于它对某个显色反应的催化作用，根据一定条件下加入被测组分前、后吸光度的变化与被测组分含量的关系确定被测组分含量的分析方法。

03.1229　萃取阻抑动力学分光光度法　extraction-inhibition kinetic spectrophotometry

利用萃取技术先分离、富集被测组分，然后基于它对某个显色反应的抑制作用，利用一定条件(温度、反应时间等)下，在显色体系中加入被测组分前、后吸光度的差值与被测组分含量的关系确定被测组分含量的分析方法。

03.1230 浮选分光光度法 flotation spectro-photometry

将浮选分离、富集和光度测定相结合的一类光度分析法。

03.1231 流动注射分光光度法 flow injection spectrophotometry

采用流动注射分析技术，以带有微量流通池的分光光度计作为检测器，通过测定吸光度以确定待测组分含量的一类光度分析方法。

03.1232 胶束增敏流动注射分光光度法 micelle-sensitized flow injection spec-trophotometry

将表面活性剂胶束对显色反应体系的增敏作用与流动注射分析技术相结合建立的，兼具灵敏度高和分析速度快等优点的一类光度分析方法。

03.1233 固相分光光度法 solid phase spec-trophotometry

利用固相载体(离子交换树脂、泡沫塑料、凝胶、萘或滤纸等)对待测组分进行分离、富集并在固相载体上显色后，直接测定固相吸光度以确定待测组分含量的一类光度分析方法。

03.1234 胶束增敏作用 micellar sensitization
因表面活性剂胶束的存在使测定灵敏度明显提高的现象。

03.1235 胶束增溶作用 micellar solubilization
物质在含表面活性剂胶束的水溶液中的溶解度比在纯水中的溶解度明显增加的现象。

03.1236 胶束增溶分光光度法 micellar solu-bilization spectrophotometry
利用表面活性剂胶束的增溶、增敏、褪色、析相等作用，以提高显色反应灵敏度、对比度和(或)选择性，改善显色反应条件，并在水相中直接进行分光光度法测定的分析

方法。

03.1237 胶束增敏动力学光度法 micelle-sensitized kinetic photometry

将表面活性剂胶束对显色反应体系的增敏作用与动力学光度分析方法相结合，基于测量表面活性剂胶束水溶液中反应物浓度与反应速率之间的关系，定量测定被测组分的方法。

03.1238 液芯光纤分光光度法 liquid core optical fiber spectrophotometry

将待测样品在折射率大于石英折射率的溶剂中的溶液充入空心石英光纤中，通过加长吸收光程提高测量灵敏度的一种分光光度分析技术。

03.1239 计算分光光度法 computational spec-trophotometry

用数学方法处理分光光度法测量数据，并完成测定的一种方法。

03.1240 主成分回归分光光度法 principal component regression spectrophotome-try

采用主成分回归分析技术处理多组分复杂体系吸光度测量数据的一种计算分光光度法。

03.1241 多元线性回归分光光度法 multiple linear regression spectrophotometry

采用多元线性回归分析技术处理多组分复杂体系吸光度测量数据的一种计算分光光度法。

03.1242 偏最小二乘分光光度法 partial least square regression spectropho-tometry

采用偏最小二乘法处理多组分复杂体系吸光度数据的一种计算分光光度法。

03.1243　小波变换多元分光光度法　wavelet transformation-multiple spectrophotometry

将小波变换分析技术应用于多组分体系吸光度测量数据优化的一种分光光度法。

03.1244　卷积光谱法　convolution spectrometry

又称"褶合光谱法"。在格伦(Glenn)正交函数法的基础上,采用类似多项式回归分析褶合变换得到的光谱进行测定的一种分光光度法。

03.1245　等吸收点　isobestic point, isoabsorptive point

又称"等色点"。两种或两种以上化合物(或同一化合物的两种存在型体)的吸收强度相等处的波长。

03.1246　红移　red shift

化合物光谱(紫外-可见吸收、红外或荧光等)的峰位向长波长(较低的频率)方向移动的现象。

03.1247　蓝移　blue shift

又称"紫移"。化合物光谱(紫外-可见吸收、红外或荧光等)的峰位向短波长(较高的频率)方向移动的现象。

03.1248　三元络合物　ternary complex

泛指由3种或3种以上组分形成的配合物。包括三元混配配合物、三元离子缔合物、三元胶束配合物、多核配合物等。

03.1249　分光光度计　spectrophotometer

采用分光附件(如棱镜或光栅等)进行分光的一类光谱分析仪器的总称。

03.1250　分光光度法　spectrophotometry

采用分光附件(如棱镜或光栅等)进行分光的一类吸收光谱分析法的总称。

03.1251　可见光分光光度计　visible spectrophotometer

采用可见光做光源的一类分光光度计。

03.1252　紫外-可见分光光度计　ultraviolet-visible spectrophotometer

能采用可见光或紫外光做光源的一类分光光度计。

03.1253　光电分光光度计　photoelectric spectrophotometer

采用分光附件(如棱镜或光栅等)分光,用光电池或光电管等光电转换元件做接收器的光度分析仪器。

03.1254　单光束分光光度计　single beam spectrophotometer

光源经过单色器单色化后所得的一束单色光,交替通过参比溶液和样品溶液进行测量的一类分光光度计。

03.1255　双光束分光光度计　double beam spectrophotometer

光源经过单色器单色化后得到的一定波长的光被分为均等的两束光,一束通过参比溶液,另一束通过样品溶液,以此测得被测组分吸光度的一类分光光度计。

03.1256　双波长分光光度计　dual wavelength spectrophotometer

能实现两束波长不同的单色光交替通过同一试样,基于该试样在这两个波长处的吸光度差值进行光度分析的一类分光光度计。

03.1257　偏振分光光度计　polarizing spectrophotometer

装备有光偏振器附件,采用偏振光做光源的一类分光光度计。

03.1258　发光分析法　luminescence analysis

利用荧光、磷光、化学发光、生物发光等发

光现象对物质进行定性、定量分析等的方法。

03.1259　化学发光　chemiluminescence
物质分子吸收了化学反应产生的能量后被激发到激发态，再由激发态返回基态时伴随的发光现象。

03.1260　气相化学发光　gas-phase chemiluminescence
反应物的状态为气体的化学发光。

03.1261　液相化学发光　liquid phase chemiluminescence
反应物都为液体的化学发光。

03.1262　异相化学发光　heterophase chemiluminescence
在气体与固体、液体与固体或互不相溶的两个液体表面之间产生的化学发光现象。

03.1263　自氧化化学发光　auto-oxidation chemiluminescence
化合物通过自身的氧化还原反应获得能量，激发反应过程中生成的某一过渡中间体回到基态时，以光子的形式释放能量的发光现象。

03.1264　能量转移化学发光　energy transfer chemiluminescence
化学反应产生的激发态物质分子将一部分或全部能量转移给另一种能发光的物质分子，而使后者发光的现象。

03.1265　偶合反应化学发光　coupling reaction chemiluminescence
一个非发光反应的反应物或产物参与某一个化学发光反应而产生的化学发光。

03.1266　电致化学发光　electrogenerated che-miluminescence, electrochemiluminescence, ECL
(1)利用电场作用下经氧化还原反应产生的某种化学活性物质与发光物质反应并使发光物质激发而产生的发光。(2)直接利用电极提供能量使发光物质经氧化还原反应生成某种中间产物迅速分解导致的发光。

03.1267　光致发光　photoluminescence
分子或离子等吸收紫外或可见光后，再以紫外或可见光的形式发射能量的现象。一般指荧光及磷光现象。

03.1268　均相火焰化学发光　homogeneous phase flame chemiluminescence
气相化学发光中的一种。利用火焰使样品挥发或原子化，基于样品在火焰中产生的分子或原子之间的反应产生的发光。

03.1269　固体表面化学发光　solid surface chemiluminescence
发生在固体表面的化学发光现象。亦可泛指发生在固-液界面和固-气界面的化学发光现象。

03.1270　发光量子产率　luminescence quantum yield
发光物质吸光后所发射光的光子数与所吸收的光子数之比值。

03.1271　化学发光量子产率　chemiluminescence quantum yield
又称"化学发光效率(chemiluminescence efficiency)"。产生化学发光的分子数与参加化学发光反应的总分子数的比值。

03.1272　发光强度　luminous intensity
一个发光的点光源，在某一方向的元立体角$d\Omega$内发送的光通量dF。表征了该点光源发光的强弱程度。

03.1273 化学发光分析 chemiluminescence analysis

依据化学发光信号的强弱实现测定的方法。

03.1274 化学发光免疫分析法 chemiluminescence immunoassay

利用能进行化学发光反应的试剂标记抗原或抗体并与待测物进行免疫反应，以测定化学发光强度的形式测定待测物含量的一种免疫分析技术。

03.1275 化学发光标记 chemiluminescence label

将一种化学发光效率较高的发光试剂用有机合成的方法以共价键形式与被标记物偶联，使被标记物具有了化学发光能力的技术。

03.1276 生物发光免疫分析 bioluminescence immunoassay

用生物发光物(如萤火虫荧光素酶,细菌发光素酶等)或用辅助因子(三磷酸腺苷等)标记抗原或抗体并与待测物进行免疫反应后，以测定发光强度的形式直接或间接地测定待测物含量的一种免疫分析技术。

03.1277 化学发光酶联免疫分析法 chemiluminescence enzyme-linked immunoassay

利用特定的酶标记抗原或抗体并与待测物进行酶联免疫反应后，由其化学发光强度测定待测物含量的一种免疫分析技术。

03.1278 时间分辨荧光免疫分析法 time-resolving fluorescence immunoassay

利用标记抗原或抗体与样品背景荧光寿命的不同，采用快速脉冲光源，用门控检测系统检测背景荧光信号消失后的荧光信号以实现免疫分析的方法。

03.1279 化学发光成像分析法 chemiluminescence imaging analysis

利用照像、摄像机、电荷耦合器件(CCD)成像系统等进行图像采集、显示、处理和分析，以获取参加化学发光反应的靶分子信息的分析技术。

03.1280 光致变色 photochromism

物质在紫外或短波长可见光的照射下颜色改变，切断光源颜色又行复原的现象。

03.1281 荧光 fluorescence

光致发光的一种。在分子或原子吸收光被激发后，再以光的形式辐射能量的过程中，如果发光最初的状态与发光结束时的状态的电子多重度相同，则称为荧光。

03.1282 荧光激发光谱 fluorescence excitation spectrum

以不同波长的单色光激发发光体，测量一定发光波长下发光强度随激发波长变化的曲线。

03.1283 荧光发射光谱 fluorescence emission spectrum

表征一定激发光波长下，发光体发射的荧光强度随荧光发射波长变化的曲线。

03.1284 延迟荧光 delayed fluorescence

荧光物质分子受激后，由 S_1 态经无辐射跃迁到 T_1 态，再因某些因素(经热活化或三线态-三线态湮灭)回到 S_1 态，最后由 S_1 态经辐射跃迁到 S_0 态时的发光现象。

03.1285 三维荧光光谱 three dimensional fluorescence spectrum

又称"多维荧光光谱(multi dimensional fluorescence spectrum)""总发光光谱(total luminescence spectrum)"。能提供激发波长和发射波长同时变化时荧光强度信息的荧光光谱。

03.1286　时间分辨荧光　time-resolved fluo-rescence

基于不同化合物荧光寿命不同，使用一脉冲光源，利用具有时间窗的检测系统得到的对应某一特定时间的荧光。

03.1287　时间分辨荧光光谱法　time-resolved fluorescence spectrometry

基于不同化合物荧光寿命不同，使用一脉冲光源，通过选择合适的延迟时间和门时间区别和测定不同的化合物的荧光分析法。

03.1288　荧光强度　fluorescence intensity

荧光物质在一定强度紫外光照射下所发射的荧光的强度。

03.1289　荧光分子平均寿命　average life of fluorescence molecule

处于激发态的荧光分子数目因去激活而减少为原来的 $1/e$ 所经历的时间。

03.1290　荧光效率　fluorescence efficiency

又称"荧光量子效率""荧光量子产额"。荧光物质吸收光能后所发出的光量子数与所吸收的激发光的光量子数之比。

03.1291　荧光猝灭效应　fluorescence quenching effect

由于荧光分子与溶剂分子或其他共存溶质分子的相互作用导致荧光强度降低、或使荧光强度不与荧光物质浓度成线性关系、荧光量子效率显著减小的现象。

03.1292　荧光猝灭常数　fluorescence quenching constant

表示处于激发态的荧光分子与猝灭剂分子因碰撞去激活而引起的荧光猝灭作用程度大小的 1 个常数。

03.1293　荧光标准物　fluorescence standard

substance

用于荧光波长、强度校正，量子产率标准或荧光分析灵敏度表征的某些易于纯化、水(醇)溶性好、对光稳定、且具特征荧光光谱的物质。

03.1294　荧光探针　fluorescence probe

在紫外-可见-近红外区有特征荧光，且其荧光性质(激发和发射波长、强度、寿命、偏振等)可随所处环境的性质，如极性、折射率、黏度等改变而灵敏地改变的一类荧光性分子。

03.1295　低温荧光光谱法　low temperature fluorescence spectrometry

利用低温条件下测得的荧光光谱特性(激发和发射波长、强度、寿命、偏振等)建立的荧光分析法。

03.1296　固体荧光分析　solid fluorescence analysis

将试样与适当试剂一起熔融制成熔球或熔片后进行荧光测定的方法。

03.1297　间接荧光法　indirect fluorimetry

通过化学反应将非荧光物质转变为荧光衍生物，或是利用其对某种荧光化合物荧光的猝灭作用，或是利用其受激后将能量转移给某种荧光物质等手段间接地测定非荧光物质的方法。

03.1298　导数同步荧光光谱　derivative synchronous fluorescence spectrum

将同步扫描技术所得的同步光谱对波长求导后为纵坐标，波长为横坐标的光谱。

03.1299　荧光分光光度法　fluorescence spectrophotometry

根据物质分子吸收单色光后所发射荧光的光谱、强度、寿命、偏振等特性实现其定性或定量测定的方法。

03.1300　同步荧光分析法　synchronous fluorimetry

荧光计的两个单色器同时扫描，根据恒定波长差、恒定能量差或可变角(或可变波长)等同步扫描条件下所得同步荧光光谱进行物质定性、定量的方法。

03.1301　导数同步荧光分析法　derivative synchronous fluorimetry

将同步扫描技术所得的同步光谱对波长求导，利用所得导数同步荧光光谱实现测定的一类荧光分析法。

03.1302　等能量同步荧光光谱法　constant energy synchronous fluorimetry

同步扫描过程中，始终保持激发波长与发射波长之间能量差恒定的同步荧光光谱法。

03.1303　胶束增敏荧光分光法　micelle-sensitized spectrofluorimetry

荧光体系中引入表面活性剂，利用其胶束的增溶、增稳，特别是增敏作用而建立的荧光分析方法。

03.1304　逆胶束增稳室温荧光法　inversed micelle-stabilized room temperature fluorimetry

利用表面活性剂在非极性溶剂中形成的极性头朝内、疏水部分朝外的逆胶束做保护性介质，以增强体系的稳定性，减少荧光的猝灭，从而改善分析性能的荧光分析法。

03.1305　催化荧光法　catalytic fluorimetry

利用待测组分或其衍生物对某荧光反应的催化(抑制)作用导致的，在给定时刻荧光的增强(降低)程度与待测组分含量相关的原理测定待测组分的方法。

03.1306　荧光猝灭法　fluorescence quenching method

利用对其他荧光性物质荧光的猝灭作用测定本征不能发射荧光的物质含量的方法。

03.1307　荧光显微法　fluorescence microscopy

以紫外光作激发光源并在显微镜的视野内施行荧光反应的一种显微分析法。常用于某些细胞生物组织、矿物等物质的分析。

03.1308　分子荧光分析法　molecular fluorescent method

直接或间接利用分子的荧光强度、荧光光谱等特性进行物质定性、定量分析的方法。

03.1309　荧光标记分析　fluorescence marking assay

利用有机合成的方法使荧光性物质与非荧光性物质以共价键形式偶联，通过荧光检测以测定后者含量的方法。

03.1310　荧光免疫分析　fluorescence immunoassay, FIA

利用荧光性物质(荧光探针)标记抗原或抗体，通过荧光检测跟踪抗原抗体反应，从而测定抗体或抗原含量的方法。

03.1311　荧光共振能量转移　fluorescence resonance energy transfer, FRET

在满足一定距离和能级适应等条件下，受激后处于激发态的某种原子或分子通过偶极-偶极耦合作用，非辐射性地将能量转移给共存的另一种物质的原子或分子，并由后者发射荧光的现象。

03.1312　显微荧光成像分析　microscopic fluorescence imaging analysis

利用荧光显微镜与带有电荷耦合器件摄像系统的，或带有阿达玛变换多通道成像系统的荧光光谱仪耦合而成的分析系统，进行图像采集、显示、处理和分析，以获取显微荧光图像、微区荧光强度及荧光寿命等信息的测定方法。

03.1313 荧光计 fluorimeter
荧光分析中用于测量荧光强度的仪器。

03.1314 分光荧光计 spectrofluorometer
具有单色器能测定不同波长处荧光相对强度或其他相关性质的荧光分析仪器。

03.1315 荧光光度计 fluorophotometer
荧光分析中用于测量荧光强度的仪器。

03.1316 荧光分光光度计 spectrophotofluo-rometer
具有单色器，能测量不同波长处的荧光相对强度或其他相关性质的仪器。

03.1317 比浊荧光光度计 nefluorophotometer
基于测量与入射光光路呈一定角度(通常呈90°)的散射荧光强度实现浊度测定的荧光计或荧光分光光度计。

03.1318 偏光荧光计 polarization fluorimeter
装备有偏振附件，用偏振光做激发光源的荧光光度计。

03.1319 磷光 phosphorescence
(1)无机半导体发磷光是由于受激电子被发光中心的准稳定激发态捕获后通过热活化跃迁产生的发光，寿命为 10^{-3}s 到 24h。(2)有机化合物的磷光是分子从激发三线态回到基态的禁阻跃迁所产生的发光。寿命为 10^{-3}s 至 10s。

03.1320 磷光发射光谱 phosphorescence emission spectrum
记录磷光物质在一定波长激发光照射下所得的不同波长磷光强度的谱图。

03.1321 磷光激发光谱 phosphorescence excitation spectrum
记录磷光物质在不同波长激发光照射下所得磷光强度的谱图。

03.1322 磷光强度 phosphorescence intensity
磷光物质在一定强度激发光照射下所产生的磷光的强度。

03.1323 磷光分析 phosphorescence analysis
利用某些物质受光照射后所发生的磷光(光谱、强度、寿命、偏振及各向异性等)特性进行物质的定性或定量分析的方法。

03.1324 磷光分光光度法 spectrophos phorimetry
基于物质受光照射后所发生的磷光(光谱、强度、寿命、偏振及各向异性等)特性，利用磷光分光光度计实现定性或定量分析的方法。

03.1325 磷光计 phosphorimeter
磷光分析中用于测量磷光强度的仪器。

03.1326 室温磷光法 room temperature phosphorimetry, RTP
通过将试样点在固体基质上使之刚性化，或利用在溶液中加入保护性有序介质并经除氧，以减少非辐射碰撞失活和氧气等的猝灭作用，在室温下实现磷光测定的方法。

03.1327 敏化室温磷光法 sensitized room temperature phosphorimetry, S-RTP
本征无磷光或磷光很弱的物质(供体)被激发到三线态，将其能量转移给另一种能发磷光的物质(受体)，利用受体三线态的磷光发射特性实现对供体测定的一类流体室温磷光法。

03.1328 猝灭室温磷光法 quenched room temperature phosphorimetry, Q RTP

利用分析物(猝灭剂)与某种发光体的激发三重态作用，根据室温磷光强度的猝灭程度测定分析物含量的方法。

03.1329　微乳液增稳室温磷光法　micro-emulsion stabilized room temperature phosphirimetry, ME-RTP

由一定量水、非极性溶剂、表面活性剂和助表面活性剂混合形成的微乳状液作为保护性介质，辅以重原子微扰剂和化学除氧等手段，利用被测组分(或其衍生物)的室温磷光发射特性实现其定量测定的一类流体室温磷光法。

03.1330　无保护流体室温磷光法　non-protected fluid room temperature phosphorimetry, NP-RTP

不存在表面活性剂、环糊精等保护性介质中，仅通过除氧和加入重原子微扰剂，由光致激发所诱导的分析物水溶液的室温磷光光谱特性进行物质定性或定量分析的方法。

03.1331　低温磷光光谱法　low temperature phosphorescence spectrometry, LTPS

将待测物溶解于提纯后的乙醚、异戊烷、乙醇等组成的混合溶剂中，在液氮温度(77K)下测定所形成的明净刚性玻璃体的磷光光谱特性进行物质的定性或定量分析的方法。

03.1332　固体基质室温磷光法　solid-substrate room temperature phosphorimetry, SS-RTP

微升级试样点在滤纸或层析基质、固体盐粉末等固体基质上，用适当的方式干燥，使得磷光体被强烈夹持在基质上以保持刚性，然后进行室温磷光测量的磷光分析法。

03.1333　胶束增稳室温磷光法　micelle-stabilized room temperature phosphorimetry, MS-RTP

利用表面活性剂胶束为磷光体提供一种更为刚性、有序的保护性微环境，通过化学除氧来实现流体室温磷光测量的一种磷光分析法。

03.1334　环糊精诱导室温磷光法　cyclodextrin induced room temperature phosphorimetry, CD-RTP

基于外部重原子试剂和磷光分子同时进入环糊精(CD)空腔时形成的 CD-重原子-磷光体三分子包结物在光致激发时所诱导的室温磷光信号进行物质的定性或定量分析的一类分析方法。

03.1335　衍生室温磷光法　derivatization room temperature phosphorimetry, D-RTP

通过衍生试剂与待测组分的化学反应，使原本不能发磷光的待测组分转变为具有磷光性质的物质，继而通过各种室温磷光分析技术实现磷光测量的方法。

03.1336　单线态　singlet state

又称"单重态"。占据同一分子轨道的两个电子自旋方向相反，从而电子自旋量子数的代数和为 0,自旋多重度为 1 的状态。用 S 表示。

03.1337　三线态　triplet state

又称"三重态"。占据同一分子轨道的两个电子自旋方向平行，从而电子自旋量子数的代数和为1,自旋多重度为3的状态。用 T 表示。

03.1338　重原子效应　heavy atom effect

磷光测定体系中，若有原子序数较大的原子存在时，由于重原子的高核电荷增强了磷光溶质分子的自旋-轨道耦合作用,从而增大了 $S_0 \rightarrow T_1$ 吸收跃迁和 $S_1 \rightarrow T_1$ 体系间窜跃的几率，即增加 T_1 态粒子的布居数，有利于提高磷光的发生和磷光量子产率的效应。

03.1339　内重原子效应　internal heavy atom effect

磷光分子自身所含的高原子序数原子的高核电荷增强了磷光分子的自旋-轨道耦合作用，从而增大其 $S_0 \rightarrow T_1$ 吸收跃迁和 $S_1 \rightarrow T_1$ 体系间窜跃的几率，即增加了 T_1 态粒子的布居数的效应。

03.1340　外重原子效应　external heavy atom effect

磷光测定体系中加入含有重原子的试剂或溶剂，因增强了磷光分子的自旋-轨道耦合作用，导致 T_1 态粒子的布居数增加，从而有利于提高磷光的发生和磷光量子产率的效应。

03.1341　红外光谱　infrared spectrum

表征红外辐射强度或其他与之相关性质随波长(波数)变化的谱图。根据波长范围不同，相应地称为近红外光谱、中红外光谱和远红外光谱。

03.1342　红外吸收光谱　infrared absorption spectrum

表征样品对红外辐射的吸收程度随波长(波数)变化的光谱图。

03.1343　红外发射光谱　infrared emission spectrum

样品在受激或自发辐射的条件下，所发射的红外光的强度随波长(波数)变化的光谱图。

03.1344　远红外光谱　far infrared spectrum

波长为 25~1000μm，波数为 10~400cm^{-1} 的红外光谱。目前，实验上已能测定到 2500μm、波数为 4 cm^{-1} 的红外光谱。

03.1345　近红外光谱　near infrared spectrum, NIR

波长为 0.78~2.5μm、波数为 4000~12 820cm^{-1} 的红外光谱。

03.1346　红外偏振光谱　infrared polarization spectrum

红外分析中，采用经红外偏振器获得的红外偏振光进行入射光源测量得到的红外光谱。

03.1347　低温红外光谱　low temperature infrared spectrum

样品在低温(10~300K)条件下获得的红外光谱。

03.1348　反射光谱　reflection spectrum

入射光在样品表面反射所得的光谱。

03.1349　二维红外光谱　two-dimensional infrared spectrum

以两个独立的频率(ν_1, ν_2)为变量的红外谱图。

03.1350　二维红外相关光谱　two-dimensional infrared correlation spectrum

对样品施加扰动，用随时间变化的动态红外光谱记录样品对扰动的响应并进行相关分析后所得到的光谱。包括同步相关谱和异步相关谱。

03.1351　红外活性分子　infrared active molecule

能产生偶极矩变化的分子振动为红外活性振动，该分子就是具有红外活性的分子。

03.1352　红外吸收强度　infrared absorption intensity

红外吸收谱带的强度。决定于振动时偶极矩变化的大小。基团极性越大，吸收谱带越强。

03.1353　红外光谱法　infrared spectrometry

利用物质的红外吸收光谱、红外发射光谱或其相关特性进行组成、结构鉴定和成分测定的一类分析方法。

03.1354　远红外光谱法　far infrared spectrome-

try

波长在 25~1000μm(波数在 10~400cm^{-1})区间的红外光谱法。

03.1355 近红外光谱法 near infrared spectrometry, NIRS

波长在 0.78~2.5μm(波数在 4000~12 820cm^{-1})间的红外光谱法。

03.1356 近红外漫反射光谱法 near infrared diffuse reflection spectrometry

使用漫反射附件测量近红外区间的红外漫反射光谱对物质(主要是粉末样品和浑浊的液体)进行定性或定量的分析方法。

03.1357 漫反射光谱法 diffuse reflection spectrometry, DRS

基于入射光束与样品分子相互作用获得的载有样品分子信息的表面漫反射光谱,对物质(主要是粉末样品和浑浊的液体)进行定性或定量的分析方法。

03.1358 高温反射光谱法 high temperature reflectance spectrometry, HTRS

利用在高温的条件下获得的红外反射光谱对物质进行定性或定量的分析方法。

03.1359 高压光谱法 high pressure spectrometry

在特殊设计的高压池内,测定样品在高压下的分子光谱,获得压力引起的化学、物理和生物变化信息的方法。

03.1360 热解光谱 pyrolytic spectrum

样品经加热裂解后,测定由裂解产生的气体凝结液及低分子量聚合物甚至单体所获得的光谱。

03.1361 红外分光光度法 infrared spectrophotometry

根据物质对红外辐射(波长范围 0.78~1000μm)的吸收或利用它的红外辐射,对物质进行定量、定性或结构分析的一种方法。

03.1362 红外反射-吸收光谱法 infrared reflection-absorption spectrometry

利用红外反射光研究吸附薄膜(如在光滑金属表面的薄膜)的光谱分析技术。红外光透过薄膜产生红外吸收,被金属表面反射后,再一次透过薄膜被吸收后进入检测器。

03.1363 变温红外光谱法 variable temperature infrared spectrometry

通过顺序变温测量物体的吸收、反射和发射光的红外光谱来研究其物理、化学以及生物学性质及其过程的方法。

03.1364 动态红外光谱法 dynamic infrared spectrometry

利用傅里叶变换红外光谱仪和时间分辨光谱技术连续、快速地监测红外光谱,动态跟踪表征样品状态的红外光谱随反应时间的变化的方法。

03.1365 时间分辨傅里叶变换红外光谱法 time-resolved Fourier transform infrared spectrometry, FTIR-TRS

利用傅里叶变换红外光谱仪中干涉仪的步进扫描等技术,通过物质在 ms、μs、ns、ps 级的超短时间内产生的红外光谱变化来研究分子的瞬变过程及其瞬变产物的一种方法。

03.1366 漫反射傅里叶变换红外光谱技术 diffuse reflectance-Fourier transform infrared technique, DR-FTIR

在傅里叶变换红外光谱仪上,利用漫反射附件测得的载有样品分子结构信息的漫反射光谱进行物质定性或定量的分析方法。

03.1367 偏振红外光技术 polarization infrared technique

基于分子有序排列的结晶样品对红外偏振光的吸收与化学键振动跃迁矩的矢量方向和偏振光电矢量方向是否在同一方向的原理，测定样品的偏振红外光谱，获得分子结构信息的技术。

03.1368　红外显微[技]术　infrared microscopy

利用红外显微镜和红外显微图像分析系统，对微小样品或样品上的微区进行红外光谱分析的技术。

03.1369　红外吸收分析[法]　infrared absorption analysis

研究因分子振动、转动作用对 0.78~1000μm 波长范围红外辐射的吸收光谱特性，以实现物质定量、定性或结构分析的一类分析技术。

03.1370　红外热成像法　infrared thermography

物体的红外辐射波长与其自身温度有关，通过热源所发射的红外线形成的热源的三维"热"(温度)分布图像，研究热源物体的形状、大小，热分布、热稳定等特性的技术。

03.1371　光谱成像技术　spectral imaging technique

利用单个或多个光谱通道进行光谱数据采集和处理、图像显示和分析解释的技术。

03.1372　红外激光光谱法　infrared laser spectrometry

采用发射波长在红外区的激光做入射光源的红外光谱分析法。

03.1373　红外波数校准　infrared wave number calibration

利用某些稳定易得、在校正范围内吸收谱带多(特别是尖锐谱带)的物质，如聚苯乙烯膜、

茚膜等做标准物，对红外光谱仪测定的波数进行校正。

03.1374　基团频率　group frequency

又称"特征频率"。具有相同基团的化合物在红外或拉曼光谱中都在同一频率区间呈现该基团的吸收谱带或拉曼谱带的频率。

03.1375　官能团频率区　functional group frequency region

反映分子中各种基团特征振动频率的波数区。这一区域为 1300~4000cm^{-1}，官能团的鉴定主要在该区域内进行。

03.1376　光学混频　light mixing

几种单色相干光在非线性介质内发生耦合作用，并同时发射出另外一种频率相干光的现象。

03.1377　池入-池出法　cell-in-cell-out method

当样品仅有几个独立的红外吸收峰时的一种简单的定量分析方法。基于在一定的分析条件下，依次在同一吸收池内测定纯溶剂、已知浓度的标准溶液、样品溶液的透光率，利用比尔定律求得样品溶液浓度的方法。

03.1378　基线法　baseline method

通过向吸收谱带两侧的峰谷引切线获得基线，以消除两个吸收池的不匹配，杂散光引起的背景吸收所产生的误差和相邻吸收谱带叠加的干扰，以获得谱带真实强度的方法。

03.1379　二色性　dichroism

又称"二向色性"。某些晶体和光学各向异性的介质具有双折射性，能使入射光变成寻常光和非常光二束特性不同的光的现象。

03.1380　衰减全反射　attenuated total reflection, ATR

一定条件下，在折射率不同但在光学上又是互相衔接的两种介质界面处产生的光衰减现象。当光以大于临界角的入射角从折射率高的介质抵达界面时，大部分被反射回高折射率介质，少部分进入低折射率介质表面层衰减后再反射回去。

03.1381　标准光谱　standard spectrum
由符合某些特定要求的、已知其组成的标准样品测得的光谱。

03.1382　红外标准谱图　infrared standard spectrum
红外光谱分析中，用作未知试样定性分析的标准谱图集。

03.1383　红外光源　infrared source
能在较大波长范围内发射连续、高强度红外辐射的器件。

03.1384　红外光束聚光器　infrared beam condenser
用于红外光谱仪中将红外光束缩聚的装置。

03.1385　红外光分束器　infrared beam splitter
在傅里叶变换红外光谱仪中，用来分裂光束使之产生干涉的器件。

03.1386　红外偏振器　infrared polarizer
由红外光源得到偏振红外光的器件。

03.1387　红外检测器　infrared detector
红外光谱仪中用于将红外辐射转换为可测物理量的部件。主要有热检测器和光子检测器两类。

03.1388　红外吸收池　infrared absorption cell
红外光谱分析中用于盛装流体(气体和液体)样品的容器。因玻璃、石英等材料不能透过红外光，红外吸收池要用可透过红外光的

NaCl、KBr、CsI、KRS-5(TlI 58 %，TlBr 42%)等材料制成窗片。

03.1389　红外溶剂　infrared solvent
适于红外光谱分析用的溶剂。

03.1390　红外分光光度计　infrared spectrophotometer
能用于测量物质的红外吸收光谱和发射光谱的分析仪器。分为色散和傅里叶变换两种类型。

03.1391　扫描红外分光光度计　scanning infrared spectrophotometer
通过样品的红外光，经快速转动单色器(如光栅)或反射镜，按顺序以不同波长的红外光照射检测器，记录样品红外吸收或发射光谱的仪器。

03.1392　双光束光零点红外分光光度计　double beam optical-null infrared spectrometer
一种色散型双光束红外分光光度计。当检测样品时，样品光束和参比光束的光强度不相等，检测器上产生的交流信号经伺服马达调整减光器位置，直到两束光强相等。这时检测器不再输出信号，伺服马达停止运动，减光器的位置给出样品的透光率。

03.1393　棱镜红外分光光度计　prism infrared spectrophotometer
以棱镜为色散元件的红外分光光度计。

03.1394　光栅红外分光光度计　grating infrared spectrophotometer
以光栅为色散元件的红外分光光度计。

03.1395　傅里叶变换红外光谱仪　Fourier transform infrared spectrometer, FTIR
经干涉仪调制的红外光通过样品后，对检测

到的红外光干涉图进行傅里叶变换，从而得到样品红外吸收光谱的仪器。也能测定样品的红外发射光谱。

03.1396　阿达玛变换光谱　Hadamard transform spectrum

通过光谱调制技术，阿达玛变换将测量值矩阵还原成原始光谱成分(或图像)的矩阵所得的光谱。

03.1397　红外气体分析器　infrared gas analyzer

基于气体分子对红外辐射的吸收原理而制成的气体分析仪器。

03.1398　光散射　light scattering

光传播时因与物质中分子(原子)作用而改变其光强的空间分布、偏振状态或频率的过程。

03.1399　拉曼效应　Raman effect

一束单色光照射到样品上产生散射时，部分散射光不仅改变了光的传播方向，且其频率亦不同于入射光频率的现象。频率变化很小的($0.1{\sim}2\ cm^{-1}$)是布里渊散射。

03.1400　逆拉曼效应　inverse Raman effect, IRE

分子体系同时被波数为 $\bar{\nu}_0$，强度超过某一阈值的强脉冲激光束和另一束波数为 $\bar{\nu}_0$ 到 $\bar{\nu}_0 + 3500cm^{-1}$ 的连续波激光照射时，在连续光中能观察到波数为 $\bar{\nu}_0 + \bar{\nu}_k$ 的吸收($\bar{\nu}_k$ 对应于体系分子中某一拉曼活性振动频率)，另外分子体系还发射波数为 $\bar{\nu}_0$ 的光，这是 1 个逆拉曼效应过程。如连续波激光延续到小于 $\bar{\nu}_0$ 的范围，连续光中也可观察到波数为 $\bar{\nu}_0 - \bar{\nu}_k$ 的吸收。

03.1401　超拉曼散射　hyper Raman scattering

包括两个虚态的三光子过程。当频率为 ν_0，强度超过某一阈值的超激光束照射分子体

系时，分子振动基态连续吸收两个频率为 ν_0 的激光光子到达虚态，又从虚态以频率为 $2\nu_0$ 的超瑞利散射返回基态。同时产生频率为 $2\nu_0 - \nu_k$ 的超斯托克斯拉曼散射和频率为 $2\nu_0 + \nu_k$ 的超反斯托克斯拉曼散射(ν_k 对应于体系分子某一拉曼活性振动频率)。这种超拉曼光谱可得到正常拉曼光谱和红外光谱得不到的振动光谱信息。

03.1402　相干反斯托克斯拉曼散射　coherent anti-Stokes Raman scattering

频率为 ν_1 和 ν_2 且强度超过某一阈值的两束相干强激光同时照射分子体系时，它们在体系中混频产生频率为 $\nu_3 = \nu_1 + (\nu_1 - \nu_2)$ 的相干光，如 ν_1 保持不变，只改变 ν_2 使得 $(\nu_1 - \nu_2) = \nu_k$，此时获得频率为 $\nu_3 = \nu_1 + \nu_k$ 的相干反斯托克斯拉曼散射，ν_k 对应于体系分子中某一拉曼活性振动频率。此种拉曼散射强度高，且可避免荧光。

03.1403　受激拉曼散射　stimulated Raman scattering

当超过某一阈值强度，频率为 ν_0 的强激光照射分子体系时，其第一斯托克斯拉曼散射光 $(\nu_0 - \nu_k)$ 的强度与入射光 ν_0 的强度成指数增强关系(ν_k 对应于体系分子某一拉曼活性振动频率)，此强度很高的拉曼散射光可成为新的激发光源并产生新的拉曼散射，如此继续，可使拉曼散射光达到与入射光相比拟的强度，而且具有良好的单色性和方向性。

03.1404　拉曼活性　Raman activity

分子的某一基频振动谱带出现在拉曼光谱中。

03.1405　拉曼非活性　Raman inactivity

分子的某一基频振动频率不在拉曼光谱中出现。

03.1406　拉曼位移　Raman shift

又称"拉曼光谱频率"。一束单色光照射到样品发生拉曼散射时，入射频率与散射频率之差。位移为正数的称斯托克斯拉曼位移，位移为负数的称反斯托克斯拉曼位移。它们是线性拉曼光谱。

03.1407 拉曼光谱 Raman spectrum
表征物质分子在单色光照射下产生拉曼散射时的拉曼散射强度和拉曼位移相关性的谱图。

03.1408 拉曼光谱学 Raman spectroscopy
借助于拉曼光谱仪观察被测样品拉曼散射的频率、强度、偏振等性质来研究分子结构和性质的一门学科。

03.1409 表面增强拉曼散射 surface enhanced Raman scattering, SERS
当一些分子被吸附到某些粗糙的金属，如金、银的表面时，在单色光照射下产生的拉曼信号显著增强的现象。

03.1410 共振光散射 resonance light scattering
当入射光位于或接近于分子吸收带时，因产生散射-吸收-再散射过程而使散射强度大大增加的现象。

03.1411 共振拉曼光谱法 resonance Raman spectrometry
测定拉曼光谱时，采用的激光频率接近或等于待测物的电子吸收频率，从而使待测物中与生色团相关的振动被选择地增强的研究方法。

03.1412 紫外激发激光共振拉曼光谱 ultraviolet excited laser resonance Raman spectrum
选取与物质的紫外吸收峰波长接近或相等的激发光做光源时所测得的共振拉曼光谱。

03.1413 共振增强拉曼光谱法 resonance-enhanced Raman spectrometry
改变激光的波长使之接近或等于待测物的电子吸收波长，使待测物中与生色团相关的振动被有选择地增强的一种区别于正常拉曼光谱法的研究方法。

03.1414 表面增强拉曼光谱法 surface enhanced Raman spectrometry, SERS
某些分子被吸附到某些粗糙的金属，如金、银的表面时，在单色光照射下产生的拉曼信号显著增强，利用所得拉曼光谱(此时称表面增强拉曼光谱)实现其测定的方法。

03.1415 表面增强共振拉曼散射 surface enhanced resonance Raman scattering, SERRS
当具有共振拉曼效应的分子被吸附在粗糙的银或金等金属表面时，其共振拉曼信号显著增强的现象。

03.1416 激光拉曼光谱法 laser Raman spectrometry
激光做光源，基于拉曼散射效应的一种分子光谱分析方法。

03.1417 共聚焦显微拉曼光谱法 confocal microprobe Raman spectrometry
通过调节共聚焦激光拉曼光谱仪光阑上针孔的大小，改变激光的聚焦平面，从而在样品的同一微区内，实现深度不同的"光学切片"式的拉曼光谱检测的方法。

03.1418 显微拉曼光谱 microscopic Raman spectrum
利用显微分析装置，将激光聚焦到很小的特定区域所测得拉曼光谱。

03.1419 近红外傅里叶变换表面增强拉曼光谱法 near-infrared Fourier transform

surface-enhanced Raman spectrometry, NIR-FT-SERS

用近红外傅里叶变换拉曼光谱仪进行表面增强拉曼光谱的检测，从而将前者检测速度快、无荧光干扰等优点与表面增强拉曼光谱的增强效应结合的一种分析方法。

03.1420　拉曼光谱仪　Raman spectrometer

基于拉曼散射效应，利用拉曼光谱对样品的物理、化学、生物特性等进行研究的光谱分析仪器。

03.1421　傅里叶变换拉曼光谱仪　Fourier transform Raman spectrometer

近红外激光照射样品产生并经瑞利散射过滤器后的拉曼散射光，由迈克尔逊干涉仪调制成拉曼散射光的干涉图，再对检测到的干涉图信号进行傅里叶变换得到样品拉曼光谱的仪器。

03.1422　近场光谱仪　near field spectrometer

以扫描近场显微镜做外光路与摄谱仪组合而成的，其光谱空间分辨突破衍射限制，可在超高光学分辨率下进行纳米尺度光学成像与纳米尺度光谱研究的仪器。

03.1423　瑞利散射分光光度法　Rayleigh scattering spectrophotometry

基于瑞利散射原理，利用共振瑞利散射强度在一定条件下与溶液中散射分子的浓度成正比的关系实现物质痕量分析的方法。

03.1424　共振瑞利散射　resonance Rayleigh scattering

当散射光频率接近或等于散射分子的电子吸收带频率时，某些瑞利散射强度会急剧提高的现象。

03.1425　瑞利散射　Rayleigh scattering, RS

散射光波长等于入射光波长，且散射粒子又远小于入射光波长的散射。

03.1426　激光光源　laser source

又称"激光器"。利用光照、加热、放电等手段使特定物质内部发生受激辐射的振荡过程而产生的一种单色性、相干性、方向性极好，亮度极高的光源。按工作物质的不同，可分为气体激光器、液体激光器、固体激光器和半导体激光器等。

03.1427　可调谐激光光源　tunable laser source

其输出波长可以在一定范围内连续可调的激光光源。

03.1428　激光光谱　laser spectrum

泛指采用激光做激发光源诱导所得的各类光谱。

03.1429　激光低温荧光光谱法　laser low temperature fluorescence spectrometry

采用激光做激发光源并在低温进行荧光光谱测定的一类荧光分析法。

03.1430　激光诱导分子荧光光谱法　laser induced molecular fluorescence spectrometry

采用激光器做激发光源，利用分子荧光光谱特性(激发和发射波长、强度、寿命、偏振等)建立的荧光分析法。

03.1431　激光微探针　laser microprobe

用于微区分析的聚焦激光束。

03.1432　激光光声光谱　laser photoacoustic spectrum

物质在激光照射下通过无辐射跃迁返回基态时将激发能转变为热能，热能再激发出声波信号，通过声敏元件检测获得的光谱。

03.1433　光声光谱法　photoacoustic spectrome-

try, PAS

利用光声效应获得的光声光谱进行分析测试的方法。

03.1434 激光诱导光声光谱法 laser induced photoacoustic spectrometry

借助光声光谱仪,以可调谐激光光源照射样品,利用光声效应获得的光声光谱进行测试的方法。

03.1435 光声效应 acoustooptic effect

超声波馈入某些光学各向异性的介质时,由于光弹效应使介质的折射率发生周期性变化,形成 1 个"位相光栅"。当光束通过这种介质时被衍射成向不同方向出射、偏振面正交的线偏振光的现象。

03.1436 光声可调滤光器 acousto-optical tunable filter, AOTF

建立在光学各向异性介质的声光衍射原理上的电调谐滤光器。

03.1437 光声光谱仪 photoacoustic spec-trometer

利用光声效应,通过测量光声光谱获得与试样特性相关的信息的光谱分析仪器。

03.1438 光声拉曼光谱 photoacoustic Raman spectrum

将物质受激后产生的拉曼散射信号转换为声信号,用光声光谱技术检测而获得的拉曼光谱。

03.1439 激光拉曼光声光谱法 laser Raman photoacoustic spectrometry

将受激拉曼散射与光声检测相结合而形成的一种非线性光谱技术。受激拉曼散射用来产生分子的内激发,随后在样品中发生诱导振动弛豫,所形成的压力波用光声检测。

03.1440 傅里叶变换红外光声光谱 Fourier transform infrared photoacoustic spec-trum

红外光经过迈克尔逊干涉仪后被调制成调制频率为音频范围的红外光,该光束被在光声池中的样品(固、液、气体)吸收后产生热,导致在样品表面的气体产生音频振动(振动频率与调制频率一致),此信号由微音器接受,经放大后进行傅里叶变换得到的光谱。

03.1441 时域光声谱技术 time-resolved optoacoustic technique

又称"时间分辨光声谱技术"。时间分辨技术与光声检测相结合形成的一种光谱分析技术。物质吸收激光束光能产生周期性热流使周围的介质热胀冷缩而激发声波,利用时间分辨技术获得确定时间的光声光谱进行分析测试的方法。

03.1442 激光光热光谱法 laser photothermal spectrometry

基于检测物质吸收时变的激光辐射或其他能量束所产生的光热效应(如光热折射率变化,表面变形等)的一类光谱分析技术。目前应用较多的是激光热透镜光谱和激光光热偏转光谱。

03.1443 激光热透镜光谱法 laser thermal lens spectrometry, LTLS

应用激光束使试样产生热效应进行元素痕量分析的一种技术。激光聚焦到置于溶剂中的样品时,试样吸收光能,经非辐射弛豫转化为热能,使试样溶液以激光束为中心向外形成很强的温度径向梯度分布,从而导致试样溶液折射率的径向梯度分布,即在激光光斑附近形成 1 个类似于光学透镜的光热透镜,通过测量透射过来的入射光所得的光热透镜光谱,可实现痕量离子、微量气体的测量。

03.1444　近场激光热透镜光谱法　near field laser thermal lens spectrometry

应用激光束在近距离内(近场，<10 nm)照射试样，使之产生光热透镜效应，基于获得的光热透镜光谱进行元素痕量分析的方法。

03.1445　激光光热偏转光谱法　laser photothermal deflection spectrometry

采用激光作为加热束，在样品内或与样品相邻介质中产生折射梯度分布，使通过其中的探测光束传播方向偏转，产生光热偏转效应，基于测量这种光热偏转效应所得激光光热偏转光谱的分析方法。

03.1446　激光光热折射光谱法　laser photothermal refraction spectrometry

采用激光作为加热束，在样品中产生 1 个类似柱透镜的光学元件——交叉束热透镜，测量这种交叉束热透镜效应所得到光谱的分析方法。属于激光热透镜分析的一种特例。

03.1447　激光光热干涉光谱法　laser photothermal interference spectrometry

采用激光作为加热光束，辐照样品，在样品中产生 1 个类似"柱透镜"的光折射率变化区域，令探测激光束分成两束，一束通过"柱透镜"区，与另一束探测束相交产生光的干涉，通过探测样品的干涉信号进行分析测试的一类激光光热光谱法。

03.1448　激光光热位移光谱法　laser photothermal displacement spectrometry

当调制激光束照射到样品时，试样表面会产生时变的凸起或凹陷的位移变化，利用这种位移对探测激光束产生的位移信号，进行分析检测的一类激光光热光谱法。

03.1449　激光电离光谱　laser ionization spectrum

在高功率密度激光作用下，原子或分子通过吸收多个光子而电离，产生自由电子与正离子时所得的光谱。激光电离光谱带有物质结构的信息，可用于光与物质的相互作用的研究。

03.1450　激光共振电离光谱法　laser resonance ionization spectrometry

用可调谐激光器实现原子或分子的多光子共振激发，检测共振激发诱导产生的电子和离子，利用所得激光共振电离光谱实现光谱学研究和分析测试的方法。

03.1451　激光烧蚀共振电离光谱法　laser ablation-resonance ionization spectrometry

在分析中分析固体样品时，采用两个波长不同的激光脉冲分别做激光烧蚀和共振电离。第 1 个激光脉冲烧蚀样品，产生中性原子，经合适的延迟(通常为微秒级)后，用第 2 个激光脉冲产生共振电离，发射各自的特征谱线，利用此激光烧蚀共振电离光谱进行分析的方法。

03.1452　时间分辨光谱法　time-resolved spectrometry, TRS

依据待测组分与共存组分光谱信号随时间衰减特性的差异进行选择测定的一种分析技术。

03.1453　时间分辨激光诱导荧光光谱法　time-resolved laser-induced fluorimetry

采用脉冲激光作为激发光源，依据待测组分与共存组分的荧光衰减特性或荧光寿命差异，利用时间分辨技术进行选择测定的一类分析方法。

03.1454　折射率　refractive index

又称"折光率"。光线通过介质表面时发生折射时恒量光线折射程度的 1 个参数。常以 20 ℃时用钠光谱的 D 线测得的折射率 n_D^{20} 表示。

03.1455 折射仪 refractometer
又称"折光计"。基于折射定律制成的,测定物质折射率的一类仪器。最常用的是阿贝折射仪。

03.1456 旋光性 optical rotation
某些具各向异性的晶体或有机液体,能使入射的平面偏振光的偏振面旋转的性质。

03.1457 旋光计 polarimeter
测定样品旋光性质的仪器。

03.1458 比旋光度 specific rotatory power

又称"旋光率"。在一定温度下,一定波长的偏振光透过每毫升中含有 1g 旋光性物质的溶液 1dm 长时旋光计所旋转的角度。

03.1459 磁致旋光 magnetic optical rotation
磁场作用下,某些无光学旋光性的物质显示出旋光性的现象。

03.1460 旋光光谱仪 polarization spectrometer
又称"偏振仪"。基于偏振光通过含有光学活性化合物的液体或气体时,其偏振面绕着光轴向左或向右旋转的方向和度数,用于区分某些化合物旋光性、检测化合物的纯度或杂质含量的原理而制作的仪器。

03.04.03 电化学分析

03.1461 电分析化学 electroanalytical chemistry
根据物质的电化学性质进行物质表征和测量的分析化学的一个分支学科。

03.1462 电化学分析法 electrochemical analysis
根据物质的电化学性质及其变化进行分析测定的一类分析化学方法。

03.1463 极谱法 polarography
用滴汞电极为极化电极记录电解过程中电流-电位曲线进行分析的一类电化学分析方法。

03.1464 伏安法 voltammetry
用表面静止的液体或固体电极为极化电极记录电解过程中电流-电位曲线进行分析的一类电化学分析方法。

03.1465 直流极谱法 direct current polarography
又称"经典极谱法"。以直流电压为激发信

号的一类极谱法。

03.1466 导数极谱法 derivative polarography
基于导数电流(如 dI/dE, dI/dt 等)对电位的关系曲线进行分析的一类极谱法。

03.1467 直流伏安法 direct current voltammetry
以直流电压为激发信号的一类伏安法。

03.1468 交流极谱法 alternating current, AC polarography
在直流极谱的直流电压上叠加一小振幅的正弦交流电压,记录通过电解池的交流电流-电位曲线的一类极谱法。

03.1469 高阶谐波交流极谱法 higher harmonic alternating current polarography
测量通过电解池的高阶谐波电流的交流极谱法。

03.1470 交流伏安法 alternating current voltammetry

在直流伏安法的直流电压上叠加一小振幅的正弦交流电压，记录通过电解池的交流电流-电位曲线的一类伏安法。

03.1471 二阶谐波交流伏安法 second harmonic alternating current voltammetry
测量通过电解池的二次谐波电流的交流伏安法。

03.1472 线性扫描极谱法 linear sweep polarography
施加在工作电极上的电位是时间的线性函数，记录电流-电位曲线的一类极谱法。

03.1473 线性扫描伏安法 linear sweep voltammetry
施加在工作电极上的电位是时间的线性函数，记录电流-电位曲线的一类伏安法。

03.1474 阶梯扫描伏安法 staircase sweep voltammetry
施加在工作电极上的电位随时间台阶式变化，记录电流-电位曲线的一类伏安法。

03.1475 示波极谱法 oscillopolarography
用示波器观察或记录极谱曲线的一类极谱法。

03.1476 循环伏安法 cyclic voltammetry
线性扫描伏安法的电位扫描到终点电位后，再反向电位扫描，记录电流-电压曲线的一类伏安法。

03.1477 多扫循环伏安法 multi-sweep cyclic voltammetry
记录多次扫描过程的电流-电压曲线的循环伏安法。

03.1478 脉冲极谱法 pulse polarography
在每滴汞的后期于滴汞电极直流电压上叠加1个几十毫秒宽的脉冲电压，在脉冲电压后期记录电流的一类极谱法。

03.1479 脉冲伏安法 pulse voltammetry
使用表面静止的液体或固体电极为工作电极，于相同的间隔时间在工作电极直流电压上叠加1个几十毫秒宽的脉冲电压，在脉冲电压后期记录电流的一类伏安法。

03.1480 常规脉冲极谱法 normal pulse polarography
在每滴汞的后期于滴汞电极直流电压上面叠加一线性增加的脉冲电压，在脉冲电压后期记录电流的一类脉冲极谱法。

03.1481 常规脉冲伏安法 normal pulse voltammetry
使用表面静止的液体或固体电极为工作电极，于相同的间隔时间在工作电极的直流电压上面叠加一线性增加的脉冲电压，在脉冲电压后期记录电流的一类脉冲伏安法。

03.1482 微分脉冲极谱法 differential pulse polarography
在每滴汞的后期于滴汞电极直流电压上面叠加一小等振幅的脉冲电压，并记录脉冲电压后期与加脉冲电压前的电流之差的一类脉冲极谱法。

03.1483 微分脉冲伏安法 differential pulse voltammetry
使用表面静止的液体或固体电极为工作电极，于相同的间隔时间在工作电极的直流电压上面叠加一小等振幅的脉冲电压，并记录脉冲电压后期与加脉冲电压前的电流之差的一类脉冲伏安法。

03.1484 方波极谱法 square wave polarography
在滴汞电极直流电压上面叠加1个周期性变化的小振幅的方波电压，记录方波电压后期电流的一类极谱法。

03.1485 方波伏安法 square wave voltammetry

使用表面静止的液体或固体电极为工作电极，于工作电极直流电压上面叠加 1 个周期性变化的小振幅的方波电压，记录方波电压后期电流的一类伏安法。

03.1486 张力法 tensammetry

记录工作电极电双层结构变化及物质在电极表面吸附和解吸产生张力电流-电位曲线的方法。

03.1487 溶出伏安法 stripping voltammetry

通过预电解或吸附等方法将被测物质富集在工作电极上，然后施加电压使富集在电极上的物质重新溶出，记录溶出过程的电流-电位曲线的一类伏安法。

03.1488 阳极溶出伏安法 anodic stripping voltammetry

被测物质电还原或吸附富集在工作电极，溶出过程中已被富集物质在工作电极上发生氧化反应的溶出伏安法。

03.1489 阴极溶出伏安法 cathodic stripping voltammetry

被测物质电氧化或吸附富集在工作电极，溶出过程中已被富集物质在工作电极上发生还原反应的溶出伏安法。

03.1490 吸附溶出伏安法 adsorptive stripping voltammetry, adsorptive voltammetry

又称"吸附伏安法"。被测物质在富集过程被吸附富集在工作电极上，溶出过程中已富集的被测物质发生电化学还原或氧化的溶出伏安法。

03.1491 电位溶出分析法 potentiometric stripping analysis

通过恒电位预电解将被测物质富集在工作电极上，然后断开恒电位电路，利用溶液中的化学氧化剂或还原剂与被富集物质发生化学氧化还原反应，记录工作电极电位-时间曲线的分析方法。

03.1492 氧化电位溶出分析法 oxidative potentiometric stripping analysis

利用电化学还原富集待测物质，以化学氧化剂氧化待测物质的电位溶出分析法。

03.1493 还原电位溶出分析法 reductive potentiometric stripping analysis

利用电化学氧化富集待测物质，以化学还原剂还原待测物质的电位溶出分析法。

03.1494 计时电位溶出分析法 chronopotentiometric stripping analysis

待测物质预电解富集后，加上一恒电流氧化或还原待测物质的电位溶出分析法。

03.1495 流动注射电位溶出分析法 flow injection potentiometric stripping analysis

流动注射分析与电位溶出分析相结合的一种分析方法。

03.1496 卷积伏安法 convolution voltammetry

线性扫描伏安法中，基于电流对时间的半积分值(或半微分值)对电位的关系曲线的一类电化学分析法。

03.1497 半积分伏安法 semi-integral voltammetry

记录电流对时间的半积分值与电位的关系曲线的一类卷积伏安法。

03.1498 半微分伏安法 semi-differential voltammetry

记录电流对时间的半微分值(1.5 次微分值，2.5 次微分值)与电位的关系曲线的一类卷积伏安法。

03.1499 电导分析法 conductometric analysis
以被测物质溶液的电导为测定信号的一类电化学分析法。

03.1500 电导滴定法 conductometric titration
通过测定滴定过程中电导的变化以确定滴定终点的一类电导分析法。

03.1501 高频电导滴定法 high frequency conductometric titration
在高频电场下进行电导滴定的一类电导分析法。

03.1502 电重量法 electrogravimetry
被测物质在工作电极上电解析出，通过测定在电极上析出物质质量进行测定的一类电化学分析方法。

03.1503 电解分析法 electrolytic analysis
通过电解方法对物质进行测定的方法。

03.1504 恒电流电解法 constant current electrolysis
控制电解电流恒定的条件下进行电解的一类电解分析法。

03.1505 控制电位电解法 controlled potential electrolysis
控制工作电极电位的条件下进行电解的一类电解分析法。

03.1506 库仑法 coulometry
通过测定溶液中待测物质起化学反应所需的电量进行测定的一类电化学分析法。

03.1507 恒电流库仑法 constant current cou-

lometry, coulometric titration
又称"库仑滴定法"。以测定滴定过程中电量变化确定滴定终点的方法。

03.1508 控制电流库仑法 controlled current coulometry
基于控制电解过程中电流的库仑分析法。

03.1509 控制电位库仑法 controlled potential coulometry
基于控制电解过程中电位的库仑分析法。

03.1510 控制电位库仑滴定法 controlled potential coulometric titration
基于控制电解过程中电位的库仑滴定法。

03.1511 电流分析法 current analysis
通过被测物质在工作电极上产生的电流与溶液中被测物质含量关系而建立起来的一类电化学分析法。

03.1512 恒电流法 galvanostatic method
控制工作电极的电流恒定所建立起来的电化学分析法。

03.1513 电流滴定法 amperometric titration, amperometry
又称"安培滴定法"。在一定的外加电压下滴加标准溶液，通过滴定过程中被测物质在工作电极上所产生电流的突变确定滴定终点的一类电流分析法。

03.1514 电位分析法 potential analysis
通过被测物质在工作电极上的电极电位与溶液中待测物质的关系而建立起来的一类电化学分析法。

03.1515 电位滴定法 potentiometric titration, potentiometry
将标准溶液滴入待测物质的溶液，通过滴定

过程中待测物质在工作电极上电位的突变来指示滴定终点的一类电化学分析法。

03.1516 计时电流法 chronoamperometry
对工作电极施加单电位阶跃或双电位阶跃，记录电流-时间曲线的电化学分析法。

03.1517 计时库仑法 chronocoulometry
对工作电极施加单电位阶跃或双电位阶跃，记录电量-时间曲线的电化学分析法。

03.1518 计时电位法 chronopotentiometry
对工作电极施加单阶跃或双阶跃的恒电流，记录电解过程中工作电极的电位-时间曲线的电化学分析法。

03.1519 交流计时电位法 alternating current chronopotentiometry
对工作电极施加恒振幅的正弦交流电流，记录电解过程中工作电极的电位-时间曲线的电化学分析法。

03.1520 导数计时电位法 derivative chronopotentiometry
对工作电极施加单阶跃或双阶跃的恒电流，记录电解过程中工作电极电位的变化速率(dE/dt)-时间曲线的一类计时电位法。

03.1521 程序电流计时电位法 programmed current chronopotentiometry
对工作电极施加按程序随时间变化的电流，记录电解过程中工作电极电位-时间曲线的一类计时电位法。

03.1522 电位阶跃法 potential step method
控制工作电极的电位按照一定程序变化，测量电信号(电流或电量)对时间变化的一类电化学方法。

03.1523 单电位阶跃法 single-potential-step method
工作电极的电极电位从起始电位跃变到另一电位，保持此电位直到实验结束的一类电位阶跃法。

03.1524 双电位阶跃法 double-potential-step method
工作电极的电极电位从某一电位 E_1 跃变到另一电位 E_2，保持一段时间之后又跃变到第 3 个电位 E_3(可等于或不等于 E_1)直至实验结束的一类电位阶跃法。

03.1525 单阶跃计时库仑法 single-step chronocoulometry
工作电极的电极电位从起始电位跃变到另一电位，保持此电位直到实验结束，记录电位跃变后电量-时间曲线的一类计时库仑法。

03.1526 双阶跃计时库仑法 double-step chronocoulometry
工作电极的电极电位从某一电位 E_1 跃变到另一电位 E_2，保持一段时间之后又跃变到第 3 个电位 E_3(可等于或不等于 E_1)直至实验结束，记录电位跃变后电量-时间曲线的一类计时库仑法。

03.1527 示波滴定法 oscillographic titration
用示波器为终点指示仪，利用荧光屏上示波图的突然变化来指示终点的滴定方法。

03.1528 示波极谱滴定法 oscillopolarographic titration
利用试剂(滴定剂，被滴定剂或指示剂)在交流示波极谱曲线($dE/dt \sim E$ 曲线)上切口的出现或消失指示终点的滴定方法。

03.1529 光谱电化学法 spectroelectrochemistry
把光谱技术和电化学方法相结合，在 1 个电解池内同时进行光谱测量和电化学测量的方法。

03.1530　薄层光谱电化学法　thin layer spectroelectrochemistry

以光透薄层电极为工作电极的光谱电化学法。

03.1531　吸收光谱电化学法　absorption spectroelectrochemistry

在进行待测物质的电化学信号测定同时记录其紫外-可见光谱的一类光谱电化学法。

03.1532　红外光谱电化学法　infrared spectroelectrochemistry

在进行待测物质的电化学信号测定同时记录其红外光谱的一类光谱电化学法。

03.1533　压电光谱电化学法　piezo-electric spectroelectrochemistry

将压电传感、光谱方法与电化学技术相结合，同时测定三种信号，从而获得质量、光谱、电化学三方面信息的一类光谱电化学方法。

03.1534　薄层循环伏安法　thin layer cyclic voltammetry

在薄层光谱电化学池中记录循环伏安曲线的方法。

03.1535　薄层循环伏安吸收法　thin layer cyclic voltabsorptometry

在薄层光谱电化学池中进行循环伏安实验，同时记录吸收光谱随电化学参数改变而改变的方法。

03.1536　薄层控制电位电解吸收法　thin layer controlled potential electrolysis absorptometry

在薄层光谱电化学池中进行控制电位电解实验，同时记录吸收光谱随电化学参数改变

而改变的方法。

03.1537　薄层单电位阶跃计时吸收法　thin layer single-potential-step chronoabsorptometry

在薄层光谱电化学池中进行单电位阶跃实验，测定吸收光谱随电位阶跃时间而变化的方法。

03.1538　薄层双电位阶跃计时吸收法　thin layer double-potential-step chronoabsorptometry

在薄层光谱电化学池中进行双电位阶跃实验，测定吸收光谱随电位阶跃时间而变化的方法。

03.1539　开路弛豫计时吸收法　open-circuit relaxation chronoabsorptometry

光谱电化学池中先在工作电极上加上足够的电位阶跃，电化学反应一定时间后，断开电路，并记录吸收光谱随时间变化的方法。

03.1540　电化学免疫分析法　electrochemical immunoassay

免疫分析同电化学检测技术相结合的分析方法。

03.1541　伏安酶联免疫分析法　voltammetric enzyme-linked immunoassay

以生物酶作为标记物，并以伏安法进行检测的电化学免疫分析法。

03.1542　电化学发光免疫分析法　electrochemiluminescence immunoassay

将电化学法与化学发光法相结合，电致化学发光，以化学发光进行检测的免疫分析法。

03.1543　液-液界面电化学　electrochemistry at liquid-liquid interface

开展物质在两互不相溶电解质溶液界面的电化学性能研究的电化学分支学科。

03.1544　液-液界面　liquid-liquid interface
两互不相溶电解质溶液构成的界面。

03.1545　电化学阻抗法　electrochemical impedance spectroscopy
在恒定直流电压下施加不同频率的小振幅交流电压，测量电极表面阻抗值的一类电化学方法。

03.1546　离子注入技术　ion-implantation technique
将特定的离子注入基体材料(如电极)的一种技术。

03.1547　极谱仪　polarograph
用滴汞电极为工作电极进行电解，以测定电解过程中的电流-电压曲线(伏安曲线)为基础的一类电化学分析仪器。

03.1548　电化学分析仪　electrochemical analyzer
依据电化学和分析化学的原理进行测量的一类分析仪器。

03.1549　伏安仪　voltammeter
激发信号为电压，测量信号为电流，记录电流-电位曲线的一类电化学分析仪器。

03.1550　线性扫描伏安仪　linear sweep voltammeter
激发信号为单向线性电位扫描的伏安仪。

03.1551　循环伏安仪　cyclic voltammeter
进行循环伏安法实验的伏安仪。

03.1552　示波极谱仪　oscillographic polarograph
用示波器进行记录的极谱仪。

03.1553　扫描电化学显微镜　scanning electrochemical microscope
以电化学反应为基础的扫描探针显微镜技术称为扫描电化学显微技术；扫描电化学显微镜为进行该种实验的设备。

03.1554　恒电位仪　potentiostat
能自动地监控电解池工作电极的电位，并以调节对电极上电流的方式使工作电极的电位维持在设定值的仪器。

03.1555　电化学石英晶体微天平　electrochemical quartz crystal microbalance, EQCM
对质量负载高灵敏响应的石英晶体微天平，用于现场电化学过程研究的仪器。

03.1556　毛细管电泳电化学发光分析仪　capillary electrophoresis electrochemiluminescence analyzer
以毛细管电泳和电化学发光技术相结合而进行分离检测的仪器。

03.1557　电位滴定仪　potentiometric titrator
用于电位滴定的电化学分析仪。

03.1558　离子计　ion meter
用于测量各种离子浓度和活度的仪器。

03.1559　pH 计　pH meter, acidometer
又称"酸度计"。用于测定溶液 pH 值的仪器。

03.1560　库仑计　coulometer
用于库仑法分析的仪器。

03.1561　电化学检测器　electrochemical detector
利用电导、电流、电位、电量等电化学信号

进行检测的器件。

03.1562 库仑检测器 coulometric detector
以电量为检测信号的检测器。

03.1563 电位溶出分析仪 potentiometric stripping analyzer
用于电位溶出分析的电化学分析仪。

03.1564 传感器 sensor
能感受待测物的量并按一定规律转换成输出信号的器件或装置。

03.1565 生物传感器 biosensor
以生物活性物质(如酶、抗体、核酸、细胞等)作为敏感基元的传感器。

03.1566 电化学传感器 electrochemical sensor
以电化学信号进行测量的传感器。

03.1567 电化学生物传感器 electrochemical biosensor
以生物活性物质作为敏感基元的电化学传感器。

03.1568 脱氧核糖核酸电化学生物传感器 deoxyribonucleic acid electrochemical biosensor
以脱氧核糖核酸(DNA)作为敏感基元的电化学生物传感器。

03.1569 葡萄糖传感器 glucose sensor
应用于测定葡萄糖的传感器。

03.1570 电容免疫传感器 capacitance immunosensor
以电容为测定信号的免疫传感器。

03.1571 离子通道免疫传感器 ion channel switching immunosensor
基于生物组织中的离子通道对某些离子具有选择性开关作用而设计的免疫传感器。

03.1572 微生物电极传感器 microbe electrode sensor
将微生物作为敏感材料固定在电极表面构成的电化学生物传感器。

03.1573 仿生传感器 biomimic sensor
采用固定化的细胞、酶或者其他生物活性物质作为敏感基元与换能器相配合组成的传感器。

03.1574 压电传感器 piezo-electric sensor
以压电晶体质量变化作为测定信号的传感器。

03.1575 压电脱氧核糖核酸传感器 piezo-electric deoxyribonucleic acid sensor
以压电晶体质量变化作为信号进行脱氧核糖核酸测定的传感器。

03.1576 压电酶传感器 piezo-electric enzyme sensor
以压电晶体质量变化作为信号进行酶或酶催化底物测定的传感器。

03.1577 压电免疫传感器 piezo-electric immunosensor
以压电晶体质量变化作为信号进行免疫分析的传感器。

03.1578 压电微生物传感器 piezo-electric microbe sensor
以压电晶体质量变化作为信号进行微生物分析的传感器。

03.1579 电化学探针 electrochemical probe
可以用电化学方法检测的与特定的靶分子

发生特异性相互作用的物质。

03.1580 电解池 electrolytic cell
由电极系统和电解质溶液组成，用于进行电解反应的特定装置。

03.1581 光透薄层电化学池 optically transparent thin-layer electrochemical cell
用于光透薄层电化学实验的电解池。

03.1582 三电极电解池 three-electrode cell
电极体系由工作电极、辅助电极和参比电极构成的电解池。

03.1583 离子选择场效应晶体管 ion selective field effect transistor, ISFET
测量溶液离子组分以及浓度的场效应晶体管。

03.1584 离子交换膜 ion exchange membrane
含有离子基团的、对溶液中的离子具有选择透过能力的高分子膜。

03.1585 电极 electrode
在电化学池中能传导电子或传递信号的器件。

03.1586 工作电极 working electrode
传导电子、发生电化学反应的电极。

03.1587 指示电极 indicating electrode
反映离子浓度或响应信号的电极。

03.1588 参比电极 reference electrode
提供电位标准，或电位基本不发生变化的电极。

03.1589 辅助电极 auxiliary electrode
仅传导电子、与工作电极形成电子通路的电极。

03.1590 金属电极 metallic electrode
用金属制成的电极。

03.1591 双金属电极 bimetallic electrode
用两种金属的合金制成的电极。

03.1592 酶电极 enzyme electrode
表面修饰有生物酶的电极。

03.1593 甘汞电极 calomel electrode
由汞和氯化亚汞构成的，以氯化物为内参比溶液的电极。

03.1594 饱和甘汞电极 saturated calomel electrode, SCE
以饱和氯化物溶液为内参比溶液的甘汞电极。

03.1595 银-氯化银电极 Ag/AgCl electrode
表面覆盖有氯化银、以氯化物为内参比溶液的银电极。

03.1596 碳电极 carbon electrode
用碳材料制成的电极。

03.1597 玻碳电极 glassy carbon electrode
用玻碳材料制成的电极。

03.1598 碳纤维微盘电极 carbon fiber micro-disk electrode
用碳纤维材料制成的微盘电极。

03.1599 网状玻碳电极 reticulated vitreous carbon electrode
将碳栅极网格沉积在玻璃或石英基底上所构成的电极。

03.1600 碳糊电极 carbon paste electrode
用石墨粉、石蜡等材料制成的糊状电极。

03.1601 石墨电极 graphite electrode

用石墨材料制成的电极。

03.1602 陶瓷膜电极 ceramic membrane electrode

表面用陶瓷材料修饰的电极。

03.1603 组合电极 combination electrode

由两种以上的电极组合成一体所构成的电极。

03.1604 滴汞电极 dropping mercury electrode,DME

金属汞从毛细管中流出,逐渐形成汞滴,有规律滴落而形成的电极。

03.1605 悬汞电极 hanging mercury drop electrode, HMDE

金属汞滴悬挂在毛细管或导体顶端形成的电极。

03.1606 汞膜电极 mercury film electrode

将金属汞镀在或涂在导体表面形成的电极。

03.1607 汞池电极 mercury pool electrode

由储存于电解池底部的金属汞形成的电极。

03.1608 离子选择电极 ion selective electrode

对某种离子具有明显选择性电位响应的电极。

03.1609 氟离子选择电极 fluorine ion-selective electrode

对氟离子具有选择性电位响应的离子选择性电极。

03.1610 钙离子选择电极 calcium ion-selective electrode

对钙离子具有选择性电位响应的离子选择性电极。

03.1611 气敏电极 gas sensing electrode

对某种气体具有选择性电位响应的电极。

03.1612 均相膜电极 homogeneous membrane electrode

敏感膜是由一种或几种化合物单晶均匀混合而成的离子选择性电极。

03.1613 非均相膜电极 heterogeneous membrane electrode

敏感膜是由单晶与非单晶化合物混合而成的离子选择性电极。

03.1614 极化电极 polarized electrode

能使电极电位偏离平衡电位的电极。

03.1615 去极化电极 depolarized electrode

电极电位不偏离平衡电位的电极。

03.1616 理想极化电极 ideal polarized electrode

无论外部所加电位如何,都没有在固/液界面发生电荷转移的电极。

03.1617 理想非极化电极 ideal nonpolarized electrode

电极电位不随通过的电流而变化的电极。

03.1618 玻璃电极 glass electrode

以特殊玻璃为敏感膜的离子选择性电极。

03.1619 pH 玻璃电极 pH glass electrode

对氢离子活度具有电位响应的玻璃电极。

03.1620 氢电极 hydrogen electrode

贵金属插入氢气与氢离子溶液体系构成的电极。

03.1621 标准氢电极 normal hydrogen electrode, standard hydrogen electrode

氢气为 1 个大气压，氢离子活度为 1mol/L
的氢电极。

03.1622　液膜电极　liquid membrane electrode
敏感膜内含有液体离子交换剂的离子选择
性电极。

03.1623　微电极　microelectrode
电极直径在几毫米，使流过电解池的电流不
改变电活性物质本体浓度的电极。

03.1624　超微电极　ultramicroelectrode
电极直径小于 $25\mu m$ 的电极。

03.1625　纳米电极　nanoelectrode
大小为纳米尺度的电极。

03.1626　光透玻璃碳电极　optically transparent vitreous carbon electrode
将玻璃碳沉积在玻璃或石英基底上所构成
的光透电极。

03.1627　修饰电极　modified electrode
对电极基体进行修饰改造，使之具有某种特
定性质的电极。

03.1628　化学修饰电极　chemically modified electrode
将化学物质固定在电极基体上，使之具有某
种特定电化学性质的电极。

03.1629　化学修饰光透电极　chemically modified optically transparent electrode
对光透电极进行化学修饰后的电极。

03.1630　碳纳米管修饰电极　carbon nanotube modified electrode
以碳纳米管为修饰材料制备的修饰电极。

03.1631　碳纳米管电化学生物传感器　carbon nanotube-based electrochemical biosensor
由碳纳米管制备的电化学生物传感器。

03.1632　碳纳米管酶电极　carbon nanotube-based enzyme electrode
由碳纳米管和生物酶制备的修饰电极。

03.1633　碳纳米管生物组合电极　carbon nanotube-based biocomposite electrode
由碳纳米管和生物材料制备的组合电极。

03.1634　碳纳米管电化学脱氧核糖核酸传感器　carbon nanotube-based electrochemical deoxyribonucleic acid sensor
由碳纳米管制备的对脱氧核糖核酸具有电
化学响应的传感器。

03.1635　铟锡氧化物电极　indium-tin oxide electrode
简称"ITO 电极"。将掺杂 SnO_2 的 In_2O_3
沉积在玻璃或石英基底上所构成的光透
电极。

03.1636　离子注入修饰电极　ion-implantation modified electrode
利用离子注入将某种离子注入基体电极制
备的修饰电极。

03.1637　分子自组装　molecule self-assembly
分子高度有序的自然排列。

03.1638　自组装膜　self-assembled membrane
基于分子的自组装，在基体表面上自然形成
的高度有序分子层。

03.1639　自组装单层膜　self-assembled monolayer membrane
基于分子的自组装，在基体表面上自然形成
的高度有序单分子层。

03.1640 自组装膜修饰电极 self-assembled layer modified electrode
以自组装膜制备的修饰电极。

03.1641 氧电极 oxygen electrode
对氧气具有电化学响应的电极。

03.1642 克拉克氧电极 Clark oxygen electrode
采用硅橡胶膜将电极与主体溶液隔离，同时又不影响氧分子扩散进入电极内腔而产生电化学响应的电极。由美国的克拉克教授发明。

03.1643 聚氯乙烯膜电极 polyvinylchloride membrane electrode
以聚氯乙烯为膜材料制备的离子选择电极。

03.1644 生物膜电极 biomembrane electrode
以生物物质为膜材料制备的修饰电极。

03.1645 免疫电极 immunity electrode
基于免疫反应，对抗原或抗体具有电化学响应的电极。

03.1646 旋转电极 rotating electrode
浸在溶液中并能平稳旋转的电极。

03.1647 旋转圆盘电极 rotating disk electrode
由金属圆盘构成的旋转电极。

03.1648 阴极电流 cathodic current
工作电极上发生还原反应而产生的电流。

03.1649 阳极电流 anodic current
工作电极上发生氧化反应而产生的电流。

03.1650 还原电流 reduction current
由于电化学还原反应在工作电极上产生的电流。

03.1651 氧化电流 oxidation current
由于电化学氧化反应在工作电极上产生的电流。

03.1652 扩散电流 diffusion current
与扩散传质过程相关而产生的电流。

03.1653 法拉第电流 faradaic current
由电化学反应产生的电流。

03.1654 非法拉第电流 nonfaradaic current
不因电化学反应而产生的电流。

03.1655 脉冲电流 pulse current
因电路瞬间接通所产生的电流。

03.1656 峰电流 peak current
由电化学反应所产生的最大电流响应。

03.1657 极限电流 limiting current
电极反应速率受去极剂浓度限制达到最大，而与电位变化无直接关系的电流。

03.1658 极限扩散电流 limiting diffusion current
电极反应速率受去极剂扩散限制达到最大时的电流。

03.1659 动力电流 kinetic current
受电极周围反应层内进行的化学反应速率所控制的电流。

03.1660 催化电流 catalytic current
由电化学催化反应在工作电极上所产生的电流。

03.1661 吸附电流 adsorption current
电极吸附去极剂发生电化学反应而产生的

电流。

03.1662　迁移电流　migration current
与电解液中的离子在电场中迁移相关所产生的电流。

03.1663　充电电流　charging current
被施加电位的工作电极在充电过程中所产生的电流。

03.1664　残余电流　residual current
待测物质发生电化学反应之前工作电极上的电流。

03.1665　电双层电流　double layer current
电双层充放电产生的电流。

03.1666　极谱波　polarographic wave
去极剂发生电化学反应所形成的极谱电流。

03.1667　催化波　catalytic wave
电化学反应伴随有化学反应使电流增大，或电化学反应的电位发生变化时所形成的伏安电流。

03.1668　极谱催化波　polarographic catalytic wave
电化学反应伴随有化学反应使电流增大，或电化学反应的电位发生变化时所形成的极谱电流。

03.1669　平行催化波　parallel catalytic wave
化学反应与电化学反应平行发生，去极剂在工作电极上得到的增大的电流。

03.1670　极谱络合吸附波　polarographic adsorptive complex wave
金属离子与配体形成配合物或离子缔合物等吸附在工作电极上所形成的极谱(或伏安)电流。

03.1671　催化氢波　catalytic hydrogen wave
某些物质降低了氢在电极上的超电势，使氢离子在较正的电位还原所形成的极谱(或伏安)电流。

03.1672　可逆波　reversible wave
去极剂的可逆电化学反应而产生的极谱(或伏安)电流。

03.1673　准可逆波　quasi-reversible wave
去极剂的准可逆电化学反应而产生的极谱(或伏安)电流。

03.1674　不可逆波　irreversible wave
去极剂的不可逆电化学反应而产生的极谱(或伏安)电流。

03.1675　吸附波　adsorption wave
去极剂吸附在工作电极上所产生的极谱(或伏安)电流。

03.1676　氢波　hydrogen wave
氢在工作电极上还原而产生的极谱(或伏安)电流。

03.1677　极谱图　polarogram
极谱法中的电流-电位关系曲线。

03.1678　伏安图　voltammogram
伏安法中的电流-电位关系曲线。

03.1679　循环伏安图　cyclic voltammogram
循环伏安法中的电流-电位关系曲线。

03.1680　极谱波方程式　equation of polarographic wave
极谱法中滴汞电极的电位-电流的关系式。

03.1681　电毛细管曲线　electrocapillary curve

滴汞电极表面张力-电位关系曲线。

03.1682　电位滴定曲线　potentiometric curve
电位滴定实验中指示电极的电位对滴定剂体积的关系曲线。

03.1683　表面张力曲线　surface tensammetric curve
由吸附或解吸引起的充电电流与工作电极电位的关系曲线。

03.1684　伊尔科维奇方程　Ilkovic equation
又称"扩散电流公式"。描述极谱法中扩散电流与发生电化学反应物质浓度之间的定量关系式。

03.1685　毛细管常数　capillary constant
伊尔科维奇方程 $i_d=607nD^{1/2}m^{2/3}t^{1/6}C$ 中，$m^{2/3}t^{1/6}$ 称为毛细管常数。

03.1686　扩散电流常数　diffusion current constant
伊尔科维奇方程 $i_d=607nD^{1/2}m^{2/3}t^{1/6}C$ 中，$607nD^{1/2}$ 称为扩散电流常数。

03.1687　电极反应电子数　electron number of electrode reaction
1 个电活性分子发生电化学反应所涉及的电子数目。

03.1688　电极反应标准速率常数　standard rate constant of electrode reaction
当工作电极的电极电位等于标准电极电位时的反应速率常数。

03.1689　电荷跃迁系数　charge transfer coefficient
又称"转移系数"。用于描述电极电位对体系阳极反应和阴极反应影响程度的系数。

03.1690　滴下时间　drop time
汞滴从开始生长到自由滴下所需要的时间。

03.1691　迁移率　mobility
在电场作用下离子运动的速率。

03.1692　电极过程　electrode process
发生在电极/溶液界面上的电化学反应、化学转化和电极表面液层中的传质过程等的总和。

03.1693　电极反应　electrode reaction
电极上发生的电化学反应。

03.1694　离子转移反应　ion transfer reaction
离子在两相界面的转移过程。

03.1695　电子转移反应　electron transfer reaction
电活性物质在电极/溶液界面得到电子或失去电子，从而还原或氧化生成新物质的过程。

03.1696　费尔韦-奈尔森模型　Verwey-Niessen model
液液界面电双层与电势分布的关系模型。

03.1697　离子分配图　ionic partition diagram
电势-pH 图。通过制作可离子化的化合物在不同电势和不同的水相 pH 的关系图，从而可了解此化合物的转移和分配机理。

03.1698　离子溶剂化　ionic solvation
离子与相应溶剂的结合形成溶剂化的离子。

03.1699　电活性物质　electroactive substance
(1)在伏安法和类似的方法中，在电荷转移(即电极反应)一步中或改变氧化态，或化学键破裂的物质。(2)在离子选择性电极电位法中，被检测离子或与被检测离子处于离子交换平衡状态的物质。

03.1700 去极剂 depolarizer
能在电极上发生氧化反应或还原反应,使电极电位维持在其平衡值附近的物质。

03.1701 阳极去极剂 anodic depolarizer
能发生阳极反应的去极剂。

03.1702 阴极去极剂 cathodic depolarizer
能发生阴极反应的去极剂。

03.1703 扩散传质 mass-transfer by diffusion
当溶液中存在浓度梯度时,物质从高浓度区域向低浓度区域传输的过程。

03.1704 电迁移传质 mass-transfer by elec-tromigration
在外加电场作用下,带正电荷的物质向阴极移动和带负电荷的物质向阳极移动的传输过程。

03.1705 对流传质 mass-transfer by convec-tion
由强制对流(机械搅拌)或自然对流(温度差)引起的物质随流动的液体而传输的过程。

03.1706 支持电解质 supporting electrolyte, inert electrolyte
又称"惰性电解质"。在电解液中加入的保持一定的离子强度、起到消除迁移电流和降低电解池内阻的作用而又不干扰电极反应的物质。

03.1707 极化 polarization
电极电位偏离平衡电位的现象。

03.1708 电化学极化 electrochemical polari-zation
由于电化学反应本身的迟缓性而引起的极化现象。

03.1709 浓差极化 concentration polarization
由于电极表面附近溶液层浓度的差异而产生的极化现象。

03.1710 盐桥 salt bridge
为了减小液接电位,连接两种溶液的高浓度的电解质溶液。

03.1711 标准电极电位 standard electrode potential
1 个半电池中参加半反应物质活度均为 1 mol/L 时,与标准氢电极构成的原电池所测得的电动势称为该半反应的标准电极电位。

03.1712 极化电位 polarization potential
处在极化条件下的电极所表现的电位。

03.1713 标准电位 standard potential
电极反应中氧化型和还原型的电极表面活度相等,其正向反应和逆向反应的速率常数相等时的电极电位。

03.1714 式量电位 formal potential
在一定的介质条件下,电极反应物氧化型和还原型的活度均为 1 mol/L 时的氧化还原电对的电极电位。

03.1715 还原电位 reduction potential
电活性物质发生电还原反应时的电极电位。

03.1716 氧化电位 oxidation potential
电活性物质发生电氧化反应时的电极电位。

03.1717 电双层电位 double layer potential
两相界面存在电双层时,电双层所产生的电位。

03.1718 半波电位 half-wave potential
在极谱(或伏安)曲线上,当电流等于极限扩散电流一半时的电位。

03.1719 峰电位 peak potential

与峰电流相对应的工作电极电位。

03.1720 浓差过电位 concentration overpotential

存在浓差极化时的电极电位与平衡电位之差。

03.1721 液体接界电位 liquid junction potential

又称"接界电位"。由于浓度或组成成分不同的两种电解质溶液接触时，在它们的相界面上正负离子扩散速度不同，破坏了界面附近原来溶液正负电荷分布的均匀性而产生的电位差。

03.1722 开路电位 open-circuit potential

无外加电压条件下的工作电极电位。

03.1723 析出电位 deposition potential

在电解过程中，当外加电压达到电解质溶液的分解电压，在电极上能够观察到物质不断析出时所对应的电极电压。

03.1724 分解电压 decomposition voltage

电解质溶液发生明显电解作用时所需的最小外加电压。

03.1725 参比溶液 reference solution

用作零点调节或作参考的溶液。

03.1726 总离子强度缓冲液 total ionic strength adjustment buffer

为保持离子强度基本恒定，在被测溶液中加入的对待测组分无干扰的电解质溶液。

03.1727 电压阶跃 voltage step

控制工作电极的电极电位从1个电位跃变至另一电位。

03.1728 电压扫描 voltage sweep

由设备自动调节，使工作电极的电极电位由一个值按一定规律向另一个值逐渐变化。

03.1729 电流阶跃 current step

控制工作电流从一个值跃变至另一值。

03.1730 电流密度 current density

单位面积电极上通过电流强度的大小。

03.1731 电流效率 current efficiency

电极反应所消耗的电量与流过电解池的总电量之比。

03.1732 电催化作用 electrocatalysis

以电化学方法降低反应活化能，提高反应速率。

03.1733 脱氧核糖核酸杂交指示剂 deoxyribonucleic acid hybridization indicator

利用脱氧核糖核酸杂交反应对单链脱氧核糖核酸和双链脱氧核糖核酸进行选择性识别的物质。

03.1734 膜电化学 membrane electrochemistry

对生物膜或仿生膜等表面膜进行的电化学研究。

03.1735 电双层 electrical double layer

两相表面由带有相反电荷的两种介质组成的薄层。

03.04.04 色谱分析

03.1736 色谱[法] chromatography

又称"层析[法]"。当被分析样品随着流动相经过固定相时，样品中不同组分因在两相间的分配不同而实现分离的一类物理分离分析方法。习惯上人们将电泳和毛细管电泳法看做是色谱的类似方法。

03.1737 色谱分析 chromatographic analysis
研究和应用各种色谱方法进行的分析。

03.1738 电泳 electrophoresis
溶液中的带电粒子在外加电场的作用下向带相反电荷的电极做定向移动的现象。

03.1739 毛细管电泳[法] capillary electrophoresis[method], CE[method]
又称"高效毛细管电泳 (high performance capillary electrophoresis, HPCE)"。以充满电解质溶液的毛细管为分离介质,在毛细管两端施加直流电压后,电渗流驱动被分析物流过分离介质,样品的不同组分因其有效电泳淌度不同而发生差速迁移而实现分离的方法。

03.1740 场流分级法 field flow fractionation, FFF
又称"场流分离法"。样品组分在流动的过程中受到外场,如热场、电场、磁场、重力场等的作用而改变原来的流动方式而实现组分分离的方法。

03.1741 微流控 microfluidics
把化学和生物领域涉及的样品制备、反应、分离、检测,以及细胞操控等操作单元集成到一块小的芯片上,由微通道、微阀等形成网络,流体在通道间可控流动,从而实现化学和生物实验室的多种功能的技术。

03.1742 微全分析系统 micro-total analysis system, μ-TAS
把样品制备、反应、分离、检测等操作单元集成到一块小的芯片上,用于实现样品全分析的微流控技术。

03.1743 前沿色谱法 frontal chromatography

又称"迎头色谱法"。液体或气体样品作为流动相连续加到色谱柱上的分析方法。

03.1744 置换色谱法 displacement chromatography
又称"顶替色谱法"。样品加载到色谱柱上后,用含有一种比样品组分保留作用更强的化合物(顶替剂或置换剂)的流动相洗脱,而将样品组分置换流出色谱柱的分析方法。

03.1745 线性色谱法 linear chromatography
吸附等温线可近似为线性的色谱过程。特点是分配系数与溶质浓度无关,保留时间不随溶质浓度而变化。用于分析目的的色谱多为线性色谱。

03.1746 非线性色谱法 non-linear chromatography
吸附等温线偏离线性的色谱分析方法。特点是分配系数随溶质浓度增大而变化。用于制备目的的色谱多为非线性色谱。

03.1747 洗脱色谱法 elution chromatography
又称"淋洗色谱法"。样品加载到色谱介质(柱或薄层板或纸)后,流动相连续通过色谱介质将样品组分洗脱的色谱分析方法。

03.1748 吸附色谱法 adsorption chromatography
根据样品组分在固定相表面吸附作用的差异而实现分离的色谱法。

03.1749 分配色谱法 partition chromatography
根据样品组分在固定相中的溶解能力差异(气相色谱),或者是在流动相和固定相中溶解能力的差异(液相色谱)而实现分离的一类色谱法。

03.1750 排阻色谱法 exclusion chromatog-

raphy

根据分子尺寸和/或形状的差异形成的排阻效应实现分离的色谱法。

03.1751　尺寸排阻色谱法　size exclusion chromatography, SEC

基于分子尺寸不同的分析物在化学惰性的多孔固定相的孔隙中保留作用的差异实现分离的一种色谱技术。

03.1752　柱色谱法　column chromatography

将色谱固定相装填或涂敷在柱状管内形成色谱柱来实现分离分析的色谱方法。

03.1753　平面色谱法　planar chromatography

又称"平板色谱"。固定相为平面板状(纸色谱)或将固定相涂布于平面载板上(薄层色谱),流动相通过毛细管作用流经固定相,使被分析物质分离并保留在固定相上的色谱方法。

03.1754　过程色谱法　process chromatography

用于生产工艺过程在线实时控制的色谱技术。

03.1755　工业色谱法　industrial chromatography

用于工业生产的、制备样品量为公斤级以上的色谱分离技术。

03.1756　生物色谱法　biological chromatography

用于分析检测生物分子或研究生物分子相互作用的色谱分析方法。

03.1757　生物医学色谱法　biomedical chromatography

用于分析检测生物和药物分子或研究生物和药物分子相互作用的色谱方法。

03.1758　手性色谱法　chiral chromatography

用于分离分析旋光异构体的色谱分析方法。

03.1759　反应色谱法　reaction chromatography

样品组分在进入色谱柱前或流出色谱柱进入检测器前、或在色谱柱中涉及化学反应的色谱分析方法。

03.1760　二维色谱法　two-dimensional chromatography

通过一定的接口将两种分离机理不同的色谱柱串接在一起,将第一根色谱柱分离的部分或全部组分转移到第二根色谱柱做进一步分离分析的方法。在平面色谱中,是指样品组分先在一个方向上展开,然后再用另一种展开剂在垂直方向上展开的方法。

03.1761　全二维色谱法　comprehensive two-dimensional chromatography

利用特殊接口将第一维色谱柱分离后所有流出峰都转移到第二维色谱柱上进行进一步分离的方法。其中第一维色谱柱和第二维色谱柱的分离机理是不同的,最好是正交的。

03.1762　多维色谱法　multi dimensional chromatography

通过一定的接口将两种或两种以上分离机理不同的色谱技术组合起来,用以分离分析复杂样品的方法。

03.1763　快速色谱法　high-speed chromatography, fast chromatography

泛指采用短而细的色谱柱实现快速分离的色谱方法。

03.1764　制备色谱法　preparative chromatography

以制备纯物质为目的的色谱分析方法。一般采用大直径柱可分离制备相对量大(>0.1g)

的纯组分。

03.1765 快速液相色谱法 flash chromatography, FC

制备液相色谱的一种。用压缩空气作动力，使用短色谱柱，进行混合物的快速分离的色谱分析方法。

03.1766 剪切驱动色谱法 shear-driven chromatography, SDC

使用剪切力推动流动相在 1 个微米级矩形通道中进行分离的色谱分析方法。

03.1767 共同色谱法 cochromatography

使用标准化合物和被鉴定化合物同时进行色谱分析来确认所鉴定色谱峰的分析方法。

03.1768 循环色谱法 recycling chromatography

将色谱柱流出液经过再循环装置送入色谱体系进行再分离，以增加分离度的色谱分析方法。

03.1769 液相色谱法 liquid chromatography, LC

流动相为液体的色谱分析方法。根据固定相的状态又可分为液固色谱法和液液色谱法。根据固定相的形状可分为薄层色谱、纸色谱和柱液相色谱。根据流动相操作压力可分为中低压液相色谱和高效液相色谱。根据分离机理可分为正相色谱、反相色谱、离子色谱、体积排阻色谱等模式。根据分离样品的规模可分为分析液相色谱和制备液相色谱。

03.1770 液-液色谱法 liquid-liquid chromatography

在分析条件下，固定相为液态的液相色谱法。

03.1771 液固色谱法 liquid-solid chromatography

在分析条件下，固定相为固态的液相色谱法。

03.1772 高效液相色谱法 high performance liquid chromatography, HPLC

又称"高压液相色谱法"。相对于经典液相色谱而言，主要指采用小粒度(<10 μm)的分离填料，使用高压输液泵驱动流动相的现代液相色谱法。

03.1773 超高效液相色谱法 ultra-high performance liquid chromatography, UPLC

又称"超高压液相色谱法"。色谱柱使用粒度小于 2 μm 的填料，系统压力 100 Mpa 以上的液相色谱技术。特点是分离效率高、分析速度快。

03.1774 中压液相色谱法 middle-pressure liquid chromatography

一般指柱压降小于 10MPa 的液相色谱方法。多为制备色谱。

03.1775 常压液相色谱法 common-pressure liquid chromatography

色谱柱入口和出口压力均为大气压、靠重力作用驱动流动相的液相色谱方法。多为制备色谱。

03.1776 低压液相色谱法 low-pressure liquid chromatography, LPLC

一般指柱压降小于 5MPa 的液相色谱方法。多为制备色谱。

03.1777 键合相色谱法 bonded phase chromatography

以键合相为固定相的液相色谱分析方法。

03.1778 反相高效液相色谱法 reversed phase

high performance liquid chromatography, RP-HPLC

又称"反相分配色谱法(reversed phase partition chromatography)"。以疏水性填料做固定相，以亲水性溶剂或混合物做流动相，流动相极性大于固定相极性的液相色谱方法。

03.1779　正相高效液相色谱法　normal phase high performance liquid chromatography

以亲水性填料做固定相、以疏水和/或与水混溶的有机溶剂做流动相，固定相极性大于流动相极性的液相色谱方法。

03.1780　芯片液相色谱法　chip liquid chromatography, chips-LC

在芯片上微通道中进行的液相色谱分离技术。

03.1781　毛细管液相色谱法　capillary liquid chromatography

一般指色谱柱内径≤75 μm 的液相色谱方法。可以使用填充柱或开管柱。

03.1782　微柱液相色谱法　micro-column liquid chromatography

一般指色谱柱内径≤1 mm 的液相色谱方法。可以使用填充柱或开管柱。

03.1783　手性液相色谱法　chiral liquid chromatography

分离旋光异构体的液相色谱方法。多采用键合了手性选择性基团的固定相，也可采用含有手性选择性试剂的流动相，或者二者结合使用。

03.1784　亲和色谱法　affinity chromatography

将能被生物大分子识别和可逆结合的生物特异性物质(配体)共价键合到载体上作为固定相，使其与生物大分子发生可逆的高选择性相互作用，利用不同的亲和力进行分离的液相色谱法。

03.1785　免疫亲和色谱法　immunoaffinity chromatography, IAC

基于抗原和抗体相互作用实现高选择性分离的液相色谱法。

03.1786　配体交换色谱法　ligand exchange chromatography

基于配体交换原理实现分离的液相色谱法。

03.1787　络合色谱法　complexation chromatography

基于络合作用实现分离的液相色谱法。

03.1788　梯度液相色谱法　gradient liquid chromatography

采用梯度洗脱技术的液相色谱方法。

03.1789　疏水作用色谱法　hydrophobic interaction chromatography

采用适度疏水性的固定相，以含盐的水溶液为流动相，基于疏水相互作用分离生物大分子化合物的液相色谱方法。

03.1790　离子对色谱法　ion pair chromatography, IPC

使用正相或反相色谱柱分离离子和中性化合物的方法。这种方法是选择合适的反电荷离子(称为对离子)加入到流动相中，与样品中被分析离子形成中性或弱极性的离子对，因其不易在水中离解而被萃取至有机相中，依靠离子对在流动相和固定相之间的分配差异来实现分离。

03.1791　离子色谱法　ion chromatography, IC

分离测定离子的色谱方法。是在离子交换色谱的基础上发展起来的，采用小粒径、低交换容量填料的色谱柱和电导或光谱检测器。

03.1792　离子交换色谱法　ion exchange chromatography, IEC

基于在一定酸度条件下被分离的离子和固定相上离子交换剂基团的作用来实现分离的色谱方法。离子交换色谱柱的填料是阴、阳离子交换剂。流动相一般是含盐的水溶液，通常是缓冲溶液。

03.1793　阳离子交换色谱法　cation exchange chromatography, CEC

采用阳离子交换剂为固定相的离子交换色谱法。

03.1794　阴离子交换色谱法　anion exchange chromatography, AEC

采用阴离子交换剂为固定相的离子交换色谱法。

03.1795　离子排阻色谱法　ion exclusion chromatography, ICE

采用高容量离子交换树脂固定相排阻离子化样品组分，以从样品的大量离子组分中分离出分子组分的液相色谱方法。

03.1796　离子抑制色谱法　ion suppressed chromatography

通过调控流动相的 pH 来抑制离子型化合物的电离，从而分离测定离子型化合物的液相色谱法。

03.1797　螯合离子色谱法　chelating ion chromatography

在流动相或固定相中引入离子螯合试剂或基团，根据其与样品离子形成螯合物的稳定常数差异实现样品离子组分分离的液相色谱方法。

03.1798　金属配合物离子色谱法　metal complex ion chromatography, MCIC

在流动相或固定相中引入金属离子配位试剂或基团，基于其与金属离子形成配合物的稳定常数差异实现金属离子分离的液相色谱方法。

03.1799　凝胶色谱法　gel chromatography

以凝胶为固定相的排阻色谱方法。

03.1800　凝胶渗透色谱法　gel permeation chromatography, GPC

以有机溶剂及其混合物作为流动相的尺寸排阻色谱方法。其固定相多采用苯乙烯-二乙烯基苯共聚物多孔凝胶。

03.1801　凝胶过滤色谱法　gel filtration chromatography, GFC

以水或水溶液作为流动相的尺寸排阻色谱方法。其固定相多采用聚丙烯酰胺凝胶。

03.1802　超临界流体色谱[法]　supercritical fluid chromatography, SFC

以处于超临界状态的流体(接近或高于临界温度和临界压力)作为流动相的一种色谱方法。

03.1803　气相色谱法　gas chromatography, GC

以气体如氮气、氢气或氦气等作为流动相、利用物质的沸点、极性及吸附性质的差异实现混合物分离的柱色谱方法。

03.1804　气液色谱法　gas-liquid chromatography, GLC

在分析条件下固定相为液态的气相色谱法。固定液应是蒸气压低，热稳定好，有较高操作温度的有机或无机化合物，可以涂渍在惰性载体上，作为填充柱的固定相，也可以直接涂渍在毛细管内壁作为开管柱固定相。

03.1805　气固色谱法　gas-solid chromatography, GSC

在分析条件下固定相为固态的气相色谱法。常用多孔性固体材料作为固定相。

03.1806 程序升温气相色谱法 temperature-programmed gas chromatography
采用程序升温技术的气相色谱方法。

03.1807 反应气相色谱法 reaction gas chromatography
样品组分在进入色谱柱前或流出色谱柱进入检测器前、或在色谱柱中涉及化学反应的气相色谱分析方法。

03.1808 制备气相色谱法 preparative gas chromatography
以制备纯物质为目的、需采用大内径色谱柱的气相色谱方法。

03.1809 顶空[气相]色谱法 headspace gas chromatography, HSGC
通过对固体或液体样品上方的气体进行分析，从而测定样品本身组成的气相色谱方法。顶空色谱法有静态和动态顶空两种形式，静态顶空色谱是抽取平衡状态下的顶空气体进行分析；而动态顶空分析是通过向样品中通入气体(如氮气)将挥发性成分吹扫出来，经过捕集浓缩后进入气相色谱分析，因此又叫吹扫-捕集进样分析。

03.1810 裂解气相色谱法 pyrolysis-gas chromatography, PGC
又称"热解气相色谱法(thermolysis gas chromatography)"。反应色谱的一种特例。在严格控制的操作条件下，样品在高温裂解器中按一定的规律裂解成易挥发的小分子组分，再随载气进入色谱柱进行分离。

03.1811 闪蒸气相色谱法 flash gas chromatography
裂解气相色谱的一种特例。通过快速加热至

一定温度使液体或固体样品中的挥发性组分气化(不发生样品组分的分解)，再随载气进入色谱柱进行分离。

03.1812 快速气相色谱法 fast gas chromatography
泛指采用短而细的毛细管色谱柱进行快速分离分析的气相色谱方法。

03.1813 热解吸气相色谱法 thermal desorption gas chromatography
先将样品捕集在吸附剂上，然后将吸附剂置于热解吸进样装置中，快速升温使样品组分解吸后随载气进入气相色谱进行分离的方法。

03.1814 反气相色谱法 inverse gas chromatography, IGC
又称"逆相气相色谱"。将要研究的对象作为固定相的气相色谱方法。如研究大分子和小分子的相互作用时，可将大分子作为固定相，小分子作为"探针"样品，根据小分子的保留时间可以计算它与大分子的相互作用参数。

03.1815 纸色谱法 paper chromatography
又称"纸层析"。以滤纸为分离介质的液相色谱法。属于平面色谱。

03.1816 薄层色谱法 thin layer chromatography, TLC
又称"薄层层析"。以涂敷了固定相的薄板为分离介质的液相色谱方法。属于平面色谱。

03.1817 旋转薄层色谱法 rotating thin layer chromatography
又称"离心制备薄层色谱法(centric-preparation thin layer chromatography)"。一种旋转离心、连续洗脱的圆形薄层色谱技术。将样品点在圆心处，圆盘固定相旋转的同时从圆心处连续加入展开剂，混合物的不同组分逐渐分离后依次移动到圆盘的边沿，予以收集的方法。

03.1818　扫描薄层色谱法　scanning thin layer chromatography
采用光学扫描仪检测的薄层色谱法。将分离后形成样品斑点的薄层板置于薄层扫描仪中，用一定波长范围和强度的光束扫描，通过测量最大吸收波长下透射光、反射光或者荧光的强度变化，从而获得被分离物质的含量信息。

03.1819　加压薄层色谱法　pressured thin layer chromatography
在加压条件下进行展开的薄层色谱方法。

03.1820　移动界面电泳　moving boundary electrophoresis
使用两种缓冲体系形成使所有被分离区带等速迁移的电泳。被分离区带像夹心面包一样，被夹在前导电解质和尾随电解质之间。

03.1821　区带电泳　zone electrophoresis
基于溶质在自由溶液中的淌度差异实现分离的电泳模式。

03.1822　纸电泳　paper electrophoresis
在纸上进行的电泳分析。

03.1823　高压电泳　high voltage electrophoresis
高电压条件下进行的电泳分析。

03.1824　芯片电泳　microchip electrophoresis
在芯片的微通道中进行的电泳分析。

03.1825　凝胶电泳　gel electrophoresis
采用凝胶介质，基于被分离组分的分子尺寸不同实现分离的电泳方法。

03.1826　等电聚焦电泳　isoelectric focus electrophoresis
一种基于物质的等电点不同而进行分离的电泳模式。被分析物(如蛋白质)加入到具有 pH 梯度的分离介质中，在外加电场的作用下，不同等电点的样品组分就迁移到接近其等电点的 pH 处并聚集停留，从而实现分离的电泳方法。

03.1827　免疫电泳　immuno electrophoresis
基于抗原-抗体相互作用实现高选择性分离的电泳方法。

03.1828　对流电泳　countercurrent electrophoresis
又称"逆流电泳"。将双向扩散和电泳技术结合起来的免疫分析方法。

03.1829　等速电泳　isotachophoresis
分离过程中样品区带之前是前导电解质(其电泳淌度大于样品中任何离子)，样品区带之后是尾随电解质(其电泳淌度小于样品中任何离子)，在电场作用下电泳达到平衡后，各区带相随迁移，分成清晰的界面以等速移动，并逐渐形成独立的溶质区带而得到分离的电泳方法。

03.1830　胶束电动色谱法　micellar electrokinetic chromatography, MEKC
毛细管电泳的一种分离模式。在背景电解质溶液中加入表面活性剂(如十二烷基硫酸钠 SDS)形成胶束，基于被分析物在水相和胶束相间分配系数的不同以及淌度的不同而得到分离的色谱方法。

03.1831　微乳液电动色谱法　microemulsion electrokinetic chromatography, MEEKC
毛细管电泳的一种分离模式。背景电解质溶

液为含有微乳液的缓冲溶液。基于被分析物在微乳液滴和水相之间的分配系数不同以及电泳淌度不同而实现分离的色谱方法。

03.1832 毛细管区带电泳 capillary zone electrophoresis, CZE

基于溶质在自由溶液中的淌度差异实现分离的毛细管电泳模式。

03.1833 毛细管凝胶电泳 capillary gel electrophoresis, CGE

毛细管电泳的一种分离模式。在毛细管内填充凝胶或其他筛分介质，如交联或非交联的聚丙烯酰胺，尺寸不同的分子经过筛分介质网状结构时因受阻力不同导致其迁移速度不同，从而得以分离的电泳方法。

03.1834 毛细管等电聚焦 capillary isoelectric focusing, CIFE

一种基于物质的等电点不同而进行分离的毛细管电泳模式。先通过毛细管内壁涂层使电渗流减到最小，再将样品和两性电解质混合进样，两个电极槽中分别为酸和碱，加高电压后，在毛细管内建立了 pH 梯度，溶质在毛细管中迁移至各自的等电点，形成明显区带，聚焦后用加压等方法使溶质通过检测器进行分析的电泳方法。

03.1835 毛细管等速电泳 capillary isotachophoresis, CITP

一种不连续介质毛细管电泳模式。分离过程中毛细管中样品区带之前是前导电解质(其电泳淌度大于样品中任何离子)，样品区带之后是尾随电解质(其电泳淌度小于样品中任何离子)，在电场作用下毛细管电泳达到平衡后，各区带相随迁移，分成清晰的界面以等速移动，并逐渐形成独立的溶质区带而得到分离的电泳方法。

03.1836 毛细管电色谱法 capillary electro-chromatography, CEC

毛细管电泳和液相色谱相结合的一种分离分析技术。在毛细管中填充或在管壁涂布、键合类似高效液相色谱法的固定相，在毛细管的两端施加直流电压后，电渗流(而非高压泵)驱动流动相通过色谱柱，溶质根据它们在流动相与固定相中分配系数不同和自身电泳淌度的差异得以分离的色谱方法。

03.1837 手性毛细管电泳 chiral capillary electrophoresis, CCE

用于分离光学异构体的毛细管电泳方法。

03.1838 亲和毛细管电泳 affinity capillary electrophoresis, ACE

一种基于抗原-抗体相互作用的毛细管电泳模式。将抗体或配体(蛋白质、肽及其他小分子)固定于毛细管内表面，作为抗原或受体的被分析物通过毛细管时，由于它们与抗体或配体间存在不同的作用力或不同的结合常数而形成具有不同荷质比的配合物，从而实现分离的电泳方法。

03.1839 非水毛细管电泳 nonaqueous capillary electrophoresis, NACE

以非水溶剂(如甲醇、乙腈、甲基甲酰胺等)为分离介质的毛细管电泳方法。

03.1840 芯片毛细管电泳 chip capillary electrophoresis

在芯片上进行的毛细管电泳技术。采用微电子加工技术在玻璃、石英或硅片等材质的芯片表面形成微通道，在这样的通道中实现电泳分离的方法。

03.1841 阵列毛细管电泳 array capillary electrophoresis, ACE

将多根毛细管排列成阵列同时进行毛细管电泳的分离分析方法。

03.1842 逆流色谱法 counter current chromatography, CCC

又称"反流色谱法"。液液分配色谱的一种特殊模式。物理性质(密度、黏度和表面张力)不同的两种液相(称为上相和下相)做对流运动，样品组分依据在两相间的分配系数不同而实现分离的方法。

03.1843 贯流色谱法 perfusion chromatography

又称"灌注色谱法"。采用贯流填料、以对流传质取代扩散传质的液相色谱方法。所谓贯流填料是一种高分子微球，球的内部分布着两种孔道，一种是贯穿整个颗粒的特大孔，称为贯通孔或对流孔；另一种是连接这些特大孔的较小的孔，称为扩散孔或连接孔。

03.1844 包结常数 inclusion constant

又称"包含常数"。主客体形成的包结物的结合常数。

03.1845 固定相 stationary phase

色谱分离过程中被固定在色谱柱内或薄层板上的相对静止的一相。

03.1846 准固定相 pseudostationary phase

又称"假固定相"。胶束电动色谱中由表面活性剂形成的胶束。在分离中起着类似色谱固定相的作用。

03.1847 手性固定相 chiral stationary phase

具有手性选择性的固定相。

03.1848 固定液 stationary liquid

在分析温度下为液态的气液色谱的固定相，吸附或键合在载体表面构成填充柱的固定相，或者涂渍在毛细管的内壁，形成开管柱的固定相。

03.1849 固定液极性 stationary liquid polarity

固定液分子电性质的一种表现。通常用偶极矩的大小来度量。

03.1850 固定液的相对极性 relative polarity of stationary liquid

固定液相对于某一种或几种物质的极性。常用罗尔施奈德常数和麦克雷诺常数来度量。

03.1851 罗尔施奈德常数 Rohrschneider constant

采用苯(电子给予体)、乙醇(质子给予体)、甲乙酮(定向偶极力)、硝基甲烷(电子接受体)和吡啶(质子接受体)在 100℃ 下测定保留指数，并采用这些物质在被测固定相和一种非极性固定相上的保留指数之差来度量固定相相对极性大小的参数。

03.1852 麦克雷诺常数 McReynold constant

采用苯、丁醇、2-戊酮、硝基丙烷和吡啶在 120℃ 下测定保留指数，并采用这些物质在被测固定相和一种非极性固定相上的保留指数之差来度量固定相相对极性大小的参数。

03.1853 填料 packing material

装填在色谱柱中的颗粒状固定相。

03.1854 填料粒度 particle size

填料颗粒的平均直径。

03.1855 孔体积 pore volume

填充色谱柱中多孔填料的所有孔隙中流动相所占的体积。

03.1856 孔径 pore size

多孔色谱填料上所有孔的平均直径。

03.1857 改性载体 modified support

经过物理或化学改性的载体。

03.1858　非吸附性载体　non-adsorptive support
不具有吸附性的惰性载体。

03.1859　背景电解质　background electrolyte, BGE
毛细管电泳中作为分离介质的电解质溶液。

03.1860　离子交换剂　ion exchanger
含有可与不同相中带相同电荷的离子发生交换作用的离子的固体或液体物质。

03.1861　交换容量　exchange capacity
单位质量离子交换剂所能交换的离子物质的量。

03.1862　流动相　mobile phase
又称"移动相"。色谱分离过程中携带样品通过固定相并影响分离结果的流体。

03.1863　手性流动相　chiral mobile phase
含有手性选择性试剂的流动相。

03.1864　洗脱剂　eluant
又称"淋洗液"。液相色谱中的流动相。

03.1865　洗出液　eluate
洗脱过程得到的溶液。

03.1866　流出液　effluent
从色谱柱流出的流动相溶液。

03.1867　洗脱强度　eluting power
又称"洗脱能力"。表征液相色谱流动相在一定的分离模式下从固定相上将被分离组分洗脱下来的能力。

03.1868　吸附溶剂强度参数　adsorption solvent strength parameter
溶剂分子在单位吸附剂表面上的吸附自由能。是一种表征溶剂分子对吸附剂的亲和程度的参数。

03.1869　溶解度参数　solubility parameter
1 mol 理想气体冷却变成液体时所释放的凝聚能与液体摩尔体积比值的平方根。是一种表征溶剂极性的参数。

03.1870　溶剂强度　solvent strength
液相色谱流动相组成溶剂的洗脱强度。常用吸附溶剂强度参数、溶解度参数、溶剂极性参数等来表示。

03.1871　载气　carrier gas
气相色谱的流动相。

03.1872　线速度　linear velocity
色谱柱中流动相单位时间内运动的距离。

03.1873　流速　flow rate
单位时间通过色谱柱的流动相体积。

03.1874　压力梯度校正因子　pressure gradient correction factor
用于校正气相色谱柱中压力梯度的因子。

03.1875　补充气　makeup gas
又称"尾吹气"。毛细管气相色谱分析中从色谱柱出口处引入检测器的气体。

03.1876　手性选择剂　chiral selector
具有手性选择作用的试剂。

03.1877　减尾剂　tailing reducer
又称"去尾剂"。加入流动相中以减少峰拖尾的试剂。

03.1878　改性剂　modifier
色谱分析中改善固定相或流动相分离性能的试剂。

03.1879　展开　development

平面色谱的分离过程。即在点样后的薄层板或色谱纸上引入展开剂，带动样品组分在固定相上移动，由于各组分具有不同的移动速率，最终得以分离的过程。

03.1880　展开剂　developing solvent

平面色谱中的流动相。

03.1881　色谱柱　chromatographic column

色谱仪中连接在进样口和检测器之间、实现样品分离的核心部件。通常是填充或涂渍了分离材料(固定相)的不锈钢、石英玻璃或塑料柱管。

03.1882　柱长　column length

色谱柱管含有固定相部分的长度。

03.1883　柱内径　column internal diameter

色谱柱管的内径。

03.1884　柱压　column pressure

又称"背压(back pressure)"。色谱柱入口和出口的压力差。

03.1885　相比　phase ratio

色谱柱中流动相体积与固定相体积之比。

03.1886　柱效[能]　column efficiency

色谱柱对被分离物质所具有的分离效能，通常用特定化合物的理论塔板数或理论塔板高度来表示。

03.1887　柱流失　column bleeding

由热降解、氧化降解、溶解和流动相冲洗等因素引起的色谱柱固定相的流失。

03.1888　柱寿命　column life

色谱柱的正常使用时间。

03.1889　柱容量　column capacity

样品组分在色谱柱固定相上达到饱和的质量，或者柱效下降不超过 10% 的情况下色谱柱允许的某一组分的最大进样量。

03.1890　渗透性　permeability

色谱柱对流动相流动的阻力参数。

03.1891　间隙体积　interstitial volume

填充色谱柱中颗粒间隙中流动相所占有的体积。

03.1892　筛板　frit

填充色谱柱两端的筛网状不锈钢或硅酸盐烧结板，其作用是防止填料流出色谱柱，柱入口的筛板还可以阻止外部大的颗粒物进入色谱柱。

03.1893　毛细管有效长度　effective length of capillary

毛细管电泳中从毛细管入口到检测窗口的距离。

03.1894　色谱图　chromatogram

柱色谱分离过程中，检测器的响应信号强度随时间的变化曲线。在平面色谱中，色谱图可以是载有分离区带的薄板或纸的照片。

03.1895　总离子流色谱图　total ion chromatogram

在色谱-质谱联用分析中,质谱检测器的总离子流强度随时间的变化曲线。

03.1896　重建离子流色谱图　reconstructed ion chromatogram

在色谱-质谱联用中，将质谱检测器得到的、并已储存在计算机中的不同离子随时间的变化曲线加和起来的总离子流色谱图。

03.1897　红外总吸光度重建色谱图 total infrared absorbance reconstruction chromatogram

色谱-傅里叶变换红外光谱联用分析中不同波数的总吸光度随时间的变化曲线。

03.1898　选择离子色谱图 selective ion chromatogram

在色谱-质谱联用中,当质量分析器选择目标化合物的 1 个或数个特征离子进行监测时得到的质量色谱图。

03.1899　提取离子色谱图 extracted ion chromatogram

在色谱-质谱联用中,计算机从质谱仪采集的全扫描数据中按照选定离子的质量提取其离子流强度随时间的变化曲线。这是后处理得到的离子流色谱图。

03.1900　质量色谱图 mass chromatogram

在色谱-质谱联用中,特定质荷比的 1 个或多个离子的强度随时间的变化曲线。

03.1901　电泳图 electrophoretogram

毛细管电泳分离过程中,检测器的响应信号强度随时间的变化曲线。

03.1902　总离子流电泳图 total ion electropherogram

在毛细管电泳-质谱联用分析中,质谱检测器的总离子流强度随时间的变化曲线。

03.1903　重建离子流电泳图 reconstructed ion electropherogram

在毛细管电泳-质谱联用中,将质谱检测器得到的、并已储存在计算机中的不同离子随时间的变化曲线加和起来的总离子流电泳图。

03.1904　选择离子电泳图 selective ion electropherogram

在毛细管电泳-质谱联用中,当质量分析器选择目标化合物的 1 个或数个特征离子进行监测时得到的质量色谱图。

03.1905　质量电泳图 mass electropherogram

在毛细管电泳-质谱联用中,特定质荷比的 1 个或多个离子的强度随时间的变化曲线。

03.1906　基线 baseline

在实验条件下,只有流动相通过色谱柱时检测器的响应曲线。

03.1907　基线漂移 baseline drift

基线随时间朝一定方向缓慢变化的现象。

03.1908　基线噪声 baseline noise

由于各种因素引起的基线波动。

03.1909　色谱峰 chromatographic peak

当样品组分流出色谱柱进入检测器时,检测器的响应值随之发生变化,这部分色谱图就是色谱峰。

03.1910　高斯峰 Gaussian peak

符合高斯分布的对称的色谱峰。

03.1911　拖尾峰 tailing peak

前沿陡峭后部平缓的不对称色谱峰。

03.1912　不对称因子 asymmetric factor

10%峰高处的峰宽被峰高切割成前后两线段之比。是定量描述不对称峰的一个参数。符号为 A_s,如下图所示:

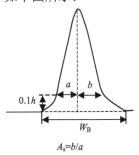

$$A_s = b/a$$

$A_s > 1$ 时为拖尾峰，$A_s < 1$ 时为前伸峰。

03.1913　拖尾因子　tailing factor
5%峰高处的峰宽的一半除以峰极大值到基线的垂线与峰宽线的交点到峰前沿的距离。是定量描述不对称峰的一个参数。符号为 γ。

$$\gamma = W_{0.05h}/2d_m$$

如下图所示：

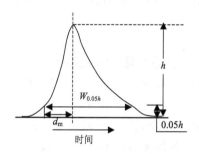

03.1914　前伸峰　leading peak
前沿平缓后部陡峭的不对称色谱峰。

03.1915　肩峰　shoulder
较大色谱峰一侧未完全分离的小峰。

03.1916　假峰　ghost peak
又称"鬼峰"。不是正在分析的样品组分产生的色谱峰。如进样口橡胶隔垫降解产物进入色谱柱后产生的色谱峰。

03.1917　负峰　negative peak
又称"反峰""倒峰"。与通常色谱峰的出峰方向相反的色谱峰。

03.1918　畸峰　distorted peak
不对称或不规则的色谱峰。如前伸峰和拖尾峰。

03.1919　分裂峰　split peak
单一组分的色谱峰出现的分叉现象。

03.1920　峰底　peak base
连接色谱峰起始点和终止点的直线。

03.1921　半[高]峰宽　peak width at half height
峰高一半处的色谱峰宽度。

03.1922　死时间　dead time
在固定相上没有保留作用的分子从色谱柱入口到色谱柱出口所需要的时间。

03.1923　保留时间　retention time
样品组分在色谱柱中滞留的时间，即从进样到色谱峰最大值出现所需要的时间。

03.1924　调整保留时间　adjusted retention time
色谱峰的保留时间与死时间之差。

03.1925　净保留时间　net retention time
用压力梯度校正因子修正后的调整保留时间。

03.1926　死体积　dead volume
(1)色谱柱中不被固定相占据的空间为色谱柱的死体积。(2)色谱系统的死体积则是整个系统包括色谱柱、进样系统、管线和检测器的总死体积。

03.1927　保留体积　retention volume
色谱中色谱峰的保留时间所对应的流动相体积。

03.1928　净保留体积　net retention volume
经压力梯度校正因子修正后的调整保留体积。

03.1929　调整保留体积　adjusted retention volume
色谱峰的保留体积与死体积之差。

03.1930　校正保留体积　corrected retention

volume

经压力梯度校正因子修正后的保留体积。

03.1931　比保留体积　specific retention volume
物质在单位质量固定液上、且校正到 273K
温度下的净保留体积。

03.1932　保留指数　retention index
气相色谱定性分析的重要参数，将样品组分
"折合"成某种标准物，用该组分的调整保
留时间相对于其前和其后流出的两个标准
物的调整保留时间的 1 个内插值表示。

03.1933　保留温度　retention temperature
在程序升温色谱分析中，样品组分的保留时
间所对应的色谱柱温度。

03.1934　相对保留值　relative retention value
在一定色谱条件下两个色谱峰的保留值之
比值。

03.1935　R_f 值　R_f value
又称"比移值"。溶质移动距离与流动相前
沿移动距离之比值。是平面色谱的基本定性
参数。

03.1936　相对 R_f 值　relative R_f value
某一物质的比移值与参比物的比移值之
比值。

03.1937　迁移时间　migration time
电泳中从被分析物起始位置迁移到终止位
置所需的时间。在毛细管电泳中，是指组分
从进样口迁移至检测点所需的时间。

03.1938　塔板理论　plate theory
借助化工原理中的塔板概念来描述溶质在
色谱柱中的浓度变化，将色谱柱看成是由许
多单级蒸馏的小塔板组成的精馏塔，并假设
每一块塔板的高度足够小，以致在此塔板上

溶质在流动相和固定相之间的分配能在瞬
间达到平衡。对于一定长度的色谱柱来说，
这种假设塔板的高度越小，塔板数就越多，
意味着溶质在色谱柱上反复进行的分配平
衡次数越多，分离效率就越高。

03.1939　塔板理论方程　plate theory equation
由塔板理论导出的色谱流出曲线方程：

$$C = C_{max} e^{-\frac{n}{2}\left(\frac{t_R - t}{t_R}\right)^2} \quad 或 \quad C = C_{max} e^{-\frac{n}{2}\left(\frac{V_R - V}{V_R}\right)^2}$$

式中 C 为样品组分的浓度，C_{max} 为最大浓度，
n 为理论塔板数，t_R 为保留时间，V_R 为保留
体积。

03.1940　理论塔板数　number of theoretical
　　　　　plates
用于评价色谱柱分离效率的参数。

$$n = 16\left(\frac{t_R}{W}\right)^2 = 5.54\left(\frac{t_R}{W_{1/2}}\right)^2$$

式中 t_R 为保留时间，W 为峰宽，$W_{1/2}$ 为半
峰宽。

03.1941　理论塔板高度　height equivalent to
　　　　　a theoretical plate, HETP
塔板理论中单位塔板的高度。

03.1942　有效塔板数　effective plate number
用调整保留值而不是保留值来计算的理论
塔板数。

03.1943　有效塔板高度　effective plate height
色谱柱长与有效理论塔板数之比，即单位有
效理论塔板的高度。

03.1944　速率理论　rate theory
描述色谱分离性能与色谱参数关系的理论。
其核心是采用随机行走模型描述样品组分

分子在色谱柱中的运动过程,将 H 定义为单位柱长的离散度:

$$H = \sigma^2 / L$$

式中 σ 为高斯峰形的标准偏差,L 为柱长。并假设:①纵向扩散是造成谱带展宽的重要原因,必须予以考虑;②传质阻力是造成谱带展宽的主要原因,并使平衡成为不可能;③对填充柱有涡流扩散的影响。

03.1945 范第姆特方程 van Deemter equation
又称"速率理论方程"。表示了塔板高度 H 与载气线速度 u 以及影响 H 的三项主要因素之间的关系。

$$H = A + \frac{B}{u} + Cu$$

式中 A 为涡流扩散项;B 为纵向扩散项(或称为分子扩散项);C 为传质阻力项;u 为流动相平均流速。

03.1946 戈雷方程 Golay equation
针对毛细管气相色谱的速率理论方程,表征了有关色谱柱的各种参数和载气流速对柱效的影响。

$$H = \frac{2D_m}{u} + \frac{(1 + 6k + 11k^2)r^2}{24(1+k)^2 D_m}u + \frac{2kd_f^2}{3(1+k)^2 D_s}u$$

式中 H 为理论塔板高度,D_m 和 D_s 分别为溶质在流动相和固定相中的分子扩散系数,r 为开管柱的内半径,d_f 为固定相膜厚度,k 为保留因子,u 为流动相的线流速。

03.1947 纵向扩散 longitudinal diffusion
又称"分子扩散(molecular diffusion)"。被分离样品组分进入色谱系统随着流动相经过色谱柱时,由于样品谱带与其前后的流动相之间存在浓度梯度引起的样品分子在色谱柱轴向上向前和向后的扩散。

03.1948 涡流扩散 eddy diffusion
在填充柱色谱中,当被分离样品组分经过色谱柱时,由于流动相受到固定相颗粒阻碍,不断改变流动方向,形成紊乱的类似涡流的流动,样品组分分子经过不同的路径运动造成的扩散。

03.1949 传质过程 mass transfer process
色谱分离中样品组分在流动相和固定相之间的转移过程。

03.1950 传质阻力 mass transfer resistance
被分离样品组分(溶质)在流动相和固定相中的传质过程所受到的阻力。

03.1951 传质速率 rate of mass transfer
样品组分(溶质)在流动相中和固定相中以及通过二者之间的界面转移的速率。

03.1952 柱外效应 extra-column effect
色谱系统中色谱柱以外的死体积。包括色谱进样系统、连接管线和接头、检测池死体积等因素所引起的谱带展宽效应。

03.1953 管壁效应 wall effect
(1)由于色谱柱管内壁与流动相之间摩擦力的作用使得管壁处流动相的流速要低于整个流动相的平均流速的现象。(2)色谱柱管内壁对被分析物的吸附或催化分解作用。这一效应会导致谱带展宽。

03.1954 谱带 band
在色谱分析过程中,色谱柱中的1个区域,1个或多个样品组分位于其中。

03.1955 谱带展宽 band broadening
色谱分析过程中,样品组分在色谱系统中由

于分子扩散、涡流扩散、传质阻力、吸附以及柱外效应等因素造成的谱带变宽现象。

03.1956 区带 zone
在毛细管电泳分析过程中，毛细管中的 1 个区域，1 个或多个样品组分位于其中。

03.1957 区带扩展 zone spreading
毛细管电泳分析过程中，样品组分在毛细管中由于分子扩散、吸附以及柱外效应等因素造成的区带变宽现象。

03.1958 分离数 separation number, SN
气相色谱图上两个碳原子数相差 1 的正构烷烃之间能够容纳的色谱峰数。

$$S_N = \frac{t_{R(n+1)} - t_{R(n)}}{W_{(n+1)} + W_{(n)}} - 1$$

式中 t_R 和 W 分别为保留时间和峰底宽，下标 n 和 $(n+1)$ 表示碳原子数为 n 和 $(n+1)$ 的正构烷烃。

03.1959 保留因子 retention factor
又称"容量因子(capacity factor)"。样品组分在固定相中滞留时间(相对于在流动相的时间)的度量。数学表达为调整保留时间和死时间之比。

03.1960 选择性因子 selectivity factor
又称"分离因子(separation factor)"。一定色谱条件下难分离物质对保留时间长的组分与保留时间短的组分的调整保留值或保留因子(容量因子)之比。

03.1961 峰容量 peak capacity
1 个色谱系统所能分离的色谱峰的最大数目。

$$n_p = \frac{\sqrt{n}}{4R} \ln \frac{t_2}{t_1} + 1$$

式中 n 为理论塔板数，R 为分离度，t_2 和 t_1 分别为两个峰的保留时间。

03.1962 携流效应 carryover
色谱系统(如进样器或色谱柱)中残留的以前进样的样品组分对当前或以后分析的干扰。

03.1963 超载 overcarry
进入色谱柱的样品组分质量超过了柱容量。

03.1964 电渗流 electroosmotic flow, EOF
毛细管内壁表面电荷在外加电场对管壁溶液双电层的作用下，所引起的管内液体整体流动的现象。

03.1965 电渗流速度 electroosmotic velocity
描述电渗流大小的参数之一。符号为 v_{EOF}。

$$v_{EOF} = (\varepsilon\xi/\eta)E = \mu_{EOF}E$$

式中 ξ 为 Zeta 电势，η 为介质黏度，ε 为介电常数，E 为电场强度，μ_{EOF} 为电渗淌度。

03.1966 表观[电泳]淌度 apparent [electrophoretic] mobility
在毛细管电泳条件下测得的淌度值。是有效电泳淌度 μ_e 与电渗淌度 μ_{EOF} 的矢量和。

$$\mu_a = \mu_e + \mu_{EOF}$$

03.1967 电渗淌度 electroosmotic mobility
描述电渗流的大小的参数之一。符号为 μ_{EOF}。

$$\mu_{EOF} = \varepsilon\xi/\eta$$

式中 ξ 为 Zeta 电势，η 为介质黏度，ε 为介电常数。

03.1968 有效淌度 effective mobility
在毛细管电泳条件下表观淌度 μ_a 与电渗淌度 μ_{EOF} 的矢量差。

$$\mu_e = \mu_a - \mu_{EOF}$$

03.1969 电歧视效应 the effect of electrical discrimination

毛细管电泳电动进样时，因混合样品中各组分的淌度不同，随电渗流进入毛细管的迁移速率不同，使进入毛细管的样品组成与原来样品组成不同的现象。

03.1970 塞式流型 plug flow

毛细管电泳中电渗流驱动的背景电解质溶液的流速在径向上各点基本是相等的，像是液体活塞的流动。

03.1971 色谱仪 chromatograph

实现色谱分离分析和制备的仪器装置。主要由流动相输送系统、进样系统、柱系统、检测系统、数据系统以及控制系统组成。

03.1972 分析型色谱仪 analytical type chromatograph

用于分析检测而不是制备目的的色谱仪。

03.1973 制备色谱仪 preparative chromatograph

实现制备色谱分离的仪器装置。

03.1974 工业色谱仪 industrial chromatograph

用于工业生产的、制备样品量可达公斤级的色谱仪。

03.1975 过程色谱仪 process chromatograph

组成工业生产流程一部分的色谱仪。用于生产过程的在线实时控制。

03.1976 微型色谱仪 micro-chromatograph

可安装在航空航天航海和军事装备及民用检测车辆上的结构微小的色谱仪。

03.1977 便携式色谱仪 portable chromatograph

便于人员携带进行野外分析的小型色谱仪。

03.1978 超临界流体色谱仪 supercritical fluid chromatograph

实现超临界流体色谱分析的仪器装置。

03.1979 过程气相色谱仪 process gas chromatograph

用于生产过程的在线实时控制，作为工业生产流程组成部分的气相色谱仪。

03.1980 氨基酸分析仪 amino acid analyzer

专门用于分析氨基酸的液相色谱仪。

03.1981 毛细管电泳仪 capillary electrophoresis system

实现毛细管电泳分析的仪器装置。

03.1982 薄层色谱扫描仪 thin layer chromatogram scanner

实现扫描薄层色谱分析的仪器装置。

03.1983 场流分离仪 field flow fractionation system

实现场流分级分析的仪器装置。

03.1984 进样器 sample injector

将样品定量而快速地引入分析系统的器件。通常指微量注射器和进样阀。

03.1985 自动进样器 automatic sampler

用计算机控制的阀或注射器将样品自动引入分析系统的装置。

03.1986 手动进样器 manual injector

通过手工操作将样品引入分析系统。一般指微量注射器和(或)阀。

03.1987 进样口 inlet

色谱仪上将样品引入色谱仪系统的器件。

03.1988　进样阀　injection valve
将样品准确定量地导入色谱系统的多通阀。最常用的是六通阀进样器，其结构如下图所示。进样体积由定量环确定。操作时先将阀柄置于"上样"位置，此时进样口只与定量环接通，处于常压状态，用微量注射器吸取比定量管体积稍多的样品从"6"位置注入定量管，多余的样品由"5"位排出。将进样器阀柄转动至"进样"位置时，流动相与定量环接通，样品被流动相带入色谱柱中。

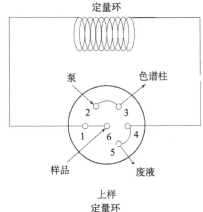

上样

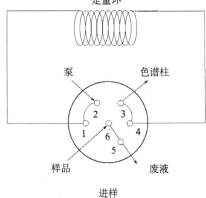

进样

03.1989　定量环　sample loop
又称"定量管""样品环"。六通阀进样器上用来控制进样体积的金属管或聚醚醚酮树脂管。其容积是固定的。

03.1990　点样器　sample spotter, spot applicator
将样品定量加载到色谱纸、薄层板或色谱棒

上的器件。

03.1991　气化室　vaporizer
气相色谱仪上使液体样品气化的部件。

03.1992　程序升温蒸发器　programmed temperature vaporizer, PTV
一种气相色谱进样系统的器件。可按照程序设定以一定的速率升高温度，使其中的样品组分按照沸点高低依次气化。

03.1993　脱气装置　degasser
又称"脱气机"。在液相色谱分析中，流动相进入高压泵之前脱去其中溶解气体的装置。

03.1994　分流器　splitter
将一路流量较大的流体按比例分为两路或多路流量较小的流体的器件。

03.1995　分流比　split ratio
分流进样时进入色谱柱部分与放空部分之比。

03.1996　皂膜流量计　soap film flow meter
以皂膜在玻璃管中移动一定时间通过的体积来测定气体流量的装置。

03.1997　高压输液泵　high pressure pump
液相色谱仪的关键部件之一，是在较高的压力条件下以稳定的流速将流动相输送到色谱柱的装置。目前的市售仪器多采用活塞泵或注射泵。

03.1998　单向阀　one-way valve
又称"止逆阀"。流体只能在1个方向上通过的阀。

03.1999　比例阀　proportional valve
可以控制通过阀上不同通道流体的流速比例的阀。

03.2000 恒压泵 constant pressure pump
输送流体过程中保持压力恒定的输液泵。

03.2001 恒流泵 constant flow pump
输送流体过程中保持流速恒定的输液泵。

03.2002 注射泵 syringe pump
结构类似注射器的高压输液泵。柱塞相当于注射器的芯,缸体积较大,通常为数百毫升。柱塞与 1 个由伺服马达驱动的螺杆相连接,流速由马达的转速控制。

03.2003 蠕动泵 peristaltic pump
采用挤压富有弹性的软管的方式来输送液体的泵。其流量和转速之间是线性相关的,故通过控制转速就能实现流速的控制。

03.2004 活塞泵 piston pump
又称"柱塞泵"。以活塞的移动直接驱动液体的高压输液泵。

03.2005 往复式活塞泵 reciprocating piston pump
靠电机驱动活塞在液缸内往复运动从而输送液体的高压泵。活塞杆的一端与偏心轮相连,偏心轮连在电动机上,电动机带动偏心轮转动时,活塞杆就随之在液缸内进行往复运动,完成吸液和排液操作。

03.2006 气动泵 pneumatic pump
以气体压力作为动力推动隔膜或活塞来驱动液体的高压泵。

03.2007 隔膜泵 diaphragm pump
以隔膜的运动驱动液体流动的高压输液泵。

03.2008 电渗泵 electroosmotic pump
利用电渗流驱动液体流动的泵。

03.2009 脉冲阻尼器 pulse damper

液相色谱仪上用来减缓液流脉冲的装置。一般连接到高压输液泵之后。最常见和最简单的脉冲阻尼器是将内径为 0.2~0.5mm 的不锈钢管绕成弹簧状,利用其绕性来阻滞压力和流量的波动,起到一定的缓冲作用。

03.2010 预柱 precolumn
又称"前置柱"。一般指连接到色谱仪的分离柱之前实现某种功能的短柱(柱长 3~50 mm)。

03.2011 保护柱 guard column
预柱的一种,所含固定相与分析柱的固定相相同或类似,主要作用是截留来自流动相或样品中的颗粒物或强保留组分,防止或减少分离柱的污染,从而起到保护分析柱、延长其使用寿命的作用。

03.2012 抑制柱 suppressed column
离子色谱中,利用离子交换反应抑制色谱柱后流出液中流动相的高电导率离子的柱管。

03.2013 填充柱 packed column
在不锈钢、塑料柱管或石英毛细管中填充了分离材料的色谱柱。

03.2014 毛细管柱 capillary column
内径为 0.05~1 mm 的色谱柱。有填充柱和开管柱之分。习惯上毛细管柱多指开管柱。

03.2015 开管柱 open tubular column
又称"空心柱"。将分离材料固定(涂敷或键合)在柱管内壁上的色谱柱。根据分离材料的状态和柱制备技术可分为涂壁开管柱、多孔层开管柱和载体涂渍开管柱。

03.2016 载体涂渍开管柱 support coated open tubular column, SCOT column
内壁上沉积载体后涂渍固定液的开管柱。

03.2017 壁涂开管柱 wall coated open tubu-

lar column, WCOT column

内壁上直接涂渍固定液的开管柱。

03.2018 多孔层开管柱 porous layer open tubular column, PLOT column

内壁上沉积吸附剂或惰性固体的开管柱。

03.2019 填充毛细管柱 packed capillary column

内径小于 1mm 的填充柱。

03.2020 硅胶 silica gel

用作色谱固定相或基质，以二氧化硅为主成分的合成材料。

03.2021 键合[固定]相 bonded [stationary] phase

通过化学反应将功能基团共价键合到基质(如硅胶或聚苯乙烯-二乙烯苯树脂小球)表面或柱管内表面后得到的色谱固定相。

03.2022 非极性键合相 non-polar bonded phase

填料表面键合了非极性基团(如十八烷基)的液相色谱固定相。

03.2023 氨基键合相 amino-bonded phase

填料表面键合了氨基的液相色谱固定相。

03.2024 苯基键合相 phenyl-bonded phase

填料表面键合了苯基的液相色谱固定相。

03.2025 氰基键合相 cyano-bonded phase

填料表面键合了氰基的液相色谱固定相。

03.2026 冠醚固定相 crown ether stationary phase

填料表面键合了冠醚基团的色谱固定相。

03.2027 极性键合相 polar bonded phase

填料表面键合了极性基团(如二醇基)的液相色谱固定相。

03.2028 阳离子交换剂 cation exchanger

在树脂、纤维素、葡聚糖、硅胶等基质材料上键合了阴离子基团(如—SO_3^-、—PO_3^-、—COO^-)的离子交换剂。

03.2029 阴离子交换剂 anion exchanger

在树脂、纤维素、葡聚糖、硅胶等基质材料上键合了阳离子基团如—$CH_2N^+(CH_3)_3$、—$C_2H_4N^+H(C_2H_5)_2$、—$CH_2C_6H_6N^+H_3$ 等的离子交换剂。

03.2030 强酸型离子交换剂 strong acid type ion exchanger

在树脂、纤维素、葡聚糖、硅胶等基质材料上键合了如—SO_3^-、—$CH_2SO_3^-$、—$C_2H_4SO_3^-$ 等强酸性阴离子基团的离子交换剂。

03.2031 弱酸型离子交换剂 weak acid type ion exchanger

在树脂、纤维素、葡聚糖、硅胶等基质材料上键合了如—COO^-、—CH_2COO^- 等弱酸性阴离子基团的离子交换剂。

03.2032 强碱型离子交换剂 strong base type ion exchanger

在树脂、纤维素、葡聚糖、硅胶等基质材料上键合了如—$CH_2N^+(CH_3)_3$、—$C_2H_4N^+(C_2H_5)_3$、—$C_2H_4N^+CH_3$ 等强碱性阳离子基团的离子交换剂。

03.2033 弱碱型离子交换剂 weak base type ion exchanger

在树脂、纤维素、葡聚糖、硅胶等基质材料上键合了如—$C_2H_4N^+H_3$、—$CH_2C_6H_6N^+H_3$ 等弱碱性阳离子基团的离子交换剂。

03.2034 混合床离子交换固定相 mixed-bed ion exchange stationary phase
由阳离子交换剂和阴离子交换剂混合组成的固定相。

03.2035 薄壳型填料 pellicular packing
在惰性实心球的外面包裹一层固定相的填料。

03.2036 石墨化碳黑 graphitized carbon black
石墨状细晶碳材料。用作吸附剂或气固色谱固定相。

03.2037 活性氧化铝 activated aluminium oxide
经化学处理后，表面存在大量活性羟基的氧化铝微粒。可用作吸附色谱和离子色谱的固定相。

03.2038 高分子多孔小球 porous polymer beads, GDX
多孔球形苯乙烯-二乙烯基苯共聚物或其他聚合物。可用作气液色谱载体和吸附色谱固定相。

03.2039 整体柱 monolithic column
又称"连续床柱(continuous bed column)"。固定相是1个整体多孔材料的色谱柱。多采用将聚合单体、致孔剂和引发剂等直接加入柱管内进行原位聚合方法获得。此类色谱柱通透性好，柱压降小，有利于实现快速高效分离。

03.2040 柱温箱 column oven
将色谱柱置于其中以控制柱温的装置。

03.2041 流通池 flow cell
又称"流动池"。液相色谱检测器采集样品信号的器件。

03.2042 检测器 detector
色谱仪器的组成部件之一，是测量色谱柱流出物的物理和(或)化学性质的变化，并将其转换为电信号的装置。

03.2043 通用型检测器 common detector
对几乎所有化合物都有响应的检测器。如气相色谱的热导检测器、液相色谱的示差折光检测器。

03.2044 选择性检测器 selective detector
仅对某一类或几类化合物有响应的检测器。如荧光检测器和电化学检测器。

03.2045 整体性质检测器 integral property detector
反映色谱柱流出物(流动相+被分析物)整体性能的检测器。如示差折光检测器。

03.2046 溶质性质检测器 solute property detector
仅对被分析物有响应、对流动相本身没有响应的检测器。如气相色谱的火焰离子化检测器。

03.2047 破坏性检测器 destructive detector
使样品发生化学变化的检测器。如质谱检测器。

03.2048 非破坏性检测器 non-destructive detector
不使样品发生化学变化的检测器。如紫外吸收检测器。

03.2049 浓度敏感型检测器 concentration sensitive detector
响应值与进入检测器的组分浓度成正比的检测器。如热导检测器。

03.2050 质量敏感型检测器 mass sensitive detector

响应值与进入检测器的组分的质量流速成正比的检测器。如火焰离子化检测器。

03.2051 积分型检测器 integral type detector

响应值取决于进入检测器组分的累积量的检测器。

03.2052 微分型检测器 differential type detector

响应值取决于进入检测器组分的瞬时量的检测器。

03.2053 热导检测器 thermal conductivity detector, TCD

基于被分离物质与载气的热导率之差实现检测的气相色谱通用型、浓度型检测器。由池体、热敏元件和测量电桥组成。

03.2054 火焰离子化检测器 flame ionization detector, FID

又称"氢火焰检测器"。以氢气在空气中燃烧的火焰作为离子化源，样品在其中发生离子化反应，在外加电场的作用下，形成离子流的质量型检测器。主要由喷嘴、点火线圈、极化极和收集极组成。

03.2055 火焰光度检测器 flame photometric detector, FPD

又称"硫磷检测器"。利用富氢火焰使有机物分解，形成激发态分子，当它们回到基态时，发射出一定波长的光，发射光由光电倍增管转换成电信号。是对含磷、硫化合物有高选择性和高灵敏度的质量型检测器，由燃烧系统和光学系统两部分组成。

03.2056 脉冲火焰光度检测器 pulse flame photometric detector, PFPD

采用了脉冲火焰的火焰光度检测器。

03.2057 电子捕获检测器 electron capture detector, ECD

又称"电子俘获检测器"。一种放射性的离子化检测器。多用 ^{63}Ni 或 ^3H 放射源，含电负性基团的有机物通过捕获电子而离子化，在电场中形成离子流。是检测含卤素、硫、磷、氰、氧、氮等基团的电负性物质的高灵敏度选择性检测器。

03.2058 氮-磷检测器 nitrogen-phosphorus detector, NPD

又称"热离子检测器(thermionic detector)"。由火焰离子化检测器(FID)发展而来，和 FID 的差异只是在喷嘴与收集极之间加 1 个碱源——铷珠，工作时，铷珠通过镍丝电流加热，将氢分子分解成活性氢原子，再与氧气反应。样品进入后，生成电负性的碎片，离子化后由收集极收集检测。氮-磷检测器特别适合于含氮和含磷化合物的检测。

03.2059 氦离子化检测器 helium ionization detector

用于永久性气体超微量分析的高灵敏度检测器。工作原理是以高纯氦气作为载气，进入电离室后，在强电场作用下，与具有高能量的 β 离子发生碰撞，由基态跃迁至激发态，当色谱柱流出的组分经过时即与此亚稳态的氦原子发生碰撞而被电离。

03.2060 氩离子化检测器 argon ionization detector

用于永久性气体超微量分析的高灵敏度检测器。工作原理是以高纯氩气作为载气，进入电离室后，在强电场作用下，与具有高能量的 β 离子发生碰撞，由基态跃迁至激发态，当色谱柱流出的组分经过时即与此亚稳态的氩原子发生碰撞而被电离。

03.2061 微波等离子体发射光谱检测器 microwave plasma emission spectroscopic detector

将微波诱导等离子体原子发射光谱作为色谱的检测器。

03.2062　微库仑检测器　microcoulometric detector

将有机样品组分中的氮、硫和卤素分别转化为 NH_3、SO_2 和 HX 等，然后通过特制的库仑池吸收进行检测的检测器。

03.2063　示差折光检测器　differential refractive index detector

又称"折射率检测器""折光指数检测器"。基于纯流动相与含有被分析物的流动相之间折光指数的不同实现检测的检测器。输出信号是柱流出物的折光指数与纯流动相折光指数的差值。

03.2064　紫外吸收检测器　ultraviolet absorption detector

只安装紫外灯的光吸收检测器。波长范围为 190~360 nm。

03.2065　紫外-可见光检测器　ultraviolet-visible light detector

又称"紫外-可见光吸收检测器"。将紫外-可见分光光度计接在色谱柱出口，以连续测定色谱柱流出物的紫外-可见吸光度的变化。所检测的波长范围由光源决定，一般为 190~800 nm。根据波长是否可以调节还分为单波长紫外-可见吸收检测器、多波长紫外-可见吸收检测器和可变波长紫外-可见吸收检测器，还有可以采集在线紫外光谱图的二极管阵列检测器。

03.2066　激光诱导荧光检测器　laser induced fluorescence detector, LIF detector

通过激光诱导被分析物发射荧光的检测器。

03.2067　荧光检测器　fluorescence detector

用于连续测定液相色谱柱流出物荧光性质的检测器。

03.2068　电导检测器　conductometric detector

测定色谱柱流出物的电导或电阻变化的电化学检测器。

03.2069　化学发光检测器　chemiluminescence detector, CLD

测定色谱柱流出物的化学发光强度的检测器。当被分析物流出色谱柱后，与适当的试剂混合，发生化学发光反应，发光强度与溶质的浓度成正比。

03.2070　安培检测器　ampere detector

测定色谱柱流出物的氧化和(或)还原电流的电化学检测器。

03.2071　电致化学发光检测器　electrochemiluminescence detector

由电化学方法导致被分析物化学发光的检测器。原理是通过电极对含有化学发光物质的化学体系施加一定的电压或通过一定的电流，导致发生能释放能量以激发发光物质化学发光的化学反应；或者利用电极提供能量直接使发光物质进行氧化还原反应，生成某种不稳定的中间态物质，该物质迅速分解导致发光。

03.2072　光散射检测器　light scattering detector

测定色谱柱流出物的散射光强度的检测器。

03.2073　蒸发光散射检测器　evaporative light-scattering detector, ELSD

测定色谱柱流出物的光散射性质的检测器。由雾化器、溶剂蒸发室(加热漂移管)、激光光源和光检测器等部件构成。色谱柱流出液导入雾化器，被载气雾化成微细液滴。液滴通过加热漂移管时，溶剂被蒸发掉，只留下溶质(样品)。激光束照在溶质颗粒上产生光散射，光收集器收集散射光并通过光电倍增管转变成电信号。

03.2074　光离子化检测器　photo-ionization detector, PID

利用密封的紫外线灯发射的紫外光，使色谱柱流出的样品组分电离，在电场作用下形成电流的检测器。适合于多环芳烃等物质的高灵敏度检测。

03.2075　放射性检测器　radioactivity detector

通过检测组分分子中不稳定原子核转变为其他原子核过程中发射的 α、β、或 γ 射线强度来测定具有放射性组分的检测器。

03.2076　质谱检测器　mass spectrometric detector, MSD

又称"质量选择[性]检测器(mass selective detector, MSD)"。将色谱柱流出物引入质谱离子源，实时测定被分析物的质谱图或某些特征离子，以获得总离子流色谱图或质量色谱图，从而实现定性定量分析。是作为色谱的检测器的专用质谱仪。采用质谱检测器的色谱分析一般称为色谱-质谱联用分析。

03.2077　薄层板　thin layer plate

薄层色谱中的固定相。

03.2078　展开槽　developing tank

薄层色谱或纸色谱分析中展开样品组分所用的盛有展开剂的玻璃器皿。

03.2079　馏分收集器　fraction collector

又称"流分收集器"。接收色谱柱流出物的装置。接在色谱柱或检测器的出口处，将色谱柱分离后的某些组分按照出峰顺序和时间收集在容器(如试管)中，以制备纯样品或对某些组分做进一步分析。

03.2080　荧光薄层板　fluorescent thin layer plate

固定相中含有荧光物质的薄层板。

03.2081　旋转薄层色谱仪　rotating thin layer chromatograph

实现旋转薄层色谱分离分析的仪器装置。

03.2082　聚苯乙烯-二乙烯苯树脂　polystyrene-divinylbenzene resin

苯乙烯和二乙烯苯的单体经共聚合反应生成的颗粒材料。可用作阴阳离子交换剂的基质和凝胶渗透色谱的固定相。

03.2083　液相色谱-傅里叶变换红外光谱联用仪　liquid chromatography- Fourier transform infrared spectrometer, LC-FTIR

实现液相色谱-傅里叶变换红外光谱联用分析的仪器装置。

03.2084　色谱-原子吸收光谱联用仪　chromatography-atomic absorption spectrometer

实现色谱-原子吸收光谱联用分析的仪器装置。

03.2085　气相色谱-傅里叶变换红外光谱联用仪　chromatograph coupled with Fourier transform infrared spectrometer, GC-FTIR

实现气相色谱-红外光谱联用分析的仪器装置。

03.2086　激光质谱法　laser mass spectrometry

应用激光离子源的质谱法。

03.2087　液相色谱-核磁共振谱联用仪　liquid chromatography-nuclear magnetic resonance system, LC-NMR system

实现液相色谱-核磁共振谱联用分析的仪器装置。

03.2088 毛细管电泳-质谱联用仪 capillary electrophoresis-mass spectrometry system, CE-MS system

实现毛细管电泳-质谱联用分析的仪器装置。主要由毛细管电泳仪、接口、质谱检测器和数据系统组成。

03.2089 涂布器 spreader

在薄层板上涂布固定相的装置。

03.2090 管式炉裂解器 tube furnace pyrolyzer

采用电热丝加热的石英管，当管中温度达到平衡温度时，将盛有被测样品的铂舟送入炉管内使样品裂解的一种电加热炉裂解器。

03.2091 居里点裂解器 Curie point pyrolyzer

加热元件为铁磁性物质。样品在铁磁-顺磁转变点(居里点)下发生裂解的一种高频感应加热裂解器。

03.2092 热丝裂解器 hot filament pyrolyzer

热丝材料为铂丝和镍铬丝或带，丝绕成螺旋管状，样品直接附在热带上，或置于石英管中，再放到螺旋管中，热丝(带)通电流后发热，到达平衡温度时样品裂解成小分子碎片产物的裂解器。

03.2093 微炉裂解器 microfurnace pyrolyzer

原理与管式炉裂解器相同，但采用了立式设计的一种微型电加热炉裂解器。

03.2094 激光裂解器 laser pyrolyzer

以激光作为高温能源的裂解器。激光器发射的光束经透镜聚光后射到裂解室内的样品上，样品通过多光子吸收或电子隧道效应，吸收一部分激光光能，迅速裂解为小分子碎片。

03.2095 积分仪 integrator

又称"积分器"。按时间累积计算检测系统所产生的电信号的仪器。

03.2096 记录仪 recorder

记录色谱检测器输出的随时间变化的信号的仪器。

03.2097 色谱数据系统 chromatographic data system

用于记录色谱信号、处理数据并输出分析报告的计算机系统，通过接口(模数转换器)将色谱仪检测器的模拟输出信号转换为数字信号，以实现数据采集和处理、报告编辑和打印等功能。

03.2098 色谱工作站 chromatographic workstation

用于控制仪器参数、记录色谱信号、处理数据并输出分析报告的计算机系统，包括与色谱仪连接的接口硬件(模数转换器和数模转换器以及网卡等)和实现仪器控制、数据采集和处理、报告编辑和打印，以及网络连接等功能的软件。

03.2099 气相色谱专家系统 expert system of gas chromatography

结合计算机技术和人工智能原理，把色谱专家的经验、知识、逻辑推理方法与判断原则赋予计算机，通过软件系统来选择色谱分离体系、优化操作条件、实现样品组分的定性和定量分析。

03.2100 保留值定性法 retention qualitative method

对照标准物质和未知物在相同色谱条件下的保留值进行色谱峰定性鉴定的方法。

03.2101　双柱定性法　double-column qualitative method

对照标准物质和未知物在两根极性不同的色谱柱上的保留值进行色谱峰定性鉴定的方法。

03.2102　保留指数定性法　retention index qualitative method

利用保留指数对未知物色谱峰进行定性鉴定的方法。

03.2103　校正因子　correction factor

单位浓度(或质量)的物质进入检测器所产生的信号值(峰面积或峰高)。

03.2104　相对校正因子　relative correction factor

物质的校正因子与标准物质的校正因子之比。

03.2105　响应因子　response factor

进入检测器产生单位信号值所需要的样品浓度(或质量)。

03.2106　归一化法　normalization method

色谱分析的一种定量方法,把样品中各个组分的峰面积乘以各自的相对校正因子并求和,此和值相当于所有组分的总质量,即所谓的"归一"。样品中某组分 i 的百分含量可用下式计算:

$$x_i(\%) = \frac{f_i \cdot A_i}{\sum f_i A_i} \times 100\%$$

式中 x_i 为待测样品中组分 i 的含量(浓度); A_i 为组分 i 的峰面积(或峰高); f_i 为组分 i 的校正因子。

03.2107　进样体积　injection volume

引入色谱系统的样品的体积。

03.2108　分流进样　split sampling, split injection

毛细管气相色谱的一种进样方式。即样品在气化室中完全气化并与载气充分混合后,一部分进入色谱柱,其余部分放空。

03.2109　不分流进样　splitless sampling, splitless injection

相对于分流进样而言,进样时关闭分流出口,使气化后的绝大部分样品组分都进入色谱柱的进样方式。

03.2110　柱上进样　on-column injection

又称"柱头进样"。采用特殊注射器将样品直接引入到色谱柱上或者保留间隙管中的进样方式。

03.2111　冷柱上进样　cool on-column injection

将色谱柱前端置于低温下(用干冰或液氮控温)的柱上进样方式。

03.2112　大体积进样　large-volumn injection

毛细管气相色谱分析中,通过采用程序升温蒸发器或冷柱头进样配合保留间隙管,一次或多次注射,使进样体积可高达毫升级的进样方式。

03.2113　程序升温进样　programmed temperature sampling

气相色谱中采用程序升温蒸发器气化样品的进样方式。

03.2114　点样　sample application

平面色谱中将样品加载到分离介质上的操作。

03.2115　电动进样　electrokinetic injection

又称"电迁移进样(electromigration injection)"。毛细管电泳分析中的一种进样方式,即进样时将毛细管入口端插入样品瓶中,然后在毛细管两端施加一定的电压,靠电渗流将样品带入毛细管。

03.2116　流体力学进样　hydrodynamic injection

毛细管电泳分析中的一种进样方式，即通过在毛细管进样端加气压，或者出口端抽真空将样品引入毛细管，也可以用虹吸的方式进样。

03.2117　虹吸进样　siphon injection

毛细管电泳分析中的一种进样方式，即进样时将毛细管入口端的样品瓶升高，靠入口端和出口端液面差所形成的虹吸作用将样品吸入毛细管。

03.2118　场放大进样　electrical field magnified injection

毛细管电泳分析中的一种进样方式，即进样前先在入口端引入一段低电导溶液或水，再用电动进样方式进样。这样就可利用进样端局部电场强度放大的作用同时实现样品浓缩。

03.2119　湿法柱填充　wet column packing

又称"匀浆填充(slurry packing)"。将固体填料在一定的溶剂中形成匀浆，然后装填到色谱柱中的方法。

03.2120　干法柱填充　dry column packing

将固体填料直接以干的固体形式装填到色谱柱中的方法。

03.2121　涂渍　coat

将固定液涂敷到载体表面或毛细管内表面，以制备色谱柱的过程。

03.2122　柱再生　column regeneration

通过高温烘烤、溶剂冲洗或修补等措施使色谱柱恢复性能的过程。

03.2123　柱切换　column switching

通过阀的动作将一根色谱柱的流出物引入到另一根色谱柱的过程。也指1个进样口通过阀并联连接多根色谱柱，根据被分析物的需要选择某一根或几根色谱柱进行分析的过程。

03.2124　保留间隙　retention gap

一段 5~10m 长的未涂固定相的空石英毛细管，使用时连接在毛细管气相色谱仪的进样口和分析柱之间，以利于实现样品组分的溶剂聚焦。

03.2125　反吹　back flushing

改变色谱柱中流动相的方向的操作。即在感兴趣的样品组分流出色谱柱后，将载气反向通过色谱柱，从而将保留在色谱柱中的强保留组分反吹出色谱柱入口，以缩短分析时间，延长色谱柱寿命。

03.2126　老化　conditioning

色谱柱或分离通道的预处理过程。在气相色谱中一般是在升高温度的同时给色谱柱通载气，以除去色谱柱中的残留溶剂和易挥发性杂质，并使固定相分布更均匀，性能更稳定；在液相色谱中，常常是用流动相通过色谱柱，在毛细管电泳中则是用运行缓冲溶液通过毛细管，从而使分离介质适应后续的分离操作条件。

03.2127　最小检出量　minimum detectable quantity

以进入检测器的样品组分的质量表示的检测限。

03.2128　最低检测浓度　minimum detectable concentration

以进入检测器的样品组分的浓度表示的检测限。

03.2129　动态范围　dynamic range

流动相中某种物质的浓度或质量流速范围。在此范围内，进入检测器的样品组分浓度或流动相中组分的质量流速增加时，检测器的响应值随之增加。以动态范围的上限和下限之比值表示(见下图)。检测器的动态范围大于其线性范围。

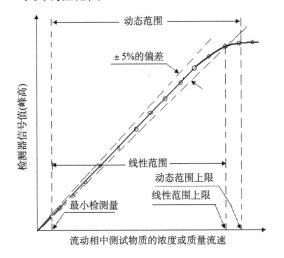

03.2130　时间常数　time constant
某一组分从进入检测器到响应值达到其实际值的 63%所经过的时间。

03.2131　间接检测　indirect detection
在色谱和毛细管电泳分析中，如果样品组分在检测器上没有响应，就可以在分离介质中加入有较强检测器响应的物质，这样就造成很强的背景信号，当样品组分进入检测器时，背景信号降低，出现负峰，此即间接检测。

03.2132　停流技术　stopped-flow technique
分析过程中让流动相暂时停止流动，以便进行柱前或柱后衍生化，或者让流出色谱柱的组分停留在检测器中进行进一步分析的技术。

03.2133　柱前衍生化　pro-column derivatization
样品进入色谱柱分离前，加入衍生化试剂对样品进行衍生化处理的技术。

03.2134　柱上衍生化　on-column derivatization

将样品和衍生化试剂同时引入色谱柱，在分离的同时实现样品衍生化的技术。

03.2135　柱后衍生化　post column derivatization
被分离的样品组分流出色谱柱后，加入衍生化试剂对样品组分进行衍生化处理的技术。

03.2136　柱后反应器　post column reactor
置于色谱柱下游的反应器。可对流出色谱柱的样品组分进行处理，如柱后衍生化等。

03.2137　升温速率曲线　heating rate curve
程序升温过程中，温度随时间的变化曲线。根据升温速率的设定，一般有三种形式：凸形、凹形和线性。

03.2138　阶梯升温程序　stepped temperature program
温度-时间曲线呈台阶状的温度变化程序。

03.2139　升温速率　temperature rate
单位时间内温度变化的数值。色谱分析中指温度变化的快慢。

03.2140　梯度洗脱　gradient elution
液相色谱分析中，流动相的组成(洗脱能力)随时间进行梯度变化的洗脱方法，目的是使保留性能相差很大的多种成分在合理的时间内全部洗脱并实现相互分离。在仪器配置上分低压梯度和高压梯度。

03.2141　等度洗脱　isocratic elution
又称"恒溶剂洗脱"。流动相组成不变的洗脱方式。

03.2142　恒流量洗脱　isorheic elution
在分析过程中流动相流量保持不变的洗脱

方法。

03.2143 高压梯度 high-pressure gradient
又称"内梯度"。一种实现梯度洗脱的方式。采用两个或两个以上的高压输液泵输送两种或两种以上的溶剂或溶液,不同的溶剂或溶液在泵后的高压状态下进入梯度混合室混合形成梯度洗脱流动相,然后进入色谱柱。梯度组成由不同高压泵的流速比例确定。

03.2144 低压梯度 low-pressure gradient
又称"外梯度"。一种实现梯度洗脱的方式。采用电磁比例阀在常压下将流动相的不同组分混合,然后再用高压输液泵送入色谱柱,梯度组成由比例阀控制。

03.2145 程序变流 programmed flow
又称"程序流速"。流动相流速按照程序设定随分析时间进行线性或非线性变化的技术。

03.2146 程序升气压 programmed pressure
色谱柱前压力按照程序设定随分析时间进行线性或非线性变化的技术。

03.2147 程序升电压 programmed voltage
毛细管电泳中分析电压按照程序设定随分析时间进行线性或非线性变化的技术。

03.2148 程序升温 programmed temperature
色谱柱的温度按照程序设定随分析时间进行线性或非线性变化的技术。

03.2149 封尾 endcapping
又称"封端"。采用硅烷化试剂与硅胶基键合固定相上残留的硅羟基反应,以减少或消除残留硅羟基引起的二次保留作用。

03.2150 中心切割 heart-cutting
通过阀接口将第一维色谱柱流出的某个或某几个色谱峰切换到第二维色谱柱上进行进一步分离的一种多维色谱方法。

03.2151 柱上检测 on-line detection
利用紫外、荧光或电化学等高灵敏度检测技术,对经过分离介质末端处的样品组分进行直接检测,能够减少分离介质和检测器之间的柱外效应导致的峰展宽。

03.2152 展开槽饱和 chamber saturation
在薄层色谱或纸色谱分析中,将点样后的薄层板或色谱纸置于展开槽中,但不接触展开剂(即流动相),盖上密封盖静置一定时间,使展开剂在展开槽中达到气液平衡的过程。

03.2153 上行展开[法] ascending development method
展开剂从纸或薄层板的下端开始不断向上移动的展开方法。

03.2154 下行展开[法] descending development method
展开剂从纸或薄层板的上端开始不断向下移动的展开方法。

03.2155 双向展开[法] two-dimensional development method
先在1个方向上展开,然后将固定相板旋转90°,再在与第一次展开分析垂直的方向上展开的一种平面色谱的多维分析方法。

03.2156 径向展开[法] radial development
薄层色谱法中,将点样原点附近的部分固定相刮去,使展开剂只能通过原点附近较窄的部分向前移动,展开剂前沿呈弧形的展开方法。

03.2157 向心展开[法] centripedal development
将样品以环状加载到薄层板或色谱纸的外沿,在此处引入展开剂后其前沿向圆心处移动的展开方法。

03.2158　多次展开[法]　multiple development
展开剂前沿移动到薄层板或色谱纸的预定位置后，除去展开剂，再用同一展开剂或不同的展开剂在相同的方向多次重复展开的方法。

03.2159　连续展开[法]　continuous development
展开剂前沿移动到薄层板或色谱纸的预定位置时不断将其除去，如此连续进行展开的方法。

03.2160　环形展开[法]　circular development
将样品加载到薄层板或色谱纸的中心，在此处引入展开剂后其前沿呈同心圆状向外移动的展开方法。

03.2161　分步展开[法]　stepwise development
用两种或两种以上不同组成的展开剂沿薄层板或色谱纸先后各自移动一定距离的展开方法。

03.2162　斑点定位法　localization of spot
利用显色剂和其他化学、物理、生物等方法确定分离的组分在纸或薄层板上位置的方法。

03.2163　原位定量　in situ quantitation
展开后不用转移或洗脱组分，直接在纸或薄层板上进行测定的方法。

03.2164　生物自显影法　bioautography
展开后以细菌培养出现抑菌圈来确定活性抗生素组分在纸或薄层板上位置的方法。

03.2165　样品堆积　stacking
色谱和毛细管电泳分析中一种在线样品浓缩的方法。如果样品溶液的电导率较背景电解质溶液的电导率低，样品区带的电场强度就大，离子在样品区带的迁移速率就高，当进入分离介质时，速率就会减慢，因而在样品区带与分离介质之间的界面上样品就会堆积起来，使样品区带变窄。

03.2166　推扫　sweeping
胶束电动毛细管色谱采用的区带压缩技术。即样品区带和背景电解质区带具有相近的电导率，通常情况下，采用相同种类和浓度的缓冲试剂但不含有十二烷基硫酸钠(SDS)胶束的背景电解质溶液来溶解样品。用不含有 SDS 胶束的背景电解质溶液预冲洗毛细管，进样口为含有 SDS 胶束的推扫缓冲液，出样口的缓冲液则不含 SDS 胶束。在毛细管两端施加负电压，带负电的 SDS 胶束将进入毛细管，定向移动通过样品带，胶束与样品相互作用并带动样品一起运动，从而使样品区带压缩并实现富集。

03.2167　区带压缩　zone compression
毛细管电泳分析中为了降低方法的检测限而采用的在线浓缩技术。包括样品堆积和推扫等。

03.04.05　核磁共振分析

03.2168　核磁共振　nuclear magnetic resonance, NMR
核自旋量子数 $I \neq 0$ 的原子核，在静磁场中由于核磁矩和静磁场相互作用形成一组分裂的能级，在射频的作用下，能级间发生跃迁而出现的共振现象。

03.2169　核磁共振波谱法　nuclear magnetic resonance spectroscopy, NMR spectroscopy
利用核磁共振现象获取物质内分子结构、排列和相互作用的方法。

03.2170　质子核磁共振　proton magnetic resonance, PMR
研究质子或者 ^{1}H 的核磁共振现象来进行结构和相互作用分析的方法。

03.2171　碳-13 核磁共振　^{13}C nuclear magnetic resonance, ^{13}C-NMR
研究碳-13 核的核磁共振现象来进行结构和相互作用分析的方法。

03.2172　多核磁共振　multi-nuclear magnetic resonance
研究各种磁性核而获得相关结构和动态作用信息的核磁共振方法。

03.2173　核磁矩　nuclear magnetic moment
核的性质之一,由核内质子和中子的自旋磁矩和轨道磁矩所组成。反映了核内电荷分布状况,与核内核子的运动状态有关,其绝对值取决于自旋量子数。

03.2174　核四极矩　nuclear quadrupole moment
对于核自旋量子数 $I>1/2$ 的原子核,其正电荷在原子核表面呈椭球对称分布,相当于在正电荷均匀球对称分布的基础上又加上了一对电偶极矩。这种椭球对称的电荷分布使原子核具有核四极矩。

03.2175　哈密顿[算符]　Hamiltonian
核磁共振中的能量算符,针对不同因素(含化学位移项、耦合常数项和相互作用项)变化进行计算的方法。共振核的状态矢量 $|\psi(x,t)\rangle$ 的动力学演化由薛定谔方程表示:
$i\hbar\dfrac{\partial}{\partial t}|\psi(x,t)\rangle = H(x,t)|\psi(x,t)\rangle$,其中对应于系统的总能量的算符 $H(x,t)$ 称为哈密顿算符。

03.2176　布洛赫方程　Bloch equation
布洛赫在 1946 年首先用经典理论描述核磁共振现象,并提出了一组方程,用来描述主体原子核在磁场中经过射频场作用产生的宏观磁化强度矢量的运动过程。

03.2177　相关时间　correlation time
分子的相关时间是反映分子随机(热)运动状况的 1 个微观物理量,用来表征分子从一种状态转变到另一种状态所需的统计平均时间,通常用 τ 表示。当检测体系中的运动状态直接影响磁性核之间的偶极耦合和分子的弛豫过程时,相关时间也是用来解释核欧沃豪斯效应的 1 个重要参数。

03.2178　相关函数　correlation function
用来表征分子从一种状态转变到另一种状态所需的平均时间客观规律的函数。与相关时间 τ 密切相关,反映分子内相互作用。

03.2179　洛伦兹线型　Lorentzian lineshape
光谱的谱线形状主要取决于样品的性质及其环境。理论上,谱的线型可分为高斯线型和洛伦兹线型两种。溶液样品的谱线一般是洛伦兹线型,此种线型峰尖锐,但在基线附近缓慢趋于基线。一般情况下是这两种线型的混合。

03.2180　高斯线型　Gaussian lineshape
光谱的谱线形状主要取决于样品的性质及其环境。理论上,谱的线型可分为高斯线型和洛伦兹线型两种。固体样品则近于高斯线型。高斯线型峰相对不尖锐,在基线附近快速趋于基线。

03.2181　磁化强度　magnetization
描述磁介质磁化矢量的物理量。

03.2182　磁旋比　magnetogyric ratio
又称“回磁比”“旋磁比”。微观粒子某种运动所产生的磁矩与其角动量之比。

03.2183　进动　precession

又称"核的旋进"。对于 1 个核自旋量子数非零的核，带电荷的核旋转时会产生磁场，当这个自旋核置于磁场中时，核自旋产生的磁场在外加磁场作用下，会产生进动状态，使核自旋绕磁场做旋转运动为进动，即旋进。

03.2184　拉莫尔频率　Larmor frequency

带电粒子受恒磁场的作用产生的力矩使其绕恒磁场方向做的旋转运动为旋进，或进动(拉莫尔进动)，其频率称为拉莫尔频率。

03.2185　纵向弛豫　longitudinal relaxation

又称"自旋-晶格弛豫(spin-lattice relaxation)"。处于非平衡态的自旋核将能量以非辐射方式转移给周围分子(通过固体的晶格或液体的分子，溶剂分子)而变为热，使高能级的核数目减小，总能量下降的现象。

03.2186　横向弛豫　transverse relaxation

又称"自旋-自旋弛豫(spin-spin relaxation)"。体系中非平衡态核的能量转移给低能级同类核，各能级核的总数和核的磁化强度矢量总和不变，只是自旋体系内部核与核间的能量发生交换的现象。

03.2187　屏蔽常数　shielding constant

由于原子核外电子的运动使原子核受到一定的屏蔽，这时该核对外界的静电作用力减少到以有效核电荷 Z'' 计。Z'' 可以表示为 $Z''=Z-\sum\sigma_i$，其中 σ_i 是核外第 i 个电子对核的屏蔽常数，$\sum\sigma_i$ 是核外各电子对核的屏蔽作用的总和。

03.2188　去屏蔽　deshielding

质子核磁共振中，某基团附近由于有 1 个或几个吸电子基团存在或者该基团处于磁场各向异性基团的特定区域时，使该基团中质子周围的电子云密度降低，屏蔽效应也随之降低的现象。

03.2189　顺磁屏蔽　paramagnetic shielding

当核外电子云呈非球形时，此种电子环流产生的一定空间分布局部磁场，某种程度上阻碍了电子云的自由转动，或者说在磁场的诱导下使基态电子掺有激发态的成分而导致这种电子屏蔽作用增强，是顺着外磁场方向(同向)使场强增加，这种屏蔽称为顺磁屏蔽。

03.2190　[磁]饱和　saturation

由于高低能级间粒子的快速跃迁达到动态平衡，而使共振信号消失的现象。

03.2191　顺磁物质　paramagnetic substance

分子结构中至少含有 1 个未成对电子，在外加磁场作用下可以诱导产生使外磁场强度增加的物质。

03.2192　顺磁效应　paramagnetic effect

由于分子中未成对电子的存在，如自由基等，在外加磁场作用下可以诱导产生使外磁场强度增强的现象。

03.2193　核磁共振波谱仪　nuclear magnetic resonance spectrometer

用来观察核磁共振信号的仪器。一般由磁体、探头、射频发生系统、射频接收系统及记录处理设备组成。

03.2194　连续波核磁共振[波谱]仪　continuous wave nuclear magnetic resonance spectrometer

射频以连续波方式变化获得核磁共振谱信息的仪器。

03.2195　脉冲傅里叶变换核磁共振[波谱]仪　pulse Fourier transform nuclear magnetic resonance spectrometer

利用脉冲技术及傅里叶变换检测试样的核磁共振信息的仪器。脉冲傅里叶变换核磁共振仪一般包括 5 个主要部分:射频发射系统、探头、磁场系统、信号接收系统和信号处理与控制系统。

03.2196 超导核磁共振波谱仪 nuclear magnetic resonance spectrometer with superconducting magnet

采用超导磁体产生磁场的核磁共振波谱仪。

03.2197 顺磁共振[波谱]仪 electron paramagnetic resonance spectrometer

测量电子在磁场作用下电子自旋能级发生分裂而形成的顺磁共振(电子自旋共振)信号的磁共振仪。

03.2198 扫场模式 field sweep mode

固定射频频率而不断连续改变外加磁场强度,使欲研究的核自旋体系所有有关核依次达到共振的方法。

03.2199 扫频模式 frequency sweep mode

固定外加磁场强度而不断改变射频频率,使欲研究的核自旋体系所有有关核依次达到共振的方法。

03.2200 频域信号 frequency domain signal

描述事件所含频率成分及其幅度的信号,频率图描述了信号的频率结构及频率与该频率信号幅度的关系。

03.2201 时域信号 time domain signal

自变量是时间,即横轴是时间,纵轴是信号强度的变化。

03.2202 多道谱仪 multi-channel spectrometer

安装多个固定频率通道的波谱检测器,同时获得多种谱线信号的仪器。

03.2203 探头 probe

位于磁极间隙或螺旋磁线圈中,由发射线圈和接收线圈、调谐、匹配及滤波电路组成的信号监测系统的部件。

03.2204 脉冲宽度 pulse width

对核自旋体系施加射频激发脉冲的持续时间。

03.2205 脉冲倾倒角 pulse flip angle

在特定的射频脉冲作用下,核磁共振体系的宏观磁化强度矢量进动翻转的角度。

03.2206 最佳倾倒角 optimum pulse flip angle

在有限实验时间内能更有效地获取最大稳态核磁共振信息所采用的倾倒角。化学环境不同的核有不同的弛豫时间,各有 1 个最佳倾倒角。

03.2207 谱线宽度 spectral width

又称"半值宽度"。简称"谱宽"。辐射频谱分布曲线上在最大强度一半处对应的频率宽度。

03.2208 脉冲序列 pulse sequence

在脉冲傅里叶变换核磁共振研究中,根据实验要求而设计的一系列各种不同宽度、不同相位、不同形状、不同时间间隔射频脉冲的组合。

03.2209 脉冲间隔 pulse interval

两个射频脉冲序列之间间隔的时间。

03.2210 脉冲延迟 pulse delay

在采用脉冲傅里叶变换核磁共振实验中,设定脉冲后一定时间进行信号采集的方法。相应时间称为脉冲延迟时间。

03.2211 采样间隔时间 dwell time

在采集时域自由感应衰减信号时每两个相邻数据点所间隔的时间。

03.2212 采样时间 acquisition time

采集 1 个信号所需要的时间。

03.2213 脉冲梯度场技术 pulse magnetic field gradient technology, PFG technology

在均匀磁场中采用脉冲方式施加 1 个梯度磁场，再施加 1 个完全反向的脉冲(强度的绝对值相同，作用时间相同，只是方向相反)，形成恰好相反的梯度磁场，使体系中散相的磁化矢量按空间位置又重新会聚在一起(即聚相或重聚焦)，这样便可使散相了的信号重聚得到检测，此种技术为脉冲梯度场技术。

03.2214 选择性脉冲 selective pulse

只对一条谱线(单一频率)或一些谱线(多个频率或某些频率窄区)进行激发而其余谱线皆不激发，常常使用场强比较弱的射频场软脉冲来实现。

03.2215 章动 nutation

用 1 个单脉冲作用于自旋体系，此时微观带电粒子自旋体系在外磁场下，受到来自不同于磁场方向的共振频率电磁波的作用，体系除了在绕外磁场进动的同时也绕共振频率电磁波磁场进动，这种兼绕两个不同方向磁场下的运动称为章动。

03.2216 自旋锁定 spin locking

在旋转坐标系$(x'y'z')$中，当沿 x' 轴上施加 1 个 90°脉冲 B_1，体系磁化强度 M 转到 y' 轴，随即将射频场 B_1 的相位角移动 90°，使 B_1 沿 y' 轴。由于 M 与 B_1 平行，M 不受任何力矩，而被停留在 y' 轴上，此现象和技术被称为自旋锁定。

03.2217 辐射阻尼 radiation damping

由于辐射，谐振子受到阻尼力的作用，辐射出的电磁波的振幅不断衰减的现象。

03.2218 自由感应衰减 free induction decay, FID

经激发后的自旋核的磁化矢量强度回到基态的过程，随时间而衰减。

03.2219 冲零 zero filling

利用向自由感应衰减信号中增加一段空白信号来增加信号量，经傅里叶变化后提高波谱分析的分辨率的方法。对时域信号进行自由感应衰减数字采样后的数据处理方法。在有限点数的后端填充零数据。

03.2220 吸收型谱 absorption spectrum

在检测核磁共振信号时，共振信号随频率由零到极大(共振点)再返回到零的过程，此种共振峰型为吸收型(v 模式)，所得的共振图谱为吸收型谱。观测时通常采用吸收谱。

03.2221 色散型谱 dispersion spectrum

在检测核磁共振信号时，共振点频率为零，偏离共振点两侧信号一正一负，共振点皆恢复为零的峰型为色散型(u 模式)，可以反映不同频率的峰的相位变化，所得图谱称为色散型谱。

03.2222 量值谱 magnitude spectrum

脉冲傅里叶变换核磁共振所得的谱图。其谱峰不用统一调整成纯吸收峰图谱，而是吸收与色谱的混合型，为此统一将它们处理，变化后给出不考虑相位变化的 M_{xy} 磁场方向吸收值相对频率的变化图谱($\sqrt{u^2+v^2}$ 模式)，其图谱称为量值谱。

03.2223 信号平均累加器 computer of average transients

将所获得的信号按一定特征进行累加的方法。

03.2224 匀场 shimming

核磁共振谱的获得对外加磁场的均匀度要求极高，任何制作的磁体均不可能达到理想的均匀，必须使用匀场线圈调节其中电流大小产生各种空间分布的磁场梯度来补偿磁体固有的不均匀性。

03.2225 匀场线圈 shim coil

通常是一组线圈组成，当每一支线圈有电流通过时，则产生特定空间分布梯度磁场，而各线圈可产生的梯度场空间分布函数大多数是相互改变的。

03.2226 主带 main band

核磁共振测量中用声频的交变电磁场叠加到静磁场 B_0 或对射频频率进行声频调制时，核磁共振谱线会出现未经调制的核磁共振信号及其两侧对称的间隔为调整频率的强度呈衰减的信号。中间的信号称为主带，两侧的信号称为"边带(side band)"。

03.2227 调制边带 modulated side band

核磁共振测量中观察到的信号的边缘部分，可以反应相位的变化和一些相互作用的信息。

03.2228 相位 phase

反映共振核与脉冲相互作用时的一种状态的物理量。

03.2229 外锁 external lock

使用放在试样之外，与被测试核不处在磁极间同一位置上的核(一般为氘)，提供锁信号，进行锁场达到稳定磁场的目的。

03.2230 内锁 internal lock

使用溶在试样中，与被测试核处在磁极间同一位置上的核(一般为氘)，提供锁信号，进行锁场达到稳定磁场的目的。

03.2231 自旋回波重聚[焦] spin echo refo-cusing

通过$(90°-\tau)\sim(180°-\tau)$的自旋回波脉冲序列，将散相的磁化矢量横向分量重聚，利用它可

消除磁场不均匀性影响。

03.2232 [射频发射器的]偏置 off-set

核磁共振信号的共振频率与样品监测的射频参考频率之差。在正交检测模式中，为使激发射频脉冲(常称射频器偏量)的频率要设在谱宽的中心，大概在 $\delta_H=7$ 处。无数字锁场靠氘核锁场的仪器，则根据所使用的氘代溶剂而设定的偏量。仪器可制作的磁体可产生的磁场强度是一定的，为使射频脉冲的频率对准可观测的谱中心而设定的偏量。

03.2233 折叠 folding

根据奈奎斯特(Nyquist)取样法则，当取样频率小于检测谱宽，原来理应落在检测范围外的信号折叠到谱图中的效应。

03.2234 时间平均法 time averaging method

在时域中从混有噪声干扰的信号(例如样品量少时)中提取周期分量，采用多次累加以取得合适信噪比谱图的方法。

03.2235 一级图谱 first order spectrum

在自旋耦合系统中，两核间化学位移差以 Hz 计，与其之间的耦合常数之比大得多(比如 6)时产生的图谱称为一级图谱。其谱峰的裂分遵循 $2nI+1$ 规则 I 为(该同位素)的自旋量子数，其自旋系统为简单耦合系统。

03.2236 二级图谱 second order spectrum

在自旋耦合系统中，两核间化学位移差以 Hz 计，与其之间的耦合常数之比相近(比如小于 6)时产生的图谱称为二级图谱。其自旋系统为强耦合系统。

03.2237 磁等价质子 magnetic equivalent protons

以质子为例，如果有一组化学等价质子，当其与组外的任一磁核偶合时，其耦合常数相等，该组质子称为磁等价质子。

03.2238 化学全同 chemical equivalence
一些核处在相同的化学环境，表现出相同的化学位移。

03.2239 组合峰 combination line
由于有多重核相互作用导致的信号峰。

03.2240 假象简单图谱 deceptively simple spectrum
在 ABX 体系中，当物质 A 与物质 B 的化学位移接近到小于耦合常数 J 时，发生谱线重叠或简并的现象，致谱图近似简单耦合关系图。当使用高场谱仪时，此现象常会减弱或消失。

03.2241 偏共振 off resonance
用于检测(或去耦)的射频发射频率略微偏离检测核(或去耦核)的共振频率的实验方法。

03.2242 δ 值 δ-value
化学位移的标度的标记。规定零点左侧为正，右侧为负。量纲为 1，常用 ppm 为单位。

03.2243 τ 值 τ-value
过去文献中采用的化学位移表示符号。现已不用。

03.2244 抗磁位移 diamagnetic shift
由于电子自旋轨道产生的诱导磁场与外磁场方向相反而导致的共振位移的现象。

03.2245 顺磁位移 paramagnetic shift
由于电子自旋轨道(p, d…)产生的诱导磁场与外磁场方向相同而导致的共振位移的现象。

03.2246 溶剂位移 solvent shift
由于被分析物质与溶剂发生相互作用导致有关核的共振位移现象。

03.2247 化学位移各向异性[效应] chemical shift anisotropy
由电子组成的化学键在空间形成小的磁场与化学键是不对称的现象。

03.2248 范德瓦耳斯位移 van der Waals shift
由于分子内(外)两基团范德瓦耳斯力作用而改变了相应的核的电子云屏蔽，导致产生的化学位移改变的现象。

03.2249 耦合 coupling
核磁共振中相邻的原子核上磁不等价的核之间相互作用导致信号分裂的现象。

03.2250 自旋-自旋裂分 spin-spin splitting
核自旋之间通过分子内成键电子传递的间接相互作用。

03.2251 标量耦合 scalar coupling
通过分子内化学键相互作用产生的自旋耦合相互作用。

03.2252 耦合常数 coupling constant
表征两磁性核的自旋通过成键电子传递的间接相互作用大小的物理量。AB 两核相隔 n 个化学键的耦合常数记以 J_{AB}，量纲为 Hz。

03.2253 剩余耦合常数 residual coupling constant
偏共振去耦谱中，所观察到的耦合常数。其比真实耦合常数小。其大小与去耦功率和频偏大小有关。

03.2254 远程耦合 long range coupling
在质子核磁共振中，核间相隔 4 个或 4 个以上键之间的耦合；在碳-13 核磁共振中，则为相隔 2 个或者 2 个以上键之间的耦合。

03.2255 虚拟远程耦合 virtual long-range coupling

当使用低频核磁共振谱仪时，在强耦合体系中，可能发生峰形畸变或谱线分裂数目及裂距异常等现象，1个长碳直链的端甲基，三重峰畸变，左外侧峰强，右外侧峰不明显的现象，好像多个 CH_2 对其有耦合的现象，此时连接端甲基的 CH_2 与若干个 CH_2 的 δ 值很接近，形成1个大的强耦合体系。这种现象称为虚拟远程耦合。

03.2256 g因子 g-factor
电子自旋共振波谱中描述电子的1个重要参数，表征着磁场的共振位置。与未成对电子在原子结构或者分子的某化学键上的位置有关，自由电子 g_e=2.00232，不少有机自由基的 g 因子很接近此值，多数过渡金属粒子及其化合物的 g 因子则远离 g_e。因电子轨道角动量有较大贡献，通常 g 因子是各向异性的，应以 g 残量表示。

03.2257 旋转边带 spinning side band
试管旋转时，由于它所在的磁场不均匀性而引起在主峰两侧距离为旋转频率的位置出现对称的边峰。

03.2258 同位素边峰 isotope side band
碳同位素 C-13 的自旋量子数 I=1/2，可将与之相连的氢谱分裂为二重峰，对称地分布在主峰的两边，称为同位素边峰。其实仍属氢的共振峰。

03.2259 同核去耦 homonuclear decoupling
利用调制边带使去耦射频频率跟随主磁场同步变化，从而实现对某一谱线的连续辐照，达到同核去耦。

03.2260 异核去耦 heteronuclear decoupling
同时对所需去耦的核(通常为 ^1H)的全谱进行连续辐照，消除所有被去耦核对观测核的耦合，使得被测谱(通常为 ^{13}C、^{15}N 等)中由异核耦合所引起的多重谱线合并为单一谱线，

简化了图谱，增强了谱线强度。

03.2261 双共振 double resonance
利用第二射频场导致的共振现象。

03.2262 自旋去耦 spin decoupling
又称"双照射""双共振技术"。用第2个射频磁场，使它的频率对准相互耦合的核中的一种共振频率，使这种核被扰动而不断往返于两种自旋状态之间的操作。

03.2263 多重照射 multiple irradiation
利用多个脉冲或射频场进行照射的技术。

03.2264 自旋微扰 spin tickling
当干扰射频场 B_2 强度比较小时，只干扰一条谱线，受 B_2 干扰的能级不仅粒子的布居数发生变化，而且会使该能级发生分裂，从而使被观测谱也发生分裂的现象。是一种双共振技术。

03.2265 宽带去耦 broad band decoupling
^{13}C—^{13}C 之间的耦合峰弱，只是主峰的 6×10^{-5}，而有机物的 ^{13}C 与 ^1H 核一般直接结合，也有远程耦合，如果对 ^1H 不去耦的 ^{13}C 谱因耦合的多重谱线互相重叠而变得非常复杂，不便指定其归属。通过施加一个一定强度、覆盖整个 ^1H 图谱的宽带射频场，使所有质子都受到辐照而被去耦，从而获得呈单线的 ^{13}C 去耦谱。

03.2266 质子噪声去耦 proton noise decoupling
采用宽频带照射，以随机噪音函数的射频产生以 ^1H 共振频率为中心的宽频带，使氢质子饱和、去耦使峰合并、强度增加的操作。

03.2267 门控去耦 gated decoupling
脉冲傅里叶变换核磁共振实验脉冲序列中，在适当时刻，通过控制辐照通道射频发射机

的开与关，对体系观测相耦合核进行去耦和不去耦的方法。随照射通道的开启时间的不同分为门控去耦与反门控去耦。

03.2268　核欧沃豪斯效应　nuclear Overhauser effect, NOE

由于磁性核之间的弛豫作用，当一个核的信号被饱和时，另一个与其有交叉弛豫作用的磁性核的信号强度增强或减弱的现象。

03.2269　二维核欧沃豪斯效应谱　nuclear Over-hauser effect spectroscopy, NOESY

研究测定分子中核欧沃豪斯效应的二维谱方法。

03.2270　旋转坐标系的欧沃豪斯增强谱　rotating frame Overhauser-enhancement spectroscopy, ROESY

在旋转坐标系下，将磁化向量锁定在横向(x'–y'平面)，经过一段演化周期后，观察核欧沃豪斯效应所得谱图变化，由此所获得的核磁共振谱。

03.2271　低敏核极化转移增强　insensitive nuclei enhanced by polarization transfer, INEPT

主要基于选择性布居翻转而导致的极化转移。其最大特点是信号强度明显增强，无核欧沃豪斯效应作用，无季碳信号。

03.2272　无畸变极化转移增强　distortionless enhancement by polarization transfer, DEPT

利用极化转移技术区分 CH_n(n=2~3)基团所获得谱峰相位不发生畸变的方法。

03.2273　分时　time sharing

将时间分成若干片断，以便在同一时间内实现多项任务(激发、去耦、发射、接收)，用此方法可使射频的发射和信号的接收从时间上分开，有效地降低了实验时间。

03.2274　局域场　local field

某一核自旋系统或小体积元受到周围环境或交互作用力变化，所感受到的区域磁场。

03.2275　有效场　effective field

又称"内场"。外场存在时，电介质中作用在分子、原子上使之发生电极化的场。

03.2276　单峰　singlet

当 n 个 I=1/2 的 X 核与 A 核耦合，则 A 核产生 n+1 个峰，当 n=0 时所呈现的谱线。

03.2277　双峰　doublet

当 n 个 I=1/2 的 X 核与 A 核耦合，则 A 核产生 n+1 个峰，当 n=1 时所呈现的谱线。

03.2278　双双峰　double doublet

某磁性核受两个 I=1/2 的核的耦合，但耦合常数不等时，所呈现的谱线。

03.2279　三重峰　triplet

当 n 个 I=1/2 的 X 核与 A 核耦合，则 A 核产生 n+1 个峰，当 n=2 时即为三重峰，强度为 1：2：1，当 n=1 时所呈现的谱线。强度为 1：1：1。

03.2280　四重峰　quartet

当 n 个 I=1/2 的 X 核与 A 核耦合，则 A 核产生 n+1 个峰，当 n=3 时所呈现的谱线。

03.2281　多重峰　multiplet

由于自旋耦合效应等造成的峰裂分形成的峰。

03.2282　化学交换　chemical exchange

在分子内或分子间有氢键或有配合物的形成、流变分子的平衡、分子构象的平衡等情况中，由于分子内或分子间基团的重排旋转导致被观测核的位置发生交换的现象。

03.2283　氘交换　deuterium exchange

核磁共振测量时，样品中与氧、氮、硫等相连的活泼氢会出现信号，加进重水后，活泼 ^1H 与 D 发生交换而被取代，从而使该信号减弱或者消失的现象。

03.2284　宽带核磁共振　wide band nuclear magnetic resonance

观察较宽带形成的核磁共振。

03.2285　二维核磁共振谱　two-dimensional nuclear magnetic resonance spectrum, 2D NMR spectrum

将化学位移、耦合常数等核磁共振参数以独立频率变量在两个频率轴构成的平面上展开所得到的图谱。

03.2286　二维 J 分解谱　J-resolved spectrum

又称"δ-J 谱"。把化学位移 δ 和耦合常数 J 值同时在两个频率轴上展开得到的谱图。包括同核 J-分解谱和异核 J-分解谱。

03.2287　二维化学位移相关谱　two-dimensional chemical shift correlation spectrum

利用双重化学位移相关效应获得的图谱。可以观察到化学位移之间的相关性。

03.2288　异核化学位移相关谱　heteronuclear chemical shift correlation spectrum

利用不同核之间化学位移相关效应获得的图谱。可以观察到化学位移之间的相关性。

03.2289　二维交换谱　two-dimensional exchange spectroscopy

由于核间交换其化学位置而引起了核间磁化传递的二维谱。

03.2290　多维核磁共振　multidimensional nuclear magnetic resonance

采用多个射频，使复杂的核磁共振信号展开到多个频率轴上的操作。

03.2291　相干转移路径　coherence transfer pathway

在特定脉冲作用下，相干作用之间发生转移的途径。

03.2292　扩散排序谱　diffusion-ordered spectroscopy, DOSY

核磁共振技术的一种，利用同一分子不同基团具有相同的扩散系数，不同分子扩散系数不同可建立同一组分中同核或异核间与键连偶合和空间作用无关的化学位移与分子 D 之间的关联，从而在混合物中分析出所存在的组分。扩散排序谱是一类对多组分的混合物试样无需分离、直接测量核磁共振谱，便可将混合物中的各组分核磁共振谱按照它们在溶液中的扩散系数的大小排列得以鉴定与解释的方法。

03.2293　旋转与多脉冲相关谱　combined rotation and multiple pulse spectroscopy, CRAMPS

在固体核磁共振实验中，将魔角旋转实验结合多脉冲照射，得以有效去除 ^1H 强偶极耦合作用的一种实验方法。

03.2294　总相关谱　total correlation spectroscopy

1 个分子链上所有质子彼此的全部相关信息。包括化学位移相关谱给予的具有同碳或邻碳核自旋耦合的一般的氢的相关信息，也包括化学位移相关谱得出的沿着标量耦合自旋体系进一步的氢的相关信息。

03.2295　核四极共振　nuclear quadrupole resonance, NQR

核自旋量子数 $I>1/2$ 的原子核具有核四极矩。在分子内不均匀电场中，因电场梯度的作用，具有核四极矩的原子核的 $2I+1$ 重简并能级发生裂分，其能级间的跃迁一般是磁偶极矩跃迁，可发生射频范围的共振吸收。若同时加上外磁场 B，当 B 较小时，可观测到共振吸收的塞曼效应；当 B 较大时，可观测到塞曼能级的核四极矩位移。通过这些测定，能够得到核四极矩、分子内部微观电场梯度等信息。

03.2296 准备期 preparation period
1 个二维核磁共振试验的脉冲序列一般划分为：准备期—演化期—混合期—检测期。用射频脉冲或脉冲序列对样品进行激发。在准备期记以 $t<0$。

03.2297 演化期 evolution period
以恒定间隔递增的变量，也是二维谱的第 2 个时间变量。持续 t_1 时间，在此期间令体系宏观磁化强度自由弛豫，或在其间施加射频脉冲或脉冲序列再进行扰动。记以 $0<t<t_1$。

03.2298 混合期 mixing period
由一组固定长度的脉冲核延迟组成。在此期间通过相干或极化的传递，建立检测条件。它不是必不可少的，视 2D 实验目的而定。混合期 $t_1<t<t_1+\tau$。

03.2299 检测期 detection period
2D 谱中第 1 个时间变量。完全对应于一维核磁共振的检测期，目的是检测和记录经过演化期或混合期后的横向磁化强度在监测期内受到 H 的作用进行演化，最后接收检测所需要的自由感应衰减信号。检测期 $t>t_1+\tau$。

03.2300 化学诱导动态电子极化 chemically induced dynamic polarization, CIDP
在时间分辨电子自旋共振波谱中，通常会呈现异常的谱线强度。这表示自旋各能级尚未达到热平衡时的布居状态，这种现象的产生是由于样品受激发(通常是光激发)后顺磁物种的快速生成(或消失)使未偶电子的塞曼能级偏离了热平衡时的布居状态，在静磁场方向上产生异常大的电子自旋的极化。其结果会产生异常的微波吸收。相应的谱线叫做吸收谱线A；甚至也会伴随着发射微波的现象，相应的谱线叫做发射谱线 E。以上的现象称为化学诱导动态电子极化。化学诱导动态电子极化一般可用三重态机理或自由基对机理解释。

03.2301 氘代溶剂 deuterated solvent
各种有机试剂中的氢被氘取代的溶剂。

03.2302 弛豫试剂 relaxation reagent
能与试样中某些基团络合而使邻近基团的弛豫加速但不产生位移的试剂。

03.2303 参比物 reference compound
放置在试样中，产生的谱线作为化学位移基点的化合物。

03.2304 外标物 external standard compound
置于探头中但紧挨试样的外面的具有特定 δ 的参比物。

03.2305 四甲基硅烷 tetramethylsilane,TMS
核磁共振测量中使用最多的化学位移基准物。化学式为 $(CH_3)_4Si$。

03.2306 六甲基二硅醚 hexamethyldisiloxane, HMDSO
一种化学位移基准物。其结构简式为：

$$H_3C-\underset{\underset{H_3C}{|}}{\overset{\overset{H_3C}{|}}{Si}}-O-\underset{\underset{CH_3}{|}}{\overset{\overset{CH_3}{|}}{Si}}-CH_3$$

03.2307 六甲基二硅烷 hexamethyldisilane, HMDS
在核磁共振测量时，可以替代四甲基硅烷作为内标物质，结构式为 $(CH_3)_3Si-Si(CH_3)_3$。

03.2308 位移试剂 shift reagent
当少量加到被测试祥的溶液中，能使被测试样分子中各种化学基团有关核的化学位移有不同程度移动的试剂。

03.2309 镧系位移试剂 lanthanide shift reagent
一类由镧系元素(Eu、Pr、Yb 等)形成的配位化合物。

03.2310 顺磁性位移试剂 paramagnetic shift reagent
可使各种质子发生顺磁性位移，从而将各种质子信号分开的一类试剂。

03.2311 手性位移试剂 chiral shift reagent
一些镧系元素(如 Eu,Yb 等)离子与 β-双酮络合合成的六配位的手性试剂。通过金属离子与一对对映体之间形成不同配合物导致其化学位移出现不同而达到识别分离效果，用这种方法可以确定对映体的过剩值。

03.2312 极化转移 polarization transfer
某些能级的自旋布居数，将通过适当的体系内部机制(如弛豫)和(或)外部(如脉冲序列)作用恢复到热平衡状态，同时又导致其他一些能级的自旋布居数偏离了热平衡时的布居数的记录。

03.2313 饱和转移 saturation transfer
当选择性照射某一部分质子时，磁化强度转移导致另一部分质子信号达到饱和的现象。

03.2314 交叉极化 cross polarization
利用稀核与丰核之间存在着强烈的偶极-偶极耦合等，导致极化传递来提高稀核灵敏度的一种方法。

03.2315 交叉弛豫 cross relaxation
发生弛豫时，体系中两核的自旋状态同时变化的记录。

03.2316 溶剂峰消除技术 solvent elimination technique
又称"溶剂峰抑制技术(solvent suppression technique)"。高分辨核磁共振谱的获得需要将试样制成溶液，对于试样量少尤其是生物大分子试样，被测核的量远小于实际中氘代后残余的 ^1H 量，于是强度过大，需要抑制。该技术是使溶质峰显现出来的技术，也是消除谱图中溶剂峰的技术。

03.2317 均匀性破坏脉冲 homogeneity spoiling pulse, HSP
对均匀的外磁场施加 1 个噪声或随即脉冲导致瞬间遭到的破坏。常用在使体系迅速恢复到原始平衡状态，减少实验等待时间。

03.2318 模拟谱 simulated spectrum
经过有效的微扰理论算法计算得到的样品的核磁共振谱图。利用量子力学理论对核自旋体系的核磁共振、电子自旋共振图谱结构进行理论的或者是经验的计算所获得的图谱。

03.2319 示差谱 difference spectrum
将双照射前后所得到的自由感应衰减信号进行扣除得到的差谱。可从时域或者频域信号相减获得。

03.2320 核磁共振成像 nuclear magnetic resonance imaging, NMRI
若对试样施加 1 个已知的线性梯度磁场，试样中处于垂直于此梯度方向的平面中的核处于这一特定的磁场强度中，具有相同的共振频率，这一特定频率的核磁共振信号强度正比于该平面中的核自旋数。此时的核磁共振谱信号便是核自旋密度的投影。沿梯度方向上不同垂直平面内的核处于不同的磁场中，有不同的频率共振。沿着梯度方向依次扫描，获取试样核自旋体密度的分布情况，此时梯度区磁场场强便成为成像截面的标志。当梯度场施加在互相垂直的 2 个方向或 3 个方向上，经扫描便可获得平面或立体的核磁共振自旋密度的分布图，称为自旋密度成像。现在已发展了许多成像方法，如投影重建成像、灵敏点、线扫描成像、选择激发成像、场聚焦成像、傅里叶变换核磁共振成像等。

03.2321 功能磁共振成像 functional magnetic resonance imaging

使用核磁共振成像来测量在大脑的活跃部分发生的迅速、极微小新陈代谢变化的方法。

03.2322 多量子跃迁 multiple quantum transition, MQT

核自旋体系中核的磁量子数变化 ΔM 不为 1，同时涉及多个核的跃迁。当 $\Delta M=0$ 时称为零量子跃迁，当 $\Delta M=2$ 时称为双量子跃迁，当 $\Delta M=3$ 时称为三量子跃迁。

03.2323 振荡磁场 oscillating magnetic field

大小和方向均随时间做周期性变化的磁场。

03.2324 静态磁场 static magnetic field

1 个磁物体自然张力所形成的恒定的、无主动方向的场能状态。

03.2325 电子自旋共振吸收 electron spin resonance absorption, ESR absorption

电子自旋共振产生的电磁波吸收。

03.2326 电子自旋共振色散 electron spin resonance dispersion, ESR dispersion

电子自旋共振产生的电磁波色散。

03.2327 g 矩阵 g-matrix

对角线上具有加合性的遗传变量而其他是斜方差的矩阵。

03.2328 超精细耦合常数 hyperfine coupling constant

在电子自旋体系中未成对电子除受外磁场的作用外，还受具有(或分享)此未成对电子的原子核(I 不为 0)的核磁矩的作用，使其能级进一步发生分裂，如原子核的自旋量子数为 I，它在外磁场中有 $2I+1$ 个不同的取向，因此使电子自旋的每一个能级分裂为 $(2I+1)$ 个次能级。结果便产生服从选择定则 $\Delta m_s=\pm 1$，$\Delta m_1=0$ 的 $(2I+1)$ 条等距的电子自旋共振色散吸收峰；若有 n 个等价的原子核共享 1 个未成对电子，则将产生 $2nI+1$ 条等距的吸收峰。这些由原子核的核磁矩引起的多重峰通常称之为超精细结构。而这些谱线间的间距就是超精细耦合常数。

03.2329 核电四极耦合张量 nuclear electric quadrupole coupling tensor

当核自旋量子数 $I \geqslant 1$ 时，原子核具有电四极矩，核自旋与其周围晶格产生的电场梯度存在相互作用，这种相互作用可用核电四极耦合张量来描述。

03.2330 波导管 wave-guide tube

传输微波的金属管。截面多呈矩形，一般为铜制并内壁镀银。在电子自旋共振谱仪中，由微波桥发出的微波通过矩形波导管进入谐振腔(样品腔)。波导管的尺寸根据微波波段的不同而不同。

03.2331 自旋标记 spin labeling

抗磁性化合物是没有电子自旋共振信号的。如果将一顺磁性的基团(一般多为氟氧自由基基团)以共价键的形式与之相结合，借助于报告基团的电子自旋共振波谱信息来反映该报告基团周围环境的变化，从而了解抗磁化合物的物理、化学性质，此种报告基团称为自旋标记。

03.2332 自旋捕捉 spin trap

有不少像·OH一样的在常温下电子自旋共振很难检测出来的不稳定自由基，这种短寿命自由基通过与中性分子或离子的不饱和键反应被捕捉，可转换成相对稳定的自由基，并解析该新自由基的电子自旋共振谱图的操作方法。

03.2333　脉冲傅里叶变换电子自旋共振仪　pulse Fourier transform electron spin resonance spectrometer

利用脉冲傅里叶变换法测量电子自旋共振

(电子顺磁共振)信号的磁共振仪。

03.2334　电子自旋回波包络调制　electron spin echo envelope modulation, ESEEM

用双脉冲或三脉冲序列测定电子自旋回波，观察回波强度随双脉冲或三脉冲值的变化，可发现随时间变化的强度曲线很多情况下并不是光滑的指数衰减曲线，而是回波强度带有周期性的增减，即回波强度受到某些调制。

03.04.06　质　谱　分　析

03.2335　质谱法　mass spectrometry, MS

通过将原子或分子离子化并按质量-电荷比(质荷比)的大小将其分离并测量的一种分析方法。

03.2336　串级质谱法　tandem mass spectrometry, MS/MS

又称"串联质谱法"。将 2 个或 2 个以上的质谱分析过程按时间或空间序列串联起来，在前级分析过程中选取前体离子(或称母离子)，用碰撞或电子捕获等技术使其碎裂，再对这些碎片进行的质谱分析方法。可提供更多的结构信息及提高定量分析的专一性。

03.2337　单分子离子分解　unimolecular ion decomposition

在高真空条件下，处于高激发态的分子离子可自身分解成 1 个离子和中性碎片的反应。

03.2338　道尔顿　dalton, Da

^{12}C 原子质量的 1/12。是原子和分子的质量单位。

03.2339　德拜半径　Debye radius

在等离子体或强电解质溶液中，任一离子被异性电荷所围绕而形成离子云的厚度或该离子静电力作用的半径。

03.2340　低能碰撞　low energy collision

在串级质谱系统中，离子以几十 eV 动能与靶气体碰撞以进一步碎裂产生次级离子的过程。

03.2341　电荷数　charge number

1 个离子的总电荷与元电荷之比的整数值。

03.2342　电子附加　electron attachment

外来电子与原子或分子轨道共振而形成负分子离子或其他化合物的过程。

03.2343　电子动能　electron kinetic energy

用电子束使样品分子离子化时电子的能量。其对应于加速电子时的电位差，单位为电子伏特。

03.2344　电子亲和势　electron affinity, EA

又称"电子亲和性"。从处于基态的负原子离子或负分子离子移去 1 个动能、势能均为零的电子所需的最小能量。用于衡量分子与电子结合的倾向。

03.2345　质子亲和势　proton affinity
从 1 个分子或离子中夺去 1 个质子的质子化反应的热焓。用于衡量分子与质子结合的倾向。

03.2346　动力学位移　kinetic shift
因动力学因素导致的离子相对丰度的改变。从热力学考虑，离子在离子源内部的内能达到一定值(E_0)时，就会发生碎裂，而要求离子在离子源内就完成碎裂反应，则还需要一定的碎裂反应速率，即要求略高的内能(E_s)，E_s 与 E_0 的差值即为动力学位移。

03.2347　动力学效应　kinetic effect
分子离子反应中，升高反应内能以提高预期产物离子的产率的现象。

03.2348　动能释放　kinetic energy release, KER
在亚稳态离子破碎过程中离子的部分内能可转化为动能，并导致亚稳峰展宽的现象。

03.2349　动态二次离子质谱法　dynamic secondary ion mass spectrometry, DSIMS
在二次离子质谱测定中，使用 $\mu A/cm^2$ 级或稍大些的初级离子流密度，使被轰击的样品表面不断被更新以进行深度分布分析的方法。

03.2350　静态二次离子质谱法　static secondary ion mass spectrometry, SSIMS
使用较低初级离子流密度的二次离子质谱分析法。基本上不破坏被轰击的样品表面。

03.2351　多重碰撞　multiple collision
目标离子通过碰撞室时与靶气体分子发生多次碰撞。

03.2352　多重去质子分子　multiply deprotonated molecule
在负离子电喷雾离子化过程中，蛋白质或多肽分子失去多个质子而形成的多电荷负离子。

03.2353　多重质子化分子　multiply protonated molecule
在正离子电喷雾离子化过程中，蛋白质或多肽分子结合多个质子而形成的多电荷正离子。

03.2354　二次离子质谱法　secondary ion mass spectrometry, SIMS
以氩离子(Ar^+)或其他离子束等一次离子轰击样品，通过测定所溅射出的二次离子以对固体样品表面或薄层进行分析的质谱学方法。

03.2355　丰度　abundance
质谱仪测得的离子的强度。一般以相对丰度即相对于基峰强度的百分比表示。

03.2356　峰匹配法　peak matching method
利用扇形质谱，通过改变离子源的离子加速电压，使显示的参考物离子峰与样品离子峰重合，根据对应的两个加速电压值和参考物离子的准确质量，获得样品离子的准确质量并计算其元素组成的方法。

03.2357　负离子质谱　negative ion mass spectrum
将不同丰度的负离子按质荷比的大小加以分离和测量后所得到的质谱。

03.2358　傅里叶变换离子回旋共振质谱法　Fourier transfer ion cyclotron resonance mass spectrometry, FTICR mass spectrometry
对磁场中的离子施加垂直于磁场的高频电场，离子在高频电场和磁场的共同作用下，在垂直于磁场的平面上做同步回旋运动并在接收极上感应出电信号，回旋运动的频率仅与离子的荷质比相关。将具有不同荷质比的离子同时激发，得到对应于这些离子的加和电信号即时域谱，通过傅里叶变换后便可得到频域谱并据此得到相应荷质比信息的质谱学方法。

03.2359 高分辨质谱法 high resolution mass spectrometry

能将质量数相差万分之一或更小的两个离子分辨开的质谱分析方法。

03.2360 共振稳定化 resonance stabilization

因共振使含双键离子的稳定性提高而丰度得以提高的现象。

03.2361 归一化强度 normalized intensity

指定质谱中某一个峰的强度为 100%，计算其余峰的相对强度。通常是以质谱中强度最高的峰为 100%，因此其余的峰相对强度都小于 100%。

03.2362 合理丢失 logical losses

又称"合理中性[碎片]丢失(logical neutral losses)"。由分子离子失去 1 个元素组成合理的中性碎片(小分子或自由基)的现象。例如失去 H_2O、HF、CO、NO、CH_3OH、CH_3、C_nH_{2n+1} 等为合理碎片。

03.2363 活化复合物 activated complex

中性分子与离子生成的复合物。

03.2364 火花放电质谱法 spark source mass spectrometry

将待测样品制成针状电极，施加 30kV 以上高压电场以产生高频火花等离子体并使样品电离的质谱学方法。早期用于无机质谱分析。

03.2365 基峰 base peak

质谱中最强的峰。可用作为测定离子峰相对强度的计算基准。

03.2366 加速器质谱法 accelerator mass spec-

trometry, AMS

将离子加速至 MeV 以上并轰击靶气体或金属箔，使样品解离为元素离子后对其进行质量分析的方法。主要用于测量长寿命放射性核素与其稳定同位素的比值。

03.2367 可靠性顺序 reliability ranking

使用概率法匹配系统解析质谱结果时，对多个可能的结果按其置信度所排的顺序。

03.2368 空间电荷效应 space charge effect

集聚的离子在空间形成电场，并影响离子运动轨迹的现象。

03.2369 离子传输率 ion transmission

衡量离子在质谱仪中运动时到达检测器的离子比例。

03.2370 离子动能谱法 ion kinetic energy spectroscopy, IKES

在双聚焦质谱中通过电场扫描获得的动能/电荷比谱的方法。

03.2371 离子对形成 ion pair formation

同时形成正、负离子的离子化过程。

03.2372 离子–分子反应 ion-molecular reaction

离子与分子相互作用而生成不同的物质或引起离子内能改变的反应。

03.2373 离子氛 ion atmosphere

在等离子体和强电解质溶液中，1 个离子的周围空间中因静电相互作用而围绕异性电荷的现象。

03.2374 离子光学 ion optics

研究离子在电场、磁场中的运动轨迹的学科。

03.2375 离子阱质谱法 ion trap mass spectrometry

利用高频电场将离子约束于真空状态下的离子阱中，改变高频电场将离子依质荷比的大小驱出并加以检测的质谱学方法。

03.2376 离子碎裂机理 mechanisms of ion fragmentation

离子碎裂生成次级离子的原理和途径。

03.2377 离子-中性分子复合物 ion-neutral complex

在碰撞诱导解离过程中离子与靶气体碰撞形成的复合物。

03.2378 标称质量 norminal mass

设定 ^{12}C 的原子量为 12，并以此为单位表示组成某一离子或粒子的各种原子的质量之和的整数值。

03.2379 膜进样质谱法 membrane inlet mass spectrometry, membrane introduction mass spectrometry

将样品通过具有一定分离特性的膜材料引入离子化室的质谱法。

03.2380 先驱离子 precursor ion

又称"前体离子"。若 A 离子碎裂产生 B 离子，则 A 离子即为 B 离子的前体离子。在串联质谱中特指第一级离子源中选择出的用以在次级中继续进行碎裂和分析的离子。

03.2381 内能 internal energy

在质谱过程中处于激发态的离子与其基态的能量差。

03.2382 偶电子规则 even-electron rule

从热力学上考虑，1 个偶电子离子碎裂而生成偶电子碎片离子及中性分子，是有利反应；1 个偶电子离子碎裂而生成奇电子碎片离子及中性游离基，则是不利反应。

03.2383 偶电子离子 even-electron ion

无未成对电子的离子。

03.2384 碰撞活化 collisional activation

又称"碰撞激发(collisional excitation)"。具有一定动能的离子与靶气体或其他物质碰撞时，其动能的一部分可转化为内能并导致离子的电子、转动和振动形式的活化。

03.2385 碰撞活化解离 collision activated dissociation, CAD

以碰撞活化方式导致的解离。

03.2386 碰撞诱导解离 collision induced dissociation, CID

碰撞活化引起的离子的碎裂。

03.2387 氢负离子亲和性 hydride affinity

以能量单位表示的某一原子或分子与氢负离子结合的能力。

03.2388 去质子化分子 deprotonated molecule

中性分子失去 1 个质子后形成的负离子。

03.2389 闪解吸 flash desorption

又称"快速热解吸"。样品先以快速加热方式蒸发或解吸，然后再进行离子化的方法。

03.2390 生物质谱法 biological mass spectrometry, BMS

用于生物分子、特别是生物大分子分析与测定的质谱学方法。

03.2391 史蒂文森规则 Stevenson rule

奇电子离子单键断裂时支配电荷保留或转移的规则。奇电子离子 $ABCD^{+\cdot}$ 发生 A—BCD 单键断裂时，若 $A^{\cdot}$ 游离基的电离能低于 $^{\cdot}BCD$ 游离基的电离能，则该单键断裂生成 A^{+} 离子更为有利；反之，则生成 ^{+}BCD 离子更为有利。

03.2392 碎片峰 fragment peak

质谱图中由碎片离子产生的峰。

03.2393 碎片离子 fragment ion

分子碎裂后生成的产物离子。

03.2394 同位素峰 isotope peak

离子的元素组成相同，但含有不同的同位素所构成一组离子峰簇。

03.2395 同位素富集离子 isotopically enriched ion

组成元素中特定同位素的含量超过自然同位素比例的分子所形成的离子。

03.2396 同位素稀释质谱法 isotopic dilution mass spectrometry

在样品中定量加入富含某个同位素的被检测化合物，通过测定同位素分布的变化，可计算出样品中被检测化合物的含量。是灵敏度极高的质谱定量分析方法。

03.2397 加标 spike

通过向样品中添加一定量的标准物质以测定样品中目标物质含量的测定方法。

03.2398 稳定离子 stable ion

又称"稳态离子"。寿命大于 10^{-5} 秒、在到达收集器之前不碎裂的离子。

03.2399 相对丰度 relative abundance

质谱图中各峰的峰高(或峰面积)与同一图中某一指定峰的峰高(或峰面积)的比值。

03.2400 相对灵敏度系数 relative sensitivity coefficient

在火花放电离子源质谱中，某一元素谱线强度与指定的标准元素谱线强度之比。

03.2401 相对强度 relative intensity

某一特定离子束的强度与此次测定中最强离子束强度之比。

03.2402 亚稳离子 metastable ion

在电子轰击离子化模式中，样品分子在电子轰击下产生具有不同内能的分子离子，它们可以以不同的反应速率进行单分子分解反应，寿命为 $10^{-6}\sim10^{-5}$ 秒且在飞行途中的无场区可发生解离的分子离子。

03.2403 亚稳离子衰减 metastable ion decay, MID

亚稳离子的解离。

03.2404 液相二次离子质谱法 liquid secondary ion mass spectrometry, LSIMS

产生样品化合物二次离子的方法。在二次离子质谱法中，将样品化合物溶于液体基质中，涂于金属平面靶上。以加速至 2~30kV，电流密度 2~3 nA/cm^2 或更低的 Ar^+ 等一次离子进行轰击，所得到的谱图与快速原子轰击离子源质谱类似。

03.2405 液相碱度 liquid phase basicity

液相中的原子或分子从氧或其他粒子接受 1 个质子时反应自由能变化的负值。

03.2406 有机质谱 organic mass spectrometry, OMS

用于合成和天然有机化合物分子量与结构测定的质谱学方法。

03.2407 有机二次离子质谱法 organic secondary ion mass spectrometry, organic SIMS

将有机化合物涂敷于金属靶上，以一次离子轰击产生二次离子用以对有机化合物进行分析的静态二次离子质谱法。

03.2408 原子单位 atomic unit, AU

以电子质量 m_e、电子电荷 e 和普朗克常数的 $1/2\pi$ 作为基本计量单位的单位制。通常表示为 AU。

03.2409 原子质量单位 atomic mass unit
核素 ^{12}C 的 1 个中性原子处于基态时静止质量的 1/12。

03.2410 质荷比 mass-to-charge ratio
离子的质量与其电荷之商。

03.2411 质量标尺 mass marker
与检测磁场强度的霍尔元件相结合，用以校正质荷比刻度的部件。

03.2412 质量标样 mass standard
又称"质量标准"。用以校正质谱仪确定的质荷比而使用的标准样品。一般采用全氟煤油为质量标样。

03.2413 质量范围 mass range
质谱仪在正常状态下可测定的单电荷离子的质荷比范围。

03.2414 质量亏损 mass defect
若定义 ^{12}C 的原子量为 12.00000000，则其他元素的原子量都不是整数，其值与整数的差为该元素的质量亏损。

03.2415 质量歧视效应 mass discrimination
离子在质谱仪中飞行时离子的传输率随离子的质荷比而改变的现象。

03.2416 质量色散 mass dispersion
用质量分析器使不同质荷比离子分离的现象。

03.2417 质谱本底 background of mass spectrum
无样品导入时质谱仪所测定的谱图。

03.2418 质子给体 proton donor
质子迁移过程中提供质子的一方。

03.2419 质子受体 proton acceptor
质子迁移过程中接受质子的一方。

03.2420 质子化分子 protonated molecule
物质分子与 1 个或多个质子加合后形成的离子。

03.2421 质子桥接离子 proton-bridged ion
两个相同或不同的离子通过 1 个质子结合的二聚体离子。

03.2422 中性化再电离质谱法 neutralization reionization mass spectrometry, NRMS
多用于有机离子中间产物分析的一种质谱分析法。在电离室中生成的离子导入含有气体的碰撞室中令其中性化，然后在另一碰撞室中以碰撞诱导解离方式解离并完成质谱分析。

03.2423 重排反应 rearrangement reaction
在离子碎裂过程中，离子中的原子排列顺序或基团的连接位置发生改变。

03.2424 重排离子 rearrangement ion
重排反应生成的离子。

03.2425 主同位素 principle isotope
相对丰度最高的同位素。

03.2426 准分子离子 quasi-molecular ion
质子化和去质子化的分子。

03.2427 准平衡理论 quasi-equilibrium theory, QET
描述质谱过程并预测处于激发态下分子离子碎裂反应的理论。

03.2428 自电离 autoionization

预激发的原子或分子自发地丢失 1 个电子而离子化的现象。

03.2429　自发解吸质谱法　spontaneous desorption mass spectrometry, SDMS
利用置于电离室中的样品表面自发地解吸析出离子现象的质谱分析方法。

03.2430　自由度　degree of freedom
在多原子体系中决定原子位置的独立变量的数目。

03.2431　表面电离　surface ionization, SI
原子或分子与固体表面,如加热的金属丝相互作用所导致的电离现象。

03.2432　表面诱导电离　surface-induced ionization, SID
加速的离子与表面涂敷有硅或金属的平板表面碰撞所导致的电离。是碰撞诱导电离的一种类型。

03.2433　表面增强激光解吸电离　surface enhanced laser desorption
将样品靶表面进行化学修饰以使其对特定分析对象具有专一性的亲和力,从而可富集该对象,有利于进一步进行的基质辅助激光解吸电离过程。是一种特殊的基质辅助激光解吸电离方法。

03.2434　不稳定离子　unstable ion
离开电离室之前即碎裂的短寿命离子。

03.2435　场电离　field ionization, FI
以高电场移去样品分子的电子而使其电离为正分子的离子。

03.2436　场解吸　field desorption, FD
涂敷于发射体表面的样品在加热并施加高电场时,因隧道效应、离子分子反应、热融解等效应而电离并从发射体尖端释放至气相的现象。

03.2437　次级离子　secondary ion
以氩离子或其他离子束(初级离子)直接轰击样品表面而溅射出来的离子。

03.2438　簇离子　cluster ion
由原子簇或分子簇生成的团簇状离子。

03.2439　大气压电离　atmospheric pressure ionization, API
在大气压下进行电离的方法。通常指电喷雾电离或大气压化学电离。

03.2440　大气压化学电离　atmospheric pressure chemical ionization, APCI
大气压电离的一种类型,在大气压下样品通过喷嘴被氮气流雾化,以电晕或放射源进行电离的离子化方式。

03.2441　大气压喷雾　atmospheric pressure spray, APS
在大气压下喷雾并使样品电离的方法。

03.2442　等离子解吸　plasma desorption
利用 ^{252}Cf 核素产生的高能裂变粒子轰击涂有样品的金属或纤维素薄膜的背面以导致各种离子生成并解吸的方法。

03.2443　低压电弧离子源　low voltage arc ion source
使用低压电弧的离子源。

03.2444　电流体动力学电离　electrohydrodynamic ionization, EHI
将碘化钠、乙酸铵或其他电解质溶于甘油中并用电喷雾法雾化,所形成的钠离子和多电荷的甘油分子簇用作碰撞离子使样品离子化的过程。

03.2445　电荷交换电离　charge exchange ionization, CEI
通过电子在离子和分子间转移而导致的一种化学电离反应类型。

03.2446　电离电流　ionizing current
使用电子离子化技术时采用的电子流强度。

03.2447　电离能　ionization energy
从处于基态的气态分子、原子或原子团上将1个电子移至无穷远处所需的能量。

03.2448　电离效率　ionization efficiency
分子被电离时生成的离子数目与原分子数之比。

03.2449　电喷雾接口　electrospray interface
利用电喷雾电离源使液相色谱等与质谱连接的装置。

03.2450　电喷雾电离　electrospray ionization, ESI
在供应样品的毛细管的出口端施加数千伏的直流电压，样品溶液在高电场作用下喷出并进一步雾化、电离的过程。

03.2451　电晕放电　corona discharge
围绕施加有高电场的针状电极尖端的表面发生的气体放电，可用于大气压化学电离中反应气的离子化。

03.2452　电子电离　electron ionization
又称"电子轰击离子化"。通常以加速至70eV的电子束直接轰击样品分子，使其外层电子激发并逸出而离子化的方式。是最普遍使用的一种离子化方法。

03.2453　电子俘获化学电离　electron capture chemical ionization, ECCI
利用化学离子源中产生的低能电子与样品分子的相互作用以产生初级负离子的方法。

03.2454　多电荷离子　multiple-charged ion
具有1个以上电荷的离子。

03.2455　多光子电离　multi photon ionization, MPI
以激光或其他光源照射原子或分子样品，令其逐步吸收多个光子，直至超过电离电位，逐出其电子而使其离子化的方法。

03.2456　多原子离子　multi-atomic ion
多个原子构成的离子。

03.2457　产物离子　product ion
又称"子离子"。某一特定离子碎裂产生的离子。

03.2458　二聚离子　dimeric ion
由中性分子与其分子离子加成所形成的离子。

03.2459　反应气　reaction gas
在化学电离过程中，与样品分子发生离子分子反应而实现样品分子离子化的气体。

03.2460　反应气离子　reaction gas ion
在化学电离过程中直接用于样品分子离子化的由反应气产生的离子。

03.2461　分子离子　molecular ion
带电荷的分子。例如分子失去电子或捕获电子而生成的离子。

03.2462　分析信号　analytical signal
在分析测试中与被测组分某一特征或量相关联的并可根据其来确定被测组分特性或量的光、电、磁、热等响应信号。

03.2463　负离子化学电离　negative ion chemical ionization, NICI

具有高亲电子性基团的化合物俘获电子生成负离子，或酸性分子失去质子而离子化的过程。

03.2464　复合离子　complex ion

以非共价键结合在一起的不同原子或分子复合物的离子。

03.2465　高能碰撞　high energy collision

在串联质谱的碰撞诱导解离过程中，具有 2 keV 以上动能的离子与靶气体发生的碰撞。

03.2466　高压辉光放电离子源　high voltage glow-discharge ion source

利用高压辉光放电现象进行电离的离子源。

03.2467　光电离　photo-ionization, PI

又称"光诱导电离"。光直接照射至样品时分子吸收电磁能而发生的电离现象。

03.2468　化学电离　chemical ionization, CI

通过反应气离子与样品分子的反应而产生新离子的现象。

03.2469　火花放电电离　spark ionization

利用电容器放电产生的火花而发生的样品离子化现象。

03.2470　基础电荷　elementary electric charge

单一电子或质子所携带的最小的电荷量。用作为最基本、最小的电荷单位。

03.2471　基质　matrix

在快速原子轰击、液相二次离子、基质辅助激光解吸和液相电离等质谱模式中，用以发挥接受反应气质子、吸收并缓冲电子轰击的能量、承载激光照射等功能的有机溶剂、黏稠液体、晶体、金属粉末或其混合物。

03.2472　基质辅助等离子体解吸　matrix-assisted plasma desorption, MAPD

在基质的存在和辅助下以等离子体使溶于液体或固体基质中的样品解吸附的现象。

03.2473　基质辅助激光解吸电离　matrix-assisted laser desorption ionization, MALDI

在基质的存在和辅助下以激光导致化合物解吸附并同时进行电离的方法。

03.2474　激光电离　laser ionization

又称"激光解吸(laser desorption)"。直接以激光照射固体样品并使其产生气相离子的一种光离子化方法。

03.2475　激光多光子离子源　laser multiphoton ion source

以激光照射原子或分子样品，令其逐步吸收多个光子，直至超过电离电位，逐出其电子而使其离子化的离子源。

03.2476　激光解吸电离　laser desorption ionization, LDI

样品无烧蚀过程而仅通过激光解吸而导致的电离。

03.2477　激光离子源　laser ion source

利用激光电离现象的离子源。

03.2478　加合离子　adduction ion

分子与正或负离子加和产生的离子。例如，分子与 Na^+ 结合而产生的加和正离子，与 Cl^- 结合产生的加和负离子。

03.2479　解吸电离　desorption ionization, DI

处于凝聚相中的分子不通过气化，直接解吸逸出凝聚相而成为离子的电离过程。

03.2480 解吸电子电离 desorption electron ionization, DEI

加热涂有样品的探针，并置于电子束的轰击下使样品气化并电离的过程。

03.2481 解吸化学电离 desorption chemical ionization

在化学电离源中，加热涂有样品的探针使样品气化并发生化学电离的过程。

03.2482 绝热电离 adiabatic ionization

由原子或分子生成基态离子的电离过程。

03.2483 快速粒子轰击 fast-particle bombardment, FPB

以加速至 2~30kV 的原子、分子或离子轰击样品以生成离子的电离方式。快速原子轰击和二次离子质谱均属此类。

03.2484 快速原子轰击离子源 fast atom bombardment ion source, FAB

样品溶于液体基质中并涂布于金属靶上，以加速至 2~30kV 的中性原子轰击产生离子的离子源。

03.2485 离子对电离 ion pair ionization

同时生成正离子和负离子，且形成离子对的电离过程。

03.2486 离子化 ionization

在质谱分析中将固态、液态或气态样品转化为气相下的离子的过程。

03.2487 离子化截面 ionization cross section

原子或分子与电子或光子相互作用时生成离子的概率。

03.2488 离子化室 ionization chamber

在离子源中样品与电子束或反应气离子相互作用的空间。

03.2489 离子束 ion beam

由离子形成的具有一定速率、方向和动能的粒子流。

03.2490 离子源 ion source

质谱仪中用于样品离子化的部件。

03.2491 粒子束 particle beam, PB

在采用电喷雾或热喷雾接口的质谱仪中，从毛细管尖端喷出的雾状样品溶液液滴除去溶剂后形成的粒子流。

03.2492 缔合电离 associative ionization

中性激发态原子或激发态分子通过自身相互作用的内能形成单个或缔合离子的离子化方式。

03.2493 脉冲离子引出 pulse ion extraction, PIE

又称"延迟引出技术"。在基质辅助激光解吸电离质谱仪器中提高质谱的分辨率的一种技术。激光照射样品后，控制样品离子不是即时离去，而是延迟一段时间，加一脉冲电压，将离子引出离子源。

03.2494 纳升电喷雾 nanoelectrospray, nanoES

输液流量为纳升级的电喷雾装置。

03.2495 喷雾电离 spray ionization

以加热、高速气流或高电场驱动从毛细管末端流出的样品液或溶液喷雾雾化并产生气化离子的电离方法。

03.2496 彭宁电离 Penning ionization, PI

处于激发态的中性原子或分子与样品分子相互作用导致样品分子的离子化。要求处于激发态的中性粒子的内能大于样品分子的电离能而且激发态的寿命比相互作用时间长。

03.2497 放电电离 discharge ionization

利用低压和高压气体中的放电现象的离子

化。包括发光、电弧、火炬、电晕和火花放电等不同方法。

03.2498 热表面电离 thermal surface ionization, TSI

原子或分子与加热至约 1000℃的钨或铼等金属表面接触时所导致的离子化方法。

03.2499 热电离 thermal ionization

原子或分子与热金属表面或高温气体接触并相互作用所导致的离子化。

03.2500 热喷雾 thermospray

样品溶液通过加热的毛细管时，部分气化的溶液夹带样品溶液从毛细管末端喷出成雾的现象。

03.2501 热喷雾电离 thermospray ionization, TSI

利用热喷雾方式的离子化方法。将样品溶液通过加热毛细管，在毛细管出口形成热喷雾，借助电晕放电使这些雾滴带电，随着雾滴中溶剂蒸发，产生样品离子。

03.2502 声波喷雾电离 sonic spray ionization, SSI

在常压下样品溶液仅利用(超)声波的作用从毛细管末端喷出并产生离子的方法。

03.2503 双电荷离子 double-charged ion

带有两个电荷的离子。

03.2504 团簇碰撞电离 massive-cluster impact ionization, MCI

以加速至 10～20kV 的多电荷甘油团簇离子轰击涂敷于金属靶面上含样品的液相基质而产生离子的离子化方法。

03.2505 液相电离 liquid ionization, LI

样品溶于适当的溶剂并涂于可加热的金属

针上，引入氩等惰性气体与液体表面接触而发生离子化反应并气化的离子化方法。

03.2506 源后衰变 post source decay, PSD

在质谱中，具有一定内能的样品离子，在飞行管的无场区中碎裂的过程。

03.2507 源内断裂 in-source fragmentation

又称"源内碎裂"。离子在离子源中发生的裂解过程。

03.2508 在束电子电离 in-beam electron ionization

固体样品涂敷于金属丝或晶体发射器上，并将其置于电离室的电子束中或近旁进行的离子化过程。

03.2509 在束化学电离 in-beam chemical ionization, IBCI

固体样品涂敷于金属丝或晶体发射器上，并将其置于离子源内的反应气中进行的化学电离过程。

03.2510 直接化学电离 direct chemical ionization

将固体样品或溶液样品直接引入化学离子源内进行电离的离子化的过程。

03.2511 中性碎片再电离 neutral fragment reionization, NFR

加速的离子在碰撞室或其他区域被解离时产生的中性碎片通过高能碰撞而再次离子化的过程。

03.2512 重离子诱导解吸 heavy ion induced desorption, HIID

利用百万电子伏特的高能原子或分子束的粒子轰击而导致的离子化方法。

03.2513 分析器 analyser

又称"质量分析器"。以不同的原理将离子按其质荷比(m/z)加以分离并使其可检测的质谱仪的核心组成部分。

03.2514 磁场扫描 magnetic field scan
在质谱仪上利用改变磁场强度以形成动量谱的方法。

03.2515 磁分析器 magnetic analyzer
通过改变磁场以选择不同质荷比的离子的一种质量分析器。

03.2516 磁偏转 magnetic deflection
离子束在磁场中受磁矩作用所导致的方向的改变。即离子束偏转的现象。

03.2517 第二无场区 second field-free region, 2nd FFR
在双聚焦质谱仪中，离子的通路上处于电场与磁场之间既无电场又无磁场的一段区间。

03.2518 第一无场区 first field-free region, 1st FFR
在双聚焦质谱仪中，离子的通路上处于离子加速区与质量分析器之间既无电场又无磁场的一段区间。

03.2519 电场扫描 electric field scanning
在双聚焦质谱仪中离子通过同轴扇形柱面电极施加的静电场，并因离子动能的不同产生的不同的飞行轨道偏转。在双聚焦质谱仪中起动能聚焦作用。

03.2520 电子加速电压 electron accelerating voltage
用以电子加速所施加的电压。

03.2521 方向聚焦 direction focusing
利用 1 个扇形磁场，使具有相同质荷比和动能，但方向稍有差异的离子流汇聚于 1 个点上。

03.2522 分子分离器 molecular separator
用于气相色谱(GC)与质谱(MS)连接的接口。其作用是当GC使用填充柱时可大大降低载气窜入 MS 的真空系统，使离子源及质量分析器能保持高真空，同时也使样品得到富集。

03.2523 环形电极 ring electrode
用以施加射频交变电场或施加交变电场的同时施加直流电场的器件。是离子阱分析器的组成部分。

03.2524 静电分析器 electrostatic analyzer
使用静电场的质量分析器。具有能量分布的离子束进入具有恒定电位差的静电场中，受静电力的作用发生偏转，离子依能量的高低排序而被分析。

03.2525 离子回旋共振 ion cyclotron resonance
在磁场和电场的共同作用下，离子可在垂直于磁场的平面上做回旋运动。当对此离子施加高频交变电场时，离子可吸收高频电场能量并达到同步回旋即共振状态。

03.2526 离子阱 ion trap
利用交变电场将离子约束在特定空间，在此空间中离子可沿二维或三维封闭轨道进行振动运动，此特定空间即为离子阱。

03.2527 离子探针质量分析器 ion microprobe mass analyzer, IMMA
以聚焦的高能一次离子束为激发源照射样品表面以溅射出二次离子，并将其按质荷比进行分析的器件。

03.2528 单接收器 single collector
仅使用 1 个离子的接收器。

03.2529　单离子监测　single ion monitoring
用质量分析器固定选择某一指定质荷比的离子，并用检测器连续监测该离子。

03.2530　电子倍增器　electron multiplier
利用电子撞击阴极产生数量倍增的次级电子的现象放大并检测微弱电流信号的器件。

03.2531　多接收器　multiple collector
使用 1 个以上离子的接收器。

03.2532　多离子监测　multiple ion monitoring
用质量分析器循环选择若干指定质荷比的离子，并用检测器循环监测这些离子。

03.2533　法拉第杯收集器　Faraday cup collector
用于离子束强度测量的杯形电极。

03.2534　反射检测模式　reflection mode
在飞行时间质谱中，离子通过离子镜的反射以增加飞行路程、提高分辨率的检测模式。

03.2535　线性检测模式　linear mode
在飞行时间质谱中，离子仅以自然轨迹和路程飞行分离并检测的模式。

03.2536　束监视器　beam monitor, BM
置于分析器前，接受并测量离子流速率的电极或装置。

03.2537　选择离子监测　selected ion monitoring, SIM
又称"选择离子检测(selected ion detection, SID)"。特定质量数离子的连续检测或监测。

03.2538　总离子检测　total ion detection
离子源产生的所有离子或某一特定质量区间内所有离子的连续检测。

03.2539　质谱图　mass spectrum
以谱图形式表示的质谱仪测量的结果。通常采用直角坐标系，横坐标自原点递增标出离子的质量-电荷比(质荷比)，纵坐标则标出离子流的强度或相对离子强度。

03.2540　单一同位素质量　monoisotopic mass
仅由分子中各原子的天然丰度最大同位素的精确质量计算所得的离子的质量。

03.2541　动量谱　momentum spectrum
将离子束依其所含的各种离子的动量-电荷比加以分离所形成的图谱。

03.2542　高分辨质谱　high resolution mass spectrum, HRMS
以分辨率 10000 以上的质谱仪测得的质谱图。

03.2543　基于质量分析的离子动能谱　mass analyzed ion kinetic energy spectrum
在静电场与磁场倒置型的双聚焦质谱仪中，用磁场选择某一指定质量的前体离子，再用静电场扫描而生成的离子动能谱。

03.2544　平均分子量　average molecular weight
组成该化合物各元素原子的所有同位素按比例贡献的平均的总质量。

03.2545　碎片质量谱图　mass fragmentogram
具有某一类化合物特征的一组或一系列碎片离子的质谱图。

03.2546　肽质量指纹图　peptide mapping fingerprinting, PMF
以专一性蛋白水解酶水解蛋白质，以质谱学方法测定水解产物混合肽而得到的具有该蛋白质结构特征的质谱图。根据所得到的质谱图，进行库检索，用于蛋白质鉴定。

03.2547　特征离子　characteristic ion

在化合物的质谱图中，某个离子峰的 *m/z* 及相近的强度，出现在所有已有的质谱图中的概率越低，则以该离子作为该化合物的特征离子的合理性越高。此外，在某类化合物的质谱图中都出现的离子峰，而且其强度相近，则该离子可视为该类化合物的特征离子。

03.2548 亚稳峰 metastable peak
处于激发态的离子，离开离子源后，自身发生裂解，在质谱图中产生略为加宽的离子峰。

03.2549 重建离子色谱图 reconstructed ion chromatogram
利用记录于计算机中的质谱数据、描绘某个 *m/z* 离子强度随时间变化而构成的质谱图。

03.2550 固定化 pH 梯度 immobilized pH gradient
通过两性电解质的固定化制备的 pH 梯度场。

03.2551 延迟引出 delayed extraction, DE
又称"脉冲离子引出"。将通过基质辅助激光解吸电离离子源产生的离子延迟一段时间再加速，以便减小离子因处于不同时间、空间、动能状态所引起的测定误差，提高飞行时间质谱仪的分辨率。

03.2552 样品导入 sample introduction
将处于常温、常压下的样品通过真空闭锁或过渡装置引入处于高真空下的离子源的过程。

03.2553 载气分离器 carry gas separator
又称"分子分离器"。用于气相色谱-质谱联用时降低气相色谱载气压力并令其与样品部分预分离的器件。

03.2554 直接进样 direct inlet, DI
将液态、固态的样品装填或涂敷于玻璃制容器或支持杆上，直接送入离子化室中的一种进样方法。

03.2555 气相色谱-质谱法 gas chromatography/ mass spectrometry, GC/MS
又称"气质联用"。样品以气相色谱进行预分离后通过接口导入质谱仪进行分析的技术。

03.2556 液相色谱-质谱法 liquid chromatography /mass spectrometry, LC/MS
又称"液质联用"。样品以液相色谱进行预分离后通过接口导入质谱仪进行分析的技术。

03.2557 直接进样探头 direct probe
可直接加载样品并将其导入质谱仪进行测定的部件。

03.2558 纳喷雾 nanoflow electrospray
进样量可达纳升级的微型电喷雾装置。

03.2559 膜导入质谱法 membrane inlet mass spectrometry, MIMS
在气相气谱-质谱联用时,使用有机硅等薄膜以降低载气压力并令其与样品部分预分离后将样品导入质谱仪的质谱分析方法。

03.2560 质谱仪 mass spectrometer
检测并记录物质离子质量-电荷比(质荷比, *m/z*)的分析仪器。

03.2561 串级质谱仪 tandem mass spectrometer
将两个或两个以上的质谱仪器单元连接起来,使离子按空间或时间顺序通过其中得到进一步的碎裂或分离,以获得更多待测物结构信息的组合式质谱仪。

03.2562 单聚焦质谱仪 single focusing mass spectrometer
仅使用扇形磁场为质量分析器的质谱仪。

03.2563 电喷雾串联质谱仪 electrospray

ionization mass spectrometry mass spectrometer, ESI-MS-MS

使用电喷雾电离方式为离子源的串联质谱仪。

03.2564　电喷雾电离质谱　electrospray ionization mass spectrometer, ESI-MS

使用电喷雾电离方式为离子源的质谱仪。

03.2565　动态质谱仪　dynamic mass spectrometer

质量分析器为可变电场或磁场的质谱仪。

03.2566　动态场质谱仪　dynamic field spectrometer

基于随时间变化的场来分离离子束的质谱仪。

03.2567　端盖电极　end cap electrode

离子阱质谱仪分析器的主要部件，由两个呈双曲面的电极相对配置而成。

03.2568　反置双聚焦质谱仪　reverse double focusing mass spectrometer

磁场置于前级，静电场置于后级的双聚焦质谱仪。

03.2569　飞行时间质谱仪　time-of-flight mass spectrometer, TOFMS

其工作原理系基于在无场区初始动能相同但具有不同质荷比的离子飞越给定距离所需时间的差异。是质谱仪的一种类型。

03.2570　氦质谱探漏仪　helium leak detection mass spectrometer

以氦气为示漏气体用于真空系统检漏的质谱仪。

03.2571　基质辅助激光解吸飞行时间质谱仪　matrix-assisted laser desorption ionization-time of flight mass spectrometer

配备基质辅助激光解吸电离离子源的飞行时间质谱仪。在基质的存在和辅助下，以激光导致化合物解吸附并同时离子化的方式生成离子的飞行时间质谱仪。

03.2572　静态质谱仪　static mass spectrometer

质量分析器为恒定电场或磁场的质谱仪。

03.2573　静态场质谱仪　static field spectrometer

用不随时间改变的场来分离离子束的质谱仪。

03.2574　离子回旋共振质谱仪　ion cyclotron resonance mass spectrometer, ICR

基于离子回旋共振现象的质谱仪。在磁场和电场的共同作用下，离子可在垂直于磁场的平面上作回旋运动。在磁场强度恒定时，回旋频率仅与离子的荷质比相关。当对此离子施加高频交变电场时，离子可吸收高频电场能量并达到同步回旋状态而被检出。

03.2575　离子阱质谱仪　ion trap mass spectrometer, ITMS

以离子阱为质量分析器的质谱仪。

03.2576　排斥电压　repeller voltage

将离子排斥出离子室所使用的电压。

03.2577　碰撞室　collision chamber

又称"碰撞池"。在进行碰撞诱导分解实验时，加速离子并令其与靶气体产生碰撞而碎裂的空间。

03.2578　三重四极质谱仪　triple-stage quadrupole mass spectrometer, TSQ-MS

由三组四极质量分析器组成的串联质谱仪。通常，在第一级中选出前体离子，第二级作为碰撞室而在第三级对前体离子产生的碎片离子进行检测。

03.2579 扫描范围 scan range
质谱仪能够测定的元素或化合物的质量的范围。

03.2580 扇形磁场 magnetic sector
在磁质谱仪中用作为离子流质量分析器的呈扇形的磁场。

03.2581 扇形电场 electric sector
在双聚焦磁质谱仪中设置的一对同轴扇形柱面电极,用以产生 1 个径向静电场,对离子流进行动能分析与过滤。

03.2582 扇形场质谱仪 sector-type magnetic mass spectrometer
使用扇形磁场和(或)电场为质量分析器的质谱仪。

03.2583 射频放电 radio frequency spark
以电压为 23~30kV、频率为 200 kHz 以上的射频产生的火花放电。

03.2584 双聚焦质谱仪 double focusing mass spectrometer
同时使用扇形磁场和扇形电场为质量分析器的质谱仪。

03.2585 四极质谱仪 quadrupole mass spectrometer, QMS
使用横断面为双曲线或等效双曲线的四极杆,在其上施加高频电压和直流电压,并按质荷比分离离子的质谱仪。

03.2586 托 Torr
一种真空度单位,相当于 1mm 水银柱产生的压强。

03.2587 无场区 field-free region, FFR
离子飞行的路径上既无电场又无磁场的区域,在此区间离子的速度和方向均不会改变。

03.2588 总发射电流 total emission current
在电子轰击电离时从灯丝上发射电子的总电流。

03.2589 从头测序 *de novo* sequencing
利用生物质谱,对蛋白质或多肽进行质谱-质谱分析以进行蛋白质一级结构即氨基酸残基序列测定的一种方法。

03.2590 低丰度蛋白质 low abundance protein
在基因组学和蛋白质组学研究中,密码子偏性系数小于 0.2 的基因所编码的蛋白质。通常,也泛指蛋白质组中相对含量低,难于检测的蛋白质。

03.2591 肽序列标签 peptide sequence tag, PST
先以串联质谱测定目的蛋白质中部分肽段的序列和相应的质量数,然后通过在数据库中检索、鉴定蛋白质的方法。

03.2592 同位素编码亲和标签 isotope coded affinity tag, ICAT
用于蛋白质组学研究的一种定量分析技术。利用人工合成的能以专一性与半胱氨酸作用、带有不同氢同位素分子链段且具有生物素基团的试剂即同位素编码亲和标签,对蛋白质进行标记后进行酶解,使用以亲和素为配基的亲和色谱分离出被标记的肽段,进而以质谱技术实现蛋白质的定量分析。

03.2593 同位素簇离子 isotopic cluster
具有相同元素组成但同位素组成不同的一组离子。

03.2594 表面 surface
凝聚相与气相或自由空间之间的界面。

03.2595 界面 interface
具有不同元素及化学或物理性质的两种体相之间的边界。

03.2596 显微分析 microanalysis
测量尺度小于或等于微米级受激表面所产生的次级粒子的能量、质量及其分布与信号强度，以获得特定表面微小区域元素组成、化学状态及电子结构的分析方法。

03.2597 X 射线微区分析 X-ray microanalysis
高真空条件下，通过测量尺度小于或等于微米级受激表面所产生的特征 X 射线能量及强度分布，以获得微区元素组成的分析方法。

03.2598 表面态分析 surface state analysis
超高真空条件下，通过光、电等原粒子束对试样的激发，以获得受激表面价带电子能量分布(状态密度)的分析方法。

03.2599 显微形貌分析 micro morphology analysis
高真空条件下，测量受激表面所产生的次级粒子空间分布，以获得表面微观形态特征的分析方法。

03.2600 显微结构分析 micro structure analysis
超高真空条件下，测量受激表面所产生的次级粒子空间分布及能量分布，以获得表面微区相结构、化学组成的分析方法。

03.2601 电子探针显微分析 electron probe micro analysis, EPMA
高真空条件下，以聚焦电子束轰击样品，通过次级电子成像及对所选微区退激发 X 射线波长或能量色散分析而获得表面微区元素组成的分析方法。

03.2602 离子探针显微分析 ion probe microanalysis
超高真空条件下以聚焦离子束轰击样品，通过次级离子成像及对所选微区离子的荷质比分析而获得表面微区化学结构的分析方法。

03.2603 能量色散 X 射线分析 energy-dispersion X-ray analysis, EDX
高真空条件下，以电子束轰击样品并对受激原子退激发所产生的特征 X 射线进行能量色散分析而获得表面元素组成的分析方法。

03.2604 光电离过程 photoionization process
中性原子或分子受光子激发而变成带正电荷离子的过程。

03.2605 光电发射 photoemission
固体表面吸收一定能量的光子而发射电子的现象。

03.2606 电子能谱仪 electron spectrometer
用来测量电子数或与其成正比的信号强度随电子动能而变化的设备。其核心部分是电子能量分析器。

03.2607 能量分析器 energy analyzer
对从样品表面击出的俄歇电子或光电子进行能量色散，以获得电子数按能量高低分布并对环境具有电磁屏蔽功能的装置。

03.2608 结合能 binding energy
将特定能级的电子移到固体费米能级或移到自由原子或分子的真空能级所需的能量。理论上用修正的自洽场单电子波函数的本征值表示。

03.2609　X 射线光电子能谱法　X-ray photo-electron spectroscopy, XPS
超高真空条件下，用电子能谱仪测量 X 射线光子辐照样品表面时所发射的光电子及俄歇电子能量分布，以此测定周期表中除氢、氦以外所有元素及其化学态的一种非破坏性表面分析方法。

03.2610　化学分析电子能谱法　electron spectroscopy for chemical analysis, ESCA
超高真空条件下，用电子能谱仪测量受激原子内层轨道结合能的位移与原子所处化学环境的对应联系，从而获得表面元素化学态的非破坏性分析方法。

03.2611　X 射线光电子能谱小面积分析法　small area analysis by X-ray photoelectron spectroscopy
通过降低能量分析器输入透镜光阑或缩小入射 X 射线束径，只接收样品表面小面积出射的光电子信号而获得小面积元素、化学态及电子结构的分析方法。

03.2612　成像 X 射线光电子能谱法　image X-ray photoelectron spectroscopy
通过设定能量窗口，以获得试样表面元素及其化学状态二维分布图像的 X 射线光电子能谱分析方法。

03.2613　X 射线单色器　X-ray monochromator
为消除 X 射线韧致辐射和能量不在窄 $K_{\alpha1,2}$ 特征射线波长内的辐射，在 X 射线光电子能谱系统中专门设计的一种石英晶面衍射装置。

03.2614　韧致辐射　bremsstrahlung
入射电子由于受到靶材的减速作用而发射的能量连续的光辐射。

03.2615　球形偏转能量分析器　spherical deflection analyzer
采用同心球扇形或半球形电极的电磁场结构所形成的一种具有较高能量分辨率的能量色散装置。

03.2616　化学位移　chemical shift
原子化学环境改变引起的内层电子结合能位移的现象。

03.2617　表面化学位移　surface chemical shift
在二维表面或垂直表面法线方向上，由于样品结构不均匀或荷电效应不均匀引起的相同元素内层电子结合能位移的现象。

03.2618　弛豫效应　relax effect
体系由激发态到稳态所引起的体系物理化学变化。

03.2619　弛豫势能模型　relax potential model
考虑非稳态体系中各种电子相互作用势，以计算弛豫中各种能量关系所建立的数学物理模型。

03.2620　同角度有关的 X 射线光电子能谱法　angular dependent X-ray photoelectron spectroscopy, AD-XPS
通过改变光电子相对于表面法线的出射角度，以非破坏性方式测量受激元素所发射的光电子强度与出射角度函数关系的一种分析方法。

03.2621　魔角　magic angle
设定 X 射线光电子能谱(XPS)系统中入射 X 光束的轴线与能量分析器透镜主轴成 $54°44'$，可避免不同轨道电子光电离时轨道非对称参数 β 对电离截面的影响，把这个特殊设计的 $54°44'$ 角度称为魔角。

03.2622　非对称参数　asymmetry parameter
考虑非偏振 X 射线从孤立原子击出的光电子与入射 X 射线成角度 γ 对不同轨道光电子强度分布影响的 1 个因子。

03.2623　真空紫外光源　vacuum ultraviolet photosource
受激稀有气体(He)退激发时所产生的能量在 10~50 eV、自然线宽仅几个 meV 的低能光子源。

03.2624　紫外光电子能谱[法]　ultraviolet photoelectron spectroscopy, UPS
超高真空条件下,用电子能谱仪测量紫外光子辐照时从样品表面发射的光电子能量分布,以获得样品价带电子结构的分析方法。

03.2625　价带谱　valence band spectra
超高真空条件下,用能量 小于 50 eV 的单色光(如紫外光)激发样品所获得的费米能级附近状态密度分布。

03.2626　荷电效应　charge effect
受粒子束激发而不能维持被测样品表面的电中性条件,会导致分析谱图中特征谱线发生位移乃至变形的现象。

03.2627　内标碳基准　internal carbon reference
将被测样品中特定含碳基团的 C 1s 结合能与其标准结合能进行对比,以确定该样品表面荷电电位,此校正非导体样品 X 射线光电子能谱分析荷电效应对结合能的影响。

03.2628　外来碳基准　adventitious carbon reference
将被测样品表面吸附的碳氢化合物的 C 1s 结合能与其标准结合能进行比较,确定该样品的荷电电位,以此校正非导体样品 X 射线光电子能谱分析荷电效应对实测结合能的影响。

03.2629　俄歇效应　Auger effect
为俄歇(Auger)所发现的、受激原子以无辐射跃迁方式退激发并释放出特定能量电子的现象。

03.2630　俄歇跃迁　Auger transition
原子内层电子被击出后留下空穴,外层轨道电子填补该空穴并通过耦合以多余的能量把另一个外层轨道电子击出的过程。俄歇跃迁的特点是至少涉及两个能级 3 个电子,并同激发源的性质无关。

03.2631　俄歇电子　Auger electron
当原子失去 1 个内层电子时,由外层电子填充到该空位所释放的能量导致更外层轨道发射出的电子。

03.2632　俄歇电子能谱[法]　Auger electron spectroscopy, AES
超高真空条件下,用电子谱仪测量受激样品表面原子发射的俄歇电子能量分布,以此测定周期表中除氢和氦外所有元素的分析方法。

03.2633　场发射俄歇电子能谱　field emission Auger electron spectroscopy
用肖特基场发射电子源激发样品所获得的俄歇电子谱。与通常热电离电子源的俄歇电子能谱相比,具有纳米尺寸的分析束径和极高的亮度,从而大大提高谱仪的空间分辨率。

03.2634　扫描俄歇微探针[法]　scanning Auger microprobe, SAM
超高真空条件下,用电子束对样品表面进行扫描取得二次电子像,根据所选微区能进行各种俄歇分析的方法。

03.2635　X 射线激发俄歇电子　X-ray excited Auger electron, XAES

用 X 射线击出原子内层电子形成空穴，随后经俄歇跃迁所发射的电子。

03.2636　筒镜能量分析器　cylinder mirror analyzer, CMA

采用同轴双筒电极的电磁场结构所形成的一种具有较大接收角，但能量分辨率较低的能量色散分析装置。

03.2637　带通减速场分析器　band-pass retarding field analyzer

基于拒斥场原理，利用先减速后单色的结构系统对从样品表面击出的电子进行能量分析的装置。

03.2638　俄歇电子产额　Auger electron yield

受激原子退激发时存在发射 X 射线和发射俄歇电子这两种相互竞争的机制，把其中产生俄歇电子的概率对两种退激发概率之和的比例定义为俄歇电子产额。

03.2639　俄歇电子动能　kinetic energy of Auger electron

所涉及的某元素内层电离轨道 w、弛豫轨道 x 及出射俄歇电子轨道 y 三者能量之差。可用式 $E_{wxy} = E_w - E^*_x - E^*_y$ 表示，其中"*"号代表激发态时轨道能量。俄歇电子动能 E_{wxy} 是俄歇电子能谱法定性分析的依据。

03.2640　俄歇化学效应　Auger chemical effect

涉及原子价电子的俄歇跃迁谱，因原子所处化学环境不同而出现谱峰位移及峰形变化的记录。由此可以获得原子化学态信息。

03.2641　俄歇基体效应　Auger matrix effect

原子因所处的物理化学环境变化而导致受激后所产生的俄歇谱线形状及谱线强度改变的现象。

03.2642　俄歇像　Auger image

又称"俄歇图(Auger map)"。用电子枪对样品表面进行扫描，通过设定能量窗口所测得的对应元素在二维表面上的强度分布图。

03.2643　俄歇参数　Auger parameter

把 X 射线光电子能谱中某元素最窄俄歇电子峰对应的动能 E_{wxy} 减去该元素最强光电子峰的动能 $E_k(w)$ 之差。即 $\alpha = E_{wxy} - E_k(w)$。

03.2644　修正的俄歇参数　modified Auger parameter

X 射线光电子能谱中，把某元素 w 轨道的结合能 $E_b(w)$ 与相应俄歇谱峰的电子动能 E_{wxy} 加和定义为修正的俄歇参数 α^*，即 $\alpha^* = E_{wxy} + E_b(w)$。用 E_{wxy} 和 $E_b(w)$ 两参数联合能更好地识别元素化学态。

03.2645　俄歇信号强度　Auger signal intensity

(1)俄歇电子能谱通常以俄歇微分谱的峰-峰值表示俄歇信号强度。(2)对于 X 射线激发俄歇电子则以扣除本底后俄歇谱峰所覆盖的面积表示俄歇信号强度。俄歇信号强度是定量分析的依据。

03.2646　俄歇深度剖析　Auger depth profiling

超高真空条件下，用氩离子枪对样品表面进行逐层溅射，同时收集被溅射表面有关元素的俄歇信号强度随深度变化的分析方法。

03.2647　溅射　sputtering

用能量粒子束轰击导致原子或离子从样品表面出射的过程。

03.2648　溅射产额　sputtering yield

从样品表面溅射出的原子或离子数与入射粒子数的比值。

03.2649　溅射速率　sputtering rate

由于入射粒子轰击导致单位时间内从样品

表面溅射出的粒子总量。通常以单位时间内被溅射掉的表层厚度表示。

03.2650　择优溅射　preferential sputtering
用离子束溅射多组分样品时，因每种元素溅射产额不同而引起样品平衡态时的表面组分变化的现象。

03.2651　深度分辨率　depth resolution
用俄歇电子能谱、X 射线光电子能谱对样品进行深度分析时，通常取特定样品(Ta_2O_5/Ta, 或 SiO_2/Si)深度剖析曲线特征信号的 20%到 80%所跨越的横坐标距离定义为深度分辨率；也有人取深度剖析曲线特征信号的 16% 到 84%所跨越的横坐标距离表示深度分辨率。

03.2652　背散射电子　backscattered electron
原束电子与固体表面相互作用后，其中部分未被靶样吸收并能飞离固体表面一侧的电子。

03.2653　次级电子　secondary electron
俗称"二次电子"。由原粒子束与弱束缚导带电子相互作用所产生的并能够离开表面的能量低于 50 eV 的电子。

03.2654　电子能量损失谱法　electron energy loss spectroscopy, EELS
超高真空条件下，测量进入特定角度范围内(高能)非弹性散射电子的能量损失分布，或测量从表面反射的非弹性散射(低能)电子能量及角度分布的分析方法。前者在分析透射电子显微镜中用于化学成分测定，后者则用于表面电子结构的测定。

03.2655　特征能量损失谱法　characteristic energy loss spectroscopy
超高真空条件下，测量电子束与表面发生特殊作用(如单电子激发、带间跃迁、声子激发、

等离子体激发)后非弹性散射电子能量损失分布的分析方法。

03.2656　等离子损失峰　plasma loss peak
部分出射的特征光电子与样品中原子的价电子发生集合振荡，产生一定频率的等离子因而损失能量，并导致在光电子谱主峰高结合能一侧所出现的特征峰。

03.2657　隧道效应　tunnel effect
低电位的针状电极在接近金属表面时，由于量子隧道而出现电流传输的现象。

03.2658　扫描隧道显微镜　scanning tunnel microscope
超高真空条件下，让探针电极以恒定偏压对单晶面微区进行扫描，从而获得具有原子分辨率表面形貌的分析工具。

03.2659　扫描隧道谱法　scanning tunneling spectroscopy
超高真空条件下，改变针电极和样品表面之间的电压 U，测量隧道电流 I 随 U 的变化并记录下 dI/dU 曲线以获得纳米材料电子结构的分析方法。

03.2660　电子衍射　electron diffraction
真空或超高真空条件下，利用一定波长(能量)电子束与规则晶格发射弹性散射所产生的衍射现象。

03.2661　低能电子衍射法　low energy electron diffraction, LEED
超高真空条件下，利用能量为 40~500 eV 的低能电子与有序排列的固体表面原子发生弹性散射，通过测量衍射斑点分布并经空间变换得到表面原子相对于基底的原格结构；通过测量衍射束强度，并经散射动力学计算以确定表面原子的确切位置的分析方法。

03.2662　反射式高能电子衍射法　reflection high energy electron diffraction, RHEED

超高真空条件下，利用 10~30 keV 高能电子以小于 5° 掠射角入射平整晶面并与表面原子发生很强的前冲弹性散射，通过测量反射方向上衍射条纹的几何结构并经换算从而确定表面基元晶格形状和大小的分析方法。

03.2663　离子枪　ion gun

使气体电离、并能使离子聚集，最终形成具有一定能量与强度离子束流的装置。

03.2664　离子束分析　ion beam analysis, IBA

超高真空条件下用离子束轰击样品表面，通过测量所击出的次级粒子的衍射图、能量和质量分布等获得表面原子分布、化学组成及电子结构的分析方法。

03.2665　离子中和谱法　ion neutralization spectroscopy, INS

超高真空条件下，利用稀有气体离子(He^+、Ne^+、Ar^+)与金属表面复杂的电子交换作用，测量从表面出射的电子能量分布从而获得金属表面电子结构信息的分析方法。

03.2666　离子散射谱法　ion scattering spectroscopy, ISS

超高真空条件下，利用稀有气体离子(He^+、Ne^+、Ar^+)与样品表面的散射作用，在一定的散射角度方向上测量被散射离子的能量分布以获得样品表面元素组成的分析方法。

03.2667　高能离子散射谱法　high energy ion scattering spectroscopy

又称"卢瑟福背散射谱(Rutherford back scattering spectroscopy)"。超高真空条件下，利用高能(MeV)单质稀有气体离子(He^+、Ne^+、Ar^+)与样品表面的弹性散射作用，通过在设定散射角度方向上测量背散射离子的能量以识别样品原子质量及其深度分布的分析方法。

03.2668　低能离子散射谱法　low energy ion scattering spectroscopy, LEIS

超高真空条件下，利用原束能量 $E_0 < 5$ keV 的惰性气体离子(He^+、Ne^+、Ar^+)与靶样品表面的散射作用，在一定的散射角度方向上测量被散射离子的产额随其能量 E_1 变化的特征谱线，以获得散射表面原子组成的分析方法。

03.2669　场离子显微镜法　field ion microscope, FIM

超高真空条件下，通过对金属尖端施加高压电场使尖端表面吸附的气体分子电离，所形成带正电的气体离子沿针尖径向被加速并打在荧光屏上形成斑点，由此显示针尖表面原子几何图像的分析方法。

03.2670　原子力显微镜法　atomic force microscope, AFM

利用原子间范德瓦耳斯作用力随着作用距离的变化，用压电陶瓷器件控制嵌在弹性悬臂梁上的针尖以接触或非接触方式，对原子平整的样品表面进行扫描从而获得表面形貌微结构的分析方法。

03.2671　近场光学显微镜法　near field optical microscope

利用表面近场光子隧道效应，把具有强光子通量(如光纤)这类细小光学探针放置在距离样品小于 1λ(波长)以内近表面，代替传统光学镜头从而避免衍射极限的限制，能获得超高光学分辨率图像及进行纳米尺度光谱学研究的分析方法。

03.2672　扫描近场光学显微镜　scanning near field optical microscope

利用表面近场光子隧道效应，用具有强光子通量的细小光学探针在距离样品 1 个波长以内对近表面进行光学扫描的设备。因为探头所获得的局部光学信息与表面局部精细结构有关，以此获得样品表面二维显微成像的方法。

03.2673　自电离谱法　self-ionization spectroscopy

处于电离电位以上的激发态原子能通过无辐射跃迁过程释放出能量不连续的电子，测量仅发生在价电子层中出射的电子能量分布，从而获得表面电子结构信息的分析方法。

03.2674　阴极荧光　cathode fluorescence

非导体材料受电子束激发后，在紫外和可见光谱区发射长波光子的现象。

03.2675　空表面态　unoccupied state

表面电子结构中未被电子占据的表面能级或能带。

03.2676　弛豫能　relaxation energy

原子失去电子后，因自身及与其相结合的相关原子这两者电子结构的重排，所引起的内层轨道结合能的变化。

03.2677　能带结构　energy band structure

由大量原子价电子"公有化"所形成的连续状态的电子结构，是描述固体电子结构特征、区别材料电子传导能力的重要概念。按照布洛赫(Bloch)定理，能带结构有导带和价带之分。对于半导体和绝缘体，两者之间被带隙分开，其中导带是空的，而价带则填满电子，所以通常不能传导电子。而导体能带中的电子服从费米分布，费米能级之上没有电子而费米能级之下填满电子，全带呈半填满状况，所以电子能自由流动而具备传输电荷的能力。

03.2678　价带结构　valence band structure

费米能级以下的电子数按能级分布的状态。

03.2679　逸出功　work function

(1)电子由费米能级逃离到真空能级所需要的最低能量。(2)电子从表面内逃逸到表面外所需克服的最低表面能量势垒。

03.04.08　热　分　析

03.2680　热分析　thermal analysis

在程序控温和一定气氛下，测量试样的某种物理性质与温度或时间关系的一类技术。

03.2681　控温程序　temperature programme

在热分析中，通过程序控制温度变化的方式。

03.2682　热重分析　thermogravimetric analysis, TGA

在程序控温和一定气氛下，测量试样的质量与温度或时间关系的技术。

03.2683　热色现象　thermochromism

物质颜色随温度变化而发生变化的现象。

03.2684　等压质量变化测量　isobaric mass-change determination

在程序控温条件下，测量物质在恒定挥发物分压下平衡质量与温度关系的一种方法。

03.2685　逸出气分析　evolved gas analysis, EGA

在程序控温条件下测量从物质中释放出的挥发性产物的性质和(或)数量与温度的关系的一种技术。用来分析逸出气的方法有气相色谱法、红外光谱法、质谱法等，其中质谱法应用最广。该法常用于热裂解研究，特别是和其他热分析方法，如热重法、差示扫描量热法等联用，可有效地研究相变过程。

03.2686　放射性热分析　emanation thermal analysis

在程序控温条件下测量从物质中释放出的放射性物质与温度的关系的一种技术。先将放射性惰性气体吸附到固态试样中，随后程序升温，通过测量从试样中释放出的放射性气体，研究在动态条件下化合物的结构变化。

03.2687　颗粒热分析　thermoparticulate analysis

在程序控温条件下测得物质所放出的微粒物质与温度的关系的一种技术。微粒的半径为 $10^{-7} \sim 10^{-5}$cm，通过绝热膨胀使相对湿度达到接近 100%，湿气在微粒上聚集，使微粒在几毫秒之内长大到微米级大小，在暗场光学系统中散射光的强度与气相中微粒数目成正比。

03.2688　加热或冷却曲线测定　heating or cooling curve determination

通过测量样品温度与程序控制变化的温度关系获得的曲线。

03.2689　差热分析　differential thermal analysis, DTA

在程序控温和一定气氛下，测量试样和参比物温度差与温度(扫描型)或时间(恒温型)关系的技术。

03.2690　差式扫描量热分析　differential scanning calorimetry, DSC

在程序控温和一定气氛下，测量输给试样和参比物的热流速率或加热功率与温度或时间关系的技术。

03.2691　热膨胀分析　dimensions thermodilatometry

在程序控温下，测量试样长度或体积与温度关系的技术。

03.2692　差示热膨胀法　differential thermodi-

latometry

将被测试样与参比基准物并列放置，把被测物和参比基准物的一端固定，在程序控温条件下准确地测定两物自由端位置之差的热分析方法。

03.2693　热机械性能测定　thermomechanical measurement

又称"热机械分析"。通常指待测材料在规定的压力下，以一定的速度升温，根据升温 (ΔT)和相应伸长量(ΔL)，绘出 ΔT-ΔL 曲线。由此可测量某一温度的热线膨胀系数，或某一温度区间的平均热线膨胀系数的分析方法。

03.2694　动态热变形分析　dynamic thermomechanical measurement

在程序控温交变振动应力下，测量试样的动态模量和力学损耗与温度的关系的分析方法。按振动模式，可分为自由衰减振动法、强迫共振法、强迫非共振法、声波传播法；按形变模式，可分为拉伸、压缩、扭转、剪切(夹芯剪切与平行板剪切)、弯曲(包括单悬臂梁、双悬臂梁，以及三点弯曲和 S 形弯曲等)。

03.2695　热声分析　thermoacoustimetry

又称"热传声法"。在程序控温和一定气氛下，测量通过物质后的声波特性与温度的关系的技术。

03.2696　热光分析　thermophotometry

在程序控温和一定气氛下，测量物质的光学特性与温度的关系的技术。

03.2697　热电分析　thermoelectrometry

在程序控温和一定气氛下，测量物质的电学特性与温度的关系的技术。

03.2698　热磁分析　thermomagnetometry

在程序控温和一定气氛下，测量物质的磁化

率与温度的关系的技术。

03.2699 功率补偿式差热扫描量热法 power-compensation differential scanning calorimetry

在程序控温并保持试样和参比物温度相等时，测量输给试样和参比物的加热功率与温度或时间的关系的分析方法。

03.2700 热流差热扫描量热法 heat-flux differential scanning calorimetry

按程序控温改变试样和参比物温度时，测量与试样和参比物温差相关的热流速率差与温度或时间的关系的分析方法。热流速率与试样和参比物的温差成比例。

03.2701 差示扫描量热曲线 differential scanning calorimeter curve

由差示扫描量热仪测得的输给试样和参比物的热流速率或加热功率(差)与温度(扫描型)或时间(恒温型)的关系曲线。曲线的纵坐标为热流速率，单位为 mW(mJ/s)，横坐标为温度或时间。按热力学惯例，曲线向上为正，表示吸热效应；向下为负，表示放热效应。

03.2702 热重图 thermogravimetric curve

又称"TG 曲线(TG curve)"。由热重法测得的数据以质量(或质量分数)随温度或时间变化的形式表示的曲线。曲线的纵坐标为质量 m (或质量百分数)，向上表示质量增加，向下表示质量减小；横坐标为温度 T 或时间 t，自左向右表示温度升高或时间增长。

03.2703 热天平 thermobalance

在程序控温和一定气氛下，连续称量试样质量的仪器。是实施热重法的仪器。

03.2704 加热速率 heating rate

相应于温度程序的温度升高的速度。

03.2705 平台 plateau

在热重分析曲线中出现的样品质量保持不变的部分。

03.2706 初始温度 initial temperature

在热分析中到达检测器可以检测到信号变化时的温度。

03.2707 终了温度 final temperature

在热分析中到达检测器可以检测到信号变化最大时的温度。

03.2708 反应间隔 reaction interval

热分析中在初始温度和最大温度之间的反应间隔。

03.2709 加热曲线测定 heating-curve determination

测定样品被程控加热时温度变化的技术。信号为样品温度对应程控加热温度或时间。

03.2710 微分曲线 derivative curve

热分析中加热曲线对温度或时间微分获得的信号，可以反应样品的一些细节变化信息。

03.2711 参比物质 reference material

在测试温度范围内表现为热惰性(无吸热、放热效应)的物质。如α-Al_2O_3。

03.2712 样品池 sample cell

放置试样的容器和支架。

03.2713 参比池 reference cell

放置参比物的容器和支架。

03.2714 样品池组件 specimen-cell assembly

放置试样和参比物的整套组件。当热源或冷源与支持器合为一体时，则此热源或冷源也视为组件的一部分。

03.2715　峰　peak

热分析曲线偏离试样基线的部分，曲线达到最大或最小，而后又返回到试样基线。热分析曲线的峰可表示某一化学反应或转变，峰开始偏离准基线相当于反应或转变的开始。

03.2716　吸热峰　endothermic peak

就差式扫描热分析曲线的吸热峰而言，是指输入到试样的热流速率大于输入到参比样的热流速率，这相当于吸热转变。

03.2717　放热峰　exothermic peak

就差式扫描热分析曲线的放热峰而言，是指输入到试样的热流速率小于输入到参比样的热流速率，这相当于放热转变。

03.2718　外延点　extrapolated onset

又称"外推始点"。外推起始准基线与热分析曲线峰的起始边或台阶的拐点或类似的辅助线的最大线性部分所做切线的交点。

03.2719　热膨胀分析法　thermodilatometry

在程序控温下，测量试样长度或体积与温度的关系的分析方法。

03.2720　热膨胀曲线　thermodilatometric curve

表示测量样品尺度随程控温度加热时变化所得的曲线。

03.2721　线性热膨胀分析法　linear thermodilatometry

在可忽略应力下，测量试样长度与温度的关系的分析方法。

03.2722　体积热膨胀分析法　volume thermodilatometry

在可忽略应力下，测量试样体积与温度的关系的分析方法。

03.2723　热机械分析　thermomechanical analysis, TMA

在程序控温非振动负载下(应力可为压缩、针刺、拉伸或弯曲等不同形式)，测量试样形变与温度或时间的关系。由此测得的是温度-形变曲线。

03.2724　热机械分析仪　thermomechanical analyzer

在程序控温非振动恒定应力下，测量试样形变与温度或时间关系的仪器。

03.2725　热超声检测　thermosonimetry

在程序控温和一定气氛下，测量物质发出的声音与温度的关系的技术。

03.2726　热光谱法　thermospectrometry

测量特定波长的光量的热分析技术。

03.2727　热反射光谱法　thermal reflectance spectroscopy

测量反射光谱随程控温度变化的技术。

03.2728　热消偏振光强度法　thermal depolarized light intensity

测量样品对特定偏振光的偏振度随程控温度变化而变化的技术。

03.2729　热分级谱法　thermofractography, TFG

又称"热分离层析法"。在等速升温条件下，使构成物质的组分逐次挥发或分解，所产生的挥发物随载气带出，并捕集在与温升同步的薄层板上，经色谱法鉴定不同温度下逸出物质的成分。

03.2730　放射热谱法　thermoradiography, TRG

测量样品的放射性随程控温度变化而变化的技术。

03.2731 热折射法 thermorefractometry
测量折射率随程控温度变化而变化的热分析技术。

03.2732 热释光分析 thermoluminescence analysis
测量样品的发光强度随程控温度变化而变化的技术。

03.2733 驻电体热分析 electret thermal analysis
测量样品的介电信号随程控温度变化而变化的技术。

03.2734 耦合联用技术 coupled simultaneous technique
又称"串接联用技术"。在程序控温和一定气氛下，对1个试样同时采用两种或多种分析技术，而第二种分析仪器通过接口与第一种分析仪器相串接的技术。

03.2735 非连续联用分析 discontinuous simultaneous technique
在程序控温和一定气氛下，对1个试样同时采用两种或多种分析技术，仪器的连接形式同串接联用技术，即第二种分析仪器通过接口与第一种分析仪器相串接，但第二种分析技术的采样不连续的串接联用技术。

03.2736 分析裂解 analytical pyrolysis
通过测量在惰性气氛下一种物质或化学反应过程中由热能导致的降解反应过程。

03.2737 居里点 Curie point
铁电体从铁电相转变成顺电相的相变温度。即发生二级相变的转变温度。相变在此温度下发生，材料的介电常数、压电常数、弹性模量、比热容、折射率、导电率等许多物理性质将产生明显变化。用热分析、测量电阻-温度曲线、介电常数-温度曲线等方法可确定

材料的居里点。

03.2738 线状裂解器 filament pyrolyzer
又称"带状裂解器"。在电热丝圈上进行，线圈用稳定电压加热到恒定温度。试样涂在热丝上，待溶剂蒸发后，送入密封的裂解室内，然后通电，试样瞬间裂解，裂解产物被载气带入色谱柱。

03.2739 最后裂解温度 final pyrolysis temperature
裂解器设定的最后温度。

03.2740 闪解 flash pyrolysis
在高升温速率(一般在 10000 K/s 量级)下进行热裂解的方法。

03.2741 部分裂解 fractionated pyrolysis
将同一样品分别在不同温度下针对不同成分进行裂解分析的技术。

03.2742 源内裂解 in-source pyrolysis
在质谱仪离子源内裂解的技术。

03.2743 裂解红外图 infrared spectroscopy pyrogram
由红外光谱测量裂解获得的图谱。

03.2744 等温裂解 isothermal pyrolysis
在保持恒定温度下进行裂解的技术。

03.2745 最大裂解温度 maximum pyrolysis temperature
在温度或时间上最高的裂解温度。

03.2746 离线裂解 off-line pyrolysis
裂解产生的产物先用阱捕获再进行分析的技术。

03.2747 氧化裂解 oxidative pyrolysis

在氧化性气氛中进行裂解的技术。

03.2748 量压裂解器 pressure monitored pyrolysis

记录裂解产生气体成分压力的一种裂解技术。

03.2749 脉冲裂解器 pulse mode pyrolyser

将样品引入到冷炉后再快速加热裂解的一种裂解技术。

03.2750 裂解图 pyrogram

裂解获得的图谱。

03.2751 热解物 pyrolysate, pyrolyzate

裂解后的产物。

03.2752 裂解器 pyrolyser, pyrolyzer

进行裂解的装置。

03.2753 环状裂解器 coil pyrolyser

可以将样品装入，插到金属加热线圈中加热并产生裂解的裂解装置。

03.2754 连续式裂解器 continuous mode pyrolyser

又称"炉式裂解器"。将要裂解的样品放入后，一直加热到最后温度的裂解装置。

03.2755 裂解气相色谱 pyrolysis-gas chromatography, Py-GC

将样品在严格控制的条件下加热，对迅速裂解成的可挥发的小分子碎片，用气相色谱直接分离和鉴定的分析方法。从裂解谱图的特征可用来推断样品的组成、结构和性质。

03.2756 裂解气相色谱-红外光谱 pyrolysis-gas chromatography-infrared spectroscopy, Py-GC-IR spectroscopy

将样品在严格控制的条件下加热，对迅速裂解成的可挥发的小分子碎片，用气相色谱-红外光谱在线直接分离和鉴定的技术。

03.2757 裂解红外光谱 pyrolysis-infrared spectroscopy, Py-IR spectroscopy

将样品在严格控制的条件下加热，对迅速裂解成的可挥发的小分子碎片，用红外光谱直接分离和鉴定。

03.2758 裂解红外光谱图 pyrolysis-infrared spectrum

由热解-红外分析装置获得的热解谱图。

03.2759 裂解质谱分析 pyrolysis-mass spectrometry, Py-MS

将样品在严格控制的条件下加热，对迅速裂解成的可挥发的小分子碎片，用质谱直接分离和鉴定的分析方法。

03.2760 裂解质谱分析图 pyrolysis-mass spectrum

由热解-质谱分析装置获得的热解谱图。

03.2761 裂解反应 pyrolysis reaction

在裂解装置中样品发生裂解的反应。

03.2762 裂解残留物 pyrolysis residue

在裂解装置中样品发生裂解后并不离开裂解器的残留成分。

03.2763 裂解热重分析 pyrolysis thermogram

测量裂解过程中样品质量发生变化的技术。

03.2764 还原裂解 reductive pyrolysis

在还原性气氛下进行热裂解的方法。

03.2765 连续热解分析 sequential pyrolysis

在一定条件下同一样品进行多次裂解分析的方法。

03.2766　步进热解分析　stepwise pyrolysis
同一样品在分步升温条件下进行裂解分析的方法。

03.2767　焦油　tar
裂解后产生的液体残留物。

03.2768　温控裂解　temperature-programmed pyrolysis
在控制升温速率条件下进行加热产生裂解的分析方法。

03.2769　升温时间　temperature rise time, TRT
在控制升温速率条件下进行加热产生裂解，从开始升温到达到最后温度需要的时间。

03.2770　温控时间　temperature time profile, TTP
在控温裂解过程中温度变化的时间区间。

03.2771　直接进样量热分析　direct injection enthalpimetry, DIE
将反应物加入到含有另外一种反应物的量热容器中，测定反应焓变与加入的有限量试剂(通常为待测物)的量之间关系的方法。

03.2772　连续流焓分析　continuous flow enthalpimetry
连续将反应试剂注入样品流中测量混合反应器前后温度差异的热焓分析方法。

03.2773　热焓图　enthalpogram
热焓分析获得的温度-时间或焓变-时间图谱。

03.2774　量热滴定催化终点检测　thermometric titration with catalytic endpoint detection
滴定剂是终点指示量热反应催化剂的滴定方法。

03.2775　量热滴定曲线　thermometric titration curve, enthalpimetric titration curve
量热滴定获得的温度随滴定剂体积变化的曲线。

03.2776　流动注射焓分析　flow injection enthalpimetry
在流动体系中进行量热滴定的方法。

03.2777　热焓分析　enthalpimetric analysis
直接或间接测量化学反应焓变的分析方法。

03.2778　热分析联用技术　simultaneous techniques of thermal analysis
将热分析过程与其他方法联用的分析技术。

03.2779　热分析与气相色谱联用　simultaneous thermal analysis and gas chromatography
利用色谱方法检测热分析过程产物的分析技术。

03.2780　热分析与质谱联用　simultaneous thermal analysis and mass spectrometry
利用质谱方法检测热分析过程产物的分析技术。

03.2781　热重法与库仑分析联用　simultaneous thermogravimetry and coulomb analysis
利用库仑分析方法检测热分析过程产物的分析技术。

03.2782　热重法与顺磁共振联用　simultaneous thermogravimetry and electron paramagnetic resonance
利用顺磁共振波谱法检测热分析过程产物的分析技术。

03.2783 差热分析和介电分析联用 combined differential thermal analysis and dielectric analysis

将热分析与介电分析联用的分析技术。

03.2784 差热分析与显微镜联用 simultaneous differential thermal analysis and microscope

利用显微镜观察热分析过程产物的分析技术。

03.2785 差示扫描量热法与反射光强度测定法联用 simultaneous differential scanning calorimetry and reflective light intensity

将差示扫描量热法与反射光强度测定法联

用的分析技术。

03.2786 热重法与差热分析联用 simultaneous thermogravimetry and differential thermal analysis

将热重法与差热分析联用的分析技术。

03.2787 热重法与差示扫描量热法联用 simultaneous thermogravimetry and differential scanning calorimetry

将热重法与差示扫描量热法联用的分析技术。

03.2788 热重法与热光度法联用 simultaneous thermogravimetry and thermophotometry

将热重法与热光度法联用的分析技术。

04. 物 理 化 学

04.01 化学热力学

04.0001 热力学 thermodynamics

研究宏观系统的热与各种形式能量相互转换关系，解决物理变化与化学变化方向及限度的规律的一门学科。

04.0002 经典热力学 classical thermodynamics

研究平衡系统的热力学。

04.0003 化学热力学 chemical thermodynamics

将热力学的基本理论用以研究化学现象及其相关物理现象的一门学科。

04.0004 统计热力学 statistical thermodynamics

根据统计力学原理从物质的微观性质导出平衡系统的宏观性质和行为的一门学科。

04.0005 分子热力学 molecular thermodynam-

ics

将分子物理、统计力学与热力学结合用以解释、关联和预期系统的宏观性质变化的一门学科。

04.0006 非平衡热力学 non-equilibrium thermodynamics

研究非平衡系统的热力学。

04.0007 热力学第零定律 the zeroth law of thermodynamics

又称"热平衡定律(law of thermal equilibrium)"。如果系统 A 与系统 B 成热平衡，系统 B 与系统 C 成热平衡，则系统 A 与系统 C 也必然成热平衡，即都具有相同的热力学温度。

04.0008 热力学第一定律 the first law of thermodynamics

能量守恒与转换定律在热现象宏观过程中的应用。在封闭系统中的数学表达式为：$\Delta U = Q + W$，式中 ΔU 为系统的内能增量；Q、W 分别为进入系统的热和功。

04.0009　热力学第二定律　the second law of thermodynamics
反映自然过程不可逆性的热力学基本定律。有多种表述形式，其表述形式之一为：热不可能全部转变为功而不留下任何永久性的变化。

04.0010　热力学第三定律　the third law of thermodynamics
在热力学温度趋向于 0K 时，所有等温过程的熵不变。一切完美晶体的量热熵规定为零。

04.0011　热力学平衡　thermodynamic equilibrium
处在一定环境条件下的系统，其所有的性质均不随时间而变化，而且当此系统与环境隔离后，也不会引起系统任何性质的变化。

04.0012　热力学概率　thermodynamic probability
系统在一定宏观状态下的微观状态数。

04.0013　热力学温度　thermodynamic temperature
基于热力学第二定律而定义的与任何种类物质的性质都无关的温度。其数值与理想气体温标相等。

04.0014　热力学函数　thermodynamic function
又称"状态函数(state function)""热力学变量(thermodynamic variable)"。描述系统热力学状态的宏观物理性质。如温度、压力、体积、内能、焓等。对于系统的指定状态，这

些宏观性质的数值是唯一确定的。

04.0015　广度性质　extensive property
与系统所含物质的量成正比的热力学性质。

04.0016　强度性质　intensive property
与系统所含物质的量无关的热力学性质。

04.0017　系统　system
又称"体系"。研究的对象(物质或空间)。

04.0018　环境　surrounding
除研究对象以外的物质和空间。通常指对系统影响可及的部分。

04.0019　平衡系统　equilibrium system
处于热力学平衡的系统。

04.0020　非平衡系统　non-equilibrium system
未处于热力学平衡的系统。

04.0021　均相系统　homogeneous system
系统内各处物质的物理性质和化学性质完全相同(即只包含一相)的系统。

04.0022　非均相系统　heterogeneous system
又称"复相系统"。包含两相或两相以上的系统。

04.0023　敞开系统　open system
和环境之间既有物质交换又有能量交换的系统。

04.0024　封闭系统　closed system
和环境之间没有物质交换只有能量交换的系统。

04.0025　隔离系统　isolated system
和环境之间没有物质交换和能量交换的系统。

04.0026 绝热系统 adiabatic system
和环境之间没有热交换的系统。

04.0027 凝聚系统 condensed system
只含液态或固态物质的系统。

04.0028 单组分系统 one-component system
只有一种物质存在的系统。

04.0029 二组分系统 two-component system
组分数为 2 的系统。

04.0030 三组分系统 three-component system
组分数为 3 的系统。

04.0031 过程 process
在一定条件下系统从一个状态转变为另一状态。

04.0032 等温过程 isothermal process
系统和环境温度均不变的过程。

04.0033 等压过程 isobaric process
系统和环境压力都不变的过程。

04.0034 等容过程 isochoric process
系统的体积不发生变化的过程。

04.0035 等焓过程 isenthalpic process
系统始态的焓与终态的焓相等的过程。

04.0036 等熵过程 isentropic process
系统的熵不变的过程。

04.0037 绝热过程 adiabatic process
体系与环境没有热量交换的过程。量子力学中的绝热过程是指体系不跃迁到其他能量状态的过程。

04.0038 多方过程 polytropic process

介于绝热和等温之间的过程。其理想气体多方过程方程式可用下式表达：pV^n=常数。式中 $\gamma > n > 1$，γ 是物质的绝热指数，为物质的定压摩尔热容与定容摩尔热容之比。

04.0039 循环过程 cyclic process
系统经历若干个过程变化后又回到初始状态的过程。

04.0040 可逆过程 reversible process
由某一状态出发，经过一过程到达另一状态。若存在另一过程能使系统和环境完全复原(即系统回到原来的状态,同时消除了系统对环境引起的一切影响),则原来的过程称为可逆过程。

04.0041 不可逆过程 irreversible process
由某一状态出发，经过一过程到达另一状态。如果用任何方法都不可能使系统和环境完全复原,则原来的过程称为不可逆过程。

04.0042 自发过程 spontaneous process
在一定的环境条件(一般指温度和压力)下能够自动进行的过程。

04.0043 非自发过程 nonspontaneous process
需要外界干预才能进行的过程。

04.0044 途径 path
系统自一个状态变化到另一状态经历的具体路径。

04.0045 功 work
除热以外系统和环境之间交换的一切能量。

04.0046 体积功 volume work
当系统的体积发生变化时系统反抗外压所做的功。

04.0047 可逆功 reversible work

系统经历一可逆过程所做的功。

04.0048　表面功　surface work
系统的表面积发生变化时所做的功。

04.0049　热　heat
系统和环境之间由于温度的差别而交换(传递)的能量。

04.0050　热效应　heat effect
系统发生物理或化学变化时吸收或释放的热量。

04.0051　反应热　heat of reaction
化学反应在等温且不做非体积功的条件下进行时，系统吸收或释放的热量。

04.0052　焓　enthalpy
系统的状态函数。其定义为 $H=U+pV$，式中 U、p、V 分别为系统的内能、压力和体积。

04.0053　生成焓　enthalpy of formation
在指定温度下由稳定单质生成化合物的反应的焓变。

04.0054　标准摩尔生成焓　standard molar enthalpy of formation
在指定温度和标准态下，由稳定单质生成 1mol 化合物的焓变。

04.0055　燃烧焓　enthalpy of combustion
在指定温度下，物质完全氧化成指定产物时的焓变。

04.0056　标准摩尔燃烧焓　standard molar enthalpy of combustion
在指定温度和标准态下，1mol 物质完全氧化成指定产物时的焓变。

04.0057　溶解焓　enthalpy of solution

在等温等压条件下，物质溶解于溶剂中时的焓变。

04.0058　溶解热　heat of solution
在等温等压条件下，物质溶解于溶剂中时所吸收或释放的热。

04.0059　积分溶解焓　integral enthalpy of solution
在指定温度和压力下，将 1mol 物质溶解于一定量的溶剂中生成指定浓度的溶液时的焓变。

04.0060　微分溶解焓　differential enthalpy of solution
在指定的温度、压力下将 1mol 物质溶于大量的一定组成的溶液中(溶液的浓度不变)时系统的焓变。

04.0061　稀释焓　enthalpy of dilution
在指定温度下将含有 1 mol 溶质的溶液稀释到指定浓度的溶液时的焓变。

04.0062　中和焓　enthalpy of neutralization
在指定温度和等压条件下酸碱中和反应的焓变。

04.0063　混合焓　enthalpy of mixing
多种不同物质相互混合形成均相系统时产生的焓变。

04.0064　水合焓　enthalpy of hydration
在一定的温度和压力下离子水合过程的焓变。

04.0065　熔化焓　enthalpy of fusion
在等温等压条件下固体熔化成液体时的焓变。

04.0066　升华焓　enthalpy of sublimation
在等温等压条件下固体升华成气体时的焓变。

04.0067　汽化焓　enthalpy of vaporization
在等温等压条件下液体蒸发成气体时的焓变。

04.0068　液化焓　enthalpy of liquefaction
在等温等压条件下气体凝聚成液体时的焓变。

04.0069　稀释热　heat of dilution
在指定温度下将含有 1mol 溶质的溶液稀释到指定浓度的溶液时产生的热效应。

04.0070　中和热　heat of neutralization
在指定温度和等压条件下酸碱中和反应时产生的热效应。

04.0071　混合热　heat of mixing
多种不同物质相互混合形成均相系统时产生的热效应。

04.0072　水合热　heat of hydration
在一定的温度和压力下离子水合过程时产生的热效应。

04.0073　熔化热　heat of fusion
在等温等压条件下固体熔化成液体时产生的热效应。

04.0074　升华热　heat of sublimation
在等温等压条件下固体升华成气体时产生的热效应。

04.0075　汽化热　heat of vaporization
在等温等压条件下液体蒸发成气体时产生的热效应。

04.0076　液化热　heat of liquefaction
在等温等压条件下气体凝聚成液体时产生的热效应。

04.0077　热容　heat capacity
对没有相变和化学变化且不做非体积功的均相封闭系统升高单位热力学温度时所吸收的热。

04.0078　定压热容　heat capacity at constant pressure
等压过程中的热容。

04.0079　摩尔热容　molar heat capacity
1mol 物质的热容。

04.0080　定压摩尔热容　molar heat capacity at constant pressure
1mol 物质的定压热容。

04.0081　定容热容　heat capacity at constant volume
等容过程中的热容。

04.0082　定容摩尔热容　molar heat capacity at constant volume
1mol 物质的定容热容。

04.0083　键能　bond energy
在给定的温度和压力下断开气态化合物中的 1 个化学键生成气态产物所需的平均能量。

04.0084　键焓　bond enthalpy
拆开气态化合物中某一个化学键而生成气态原子的焓变的平均值。

04.0085　熵　entropy
系统的状态函数。其定义为：$S = k\ln\Omega$，Ω 为系统的热力学概率，k 为玻尔兹曼常数。

04.0086　吉布斯自由能　Gibbs free energy
又称"吉布斯函数(Gibbs function)"。系统的状态函数。其定义为：$G = H - TS$，式中 H、S 分别为系统的焓和熵，T 为系统的热力学温度。

04.0087 亥姆霍兹自由能 Helmholtz free energy

又称"亥姆霍兹函数(Helmholtz function)"。系统的状态函数。其定义为：$A = U - TS$，式中 U、S 分别为系统的内能和熵，T 为系统的热力学温度。

04.0088 量热熵 calorimetric entropy

通过量热数据(热容、相变热等)得到的系统的熵值。

04.0089 统计熵 statistical entropy

又称"光谱熵(spectroscopic entropy)"。由玻尔兹曼熵公式定义利用统计力学方法计算而得到的系统的熵值。

04.0090 规定熵 conventional entropy

以热力学第三定律为基准，利用量热数据计算所得到的物质在某给定状态的熵。

04.0091 残余熵 residual entropy

统计熵与量热熵的差值。

04.0092 特征函数 characteristic function

在只有两个独立变量的均相系统中，可以通过与两个独立变量的偏微商将系统的全部平衡性质唯一确定的热力学函数。

04.0093 标准[状]态 standard state

为便于热力学函数计算而选定的一种参考状态。

04.0094 标准压力 standard pressure

标准态的压力，规定为 100 kPa。

04.0095 标准浓度 standard concentration

规定为 1 mol/dm^3。

04.0096 标准质量摩尔浓度 standard molality

规定为 1 mol/kg。

04.0097 标准自由能变化 standard free energy change

当系统中物质都处于各自标准态下经历一物理或化学过程系统的自由能变化。

04.0098 标准摩尔生成吉布斯自由能 standard molar Gibbs free energy of formation

在指定温度及标准态下由稳定单质生成 1mol 化合物的吉布斯自由能变化。

04.0099 自由能函数 free energy function

物质的状态函数组合。其定义为：$\dfrac{G(T) - U_m^{\ominus}(0K)}{T}$，其数值可由物质的配分函数求得。式中 T 为系统的热力学温度，$G(T)$ 为温度为 T 时物质的吉布斯自由能，$U_m^{\ominus}(0K)$ 为 0K 时物质的标准摩尔内能。

04.0100 焓函数 enthalpy function

物质的状态函数组合。其定义为：$\dfrac{H_m^{\ominus}(T) - U_m^{\ominus}(0K)}{T}$，其数值可由物质的配分函数求得。$H_m^{\theta}(T)$ 为物质在系统温度为 T 时的标准摩尔焓。

04.0101 摩尔气体常数 molar gas constant

在物态方程式中联系各个热力学函数的物理常数。其值为 $R = 8.314\ \mathrm{J\ K^{-1}\ mol^{-1}}$。

04.0102 摩尔熵 molar entropy

1mol 物质的熵。

04.0103 标准摩尔熵 standard molar entropy

1mol 物质在标准状态下的熵。

04.0104 摩尔内能 molar internal energy

1mol 物质的内能。

04.0105 偏摩尔量 partial molar quantity
在等温等压条件下，在一无限大均相系统中加入 1mol 物质 B，同时保持其他物质的物质的量都不变而引起系统某广度性质 Z 的改变量。其定义为：$Z_B = \left(\dfrac{\partial Z}{\partial n_B}\right)_{T,p,n_{C \neq B}\cdots}$，$Z$ 为系统的某一广度性质，n_B 为系统中物质 B 的物质的量，T、p 分别为系统的温度和压力，$n_{C \neq B}$ 为除物质 B 以外其他物质的物质的量。

04.0106 偏摩尔焓 partial molar enthalpy
在等温等压条件下，在一无限大的均相系统中加入 1mol 物质 B，同时保持其他物质的物质的量都不变而引起系统的焓的改变量。

04.0107 偏摩尔吉布斯自由能 partial molar Gibbs free energy
在等温等压条件下，在一无限大的均相系统中加入 1mol 物质 B，同时保持其他物质的物质的量都不变而引起系统的吉布斯函数的改变量。

04.0108 偏摩尔体积 partial molar volume
在等温等压条件下，在一无限大的均相系统中加入 1mol 物质 B，同时保持其他物质的物质的量都不变而引起系统的体积的改变量。

04.0109 对比参数 reduced variable
处于某给定状态下的气体的温度、压力、体积与该气体的临界温度、临界压力和临界体积的比值分别称为该状态下的对比温度、对比压力、对比体积，它们统称为对比参数。

04.0110 对比状态 corresponding state
任何气体只要两个对比参数相同则第 3 个对比参数也必然相同，此时称它们处于相同的对比状态。

04.0111 对比状态原理 principle of corre-
sponding state
处于相同对比状态下的气体具有相近的热力学性质。

04.0112 对比状态方程 reduced equation of state
用对比参数作为变量的气体状态方程。

04.0113 压缩因子 compressibility factor
气体的特征参数。其定义为 $Z = \dfrac{pV_m}{RT}$，式中 p、V_m 和 T 分别为气体的压力、摩尔体积和热力学温度，R 为摩尔气体常数。

04.0114 压缩因子图 compressibility factor diagram
描述气体的压缩因子与气体的对比温度、对比压力依赖关系的图。

04.0115 临界状态 critical state
液体与气体两相性质均一的状态。

04.0116 临界现象 critical phenomenon
在临界状态下气体与液体界面消失，性质均一，物质呈乳浊态的现象。

04.0117 临界常数 critical constant
物质临界点的温度、压力及体积。

04.0118 临界点 critical point
在液体和气体的等温线图(即 p-V-T 图)上代表临界状态的点。

04.0119 临界温度 critical temperature
临界点的温度。即气体能够被液化的最高温度。

04.0120 临界压力 critical pressure
在临界温度下气体液化所需的最小压力。

04.0121 临界体积 critical volume

1mol 物质在临界状态的体积。

04.0122 热化学 thermochemistry
研究化学变化及物理变化过程的热效应的物理化学分支学科。

04.0123 计温学 thermometry
研究温度测量理论与技术的科学。

04.0124 量热学 calorimetry
通过实验测定化学反应或物理过程热效应的科学。

04.0125 热化学方程式 thermochemical equation
表示化学反应并注明反应热的表达式。

04.0126 赫斯定律 Hess law
在等压或等容条件下一个化学反应无论是一步完成还是多步完成,其反应热相同。

04.0127 玻恩-哈伯循环 Born-Haber cycle
将离子晶体以及形成晶体的元素的各有关热化学量联系起来构成的循环,可通过赫斯定律计算其晶格能。

04.0128 热量计 calorimeter
测定热效应的仪器。

04.0129 燃烧量热法 combustion calorimetry
通过燃烧样品测定物质燃烧过程热效应的方法。

04.0130 热导式热量计 heat conduction calorimeter
通过连续记录样品池与环境温差而获得的热谱计算过程热效应的热量计。

04.0131 绝热式热量计 adiabatic calorimeter
在实验过程中,系统与环境处于绝热状态的热量计。

04.0132 弹式热量计 bomb calorimeter
用以测定液体或固体化合物等容燃烧热的热量计。

04.0133 等环境热量计 isoperibolic calorimeter
在测量过程中环境温度保持不变的热量计。

04.0134 滴定热量计 titrimetric calorimeter
用滴定方法测定热效应的热量计。

04.0135 热重法 thermogravimetry, TG
在温度程序控制下测量试样的质量(或重量)随温度变化的一种热分析技术。

04.0136 微商热重法 derivative thermogravimetry, DTG
能记录热重曲线(即样品重量随温度变化的曲线)对温度或时间的一阶导数的一种技术。

04.0137 相 phase
系统内物理性质及化学性质完全均匀的部分。

04.0138 吉布斯相律 Gibbs phase rule
热力学平衡条件下系统的组分数、相数和自由度数之间的关系。$f = c - P + n$,式中 c 是系统的独立组分数,P 是系统的相数,n 是除浓度变量外影响系统状态的其他强度性质数(如温度、压力等),f 为系统的自由度数。

04.0139 相变 phase change, phase transition
物质从一种聚集态转变为另一种聚集态。

04.0140 相变焓[热] phase transition enthalpy [heat]
在等温等压且不做非体积功的情况下相变过程的焓变。即所吸收或释放的热。

04.0141 相图 phase diagram
用于表示处于相平衡系统的相态及相组成与系统的温度、压力及总组成之间的关系的图形。

04.0142 [独立]组分数 number of [independent] component
足以表示平衡系统中各相的组成所需的最少的物种数。

04.0143 冷却曲线 cooling curve
记录物质在冷却过程中温度随时间变化的曲线。

04.0144 三相点 triple point
在单组分系统相图上描述物质气、液、固三相平衡的温度、压力的点。

04.0145 一级相变 first order phase transition
在相变过程中化学势的一阶偏导数(熵、体积)发生变化。

04.0146 二级相变 second order phase transition
在相变过程中,化学势的一阶偏导数(熵、体积)不发生变化而二阶偏导数发生变化。

04.0147 恒沸[混合]物 azeotrope
在沸腾过程中,气液相组成相同而沸点保持恒定的多组分液体混合物。

04.0148 恒沸点 azeotropic point
恒沸[混合]物的沸点。

04.0149 低共熔[混合]物 eutectic mixture
在一给定组分的混合物中,具有最低熔点的某一组成的混合物。

04.0150 低共熔点 eutectic point
低共熔混合物的熔点。

04.0151 相合熔点 congruent melting point
固体稳定化合物熔化成液体的温度。熔化后的液相组成与原固相化合物相同。

04.0152 不相合熔点 noncongruent melting point
固体不稳定化合物的分解温度。

04.0153 转熔温度 peritectic temperature
在某些固态部分互溶的二组分系统中两种共轭固溶体与液相平衡共存的温度。

04.0154 杠杆规则 level rule
在相图中的两相区中,确定平衡共存的两相的物质的量之比的规则。

04.0155 共轭溶液 conjugate solution
在部分互溶的双液系中,在给定温度和压力下平衡共存的两种饱和溶液。

04.0156 共轭相 conjugate phase
在固体或液体部分互溶的多组分系统中,平衡共存的两种溶液或两种固溶体。

04.0157 结线 tie line
在相图中连接共轭相相点的直线。

04.0158 克拉佩龙方程 Clapeyron equation
描述纯物质一级相变两相平衡时温度与压力的函数关系式。

04.0159 克拉佩龙-克劳修斯方程 Clapeyron-Clausius equation
描述纯物质液体或固体的饱和蒸气压与温度依赖关系的方程式。

04.0160 埃伦菲斯特方程 Ehrenfest equation
描述二级相变的纯物质两相平衡时温度与压力的函数关系式。

04.0161　临界共溶温度　critical solution temperature, consolute temperature
部分互溶的两种液体完全互溶时的温度。

04.0162　反应进度　extent of reaction
描述化学反应进行程度的物理量。其定义为：$\xi = \dfrac{n_B(\xi) - n_B(0)}{\nu_B}$，式中 $n_B(\xi)$ 和 $n_B(0)$ 分别为物质 B 在反应进度为 ξ 和反应起始时刻的物质的量，ν_B 为物质 B 的化学计量数。

04.0163　化学平衡　chemical equilibrium
系统中各物质之间存在化学反应且系统组成不随时间而变化的状态。

04.0164　化学反应等温式　chemical reaction isotherm
在等温条件下，化学反应的吉布斯自由能变化的计算公式。

04.0165　化学势　chemical potential
多组分均相系统中，在等温等压并保持系统其他物质的物质的量都不变的条件下，系统的吉布斯自由能随某一组分的物质的量的变化率。

04.0166　标准化学势　standard chemical potential
物质处于标准态时的化学势。

04.0167　化学反应亲和势　affinity of chemical reaction
用以判断化学反应方向与限度的物理量。其定义为：$A = -\sum\limits_{B} \nu_B \mu_B$，式中 ν_B、μ_B 分别为反应系统中物质 B 的化学计量数与化学势。

04.0168　平衡常数　equilibrium constant
描述化学反应平衡混合物各物质数量之间比例关系的物理量。

04.0169　热力学平衡常数　thermodynamic equilibrium constant
又称"标准平衡常数(standard equilibrium constant)"。确定化学反应平衡混合物组成的物理量。其定义为：$K^{\ominus} = \exp\left(-\dfrac{\Delta G_m^{\ominus}}{RT}\right)$，式中 $\Delta G_m^{\ominus}$ 为反应的标准摩尔吉布斯函数变，T 为热力学温度，R 为摩尔气体常数。

04.0170　范托夫定律　van't Hoff law
描述化学反应平衡常数与温度的关系式。$\dfrac{\mathrm{d}\ln K^{\ominus}}{\mathrm{d}T} = \dfrac{\Delta H_m^{\ominus}}{RT^2}$，式中 $K^{\ominus}$ 为反应的标准平衡常数，$\Delta H_m^{\ominus}$ 为反应的标准摩尔焓变，T 为热力学温度，R 为摩尔气体常数。

04.0171　勒夏特列原理　Le Chatelier principle
处于化学平衡的均相封闭系统受到某一外来因素扰动时平衡向尽量减小此种扰动影响的方向移动。

04.0172　拉乌尔定律　Raoult law
在稀溶液中溶剂的平衡蒸气压与溶液中溶剂的摩尔分数成正比。$p_A = p_A^* x_A$，式中 p_A^* 为溶剂 A 的饱和蒸气压，x_A 为溶液中溶剂的摩尔分数。

04.0173　理想溶液　ideal solution
又称"完美溶液(perfect solution)"。任一组分在全部浓度范围内都遵守拉乌尔定律的溶液。

04.0174　理想稀溶液　ideal dilute solution
在一定浓度范围内溶剂遵守拉乌尔定律、溶质遵守亨利定律的溶液。

04.0175　电解质溶液　electrolyte solution
溶质为电解质(即可以电离成离子)的溶液。

04.0176　非电解质溶液　non-electrolyte solution

溶质为非电解质的溶液。

04.0177　解离度　degree of dissociation

电解质在溶液中电离的(百)分数。

04.0178　正规溶液　regular solution

混合熵与理想溶液相同，混合过程无体积变化而混合热不等于零的溶液。

04.0179　无热溶液　athermal solution

混合过程中不产生热效应的溶液。

04.0180　亨利定律　Henry law

在稀溶液中挥发性溶质的平衡蒸气压与溶液中溶质的摩尔分数成正比。$p_B = kx_B$，式中 x_B 为溶液中溶质 B 的摩尔分数，k 为比例系数，称为亨利常数。

04.0181　吉布斯-杜安方程　Gibbs-Duhem equation

描述多组分均相系统在等温等压条件下偏摩尔量之间的关系式。$\sum_B x_B dZ_B = 0$，式中 x_B, Z_B 分别为系统中组分 B 的摩尔分数和偏摩尔量。

04.0182　杜安-马居尔方程　Duhem-Margules equation

描述多组分溶液系统中各组分蒸气压之间的关系式。$\sum_B x_B d\ln p_B = 0$，式中 x_B, p_B 分别为溶液中组分 B 的摩尔分数和溶液上方气相中 B 的平衡蒸气分压。

04.0183　分配定律　distribution law

在一定的温度下，当一溶质溶解在共存而互不相溶的两种液体中时，若形成的两种溶液均为稀溶液，则在两相中溶质的浓度之比为一常数。

04.0184　稀溶液依数性　colligative property of dilute solution

在稀溶液中只与溶质的数量有关而与溶质的性质无关的性质。如溶液的沸点升高、凝固点降低、渗透压等。

04.0185　沸点升高　boiling point elevation

在含有非挥发性溶质的稀溶液中溶液的沸点高于纯溶剂的沸点的现象。

04.0186　凝固点降低　freezing point depression

如果理想稀溶液在凝固时析出的是纯溶剂固体，则溶液的凝固点一定低于纯溶剂的凝固点，且凝固点降低的数值只取决于溶质的浓度而与溶质性质无关的现象。

04.0187　渗透[作用]　osmosis

纯溶剂通过半透膜自动由稀溶液向浓溶液转移的现象。

04.0188　渗透压　osmotic pressure

当纯溶剂与溶液达到渗透平衡时加在溶液一侧的额外压力。

04.0189　蒸气压下降　vapor pressure lowering

含有非挥发性溶质的理想稀溶液的蒸气压低于同温度下纯溶剂蒸气压，且蒸气压降低的数值只取决于溶质的浓度而与溶质性质无关的现象。

04.0190　渗透因子　osmotic factor

表示溶剂非理想程度的物理量。其定义为：$\phi = \dfrac{\mu_A - \mu_A^*}{RT\ln x_A}$，式中 μ_A 为溶液中溶剂 A 的化学势，μ_A^* 为纯溶剂的化学势，x_A 为溶液中溶剂的摩尔分数，T 为热力学温度，R 为摩尔气体常数。

04.0191 逸度 fugacity

表示气体非理想性质的物理量。其定义为

$$f = p \exp \int_0^p \left(\frac{V_m}{RT} - \frac{1}{p} \right) dp$$，式中 p、V_m、T

分别为气体的压力、摩尔体积和热力学温度，R 为摩尔气体常数。

04.0192 逸度因子 fugacity factor

气体的逸度与压力的比值。

04.0193 绝对活度 absolute activity

在溶液中与化学势有关的物理量。其定义为 $\lambda_B = \exp \left(\dfrac{\mu_B}{RT} \right)$，式中 μ_B 为溶液中组分 B 的化学势，T 为热力学温度，R 为摩尔气体常数。

04.0194 活度 activity

又称"相对活度(relative activity)"。表示非理想溶液性质的物理量。其定义为 $a_B = \lambda_B / \lambda_B^\ominus$，$\lambda_B^\ominus$ 为溶液中组分 B 的标准态的绝对活度。

04.0195 活度因子 activity factor

表示非理想混合物(或非理想溶液)中的溶质或溶剂与理想混合物(或理想溶液)中溶质或溶剂的偏差程度的物理量之一。若该物质组成以摩尔分数表示，则活度因子为该物质的活度与摩尔分数之比。若该溶质的组成以质量摩尔浓度(或体积摩尔浓度)表示，则活度因子等于活度除以相对浓度(即质量摩尔浓度与标准质量摩尔浓度之比或体积摩尔浓度与标准体积摩尔浓度之比)的商。标准质量摩尔浓度和标准体积摩尔浓度分别为：

$$m^\ominus = 1 \text{ mol/kg}$$

$$c^\ominus = 1 \text{ mol/dm}^3$$

04.0196 超额函数 excess function

两种液体在等温等压条件下混合成非理想溶液时的热力学函数变化值与假定该液体混合成理想溶液的热力学函数变化值的差。

04.0197 超额[吉布斯]自由能 excess [Gibbs] free energy

两种液体在等温等压条件下混合成非理想溶液时吉布斯函数变化值与假定该液体混合成理想溶液的吉布斯函数变化值的差。

04.0198 超额体积 excess volume

两种液体在等温等压条件下混合成非理想溶液时的体积变化值。

04.0199 超额焓 excess enthalpy

两种液体在等温等压条件下混合成非理想溶液时焓的变化值。

04.0200 超额熵 excess entropy

两种液体在等温等压条件下混合成非理想溶液时的熵的变化值与假定该液体混合成理想溶液的熵的变化值的差。

04.0201 基尔霍夫定律 Kirchhoff law

描述相变或化学反应焓变随温度变化的关系式。

04.0202 焦耳-汤姆孙效应 Joule-Thomson effect

实际气体经过节流膨胀后温度升高或降低的现象。

04.0203 焦耳-汤姆孙系数 Joule-Thomson coefficient

实际气体经过节流膨胀后温度的变化值与压力变化值之比。

04.0204 卡诺循环 Carnot cycle

以理想气体为工作介质，由两步等温可逆过程和两步绝热可逆过程构成的循环过程。

04.0205　卡诺定理　Carnot theorem
所有工作于同温热源与同温冷源之间的热机，其效率都不可能超过可逆热机。

04.0206　克劳修斯不等式　Clausius inequality
系统在相同的始、终态间经历可逆变化与不可逆变化时存在下述关系：$dS - \dfrac{\delta Q}{T} \geqslant 0$，式中 dS、δQ 分别为系统经历一微小过程的熵变和热温商，等号代表可逆过程，大于号代表不可逆过程。

04.0207　熵增原理　principle of entropy increase
在隔离(或绝热)系统中系统的熵永不减少。

04.0208　麦克斯韦关系　Maxwell relation
一组描述系统的热力学状态函数偏导数之间关系的公式。

04.0209　特鲁顿规则　Trouton rule
纯液体的摩尔蒸发焓与正常沸点之比为一常数。此规则一般适用于非缔合、非极性的液体。

04.0210　线性[非平衡]态热力学　linear [non-equilibrium] thermodynamics
研究非平衡态线性区的热力学。在接近平衡态的非平衡态，热力学力与热力学流呈线性关系。

04.0211　非线性[非平衡态]热力学　[non-linear non-equilibrium] thermodynamics
又称"非线性化学(non-linear chemistry)"。研究远离平衡态的热力学。

04.0212　化学振荡　chemical oscillation
化学反应系统在远离平衡态条件下某些组分的浓度随时间发生周期变化的现象。

04.0213　化学波　chemical wave
反应系统中组分浓度在空间分布的花样随时间而变化的现象。

04.0214　化学混沌　chemical chaos
反应系统中某些组分的浓度不规则地随时间变化的现象。

04.0215　自组织现象　self-organization phenomenon
远离平衡的非平衡系统在一定条件下自发形成稳定的时空有序的状态(结构)的现象。

04.0216　局域平衡假设　assumption of local equilibrium
将宏观系统划分为无数个包含足够多粒子的小体积元。若将小体积元与其他隔离，每个小体积元在 $t + \delta t$ 时间内可达平衡，且 δt 与体系宏观变化时间相比小得多，则在 t 时刻每个小体积元内的状态函数可用达平衡的热力学变量来描述。

04.0217　熵产生　entropy production
由于体系内部进行的不可逆的物理或化学过程而引起体系的熵变。

04.0218　熵流　entropy flux
由于系统和环境之间进行的物质及能量交换而引起体系的熵变。

04.0219　热力学力　thermodynamic force
不可逆过程的推动力。

04.0220　热力学流　thermodynamic flow
不可逆过程的速率。

04.0221　最小熵产生原理　principle of minimum entropy production
在近平衡的条件下和外界强加的限制条件相适应的非平衡态的定态的熵产生具有极

小值。

04.0222 昂萨格倒易关系 Onsager reciprocal relation

若体系内第 k 个不可逆过程的流 J_k 受到第 k' 个不可逆过程的力 X_k 的影响，则第 k' 个不可逆过程的流 $J_{k'}$ 也必受到 X_k 的影响并且表征这两种相互影响的耦合系数相同。即：$L_{kk'}=L_{k'k}$。

04.0223 耗散结构 dissipative structure

在远离平衡的状态，系统与外界交换能量与物质的输运过程称为耗散现象。一旦系统的某一个参量达到一定的阈值后，在某些条件下，通过涨落的放大使系统发生突变，从无序走向有序，产生的某种时空有序结构。

04.0224 独立粒子系集 assembly of independent particles

粒子之间没有相互作用的系统。

04.0225 非独立粒子系集 assembly of interacting particles

粒子之间存在相互作用的系统。

04.0226 定域粒子系集 assembly of localized particles

每个粒子在空间处于固定的位置而彼此可分辨的系统。例如晶体。

04.0227 非定域粒子系集 assembly of non-localized particles

粒子在空间没有确定的位置而无法分辨的系统。如气体或液体。

04.0228 玻尔兹曼分布定律 Boltzmann distribution law

描述平衡态的独立子系粒子最概然能级分布的公式。

04.0229 统计权重 statistical weight

又称"简并度(degeneracy)"。1 个量子能级具有的量子态数。

04.0230 玻色-爱因斯坦分布 Bose-Einstein distribution

玻色子(即不遵守泡利不相容原理的粒子)的最概然能级分布公式。

04.0231 费米-狄拉克分布 Fermi-Dirac distribution

费米子(即遵守泡利不相容原理的粒子)的最概然能级分布公式。

04.0232 分子配分函数 molecular partition function

又称"粒子配分函数(particle partition function)"。系统中粒子可能占据的各能级的简并度与玻尔兹曼因子乘积之和。

$$q = \sum_i g_i \mathrm{e}^{-\varepsilon_i/kT}$$

04.0233 平动配分函数 translational partition function

粒子平动的配分函数。

04.0234 转动配分函数 rotational partition function

粒子转动的配分函数。

04.0235 转动特征温度 characteristic rotational temperature

表示粒子转动运动特性的物理量。具有温度的量纲。定义为 $\Theta_\mathrm{r} = \dfrac{h^2}{8\pi^2 Ik}$，式中 I 为粒子的转动惯量，h 为普朗克常数，k 为玻尔兹曼常数。

04.0236 振动配分函数 vibrational partition function
粒子振动的配分函数。

04.0237 振动特征温度 characteristic vibrational temperature
表示粒子振动运动特性的物理量。具有温度的量纲。定义为：$\Theta_{\mathrm{v}} = \dfrac{h\nu}{k}$，式中 ν 为粒子的振动频率，h 为普朗克常数，k 为玻尔兹曼常数。

04.0238 电子配分函数 electronic partition function
电子运动的配分函数。

04.0239 核配分函数 nuclear partition function
核自旋运动的配分函数。

04.0240 系综 ensemble
宏观性质完全相同而微观状态不同且彼此独立的大量标本系统的集合。

04.0241 微正则系综 microcanonical ensemble
由孤立系统组成的系综。该系综中所有系统都具有相同且恒定的能量、体积和组成。

04.0242 正则系综 canonical ensemble
由大量温度、体积和粒子数相同且恒定的封闭系统组成的系综。

04.0243 巨正则系综 grandcanonical ensemble
由大量温度、体积和化学势相同且恒定的系统组成的系综。

04.0244 正则配分函数 canonical partition function
正则系综的配分函数。

04.0245 微正则配分函数 microcanonical partition function
微正则系综的配分函数。

04.0246 巨正则配分函数 grand canonical partition function
巨正则系综的配分函数。

04.0247 平衡统计 equilibrium statistics
研究平衡系统的统计力学。

04.0248 非平衡统计 non-equilibrium statistics
研究非平衡系统的统计力学。

04.02　化学动力学

04.0249 化学动力学 chemical kinetics
研究化学反应速率及机理的物理化学分支学科。

04.0250 热化学动力学 thermochemical kinetics
由化学反应热效应确定反应动力学参数的化学动力学分支。

04.0251 分子反应动力学 molecular reaction dynamics
又称"化学动态学(chemical dynamics)"。从原子、分子层次阐明化学反应本质的化学动力学分支。

04.0252 快反应 fast reaction
一般指反应时间尺度小于秒的化学反应。

04.0253 反应途径 reaction path
通常指反应系统势能面上连接反应物和产物的轨迹。

04.0254 反应速率 reaction rate
反应进度随时间的变化率，或反应物量随时间的变化率的绝对值。

04.0255 分支比 branching ratio
具有两个或以上平行反应通道时不同通道反应速率之比或某一通道反应速率与总速率之比。

04.0256 反应速率方程 reaction rate equation
描述反应速率与浓度关系的方程式。

04.0257 反应速率常数 reaction rate constant
当反应速率方程具有 $r = k \prod_B c_B^{\alpha_B}$ 形式时，式中的比例常数 k。

04.0258 反应网络 reaction network
多个化学反应相互关联的反应系统。

04.0259 总反应 overall reaction
又称"总包反应"。若干个基元反应的总和。

04.0260 [总]反应级数 reaction order
表征组元浓度对反应速率影响规律的 1 个化学动力学参数。当反应速率方程具有 $r = k \prod_B c_B^{\alpha_B}$ 形式时，α_B 称为组分 B 的级数，$\sum_B \alpha_B$ 称为总反应级数，简称反应级数。

04.0261 零级反应 zeroth order reaction
反应级数为零的反应。

04.0262 一级反应 first order reaction
反应级数为 1 的反应。

04.0263 准一级反应 pseudo first order reaction
在反应速率方程中若某一组分的浓度在反应过程中可作为常量处理从而使反应总级数表现为 1 的反应。

04.0264 二级反应 second order reaction
反应级数为 2 的反应。

04.0265 三级反应 third order reaction
反应级数为 3 的反应。

04.0266 反应分子数 molecularity
基元反应中反应级数之和。

04.0267 单分子反应 unimolecular reaction
反应分子数为 1 的反应。而一般所说的单分子反应 A→P 包括两个步骤：①A→A*；② A*→P。其中①是反应物分子 A 经碰撞被活化为激发态 A*；②是 A* 进行反应生成产物分子 P。其中步骤②是真正的单分子反应，但习惯上常将①+②的总体反应也称为单分子反应。严格而论，包括反应物分子的活化步骤在内的单分子反应应称为"准单分子反应(pseudo-unimolecular reaction)"。

04.0268 单分子探测 single molecule detection
对单个或少数分子的实时动态行为进行的探测。

04.0269 双分子反应 bimolecular reaction
反应分子数为 2 的反应。

04.0270 三分子反应 termolecular reaction
反应分子数为 3 的反应。

04.0271 林德曼机理 Lindemann mechanism

林德曼(Lindemann)对单分子气体反应 A→P 提出的反应机理。反应分子 A 首先通过碰撞产生活化分子 A^*，A^* 有可能再经碰撞而失活，也有可能发生化学反应变为产物 P。

$$A + A \underset{k_{-1}}{\overset{k_1}{\rightleftharpoons}} A^* (E^*) + A$$

$$A^* \xrightarrow{k_2} P$$

04.0272 RRK 理论 Rice-Ramsperger-Kassel theory, RRK theory

关于化学反应速率的理论和计算模型。赖斯(Rice)、拉姆斯佩格(Ramsperger)和卡塞尔(Kassel)认为林德曼(Lindemann)机理中的反应速率常数与某一特定自由度上的能量超过临界值(ε_c)的数值有关，并且利用统计力学手段获得了林德曼机理中反应速率常数的计算方法。

04.0273 RRKM 理论 Rice-Ramsperger-Kassel-Marcus theory, RRKM theory

马库斯(Marcus)在 RRK 理论的基础上将过渡态理论应用于 A^* 到产物 P 反应的速率常数的计算。

04.0274 斯莱特理论 Slater theory

斯莱特(Slater)从力学观点出发提出的一种处理气相单分子反应的理论方法。假定活化分子是由多个非耦合的谐振子所构成，当某指定坐标达到临界值时反应才能发生。

04.0275 降变现象 falling-off phenomenon

准单分子反应随压力的降低由一级向二级反应过渡、反应速率常数降低的现象。

04.0276 强碰撞假设 strong collision assumption

在单分子反应速率理论中假设每次碰撞都能进行有效的能量传递。

04.0277 能量随机化 energy randomization

能量在分子内部的快速传递和随机分布。

04.0278 分子间能量传递 intermolecular energy transfer

在两个或更多个分子之间发生的能量传递。通常指振动能量的传递。

04.0279 分子内能量传递 intramolecular energy transfer

能量在分子内部不同自由度之间的传递。

04.0280 分子内振动弛豫 intramolecular vibrational relaxation, IVR

分子从振动激发态通过各振动模式之间的耦合回到平衡态的过程。

04.0281 热活化 thermal activation

以传热的方式活化反应物从而提供化学或物理变化所需的能量。

04.0282 化学活化 chemical activation

以化学反应的方式活化反应物。

04.0283 光活化 photoactivation

以光辐射的方式活化反应物。

04.0284 反应途径简并 reaction path degeneracy

引入到速率理论中的 1 个修正因子，用于考虑反应可能通过等价的不同路径来实现这一事实。

04.0285 阿伦尼乌斯方程 Arrhenius equation

阿伦尼乌斯提出的用于描述化学反应速率常数随温度变化关系的简明的公式。即 $k = Ae^{-E_a/(RT)}$。其中 k 为反应速率常数，E_a 为活化能，A 为指前因子。

04.0286 活化能 activation energy

阿伦尼乌斯方程 $k = Ae^{-E_a/(RT)}$ 中的 E_a。其物理意义为化学反应中活化状态分子与反应物分子之间的能量之差。

04.0287 表观活化能 apparent activation energy

将实验测得的总反应速率常数与温度之间的关系按照阿伦尼乌斯方程计算得到的活化能。

04.0288 指前因子 pre-exponential factor

阿伦尼乌斯方程 $k = Ae^{-E_a/(RT)}$ 中的参数 A。其物理意义为对应于单位浓度的分子数密度下单位体积内反应物分子间发生碰撞的频率。

04.0289 热原子 hot atom
具有较高平动能的原子。

04.0290 反应机理 reaction mechanism
(1)宏观上指构成总反应的基元反应序列。
(2)微观上指对 1 个反应过程的详细描述。包括反应中间物、产物和过渡态的组成、结构、能量等。

04.0291 连串反应 consecutive reaction
一个基元反应的产物是下一个基元反应的反应物而连续进行的反应系列。

04.0292 平行反应 parallel reaction
一组由相同反应物同时参与的若干个独立的基元反应。

04.0293 微观可逆性原理 principle of microreversibility
一个基元反应的逆反应也必然是基元反应，而且逆反应与正反应具有相同的反应路径和过渡态。

04.0294 精致平衡原理 principle of detailed balance
当一个反应系统达到平衡时其中每一个基元反应的正向和逆向反应速率彼此相等。

04.0295 速控步 rate controlling step
又称"决速步(rate determining step)"。当总反应的反应机理中某一步基元反应的速率远远慢于其他基元反应时，则可以将它的速率近似作为总反应的速率，这个慢反应称为速控步。

04.0296 稳态近似 steady state approximation
化学动力学中一种简化反应速率方程的处理方法。该近似假定反应的活性中间产物的净生成速率为零。

04.0297 平衡近似 equilibrium approximation
化学动力学中一种简化反应速率方程的处理方法。该近似假定速控步前基元反应保持平衡关系，从而总反应速率仅取决于速控步和其以前的平衡过程。

04.0298 反应速率理论 theory of reaction rates
描述分子的微观性质与基元反应的速率之间关系的理论。

04.0299 反应临界能 critical energy of reaction
又称"阈能(threshold energy)"。在不考虑隧穿效应的前提下，反应系统中反应得以发生的最低临界能量。

04.0300 简单碰撞理论 simple collision theory, SCT
一种反应速率理论，其基本假设为每一个反

应物分子是1个硬球，当相对碰撞能高于反应临界能时便可发生反应。

04.0301　碰撞截面　collision cross section
在处理碰撞问题时，将粒子间的碰撞等效于某一质点与半径为 r 的硬球之间的碰撞，该硬球的截面 $\sigma=\pi r^2$ 称为碰撞截面。

04.0302　碰撞传能　collision energy transfer
由于分子间碰撞导致的分子内部能量改变的现象。

04.0303　空间因子　steric factor
又称"方位因子"。考虑到分子结构、碰撞时分子间相互取向及碰撞的部位对反应速率常数 k 的影响，引入空间因子 $P=k$(实验)/k(理论)对简单碰撞理论进行修正。

04.0304　势能面　potential energy surface, PES
用来描述分子系统中原子间相互作用势能与结构坐标关系的几何曲面。

04.0305　绝热势能面　adiabatic potential energy surface
在采用玻恩-奥本海默(Born-Oppenheimer)近似前提下获得的势能面。

04.0306　势能面交叉　curve crossing
不同电子态势能面发生交叉的现象。

04.0307　非绝热过程　non-adiabatic process
反应在不同绝热势能面上进行的过程。

04.0308　鞍点　saddle point
反应势能面上的一个点。该点沿反应坐标方向为势能最高点，而在与反应坐标正交方向上为势能的最低点。

04.0309　最低能量途径　minimum energy path, MEP
反应势能面上反应物与产物之间能垒最低的反应途径。

04.0310　过渡态　transition state
从反应物至产物的最低能量途径上能量最高点附近的构型。

04.0311　过渡态理论　transition state theory, TST
又称"绝对反应速率理论(absolute rate theory)"。计算反应速率常数的反应速率理论。认为由反应物变成产物过程中要经过一个过渡态。基于过渡态与反应物之间达到平衡的假设，由它们的振动频率、质量、核间距等结构及光谱数据即可计算得到反应速率常数。

04.0312　反应能垒　reaction energy barrier
反应的过渡态能量与反应物能量之差。

04.0313　反应坐标　reaction coordinate
在势能面上描述化学反应进程连续变化的参数。其每一个值都对应于沿反应途径各原子的相对位置。

04.0314　势能剖面　potential energy profile
以反应坐标为横坐标、势能为纵坐标得到的势能变化曲线。

04.0315　LEP 势能面　London-Eyring-Polanyi potential energy surface, LEPPES
艾林(Eyring)和波拉尼(Polanyi)基于计算三原子系统势能的伦敦(London)方程绘制的半经验势能面。

04.0316　LEPS 势能面　London-Eyring-Polanyi-Sato potential energy surface, LEPS-PES
佐藤(Sato)对 LEP 势能面进行修正，使沿反应坐标方向的势垒顶端不合理的势阱消失从而获得的势能面。

04.0317 内禀反应坐标 intrinsic reaction co-ordinate
沿最低能量途径的反应坐标。

04.0318 分子动力学模拟 molecular dynamics simulation
基于玻恩-奥本海默(Born-Oppenheimer)近似借助计算机数值模拟技术描述经典力学框架下各原子核的运动情况，从而获得系统各种热力学、动力学信息的一种动力学处理方法。

04.0319 共线碰撞 collinear collision
反应系统中各原子始终处于一条直线的碰撞过程。

04.0320 活化吉布斯自由能 Gibbs free energy of activation
反应物变为过渡态过程的吉布斯自由能变。

04.0321 活化焓 enthalpy of activation
反应物变为过渡态过程的焓变。

04.0322 活化熵 entropy of activation
反应物变为成过渡态过程的熵变。

04.0323 松散过渡态 loose transition state
活化熵大于 0 的过渡态。其结构比反应物分子松散。

04.0324 紧密过渡态 tight transition state
活化熵小于 0 的过渡态。其结构比反应物分子紧凑。

04.0325 自由基反应 free radical reaction
反应历程中包含自由基的反应。

04.0326 链载体 chain carrier

能与系统内稳定分子进行反应的自由基或自由原子。

04.0327 直链反应 straight chain reaction
在链的传递过程中没有自由基增殖的链反应。

04.0328 支链反应 branched chain reaction
在链的传递过程中 1 个自由基生成 1 个以上自由基的链反应。

04.0329 退化支链反应 degenerated branched chain reaction
又称"简并支链反应"。有些链反应在反应过程中可以形成比一般分子活泼，但比链载体稳定的分子，它们可能产生自由基而实现链的分支，但此分支过程的反应速率比一般链反应的分支和传播要慢得多。

04.0330 链长 chain length
微观上指由引发反应产生的链载体在消亡前传递的次数。宏观上平均链长定义为链的传递速率与链的引发速率之比。

04.0331 链抑制剂 chain inhibitor
链传递的阻化剂。一般是稳定自由基、潜在自由基以及易于和链载体反应生成稳定自由基的分子等。

04.0332 热爆炸 thermal explosion
当 1 个放热反应在散热速率远低于放热速率的情况下进行时，反应放热使系统温度上升，而温度的升高又促使反应速率加快放热更多，如此循环导致的一种爆炸。

04.0333 支链爆炸 branched chain explosion
当支链反应的链终止步骤的速率较低时，反应系统中链载体浓度迅速增大，反应链的数目迅速增多，使放能支链化学反应速率急剧上升，在短时间内集中释放大量的能量而导致的一种爆炸。

04.0334 支化因子 branching factor
支链反应的某个链分支过程中一旧链载体消失的同时产生出来的新链载体的数目。

04.0335 爆炸界限 explosion limit
在其他因素确定的情况下，某一因素改变时发生爆炸反应的界限。例如，温度、组成一定时混合气发生爆炸反应的压力界限。

04.0336 液相反应 liquid phase reaction
在液相中发生的化学反应。

04.0337 溶剂笼 solvent cage
在溶液反应中溶剂分子环绕在反应物分子周围，像1个笼子把反应物围在中间，称为溶剂笼。

04.0338 笼效应 cage effect
处于同一溶剂笼中的反应物分子可以进行多次碰撞显著地影响反应的现象。

04.0339 偶遇络合物 encounter complex
又称"遭遇络合物"。溶液中经扩散汇聚于同一溶剂笼中的反应物分子对。

04.0340 扩散控制反应 diffusion controlled reaction
总反应速率由反应历程中扩散速率决定的反应。

04.0341 活化控制反应 activation controlled reaction
总反应速率由反应历程中活化能高的基元反应速率决定的反应。

04.0342 动力学溶剂效应 kinetic solvent effect
溶剂对反应速率和反应机理所产生的影响。

04.0343 动力学盐效应 kinetic salt effect
在液相反应系统中加入不直接参与反应的电解质改变离子强度、酸碱解离度等性质，从而影响反应速率和反应机理的现象。

04.0344 线性吉布斯自由能关系 linear Gibbs free energy relation
取代基或反应类型改变、反应活化吉布斯自由能变与反应吉布斯自由能变所具有的线性关系。

04.0345 哈米特关系 Hammett relation
由哈米特(Hammett)首先建立的取代基与不同反应类型有机化学反应速率间的定量关系。

04.0346 等动力学温度 isokinetic temperature
一类反应的活化焓与活化熵之间可具有相同的线性关系，即 $\Delta^{\neq}H_m = \beta\Delta^{\neq}S_m +$ 常数。当温度 $T=\beta$ 时，这些反应将具有相同的反应速率，称此温度为该类反应的等动力学温度。

04.0347 非线性化学动力学 nonlinear chemical kinetics
研究化学反应系统在远离平衡条件下的各类非线性动力学行为(化学振荡、化学混沌及化学波等)的化学动力学分支学科。

04.0348 电化学振荡 electrochemical oscillation
电化学体系在远离平衡条件下出现的电流或电压随时间周期变化的现象。

04.0349 态-态反应动力学 state-to-state reaction dynamics
化学动力学的分支学科主要研究由确定量子态的反应物变成确定量子态的产物的反应。

04.0350 动力学共振 dynamic resonance

在多维反应中，反应坐标与垂直于反应坐标的振动等自由度之间发生耦合，使沿反应坐标的有效势能面上出现非完全束缚量子态的现象。

04.0351　经典轨迹计算　classical trajectory calculation
利用经典力学运动方程求解粒子在相空间的运动轨迹，并对这些轨迹进行统计处理从而获得各种微观与宏观动力学信息的方法。

04.0352　准经典轨迹　quasiclassical trajectory
在经典轨迹计算方法的基础之上，通过引入量子相空间分布函数对经典动力学的方法进行量子修正以获得反应后的量子态布居。

04.0353　分子束　molecular beam
在高真空中定向运动的分子流。

04.0354　交叉分子束　crossed molecular beam
研究分子反应动力学的实验手段之一。两条反应物分子束相交，在交叉区内发生反应，在一定角度检测产物分子的平动能及内能分布。

04.0355　溢流束源　effusive beam source
反应物气体分子从小孔中溢出而形成分子束的分子束源。

04.0356　超声束源　supersonic beam source
气体分子以超声速向真空作绝热膨胀而形成分子束的分子束源。

04.0357　飞行时间　time-of-flight
粒子从离开源头到达探测器所需要的时间。

04.0358　激光光解　laser photolysis
在激光作用下分子分解为自由基或原子的过程。

04.0359　荧光共振能量传递　fluorescence resonance energy transfer, FRET
当两个不同的荧光生色团距离较近，且其中一个生色团(供体)的发射光谱与另一个生色团(受体)的激发光谱有相当程度的重叠时，供体的激发能诱发受体发出荧光的现象。

04.0360　飞秒激光　femtosecond laser
脉冲宽度为飞秒量级的激光。

04.0361　飞秒化学　femtochemistry
主要运用飞秒激光研究发生在飞秒时间尺度的化学反应的学科分支。

04.0362　相干控制　coherent control
利用激光的相干性来控制化学反应。

04.0363　共振增强多光子电离　resonance-enhanced multiphoton ionization, REMPI
通过共振增强吸收光子的多光子电离过程。

04.0364　超激发态　super excited state
内能超过第一电离势的分子的激发态。

04.0365　选速器　velocity selector
用来获得具有很窄速率分布的分子束的装置。

04.0366　弹性散射　elastic scattering
分子内部能量没有改变的分子碰撞。

04.0367　非弹性散射　inelastic scattering
分子内部能量发生变化但没有发生化学反应的分子碰撞。

04.0368　反应性散射　reactive scattering
导致化学反应发生的分子碰撞。

04.0369　散射角　scattering angle

散射中心与探测器的连线与入射分子束前进方向之间的夹角。

04.0370 反应截面 reaction cross section
发生化学反应的分子的碰撞截面。

04.0371 微分反应截面 differential reaction cross section
单位立体角中散射的反应产物分子数与通过垂直于入射方向的截面积的反应分子数之比。

04.0372 偏离函数 deflection function
散射角与碰撞参数、碰撞能量等之间的函数关系。

04.0373 速率分布 velocity distribution
速率在 v 至 $v+dv$ 区间内的粒子数与速率 v 之间的关系。

04.0374 内部能量 internal energy
分子中除平动能外的能量。

04.0375 释能度 exoergicity
在单次反应碰撞中释放的内部能量。

04.0376 获能度 endoergicity
在单次反应碰撞中内部能量的增加值。

04.0377 反冲[平动]能 recoil energy
又称"反弹能"。发生非弹性散射或反应性散射时,粒子离开质心的平动能。

04.0378 前向散射 forward scattering
在交叉分子束实验中观察到的质心坐标中的产物角度分布相对于反应物入射方向是向前的散射现象。

04.0379 后向散射 backward scattering
在交叉分子束实验中观察到的质心坐标中的产物角度分布相对于反应物入射方向是向后的散射现象。

04.0380 前向-后向散射 forward-backward scattering
在交叉分子束实验中观察到的质心坐标中的产物角度分布相对于反应物入射方向向前向后均有分布的散射现象。

04.0381 直接反应 direct reaction
反应物分子发生反应碰撞的时间极短,过渡态的寿命远小于其转动周期的反应。

04.0382 长寿命络合物 long-lived complex
寿命长于自身转动周期的碰撞活化络合物。

04.0383 旁观者-夺取模型 spectator-stripping model
对于反应 $A+BC \longrightarrow AB+C$,A 夺取 B 后向前散射,而 C 像个旁观者,其平动速度在反应前后几乎不变的碰撞模型。

04.0384 夺取模型 stripping model
前向散射的直接反应的碰撞模型。

04.0385 反弹模型 rebound model
后向散射的直接反应的碰撞模型。

04.0386 鱼叉模型 harpoon model
对于电子转移反应 $A+B \longrightarrow P$,当 A 与 B 相距较远时,A 便将自身价电子传递给 B,借助形成的 A^+ 与 B^- 间的静电吸引促进反应,如同捕鱼时向远处的目标投出鱼叉,此机理称为鱼叉模型。

04.0387 选态 state selection
选定分子内部的转动、振动或电子运动的量子态。

04.0388 通量-速度-角度等量线图 flux-ve-

locity-angle-contour map

在交叉分子束实验中，采用质心坐标系，将具有相同产物分子通量的角度 θ(产物与入射原子束所成方位角)及产物速率 v 的点相连，即得到通量-速度-角度等量线图。

04.0389　吸引型势能面　attractive potential energy surface

当反应系统势能面上沿反应坐标的能垒接近反应物一方则称该类型势能面为吸引型势能面。

04.0390　推斥型势能面　repulsive potential energy surface

当反应系统势能面上沿反应坐标的能垒接近产物一方则称该类型势能面为推斥型势能面。

04.0391　前势垒　early barrier

又称"早势垒"。吸引型势能面中沿反应坐标的势垒。

04.0392　后势垒　late barrier

又称"晚势垒"。推斥型势能面中沿反应坐标的势垒。

04.0393　连续流动法　continuous flow method

研究液相快速反应的方法之一。反应溶液在混合器混合均匀后流入反应管，在反应管的不同位置测定反应物或产物的浓度以获得反应溶液浓度随时间的变化信息，从而求得反应速率。

04.0394　停流法　stopped-flow method

反应物溶液注入混合室，迅速混合均匀，混合液流入反应管后流动被突然停止，在流动管的固定位置监测反应溶液浓度随时间的变化。是一种改进的流动法。

04.0395　加速流动法　accelerated flow method

建立在连续流动法基础上的改进方法。在反应管固定位置进行监测，通过连续地改变流速可以获得不同反应时间反应物或产物的浓度。

04.0396　弛豫法　relaxation method

通过测定弛豫过程的弛豫时间测定快速反应速率的一种方法。

04.0397　温度跃变　temperature jump

突然改变反应系统温度使系统偏离原来平衡状态的一种弛豫技术。

04.0398　压力跃变　pressure jump

突然改变反应系统压力使系统偏离原来平衡状态的一种弛豫技术。

04.0399　浓度跃变　concentration jump

突然改变反应系统中某一反应物或产物浓度使系统偏离原来平衡状态的一种弛豫技术。

04.0400　电场跃变　field jump

对低电导率的反应溶液突然施加外电场以研究其弛豫效应的一种弛豫技术。

04.0401　介电弛豫　dielectric relaxation

电介质对外电场变化的弛豫响应。

04.0402　激波管　shock tube

用于研究气相高温快速反应的一种产生激波的装置。装置主要部分为一根长管，中间用隔膜隔开，一侧为对化学反应惰性的高压气体，另一侧为待研究低压气体，隔膜突然破裂，高压气体迅速膨胀产生密度、温度和压强等性质突变的波阵面(即激波)，激波以超声速向低压部分传播压缩和加热反应系统。

04.0403　动力学光谱学　kinetic spectroscopy

通过观察光谱性质随时间变化研究化学动

力学的一门学科。

04.0404 动力学光度学 kinetic photometry
通过观测吸收光谱随时间变化研究化学动力学的一门学科。

04.0405 时间分辨光谱学 time-resolved spectroscopy
系统经光脉冲或其他微扰方式激发后通过追踪其短时间内一系列时间间隔的光谱等信息来研究系统动力学行为的一门学科。

04.03　电　化　学

04.0406 电化学 electrochemistry
研究电信号和化学效应之间关系以及化学能和电能间转换关系的 1 个化学分支学科。

04.0407 应用电化学 applied electrochemistry
将电化学原理和方法应用于与生产过程相关的领域及其他应用性学科的 1 个电化学分支学科。

04.0408 生物电化学 bioelectrochemistry
研究生物体和具有生物活性的化合物分子的电化学行为的一个电化学分支学科。

04.0409 有机电化学 organic electrochemistry
研究有机化合物参与的电化学反应的一个电化学分支学科。

04.0410 半导体电化学 electrochemistry of semiconductor
研究以半导体材料作为电极的电化学体系中所进行的电化学过程的一个电化学分支学科。

04.0411 熔盐电化学 electrochemistry of molten salt
研究熔盐体系电化学行为的一个电化学分支学科。

04.0412 纳米电化学 nanoelectrochemistry

研究包含纳电极和纳米结构电极的电化学体系中的电化学行为的 1 个电化学分支学科。

04.0413 量子电化学 quantum electrochemistry
将量子力学原理和方法应用于电化学基础研究的一个电化学分支学科。

04.0414 界面电化学 interfacial electrochemistry
研究电极和电解液界面上的电化学行为的一个电化学分支学科。

04.0415 表面电化学 surface electrochemistry
研究发生在体系表面的电化学行为的一个电化学分支学科。

04.0416 固态电化学 solid state electrochemistry
研究固态体系电化学行为的一个电化学分支学科。研究对象主要是固体离子导体以及离子和电子的混合导体。

04.0417 组合电化学 combinatorial electrochemistry
应用组合化学原理和方法于电化学研究的一个电化学分支学科。

04.0418 固态离子学 solid state ionics

研究固态的离子导体及离子与电子混合导体中离子迁移规律及其应用的 1 个交叉学科。其研究对象涉及离子导体、离子电子混合导体、嵌入化合物和超导体等。

04.0419　电解质　electrolyte
能在一定条件下离解成正负离子而导电的一类化合物。

04.0420　弱电解质　weak electrolyte
在溶剂中部分离解成离子的化合物。该类化合物在溶液中以离子和分子的形态同时存在。溶液的导电性较弱。

04.0421　强电解质　strong electrolyte
在溶剂中完全离解成离子的化合物。该类化合物在溶液中只以离子的形态存在。溶液的导电性强。

04.0422　聚[合物]电解质　polymeric electrolyte
聚合物类型的离子导体。在其分子中重复的结构单元中含有可离解的离子基团。按导电离子的类型可分为阴离子、阳离子或双离子聚合物电解质。

04.0423　还原态　reduction state
以阿拉伯数字表达的化合物中某一原子的还原程度的量度。

04.0424　电离度　degree of ionization
用以表达电离反应进行程度的一种量度。

04.0425　电离常数　ionization constant
用以表达电解质电离过程特性的平衡常数。

04.0426　离子强度　ionic strength
用于表征电解质溶液中各种离子相互作用的综合性参数。其数值是电解质溶液中所存在的各种离子的摩尔浓度与各自离子价态

平方乘积总和的一半。表达式如下：

$$I_m = \sum \frac{1}{2} m_B z_B^2$$

04.0427　离子活度系数　ionic activity coefficient
溶液中某一种离子的活度与该离子浓度(摩尔分数)的比值。

04.0428　平均离子活度系数　mean ionic activity coefficient
组成电解质的正负离子的活度系数的几何平均值。

04.0429　阿伦尼乌斯电离理论　Arrhenius ionization theory
阿伦尼乌斯提出的有关电解质溶于水中而离解成正负离子的过程及其与离子本性和电解质浓度相关的理论。

04.0430　德拜-休克尔理论　Debye-Hückel theory
德拜和休克尔关于强电解质溶液中离子存在状态和相互作用的理论。

04.0431　德拜-休克尔极限定律　Debye-Hückel limiting law
德拜和休克尔关于电解质稀溶液中离子的活度与离子电荷及溶液离子强度关系的定律。

04.0432　离子缔合　ionic association
带相反电荷的游离离子集聚成离子对或离子簇的过程。

04.0433　水合能　hydration energy
水合离子形成过程中所释放的能量。

04.0434　离子迁移率　ionic mobility
电解质溶液、熔融盐或固体电解质中的离子在单位电势差推动下的移动速度。

04.0435 [离子]迁移数 transference number
溶液中某种离子所迁移的电量在各种离子所迁移的总电量中所占的分数。

04.0436 电导 conductance
体系电阻值的倒数。

04.0437 电导率 electrical conductivity
体系电阻率数值的倒数。

04.0438 摩尔电导率 molar conductivity
电解质溶液在单位摩尔浓度时的电导率。

04.0439 离子电导 ionic conductance
电解质溶液或固体电解质中离子的电导。

04.0440 科尔劳施离子独立迁移定律 Kohlrausch law of independent migration of ions
科尔劳施提出的有关电解质稀溶液电导的定律。电解质稀溶液中各种导电离子对溶液导电性的贡献只取决于离子的导电本性，溶液电导的数值等于溶液中各种离子电导数值的总和。

04.0441 奥斯特瓦尔德稀释定律 Ostwald dilution law
奥斯特瓦尔德提出的弱电解质溶液中的电离度与电离常数间关系的定律。

04.0442 阳极 anode
电池或电解池中进行氧化反应的电极。

04.0443 阴极 cathode
电池或电解池中进行还原反应的电极。

04.0444 正极 positive electrode
原电池或电解池中电势较高的电极。

04.0445 负极 negative electrode
原电池或电解池中电势较低的电极。

04.0446 内参比电极 internal reference electrode
内置于玻璃 pH 电极或离子选择电极中的参比电极。

04.0447 准参比电极 quasi-reference electrode, pseudo-reference electrode
在特定条件下才能保持其参比电势恒定的一类参比电极。

04.0448 对电极 counter electrode
与工作电极构成电流回路的电极。

04.0449 静汞滴电极 static mercury drop electrode, SMDE
用于伏安法研究的由悬挂于玻璃毛细管口的汞滴所构成的电极。

04.0450 单晶电极 single crystal electrode
由具有指定晶面的单晶材料构成的电极。

04.0451 金属氧化物电极 metal oxide electrode
由金属氧化物材料构成的电极。

04.0452 半导体电极 semiconductor electrode
由半导体材料构成的电极。

04.0453 气体电极 gas electrode
能吸附气体并具有固体、液体和气体三者界面的电极。

04.0454 膜电极 membrane electrode
表面修饰了功能膜的电极。

04.0455 旋转环盘电极 rotating ring-disk electrode
由同心且相互绝缘的盘电极和环电极组合

而成的旋转电极。

04.0456 光透薄层电极 optically transparent thin-layer electrode, OTTLE
用于光谱电化学研究的具有光透性能的薄层电极。

04.0457 粉末微电极 powder microelectrode
以粉末材料作为电活性物质的多孔微电极。

04.0458 电极阵列 electrode array
由规则排列的多个微电极组成的电极集合。

04.0459 丝网印刷电极 screen printing electrode
用厚膜技术将导电活性物质印制在绝缘基体上所制得的电极。

04.0460 纳米结构电极 nanostructure electrode
表面具有纳米结构的电极。

04.0461 嵌入电极 intercalation electrode
在基体电极中嵌入与电极反应相关的特定离子或化合物所得到的电极。

04.0462 电极电势 electrode potential
在某一条件下，将所研究的电极与标准氢电极组成电池时所测得的电势差值。

04.0463 电动势 electromotive force
通过电池的电流为零时的研究电极与对电极之间的电势差值。

04.0464 标准电动势 standard electromotive force
电池电解液中，参与电极反应的各种离子均处于单位活度条件下，或电势表达式中各种离子活度的比值为1时的电动势。

04.0465 接触电势 contact potential
又称"伏打电势"。两种互不作用的金属接触时在界面上所产生的电势差值。

04.0466 膜电势 membrane potential
存在于分隔两种溶液的膜两侧的电势差值。

04.0467 内电势 inner electric potential
存在于所考察体系的某一相内部的电势差。

04.0468 外电势 outer electric potential
存在于所考察体系的某一相外侧的电势差。

04.0469 表面电势 surface electric potential
体系的某一相的内电势与外电势的差值。

04.0470 界面电势 interfacial potential
存在于某一体系中两相界面上的电势差值。

04.0471 吸附电势 adsorption potential
离子被吸附在电极表面时所引起的电极电势变化数值。

04.0472 ζ电势 ζ-potential
穿越双电层中流动相的电势差。

04.0473 唐南电势 Donnan potential
两种处于唐南平衡状态的溶液间的电势差。

04.0474 伽伐尼电势差 Galvani potential difference
相互接触的两相的各自本体中的任一点之间的电势差。即两相的各自内电势的差值。

04.0475 平带电势 flat band potential
当表面态的影响可忽略不计且半导体的电荷趋近于零时，半导体中与空间电荷相关联的电势差。

04.0476 开路电压 open-circuit voltage

电池外电路处于开路条件下的两电极间电势差。

04.0477　半峰电势　half-peak potential
伏安图上相应于半峰值电流的电势值。表示为 $E_{p/2}$。

04.0478　混合电势　mixed potential
两个或多个电极反应同时在某一电极上进行时的电极电势。

04.0479　电化学势　electrochemical potential
在电场存在情况下物质某一相的偏摩尔自由能。

04.0480　电流-电势曲线　current-potential curve
电极上的电势与所流过的电流关系的曲线。

04.0481　本体浓度　bulk concentration
电化学体系中远离电极表面的区域中的电解质溶液浓度。

04.0482　表面浓度　surface concentration
电化学体系中电极表面的电解质溶液浓度。

04.0483　能斯特方程　Nernst equation
用于表达电池或研究电极的平衡电势与参与电化学反应的各组分的活度，及其他相关因素关系的方程式。

04.0484　半反应　half reaction
构成电化学体系的两个电极中的某一个电极上的氧化反应或还原反应。

04.0485　氧化还原对　redox couple
由参与氧化还原反应的氧化和还原组分构成的共存电对。

04.0486　卢金毛细管　Luggin capillary

用以消除液接电势差的具有细小毛细管尖端的盐桥。

04.0487　双电层　double electric layer
由多个荷电亚层组成的电极/溶液界面的特殊结构。

04.0488　亥姆霍兹层　Helmholtz layer
双电层溶液一侧所排列的与电极表面电性相反的离子薄层。是早期的亥姆霍兹双电层模型中的术语。

04.0489　施特恩层　Stern layer
双电层中溶液一侧与电极直接接触的带相反电荷的离子薄层。

04.0490　古依-查普曼层　Gouy-Chapman layer
双电层中溶液一侧位于与电极直接接触的施特恩层之外的距电极表面较远的离子扩散层。

04.0491　紧密层　compact layer
双电层中溶液一侧位于外亥姆霍兹面和电极表面之间的区域。

04.0492　内亥姆霍兹面　inner Helmholtz plane, IHP
双电层中溶液一侧排列在电极表面并与电极直接接触的带相反电荷的离子薄层。

04.0493　外亥姆霍兹面　outer Helmholtz plane, OHP
双电层中溶液一侧排列在电极表面附近但与电极不直接接触的带相反电荷的离子薄层。

04.0494　扩散层　diffusion layer
双电层中溶液一侧存在于电极附近但不与电极表面直接接触且浓度逐渐降低的带相

反电荷的离子层。

04.0495 电毛细现象 electrocapillary phenomenon
电极与电解质溶液界面的电势随界面张力变化而变动的现象。

04.0496 双电层电容 double layer capacitance
电极/电解质溶液界面上所存在的双电层的电容。

04.0497 微分电容 differential capacitance
用双电层电荷对电极电势的偏微分来表达的双电层电容值。

04.0498 积分电容 integral capacitance
用双电层电荷及电极电势的比值来表达的双电层电容值。

04.0499 空间电荷区 space charge region
半导体电极内表面区域中由多余或缺失电荷所构成的荷电区。

04.0500 空间电荷电容 space charge capacitance
半导体电极表面的空间电荷区的电容。

04.0501 零电荷电势 potential at zero charge
电极表面所带的电荷为零时的电势值。

04.0502 特性吸附 specific adsorption
溶液中某一种离子基于离子和电极间短程作用力的接触吸附。

04.0503 电极过程动力学 kinetics of electrode process
又称"电化学动力学(electrochemical kinetics)"。将化学动力学理论和方法应用于电极反应过程研究的 1 个电化学分支学科。

04.0504 准可逆过程 quasi-reversible process
介于可逆过程与完全不可逆过程之间但更接近于可逆过程的电化学过程。

04.0505 完全不可逆过程 totally irreversible process
电极反应速率极慢或电极反应的交换电流密度极小的电化学过程。该电极表面的电荷传递界面一直处于非平衡态,反应的过电势值极大。

04.0506 电荷传递过程 charge-transfer process
体系中电荷定向传递的过程。

04.0507 菲克扩散定律 Fick law of diffusion
定量描述体系中基于扩散过程的物质传递的定律。

04.0508 对流 convection
在压力、重力或温度梯度等外力作用下所进行的溶液定向移动。

04.0509 扩散 diffusion
在化学势梯度推动下所进行的离子或分子的定向移动。

04.0510 对流-扩散方程 convection-diffusion equation
定量描述体系中基于对流和扩散过程的物质传递的偏微分方程。

04.0511 迁移 migration
在电场驱动下所进行的离子定向移动过程。

04.0512 稳态 steady state
在指定的时间范围内,电化学体系的参量变化甚微,基本上可视为不变的状态。

04.0513 稳态过程 steady state process

相关参数不因时间推移而发生变动的电化学过程。

04.0514　电势窗口　potential window
所研究的物质不发生氧化或还原反应的电势区间。

04.0515　阳极极化　anodic polarization
发生氧化电极反应时，因动力学限制使其电极电势高于平衡电势的现象。

04.0516　阴极极化　cathodic polarization
发生还原电极反应时，因动力学限制使其电极电势低于平衡电势的现象。

04.0517　欧姆电势降　ohmic potential drop
因电极和电解液电阻引起的实际电极电势与施加电势的偏差。

04.0518　极化曲线　polarization curve
表示过电势与电极反应电流关系的曲线。

04.0519　科特雷尔方程　Cottrell equation
表达瞬态扩散电流随时间变化关系的方程式。式中包含反应物浓度和扩散系数等参数。

04.0520　去极化　depolarization
使电极反应过电势降低的现象。

04.0521　巴特勒-福尔默方程　Butler-Volmer equation
表达电极反应不存在浓差极化情况下电流与过电势关系的方程。

04.0522　过电势　overpotential
又称"超电势"。电极电势偏离平衡电势的数值。

04.0523　反应过电势　reaction overpotential
由电极反应动力学因素引起的过电势。

04.0524　电荷传递过电势　charge-transfer overpotential
因电极反应中电极/电解液界面间电荷传递动力学限制产生的过电势。

04.0525　扩散过电势　diffusion overpotential
因扩散限制引起的过电势。

04.0526　传质过电势　mass-transfer overpotential, mass-transport overpotential
因物质传递过程限制产生的过电势。

04.0527　塔费尔方程　Tafel equation
又称"塔费尔公式"。过电势与反应电流密度关系的经验公式。

04.0528　电极反应速率常数　electrode reaction rate constant
单位浓度条件下的电极反应速率。

04.0529　标准电极反应速率常数　standard rate constant of an electrode reaction
热力学标准状态下的电极反应速率常数。

04.0530　电子传递系数　electron transfer coefficient
电极反应动力学参数之一。表示电极电势对活化能影响的程度。其数值在 0~1 之间。

04.0531　阴极传递系数　cathodic transfer coefficient
表示电极电势对还原电极反应活化能的影响程度。电极反应动力学参数之一。

04.0532　阳极传递系数　anodic transfer coefficient
表示电极电势对氧化电极反应活化能的影

响程度。电极反应动力学参数之一。

04.0533 交换电流 exchange current
在电极反应处于平衡状态下(即外电路电流为零时)的阴极电流或阳极电流。

04.0534 稳态电流 steady state current
施加恒电势的条件下所得到的稳定且不随时间变化的电流。

04.0535 暂态电流 transient current
施加恒电势的条件下,在达到稳态电流之前某一时刻的电流。其随时间变化而变化。

04.0536 极限吸附电流 limiting adsorption current
在电化学实验条件下能够达到的最大吸附电流。

04.0537 极限催化电流 limiting catalytic current
在电化学实验条件下能够达到的最大催化电流。

04.0538 扩散控制 diffusion control
电荷传递反应速率很快且反应电流完全由离子或分子扩散过程所控制的电极反应过程。

04.0539 扩散控制速率 diffusion controlled rate
扩散控制的电极反应的反应速率。

04.0540 极限动力学电流 limiting kinetic current
在动力学限制的情况下所能达到的最大电流。

04.0541 收集系数 collection coefficient
旋转环盘电极的盘电极上所产生的物质被环电极捕获的百分数。

04.0542 屏蔽因子 shielding factor
表达盘电极电流大小对环电极电流测量值减少之间关系的因子。

04.0543 欠电势沉积 underpotential deposition, UPD
在低于由能斯特公式预期的电势下发生的电化学沉积现象。

04.0544 电池 cell, battery
发生电化学反应的装置。包括电极、电解液和容纳它们的容器等。也泛指化学电源。比如锂离子电池、铅酸电池、干电池等。

04.0545 标准电池 standard cell
作为电动势参考标准的一种化学电池。现在国际上通用的标准电池是惠斯登电池。

04.0546 浓差电池 concentration cell
由在两电极区活度不同的同种活性物质组成的电池。其电动势取决于两电极区活性物质活度之比,电能来源于物质从较高活度到较低活度的转移能。

04.0547 原电池[组] primary battery
又称"一次电池"。放电之后不可再充电的化学电源。

04.0548 蓄电池 accumulator, secondary battery
又称"二次电池"。放电之后可再充电反复使用的化学电源。

04.0549 伏打电池 voltaic cell
意大利物理学家伏打首次报道的以锌板和铜板作为两电极插在盐酸溶液中组成的化学电池。

04.0550 储备电池 storage battery
电池正负极活性物质和电解质在储存期间不

直接接触，待使用前将体系激活的一类电池。

04.0551　丹聂尔电池　Daniell cell
又称"铜锌原电池"。电池正极区为铜板和硫酸铜溶液，负极区为锌板和硫酸锌溶液，中间以素烧瓷隔膜隔开，以减少相互扩散。

04.0552　燃料电池　fuel cell
将氢气、甲醇等燃料的化学能直接转化成电能的化学电源。其电极活性物质可以从外部供给，从而可以长期不间断工作。

04.0553　氢氧燃料电池　hydrogen-oxygen fuel cell
使用氢气和氧气为电极活性物质的燃料电池。

04.0554　直接甲醇燃料电池　direct methanol fuel cell, DMFC
直接使用甲醇为阳极活性物质的燃料电池。

04.0555　生物燃料电池　biofuel cell
电极上发生生物电化学反应的燃料电池。

04.0556　固体氧化物燃料电池　solid oxide fuel cell, SOFC
使用固体氧化物为电解质且在高温下工作的燃料电池。

04.0557　熔融碳酸盐燃料电池　molten carbonate fuel cell, MCFC
使用碳酸盐为电解质且在高温下工作的燃料电池。

04.0558　银锌电池　silver-zinc battery
以氧化银为正极、锌为负极、氢氧化钾为电解液的一种二次电池。

04.0559　铅酸蓄电池　lead-acid accumulator
以二氧化铅为正极、铅板为负极、硫酸为电解液的化学电源。这是一种最常用的二次电池。

04.0560　碱性蓄电池　alkaline accumulator
使用碱性电解液的蓄电池的总称。

04.0561　钠硫电池　sodium-sulfur battery
使用熔融态的硫为正极、熔融态的金属钠为负极，以及氧化物(如氧化铝)固体为电解质的电池。这是一种工作温度在 $300{}^{\circ}C$ 左右的高温电池。

04.0562　锂电池　lithium battery
以金属锂为负极的一种高能量密度一次电池。常做成扣式电池。

04.0563　锂离子电池　lithium ion battery
以可发生锂离子嵌入／脱嵌反应的材料为正极和负极活性物质、使用含锂盐的有机电解液或聚合物电解质的电池。

04.0564　镍金属氢化物电池　nickel metal-hydride battery
俗称"镍氢电池"。以氢氧化亚镍为正极、稀土储氢合金为负极、氢氧化钾水溶液为电解液的一种二次电池。

04.0565　镍镉电池　nickel-cadmium battery
正极为碱式氧化镍、负极为海绵状金属镉、电解液为氢氧化钾或氢氧化钠的一种二次电池。

04.0566　氧化还原液流电池　redox flow battery
由电解液中的氧化还原活性物质和惰性电极组成的电池。

04.0567　金属空气电池　metal-air battery
以空气(氧)作为正极活性物质、金属作为负极活性物质的电池统称为金属空气电池。如锌空气电池等。

04.0568　干电池　dry battery
以二氧化锰为正极、锌为负极且电解质是一

种不能流动的糊状物的一次性电池。属于化学电源中的原电池。

04.0569 微电池 microcell
在金属的电化学腐蚀过程中，由于表面杂质等因素使其在微小区范围内呈现出不同的电化学行为。有的区域成为阳极而另外的区域成为阴极，从而形成发生腐蚀作用的微小短路电池称为微电池。

04.0570 薄膜电池 thin film battery
由薄膜正极、薄膜负极和薄膜电解质组成的电池。这类电池使用的通常是固体电解质。

04.0571 超级电容器 supercapacitor
具有高比电容的装置。其电极具有非常高的比表面积，有时伴随有电极表面的可逆氧化还原反应。

04.0572 太阳[能]电池 solar cell
将太阳能转换成电能的装置。

04.0573 光电化学电池 photoelectrochemical cell
通过光电化学反应将光能转化成电能的电化学装置。

04.0574 光伏电池 photovoltaic cell
将光能转换成电能的装置。

04.0575 光电解池 photoelectrolytic cell
发生光电化学电解反应的电解池。

04.0576 电导池常数 cell constant
测量电解液的电导所用电导池中由电极面积和两电极间距离确定的常数。

04.0577 充放电曲线 charge/discharge curve
表示电池充放电电流与电池电压关系或电极充放电电流与电极电势关系的曲线。

04.0578 放电容量 discharge capacity
电池在指定电压范围内可以放出的电量。其单位一般为安时或毫安时。

04.0579 充放电效率 charge/discharge efficiency
放电容量和充电容量之比。

04.0580 放电能量密度 discharge energy density
单位体积或单位质量的放电能量。

04.0581 自放电 self-discharge
电池不与外电路连接时由内部自发反应引起的电池容量损失。

04.0582 短路电流 short circuit current
电池正负两电极短路时流过的电流。

04.0583 电化学腐蚀 electrochemical corrosion
金属与所接触的介质因发生电化学反应而引起的变质和损坏现象。

04.0584 伽伐尼腐蚀 Galvanic corrosion
又称"原电池腐蚀""电偶腐蚀"。由于腐蚀电池的作用而产生的腐蚀。

04.0585 孔蚀 pitting corrosion
又称"点蚀"。产生点状的腐蚀且从金属表面向内部扩展形成孔穴的现象。

04.0586 防腐 corrosion protection
对腐蚀体系施加影响以减轻腐蚀损伤的过程。

04.0587 阳极保护 anodic protection
将金属腐蚀电势提高到钝态表面电势而实现的电化学防腐措施。

04.0588 阴极保护 cathodic protection

(1)通过降低腐蚀电势而实现的电化学防腐措施。(2)将被保护金属作为阴极施加外部电流进行阴极极化或用易蚀金属做牺牲阳极以减少或防止金属腐蚀的方法。

04.0589　缓蚀剂　corrosion inhibitor
向腐蚀体系中添加适当浓度后，能明显降低腐蚀速率的化学物质。

04.0590　阴极型缓蚀剂　cathodic inhibitor
抑制阴极过程而使腐蚀速度减小的缓蚀剂。

04.0591　阳极型缓蚀剂　anodic inhibitor
抑制阳极过程而使腐蚀速度减小的缓蚀剂。

04.0592　吸附型缓蚀剂　adsorption inhibitor
能吸附于金属表面而抑制腐蚀的缓蚀剂。

04.0593　气相缓蚀剂　vapor phase inhibitor
又称"挥发性缓蚀剂"。以蒸气的形式通过气相到达金属表面的缓蚀剂。

04.0594　钝化膜　passive film, passivation film
金属因钝化而在其表面形成的保护膜。

04.0595　钝化电势　passivation potential
对应于最大腐蚀电流的腐蚀电势值，超过该值时，在一定电势区域内金属处于钝态。

04.0596　腐蚀电势　corrosion potential
金属在给定腐蚀体系中发生腐蚀电化学反应的电极电势。

04.0597　腐蚀电流　corrosion current
参与电极反应并直接造成腐蚀的电流。

04.0598　腐蚀速率　corrosion rate
单位时间内、单位面积上被腐蚀材料的质量。

04.0599　电沉积　electrodeposition
通过电化学还原或氧化在电极上发生的沉积过程。

04.0600　电镀　electroplating
将被镀导电件作为阴极，在外加电压下使金属离子在其表面还原形成金属沉积层的过程。

04.0601　电铸　electroforming, electrocasting
通过在芯模上电沉积金属来进行生产或复制零件或产品的过程。

04.0602　电抛光　electropolishing
在适当的溶液中电解，使作为阳极的金属或合金获得平整和光亮表面的处理过程。

04.0603　电解精炼　electrorefining
利用不同元素的阳极溶解或阴极析出难易程度的差异来提纯金属的技术。

04.0604　电解提取　electrowinning
又称"湿法冶金"。矿石经必要的预处理之后用适当的溶剂将金属矿物浸出，再将去除杂质后得到的精制溶液送入电解槽中进行电解并在阴极上得到需要提取的金属。

04.0605　电化学蚀刻　electrochemical etching
又称"电解浸蚀"。在一定的电解液中通过电化学反应选择性地除去某种金属或半导体的加工方法。

04.0606　光电化学蚀刻　photoelectrochemical etching
在一定的电解液中通过光电化学反应选择性地除去某种金属或半导体的加工方法。

04.0607　槽电压　cell voltage
电解时单元电解槽两极间的电压。

04.0608　恒电势法　potentiostatic method

控制工作电极电势恒定或随时间有规律变化，测量流经工作电极和对电极之间的电流随电势(或时间)变化的电化学测量方法。

04.0609　暂态法　transient method
恒电势或恒电流条件下记录电流(电量)或电势随时间变化的电化学测量方法。

04.0610　二电极系统　two-electrode system
由工作电极和对电极组成的电化学体系。

04.0611　三电极系统　three-electrode system
由工作电极、对电极和参比电极组成的电化学体系。

04.0612　四电极系统　four-electrode system
由工作电极、双对电极和参比电极组成的电化学体系。

04.0613　恒电流仪　galvanostat
能控制流过工作电极的电流大小使其保持恒定的电化学仪器。

04.0614　双恒电势仪　bipotentiostat
能同时控制两个工作电极电势恒定的电化学仪器。

04.0615　取样电流伏安法　sampled-current voltammetry
对工作电极施加一系列的步阶增加的电势信号，在每一个电势信号下测量电流随时间的变化曲线。取电流曲线上某一确定时刻的电流值(取样电流)，然后再将这些取样电流对步阶电势作图。这种方法称为取样电流伏安法。

04.0616　电流法　amperometric method
控制电极电势恒定在某一数值或某一数值范围，使被测反应的电流效率接近 100%。测量电流或电量(用库仑计测量)随时间的变化至电流降至背景电流为止，从而计算出电

极上发生反应的物质的量。

04.0617　电势阶跃　potential step
控制电极电势阶跃至 1 个固定的值后维持此电极电势值恒定的电化学测量方法。

04.0618　电势扫描　potential sweep, potential scan
控制电极电势在某一电势范围内随时间连续改变(通常是线性增加或减少)的电化学测量方法。

04.0619　电流扫描　current sweep
控制电流在某一电流范围内随时间连续改变(通常是线性增加或减少)的电化学测量方法。

04.0620　法拉第定律　Faraday law
电极上通过的电量与电极反应中反应物的消耗量或产物的产量成正比。

04.0621　交流阻抗法　alternating current impedance method
利用小幅度交流电压信号对电极电势进行扰动并测量电极的交流阻抗，从而分析有关电极界面和电极动力学信息的电化学测量方法。

04.0622　电化学阻抗谱　electrochemical impedance spectroscopy, EIS
将一系列不同频率下测得的交流阻抗作图所得到的谱图。一般可以表示为阻抗虚部对实部的谱图和阻抗(实部或虚部)对频率的谱图。

04.0623　法拉第阻抗　faradaic impedance
电极表面上法拉第过程所引起的阻抗。

04.0624　电荷转移电阻　charge-transfer resistance
电极过程中电荷传递步骤所引起的阻抗。

04.0625 溶液电阻 solution resistance
研究电极和参比电极之间的电解质溶液所引起的阻抗。

04.0626 扩散阻抗 diffusion impedance
又称"瓦博格阻抗(Warburg impedance)"。电化学活性物质扩散引起的阻抗。

04.0627 奈奎斯特图 Nyquist plot
不同频率下交流阻抗的虚部对实部所作的图。

04.0628 伯德图 Bode plot
交流阻抗的模(实部或虚部)对频率的对数所作的图。

04.0629 等效电路 equivalent circuit
由电容和电阻等元件构成的能够给出与所测的电极系统相应的交流阻抗图谱的电路。

04.0630 电流滴定 current titration

依据反应电流突跃来判断滴定终点的分析方法。

04.0631 电化学反射光谱法 electrochemical reflection spectroscopy
通过测量电极表面的反射光谱对电化学反应过程和电极表面物质进行分析的方法。

04.0632 扫描电化学显微术 scanning electrochemical microscopy, SECM
可在三维空间动态地进行电化学研究的扫描显微技术。

04.0633 电化学扫描探针显微术 electrochemical scanning probe microscopy
研究电极表面形貌和性质的扫描探针显微技术。

04.0634 电聚合 electropolymerization
在施加电势或电流的条件下在电极上发生的聚合反应。

04.04 催 化

04.0635 催化剂 catalyst
改变反应速率但不改变反应总吉布斯自由能的物质。

04.0636 催化[作用] catalysis
有催化剂参与的过程。

04.0637 均相催化 homogeneous catalysis
催化剂与反应物质在单一相中发生的催化作用。

04.0638 液-液两相催化 liquid-liquid two-phase catalysis, liquid-liquid diphase catalysis
催化剂与反应物质同为液体但互不相溶的催化作用。

04.0639 相转移催化 phase-transfer catalysis
催化剂与反应物质为互不相溶的两液相但是在一定条件下反应物质或催化剂能够在相间转移的催化作用。

04.0640 温控相转移催化 thermoregulated phase-transfer catalysis
以温度的变化来达到催化剂或反应物质在两液相间转移的催化作用。

04.0641 温控相分离催化 thermoregulated phase-separable catalysis
以温度的变化来达到催化剂或反应物质的相分离的催化作用。

04.0642 多相催化 heterogeneous catalysis

催化剂和反应物流不是同一个相的催化作用。

04.0643 配位催化 coordination catalysis
以有机配合物为催化剂的催化作用。

04.0644 酶催化 enzyme catalysis
以有生物活性的酶为催化剂的催化作用。

04.0645 光催化 photocatalysis
除催化剂外需要有光参与的催化作用。

04.0646 酸催化 acid catalysis
通过能授予质子或接受电子的活性位(酸性物种)使化学反应加速的催化作用。

04.0647 碱催化 base catalysis
通过能接受质子或授予电子的活性位(碱性物种)使化学反应加速的催化作用。

04.0648 酸碱催化 acid-base catalysis
通过既能授予质子或接受电子(酸性物种)又能接受质子或授予电子的活性位(碱性物种),也即它们同时起作用以使化学反应加速的催化作用。

04.0649 氧化还原催化 redox catalysis
通过金属氧化物中金属元素的变价,也即它的氧化还原循环来加速反应速率的催化作用。

04.0650 光电催化 photoelectrocatalysis
除催化剂外需要有光和电场同时参与的催化作用。

04.0651 组合催化 combinatorial catalysis
在完全相同的反应条件下同时在多个催化剂上进行的催化作用。

04.0652 催化材料 catalytic materials
具有催化功能的物质。

04.0653 酸催化剂 acid catalyst
改变化学反应速率但不改变反应总吉布斯自由能的酸性物质。

04.0654 碱催化剂 basic catalyst
改变化学反应速率但不改变反应总吉布斯自由能的碱性物质。

04.0655 固体酸催化剂 solid acid catalyst
改变化学反应速率但不改变反应总吉布斯自由能的固体酸性物质。

04.0656 固体碱催化剂 solid basic catalyst
改变化学反应速率但不改变反应总吉布斯自由能的固体碱性物质。

04.0657 超强酸催化剂 super acid catalyst
酸性超强的固体酸催化剂。

04.0658 超强碱催化剂 super basic catalyst
碱性超强的固体酸催化剂。

04.0659 沸石[分子筛]催化剂 zeolite [molecular sieve] catalyst
改变化学反应速率但不改变反应总吉布斯自由能的固体沸石分子筛。

04.0660 介孔[分子筛]催化剂 mesoporous [molecular sieve] catalyst
改变化学反应速率但不改变反应总吉布斯自由能的介孔(孔直径大于 2nm)分子筛。

04.0661 杂原子分子筛催化剂 heteroatomic-incorporated molecular sieve catalyst
改变化学反应速率但不改变反应总吉布斯自由能的含有杂原子(其他元素取代部分硅铝分子筛中的硅铝)的固体沸石分子筛。

04.0662 沸石膜 zeolite membrane
用沸石分子筛制成的薄膜。

04.0663 非晶型硅铝催化剂 amorphous silica-alumina catalyst
尚未形成(X 射线衍射能够检出的)晶体结构的氧化硅-氧化铝复合氧化物催化剂。

04.0664 碳分子筛 carbon molecular sieve
具有相对均一孔道结构的结晶碳。

04.0665 骨架催化剂 skeletal catalyst
具有多孔骨架结构的金属催化剂。

04.0666 本体催化剂 bulk catalyst
催化剂的整体(表面及其内部)均由同一化合物和/或均匀的混合物所组成的催化剂。

04.0667 负载型催化剂 supported catalyst
催化活性组分负载于表面使催化剂表面和内部为不同类物质的催化剂。

04.0668 成型催化剂 shaped catalyst
用某种方法做成有一定形状的催化剂。

04.0669 粉体催化剂 powder catalyst
一般指小于 0.1mm 的细颗粒催化剂。

04.0670 双功能催化剂 bifunctional catalyst, dual functional catalyst
具有改变两类不同反应速率但不改变反应总吉布斯自由能的物质。

04.0671 生物催化剂 biological catalyst
能够改变化学反应速率但不改变反应总吉布斯自由能的且具有生物活性的生物物质。

04.0672 酶催化剂 enzyme catalyst
能够改变化学反应速率但不改变反应总吉布斯自由能的且具有生物活性的酶。

04.0673 有机金属催化剂 organometallic catalyst
能够改变化学反应速率但不改变反应总吉布斯自由能的有机金属化合物。

04.0674 金属催化剂 metal catalyst
能够改变化学反应速率但不改变反应总吉布斯自由能的金属或负载金属。

04.0675 合金催化剂 alloy catalyst
能够改变化学反应速率但不改变反应总吉布斯自由能的金属合金。

04.0676 非晶态合金催化剂 amorphous alloy catalyst
能够改变化学反应速率但不改变反应总吉布斯自由能的无定形合金。

04.0677 氧化物催化剂 oxide catalyst
能够改变化学反应速率但不改变反应总吉布斯自由能的氧化物。

04.0678 复合氧化物催化剂 composite oxide catalyst
能够改变化学反应速率但不改变反应总吉布斯自由能的复合氧化物。

04.0679 混合金属氧化物催化剂 mixed metal oxide catalyst
能够改变化学反应速率但不改变反应总吉布斯自由能的混合金属氧化物。

04.0680 汽车尾气催化剂 auto-exhaust catalyst, catalyst for automobile exhaust
用于转化和清除汽车尾气中污染物的催化剂。

04.0681 三效催化剂 three-way catalyst
专指汽车尾气净化器中能同时催化一氧化碳、烃类氧化和氮氧化物还原脱除的结构催化剂。

04.0682 碳化物催化剂 carbide catalyst

能够改变化学反应速率但不改变吉布斯自由能的碳化物。

04.0683 硫化物催化剂 sulfide catalyst
能够改变化学反应速率但不改变反应总吉布斯自由能的硫化物。

04.0684 氮化物催化剂 nitride catalyst
能够改变化学反应速率但不改变反应总吉布斯自由能的氮化物。

04.0685 杂多化合物催化剂 heteropoly-compound catalyst
能够改变化学反应速率但不改变反应总吉布斯自由能的杂多化合物。

04.0686 杂多酸催化剂 heteropolyacid catalyst
能够改变化学反应速率但不改变反应总吉布斯自由能的杂多酸。

04.0687 光催化剂 photocatalyst
在光参与下能够改变化学反应速率但不改变反应总吉布斯自由能的物质。

04.0688 半导体光催化剂 semiconductor photocatalyst
在光参与下能够改变化学反应速率但不改变反应总吉布斯自由能的半导体。

04.0689 复合半导体光催化剂 composite semi-conductor photocatalyst
在光参与下能够改变化学反应速率但不改变反应总吉布斯自由能的复合半导体。

04.0690 光电催化剂 photoelectrocatalyst
在光电共同作用下能够改变化学反应速率但不改变反应总吉布斯自由能的物质。

04.0691 负载型非晶态催化剂 supported amor-phous catalyst
负载在载体上的能够改变化学反应速率但不改变反应总吉布斯自由能的非晶态合金。

04.0692 负载型离子液体催化剂 supported ionic liquid catalyst
负载在载体上的能够改变化学反应速率但不改变反应总吉布斯自由能的离子液体。

04.0693 膜催化剂 membrane catalyst
能够改变化学反应速率但不改变反应总吉布斯自由能的薄膜物质。

04.0694 陶瓷膜催化剂 ceramic membrane catalyst
能够改变化学反应速率但不改变反应总吉布斯自由能的陶瓷薄膜。

04.0695 独居石催化剂 monolithic catalyst
又称"蜂窝催化剂(honeycomb catalyst)"。能够改变化学反应速率但不改变反应总吉布斯自由能，负载于具有被薄壁分开的平行通道(可以是方形、圆形、三角形或矩形等)的结构载体上的催化剂。特别适用于要求大空速低压降的场合。

04.0696 固定化催化剂 immobilized catalyst
固定于载体上的能够改变化学反应速率但不改变反应总吉布斯自由能的高活性均相催化剂。

04.0697 纳米粒子催化剂 nanosized catalyst, nanocatalyst, nanoparticle catalyst
能够改变化学反应速率但不改变反应总吉布斯自由能的纳米粒子。

04.0698 非晶态催化剂 amorphous catalyst
能够改变化学反应速率但不改变反应总吉布斯自由能的非晶态物质。

04.0699 超细粒子催化剂 ultrafine particle catalyst
能够改变化学反应速率但不改变反应总吉布斯自由能的小于 100nm 超细粒子。

04.0700 微球催化剂 microspherical catalyst
能够改变化学反应速率但不改变反应总吉布斯自由能的粒径小于 1mm 的球形粒子。

04.0701 模型催化剂 model catalyst
一般指能够改变化学反应速率但不改变反应总吉布斯自由能的具有代表性、典型性且有指标意义的物质。

04.0702 锚定催化剂 anchored catalyst
以化学键合的形式固定于载体上的能够改变化学反应速率但不改变反应总吉布斯自由能的物质。

04.0703 催化剂制备 catalyst preparation
从元素化合物等起始原料出发，经过一系列物理的和化学的步骤获得可以用于评价的催化剂的过程的总称。

04.0704 制备条件 preparation condition
催化剂制备步骤中能定量表示的物理和化学量。如温度、压力、浓度、pH 等因素。

04.0705 制备参数 preparation parameter
催化剂制备步骤中可调节和控制的物理和化学量。如温度、压力、浓度、pH 等参数。

04.0706 沉淀[法] precipitation [method]
利用化学沉淀原理进行固体催化制备的方法。

04.0707 共沉淀[法] co-precipitation [method]
同时进行两种以上组分的化学沉淀来制备固体催化剂的方法。

04.0708 均匀沉淀[法] homogeneous precip-
itation [method]
沉淀过程中保持了相对均匀的条件(包括浓度和温度)的制备固体催化剂的方法。

04.0709 连续共沉淀[法] continuous co-precipitation [method]
利用连续加料同时进行两种以上组分的化学沉淀来制备固体催化剂的方法。

04.0710 沉积沉淀[法] deposition precipitation [method]
制备时添加沉淀剂到含有粉状载体的浆液中使组分边沉淀边沉积到载体的表面的方法。

04.0711 沉淀剂 precipitator
用于沉淀化合物的试剂。

04.0712 老化 aging
催化剂从溶液中形成沉淀后，继续在母液中保持一定时间，使催化剂的组成或其他方面的特征进一步稳定的过程。

04.0713 浸渍[法] impregnation [method]
利用吸附、离子交换或其他方法使在溶液中的物种沉积到多孔固体载体表面上来制备负载催化剂的方法。

04.0714 等体积浸渍[法] isovolumetric impregnation [method], incipient wetness impregnation [method]
使用于浸渍液体体积等于固体载体的孔体积的浸渍制备负载催化剂的方法。

04.0715 泥浆浸渍[法] slurry impregnation [method]
又称"浆态浸渍[法]""浆液浸渍[法]"。含固体粉末载体的浆液在强烈搅拌状态下进行浸渍以制备粉末负载催化剂的方法。

04.0716 双浸渍[法] double impregnation

[method]

为提高浸渍量和效果，在完成一次浸渍后再进行第二次相同浸渍的方法。

04.0717 分步浸渍[法] separate impregnation [method]

按顺序进行不同组分的浸渍以制备多组分负载催化剂的方法。

04.0718 溶剂化金属原子浸渍[法] solvated metal atom impregnation [method]

用包含溶剂化金属原子的浸渍液来制备负载金属催化剂的方法。

04.0719 常规浸渍[法] conventional impregnation [method]

用以区别特殊浸渍法的最常用或最普通的方法。

04.0720 自发单层分散 spontaneous monolayer dispersion

利用金属氧化物与载体的相互作用，使金属氧化物在载体表面形成单层或接近单层分散的现象。

04.0721 热分散 thermal dispersion

利用热(提高温度)使聚集物或聚集的负载物质在载体表面进行分散的现象。

04.0722 溶剂助分散[法] solvent-assisted spreading [method]

依靠溶剂的帮助使聚集物或聚集的负载物质在载体表面进行分散的方法。

04.0723 冷冻干燥[法] freeze drying [method]

先使溶剂冷冻成固体然后用升华方法除去多孔固体中所含溶剂进行干燥的方法。

04.0724 超临界流体干燥[法] supercritical fluid drying [method]

利用超临界溶剂的高溶解能力除去多孔固体中所含溶剂而进行干燥的方法。

04.0725 喷雾干燥[法] spray drying [method]

利用喷雾造成的很高的流固界面面积除去溶剂进行多孔固体干燥的方法。

04.0726 真空干燥[法] vacuum drying [method]

利用真空造成和保持的高蒸发推动力以除去溶剂进行多孔固体干燥的方法。

04.0727 水热处理 hydrothermal treatment

利用密闭条件下水在高温下形成的高温高压汽液两相体系对液相中其他物种进行处理的方法。

04.0728 水热合成 hydrothermal synthesis

利用密闭条件下水在高温下形成的高温高压汽液两相体系中进行化学合成(包括规整晶体合成)的方法。

04.0729 水热晶化 hydrothermal crystallization

利用密闭条件下水在高温下形成的高温高压汽液两相体系中进行成核和晶体生长的方法。

04.0730 溶剂热合成 solvothermal synthesis

利用密闭条件下溶剂在高温下形成的高温高压汽液两相体中进行化学合成的方法。

04.0731 溶剂热处理 solvothermal treatment

利用密闭条件下溶剂在高温下形成的高温高压汽液两相体系对液相中其他物种进行热处理的方法。

04.0732 离子热合成 ionothermal synthesis

利用密闭条件下电解质在高温下形成的高温高压含离子液体的体系中进行化学合成的方法。

04.0733 化学气相沉积[法] chemical vapor deposition [method]
在一定条件下使一种或多种化学物质在气相发生化学反应，以反应沉积物为目标产物的过程。

04.0734 微乳[法] microemulsion [method]
油水两相通过某些处理使其中的一相(油或水)形成非常微小的液滴均匀分散到另一个连续相形成乳状液的方法。

04.0735 激光热解[法] laser pyrolysis [method]
利用激光照射产生的高能导致化合物分解的方法。

04.0736 超声波处理 ultrasonic treatment
在体系发生物理化学过程中施加超声波作用的过程。

04.0737 微波辐射处理 microwave irradiation treatment
在体系发生物理化学过程中施加微波作用的过程。

04.0738 混合法 mixing method
使两种以上的固体化合物通过搅拌研磨等手段使其均匀混合的方法。

04.0739 黏结剂 binding agent
能够使两种或两种以上不易黏结的物质产生好的黏结性能的物质。

04.0740 造孔剂 pore-making agent
用于增加催化剂或载体的孔隙率的试剂。

04.0741 催化剂预处理 catalyst pretreatment
为了达到催化剂在使用时的最好工作状态而进行的对催化剂的预先处理。如预先对催化剂进行还原。

04.0742 催化剂后处理 catalyst post-treatment
为了某种目的对已经制备好的催化剂再进行某种处理的操作。如改性。

04.0743 催化剂活化 catalyst activation
为了使制备的催化剂具有所要求的催化性能所进行的必要的操作。如焙烧或还原。

04.0744 表面改性 surface modification
利用试剂或操作对催化剂的表面物种或状态进行调整或改变的操作。

04.0745 钝化剂 passivator
用于对活性过高催化剂的表面进行改性使其活性回归到比较正常水平的操作所使用的物质。

04.0746 预硫化 presulfidation
催化剂使用前使用合适的含硫化合物使其从氧化物转化为硫化物的操作。

04.0747 碳化 carburization
使用合适的含碳化合物使催化剂的某个组分转化为碳化物的操作。

04.0748 氮化 nitridation
使用合适的含氮化合物使催化剂的某个组分转化为氮化物的操作。

04.0749 自催化 autocatalysis
在化学反应过程中生成了能增加自身化学反应速率但不又改变反应总吉布斯自由能的作用。

04.0750 自由基引发催化作用 free radical induced catalysis
由自由基为发端生成了能增加自身化学反应速率但不又改变反应总吉布斯自由能的作用。

04.0751 助剂 promoter
除主催化剂组分外的其他能在相当程度上提高催化剂性能，包括活性选择性和稳定性的其他催化剂组分。

04.0752 蜂窝状载体 honeycomb support
形状如蜂窝的高开孔率的成型的耐高温高强度的陶瓷体。

04.0753 前驱体 precursor
形成催化剂前的化合物或物料。

04.0754 添加物 additive
除催化剂组分外再添加到催化剂中且有可能改进催化剂性能的物质。

04.0755 毒物 poison
能使催化剂性能包括活性选择性和稳定性下降甚至完全丧失的物质。

04.0756 催化剂中毒 catalyst poisoning
催化剂因吸附或沉积毒物而使催化剂活性下降或丧失的过程。

04.0757 失活[作用] deactivation
因某些原因催化剂的性能逐渐下降和丧失。

04.0758 失活机理 deactivation mechanism
催化剂的性能逐渐下降和丧失的内在机制和反应步骤。

04.0759 水热失活[作用] hydrothermal deactivation
由于水蒸气和高温的共同作用而导致的催化剂性能逐渐下降和丧失。

04.0760 催化剂稳定性 catalyst stability
在保持催化剂性能足够的条件下单位催化剂质量能产生的目标产物的量或能够连续运转的时间。

04.0761 热稳定性 thermal stability
在一定的时间尺度内物质的结构和性能对温度的耐受或敏感程度。

04.0762 水热稳定性 hydrothermal stability
在水(水蒸气)存在条件下在一定的时间尺度内物质(如分子筛)的结构和性能对温度的耐受或敏感程度。

04.0763 再生[作用] regeneration
通过化学或物理的方法使催化剂的活性得以部分恢复甚至完全恢复的过程或操作。

04.0764 积炭 carbon deposition, coke deposition
因含碳物质与催化剂表面在高温下的相互作用而导致焦或炭在催化剂表面的沉积。

04.0765 焙烧 calcination
对催化剂前身物在空气气氛下进行的高温处理。

04.0766 表面不均匀性 surface inhomogeneity
催化剂表面的不同部位(活性位)在热力学和动力学性质上的不均匀性。

04.0767 表面态 surface state
吸附物种和/或催化剂表面物种在催化剂表面的存在状态和形式，或因吸附导致的在催化剂表面的存赋状态。

04.0768 表面中间物 surface intermediate
只在催化表面反应进行过程中出现并存在于催化剂表面的物种。

04.0769 表面结构 surface structure
催化剂表面层的原子的排列、配位、堆砌和缺陷等总称。

04.0770 表面富集 surface enrichment

某元素的表面的浓度大于其本体浓度的现象。

04.0771　表面物种　surface species
存在于催化剂表面的分子、原子、离子、自由基和分子碎片等的总称。

04.0772　择形效应　shape-selective effect
因为催化剂孔道大小的限制而导致的反应选择性的差别。

04.0773　协同效应　synergetic effect
两种或多种组分共存时的催化剂性能要大于各组分性能加和值的现象。

04.0774　助剂效应　promoting effect
又称"促进效应"。因助剂的添加(因某种物理化学因素的原因)导致催化剂性能的改变。

04.0775　载体效应　support effect
因载体的使用和使用载体的不同导致的催化剂性能的改变。

04.0776　掺杂效应　doping effect
因添加掺杂元素导致催化剂性能的改变。

04.0777　抑制[阻滞]效应　inhibiting effect
因物理或化学因素导致反应速率降低的现象。

04.0778　补偿效应　compensation effect
同类反应或同类催化剂的阿伦尼乌斯关联中的指前因子和活化能间存在线性关系的现象。

04.0779　溢流氢效应　spill-over hydrogen effect
因氢溢流而导致的催化剂性能的改变。

04.0780　表面反应　surface reaction
发生于催化剂表面有吸附表面物种参加的反应。

04.0781　表面反应机理　surface reaction mechanism
发生于催化剂表面有吸附表面物种参加的内在基元反应步骤和序列。

04.0782　形貌　morphology
固体表面的外观面貌。

04.0783　孔结构　pore structure
多孔固体内部的表面和孔道分布和结构。

04.0784　孔分布　pore distribution
多孔固体的孔体积或表面积随孔道大小的变化曲线。

04.0785　孔径　pore size
一般指多孔固体内的孔的直径或半径。

04.0786　平均孔直径　average pore diameter
多孔固体的孔体积除以它的比表面积得到的孔直径的大小值。

04.0787　孔体积　pore volume
多孔固体中全部孔道体积的加和。

04.0788　孔隙率　porosity
多孔固体中孔道体积占据整个固体体积的分数。

04.0789　颗粒大小　particle size
固体粒子的大小的量度。

04.0790　粒子大小分布　particle size distribution
固体粒子个数、质量或体积随其粒子直径或半径的变化曲线或规律。

04.0791　堆密度　bulk density
包含了固体粒子内孔道体积和堆积时的粒子间隙体积的单位体积的固体粒子的质量

或重量。

04.0792 表观密度 apparent density, particle density

又称"粒密度"。包含了固体粒子内孔道体积的单位粒子体积的质量或重量。

04.0793 真密度 true density

排除了固体粒子内孔道体积和堆积时的粒子间隙体积的单位体积真实固体的质量或重量。

04.0794 表面积 surface area

多孔固体孔道的总的面积。

04.0795 [物]相结构 phase structure

固体中不同化合物的晶相、晶面、原子的排列和堆砌方式以及缺陷分布的总称。

04.0796 [物]相组成 phase composition

固体物质内所包含的化合物的数目及其含量。

04.0797 电子结构 electronic structure

原子的电子层数、能带和能级分布以及价电子的数目结构及其所处的位置等的总称。

04.0798 成键性质 bonding property

分子或原子中价电子与其他分子原子(包括表面原子)的价电子的共享交换成键的特性。

04.0799 催化活性位 catalytic active site

催化剂表面上具有催化活性的部位。

04.0800 活性物种 active species

具有催化活性包括吸附表面反应和脱附的原子、离子、电子、自由基和分子及其碎片等物种。

04.0801 活性中间物 active intermediate

具有催化活性包括吸附表面反应和脱附的原子、离子、电子、自由基和分子及其碎片等反应中间物种。

04.0802 内扩散 internal diffusion

反应分子在催化剂颗粒内孔道中的扩散。

04.0803 外扩散 external diffusion

反应分子在催化剂颗粒外表面流体膜中的扩散。

04.0804 微孔扩散 micropore diffusion

当催化剂孔道很小时,反应物分子在孔道内前进时分子与孔壁的碰撞频率要明显大于分子之间碰撞频率时的扩散。

04.0805 扩散限制 diffusion limitation

当扩散的速率小于化学反应的速率或化学反应的速率被扩散速率所限制的现象。

04.0806 催化剂表征 catalyst characterization

用于揭示催化剂表面和本体组成结构和特性功能的所有一切的测量和试验。

04.0807 脱附 desorption

吸附物种包括原子、分子及其碎片、离子和自由基等从固体表面离开的现象。

04.0808 热脱附谱 thermal desorption spectroscopy, TDS

离开固体表面的吸附物种的浓度和种类随温度变化的曲线或图谱。

04.0809 程序升温反应谱 temperature-programmed reaction spectrum, TPRS

随温度程序升高而记录的表面反应生成物种的热脱附谱。

04.0810 程序升温脱附 temperature-programmed desorption, TPD

随温度程序升高吸附于催化剂表面的物种逐渐离开表面的现象。

04.0811 程序升温还原 temperature-programmed reduction, TPR

随温度程序升高氧化物催化剂逐渐被还原为金属的现象。

04.0812 程序升温氧化 temperature-programmed oxidation, TPO

随温度程序升高沉积于催化剂表面的物质逐渐被氧化的现象。

04.0813 程序升温分解 temperature-programmed decomposition

随温度程序升高催化剂或沉积于其表面的物质逐渐被分解的现象。

04.0814 过渡应答实验 transient-response experiment

能够记录催化剂表面的吸附状态随时间变化的试验。一般为非稳态试验或同位素交换试验。

04.0815 X射线衍射谱 X-ray diffraction sepectrum, XRD sepectrum

样品晶体对(因入射角的不同)X射线发生不同角度的衍射所记录到的谱图。

04.0816 傅里叶变换红外光谱 Fourier transform infrared spectrum

样品表面物种对入射红外光所发生的吸收反射或透射光谱经傅里叶变换后得到的光谱。

04.0817 原位傅里叶变换红外光谱 in situ Fourier transform infrared spectrum

催化剂样品在红外池中直接进行处理和吸附后接着进行红外光谱测量，而后对所测光谱进行傅里叶变换后得到的红外光谱图。

04.0818 紫外拉曼光谱 ultraviolet Raman spectrum

固体样品受紫外光照射后光子二次散射所形成的拉曼光光谱。

04.0819 紫外可见吸收光谱 UV-visible absorption spectrum

固体样品受紫外光、可见光照射后散射所形成的吸收光谱。

04.0820 质谱 mass spectrum, MS

化合物分子受激后解离成有不同电荷和质量的分子碎片谱图。

04.0821 扫描电子显微镜 scanning electron microscope, SEM

用电子束和电子透镜代替光束和光学透镜，利用二次电子信号成像来观察样品的表面形态，使物质的细微结构在非常高的放大倍数下成像的仪器。

04.0822 透射电子显微镜 transmission electron microscope, TEM

用电子束和电子透镜代替光束和光学透镜，电子穿透样品使物质的细微结构在非常高的放大倍数下成像的仪器。

04.0823 微区元素分析 micro-area element analysis

对极小区域的元素成分和含量进行定性定量分析的技术。

04.0824 激光诱导荧光光谱 laser induced fluorescence spectrum

荧光物质分子吸收激光能量从基态跃迁到激发态上再回到基态时发出的荧光所形成的光谱。

04.0825 穆斯堡尔谱 Mössbauer spectrum

利用原子核无反冲发射或共振吸收γ射线的

穆斯堡尔效应得到的能量谱图。

04.0826 核磁共振谱 nuclear magnetic resonance spectrum, NMR spectrum
处于外磁场中的自旋核接受电磁波辐射的能量恰好等于自旋核两种不同取向的能量差时产生的谱图。

04.0827 电子顺磁共振谱 electron paramagnetic resonance spectrum, EPRS
又称"电子自旋共振谱(electron spin resonance spectrum, ESRS)"。改变外加磁场或辐射频率则可获得受不同环境影响的电子自旋共振分布波谱。

04.0828 扩展 X 射线吸收精细结构谱 extended X-ray absorption fine structure spectrum, EXAFSS
在 $30\sim1000eV$ 范围内，X 射线吸收系数的振荡结构。

04.0829 催化性能 catalytic performance
一般指催化的活性、选择性和稳定性。

04.0830 停留时间 residence time
分子在催化剂空间或容器中停留的时间。

04.0831 空速 space velocity
反应物或反应物流的体积(或质量)与催化剂体积(或质量)之比。

04.0832 转化率 conversion
已被转化的反应物的摩尔数与进入的总反应物摩尔数之比。

04.0833 收率 yield
又称"得率"。得到的目的产物摩尔数与进入的总反应物摩尔数之比。

04.0834 时空收率 space-time yield
又称"产率"。单位催化剂质量(或体积)在单位时间内(一般为小时)能够得到的目的产物的量(重量、体积或摩尔数)。

04.0835 转换数 turnover number
每个活性位或活性分子转化的反应物的分子数目。

04.0836 转换频率 turnover frequency
在单位时间(秒)内每个活性位或活性分子转化的反应物的分子数目。

04.0837 催化活性 catalytic activity
用转换数或转换频率或转化率表示的催化剂转化反应物的能力。

04.0838 本征催化活性 intrinsic catalytic activity
没有传递过程影响的催化剂自身具有的催化剂活性即其转化反应物的能力。

04.0839 催化选择性 catalytic selectivity
通过催化反应得到的目的产物摩尔数与已经被催化剂转化的反应物摩尔数之比。

04.0840 择形选择性 shape selectivity
由于孔道大小和分子大小的匹配性导致的催化反应的选择性。

04.0841 化学选择性 chemoselectivity
一个官能团的选择性反应高于另一个官能团。

04.0842 催化反应 catalytic reaction, catalyzed reaction
包含有催化剂的化学反应。

04.0843 催化转化 catalytic conversion
在催化剂作用下使物质发生的转化。

04.0844 催化重整 catalytic reforming

在催化剂作用下使反应物分子发生重新排列和组合反应导致新物质分子生成的过程。

04.0845 选择氧化 selective oxidation
利用催化剂控制氧化反应达到生成所希望目的产物的氧化反应或过程。

04.0846 液相氧化 liquid phase oxidation
在液相内进行或对液相反应物进行的催化氧化。

04.0847 气相氧化 gas-phase oxidation
在气相内进行或对气相反应物进行的催化氧化。

04.0848 催化部分氧化 catalytic partial oxidation
利用催化剂控制氧化反应，只生成所希望的部分氧化产物的氧化反应或过程。

04.0849 催化湿式氧化 catalytic wet oxidation
在气液相共存条件下进行的催化氧化反应或过程。

04.0850 氧化偶联 oxidative coupling
通过部分氧化反应使低碳烃类物种偶联成碳原子数较大的分子的催化反应。

04.0851 氧化脱氢 oxidative dehydrogenation
在含氧气氛下进行的催化脱氢反应。通过产物氢被氧化可以提供脱氢所需的能量和打破反应的热力学平衡。

04.0852 甲烷无氧芳构化 methane non-oxidative aromatization
在无氧条件下甲烷转化成芳烃的催化反应。

04.0853 甲烷脱氢芳构化 methane dehydroaromatization

通过脱氢使甲烷转化为芳烃的反应。

04.0854 烷基化反应 alkylation reaction
把烷基加入到烃类化合物中去的催化反应。

04.0855 选择加氢 selective hydrogenation
利用催化剂控制加氢反应达到生成所希望目的产物的氢化反应或过程。

04.0856 催化加氢脱硫 catalytic desulfurhydrogenation, catalytic hydrodesulfurization
在氢气氛下使有机硫化物发生加氢裂解生成硫化氢而被除去，达到脱硫的目的的催化反应。

04.0857 催化加氢脱氮 catalytic hydrodenitrification
在氢气氛下使有机氮化物发生加氢裂解生成氮气而被除去，达到脱氮的目的的催化反应。

04.0858 催化加氢异构化 catalytic hydroisomerization
在氢气氛下使碳链的连接形式发生变化或使双键等官能团发生移位的反应。

04.0859 催化歧化 catalytic disproportionation
两个相同反应物分子在催化剂作用下进行的复分解反应。

04.0860 骨架异构化 skeletal isomerization
使烃类化合物的碳链骨架发生改变的反应。

04.0861 异构合成 isosynthesis
通过反应物的异构进行新化合物的合成。

04.0862 自热重整 autothermal reforming
烃类物质在有水蒸气和氧气共同作用下生成合成气的重整过程。

04.0863　水蒸气重整　steam reforming
烃类物质在只在水蒸气作用下生成合成气的重整过程。

04.0864　催化还原　catalytic reduction
在催化剂作用下进行的还原反应。

04.0865　选择催化还原　selective catalytic reduction
在催化剂作用下选择性地还原混合物中的某一种或多种反应物的过程。

04.0866　催化燃烧　catalytic combustion
在催化剂的作用下进行的完全氧化(燃烧)过程或反应。

04.0867　催化分解　catalytic decomposition
在催化剂作用下的化合物分解反应。

04.0868　催化蒸馏　catalytic distillation
把催化反应和分离产物的蒸馏过程相结合，也就是把催化剂也作为蒸馏塔填料使用时化学反应和产物分离过程同时在 1 个反应设备中完成的过程。

04.0869　催化加氢裂解　catalytic hydrocracking
有氢气参与的烃类的裂解生成烷烃的催化反应。

04.0870　催化聚合　catalytic polymerization
不饱和化合物在催化剂作用下形成高分子量的聚合物的反应或过程。

04.0871　光催化降解　photocatalytic degradation
在催化剂存在下利用光来使污染物分解的反应或过程。

04.0872　光催化氧化　photocatalytic oxidation
在催化剂存在下利用光使化合物发生的氧化反应或过程。

04.0873　光催化还原　photocatalytic reduction
在催化剂存在下利用光使化合物发生的还原反应或过程。

04.0874　费-托催化过程　Fischer-Tropsch catalytic process
在催化剂的作用下利用一氧化碳和氢气合成烃类的反应过程。

04.0875　水煤气转化反应　water-gas shift reaction
水蒸气和一氧化碳生成氢气和二氧化碳的反应。

04.0876　合成气　synthesis gas, syngas
一氧化碳和氢气的混合气体。

04.0877　催化煤气化　catalytic coal gasification
在高温和催化剂的作用下使煤与水蒸气、氧气和二氧化碳反应生成合成气或低级烃类的气化反应或过程。

04.0878　微型反应器　microreactor
体积非常小的可以进行催化反应的容器。

04.0879　连续搅拌釜式反应器　continuous stirred tank reactor, CSTR
保持连续进料和出料的带搅拌的可以进行催化反应的釜式容器。

04.0880　连续流动反应器　continuous flow reactor
反应物流连续流过充填有固体催化剂床层并进行催化反应的设备。

04.0881 活塞流反应器 plug flow reactor
反应物像活塞运动那样流过(没有径向的浓度和温度梯度)固定的催化剂床层实现化学反应过程的设备。

04.0882 流化床反应器 fluidized-bed reactor
使粉末催化剂悬浮并于高速流动状态下催化流体反应物的化学反应的设备。

04.0883 循环流化床反应器 circulating fluidized-bed reactor
能够使新的和部分循环固体物料或催化剂的混合粉末悬浮并于高速流动状态下发生化学反应的设备。

04.0884 固定流化床反应器 fixed fluidized-bed reactor
扩大段、稀相段、密相段和集气段位置相对固定的使物质粉末悬浮并于高速流动状态下实现流体反应物发生化学反应的设备。

04.0885 固定床反应器 fixed-bed reactor
又称"填充床反应器"。催化剂在固定不动的状态下让反应物流流过并进行催化反应的设备。

04.0886 移动床反应器 moving-bed reactor
催化剂在缓慢移动状态下与反应物流接触进行催化反应操作的反应器。

04.0887 滴流床反应器 trickle-bed reactor
又称"喷淋床反应"。液体和气体反应物同时顺流向下流过固定的催化剂床层,气体为连续相,液体在催化剂表面形成不连续液膜缓缓流过的同时进行多相催化反应的设备。

04.0888 间歇式反应器 batch reactor
用于分批或分段操作的釜式反应器或高压釜,在该反应器中反应物料的浓度随时间改变,一般不随位置改变。

04.0889 浆态床反应器 slurry bed reactor
粉状催化剂悬浮于液体反应介质中使体系成浆态状,实现三相催化反应的设备。

04.0890 膜反应器 membrane reactor
具有膜状结构(把催化剂做成或分散在薄膜中)的可以用于进行催化反应的设备。

04.0891 转盘式反应器 rotating disc reactor
具有转盘结构(把催化剂做成或分散成转盘状)的可以用于进行催化反应的设备。

04.0892 光催化反应器 photocatalytic reactor
可以用于进行有光和催化剂参与的催化反应的设备。

04.0893 电催化反应器 electrocatalytic reactor
可以用于进行有电场和催化剂参与的催化反应的设备。

04.0894 光电催化反应器 photoelectrocatalytic reactor
可以用于进行有光、电场和催化剂参与的催化的反应设备。

04.0895 塔曼温度 Tammann temperature
负载金属固体粒子开始融化(由固体转变为液体)的温度。

04.0896 金属载体相互作用 metal-support interaction
金属和载体间因某种原因而发生的交互作用导致它们性质的改变。

04.0897 金属载体强相互作用 strong metal-support interaction, SMSI
金属和载体间因某种原因如高温还原而发生很强的交互作用导致金属吸附氢的能力

大大下降而其晶粒大小并没有什么改变。

04.0898 氧化物间强相互作用 strong oxide-oxide interaction

不同氧化物间因某种原因而发生很强的交互作用导致它们性质的改变。

04.0899 载体诱导晶体生长 support-induced crystal growth

因催化剂载体引发的活性组分晶体或晶粒的长大。

04.0900 结构敏感反应 structure sensitive reaction

反应转换速率与(催化剂表面)活性位的大小和结构有关的反应。

04.0901 结构不敏感反应 structure insensitive reaction

反应转换速率与(催化剂表面)活性位的大小和结构无关的反应。

04.0902 原位预处理 in situ pretreatment

在测量所用的样品池中直接进行对催化剂样品的预处理。

04.0903 原位反应技术 in situ reaction

与各种检测技术结合能够获得真实反应条件下催化剂的物化性能及催化机理信息的反应技术。

04.0904 催化多位理论 multiple theory of catalysis

催化表面反应的发生需要有具有一定结构和排列的多个活性位的共同作用。

04.0905 表面移动性 surface mobility

吸附物种在固体表面的移动能力。

04.0906 黏附系数 sticking coefficient

在给定的表面覆盖度下1个分子的净吸附速率与其碰撞几率之比。

04.0907 朗缪尔-欣谢尔伍德机理 Langmuir-Hinshelwood mechanism

催化反应是通过表面吸附物种间进行的反应机理。

04.0908 朗缪尔-里迪尔机理 Langmuir-Rideal mechanism

催化反应是通过表面吸附物种和气相分子间进行反应的机理。

04.0909 本征反应动力学 intrinsic kinetics

又称"微观反应动力学(microkinetics)"。没有传递过程影响的真实的化学反应过程的催化反应动力学。

04.0910 表观反应动力学 apparent kinetics

又称"宏观反应动力学(macrokinetics)"。包含了传递过程影响的催化反应动力学。

04.0911 碰撞理论 collision theory

认为化学反应的发生是由于反应物分子间的有效碰撞的结果。

04.0912 速率常数 rate constant

动力学方程中与反应物无关仅由反应或催化剂本性决定的速率系数。

04.0913 解离吸附 dissociative adsorption

多原子分子吸附质吸附解离成原子或分子碎片形式存在于固体表面的吸附。

04.0914 非解离吸附 associative adsorption

多原子吸附质以分子形式存在于固体表面的吸附。

04.0915 表面覆盖度 surface coverage

在一定吸附质压力下，被吸附物种覆盖的表

面与吸附饱和时被覆盖的表面之比。

04.0916 两步机理 two step mechanism
为简单快速获得催化反应动力学方程而把复杂的催化反应机理简化为有动力学意义的两步，一般是吸附和表面反应两步骤。

04.0917 稳态处理 state-steady treatment
为简化动力学处理而使用反应中间物的浓度不随时间而变的稳态假设的处理方法。

04.0918 平衡处理 equilibrium treatment
为简化动力学处理而使用把反应进行的足够快的反应步骤认为是处于平衡之中的假设的处理方法。

04.0919 最丰反应中间物 most abundant intermediate species
在催化剂表面上存在的对总反应速率影响最大的反应中间物。

04.0920 催化循环 catalytic cycle
催化剂把反应物分子转化为产物分子而自身又回到其原始状态的一系列基元反应形成的闭合反应循环。

04.0921 动力学耦合 kinetic coupling
能推动一热力学极不利基元反应步骤得以顺利进行的基元步骤速率常数间的综合平衡或耦合的现象。

04.0922 化学计量数 stoichiometric number
化学反应方程式中各物质的系数。规定反应产物为正值，反应物为负值。

04.0923 金属催化 metal catalysis
通过金属催化剂使化学反应加速的催化作用。

04.0924 基元步骤 element step
表示化学反应在分子水平上是如何发生的化学反应方程式。且其化学计量系数是不允许任意选择的。

04.0925 协同作用 synergistic interaction
导致某些不利基元反应步骤得以进行的催化剂表面结构和吸附分子之间的相互作用。

04.0926 耦合循环 cycle coupling
同一催化剂上发生的不同反应循环之间存在的相互促进和相互推动的现象。

04.0927 单一路径反应 single path reaction
催化循环中只包含有1个基元步骤反应序列的反应。

04.0928 多路径反应 multiple path reaction
催化循环中包含有1个以上的基元步骤反应序列的反应。

04.05 光 化 学

04.0929 光化学 photochemistry
研究物质与紫外、可见及红外辐射的相互作用，以及与所引起化学效应相关联的一门化学分支学科。

04.0930 红外光化学 infrared photochemistry
以红外辐射为光源的光化学。

04.0931 大气光化学 atmospheric photochemistry
研究在大气中发生的光化学过程的一门学科。

04.0932 臭氧空洞 ozone hole
因发生光化学反应而导致臭氧层的局部稀

薄或消失。臭氧空洞的出现，将给地球生物的生存环境带来重大影响。

04.0933　光臭氧化[作用]　photoozonization
氧在紫外光作用下，可转变为臭氧。臭氧的进一步光解，可形成多种活性氧物种，包括：原子氧、单重态氧等。所有这些氧的物种对有机及高分子材料都是十分活泼的，可导致材料的氧化和破坏，因此称为光臭氧化作用。

04.0934　光生物学　photobiology
研究有关紫外、可见或红外辐射对生物的影响的一门生物学分支学科。

04.0935　激光化学　laser chemistry
以激光为光源，研究光化学反应的动力学和动态学问题的一门化学分支学科。

04.0936　光吸收　photo-absorption
物质对光辐射能量的吸收过程。

04.0937　吸收系数　absorption coefficient
表征吸光物种(分子、原子)对特定波长辐射吸收的能力。以吸光度 $A(\lambda)$ 除以光程长 l 表示

$$\alpha(\lambda) = \frac{A(\lambda)}{l} = \left(\frac{1}{l}\right) \lg\left(\frac{P_\lambda^0}{P_\lambda}\right)$$

式中 P_λ^0 和 P_λ 分别代表入射与透射光谱辐射。

04.0938　吸收截面　absorption cross section
用以表征物质光吸收能力的物理量。即物质的吸收系数 $\alpha(\lambda)$ 除以沿着紫外、可见或红外光路中一定体积吸收介质内的分子数。

$$\sigma(\lambda) = \frac{\alpha(\lambda)}{C} = \frac{1}{Cl} \ln\left(\frac{P_\lambda^0}{P_\lambda}\right)$$，式中 C 为分子数目浓度(单位体积内的数量)，l 为光程长，P_λ^0

和 P_λ 分别为入射和透过光的光谱辐射强度。

04.0939　天线效应　antenna effect
可以起到类似于天线、接受外来辐射和信息功能的一种效应。

04.0940　雅布隆斯基作图　Jablonski plot
又称"状态图(state diagram)"。用以表示不同能级间的激发、转移和弛豫的过程图。

04.0941　斯托克斯位移　Stokes shift
吸收光谱的峰值波长与发射光谱峰值波长的能差。

04.0942　时间分辨光谱　time-resolved spectrum
体系在经适当短时间的紫外、可见或红外辐射脉冲 (或其他扰动)激发后，对其随后一系列时间间隔所作的图谱。

04.0943　瞬态光谱　transient spectrum
对由短-持续时间的电磁辐射脉冲所产生瞬态物种(分子激发态或活性中间体)的图谱。

04.0944　光谱烧孔　spectral hole-burning
在非均匀的宽吸收带或发射带中，1 个很窄光谱范围的特征缺失。是在以窄带宽光源照射时，因光物理或光化学过程所引起共振激发吸收体的消失而产生。

04.0945　多光子吸收　multiphoton absorption, MPA
1 个吸收实体涉及与两个或多个光子相互作用的过程。

04.0946　自发发射　spontaneous emission
在无扰动电磁辐射下，激发态物质的发射。

04.0947　受激发射　stimulated emission
由共振-扰动电磁辐射诱导的激发态物质的

发射。可引起光的放大。

04.0948 格鲁西斯-特拉帕定律 Grothus-Draper law

又称"光化学第一定律"。只有被反应体系吸收的光,才能引起光化学反应。

04.0949 斯塔克-爱因斯坦定律 Stark-Einstein law

又称"光化学第二定律"。在低光强下,每个分子只能吸收 1 个光量子,并经不同途径而消耗能量。

04.0950 比尔-朗伯定律 Beer-Lambert law

一束准直的单色光,在均匀而各向同性介质中的吸光度 $A(\lambda)$,正比于光程长 l 以及吸收物种的浓度 c 或其压力大小(在气相时),以及吸收系数 $\alpha(\lambda)$。如下式所示:

$$A(\lambda) = \alpha(\lambda) cl$$

04.0951 最大多重性原理 principle of maximum multiplicity

又称"洪德规则(Hund rule)"。较大的总自旋状态,可使原子电子组态的能量最低,而具有最大的稳定性。

04.0952 光激发[作用] photo-excitation

物质通过吸收紫外、可见或红外辐射(光)而形成激发态。

04.0953 激发过程 excitation process

物质通过吸收紫外、可见、红外辐射或其他激发形式而产生激发态的过程。

04.0954 电子激发态 electronic excited state

物质中电子处于较相同物质基态为高的电子能级时的状态。

04.0955 富兰克-康顿原理 Franck-Condon principle

电子跃迁最可能发生于分子内核的位置与其环境未发生变化之时,在电子激发瞬间原子核并没有显著的移动,可表示为一种垂直的跃迁。

04.0956 富兰克-康顿因子 Franck-Condon factor

对给定电子跃迁的始态(o)和终态(e)振动波函数(Θ)重叠积分模的平方。$\left| \int \Theta_v^{(e)} \Theta_v^{(o)} dQ \right|^2$,其中积分是对整个核坐标的。

04.0957 非垂直能量转移 non-vertical energy transfer

具有低富兰克-康顿因子的能量转移过程。是因能量给体或受体的基态和激发态势能面最小处的核几何构型发生强烈位移而引起的。

04.0958 光稳态 photostationary state

光化学反应体系中,当形成的瞬态分子有着相同的生成和消失速度时称为光稳态。

04.0959 多重度 multipicity

在相同空间的电子波函数中,相应于给定总自旋量子数(S)的自旋角动量所可能取向的数目。可按 $2S+1$ 进行计算。如单重态的 $S = 0$,$2S+1=1$。而二重态的 $S = 1/2$,$2S+1=2$ 等。

04.0960 n-π^*跃迁 n-π^* transition

电子从非成键(孤对)的 n 轨道,提升到反键的 π^* 轨道的电子跃迁。

04.0961 π-π^*跃迁 π-π^* transition

电子从成键的 π 轨道,提升到反键的 π^* 轨道的电子跃迁。

04.0962 跃迁[偶极]矩 transition [dipole]

moment

又称"电子跃迁矩(electronic transition moment)"。电磁辐射引发的分子中的振荡电偶极矩(振荡频率等于光的频率时,就可引起吸收)。

04.0963 里德伯跃迁 Rydberg transition
电子从成键轨道提升到里德伯轨道电子的跃迁。

04.0964 无辐射跃迁 radiationless transition
能量不是通过辐射形式释出而完成的分子状态间的跃迁。

04.0965 禁阻辐射跃迁 forbidden radiative transition
为选择规则所不允许的辐射跃迁。如磷光发射过程。

04.0966 化学激发 chemical excitation
由化学反应所引起,使反应物从电子基态转变为电子激发态的激发过程。

04.0967 双光子激发 two photon excitation
通过两个光子吸收而完成的激发过程。

04.0968 生物发光 bioluminescence
通过生物物质的氧化过程所引起的一种自然界常见的现象。如萤火虫的发光等。

04.0969 光物理过程 photophysical process
物质受光激发及随之发生的辐射或非辐射跃迁等,而不涉及化学反应的过程。

04.0970 反应势垒 reaction barrier
反应过渡态的能量与反应物的能量差。

04.0971 激发态衰变过程 decay process of excited state
激发态回复到基态的过程。

04.0972 激发态寿命 lifetime of excited state
按一级反应动力学方程,当激发分子的浓度降低到其初始浓度的 1/e 时所需的时间。其等于导致分子衰变所有过程的一级反应常数和的倒数。

04.0973 辐射衰变 radiation decay
由辐射过程导致的激发态的衰变。

04.0974 非辐射衰变 non-radiation decay
由非辐射过程导致的激发态的衰变。

04.0975 量子产率 quantum yield
物质吸光后发生某特定事件的原子或分子数目与所吸收光子数的比值。量子产率 $\Phi(\lambda)$ = 特定事件数目/吸收光子数。

04.0976 外量子效率 external quantum efficiency
仅考虑输入能量(如电能)与输出光能的比。是在固体发光器件中常用的一种发光效率,其中显然包含各种损耗的影响。

04.0977 振动弛豫 vibrational relaxation
分子丧失振动激发能,而弛豫到与周围环境振动平衡状态的过程。

04.0978 弗仑克尔激子 Frenkel exciton
具较高束缚能和谐生电子/空穴对的激子。常由光激励产生。

04.0979 瓦尼尔激子 Wannier exciton
具较低束缚能和非谐生电子/空穴对的激子。可由光或电激励产生。

04.0980 极化子 polaron
由光激发而引起晶格扭曲或分子极化的准粒子。

04.0981 双极化子 bipolaron

因固体晶格畸变引起分子较强极化，并相互吸引而束缚成对的极化子。

04.0982 孤子 soliton
在 1 个体系中可以恒定速度进行传播的定域激发，而不改变其形态的准粒子。

04.0983 激基缔合物 excimer
1 个激发分子与另一基态下的相同分子间相互作用而形成的复合物。

04.0984 激基复合物 exciplex
1 个激发分子与另一基态下的不同分子间相互作用而形成的复合物。

04.0985 系间穿越 inter-system crossing
又称"系间窜越"。两个具有不同多重性电子态间所进行的等能无辐射跃迁。

04.0986 猝灭 quenching
1 个激发分子通过分子间的相互作用而发生的失活过程。

04.0987 猝灭剂 quencher
通过能量转移、电子转移或其他机制而使激发分子失活的化学试剂。

04.0988 斯顿-伏尔莫公式 Stern-Volmer equation
表述猝灭剂浓度与体系发光强度关系的公式。

$$\Phi^0/\Phi \ \text{或} \ I^0/I = 1 + K_{sv}[Q]$$

式中 Φ^0/Φ 或 I^0/I 分别为不加与加有猝灭剂时体系的发光量子产率或发光强度，$[Q]$ 为猝灭剂的浓度，K_{sv} 为斯顿-伏尔莫常数。

04.0989 湮灭 annihilation
两个激发分子的相互作用(通常通过碰撞)形成一个激发态分子与另一个基态分子的过程。

04.0990 三重态-三重态湮灭 triplet-triplet annihilation
两个处于激发三重态的原子或分子的相互作用(通常经过碰撞)，形成 1 个处于激发单重态的原子或分子，以及另一个处于基态的单重态的原子或分子的过程。

04.0991 碰撞猝灭 collisional quenching
因分子碰撞而引起的猝灭。

04.0992 自猝灭 self quenching
激发的原子或分子通过与其他处于基态的相同原子或分子间的相互作用而引起的猝灭。

04.0993 光诱导电子能量转移 photo induced electronic energy transfer
在两个分子间，受光激发的分子将能量转移给另一个处于基态的分子的过程。

04.0994 辐射能量转移 radiative energy transfer
基态分子通过吸收由激发分子辐射衰变所发射的光而引起的能量转移。

04.0995 非辐射能量转移 non-radiative energy transfer
通过非辐射过程而发生分子间的能量转移。如偶极-偶极共振能量转移，电子交换的能量转移等。

04.0996 德克斯特电子交换能量传递 Dexter electron exchange energy transfer
一种近程的通过激发分子与基态分子间电子交换而实现的能量传递过程。

04.0997 弗斯特偶极-偶极-共振能量传递

Förster-dipole-dipole resonance-energy transfer

两个间距远大于它们范德瓦耳斯半径之和的分子，经偶极-偶极共振而实现的非辐射能量转移。

04.0998 [电子]能量迁移 electronic energy migration

一种在等能条件下，受激基团与处于基态的相同基团间，经电子跳跃过程而实现的能量迁移。

04.0999 分子内光诱导电子转移 intramolecular photoinduced electron transfer

在同一分子内，在光的诱导下，使电子从分子内的一个局部向另一个局部的转移。

04.1000 分子间光诱导电子转移 intermolecular photoinduced electron transfer

在不同分子间，在光的诱导下，电子从一个分子向另一分子间的转移。

04.1001 马库斯[电子转移]理论 Marcus theory [for electron transfer]

马库斯理论明确地表述了有关外-层电子转移速率和过程热力学的关系，并指出在特定条件下，电子转移速率与驱动力呈反比关系。

04.1002 马库斯理论的反转区 inverted region in Marcus theory [for electron transfer]

当电子转移的驱动力($-\Delta G_{ET}^{\circ}$)大于电子转移体系总重组能(λ)时的区域。也即 $-\Delta G_{ET}^{\circ} > \lambda$ 时的区域，为反转区。

04.1003 伦姆-维勒方程 Rehm-Weller equation

光诱导电子转移过程的一种经验关系。即将分子间电子转移的二级反应速率常数与相遇复合物中光诱导电子转移过程的吉布斯自由能相联系。

04.1004 绝热电子转移 adiabatic electron transfer

在反应过程中，反应体系始终保持在 1 个电子势能面上的电子转移过程。

04.1005 逆向电子转移 back electron transfer

激发态电子转移发生后的热转换。从而使电子给体与受体恢复到它们原有的氧化态。

04.1006 电荷转移复合物 charge-transfer complex, CT complex

在基态下两个化学物种因电荷转移而形成的复合物。

04.1007 电荷转移态 charge-transfer state

简称"CT 态(CT state)"。通过电荷转移(离域)而与基态相关的态。

04.1008 电荷转移吸收 charge-transfer absorption

简称"CT 吸收(CT absorption)"。相应于电荷转移态(CT 态)的电子吸收。

04.1009 电荷转移跃迁 charge-transfer transition

简称"CT 跃迁(CT transition)"。与电荷转移态相关联的部分电子的跃迁。

04.1010 扭曲分子内电荷转移态 twisted intramolecular charge transfer state, TICT state

在 1 个电子给体(D)/受体(A)偶合的分子中，因光照而引起分子内强烈的电荷转移，使其中的 D 和 A 基团发生相互垂直的构象转变，并导致 D 与 A 间的去耦合。

04.1011　化学诱导动态核极化　chemically induced dynamic nuclear polarization, CIDNP

在化学反应中产生的非玻尔兹曼原子核自旋态的分布。通常由自由基对的结合而产生。

04.1012　猝灭截面　quenching cross section

在碰撞猝灭中，发生猝灭的分子碰撞截面。

04.1013　临界猝灭半径　critical quenching radius

在福斯特(Forster)长程能量转移理论中有所谓的临界转移半径。即在此半径上，激发分子的能量转移速率与其自发失活速率相等。

04.1014　光化学烟雾　photochemical smog

在阳光的辐照下，空气中的污染物经光化学反应而产生的烟雾。

04.1015　光异构化　photoisomerization

在光引发下发生的结构异构化反应。

04.1016　光顺-反异构化　photo *cis-trans* isomerization

双键的光诱导几何异构化。如 C-C 双键的几何异构化，即 1,2-双取代烯烃的顺/反异构化。*E/Z* 异构化为更具一般性的名称，也可用于较高取代的烯烃。

04.1017　光烯醇化　photoenolization

因光照而引起的互变异构化反应。

04.1018　光漂白　photobleaching

在光照下，材料的吸收或发射强度的缺失。

04.1019　光环化　photocyclization

因光照而引起的环化反应。可以是协同过程，也可以是多步过程。

04.1020　光环合加成[反应]　photocycloaddition

因光照而引起的环合加成反应。可以是协同的过程(如协同加成)，也可以是多步过程。

04.1021　光化学的芳香取代　photochemical aromatic substitution

芳香化合物的光诱导取代。

04.1022　光脱羰基[反应]　photodecarbonylation

光诱导的一氧化碳(CO)释出反应。

04.1023　光解离　photodissociation

因光照而引起化合物分子转化为低分子量碎片的过程。

04.1024　光消去[反应]　photoelimination

因光照而引起的分子内某一基团的除去。

04.1025　光碎片化　photofragmentation

因光照而引起的分子碎裂。

04.1026　光离子化　photo-ionization

由于光的辐照而使中性的或带正电的分子失去电子的过程。

04.1027　光诱导质子转移　photoinduced proton transfer

在光激发下，导致分子内质子的转移。

04.1028　光氧化[作用]　photooxidation

由紫外、可见或红外辐射引起的氧化反应。有下列的几种情况：①反应底物分子吸收光量子处于激发态后，而发生的失去 1 个或几个电子的反应；②反应底物与氧在光引发下发生的氧化反应。

04.1029　光还原[作用]　photoreduction

由紫外、可见或红外辐射引起的还原反应。

可广义理解为获得电子的反应。

04.1030 光氧[气]化反应 photooxygenation
由紫外、可见或红外辐射所引起的有分子氧参与的氧化反应。

04.1031 单重态氧 singlet oxygen
处于激发单重态的氧分子($^1O_2$)。单重态氧有 $^1\Delta_g$ 和 $^1\sum_g^+$ 两种介稳态,后者有着更高的能量。

04.1032 光动力效应 photodynamic effect
在生物体内光敏剂与氧分子同时存在下,因紫外、可见或红外辐射而引起对生物组织光诱导的破坏效应。

04.1033 光动力疗法 photodynamic therapy
将光动力效应用于疾病治疗的方法。

04.1034 光重排反应 photorearrangement
因光照而引起的分子内原子排列发生变化的反应。其可导致不稳定异构体的形成,并可进一步发生诸如脱氢、去质子化或其他的反应。

04.1035 光-克莱森重排 photo-Claisen rearrangement
因光照而引起的克莱森重排反应。

04.1036 光-弗莱斯重排 photo-Fries rearrangement
因光照而引起的弗莱斯重排反应。

04.1037 光诱导聚合 photoinduced polymerization
通过光辐射而引发自由基或离子型的聚合反应,使单体发生聚合。

04.1038 光聚合反应 photopolymerization

在链的增长中,需要光子帮助的聚合过程。

04.1039 初级光化学过程 primary photochemical process
又称"原初光反应(primary photoreaction)"。反应体系在光激发下的原初化学过程。

04.1040 次级光化学过程 secondary photochemical process
又称"后继反应(sequential reaction)"。在光化学反应中,经历原初光化学过程后的后继反应。

04.1041 光强测定术 actinometry
实验测定光照过程中所接受的全部光子数,或测定单位时间间隔内一定体积光反应器所吸收的光子数,而采用的化学体系或其他方法。这一命名一般仅适用于紫外和可见波段。例如三草酸合铁(III)钾($K_3[Fe(C_2O_4)_3]$)的溶液,就可用作为化学曝光计。而其他如辐射热仪、电堆、光电二极管等,则可作为物理测定光强的仪器。

04.1042 光强测定仪 actinometer
俗称"曝光计"。用于测定光强的仪器。

04.1043 光子流通量 photon fluence
从所有方向入射到一小球的总光子数(辐射量子数)除以此球的截面积,对整个时间的积分,即单位面积的光子数。

04.1044 光子通量 photon flux
光源于单位时间间隔内所辐射的光子数。

04.1045 光子辐照度 photon irradiance
光照体在单位时间内,接受所有方向入射到(光照)小球某一表面元的光子数(辐射量子数 N_P 或光子通量 q_P)除以元的面积。

04.1046 光子流量率 photon fluence rate

单位时间内的光子流通量。即在时间间隔内，从所有方向入射到 1 个小球的总光子数（N_p）除以球的截面积。

04.1047 光成像体系 photoimaging system
光敏感材料经光照而达到捕捉、显示、记录和修复物体影像的体系。

04.1048 光折变效应 photorefractive effect
光诱导而引起物质折射率的变化。

04.1049 光热效应 photothermal effect
通过光照而产生的热效应。

04.1050 光热成像术 photothermography
通过光、热双重效应实现信息(或影像)记录的技术。

04.1051 有机分子的发光 organic molecular luminescence
有机分子激发态经辐射衰变而引起的发光现象。

04.1052 溶剂诱导对称破坏 solvent-induced symmetry breaking
分子通过与溶剂分子的相互作用，改变分子内电荷密度的分布，使分子的对称性发生改变，从而有利于形成不对称的构象。

04.1053 溶剂极性参数 solvent polarity parameter
各种表征溶剂极性大小的参数。

04.1054 光谱红移 bathochromic shift
由于分子取代基或介质的改变，使光谱带往低频率(长波长)移动的现象。

04.1055 光谱蓝移 hypsochromic shift
由于分子取代基或介质的改变，使光谱带往高频率(短波长)移动的现象。

04.1056 增色效应 hyperchromic effect
由于取代基的存在，或与分子环境间的相互作用，而使光谱带的强度增大的效应。

04.1057 减色效应 hypochromic effect
降低吸收光谱强度的作用。

04.1058 压致发光 piezoluminescence
某些固体在压力变化时，所出现的发光现象。

04.1059 声致发光 sonoluminescence
由声波所诱导的发光现象。

04.1060 延迟发光 delayed luminescence
衰减速率比发射态预期衰减速率慢的发光现象。

04.1061 化学诱导电子交换发光 chemically induced electron exchange luminescence, CIEEL
又称"催化化学发光"。由化学反应引起电子交换而产生的发光现象。

04.1062 共振荧光技术 resonance fluorescence technique
用与物质荧光发射相同波长的光对物质进行激发，再通过对其荧光强度的观察，来监测气相中产生原子或自由基的技术。

04.1063 荧光寿命 fluorescence lifetime
一般指荧光强度衰变至其起始强度 $1/e$ 时所需的时间。

04.1064 激光诱导荧光 laser induced fluorescence, LIF
在以激光为激发光源而产生的荧光。可以引起与普通荧光不同的现象。

04.1065 磷光寿命 phosphorescence lifetime

一般指磷光强度衰变至其起始强度 1/e 时所需的时间。

04.1066 三重态-三重态能量传递 triplet-triplet energy transfer, TTET
从电子激发三重态给体，经能量传递而产生出电子激发的三重态受体。

04.1067 金属-配体电荷转移跃迁 metal-to-ligand charge-transfer, MLCT transition
金属电荷转移配合物在受光激发时发生了从金属到配体的部分电子转移，从而使配合物的电荷密度分布有显著的移位。

04.1068 配体-金属电荷转移跃迁 ligand-to-metal charge-transfer, LMCT transition
金属电荷转移配合物在受光激发时发生了从配体到金属的部分电子转移，从而使配合物的电荷密度分布有显著的位移。

04.1069 偏振光谱 polarization spectroscopy
在吸收实验中，偏振光在各向异性样品上所测得的光谱。

04.1070 发射偏振度 emission polarization
又称"各向异性度(anisotropy)"。定义为

$$r = \frac{I_\parallel - I_\perp}{I_\parallel + 2I_\perp}$$，式中 $I_\parallel$ 和 $I_\perp$ 分别表示与线

性偏振入射光电矢量方向(通常为垂直方向)相平行和相正交时的发射强度。

04.1071 激光 laser
通过辐射受激发光而产生光放大的紫外、可见或红外辐射。

04.1072 激光染料 laser dye
用于产生激光的染料。通常使溶于有机溶剂

内应用。

04.1073 谱线展宽 broadening of spectral lines
因各种不同原因而引起谱线变宽的现象。

04.1074 压力展宽 pressure broadening
又称"碰撞加宽(collision broadening)"。在气体中，因原子或分子的碰撞而引起的谱线加宽。

04.1075 非均匀展宽 inhomogeneous broadening
由大量错位谱线叠加形成的加宽。

04.1076 高斯谱带形状 Gaussian band shape
可通过高斯频率分布函数来描述的谱带形状。$F(v-v_0) = \frac{\alpha}{\sqrt{2\pi}}\exp\left[-\frac{\alpha^2(v-v_0)^2}{2}\right]$，其中 α^{-1} 与带宽成正比，v_0 为带极大处的频率。

04.1077 连续波激光器 continuous-wave laser, CW laser
连续泵浦可发射连续光的激光器。

04.1078 脉冲激光器 pulse laser
发射脉冲光的激光器。

04.1079 化学激光 chemical laser
由化学反应导致发光物质的激发和粒子数反转，从而产生连续波或脉冲的激光发射。

04.1080 染料激光器 dye laser
以激光染料为活性介质的连续波或脉冲激光器。

04.1081 固体激光器 solid state laser
以固态基质为活性介质的连续波或脉冲激光器。

04.1082 半导体激光器 semiconductor laser
又称"二极管激光器"。以小尺寸半导体材料为活性物质的连续波或脉冲激光器。

04.1083 气体激光器 gas laser
通常以缓冲气体(例如 He)及活性物质所组成的气体混合物为工作物质的连续波或脉冲激光器。

04.1084 锁-模激光器 mode-locked laser
由多种共振模式经相内耦合而得到的很短脉冲(如 fs 或 ps 时间量级)激光器。

04.1085 Q 开关激光器 Q-switched laser
装有提高共振腔品质因素,并允许发射"短"的和强激光脉冲的激光器。

04.1086 最高谱带的半高宽 full wide of half maximum, FWHM
谱带极大值一半高度处的完整宽度。

04.1087 布居反转 population inversion
处于高能态的粒子数大于低能态粒子时的状态。

04.1088 相干辐射 coherent radiation
所有发射的基元波,在空间和时间上相差守恒时的辐射。

04.1089 光学参量振荡器 optical parametric oscillator, OPO
基于参量放大的非线性光学增益,在较宽范围内实现相干辐射可调谐的激光放大器件。

04.1090 多光子解离 multiphoton dissociation, MPD
1 个分子在吸收多个光子后而引起的离解现象。

04.1091 红外多光子解离 infrared multiphoton dissociation
1 个分子在吸收多个红外光子后,而引起的离解现象。

04.1092 红外多光子吸收光谱 infrared multiphoton absorption spectrum
又称"分步激发(stepwise excitation)"。一种强光下的红外吸收光谱。谱图中可包括在不同辐射强度下的多光子吸收。

04.1093 离散能级 discrete energy level
当体系处于低振动态时,密度较稀而呈现出分离状态的能级。

04.1094 准连续区 quasicontinuum
在离散能级与连续区间的区域。

04.1095 能级连续区 continuum
在高振动状态下,分子振动自由度增大,态密度很高,而能级宽度小于振动态自身的能级的间隔时,可以使态-态间发生交叉重叠而形成的区域。

04.1096 激光诱导预解离 laser induced predissociation
在光解分类中,有直接与间接光解两类。当分子吸收光子后,前者可跃迁至某特定能态解离,而后者虽获得光子受激,但并未出现解离过程,可称为预解离。可通过与该能态势能面交叉的另一能态,经无辐射跃迁而使离解发生。

04.1097 解离阈值 dissociation threshold
发生多光子解离时所需的最小红外光子数。

04.1098 双光子吸收 biphotonic absorption
同时(或连贯的)吸收两个(波长相同或不同)的光子。

04.1099 双光子解离 biphotonic dissociation

存在着两种可能的光解机制，即两步激励的光解离，以及同时吸收两个光子的解离。

04.1100 分子间弛豫 intermolecular relaxation

宏观系统由非平衡态向平衡态的能量传递过程。

04.1101 振动-振动能量传递 vibration- vibration energy transfer, V-V energy transfer

在对能量传递进行分类中，可将分子运动分为整体平动(T)，转动(R)和核的振动(V)等。分子间能量由1个振动能级向另一振动能级的转移，即为振动-振动能量传递。

04.1102 转动弛豫时间 rotational relaxation time

用以描述在黏度为 η 的介质中，分子实体翻滚时间的相关参数。

04.1103 自旋守恒规则 spin conservation rule

又称"维格纳规则(Wigner rule)"。在激发的原子或分子与其他原子或分子间发生电子能量转移时，系统的总自旋角动量保持不变。

04.1104 自旋轨道耦合 spin-orbit coupling

电子自旋的磁矩和因电子轨道运动而产生磁矩间的相互作用。

04.1105 自旋轨道分裂 spin-orbit splitting

通过自旋-轨道相互作用而引起简并态的消失。

04.1106 自旋自旋耦合 spin-spin coupling

不同电子或核自旋磁矩间以及电子/核自旋间的相互作用。

04.1107 光学探测磁共振技术 optically de- tected magnetic resonance, ODMR

通过光学手段检测自旋亚能级间跃迁的一种双共振技术。依次对给定体系的不同激发态进行研究，并通过光发射的变化，来捡出磁共振的共振条件。

04.1108 自由基捕捉剂 free radical catcher

可捕获自由基的试剂。

04.1109 旋转木马式反应器 merry-go-round reactor, turntable reactor

光源处于中心处，使反应辐射光强可均匀照射的、旋转的光化学反应装置。

04.1110 光声效应 photoacoustic effect

在光辐射下发生无辐射失活和(或)化学反应而引起的声波效应。

04.1111 光声检测 photoacoustic detection

对光声效应的检测。

04.1112 光声光谱 optoacoustic spectroscopy

由微音器或压电检测器测得的声信号强度，对激发波长(或与调制激发光子能量相关的其他参量)所构成的图谱。是一种基于光声效应的光谱技术。

04.1113 单光子计数技术 single photon counting

一种类似"停表"的时间测定技术。1个激发脉冲可被分裂用来触发光敏二极管，同时也可激发测试样品，这可看作"计时"的开始。而当样品所发出的荧光光子被另一光电倍增管检出时，则为"计时"的终止。于是再辅以其他设备，就可测得样品的荧光寿命。

04.1114 闪光光解 flash photolysis

用于瞬态光谱和瞬态动力学研究的一种技术。通常以紫外、可见或红外辐射脉冲作为产生瞬态激发分子的光源，即以超强的短脉冲光来得到的具有足够浓度可被瞬态光谱检测到的瞬态分子，然后记录脉冲作用过后的短时间内中间体的光发射或光吸收来分析反应的动力学过程。

04.1115　激光闪光光解　laser flash photolysis
利用脉冲激光作为激发光的闪光光解装置。

04.1116　光学多道分析器　optical multichannel analyzer, OMA
由具有空间分辨能力的探测器(如摄像管、电荷-耦合器件或硅光-二极管列阵等多色仪)所组成的，用于快速获得光谱的检测系统。

04.1117　光谱响应性　spectral responsivity
1 个系统如光电倍增器、二极管阵列或其他光成像设备等，在不同波长和相同辐照下，对光的响应能力。

04.1118　光电化学　photoelectrochemistry, PEC
在光辐照下，激发态物质的电化学。

04.1119　光伽伐尼电池　photogalvanic cell
在溶液相中，由光化学导致的氧化和还原两类反应物相对浓度的变化而引起电流或电压变化的电化学电池。

04.1120　有机异质结　organic heterojunction
由不同有机材料构成、具不同功能的界面。

04.1121　填充因子　filling factor, FF
电池通过改变负载，所得的最大功率点除以开路电压与短路电流的乘积而得的参数。是有关太阳能电池总体(效率)行为的一种定义。

04.1122　电荷分离　charge separation
在光激发下，电子给体和受体间的局域电荷差随电荷的移动而不断增大的现象。

04.1123　电荷重合　charge recombination
电荷分离的逆过程。在电荷重合过程中，电子给体和受体的局域电荷差将随重合而不断减小。

04.1124　无机光导材料　inorganic photoconductive materials
具有光导特性的无机材料。

04.1125　有机及高分子光导材料　organic and polymeric photoconductive materials
具有光导能力的有机及高分子材料。

04.1126　发光二极管　light emission diode, LED
能发射出窄带光辐射的半导体发光器件。

04.1127　有机发光二极管　organic light emission diode, OLED
由有机半导体材料构成的发光二极管。

04.1128　带隙能量　band gap energy
半导体或绝缘体中的导带底和价带顶之间的能量差。符号为 E_g。

04.1129　光敏剂　photosensitizer
具有光敏化作用的试剂。

04.1130　光谱增感剂　spectral sensitizer
用于扩展光谱敏感范围的化学试剂。

04.1131　光敏化[作用]　photosensitization
由光敏剂分子吸收辐射，而引起另一分子发生光化学或光物理变化的过程。

04.1132　光敏染料　photosensitizing dye
具有光敏化作用的化合物。

04.1133　光合作用色素　photosynthetic pigment

光合作用中的色素化合物。

04.1134 非线性光学技术 nonlinear optical technology
用于产生和检测非线性光学效应的技术。

04.1135 [光学]参数化过程 [optical] parametric process
在能量守恒定律和动量守恒定律满足的条件下，非线性介质中的光子相互作用。在这种相互作用中，光子的频率可被混合，并产生出具有不同频率的光子。

04.1136 上转换 up conversion
具有不同频率 ν_2 和 ν_3 的两个光子，在非线性介质中结合而产生 1 个频率为 ν_1 的高能光子的过程。$\nu_1 = \nu_2 + \nu_3$。

04.1137 倍频 frequency doubling
能引起光波频率加倍的非线性光学效应。

04.1138 潜像 latent image
能显影成像的光致成像体系，在吸收辐射后的最初结果。

04.1139 [光致变色系统的]疲劳 fatigue [of a photochromic system]
在光致变色反应中，因化学降解而引起的变色系统的破坏。

04.1140 电致变色 electrochromism
在电场作用下，物质的吸收光谱发生变化的现象。

04.1141 离子变色 ionochromism
物质因电荷改变而引起的吸收和发射光谱的变化。

04.1142 压致变色 piezochromism
某些材料能在施加压力下发生颜色的变化。这一效应在塑料中比较显著。

04.1143 溶致变色 solvatochromism
分子实体因溶剂变化而引起电子光谱的变化。

04.1144 热致变色 thermochromism
热诱导而引起分子结构或体系(如在溶液中)的转变。其是热可逆的，并可引起可见色调的光谱变化，但并非必然。

04.1145 分子器件和机器 molecular devices and machines
借助于化学反应，通过分子内电子与核的重排过程(多数为电子的重排)而产生某种可运动的、可逆的分子体系。

04.1146 分子开关 molecular switch
具有开关功能的分子器件。

04.06 物质结构、理论和计算化学

04.1147 量子力学 quantum mechanics
研究物质世界微观粒子的运动规律的一门物理学分支学科。主要研究原子、分子、凝聚态物质，以及原子核和基本粒子的结构、性质的基础理论。

04.1148 统计力学 statistical mechanics

从体系组分的微观运动规律出发，采用统计方法探求体系宏观性质及其变化规律的一门学科。统计力学阐明了体系宏观运动规律的微观原因。

04.1149 量子化学 quantum chemistry
应用量子力学的基本原理和方法研究化学

问题的一门基础学科。研究范围包括稳定和不稳定分子的结构、性能及其结构与性能之间的关系，分子与分子之间的相互作用，分子与分子之间的相互碰撞和相互反应等问题。

04.1150 第一原理 first principle
以量子力学和统计力学为核心用以解释物质世界的统一理论。第一原理具有公理结构，其基本环节包括：从几条公理假设出发，经过演绎得到形式理论体系；再利用物理模型近似、二次形式理论和计算，得到理论预计值；最后与实验结果核对。第一原理所经受实验检验的程度之深、领域之广是迄今任何其他理论所远不能相比的。

04.1151 理论化学 theoretical chemistry
运用第一原理，从非实验的角度，来解释和理解物质世界中的所有化学问题的理论方法。实际上，理论化学是理论物理在化学领域的体现，运用、发展量子力学、统计力学、电动力学和经典力学理论，来解释化学反应行为，理解化学中各种动态和静态问题，并进一步预计化合物的各种性质。

04.1152 计算化学 computational chemistry
利用理论化学原理、物理模型、近似方法以及电脑程序计算分子的微观和宏观性质、化学反应行为、模拟动态过程等，用以解释化学问题的一门理论化学分支。

04.1153 结构化学 structural chemistry
在原子、分子水平上研究物质分子的几何结构与组成的相互关系，以及分子的几何结构及其运动之间相互影响的一门化学分支学科。

04.1154 [量子化学]从头计算 *ab initio* calculation
基于量子力学原理、不求助于经验参数的理论计算。

04.1155 分子设计 molecular design
根据人们的意愿，在化学理论的指导下，设计出具有预期性能的各种新的分子。设计的内容包括分子结构、物性和合成方法。设计依据的原理有两大类：一是依据归纳原理的设计；二是依据第一原理的设计。

04.1156 定量结构-活性关系 quantitative structure-activity relationship, QSAR
简称"定量构效关系"。在难以把分子的高层特性(包括材料特性、与生命过程有关的性质等)在物理原理上表达为其底层特性(包括基础理化性质、分子结构数据等)的函数关系的场合下，为了应用目标，借助于统计归纳方法，将高层特性表观地表达为底层特性的统计数学模型，通过对已知高层特性的样本的"自学"建立统计模型，达到对未知高层特性的分子做出"预测"的目的，这就是定量结构-活性关系方法。

04.1157 分子模拟 molecular simulation, molecular modeling
根据理论化学原理，借助于计算机的计算能力和图形技术，计算分子的结构或分子体系性质的研究领域。

04.1158 广度一致性 size consistency
又称"大小一致性"。任何一个理论哪怕其中引入了很小的近似，都要接受所谓"广度一致性"问题的检验。设体系 A 是由两个相互独立的子体系 A_1 和 A_2 构成，又设该理论计算体系和子体系的任意一个广度性质 P 的值分别为 P_A、P_1 和 P_2，检验理论是否满足 $P_A = P_1 + P_2$ 的要求称为广度一致性检验。广度一致性是检验任何理论正确与否的判据之一。

04.1159 坐标变换不变性 invariance of co-

ordinate transformation

又称"旋转不变性(rotational invariance)"。任何理论都要具有坐标变换的不变性。1个物理模型的形式理论在具体计算时必须借助于坐标系。设该理论对体系的同一个物理量 B 作计算时，在取用不同的坐标系 c_1、c_2 和 c_3 …时的计算值分别为 B_1、B_2 和 B_3 …则无论理论是否高明，必须满足 $B_1 = B_2 = B_3 = \cdots$ ；对于理论的这种要求称为坐标变换不变性。坐标变换不变性是检验任何理论正确与否的普适判据之一。

04.1160　多电子体系　many-electron system
由多个电子构成的体系。实际上各种形态的化学物质都属于多电子体系。

04.1161　对易子　commutator
设有力学量算符 A、B，其对易子定义为 $[A,B] \equiv AB - BA$。有些对易子不等于零，就造成了量子力学有别于经典力学的结果。

04.1162　不确定[性]原理　uncertainty principle
又称"测不准关系"。1个微观粒子的某些成对的物理量不可能同时具有确定的数值。例如位置与动量、能量与时间，其中1个量越确定，另一个量就越不确定。这是量子力学的1个基本特点，由海森伯于1927年提出。

04.1163　本征方程　eigen equation
若算符 $\hat{G}$ 作用于某函数 f 等于1个常数 g 乘以该函数，则该方程 $\hat{G}f = gf$ 称为本征方程。其中该函数 f 称为算符 $\hat{G}$ 的"**本征函数(eigenfunction)**"，g 是算符 $\hat{G}$ 的对应于本征函数 f 的"**本征值(eigenvalue)**"。

04.1164　平均值　mean value
分为算术平均值、几何平均值两种。$a_1, a_2, \cdots, a_n$ 的算术平均值为 $\dfrac{1}{n}\sum_{i=1}^{n} a_i$ ；几何平均值为 $\left[\prod_{i=1}^{n} a_i\right]^{1/n}$。

04.1165　量子效应　quantum effect
由于微观粒子波粒二象性造成体系行为与经典理论对同一体系所理解的行为有偏离，该偏离称为量子效应。例如能量值的分立。有时量子效应甚至可以出现在宏观现象中。

04.1166　量子态　quantum state
体系微观状态的量子力学描述。

04.1167　量子数　quantum number
用以标记量子状态的特征数字。

04.1168　笛卡儿坐标　Cartesian coordinate
坐标系中若基向量方向不变的称为直线坐标系。基向量长度均为1的直线坐标系称为笛卡儿坐标系。基向量互相垂直的笛卡儿坐标系称为笛卡儿直角坐标系。人们经常把笛卡儿直角坐标系简称为笛卡儿坐标系。空间一点在笛卡儿直角坐标系中的位置分量称为笛卡儿坐标。分子中原子的位置可以用笛卡儿坐标表示。

04.1169　宇称算符　parity operator
设 $f(x,y,z)$ 为任意函数，具有 $\varPi f(x,y,z) = f(-x,-y,-z)$ 作用的算符 $\varPi$。

04.1170　宇称守恒[定律]　parity conservation
在1956年前的物理理论认为，所有的物理定律在空间反演之下是不变的，这被称为宇称守恒。宇称守恒可以理解为，所有的物理定律在坐标反演后仍保持成立。1956年李政道和杨振宁预言的弱相互作用下宇称不守恒被验证之后，人们认为应当存在电荷宇称联合守恒，即将粒子换成电荷与之相反的反粒子并进行空间反演后，物理定律才是不变的。

04.1171　厄密算符　hermitian opertator

凡是满足 $\langle f|\mathbf{G}|g\rangle=\langle g|\mathbf{G}|f\rangle^{*}$ 的算符 $\mathbf{G}$。其中 f，g 为任意函数。

04.1172　对角矩阵　diagonal matrix

非对角元全为零的方矩阵。

04.1173　矩阵对角化　diagonalization of matrix

非奇异的方矩阵 A 可以被对角化，即线性变换 $U^{\dagger}AU=a$ 为对角阵。可以证明如果 A 是实的对称矩阵，则其可以被正交阵 L 对角化，即变换后的矩阵 $L^{-1}AL$ 是对角阵；正交阵 L 满足 $L^{-1}L=1$。

04.1174　投影算符　projection operator

投影算符 P 是一种厄米的，且满足幂等性 $P^{2}=P$ 的线性变换。空间中的物体被该算符作用后会得到该物体在其子空间中的投影。

04.1175　酉矩阵　unitary matrix

复空间中保持向量模不变的线性变换，其变换矩阵 U 满足 $U^{\dagger}U=1$，称为酉矩阵。

04.1176　正交　orthogonality

当空间定义了内积之后成为内积空间，若内积空间中两向量的内积为零，则称这两个向量是正交的。正交是垂直概念的推广。

04.1177　正交化　orthogonalization

从内积空间中的一组线性无关向量 $v_1,v_1,\cdots,v_n$ 出发，得到同一个子空间上两两正交的另一组向量组 $u_1,u_1,\cdots,u_n$，称为正交化。如果要求正交化后的向量都是单位向量，那么称为正交归一化。

04.1178　完备集　complete set

在量子力学中，若一组函数集可以用来展开相同边界条件下的任意函数的，则这组函数集称为完备集。

04.1179　角动量　angular momentum

若 r 表示质点到原点的位置向量，p 为该质点的动量，则该质点的角动量 L 为 $L=r{\times}p$。在不受外力矩作用时，体系的角动量是守恒的。角动量是力学中表征物体转动的物理量。

04.1180　动量　momentum

(1)1 个质点的动量 $p=mv$，其中 m、v 分别为质点的质量与速度。(2)1 个质点组的动量 $p=\sum_i m_i v_i$，其中 m_i、v_i 分别为其中第 i 个质点的质量与速度。

04.1181　势垒　potential barrier

若粒子在空间某一有限区域受到阻力而无法通过时，只有当其再获取某一能量 E_0 之后才能通过，这个区域就是经典力学意义上的势垒，E_0 称为该势垒的高度。这样的经典观点大致正确地描述了粒子遇到势垒时的行为，微观粒子遇到势垒时的行为要用量子力学来描述。

04.1182　自旋　spin

物体绕某一通过自身重心的轴做转动的运动。

04.1183　电子自旋　electron spin

为了解释施特恩–革拉赫(Stern-Gerlach)实验中电子在静磁场中的行为，1925 年乌伦贝克(G. Uhlenbeck)和古德斯米特(S. Goudsmit)提出电子具有自旋的概念，这是电子的一种固有属性，即内禀属性。这种属性在经典物理中找不到对应物，不能理解为像陀螺一样绕自身轴旋转。由于电子的自旋，于是就有其对应的角动量和磁矩。后来在所有有关电子的实验中都证明了电子自旋的存在。这是第 1 个发现的不属于经典物理学的物理量。

04.1184　核自旋[角动量]　nuclear spin [angular

momentum]

原子核的重要性质之一。原子核由质子和中子组成，质子和中子都有确定的自旋角动量，其在核内还有轨道运动，相应地有轨道角动量。所有这些角动量的总和就是原子核的自旋角动量，反映了原子核的内禀特性。核自旋角动量的最大投影值 I 称为核自旋，即为核的自旋量子数。

04.1185　自旋极化　spin polarization

微观粒子都有其内禀的自旋角动量，于是就有其磁矩。在没有外场时粒子自旋在空间的取向是无规的，平均值为零。可是在外磁场之下，粒子自旋在空间中就有特定的偏向，这就是自旋极化。如在外磁场下电子有电子的自旋极化，原子核有它的核自旋极化。

04.1186　自旋多重度　spin multiplicity

当总自旋量子数 S 给定后，对于同一个空间电子波函数来说，其自旋角动量的可能取向数目等于 $2S+1$，称为自旋多重度。如单[重]态的 $S=0$，故多重度 $2S+1=1$，双[重]态 $S=1/2$，三[重]态 $S=1$，以此类推。

04.1187　散射矩阵　scattering matrix, S matrix

联系入射渐近态 $|\varPsi_{in}\rangle$ 与出射渐近态 $|\varPsi_{out}\rangle$ 关系的算符称为散射算符 $\boldsymbol{S}$，$|\varPsi_{out}\rangle=\boldsymbol{S}|\varPsi_{in}\rangle$。散射算符 $\boldsymbol{S}$ 在所选表象中的矩阵表示称为散射矩阵。

04.1188　原子结构　atomic structure

原子是由原子核和围绕原子核运动的若干个电子构成。原子核又由若干数目的质子、中子和其他粒子构成。质子数决定元素的种类，中子数决定了同位素的种类。原子内部的这种构成情况称为原子结构。

04.1189　玻尔原子模型　Bohr model of atom

玻尔原子理论给出这样的原子模型：电子在一些特定的轨道上绕核作圆周运动。这些电子轨道称为玻尔轨道。离核愈远能量愈高；轨道角动量必须是 $\hbar\equiv h/(2\pi)$ 的整数倍；当电子在这些轨道上运动时，原子不发射也不吸收能量，只有当电子从 1 个轨道跃迁到另一个轨道时原子才发射或吸收能量，发射或吸收的频率 ν 和能量 E 的关系为 $E=h\nu$。h 为普朗克常数。玻尔原子模型成功地说明了原子的稳定性和氢原子光谱的规律。

04.1190　玻尔半径　Bohr radius

玻尔原子模型中，氢原子从原子核到基态电子轨道的几率最大处的距离。其值为 52.9 pm。

04.1191　玻尔磁子　Bohr magneton

表示与电子轨道角动量及自旋角动量造成的磁性的量度。是与电子磁矩有关的基本单位。在 SI 制下，玻尔磁子定义为 $\mu_B=\dfrac{eh}{4\pi m_e}$，其中 e 为电子电荷，h 为普朗克常数，$m_e$ 为电子质量，而 c 则为光速。

04.1192　类氢原子　hydrogen-like atom

原子核外只有 1 个电子的原子。因为薛定谔方程对类氢原子有严格解，所以类氢原子在理论分析上有价值。

04.1193　原子轨道　atomic orbital

在单电子近似意义下原子中单个电子的状态。以自由类氢原子的原子轨道 ψ 为例，$\psi(r,\theta,\phi)=R_{nl}(r)Y_{lm}(\theta,\phi)$，其中 $R_{nl}(r)$ 是其径向部分，球谐函数 $Y_{lm}(\theta,\phi)$ 是其角向部分，n 和 l 分别为主量子数和角量子数。

04.1194　径向函数　radial function

原子中的电子波函数由于其呈现球对称，所以在采用极坐标 r,θ,ϕ 表示时，可以分解为仅仅与 r 有关的径向部分，和仅仅与方位

θ, ϕ 有关的角向部分。前者称为径向函数。后者角向部分为球谐函数。

04.1195　球谐函数　spherical harmonic function

拉普拉斯方程 $\nabla^2 f = 0$ 在球坐标系中为

$$\frac{1}{r^2}\frac{\partial}{\partial r}\left(r^2\frac{\partial f}{\partial r}\right) + \frac{1}{r^2\sin\theta}\frac{\partial}{\partial\theta}\left(\sin\theta\frac{\partial f}{\partial\theta}\right)$$
$$+ \frac{1}{r^2\sin^2\theta}\frac{\partial^2 f}{\partial\phi^2} = 0$$

其解 $f(r,\theta,\phi) = R(r)Y_{lm}(\theta,\phi)$ 中的角度部分 $Y_{lm}(\theta,\phi)$ 称为球谐函数。

$$Y_{lm}(\theta,\phi) = (\mathrm{i})^{m+|m|}\sqrt{\frac{(2l+1)(l-|m|)!}{4\pi(l+|m|)!}}P_l^{|m|}$$

$$\cdot(\cos\theta)\mathrm{e}^{im\phi}$$

其中 $P_l^{|m|}(\cos\theta)$ 是连带勒让德多项式。在涉及球对称问题中球谐函数是必不可少的。自由原子中单电子波函数的角向部分就是球谐函数，代表波函数的角分布。

04.1196　主量子数　principal quantum number

原子中标记电子能量的最重要的量子数 n。对于类氢原子中的电子能量完全取决于主量子数。

04.1197　角量子数　azimuthal quantum number

决定原子中电子轨道角动量的量子数 l。轨道角动量为 $\hbar\sqrt{l(l+1)}$。

04.1198　磁量子数　magnetic quantum number

决定原子中电子的轨道角动量在外磁场 B 中取向的量子数 m_l。此时轨道磁矩为

$m_l\mu_B B$，其中 μ_B 为玻尔磁子。

04.1199　轨道角动量　orbital angular momentum

经典力学中的轨道角动量是粒子绕某中心做圆周运动产生的角动量。在量子力学中，轨道角动量必须是量子化的，其大小取值 $\hbar\sqrt{l(l+1)}$，$l = 0,1,2,\dots$；取向由磁量子数 m_l 规定，在选定轴上分量为 $m_l\hbar$。

04.1200　轨道量子数　orbital quantum number

量子力学中表征电子轨道运动的量子数。

04.1201　自旋量子数　spin quantum number

决定电子自旋角动量的量子数。

04.1202　原子轨道能级　atomic orbital energy level

原子中所有能量相同的原子轨道的总称。

04.1203　原子轨道轮廓图　contour plot of atomic orbital

原子中的 1 个单电子波函数的轮廓图。可以用波函数的分布来表示，也可以用电子密度的分布来表示。

04.1204　原子轨道线性组合　linear combination of atomic orbitals, LCAO

原子轨道 $\psi_1, \psi_2, \cdots$ 的线性组合 φ 是指 $\varphi(x) = \sum_i c_i\psi_i(x)$，其中 $\{c_i\}$ 为任意的组合系数。

由于微分方程特解的线性组合仍然是该微分方程的解，因此原子轨道 $\{\psi_i\}$ 的线性组合 φ 仍然是该原子中电子的薛定谔方程的解。其可以看成描述原子轨道通过相互叠加而发生改变的产物。在化学反应过程中，原子要参与化学键的形成，势必原子轨道波函数发生改变，形成分子轨道(即分子中的单电子

轨道)。所以可以通过不同原子的原子轨道线性组合来求解分子轨道，这是量子化学中一种用来计算分子轨道的方法。

04.1205　原子电荷　atomic charge

又称"原子的净电荷(net charge)"。在 1 个分子体系中由于化学键的存在，每个组成原子的核外电子个数在形成分子的前后有所改变，归属于该原子的电子的净增或净减数目称为该原子在该分子体系中的原子电荷。

04.1206　原子化能　atomization energy

将气态的多原子分子的所有化学键全部断裂形成各组成元素的气态原子时所需要的能量。

04.1207　原子芯　atomic core

原子中，除价电子以外的内层电子与原子核一起的总称。例如，钠(Na)的核外电子排布为 $1s^2 2s^2 2p^6 3s^1$，其中第 1、2 电子壳层 $1s^2 2s^2 2p^6$ 与原子核组成原子芯，此原子芯与氖(Ne)的结构相同，钠的核外电子排布也可写作 $[Ne]3s^1$。

04.1208　电子组态　electronic configuration

原子内核外电子按泡利不相容原理在各原子轨道上的排布。例如，硅原子基态的电子组态是 $1s^2 2s^2 2p^6 3s^2 3p^2$，可简记为 $[Ne]3s^2 3p^2$。

04.1209　电荷密度　charge density

单位体积中的电子数目。

04.1210　电荷分布　charge distribution

电荷随空间位置变化的函数关系。

04.1211　电子云　electron cloud

电子在原子核周围某区域内出现，好像带负电荷的云笼罩在原子核的周围。是电子在原子核外空间概率密度分布的形象化描述。

04.1212　[波函数]节面　node

波函数为零的平面或曲面。

04.1213　电子能级　electronic energy level

多电子体系中所有能量相同的单电子轨道构成 1 个电子能级。

04.1214　缺电子化合物　electron deficiency compound

采取不同的成键结构，使分子中的价电子数少于其形成正常共价键所需电子个数的化合物。例如：乙硼烷 B_2H_6 若按乙烷结构 $H_3C—CH_3$ 那样 7 根 σ 键则需要 14 个价电子(6 个氢出 6 个价电子，两个碳出 8 个价电子)，但乙硼烷只有 12 个价电子，不能采用乙烷结构。乙硼烷只能在用 8 个价电子形成 4 根硼氢 σ 键之外，再花 4 个价电子形成两根 B—H—B 的"三中心二电子键"。

04.1215　[非平衡]定态　[non-equilibrium] stationary state

又称"稳态"。体系在所处的环境条件不变的情况下，经过一定的时间后，尽管还不一定达到平衡态，但体系必将达到 1 个宏观上不随时间变化的状态，体系将长久地保持这样的状态，这种状态称为非平衡定态。这里"所处的环境条件不变"不是指环境的宏观状态不变。"宏观上不随时间变化"是指体系的任意宏观性质都保持 $\dfrac{\partial \langle B \rangle}{\partial t} = 0$。

04.1216　里德伯态　Rydberg state

原子的激发态若其能量服从里德伯公式者称为里德伯态。里德伯公式起先是对氢原子的，后来扩展到许多电子结构与氢原子类似的其他体系，包括分子。一般来说，只要把电子激发到足够高的主量子数，那么这个电子与其离子芯的光谱行为就会与类氢原子的行为类似。类氢原子的里德伯公式为

$$\frac{1}{\lambda_{vac}} = RZ^2 \left(\frac{1}{n_1^2} - \frac{1}{n_2^2} \right)$$。其中，λ_{vac} 为真空中的发射波长，R 和 Z 分别为该元素的里德伯常数和原子序数，整数 n_1、n_2 满足 $n_1 < n_2$。

04.1217 零点能 zero-point energy

束缚态的微观粒子处于基态时所具有的能量。

04.1218 价电子 valence electron

原子中容易与其他原子相互作用形成化学键的电子。主族元素的价电子就是主族元素原子的主量子数最大的那层电子；过渡元素的价电子不仅是主量子数最大的那层电子，次外层电子及某些元素的倒数第三层电子也可以成为价电子。

04.1219 内壳层 inner shell

原子或分子中除了价电子以外的电子构成内壳层。

04.1220 电子壳层 electronic shell

原子或分子中能量简并的一组原子轨道或分子轨道称为 1 个电子壳层。闭壳层是指体系中那些其中所有电子均按自旋相反的方式配对已经充满的壳层。而未被充满的壳层称为开壳层。

04.1221 内层轨道 inner orbital

芯层电子所在的(原子或分子体系)的单电子轨道。

04.1222 离子芯 ion core

原子中的价电子容易电离，余下的内层电子与原子核一起称为离子芯。

04.1223 相对论效应 relativistic effect

因为重元素的内层电子运动速度很高，相对论效应表现为其中 s 壳层收缩、能级下降，于是内层电子的屏蔽作用加大，接着重元素外层的 d、f 电子壳层膨胀、能级下降。总的来说，相对论效应使得重元素与轻元素原子的电子结构与能级有所不同，影响了化学行为。

04.1224 价键理论 valence bond theory, VB

又称"电子配对法"。主要描述分子中的共价键及共价结合，是历史上最早发展起来的化学键理论。其核心思想是各自带有 1 个自旋相反的未成对电子的两个原子轨道配对形成定域化学键。

04.1225 化学键 chemical bond

分子中原子之间存在的一种把原子结合成分子的相互作用。大致上有离子键、共价键和金属键三种。

04.1226 离子键 ionic bond

原子之间由于电子转移之后形成正离子、负离子，两者之间由于静电引力所形成的化学键。

04.1227 共价键 covalent bond

两个或多个原子之间，由于原子轨道重叠，它们的外层电子高概率地出现在它们的原子核之间，从而大致得到均匀地共享，因此形成稳定的化学键合。共价键与离子键之间没有严格的界限。

04.1228 单键 single bond

在化合物分子中两个原子间以共用一对电子而构成的共价键。通常是 σ 键。

04.1229 双键 double bond

在化合物分子中两个原子之间，以两对共用电子构成的键。通常情况下，其中一根是 σ 单键，另一根是由一对平行的 p 电子形成的 π 键。如乙烯中的碳碳双键。

04.1230 三键 triple bond
在化合物分子中两个原子之间，以三对共用电子构成的键。其中一根是 σ 单键，另两根是相互垂直的 π 键。如乙炔中的碳碳三键。

04.1231 多重键 multiple bond
键级等于或大于 2 的化学键。

04.1232 杂化 hybridization
几个原子在化合成分子的过程中，根据成键要求，其中 1 个原子中的几个能级相近的价电子轨道经过再分配而重新组合成为的互相等同或近于等同的新的价电子轨道。这种过程称为原子轨道的杂化。杂化后的原子轨道称为杂化轨道。杂化前后，轨道的数目不变，但轨道在空间的分布方向和分布情况发生改变，使得有利于成键，成键降低的能量足以抵偿杂化需要的能量。

04.1233 定域键 localized bond
只涉及两个原子之间的共价键。

04.1234 三中心键 three center bond
由 3 个原子参与形成的化学键。

04.1235 多中心键 multicenter bond
由多个原子参与形成的化学键。

04.1236 极性[共价]键 polar bond
异核原子之间形成的共价键，由于两个原子吸引电子的能力不同，整个化学键的正电荷与负电荷的重心不重合。这样的共价键叫做极性共价键。

04.1237 非极性[共价]键 non-polar bond
同核原子之间形成的共价键，如果两者吸引电子的能力相同，则整个化学键的正电荷与负电荷的重心重合在一起。这样的共价键叫做非极性共价键。

04.1238 离域键 delocalized bond
在多个原子之间形成的共价键。离域键有缺电子多中心键、富电子多中心键、π 配键、夹心键和共轭 π 键等几种类型。离域键不可能用唯一的只含定域键的结构式来表示。离域键的形成往往比对应的定域键能量降低，这部分能量称为离域能。

04.1239 金属键 metallic bond
在固体或液态金属中，由自由电子与金属离子之间的静电吸引力组合而成。金属键没有固定的方向，是非极性键。

04.1240 键强度 bond strength
化学键结合能力的强弱。有多种描述键强度的物理量如键能、键离解能以及键级等。键能是形成化学键后所放出的能量，或使得化学键断裂所需要吸收的能量。

04.1241 键级 bond order
描述分子中原子之间成键相对强度的量。键级高，键强；反之，键弱。有多种键级定义：(1)经典化学中，键级为分子中两个键合原子之间形成共价键的数目。如单键、双键、三键的键级分别为 1、2、3。(2)分子轨道理论中，键级定义为(成键电子数−反键电子数)/2。如 H_2、HF 的键级是 1，O_3 中相邻氧氧间的键级是 1.5。(3)鲍林(Pauling)的键级定义为 $s_{ij} \equiv e^{(R_{ij}-d_{ij})/b}$，其中 R_{ij} 为键长实验值，d_{ij} 为相应的单键键长，常数 $b=0.353$。(4)量子化学中的键级定义有马利肯(Mulliken)键级、威伯格(Wiberg)键级等。

04.1242 分子轨道 molecular orbital, MO
分子中单个电子的量子状态，是原子轨道的线性组合。相邻原子上的两个轨道组合产生同相作用(即轨道符号相同)的，称为"成键轨道(bonding orbital)"；产生反相作用(即轨道符号相反)的，称为"反键轨道(antibonding

orbital)"；有些轨道包含孤对电子，它们既非成键轨道，也非反键轨道，称为"非键轨道(nonbonding orbital)"。

04.1243 空轨道 virtual orbital
分子中尚无电子占据的轨道。

04.1244 分子体系的能级 energy level in molecule
分子体系中可能出现的状态，在能量不太大的情况下都是不连续的，即量子化的。具有相同能量的体系量子状态总称为 1 个体系能级。

04.1245 分子轨道能级 molecular orbital energy level
分子中能量相同的分子轨道构成 1 个能级，称为分子轨道能级。

04.1246 分子轨道理论 molecular orbital theory
以单电子近似为基础的化学键理论。其基本观点是：物理上存在单个电子的自身行为，只受分子中的原子核和其他电子形成的平均场的作用，以及泡利不相容原理的制约。描写单电子行为的波函数称为分子轨道(或轨道)。对于任何分子，如果求得了它的一系列分子轨道和能级，就可以像讨论原子结构那样讨论分子结构，并对分子性质作系统解释。有时，即便用粗糙的计算方案所得到的部分近似分子轨道和能级，也能分析出很有用的定性结果。

04.1247 分子轨道图形理论 graph theory of molecular orbital
采用分子图描绘分子中的成键作用。分子图中的点(字母)表征原子，边(键)代表原子间的成键作用。利用这种直观的图像方法，可以借用数学中图论的工具，对各种复杂结构的化合物进行计算处理：从分子图得到休克尔分子轨道法中的本征多项式，最后得到共轭分子的能级和轨道。此类方法称为分子轨道图形理论。

04.1248 定域分子轨道 localized molecular orbital
若参与分子轨道的原子轨道只是属于两个原子，此类分子轨道称为定域分子轨道。

04.1249 离域分子轨道 delocalized molecular orbital
若参与分子轨道的原子轨道属于两个以上的原子，此类分子轨道称为离域分子轨道。

04.1250 正则分子轨道 canonical molecular orbital
直接从能量本征方程形式求得的分子轨道。

04.1251 成键[分子]轨道 bonding [molecular] orbital
分子轨道可以由分子中原子轨道的线性组合得到。其中有的分子轨道分别由相位正负匹配的原子轨道叠加而成，两核间电子的概率密度增大，其能量较原来的原子轨道能量低，有利于成键，称为成键分子轨道，如 σ、π 轨道；有些分子轨道分别由相位相反的两个原子轨道叠加而成，两核间电子的概率密度减小，其能量较原来的原子轨道能量高，不利于成键，称为"反键分子轨道(antibonding [molecular] orbital)"，如 σ^*、π^* 轨道。若组合得到的分子轨道的能量跟组合前的原子轨道能量没有明显差别，所得的分子轨道叫做"非键分子轨道(nonbonding [molecular] orbital)"。

04.1252 前线[分子]轨道 frontier [molecular] orbital, FMO
日本理论化学家福井谦一提出的前线轨道理论认为，分子和分子作用时，并非所有分子轨道中的电子都发生变动，最主要的是最高已占据轨道和最低空轨道发生电子的变动。正如原子与原子相互反应时，只是外层价电子才发生变动一样。所以把最高已占据轨道和最低空轨道称为化学反应中的前线轨道。

04.1253 轨道对称性守恒 conservation of orbital symmetry

量子化学分子轨道理论中的 1 个最基本的原理。按照这一原理，反应物与产物的分子轨道对称性相符合或不相符合决定着反应易于进行或难于进行，即在协同反应中反应物和产物在分子轨道对称性上是守恒的。这一原理是由美国有机化学家伍德沃德(R. Woodward)、物理学家和量子化学家霍夫曼(R. Hoffmann)于 1965 年提出的。类似的前线轨道理论是日本理论化学家福井谦一早在 1952 年就提出了。

04.1254 轨道指数 orbital exponent

类氢离子的原子轨道、斯莱特函数和模拟斯莱特函数用的高斯函数，其解析函数表示式中都包含 1 个指数函数 $e^{-\zeta r}$ 或 $e^{-\zeta r^2}$，其中的 ζ 称为轨道指数。

04.1255 σ键 σ bond

通过键轴方向不存在节面的分子轨道。这个轨道上的电子称为σ电子。由σ电子构成的化学键称为σ键。

04.1256 π键 π bond

通过键轴方向存在 1 个节面的分子轨道。这个轨道上的电子称为π电子。由π电子构成的化学键称为π键。

04.1257 δ键 δ bond

通过键轴方向存在两个相互垂直的节面的分子轨道。这个轨道上的电子称为δ电子。由δ电子构成的化学键称为δ键。

04.1258 对称陀螺分子 symmetrical top molecule

任意形状的分子通过力学分析都有 3 个互相垂直的转动主轴 A、B、C，在这 3 个主轴方向的转动惯量分别称 I_A, I_B, I_C。按照 I_A, I_B, I_C 的大小可分为三类情况：三者各不相等的，称为"不对称陀螺分子(asymmetrical top molecule)"，如 H_2O 分子；只有两个相等的分子，称为对称陀螺分子，如 NH_3 分子。三者都相等的分子称为"球陀螺分子(ball top molecule)"，如 CCl_4 分子。线型分子可以看成是对称陀螺分子的特例。

04.1259 [团]簇 cluster

由几个乃至上千个原子、分子或离子通过物理或化学结合力组成的相对稳定的聚集体。分别称为原子簇、分子簇、离子簇和金属簇合物。团簇是介于原子、分子直到纳米尺度的一类物质。团簇的许多性质既不同于一般尺寸的分子，又不同于固体和液体，也不能用两者性质的简单外延或内插得到。

04.1260 立体化学效应 stereochemical effect

由于化合物结构的差异造成化学行为的差异。一般定性地认为效应来自两方面：一是来自原子间或基团间范德瓦耳斯相互作用的立体效应；二是来自处于不同分子轨道电子之间相互作用的电子效应。

04.1261 价层电子对互斥理论 valence-shell electron pair repulsion theory, VSEPR theory

通过中心原子的价层电子数和配位数来预测单个分子或离子几何构型的理论。该理论认为：分子或离子的几何构型主要取决于与中心原子相关的电子对之间的排斥作用。包括孤对电子之间、孤对电子和成键电子对之间和成键电子对之间的三种排斥作用。整个分子的几何构型会调整到形成整体排斥最弱的结构。

04.1262　晶体场分裂　crystal field splitting

配合物中的中心过渡金属原子，未成键前 5 个 d 原子轨道的能量是简并的。但是形成配合物之后，在一定对称性的配体静电场作用下，由于与配体的距离不同，d 轨道中的电子将不同程度地排斥配体的负电荷，d 轨道开始失去简并性而发生能级分裂，称为晶体场分裂。

04.1263　固体能带理论　solid energy band theory

讨论晶体(包括金属、绝缘体和半导体的晶体)中电子的状态及其运动的一种主要的量子理论。能带理论认为晶体中的电子是在整个晶体内运动的；每个电子可以看成是独立地在 1 个等效势场中运动；对于晶体中的价电子而言，等效势场包括原子芯的势场、其他价电子的平均势场和考虑电子波函数反对称而带来的交换作用，是一种周期性的势场。

04.1264　色散力　dispersion force

由于分子中电子和原子核的不停运动，即使非极性分子之间也会出现瞬时的诱导电偶极矩，这种分子间瞬时电偶极矩之间的相互作用力称为色散力。色散力不仅存在于非极性分子间，也存在于极性分子间以及极性与非极性分子之间。

04.1265　分子的表面积　molecular surface area

通常约定取分子的电子云密度 $\rho(r)$=0.001/(玻尔半径)^3 处的那个电子云密度的等高面作为分子的外表面，其面积为分子的表面积。

04.1266　电子密度差　electron density difference

设分子的电子密度为 $\rho(r)$，其中每个组成原子在结合成分子之前的电子密度为 $\rho_{atom}(r)$，则电子密度差定义为 $\Delta\rho(r) \equiv \rho(r) - \sum_{atom} \rho_{atom}(r)$。其表明原子化合为分子时电子重新分布的情况。其空间分布图称为电子密度差图。

04.1267　键临界点　bond critical point

分子中电子密度 $\rho(r)$ 这个标量场的鞍点位置 r。

04.1268　最高占据[分子]轨道　highest occupied molecular orbital, HOMO

分子体系中的电子先占有能量低的分子轨道，直到体系所有电子都有归属。其中被电子占有的轨道中能量最高的轨道称为最高占据分子轨道。与最高占据分子轨道能量最接近的那个空的分子轨道称为"最低未占[分子]轨道(lowest unoccupied molecular orbital, LUMO)"。

04.1269　离子电荷　ionic charge

离子带有的净电荷量。

04.1270　诱导偶极矩　induced dipole moment

分子体系在外电场作用之下，由于体系电子云随之偏移，而额外造成的电偶极矩。

04.1271　瞬间偶极矩　transient dipole moment

即使非极性分子体系，由于分子体系的内部运动，也会诱导出瞬间的电偶极矩。

04.1272　磁[偶极]矩　magnetic dipole moment

宏观电磁学中环形电流产生磁矩，磁矩等于电流乘以电流包围的面积。宏观荷电体的旋转也会产生磁矩。与之对应，微观世界中电子的轨道角动量也产生磁矩，电子内禀的自旋角动量产生电子的自旋磁矩。原子核内禀的自旋角动量产生核自旋磁矩。

04.1273 费米接触相互作用 Fermi contact interaction

由于分子中的 s 电子会在原子核的位置处出现，于是在电子与原子核之间的磁相互作用中有一项能量来自原子核位置处的电子的自旋磁矩与该处核的自旋磁矩之间的相互作用，称为费米接触相互作用。

04.1274 自旋禁阻跃迁 spin-forbidden transition

分子体系从 1 个量子状态跃迁到另一个量子状态时需要满足一定的自旋条件。例如，在原子光谱中，若采用 L-S 偶合，对于允许跃迁而言，两个状态的自旋量子数之差应等于零，即 $\Delta S = 0$，这表明当两个状态的自旋相同时，跃迁才可能发生，称为"自旋容许跃迁(spin-allowed transition)"；否则，跃迁是禁阻的，称为自旋禁阻跃迁。

04.1275 钻穿效应 penetration effect

s 电子在原子核处的几率密度不为零，即使主量子数相当高的 s 电子也如此，于是造成 s 电子会以一定的几率"穿过"核周围的电子出现在原子核的近处。

04.1276 屏蔽效应 shielding effect

原子中，由于其他电子对某一电子的排斥作用而减弱了原子核对该电子的吸引作用，其他电子的这种作用称为屏蔽效应。

04.1277 量子化 quantization

微观体系物理量的不连续变化的现象。

04.1278 孤对电子 lone-pair electron

分子或离子具有的未与其他原子结合或共享的自旋成对的价电子。

04.1279 键矩 bond moment

化学键的电偶极矩。键矩是 1 个向量，其方向是由电负性弱的一端指向电负性强的一端。同核双原子分子的键矩为零。关于多原子分子的电偶极矩计算，若不考虑键的相互影响，则多原子分子的偶极矩可由所有键的键矩的向量之和近似得到。

04.1280 共振能 resonance energy

共振论认为，如果 1 个分子具有两种或两种以上的经典价键结构式，这些结构之间通过共振，产生杂化体，这个杂化体就是分子的真实结构。杂化体能量低于最稳定的共振结构能量的数值称为共振能。

04.1281 分子平动能 translational energy of molecule

分子中由质心平动运动贡献的能量。

04.1282 分子转动能 rotational energy of molecule

分子中绕分子质心的转动运动贡献的能量。

04.1283 分子振动能 vibrational energy of molecule

分子内所有原子之间的相对振动运动贡献的能量。

04.1284 动力学相关能 kinetic correlations energy

在电子相关能中除了由统计相关性的贡献之外的部分。

04.1285 库恩-托马斯-赖歇加和规则 Kuhn-Thomas-Reiche sum rule

处于某指定状态的原子，其吸收跃迁的振子强度之和减去发射跃迁的振子强度之和等于参与这些跃迁的电子数。

04.1286 简谐振子 harmonic oscillator

若振子的恢复力 f 与位移 x 之间成正比，即 $f = -kx$，这样的振子称为简谐振子。其中比例系数 k 称为力常数。一维简谐振子的总能量为 $H = \dfrac{p_x^2}{2m} + \dfrac{1}{2}kx^2$，其中势能为 $U = \dfrac{1}{2}kx^2$，振子动量的 x 方向分量及其质量分别用 p_x、m 表示。

04.1287 非简谐振子 anharmonic oscillator

当振子的势能为 $U = \dfrac{1}{2}kx^2 + x^n (n \geq 3)$ 时（x、k 分别为位移和力常数），这样的振子称为非简谐振子。势能中的高次项称为非谐项。

04.1288 简谐振动频率 harmonic vibrational frequency

简谐振子的振动频率。$\nu = \dfrac{1}{2\pi}\sqrt{\dfrac{k}{\mu}}$，其中 k 称为力常数，$\mu = \dfrac{m_1 m_2}{m_1 + m_2}$ 为双原子分子的折合质量。

04.1289 内旋转 internal rotation

分子绕它其中某个单键为轴的旋转。由于该单键两端的原子还可以连接其他的原子或基团，这些其他原子或基团对绕该单键的旋转有一定的阻碍，造成内旋转的势[能]垒。

04.1290 分子几何结构 molecular geometry

又称"位形(configuration)"。组成分子的所有原子核的位置的集合。

04.1291 内坐标 internal coordinate

组成分子的所有原子的位置可以借助于其中键长、键角、二面角以及原子间的连接关系来表示。这种分子结构的表示法称为内坐标方法。

04.1292 自由价 free valency

分子中 1 个原子的最大可能的总键级与实际总键级之差称为该原子的自由价。

04.1293 长程力 long range force

两个粒子之间的相互作用，按照其作用能量与它们之间间距 r_{ij} 的函数关系 $\varepsilon \propto r_{ij}^{-n}$，按照指数 n 由小到大可以分为长程作用和短程作用。指数 n 越大表示作用距离短的短程作用，例如核磁矩之间的作用能量、范德瓦耳斯作用能量都是 $\varepsilon \propto r_{ij}^{-6}$，对应的力称为"短程力(short range force)"。间距稍微增大，作用能就急剧下降。指数 n 越小，如电荷之间的静电作用能正比于 r_{ij}^{-1}，属于长程力，间距相当远时作用能还没有很大下降。

04.1294 力常数 force constant

简谐振子的恢复力 f 与位移 x 之间成正比、方向相反，即 $f = -kx$，其中比例系数 k 称为力常数。

04.1295 力常数矩阵 force-constant matrix

又称"黑塞矩阵(Hessian matrix)"。设分子中 N 个原子核的位置为 $q_1, q_2, \cdots, q_{3N}$，则该分子中的势能 U 关于核位置的二阶导数 $\dfrac{\partial U}{\partial q_i \partial q_j}$（$i, j = 1, 2, \cdots, 3N$）构成的 $3N \times 3N$ 阶对称矩阵称为力常数矩阵。

04.1296 刚性转子 rigid rotator

若物体不会因为做旋转运动而产生形变，这样旋转的物体称为刚性转子。键能很大的双原子分子的转动运动可近似当作刚性转子处理。

04.1297 非刚性转子 nonrigid rotator

物体因为做旋转运动而产生形变，该旋转物体称为非刚性转子。键能不大的双原子分子转动时键长会略微增长，应该视作非刚性转子。

04.1298　标度理论　scaling theory
体系某个物理量的放大或缩小所导致体系各种性质的变化，由此可以用来研究现象内在的规律。这种方法称为标度理论。

04.1299　能量分解　energy decomposition
造成一种物理性质的能量往往可以根据内在相互独立的物理作用而分为对应的几种能量之和，这种方法称为能量分解。这是科学中还原论的基本方法之一。

04.1300　势能最低原理　minimum total potential energy principle
势能越低越稳定是自然界的一个普遍规律。多余的势能以多种形式放出。原子中的电子也是如此。在不违反泡利原理的条件下，电子优先占据能量较低的原子轨道，使整个原子体系势能处于最低，这样的状态是原子的基态。

04.1301　离解极限　dissociation limit
当分子被激发到电子激发态时，只要没加入足够的能量分子不会分解，分子只是处于电子激发态的高振动能级；但是当加入的能量超过一定的极限，电子激发态的振动能级结构消失，分子发生离解。这个限度称为离解极限。

04.1302　预离解　predissociation
当分子被激发跃迁到激发态，其具有的能量比其分解的碎片能量高时，将发生正常的离解。而预离解是在还没有达到离解极限前就在一次跃迁时发生了的离解。

04.1303　平衡态　equilibrium state
在外界环境条件不改变时，若热力学系统的状态不随时间而改变，系统中也不存在宏观的流动过程，则系统的此种状态称为平衡态。

04.1304　简正振动模式　normal vibration mode
在分析分子的振动运动时，如果把分子的振动看成是每根化学键伸缩振动的直观图像，则还必须考虑键与键之间的牵连，问题极为复杂。但是采取另一分析问题的方法：把这个存在相互作用的多振子体系等价地"折合"成为多个准粒子组成的体系，使得其中准粒子的振动运动之间是完全相互独立的。1 个准粒子的振动运动称为 1 个简正振动模式。所谓折合就是把所有粒子位置做适当的线性组合，用这样组合而成的所谓简正坐标来表示。尽管折合后的准粒子图像不直观、非常复杂，但是以此做代价换来的却是对运动描述的极大简化，最后达到问题的解决。

04.1305　玻恩-奥本海默近似　Born-Oppenheimer approximation
又称"绝热近似(adiabatic approximation)"。由于电子与核的质量相差千倍以上，当核的分布发生变化之前，电子就已经迅速调整其运动状态以适应新的核势场，而核对电子在其轨道上的迅速变化却不敏感。这种近似是量子力学处理多电子体系的一种常用方法，把求解整个体系近似分割为两个问题：一个解电子的薛定谔方程；另一个解原子核的薛定谔方程，两者分别处理。大多数的量子化学研究中都采用了玻恩-奥本海默近似。

04.1306　薛定谔方程　Schrödinger equation
奥地利物理学家薛定谔提出的量子力学中的 1 个基本方程，也是量子力学的 1 个基本假定：体系状态由体系波函数 $\Psi(x,t)$ 来描述，根据经典波动方程的启发，波函数 Ψ 要服从如下的薛定谔方程 $i\hbar\dfrac{\partial \Psi(x,t)}{\partial t}=H\Psi(x,t)$，其中 H 是哈密顿算符，$H=T+U$, T、U 分别是系统的动能与势能算符。

04.1307　定态薛定谔方程　stationary Schrödinger equation

当体系处于定态的情况下，哈密顿算符不是时间的显函数。这时，可将波函数 $\Psi(x,t)$ 因子分解为 $\Psi(x,t)=\psi(x)f(t)$。代入薛定谔方程，得到 $f(t)=e^{-iEt/\hbar}$，其中 E 为体系能量。而只与空间有关的波函数部分 $\psi(x)$ 满足方程 $H\psi(x)=E\psi(x)$，此式称为定态薛定谔方程。

04.1308　哈密顿算符　Hamiltonian operator
量子力学假定之一为可观测的物理量由希尔伯特空间的埃尔米特算符来描述。体系总能量对应的埃尔米特算符称为哈密顿算符。

04.1309　叠加原理　superposition principle
因为薛定谔方程是线性微分方程，所以若 $\psi_1,\psi_2,\cdots,\psi_i,\cdots$ 都是体系可能的状态，那么其线性叠加 $\psi=\sum_i c_i\psi_i$ 也是体系的 1 个可能的状态，式中系数 $\{c_i\}$ 可以是复数。当体系处在 ψ 态时，出现 ψ_j 态的概率是 $|c_j|^2 / \sum_{i=1} |c_i|^2$，这个原理称为叠加原理。是量子力学的基本原理之一。

04.1310　填充原理　building up principle
决定原子、分子或离子中电子是如何填充到各轨道能级的原理。即全部电子逐个依次按照势能最低原理、泡利不相容原理和洪德规则填充到原子或分子轨道中去。

04.1311　久期方程　secular equation
分子轨道理论中用原子轨道线性组合来得到分子轨道。久期方程是指其中关于线性组合系数的线性齐次方程组。该方程组有不全为零的解的条件是由系数所构成的行列式等于零，此行列式称为久期行列式。

04.1312　波函数　wave function
量子力学中有个基本假定，体系的状态由其波函数 $\Psi(r,t)$ 来描述。$|\Psi(r,t)|^2$ 给出 t 时刻体系出现在 r 处的概率密度。于是出现在任意位置的总概率必为 1，要求波函数归一化，即 $\int |\Psi(r,t)|^2 \,\mathrm{d}r = 1$。

04.1313　反对称波函数　antisymmetrical wave function
因为电子是费米子，于是体系的电子波函数 Ψ 要服从泡利不相容原理，即满足交换反对称性：$\Psi(\cdots,x_i,\cdots,x_j,\cdots)=-\Psi(\cdots,x_j,\cdots,x_i,\cdots)$。这样的波函数称为反对称波函数。

04.1314　正交归一化函数　orthonormal function
满足如下条件的一组函数 $\psi_1(x),\psi_2(x),\cdots,\psi_j(x),\cdots$ 称为正交归一化函数：$\int \psi_i^*(x)\psi_j(x)\,\mathrm{d}x=\delta_{ij}\,(i,j=1,2,\cdots)$。

04.1315　格林函数　Green function
从物理上看，1 个数学物理方程是表示一种特定的"场"和产生这种场的"源"之间的关系。例如，热传导方程表示温度场和热源之间的关系；泊松方程表示静电场和电荷分布的关系等等。这样，当源被分解成很多点源的叠加时，如果能设法知道点源产生的场，利用叠加原理，我们可以求出同样边界条件下任意源的场。这种求解数学物理方程的方法就叫格林函数法。而点源产生的场函数就叫做格林函数。

04.1316　狄拉克 δ 函数　Dirac delta function
满足如下两个条件 $\int_{-\infty}^{\infty} \mathrm{d}x\,\delta(x)=1$（归一化条件），$\int_{-\infty}^{\infty} \mathrm{d}x f(x)\delta(x-a)=f(a)$，其中 $f(x)$ 为任意函数，这样的函数 $\delta(x)$ 称为狄拉克函数。$\delta(x)$ 函数一定是在积分意义上来讨论的。

04.1317 基函数 basis function

用以展开未知函数的一组已知函数。如在求解分子轨道时，往往采用分子体系的组成原子的原子轨道。但是原子轨道的数学性质不太有利于计算，所以具体计算中人们往往采用一组高斯函数作为基函数来展开原子轨道和分子轨道。

04.1318 单电子波函数 one electron wave function

又称"自旋轨道(spin orbital)"。描述电子行为的单电子波函数 $\chi(r,\xi)$ 需要用其空间分布的轨道 $\psi(r)$ 与其自旋行为的自旋函数 $\phi(\omega)$ 的乘积来表示，即 $\chi(r,\omega)=\psi(r)\phi(\omega)$。$\psi(r)$ 为空间轨道。

04.1319 单电子近似 one electron approximation

在多电子体系中，由于存在电子间的相互作用，所以无法严格地确定其中单个电子的状态。但是可以在一定的物理限制之下将多个单电子波函数通过人为组合近似描述整个体系的波函数。这种做法称为单电子近似。

04.1320 赫尔曼-费曼定理 Hellmann-Feyman theorem

对于含有某个参量 λ 的哈密顿算符所描述的体系，设体系的已归一化的本征函数为 ψ，对应的能量本征值为 E，且假定是非简并的，则有 $\dfrac{\mathrm{d}E}{\mathrm{d}\lambda}=\left\langle\dfrac{\partial H}{\partial \lambda}\right\rangle=\left\langle\psi\left|\dfrac{\partial H}{\partial \lambda}\right|\psi\right\rangle$，称为赫尔曼-费曼定理。

04.1321 变分法 variational method

当不可能得到薛定谔方程的解析解时，可以用如下的变分法求解体系的基态能量：用若干个参数 $\{c_i\}$ 构成试探波函数(trial function) $\psi(\{c_i\})$，改变参数 $\{c_i\}$ 使得能量 $E=\langle\psi|H|\psi\rangle$ 达到极小，即 $\min\limits_{\{c_i\}}\langle\psi(\{c_i\})|H|\psi(\{c_i\})\rangle$。这时试探波函数 ψ 就可以逼近基态波函数 Ψ，同时 E 逼近基态能量。只有当试探波函数 ψ 正好是基态波函数 Ψ 时，求得的能量 E 才是基态能量。

04.1322 中心力场近似 central field approximation

在解多电子原子方程的时候，为便于得到解析解，采用平均场的方法，即认为每个电子受到来自核与其他电子的势场是相同的。同时这个势均为径向的，即与角向无关。

04.1323 交换能 exchange energy

由于自旋平行的电子受泡利不相容原理的制约，不能同时出现在空间的同一地方造成的电子与电子间相互作用的能量。

04.1324 库仑积分 Coulomb integral

在哈特里-福克方法或随后的量子化学理论中关于电子-电子相互作用的势能表式中有 $J_{ij}\equiv\iint\mathrm{d}x_1\mathrm{d}x_2\varphi_i^*(1)\varphi_j^*(2)\dfrac{1}{r_{12}}\varphi_i(1)\varphi_j(2)$ 形式的项称为库仑积分(其中 $\varphi_i(1)\equiv\varphi_i(x_1)$ 为自旋轨道)。为经典理论中电子-电子间的静电相互作用。

04.1325 库仑相互作用 Coulomb interaction

经典静电学意义下的静电相互作用。

04.1326 交换积分 exchange integral

在哈特里-福克方法或随后的量子理论中关于电子-电子相互作用式中会出现形如 $\iint\mathrm{d}x_1\mathrm{d}x_2\varphi_i^*(1)\varphi_j^*(2)\dfrac{1}{r_{12}}\varphi_j(1)\varphi_i(2)$ 的项，这是关于电子-电子相互作用的经典理论中所没有的。与库仑积分对比，称为交换积分。

04.1327 重叠积分 overlap integral

在分子轨道理论中出现的 $\int \mathrm{d}x_1 \varphi_i^*(1)\varphi_j(1) \equiv \langle i|j \rangle$ 项，表示两个轨道 φ_i 与 φ_j 之间的重叠，故称重叠积分。

04.1328 双电子积分 two-electron integral

在多电子体系的量子力学分析中假定体系中各个电子之间的相互作用势能可以分解为两个电子之间作用势能之和。于是在总能量的表达式中就会出现一类积分加和项，其中每一积分项与两个电子的位置有关，称为双电子积分。

04.1329 正交归一轨道 orthonormal orbital

在量子理论的具体处理时，由于粒子在整个空间出现的几率为 1，故对描述粒子的波函数必须满足归一化的要求；又为了简化问题的讨论，对代表物理量的厄米算符的全体本征函数，往往可以选择满足互相具有正交性的一组本征函数。于是就有正交归一的波函数，即正交归一轨道。

04.1330 玻色子 boson

微观粒子，凡其自旋量子数为整数者，则在该种微观粒子组成的全同粒子体系中，交换其中任意两个粒子的空间位置-自旋坐标 $x \equiv (r,\xi)$，体系波函数 Ψ 是对称的，即 $\Psi(\cdots,x_i,\cdots,x_j,\cdots) = +\Psi(\cdots,x_j,\cdots,x_i,\cdots)$，此类粒子称为玻色子。如光子、介子等。

04.1331 费米子 fermion

微观粒子，凡其自旋量子数为半奇数者，则在该种微观粒子组成的全同粒子体系中，交换其中任意两个粒子的坐标 x，体系波函数 Ψ 是反对称的，即 $\Psi(\cdots,x_i,\cdots,x_j,\cdots) = -\Psi(\cdots,x_j,\cdots,x_i,\cdots)$，此类粒子称为费米子。如电子、质子、中子等。

04.1332 泡利[不相容]原理 Pauli [exclusion] principle

多电子体系中描述整体 N 个电子的状态要用体系的电子波函数 $\Psi(x_1,x_2,\cdots,x_N)$，其中空间-自旋坐标 $x \equiv (r,\xi)$ 是粒子的空间位置 r 和自旋状态 ξ 的联合表示。因为电子是费米子，于是体系的电子波函数 Ψ 要服从反对称的要求，即交换其中任意两个粒子的坐标时满足 $\Psi(\cdots,x_i,\cdots,x_j,\cdots) = -\Psi(\cdots,x_j,\cdots,x_i,\cdots)$，这就是泡利不相容原理。泡利不相容原理的物理来源是多费米子体系的"全同性"。泡利原理的一种通俗说法是：1 个单电子空间波函数(或称空间轨道) $\psi(r)$ 最多容纳 2 个电子，自旋必须相反。

04.1333 斯莱特型轨道 Slater type orbital, STO

用作原子中单个电子波函数的一种近似方案。其径向部分为 $R_{nl}(r) = N_{nl}r^{n-1}e^{-\alpha r}$，其中 $\alpha \equiv Z^*/n^*$，有效核电荷 $Z^* \equiv Z - \sigma$，Z 为原子核电荷，σ 为屏蔽常数；归一化常数 $N_{nl} = (2\alpha)^{n+\frac{1}{2}}\Big/\sqrt{(2n)!}$；$n$、$n^*$ 分别为主量子数和有效主量子数。

04.1334 斯莱特-康顿规则 Slater-Condon rules

求算斯莱特行列式波函数表象 $\{\Psi_K\}$ 中单电子算符 $\boldsymbol{b}_1$ 和二电子算符 $\boldsymbol{b}_2$ 各自的矩阵元 $\langle \Psi_K|\boldsymbol{b}_1|\Psi_M \rangle$ 和 $\langle \Psi_K|\boldsymbol{b}_2|\Psi_M \rangle$ 时的运算规则。

04.1335 过渡区物种 transition region species

分子反应时，由反应物向产物演变过程中，反应体系所呈现的全部核构型。

04.1336 自旋成对 spin pairing

根据泡利不相容原理，原子或分子空间轨道中的两个电子必须自旋相反，这样的现象称为自旋成对。

04.1337 自旋劈裂 spin split
微观粒子由于其内禀的自旋行为,在附加外磁场的条件下,原来自旋简并的能级出现能量的不同称为自旋劈裂。

04.1338 跃迁概率 transition probability
又称"跃迁几率"。在一定的条件下,原子、分子和原子核等体系可以从一个状态变到另一个状态的概率。跃迁过程往往伴随着体系能量的改变和辐射过程,包括能量的发射和吸收。

04.1339 跃迁能 transition energy
原子、分子和原子核等体系从 1 个状态变到另一个状态所需要的能量。

04.1340 价电子近似 valence electron approximation
由于原子在形成分子的过程中,内层电子的变化很小,所以在原子轨道线性组合成分子轨道的过程中,为了进一步简化可以只用价电子来近似地组合成分子轨道。这样的近似称为价电子近似。

04.1341 价态电子亲和势 valence state electron affinity
原子在其某个指定电子构型时的电子亲和势。

04.1342 价态电离势 valence state ionization potential, VSIP
原子在其某个指定电子构型时的电离势。

04.1343 电偶极跃迁 electric dipole transition
外加电磁场与体系的电偶极矩相互作用使得体系发生电子振动能级之间的跃迁。

04.1344 电子给体 electron donor
在电子传递过程中给出电子的物质。

04.1345 电子受体 electron acceptor
在电子传递过程中接受电子的物质。

04.1346 电子相关 electron correlation
多电子体系中,电子与电子之间的统计相关和动力学相关的总称。

04.1347 绝对电负性 absolute electronegativity
表征体系吸引电子的能力的物理量。1978 年帕尔根据密度泛函理论,把电负性定义为微观体系化学势的负值,即 $\chi \equiv -\left(\dfrac{\partial E}{\partial N}\right)_{v}$,其中 E、N 分别为体系的电子总能量和电子总数,v 为电子受到的外场。χ 称为绝对电负性。

04.1348 马利肯布电负性 Mulliken electronegativity
马利肯布(Mulliken)为各种原子定义的电负性为 $\chi = (I + A)/2$。其中 I 为原子的第一电离势,A 为该原子的电子亲和势。

04.1349 鲍林电负性 Pauling electronegativity
鲍林(Pauling)根据各种化合物生成热的实验值,并且指定氟元素的电负性 $\chi_{F} = 4.0$,提出对于任意原子 B、C 有经验关系:$D(B—C) = \dfrac{1}{2}[D(B—B) + D(C—C)] + 23(\chi_{B} - \chi_{C})^{2}$,其中 $D(B—C)$、$D(B—B)$ 和 $D(C—C)$ 分别为异核双原子分子 B—C 的键能、同核双原子分子 B—B 和 C—C 的键能;χ_{B} 和 χ_{C} 分别表示为 B 原子和 C 原子定义的鲍林电负性。用以表示各种原子在分子中吸引电子能力的相对程度。

04.1350 偶极-偶极相互作用 dipole-dipole interaction
具有偶极矩的分子或自旋核之间的静电相互作用。

04.1351 偶极-四极相互作用 dipole-quad-rupole interaction

电偶极矩与另一个电四极矩之间的静电相互作用。

04.1352 相关图 correlation diagram

又称"能级相关图"。显示体系在反应前后反应物和反应产物的分子轨道、组态和价键结构的相对能量及其状态参数图。首先将两个或者更多个有关体系的能级各自按能量高低次序画出；然后根据研究目的，按照一定规则将体系之间对应的能级用直线相互连接，连接的规则一般有三条：相同对称性的能级相连、能量接近的能级相连、相同对称性能级的连线不交叉。相关图在化学反应机理、物质结构、光谱等研究领域有许多应用。

04.1353 分子的势能 potential energy of mole-cule

在没有外场的情况下分子内部的相互作用能。$U \equiv U(\{q_i\})$。若分子由 N 个原子组成，又因为分子质心的平动和绕分子质心的转动两种运动是与分子势能无关的，所以分子的势能 U 是 $3N-6$ 个(线型分子时为 $3N-5$)核坐标 $\{q_i\}$ 的函数。

04.1354 位形空间 configuration space

若分子由 N 个原子组成，用其 $3N$ 个核坐标 $\{q_i\}$ 形成的空间。位形空间中的任意一点代表该分子的一种可能的结构。

04.1355 休克尔分子轨道法 Hückel molecular orbital method, HMO method

1931 年休克尔(E. Hückel)提出一种最简单的分子轨道理论，仅仅用于处理共轭分子中的 π 成键问题。此法假定：各个碳原子上 p 轨道的矩阵元 $\langle \phi_\mu | H | \phi_\mu \rangle$ 都相同，都等于 α；相邻原子轨道间的 $\langle \phi_\mu | H | \phi_\nu \rangle$ 都相等，用 β

表示；而非相邻原子轨道间的 $\langle \phi_\mu | H | \phi_\nu \rangle$ 都为零；不同原子轨道间的重叠积分 $\langle \phi_\mu | \phi_\nu \rangle$ 都为零。休克尔分子轨道法方法简单，图像清晰，容易掌握。在讨论共轭分子的行为变化规律上得到广泛应用。

04.1356 休克尔 4n+2 规则 Hückel (4n+2) rule

根据休克尔分子轨道理论，1951 年冯·德林提出关于平面单环 π 共轭多烯烃分子的 $4n+2$ 规则：若其 π 电子数为 $4n+2$ 个(n 为非零正整数)，其整体稳定性要高于由同样数目双键构成的分子，具有芳香性。

04.1357 推广的休克尔分子轨道法 extended Hückel molecular orbital method, EHMO method

将仅仅处理 π 电子的休克尔分子轨道法推广到处理包括 σ 电子在内的全部价电子的经验的分子轨道方法。

04.1358 哈特里-福克方法 Hartree-Fock method

在单电子近似、玻恩-奥本海默近似和用 1 个斯莱特行列式波函数来近似描述体系的电子波函数的条件下解薛定谔状态方程。在数学上这是一种自洽场方法。在物理上是一种平均场方法：每个电子似乎各自在核场加上等效场构成的平均场之下做独立运动，而与其他电子无关一样。这个等效场本质上是由其余 $N-1$ 个电子提供的。

04.1359 自洽场方法 self-consistent field

在各种分子轨道法或电子密度泛函等方法中求解方程时，由于涉及电子之间的相互作用，于是往往遇到这样的情况：问题的求解过程中有些中间量本身就依赖于最终解的取得。这样就不得不预设合理的中间量之后求得最终解的第一次逼近值，然后根据最终解的第一次逼近值回过去迭代求得中间量的第一次逼近值。继而再从中间量的第一次逼近值得到最终解的第二次逼近值。迭代下去，直至结果收敛于真实的最终解。这种迭代的方法称为自洽场方法。

04.1360　哈特里-福克极限　Hartree-Fock limit
当哈特里-福克自洽场方法采用无限精确的基函数组，这样求得的体系能量将降低到极限值，称为哈特里-福克极限。

04.1361　哈特里-福克方程　Hartree-Fock equation
哈特里-福克方法采用单个斯莱特行列式波函数表示多电子体系的整体电子的状态。斯莱特行列式波函数 D 是由一组单电子自旋轨道 $\{\varphi_i(x)|i=1,2,\cdots,N\}$ 构成的。然后通过 $E^{HF}=\underset{\{\varphi_i\}}{\text{Min}}\{\langle D|H|D\rangle\}$，求得如下哈特里-福克方程：$F\varphi=\varphi\varepsilon$，即 $F(1)\varphi_i(1)=\sum_{k=1}^{N}\varphi_k(1)\varepsilon_{ki}$。

04.1362　正则哈特里-福克轨道　canonical Hartree-Fock orbital
将哈特里-福克轨道 $\{\varphi_i\}$ 做酉变换 $\lambda\equiv\varphi U$（即 $\lambda_j=\sum_{k=1}^{N}\varphi_k U_{kj}$）得到的哈特里-福克方程为 $F\lambda=\lambda\varepsilon^\lambda$（即 $F(1)\lambda_j(1)=\lambda_j(1)\varepsilon_j^\lambda$），其中 ε^λ 为对角阵，呈现标准的本征方程形式。这样得到的轨道 $\{\lambda_i\}$ 称为正则哈特里-福克轨道。

04.1363　限制性的哈特里-福克方法　restricted Hartree-Fock method, RHF method
哈特里-福克方法中描述闭壳层体系多电子波函数(分子的状态)的一种最简单的方案，要求每一对自旋相反的电子具有相同的单电子空间波函数。对应的哈特里-福克方法称为限制性的哈特里-福克方法。

04.1364　非限制性的哈特里-福克方法　unre-

stricted Hartree-Fock method, UHF method
哈特里-福克方法中描述体系多电子波函数(分子的状态)的一种方案，对于每一对自旋相反的电子的单电子空间波函数允许有所不同。对应的哈特里-福克方法称为非限制性的哈特里-福克方法。

04.1365　哈特里-福克-罗特汉方程　Hartree-Fock-Roothaan equation
对于闭壳层分子体系，罗特汉用原子轨道 ϕ 线性组合成为分子轨道 ψ（$\psi=\phi C$）的方法执行哈特里-福克理论，最后得到矩阵方程 $FC=SC\varepsilon$，称为哈特里-福克-罗特汉方程。其中 F 为福克矩阵，C 是矩阵的系数，S 是这个方程组的重叠矩阵，ε 是实对角阵，对应于单电子轨道的能量。

04.1366　单中心积分　monocentric integral
求解哈特里-福克-罗特汉方程会遇到 $(\mu\nu|\lambda\sigma)\equiv\iint dr_1 dr_2\phi_\mu^*(r_1)\phi_\nu(r_1)\frac{1}{r_{12}}\phi_\lambda^*(r_2)\phi_\sigma(r_2)$ 这样一类电子排斥积分。若原子轨道 $\{\phi_\rho(r)\}$ 仅由 1 个原子提供，则构成的积分如 $(\mu\mu|\mu\mu)$ 称为单中心积分；若原子轨道由两个原子提供，则构成的积分如 $(\mu\mu|\nu\nu)$ 和 $(\mu\nu|\mu\nu)$ 称为双中心积分；若原子轨道由 3 个或 4 个原子提供，就称为多中心积分。多中心积分的存在使得量子化学计算变得极端困难。这也推动了量子化学计算方法的发展。

04.1367　波普尔-内斯拜特方程　Pople-Nesbet equation
对于开壳层分子体系，波普尔和内斯拜特使用两组不同的分子轨道基组分别表示 α 和 β 自旋的电子，由此来执行自旋非限制性的哈特里-福克理论，最后得到的矩阵方程 $F^\alpha C^\alpha=SC^\alpha\varepsilon^\alpha$ 和 $F^\beta C^\beta=SC^\beta\varepsilon^\beta$，称为波普尔-内斯拜特方程。

04.1368 自旋密度 spin density

在分子轨道自洽场计算中，属于同种自旋的电子的密度。

04.1369 哈特里-福克轨道的酉变换不变性
invariance of unitary transformation of Hartree-Fock orbital

在哈特里-福克方法里，构成行列式波函数 D 的那组单电子自旋轨道 $\{\varphi_i\}$ 不是唯一的，可以有很多种解。若用酉变换产生一组新的自旋轨道 $\{\varphi'_j\}$，$\varphi'_j(x) \equiv \sum_{i=1}^{N} \varphi_i(x) U_{ij}$ $(i, j = 1, 2, \cdots, N)$，且 U_{ij} 对应的矩阵 U 是酉阵(即 $U^{\dagger}U = 1$)，用 $\{\varphi'_j\}$ 构成的另一个行列式波函数 D'，同样可以给出相等的体系的电子总能量 E^{HF}。这就是哈特里-福克轨道的酉变换不变性。其给出了定域轨道理论的可能性与基础。

04.1370 布里渊定理 Brillouin theorem

在哈特里-福克理论中，设 Ψ_{HF} 是由所有占有的正则哈特里-福克轨道 $\{\lambda_i\}$ 构成的斯莱特行列式波函数；而 Ψ_j^{μ} 为把 Ψ_{HF} 中占有的正则哈特里-福克轨道 $\lambda_j(x)$ 换成空的正则哈特里-福克轨道 $\lambda_{\mu}(x)$ 之后构成的斯莱特行列式波函数。布里渊定理告诉我们 $\langle \Psi_j^{\mu} | H | \Psi_{HF} \rangle = 0$。

04.1371 科普曼斯定理 Koopmans theorem

正则哈特里-福克轨道能量 ε_k 等于体系的该单电子轨道上电子的电离势 I_k 的负值。因为定理隐含其他电子状态不发生变化，故相当于绝热近似，垂直电离势要比真正的电离势高。科普曼斯定理继承了哈特里-福克方法的近似性。

04.1372 位力定理 virial theorem

曾称"维里定理"。若体系势能 U 是体系粒子位置的笛卡儿坐标分量 $\{x_i | i = 1, 2, \cdots, 3N\}$ 的欧拉 n 次齐次函数，即 $\sum_i x_i \frac{\partial U}{\partial x_i} = nU$，则 $2\langle T \rangle = n\langle U \rangle$，其中 $\langle T \rangle$、$\langle U \rangle$ 分别为体系动能均值和势能均值。

04.1373 博伊斯-福斯特定域化 Boys-Foster localization

利用哈特里-福克轨道的酉变换不变性，进一步对正则哈特里-福克轨道做酉变换，同时要求变换后不同的分子轨道相对于自身重心 R_{μ} 的二次矩之和达到最小 $\min\left\{ \sum_{\mu=1}^{N} \left\langle \psi_{\mu}(r_1) \left\| r_1 - R_{\mu} \right\|^2 \psi_{\mu}(r_1) \right\rangle \right\}$。这种定域化方法称为博伊斯-福斯特定域化。博伊斯-福斯特定域分子轨道是分子轨道在几何上最"集中"的定域化。

04.1374 半经验分子轨道法 semiempirical molecular orbital method

借用经验或半经验参数代替分子积分来求解哈特里-福克-罗特汉方程的量子化学计算方法。半经验计算通常只考虑价轨道，而且取斯莱特原子轨道为基。

04.1375 间略微分重叠法 intermediate neglect of differential overlap method, INDO method

半经验分子轨道法中的一种。在全略微分重叠方法的基础上，放松零微分重叠的限制，多计算一些双电子排斥积分，如 $(\mu\mu|\mu\mu)$、$(\mu\mu|\gamma\gamma)$、$(\mu\gamma|\mu\gamma)$ $(\mu \neq \gamma)$，引入斯莱特-康顿参数，涉及原子芯的单电子积分采用经验参数。目前此方法已经很少使用。

04.1376 忽略双原子微分重叠方法 neglect of diatomic differential overlap method, NDDO method

半经验分子轨道法中的一种。在间略微分重叠法增加考虑单中心双电子积分的基础上，忽略微分重叠法把两个中心的电荷分布之间的所有排斥积分均做计算，其余情况还是采纳零微分重叠。

04.1377　自然轨道　natural orbital

使得一阶约化密度矩阵 $\rho(r_i; r_i')$ 对角化的分子轨道。占据数就是其本征值。不同的分子轨道，造成 CI 的收敛速度也不同；自然轨道是 CI 收敛最好的分子轨道。自然轨道分为两类，占据数近于 1 的自然轨道称为"主自然轨道(principal natural orbital)"，占据数很小的称为"相关自然轨道(correlating natural orbital)"。

04.1378　布居数分析　population analysis

把分子中的电子电荷的分布分配给分子中各原子、原子轨道和化学键的分析方法。这样就可以将分子轨道理论计算所获得的波函数转化为直观的化学信息，从而研究分子中电子的转移、分子的极性、化学键的类型和强度等。

04.1379　马利肯布居数分析　Mulliken population analysis

把分子中的电子电荷的分布分配给分子中各原子、原子轨道和化学键的一种分析方法。认为原子 A 上的净电荷 $q_A = Z_A - \sum\limits_{\mu \in A}^{(AO)} (PS)_{\mu\mu}$，原子 A 与 B 之间的键级 $R_{AB} \equiv \sum\limits_{\mu \in A}^{(AO)} \sum\limits_{\nu \in B}^{(AO)} P_{\mu\nu} S_{\nu\mu}$，其中 P、S 分别为电荷-键级矩阵和重叠矩阵。这种方法常用来研究分子中电子的转移、化学键的类型和强度等。

04.1380　轨道重叠布居数　orbital overlap population

马利肯布居数分析中 A 原子的 μ 轨道与 B 原子的 ν 轨道之间的重叠布居数 $n(A\mu, B\nu)$ 称为轨道重叠布居数，其定义为

$$n(A\mu, B\nu) = \sum_{i}^{occ} 2n_i c_{A\mu}^* c_{B\nu} S_{\mu\nu} = 2P_{\mu\nu} S_{\mu\nu}。$$

这里对占有的分子轨道 i 求和，$S_{\mu\nu}$ 是这两个原子轨道的重叠积分，$c_{B\nu}$ 为 B 原子的 ν 轨道参与第 i 号分子轨道的线性组合系数，n_i 为该分子轨道上的电子数。

04.1381　多体微扰理论　many-body perturbation theory

基于分子轨道理论的高级量子化学计算方法。以哈特里-福克方程的自洽场解为基础，应用微扰理论，获得考虑了相关能的多电子体系近似解。特点是利用几个福克算符构造人为的未微扰哈密顿量，然后通过费曼图解法直接得到用分子轨道电子排斥积分表示的微扰矩阵元和微扰能公式。

04.1382　基组　basis set

人为选用的一套基本函数。作为展开分子轨道的数学工具实现量子化学计算。最早用的基组是原子轨道。现在量子化学中基组的概念已经大大扩展，超出原子轨道的原始概念。常用基组有：斯莱特型、高斯型、压缩高斯型、最小基组、劈裂价键基组、极化基组、弥散基组、高角动量基组等。

04.1383　基组重叠误差　basis set superposition error

若两个分子接近，或若同一个分子的不同部位的原子接近时，其基函数就有重叠。1 个原子就要从另一个相近的原子那里借用基函数，改进其基组，从而有助于能量计算等。在几何优化过程中，对体系的总能量做极小化，其中会遇到把混合基组得到的短程能量与从未混合基组得到的长程能量做比较的情况，这样就会引入误差，称为基组重叠误差。

04.1384　有效芯势　effective core potential

在对于主要由价电子决定的性质的计算中，对每种原子构造 1 个能够精确反映芯层电子对

价电子作用的势函数。包括模型势和赝势。

04.1385 托马斯-费米模型 Thomas-Fermi model

1927 年托马斯(Thomas)和费米(Fermi)独立采用自由电子气模型求解固体金属中电子的行为。他们根据经典统计力学、电子服从费米-迪拉克分布，导出了金属中电子的密度、能量和压强。托马斯-费米模型是电子密度泛函理论的前身。

04.1386 霍恩伯格-科恩定理 Hohenberg-Kohn theorems

包括霍恩伯格-科恩(Hohenberg-Kohn)的第一定理：根据量子力学，多电子体系基态的电子密度 $\rho(r)$ 与核骨架有一一对应的关系，处于基态的该体系的所有性质取决于体系的电子密度 $\rho(r)$；以及霍恩伯格-科恩的第二定理：表述电子密度泛函理论的变分原理，即以基态电子密度为变量，将体系能量最小化之后就得到了基态能量。霍恩伯格-科恩定理开创了电子密度泛函理论，密度泛函理论又发展到介观领域，成为介观领域目前仅有的严格理论。

04.1387 科恩-沈吕九方程 Kohn-Sham equation

具体对多电子体系实施密度泛函理论计算的方法。科恩(Kohn)和沈吕九(Sham)方法的关键是重新利用轨道的概念，构筑 1 个类似于哈特里-福克(H-F)模型那样的单电子平均场模型，最后得到科恩-沈吕九方程：

$$\left[-\frac{1}{2}\nabla^2 + v_{\text{eff}}(r)\right]\phi_j = \varepsilon_j \phi_j, \forall j = 1, 2, \cdots, \infty\ ;\ \text{其}$$

中有效势 $V_{\text{eff}}(r) = V(r) + \int \mathrm{d}r' \frac{\rho(r')}{|r-r'|} + V_{xc}(r)$

依次由外势、静电势和交换相关势三部分组成。$\{\phi_j\}$ 称为科恩-沈吕九轨道，可以用自洽场迭代的方法求得。科恩-沈吕九方程是严格的，而哈特里-福克方程是近似的。科恩-

沈吕九方法把能够严格处理的主要部分与难于严格处理的部分区分开来。

04.1388 密度泛函理论 density functional theory, DFT

用电子密度代替波函数来作为表述基础，研究多电子体系的一种量子力学方法。现代密度泛函理论是在 1964 年霍恩伯格和科恩证明的两个定理基础上发展起来的。1965 年科恩和沈吕九提出了具体处理方法，为密度泛函理论开辟了实际应用的方法。密度泛函理论已经成为固体物理、理论化学最常用的方法之一。后来密度泛函理论又被推广到介观领域(即纳米尺度的体系)，成为目前介观物质最严谨的理论。

04.1389 V-可表示性 V-representability

设多电子体系的哈密顿算符 $H = \sum\limits_{i=1}^{N}\left(-\frac{1}{2}\nabla_i^2\right) + \sum\limits_{i=1}^{N}V(r_i) + \sum\limits_{i<j}^{N}\frac{1}{r_{ij}}$，其中 $V(r_i)$ 为第 i 个电子受到的外场。在密度泛函理论中通过能量泛函 $E[\rho]$ 对电子密度 $\rho(r)$ 的变分求得极值 E_0。若电子密度 $\rho(r)$ 具有与 H 对应的反对称基态波函数，那么是否满足条件 $\rho(r) \geqslant 0$ 且 $\int \mathrm{d}r \rho(r) = N$ 的 $\rho'(r)$ 都可以找到 1 个对应的外场 $V'(r)$ 呢？这个问题称为 V-可表示性问题。其答案是否定的。

04.1390 N-可表示性 N-representability

若电子密度 $\rho(r)$ 是非负的、连续和归 N 化的，则这样的密度 $\rho(r)$ 称为具有 N-可表示性。N 是体系的电子总数。可以证明若 $\rho(r)$ 是 N-可表示的，则总是可以将它唯一地分解为很多个处于单电子状态为 $\{\psi_j(r,s) | j = 1, 2, \cdots, N\}$ 的电子密度之和：$\rho(r) = \sum\limits_{j=1}^{N} \int\limits_s |\psi_j(r,s)|^2$，其中先对自旋坐标 s

积分，然后对所有电子加和。

04.1391 局域密度近似 local density approximation, LDA

在采用科恩-沈吕九方法实际计算时，交换相关能 $E_{xc}^{LDA}[\rho]$ 和有效势 $v_{eff}(r)$ 中的交换-相关势 $v_{xc}(r)$ 最难确定。为此科恩-沈吕九提出局域密度近似，将交换相关能表示为 $E_{xc}^{LDA}[\rho] = \int dr \rho(r) \varepsilon_{xc}[\rho]$，交换-相关势表示为

$$v_{xc}^{LDA}(r) = \frac{\delta E_{xc}^{LDA}}{\delta \rho(r)} = \varepsilon_{xc}[\rho] + \rho(r) \frac{\partial \varepsilon_{xc}[\rho]}{\partial \rho}。$$

局域密度近似适用于密度变化不太大的体系，如固体等。

04.1392 交换-相关势 exchange-correlation potential

多电子体系中，采用局域密度近似法在处理交换能与相关能处理过程中引入的势 $v_{xc}(r)$。

04.1393 拓扑指数 topological index

通过与分子结构对应的分子图得到的其中的拓扑不变量。拓扑指数反映了化合物结构的拓扑学特征，表征了化学结构的部分几何特征。

04.1394 狄拉克方程 Dirac equation

1928 年英国物理学家狄拉克在薛定谔方程的基础上结合狭义相对论，得到了狄拉克方程：$i\hbar \frac{\partial \psi(r,t)}{\partial t} = \left(\frac{1}{i} \alpha \cdot \nabla + \beta m \right) \psi(r,t)$，其中 $\psi(r,t)$ 为波函数，m 为粒子质量，r 与 t 分别是其空间位置和时间，$\alpha = \begin{pmatrix} 0 & \sigma \\ \sigma & 0 \end{pmatrix}$、$\beta = \begin{pmatrix} I_2 & 0 \\ 0 & -I_2 \end{pmatrix}$，$\sigma$ 为泡利常量向量矩阵。是量子力学描述自旋1/2粒子的波函数。狄拉克方程预言了反粒子的存在。

04.1395 组态相互作用法 configuration interaction, CI

在玻恩·奥本海默(Born-Oppenheimer)近似和非相对论意义下最早提出来用于计算相关能的方法。组态相互作用法使用了由组态函数线性组合得到的基态变分波函数，而这些组态函数一般是在哈特里-福克自旋轨道的基础上构建的：$\psi = \sum_{I=0} c_I \Phi_I$，其中第一项组态 Φ_0 为体系的哈特里-福克波函数。

04.1396 激发组态 excited configuration

从限制性哈特里-福克法得到的基态单行列式波函数出发，通过电子从占据轨道激发到空轨道产生的组态函数。

04.1397 完全组态相互作用法 full configuration interaction

由给定的一组单电子自旋轨道函数所能够构成的全部的基态和激发态组态函数来线性展开体系真实波函数的组态相互作用计算方法。

04.1398 单双激发组态相互作用法 singly and doubly excited configuration interaction

完全组态相互作用计算的计算量极大，用它来计算相关能一般难于实现。同时在组态相互作用展开式中最重要的是单激发、双激发的组态。所以可以只用基态、单激发、双激发的组态函数来线性展开体系真实波函数，这样的组态相互作用计算称为单双激发组态相互作用法。单双激发组态相互作用可以计算出 95% 以上的相关能。

04.1399 单参考组态相互作用法 single-reference configuration interaction, SRCI

从限制性哈特里-福克法得到的基态单行列式波函数出发，通过电子从占据轨道激发到空轨道产生激发组态函数，由此进行组态相互计算的方法。

04.1400 多组态自洽场理论 multiconfigura-

tion self-consistent field theory, MC-SCF
传统的哈特里-福克方法和一般的组态相互作用方法的结合。即将多电子波函数展开为有限个组态函数的线性组合，然后把总能量同时作为组态展开系数和分子轨道的泛函，通过变分求极值。对展开系数变分得到通常的久期方程，对分子轨道变分则导致一组积分-微分方程(选择适当基组可将它变为代数方程)，然后用迭代方法求解互相偶合的两组方程，从而得到体系的多组态自洽场理论波函数和能量。是计算非动态相关效应的最有效的方法。多组态自洽场理论方法比组态相互作用方法更复杂，也更有效。

04.1401　多参考组态相互作用法　multi-reference configuration interaction, MRCI

当体系的前线轨道比较密集，需要用多组态自洽场理论处理时，得到的波函数是多个优化的组态函数的线性组合。取其函数作为参考组态的组态相互作用计算称为多参考组态相互作用法。

04.1402　分子轨道空间　molecular orbital space

由分子轨道基组构成的空间。可以直接采用哈特里-福克轨道，也可以转换为其他类型的轨道。

04.1403　完全活性空间自洽场方法　complete active space self consistent field method, CASSCF method

将分子轨道空间划分为活性和非活性子空间两部分，通常是用限制性哈特里-福克计算得到的若干前线轨道或者在所研究问题中变化显著的那些轨道张成活性子空间，其余轨道属于非活性子空间。将全部电子以所有可能的方式放在活性子空间中的所有自旋轨道，将这样得到的组态函数 $\{\Phi_I\}$ 全部纳入体系波函数的展开式 $\Psi = \sum_{I=0} c_I \Phi_I$ 中，然后做多组态自洽场理论计算。多组态自洽场理

论计算中的重要问题是根据所研究的问题选取适当的组态函数，完全活性空间自洽场方法就是这方面最常用的方法。

04.1404　对称性匹配组态　symmetry-adapted configuration

设法使得组态函数 $\Phi_{s\lambda}$ 的空间部分 Ξ_s 和自旋部分 Θ_λ 分别与对称性匹配，则能使哈密顿矩阵元的计算得到很大简化。空间部分可用投影算符法使之与分子点群或其子群匹配。自旋部分可用角动量耦合法、投影算符法等方法使之与自旋多重性匹配。

04.1405　动态电子相关效应　dynamic electron correlation effect

由于电子之间的静电库仑排斥作用，即使它们的自旋是反平行的也不可能在某个瞬间出现在空间的同一点处。所以 1 个电子的空间紧邻处是禁止其他电子进入的，电子之间的这种制约作用称为动态电子相关效应。

04.1406　非动态电子相关效应　non-dynamic electron correlation effects

当体系有几个对称性相同的组态函数接近简并时，将导致哈特里-福克方法的失效。

04.1407　费米穴　Fermi hole

除了电子之间的静电库仑排斥作用之外，由于泡利不相容原理的限制，自旋平行的两个电子不可能在空间的同一点出现，这个电子禁止其他自旋平行的电子进入其紧邻的区域称为费米穴。

04.1408　量子力学-分子力学结合方法　combined quantum mechanics and molecular mechanics method, QM/MM method

将复杂体系中关系其化学行为的核心部分用量子力学处理，把周围大块的非核心部分用分子力学处理，通过适当的方法处理两者

的界面衔接，这就是 QM/MM 方法。可以处理生物酶体系、固体表面的吸附问题、非晶态材料等复杂的大体系。

04.1409 含时密度泛函理论 time-dependent density functional theory, TD-DFT

将密度泛函理论中与时间无关的外势 $V(r)$ 推广到随时间变化的外势 $V(r,t)$ 的场合，由此得到了含时密度泛函理论。可以解决激发态与多重态能量的计算问题。

04.1410 微扰理论 perturbation theory

量子力学中求解薛定谔方程的常用近似方法之一。其基本要点是，若体系的哈密顿量 H 能够写为两部分之和：$H = H_0 + H'$，而且微扰项 H' 很小。若 H_0 的本征方程能够精确求解，则体系的波函数可以用 H_0 的本征函数展开，继而通过 H'，找到展开式中系数的逐级近似并求得相应的能量。

04.1411 时间平均[值] time average

在 1 个任意足够长的时间 T 里，对 1 个体系的某个性质做多次测量，其结果的算术平均值称为时间平均值。即物理量 B 的时间平均值为 $\langle B \rangle_{time} = \frac{1}{T} \int_0^T B(t)dt$。

04.1412 系综平均[值] ensemble average

对系综中的所有 N 个样本体系各性质测量一次，当 N 足够大时，测量结果的算术平均值 $\langle B \rangle_{ens} = \lim_{\mathcal{N} \to \infty} \frac{1}{\mathcal{N}} \sum_{i=1}^{\mathcal{N}} B_i$ 称为物理量 B 的系综平均[值]。统计力学的一条基本假设是：对于 1 个处于平衡的体系，假设时间平均等于系综平均，即 $\langle B \rangle_{time} = \langle B \rangle_{ens}$。

04.1413 等温等压系综 isothermal-isobaric ensemble

若系综中的体系之间可交换能量和体积可变，系综所有体系的能量总和以及体积总和都是固定的。系综内所有体系有相同的温度、压强和粒子数，这样的系综称为等温等压系综。

04.1414 配分函数 partition function

系综里所有可能微观状态的加权和，或系综的有效微观状态之和。每个微观状态的权重是它在系综里面出现的概率。

04.1415 相空间 phase space

由全体粒子的位置及动量变量所张成的空间。用以表示一个体系所有可能的微观状态，体系每个可能的状态都有相空间中的一点与其对应。

04.1416 各态历经假说 ergodic hypothesis

为了企图把统计物理完全建立在力学规律之上，1871 年玻尔兹曼(L. Boltzmann)提出各态历经假说：对于孤立的保守体系，只要时间足够长，从任意 1 个初态出发都将经过能量曲面上的一切微观状态。可是后人证明这条假设并不成立。

04.1417 准各态历经假说 quasi-ergodic hypothesis

20 世纪初，埃伦费斯特(P. Ehrenfest)夫妇提出了准各态历经假说，把玻尔兹曼 (L. Boltzmann)的各态历经假说修改为准各态历经假说：对于孤立的保守体系，只要时间足够长，从任意 1 个初态出发都可以无限接近能量曲面上的一切微观状态。后人证明准各态历经假说也是不成立的。这说明想把统计规律完全建立在力学规律之上是不可能的，统计规律不是力学规律的结果。

04.1418 最概然分布 most probable distribution

对于全同粒子体系，其中各个单粒子能级的粒子占据数的依次集合称为体系的 1 个[粒子数]分布。1 个分布可以包含不同数目的体系微观状态。微观状态数目最多的分布称为最概然分布。

04.1419 统计相关性 statistical correlation

粒子之间的相关。包括空间相关和时间相关。相关都来源于相互作用，即 1 个地方(或时间)的变动会牵动其邻近区域(或另一时间)的行为。相关的一种来源是微观粒子全同性引起的量子效应，称为统计相关性。独立子体系不存在动力学相关，但是还存在统计相关，仍然会产生排斥的相关性或吸引的相关性，如泡利不相容原理造成的泡利力等。

04.1420 动力学相关性 dynamical correlation

统计相关之外的相关。统计相关性和动力学相关性之间还会相互影响。例如，在金属中的自由电子，由于自旋造成的统计相关性的存在使得两个电子之间的有效作用势不再是简单的库仑势，而是 1 个较短程的、作用较弱的库仑赝势。大多数化学问题讨论的是动力学相关性。

04.1421 速率分布函数 velocity distribution function

描述分子运动速度分布状态的函数。1 个符合玻尔兹曼分布的粒子体系如理想气体，其中速度介于 $v \rightarrow v + \mathrm{d}v$ 之间的粒子出现的几率为 $f(v)\mathrm{d}v = 4\pi \left(\dfrac{m}{2\pi k_\mathrm{B}T} \right)^{3/2} \mathrm{e}^{-\frac{mv^2}{2k_\mathrm{B}T}} v^2 \mathrm{d}v$。

04.1422 [单粒子]分布函数 [single particle] distribution function

在 t 时刻，位置处于 $\mathrm{d}^3 r \rightarrow r + \mathrm{d}^3 r$，速度处于 $\mathrm{d}^3 v \rightarrow v + \mathrm{d}^3 v$ 范围内，粒子出现的几率密度。

04.1423 H 定理 H-theorem

玻尔兹曼在 1872 年引入了如下的 H 函数：

$H(t) = \iint \mathrm{d}r \mathrm{d}v f(r, v, t) \ln f(r, v, t)$，其中 $f(r, v, t)$ 为单粒子分布函数。并且证明了孤立体系在分子相互碰撞下，H 随时间"单调"下降，即 $\dfrac{\mathrm{d}H}{\mathrm{d}t} \leqslant 0$，这就是玻尔兹曼的 H 定理。其中当且仅当 $f(v)f(v_2) = f(v')f(v_2')$ 时，等号成立，H 达到极小，体系处于平衡态。H 就是负熵。

04.1424 细致平衡 detailed balance

玻尔兹曼的 H 定理 $\dfrac{\mathrm{d}H}{\mathrm{d}t} \leqslant 0$ 中等号成立的条件是碰撞前后的单粒子分布函数满足 $f(v)f(v_2) = f(v')f(v_2')$，即正反两种碰撞过程的作用相抵，称为细致平衡。细致平衡成立时，分布函数不因分子碰撞发生改变，气体达到热平衡。细致平衡是孤立体系达到整体平衡的充分必要条件。

04.1425 热力学极限 thermodynamic limit

粒子数 N (或体积 V)趋向无穷大、而又保持粒子数密度 N/V 一定值时该性质的极限值。

04.1426 涨落 fluctuation

既然体系的 1 个宏观状态对应着为数极大的微观状态，而宏观体系的任意力学量又是在某个宏观短、微观长的时间段内体系所随机转辗度过的那些众多微观状态的该物理量的平均体现。所以宏观体系的各个力学量如压强、能量等都会随着宏观时间的变化，在平均值附近不断极快速度地随机变动，这种现象称为涨落。涨落、输运(例如导热、导电、扩散、黏性等)和混沌是非平衡过程研究中的三大问题。

04.1427 利乌维尔定理 Liouville's theorem

经典统计力学与哈密顿力学中的关键定理，描述了体系相空间分布函数 $\rho(q, p, t)$ 的随

时间 t 的演化规律为 $\frac{\partial \rho}{\partial t} + \{\rho, H\} = 0$，其中 H 为体系的哈密顿量，$\{\ \}$ 为经典泊松括号。该定理证明了保守体系的相空间中代表点的密度在演化过程中保持不变。

04.1428　巨配分函数　grand partition function
开放体系的有效状态和。即 $\Xi \equiv \sum_{N=0}^{\infty} \sum_j e^{-\mu N - \beta E_j}$，其中 j 为体系状态编号，μ、N 和 E_j 分别为体系的化学势、粒子数和第 j 号状态的体系能量，$\beta = 1/k_B T$，T 为体系温度，k_B 为玻尔兹曼常数。

04.1429　巨势　grand potential
开放体系的特性函数。其定义为 $\Omega \equiv -pV$，其中 p、V 分别为体系压强和体积。

04.1430　构型熵　configuration entropy
即使冷却到 0K 还残留在晶体中并由于构型无序造成的熵贡献的理论值。

04.1431　混合构型熵　configuration entropy of mixing
固溶体中的构型熵。

04.1432　近平衡态　near equilibrium state
处于平衡态的体系受到外场的作用后离开平衡态到达非平衡态。若外场甚弱，则体系偏离平衡不远而处于"力"与"流"呈线性的非平衡态。近平衡态的体系遵守翁萨格倒易关系和最小熵产生原理。

04.1433　输运性质　transport property
处于近平衡态的体系广义力 X(如温度梯度、浓度梯度、电势梯度等)与随之产生相应的广义流 J(如热流、扩散流、电流等)之间呈现的线性关系 $J = LX$(L 为比例系数)。对于各向异性的体系，L 是 1 个张量。

04.1434　纯粹系综　pure ensemble
若系综中的体系均处于同一量子态，则称该系综为纯粹系综。

04.1435　混合系综　mixed ensemble
大量处于相同的宏观条件下性质完全相同、而各自处于各种量子态、并互相独立的体系的集合称为混合系综。

04.1436　密度算符　density operator
若体系并不处于某确定的状态，而是处于混合态，即体系状态的量子描述需要如下定义的密度算符来表示：对于一系列的纯态 $\{\Psi_k : k = 1, 2, \cdots, \infty\}$，体系相应出现的概率为 $\{w_k : k = 1, 2, \cdots, \infty\}$，则该体系的密度算符定义为 $\hat{\rho} \equiv \sum_k |\Psi_k\rangle\, w_k\, \langle\Psi_k|$。

04.1437　弛豫过程　relaxation process
化学反应系统由非平衡状态自发地变化到平衡态的过程。

04.1438　相关　correlation
由于体系中组成的粒子之间存在相互作用，所以在不同空间位置的粒子的几种性质之间存在相互联系；同样，同一粒子在不同时间前后的几种性质之间也可以存在相互联系，这些都称之为相关。前者称为空间相关，后者为时间相关。相关性不一定代表因果性。

04.1439　空间相关函数　space correlation function
体系在空间位置 r 处的物理量 $A(r)$ 和在另一个空间位置 r' 处的另一个物理量 $B(r')$ 的乘积的系综平均值 $\langle A(r)B(r')\rangle$，称为这两个物理量的空间相关函数。描述了空间某处体系 r 的物理量 A 和另一处 r' 的物理量 B 之间的相互联系。

04.1440 空间自相关函数 space auto corre-
lation function

体系同一物理量在空间位置 r 处的值 $A(r)$ 和在另一空间位置 r' 处的值 $A(r')$ 乘积的系综平均值 $\langle A(r)A(r') \rangle$，称为该物理量的空间自相关函数。

04.1441 数密度 number density

位置 r 处单位体积中的粒子个数，即 $\rho(r)dr$ 代表体积元 dr 中的粒子个数。经典意义上数密度可表示为 $\rho(r) = \sum_{i=1}^{N} \delta(r - r_i)$。

04.1442 位形积分 configuration integral

含 N 个粒子的体系的位形积分定义为 $Z_N = \int e^{-U_N(r_1, r_2, \cdots, r_N)/(k_B T)} dr_1 dr_2 \cdots dr_N$。其中 $r_1, r_2, \cdots, r_N$ 为各个粒子的空间位置，U_N 为体系的势能，$\beta \equiv 1/k_B T$，T 为体系温度，k_B 为玻尔兹曼常数。

04.1443 时间相关函数 time correlation function

对于体系的任意两个物理量 $B(t)$ 和 $C(t)$，定义 $\langle B(0)C(t) \rangle \equiv \lim_{T \to \infty} \frac{1}{T} \int_0^T d\tau B(\tau)C(\tau + t)$ 为其两者之间的时间相关函数，这里 T、τ 和 t 都是时间变量。时间相关函数 $\langle B(0)C(t) \rangle$ 描述物质在运动过程中其两种性质 B、C 在时间先后上的相关关系，是非平衡统计力学的基本概念之一。体系所有非平衡行为如弛豫、输运和涨落行为的表述都要用到时间相关函数。

04.1444 自时间相关函数 auto-time correla-
tion function

描述体系在前后两个时间上同一物理量 $B(t)$ 和 $B(0)$ 的相关可以表示为 $\langle B(0)B(t) \rangle \equiv$

$\lim_{T \to \infty} \frac{1}{T} \int_0^T d\tau B(\tau)B(\tau + t)$，称为自时间相关函数。

04.1445 时间平移不变性 time translational invariance

若非平衡态体系处于定态，则体系两个不同时刻的物理量之间的相关应当只与这两个时刻的时间间隔长度有关，而与在什么时间测量没有关系。换言之，与时间的零点选择没有关系，对任意 τ 值均有 $\langle B(t_1)C(t_2) \rangle = \langle B(t_1 - \tau)C(t_2 - \tau) \rangle$，即 $\langle B(t_1)C(t_2) \rangle = \langle B(t_1 - t_2) \cdot C(0) \rangle$。

04.1446 能量均分定律 equipartition of energy

能量均分定律指出体系能量中的每一个平方项的平均值为 $k_B T/2$（其中 k_B 为玻尔兹曼常数）。能量均分是一种经典概念。

04.1447 等概率原理 principle of equal a priori probabilities

孤立体系的所有可到达的微观状态出现的概率相等。是统计力学的基本假设。

04.1448 键型变异原理 principle of variation of bond

阐述化学键偏离极限键型情况的原理。

04.1449 时间反演不变性 time inversion in-
variance

将变量 t 替换为 $-t$（记为 $t \to -t$）而同时位置不变的变换称为时间反演变换。哈密顿正则方程在时间反演变换的前后形式不变，这就是经典力学的时间反演不变性。因为经典力学的时间反演不变性，于是对应的演化算符必定是酉算符。量子力学中的薛定谔方程也具有时间反演不变性。这意味着如果时间倒流，则运动方程是一样的，即微观过程的可逆性。

04.1450 分子力场函数 molecular force field function

计算分子势能的一种方法。其中把分子的势能近似看作分子中各个原子的空间坐标的函数，称为分子力场函数。分子力场函数本质上是唯象的。尽管其对分子势能的计算相当粗糙，但是计算量要小数十倍。因而分子力场方法的应用相当广泛，尤其对大分子复杂体系的势能计算。

04.1451 静电势 electrostatic potential

按照经典电动力学，1 个单位正的点电荷在分子体系周围的 r 处感受到的势能。静电势

$$U(r) = \sum_A \frac{Z_A}{|r - R_A|} - \int dr' \frac{\rho(r')}{|r' - r|}, \quad 其中 \rho(r')$$

为电子云密度，R_A 为核电荷 Z_A 的位置。

04.1452 分子动力学 molecular dynamics

根据原子核的质量，其运动应当服从经典力学，于是分子体系中原子核位置和速度的时间演化可以用有限差分的数值方法求解，其中原子核与电子之间的作用势能用量子力学方法或力场方法求得。从分子动力学计算可以得到分子体系各原子核位置、速度随时间的变化。进而再计算体系的任意力学量。分子动力学是最重要的一类分子模拟方法。

04.1453 从头[计]算分子动力学 *ab initio* molecular dynamics, quantum dynamics

因为限于目前计算机的计算能力，分子动力学中求算能量这一步几乎都采用力场方法，所以无法求得电子的行为及其中的化学反应，如果这一步改用量子力学的方法，这样的分子动力学称为从头[计]算分子动力学。可同时计入电子和原子核的大部分动态行为。

04.1454 梅特罗波利斯算法 Metropolis algorithm

不去任意地选取空间构型，而是逐次比较权重 e^{-E/k_BT}，用 e^{-E/k_BT} 来选取空间构型、进行均匀加和。其中 E、T 分别为体系能量和温度，k_B 为玻尔兹曼常数。是蒙特卡罗方法中最重要的一种抽样方法。

04.1455 随机动力学 stochastic dynamics

分子动力学模拟中的一种。若模拟体系较为复杂，无法采用分子动力学模拟做原子级模拟时，例如在模拟溶液中的溶质分子，不得不把数目极大的溶剂分子作模糊处理。原来基于牛顿第二定律的分子动力学模拟就要改用基于朗之万(Langevin)方程的随机动力学模拟。

04.1456 多重时间尺度积分 multiple time scale integration

分子动力学模拟中的一种。其特点是把各种不同快慢的分子运动区别对待，使得慢的作用力不必像快的作用力那样频繁地计算。分子内的势能代表快的作用力，而分子间的势能代表慢的作用力。因为通常快的作用力计算简单、价廉；慢的作用力计算比较麻烦、费力。于是区别对待之后计算效率就可以提高很多。

04.1457 能势动力学 Nosé dynamics

1984 年能势修一(Shuichi Nosé)提出恒温时把热浴与体系一起考虑的扩展哈密顿量的方法，从而达到严格符合正则系综的目的。是第一次把分子动力学方法的理论框架建立在严格统计系综的基础上。其缺点是不具有辛几何结构，对简单体系不具有遍态历经性。

04.1458 能势-胡佛动力学 Nosé-Hoover dynamics

1985 年胡佛(W. G. Hoover)发展了能势修一(Shuichi Nosé)的扩展哈密顿量的方法，把能势的问题等价于另一个直截了当的物理问题，即引入摩擦系数 $\zeta(q, p)$ 使之也能够产生正则系综。能势-胡佛动力学运动方程中可以用实时

间的等间距抽样得到正则分布,比能势动力学方便得多,对于非平衡过程的模拟尤其重要。

04.1459 伍德科克变标度恒温法 Woodcock rescaling isokinetic thermostat

为达到模拟恒温体系的目的,1971 年伍德科克提出在分子动力学模拟中对粒子动能作变标度的方法。

04.1460 贝伦德森变标度法 Berendsen rescaling method

1984 年贝伦德森(Berendsen)提出在分子动力学模拟中对粒子速度作变标度的方法,从而达到模拟恒温体系的目的。

04.1461 边界元方法 boundary element method

基于控制微分方程的基本解来建立相应的边界积分方程,再结合边界的剖分而得到离散算式。是继有限元法之后发展起来的一种新数值方法。

04.1462 分子对接 molecular docking

分子模拟的重要应用领域之一,其本质是两个或多个分子之间通过各种相互作用最后达到"识别"的过程。其中涉及调整分子之间的几何因素达到势能最小化。分子对接涉及药物设计、材料设计等领域。

04.1463 莫尔斯函数 Morse function

描述双原子分子势能 U 与原子核间距 r 两者关系的一种近似表达方案:$U(r) = D_e\left[1 - e^{-a(r-r_e)}\right]^2$,其中 a 为常数,r_e 为平衡时的核间距,D_e 为解离势。

04.1464 嵌入原子势方法 embedded atom method, EAM

一种半经验多体势模型,其基本思想为,把体系中的每一个原子都看作是嵌入在其他原子组成的基体中的客体原子;将体系能量

看作嵌入能与核-核静电相斥作用势能两项之和;对于嵌入能的计算,假定 1 个原子的嵌入能是该原子所在处的电子密度的函数,并假设固体的电子密度是组成原子的电子密度的线性叠加。

04.1465 几何优化 geometry optimization

改变分子体系中原子核的几何位置,使得体系势能极小化的过程。

04.1466 虚拟筛选 virtual screening

为了在海量的未知化合物中寻找优秀目标性质的新材料、新药物的一种新的筛选方法。先针对寻找的目标性质,根据经验或任意设想出海量的各种化合物,然后利用计算机强大的计算能力,采用各种计算化学方法,模拟、计算这些虚拟化合物的目标性质,从中得到少数最有希望的候选化合物,以供后续的步骤中进一步筛选。

04.1467 局部极大点 local maximum

满足势能 U 关于核坐标 $\{q_i\}$ 的一阶导数 $\dfrac{\partial U}{\partial q_i} = 0$,且二阶导数 $\dfrac{\partial^2 U}{\partial q_i^2} < 0$ 的点。

04.1468 定态点 stationary point

又称"稳态点"。满足函数 $f(x)$ $\dfrac{\partial f(x)}{\partial x} = 0$ 的点。

04.1469 曲率 curvature

函数 $f(x)$ 在曲线上某处的曲率定义为 $K \equiv \left|\dfrac{\mathrm{d}\alpha}{\mathrm{d}s}\right| = \dfrac{|f''|}{\left(1 + f'^2\right)^{3/2}}$,其中 $\dfrac{\mathrm{d}\alpha}{\mathrm{d}s} \equiv \lim\limits_{\Delta s \to 0} \dfrac{\Delta\alpha}{\Delta s}$,$\Delta s$ 为曲线上弧长的增量,$\Delta\alpha$ 为对应的切线倾角的增量,f' 和 f'' 分别为函数 $f(x)$ 在该处的一阶、二阶导数。

04.1470 构象搜索 conformational search

根据霍恩伯格-科恩第一定理,任意化合物电子基态的所有性质取决于分子结构,而构象是描述分子结构动态变化的最简单方式。同一化合物的不同构象会具有不同的性质。构象搜索的任务就是列举出同一化合物的所有可能的构象。构象搜索本质上是寻找 1 个多变量问题的所有极小值。

04.1471　网格搜索　grid search

在寻找 1 个多变量问题的所有极值(包括极小值和极大值)中,以固定增量改变每个变量的搜索极值的方法。

04.1472　系统搜索　systematic search

在寻找 1 个多变量问题的所有极值(包括极小值和极大值)中,对每个变量进行一视同仁的搜索方法。对分子构象作系统搜索是对所有影响构象的二面角作等增量的搜索。

04.1473　随机搜索　random search, stochastic search

为达到搜索极值的目的,在寻找 1 个多变量问题的所有极值(包括极小值和极大值)中,采用对所有变量进行随机抽样的搜索方法。对分子构象作随机搜索是对所有核的直角坐标分量或对所有二面角随机抽样。

04.1474　溶剂化模型　solvation model

关于溶液中溶质的分子模拟,首先要对周围溶剂分子的处理作决策,这就是溶剂化模型。有的溶剂化模型将溶剂看成 1 个连续介质模型,或进而是一种极化的连续模型。

04.1475　光谱项　spectroscopic term

(1)原子光谱的光谱项符号是: $^{2S+1}L_J^{M_J}$ 。其构成方法为:①用字母表示总轨道角动量量子数 L 的值,对应规则是 $L = 0, 1, 2, 3, 4, \cdots$ 记为 S, P, D, F, G, $\cdots$;②用数字表示光谱项的多重性 $2S+1$,其中 S 为原子的总自旋角动量量子数;③谱项的支项用右下标的 J 值加以区分;④在某些情况下,还在右上角标记 J 在某轴上的投影 M_J 值,更细致地描述原子态;(2)分子光谱的光谱项通常采用群论中的分类符号进行标记。

04.1476　谱项分裂　term splitting

随着谱仪分辨率的不断提高,往往发现原来的谱线实际上可以看到是由几条距离极近的谱线组成的,对应于在物理理论上考虑更完整、更细致的相互作用,这样的现象称为谱项分裂。

04.1477　选择定则　selection rule

原子、分子体系中能级跃迁遵循的规律。只有在符合选择定则的条件下跃迁才能发生。这样就可以知道发射光谱或吸收光谱中哪些谱线是会出现的,哪些是不会出现的。不同的光谱有不同的选择定则。

04.1478　内转换　internal conversion

分子体系中多重度相同的电子状态之间的无辐射跃迁。

04.1479　[电子]振转光谱　rovibronic spectrum

分子的不同电子状态的振动-转动能级之间的跃迁过程。

04.1480　精细结构　fine structure

原先归属于光谱项之间跃迁的谱线实际上常常是由几条密集的支线构成的,这些支线属于光谱支项的不同,称为光谱的精细结构。是电子的自旋运动与其轨道运动相互作用的结果。用高分辨率光谱仪对原子光谱可观察到。

04.1481　精细结构常数　fine structure constant

荷电粒子与电磁场之间相互作用强度的量度。

精细结构常数 $\alpha = \dfrac{e^2}{4\pi\varepsilon_0\hbar c} = \dfrac{1}{137.03602}$，无量纲，其数值决定了现实世界里原子的大小和物质的稳定性。若 α 过大，则粒子与辐射之间的差别将会减小甚至变得模糊不清，且原子尺寸将变小；α 过小，则粒子将不会与电磁场相互作用。总之，α 过大或过小，世界将变得远不是如今的模样了。

04.1482 超精细结构 hyperfine structure
由于电子与核的磁偶极矩和电四极矩的相互作用，精细结构中的支线还可分为更加精细的谱线，称为光谱的超精细结构。用更高分辨率的大型光谱仪对原子光谱可观察到。

04.1483 [电子]振动耦合 vibronic coupling
电子运动和核振动之间的牵连。电子振动耦合将使处于简并态的非线性分子的结构变形到对称性较低的构型，而这种构型会使简并的电子能级分裂为非简并能级，这表明非线性分子不能稳定地处在简并的电子态。

04.1484 姜-泰勒效应 Jahn-Teller effect
除了线性分子之外，所有处于简并轨道状态的多原子分子的几何构型一般都不稳定，即必然存在破坏该分子对称性的简正振动，结果发生解除简并的形变，使得处于稳定的构型、对称性变低的效应。

04.1485 电子光谱 electronic spectrum
由分子中的电子能级之间的跃迁所产生的光谱。

04.1486 转动光谱 rotational spectrum
分子的转动运动的能级是量子化的，两个不同的转动能级间跃迁所产生的光谱。

04.1487 振动光谱 vibrational spectrum

分子的振动运动的能级是量子化的，两个不同的振动能级间跃迁所产生的光谱。

04.1488 电子能量损失能谱 electron energy loss spectroscopy, EELS
用 50~200eV 的电子作用于固体样品，入射电子与表面内的各种元激发(如声子、激子等各类准粒子)相互作用而引起能量损失，这种能量损失携带了各类元激发的有关信息，由此可研究固体表面结构、固体表面的振动模式、电子的带间跃迁以及表面等离子体振荡等所产生的能谱。

04.1489 魔角旋转 magic angle spinning
因为固体中原子核是固定不动的，不像液体中的分子做快速无规运动使得各向异性相互作用的统计平均值为零，所以固体核磁共振谱线远比液体核磁共振谱线为宽。所以要采取措施消除上述各向异性相互作用，使固体核磁共振也能获得高分辨率。魔角旋转法就是其中的措施之一，因为各种相互作用都含有 $\left(1-3\cos^2\theta\right)$ 的因子，当角度 $\theta = 54°44'$ 时，此因子为零，故称此角度为魔角。使样品绕与静磁场 H 的夹角为魔角的轴做快速旋转称为魔角旋转。此时就可能获得各向同性化学位移和自旋-自旋耦合常数的数据。

04.1490 [电子]顺磁共振 electron paramagnetic resonance, EPR
测量在外磁场中使得 1 个电子的自旋磁矩方向反转所需的能量。

04.1491 圆双折射 circular birefringence
平面偏振光通过介质时由于左、右圆偏振成分通过的速度不同造成光通过介质时光的偏振面发生的偏转。

04.1492 法拉第效应 Faraday effect
平面偏振光在某些有磁场作用的非旋光物

质中传播时，若传播方向沿着磁场作用方向，则光波的偏振面将发生旋转，转角 ψ 正比于磁感应强度 B 和所穿过介质的长度 l，即 $\psi = VlB$，比例系数 V 称为韦尔代(Verdet)常数。这种磁致旋光效应称为法拉第效应。也是一种圆双折射。

04.1493 群论 group theory

研究对称性的数学理论。

04.1494 对称操作的特征标 character of symmetric operation

在群表示理论里，1 个对称操作可用 1 个矩阵来表示，对称操作 R 的不可约表示的特征标 $\chi(R)$ 就是该矩阵的迹(即对角元之和)。特征标蕴藏着群的许多重要性质。特征标理论是对有限群分类的 1 个重要工具。

04.1495 群的阶次 order of group

有限群中元素的数目。

04.1496 表示论 representation theory

从宇宙万物的外部，容易看到对称性的存在。但是要发现对称性内部隐含的规律还是需要借助于具体的数学工具。矩阵就是这种数学表达或表示的工具，可以用一组矩阵作为群的表示的形式，据此才能进行具体的数学演绎，发掘内部规律，这就是群的表示论。表示论得到的规律通过同构可以与宇宙万物的对称性质——对应地联系起来。

04.1497 矩阵表示 matrix representation

用一组矩阵作为群、微分方程等数学内容的表示形式。

04.1498 不可约表示 irreducible representation

从化合物外部的对称性得到的一组矩阵表示往往是表观的、繁琐的。同样对称性的不同化合物得到的矩阵表示各不相同、数不胜数。所以要通过群表示理论中的广义正交定理、特征标等把可约表示简化、提炼，即所谓约化，把内部规律凸现出来。直到不能约化为止，最后得到的矩阵表示称为不可约表示。约化之前的矩阵表示称为"可约表示 (reducible representation)"。

04.1499 对称轨道 symmetry orbital

又称"对称性匹配基(symmetry-adapted basis)"。满足分子所属点群不可约表示的对称性要求的轨道。利用群论方法通过投影算符作用在原子轨道可得到对称轨道。采用对称轨道可大大简化哈密顿矩阵元的计算。

04.07 胶 体 化 学

04.1500 分散系统 disperse system

一种物质以细分的状态分散在与其不混溶的另一物质中构成的系统。

04.1501 分散相 disperse phase

分散系统中的不连续相。

04.1502 分散介质 disperse medium

分散系统中的连续相。

04.1503 粗分散系统 coarse disperse system

分散相粒子大小超过约 1000nm 的分散系统。

04.1504 悬浮液 suspension

固相物质分散于液体中形成的粗分散系统。

04.1505 胶体 colloid

分散相粒子的大小在至少 1 个尺度上处在 1~1000nm 范围内的分散系统。

04.1506 生物胶体 biocolloid
来源于生物的胶体分散系统。

04.1507 软物质 soft matter
由大量的分子聚集体或大分子构成的性质介于液体和理想固体之间的一种特殊流体。

04.1508 胶体化学 colloid chemistry
以胶体和其他分散系统为主要研究对象的化学分支。

04.1509 胶体状态 colloidal state
物质的粒子大小处在胶体范围内的一种状态。

04.1510 胶体晶体 colloidal crystal
由大小均一的胶体粒子有序排列形成的类似晶体的结构。

04.1511 胶体磨 colloid mill
利用高剪切作用将粒子尺寸减小以制备胶体的机械装置。

04.1512 均化 homogenization
利用分散装置将分散系统的粒子尺寸减小和粒度分布均匀化的过程。

04.1513 聚集 aggregation
分散系统中的分散相的粒子以某种方式集合在一起的过程。

04.1514 聚集体 aggregate
以某种方式集合在一起的分子或者粒子集团。

04.1515 凝聚 coacervation
(1)在溶液中,分散的高分子或颗粒,因温度、压力或化学环境的改变,导致相互接触、交叠、贯穿,从而形成紧密堆砌,而分离成两相的过程。(2)从一种凝聚态转变为另一种分子间堆砌更紧密凝聚态的过程。

04.1516 聚并 coalescence
两个或多个分散相粒子合并成1个大粒子的过程。

04.1517 团聚 agglomeration
分散系统中分散相粒子以边或角连接的过程,团聚后其比表面与其组成粒子的比表面之和无显著差别。

04.1518 电渗析 electrodialysis
借助在半透膜两侧施加电场加速胶体与小离子分离的过程。

04.1519 疏水胶体 hydrophobic colloid
以水为分散介质的胶体。其中分散相和水的亲和性较弱。

04.1520 亲水胶体 hydrophilic colloid
以水为分散介质的胶体。其中分散相和水的亲和性较强。

04.1521 缔合胶体 association colloid
由分子或离子在溶液中自组装形成的聚集体构成的一类亲液胶体。

04.1522 两亲的 amphiphilic
既亲水又亲油的。

04.1523 双疏的 amphiphobic
既疏水又疏油的。

04.1524 单分散[体] monodispersion
分散相粒子大小均匀的分散系统。

04.1525 多分散[体] polydispersion
分散相粒子大小有较宽分布的分散系统。

04.1526 布朗运动 Brownian motion
因介质分子热运动引起的分散相粒子的无规则运动。

04.1527　沉降　sedimentation
在重力或外加力场作用下分散系统中的分散相粒子沿力场方向的运动。

04.1528　沉降速度　sedimentation velocity
分散相粒子在沉降时的移动速度。

04.1529　沉降电势　sedimentation potential
由于分散相粒子在流体介质中沉降而在介质内产生的电势差。

04.1530　超[高]离心机　ultracentrifuge
可以产生约 10^5 倍重力加速度以上的离心加速度的离心机。

04.1531　扩散系数　diffusion coefficient
又称"传质系数(mass transfer coefficient)"。表征物质扩散能力的 1 个物理量。在数值上等于在单位浓度梯度下单位时间通过单位面积扩散的物质的数量。

04.1532　平动扩散　translational diffusion
由胶体粒子在三维空间坐标内的无规运动产生的扩散现象。

04.1533　转动扩散　rotational diffusion
由胶体粒子的无规则旋转运动产生的扩散现象。

04.1534　菲克第一定律　Fick first law
定量表示扩散系统中物质的扩散速度的公式：$J = -D(dc/dx)·A·t$。其中 J 是在浓度梯度 (dc/dx) 下，于时间 t 内通过截面 A 扩散的物质数量，D 为扩散系数。

04.1535　菲克第二定律　Fick second law
表示扩散系统中扩散物质的浓度随位置和时间变化的公式：$dc/dt = D(d^2c/dx^2)$。其中 c 为时间 t 时位置 x 处的浓度，D 为扩散系数。

04.1536　渗透计　osmometer
利用半透膜测定渗透压的装置。

04.1537　渗透天平　osmotic balance
利用分析天平测定渗透压的装置。

04.1538　反渗透　reverse osmosis
利用溶剂分子可以透过、但溶质分子(或离子)不能透过的半透膜的特性，在溶液一侧施加超过溶液渗透压的压力，从而使溶剂从溶液中分离的过程。

04.1539　唐南平衡　Donnan equilibrium
由于高分子电解质的存在而使具有通透性的小离子在半透膜的内外分布不均匀的现象。

04.1540　中子散射　neutron scattering
以中子束作为光源产生的散射现象。

04.1541　光子相关光谱法　photon correlation spectroscopy
利用傅里叶变换将光电流功率谱测量转换为光子相关函数测量的一种动态光散射技术。

04.1542　丁铎尔现象　Tyndall phenomenon
光在通过分散系统时，由于分散粒子散射光而在侧面观察到明亮的光线轨迹的现象。

04.1543　高级丁铎尔谱　higher order Tyndall spectra, HOTS
由被照射的分散体的不同角度的散射光组成的光谱。对于在白光照射下的粒子大小与波长相近的单分散胶体，高级丁铎尔谱常常是彩色谱。

04.1544　散射效率　scattering efficiency
表示物质散射能力的一种无量纲的数值。与粒子几何截面积的乘积等于该粒子对系统浊度的贡献。

04.1545 暗场显微镜 dark field microscope

又称"超显微镜(ultramicroscope)"。使用暗场照明的一种光学显微镜。其中透射光在显微镜的视野之外，观察到的是粒子的散射光在暗背景中形成的亮点。

04.1546 布儒斯特角 Brewster angle

当偏振光在界面上反射时，去偏振反射光强度为零时的入射角。

04.1547 布儒斯特角显微镜 Brewster angle microscope

以偏振光为光源、利用布儒斯特角原理、原位观测气液界面膜结构的光学仪器。

04.1548 浊度 turbidity

光线透过分散系统时由于分散相粒子散射光而使透光率减小的性质。

04.1549 瑞利公式 Rayleigh equation

定量表示瑞利散射产生的散射光强与散射单元的大小、折光率、光波波长等因素的关系的公式。对于溶胶，瑞利公式为：

$$\frac{i_\theta r^2}{I} = \frac{9\pi^2}{2\lambda^4}\left(\frac{n_1^2 - n_0^2}{n_1^2 + n_0^2}\right)^2 Nv^2(1 + \cos^2\theta)$$

式中 i_θ 表示散射角为 θ、散射距离为 r 处的散射光强，I 为入射光强，n_1 为分散相的折光率，n_0 为介质的折光率，v 为散射粒子的体积，N 为单位体积内的散射粒子数，λ 为入射光在介质中的波长。

04.1550 德拜公式 Debye equation

当散射粒子的尺寸与入射光的波长相近时，同一粒子的不同部位都是散射中心，其发出的散射光将出现干涉现象。对于由 N 个散射元组成的散射粒子，有干涉时的散射光强 i_p 与无干涉时的散射光强 i_s 的比值为

$$\frac{i_p}{i_s} = \frac{1}{N^2}\sum_i\sum_j\frac{\sin sr_{ij}}{sr_{ij}} = P_{(\theta)}$$，此式称为德拜公式。式中 r_{ij} 为第 i 个和第 j 个散射元的距离，$s = \frac{4\pi}{\lambda}\sin\frac{\theta}{2}$，$\lambda$ 和 θ 分别是入射光波在介质中的波长和散射角。$P_{(\theta)}$ 在 r_{ij} 很小或者 $\theta = 0$ 时等于 1，在其他情况下均小于 1，其数值与散射粒子的大小和形状有关。

04.1551 表面张力 surface tension

在液体或固体表面上，垂直于任一单位长度并与表面相切的收缩力。常用单位为 $mN \cdot m^{-1}$。

04.1552 表面能 surface energy

恒温恒压条件下增加单位面积时系统内能的增量。常用单位为 $mJ \cdot m^{-2}$。

04.1553 表面自由能 surface free energy

恒温恒压条件下，增加单位面积时系统自由能的增量，或形成单位新表面所需的恒温可逆功。单位为 $mJ \cdot m^{-2}$。

04.1554 界面张力 interfacial tension

在两个不相混溶的凝聚相的界面上，垂直于任一单位长度并与界面相切的收缩力。常用单位为 $mN \cdot m^{-1}$。

04.1555 超低界面张力 ultra low interfacial tension

低于 10^{-3} $mN \cdot m^{-1}$ 的界面张力。

04.1556 表面压力 surface pressure

铺展的表面膜对单位长度浮片施加的力。常以 π 表示。其数值等于液体或固体表面铺膜前后表面张力之差。

04.1557 静态表面张力 static surface tension

又称"平衡表面张力(equilibrium surface tension)"。不随表面形成时间改变的表面

张力。

04.1558 动态表面张力 dynamic surface tension
与表面形成时间有关的表面张力。

04.1559 毛细现象 capillarity
又称"毛细作用(capillarity action)"。因表面张力存在而引起的与表面流动及液面平衡形状有关的表面现象。如液滴或弯曲液面的形成,在毛细孔中液面上升或下降的现象等。

04.1560 毛细力 capillary force
在毛细管或孔性物质中液体受到的界面作用力。

04.1561 杨-拉普拉斯公式 Young-Laplace equation
表征弯曲液面内外压力差(ΔP)与表面曲率半径(R_1和R_2)、表(界)面张力(γ)关系的基本公式:$\Delta P = \gamma \left(\dfrac{1}{R_1} + \dfrac{1}{R_2} \right)$。

04.1562 开尔文公式 Kelvin equation
表征弯曲液面蒸气压(P)与液面曲率半径(r)及表面张力(γ)的关系式:$RT \ln (P/P_0) = 2V\gamma/r$。式中$P_0$为液体平表面在实验温度$T$时的饱和蒸气压,$V$为液体的摩尔体积,$R$为摩尔气体常数。

04.1563 毛细升高法 capillary rise method
利用液体在可润湿的毛细管中液面升高的原理测定表面张力的方法。

04.1564 滴体积法 drop-volume method
根据在重力作用下自毛细管端滴落液滴的体积测定表面张力的方法。

04.1565 滴重法 drop-weight method

根据在重力作用下自毛细管端滴落液滴的重量测定表面张力的方法。

04.1566 迪努伊环法 Du Noüy ring method
又称"吊环法""脱环法"。根据测定可被液体润湿的金属环(如铂-铱环)脱离液体表面或界面所需力的大小计算液体表面张力的方法。

04.1567 吊片法 Wilhelmy plate method
通过测量将垂直插入液体的惰性薄片(如铂片、玻璃片)拉出液面的力来测定液体表面张力的方法。

04.1568 悬滴法 pendent drop method
通过测量在毛细管端悬垂并处于平衡状态的最大液滴的形状测定液体表面张力的方法。

04.1569 最大泡压法 maximum bubble pressure method
通过测量浸入液体的毛细管端气泡的形成与破裂时的最大压力差来测定液体表面张力的方法。

04.1570 振动射流法 oscillating jet method
一种测定液体动态表面张力的方法。在恒定压力下将液体通过椭圆形喷口喷入气体中,可形成液体的周期性振荡波状射流。根据射流的波长、喷口的大小、液体的密度、射流流速可计算出动态表面张力。

04.1571 躺滴法 sessile drop method
通过测量静置于固体表面上液滴的形状计算液体表面张力的方法。

04.1572 旋滴法 spinning drop method
根据低密度液体在充满高密度液体的密封旋转管中形成的液滴的形状测定液体间界面张力的方法。

04.1573 体相 bulk phase

除两相接触形成的界面区域外，相的其他部分。

04.1574 可逆吸附 reversible adsorption
被吸附物脱附时不改变化学结构的吸附作用。

04.1575 不可逆吸附 irreversible adsorption
被吸附物脱附时发生化学结构变化的吸附作用。

04.1576 变温吸附 temperature swing adsorption, TSA
利用改变温度完成吸附和脱附，实现吸附剂再生和气体分离的过程。

04.1577 变压吸附 pressure swing adsorption, PSA
通过周期性改变气体压力，使混合气体得到分离或纯化的过程。

04.1578 吸附质 adsorbate
被吸附了的物质。

04.1579 吸附物 adsorptive
可以被吸附的物质。

04.1580 吸附剂 adsorbent
能有效地从气相或液相中吸附某些组分的固体物质。

04.1581 比表面 specific surface area
单位质量固体的总表面积。

04.1582 吸附热 heat of adsorption
在一定条件下发生吸附作用(气体在干净固体表面上或固体自溶液中的吸附)而产生的热效应。

04.1583 积分吸附热 integral heat of adsorption
在较长的吸附过程中，一定量的吸附物从气相或液相吸附到固体表面所释放出的热量。

04.1584 微分吸附热 differential heat of adsorption
使已吸附一定量的吸附质的固体再吸附少量吸附物时释出的热量。气体吸附的微分吸附热是恒温、恒容和恒定固体表面积的条件下吸附 1mol 吸附质时系统内能的变化。

04.1585 等量吸附热 isosteric heat of adsorption
由吸附等量线求出的吸附热。气体吸附的等量吸附热是在恒温、恒压和恒定吸附剂表面积条件下，吸附 1mol 吸附质时系统的焓变。

04.1586 吸附活化能 activation energy of adsorption
发生明显化学吸附的标准自由能变化。

04.1587 吸附中心 adsorption center
吸附剂或催化剂表面能量分布呈波动性，波谷部分即为吸附中心。

04.1588 吸附速率 adsorption rate
在发生吸附作用时，单位时间体相中吸附质浓度(或压力)的变化。

04.1589 吸附平衡 adsorption equilibrium
在一定条件下吸附量不再变化，亦即吸附速度与脱附速度相等的状态。

04.1590 吸附等温线[式] adsorption isotherm
表征在恒温条件下平衡吸附量与体相中吸附质组成(压力或浓度)关系的实验曲线或理论(或经验)关系式。

04.1591 吸附等压线 adsorption isobar
在恒定压力条件下，吸附平衡压力与温度的

关系曲线。

04.1592 吸附等量线 adsorption isostere
在吸附量恒定条件下，吸附平衡压力与温度的关系曲线。

04.1593 共吸附 coadsorption
两种或两种以上物质同时吸附。

04.1594 吸附滞后 adsorption hysteresis
吸附等温线的吸附分支与脱附分支分离的现象。

04.1595 选择吸附 selective adsorption
又称"优先吸附(preferential adsorption)"。在多种吸附物中一种或几种物质吸附能力特别强烈的吸附。

04.1596 孔 pore
固体中的小空隙或缝隙。其中有孔道与外界连通的称为"开孔(open pore)",无孔道与外界连通的称为"闭孔(close pore)"。孔直径或孔隙宽度大于 50nm 的为大孔, 2~50nm 的为中孔, 小于 2nm 的为微孔。

04.1597 吸附层 adsorption layer
又称"吸附相"。在界面上吸附质富集的区域。

04.1598 极限分子面积 limiting molecular area
在界面上分子紧密排列时每个分子平均占据的面积。

04.1599 单分子层吸附 monomolecular adsorption
又称"单层吸附(monolayer adsorption)"。在界面上形成 1 个分子层的吸附。

04.1600 多分子层吸附 multimolecular adsorption

又称"多层吸附(multilayer adsorption)"。在吸附空间内形成多个分子层的吸附。

04.1601 朗缪尔吸附等温式[线] Langmuir adsorption isotherm
由朗缪尔(Langmuir)提出的假设吸附为单分子层的和吸附热为常数的吸附等温方程式。$A = a_m bp/(1+bp)$, 式中 A 为平衡压力 p 时的吸附量, a_m 为单分子层饱和吸附量, b 为与吸附热有关的常数。在自溶液中吸附时, 将上式中 p 更换为平衡浓度 c 即可。由此式可知, 在 p(或 c)很小时, A 与 p 成正比; 在 p 很大时, $A = a_m$。

04.1602 BET 吸附等温式 Brunauer-Emmett-Teller adsorption isotherm, BET adsorption isotherm
布鲁诺尔(Brunauer)、埃梅特(Emett)和泰勒(Teller)共同提出的描述多层吸附的吸附等温式。这一理论的基本假设是, 吸附可以是多分子层的, 第一层与以后各层吸附热不同。第二层以上各层的吸附热相等, 等于吸附质的液化热。

$$\frac{v}{v_m} = \frac{cp}{(p_0 - p)\left[1 + (c-1)\dfrac{p}{p_0}\right]}$$

式中 v 为平衡压力为 p 时之吸附量, v_m 为单分子层饱和吸附量, p_0 为实验温度吸附质的饱和蒸气压, c 为与第一层吸附热和吸附质液化热有关的常数。

04.1603 毛细管凝结 capillary condensation
蒸气在孔性固体和粉体缝隙中发生由蒸气凝结成液体的填充。

04.1604 吸附量 adsorbed amount
在一定条件下, 在界面上吸附的吸附质的量。

04.1605 重量法 gravimetric method

用称量装置(如微量天平、石英弹簧等)直接
测量某气体平衡压力下的吸附量的方法。

04.1606　体积法　volumetric method
又称"容量法"。恒定吸附质气体体积,通
过测定吸附平衡前后气体压力的变化计算
吸附量的方法。

**04.1607　吸附气泡分离法　adsorption bubble
separation method**
利用某些物质在大量气泡形成时强烈吸附
在气液界面上的能力将其与其他不易吸附
物质分离的方法。

**04.1608　吉布斯吸附公式　Gibbs adsorption
equation**
又称"吉布斯等温式(Gibbs isotherm)"。表征
某组分在表(界)面上的吸附量 Γ、表(界)面张
力 γ 和该组分在体相中的活度(或逸度)关系
的方程式。对于溶质(2)在溶剂(1)中的稀溶液
可表述为:

$$\Gamma_2^{(1)} = -\frac{1}{RT}\left(\frac{\partial\gamma}{\partial\ln c_2}\right)_T$$

式中 $\Gamma_2^{(1)}$ 表示当溶剂的表面超量为零时溶

质的吸附量,c_2 为溶质在体相溶液的浓度,
γ 为溶液的表面张力。

04.1609　表面超量　surface excess
某组分在一定体积表面相内实际存在的量与
含有等量溶剂的体相溶液内所含该组分量的
差值。通常以单位表面上物质的量(摩尔)表示。

04.1610　界面超量　interface excess
某组分在一定体积界面相内实际存在的量
与含有等量溶剂的体相溶液内所含该组分
量的差值。

04.1611　表面活性　surface activity
溶质使溶剂表面张力降低的性质。

**04.1612　表面活性剂　surface active agent,
surfactant**
在很低的浓度就能使溶剂表面张力显著降
低的有实用价值的两亲性有机化合物。

04.1613　两亲分子　amphiphilic molecule
在同一分子中既有疏水基团,又有亲水基团
的有机化合物分子。

04.1614　助表面活性剂　cosurfactant
能使表面活性剂表面活性提高的其他表面
活性剂或两亲性有机化合物。

04.1615　头基　head group
表面活性剂分子的亲水性官能团。

04.1616　阴离子型表面活性剂　anionic surfactant
在水溶液中能解离生成表面活性阴离子的
一类表面活性剂。

**04.1617　阳离子型表面活性剂　cationic
surfactant**
在水溶液中能解离生成表面活性阳离子的
一类表面活性剂。

**04.1618　两性型表面活性剂　amphoteric sur-
factant**
分子中同时含有带正电荷和带负电荷极性
基团的表面活性剂。其中一类的带电性质由
介质的 pH 决定(低 pH 时带正电荷,高 pH
时带负电荷),另一类的带电符号在很宽的
pH 范围内与 pH 无关(在中性与碱性介质中
均以两性离子形式存在),后者也称为"两性
离子型表面活性剂(zwitterionic surfactant)"。

**04.1619　非离子型表面活性剂　nonionic
surfactant**
在水溶液中不发生解离的一类表面活性剂。

04.1620　阴阳离子型表面活性剂　catanionic

surfactant

又称"正负离子型表面活性剂"。等摩尔比阴、阳离子型表面活性剂的混合物。

04.1621　氟表面活性剂　fluorinated surfactant, fluorosurfactant, fluorocarbon surfactant

在碳氢表面活性剂分子中碳氢链的氢原子全部或部分被氟原子取代的一类表面活性剂。

04.1622　硅表面活性剂　silicon surfactant

疏水基以硅氧烷(硅烷、硅亚甲基)为主体的表面活性剂。

04.1623　bola 型表面活性剂　bola surfactant

两个亲水基团以疏水链连接而成的双亲水端基的表面活性剂。

04.1624　gemini 型表面活性剂　gemini surfactant

又称"双子表面活性剂""二聚表面活性剂"。由桥连基团连接两个或多个相同的两亲分子所形成的表面活性剂。

04.1625　胶束　micelle

又称"胶团"。在水溶液中，表面活性剂浓度达到一定值后开始大量形成的分子有序聚集体。在胶束中，表面活性剂分子的疏水基聚集构成胶束内核，亲水的极性基团构成胶束外层。

04.1626　反胶束　reverse micelle

又称"反胶团"。表面活性剂在非极性有机溶剂中形成的有序聚集体。反胶束的内核由表面活性剂极性基团构成，外层由非极性基团构成。

04.1627　胶束化　micellization

表面活性剂形成胶束或反胶束的过程。

04.1628　预胶束化　premicellization

在浓度低于临界胶束浓度时，表面活性剂分子或离子形成小聚集体的过程。

04.1629　临界胶束浓度　critical micelle concentration

表面活性剂开始大量形成胶束的最小浓度或一窄小的浓度范围。

04.1630　胶束内核　micelle core

在水溶液中由表面活性剂疏水基聚集而成的类似于液态烃性质的非极性微区部分。

04.1631　球形胶束　spherical micelle

表面活性剂在临界胶束浓度附近形成的圆球形胶束。

04.1632　柱形胶束　cylindrical micelle

表面活性剂在浓度远大于临界胶束浓度时可能形成的柱状或棒状的胶束。

04.1633　排列参数　packing parameter

表面活性剂疏水基体积 V 与疏水基最大伸展时链长 l 和紧密排列单层中亲水基占有面积 A 的乘积之比值，即排列参数 $P = V/(lA)$。排列参数 P 的大小与表面活性剂聚集体形状有关。如：$P < 1/3$ 易形成球形或椭球形胶束；$P = 1/2 \sim 1$，易形成层状胶束和囊泡；$P > 1$，易形成反胶束和微乳。

04.1634　胶束聚集数　aggregation number of micelle

形成 1 个胶束的表面活性剂分子或离子的平均数目。

04.1635　有序分子组合体　organized molecular assembly

两亲分子(主要是表面活性剂)在溶剂中或在界面上相互聚集，有序排列形成的各种形态和结构的聚集体(如胶束、囊泡、液晶、微乳等)。

04.1636 层层自组装 layer-by-layer self-assembly
原子或分子逐层聚集成有序排列的聚集体的过程。

04.1637 囊泡 vesicle
表面活性剂在水相中形成的封闭式的双层结构。多为球形、椭球形或扁球形。

04.1638 微胶囊 microcapsule
用薄膜包覆化学物质所形成的微米级囊状结构。

04.1639 溶致液晶 lyotropic liquid crystal
由两亲分子和溶剂所组成的体系随浓度变化所形成的液晶。

04.1640 表面活性剂双水相 aqueous surfactant two phase, ASTP
在一定条件下，某些表面活性剂水溶液可自发分离形成的两个互不相溶的水相。

04.1641 胶体电解质 colloidal electrolyte
能解离形成胶体粒子大小的电解质。

04.1642 吸附胶束 admicelle
在固液界面上吸附的表面活性剂相互作用形成的具有局部吸附双层或球形结构的聚集体。

04.1643 半胶束 hemimicelle, semimicelle, halfmicelle
在固液界面上吸附的表面活性剂相互作用形成的具有局部单层和半球形结构的聚集体。

04.1644 表面胶束 surface micelle
半胶束和吸附胶束的总称。

04.1645 胶束形成热 heat of micellization
胶束形成的热效应。

04.1646 浊点 cloud point
表面活性剂的澄清溶液随温度升高开始变浑浊的温度。

04.1647 增溶作用 solubilization
在表面活性剂胶束存在下，不溶或难溶的有机物溶解度增大的作用。

04.1648 吸附增溶 adsolubilization
又称"表面增溶(surface solubilization)"。吸附胶束对有机物的增溶作用。

04.1649 水溶助长[作用] hydrotopy
在某些小分子极性有机物存在下，使难溶于水的有机物溶解度增大的作用。

04.1650 胶束催化 micellar catalysis
表面活性剂胶束使某些化学反应得以进行或加速的作用。

04.1651 铺展 spreading
一种液体在另一种与其不相混溶的液体表面或固体表面上展开的过程。

04.1652 黏附功 work of adhesion
将相互接触的二凝聚相单位界面拉开成两个单位表面的凝聚相所需做的最小功。

04.1653 内聚功 work of cohesion
将一均匀体相分离成两个与其他相形成的单位新表面所需做的最小功。

04.1654 表面膜 surface film
在液体或固体表面上形成的另一种物质的薄层。

04.1655 界面膜 interface film
在相界面上形成的与任一体相组成不同的物质的薄层。

04.1656 单分子膜 monomolecular film

在表面或界面形成的单分子层厚的薄膜。

04.1657 亚相 subphase

在膜和吸附层下起支撑作用的基质。

04.1658 膜压 film pressure

二维吸附单层膜对单位长度浮片施加的力。膜压在数值上等于纯基质的表面张力 γ_0 与基质上形成吸附膜后表面张力 γ 之差。膜压常用 π 表示：$\pi = \gamma_0 - \gamma$。

04.1659 崩溃压 collapse pressure

在基质上形成的单层膜开始破裂时的膜压力。

04.1660 朗缪尔膜天平 Langmuir film balance

由液槽(内装水或溶液)、浮片和测量系统组成的研究单分子膜的实验装置。

04.1661 双重膜 duplex film

能独立形成有各自界面张力的两个界面的薄膜。

04.1662 双层脂质膜 bilayer lipid membrane, BLM

由类脂分子构成的双分子层薄膜。在光照下此膜显黑色。

04.1663 黑膜 black film

液膜的颜色与膜厚度有关，当膜厚度薄至一定程度时(如 < 50nm)膜呈黑色，称为黑膜。

04.1664 铺展系数 spreading coefficient

一种液体在另一种不相混溶的液体或固体表面上铺展能力大小的量度。即黏附功 W_A 与铺展液内聚功 W_C 之差。常用 S 表示，即 $S = W_A - W_C$，也可写作 $S = \gamma_1 - \gamma_2 - \gamma_{12}$。$\gamma_2$ 为铺展液的表面张力，γ_1 为基质的表面张力，γ_{12} 为形成的界面的界面张力。$S > 0$，铺展能自发

进行。$S < 0$，不能自发铺展。

04.1665 初始铺展系数 initial spreading coefficient

当铺展不能在瞬间完成时，刚开始铺展时的铺展系数。

04.1666 自憎现象 autophobization

当两亲性有机液体在高能固体表面铺展时，初始铺展系数有时虽为正值(可以铺展)，但有机分子以极性基在固体表面吸附，疏水基留在外层使高能表面变为低能表面，最终铺展系数可能为负值(不能铺展)，形成有一定接触角的有机液滴。这种由能铺展变为不能铺展的现象称为自憎现象。

04.1667 杜普雷公式 Dupre equation

表征液液和液固界面黏附功 W_A 的定义关系式：$W_A = \gamma_1 + \gamma_2 - \gamma_{12}$，$\gamma_1$ 和 γ_2 分别为互相接触的二凝聚相物质的表面张力，γ_{12} 为互相接触的二凝聚相的界面张力。

04.1668 杨-杜普雷公式 Young-Dupre equation

又称"润湿方程"。表征液滴在固体表面形成的平衡接触角 θ 与固液、气液、固气三种界面张力 γ_{SL}、γ_{LG}、γ_{SG} 的关系。

$$\gamma_{SG} - \gamma_{SL} = \gamma_{LG} \cdot \cos\theta$$

04.1669 接触角 contact angle

当两种流体(如气体、液体或两种不混溶的液体)同时与固体接触时，固体表面和从三相交界点处对二流体界面所作切线之间的夹角。

04.1670 动态接触角 dynamic contact angle

随形成接触角的三相接触时间而变化的接触角。

04.1671 前进接触角 advancing contact angle

在固体表面上增大液滴时，或使有液滴的固体倾斜时，液滴前进方向的接触角。

04.1672 后退接触角 receding contact angle
从固体表面抽减液滴的液体时，或使有液滴的固体倾斜时，液滴后退方向的接触角。

04.1673 接触角滞后 contact angle hysteresis
前进与后退接触角不同的现象。

04.1674 润湿 wetting
用一种液体取代固体表面存在的另一种流体(气体或液体)的过程。通常将液体在固体上的接触角大于 90° 称为不润湿，接触角小于 90° 称为润湿。

04.1675 [润湿]临界表面张力 critical surface tension of wetting
表征固体表面润湿性能的经验参数，用能在固体表面自动铺展的液体的最小表面张力值表示。高于此值的液体不能在此固体表面上铺展。常以 γ_c 表示。

04.1676 低能表面 low energy surface
表面自由能低于约 $100mJ \cdot m^{-2}$ 的表面。

04.1677 高能表面 high energy surface
表面自由能高于约 $100mJ \cdot m^{-2}$ 的表面。

04.1678 浸润热 heat of immersion
又称"浸湿热""润湿热"。干净固体表面浸入液体中放出的热量。

04.1679 粒子电泳 particle electrophoresis
又称"显微电泳(microscopic electrophoresis)"。利用显微镜直接观察粒子的电泳的方法。

04.1680 电渗 electroosmosis
在电场作用下分散介质发生定向运动的现象。

04.1681 等电点 isoelectric point, IEP
分散系统中粒子电动电势为零时溶液中电势决定离子的摩尔浓度的负对数值。当电势决定离子为氢离子时，等电点即为粒子电动电势为零时溶液的 pH 值。

04.1682 零电荷点 point of zero electric charge
分散系统中粒子界面净电荷为零时溶液中电势决定离子的浓度的负对数值。

04.1683 表面电荷 surface charge
分散系统中分散相粒子表面上带有的电荷。

04.1684 溶胶 sol
分散相粒子小于约 1000nm 的固/液分散系统。

04.1685 疏水溶胶 hydrophobic sol
分散相粒子与作为分散介质的水之间亲和力较弱的溶胶。

04.1686 水溶胶 hydrosol
以水作为分散介质的溶胶。

04.1687 气溶胶 aerosol
液体或固体分散在气体中形成的胶体系统。

04.1688 絮凝 flocculation
分散系统中的分散相粒子形成松散聚集体的过程。

04.1689 桥连絮凝 bridging flocculation
由于大分子长链同时吸附在两个或更多的分散相粒子上而引起的絮凝现象。

04.1690 絮凝浓度[值] flocculation concentration
使分散系统发生絮凝所需的最低的絮凝剂浓度。

04.1691 敏化 sensitization

疏水胶体因加入少量大分子而变得对电解质更为敏感的现象。

04.1692 舒尔策-哈代规则 Schulze-Hardy rule
表示疏水胶体的临界聚沉浓度与所加电解质中反离子价数的大约 6 次方成反比的一条经验规则。

04.1693 楔压 disjoining pressure
又称"分离压"。两个表面之间单位面积上相互作用自由能(Φ)对于距离(D)的负导数($-\mathrm{d}\Phi/\mathrm{d}D$)所相应的单位面积上的力。

04.1694 空间稳定作用 steric stabilization
由吸附在分散相粒子表面上的高分子长链产生的阻止粒子聚集的稳定作用。

04.1695 空缺絮凝作用 depletion flocculation
由溶液中未被吸附的自由高分子产生的促进分散相粒子聚集的絮凝作用。

04.1696 空缺稳定作用 depletion stabilization
由溶液中未被吸附的自由高分子产生的对抗分散相粒子聚集的稳定作用。

04.1697 双电层厚度 double layer thickness
双电层理论的 1 个关键参数 κ 的倒数，其中 $\kappa = 2n_i z_i^2 \mathrm{e}^2 / \varepsilon kT$，式中 n_i 是单位体积溶液中的 i 种离子的数目，z_i 为该离子的价数，e 为电子电荷，k 为玻尔兹曼常数，T 为绝对温度，ε 为溶剂的电容率。κ^{-1} 具有长度量纲，其数值大致相当于溶液内双电层电势由表面电势下降至其值的 1/e 处的距离。

04.1698 同离子 coion
胶体溶液中与分散相粒子的表面带有相同符号电荷的离子。

04.1699 反离子 counterion

胶体溶液中与分散相粒子的表面带有相反符号电荷的离子。

04.1700 电势决定离子 potential determining ion
若某种离子在两相中的平衡分布决定了两相间的电势差，则该离子称为电势决定离子。

04.1701 哈马克常数 Hamaker constant
表征胶体粒子间源自色散力的范德瓦耳斯相互作用能与粒子尺寸及粒子间距离关系的定量公式中的比例常数。是组成粒子的物质的特征常数。

04.1702 气凝胶 aerogel
以气体为分散介质的凝胶材料。其固体相和孔隙结构均为纳米量级。

04.1703 干凝胶 xerogel
脱液干燥的凝胶。通常其固体含量超过液体。

04.1704 水凝胶 hydrogel
以水为分散介质的凝胶。

04.1705 胶凝剂 gelling agent
能使胶体或大分子溶液发生胶凝的外加试剂。

04.1706 膨胀压 swelling pressure
为阻止溶胀物质进一步溶胀，需要在凝胶和其平衡液之间施加的压力。

04.1707 脱水收缩 synersis
又称"离浆作用"。凝胶由于释放和排出液体而自发收缩的现象。

04.1708 聚沉 coagulation
溶胶在静电作用下发生的粒子聚集沉降

现象。

04.1709 聚沉值 coagulation value
为使溶胶在指定条件下聚沉所需加入的电解质最低浓度。

04.1710 异质聚沉 heterocoagulation
不同物种或携带不同电荷的分散相粒子彼此间的聚沉作用。

04.1711 同向聚集作用 orthokinetic aggregation
由流体力学运动例如搅拌、沉降或对流等引起的胶体粒子聚集过程。

04.1712 异向聚集作用 perikinetic aggregation
由布朗运动引起的胶体粒子聚集过程。

04.1713 感胶离子序 lyotropic series
又称"霍夫迈斯特次序(Hofmeister series)"。表示同价离子影响溶胶性质的能力强弱的排列顺序。

04.1714 流变学 rheology
研究物质的变形和流动的一门学科。

04.1715 牛顿流动 Newtonian flow
剪切强度与剪切速度成正比关系的流体流动行为。

04.1716 黏度 viscosity
流体流动阻力的一种量度。对于牛顿流动，等于剪切强变与剪切速度的比值。

04.1717 运动黏度 kinematic viscosity
流体的绝对黏度与其密度的比值。

04.1718 界面黏度 interfacial viscosity
量度界面流动与变形阻力的性质。若其中 1 个流体为气相，常称为"表面黏度(surface viscosity)"。

04.1719 牛顿黏度 Newtonian viscosity
具有牛顿流动行为的流体的剪切强度与剪切速度的比值。

04.1720 电黏性效应 electroviscous effect
分散系统中由于分散相粒子带电而使分散系统的黏度增高的现象。

04.1721 黏度计 viscometer
测量流体黏度的仪器。

04.1722 毛细管黏度计 capillary viscometer
通过测定在一定压强下流过毛细管的流速来测量流体黏度的仪器。

04.1723 奥氏黏度计 Ostwald viscometer
两管式毛细管黏度计。

04.1724 乌氏黏度计 Ubbelohde viscometer
三管式毛细管黏度计。

04.1725 同心转筒式黏度计 concentric cylinder viscometer
通过测量流体在两个转动的圆筒之间做剪切运动时的剪切强度来测定流体黏度的仪器。

04.1726 锥板式黏度计 cone and plate viscometer
通过测量流体在转动的圆锥和平板之间做剪切运动时的剪切强度来测定流体黏度的仪器。

04.1727 落球式黏度计 falling sphere viscometer
根据一定大小和密度的小球在流体中的下落速度测定流体黏度的仪器。

04.1728 非牛顿流动 non-Newtonian flow
不服从牛顿流动定律的流动行为。

04.1729　塑性　plasticity

固体物质受外力作用变形后，能完全或部分保持其变形的性质。

04.1730　互沉现象　mutual coagulation

将电性相反的胶体混合而发生聚沉的现象。

04.1731　假塑性流体　pseudoplastic fluid

表观黏度(剪切强度与剪切速度的比值)随剪切速度增加而减小的一种非牛顿流体。

04.1732　幂律流体　power-law fluid

流变行为可用幂数定律 $\tau = kD^n$ 描述的非牛顿流体。其中 τ 是剪切强度，D 为剪切速度，k 和 n 是与物质性质有关的常数。当 $n < 1$ 时，幂律流体是假塑性流体；当 $n > 1$ 时，幂律流体是胀流型流体。

04.1733　胀流型流体　dilatant fluid

表观黏度随剪切速度增加而增加的一种非牛顿流体。

04.1734　剪切　shearing

流体内各层彼此相对运动，任何一层的位移均与其离参考层的距离成正比的一种流动方式。

04.1735　剪切稠化　shear thickening

某些非牛顿流体的表观黏度(剪切强度与剪切速度的比值)随所施加的剪切速度增加而增大的现象。

04.1736　屈服值　yield value

对于塑性流体，在剪切强度低于某阈值前不产生流动，此阈值称作该流体的屈服值。

04.1737　负触变性　negative thixotropy

在恒定的剪切强度下流体的剪切速度随时间逐渐减小的一种时间依赖性非牛顿流动行为。

04.1738　魏森贝格效应　Weissenberg effect

黏弹性液体在旋转时能克服重力和离心力向上爬升的现象。

04.1739　乳化作用　emulsification

两种互不混溶的液体形成乳状液的过程。

04.1740　乳状液　emulsion

由一种液体以小液滴的形式分散在与其不混溶的另一液体中形成的液/液分散系统。

04.1741　油包水乳状液　water in oil emulsion

水分散在油中形成的乳状液。常用 W/O 表示。

04.1742　水包油乳状液　oil in water emulsion

油分散在水中形成的乳状液。常用 O/W 表示。

04.1743　多重乳状液　multiple emulsion

被分散的液滴作为分散介质，包含着另一液相的更细小的液滴的乳状液。可以是 O/W/O 型或者 W/O/W 型，甚至更复杂的多重乳状液。

04.1744　细小乳状液　miniemulsion

液滴大小介于常规乳状液和微乳状液之间的一种乳状液。其液滴大小一般为 100~1000nm。

04.1745　外相　external phase

乳状液中作为分散介质的连续相。

04.1746　内相　inner phase

乳状液中被分散的液滴。

04.1747　微乳[状液]　microemulsion

两种不相混溶的液体在表面活性剂界面膜作用下形成的热力学稳定、各向同性的透明的均相液体。

04.1748　上相微乳液　upper-phase microemulsion

在形成 W/O 型微乳的系统中，与过剩的下层水共存的处在系统上层的微乳。

04.1749 中相微乳液 middle-phase micro-emulsion
在微乳形成过程中同时与下层剩余水相及上层剩余油相呈平衡的处于中间层的双连续型微乳液。

04.1750 下相微乳液 lower-phase microemulsion
在形成 O/W 型微乳的系统中，与过剩的上层油共存的处在系统下层的微乳。

04.1751 双连续系统 bicontinuous system
两相都是连续相的分散系统。

04.1752 反相微乳液 reverse microemulsion
以油相为外相，水相为内相的微乳状液。

04.1753 渗流 percolation
随分散相浓度的增大，分散系统的传导性质由于系统内形成连续的传导途径而急剧升高的现象。

04.1754 乳化剂 emulsifier, emulsifying agent
用来稳定乳状液的试剂。

04.1755 乳化效率 emulsifying efficiency
用实现油水乳化所需的乳化剂的最低浓度表示的乳化剂形成乳状液的能力，浓度低则乳化效率高。

04.1756 乳状液变型 inversion of emulsion
乳状液从一种类型(例如 O/W 型)转变为另一类型(例如 W/O 型)的过程。

04.1757 破乳 emulsion breaking, demulsification
乳状液分离成油水两相的过程。

04.1758 破乳剂 emulsion breaker, demulsifier
能破坏乳状液使其中的分散相凝聚析出的物质。

04.1759 亲水亲油平衡 hydrophile-lipophile balance, HLB
表示表面活性剂亲水与亲油能力的相对水平的数值标度系统。数值越小表示越亲油，数值越大表示越亲水。

04.1760 相转变温度 phase inversion temperature, PIT
表面活性剂的亲水与亲油性质处于平衡时的温度，当温度的变化经过该温度时，由该表面活性剂稳定的乳状液会从一种类型转变为另一类型。

04.1761 泡沫 foam
大量气体分散在液体或固体中形成的分散系统。

04.1762 马兰戈尼效应 Marangoni effect
由液体表面上的表面张力梯度造成液体表面及其夹带的底层液体流动的现象。

04.1763 抑泡剂 foam inhibitor
阻止泡沫形成的试剂。

04.1764 消泡剂 foam breaker, defoamer
任何降低或消除泡沫稳定性的试剂。

04.1765 稳泡剂 foam stabilizer
增加泡沫稳定性的试剂。

04.1766 泡沫值 foam value
用起泡溶液在起泡一定时间后保留的泡沫的相对体积表示起泡能力及稳定性的一种数值。

04.1767　晶体学　crystallography
研究晶体及类晶体的制备组装、成分结构、性质功能和生产应用，以及它们之间的相互关系和在不同外部条件下的动态变化的一门学科。主要由 5 部分组成：①晶体生长学；②几何结晶学；③晶体衍射学；④晶体物理学与化学；⑤晶体工程学。

04.1768　晶体工程学　crystal engineering
从微观角度，深入研究晶体或类晶体的合成、结构、性质和应用的关系。在此基础上，改变传统合成-结构-性能的研究模式，逆向而行，首先以特定的功能为导向，在微观水平上，实现未知晶体或类晶体的理性结构设计和有针对性的定向组装合成，从而获得具有预期物化性质和所需功能晶体或类晶体的科学。

04.1769　晶体化学　crystal chemistry
从化学角度，揭示微观原子、离子、分子形成晶体及类晶体时，其在制备组装、结构键型、性质功能和应用等晶体学的问题中，所存在的化学现象、规律与原理。是晶体学与化学相互交叉的一门科学。

04.1770　晶体　crystal
(1)原子、离子或分子在三维空间以一定周期，呈长程有序排列和取向(即具有三维点阵结构)所形成的固态物相。(2)广义地讲，凡是原子、离子或分子能够按特定结构规律有序排列和取向的物相或体系皆为晶体。例如：低维晶体、团簇晶体、准晶、液晶和人造微加工的光子晶体等。

04.1771　基元　motif
在对称图像或结构中，按照一定周期在空间呈长程有序排列和取向，且由平移对称性相互联系的最基本单元。

04.1772　点阵　[point] lattice
为了反映晶体无限周期重复的特性，相对各基元等当位置分别抽象出 1 个几何点，所形成的周期排布，无限个全同点的集合。其分为一维点阵(直线点阵)、二维点阵(平面点阵)和三维点阵(空间点阵)。

04.1773　晶轴　crystal axis
在晶体的三维点阵结构中，按特定原则从 1 个点阵点向 3 个邻近点阵点引出 3 个非同时共面的点阵矢量，以此为棱，构筑平行六面体单位晶格的 3 个点阵矢量，形成右手轴系基矢量 a, b 和 c。其选取并不唯一，通常按晶系等规定选取。对于六方晶系，在某些场合选用 a, b, $-(a+b)$ 和 c 四轴坐标系。对于二维和一维点阵结构，晶轴分别为不共线的点阵基矢量 a, b 和 1 个点阵基矢量 c。

04.1774　晶格　lattice
依据晶体三维点阵点，按特定原则选取的晶轴为棱，其贯穿点阵点的连续线，可以划分出三维连续并置、大小和形状完全相同的平行六面体，其所形成的空间无限网络格子。晶格的划分并不唯一，通常是按晶系等规定进行划分。每个平行六面体空间格子称为晶格单位，是晶体结构周期重复的基本单元。对于二维和一维的晶格，其分别为全同平行四边形组成的无限平面网格和等长线段组成的一维无限直线格。

04.1775　格矢　lattice vector
又称"点阵矢量"。在一组点组成的点阵中，连接其中任意两点所形成的矢量。

04.1776　格面　lattice plane
又称"点阵面"。对于三维点阵，按某一可能取向，通过全部点阵点所形成的一组相互平行，且等间距的平面。对于二维点阵，只有 1 个格面。

04.1777 晶胞 crystal cell
具有三维点阵结构的晶体，其平行六面体晶格单位(或二维情况的平行四边形网格单位，或一维情况的直线格单位)以及内部所包含的原子、离子和分子合称为晶胞。晶胞是晶体结构的基本重复单位，对整体晶体结构具有代表性。

04.1778 晶胞参数 cell parameter, cell constant
描述三维晶胞大小和形状所用的 6 个标量参数 $a, b, c; \alpha, \beta, \gamma$。其中 a, b, c 分别为右手坐标系晶轴基矢量 $\boldsymbol{a}, \boldsymbol{b}, \boldsymbol{c}$ 的长度，α, β, γ 分别为晶轴矢量夹角 $\boldsymbol{b} \wedge \boldsymbol{c}, \boldsymbol{c} \wedge \boldsymbol{a}, \boldsymbol{a} \wedge \boldsymbol{b}$ 角度值。对于低维情况，其标量参数分别为 $a, b, \boldsymbol{a} \wedge \boldsymbol{b}$ 角度值(二维)和 a(一维)。所有数值与对应的晶格参数一致。

04.1779 晶格参数 lattice parameter, lattice constant
描述三维晶格单位大小和形状所用的 6 个标量参数 $a, b, c; \alpha, \beta, \gamma$。其中 a, b, c 分别为右手坐标系晶轴基矢量 $\boldsymbol{a}, \boldsymbol{b}, \boldsymbol{c}$ 的长度，α, β, γ 分别为晶轴矢量夹角 $\boldsymbol{b} \wedge \boldsymbol{c}, \boldsymbol{c} \wedge \boldsymbol{a}, \boldsymbol{a} \wedge \boldsymbol{b}$ 角度值。对于低维情况，其标量参数分别为 $a, b, \boldsymbol{a} \wedge \boldsymbol{b}$ 角度值(二维)和 a(一维)。所有数值与对应的晶胞参数一致。

04.1780 原胞 primitive cell
只含 1 个点阵点的晶格单位所对应的晶胞。

04.1781 复晶胞 multiple cell
含 1 个以上点阵点(常见情况为 2 个、3 个或 4 个)的晶格单位所对应的晶胞。

04.1782 约化胞 reduced cell
同一点阵有无限个划分晶胞的方法，其中由 1 个点阵点向 3 个邻近点阵点，引出 3 个非

同时共面，最短的点阵矢量，以此为棱所划分出的，可以唯一确定的标准原胞。

04.1783 晶面 crystal face
晶体具有自范性，其可以自发地形成封闭的凸多面体外形，此多面体外形中的几何平面称为晶面。宏观晶面的形成是以晶体内部微观粒子的周期规则排列为基础，此宏观外在表现的晶面与微观的格面有对应关系。

04.1784 晶棱 crystal edge
晶体具有自范性，其可以自发形成封闭的凸多面体外形，此多面体外形中相邻晶面间相交所形成的几何直线。

04.1785 米勒指数 Miller indices
格面在 3 个晶轴上的倒易截距(即与晶轴相交的分数坐标的倒数)之比，被约化出的 3 个简单互质整数 (hkl)。一组平行格面的每一个面皆有同一互质整数比，从而用于表征一组平行的微观格面取向和相应宏观晶面取向。对于六方晶系也常用 $(hkil)$ 表示，其中 $i = -(h+k)$。

04.1786 有理指数定律 law of rational indices
在具有点阵结构的晶体中，任何 1 个格面在 3 个晶轴上的倒易截距(即与晶轴相交的分数坐标的倒数)永为 3 个有理数，而 3 个有理数之比一定可以约化为 3 个简单互质整数之比，这一规律称为有理指数定律。

04.1787 [晶]面间距 interplanar spacing
又称"[格]面间距"。在晶体三维点阵结构中，通过所有点阵点可以形成平行且等间距的平面组，其两个相邻格面间垂直距离。在处理衍射问题时，相邻面间距公式的 $d_{(hkl)}$ 与布拉格方程中的 $d_{(hkl)}$ 等，皆为素格子数值。因为复晶格衍射点指标化是在素晶格衍射点指标化基础上，仅去掉带心引起消光的衍

射点。

04.1788　晶带　[crystallographic] zone

一组同时平行于同一条直线方向，且可以相交成棱的 2 个或 2 个以上晶面(或格面)合称为晶带。

04.1789　晶带轴　[crystallographic] zone axis

与晶带所有晶面(或格面)相平行的直线。晶带轴方向用直线的方向指数[uvw]表达，其用于区别晶带的不同取向。对于六方晶系也可用四轴坐标系的方向指数 [$UVTW$] 表达，其中：

$$U = \frac{1}{3}(2u - v), V = \frac{1}{3}(2v - u)$$

$$T = -(U + V) = -\frac{1}{3}(u + v), \quad W = w$$

04.1790　晶带方程　zonal equation

晶带中的任一晶面(或格面)指数(hkl)与其晶带轴方向指数 [uvw] 所遵从的方程 $hu + kv + lw = 0$ ，以及 $hU + kV + iT + lW = 0$ (对于六方晶系的四轴坐标系)。

04.1791　布拉维晶格　Bravais lattice

按照布拉维三项原则，从空间点阵所划分的，具有特定类型平行六面体晶格单位的晶格。布拉维三项原则：①所选平行六面体应能反映晶体对称性；②晶胞参数中轴的夹角 α , β , γ 为90°的数目应最多，不为直角时，应尽可能接近于直角；③在满足上面两个条件下，所选的平行六面体的体积最小。

04.1792　布拉维点阵型式　Bravais-lattice type

对于三维点阵结构，依据六种晶族的晶格单位几何特征和带心情况的不同，所划分出的 14 种点阵类型(见表 1)。对于二维和一维情况，分别有 5 种和 1 种布拉维点阵形式。

表 1　三维晶体的晶族、晶系和布拉维点阵型式

晶族及符号	晶系	晶格参数限制条件		布拉维点阵型式记号*
三斜 (a)	三斜	无		aP
单斜 (m)	单斜	如果 b 为唯一性轴 $\alpha = \gamma = 90°$，习惯取 $\beta \geqslant 90°$		mP $mS(mC, mA, mI)$
正交 (o)	正交	$\alpha = \beta = \gamma = 90°$		oP $oS(oC, oA, oB)$ oI oF
四方 (t)	四方	$a = b$ $\alpha = \beta = \gamma = 90°$		tP tI
六方 (h)	三方	$a = b$ $\alpha = \beta = 90°, \gamma = 120°$ (六方晶轴系)		hP
		$a = b = c$ $\alpha = \beta = \gamma$ (用三方晶轴系表达)	$a = b$ $\alpha = \beta = 90°,$ $\gamma = 120°$ (用六方晶轴系表达)	hR
	六方	$a = b$ $\alpha = \beta = 90°, \gamma = 120°$		hP
立方 (c)	立方	$a = b = c$ $\alpha = \beta = \gamma = 90°$		cP cI cF

* 第一位小写字母为晶族种类，第二位大写字母为晶格及其带心类型。其中 S 为侧心晶格 side-face centered lattice 的缩写，对于单斜 mS，代表其后括号内等当的两种底心和一种体心，三者只是晶轴取法不同。另外，三方和六方的 hP 归为一种布拉维点阵形式，然而特征对称元素不一样，从而属于不同晶系。

04.1793　简单晶格　primitive lattice

每个平行六面体晶格单位仅含 1 个点阵点，其点阵点坐标为 0,0,0 的晶格。记号为 P。

04.1794　C 心晶格　C-base centered lattice

每个平行六面体晶格单位含 2 个点阵点，其点阵点坐标为 $0,0,0; \frac{1}{2}, \frac{1}{2}, 0$ 的晶格。记号为 C。

04.1795　A 心晶格　A-base centered lattice

每个平行六面体晶格单位含 2 个点阵点，其点阵点坐标为 $0,0,0; 0, \frac{1}{2}, \frac{1}{2}$ 的晶格。记号为 A。

04.1796 B心晶格 B-base centered lattice

每个平行六面体晶格单位含 2 个点阵点，其点阵点坐标为 $0,0,0$；$\frac{1}{2},0,\frac{1}{2}$ 的晶格。记号为 B。

04.1797 体心晶格 body centered lattice

每个平行六面体晶格单位含 2 个点阵点，其点阵点坐标为 $0,0,0$；$\frac{1}{2},\frac{1}{2},\frac{1}{2}$ 的晶格。记号 I。

04.1798 面心晶格 face centered lattice

每个平行六面体晶格单位含 4 个点阵点，其点阵点坐标为 $0,0,0$；$\frac{1}{2},\frac{1}{2},0$；$0,\frac{1}{2},\frac{1}{2}$；$\frac{1}{2},0,\frac{1}{2}$ 的晶格。记号为 F。

04.1799 R晶格 rhombohedral lattice

用三方晶轴系表达的简单晶格(晶格参数限制条件 $a=b=c$; $\alpha=\beta=\gamma$)。每个晶格单位含 1 个点阵点，其点阵点坐标为 $0,0,0$。此晶格称为三方晶轴系表达的简单 R 晶格。记号为 R。

04.1800 H晶格 hexagonal lattice

用六方晶轴系表达的晶格(晶格参数限制条件 $a=b$; $\alpha=\beta=90°$; $\gamma=120°$)。六方晶系和一部分三方晶系的 H 晶格皆为其简单晶格(见表 1 的 hP)，即每个晶格单位含 1 个点阵点。在空间群赫曼-摩干记号和布拉维点阵型式记号(见表 1)中，简单 H 晶格记号皆采用 P 代替，而记号 H 仅特指用六方晶轴系表达的特殊带心晶格。

04.1801 晶族 crystal family

对于三维点阵结构，依据布拉维三项原则，从空间点阵点划分出平行六面体晶格单位，由于其几何特征的不同，所分成的最少 6 种不同类别称为晶族(见表 1)。三维情况的 6 种晶族为三斜晶族 a(anorthic)、单斜晶族 m(monoclinic)、正交晶族 o(orthorhombic)、四方晶族 t(tetragonal)、六方晶族 h(hexagonal)

和立方晶族 c(cubic)。鉴于六方晶系和三方晶系中的每种情况皆可划分出 H 晶格(见表 1)，从而统一归入六方晶族(见表 1)。对于二维和一维情况，分别有 4 种晶族和 1 种晶族。

04.1802 晶系 crystal system

依据晶体宏观对称性的 32 点群是否有共同的特征对称元素，从而对晶体点群、相应空间群和晶体归类分组为 7 大系列，称为晶系(见表 1)。对于二维和一维情况，分别有 4 种和 1 种晶系。晶系对晶胞参数有制约，然而反过来依据晶胞参数特征(即晶格单位几何特征)确定晶系时，可能会有失误，判断晶系种类的唯一方法是采用这个对称性判据。

04.1803 立方晶系 cubic system

在晶体点群对称性中，有 4 个按立方体对角线(过立方体顶角和中心)取向的 3 重旋转轴或 3 重反轴的晶系。

04.1804 六方晶系 hexagonal system

在晶体点群对称性中，在唯一性方向上有 6 重旋转轴或 6 重反轴的晶系。

04.1805 四方晶系 tetragonal system

在晶体点群对称性中，在唯一性方向上有 4 重旋转轴或 4 重反轴的晶系。

04.1806 三方晶系 trigonal system

在晶体点群对称性中，在唯一性方向上对称性最高的对称元素为 3 重旋转轴或 3 重反轴的晶系。

04.1807 正交晶系 orthorhombic system

在晶体点群对称性中，仅在 3 个相互垂直方向中的每一个方向，对称性最高的对称元素为 2 重旋转轴或 2 重反轴(即镜面)或这两种轴同时存在的晶系。

04.1808　单斜晶系　monoclinic system

在晶体点群对称性中，在唯一性方向上对称性最高的对称元素为 2 重旋转轴或 2 重反轴(即镜面)，或这两种轴同时存在的晶系。

04.1809　三斜晶系　triclinic system

在晶体点群对称性中，仅有 1 重旋转轴(即无为的对称元素)或 1 重反轴(即对称中心)的晶系。

04.1810　对称操作　symmetry operation

对于 1 个图像或结构，可以经过不改变其中任意两点间距离而使自身整体复原的操作。对称图像或结构可以千变万化，然而能使其自身复原的对称操作只有 7 种基本类型：旋转、反映、倒反、旋转倒反(或旋转反映)、螺旋旋转、滑移反映以及平移。

04.1811　旋转　rotation

以逆时针转动为正转角，按基转角 $\dfrac{360°}{n}$ 绕轴转动所完成的对称操作。对于经典的晶体，由于受平移对称操作的制约，只能出现轴次 $n=1,2,3,4,6$ 的旋转对称操作，其中 $n=1$ 是无为对称操作。

04.1812　反映　reflection

通过镜面进行反映成像所完成的对称操作。

04.1813　倒反　inversion

通过对称中心进行反演成像所完成的对称操作。

04.1814　旋转倒反　rotoinvertion, rotation-inversion

以逆时针转动为正转角，按基转角 $\dfrac{360°}{n}$ 绕轴旋动，再通过轴上的一点进行倒反的复合操作所完成的对称操作。对于经典的晶体，由于受平移对称操作的制约，只能出现 $n=1,2,3,4,6$ 的旋转倒反对称操作，其中 $n=1$ 和 2 分别为倒反和反映对称操作。

04.1815　螺旋旋转　screw rotation

以右手螺旋旋转为正转角，按基转角 $\dfrac{360°}{n}$ 绕轴旋转，再沿轴方向整体平移提升特定螺距高度的复合操作所完成的对称操作。对于经典的晶体，由于受平移对称操作的制约，只能出现轴次 $n=1,2,3,4,6$ 的螺旋旋转。另外上升螺距只能是 $\dfrac{p}{n}t$ (其中 $p=1,2,3,\cdots,n-1$；矢量 t 为平行于螺旋轴最短的格矢)。

04.1816　滑移反映　glide reflection

通过一平面进行反映成像，再沿平行于此面的特定矢量进行整体平移的复合操作所完成的对称操作。对于经典的晶体，平移量只能是 $\dfrac{1}{2}t$ (其中矢量 t 为平行滑移面平移方向上最短的格矢)。

04.1817　平移　translation

按矢量所规定的方向和距离进行整体移动所完成的对称操作。

04.1818　对称元素　symmetry element

进行对称操作所依据的几何元素点、线、面等。对称操作旋转、反映、倒反、旋转倒反(或旋转反映)、螺旋旋转、滑移反映、平移所对应的对称元素分别称为旋转轴、镜面、对称中心、反轴(或映轴)、螺旋轴、滑移面、矢量。

04.1819　镜面　mirror plane

进行反映对称操作所依据的几何平面。记号为 $m\ (=\overline{2})$。

04.1820　对称中心　center of symmetry

又称"反演中心(inversion center)"。进行倒反对称操作所依据的几何点。记号为 $\bar{1}$ 。

04.1821 反轴 rotation-inversion axis
进行旋转倒反对称操作所依据的几何轴线以及轴线上的点合称为反轴。当反轴的旋转操作基转角为 $\dfrac{360^\circ}{n}$ ，称为 n 重反轴。记号为 $\bar{n}$ (其中 n 为正整数)。

04.1822 螺旋轴 screw axis
进行螺旋旋转对称操作所依据的几何轴线，以及沿此轴平行的平移矢量合称为螺旋轴。对于经典的晶体，当螺旋轴的旋转操作基转角为 $\dfrac{360^\circ}{n}$ ，平行螺旋轴的平移矢量只能是 $\dfrac{p}{n}t$ (其中 $p = 1,2,3,\cdots,n-1$ ；矢量 t 为平行于螺旋轴最短的格矢)。记号为 n_p (其中 n 和 p 为正整数)。

04.1823 滑移面 glide plane
进行滑移反映对称操作所依据的几何平面，以及平行于此平面的平移矢量合称为滑移面。依据滑移矢量的不同，分为多种不同类型滑移面。

04.1824 轴向滑移面 axial glide plane
基本滑移矢量为 $\dfrac{1}{2}a$ ， $\dfrac{1}{2}b$ 或 $\dfrac{1}{2}c$ 的滑移面统称轴向滑移面。其分别称为 a 滑移面， b 滑移面或 c 滑移面，记号分别为 a,b 或 c 。

04.1825 对角滑移面 diagonal glide plane
又称" n 滑移面"。基本滑移矢量为 $\dfrac{1}{2}(a+b)$ ， $\dfrac{1}{2}(b+c),\dfrac{1}{2}(a+c),\dfrac{1}{2}(a+b+c),\dfrac{1}{2}(-a+b+c),$ $\dfrac{1}{2}(a-b+c)$ 或 $\dfrac{1}{2}(a+b-c)$ 的滑移面统称对角滑移面。记号为 n 。

04.1826 金刚石型滑移面 diamond glide plane
又称" d 滑移面"。基本滑移矢量为 $\dfrac{1}{4}(a\pm b), \dfrac{1}{4}(b\pm c), \dfrac{1}{4}(\pm a+c), \dfrac{1}{4}(a+b\pm c)$ ， $\dfrac{1}{4}(\pm a+b+c)$ ， $\dfrac{1}{4}(a\pm b+c), \dfrac{1}{4}(-a+b\pm c),$ $\dfrac{1}{4}(\pm a-b+c)$ 或 $\dfrac{1}{4}(a\pm b-c)$ 的滑移面统称金刚石型滑移面。记号为 d 。

04.1827 双向轴滑移面 double glide plane
又称" e 滑移面"。1 个几何滑移平面有两个相互垂直的滑移矢量，分别构成共面的两种滑移面称为双向轴滑移面。基本滑移矢量有 $\dfrac{1}{2}a$ 和 $\dfrac{1}{2}b$ ， $\dfrac{1}{2}b$ 和 $\dfrac{1}{2}c$ ， $\dfrac{1}{2}a$ 和 $\dfrac{1}{2}c$ ， $\dfrac{1}{2}(a+b)$ 和 $\dfrac{1}{2}c$ ， $\dfrac{1}{2}(a-b)$ 和 $\dfrac{1}{2}c$, $\dfrac{1}{2}(b+c)$ 和 $\dfrac{1}{2}a$, $\dfrac{1}{2}(b-c)$ 和 $\dfrac{1}{2}a$, $\dfrac{1}{2}(a+c)$ 和 $\dfrac{1}{2}b$, $\dfrac{1}{2}(a-c)$ 和 $\dfrac{1}{2}b$ 。记号为 e 。

04.1828 [平移]矢量 [translation] vector
在对称操作中，指明图像或结构整体平移方向和长度的矢量。

04.1829 晶体学对称性 crystallographic symmetry
如果某一现象(或系统)，在某一变换下不改变，则说该现象(或系统)具有该变换所对应的对称性。为此一切涉及晶体的各种变换对象，经对称操作变换所体现的对称性皆称为晶体学对称性。对称性变换的对象可以是宏观理想晶体外形、宏观晶体各向异性的物理化学性质、衍射现象、晶体微观原子坐标、晶体的电子波函数或准晶体结构等。

04.1830 非晶体学对称性 non-crystallographic symmetry

(1)在经典晶体学的对称性中，由于受平移对称操作的制约，旋转轴、反轴和螺旋轴的轴次仅限于 $n=1,2,3,4,6$。在经典晶体以外的对称性中，出现经典晶体对称性所不允许的轴次，称为非晶体学对称性。例如：五角十二面体点群、二茂铁分子点群、准晶对称性轴次为 5 以及为 6 以上等。(2)在晶体的空间对称元素所制约的微观结构中，所出现的特殊对称元素，它仅适用于局部晶体结构，而对整体晶体结构无效的对称性，称为非晶体学对称性。例如：仅适用于晶体内某分子的 5 重旋转轴，仅适用于晶体内分子间二聚体的 2 重旋转轴等。

04.1831 点[对称操作]群 [crystallographic] point group

使有限图像或结构，自身整体复原的全部不等效的点对称操作(进行对称操作时，空间至少有一点不动的对称操作)的集合。点群的种类无限，然而对于具有点阵结构的晶体，由于对称元素种类受限，此时三维、二维和一维的晶体点群分别有 32 种、10 种和 2 种。

04.1832 [几何]晶类 [geometric] crystal class

按晶体外形几何形态对晶体类型所做的对称性分类。晶类源于早期以晶体外形几何形态对晶体的对称性分类，而点群是针对所有有限图像或结构所推引出的对称性分类，两者从不同角度对三维晶体所做的分类结论是一致的，因此 32 种晶类与 32 种晶体点群一一对应。

04.1833 算术晶类 arithmetic crystal class

按晶体空间群同形关系所做的对称性分类。其共有 73 种。

04.1834 空间[对称操作]群 [crystallographic] space group

使三维无限的点阵图像或结构，自身整体复原的全部不等效对称操作的集合。对于具有点阵结构的晶体，三维、二维和一维的晶体空间群分别有 230 种、17 种和 2 种。

04.1835 平面[对称操作]群 [crystallographic] plane group

使二维无限的点阵图像或结构，自身整体复原的全部不等效对称操作的集合。其共有 17 种。

04.1836 位点对称性 site symmetry

在空间群一般或特殊等效点位置处，与空间群所属点群(特有或非特有)的子群同形的点群对称性。对于同一等效点系的所有等效点的位点，其位点对称性相同。

04.1837 极大子群 maximal subgroup

当群中部分组元也能够形成封闭群时，称为母群中子群，而子群中还可能有更小子群。当母群和子群之间不能插入更大(即组元更多)的子群，称此子群为该母群极大子群。

04.1838 最小母群 minimal supergroup

当 1 个母群 G 的最大子群是群 g，那么这个母群 G 相对于最大子群 g，称为最小母群。

04.1839 熊夫利记号 Schönflies symbol

(1)点群的熊夫利记号：按点群引申的思路，采用旋转群 C_n，D_n，T 或 O 为基本符号，下角用 h,v 或 d 表明镜面种类，对于只有 1 个反轴的点群采用规定符号，其可以反映各种点群的共性以及它们之间区别的记号。
(2)空间群的熊夫利记号：若干个空间群的宏观对称性为同一点群时，在点群的熊夫利记号的右上角用序列号加以区别，表示从属于同一点群的不同空间群，其可以反映各种空间群的共性以及它们之间区别的记号。

04.1840 赫曼-摩干记号 Hermann-Mauguin symbol, international symbol

(1)点群的赫曼-摩干记号：按规定分方位用1组、2组或3组对称元素记号，表达点群对称元素的空间分布，其可以反映各种点群的共性以及它们之间区别的记号。有完整记号和缩写记号两种可能的表达形式。(2)空间群的赫曼-摩干记号：第一部分为格子带心类型；第二部分按规定分方位用1组、2组或3组对称元素记号，表达空间群对称元素的空间分布，其可以反映各种空间群的共性以及它们之间区别的记号。有完整记号、缩写记号和扩展记号3种可能的表达形式。

04.1841　极射赤[道]面投影　stereographic projection

将空间三维不同方位有关性质或空间中的图像，从球面投影的形式，转化为采用极射投影到二维赤道面或其平行面的投影技术。

04.1842　伍尔夫网　Wulff net

带有均匀角间距(通常2°)经线和纬线的球，以经线0°和180°构成的大圆为投影赤道面，其经线和纬线的极射赤[道]面投影图。

04.1843　晶体形态学　crystal morphology

一组或几组由点群对称操作相互联系的等同晶面，其所围成的单晶体外形称为晶体形态，研究这种单晶体外形的生成规律、分类、性质以及应用等的一门学科。

04.1844　晶形　crystal form

发育完好单晶体所具有的特征外形。

04.1845　晶癖　crystal habit

在特定的体系和制备条件下，实际晶体具有生长为特定形状和聚集状态的性质。

04.1846　晶核　crystal nucleus

在结晶过程中自发形成或外界提供的晶体生长核心。

04.1847　结晶　crystallization

物质在一定温度、压力、浓度、介质、pH等条件下，由气相(包括原子束、分子束或离子束)、液相(溶液相或熔融相)或一种固相(晶态或非晶态)进行物相转化、析出新晶相的过程。

04.1848　共结晶　cocrystallization

(1)从溶液相、熔融相或气相中，同时产生两种或两种以上晶相的晶体析出现象。(2)利用各种相互作用力、相溶性、包覆作用，携带有其他组分固体物相的晶体析出现象。

04.1849　再结晶　recrystallization

对于冷加工后的多晶金属，在温度足够高的退火过程中，重新形成新晶粒并长大，取代已形变的组织的过程。

04.1850　重结晶　recrystallization

将晶体溶于溶液、融熔或气化后，又重新从溶液、熔体或气相中再次结晶的过程。

04.1851　混晶　mixed crystal

成分和结构不全同的晶体混合体系。

04.1852　晶体生长　crystal growth

物质在一定温度、压力、介质浓度、pH等条件下，由气相(包括原子束、分子束或离子束)、液相(溶液或熔融液)或一种固相(晶态或非晶态)进行物相转化，从而析出新晶相，且不断从小到大，最后生成具有特定线度尺寸和外形晶体的过程。

04.1853　外延生长　epitaxial growth

在单晶衬底上沿其晶相连续生长或组装具有特定参数要求的单晶薄膜的过程。

04.1854　晶态　crystalline state

原子、离子或分子按照一定周期，在一维、二维或三维空间呈有序排列和取向，或按特定规律有序排列和取向所形成的物相状态或体系。

04.1855　旋转轴　rotation axis
进行旋转对称操作所依据的几何轴线。当旋转操作基转角为 $\frac{360°}{n}$，称为 n 重旋转轴。记号为正整数 n。

04.1856　径向分布函数　radial distribution function, RDF
以某个参考原子为中心，反映周围原子配位数或平均配位数随径向长度而变化的函数。表达式为 $J(r) = 4\pi r^2 \rho(r)$。其中 $\rho(r)$ 为距中心原子 r 处，原子分布的平均数目密度。对于原子的核外电子分布，也有类似的径向分布函数。

04.1857　理想晶体　ideal crystal
微观的原子、离子或分子严格按照一定周期在一维、二维或三维空间呈长程有序排列和取向，或严格按照特定结构规律，有序排列和取向的模型晶体。

04.1858　实际晶体　real crystal
在理想晶体模型的基础上，现实中存在或多或少某些偏差和不足的晶体。

04.1859　单晶　single crystal
原子、离子或分子基本上按同一套三维(或二维、一维)空间点阵或同一特定结构规律有序排列和取向，而连续分布为 1 个整体结构的晶体。实际经典的三维单晶体经常为镶嵌结构和可能有不同程度的某些缺陷等。

04.1860　孪晶　twin crystal, bicrystal
又称"双晶"。组成与结构皆相同(或对映体结构)，而取向不同的两个单晶个体通过结合面形成规则连生的复合双体。

04.1861　多晶　polycrystal
由大量小晶粒组成的散粒体系，或由大量小晶粒聚集而成片、丝、棒、膜等体系。

04.1862　粉晶　powder crystal
粉状的散粒多晶。特别是经研磨等操作，使团聚的颗粒散开和粒度变小，甚至外形遭到破坏，有粉化现象的多晶。

04.1863　微晶　microcrystal, crystallite
晶粒尺寸大约 10~200nm 范围的微小晶体。

04.1864　簇晶　cluster crystal
几个至几百个原子所形成的聚集体(粒径小于或等于 1nm 左右)，为原子团簇，其结构呈现有序化的微小晶体。

04.1865　团簇结构幻数　magic number of cluster structure
使原子团簇特别稳定，且出现的几率高的一系列特定的原子数目。

04.1866　枝晶　dendritic crystal
晶体在分枝成长过程中所形成的具有树枝状外形的晶体。

04.1867　晶须　whisker
直径为 0.1~1.0 μm 的纤细丝状(或须状)的单晶体。

04.1868　塑晶　plastic crystal
晶体内分子基本保持三维点阵的周期性结构，然而基于分子间仅存在微弱无方向性的作用力，特别是分子接近于球形，旋转势垒较低的特殊情况，分子可以在平衡位置形成与旋转对应的取向无序状态，从而使分子间较易产生滑动而导致呈现一定塑性的晶体。

04.1869　准晶　quasicrystal
内部结构没有经典晶体的平移周期性，以及相应点阵结构和晶格，然而其原子以特定变换规律排列，具有特殊的长程平移序和取向序，以及相应准周期性和对称性，由于没有点阵平移对称性制约，可能会出现经典结晶学所不允许的轴次，并能产生衍射的稳定态或亚稳态固体物相。

04.1870　准对称性　pseudo-symmetry
一维准晶、二维准晶和三维准晶所呈现的不同维数准周期性，以及微观空间群和宏观点群的对称性。

04.1871　准周期性　pseudo-periodicity
准晶内部原子排列具有严格位置序和规律性，其在更高维空间的自相似变换中，周期长度一次又一次无理数放大，且有单位长度定义下的阵点指数，其准晶体在自相似变换中所呈现的特有周期性。

04.1872　晶体非完美性　crystal imperfection
相对理想晶体模型而言，实际晶体偏离理想状态，存在某些偏差和不足的性质。例如原子、离子热振动、镶嵌结构、缺陷、表面特殊结构、无公度结构、高分子次晶等，其中有些不足甚至是无法避免。

04.1873　镶嵌结构　mosaic structure
实际的单晶体通常不是严格由一套三维点阵贯穿整个晶体，而是由更小晶块紧密排列堆积而成，其中每个晶块边长大约小于 $1\mu m$，相邻晶块方位可产生大约数秒到半度偏差的结构。

04.1874　堆垛层错　stacking fault
在晶体结构中，原子面的正常堆垛结构由于插入或缺少某层原子面，从而打乱原有顺序而产生的缺陷结构。

04.1875　畸变　distortion
由于外力、残余内应力、缺陷、热振动等原因，晶体的原子偏离平衡位置，使晶格大小和形状发生的变化。

04.1876　形变　deformation
固体在外力作用下，所发生的形状及尺寸的变化。若取消外力，形状与尺寸复原，即形变可逆，称为弹性形变；若外力超过一定限度，取消外力作用，变形物质的形状与尺寸不能完全复原，发生了永久性的变化，称为塑性形变。

04.1877　点缺陷　point defect
在晶体内，1 个质点或几个质点区域内，原子排列偏离晶体点阵结构，所形成的原子尺度缺陷。

04.1878　线缺陷　line defect
在晶体内，沿某一条线周围的局部区域内，原子排列偏离晶体点阵结构，所形成的缺陷。

04.1879　面缺陷　planar defect
在晶体内或晶粒某些界面处，其两维方向尺寸较大，一维方向尺寸较小(通常几个原子层厚)的局部区域内，原子排列偏离晶体点阵结构所形成的缺陷。

04.1880　体缺陷　bulk defect
在晶体内，三维方向上相对尺寸较大的区域内所存在的缺陷。

04.1881　电子缺陷　electron defect
在非金属晶体中，由于电子获得能量后产生跃迁，使电子结构中出现定位的附加带正电荷空穴和附加带负电荷电子，晶体中原子仍保持原有排列的周期性势场畸变，使晶体因电荷原因，造成不完善而产生的缺陷。

04.1882　色心　color center
在离子晶体中，由于存在离子空位，填隙离

子或异价离子取代等点缺陷，为了保持缺陷处的原有带电平衡，缺陷位极易捕获过剩电子(负电荷)或空穴(正电荷)。点缺陷上的电荷具有一系列分立的允许能级，可以吸收一定波长的光，产生受激发光，使材料呈现某些颜色的点缺陷为色心。

04.1883　短程有序　short-range order
由于原子、离子、分子间相互作用，仅在短程(大约<1nm)甚至中程(大约 1~2.5nm)有限区域，保持真正的有序结构，或在统计意义上的随机分布，其在有限区域，所保持的结构和成分的有序化特征。

04.1884　长程有序　long range order
由于原子、离子、分子相互作用，它们遵从特定规律，在长程范围内有序排列和取向，在大范围区域，所保持结构和成分的有序化特征。

04.1885　有序-无序[相]转变　order-disorder [phase] transition, order-disorder [phase] transformation
在一定条件下，有序物相获得能量无序化，在组成成分不变的情况下，最终转变为长程无序(常保留统计意义短程或中程有序)物相，甚至凝聚态改变的相变。

04.1886　有序合金　ordered alloy
在合金体系中，不同组分原子分别有序占据晶胞中不同亚点阵结构位置的合金物相。

04.1887　非晶态合金　amorphous alloy
金属原子占据的位置偏离长程有序晶体结构，呈不同程度短程或中程随机有序化分布的合金物相。

04.1888　金属间化合物　intermetallic compound
金属与金属或与类金属之间，通过一定程度的化学键结合，形成有别于离域金属键，而具有某种程度共价键或离子键成分，其所形成的物相仍或多或少地保留金属通性的化合物。

04.1889　金属固溶体　metallic solution
金属与金属或与非金属所形成的，有两种或两种以上元素成分组成，仍保持原子水平相溶物相，且主体具有离域金属键和金属通性的合金。主体组分原子分别有序占据晶胞不同亚点阵结构位置，为有序固溶体；不同组分原子无区别地随机占据晶胞点阵结构规定位置，甚至挤入间隙位置，或不同组分以原子水平混合呈非晶态，皆为无序固溶体。

04.1890　晶体结构　crystal structure
晶体中原子、离子、分子按照一定周期，在一维、二维或三维空间呈长程有序排列和取向，或按一定规律，有序排列和取向的成分结构和物性(例如磁畴或电畴等)结构。

04.1891　反结构　antistructure
在离子晶体结构中、结构不变的情况下，处在非等当位置的正负离子，替换成电价绝对值不变，而电价符号相反的其他离子，此新结构为原结构的反结构。

04.1892　同构　isostructure
化学式属于同一类型的不同化合物，不管组分原子和化学键是否相似，只要晶体结构型式相同，且不同化合物中对应原子，占据各自结构相同的等效点位置。这些化学式属于同一类型，且具有相同晶体结构型式的晶体结构为彼此同构。

04.1893　类质同晶型　isomorphism
晶体中的原子、离子被相似性质的原子、离子彻底取代或部分取代后，其组分原子、键型和物理化学性质皆相似，晶体结构型式相同(晶胞参数仅微小变动)的现象。

04.1894　反类质同晶　anti-isomorphism

在离子晶体结构中，处在非等当位置的正负离子，替换为电价绝对值不变、电价符号相反的其他离子，而晶体结构型式不变的现象。

04.1895　同质多晶　polymorphism

在不同的物理化学条件(温度、压力、介质和外场等)下，同一化合物可以形成不同结构晶体的现象。

04.1896　[同类物多晶]型变　polymorphic modification

化学式属于同一类型的系列化合物，随着化学成分有规律的改变，由于离子半径和极化性能逐渐变迁，引起化学键型和晶体结构发生明显有规律的变化。

04.1897　公度结构　commensurate structure

在同一结构的同一方向上，因存在不同重复周期影响因素，其每两个周期基矢量长度之比。可以约化为简单互质正整数比 $\dfrac{|t_1|}{|t_2|}=\dfrac{n_1}{n_2}$，从而用同一平移矢量 $T=n_2t_1=n_1t_2$ 作为公共尺度，使全部结构自身整体复原的结构。

04.1898　无公度结构　incommensurate structure

在同一结构的同一方向上，因存在不同重复周期影响因素，其两个周期基矢量长度之比为无理数 $\dfrac{|t_1|}{|t_2|}=n$，不能用同一平移 $T=t_1=nt_2$ 作为公共尺度，使全部结构自身整体复原(平移矢量 T 必须是周期基矢量 t 的整数倍)的结构。

04.1899　调制结构　modulated structure

在一定温度(或压强)范围内，晶体受到微扰，相对原基本点阵结构，又附加新的原子特性(位移、占有率、密度、成分或磁性质等)，周期分布有所变化的微调结构。

04.1900　复合结构　composite structure

由若干个互相穿插分布的子系统(晶体结构或调制结构)所组成的结构。

04.1901　超结构　superstructure

在晶体原子位置或化学成分等的周期性变化中，产生长周期结构或调制结构，而原来晶胞成为长周期结构中的 1 个结构单元或者亚结构，称这个更长周期结构为超结构。

04.1902　超晶格　superlattice

从超结构点阵所划分出的更大周期晶格。

04.1903　原子[分数]坐标　atomic [fractional] coordinate

以晶轴 a,b,c 为坐标系，晶胞内任意 1 个原子、离子的中心平衡位置坐标相对于各自晶轴长度为 1 时的坐标值。

04.1904　占有率　occupancy, site occupation factor, SOF

晶胞内原子或离子呈随机占据时，某原子或离子应占有的各个位置只被部分占有或被其他不同原子或离子共同占有时，某元素原子或离子在应占有位置的占有分数。

04.1905　等效点　equivalent point

在对称图像或结构中，由空间群或点群的对称操作所联系，处于等当位置的几何位点。

04.1906　等效点系　equivalent point system

在对称图像或结构中，能充分反映图像或结构对称性以及单元组成数目，由空间群或点群的所有对称操作所联系的全部等效点的集合。等效点不坐落在任何对称元素上，称为一般等效点系，而坐落在对称元素上称为特殊等效点系。

04.1907　[晶体学]不对称单元　asymmetric unit
(1)在 1 个晶胞空间内，彼此呈简单分隔的最小单元，其经空间群全部对称操作，恰好能占满整个晶胞，这个空间最小独立区，称为某空间群晶胞的不对称单元。(2)在 1 个晶胞内，部分原子、离子或分子被划分出的最小单元，其经空间群全部对称操作后，恰好能得到晶胞内全部原子、离子或分子，这个由原子、离子或分子组成的最小独立部分，称为某空间群晶体结构的不对称单元。

04.1908　密堆积　close packing
在金属原子、惰性气体原子、离子、球形分子或分子可以空间旋转成球形等晶体结构中，不受彼此成键方向性制约，为了提高空间利用率，降低体系能量，形成稳定结构，依据不同原子、离子或其基团尺寸，以等径或非等径刚性圆球紧密接触排列，所形成的各种类型结构。

04.1909　离子半径　ionic radius
在离子的核外电子分布无法形成明显边界，难以表示其尺寸大小的情况下，以其晶体结构中相邻成键的正负离子之间平衡接触距离，作为两个非等径刚性圆球的半径之和，从而推导不同元素离子尺寸，其数值在不同结构中皆具有加和性和普适性，以及半径随元素、电价、配位结构、电子自旋态等变化，有着合理规律，这种能够充分反映客观现实情况的各种接触半径称为离子半径。

04.1910　共价半径　covalent radius
形成特定键型共价键时，每个相邻原子对键长贡献的长度值。此数值通常取自同种元素的两个相邻原子特定键型共价键键长，对于相邻的异核双原子所形成的同键型共价键，它有加和性和普适性(有时要对电负性等影响稍加修正)。

04.1911　配位距离　coordination distance

(1)在配合物中，以某一原子或离子为中心，与相邻成键原子或离子的距离。(2)在晶体或非晶体中，以某一原子或离子为中心，与相邻(或某个配位层)原子或离子的距离或统计意义分布的距离。

04.1912　正多面体　regular polyhedron
由全同的正凸多边形面封闭围成，全部二面角皆相等，且顶点可以均匀内接于球的正凸多面体。仅有正四面体、立方体、正八面体、正五角十二面体和正三角二十面体 5 种情况。

04.1913　四面体　tetrahedron
由 4 个全同正三角形面封闭围成，具有 6 个棱和 4 个顶点，全部顶点可以内接于球的正凸多面体(正四面体)，以及其变形体。

04.1914　立方体　cube
由 6 个全同正方形面封闭围成，具有 12 个棱和 8 个顶点，全部顶点可以内接于球的正凸多面体。立方体与正八面体同属于一种点群对称性。

04.1915　八面体　octahedron
由 8 个全同正三角形面封闭围成，具有 12 个棱和 6 个顶点，全部顶点可以内接于球的正凸多面体(正八面体)，以及其变形体。正八面体与立方体同属于一种点群对称性。

04.1916　二十面体　icosahedron
由 20 个全同正三角形面封闭围成，具有 30 个棱和 12 个顶点，全部顶点可以内接于球的正凸多面体(正三角二十面体)，以及其变形体。正三角二十面体与正五角十二面体同属于一种点群对称性。

04.1917　十二面体　dodecahedron
由 12 个全同正五角形面封闭围成，具有 30 个棱和 20 个顶点，全部顶点可以内接于球的正凸多面体(正五角十二面体)，以及其变形体。正五角十二面体与正三角二十面体同属于一种点群对称性。

04.1918　半正多面体　semi-regular polyhedra
由一种或多种边长相同的正凸多边形面封闭围成，不属于正多面体的凸多面体。半正多面体有两类：第一类是 13 种阿基米德多面体和数目很多的棱柱体和反棱柱体；第二类是其余 92 种半正多面体。可由正多面体、阿基米德多面体、棱柱体和反棱柱体切去一部分或者加上一部分形成。

04.1919　阿基米德多面体　Archimedean polyhedra
由两种或三种正凸多边形面封闭围成的半正多面体。共有 13 种。阿基米德多面体具有下列特点：①各种多边形面的边长都相等；②每个顶点连接情况相同；③中心到各顶点的距离相同，各顶点可内接同一圆球面上；④中心到各条边中心的距离相同；⑤从中心到各条边的两端点的夹角相同。

04.1920　卡塔蓝多面体　Catalan polyhedra
与 13 种阿基米德多面体相对应的 13 种对偶多面体。卡塔蓝多面体是由一种形状的多边形面组成，且多面体的面都不是正多边形面，它们不属于半正多面体。

04.1921　对偶多面体　dual polyhedron
将 1 个多面体的面中心点作为另一个多面体的顶点，将这些相邻顶点相互连接形成的新多面体，这两个多面体的对称性同属于 1 个点群，有着相同的棱边数目，所形成相互对偶关系的多面体。立方体和正八面体互相对偶；正五角十二面体与正三角二十面体相互对偶；正四面体和另一个正四面体相互对偶。13 种阿基米德多面体和相应的卡塔蓝多面体相互对偶。

04.1922　极限半径比　radius ratio limit

在离子晶体中，以正离子为中心，负离子为配体的特定配位多面体，当相邻负离子之间以及相邻正负离子皆呈紧密相接触情况下，其正负离子半径比作为临界最低限的半径比。在此值以下，从空间利用率及离子相互作用考虑，结构开始趋于不稳定。

04.1923　鲍林规则　Pauling rule
鲍林在对大量晶体结构研究和总结的基础上，提出的揭示稳定离子晶体内形成离子配位多面体和制约多面体相互连接的规则。鲍林规则共有五项：①配位多面体形成规则；②电价规则；③配位多面体公用几何元素规则；④高价正离子配位多面体回避公用几何元素规则；⑤配位方式种类的简约准则。

04.1924　电价规则　electrostatic valence rule
鲍林的离子晶体配位多面体第二规则，即在 1 个稳定的离子化合物结构中，每一负离子的电价(S)等于或近似等于从邻近正离子至该负离子的各个静电键强度(S_i)的总和。其公式如下：$S = \sum_i S_i = \sum \dfrac{\omega_i}{v_i}$，式中 ω_i 为负离子附近第 i 个正离子电价；v_i 为第 i 个正离子为中心的配位负离子数。

04.1925　键价–键长关联　bond valence-bond length correlation
在离子晶体中，为每 1 个实测键长(R)，赋予 1 个能符合价和规则的键价(S)，所采用的与键长相关联的指数关系。化学键越短，键越强，相应的键价值越大。

04.1926　键价理论　bond-valence theory
在离子晶体中，依据离子所连的诸键的键长大小，对每个键均赋予 1 个与键长有关的键价(S)，使合理的稳定结构符合价和规则，即离子电价等于该离子所连诸键的键价之和的理论。与电价规则相比，中心离子的每个配位键和键长可以有所不同。

04.1927 岛型结构 island structure
在晶体内部，其基本结构单元是由若干原子所组成的封闭岛状分子基团或离子基团，封闭岛状单元内部为短键强作用力，而岛状单元之间为距离大的弱作用力，由此所形成的晶体结构。

04.1928 链型结构 chain structure
在晶体内部，由原子、分子或离子基团形成一维延伸的链状结构，其链内部为短键强作用力，且有与晶体结构相匹配的一维周期，而链之间为距离大的弱作用力，由此所形成的晶体结构。

04.1929 层型结构 layer structure
在晶体内部，由原子、分子或离子基团形成二维延伸的层状结构，其层内为短键强作用力，且有与晶体结构相匹配的二维周期，而层间为距离长的弱作用力，由此所形成的晶体结构。

04.1930 架型结构 network structure
在晶体内部，由原子、分子或离子互相成键相连，形成三维延伸的整体骨架，由此所形成的晶体结构。

04.1931 无序取向 disorder orientation
1 个或大量具有取向性个体组成体系，所有个体的空间取向皆为随机分布的现象。

04.1932 择优取向 preferred orientation
大量具有取向性个体组成体系，每一个体的特定方位相对集中于空间某一方向上的现象；或者 1 个取向性个体，有多种可能的空间取向，然而优选在某方向取向的现象。

04.1933 晶体织构 crystallographic texture
在一定外界条件下，制备生成的多晶体系，或经外力作用，多晶体系的晶粒方位有所调整，使晶粒的特定结晶学方向趋于空间某一方位，由此所呈现的不同程度定向排列结构。

04.1934 能带理论 energy band theory
对于晶体(或固体)，在假设绝热近似(离子点阵系统和电子系统运动分开处理)和单粒子近似(多电子问题约化为对单个粒子的处理)的条件下，采用晶体中单电子在固定不动的点阵离子周期势场中，以及其他电子共同作用下运动，揭示晶体(或固体)能级结构和性能的单粒子量子力学理论。

04.1935 晶格能 lattice energy
0K 时，1mol 离子化合物的正、负离子，由相互远离的气体离子结合成离子晶体时所放出的能量。

04.1936 马德隆常数 Madelung constant
在离子晶体的晶格能理论计算中，由于涉及离子间静电库仑相互作用能，使晶格能公式中，出现 1 个仅与晶体结构几何关系有关、同一结构类型有同样值的比例常数。

04.1937 量子晶体 quantum crystal
原子或分子质量小(如氦、氢和氖)，相互作用弱，在量子基态具有很大的零点能运动，此量子效应可以决定性地影响其微观与宏观性质的晶体。

04.1938 光子晶体 photonic crystal
介电常数空间分布呈光学波长尺度周期性变化的一维、二维或三维介电结构，且能影响光子运动，具有光子禁带特性，通常可由人工设计和制造的晶体。

04.1939 非线性光学晶体 nonlinear optical crystal
具有很强光电场强度入射激光，它与传播介质中的价电子相互作用，引起介质极化和受迫振动，从而产生光场的二次谐波、三次谐波等，介质极化强度与光电场强度二次方、三次方或更高次方有关，不只是一次方的简单线性关系，具有这种非线性光学效应的晶体称为非线性光学晶体。

04.1940 热电晶体 pyroelectric crystal
某些晶体在温度变化的热胀冷缩过程中，引起内部带电离子或基团相对位移，产生极化或改变原有自发极化强度，使晶体唯一性方向两端的表面产生数量相等、符号相反的束缚电荷的晶体。

04.1941 压电晶体 piezo-electric crystal
某些晶体受到外界压力或张力(即拉力)作用时，会发生形变而引起内部带电离子或基团相对位移，在晶体受力方向上的两个晶面，产生数量相等、符号相反、且与应力有关的束缚电荷的晶体。

04.1942 压磁晶体 piezomagnetic crystal
对材料施加 1 个压力或张力(即拉力)，而使材料尺度发生变化，导致材料内部的磁化状态也随之改变，产生与压力或张力有关的磁化强度的晶体。

04.1943 磁致伸缩 magnetostriction
磁性体在磁场中磁化，伴随着磁化状态改变，原子间距离也发生变化，使磁性体在长度和体积都发生微小变化，这种变化称为磁致伸缩。磁致伸缩引起长度变化称为线磁致伸缩，体积变化称为体磁致伸缩，由于后者弱得多，用途少，磁致伸缩经常是指前者。

04.1944 铁电晶体 ferroelectric crystal
在居里温度以下和无外电场作用时，材料内部可以分成众多小区域电畴，同一电畴内电偶极子可自发同向平行排列，不同电畴的电偶极子方向不同，称为铁电性材料。当在外电场作用下，自发极化可以随外电场转向(不一定反向)，

且有类似磁滞现象的电滞现象的铁电性晶体。

04.1945 铁磁晶体 ferromagnetic crystal
在居里温度以下和无外磁场作用时，材料内部可以分成众多小区域磁畴，同一磁畴内原子磁矩可自发同向平行排列，达到磁化饱合，不同磁畴的原子磁矩方向不同，称为铁磁性材料。当在外磁场作用下，其有磁滞现象，且在很小外磁场中，就有很大磁化强度，并易达到饱和磁化的铁磁性晶体。

04.1946 超导体 superconductor
在一定条件下(临界温度、临界磁场和临界电流密度构成的临界曲面所包围区域内)，直流电阻突然为零，且成为完全抗磁性的物质。

04.1947 超离子导体 superionic conductor
又称"快离子导体(fast ion conductor, FIC)"。在电场中，完全或主要以离子迁移形式导电的固体电解质导体。

04.1948 形状记忆效应 shape memory effect
在某一条件下，具有固定形状的材料，当条件改变，材料受力后彻底变形，然而再现变形前条件时，材料会自发地回复到变形前的形状，这种可以记忆原条件下形状的现象称为形状记忆效应。

04.1949 双折射 birefringence, double refraction
一束入射自然光通过介质，可以分裂为两个光波相速度和折射率均不相同，且偏振方向相互垂直的平面偏振波，从而产生两条折射线的现象。

04.1950 光率体 indicatrix
折射率与光波的电矢量振动方向有关，为此从一点向各方向引出矢量，使矢量长度正比于电矢量在此方向振动的光波折射率，此各矢量末端连成的曲面称为光率体。

04.1951　晶体光轴　optical axis of crystal
对于晶体，通过光率体中心，其圆截面的垂直方向轴。自然光沿此方向在晶体中传播，不发生双折射。

04.1952　等轴晶体　isometric crystal
立方晶系晶体的光率体为圆球面，呈各向同性，任何方向都是折射率相同的正常折射，无双折射，这种具有光学各向同性的立方晶系晶体。

04.1953　单轴晶体　uniaxial crystal
中级晶系(六方、四方和三方)晶体的光率体是沿晶体学主轴旋转而成的，具有两个轴长度不等的二轴椭球体曲面，仅在晶体学主轴垂直方向有 1 个圆截面，此唯一的晶体学主轴即是光轴，这种只具有 1 个光轴的中级晶系晶体。

04.1954　双轴晶体　biaxial crystal
低级晶系(正交、单斜、三斜)，晶体的光率体是 3 个轴长度不等的三轴椭球体曲面，通过长度居中的轴，可以有两个圆截面，这两个圆截面垂直方向各有 1 个光轴，这种具有两个光轴的低级晶系晶体。

04.1955　光轴角　optical angle
低级晶系晶体两个光轴所夹的锐角。

04.1956　光性符号　optical sign
在中级晶系，光率体椭球两个轴长所代表的两个主折射率为 n_ε(常光)和 n_ω(非常光)，当 $n_\varepsilon > n_\omega$ 和 $n_\varepsilon < n_\omega$ 分别称为正光性和负光性。对于低级晶系，光率体椭球 3 个轴长方向所代表的 3 个主折射率由小到大依次为 n_α、n_β 和 n_γ，当 $n_\gamma - n_\beta > n_\beta - n_\alpha$ 和 $n_\gamma - n_\beta < n_\beta - n_\alpha$ 分别称为正光性和负光性。此时表示光性的 "+" 和 "−" 符号称为光性符号。

04.1957　解理　cleavage

各向异性晶体受到定向机械力的作用时，在平面间结合力薄弱处裂开成光滑面的性质。

04.1958　表面晶体学　surface crystallography
晶体的体相原子、离子和电子在表面突然终结，相对连续的体相形成最大的缺陷，使表面偏离维系原体相理想解理面所对应的结构，研究此表面和深达几纳米的亚表面区域的晶体学。

04.1959　晶体表面结构　crystal structure on surface, crystal structure at surface
晶体表面顶部原子(有时包括表面吸附原子)所构成的真正表面，以及向内深达几纳米的亚表面区域，所出现的相对于原体相情况有所变化的结构。广义的表面晶体结构包括表面元素种类、定量组成及原子位置、表面物相、化学态及化学键、电子态、电荷分布等。

04.1960　表面重构　surface reconstruction
在外界条件变化时，表面(或吸附后表面)相对在二维点阵结构的原子组成、网格的大小、形状、方位、对称性，原子结构中键长、键角、配位数等方面可能发生变化，特别是涉及表面结构及对称性的再造现象。

04.1961　表面弛豫　surface relaxation
相对理想解理面所对应的表面二维周期点阵结构，在晶体表面或亚表面区域的各个原子层相对于原体相结构分别向下或向上发生不同程度整体位移，从深层到表面，相邻原子层间距越来越明显改变的现象。

04.1962　表面皱析　surface rumpling
晶体表面或亚表面区域，属于原体相结构的同层原子、同层正负离子或吸附状况不同原子等，产生上下相对位置变化，偏离原有同层分布的现象。

04.1963　表面偏析　surface segregation

由于表面和体相原子的热运动，可以相互流动或交换，当达到热力学平衡时，某元素原子或原子基团在表面的定量组成，或增或减地有别于体相定量组成的现象。

04.1964　平台　terrace

温度 0K 以上，由于原子、离子或分子热运动，晶体表面偏离理想解理面，在表面不同部位形成不同形式和不同程度的微观结构聚集状态，其中大量原子、离子或分子所形成的微观等高度平整表面的形貌结构(见图1)。

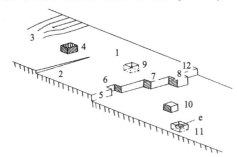

图 1　表面微观形貌结构示意图

1. 平台；2.螺型位错；3. 刃型位错；4. 吸附杂质原子；5. 突壁；
6. 突壁空位；7. 扭折；8. 突壁吸附同质原子；9. 表面空位；
10. 吸附同质原子；11. 平台空位俘获单电子；12. 台阶

04.1965　台阶　step

温度 0K 以上，由于原子、离子或分子热运动，晶体表面偏离理想解理面，其中两个相邻不同落差高度平台所形成的微观形貌结构(见图1)。

04.1966　突壁　ledge

温度 0K 以上，由于原子、离子或分子热运动，晶体表面偏离理想解理面，其微观形貌结构中的台阶侧壁面(见图1)。

04.1967　扭折　kink

温度 0K 以上，由于原子、离子或分子热运动，晶体表面偏离理想解理面，微观形貌结构中的突壁面并非笔直，在平整的突壁面所形成的弯折台阶形貌结构(见图1)。

04.1968　吸附原子　adatom

温度 0K 以上，由于原子、离子或分子热运动，晶体表面偏离理想解理面，在微观表面各种可能部位，附着吸附的基底原子或外来原子(见图1)。

04.1969　表面空位　surface vacancy

温度 0K 以上，由于原子、离子或分子热运动，晶体表面偏离理想解理面，其中表面原子或离子缺位后所形成的微观形貌结构(见图1)。

04.1970　TLK 结构　terrace-ledge-kink structure

又称"TSK 结构(terrace-step-kink structure)"。温度 0K 以上，由于原子、离子或分子热运动，晶体表面偏离理想解理面，在表面不同部位形成不同形式和不同程度的微观结构聚集状态，其大量原子、离子或分子以单层或多层可以形成平台、台阶、突壁、扭折、吸附原子、表面空位或各类缺陷等。此类表面微观形貌结构称为 TLK 结构。

04.1971　电子晶体学　electron crystallography

针对生物大分子和生物样品结构，利用电子显微镜技术与计算机图像处理技术相结合，基于中心截面定理，首先从电子显微镜技术获得样品三维傅里叶变换后，沿各个不同方向的中心截面信息，然后经计算机处理，进行截面信息整合和傅里叶反变换，得到样品实空间结构的一门技术与学科。

04.1972　核磁共振晶体学　nuclear magnetic resonance crystallography, NMR crystallography

利用固体核磁共振谱技术获取晶体的化学信息和结构信息的一门学科。在生物学大分子的研究中，核磁共振技术有利于扩展研究体系，由晶体到实际体系，由静态结构到动态结构的研究。

04.1973　X 射线晶体学　X-ray crystallography

基于 X 射线与晶体及类晶体等体系各种相互作用发展起来的晶体学科学。

04.1974　X 射线衍射学　X-ray diffractometry

基于 X 射线与晶体及类晶体等体系相互作用的衍射科学。

04.1975　X 射线结构分析　X-ray structure analysis

利用 X 射线与物质的各种相互作用,最终获取各种结构信息的实验和解析工作。

04.1976　劳厄点群　Laue point group

对于 32 个对称性不同的晶体学点群,在晶体的正常衍射中,所表现出的点群对称性。其仅为 32 个晶体学点群中 11 个具有对称中心的点群。

04.1977　衍射群　diffraction group

依据衍射数据的劳厄点群对称性和系统消光规律,判断晶体所从属的空间群时,230 个空间群被分组后,所呈现的 120 种独立的衍射对称类型。

04.1978　费里德定律　Friedel law

在反常散射可以忽略不计的情况下,无论晶体结构是否有对称中心,其在不同方向的衍射强度总是呈现中心对称的对称性,即衍射强度 $I_{HKL} \equiv I_{\overline{HKL}}$ (其中 HKL 和 $\overline{HKL}$ 为衍射指数)的定律。

04.1979　劳厄方程　Laue equation

基于晶体 3 个基矢量方向上,三组互相贯穿的一维直线点阵所联系原子列同时满足衍射条件,所推导出的可以判断衍射出现条件和确定衍射方向的联立方程。劳厄方程有矢量式和三角函数式两种等当的表达式。

04.1980　布拉格方程　Bragg equation

一组 (hkl) 格面对于衍射指标为 $H = nh$, $K = nk, L = nl$ 的原子衍射,理论上表现为入射束、衍射束和格面法线三者关系类似于镜面反射,这种在二维点阵原子衍射基础上,所推导出的可以判断衍射出现条件和确定衍射方向的方程。

$$2d_{(hkl)} \sin \theta_{nh\,nk\,nl} = n\lambda \qquad n = 0, \pm 1, \pm 2, \cdots$$

或$$2d_{nh\,nk\,nl} \sin \theta_{nh\,nk\,nl} = \lambda \qquad d_{nh\,nk\,nl} = \frac{d_{(hkl)}}{n}$$

式中: $d_{(hkl)}$　米勒指数为(hkl)的晶面间距;

$d_{nh\,nk\,nl}$　衍射指数为 $nh\ nk\ nl$ 的衍射,其所对应衍射级数 $n=1$ 的衍射面间距(见倒易矢量);

$\theta_{nh\,nk\,nl}$　衍射指数为 $nh\ nk\ nl$ 的布拉格角;

n　衍射级数;

λ　λ射束(X 射线束、电子束或中子束等)波长。

04.1981　衍射级　order of diffraction

(1)劳厄方程基于晶轴方向三组一维点阵,每个一维点阵所联系原子参与衍射时,其相邻点阵点的光程差,相对于入射波波长(也为衍射波波长)的整倍数 H, K 或 $L=0, \pm 1, \pm 2 \cdots$ 称为衍射级;(2)布拉格方程的平行等间距(hkl)格面组,其所联系的原子参与 $H = nh$, $K = nk$, $L = nl$ 衍射时,对于同一个点阵面为等程面,而相邻点阵面的光程差,相对入射波波长(也为衍射波波长)的整倍数 $n=0, \pm 1, \pm 2 \cdots$ 称为衍射级。

04.1982　衍射指数　indices of diffraction

又称"劳厄指数(Laue indices)"。一维、二维、三维点阵结构所联系的原子参与衍射时,其分别在不同轴方向上的衍射级 H(一维情况), HK(二维情况), HKL(三维情况),用以区分和命名不同的衍射束的指数。

04.1983　[光]程差　[optical] path difference

来自同一点光源的两束相干光,以不同几何

路径，同时到达同一叠合位置，此时两束相干波所经路程长度之差。光折射在不同介质中传播的波长有变化，其光程通常按相位变化折合成光在真空中路程。

04.1984　位相差　phase difference

来自同一点光源的两束相干光，以不同几何路径，同时到达同一叠合位置，此时两束相干波的位相角之差。

04.1985　正空间　direct space

晶胞基矢量 *a,b,c* 所描述的三维现实客观存在的实空间。

04.1986　倒易空间　reciprocal space

在晶胞基矢量 *a,b,c* 确定已知的基础上，满足下列矢量标积(或称矢量点乘)关系：

$$a^* \cdot a = k \quad a^* \cdot b = 0 \quad a^* \cdot c = 0$$
$$b^* \cdot a = 0 \quad b^* \cdot b = k \quad b^* \cdot c = 0$$
$$c^* \cdot a = 0 \quad c^* \cdot b = 0 \quad c^* \cdot c = k$$

(常数 *k* 通常取 1，2π或激发源波长数值 λ)所导出的 *a**,*b**,*c**基矢量所描述的三维矢量空间。对应于特定的正空间，是经数学抽象的概念空间。是研究晶体衍射性质的重要概念和数学工具。

04.1987　倒易晶格　reciprocal lattice

在倒易基矢量 *a**,*b**,*c**为坐标系的倒易空间中，依据相应正空间晶格带心，去除系统消光相应倒易点，由此在 *a**,*b**,*c**基矢量基础上所划分出的三维并置，大小和形状完全相同的平行六面体无限网格。例如正空间为面心立方，对应的倒易晶格单位是以 2*a**, 2*b**, 2*c**为边的体心立方。

04.1988　倒易矢量　reciprocal vector

在一组点组成的倒易点阵中，从原点指向坐标为 $H = nh, K = nk, L = nl$ 的倒易点矢量 $H_{HKL} = Ha^* + Kb^* + Lc^*$ 或 $H_{nh\,nk\,nl} = nha^* + nkb^* + nlc^*$ (其中 h,k,l 为晶面米勒指数)。倒易矢量有两个

重要性质：① $H_{nh\,nk\,nl}$ 的方向定理：$H_{nh\,nk\,nl}$ 与指数为 $(h\,k\,l)$ 的格面垂直；② $H_{nh\,nk\,nl}$ 的长度定理：$H_{nh\,nk\,nl}$ 的矢量长度 $|H_{nh\,nk\,nl}| = n|H_{hkl}| = \dfrac{n}{d_{(hkl)}} = \dfrac{1}{d_{nh\,nk\,nl}}$

04.1989　埃瓦尔德衍射球　Ewald diffraction sphere, Ewald reflection sphere

在倒易空间中，以衍射晶体位置为球心，$\dfrac{k}{\lambda}$ 为半径(常数 k 通常取 1，2π或激发源波长数值 λ)，用于判断衍射出现条件和确定衍射方向的特定圆球。

04.1990　极限球　limited sphere

在倒易空间中，以倒易晶格原点为球心，$\dfrac{2k}{\lambda}$ 为半径(常数 k 通常取 1，2π或激发源波长数值 λ)，用于判断哪些衍射可能出现的特定圆球(只有极限球内的倒易点所对应的衍射，在一定条件下，才有可能出现)。

04.1991　衍射图案　diffraction pattern

衍射实验所记录的表达衍射信息(衍射束方向、强度、对称性、衍射斑点或线条的形状以及弥散程度等)的各种形式照片图或衍射谱图。

04.1992　四圆衍射仪　four-circle diffractometer

单晶衍射工作最常用的仪器，其激发源为波长固定的 X 射线束等，关键的测角仪是由可绕各自转轴独立运动的 4 个圆(φ圆、χ圆、ω圆和2θ圆)组成，前 3 个圆控制单晶方位，后 1 个圆控制检测器位置。以这种配置，可以采用不同工作模式，满足各种扫描要求，收集单晶等衍射数据的衍射仪器。

04.1993　布拉格-布伦塔诺型衍射仪　Bragg-Brentano diffractometer

多晶、单晶膜等材料衍射和散射最常用的仪器。其激发源为波长固定的 X 射线束等，入射束和衍射束相对样品呈等距对称聚集几何光路，根据实验要求，可有多种工作模式进行扫描，从而收集多晶或单晶膜等衍射和散射数据的衍射仪器。

04.1994 X 射线源 X-ray source

能够发射满足实验要求，具有特定参数的 X 射线辐射装置。X 射线光束参数有波长(或能量)分布、通量强度、传播方向及发散聚焦状况、偏振状态和脉冲时间结构等。

04.1995 同步辐射 synchrotron radiation

高能近光速电子、正电子或离子等带电粒子，在储存环中受磁场力作用，沿轨道做向心加速运动时，在轨道切线方向上辐射电磁波。由于这种辐射首先是在电子同步加速器运行过程中发现，故称为同步辐射。

04.1996 罗兰圆 Rowland circle

(1)在凹面反射镜面上刻划一系列等间距的平行线条构成的反射光栅，其分光和聚焦过程所涉及的 1 个直径等于光栅曲率半径的圆。(2)凡类似于上述光路设计，而实现分光和聚焦功能所涉及的圆。

04.1997 正比探测器 proportional detector

具有一定能量的光子或微观粒子，使气体电离产生电子-离子对，经多次电离"雪崩"，所接收电子的电脉冲数目与入射粒子数目呈正比，电脉冲高度和入射束能量呈正比，从而可定量检测光子或微观粒子计数，并可区别其能量的探测器。

04.1998 电荷耦合探测器 charge coupled device detector, CCD detector

由半导体光敏材料制成的阵列式集成电路，其关键部件电荷耦合器件受光子或微观粒子照射，先由磷光屏转化成可见的磷光，然后通过光学耦合系统将可见光传到电荷耦合上形成潜像，从而可在很大波段范围内实现多点探测和成像的装置。

04.1999 影像板 imaging plate

入射光子或微观粒子照射到有光激发磷光体的影像板形成潜像，用可见光辐照曝光，潜影像处发出光子，并由光电倍增管计数和记录位置，从而在影像板上得到辐照像，实现多点探测和成像的装置。

04.2000 取向矩阵 orientation matrix

以倒易基矢量 a^*, b^*, c^* 各自在直角笛卡儿坐标系 3 个轴方向 x, y, z 的分量为矩阵元，所构成的三列三行的矩阵(A)。在晶体衍射工作中，反映了晶体学坐标系与仪器直角坐标系的关系。

$$\mathbf{A} \equiv \begin{bmatrix} a_x^* & b_x^* & c_x^* \\ a_y^* & b_y^* & c_y^* \\ a_z^* & b_z^* & c_z^* \end{bmatrix}$$

04.2001 劳厄法 Laue method

波长连续的 X 射线束等激发束与静止单晶样品相互作用产生衍射，在平面检测屏收集单晶衍射数据的方法。依据样品吸收情况的不同，可采用透射法或背散法。主要用于单晶体取向和劳厄点群对称性等工作。

04.2002 回摆法 oscillation method

波长固定的 X 射线束等激发束通常以垂直角度入射，与旋转或往复回摆的单晶样品相互作用产生衍射，然后由静止的圆筒检测屏收集衍射数据，各层倒易点阵面的衍射点分布在一条条对应的平行线上，此种收集单晶衍射数据的方法称为回摆法。主要用于单晶体取向定位、晶胞参数、晶格类型和对称性等工作。

04.2003　旋进法　precession method
波长固定的 X 射线束等激发束与单晶样品相互作用产生衍射，旋进运动晶体的待测倒易面始终与平面检测屏平行联动，通过屏蔽不需要的衍射点，最后可以得到如实反映某一层倒易点阵点分布的衍射图，此种收集单晶衍射数据的方法称为旋进法。主要用于单晶体定向、对称性、晶胞参数等工作。

04.2004　魏森贝格法　Weissenberg method
波长固定的 X 射线束等激发束以特定角度入射，与 360°回摆单晶样品相互作用产生衍射，此时检测屏圆筒同步往复运动，通过屏蔽不需要的衍射点，使回摆法中某一层倒易点阵点的衍射，由线分布展现为没有重叠的二维分布，此种收集单晶衍射数据的方法称为魏森贝格法。主要用于单晶体晶胞参数、对称性、单晶结构解析等工作。

04.2005　德拜-谢乐法　Debye-Scherrer method
波长固定的 X 射线束等垂直入射到细棒状多晶样品，相互作用后产生衍射，检测屏是以粉末棒为中心轴的静止圆筒，此种收集多晶衍射数据的方法称为德拜-谢乐法。主要用于多晶物相鉴定、晶胞参数等工作。

04.2006　粉末法　powder method
以多晶粉末或多晶聚集体(片、棒、膜……)等材料为研究对象，以便获取各类有关结构等信息的衍射方法。

04.2007　粉末衍射卡片　powder diffraction file
又称"粉末衍射文档"。以已知多晶物相实验或已知结构计算的多晶 X 射线衍射数据为主要内容，由计算机管理的档案资料信息库。源于早期以卡片形式颁布。

04.2008　ω扫描　omega scan
在单晶膜或织构膜研究中，样品以膜平面内的轴，即ω圆(相当于四圆衍射仪的ω圆)的转轴为轴，进行转动或摆动，而衍射几何光路固定不动，且始终针对择优晶面的特定衍射峰进行数据收集的扫描模式。此技术用于了解膜内各个微小畴区的择优晶面取向偏离膜平面情况，即面外有序性。

04.2009　φ扫描　phi scan
在单晶膜或织构膜的研究中，样品平面以其垂直轴，即φ圆(相当于四圆衍射仪的φ圆)的转轴为轴，进行转动，而衍射几何光路固定不动，且始终针对非择优晶面的特定衍射峰进行数据收集的扫描模式。用于了解膜内各个微小畴区沿膜垂线是否有转动无序分布情况，即面内有序性。

04.2010　极图　pole figure
在多晶体系中，收集织构择优晶面衍射强度，表征特定织构晶面族$\{hkl\}$晶面在三维空间取向分布的极射赤[道]面投影图。

04.2011　谢乐公式　Scherrer equation
从实验峰形参数测定晶粒尺寸的公式：
$$(\beta_{1/2})_{HKL} = \frac{K\lambda}{\overline{D}_{(hkl)}\cos\theta_{HKL}}$$
。其中 K 为与晶粒几何形状及峰宽定义等因素有关的常数，常规推引的 $K = 0.89$；λ 为入射 X 射线波长；$\overline{D}_{(hkl)}$ 为晶粒在 (hkl) 晶面垂直方向的平均尺寸；θ_{HKL} 为衍射指标为 $H = nh, K = nk, L = nl$ 的布拉格角；$(\beta_{1/2})_{HKL}$ 仅由晶粒尺寸决定，衍射指标为 $H = nh, K = nk, L = nl$ 的衍射峰在半高处的角宽化度(横坐标 2θ，角度单位为弧度)。特别适合晶粒尺寸小于 100nm，大约 30nm 左右的晶粒尺寸测量。

04.2012　汤姆森散射　Thomson scattering
入射波的电磁场对带电粒子(特别是电子)施以电场力，使带电粒子产生受迫振动，从而发射继承入射波原位相和波长，仅改变光波强度和方向的次生弹性散射电磁波。

04.2013　相干散射　coherent scattering
来自不同散射中心的散射波同时满足相干条件所要求的频率相同、振动方向相同以及位相相同或位相差恒定,此时经散射波彼此叠加合成后,在不同的方向部位,产生不随时间而变化,能够稳定存在的明暗叠加强度的散射称为相干散射。是晶体产生衍射的基础。

04.2014　非相干散射　non-coherent scattering, incoherent scatting
来自不同散射中心的散射波不能同时满足相干条件所要求的频率相同、振动方向相同以及位相相同或位相差恒定,此时经散射波彼此叠加合成后,在不同的方向部位,不能产生稳定存在的明暗叠加强度的散射称为非相干散射。在晶体衍射中,非相干散射仅贡献背景强度。

04.2015　反常散射　anomalous scattering
当入射 X 射线波长稍小于原子吸收限波长,原子处于强烈共振吸收后的更高能量状态,引起原子对入射 X 射线的散射能力发生变化,以及散射时位相改变,使散射波不再继承原入射波位相的散射称为反常散射。

04.2016　多重散射　multiple scattering
当波或微观粒子在传播方向上与粒子相互作用后,向四面八方传播或变为向四周某个方向传播称为散射,而这种散射在数个粒子间一次又一次连续的散射称为多重散射。

04.2017　X 射线漫散射　X-ray diffuse scattering
由于原子热振动、缺陷、偏析等原因,晶体结构与理想点阵规则排列偏离较大,或者杂质原子、原子团按某种规律分布于较完美的晶体中,使实际结构相对理想点阵有一维、二维或三维偏离,在衍射峰两侧会出现卫星斑点、弧线、条纹等,与这种图样有关的

散射。

04.2018　原子散射因子　atomic scattering factor
1 个静止原子内各个电子相干散射合成波振幅与 1 个自由电子的散射波振幅之比。用于表示原子散射能力相对 1 个自由电子散射能力的倍数值。原子散射因子 $f \leqslant z$(z 为原子序,即原子内电子数目),其值与原子种类、入射束种类和波长以及散射方向有关。

04.2019　偏振[化]因子　polarization factor
基于非偏振或偏振的入射 X 射线,被电子散射、原子散射、晶体衍射和涉及衍射原理的单色化等过程,将进一步偏振化,使收集实验强度通常降低,这种对不同方位散射或衍射,由于受不同偏振化影响,所需进行强度校正的因子($\leqslant 1$)。

04.2020　洛伦兹因子　Lorentz factor
在各种衍射中,由于入射束不是严格单色化和严格平行,倒易点又有一定大小形状等原因,使不同指数衍射所获得的衍射机会不同,或不同指数衍射积分强度所截取百分数不同(如粉末衍射环强度),为此根据不同的衍射方法和不同的布拉格角,对相应积分强度进行校正所需的因子。

04.2021　吸收因子　absorption factor
在衍射工作中,入射束和出射的衍射束通过样品时,皆存在有部分吸收,最终使衍射强度降低,且这种吸收对不同布拉格角的衍射强度,其影响可能不一样,由此所需进行强度校正的因子。

04.2022　吸收限　absorption limit, absorption edge
波长(或能量)连续可变的 X 射线光子,其能量足够大时,可以使原子内层电子跃迁激发到外层空能态,同时光子湮没吸收,此时由于强烈的共振吸收,在吸收系数对入射束波

长(或能量)连续变化的吸收谱曲线中，所出现的突变位置。

04.2023　德拜-沃勒温度因子　Debye-Waller temperature factor

在晶体衍射中，因原子不可避免地围绕平衡位置热振动，从而导致原子散射能力降低。为此针对绝对温度为 T 时的原子散射因子公式所引进的 1 个热运动修正项 e^{-M}，称为德拜-沃勒温度因子。

04.2024　各向同性温度因子　isotropic temperature factor

在衍射工作中，晶体的原子热振动考虑为各向同性时，对原子散射因子进行修正时，所用的只有 1 个热参数的温度因子。

04.2025　各向异性温度因子　anisotropic temperature factor

在衍射工作中，晶胞内有 2 种以上原子和晶体对称性低等情况，原子周围会有复杂的成键环境，考虑晶体中原子热振动为各向异性时，对原子散射因子进行修正，所用的有 6 个热参数的温度因子。

04.2026　热参数　thermal parameter

原子热运动对衍射强度的影响，一般是通过原子的温度因子对原子散射因子进行修正，而温度因子中可以描述不同原子和不同方向上热振动偏移的各种参数，称为热参数。

04.2027　多重性因子　multiplicity factor

(1)在衍射图中，出现在同一位置而衍射指标不同的衍射峰，表现为各自独立出峰，合成总强度为不同指数衍射峰强度的简单加和，此时重叠峰的个数称为多重性因子。(2)在重叠峰中，由劳埃对称性所联系起来的衍射峰强度相等，为此重叠峰的各个衍射峰也经常按对称性是否相关进行分组，此时各组内强度相等的重叠峰个数称为多重性因子。

04.2028　标度因子　scale factor

衍射强度与多种影响因素有关。一套完整统一的相对强度实验值，经过一系列影响因子修正后，与相应绝对强度(即结构振幅平方值)的比值中，不随衍射峰选取而变，可用于强度从新统一标度还原的比例常数。

04.2029　系统消光　systematic extinction, systematic absence

在微观结构的空间群对称性中，存在带心晶格以及出现螺旋轴或滑移面，使相应的某些衍射强度有规律地和系统地为零的现象。

04.2030　初级消光　primary extinction

当 X 射线以布拉格角入射到 1 个完整晶体，由于衍射效应，入射束被一层层晶面不断反射消耗。此外，二次反射折回，与同方向入射线相消干涉。此两种原因使入射束穿透晶体的过程，强度衰减比无衍射的正常吸收衰减大数十倍，这种涉及完整晶体的动力学衍射，所引起的入射束附加的异常吸收效应称为初级消光。

04.2031　次级消光　secondary extinction

当 X 射线入射到 1 个具有镶嵌结构的实际晶体时，某些相互平行镶嵌块处于衍射位置时，入射束通过每一个这种镶嵌块就消耗一部分强度，使入射到下层镶嵌块的强度降低，这种在无衍射的正常吸收以外，涉及镶嵌块动力学衍射，使入射束进一步衰减的效应称为次级消光。

04.2032　结构因子　structure factor

晶体中的原子与 X 射线等相互作用，以结构重复单位的 1 个晶胞为代表，其各个原子散射波在衍射方向相干叠加的合成波的复数表达形式

$$F(hkl) = \sum_{j=1}^{N} f_j \exp[2\pi i(hx_j + ky_j + lz_j)]$$ 称为

结构因子。其中 f_j 和 $(x_j y_j z_j)$ 分别为晶胞内原子 j 的原子散射因子和此原子的分数坐标，N 为晶胞内原子数目，hkl 为衍射指数。

04.2033　结构振幅　structure amplitude

复数结构因子的模(|(F(hkl)|)。结构振幅的平方作为理论计算强度，正比于实验强度。

$$|F(hkl)| = \left| \sum_{j=1}^{N} f_j \exp \left[2\pi i (hx_j + ky_j + lz_j) \right] \right|$$

04.2034　电子密度函数　electron-density function

具有周期点阵结构的晶体，以 3 个晶轴为坐标系，描述电子在三维空间连续分布的周期函数。在晶体结构分析中，连续的电子密度函数描述 1 个个孤立原子、甚至价电子以及化学键分布。与结构因子互为傅里叶变换和反变换关系。

04.2035　结构精修　structure refinement

对前期得到的初步晶体结构进一步优化和补充新信息，并对优化后结构进行评估的工作。精修工作包括收集更高质量的数据、提出更准确结构模型、计算方法选择和改进、数据重新解析和评估等。

04.2036　傅里叶合成　Fourier synthesis

具有三维周期性的晶体对应的电子密度函数，可以表达成结构因子为系数的正交、归一指数函数组的傅里叶级数加和，这种电子密度函数求解所借用的数学方法称为傅里叶合成。

04.2037　差值傅里叶法　difference Fourier method, difference electron density method

在晶格内大部分原子位置已知的情况下，采用结构振幅实验值与已知结构的结构振幅计算值之差，以及已知结构的相角计算值进行傅里叶合成，得到反映实际结构与已知结构差值的电子云密度分布，从而可以对已有结构进一步修正和找回丢失原子，这种数学

方法称为差值傅里叶法。

04.2038　帕特森函数法　Patterson function method

在晶体结构解析中，回避难以求解的相角问题，直接采用实验提供的强度数据经过修正推引得到的结构振幅平方 $|F(hkl)|^2$，作为傅里叶级数的系数计算所得的函数：

$$P(UVW) = \frac{1}{V} \sum_h \sum_k \sum_l |F(hkl)|^2 \, e^{-2\pi i(hU+kV+lW)}$$

由帕特森函数 $P(UVW)$ 绘制的等高线图称为帕特森图，依据此图所提供的原子间矢量峰求解结构的方法称为帕特森函数法。

04.2039　帕特森寻峰法　Patterson search method

依据帕特森图，利用其出峰规律和分子置换等方法，寻找和解释矢量峰的来源，从而得到分子取向和原子位置等结构信息的方法。

04.2040　重原子法　heavy atom method

晶体结构包含少数重原子的情况下，由于重原子对结构因子有突出贡献，采用已知重原子结构的相角计算值和来自实验强度的结构振幅，进行傅里叶合成，解出电子密度函数，然后用验证和修正的重原子位置及新发现的较轻原子位置计算新相角，代替重原子相角，反复多轮计算电子密度，这种先解决重原子结构位置，然后逐步进行整体结构解析的方法称为重原子法。

04.2041　绝对构型测定　determination of absolute configuration

两种不同手性晶体，由于费里德定律，其衍射数据完全相同，最后测定的结构有两种可能的构型，为此采用各种方法，最后能够解析出绝对构型结构的测定工作称为绝对构型测定。

04.2042 同晶置换法 isomorphous replacement method

两晶体内仅个别位置的原子种类不同或原子有无(皆称为置换原子)，而其他结构部位相同或极相似，形成一对或多对同晶型晶体。采用此类晶体，首先解出晶体内置换原子位置，然后解析同晶型晶体结构最关键的相角数据，或采用各种其他办法，从而解析每个同晶型晶体结构的方法称为同晶置换法。在蛋白质晶体结构的同晶置换法测定中，一般采用重原子植入结构的特定位置，制备多对同晶型晶体，解析蛋白质晶体结构。

04.2043 分子置换法 molecular replacement method

选取与待测结构分子相同或相似的分子作为模型，通过旋转和平移，分别模拟未知分子的可能取向和位置，以便得到符合实际衍射数据的初步晶体结构模型，这种用模型分子替代未知分子解析结构的方法称为分子置换法。

04.2044 直接法 direct method

解析结构关键的相角数据，不能从衍射图直接得到，它实际隐含在衍射强度的数据中。为此不求助结构信息，仅通过数学统计方法和对比法，直接从观测到的结构振幅规律推导相角的方法称为直接法。此方法特别适合组分原子的原子序相似的有机分子结构解析。

04.2045 模型法 model method

充分借助已有数据(如分子式或化学式、晶胞参数、相关已知结构、衍射数据对称性和消光规律等)和相关知识(如对称性理论和等效点系安排、晶体化学规律和理论、晶体物理化学性质与结构关系等)，采用尝试法，先行提出符合实验衍射数据的初步结构模型，然后进一步验证和优化的解析结构方法。

04.2046 同构型法 isostructure method

参照可能的已知同构型晶体结构，提出未知晶体的初步结构模型，通过精修得到符合衍射数据的优化结构，此种解析结构的方法称为同构型法。

04.2047 计算机模拟 computer simulation

针对未知的晶体结构，提出 1 个随机的模型，根据预先设定的判据，指导计算机沿正确方向寻找结构中的原子位置，从而获得初始结构，然后利用衍射数据，采用各种方法修正和优化结构的解析结构方法。

04.2048 从头计算法 *ab initio* method

针对多晶衍射谱图，先分解重叠峰，确定每一个衍射峰的强度，然后利用类似单晶结构解析方法，确定未知物相晶体结构的解析结构方法。

04.2049 里特沃尔德法 Rietveld method

鉴于多晶衍射峰重叠严重，使信息丢失以及参与拟合的数据不足，为此采用涉及峰形的全谱图多点数据的最小二乘拟合，对提出的结构模型进行精修和优化以及对多晶体系的晶胞参数、物相定量、晶粒尺寸等进行表征的方法。

04.2050 X 射线峰增宽 X-ray peak broadening

在光源和仪器等因素对 X 射线峰宽贡献以外，通常指晶体试样偏离三维长程、周期有序的点阵结构(例如小晶粒、缺陷、晶格畸变、结晶度降低等)，使 X 射线衍射峰的峰宽在原有基础上加宽，从而能够反映晶体试样信息的峰形展宽。

04.2051 残差因子 residual variance factor

依据不同的应用场合和目的，通过各种形式的数学表达式，反映观察值与计算值相对偏差，用以评估衍射数据质量、控制精修进程和判断结构可靠性的一项重要指标。

04.2052　晶体学数据　crystallographic data

结构测定工作完成后,作为合格的结构报告,所应提供的完整基本信息。包括样品情况、晶体学数据、晶体结构测定实验条件和方法,实验数据处理和优化等信息。

04.2053　X射线衍射　X-ray diffraction, XRD

具有短波长的 X 射线电磁波的交变电场与原子的核外电子相互作用,从而使带电电子受迫振动,成为发射球面电磁波的波源。这种散射波通常继承原入射束的波长和位相(反常散射有位相改变),使有序结构的每个原子的次生弹性散射波彼此相干叠加,在空间一些特定方向上,形成具有一定强度的 X 射线束的现象称为 X 射线衍射。X 射线衍射(XRD)作为 1 个重要的技术方法,可以为材料提供结构等多方面信息。

04.2054　中子衍射　neutron diffraction

符合短波长要求的中子与晶体内原子的原子核相互作用,产生核散射,以及中子磁矩与原子磁矩相互作用,产生磁散射,各自散射使有序结构中的每个原子的次生散射波彼此相干叠加,在空间一些特定方向上,形成涉及核散射以及磁散射,具有一定强度的中子束的现象称为中子衍射。中子衍射作为 1 个重要的技术方法,可以探测材料较大范围内的晶体结构和磁结构等信息。

04.2055　晶格像　lattice image

当电子束入射到样品中,由于透射束与衍射束的位相不同,它们间通过动力学干涉在物镜会聚的像平面形成能反映衍射面间距大小和方向的条纹像。

04.2056　扫描探针显微镜　scanning probe microscope, SPM

在扫描隧道显微镜基础上,发展起来的一类通过微小探针在样品表面近距(1nm 左右)或远距扫描,将探针与样品间相互作用产生的信息转化为表面形貌或反映表面不同部位特性(光、电、力、磁等)分布差异的显微图像,以及不同部位特性曲线,并可对表面进行原子级加工和修饰的一大类各种仪器技术的总称。

04.2057　X射线吸收精细结构　X-ray absorption fine structure, XAFS

对于非孤立原子的 X 射线吸收曲线,由于中心原子的光电子出射波与近邻原子所产生的弹性背散射波相干叠加,使吸收边高能一侧的线吸收系数偏离单调变化,形成与光电子波波长、配位原子种类和结构有关的起伏振荡结构。X 射线吸收精细结构由两部分组成:X 射线吸收近边结构和扩展 X 射线吸收精细结构。

04.2058　X射线吸收近边结构　X-ray absorption near edge structure

对于非孤立原子的 X 射线吸收曲线,在吸收限高能端大约在 30~50eV 区域,低能光电子与近邻原子多重散射机制为主所形成的吸收精细结构。X 射线吸收近边结构可以提供某些电子态结构和原子近邻配位形式等信息。

04.2059　扩展X射线吸收精细结构　extended X-ray absorption fine structure, EXAFS

对于非孤立原子的 X 射线吸收曲线,在吸收限高能端大约从 30~50eV 开始,一直扩展到大约 1000eV 区域,为较高能量光电子与近邻原子单次散射机制为主所形成的吸收精细结构。扩展 X 射线吸收精细结构可以提供近邻配位数、配位距离和原子对平衡位置平均偏移等结构信息。

05. 高分子化学

05.01 高分子物质

05.0001 高分子 macromolecule
又称"大分子"。在化学结构上由许多个实际或概念上的低分子量分子作为重复单元组成的高分子量分子。其分子量通常在 10^4 以上。

05.0002 聚合物 polymer
单体经聚合反应形成的、由许多以共价键相连接的重复单元组成的物质。其分子量通常在 10^4 以上。

05.0003 超高分子 supra macromolecule
分子量超过 10^6 的高分子。

05.0004 天然高分子 natural macromolecule
由自然界产生的高分子的总称。

05.0005 无机聚合物 inorganic polymer
又称"无机高分子"。主链由非碳元素构成的高分子物质。

05.0006 有机聚合物 organic polymer
又称"有机高分子"。主链由碳元素构成的高分子物质。

05.0007 金属有机聚合物 organometallic polymer
结构单元中含有金属或亚金属原子的高分子物质。

05.0008 元素聚合物 element polymer
又称"元素高分子"。分子主链由碳、氧、氮、硫等以外的原子组成并连接有机基团的高分子物质。

05.0009 低聚物 oligomer
曾称"齐聚物"。平均分子量低于 10^4 的聚合物。

05.0010 二聚体 dimer
聚合度为 2 的低聚物。

05.0011 三聚体 trimer
聚合度为 3 的低聚物。

05.0012 调聚物 telomer
由调聚反应生成的低聚物。

05.0013 预聚物 prepolymer
带有反应性基团的低聚物。

05.0014 均聚物 homopolymer
由一种结构重复单元构成的聚合物。

05.0015 共聚物 copolymer
由两种或两种以上结构重复单元构成的聚合物。

05.0016 顺式聚合物 *cis*-configuration polymer, *cis*-polymer
高分子主链上的双键全为顺式构型的聚合物。

05.0017 反式聚合物 *trans*-configuration polymer, *trans*-polymer
高分子主链上的双键全为反式构型的聚合物。

05.0018 规整聚合物 regular polymer
能以一种结构重复单元来表示其分子链中

排列顺序的聚合物。

05.0019　非规整聚合物　irregular polymer
不能以一种结构重复单元来表示其分子链中排列顺序的聚合物。

05.0020　有规立构聚合物　stereoregular polymer, tactic polymer
又称"立构规整聚合物"。分子链中仅有一种构型重复单元、以单一的顺序排列的规整聚合物。

05.0021　无规立构聚合物　atactic polymer
不同构型重复单元在聚合物主链上无规排列的聚合物。

05.0022　全同立构聚合物　isotactic polymer
又称"等规聚合物"。由相同构型重复单元所组成的有规立构聚合物。

05.0023　间同立构聚合物　syndiotactic polymer
又称"间规聚合物"。主链中相邻两个构型单元具有相反构型、且规则排列的聚合物。

05.0024　全同间同等量聚合物　equitactic polymer
高分子主链中全同结构和间同结构含量相同的聚合物。

05.0025　双全同立构聚合物　diisotactic polymer
高分子主链的构型单元中含有两种不对称碳原子或不对称中心，各自都呈全同立构的聚合物。

05.0026　苏型双全同立构聚合物　*threo*-diisotactic polymer
两个立构中心构型相同的双全同立构聚合物。

05.0027　赤型双全同立构聚合物　*erythro*-di-
・502・

isotactic polymer
两个立构中心构型相反的双全同立构聚合物。

05.0028　双间同立构聚合物　disyndiotactic polymer
高分子主链的构型单元中含有两种不对称碳原子，各自都呈间同立构的聚合物。

05.0029　苏型双间同立构聚合物　*threo*-disyndiotactic polymer
两个立构中心构型相同的双间同立构聚合物。

05.0030　赤型双间同立构聚合物　*erythro*-disyndiotactic polymer
两个立构中心构型相反的双间同立构聚合物。

05.0031　二元共聚物　binary copolymer
由两种结构重复单元构成的共聚物。

05.0032　三元共聚物　terpolymer
由三种结构重复单元构成的共聚物。

05.0033　多元聚合物　multipolymer
由三种以上结构重复单元构成的共聚物。

05.0034　序列共聚物　sequential copolymer
结构重复单元精确地按固定的序列排列的共聚物。

05.0035　无规共聚物　random copolymer
不同结构重复单元无规排列的共聚物。

05.0036　统计[结构]共聚物　statistical copolymer
结构重复单元序列排布符合统计规律的共聚物。

05.0037　交替共聚物　alternating copolymer

两种结构重复单元在主链上以相间规则排列的共聚物。

05.0038 周期共聚物 periodic copolymer
两种或两种以上结构重复单元在主链上有序排列的共聚物。

05.0039 梯度共聚物 gradient copolymer
沿着分子链，从一种结构重复单元为主逐渐变化到另一种重复单元为主的共聚物。

05.0040 嵌段共聚物 block copolymer
又称"嵌段聚合物(block polymer)"。由两种或两种以上重复单元各自组成长序列链段而彼此经共价键连接的共聚物。

05.0041 两亲嵌段共聚物 amphiphilic block copolymer
既含有疏水性链段，又含有亲水性链段的嵌段共聚物。

05.0042 刚性链聚合物 rigid chain polymer
高分子主链上的键内旋转高度受阻，在溶液中呈棒状形态的聚合物。

05.0043 柔性链聚合物 flexible chain polymer
高分子主链在溶液中能自由卷曲形成无规线团的聚合物。

05.0044 半柔性链聚合物 semi-flexible chain polymer
高分子链在溶液中局部呈棒状，而从整个分子看又具有一定柔性的聚合物。

05.0045 刚-柔嵌段共聚物 rod-coil block copolymer
分子主链上既有刚性链段、又有柔性链段的嵌段共聚物。

05.0046 极性聚合物 polar polymer
偶极矩大于 0.5D 的聚合物。

05.0047 非极性聚合物 non-polar polymer
高分子链上无极性取代基团或极性取代基在分子链上呈对称分布的聚合物。

05.0048 恒[组]分共聚物 azeotropic copolymer
主链重复单元组成比与投料单体组成比相同的共聚物。

05.0049 单分散聚合物 monodisperse polymer, uniform polymer
所有分子都具有相近聚合度的聚合物。

05.0050 多分散性聚合物 polydisperse polymer, non-uniform polymer
由一系列聚合度不同的高分子同系物组成的聚合物。

05.0051 加成聚合物 addition polymer
简称"加聚物"。单体通过加成聚合反应得到的聚合物。

05.0052 缩聚物 condensation polymer, polycondensate
单体通过缩合聚合得到的聚合物。

05.0053 聚合物共混物 polyblend, polymer blend
两种或两种以上聚合物的混合物。

05.0054 聚合物-金属配合物 polymer-metal complex
曾称"高分子金属络合物"。由聚合物作为配体与金属原子或离子形成的配合物。

05.0055 缔合聚合物 association polymer
高分子间能依靠氢键、电荷转移或离子相互作用形成的聚合物缔合体。

05.0056　螯合聚合物　chelate polymer
能与金属离子以配位键形成金属离子螯合物的聚合物。

05.0057　配位聚合物　coordination polymer
主链或侧链含有金属离子配位键的高分子络合物。

05.0058　链型聚合物　chain polymer
重复单元相互连接成链状结构的聚合物。

05.0059　碳链聚合物　carbon chain polymer
主链完全由碳原子组成的链型聚合物。

05.0060　杂链聚合物　heterochain polymer
主链中除了碳原子外，还有氧、氮、硫等杂原子的链形聚合物。

05.0061　棒状聚合物　rodlike polymer
线型高分子链由于内旋转受阻而呈刚性棒状链的聚合物。

05.0062　线型聚合物　linear polymer
分子链呈线形结构的聚合物。

05.0063　体型聚合物　three dimensional polymer
又称"网络聚合物(network polymer)""交联聚合物(crosslinked polymer)"。线型高分子链经交联而成的三维空间的网状结构的聚合物。

05.0064　杂环聚合物　heterocyclic polymer
聚合物链中含有杂原子环的聚合物。

05.0065　大环聚合物　macrocyclic polymer
以大单环、大套环或大扣环形状存在的聚合物。

05.0066　树[枝]状聚合物　dendrimer, dendritic polymer, tree polymer
通过支化基元逐步反应得到的、高度支化的、具有树枝状结构的聚合物。

05.0067　线团状聚合物　coiling type polymer
高分子链构象呈无规线团状的聚合物。

05.0068　花菜状聚合物　cauliflower polymer
由增生式聚合反应所得的、高分子链构象呈花菜状的聚合物。

05.0069　ω聚合物　ω-polymer
俗称"米花状聚合物(popcorn polymer)"。自由基聚合过程中，由自动加速效应导致的聚合急剧加速，所得到的一堆形似爆米花的不熔聚合物。

05.0070　梳形聚合物　comb polymer
多个链长相近的线型支链同时接枝在1个主链之上，形状像梳子的聚合物。

05.0071　梯形聚合物　ladder polymer
由双股主链构成梯形结构的聚合物。

05.0072　螺旋形聚合物　helical polymer
由于相邻分子链的侧基之间的相互作用和最紧密的堆砌要求，分子链采取反式-左右式不同交替方式而形成螺旋构象的聚合物。

05.0073　星形聚合物　star polymer
从1个支化点呈放射形连接出三条以上线型链的聚合物。

05.0074　遥爪聚合物　telechelic polymer
在聚合物分子链两端各带有特定官能团，能通过反应性端基进一步聚合的聚合物。

05.0075　支化聚合物　branched polymer
在分子链上带有一些长短不一的支链的聚

合物。

05.0076 超支化聚合物 hyperbranched polymer
$AB_x(x \geqslant 2)$ 型的单体的聚合反应中当反应程度很高时生成的可溶性的高度支化但不交联的聚合物。超支化聚合物不是完美的树枝状大分子。

05.0077 接枝聚合物 graft polymer
又称"接枝共聚物(graft copolymer)"。分子主链上带有若干长支链，且支链的组成与主链不同的聚合物。

05.0078 互穿聚合物网络 interpenetrating polymer networks, IPN
由两种或两种以上互相贯穿的交联聚合物组成的共混物。

05.0079 半互穿聚合物网络 semi-interpenetrating polymer network, SIPN
由交联聚合物和线型聚合物互相贯穿组成的共混物。

05.0080 活性高分子 living macromolecule
在无链转移及链终止反应的活性聚合条件下，聚合完成后生长链仍具有活性，加入新单体仍可聚合的高分子。

05.0081 手性高分子 chiral macromolecule
主链上带有镜面不对称碳原子、含有不同数量的 D- 或 L-型不对称结构或整个聚合物由于庞大侧基的体积效应而使其呈单向螺旋构型且具有手性特征的高分子。

05.0082 功能高分子 functional macromolecule
在主链或支链上带有显示某种功能的官能团，可满足光、电、磁、化学、生物、医学等方面的功能要求的高分子。

05.0083 形状记忆高分子 shape-memory macromolecule
当外部环境以特定方式变化时，自由状态下的已变形状可恢复为原始形状的高分子。

05.0084 类酶高分子 enzyme like macromolecule
由活细胞产生的具有生物化学反应催化剂作用的一类蛋白质高分子。

05.0085 生物高分子 bio-macromolecule
来源于生物体的蛋白质、核酸、多糖等高分子物质的总称。

05.0086 生物活性高分子 bioactive macromolecule
含有生物活性基团的高分子。在生理环境中能发生选择性化学反应、并与周围组织(硬、软组织)形成化学结合。

05.0087 生物医用高分子 biomedical macromolecule
与生物体有一定生物相溶性，且化学惰性，不与组织液反应，不出现排异现象，用于医学、医疗方面的各种高分子材料。

05.0088 反应性聚合物 reactive polymer
带反应活性功能基的聚合物。

05.0089 共轭聚合物 conjugated polymer
主链具有共轭大π键结构的聚合物。

05.0090 多晶型聚合物 polycrystalline polymer
随结晶条件改变能呈现不同晶型的聚合物的总称。

05.0091 通用聚合物 commodity polymer
泛指工业产品中产量大、应用范围广泛的聚合物品种。

05.0092　自增强聚合物　self-reinforcing polymer

无需添加增强剂，而靠自身分子内刚性链在一定的加工条件下的高度取向形成的高强度、高模量的微纤结构以增强本体的聚合物。

05.0093　仿生聚合物　biomimetic polymer

在形态、观感以及性能方面与天然高分子物质类似的聚合物。

05.0094　智能聚合物　intelligent polymer

模仿生命系统同时具有感知外界系统和判断、反馈和驱动多重功能的聚合物。

05.0095　生物弹性体　bioelastomer

具有特殊生理行为的弹性体材料。

05.0096　高分子药物　polymer drug

作为药物载体或本身具有药理活性的高分子。

05.0097　降解性聚合物　degradable polymer

在光、热、辐照、氧化、水解、微生物，各种化学、机械作用、超声波作用或上述多种因素共同作用下能发生降解的聚合物。

05.0098　生物可蚀性聚合物　bioerodable polymer

能被微生物通过生物代谢作用进行破坏或分解转化为单体或低聚物的聚合物。

05.0099　环境友好聚合物　environmental friendly polymer

具有满意的使用性能和优良的环境协调性，不会对环境造成破坏的聚合物。

05.0100　两亲聚合物　amphiphilic polymer

具有既亲水又亲油性质的聚合物。

05.0101　亲水聚合物　hydrophilic polymer

与水具有良好亲和性，能溶于水或在水中溶胀的聚合物。

05.0102　疏水聚合物　hydrophobic polymer

与水亲和性差的聚合物。

05.0103　吸水性聚合物　water absorbent polymer

含有强亲水性基团，不溶于水，但可以吸收是自重数十、数百甚至上千倍水的聚合物。

05.0104　水溶性聚合物　water soluble polymer

聚合物分子链上含有一定数量的强亲水性基团，能在水中溶解的聚合物。

05.0105　光响应聚合物　photoresponsive polymer

在光的作用下能产生各种物理性能可逆变化的聚合物。

05.0106　光活性聚合物　optical active polymer

具有光学活性的聚合物。聚合物在其主链上或侧链上，带有不对称碳原子时是光学活性的，即当平面偏振光通过时能使偏振平面发生旋转。

05.0107　光敏聚合物　photosensitive polymer

对光敏感，受光的作用会产生某种显著变化的聚合物。

05.0108　光弹性聚合物　photoelastic polymer

折射率受内应力或外来的机械应力作用会发生改变的聚合物。

05.0109　感光聚合物　photopolymer

分子中的光反应基团，在吸收光能量后引起高分子内或分子间的化学变化或结构变化，从而带来其性能上的某些变化的聚合物。

05.0110 光致发光聚合物 photoluminescent polymer
用紫外光、可见光及红外光激发后而产生发光现象的聚合物。

05.0111 电致发光聚合物 electroluminescent polymer
在电场作用下可发光的聚合物。

05.0112 热敏发光聚合物 thermosensitive luminescent polymer
由于温度的变化能发光的聚合物。

05.0113 导电聚合物 conducting polymer
具有一定导电性能的聚合物。

05.0114 超导聚合物 superconductive polymer
具有超导特性的聚合物。

05.0115 光致导电聚合物 photoconductive polymer
受光作用而具有导电性的聚合物。

05.0116 高分子半导体 semiconducting polymer
具有半导体导电特性的聚合物。

05.0117 电活性聚合物 electroactive polymer
在外电场诱导下,通过材料内部构造改变能产生多种形式力学响应的聚合物。

05.0118 压电聚合物 piezo-electric polymer
具有压电功能,即受到外力时能产生电荷的聚合物。

05.0119 热电性聚合物 pyroelectric polymer
具有随温度改变其电极化性能发生变化或反之随外加电场改变会发热的聚合物。

05.0120 电致变色聚合物 electrochromic polymer
改变电压或电流以改变材料对光的吸收,在可见光区表现出颜色变化的聚合物。

05.0121 磁性聚合物 magnetic polymer
显示铁磁性或者抗强磁性、偏磁性的聚合物。

05.0122 铁磁聚合物 ferromagnetic polymer
具有铁磁性的聚合物。

05.0123 铁电聚合物 ferroelectric polymer
具有铁电性的聚合物。

05.0124 烧蚀聚合物 ablative polymer
具有良好耐烧蚀性能的聚合物。

05.0125 阻隔聚合物 barrier polymer
对水、气、油及其他介质等具有良好阻隔性的聚合物。

05.0126 大孔聚合物 macroporous polymer
具有大孔结构并带有功能基团的网状结构的不溶不熔聚合物。

05.0127 液晶高分子 liquid crystal macromolecule
可以处于液晶相的聚合物。

05.0128 溶致液晶高分子 lyotropic liquid crystalline macromolecule
由于溶剂作用,在一定的浓度范围内呈现液晶性的聚合物。

05.0129 热致液晶高分子 thermotropic liquid crystalline macromolecule
在加热过程中,在某一温度下可由固态转变为液晶态的聚合物。

05.0130 主链型液晶聚合物 main chain liquid crystalline polymer

液晶性基元接于高分子主链位置上的聚合物。

05.0131 侧链型液晶聚合物 side chain liquid crystalline polymer

液晶性基元处于高分子侧链位置的聚合物。

05.0132 聚合物催化剂 polymer catalyst

含有催化活性基团的聚合物。

05.0133 聚合物载体 polymeric carrier, polymer support

能负载其他物质的惰性聚合物。

05.0134 高分子试剂 polymer reactant, polymer reagent

含化学反应性官能基团的聚合物。

05.0135 聚合物溶剂 polymer solvent

可作为溶剂溶解其他物质的聚合物。

05.0136 离子聚合物 ionomer

又称"离聚物"。分子链上带有少量可电离基团或离子基团的聚合物。

05.0137 聚电解质 polyelectrolyte

又称"高分子电解质"。分子链上带有大量可电离基团或离子基团的聚合物。

05.0138 两性聚电解质 polyampholyte, polyamphoteric electrolyte

分子链上同时含有阳离子基团和阴离子基团的聚电解质。

05.0139 乙烯类聚合物 vinyl polymer

由乙烯基单体聚合而得的聚合物。

05.0140 双烯聚合物 diene polymer

由双烯烃单体聚合而得的聚合物。

05.0141 烯烃共聚物 olefin copolymer, OCP

由一种以上的烯烃单体共聚而得的共聚物。

05.0142 乙炔类聚合物 acetylenic polymer

由乙炔或乙炔衍生物聚合而得的主链为共轭结构的聚合物。

05.0143 二乙炔聚合物 diacetylene polymer

结构重复单元为 $-C{\equiv}C-C{=}C-$ 的聚合物。（其中有 R_2、R_1 取代基）

05.0144 二烯丙基聚合物 diallyl polymer

由具有 $CH_2{=}CH-CH_2-R-CH_2-CH{=}CH_2$ 结构的单体环化聚合而得的环状结构聚合物。

05.0145 苯醌聚合物 quinone polymer

结构重复单元为（苯醌结构，含 X、Y 取代基）的聚合物。

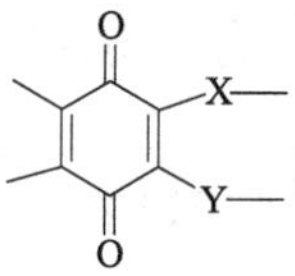

05.0146 偶氮类聚合物 azo polymer

结构重复单元含偶氮基 $-N{=}N-$ 的聚合物。

05.0147 硅酸盐聚合物 silicate polymer, polysilicate

由硅酸盐聚合得到的无机高分子物质的统称。

05.0148 紫胶 shellac

又称"虫胶"。由寄生在热带植物中的蚧壳虫、紫胶虫所分泌的树脂状物质精制而成的物质。

05.0149 蚕丝 [natural] silk

由熟蚕结茧时所分泌的丝液凝固而成的连续长蛋白纤维。

05.0150　骨胶原　collagen
存在于人体和动物体内的一种胶原蛋白。是关节软骨、骺软骨和骨小梁的主要成分。

05.0151　明胶　gelatin
由脊椎动物的皮、骨、软骨和肌腱中的胶原蛋白经过水解制得的蛋白质。

05.0152　黄原胶　xanthate gum
主链骨架结构为 1,4-β-D-葡萄苷重复单元、侧链为 1 个葡萄醛酸和两个甘露糖所组成的多糖。

05.0153　琼脂　agar-agar
存在于石花菜等红藻类的细胞膜中的多糖。主要成分为 D-半乳糖和 3,6-脱水 L-半乳糖。

05.0154　树胶　gum
由热带、亚热带生长的某些树木的分泌液得到的黏性物质。主要成分是阿拉伯糖、半乳糖、糖醛酸等多糖类。

05.0155　白蛋白　albumin
广泛存在于动植物细胞、体液中的可溶性蛋白质的总称。

05.0156　直链淀粉　amylose
葡萄糖分子以 α-1,4 糖苷键连接形成的呈线状链的淀粉。

05.0157　支链淀粉　amylopectin
一种具有多支链结构的淀粉。其直链部分葡萄糖分子以 α-1,4 糖苷键连接，分支处由 α-1,6 糖苷键连接。

05.0158　葡聚糖　dextran
又称"右旋糖酐"。由许多葡萄糖分子缩合形成的含有长短不同的支链、结构复杂的多糖。

05.0159　甲壳质　chitin
2-乙酰氨基-2-脱氧 β-D-葡萄糖通过 α-1,4 糖苷键连接而成的直链多糖。

05.0160　壳聚糖　chitosan
2-氨基-2-脱氧 β-D-葡萄糖通过 α-1,4 糖苷键连接而成的直链多糖。

05.0161　木素　lignin
植物纤维中与纤维素共生的带有苯环、羟基和羧基的一种天然高分子物质。

05.0162　全纤维素　holocellulose
植物细胞膜组成中的由纤维素和半纤维素组成的全多糖类。

05.0163　α 纤维素　α-cellulose
天然纤维素经氢氧化钠水溶液处理后，脱除了木质素和半纤维素之后所剩下的高分子量不溶部分。

05.0164　β 纤维素　β-cellulose
天然纤维素中的低分子量纤维素。

05.0165　γ 纤维素　γ-cellulose
天然纤维素经氢氧化钠水溶液处理能溶解，加入乙酸后不能沉淀出来的纤维素。

05.0166　硝酸纤维素　cellulose nitrate
又称"硝化纤维素"。纤维素中的部分羟基被硝酸酯化后的产物。

05.0167　乙酸纤维素　cellulose acetate
俗称"醋酸纤维素"。纤维素中的部分羟基被乙酸酯化后的产物。

05.0168　甲基纤维素　methyl cellulose
纤维素中的部分或全部羟基上的氢被甲基

取代的产物。

05.0169 羧甲基纤维素 carboxymethyl cellulose

纤维素中的部分或全部羟基上的氢被羧甲基取代的产物。

05.0170 羟乙基纤维素 hydroxyethyl cellulose

纤维素中的部分或全部羟基上的氢被羟乙基取代的产物。

05.0171 树脂 resin

能直接或经交联后作为塑料、黏合剂、涂料等高分子材料使用或作为其主要原料成分使用的天然、天然改性或合成物质。

05.0172 天然树脂 natural resin

由植物或动物分泌物得到的树脂。

05.0173 热塑性树脂 thermoplastic resin

受热软化或熔化、冷却后硬化，可反复塑制的一类线型结构的树脂。

05.0174 热固性树脂 thermosetting resin

受热后能形成网状体型结构的树脂。

05.0175 氧化还原树脂 redox resin

具有可逆电子转移功能的树脂。

05.0176 离子交换树脂 ion exchange resin

具有可与溶液中离子进行离子交换功能的树脂。由网状结构的母体树脂和可进行离子交换的功能基组成，可分为阳离子、阴离子和两性离子交换树脂。

05.0177 大网络树脂 macroreticular resin

具有大孔网状结构的不溶不熔树脂。

05.0178 烃类树脂 hydrocarbon resin

烯烃、环烯烃、二烯烃等烃类单体聚合得到的树脂。

05.0179 烯丙基树脂 allyl resin

含有烯丙基的单体聚合得到的树脂。

05.0180 石油树脂 petroleum resin

由石油馏分的烯烃、二烯烃、环烯烃、苯乙烯衍生物和杂环化合物等混合物聚合得到的树脂。

05.0181 茚树脂 indene resin

由煤焦油蒸馏或石油裂解制得的茚与其他物质聚合得到的树脂。

05.0182 苯并呋喃-茚树脂 coumarone-indene resin

由煤焦油和石油中 140~185℃馏分的茚和苯并呋喃(氧茚)等混合物聚合而得的树脂。

05.0183 萜烯树脂 terpene resin

由松节油中的 α-蒎烯或 β-蒎烯聚合而得的树脂。

05.0184 丙烯腈-丁二烯-苯乙烯树脂 acrylonitrile-butadiene-styrene resin

简称"ABS 树脂(ABS resin)"。丙烯腈、丁二烯和苯乙烯三者共聚得到的热塑性树脂。

05.0185 丙烯腈-苯乙烯树脂 acrylonitrile-styrene resin

由苯乙烯、丙烯腈共聚而成的热塑性树脂。

05.0186 氟碳树脂 fluorocarbon resin

由全部或部分氢原子为氟原子取代的烯烃单体聚合得到的树脂。

05.0187 缩醛树脂 acetal resin

由含有多羟基的高分子化合物和醛类缩合而成的树脂。

05.0188 缩甲醛树脂 methylal resin
由含有多羟基的高分子化合物和甲醛缩合而成的树脂。

05.0189 缩丁醛树脂 butyral resin
由含有多羟基的高分子化合物和丁醛缩合而成的树脂。

05.0190 酚醛树脂 phenol-formaldehyde resin, phenolic resin
苯酚在邻位和(或)对位通过亚甲基相连而成的树脂。分为热固性和热塑性两类。

05.0191 甲阶酚醛树脂 resol
又称"可溶酚醛树脂"。苯酚和醛类物质进行加成-缩合反应得到的可溶性树脂。

05.0192 乙阶酚醛树脂 resitol
又称"半熔酚醛树脂"。将甲阶酚醛树脂进一步加热交联而得的不溶于乙醇、丙酮等溶剂，但在这些溶剂中可发生溶胀的树脂。

05.0193 丙阶酚醛树脂 resite
又称"不溶不熔酚醛树脂"。将甲阶酚醛树脂通过加热或催化剂交联，最后得到的不熔不溶的酚醛树脂。

05.0194 呋喃树脂 furan resin
结构重复单元含呋喃环的热固性树脂。

05.0195 糠醛树脂 furfural resin
以糠醛为原料制的呋喃树脂，可在固化剂六亚甲基四胺作用下生成热固性树脂。

05.0196 糠醛苯酚树脂 furfural phenol resin
由糠醛与苯酚缩聚而得的树脂。

05.0197 苯酚醚树脂 phenol ether resin
由芳烷基卤化物或醚与苯酚缩聚而得的热固性树脂。

05.0198 脲醛树脂 urea-formaldehyde resin
由尿素和甲醛缩聚而得的热固性树脂。

05.0199 聚脲树脂 carbamide resin
又称"碳酰胺树脂"。由异氰酸酯与端胺基化合物聚合而得的树脂。

05.0200 氨基树脂 amino resin
由含有氨基或酰胺基的单体与醛类缩聚而得的热固性树脂的总称。

05.0201 三聚氰胺-甲醛树脂 melamine-formaldehyde resin, melamine resin
由三聚氰胺与甲醛缩聚而得的树脂。

05.0202 尿素树脂 urea resin
由尿素与其他物质缩聚而得的树脂。

05.0203 聚酯树脂 polyester resin
结构重复单元以酯基为特征基团的树脂。

05.0204 丙烯酸[酯]树脂 acrylic resin
由丙烯酸[酯]或甲基丙烯酸[酯]为主要单体聚合或共聚合而得的树脂。

05.0205 醇酸树脂 alkyd resin
由多元醇与二元酸或其衍生物聚合而得的树脂。

05.0206 环氧树脂 epoxy resin
分子中带有两个或两个以上环氧基的预聚物及其交联产物的总称。

05.0207 脂肪族环氧树脂 aliphatic epoxy resin
以脂肪族、脂环族为主链的环氧树脂。

05.0208 双酚A环氧树脂 bisphenol A epoxy resin
由双酚 A 和环氧氯丙烷聚合而得的环氧

树脂。

05.0209 有机硅树脂 silicone resin
主链由硅氧结构单元构成、硅原子上带有有机基团的树脂。

05.0210 氟树脂 fluoroethylene resin
全部或部分氢原子为氟原子取代的烯烃单体聚合而得的树脂。

05.0211 聚烯烃 polyolefin
由烯烃单体聚合而得的聚合物。

05.0212 聚乙烯 polyethylene, PE
结构重复单元为—CH_2—CH_2—的聚合物。

05.0213 高密度聚乙烯 high density polyethylene, HDPE
密度通常为 $0.946 \sim 0.976 g/cm^3$ 的聚乙烯。含有少量支链。

05.0214 低密度聚乙烯 low density polyethylene, LDPE
密度通常为 $0.910 \sim 0.925 g/cm^3$ 的聚乙烯。含有较多长短支链。

05.0215 线型低密度聚乙烯 linear low density polyethylene, LLDPE
由乙烯与少量 α-烯烃(如 1-丁烯、1-辛烯等)共聚而成的低密度聚乙烯。

05.0216 超低密度聚乙烯 ultralow density polyethylene, ULDPE
由乙烯与较多 α-烯烃(如 1-丁烯、1-辛烯等)共聚而成的密度通常为 $0.88 \sim 0.91 g/cm^3$ 的低密度聚乙烯。

05.0217 长支链聚乙烯 long chain branched polyethylene
具有长支链结构的聚乙烯。

05.0218 超高分子量聚乙烯 ultra-high molecular weight polyethylene, UHMWPE
分子量通常达 100 万以上的聚乙烯。

05.0219 聚氯乙烯 poly(vinyl chloride), PVC
结构重复单元为—CH_2—CHCl—的聚合物。

05.0220 聚 1,2-二氯亚乙烯 poly(vinylene chloride)
结构重复单元为—CHCl—CHCl—的聚合物。

05.0221 聚偏氯乙烯 poly(vinylidene chloride)
又称"聚(1,1-二氯乙烯)"。结构重复单元为—CH_2—CCl_2—的聚合物。

05.0222 聚氟乙烯 poly(vinyl fluoride)
结构重复单元为 —CH_2—CHF—的聚合物。

05.0223 聚偏氟乙烯 poly(vinylidene fluoride), PVDF
结构重复单元为 —CH_2—CF_2— 的聚合物。

05.0224 聚三氟氯乙烯 poly (chlorotrifluoroethylene), PCTFE
结构重复单元为—CF_2—CFCl—的聚合物。

05.0225 聚四氟乙烯 poly(tetrafluoroethylene), PTFE
结构重复单元为—CF_2—CF_2—的聚合物。

05.0226 聚全氟丙烯 poly(perfluoropropene)
结构重复单元为—CF_2—$CF(CF_3)$—的聚合物。

05.0227 聚丙烯 polypropylene, PP
结构重复单元为—CH_2—$CH(CH_3)$—的聚合物。

05.0228 聚 1-丁烯 poly(1-butene)
结构重复单元为—CH_2—$CH(C_2H_5)$—的聚合物。

05.0229　聚异丁烯　polyisobutylene
结构重复单元为—CH_2—$C(CH_3)_2$—的聚合物。

05.0230　聚 4-甲基-1-戊烯　poly(4-methyl-1-pentene)
结构重复单元为—CH_2—$CH(CH_2CH(CH_3)_2)$—的聚合物。

05.0231　聚(1-辛烯)　poly(1-octene)
结构重复单元为—CH_2—$CH(CH_2CH_2CH_2$—$CH_2CH_2CH_3)$—的聚合物。

05.0232　聚苯乙烯　polystyrene, PS
结构重复单元为
$$-H_2C-CH-$$
的聚合物。

05.0233　高抗冲聚苯乙烯　high impact polystyrene, HIPS
具有高抗冲性能的化学结构中含少量橡胶单元的聚苯乙烯。

05.0234　聚丁二烯　polybutadiene
由丁二烯单体聚合而得的聚合物的总称。

05.0235　聚氯丁二烯　polychloroprene
由氯丁二烯单体聚合而得的聚合物的总称。

05.0236　聚异戊二烯　polyisoprene
由异戊二烯单体聚合而得的聚合物的总称。

05.0237　聚环戊二烯　polycyclopentadiene
由环戊二烯单体聚合而得的聚合物的总称。

05.0238　聚降冰片烯　polynorbornene
由降冰片烯单体聚合而得的聚合物的总称。

05.0239　开环聚环烯烃　polyalkenamer
由环烯烃单体开环聚合而得的聚合物的总称。

05.0240　聚环氧乙烷　poly (ethylene oxide)
又称"聚氧乙烯 (polyoxyethylene)"。由环氧乙烷开环聚合而得的聚合物。

05.0241　聚环氧丙烷　poly (propylene oxide)
又称"聚氧丙烯 (polyoxytrimethylene)"。由环氧丙烷开环聚合而得的聚合物。

05.0242　聚环氧氯丙烷　polyepichlorohydrin
由环氧氯丙烷开环聚合而得的聚合物。

05.0243　聚四氢呋喃　polytetrahydrofuran, polyoxytetramethylene, PTHF
由四氢呋喃开环聚合而得的聚合物。

05.0244　聚乙炔　polyacetylene
结构重复单元为—CH＝CH—的聚合物。

05.0245　聚丙烯腈　polyacrylonitrile, PAN
结构重复单元为—CH_2—$CH(CN)$—的聚合物。

05.0246　聚丙烯酸　poly(acrylic acid), PAA
结构重复单元为—CH_2—$CH(COOH)$—的聚合物。

05.0247　聚丙烯酸酯　polyacrylate
结构重复单元为—CH_2—$CH(COOR)$—的聚合物。

05.0248　聚甲基丙烯酸酯　polymethacrylate
结构重复单元为—CH_2—$C(CH_3)(COOR)$—的聚合物。

05.0249　聚甲基丙烯酸甲酯　poly(methyl methacrylate)，PMMA
结构重复单元为—CH_2—$C(CH_3)(COOCH_3)$—的聚合物。

05.0250　聚乙酸乙烯酯　poly(vinyl acetate), PVAc

结构重复单元为—CH₂—CH(OCOCH₃)—的聚合物。

由三聚甲醛与二氧六环开环聚合而得的共聚物。

05.0251 乙烯-乙酸乙烯酯共聚物 ethylene-vinyl acetate copolymer, EVA
由乙烯与乙酸乙烯酯无规聚合而得的共聚物。

05.0261 聚酯 polyester
结构重复单元以—COO—相连的聚合物。

05.0262 共聚酯 copolyester
含一种以上结构重复单元的聚酯。

05.0252 聚乙二醇 poly(ethylene glycol)，PEG
含有 α,ω-双端羟基的乙二醇聚合物的总称。

05.0263 不饱和聚酯 unsaturated polyester
主链中含不饱和双键，在一定条件下可交联的热固性聚酯。

05.0253 聚乙烯醇 poly(vinyl alcohol), PVA
结构重复单元为—CH₂—CH(OH)—的聚合物。

05.0264 饱和聚酯 saturated polyester
主链中不含不饱和结构的热塑性聚酯。

05.0254 聚乙烯醇缩甲醛 poly(vinyl formal), PVF
聚乙烯醇中相邻两个羟基与甲醛反应而得的聚合物。

05.0265 脂肪族聚酯 aliphatic polyester
结构重复单元为脂肪和脂环结构的聚酯。

05.0266 芳香族聚酯 aromatic polyester
结构重复单元主链中含有芳香环结构的聚酯。

05.0255 聚乙烯醇缩丁醛 poly(vinyl butyral), PVB
聚乙烯醇中相邻两个羟基与丁醛反应而得的聚合物。

05.0267 聚对苯二甲酸乙二酯 poly(ethylene terephthalate)，PET
结构重复单元为 —OCH₂CH₂OOC—⟨苯环⟩—CO— 的聚合物。

05.0256 聚乳酸 poly(lactic acid), PLA
又称"聚丙交酯(polylactide)"。结构重复单元为—O—CH(CH₃)—CO—的聚合物。

05.0257 聚谷氨酸 poly(glutamic acid), PGA
结构重复单元为—CH(COOH)—C₂H₄CONH—的聚合物。

05.0268 聚对苯二甲酸丁二酯 poly(tetramethylene terephthalate), poly(butylene terephthalate), PBT
结构重复单元为 —O(CH₂)₄OOC—⟨苯环⟩—CO 的聚合物。

05.0258 聚甘氨酸 polyglycine
结构重复单元为—CH₂CONH—的聚合物。

05.0269 聚对苯二甲酸亚苯酯 poly(p-phenylene terephthalate)
结构重复单元为 —O—⟨苯环⟩—OOC—⟨苯环⟩—CO— 的聚合物。

05.0259 聚甲醛 polyoxymethylene, polyformaldehyde, POM
结构重复单元为—CH₂O—的聚合物。

05.0260 共聚甲醛 copolyoxymethylene

05.0270 聚碳酸酯 polycarbonate

结构重复单元含—O—CO—O—官能团的聚合物。

05.0271 聚酰胺 polyamide
结构重复单元以—CO—NH—相连的聚合物。

05.0272 聚己内酰胺 poly(ε-caprolactam)
又称"尼龙6(nylon 6)""聚酰胺6(polyamide 6)"。由己内酰胺开环聚合而得的聚合物。

05.0273 聚己二酰己二胺 poly(hexamethylene adipamide)
又称"尼龙66(nylon 66)""聚酰胺66 (polyamide 66)"。由己二酸和己二胺缩聚而得的聚合物。

05.0274 聚醚酰胺 poly(ether amide)
分子主链中同时含有醚键与酰胺键的聚合物。

05.0275 聚芳酰胺 polyaramide, aromatic polyamide
由芳香族二胺或多胺与芳香族二酸或多酸及其衍生物经缩聚而得的聚合物。

05.0276 聚醚 polyether
结构重复单元以—C—O—C—相连的聚合物。

05.0277 共聚醚 copolyether
含一种以上结构重复单元的聚醚。

05.0278 芳香族聚醚 poly (aryl ether)
分子主链中含芳香基团的聚醚。

05.0279 聚苯醚 poly(phenylene oxide), PPO
结构重复单元为 —⟨◯⟩—O— 及其衍生结构的聚合物。

05.0280 聚硫醚 polythioether
结构重复单元以—C—S—C—相连的聚合物。

05.0281 聚苯硫醚 poly(p-phenylene sulfide), PPS
结构重复单元为 —⟨◯⟩—S— 及其衍生结构的聚合物。

05.0282 聚对亚苯 poly(p-phenylene)
结构重复单元为 —⟨◯⟩— 及其衍生结构的聚合物。

05.0283 聚砜 polysulfone
结构重复单元以—SO_2—相连的聚合物。

05.0284 聚芳砜 poly(aryl sulfone), PAS
结构重复单元含砜基(—SO_2—)和芳香核的聚合物。

05.0285 聚芳砜酰胺 aromatic polysulfonamide
结构重复单元含芳砜基和酰胺基的聚合物。

05.0286 聚醚砜 poly(ether sulfone)
结构重复单元含醚键和砜基的聚合物。

05.0287 聚二苯醚砜 poly(diphenyl ether sulfone)
结构重复单元为 ⟨◯⟩—O—⟨◯⟩—SO_2— 及其衍生结构的聚合物。

05.0288 聚酰亚胺 polyimide
结构重复单元含酰亚胺基的聚合物。

05.0289 聚苯并咪唑 polybenzimidazole
结构重复单元为 —⟨◯⟩C— 及其衍生结构的聚合物。

05.0290　聚苯并噻唑　polybenzothiazole

结构重复单元为 [结构式] 及其衍生结构的聚合物。

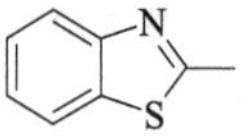

05.0291　聚喹喔啉　polyquinoxaline

结构重复单元为 [结构式] 及其衍生结构的聚合物。

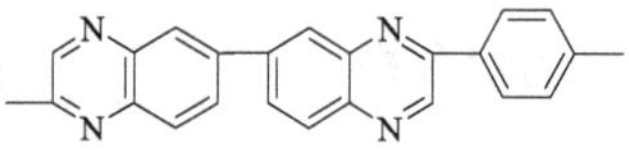

05.0292　聚醚酮　poly(ether-ketone), PEK

结构重复单元为 [结构式] 及其衍生结构的聚合物。

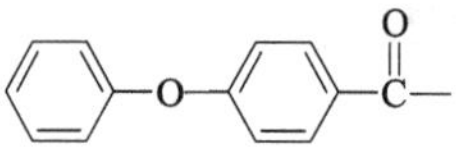

05.0293　聚醚醚酮　poly(ether-ether-ketone), PEEK

结构重复单元为 [结构式] 及其衍生结构的聚合物。

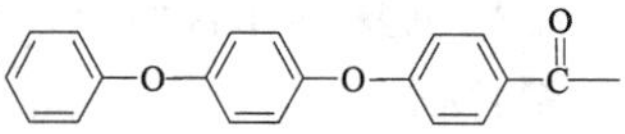

05.0294　聚醚酮酮　poly(ether-ketone-ketone), PEKK

结构重复单元为 [结构式] 及其衍生结构的聚合物。

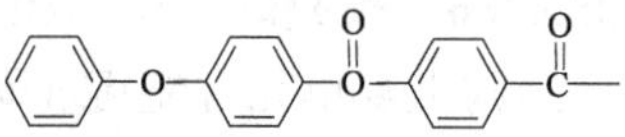

05.0295　聚氨基甲酸酯　polyurethane

简称"聚氨酯"。结构重复单元含—NH—CO—O—的聚合物。

05.0296　聚醚氨酯　poly(ether-urethane)

又称"聚醚型聚氨酯"。由两端为羟基的聚醚和二异氰酸酯经 1,4-丁二醇扩链反应聚合而得的聚合物。

05.0297　聚脲　polyurea

结构重复单元含—NH—CO—NH—的聚合物。

05.0298　聚苯胺　polyaniline

由苯胺单体聚合而成的聚合物。

05.0299　塑性体　plastomer

具有塑性的聚合物。

05.0300　塑料　plastic

玻璃化温度或结晶聚合物熔点在室温以上，能塑制成型的高分子材料。

05.0301　工程塑料　engineering plastic

强度、模量和韧性等性能较高，且具有较高的使用温度、使用寿命、可代替金属用作结构材料的塑料。

05.0302　塑料合金　plastic alloy

以塑料为主，由两种或两种以上不同种类的树脂或橡胶组合而成，并可视为一种独立塑性材料的高分子共混物的通称。

05.0303　橡胶　rubber

玻璃化温度低于室温、在环境温度下能显示高弹性的高分子物质。

05.0304　弹性体　elastomer

在常温下能反复拉伸至 200%以上，除去外力后又能迅速恢复到(或接近)原长度或形状的高分子物质。

05.0305　热塑性弹性体　thermoplastic elastomer

在常温下显示橡胶弹性，在高温下能够塑化成型的高分子物质。

05.0306　生橡胶　raw rubber, crude rubber

未经配合加工的天然橡胶和合成橡胶。

05.0307　胶乳　latex

聚合物的微粒分散于液体介质中所形成的稳定乳化体系。

05.0308 橡胶胶乳 rubber latex
橡胶微粒经乳化分散于水中所形成的胶乳。

05.0309 硬质胶 ebonite
由不饱和橡胶用高剂量硫磺硫化制成的硬而坚韧的硫化胶。

05.0310 再生胶 reclaimed rubber
废橡胶交联网络结构经化学、热及机械等加工处理破坏后所形成的可塑化成型的橡胶材料。

05.0311 充油橡胶 oil-extended rubber
在合成后期或后加工过程中充入环烷油、芳烃油等而得到的天然橡胶或合成橡胶。

05.0312 硫化橡胶 vulcanized rubber, vulcanizate
生胶加入各种配合剂经混炼、成型和硫化后制得的橡胶制品的统称。

05.0313 粉末橡胶 powdered rubber
胶乳经喷雾干燥或橡胶经冷冻粉碎等而制得的粉状橡胶。

05.0314 液体橡胶 liquid rubber
常温下呈液态的橡胶。

05.0315 饱和橡胶 saturated rubber
主链上无不饱和键的橡胶。

05.0316 不饱和橡胶 unsaturated rubber
分子链含不饱和键的橡胶。

05.0317 氢化橡胶 hydrogenated rubber
不饱和橡胶催化加氢后主链变成高度饱和结构的改性橡胶。

05.0318 天然橡胶 natural rubber
基本化学组成为顺式-1,4-聚异戊二烯、由三叶橡胶树的胶乳制得的橡胶。

05.0319 合成橡胶 synthetic rubber
由单体经聚合或共聚得到的橡胶。

05.0320 异戊橡胶 isoprene rubber
顺式聚异戊二烯和反式聚异戊二烯橡胶的统称。通常是以异戊二烯为单体合成。

05.0321 集成橡胶 integrated rubber
由苯乙烯、异戊二烯、丁二烯为原料制得的橡胶。

05.0322 苯乙烯-异戊二烯-丁二烯橡胶 styrene-isoprene-butadiene rubber, SIBR
苯乙烯、异戊二烯、丁二烯三种单体无规共聚得到的橡胶。

05.0323 顺丁橡胶 _cis_-1,4-polybutadiene rubber
顺式 1,4-聚丁二烯含量大于 96%的聚丁二烯橡胶。

05.0324 丁苯橡胶 styrene-butadiene rubber, SBR
丁二烯和苯乙烯(质量百分数为 23.5~25)无规共聚得到的橡胶。

05.0325 溶聚丁苯橡胶 solution polymerized styrene-butadiene rubber, SSBR
丁二烯和苯乙烯经溶液共聚得到的橡胶。

05.0326 乳聚丁苯橡胶 emulsion polymerized styrene-butadiene rubber, ESBR
丁二烯和苯乙烯经乳液共聚得到的橡胶。

05.0327 丁腈橡胶 butadiene-acrylonitrile rubber, nitrile rubber, NBR
丁二烯与丙烯腈共聚得到的橡胶。

05.0328 氢化丁腈橡胶 hydrogenated butadiene-acrylonitrile rubber, HNBR

丁腈橡胶经催化加氢后主链变成高度饱和结构的改性丁腈橡胶。

05.0329 二元乙丙橡胶 ethylene-propylene rubber, EPR

乙烯和丙烯无规共聚得到的橡胶。

05.0330 三元乙丙橡胶 ethylene-propylene terpolymer, EPT; ethylene-propylene-diene monomer, EPDM

乙烯(质量百分数为 45~70)、丙烯(质量百分数为 30~40)和双烯第三单体(质量百分数为 1~3)无规共聚得到的橡胶。

05.0331 丁基橡胶 butyl rubber

异丁烯和少量异戊二烯(质量百分数为 1.5~4.5)共聚得到的橡胶。

05.0332 卤化丁基橡胶 halogenated butyl rubber

丁基橡胶经卤化(氯化或溴化)反应得到的橡胶。

05.0333 丁吡橡胶 butadiene-vinylpyridine rubber, vinylpyridiene rubber

丁二烯与乙烯基吡啶或其衍生物共聚得到的橡胶。

05.0334 氯丁橡胶 chloroprene rubber

2-氯-1,3-丁二烯经聚合得到的橡胶。

05.0335 氯化聚乙烯 chlorinated polyethylene, CPE

聚乙烯中部分氢被氯取代制得的改性聚合物。

05.0336 氯磺化聚乙烯 chlorosulfonated polyethylene

聚乙烯经磺酰氯化得到的改性聚合物。

05.0337 氯醚橡胶 epichloro-hydrin rubber

侧基上含氯的聚醚型橡胶。

05.0338 氟醚橡胶 fluoroether rubber

全氟甲基乙烯基醚、全氟(3-苯氧基正丙基)乙烯基醚与四氟乙烯三元共聚得到的橡胶。

05.0339 氟橡胶 fluororubber, fluoroelastomer

主链或侧链上含有氟原子的橡胶。

05.0340 氟硅橡胶 fluorosilicone rubber

以 γ-三氟丙基甲基硅氧烷为重复单元的橡胶。

05.0341 硅橡胶 silicone rubber

主链由硅和氧原子交替构成，硅原子上通常连有两个有机基团的橡胶。

05.0342 二甲基硅橡胶 dimethyl silicone rubber

二甲基硅氧烷水解缩聚得到的有机硅橡胶。

05.0343 甲基乙烯基硅橡胶 methylvinyl silicone rubber

二甲基硅氧烷与少量甲基乙烯基硅氧烷共水解缩聚得到的硅橡胶。

05.0344 聚氨酯橡胶 polyurethane rubber

主链以氨基甲酸基(—NHCOO—)为结构特征基团的橡胶。

05.0345 丙烯酸酯橡胶 acrylate rubber

以丙烯酸烷基酯为主要单体经聚合得到的橡胶。

05.0346 聚硫橡胶 polysulfide rubber

主链含有硫原子($S_n, n > 2$)的橡胶。

05.0347 苯乙烯-丁二烯-苯乙烯嵌段共聚物 styrene butadiene styrene block copolymer, SBS

由聚苯乙烯为 A 链段和聚丁二烯为 B 链段，形成的 ABA 型三嵌段共聚物。

05.0348 苯乙烯-异戊二烯-苯乙烯嵌段共聚物 styrene isoprene styrene block copolymer, SIS

由聚苯乙烯为 A 链段和异戊二烯为 B 链段，形成的 ABA 型三嵌段共聚物。

05.0349 纤维 fiber

细(直径为微米或纳米级)而长的且具有一定柔韧性的材料。

05.0350 天然纤维 natural fiber

自然界生长或存在的纤维。

05.0351 半合成纤维 semi-synthetic fiber

由天然高分子经化学处理，使大分子结构发生变化制得的化学纤维。

05.0352 合成纤维 synthetic fiber

以化学原料合成的聚合物制成的化学纤维。

05.0353 化学纤维 chemical fiber

用经化学或物理方法改性的天然高分子或合成的聚合物为原料制成的纤维。

05.0354 初生纤维 as-spun fiber

从喷丝孔挤出的聚合物细流在纺丝场中固化成型的纤维。

05.0355 原纤 fibril

构成纤维的纤维状微细组织。

05.0356 单组分纤维 homofiber

由单种聚合物的熔体或浓溶液纺制得到的纤维。

05.0357 黏胶纤维 viscose fiber

以天然纤维素为基本原料，经磺化、溶解制成纤维素磺酸酯的稀氢氧化钠溶液，而后经湿法纺丝所制得的再生纤维素纤维。

05.0358 聚酰胺纤维 polyamide fiber

由线型聚酰胺纺制成的合成纤维。商品名为尼龙纤维、锦纶。

05.0359 聚芳酰胺纤维 aramid fiber

含芳香环的一类线型聚酰胺纺制成的合成纤维。商品名为芳纶。

05.0360 聚酯纤维 polyester fiber

由聚酯类线型聚合物纺制成的合成纤维。商品名为涤纶。

05.0361 聚丙烯腈纤维 polyacrylonitrile fiber

由聚丙烯腈或丙烯腈含量大于 85%(质量百分比)的丙烯腈共聚物制成的合成纤维。商品名为腈纶。

05.0362 聚丙烯纤维 polypropylene fiber

由等规聚丙烯纺制成的合成纤维。商品名为丙纶。

05.0363 聚乙烯醇纤维 poly(vinyl alcohol) fiber

由聚乙烯醇纺制成的合成纤维。一般为水溶性纤维。

05.0364 聚乙烯醇缩甲醛纤维 formalized poly(vinyl alcohol) fiber

聚乙烯醇缩甲醛化聚合物纺制成的合成纤维。商品名为维尼纶。

05.0365 聚氯乙烯纤维 poly(vinyl chloride) fiber

由线型氯乙烯纺制成的合成纤维。商品名为氯纶。

05.0366 聚氨酯弹性纤维 polyurethane elastic fiber
由聚氨酯制成的弹性合成纤维。商品名为氨纶。

05.0367 碳纤维 carbon fiber
含碳量在90%以上的纤维。

05.0368 活性碳纤维 active carbon fiber
碳化纤维经活化处理得到表面有大量微孔结构，并有很大比表面积的纤维。

05.0369 碳化硼纤维 boron carbide fiber
以碳化硼为表层，钨丝为芯层，采用蒸气沉积法制成的皮芯结构复合纤维。

05.0370 纳米纤维 nano-fiber
直径为纳米尺度范围(1~100nm)的纤维。

05.0371 碳纳米管 carbon nano-tube
管径在1至数十纳米之间，管壁相当于石墨碳原子层闭合卷成的一种碳材料。

05.0372 功能纤维 functional fiber
具有特殊功能的纤维。

05.0373 复合纤维 conjugate fiber
由两种或两种以上不同性能的聚合物熔体或溶液分别输入同一纺丝组件，在组件的适当部位汇合，从同一纺丝孔中挤出固化得到的纤维。

05.0374 差别纤维 differential fiber
经化学或物理改性得到的与原纤维有不同性能的纤维。

05.0375 光导纤维 photoconductive fiber
能传导光的复合纤维或涂层纤维。

05.0376 激光光纤 laser fiber
掺有一定浓度的激活离子，在某些特定波长光的激励下能产生激光的光学纤维。

05.0377 黏合剂 adhesive
又称"胶黏剂"。能通过表面黏附作用使固体材料连接在一起的物质。

05.0378 热熔黏合剂 melt adhesive
在熔融状态下进行施胶，通过熔体冷却实现固化的一类黏合剂。

05.0379 反应性热熔胶 reactive heat-melting adhesive
兼具热熔胶和反应型胶黏剂黏接特性的黏合剂。

05.0380 厌氧黏合剂 anaerobic adhesive
在氧气存在下可储存，隔绝氧气时能自行固化的一类黏合剂。

05.0381 压敏黏合剂 pressure sensitive adhesive
在干态下具有黏性，通过少许加压即能黏合固体表面的一类黏合剂。

05.0382 涂料 coating
涂于物体表面，能形成具有保护、装饰或特殊性能固态膜的液体或固体材料的总称。

05.0383 功能涂料 functional coating
除了保护与装饰性能外还具有某种特殊功能的涂料。

05.0384 油漆 paint
能涂敷于底材表面并形成坚韧连续漆膜的液体或固体物料。

05.0385 单体 monomer

可与同种或他种分子聚合的小分子的统称。

05.0386 官能度 functionality

1 个单体分子所含的能参与聚合反应的官能团的数目。

05.0387 平均官能度 average functionality

混合单体中所有各种单体分子的平均官能团数目。

05.0388 双官能[基]单体 bifunctional monomer

官能度为 2 的单体。

05.0389 三官能[基]单体 trifunctional monomer

官能度为 3 的单体。

05.0390 乙烯基单体 vinyl monomer

具有乙烯基 CH_2=CH—结构的单体。

05.0391 1,1-亚乙烯基单体 vinylidene monomer

又称"1,1-二取代乙烯单体""偏[二]取代乙烯单体"。具有—CH_2=CX_2 或—CH_2=CXY 结构的单体。

05.0392 1,2-亚乙烯基单体 vinylene monomer

又称"1,2-二取代乙烯单体"。具有 XCH=CHX 或 XCH=CHY 结构的单体。

05.0393 双烯单体 diene monomer

又称"二烯单体"。同一分子中具有两个双键的单体。按两个双键的相对位置不同,可分为共轭双烯单体和非共轭双烯单体。

05.0394 极性单体 polar monomer

含有氧、硫、氮、卤素等杂原子或其取代基、分子的偶极矩不等于零的烯类单体。

05.0395 非极性单体 non-polar monomer

不带极性基团、而只有碳氢原子组成的烯类单体。

05.0396 共轭单体 conjugated monomer

乙烯基单体 CH_2=CHX 中取代基 X 和碳碳双键 C=C 发生共轭的单体。

05.0397 非共轭单体 non conjugated monomer

乙烯基单体 CH_2=CHX 中取代基 X 和碳碳双键 C=C 不发生共轭的单体。

05.0398 活化单体 activated monomer

在链式聚合中,由引发剂分解产生的初级自由基与单体分子的反应产物。

05.0399 官能单体 functional monomer

含有特定功能基团的单体。

05.0400 大[分子]单体 macromonomer, macromer

末端具有可聚合基团,分子量从 1000 到 2000 左右的单体。

05.0401 环状单体 cyclic monomer

在引发剂或催化剂作用下能进行开环聚合形成聚合物的环状小分子。

05.0402 共聚单体 comonomer

两种或两种以上能进行共聚合反应的单体,选择其中 1 个为单体,则与它进行共聚的单体称为共聚单体。

05.0403 聚合[反应] polymerization
将一种单体或多种单体的混合物转化成聚合物的反应。

05.0404 均聚反应 homopolymerization
由一种单体进行聚合生成均聚物的反应。

05.0405 低聚反应 oligomerization
曾称"齐聚反应"。由一种单体或混合的多种单体转化成低聚物的反应。

05.0406 调聚反应 telomerization
在大量链转移剂存在下，链转移反应速率常数远远大于链增长速率常数的聚合反应。

05.0407 自发聚合 spontaneous polymerization
无任何引发剂存在下单体就能自发进行的聚合反应。

05.0408 预聚合 prepolymerization
单体经初步聚合形成分子量不大的聚合物的反应。

05.0409 后聚合 post polymerization
低温辐照聚合中，停止辐照后第二次进行的聚合反应。

05.0410 再聚合 repolymerization
聚合物解聚形成的可聚合产物再次发生聚合的聚合反应。

05.0411 铸塑聚合 cast polymerization
将液态单体或预聚物浇注入模具中，使其聚合固化的过程。

05.0412 乙烯基[单体]聚合 vinyl polymerization
又称"烯类聚合"。具有乙烯基结构的单体

的聚合。往往也包括其他类型单体，如 1,1 二取代和 1,2 二取代乙烯，以及三取代、四取代乙烯的聚合。

05.0413 双烯[类]聚合 diene polymerization
共轭双烯单体或非共轭双烯单体的聚合。

05.0414 加成聚合 addition polymerization
简称"加聚"。含不饱和键的单体经加成反应，彼此相互连接形成高分子的聚合反应。

05.0415 自由基聚合 free radical polymerization
曾称"游离基聚合"。在光、热、辐射或引发剂分解条件下，产生自由基，然后形成活化单体，再通过链增长、链终止形成聚合物的反应。

05.0416 活性聚合 living polymerization
没有链转移和链终止反应，且引发速率大于增长速率的聚合反应。经这样聚合可制得分子量可控、分子量分布窄的聚合物。反应完成后，增长链仍保持着活性，再加入单体仍可聚合。

05.0417 休眠种 dormant species
在活性聚合反应中，增长种处于休眠状态，自身不能引发单体聚合，但在一定条件下能可逆转化为活性种的中间体。

05.0418 可控活性自由基聚合 controlled living radical polymerization, CLRP
在自由基聚合体系中，引入某种特定的化合物，利用增长自由基与各类休眠种之间的平衡，抑制不可逆链终止和链转移反应控制聚合物的分子量、分子量分布和末端功能性的自由基聚合反应。

05.0419 原子转移自由基聚合 atom transfer radical polymerization, ATRP
在自由基聚合体系中，引入卤代烃和低价过

渡金属络合物(如氯化亚铜/联吡啶),通过一系列可逆的氧化还原反应促使活性链与卤代烃之间的卤原子转移,来控制聚合物的分子量和分子量分布的聚合反应。

05.0420　反向原子转移自由基聚合　reverse atom transfer radical polymerization, RATRP

在自由基聚合体系中,引入传统的自由基引发剂和高价过渡金属络合物(如氯化铜/联吡啶),使卤原子从高价铜向活性种转移从而进行原子转移自由基聚合的过程。

05.0421　氮氧自由基调控聚合　nitroxidemediated polymerization, NMP

又称"稳定自由基聚合"。在自由基聚合体系中,引入稳定的氮氧自由基(如 2,2,6,6-四甲基氧化哌啶自由基),通过建立增长链、氮氧自由基和它们的加成物休眠种之间的可逆平衡,来控制聚合物的分子量和分子量分布的聚合反应。

05.0422　可逆加成断裂链转移聚合　reversible addition fragmentation chain transfer polymerization, RAFTP

在自由基聚合反应中,当有二硫酯类化合物

$$Z—\overset{\overset{S}{\|}}{C}—S—R$$

(通式为 Z—C—S—R)存在时,发生聚合物增长链与二硫酯化合物的可逆加成、加成物的可逆断裂以及链转移反应,从而控制聚合物的分子量和分子量分布,具有活性聚合特点的聚合反应。

05.0423　自由基异构化聚合　free radical isomerization polymerization

在自由基聚合过程中,由于增长链发生了异构化或是单体先发生了异构化,随后进行聚合,从而使形成的聚合物的结构单元与起始单体的结构单元不同的聚合反应。

05.0424　氧化还原聚合　redox polymerization

用氧化还原引发剂进行的烯类单体的聚合。

05.0425　死端聚合　dead end polymerization

聚合反应中引发剂急剧分解而耗尽,单体未能完全聚合,在低转化率下终止的聚合反应。

05.0426　光[致]聚合　photo induced polymerization

不加引发剂或光敏剂,而只用光照引发的聚合反应。

05.0427　光引发聚合　photo-initiated polymerization

在紫外或可见光照下,使用能生成自由基或正离子的光引发剂引发的光聚合。

05.0428　光敏聚合　photo-sensitized polymerization

在光敏剂存在下,将激发能传递给反应分子并促进光反应进行的光聚合。

05.0429　四中心聚合　four center polymerization

又称"环化加成聚合""第尔斯-阿尔德聚合(Diels-Alder polymerization)"。共轭双烯和亲双烯的不饱和基团之间发生[4+2]环化加成反应,而生成主链含有六元或四元环结构聚合物的聚合反应。

05.0430　电荷转移聚合　charge-transfer polymerization

(1)受电子单体和给电子单体先形成电荷转移络合物,该络合物自身引发或是在引发剂存在下引发的聚合反应。(2)在链引发或链增长中,由电子受体-给体相互作用引发的聚合反应。

05.0431 辐射[引发]聚合 radiation [initiated] polymerization
不加任何引发剂而是利用高能辐射引发的聚合。

05.0432 热聚合 thermal polymerization
单体在一定温度下由热引发的聚合反应。

05.0433 电解[引发]聚合 electrolytic [initiated] polymerization
又称"电化学引发聚合"。单体溶液通电电解而产生活性种引发单体聚合的过程。

05.0434 等离子体聚合 plasma polymerization
又称"辉光放电聚合"。用气体等离子体引发的聚合反应。

05.0435 易位聚合 metathesis polymerization
烯烃经易位歧化而进行的聚合反应。

05.0436 开环易位聚合 ring opening metathesis polymerization, ROMP
环烯烃经易位反应而开环聚合的聚合反应。

05.0437 精密聚合 precision polymerization
在分子水平上能精确控制聚合物结构的聚合反应。

05.0438 环化聚合 cyclopolymerization
由分子间和分子内的加成反应形成环化聚合物的聚合反应。

05.0439 拓扑化学聚合 topochemical polymerization
又称"局部化学聚合"。结晶性单体进行固相聚合时，其聚合动力学和生成聚合物的结晶及其他结构特性均受单体结晶结构影响的聚合。

05.0440 平衡聚合 equilibrium polymerization
聚合反应速率与解聚反应速率相等或呈可逆平衡时的聚合反应。

05.0441 离子[型]聚合 ionic polymerization
链增长活性种为负离子或正离子的链式聚合反应。

05.0442 辐射离子聚合 radiation ionic polymerization
在高能射线辐照下，单体以离子型机理进行的聚合反应。

05.0443 离子对聚合 ion pair polymerization
链增长活性种为离子对形式的离子聚合。

05.0444 正离子聚合 cationic polymerization
又称"阳离子聚合"。链增长活性种为正离子的离子聚合。

05.0445 碳正离子聚合 carbonium ion polymerization, carbocationic polymerization
链增长活性种为带有正电荷的三价或五价碳离子的离子聚合。

05.0446 假正离子聚合 pseudo cationic polymerization
以正离子引发剂引发的聚合反应，但其活性中心实际上不是正离子，而是以共价键存在的正离子聚合。

05.0447 假正离子活性聚合 pseudo cationic living polymerization
近似于活性聚合的正离子聚合。在这种聚合反应中，增长的碳正离子既有一定的反应活性，能发生链增长；又有一定的稳定性，能阻止链转移和链终止反应的发生。

05.0448　活性正离子聚合　living cationic polymerization

具有活性聚合特征的正离子聚合反应。

05.0449　负离子聚合　anionic polymerization

又称"阴离子聚合"。链增长活性种为负离子的离子聚合。

05.0450　碳负离子聚合　carbanionic polymerization

链增长活性种为碳负离子的离子聚合。

05.0451　活性负离子聚合　living anionic polymerization

具有活性聚合特征的负离子聚合反应。

05.0452　负离子环化聚合　anionic cyclopolymerization

非共轭双烯或含极性共轭双键的单体以负离子机理聚合时，发生分子内环化异构化加成而得到具有饱和环单元的可溶性聚合物的聚合反应。

05.0453　负离子电化学聚合　anionic electrochemical polymerization

又称"电引发负离子聚合""负离子电解聚合"。通过电解单体溶液形成负离子活性种，从而在阳极进行的聚合反应。

05.0454　负离子异构化聚合　anionic isomerization polymerization

在负离子聚合中，单体或增长活性种发生异构化而得到以异构化产物为结构单元的聚合物的聚合反应。

05.0455　烯丙基聚合　allylic polymerization

具有 $CH_2\!\!=\!\!CHCH_2X$ 结构的单体的聚合。

05.0456　两性离子聚合　zwitterion polymerization

亲核和亲电单体之间无需添加任何引发剂就能自发聚合的反应。

05.0457　齐格勒-纳塔聚合　Ziegler-Natta polymerization

用齐格勒-纳塔催化剂进行的烯烃配位聚合。

05.0458　配位聚合　coordination polymerization

(1)单体首先与过渡金属活性中心配位，随后插入 C-M(过渡金属)键中进行增长的聚合反应。(2)由两种或两种以上的组分构成的络合催化剂引发的聚合反应。

05.0459　配位负离子聚合　coordinated anionic polymerization

链增长活性种为负离子的配位聚合。

05.0460　配位正离子聚合　coordinated cationic polymerization

链增长活性种为正离子的配位聚合。

05.0461　插入聚合　insertion polymerization

单体首先与活性种配位活化、不断插入过渡金属-碳键中增长形成大分子的配位聚合。

05.0462　立构规整聚合　stereoregular polymerization

又称"定向聚合(stereospecific polymerization)"。形成的产物以有规立构聚合物为主的聚合反应。

05.0463　全同立构聚合　isotactic polymerization, isospecific polymerization

能形成全同立构聚合物的立构规整聚合。

05.0464　不对称诱导聚合　asymmetric induction polymerization

在催化剂不对称中心的诱导下，外消旋单体

中仅有一种光学异构体进行选择性聚合的聚合反应。

05.0465 不对称选择性聚合 asymmetric selective polymerization

又称"不对称立体选择聚合""立体有择聚合"。光学活性引发剂只选择其中一种构型的外消旋单体聚合，可获得光学活性聚合物的聚合反应。

05.0466 对映体不对称聚合 enantioasymmetric polymerization

在催化剂不对称中心的诱导下，外消旋单体中一种光学异构体较多进入同一高分子链的聚合反应。

05.0467 对映体对称聚合 enantiosymmetric polymerization

在催化剂作用下，外消旋单体中两种光学异构体分别进入与其对应异构体形成的高分子链的聚合反应。

05.0468 异构化聚合 isomerization polymerization

烯类单体在聚合链增长过程中发生异构化，即发生键的断裂，由氢的转移得到重复单元不同于单体结构的聚合物的聚合反应。

05.0469 氢转移聚合 hydrogen transfer polymerization

有氢离子在分子内转移重排的一种异构化聚合。

05.0470 基团转移聚合 group transfer polymerization, GTP

丙烯酸酯类单体聚合时，引发剂基团(如烯酮硅烷的不饱和酯基)一边向增长的链端转移，一边进行聚合的反应过程。

05.0471 消除聚合 elimination polymerization

单体在聚合过程中，其结构中的部分组分脱除掉，从而生成重复单元与单体结构不同的聚合物的反应过程。

05.0472 模板聚合 template polymerization

在作为模板的聚合物、低分子晶体或胶束的存在下并按模板形貌发生聚合的聚合反应。

05.0473 插层聚合 intercalation polymerization

单体插入有机化的层状硅酸盐或其他层状物质的片层间进行的原位聚合反应。

05.0474 无催化聚合 uncatalyzed polymerization

无需任何引发剂或催化剂而发生的聚合反应。

05.0475 开环聚合 ring opening polymerization

环状单体在自由基或离子引发剂的作用下开环，形成线型聚合物的聚合反应。

05.0476 活性开环聚合 living ring opening polymerization

具有活性聚合特征的开环聚合。

05.0477 永生[的]聚合 immortal polymerization

又称"不死聚合"。以铝-卟啉络合物作为催化剂进行的环氧、环内酯、酸酐的开环聚合，其反应始终能保持活性的聚合。

05.0478 酶聚合 enzymatic polymerization

以酶作为催化剂进行的聚合反应。

05.0479 聚加成反应 polyaddition reaction

又称"逐步加成聚合"。单体经多步加成反应，逐步形成聚合物的过程。

05.0480 偶联聚合 coupling polymerization

(1)通过聚合物活性基团的反应形成共价键，将两个或多个大分子链连接起来的聚合反应。(2)通过氧化反应形成自由基，而后双基经偶联形成聚合物的聚合反应。

05.0481　序列聚合　sequential polymerization

不同结构的重复单元精确地按固定的序列形成聚合物的过程。

05.0482　闪发聚合　flash polymerization

又称"瞬间聚合"，俗称"暴聚"。在聚合过程中，由于反应太快，以致不能快速而充分地移去聚合热导致反应失控的聚合。

05.0483　氧化聚合　oxidative polymerization

又称"脱氢聚合"。含有可发生氧化、脱去氢原子的化合物，在高温或氧化剂存在下形成自由基中间体，反复偶合而聚合成高分子的反应。

05.0484　氧化偶联聚合　oxidative coupling polymerization

带有活泼氢的化合物，在氧化催化剂作用下发生氧化脱氢形成自由基中间体，继而偶合而逐步形成聚合物的反应。

05.0485　逐步[增长]聚合　step [growth] polymerization

随着反应时间的延长，分子量逐步增大的聚合反应。在聚合过程中，单体先生成二聚体、三聚体或多聚体，然后逐步增长成聚合物，而单体则很快消失。

05.0486　缩聚反应　condensation polymerization, polycondensation

又称"缩合聚合反应"。双官能团或多官能团单体之间，通过多步缩合反应生成高分子的反应。是一类逐步增长聚合。

05.0487　均缩聚反应　homogeneous poly-

condensation, homopolycondensation

由一种带有两个官能团的单体进行的缩聚反应。如某些氨基酸 $H_2N-R-COOH$ 的缩聚。

05.0488　混缩聚反应　mixed polycondensation

带有两个官能团的两种单体进行的缩聚反应。例如一种二元胺 $H_2N(CH_2)_nNH_2$ 和一种二元酸 $HOOC(CH2)_nCOOH$ 进行的缩聚。

05.0489　酯交换缩聚　transesterification polycondensation, ester exchange polycondensation

二酯和二醇通过酯交换反应形成聚酯的缩聚反应。

05.0490　自催化缩聚　autocatalytic polycondensation

又称"自缩聚"。无外加催化剂，原料本身既是单体又是催化剂所进行的缩聚反应。

05.0491　均相聚合　homogeneous polymerization

自始至终是在均一体系中进行的聚合反应。

05.0492　非均相聚合　heterogeneous polymerization

在非均匀体系中进行的聚合反应。

05.0493　相转化聚合　phase transfer polymerization

利用催化剂将反应物从一相转移到另一相中，然后进行聚合反应的过程。

05.0494　本体聚合　bulk polymerization, mass polymerization

不加其他介质，只有单体本身在引发剂或催化剂、热、光、辐射的作用下进行的聚合反应。

05.0495 固相聚合 solid phase polymerization
单体在固体状态下进行的聚合反应。

05.0496 气相聚合 gaseous polymerization, gas-phase polymerization
气态单体进行的聚合反应。

05.0497 吸附聚合 adsorption polymerization
非均相齐格勒-纳塔催化剂作用下进行的聚合反应。

05.0498 溶液聚合 solution polymerization
单体和引发剂溶解在溶剂中进行的聚合反应。

05.0499 沉淀聚合 precipitation polymerization
在本体或溶液聚合中,聚合物不溶于单体或聚合介质中而沉淀出来的聚合反应。

05.0500 淤浆聚合 slurry polymerization
沉淀聚合中,所用催化剂和生成的聚合物都不溶于溶剂,以致溶剂和聚合物混在一起呈淤浆状的聚合反应。

05.0501 悬浮聚合 suspension polymerization
又称"珠状聚合"。以水为介质,加入少量(<1%)分散剂,在强烈搅拌下将溶有引发剂的单体在水中分散成小液滴的聚合反应。

05.0502 反相悬浮聚合 inverse suspension polymerization
以有机溶剂为介质,含水溶性单体和引发剂的水滴为悬浮液进行的聚合反应。

05.0503 分散聚合 dispersion polymerization
以水为介质,加入大量(>1%)水溶性分散剂和引发剂,在强烈搅拌下使单体在水中分散成小液滴进行聚合的聚合反应。

05.0504 反相分散聚合 inverse dispersion polymerization
以有机溶剂为介质的分散聚合。

05.0505 种子聚合 seeding polymerization
(1)在聚合反应体系中,加入聚合物作为进一步聚合的种子,以活化单体进行的聚合。
(2)单体先聚合形成种子,随后再加入同一或其他单体进行聚合的聚合反应。

05.0506 乳液聚合 emulsion polymerization
借助乳化剂的作用,在搅拌下使单体分散在介质(通常为水)中形成乳液,由引发剂在乳胶粒中引发单体进行聚合的聚合反应。

05.0507 无乳化剂乳液聚合 emulsifier-free emulsion polymerization
又称"无皂液聚合(soap-free emulsion polymerization)""无表面活性剂乳液聚合(surfactant-free emulsion polymerization)"。不加乳化剂或仅加浓度小于临界胶束浓度的微量乳化剂的乳液聚合。

05.0508 反相乳液聚合 inverse emulsion polymerization
以水溶性单体的水溶液作为分散相,与水不混溶的有机溶剂作为连续相,在乳化剂作用下形成油包水型乳液而进行的聚合。

05.0509 微乳液聚合 microemulsion polymerization
当水溶性单体在大量乳化剂存在时,在油相介质中进行的一种制备小粒径乳胶的乳液聚合。此时单体全溶于胶束,不存在单体相,结果得到粒径非常小的胶乳。

05.0510 连续聚合 continuous polymerization

将单体和其他组分连续加入聚合反应器，并连续获得聚合物的聚合方法。

05.0511 半连续聚合 semicontinuous polymerization

将单体和其他组分连续和间歇相结合地加入聚合反应器中，并连续获得聚合物的聚合反应。

05.0512 间歇聚合 batch polymerization

又称"分批聚合"。将单体和其他组分分批加入聚合反应器中进行间歇式聚合的方法。

05.0513 原位聚合 in situ polymerization

在制备聚合物共混物或聚合物基复合材料时，聚合物不是预先合成，而是在制备过程中，分批获得聚合物的聚合方法。

05.0514 均相缩聚 homopolycondensation

自始至终都是在均一体系中进行的缩聚反应。

05.0515 活化缩聚 activated polycondensation

通过改变将参与缩聚反应的单体的化学结构，增大反应官能团的活性或利用活化剂进行原位活化以提高其反应活性，使原本难以进行的缩聚反应成为可能或使缩聚反应能在常温常压下进行的缩聚反应。

05.0516 熔融缩聚 melt phase polycondensation

单体在熔融状态下进行的缩聚反应。

05.0517 固相缩聚 solid phase polycondensation

单体在固体状态下进行的缩聚反应。

05.0518 体型缩聚 three dimensional polycondensation

又称"三维缩聚"。参加缩聚反应的单体中至少有一种含有两个以上的官能团，反应中形成的大分子向三维方向增长形成支化或交联结构聚合物的缩聚反应。

05.0519 界面聚合 interfacial polymerization

两种单体在两相界面处进行的聚合反应。

05.0520 界面缩聚 interfacial polycondensation

利用高反应活性的单体在互不相溶的两种液体界面处迅速进行的非均相缩聚反应。

05.0521 环加成聚合 cycloaddition polymerization

又称"环化加聚"。通过第尔斯-阿尔德(Diels-Alder)反应或1,3-偶极环化加成反应，生成含有环状结构聚合物的反应。

05.0522 环烯聚合 cycloalkene polymerization

环烯烃在催化剂作用下，通过打开双键或经开环聚合形成聚合物的反应。

05.0523 环硅氧烷聚合 cyclosiloxane polymerization

环硅氧烷在离子型催化剂作用下进行的开环聚合反应。

05.0524 引发剂 initiator

可产生自由基或离子活性种，并能引发链式聚合的物质。

05.0525 聚合催化剂 polymerization catalyst

正、负离子或配位聚合中，用以引发单体聚合的物质。

05.0526 自由基引发剂 radical initiator

能分解生成自由基而引发单体聚合的物质。

05.0527 偶氮[类]引发剂 azo type initiator
用于引发自由基聚合的含有偶氮基(—N≡N—)并与相同或不同的烷基相连接的化合物。

05.0528 过硫酸盐引发剂 persulphate initiator
受热分解成负离子自由基以引发单体聚合的一种水溶性自由基聚合引发剂。最常用的是铵盐和碱金属盐，通式为 $M_2S_2O_8$。

05.0529 复合引发体系 complex initiation system
在聚合反应中，将两种活性不同的引发剂复合使用，活性高的引发剂(主引发剂)主要在聚合初期发挥作用，随着反应的进行，活性较低的引发剂(助引发剂)开始作用，并一直保持到反应结束。

05.0530 氧化还原引发剂 redox initiator
通过氧化-还原反应产生自由基的物质。其特点是可在室温或较低温度下引发单体聚合。

05.0531 聚合加速剂 polymerization accelerator
又称"聚合促进剂"。对聚合反应有促进或活化、催化等作用，从而提高聚合反应速率的化合物。

05.0532 光敏引发剂 photoinitiator
在紫外或可见光照射下能生成自由基或正离子并能引发单体聚合的物质。

05.0533 双官能引发剂 bifunctional initiator, difunctional initiator
分子中含有两个能产生自由基的官能团的引发剂。

05.0534 三官能引发剂 trifunctional initiator
分子中含有3个能产生自由基的官能团的引发剂。

05.0535 大分子引发剂 macroinitiator
大分子主链中含有容易产生自由基的官能团，因而具有引发剂功能的大分子。

05.0536 引发-转移剂 initiator transfer agent, inifer
同时具有引发剂作用和链转移作用的化合物。

05.0537 引发-转移-终止剂 initiator-transfer agent-terminator, iniferter
除了能引发外、还具有链转移和链终止作用、由自由基聚合的一类特殊物质。

05.0538 光引发-转移-终止剂 photoiniferter
在紫外或可见光照射下能起引发-转移-终止剂作用的物质。

05.0539 热引发-转移-终止剂 thermoiniferter
在热作用下能起引发-转移-终止剂作用的物质。

05.0540 正离子引发剂 cationic initiator
能用来引发正离子聚合的化合物。

05.0541 负离子引发剂 anionic initiator
能用来引发负离子聚合的化合物。

05.0542 共引发剂 coinitiator
一般指正离子聚合引发剂体系中的路易斯酸。在正离子聚合引发中，路易斯酸必须与质子给体或正离子给体共用才能引发单体产生正离子聚合的活性种。将质子给体或正离子给体称为引发剂，而将路易斯酸称为共引发剂。

05.0543 负离子自由基引发剂 anion radical initiator
具有负离子自由基结构的一类引发剂。如萘钠复合物。其可以通过单电子转移引发苯乙烯、丁二烯等单体形成负离子自由基，而后由自由基的偶合变成双负离子来引发单体聚合。

05.0544　烯醇钠引发剂　alfin initiator

由乙醇的钠盐与烯丙基结构的烯烃制得，可引发二烯烃进行立体规整聚合的引发剂。

05.0545　齐格勒-纳塔催化剂　Ziegler-Natta catalyst

用于进行烯烃配位聚合的催化剂。一般由元素周期表的 4~8 族过渡金属盐，如钛、钒、钴、镍等盐、卤化物或氟氯化物等和 1~3 族的金属烷基化合物、卤化物或氢化烷基化合物等组成。

05.0546　过渡金属催化剂　transition metal catalyst

由元素周期表的 4~8 族的过渡金属化合物组成的催化剂。

05.0547　双组分催化剂　bicomponent catalyst

由两种组分，如主催化剂和助催化剂组成的催化剂。

05.0548　后过渡金属催化剂　late transition metal catalyst

由元素周期表第 8 族中的 Fe、Ni、Ru、Rh、Pd 等金属络合物组成的催化剂。

05.0549　金属络合物催化剂　metal complex catalyst

简称"络合催化剂"。一般由两个组分组成：第一组分是过渡金属化合物；第二组分是烷基金属化合物。两组分之间形成络合物。此络合物作为催化剂引发单体聚合。最常用的此类催化剂即齐格勒-纳塔催化剂。

05.0550　[二]茂金属催化剂　metallocene catalyst

主要由双环戊二烯基配位的过渡金属化合物与助催化剂甲基铝氧烷(MAO)或硼系化合物组成的一类烯烃聚合催化剂。

05.0551　甲基铝氧烷　methylaluminoxane, MAO

三甲基铝部分水解形成的线形或环状低聚物。

05.0552　双金属催化剂　bimetallic catalyst

由两种金属化合物组成的催化剂。

05.0553　μ-氧桥双金属烷氧化物催化剂　bi-metallic μ-oxo alkoxide catalyst

双金属催化剂中，两种金属分别连有烷氧基，金属之间以氧桥相连，用于催化内酯和环氧化合物的活性聚合的一类催化剂。

05.0554　桥连茂金属催化剂　bridged metal-locene catalyst

在两个环戊二烯基之间有亚烷基或其他基团连接的茂金属催化剂。

05.0555　限定几何构型茂金属催化剂　constr-ained geometry metallocene catalyst

1 个环戊二烯基被 1 个可与金属配位的含氮基团取代的茂金属催化剂。

05.0556　均相茂金属催化剂　homogeneous metallocene catalyst

未负载的茂金属催化剂。其特点是易溶于烃类溶剂中形成均相催化体系。

05.0557　链引发　chain initiation

链式聚合反应中，使单体产生活性种的过程。

05.0558　热引发　thermal initiation

引发剂受热分解产生自由基，从而引发单体聚合的过程。另外，在无引发剂存在下单体纯粹由热作用能产生自由基，而引发单体聚合，如苯乙烯的热聚合。

05.0559　染料敏化光引发　dye sensitized pho-

toinitiation

某些染料，如亚甲基蓝、劳氏兰、荧光素和曙红，在紫外或可见光照射下首先激发，然后通过能量转移或氧化还原反应，与第二种化合物反应形成自由基，进而引发单体聚合的过程。

05.0560 电荷转移引发 charge-transfer initiation

(1)由给电子体与受电子体发生电荷转移而产生活性种，引发烯类单体进行链式聚合的过程。(2)碱金属作为电子给体，单体或芳烃作为电子受体，经电荷转移生成负离子自由基，引发单体进行负离子聚合的过程。

05.0561 诱导期 induction period

又称"阻聚期"。自由基聚合中存在阻聚剂时，聚合被阻止所经历的时间。过了诱导期，其聚合与正常聚合完全相同。

05.0562 引发剂效率 initiator efficiency

起引发作用的引发剂量占引发剂总量的百分数。

05.0563 诱导分解 induced decomposition

初级自由基、溶剂分子的自由基、增长链自由基等促进引发剂分解，使引发剂分解后生成 1 个新的初级自由基和 1 个稳定分子的反应。

05.0564 再引发 reinitiation

自由基聚合中，增长链自由基因链转移反应而产生的新的自由基所起的引发作用。

05.0565 链增长 chain growth, chain propagation

链式聚合反应中，由引发反应所产生的活性种不断与单体加成导致聚合度增加的过程。

05.0566 增长链端 propagating chain end

链式聚合中增长链的末端。可以是自由基、正离子、负离子或配位的部分正、负性活性种。

05.0567 活性种 reactive species

具有引发单体进行增长反应能力的各种链长的活性链的活性端基。

05.0568 活性中心 active center

烯类单体、环状单体进行链式聚合反应的链增长点。

05.0569 持续自由基 persistent radical

能长时间稳定存在的自由基。自身不发生偶合终止，也不能引发单体聚合，但可以与其他活性自由基可逆地偶合。

05.0570 聚合最高温度 ceiling temperature of polymerization

又称"聚合极限温度"。聚合与解聚处于平衡状态的温度。在实际应用中，选取聚合物浓度趋近于零(或单体浓度等于 100%)时的温度为聚合最高温度。

05.0571 链终止 chain termination

链式聚合反应中，增长链活性中心失活的过程。

05.0572 双分子终止 bimolecular termination

又称"双基终止"。在自由基聚合反应中，由于两个自由基相互发生偶合或歧化，而使聚合终止的反应。

05.0573 初级自由基终止 primary radical termination

增长自由基与引发剂分解产生的初级自由基反应所引起的终止反应。

05.0574 扩散控制终止 diffusion controlled

termination

在自由基聚合反应中，扩散系数较小的聚合物自由基之间发生双分子终止。此时扩散系数处于支配地位，因此称为扩散控制终止。

05.0575 歧化终止 disproportionation termination

在两个自由基之间，通过 β-碳上氢转移发生歧化而形成两个稳定聚合物分子从而使链式聚合终止的反应。

05.0576 偶合终止 coupling termination

又称"结合终止"。两个自由基相互偶联成 1 个分子，而使链式聚合终止的反应。

05.0577 单分子终止 unimolecular termination

链式聚合的终止是由增长链的单分子引起的终止反应。

05.0578 自发终止 spontaneous termination

在以引发剂-共引发剂组成的引发体系的正离子聚合过程中，活性链离子对结合或发生重排，导致聚合链终止的过程。

05.0579 终止剂 terminator

能有效终止聚合反应的物质。

05.0580 链终止剂 chain termination agent

聚合反应中加入的一种能使聚合反应中断的化合物。

05.0581 假终止 pseudotermination

正离子聚合中可逆的链终止或链转移反应。

05.0582 自终止 self termination

长链自由基因被包埋而失去活性的现象。

05.0583 自由基捕获剂 radical trapping agent

能捕获自由基的物质。可使活泼自由基变为较稳定的自由基，可以测定自旋共振谱，测

出自由基的精细结构。也是一类自由基清除剂。

05.0584 旋转光闸法 rotating sector method

又称"间歇光照法"。利用旋转的扇面使光间歇地照射聚合体系，根据光照和不光照间歇时间长短与聚合速度的关系，测定链自由基寿命的一种方法。

05.0585 自由基寿命 free radical lifetime

自由基从产生至活性消失的时间。

05.0586 自动加速效应 autoacceleration effect

又称"凝胶效应"。自由基聚合中，因体系黏度增大而使活性链端基间碰撞机会减少，双基终止难以发生，但单体仍能与活性链发生增长所引起的聚合速度自动加快的现象。

05.0587 链转移剂 chain transfer agent

与活性链发生链转移反应，生成不降低活性的新活性种的物质。

05.0588 回咬转移 backbiting transfer

活性增长链端自由基或离子在分子内发生链转移，形成短链支化或环状结构的反应。

05.0589 退化链转移 degradative chain transfer

自由基聚合中，与增长链发生链转移所生成的新自由基很稳定，致使其很难引发或使分子链难以继续增长的现象。

05.0590 链转移常数 chain transfer constant

活性链与链转移剂反应的速率常数和活性链与单体增长反应速率常数之比。是表示链转移反应和链增长反应两者竞争能力的参数。

05.0591 缓聚作用 retardation

又称"延迟作用"。自由基活性链与其他分子发生转移反应，生成稳定非自由基或低活性自

由基，使聚合反应速率和聚合度降低的现象。

05.0592　阻聚作用　inhibition
因活性种与杂质反应而消耗或因链转移生成无活性产物，而使链式聚合反应速率迅速降为零的过程。

05.0593　缓聚剂　retarder, retarding agent
又称"阻滞剂"。具有缓聚作用的化合物。

05.0594　阻聚剂　inhibitor
能迅速与链自由基反应，使链式聚合反应停止的物质。

05.0595　封端反应　end capping reaction
将聚合物的活性端基转化为稳定端基的反应。

05.0596　端基　terminal group, end group
高分子链末端的基团。

05.0597　聚合动力学　polymerization kinetics
描述聚合反应速率或聚合物分子量与引发剂浓度、单体浓度、聚合温度等变量之间的定量关系，对影响聚合反应速率的诸因素进行定量描述的一门学科。

05.0598　聚合热力学　polymerization thermo-dynamics
研究聚合反应过程中能量的变化[自由能的变化(ΔG)、焓变(ΔH)和熵变(ΔS)]，预言单体发生聚合反应的可能性，以及单体转化为聚合物的限度的一门学科。

05.0599　共聚合[反应]　copolymerization
由两种或两种以上单体进行的链式共聚合。

05.0600　二元共聚合　binary copolymerization
由两种单体进行的共聚合。

05.0601　三元共聚合　ternary copolymerization
由三种单体进行的共聚合。

05.0602　竞聚率　reactivity ratio
对于两种单体 M_1、M_2 的自由基共聚合体系，存在四种链增长反应。单体 M_1 的竞聚率($r_1=k_{11}/k_{12}$)是末端为 M_1 的链自由基分别与 M_1 及 M_2 反应的速率常数之比。单体 M_2 的竞聚率($r_2=k_{22}/k_{21}$)是末端为M_2的链自由基分别与 M_2 及 M_1 反应的速率常数之比。两种单体的竞聚率是衡量M_1及M_2是否容易进行共聚合的重要参数。

05.0603　自由基共聚合　radical copolymerization
两种或两种以上的单体以自由基链式聚合机理进行的共聚合反应。

05.0604　离子共聚合　ionic copolymerization
两种或两种以上的单体以离子型链式聚合机理进行的共聚合反应。

05.0605　无规共聚合　random copolymerization
两种或两种以上单体经聚合、共同进入同一高分子链时的无规则、无顺序排列的过程。

05.0606　理想共聚合　ideal copolymerization
二元共聚合中两种单体的竞聚率互为倒数的共聚合反应。即共聚物组成与配料比之间有简单的比例关系。由于该组成比与二元理想溶液中的液相和气相摩尔分率关系相似，故称理想共聚合。

05.0607　交替共聚合　alternating copolymerization
当两种或多种单体的竞聚率均趋于零时进行的共聚合反应。

05.0608　恒[组]分共聚合　azeotropic copolymerization

又称"恒比共聚合"。二元共聚合体系中，两种单体的竞聚率相等且等于 1，或两者都小于 1，即投料中单体 1 的摩尔分数为 $(1-r_2)/(2-r_1-r_2)$ 时进行的聚合反应，r_1, r_2 分别为单体 M_1、M_2 的竞速率。

05.0609　接枝共聚合　graft copolymerization
又称"接枝聚合"。合成接枝共聚物的聚合反应。一般由一种聚合物或共聚物做主干，与另一单体反应，在主干上接枝上另一种单体的支链的共聚合反应。

05.0610　嵌段共聚合　block copolymerization
又称"嵌段聚合"。合成嵌段共聚物的聚合反应。合成方法有利用高分子链末端的活性点引发另一单体聚合，或通过遥爪聚合物的缩合或偶联反应等。

05.0611　开环共聚合　ring opening copolymerization
两种或多种环状单体，在催化剂作用下进行开环共聚合，生成线型共聚物的反应。

05.0612　共聚合方程　copolymerization equation
又称"共聚物组成方程"。表示共聚合中某时刻的共聚物组成与对应时刻的单体混合物组成之间的关系式。

05.0613　共缩聚　copolycondensation
又称"逐步共聚合"。(1)相对于均缩聚而言，在均缩聚中再加入第二单体进行的聚合反应。(2)相对于混缩聚而言，在两种单体的缩聚中再加入第三单体进行的聚合反应。

05.0614　均聚增长　homopropagation
在均聚反应中增长链与单体的加成反应。

05.0615　自增长　self propagation
共聚合中活性链端基与同种单体的增长反应。

05.0616　交叉增长　cross propagation
共聚合中活性链端基与异种单体的增长反应。

05.0617　前末端基效应　penultimate effect
自由基共聚合中，活性链末端倒数第 2 个基团对活性中心自由基反应性的影响。

05.0618　交叉终止　cross termination
自由基共聚合中，异种单体的增长自由基之间发生的终止反应。

05.0619　Q 值　Q value
在自由基共聚合中，表示单体共振稳定性的量度。其值的大小表示单体生成自由基的难易程度。Q 值越大，表明单体转变成自由基越容易。

05.0620　e 值　e value
在自由基共聚合中，表示单体极性的量度。是表示双键上电子云密度的参数，因而决定了烯类单体聚合反应的类型。

05.0621　序列长度分布　sequence length distribution
共聚物主链中单体单元排列长度的统计分布。

05.0622　扩链剂　chain extender
在合成聚合物时，用于使链延伸扩展的化合物。

05.0623　交联　crosslinking
能形成不溶不熔的三维(体型)网状结构聚合物的反应。

05.0624　化学交联　chemical crosslinking
通过化学反应使线型聚合物转变为体型聚合物的化学变化过程。

05.0625　自交联　self crosslinking
在不加任何交联剂的情况下，聚合物自身的交联反应。

05.0626　光交联　photo crosslinking
光照下使线型聚合物转变为体型聚合物的反应。

05.0627　硫硫化　sulfur vulcanization
用硫磺使生胶硫化的过程。

05.0628　促进硫化　accelerated sulfur vulcanization
添加硫化促进剂进行的生胶硫化过程。

05.0629　过氧化物交联　peroxide crosslinking
采用过氧化物使线型聚合物转变为体型聚合物的过程。

05.0630　无规交联　random crosslinking
线型聚合物主链在任意部位发生交联的交联反应。

05.0631　交联密度　crosslinking density
交联的结构单元占总结构单元的分数。即每一结构单元的交联几率。

05.0632　交联指数　crosslinking index
交联聚合物中分子交联的重复单元数。即交联密度与数均聚合度的乘积。

05.0633　解聚　depolymerization
从聚合物末端开始，以连锁方式进行的失去单体同时生成自由基的过程。是链式聚合的逆过程。

05.0634　降解　degradation
又称"退化"。聚合物主链或侧基发生断裂的现象。

05.0635　链断裂　chain breaking
聚合物链在氧、光、热等作用下发生断裂的现象。

05.0636　解聚酶　depolymerase
能使聚合物解聚的酶。

05.0637　细菌降解　bacterial degradation
聚合物在细菌作用下发生的降解。

05.0638　生物降解　biodegradation
聚合物在细菌、霉菌等生物有机体作用下发生的降解。

05.0639　化学降解　chemical degradation
聚合物在化学试剂作用下发生的降解。

05.0640　辐射降解　radiation degradation
在电离辐射作用下使聚合物分子主链断裂，分子量变小，最终形成较小聚合体或小分子的过程。

05.0641　断链降解　chain scission degradation
聚合物主链化学键断裂所导致的降解。

05.0642　自由基链降解　free radical chain degradation
聚合物链断裂生成自由基，然后以链式自由基机理进行的降解。

05.0643　无规降解　random degradation
聚合物主链在任意部位断裂的降解。

05.0644　水解降解　hydrolytic degradation
聚合物在水的作用下发生的降解。

05.0645　热降解　thermal degradation
聚合物在热的作用下发生的降解。

05.0646　热氧化降解　thermal oxidative deg-

radation

聚合物在热和氧的作用下发生的降解。属于自由基链的自氧化过程。

05.0647 光降解 photodegradation

聚合物在光的作用下发生的降解。

05.0648 光氧化降解 photooxidative degradation

聚合物在光和氧的作用下发生的降解。

05.0649 力化学降解 mechanochemical degradation

聚合物熔体或固体粉末受强力搅拌、挤压、研磨等外力作用下发生的降解。

05.0650 活化接枝 activation grafting

通过辐照在聚合物主链上产生自由基活性点，进而引发单体聚合生成支链的接枝共聚。

05.0651 接枝点 grafting site

接枝共聚物中聚合物主链与支链的连接点。

05.0652 链支化 chain branching

使聚合物链中产生支叉结构的过程。

05.0653 支化度 degree of branching

又称"支化密度"。支化聚合物的支化程度。即在聚合物主链上支化的单体单元的量与所有单体单元总量之比。

05.0654 接枝效率 efficiency of grafting

接枝共聚合反应中，单体接到接枝共聚物上的量与单体均聚产物加上单体接到接枝共聚物上的量的总量之比。

05.0655 接枝度 grafting degree

聚合物主链上接枝的单体单元的量与所有单体单元总量之比。

05.0656 辐射诱导接枝 radiation induced grafting

在高能射线作用下引起聚合物的接枝聚合。

05.03 高分子物理化学与高分子物理

05.0657 组成单元 constitutional unit

高分子链、嵌段或低聚物分子中，包含部分基本组成的原子或原子基团。

05.0658 结构单元 structural unit

高分子链、嵌段或低聚物分子中，包含部分基本结构的原子或原子基团。

05.0659 组成重复单元 constitutional repeating unit

高分子链、嵌段或低聚物分子中最小的重复组成单元。

05.0660 结构重复单元 structural repeating unit

高分子链、嵌段或低聚物分子中最小的重复结构单元。

05.0661 构型单元 configurational unit

高分子链、嵌段或低聚物分子中，至少有1个立体异构键接位置上有确定构型的重复单元。

05.0662 立构重复单元 stereorepeating unit

高分子链、嵌段或低聚物分子中，全部立体异构键接位置上有确定构型的重复单元。

05.0663 立构规整度 tacticity, stereo-regularity

高分子链、嵌段或低聚物分子中，构型重复单元顺序连接的程度。

05.0664 全同[立构]度 isotacticity

又称"等规度"。主链有不对称碳原子的高分子，仅含一种基本构型单元，且相邻单元按单一方式排列的构型单元分数。

05.0665 间同[立构]度 syndiotacticity

主链有不对称碳原子的高分子，含对映体构型交替排列的基本单元，且相邻单元按单一方式排列的构型单元分数。

05.0666 无规[立构]度 atacticity

高分子链中基本构型单元不完全相同的程度。

05.0667 嵌段 block

高分子链中至少有一种与邻接单元组成不相同的部分。

05.0668 规整嵌段 regular block

仅有一种重复组成单元，并以单一序列方式排列的嵌段。

05.0669 非规整嵌段 irregular block

有一种以上重复组成单元，或组成单元不完全以相同方向键接的嵌段。

05.0670 立构嵌段 stereoblock

仅有一种立体重复组成单元，并以单一序列方式排列的嵌段。

05.0671 全同[立构]嵌段 isotactic block

又称"等规嵌段"有不对称碳原子，仅有一种基本构型单元，且相邻单元以单一序列方式排列的嵌段。

05.0672 无规[立构]嵌段 atactic block

基本构型单元不完全相同的嵌段。

05.0673 单体单元 monomeric unit

高分子链中由1个单体分子贡献的最大组成单位。

05.0674 二单元组 diad

含两个组成单元的链段序列。

05.0675 三单元组 triad

含3个组成单元的链段序列。

05.0676 四单元组 tetrad

含4个组成单元的链段序列。

05.0677 五单元组 pentad

含5个组成单元的链段序列。

05.0678 无规线团 random coil

又称"统计线团(statistic coil)"。在无外力作用时，处于随时间无序改变相互取向的总体空间排列状态的高分子。

05.0679 自由连接链 freely-jointed chain

1个假设的线型链状分子，包含无限细、等长直线状链段，每个链段在空间所有取向均有相同几率，而与邻接链段无关。

05.0680 自由旋转链 freely-rotating chain

1个假设的包含无限细、等长、直线状链段(键)的线型链状分子，链段间无近程和远程相互作用，并以固定键角连接，而键的所有内旋转角均有相同几率。

05.0681 蠕虫状链 worm-like chain

1个假设的包含无限细连续弯曲的链段的线型链状分子，其弯曲方向在任意点上均为无序取向。

05.0682 柔性链 flexible chain

1个假设的无固定键角，每个键在所有空间位置的取向均有相同几率，而与邻接键无关的链状分子。

05.0683 链柔性 chain flexibility
1 个真实的有固定键角的链状分子，相邻链段间的近程相互作用使键内旋转受阻，可实现的构象数少于自由内旋转链，其构象熵或内旋转自由度的参数。

05.0684 刚性链 rigid chain
1 个结构单元间有强烈相互作用，或主链不易内旋转，仅使某些构象出现几率较大，分子链不易弯曲，或形成螺旋状的分子链。

05.0685 链刚性 chain rigidity
刚性链分子因结构单元间强烈相互作用，或主链不易内旋转，可实现的构象数少，链不易弯曲的特性。

05.0686 棒状链 rodlike chain
1 个结构单元间有强烈相互作用，分子形态不能改变，而稳定地以棒状(形态)存在的分子链。

05.0687 受限链 confined chain
受空间、界面或相互作用制约，其链构象、形态、分子运动或相转变被局限的分子链。

05.0688 等效链 equivalent chain
与自由连接链段在某些性质上有相同行为的实际分子链。

05.0689 高斯链 Gaussian chain
当组成单元足够多，其末端距的统计分布符合高斯函数关系的 1 个假设的分子链。

05.0690 链间距 interchain spacing
多链聚集态分子在一定温度、压力、化学环境中，链间的统计平均尺寸。

05.0691 链间相互作用 interchain interaction
两个、多个链状分子或其局部链段接近到范德瓦耳斯力距离时形成的相互作用。

05.0692 聚集体 aggregate
分散的高分子或颗粒由聚集作用形成的分子群体或颗粒团聚体。

05.0693 链缠结 chain entanglement
分子链缠绕、交叠、贯穿及由链段间动态相互作用形成物理交联点的作用。

05.0694 凝聚态 condensed state
分子或颗粒相互接触、交叠、贯穿，形成紧密堆砌的状态。

05.0695 凝聚缠结 cohesional entanglement
又称"物理缠结(physical entanglement)"。分子线团收缩或分子间相互接近，链段达到范德瓦耳斯作用距离时形成的物理交联作用。在温度、压力或化学环境改变时能被解离。

05.0696 拓扑缠结 topological entanglement
分子链缠绕、交叠、贯穿，动态形成的物理交联作用。

05.0697 临界聚集浓度 critical aggregation concentration
溶液中分散的分子，或介质中分散的颗粒形成聚集态时的最低浓度。

05.0698 线团-球状转换 coil-globule transition
链状分子在温度、压力或化学环境改变时，从无规线团转变为热力学稳定、链段紧密堆砌球粒的过程。

05.0699 受限态 confined state
链状分子受空间、界面或相互作用制约下的状态。

05.0700 物理交联 physical crosslinking
链状分子在给定温度、压力或化学环境下，由分子内或分子间范德瓦耳斯力、氢键等相互作用形成的局部链段可逆的动态凝聚作用。

05.0701 链段 chain segment
1 个假设的或实际的高分子链中，构型、分子运动或相互作用有代表意义的 1 个或多个组成单元部分。

05.0702 统计链段 statistical segment
均方末端矩和外型尺寸与真空中θ态相同的 1 个假设的自由连接链。

05.0703 链构象 chain conformation
链状分子空间上由单键内旋转形成的动态排列总体状态。其随时间、温度、压力和化学环境而转变。

05.0704 无规行走模型 random walk model
从原点出发，以步长为 b 在空间任何方向行走，走了 z 步后出现在空间指定体积单元中几率的数学表达式。

05.0705 无规线团模型 random coil model
无规行走模型中，若 b, z 分别为链状分子的键长和统计单元数所描述的自由连接链统计构象的数学表达式。

05.0706 自避随机行走模型 self-avoiding random walk model
无规行走模型中，若每一步行走不允许自交，走了 z 步后出现在空间指定体积单元中几率的数学表达式。

05.0707 卷曲构象 coiled conformation
1 个键内旋转自由度大的柔性链状分子，构象熵自发趋于最大，导致分子呈卷曲的形态。

05.0708 热力学等效球 thermodynamically equivalent sphere
1 个与实际高分子有相同排除体积、不相互贯穿的孤立球。

05.0709 近程分子内相互作用 short-range intramolecular interaction
原子或基团沿分子链近距离(一般不超过 10 个化学键)的空间相互作用。其对链柔性有本质影响。

05.0710 远程分子内相互作用 long range intramolecular interaction
主要由沿分子链远距离弯曲导致链段间随机靠近形成的相互作用。其与链段排除体积相关。

05.0711 回转半径 radius of gyration
1 个分子线团或颗粒从质量中心到所有链段之距离的统计平均值。符号为 s。

05.0712 均方回转半径 mean square radius of gyration
回转半径的均方值。

05.0713 末端间矢量 end-to-end vector
1 个链状分子或低聚物分子，在某个给定构象态连接两个链末端的矢量。

05.0714 链末端 chain end, chain terminal
大分子尾端的组成单元或原子基团。

05.0715 末端距 end-to-end distance
1 个链状分子或低聚物分子，在某个给定构象态链末端矢量的长度。

05.0716 无扰末端距 unperturbed end-to-end distance
1 个无扰线团中连接两个链末端矢量的长度。

05.0717 均方末端距 root-mean-square end-to-end distance

1 个线型分子所有链构象末端距的均方值。

05.0718 伸直长度 contour length
1 个线型分子链末端距的最大值。

05.0719 相关长度 persistence length
链长固定时，末端矢量在一端对链轮廓切线上投影的平均值。

05.0720 主链 main chain, chain backbone
又称"链骨架"。1 个含多个化学键连接的高分子链中，所有其他长短链均可视为附属的线形链。如果多个链可等同地视为主链，则选择代表分子结构最简单的 1 个链。

05.0721 支链 branch chain
1 个含多个化学键连接的高分子链中，在两个边界单元之间至少有 1 个支化点的链。

05.0722 短支链 short chain branch
1 个大分子链上的低聚分枝。

05.0723 长支链 long chain branch
1 个大分子链上由多单元组成的分枝。

05.0724 支化系数 branching index
分子量相同时，支化分子与线型分子均方回转半径的比值。

05.0725 支化密度 branching density
支链组成单元占整个分子组成单元总数中的分数。

05.0726 交联度 degree of crosslinking
又称"网络密度(network density)"。表征聚合物交联程度的物理量。可用相邻交联点间分子量平均值 $\bar{M}_C$ 表示，也可用交联前线型高分子的平均分子量 $\bar{M}_0$ 与 $\bar{M}_C$ 的比值表示。

05.0727 网络 network
组成单元或链段间通过许多插入的键相互连接，并使高分子整体扩展到微相边界的一种高度分枝聚合物结构。

05.0728 凝胶 gel
以物理键或化学键相连的三维网络结构的聚合物。

05.0729 溶胀度 degree of swelling
网状聚合物吸收溶剂达到平衡后体积与溶胀前体积之比值。

05.0730 平衡溶胀 equilibrium swelling
在一定温度、压力和溶剂中，交联聚合物吸收溶剂，交联点间链段伸展扩张力与网络弹性回缩力相等的状态。

05.0731 分子组装 molecular assembly
基于分子间静电力、范德瓦耳斯、氢键、疏水相互作用等非化学键相互作用，若干分子形成某种有序结构聚集体的过程。

05.0732 微凝胶 microgel
微观尺度的网络状聚合物。

05.0733 凝胶点 gel point
聚合物体系中，连接链段间的化学键和物理作用达到形成网络结构的临界条件。

05.0734 可逆凝胶 reversible gel
在改变温度、压力和化学环境时，溶胶与凝胶(通常指物理凝胶)可反复转变的聚合物体系。

05.0735 溶胶-凝胶转化 sol-gel transformation
在改变温度、压力和化学环境时，聚合物由非网络结构转变为网络结构的过程。

05.0736 组成非均一性 constitutional heterogeneity, compositional heterogeneity

聚合物分子间基本组成分散的程度。

05.0737 摩尔质量平均 molar mass average

又称"分子量平均"。分子量不均一的聚合物所有分子摩尔质量或相对摩尔质量的各种统计平均值的总称。符号为 $\bar{M}_K$。

05.0738 数均分子量 number-average molecular weight, number-average molar mass

分子量不均一的聚合物以分子数统计平均的分子量值。符号为 $\bar{M}_n$。

05.0739 重均分子量 weight-average molecular weight, weight-average molar mass

分子量不均一的聚合物以重量统计平均的分子量值。符号为 $\bar{M}_W$。

05.0740 Z 均分子量 Z-average molecular weight, Z-average molar mass

分子量不均一的聚合物以 Z 函数统计平均的分子量值。符号为 $\bar{M}_Z$。

05.0741 黏均分子量 viscosity-average molecular weight, viscosity-average molar mass

分子量不均一的聚合物以溶液黏度统计平均的分子量值。符号为 $\bar{M}_\eta$。

05.0742 表观摩尔质量 apparent molar mass

分子量不均一的聚合物直接用实验数据计算，未对如浓度、缔合、溶剂化、组成不均一性等做适当校正的摩尔质量平均值。

05.0743 表观分子量 apparent molecular weight

分子量不均一的聚合物直接用实验数据计算，未对如浓度、缔合、溶剂化、组成不均一性等做适当校正的分子量平均值。

05.0744 聚合度 degree of polymerization, DP

聚合物中 1 个分子包含组成或结构重复单元数的平均值。

05.0745 平均聚合度 average degree of polymerization

聚合度不均一的聚合物聚合度的各种统计平均值的总称。

05.0746 动力学链长 kinetic chain length

自由基聚合时，自由基从引发到终止所有键接的单体单元数。

05.0747 单分散性 monodispersity

聚合物中所有分子摩尔质量或组成均一性的程度。

05.0748 多分散性 polydispersity

聚合物中所有分子摩尔质量或组成不均一性的程度。

05.0749 临界分子量 critical molecular weight

高分子随分子量增加或减少，性质变化规律发生转折的分子量。

05.0750 分子量分布 molecular weight distribution, MWD

分子量不均一的聚合物，每种分子量及其对应的相对量之间归一化的函数关系。

05.0751 多分散性指数 polydispersity index, PDI

重均分子量与数均分子量的比值。表征聚合物分子量不均一性的参数。符号为 $\bar{M}_W / \bar{M}_n$。

05.0752 数量分布函数 number distribution function

以每一部分分子量对应的摩尔分数表达的分子量分布关系。

05.0753 质量分布函数 mass distribution function

以每一部分分子量对应的质量分数表达的分子量分布关系。

05.0754 重量分布函数 weight distribution function

以每一部分分子量对应的重量分数表达的分子量分布关系。

05.0755 舒尔茨-齐姆分布 Schulz-Zimm distribution

以微分质量分布函数表达的分子量连续分布关系：$f_W(x)\,\mathrm{d}x = a^{b+1} / \Gamma(b+1)\, x^b \exp(-ax)\,\mathrm{d}x$，式中 x 为链长、聚合度或分子量，a、b 为正则分布参数，$\Gamma(b+1)$ 为 $b+1$ 的 Γ 函数。

05.0756 聚合物溶液 polymer solution

高分子以分子状态分散在溶剂中形成的均相混合物。

05.0757 聚合物-溶剂相互作用 polymer-solvent interaction

高分子与溶剂在溶液中所有分子间相互作用的总效应。反映两者的吉布斯(Gibbs)和亥姆霍兹(Helmholtz)混合能状态。

05.0758 θ态 theta state

溶液中高分子的链收缩和扩张力达到平衡，或溶剂-链段和链段-链段间相互作用达到平衡，接近理想溶液或第二位力系数为 0 的状态。

05.0759 θ温度 theta temperature

在确定溶剂中,使高分子溶液呈 θ 态的温度。

05.0760 θ溶剂 theta solvent

在确定温度下, 高分子溶液呈 θ 态的溶剂。

05.0761 无扰尺寸 unperturbed dimension

1 个实际链状分子在 θ 态时的无规线团尺寸。

05.0762 扰动尺寸 perturbed dimension

1 个实际链状分子除 θ 态以外的无规线团尺寸。

05.0763 良溶剂 good solvent

对高分子有较强溶解能力的溶剂。通常相互作用参数 $x< 0.5$。

05.0764 不良溶剂 poor solvent

对高分子有较弱溶解能力的溶剂。通常相互作用参数 x 接近 0.5。

05.0765 位力系数 virial coefficient

曾称"维里系数"。高分子溶液的溶剂化学势 (μs)展开式中溶质质量浓度(C)幂次方的系数。符号为 A_i。

05.0766 排除体积 excluded volume

高分子或链段在溶液中可有效地排除所有其他高分子或链段的体积。

05.0767 扩张因子 expansion factor

高分子在给定溶剂和温度时的尺寸与其在相同温度 θ 态尺寸之比值。

05.0768 特性黏数 intrinsic viscosity, limiting viscosity number

质量浓度为零时比浓度黏度或比浓对数黏度的极限值。符号为 $[\eta]$。

05.0769 弗洛里-哈金斯理论 Flory-Huggins theory

基于混合熵和吉布斯自由能降低概念,推导溶液热力学性质的聚合物溶液热力学理论。

05.0770 哈金斯方程 Huggins equation

描述聚合物稀溶液黏数(η_i/C)对聚合物质量浓度(C)依赖性的方程: $\eta_i/C=[\eta]+k_H[\eta]^2 C+\cdots$,

式中[η]为特性黏数，k_H为哈金斯系数。

05.0771 哈金斯系数 Huggins coefficient
哈金斯公式中特性黏数的二次项系数。依赖于溶液中分子间流体力学相互作用和热力学相互作用，与分子量和溶剂无关。符号为K_H。

05.0772 相互作用参数 χ-parameter
反映弗洛里-哈金斯理论中高分子与溶剂混合过程中相互作用能的参数。主要决定于无热混合熵和混合焓。符号为χ。

05.0773 溶度参数 solubility parameter
表征聚合物在给定溶剂中溶解力的参数。其值为内聚能密度的平方根。符号为δ。

05.0774 流体力学等效球 hydrodynamically equivalent sphere
在流体力场中，1个与周围介质不贯穿，并与1个实际高分子有相同摩擦效应的假想球体。

05.0775 流体力学体积 hydrodynamic volume
流体力学等效球的体积。

05.0776 珠-棒模型 bead-rod model
模拟以珠状链段组成的链状大分子流体力学性质的模型。每个珠状链段对周围流体形成流体力学阻抗，相邻珠状链段以刚性棒相连，链总体取向无序。

05.0777 珠-簧模型 bead-spring model
模拟以珠状链段组成的链状大分子流体力学性质的模型。每个珠状链段对周围流体形成流体力学阻抗，相邻珠状链段与相邻珠状链段以弹簧相连，弹簧对摩擦无贡献，但对链的弹性和形变性质有响应，链总体取向无序。

05.0778 流动双折射 flow birefringence, streaming birefringence
光学各向异性分子、非异构或可形变分子或质点，以本体、溶液或分散液流动时，因有序取向导致的光学双折射现象。

05.0779 动态光散射 dynamic light scattering
测量稀溶液或分散液中溶质或分散颗粒受光照后产生的散射光强度随时间的涨落的方法。

05.0780 静态光散射 static light scattering
测量稀溶液或分散液中溶质或分散颗粒受光照后产生的散射光强度的角度依赖性的方法。

05.0781 沉降平衡 sedimentation equilibrium
稀溶液或分散液中溶质或分散颗粒在离心场中的沉降速度与扩散速度相等，即穿越任何垂直于离心力平面的净流动为零的状态。

05.0782 沉降系数 sedimentation coefficient
质点在单位离心力加速度作用下的移动速度。符号为s。

05.0783 沉降速度法 sedimentation velocity method
测量稀溶液或分散液中溶质或分散颗粒移动速度的方法。结果以沉降系数表示。

05.0784 沉降平衡法 sedimentation equilibrium method
测量稀溶液或分散液中溶质或分散颗粒在离心场中达到沉降平衡时沿离心池方向的浓度分布的方法。

05.0785 相对黏度 relative viscosity
又称"黏度比(viscosity ratio)"。溶液黏度和溶剂黏度的比值。符号为η_r。

05.0786 相对黏度增量 relative viscosity increment
溶液黏度和溶剂黏度之差与溶剂黏度的比值。符号为η_i。

05.0787 黏数 viscosity number
又称"比浓黏度(reduced viscosity)"。溶剂的相对黏度增量与质量浓度的比值。符号为η_i/c。

05.0788 乌氏[稀释]黏度计 Ubbelohde [dilution] viscometer
带有气承液柱，以逐次稀释、外推来测量溶质特性黏数的毛细管黏度计。

05.0789 落球黏度 ball viscosity
以刚性球(半径 r，密度ρ_s)在液体(密度ρ)中下落速度 V 或时间 t，按斯托克斯方程和牛顿第二定律算出的低切剪速率下液体黏度。

$$\eta = 2\, r^3 g\, (\rho_s - \rho)\, /\, qv = k\, (\rho_s - \rho)\, t$$

05.0790 落球黏度计 falling ball viscometer
以刚性球在液态介质中下落的速度来测量低剪切速率下液体黏度的仪器。

05.0791 本体黏度 bulk viscosity
流体在弹性压缩形变下的体积黏度。

05.0792 比浓对数黏度 inherent viscosity, logarithmic viscosity number
溶液的相对黏度自然对数与质量浓度的比值。符号为η_{inh}。

05.0793 牛顿剪切黏度 Newtonian shear viscosity
对于非牛顿流体的聚合物浓溶液和熔体，具有剪切速率依赖性的黏度。

05.0794 剪切黏度 shear viscosity
稳流状态下剪切应力与剪切速率的比值。

05.0795 表观剪切黏度 apparent shear viscosity
具有剪切速率依赖性的黏性流动中，剪切应力与剪切速率的比值。可作为聚合物流体流动性的相对指标。符号为η_a。

05.0796 黏度函数 viscosity function
特性黏数[η]与分子回转半径(S)和摩尔分子量(M)的关系式：$[\eta]\,M = \phi 6^{3/2} \langle S^2 \rangle^{3/2}$ 中的系数ϕ。

05.0797 零切[变速率]黏度 zero shear viscosity
剪切速率趋于零，即聚合物流体表现为牛顿流体时的表观黏度。

05.0798 端基分析 end group analysis
高分子链末端官能团的定性、定量测定。

05.0799 蒸气压渗透法 vapor pressure osmometry, VPO
以溶液、溶剂蒸气压差值来测量高分子数均分子量的方法。

05.0800 折光指数增量 refractive index increment
又称"折射率增量"。溶液折光指数的浓度依赖性。符号为dn/dc。

05.0801 瑞利比 Rayleigh ratio, Rayleigh factor
又称"瑞利因子"。表征散射角为θ时散射光强度的量。符号为$R(\theta)$。$R(\theta) = I_\theta r^2 / I_0 f V$，式中 I_0 为入射光强度、I_θ为散射角为θ距离为r 处的散射光强度，V 为散射体积，f 为体系的偏振因子。其量纲为长度一次方的倒数。

05.0802 超瑞利比 excess Rayleigh ratio
稀溶液和纯溶剂瑞利比之差。符号为$\Delta R(\theta)$。

05.0803　粒子散射函数　particle scattering function

又称"粒子散射因子(particle scattering factor)"。θ角观察的散射光强$R(\theta)$与0°散射光强$R(0)$之比值。符号为$P(\theta)$。

05.0804　齐姆图　Zimm plot

在稀溶液或分散液中，对于尺寸相当或大于入射光波长的溶质分子或颗粒，其光散射数据按下式的作图表示方式：$Kc/\Delta R(\theta) = 1/M_w P(\theta)+2A_2 C +\cdots$，式中$\Delta R(\theta)$、$P(\theta)$、$C$、$M_w$、$A_2$和$Kc$分别为超瑞利比、粒子散射因子、溶质质量浓度、重均分子量、第二位力系数和仪器常数。

05.0805　散射的非对称性　dissymmetry of scattering

从两个散射角测量瑞利比的比值。符号为$Z(\theta_1, \theta_2)$。

05.0806　解偏振作用　depolarization

发色团被平面偏振光激发时，因分子运动导致激发态能量转移而使偏振度降低的现象。

05.0807　分级　fractionation

将多分散性高分子按其化学组成、分子量、支化、立体规整度等结构特征分离成若干级分的过程。

05.0808　沉淀分级　precipitation fractionation

基于高分子对溶剂溶解度的差别，按溶解度减小顺序，使其稀溶液形成溶解度低的级分在高分子富集相中浓缩的两相体系，并重复分离成若干级分的过程。

05.0809　萃取分级　extraction fractionation

基于高分子对溶剂溶解度的差别，按溶解度增加顺序，使其稀溶液形成溶解度高的级分在高分子贫集相中浓缩的两相体系，并重复分离成若干级分的过程。

05.0810　洗脱分级　elution fractionation

又称"淋洗分级"。基于高分子对色谱柱中介质材料吸附性的差别，通过逐渐改变溶剂组成，增加溶剂对溶质的溶解度(溶剂梯度)，或色谱柱方向逐渐改变温度(温度梯度)，将溶质分离成若干级分的过程。

05.0811　热分级　thermal fractionation

基于高分子相分离温度的差别，按温度增加或降低顺序，使高分子相分离，逐步分离成若干级分的过程。

05.0812　摩尔质量排除极限　molar mass exclusion limit

对于确定的聚合物溶质-溶剂体系，可进入体积排除色谱多孔非吸附介质孔中的溶质分子，或分散颗粒摩尔质量的极限值。

05.0813　分子量排除极限　molecular weight exclusion limit

对于确定的聚合物溶质-溶剂体系，可进入体积排除色谱多孔非吸附介质孔中的溶质分子，或分散颗粒分子量的极限值。

05.0814　洗脱体积　elution volume

在体积排除色谱技术中，从进样到检测器接收样品信号时通过色谱柱的溶剂体积。

05.0815　普适标定　universal calibration

基于溶质分子、分散颗粒的保留体积与其尺寸参数(与化学组成和结构无关)的单值函数关系，对体积排除色谱进行标定的方法。

05.0816　加宽函数　spreading function

对于体积排除色谱，均一样品瞬时进样，在设备出口检测的归一化讯号与洗脱体积的统计函数关系。

05.0817　链轴　chain axis

沿平行于链延伸方向，连接1个等同周期内

链单元连续链段的直线。

05.0818 等同周期 identity period
又称"链重复距离(chain repeating distance)"。
沿链轴方向链结构平移重复的最短距离。

05.0819 晶体折叠周期 crystalline fold period
又称"折叠长度(folding length)"。高分子链近
邻折叠结晶时，每次折叠所包含的链段长度。

05.0820 构象重复单元 conformational re-peating unit
高分子链中沿链轴方向上，一种确定对称性
构象包含的最小结构单元。

05.0821 几何等效 geometrical equivalence
同一分子链内结构单元间与链轴有确定对
应关系的对称性。

05.0822 螺旋链 helix chain
围绕主链规则重复旋转而形成螺旋状分子
构象的链。

05.0823 构型无序 configurational disorder
因不同构型重复单元共晶导致的结构统计
无序。

05.0824 链取向无序 chain orientational dis-order
由相反取向的等同链在晶体中共存导致的
结构统计无序。

05.0825 构象无序 conformational disorder
不同构象的等同构型单元在晶体中共存导
致的结构统计无序。

05.0826 锯齿链 zigzag chain
空间构型的平面投影为锯齿状弯曲的链。

05.0827 双[股]链 double strand chain

相邻结构单元由 3~4 个原子相连接，其中 2
个原子在结构单元一侧，另外 1 或 2 个原子
在另一侧的分子链。

05.0828 [分子]链大尺度取向 global chain orientation
在分子尺度上链的统计有序排列。

05.0829 结晶聚合物 crystalline polymer
可形成长程三维有序晶体的聚合物。

05.0830 半结晶聚合物 semi-crystalline polymer
可部分形成长程三维有序晶体，部分保持非
晶态的聚合物。

05.0831 高分子晶体 polymer crystal
聚合物中有确定边界的晶区。

05.0832 高分子晶粒 polymer crystallite
聚合物中没有确定边界的晶区。聚合物晶体
中，高分子晶粒边界不规则，也可能有部分
链单元延伸到边界周围的较小晶区。

05.0833 结晶度 degree of crystallinity, crys-tallinity
本体高分子中三维长程有序晶区的分数。

05.0834 高分子[异质]同晶现象 macromo-lecular isomorphism
相同共聚物链或不同均聚物链之间，不同组
成重复单元的共晶现象。

05.0835 聚合物形态 morphology of polymer
聚合物、聚合物共混物、聚合物复合物、聚合
物晶体的形状、视觉外貌及相区结构的总称。

05.0836 片晶 lamella, lamellar crystal
在二维大尺度上延伸、厚度均一的晶体。

05.0837　轴晶　axialite
包含若干片晶、从 1 个共同边缘展宽的多层结晶聚集体。

05.0838　树枝[状]晶体　dendrite
晶体骨架在不同方向上生长，形成树枝状外形的结晶。

05.0839　纤维晶　fibrous crystal
一维方向上远较另外二维尺度上长的结晶。

05.0840　串晶结构　shish-kebab structure
纤维晶上附生许多平行于纤维轴片晶的多晶形态。

05.0841　球晶　spherulite
包含从同一中心发射的条状晶体、纤维状晶体或片晶，外观大致为球状的多晶体。

05.0842　链折叠　chain folding
属于同一分子或晶体中两个平行链段，以折返方式相连的构象特征。

05.0843　折叠表面　fold surface
晶体上沿链折叠切线方向的平面。

05.0844　折叠面　fold plane
由大量折叠链连接形成的结晶学平面。

05.0845　折叠微区　fold domain
聚合物晶体中折叠面上取向相同的部分。

05.0846　相邻再入模型　adjacent reentry model
近邻链段规则相连折叠结晶的模型。

05.0847　插线板模型　switchboard model
大分子上无规连接链段在同一晶体中结晶的模型。

05.0848　缨状微束模型　fringed-micelle model
大分子中链段大部分在不同晶体中结晶的模型。

05.0849　折叠链晶体　folded-chain crystal
主要由链折叠作用重复地穿越晶区所组成的高分子晶体。

05.0850　平行链晶体　parallel-chain crystal
由链平行排列，不考虑链段方向而形成的晶体。

05.0851　伸展链晶体　extended-chain crystal
基本上由全伸展构象组成的聚合物晶体。

05.0852　球状链晶体　globular-chain crystal
包含球状构象大分子组成的聚合物晶体。

05.0853　长周期　long period
片晶之间的平均堆砌距离。

05.0854　近程结构　short-range structure
高分子链中重复单元或链段尺度上的组成和空间排布方式。

05.0855　远程结构　long range structure
高分子分子链、多链或更大尺度上的组成和空间排布方式。

05.0856　成核作用　nucleation
热力学上有利于进一步生长的最小结晶实体的形成过程。

05.0857　分子成核作用　molecular nucleation
热力学上有利于进一步结晶的一小部分分子的初始结晶过程。

05.0858　阿夫拉米方程　Avrami equation
描述结晶动力学的方程：$1- \phi_c = \exp(-kt^n)$。式中 ϕ_c 为确定温度下时间 t 的结晶分数，k

为依赖于温度的结晶速率常数，n 为阿夫拉米指数，仅与结晶的统计模型有关，通常为 1~4 的整数。由于结晶过程常常不是单一机理，实际测量中不一定是整数。

05.0859 初级结晶 primary crystallization
通常指大部分球晶表面达到相互接触之前的初始结晶阶段。

05.0860 二次结晶 secondary crystallization
初级结晶之后发生的结晶。通常以较低速度进行。

05.0861 附生结晶 epitaxial crystallization
又称"外延结晶"。一种可结晶物质在另一种已结晶基底上的取向结晶。

05.0862 附生结晶生长 epitaxial crystallization growth
又称"外延晶生长"。一种可结晶物质在另一种已结晶基底上的取向生长。

05.0863 织构 texture
光学显微镜观察尺度及更大范围的材料形态结构。通常包括相区形状、尺寸、界面、缺陷等。

05.0864 液晶态 liquid crystal state
以长程取向有序和部分位置有序，或全部位置无序存在的中介相态。

05.0865 热致[性]液晶 thermotropic liquid crystal
在一定温度范围内熔体可形成长程取向有序态的液晶材料。

05.0866 盘状相 discotic phase
盘状分子沿垂直于分子平面方向上平行层叠取向，形成柱状聚集的一种液晶态。

05.0867 条带织构 banded texture
偏光显微镜可观察到特征的草席图案的由沿应力方向分子链规则排列，并周期性弯曲成锯齿状的织态结构。

05.0868 环带球晶 ringed spherulite
偏光显微镜可观察到特征的同心消光圆环图案的由片晶放射状堆砌和周期性扭曲的球晶。

05.0869 解取向 disorientation
聚合物中分子链、链段、晶体或相区，从取向有序变为无序排列的过程。

05.0870 分凝 segregation
晶体生长过程中排除出一部分高分子或杂质，或者两者兼有的现象。

05.0871 非晶相 amorphous phase, noncrystalline phase
聚合物中分子链三维长程无序聚集的相区。

05.0872 非晶区 amorphous region, noncrystalline region
聚合物中分子链三维长程无序聚集的区域。

05.0873 非晶取向 amorphous orientation
高分子链段或链沿外场作用方向形成一定程度有规排列，但尚未形成结晶而导致各向异性的过程。

05.0874 链段运动 segmental motion
大分子中链段、支链或侧基等小尺度结构单元，内旋转构象改变和局部分子运动。

05.0875 亚稳态 metastable state
一种能量位垒大大高于 $K \cdot T$(K 为玻尔兹曼常数，T 为热力学温度)的相态。

05.0876 相分离 phase separation

固体或液体由单相态分离为两个或多个新相态的转变过程。

05.0877 亚稳态相分离 spinodal decomposition

亚稳单相二元混合物在一定组成和温度区间内，由位置限制的浓度涨落引发，导致长程和扩散控制的相分离而形成不稳定单相混合物的过程。其相图呈旋节线状。

05.0878 稳态相分离 binodal decomposition

相容的单相二元混合物在一定组成和温度区间内，由位置限制的浓度涨落引发，导致长程和扩散控制的相分离，形成亚稳或不稳定单相混合物的过程。其相图呈双节线状。

05.0879 微相区 microphase domain

在微观尺度上，材料中化学组成和物理状态均一的区域。

05.0880 界面相 boundary phase

两相的相面之间化学组成或物理状态与两相均不相同的相。

05.0881 相溶性 miscibility

高分子混合物在一定温度、压力与组成范围形成单一相态的能力。

05.0882 不相溶性 immiscibility

高分子混合物在一定温度、压力、组成范围发生相分离，不能形成单一相态的能力。

05.0883 相容性 compatibility

在不相溶高分子共混物或高分子复合物中，各单一组分表现的界面黏结能力。

05.0884 不相容性 incompatibility

在不相溶高分子共混物或高分子复合物中，各组分表现的界面分离能力。

05.0885 增容作用 compatibilization

在不相溶高分子共混物中，通过界面改性，以形成界面相并形态稳定化的过程。

05.0886 最低临界共溶温度 lower critical solution temperature, LCST

组成和压力确定时，混合物从不相溶到相溶的临界温度。低于此温度，混合物具有相溶性，形成单一相态。

05.0887 最高临界共溶温度 upper critical solution temperature, UCST

组成和压力确定时，混合物从相溶到不相溶的临界温度。高于此温度，混合物具有相溶性，形成单一相态。

05.0888 浓度猝灭 concentration quenching

荧光分子或生色团的浓度达到一定值后，如无内滤效应，其荧光强度或量子效率随浓度增加而降低，同时伴随着长波方向出现新的荧光发射峰。

05.0889 激基缔合物荧光 excimer fluorescence

激发态生色团在荧光寿命时间内与相同的基态生色团扩散接近，形成一种新的发色体激基缔合物，在发射谱长波方向出现的特征发射。

05.0890 激基复合物荧光 exciplex fluorescence

激发态生色团在荧光寿命时间内与另一种基态生色团扩散接近，形成一种新的发色体激基复合物，在发射谱长波方向出现的特征发射。

05.0891 单轴取向 uniaxial orientation

受单方向上外场作用，聚合物取向单元趋于沿外场方向平行排列的过程。

05.0892 双轴取向 biaxial orientation, biori-

entation

受两个相互垂直方向上外场作用，聚合物取向单元趋于对两个外场方向均有左右对称性排列的过程。

05.0893 取向度 degree of orientation

聚合物的分子链、链段或基团、晶粒、晶面等取向单元在空间指向分布或各向异性的程度，符号为 f。单轴取向时，以外场方向与取向单元主轴夹角 θ 来表征：$f=1/2(3\cos^2\theta-1)$。

05.0894 玻璃态 glassy state

非晶态高分子大尺度构象转变和链段协同运动被冻结的聚集态。其力学行为和玻璃体相似，如显示高模量、低断裂伸长和低冲击强度。

05.0895 橡胶态 rubbery state

又称"高弹态(elastomeric state)"。非晶态高分子链段协同运动被激发，但仍不能进行分子整体质量中心移动的聚集态。其力学行为和橡胶相似，如显示低模量、大弹性形变。

05.0896 黏流态 viscous flow state

高分子整体可产生质量中心移动的聚集态。通常在微小外力作用下能形成层间速度梯度，并产生不可逆层间相对位移或形变。

05.0897 高弹形变 high elastic deformation

高分子由于构象熵减少，在较小外力作用下产生大形变的现象。

05.0898 回缩性 nerviness

黏弹聚合物的形变过程中，在撤除外力后形变量随之减小的现象。包括瞬时弹性回复和随时间改变的滞后弹性回复。

05.0899 泊松比 Poisson ratio

材料在均匀分布的轴向应力作用下在弹性形变范围内，横向和纵向应变量之比值。符号为 υ。

05.0900 屈服 yielding

材料在外力作用下开始产生不可回复的永久形变(宏观塑性形变)的现象。

05.0901 颈缩现象 necking

又称"细颈现象"。拉伸时样条截面突然快速减小的现象。

05.0902 屈服温度 yield temperature

材料发生屈服的温度范围。对于聚合物，其下限是脆性-延性转变温度，上限对非晶聚合物而言是玻璃化转变温度，对塑性流体而言是产生塑性流动的温度。

05.0903 脆化温度 brittleness temperature, brittle temperature

聚合物脆-韧转变的温度。符号为 T_b。

05.0904 韧性断裂 ductile fracture

聚合物伴有明显塑性形变时的断裂现象。

05.0905 脆-韧转变 brittle-ductile transition

聚合物在形变过程中，其断裂行为由脆性转变为韧性的现象。

05.0906 断裂伸长 elongation at break

试片拉伸至断裂时拉伸方向上长度的增加。断裂时试样标距间长度增量与原始标距长度之比值称为断裂伸长率。

05.0907 弹性形变 elastic deformation

物体在外力作用下产生、而在外力撤除后可回复的形变。

05.0908 弹性滞后 elastic hysteresis

聚合物在外力作用下形变滞后于外力变化的现象。

05.0909　弹性回复　elastic recovery

物体在应力撤除后形变量减小的现象或形变减小的量。对于黏弹性聚合物，包括瞬时弹性回复和随时间逐渐回复的滞后弹性回复。

05.0910　银纹　craze

在张应力作用下，材料表面或内部出现垂直于应力方向的微裂纹。其外观呈银白色。

05.0911　回弹　resilience

又称"回弹性"。外力撤除后，材料形变迅速恢复原状的程度。以形变回缩功和初始形变功之比值表示。

05.0912　延迟形变　retarded deformation

黏弹性物质在外力作用下或撤除外力后发生的随时间变化的形状、尺寸改变。

05.0913　延迟弹性　retarded elasticity

黏弹性物质在外力作用下或撤除外力后发生的随时间变化的弹性响应。

05.0914　应力开裂　stress cracking

聚合物在低于破坏强度范围内，由外应力、内应力或化学环境(如溶剂)作用，在表面或内部产生银纹或裂缝的现象。

05.0915　应力-应变曲线　stress-strain curve

材料在一定温度和形变速率作用下，应力与应变关系的曲线。可由此测量模量、强度、屈服、断裂伸长率等材料力学参数。

05.0916　拉伸应力弛豫　tensile stress relaxation

黏弹性聚合物在拉伸形变恒定时，应力随时间衰减的现象。

05.0917　热历史　thermal history

聚合物在相态转变、热处理或冷却等过程中产生的热积累。由于高分子弛豫特性，这些热积累会在较长时间尺度上对材料结构、形态和性能产生影响。

05.0918　扭辫分析　torsional braid analysis, TBA

通过负载在玻璃纤维辫上的样品在扭力和热作用下做阻尼振动来测量动态力学谱的一种自由衰减振动型动态力学分析方法。常用于某些难于支撑其本身质量或黏性物质。

05.0919　应力发白　stress whitening

又称"应力致白"。聚合物材料在应力作用下由于微观结构变化。如产生微裂纹层间分离等，使表面局部变白的现象。通过加热可基本消除。

05.0920　应变硬化　strain hardening

聚合物在高应变时，由于分子取向、应力诱导结晶等原因，应力随应变继续增大而迅速增长的现象。

05.0921　应变软化　strain softening

聚合物形变超过屈服点后，随着应变继续增大，应力或应力-应变曲线斜率有一定程度减小的现象。

05.0922　拉胀性　auxeticity

具有负泊松比的聚合物材料(如泡沫、多孔材料、凝胶等)，在拉伸时体积增大而压缩时体积减小的性质。

05.0923　牛顿流体　Newtonian fluid

流动时符合牛顿流动定律，即剪切应力与剪切速率成正比的流体。其比例常数即剪切黏度不随剪切速率和剪切应力改变。

05.0924　非牛顿流体　non-Newtonian fluid

流动时不符合牛顿流动定律，即剪切黏度随剪切速率或剪切应力发生变化的流体。按切力与剪切速率关系的类型，分为塑性流体(宾汉姆流体)、假塑性流体、切力增稠的膨胀流体。

05.0925 假塑性 pseudoplasticity
外力作用下聚合物流体的流动黏度随剪切速率增加而减少，而与时间无关的现象。

05.0926 宾厄姆流体 Bingham fluid
又称"塑性流体(plastic fluid)"。当切应力小于屈服应力时不能流动，而大于屈服应力时产生牛顿流动的一种非牛顿流体。

05.0927 冷流 cold flow
通常指常温下聚合物的蠕变现象。

05.0928 剪切变稀 shear thinning
非牛顿流体的表观黏度随剪切速率增加而降低的现象。

05.0929 触变性 thixotropy
对于非牛顿流体，静止时有较大黏度，而在外力作用下黏度下降、易于流动的性质。通常认为是物理交联结构被破坏的结果。

05.0930 塑性变形 plastic deformation
材料在塑性阶段发生的形变。以加载和卸载的应力-应变曲线不相同为特征。

05.0931 塑性流动 plastic flow
当剪切应力小于临界值时不发生流动，超过临界值后，按牛顿流体规律流动。

05.0932 黏弹性 viscoelasticity
聚合物兼有固体弹性和流体黏性的力学行为。强烈依赖于外力作用时间和温度，其应力与应变不符合单值函数关系。

05.0933 线性黏弹性 linear viscoelasticity
由服从虎克定律的理想固体弹性和服从牛顿定律的理想流体黏性组合而成的黏弹性。

其应力-应变-应力速率本构方程为线性微分方程。

05.0934 非线性黏弹性 non-linear viscoelasticity
应力-应变-应变速率本构方程呈非线性关系，应力-应变依赖于应力大小，即应力是应变的函数的黏弹性。

05.0935 蠕变 creep
在一定温度和较小恒定外力作用下，材料形变随时间增加而逐渐增大，最后达到平衡的现象。

05.0936 弛豫[作用] relaxation
曾称"松弛"。在外场作用下，从一种平衡态过渡到另一种平衡态时，响应滞后于外场的现象。

05.0937 弛豫模量 relaxation modulus
应力弛豫过程中应力与应变的比值。是时间的函数。

05.0938 体积弛豫 volume relaxation
在外场作用下，从一种平衡态过渡到另一种平衡态，体积变化在时间上滞后于外场变化的现象。

05.0939 蠕变柔量 creep compliance
蠕变过程中，应变对应力的比值。是时间的函数。

05.0940 弛豫时间 relaxation time
描述弛豫速度的物理量。通常指某一物理参数衰减到起始值 $1/e$ 的时间。

05.0941 弛豫谱 relaxation spectrum
描述弛豫过程动态关系的曲线组合。如力学参数与时间、温度的动力学关系。

05.0942 推迟时间 retardation time
黏弹性材料蠕变过程中形变量发展到最终值的 1- 1/*e* (约 63.2%)时所需时间。

05.0943 推迟[时间]谱 retardation [time] spectrum
黏弹性材料蠕变推迟时间的分布函数。由于高分子运动单元多重性，其推迟时间通常呈现达几个数量级的连续分布。

05.0944 动态力学性质 dynamic mechanical property
材料在交变应力或应变作用下的力学行为。对聚合物而言，随频率和温度有明显的变化。

05.0945 动态黏弹性 dynamic viscoelasticity
材料在交变力场作用下的黏弹行为。主要表现为应力和应变周期变化相位的不一致性。

05.0946 热-机械曲线 thermo mechanical curve
又称"温度-形变曲线"。聚合物在恒定外力作用下，其形变与温度的相互关系曲线。

05.0947 动态转变 dynamic transition
聚合物在动态外场作用下的各种转变现象。如玻璃化转变、高弹态-黏流态转变及玻璃化温度以下的次级转变等。

05.0948 动态黏度 dynamic viscosity
聚合物流体在交变应力作用下的黏度。包括黏性和弹性的贡献，可用于表征聚合物流体的黏弹性。

05.0949 玻璃化转变 glass transition
又称"α 转变"。非晶或结晶聚合物中非晶区的玻璃态-高弹态转变现象。本质为较长链段协同运动由冻结状态转变为激发态。此时许多热力学性质发生转折性变化。

05.0950 玻璃化[转变]温度 glass-transition temperature
非晶或结晶聚合物中非晶区的玻璃态-高弹态转变温度。其值依赖于温度变化速率和测量频率，常有一定的分布宽度。

05.0951 次级弛豫 secondary relaxation
又称"次级转变(secondary transition)"。玻璃化温度以下，高分子小尺度链段、侧基、短支链、主链或侧链上官能团等的弛豫由冻结到激发的转变。按弛豫尺度的减小或弛豫温度的降低，分别称 β, γ, δ 弛豫和转变，其转变温度统称次级弛豫温度。

05.0952 开尔文模型 Kelvin model
又称"沃伊特模型(Voigt model)"。以服从虎克定律的弹簧和服从牛顿流体的黏壶并联组合，由此得到的黏弹性应力ε和应变 σ 关系力学模型，其运动方程为：$\sigma(t) = E\varepsilon + \eta\, d\varepsilon/dt$，式中 E, η 分别为虎克弹簧的杨氏模量和牛顿流体的黏度，t 为时间。

05.0953 麦克斯韦模型 Maxwell model
以服从虎克定律的弹簧和服从牛顿流体的黏壶串联组合，由此得到的黏弹性应力ε和应变 σ 关系力学模型。其运动方程为：$d\varepsilon/dt = 1/E \cdot d\sigma/dt + \sigma/\eta$，式中 E, η 分别为虎克弹簧的杨氏模量和牛顿流体的黏度，t 为时间。

05.0954 时-温等效原理 time-temperature equivalent principle
对于聚合物弛豫过程，升高(或降低)温度与延长(或缩短)观察时间，对聚合物分子运动性质包括黏弹行为具有等效性，因此借助平移因子可将某一条件下测定的力学参数转变为另一条件下的力学参数。

05.0955 玻尔兹曼叠加原理 Boltzmann superposition principle

将聚合物的弛豫行为视为其经历的各种弛豫过程线性加和的结果。由此可用有限的实验数据预测和判断广范围内聚合物的弛豫作用和性质。

05.0956　平移因子　shift factor
又称"移动因子"。根据时-温等效原理，不同温度测得的弛豫数据平移至参考温度，组成叠加曲线时的移动值。是温度的函数，与高分子种类有关。

05.0957　软化温度　softening temperature
聚合物材料加热变软的温度。多数在一定载荷和升温速度下，测量变形达到某一限度时对应的温度。因测试方法不同，有维卡(Vicat)软化点、环球式软化点等。

05.0958　平衡熔点　equilibrium melting point
一定压力下完善晶体与非晶相达到热力学平衡的温度。聚合物晶体常有不同程度的缺陷，可用不同温度下结晶样品的熔点对结晶

温度外推来测量，亦可以熔融终了温度近似表示。

05.0959　物理老化　physical aging
由物理结构变化引起的聚合物老化现象。是一种可逆的热力学过程。

05.0960　光老化　photoaging
由光引起的聚合物老化现象。

05.0961　热老化　thermal aging
由热引起的聚合物老化现象。

05.0962　热氧老化　thermo-oxidative aging
由热和氧同时作用引起的聚合物老化现象。

05.0963　人工老化　artificial aging
在模拟气候环境中进行的老化。

05.0964　加速老化　accelerated aging
在人为增大变化速度的环境中进行的老化。

05.04　高分子加工技术和应用

05.0965　反应[性]加工　reactive processing
在材料加工的同时，伴有向最终状态转化的化学反应的材料加工方式。

05.0966　加工性　processability
聚合物对各种加工成型方法的适应性。

05.0967　熔体流动速率　melt flow rate
聚合物熔体在规定温度和负荷下于每 10min 内流过规定尺寸毛细管的质量。其值越大，表明热塑性高分子材料的流动性越好。

05.0968　穆尼黏度　Mooney viscosity
用穆尼剪切圆盘式黏度仪测得的生胶或混炼胶料的黏度。

05.0969　塑化　plasticizing
使热塑性塑料软化并赋予可塑性的过程。

05.0970　增塑作用　plasticization
削弱高分子间的作用力，以增加其柔曲性和可加工性的作用。

05.0971　内增塑作用　internal plasticization
通过高分子内含的某些结合基团、链段或支链对聚合物所产生的增塑作用。

05.0972　外增塑作用　external plasticization
通过添加增塑剂实现对聚合物增塑的作用。

05.0973　增强　reinforcing
通过加入纤维、填料等组分或其他方式，使

材料机械强度明显提高或加强的材料改性方法。

05.0974 混炼 mixing, milling
将聚合物和各种助剂经机械混合以达到均化和分散的加工工艺过程。

05.0975 塑炼 plastication
又称"素炼(mastication)"。通过热、氧、机械力或化学试剂的作用，使生胶由强韧性的弹性状态转变为柔软的可塑性状态以增大弹性材料流动性的工艺过程。

05.0976 过炼 dead milling
在塑炼或混炼弹性聚合物时，由于轧炼时间过长致使塑性不断增加而丧失弹性的现象。

05.0977 共混 blending
将一种以上的聚合物通过物理方法进行均匀混合的操作过程。

05.0978 捏合 kneading
通过一对旋转且互相啮合的叶片的剪切和搅拌作用，使半干状态或黏稠聚合物均匀混合的过程。

05.0979 冷轧 cold rolling
不经加热，直接在室温下对材料进行轧制的过程。

05.0980 压延 calendaring
将热塑性塑料或橡胶混炼胶通过连续压辊成膜或片材的成型加工方法。

05.0981 模塑 molding
又称"成型"。聚合物及其他材料在模具上或模具内被制成一定形状的过程。

05.0982 模压成型 compression molding
又称"压缩成型"。在模具内，将模塑料通过加热加压进行成型加工的方法。

05.0983 冲压模塑 impact molding, shock molding
把预热的热塑性树脂装入冷模具中，通过冲击力使其成型的方法。

05.0984 注射成型 injection molding
又称"注[射模]塑"。通过注射机加热、塑化、加压使液体或熔体物料间歇式充模成型的方法。

05.0985 共注塑 coinjection molding
注射设备具有两个以上注射料筒，可以分步或同时注射不同配方的物料，得到具有多层结构制品的成型方法。

05.0986 气辅注塑 gas aided injection molding
利用高压惰性气体注射到熔融的塑料中形成真空截面并推动熔料前进，实现注射、保压、冷却等过程的成型方法。

05.0987 水辅注塑 water aided injection molding
类似于气辅注塑，先将一段短的熔体注入模腔，随后将水注入，挤迫树脂熔体成型的方法。

05.0988 注塑焊接 injection welding
将分别加工成型的半成品装在注塑模具内，注入熔融物料使其在结合部位熔融连接形成最终制品的成型方法。

05.0989 传递成型 transfer molding
模塑时先将模塑料(通常为热固性塑料)置于一加料室内加热熔融，然后压入已预热模腔内固化的成型方法。

05.0990 树脂传递模塑 resin transfer molding, RTM

通过压力使液体树脂通过浇口、分流道等进入加热的闭合模腔内固化成型的方法。

05.0991　流延薄膜　casting film
又称"浇铸薄膜"。将热塑性树脂溶液、分散液或熔融物料浇注或涂布于适当的支撑体上，以适当的方式加热或冷却使其固态化所得的薄膜。

05.0992　熔铸　fusion casting
物料经高温熔融后，直接浇铸成制品的方法。

05.0993　铸塑　cast molding
将配有引发剂、催化剂等的单体、预聚物或聚合物的单体溶液注入模具中，使其完成聚合或缩聚反应，获得与模腔形状相似制品的成型方法。

05.0994　单体浇铸　monomer casting
将单体直接注入模具中进行本体聚合，获得具有模腔形状的聚合物制品的成型方法。

05.0995　挤出　extrusion
通过加热、塑化、加压使物料以流动状态连续通过口模成型的方法。对塑料加工而言，可称为挤塑，对橡胶加工而言，可称为压出。

05.0996　熔体破裂　melt fracture
聚合物熔体挤出物表面出现不规则凹凸、失光、外形畸变、断裂等现象的总称。

05.0997　出模膨胀　die swell
又称"挤出胀大(extrudate swell)"。聚合物熔体挤出物尺寸大于模口尺寸的现象。

05.0998　共挤出　coextrusion
采用一套以上的挤出机螺杆，将不同颜色或不同种类的聚合物熔体，共同导入1个挤出机头制得单一制品的成型方法。

05.0999　多层挤出　multi-layer extrusion
采用两台或多台挤出机，将熔融的几种色泽的同种物料或不同种物料，经由同一机头和口模挤出，制得由多种颜色或多种材料层构成的挤出制品的成型方法。

05.1000　同轴挤出　coaxial extrusion
共挤出制备多层制品时，内外层为同轴结构的成型方法。

05.1001　反应[性]挤出　reactive extrusion
在用于成型加工的挤出机中，同时完成化学反应和挤出加工的技术。

05.1002　固相挤出　solid phase extrusion
在结晶聚合物熔融温度或非晶聚合物玻璃化转变温度以下进行的挤出加工方法。

05.1003　发泡　foaming
通过机械、化学、物理等方法，使高分子材料形成多孔结构的过程。

05.1004　物理发泡　physical foaming
通过某一物质的物理形态的变化如压缩气体的膨胀、液体的挥发或固体的溶解，使高分子材料形成多孔结构的过程。

05.1005　化学发泡　chemical foaming
由发泡剂受热分解或与添加剂反应生成气体，使高分子材料形成多孔结构的过程。

05.1006　吹塑　blow moulding
又称"中空吹塑"。借助流体压力使闭合在模具中的热型坯吹胀为中空制品的成型方法。

05.1007　挤出吹塑　extrusion blow molding
将挤出机挤出的管状型坯吹塑为中空制品的成型方法。

05.1008 共挤出吹塑 coextrusion blow molding
用多台挤出机共挤出多层型坯，然后经吹塑得到中空制品的成型方法。

05.1009 拉伸吹塑 stretch blow molding
将注塑或挤出的型坯进行拉伸、吹塑制得中空制品的成型方法。

05.1010 挤拉吹塑 extrusion draw blow molding
将挤出型坯进行拉伸吹塑制得中空制品的成型方法。

05.1011 注拉吹塑 injection draw blow molding
将注塑型坯进行拉伸吹塑制得中空制品的成型方法。

05.1012 多层吹塑 multi-layer blow molding
采用多台挤出机或注射机加工出多层型坯，然后经吹塑得到中空制品的成型方法。

05.1013 滚塑 rotational molding
通过加热和旋转模具使模腔内的物料、液体、热塑性塑胶粉料或烧结性塑胶干粉料塑化并涂覆于模腔内壁，由此制备中空制品的成型方法。

05.1014 反应注塑 reaction injection molding, RIM
将两种或多种具有化学活性的混合原料通过注塑过程中的化学反应成型的方法。

05.1015 无压成型 zero pressure molding
在常压或只需微小压力下进行成型的方法。

05.1016 真空成型 vacuum molding
通过抽真空改变压差，使得加热的塑料片材贴到模具型面上的成型方法。

05.1017 烧结成型 sinter molding
将粉末状树脂压制成质地致密的预成型品，然后在非常接近熔点的温度下加热，使粉末颗粒间熔接成整体的成型方法。

05.1018 层压 laminating
将多重薄层材料在模具中加压、加热等过程融合或固化的成型方法。

05.1019 固化 curing
通过热、催化剂、光、射线等作用，使热固性树脂交联的过程。

05.1020 光固化 photo-curing
利用光进行的固化过程。

05.1021 硫化 vulcanization, cure
使橡胶分子交联形成体型结构的化学过程。

05.1022 后硫化 post cure, post vulcanization
又称"二次硫化""二段硫化"。橡胶经一次硫化或预硫化之后再次进行硫化的过程。

05.1023 正硫[化] optimum cure
橡胶制品性能达到最佳时的硫化状态。

05.1024 过硫 over cure
胶料硫化时间和硫化程度显著地超过了正硫化阶段，硫化胶性能明显下降的硫化状态。

05.1025 返硫 cure reversion
又称"硫化返原"。由于硫化温度高、硫化时间过长而造成硫化胶交联网部分裂解，导致硫化胶性能降低的现象。

05.1026 欠硫 under cure
胶料未达到正硫化，硫化胶的性能较差的状态。

05.1027 动态硫化 dynamic vulcanization
在热和机械剪切等作用下使橡胶组分逐渐硫化成为硫化胶颗粒分散于其他聚合物连续相中的硫化过程。

05.1028 焦烧 scorching
橡胶胶料在混炼、压延或压出操作中，以及在硫化前的贮存过程中出现的早期硫化现象。

05.1029 无压硫化 non-pressure cure
已定型的半成品在不加压的情况下进行的硫化。

05.1030 模压硫化 mould cure
橡胶在模具中经加压、加热进行的硫化。

05.1031 常温硫化 auto-vulcanization
无需加热、在常温下进行的硫化。

05.1032 热硫化 heat cure
在加热条件下进行的硫化反应。

05.1033 蒸气硫化 steam cure
以水蒸气为加热介质使橡胶制品硫化的方法。

05.1034 微波硫化 microwave cure
利用微波使橡胶自感应发热进行的硫化。

05.1035 辐射硫化 radiation vulcanization
通过辐照使橡胶分子硫化的方法。

05.1036 成纤 fiber forming
使聚合物形成纤维的过程。

05.1037 纺丝 spinning
将成纤聚合物的熔体、溶液、乳液等连续地从喷丝孔挤出固化而形成纤维的过程。

05.1038 可纺性 spinnability
聚合物在纺丝过程中能够形成连续纤维的能力。

05.1039 干纺 dry spinning
聚合物浓溶液从喷丝孔挤出到高温热空气(或热氮气)环境中使溶剂蒸发、固化形成纤维的纺丝方法。

05.1040 湿纺 wet spinning
聚合物浓溶液从喷丝孔直接挤出到凝固浴中，通过脱溶剂化作用或同时发生化学反应、固化形成纤维的纺丝方法。

05.1041 干[喷]湿法纺丝 dry [jet] -wet spinning
聚合物浓溶液从喷丝孔先挤出到气体介质中，再进入凝固浴固化形成纤维的纺丝方法。

05.1042 溶液纺丝 solution spinning
将可成纤聚合物溶解成一定浓度的浓溶液进行纺丝的方法。

05.1043 乳液纺丝 emulsion spinning
将成纤聚合物分散在容易纺丝的高分子溶液中形成乳液，采用湿法或干法纺丝的方法。

05.1044 喷射纺丝 jet spinning
借助于高速热气流，把从喷丝孔挤出的聚合物溶液或熔体直接喷吹并拉伸、固化成纤维的纺丝方法。

05.1045 液晶纺丝 liquid crystal spinning
将处在液晶态下的聚合物纺制成纤维的过程。

05.1046 熔纺 melt spinning
将聚合物加热熔融成聚合物熔体进行纺丝

的方法。

05.1047 共混纺丝 blend spinning
将性质不同的聚合物或在聚合物中添加无机或有机低分子物，均匀混合后纺丝的方法。

05.1048 共纺 cospinning
又称"混纺"。将一种以上聚合物熔体或浓溶液均匀混合后纺制成纤维的纺丝方法。

05.1049 凝胶纺丝 gel spinning
将聚合物溶解成高浓度的胶状溶液，经喷丝孔挤出进入凝固浴形成凝胶丝，再通过拉伸和萃取除去丝中溶剂的纺丝方法。

05.1050 反应纺丝 reaction spinning
又称"化学纺丝"。由单体或低聚体变成聚合物的过程和成纤过程合而为一的纺丝方法。

05.1051 静电纺丝 electrostatic spinning
纺丝液在高压静电场作用下成纤的方法。多用于纺制超细或纳米纤维。

05.1052 高压纺丝 high-pressure spinning
在熔纺时，采用阻力较大的过滤器，使熔体与滤材摩擦瞬时提高熔体温度，使纺丝易于进行的方法。可避免由于长时间提高纺丝温度造成的热降解现象。

05.1053 复合纺丝 conjugate spinning
将一种以上不同性能的聚合物熔体或溶液分别输入同一纺丝组件，汇合后从同一纺丝孔中挤出固化成纤维的纺丝方法。

05.1054 无纺布 non-woven fabrics
纤维不经纺纱、织布工序而用机械或化学的方法直接形成无规纤网结构的材料。

05.1055 长丝 filament
长度达数百米的连续长纤维。

05.1056 单丝 monofilament, monofil
单根纤维的连续丝条。

05.1057 复丝 multifilament
由 1 根以上的单纤维组成的长丝丝束。

05.1058 全取向丝 fully oriented yarn
通过提高熔纺速度得到的具有普通拉伸加工成品丝取向度和结晶度的丝，可省去后续的拉伸加工工序。

05.1059 中空纤维 hollow fiber
在纤维内部沿轴向具有连续或不连续空腔的纤维。

05.1060 皮芯纤维 sheath-core fiber
表皮与芯部表现出明显的形态结构差异的纤维。

05.1061 皮芯效应 skin and core effect
由于皮层和芯部结构不均一而影响纤维性能的效应。

05.1062 冷拉伸 cold drawing, cold stretching
在非晶聚合物玻璃化转变温度以下或结晶聚合物熔点以下拉伸聚合物的方法。

05.1063 单轴拉伸 uniaxial drawing, uniaxial elongation
沿着 1 个方向拉伸材料的过程。

05.1064 双轴拉伸 biaxial drawing
沿着两个轴向拉伸材料的过程。两个轴向通常是相互垂直的。

05.1065 多轴拉伸 multiaxial drawing

沿着多个方向拉伸材料的过程。

05.1066　熟化　ripening
黏胶纤维生产中,把溶解终了的黏胶在室温下(15~22℃)存放 30~60h,使其发生一系列化学变化和物理变化,并使之更适应随后纺丝要求的过程。

05.1067　定形　setting
消除纺织品中积存应力,使其在状态、尺寸或结构上获得某种需要的形态,并达到一定的稳定性的后处理过程。

05.1068　加捻　twisting
将拉细的纤维束或数根纤维通过互相卷绕集合在一起使纤维间的相互抱合力加大、保形性增加的工艺过程。

05.1069　捻度　twist
纤维加捻的程度。为增加单根纤维之间的相互抱合,以便均匀地进行拉伸和纺织加工,需要将纤维进行加捻。复丝或纱线在退捻前的规定长度内的捻回数,一般以每米捻回数或每厘米的捻回数表示。

05.1070　旦[尼尔]　denier
表示纤维粗细的一种单位。定长 9000m 的纱线或纤维的质量克数。

05.1071　特[克斯]　tex
表示纤维粗细的一种单位。定长 1000m 的纱线或纤维的质量克数。

05.1072　纱[线]　yarn
将许多短纤维或长丝排列成近似平行状态,并沿轴向旋转加捻,组成的具有一定强度和线密度的细长丝束的通称。

05.1073　股　strand
组成各种绞合绳线的单元纤维束。

05.1074　黏合　adhesion
连接两个物体使之相互紧密贴附并达到相当强度的工艺。

05.1075　反应黏合　reaction bonding, reaction adhesion
通过化学反应实现物体间黏接的工艺。

05.1076　压敏黏合　pressure sensitive adhesion
只需施加压力即能使被黏物牢固地黏合在一起的工艺。

05.1077　底漆　primer
直接涂于物体表面作为面层漆基础的涂料。

05.1078　浸渍　impregnation
使液态物质渗透到纸、木材、玻璃纤维束、各种织物、各种填充材料等的组织及间隙中去的工艺。

05.1079　基体　matrix
呈连续相分布,将增强体或分散相连接为整体的组分。

05.1080　高分子表面活性剂　polymer surfactant
能显著改变(通常降低)物质表面张力或两相间界面张力的高分子物质。

05.1081　高分子絮凝剂　polymeric flocculant
具有凝集水中或溶液中微粒或溶质并促使其沉降的高分子物质。

05.1082　高分子膜　polymeric membrane
在某种驱动力作用下,具有使被分离物质从一侧向另一侧传输功能的膜状聚合物材料。

05.1083　LB 膜　Langmuir-Blodgett film, LB film

将表面活性物质单层或多层顺序沉积在多孔或无孔基底上而形成的具有有序结构的膜状功能材料。

05.1084　半透膜　semipermeable membrane
在渗透压驱动下，溶液中的溶剂可选择性传输，而溶质不能传输的无孔分离膜材料。

05.1085　反渗透膜　reverse osmosis membrane
在液压驱动下，溶液中的溶剂可于渗透压差相反方向选择性传输的无孔分离膜材料。

05.1086　多孔膜　porous membrane
具有一定孔径和孔径分布的膜。

05.1087　正离子交换膜　cation exchange membrane
带有正离子交换基团，对溶液中正离子具有选择透过性的膜。

05.1088　负离子交换膜　anion exchange membrane
带有负离子交换基团，对溶液中负离子具有选择透过性的膜。

05.1089　添加剂　additive
聚合物中另外加入的所有助剂的统称。

05.1090　固化剂　curing agent
在一定条件下能使树脂、黏合剂、涂料等产生固化反应并参与该反应的助剂。

05.1091　潜固化剂　latent curing agent
在常态下呈惰性而经激活后能发生化学反应的固化剂。

05.1092　硫化剂　vulcanizing agent
在一定条件下能使橡胶分子链发生化学交联反应并参与该反应的助剂。

05.1093　给硫剂　sulfur donor agent
又称"给硫体"。可在硫化温度下释放出活性硫的有机硫化物。常作为不饱和橡胶的交联剂使用。

05.1094　硫化促进剂　vulcanization accelerator
在橡胶硫化过程中能加快硫化反应速率、降低硫化反应温度、减少硫化剂用量、提高橡胶物理机械性能的助剂。

05.1095　硫化活化剂　vulcanization activator
能提高硫化促进剂活性、减少硫化促进剂用量或缩短硫化时间的助剂。

05.1096　防焦剂　scorch retarder
能防止胶料在加工成型期间产生早期硫化(即焦烧现象)的助剂。

05.1097　抗硫化返原剂　anti-reversion agent
防止橡胶在硫化过程中出现硫化返原现象的助剂。

05.1098　塑解剂　peptizer
又称"化学增塑剂(chemical plasticizer)"。能通过化学作用(主要是降低分子量)增强生胶塑炼效果、缩短塑炼时间的助剂。

05.1099　偶联剂　coupling agent
能使两种材料或分子发生偶合作用的物质。在高分子材料领域，偶联剂分子的一部分通常与无机添加剂或填料亲和性较好，另一部分与聚合物亲和性较好。

05.1100　硅烷偶联剂　silane coupling agent
通式为 $R_{(4-y)}SiX_y$ 的偶联剂。其中 R 为有机官能基，X 为烷氧基或其他可水解基团。

05.1101　钛酸酯偶联剂　titanate coupling agent
各种钛酸酯类化合物偶联剂的总称。

05.1102 铝酸酯偶联剂 aluminate coupling agent

各种铝酸酯类化合物偶联剂的总称。

05.1103 填料 filler

为改善制品某些性能或降低成本而添加到聚合物中的固体物质。

05.1104 增强剂 reinforcing agent

能大幅度提高高分子材料力学强度的填料。在橡胶工业中常称补强剂。

05.1105 增韧剂 toughening agent

又称"抗冲击剂"。能降低高分子材料脆性、提高抗冲击性能的物质。

05.1106 增塑剂 plasticizer

能削弱橡胶、塑料等高分子间的作用力，增加其可加工性并改善制品某些性能的物质。

05.1107 增黏剂 tackifier

能增加橡胶、胶黏剂等高分子材料自黏或互黏性能的物质。

05.1108 增容剂 compatibilizer

又称"相容剂"。能降低界面能，提高性质各异的聚合物共混相容性的物质。

05.1109 增塑增容剂 plasticizer extender

又称"增量剂"。除了增加高分子材料的塑性和柔软性使之易加工外，还能与主增塑剂配合作为增量剂降低成本的物质。

05.1110 分散剂 dispersing agent

能降低界面能，提高性质各异的物质混合分散性和稳定性的物质。

05.1111 结构控制剂 constitution controller

旨在消除橡胶-纳米二氧化硅体系在混炼后停放过程中因填料聚集而变硬现象(结构化)的物质。

05.1112 色料 colorant

又称"着色剂"。添加到高分子材料中起着色作用的物质。

05.1113 荧光增白剂 optical bleaching agent, fluorescent whitening agent

能吸收近紫外线、再放射出蓝紫色荧光，使被染物具有明显的洁白感的物质。

05.1114 抗降解剂 anti-degradant

能抑制或延缓高分子材料降解的添加剂。

05.1115 防老剂 anti-aging agent

防止或抑制热、氧、光等老化因素对高分子材料的破坏作用，从而延长材料或制品的贮存或使用寿命的添加剂。

05.1116 防臭氧剂 antiozonant

能防止或延缓臭氧对高分子材料的破坏作用的添加剂。

05.1117 抗微生物剂 biocide

能破坏微生物的细胞构造、抑制酶的活性、杀死霉菌或抑制霉菌等微生物生长和繁殖的一类添加剂。包括防霉剂、杀菌剂、抑菌剂等。

05.1118 热稳定剂 heat stabilizer

防止高分子材料在加工、使用或贮存过程中发生热老化的添加剂。

05.1119 抗静电剂 antistatic agent

加入高分子材料中或涂敷其表面以防止静电积累为目的的物质。

05.1120 光稳定剂 light stabilizer, photostabilizer

能抑制或延缓高分子材料发生光老化作用的一类添加剂。包括光屏蔽剂、紫外线稳定剂、猝灭剂等。

05.1121 光屏蔽剂 light screener
能通过屏蔽作用抑制和延缓高分子材料光老化的光稳定剂。

05.1122 紫外线稳定剂 ultraviolet stabilizer
能抑制和延缓聚合物受紫外光作用而发生光氧化降解的物质。

05.1123 紫外线吸收剂 ultraviolet absorber
能高效吸收紫外光，抑制和延缓高分子材料紫外光老化的添加剂。

05.1124 光致抗蚀剂 photoresist
又称"光刻胶"。在光刻工艺过程中用作抗腐蚀涂层材料，由感光树脂、增感剂和溶剂等组成的对光敏感的混合液体。

05.1125 发泡剂 foaming agent
能使橡胶、塑料形成多孔结构的物质。可以是固体、液体或气体，包括化学发泡剂和物理发泡剂。

05.1126 物理发泡剂 physical foaming agent
通过物理变化导致材料膨化并形成泡沫结构的物质。

05.1127 化学发泡剂 chemical foaming agent
通过化学变化释放气体导致材料膨化并形成泡沫结构的物质。

05.1128 脱模剂 releasing agent
有助于材料或制品从成型模具表面脱离的物质。

05.1129 内脱模剂 internal releasing agent
添加到材料中改善其脱模性能的物质。

05.1130 外脱模剂 external releasing agent
喷涂在模具表面改善材料脱模性能的物质。

05.1131 阻燃剂 flame retardant
能使可燃性聚合物难燃以至不燃的一类物质。

05.1132 湿润剂 wetting agent
能有效改善液体对固体表面润湿性质、降低液体表面张力和固液界面张力的添加剂。

05.1133 隔离剂 separant
防止材料表面相互黏结的物质。

05.1134 减阻剂 drag reducer
具有减小流体流动阻力作用的物质。

05.1135 黏度改进剂 viscosity modifier
又称"黏度调节剂"。加入油品中能起到改善油品的黏温性能、提高油品的黏度指数以及降低燃料消耗、维持低油耗及提高低温启动性的作用的一种油溶性高分子化合物。

05.1136 增稠剂 thickening agent, thickener
能提高高分子材料熔体或液体体系黏度或稠度的物质。

05.1137 阻黏剂 abhesive
又称"防黏剂"。涂于材料表面防止或减少其与另一表面紧密接触时发生粘连的物质。

05.1138 凝聚剂 coagulating agent
能使乳胶粒子聚集成大粒子或凝块从乳液中析出的物质。

05.1139 纺织品整理剂 textile finishing agent
在纺织品加工后整理工艺中，添加到织物中起增加纺织品功能、改善纺织品质量等作用的一类助剂。

06. 放 射 化 学

06.01 一 般 术 语

06.0001 放射化学 radiochemistry
化学的 1 个分支。其研究对象本身含有放射性物质，或者为进行研究而人为加入的放射性物质。这些物质往往伴随有辐射效应。此外，还包括为各种目的而使用放射性同位素和核探针作为工具开展的化学研究。现代放射化学主要包括核能化学、放射性药物化学、环境放射化学、放射分析化学、放射性元素化学等领域。

06.0002 放射性同位素 radioisotope
某种元素中会发生放射性衰变的同位素。按其来源可分为天然放射性同位素和人工放射性同位素。

06.0003 同中子[异位]素 isotone
具有相同中子数、不同原子序数的一类核素。

06.0004 [核]同质异能素 nuclear isomer
两个或多个具有相同的质量数 A 和原子序数 Z，但处于寿命可测的不同能态的核素之一。

06.0005 稳定核素 stable nuclide
不发生放射性衰变或极不易发生放射性衰变的核素。即使运用现代放射性探测手段也无法检测出其放射性衰变。

06.0006 放射性核素 radioactive nuclide, radionuclide
具有放射性的核素。

06.0007 丰质子核素 proton-rich nuclide
又称"缺中子核素(neutron-deficient nuclide)"。某核素与其在质子数对中子数坐标系中 β 稳定带上的同位素相比，核素内的质子/中子比值高于 β 稳定带上同位素的质子/中子比值，该核素称为丰质子核素。

06.0008 丰中子核素 neutron-rich nuclide
又称"缺质子核素(proton-deficient nuclide)"。某核素与其在质子数对中子数坐标系中 β 稳定带上的同位素相比，核素内的中子/质子比值高于 β 稳定带上同位素的中子/质子比值，该核素称为丰中子核素。

06.0009 滴线 drip line
在核素图中将最后 1 个中子(或质子)的分离能为零的原子核连成的曲线。是对原子核稳定性边界的一种描述。

06.0010 质子滴线 proton drip line
核素图上预期可能存在丰质子原子核的边缘线。该线上的核素的最后 1 个质子的结合能为零，核中质子开始泄漏。

06.0011 中子滴线 neutron drip line
核素图上预期可能存在丰中子原子核的边缘线。该线上的核素的最后 1 个中子的结合能为零，核中中子开始泄漏。

06.0012 远离 β 稳定线核素 nuclide far from β stability
离开 β 稳定线很远、半衰期非常短的核素。

06.0013 核素图 chart of [the] nuclides, nuclide chart
将所有已知的放射性核素和稳定核素排置在以核内质子数为横坐标、以中子数为纵坐标的直角坐标系中而得到的图。

06.0014　放射性　radioactivity

某些核素自发地放出粒子或 γ 射线，或俘获轨道电子后放出 X 射线，或自发裂变的性质。

06.0015　α 谱学　α-spectroscopy

研究 α 谱的测量以及根据 α 谱研究原子核 α 衰变规律和原子核的特性的一门学科。是原子核物理学的 1 个分支。

06.0016　放射性衰变　radioactive decay

不稳定原子核放出粒子或 γ 辐射，或俘获轨道电子后放出 X 射线，或发生自发裂变的一种自发核转变现象。

06.0017　核衰变　nuclear decay

一种原子核自发转变为另一种原子核的过程。

06.0018　α 衰变　α-decay

原子核放射 α 粒子的放射性衰变。一次 α 衰变后该原子核的原子序数减少 2，质量数减少 4。

06.0019　β 衰变　β-decay

原子核通过弱相互作用放射 β⁻粒子、β⁺粒子或俘获轨道电子的放射性衰变。β 衰变使该核的原子序数增加 1 或减少 1，但不改变其质量数。

06.0020　β⁺衰变　β⁺-decay

原子核内由 1 个质子转变成中子同时放出正电子和中微子的过程。

06.0021　β 谱学　β-spectroscopy

研究 β 谱的测量以及根据 β 谱研究原子核 β 衰变规律和原子核的特性的一门原子核物理学的学科分支。

06.0022　[轨道]电子俘获　[orbital] electron capture, EC

原子核俘获 1 个轨道电子而变成另一种原子核的核衰变过程。

06.0023　K 俘获　K-capture

原子核俘获 1 个 K 层电子而变成另一种原子核的核衰变过程。

06.0024　γ 衰变　γ-decay

又称"γ 跃迁 (γ-transition)"。处于激发态(亚稳态)的原子核通过发射 γ 光子，或发射内转换电子，或发射内部形成的电子对，跃迁到较低能态的过程。

06.0025　γ 谱学　γ-spectroscopy

主要是通过实验测量 γ 射线的能量、相对强度、能级寿命、角分布、级联关系、内转换系数以及 γ 跃迁的多极性，以确定核能级的位置、自旋和宇称等，为核结构及核反应机制提供信息的一门原子核物理学的分支学科。

06.0026　γ 射线能谱法　γ-ray spectrometry

通过测量 γ 射线能谱对被测样品中放射性核素进行定性鉴别和定量分析的方法。

06.0027　同质异能跃迁　isomeric transition, IT

核由同质异能态(亚稳态)跃迁到更低的能态(通常为核的基态)同时发出 γ 射线或内转换电子或内部形成的电子对的过程。

06.0028　内转换电子　internal conversion electron

通过内转换从原子内层电子轨道上发射的电子。

06.0029　内转换系数　internal conversion coefficient

发射内转换电子的概率与直接发射 γ 射线的

概率之比。

06.0030 簇放射性 cluster radioactivity
某些重核通过自发发射 ^{14}C、^{18}O、^{22}Ne 等退激的一种衰变方式。

06.0031 簇衰变 cluster decay
原子核发射 1 个比 α 粒子更重的重离子的衰变过程。

06.0032 双 β 衰变 double β-decay
原子核中两个质子自发转变为两个中子，发射 2 个 β 粒子和 2 个或 0 个中微子的衰变过程，分别用符号 ββ(2ν) 和 ββ(0ν) 表示。

06.0033 [放射性]衰变常数 [radioactive] decay constant
1 个放射性核在在单位时间内进行自发衰变的概率。衰变常数 λ 由下式给出：

$$\lambda = -\frac{1}{N}\frac{dN}{dt}$$

式中 λ 为衰变常数，N 为在时间 t 时存在的该种核的数目。

06.0034 [放射性]衰变纲图 [radioactive] decay scheme
详细表明核能级及其自旋和宇称、辐射类型、能量及分支比、半衰期等核参数的放射性核素衰变的图式。

06.0035 [放射性]活度 radioactivity
又称"衰变率(decay rate)"。一定量的放射性核素在 1 个很短的时间间隔内发生的核衰变数除以该时间间隔。放射性活度的单位为贝可，符号为 Bq，1 Bq =1 s^{-1}，即每秒衰变 1 次。

06.0036 平均寿命 average life, mean life
在某特定状态下原子核的平均存活时间。对于按指数规律衰变的体系，平均寿命是在该

特定状态下核数减少到原来的 1/e 的平均时间。

06.0037 亚原子粒子 subatomic particle
比原子小的粒子。例如：电子、中子、质子、介子、夸克、胶子、光子等。

06.0038 半衰期 half-life
仅含一种放射性核素的样品的放射性活度降至其初始值一半所需要的时间。

06.0039 比活度 specific activity
单位质量的放射性活度。单位为 $Bq \cdot kg^{-1}$。

06.0040 放射性平衡 radioactive equilibrium
在一条衰变链中两个相继成员间的活度比不随时间变化的状态。

06.0041 长期平衡 secular equilibrium
放射性平衡的一种。母核半衰期 T_1 比子核半衰期 T_2 长得多，即 $T_1 \gg T_2$，且在观测期间内，母核的活度变化可以忽略不计。达到放射性平衡后，子核活度 A_2 与母核活度 A_1 相等，$A_1 = A_2$。

06.0042 暂时平衡 transient equilibrium
放射性平衡的一种。当母核的半衰期 T_1 比子核的半衰期 T_2 长，即 $T_1 > T_2$，且在观测期间内，母核的活度变化不能忽略不计。达到放射性平衡后，子核的活度 A_2 与母核的活度 A_1 比不随时间变化，$\frac{A_2}{A_1} = \frac{\lambda_2}{\lambda_2 - \lambda_1}$，其中 λ_1 和 λ_2 分别为母核和子核的衰变常数。

06.0043 不平衡 no equilibrium, non-equilibrium
当母核的半衰期 T_1 比子核的半衰期 T_2 短，即 $T_1 < T_2$，则子核与母核的活度比随时间变化。

06.0044 分支比 branching ratio

同一放射性核素的两种或两种以上的分支衰变的概率之比。

06.0045　分支衰变　branching decay

一种核素能以两种或多种不同方式按一定比例进行的放射性衰变。

06.0046　[放射性]衰变链　[radioactive] decay chain

又称"放射性衰变系(radioactive decay series)"。1 个包含若干核素的系列，该系列中，每一种核素通过放射性衰变(不包含自发裂变)转变为下一种核素，直至形成一种稳定核素。

06.0047　放射性衰变律　radioactive decay law

支配放射性物质的量随时间减少的规律。给定时刻 t 放射性核素衰变速率与在时刻 t 放射性核素的数目成正比。

06.0048　母体核素　parent nuclide

在 1 个衰变链中，衰变时直接地或间接地产生某种特定核素的任何放射性核素。

06.0049　子体核素　daughter nuclide

衰变链中某一特定放射性核素后面的任何核素。

06.0050　第二代子体核素　granddaughter nuclide

衰变链中某一特定放射性核素之后再相隔 1 个核素后的第 3 个核素。

06.0051　贝可　becquerel, Bq

放射性活度的国际单位制单位。每秒衰变 1 次，定义为 1 Bq。

06.0052　埃曼　eman

水中氡浓度单位。1eman = 3.7Bq/L。

06.0053　居里　Curie, Ci

放射性活度的习惯使用单位。1 居里＝$3.7×10^{10}$Bq。

06.0054　放射性本底　radioactive background

无辐射源时测到的放射性活度水平。放射性本底来自宇宙射线、周围环境中的放射性物质、探测器本身的放射性污染噪声等。

06.0055　放射性标准　radioactive standard

性质和活度在某一确定的时间内都是已知的，并能用作比对标准或参考的放射性物质样品。

06.0056　放射性标准源　radioactive standard source

可作为放射性基准的放射源。性质和活度在某一确定的时间内都是已知的，并能用作比对标准或参考的标准源。

06.0057　放射性纯度　radioactive purity

又称"放射性核素纯度(radionuclide purity)"。在含有某种特定放射性核素的物质中，该核素及其短寿命子体的放射性活度对物质中总放射性活度的比值。

06.0058　放射化学纯度　radiochemical purity

某种放射性核素的样品中，以该核素的指定化学或生物学形态存在的活度占该核素总活度的百分数。

06.0059　放射化学产率　radiochemical yield

在分离和纯化放射性核素或制备放射性核素标记化合物时，最后得到该核素的放射性活度或标记反应后特定产物的放射性活度与分离前或反应前存在或投入的活度的百分比。

06.0060　核纯度　nuclear purity

核燃料、元件包壳材料等的纯度标准。是以

中子俘获截面的大小为依据而规定的杂质含量的上限。

06.0061 壳[层]模型 shell model
1 个关于原子核结构的理论模型，认为原子核中的每个质子和中子都在对时间平均的核势阱中独立运动，形成类似于原子的分立能级，核子的强自旋-轨道偶合使能级进一步分裂，能量接近的一组轨道组成 1 个壳层，壳层之间被数值较大的能隙分开。

06.0062 幻数 magic number
具有特定数目的质子或(和)中子的原子核特别稳定，这些特定的数称为幻数。它们是 2, 8, 20, 28, 50 及 82。更高的幻数对中子为 126 和 184，对质子为 114 或 110。按照原子核结构的壳模型，幻数就是使中子(或质子)壳层填满时核中总的中子(或质子)数。

06.0063 幻核 magic nucleus
中子数或质子数等于幻数的原子核。

06.0064 双幻核 double magic nucleus
中子数和质子数均为幻数的原子核。如 $^{16}_{8}O_{8}$，$^{40}_{20}Ca_{20}$，$^{208}_{82}Pb_{126}$。

06.0065 液滴模型 liquid drop model
把原子核比作 1 个液滴，核内核子比作液体中的分子的一种核结构模型。

06.0066 核结合能 nuclear binding energy
把 1 个核子从 1 个系统中取出所需的净能量为该系统中该核子的结合能。对原子核来说，它的结合能是将该原子核分解成自由的核子所需的净能量。

06.0067 同位素分馏 isotope fractionation, isotopic fractionation
由物理、化学以及生物作用所造成的某一元素的同位素在两种物质或两种物相间分配上的差异现象。

06.0068 同位素化学 isotope chemistry
研究同位素在自然界的分布、同位素分析、同位素分离、同位素效应和同位素应用的一门化学分支学科。

06.0069 半交换期 exchange half-time, exchange half-life
同位素交换反应进行到一半所需要的时间。

06.0070 同位素效应 isotope effect, isotopic effect
由于核质量的不同而造成同一元素的同位素原子(或分子)之间物理、化学和生物学性质的差异。

06.0071 同位素载体 isotopic carrier
与被载带的微量物质的同位素组成不同的一种载体。

06.0072 非同位素载体 non-isotopic carrier
不是被载带微量物质的同位素，而是其化学类似物的一种载体。如性质类似的其他元素、类似的化合物或未标记的相同化合物。

06.0073 不加载体 no-carrier-added, NCA
基本上不含该元素的稳定同位素的放射性同位素制剂。

06.0074 反载体 holdback carrier
放射化学分离中，加入与放射性杂质化学性质相同或相似的稳定同位素化合物，以便有效地阻止这些放射性杂质对欲分离物质的污染。

06.0075 无载体 carrier free
一种高比活度的放射性同位素的制剂。该放射性同位素既非通过照射所论元素的稳定同位素生产，又未故意地往其中添加所论元素的稳定同位素。

06.0076　载体共沉淀　carrier coprecipitation
用合适的常量组分作为载体，在该常量组分沉淀时，通常情况下为可溶性的微量组分与前者一起沉淀。载体共沉淀的机制包括：微量组分与常量组分生成混晶，微量组分被常量组分沉淀吸附、吸着、包容或机械夹带等。

06.0077　反常混晶　anomalous mixed crystal
凡是不符合戈尔德斯密特(V. Goldschmidt)和格林(H. Grimm)的同晶条件(即两组分的化学计量比相同，大小相近，极化率和键型相似)的组分由于共结晶形成的混晶。如 $LaCl_3$-$ThCl_4$-H_2O, K_2SO_4-$Am_2(SO_4)_3$-H_2O 等体系。

06.0078　放射化学分离　radiochemical separation
用化学方法将指定元素的放射性同位素(单质或化合物)从放射性核素混合物中分离出来。

06.0079　环境放射化学　environmental radiochemistry
环境化学与放射化学相交叉形成的一门新学科。研究环境中放射性核素的来源、运移、化学与生物化学转化、风险评估、分析测量和治理技术等。

06.0080　[大气]气载碎片　airborne debris
悬浮于大气中的被放射性物质污染了的固体颗粒物或液滴。

06.0081　痕量级　trace level
又称"示踪量级"。通常指质量分数在 10^{-9} 量级以下。

06.0082　核化工　nuclear chemical engineer-

ing
化工与核技术的 1 个分支。涉及核能利用中的化工问题，包括铀、钍的提取、纯化和转化，同位素分离，核燃料元件制造，乏燃料后处理和易裂变核素的分离，放射性废物的处置，放射性同位素的生产及其他核材料的制造等。

06.0083　奇异原子　exotic atom
正常原子中的 1 个或多个亚原子粒子被相同电荷符号的其他粒子所取代取代形成的原子。如由 $\mu^{\pm}$ 子(代表 μ^+ 和 μ^- 子)、$\tau^{\pm}$ 子、$\pi^{\pm}$ 介子、$K^{\pm}$ 介子、正电子、反质子、$\Sigma^{\pm}$ 超子和 Ω^- 超子等粒子分别取代普通原子中的电子、原子核或取代两者，通过电磁作用形成的类原子系统。

06.0084　介子原子　mesonic atom
原子中的 1 个或多个轨道电子被带负电荷的介子取代的一种奇异原子。

06.0085　介子化学　meson chemistry, meschemistry
主要研究介子原子的形成和衰变与其化学环境之间的关系，以及介子与物质相互作用引起的化学效应的一门核化学的分支学科。

06.0086　介子素　mesonium
带正电荷的介子与电子组成的类氢原子系统。

06.0087　奇异核　exotic nucleus
其中子数与质子数之比 N/Z 比天然存在的原子核大得多或小得多的原子核。

06.0088　奇异原子化学　exotic atom chemistry
研究奇异原子的物理化学性质与化学反应的一门核化学的分支学科。

06.0089　正电子素　positronium

又称"电子偶素"。正电子与电子结合成的一种亚稳态类氢原子。记为 Ps。因正负电子自旋的偶合方式不同，Ps 有自旋单态(p-Ps)和自旋三重态(o-Ps)之分，其具有不同的自湮没寿命。

06.0090　正电子素化学　positronium chemistry
研究正电子素的形成和衰变与化学环境的关系及其应用的一门学科。是核化学的一个分支学科。

06.0091　高能原子　energetic atom
又称"热原子"。动能显著高于热能的一类原子。因其能量高于化学键能，故可引发化学反应。经化学加速器加速的离子以及受到反冲的核反应中的靶核或核衰变中的母核，均可成为高能原子，此外亦可在电离辐射与物质相互作用中形成。

06.0092　齐拉-却尔曼斯效应　Szilard-Chalmers effect
分子中的 1 个原子因为发生核反应或核衰变受到反冲，使该原子与分子其余部分结合的化学键发生断裂的效应。1934 年由齐拉和却尔曼斯发现。

06.0093　热原子反应　hot atom reaction
由热原子引起的化学反应。特指高能反冲原子经与周围原子多次碰撞损失大部分能量后发生的化学反应。

06.0094　热原子化学　hot atom chemistry
研究核反应及核衰变过程中所产生的激发原子与周围环境作用引起的化学效应的一门学科。是放射化学的分支学科。

06.0095　热原子退火　hot atom annealing
固态母体化合物经核转变过程而发生的化学变化随着对这些固体做某种处理(如热处理或辐射处理)而部分或全部消失，并恢复母体化合物的形式的过程。

06.0096　保留　retention
在经历了核转变的原子中，仍处于起始的化学状态，或经历热原子反应及后继的反应后又回到起始的化学状态的原子所占的份额。

06.0097　假保留　pseudo-retention
又称"表观保留(apparent retention)"。在经历了核转变及后继热原子反应的反冲原子中，虽然不处于起始的化学状态，但处于不能被所用分离方法从母体化合物中分离的其他化学状态所占的份额。

06.0098　反冲　recoil
1 个粒子由于与其他粒子或光子(电磁辐射)碰撞，或者由于发射其他粒子或电磁辐射导致的运动。

06.0099　放射性淀质　radioactive deposit
天然放射系中的气态成员氡(氡-222，氡-220，氡-219)经过一系列衰变形成的产物。可被负电极收集或者沉积在固体和液体微粒表面。

06.0100　放射性废物　radioactive waste, radwaste
本身是放射性物质或者被放射性物质所污染，其放射性浓度或比活度大于国家审管部门规定的清洁解控水平，并且预计不再利用的物质。

06.0101　放射性沉降物　radioactive fallout
又称"放射性散落物"。由核武器试验或其他原因进入大气层后沉降到地面的放射性物质。

06.0102　放射性胶体　radioactive colloid
溶液中放射性元素及其化合物本身形成的

胶体(真胶体)，或吸附有放射性物质的硅胶、金属难溶化合物胶体，或其他无机及有机聚合物胶体(假胶体)。

06.0103　[放射性]去污　[radioactive] decontamination

将放射性污染物从被污染的物体或环境中去除的操作。

06.0104　放射性污染　radioactive contamination

在物体或环境中存在不希望有的放射性物质。其比活度超过天然放射性本底或国家规定的限值。

06.0105　清除剂　scavenger

能与体系中某种或某些不希望其存在的放射性物质发生物理或化学相互作用(如共萃取、共沉淀、吸附等)而将后者从体系中去除的试剂。

06.0106　去污因子　decontamination factor

又称"去污系数"。采取去污措施之前与之后产品中(或被污染物中)污染物放射性水平的比值。

06.0107　自扩散　self-diffusion

发生在纯金属或均匀固溶体中的扩散。这种扩散与浓度梯度无关，扩散的结果不引起浓度的改变。

06.0108　自吸收　self-absorption

物体对于其本身发射的粒子或辐射的吸收。

06.0109　自散射　self-scattering

物体对于其自身发射的粒子或辐射的散射。

06.0110　反散射　back scattering

粒子或辐射射向某物体，被该物体以相对于入射方向大于 90° 角度的反射。在放射性测量中，有时泛指从样品及探测器以外的其他

物体散射进入射线探测器的辐射。

06.0111　探测器　detector

任何可将辐射能量转换为便于观测和记录的信号的器件。

06.0112　电离室　ionization chamber, ionization cell

利用电场将辐射在其灵敏体积中产生的电荷(电子和正离子)收集于电极并在外电路上给出电信号，从而对辐射的数量和(或)能量进行探测的一种气体探测器。

06.0113　盖革-米勒计数器　Geiger-Müller counter

又称"G-M 计数器"。施加在其阳极和阴极间的电压应能保证其输出脉冲幅度与待测辐射沉积与其灵敏体积中的能量大小无关的一种气体计数器。

06.0114　正比计数器　proportional counter

施加在其阳极和阴极间的电压能保证其输出脉冲幅度与待测辐射沉积于其灵敏体积中的能量成正比的一种气体计数器。

06.0115　半导体探测器　semiconductor detector

以半导体作为工作介质的辐射探测器。

06.0116　高纯锗探测器　high-purity germanium detector

用高纯锗(本征锗)做成的半导体探测器。

06.0117　锗-锂探测器　Ge-Li detector

结区为本征半导体，由从 p 型半导体材料表面扩散进来的锂原子补偿 p 型半导体材料中的受主杂质形成，需要在低温(液氮温度)下工作以减小漏电流噪声，也需要在低温下保存以防止发生反扩散，可用于 γ 射线的能谱测量。是一种扩散结型半导体探测器。

06.0118 硅-锂探测器 Si-Li detector
基质材料为 p 型硅，通过加热和加电场将锂原子扩散到晶体中补偿其中的受主杂质，在 p 区和 n 区之间形成本征半导体，即探测器的灵敏体积。是一种半导体探测器。这种探测器的能量分辨率高，但必须在液氮温度下工作和保存。

06.0119 硅面垒探测器 silicon surface barrier detector
在半导体硅片上镀一层金属膜形成 p-n 结的一种半导体探测器。在外加反向电压下，硅表面形成耗尽层，此即为灵敏体积。对于质子、α 粒子具有很高的能量分辨率，是使用最广的探测器之一。

06.0120 金-硅面垒探测器 Au-Si surface barrier detector
在 n 型 Si 上镀一层金形成 p-n 结的一种面垒型探测器。在外加反向电压下，形成作为探测器灵敏体积的耗尽层。对于数兆电子伏特的 α 粒子的能量分辨率约为 2%，常用于带电粒子的能谱测量。

06.0121 闪烁探测器 scintillation detector, scintillation counter
一种辐射探测器。其工作介质能将进入其中的电离辐射损失的能量转化为分子或晶格的激发能，并通过发射荧光光子退激，收集和记录这些荧光光子，可实现对辐射的探测。如荧光输出与射线的能量损失成正比，则可用于能谱测量。

06.0122 NaI(Tl)闪烁体 NaI(Tl) scintillator
用铊激活的碘化钠单晶做成的一种闪烁晶体。常做成圆柱形，密封于衬氧化镁的圆筒形金属外壳内，供射线进入的一端用金属铍箔做窗口，输出荧光的一端用透明物质做成，多用于 γ 射线和 X 射线的计数和能谱分析。

06.0123 锗酸铋探测器 bismuth germinate detector
用锗酸铋($Bi_4Ge_3O_{12}$)单晶做成的一种闪烁晶体。锗酸铋晶体对高能 γ 射线的探测效率高，分辨本领好，可用于 γ 射线和 X 射线的计数和能谱分析，在正电子发射断层成像仪中广泛应用。

06.0124 碲锌镉探测器 cadmium zinc telluride detector
简称"CZT 探测器(CZT detector)"。禁带较宽，可以在室温下工作的一种碲酸镉和碲酸锌的合金半导体探测器。

06.0125 液体闪烁探测器 liquid scintillation detector, liquid scintillation counter
其灵敏物质为在辐射作用下发射荧光光子的液体(如对三联苯的甲苯溶液)，样品可以溶解、悬浮或悬挂于其中，可用于 α 粒子、β 粒子及中子等测量的一种闪烁探测器。

06.0126 闪烁液 scintillation cocktail
将一种(或多种)有机闪烁体溶质溶解在单一(或混合)有机溶剂中组成的溶液。

06.0127 固体核径迹探测器 solid state nuclear track detector, SSNTD
探测重带电粒子的固体探测器。重带电粒子进入固体绝缘材料或半导体材料时，在其径迹上留下持久性的辐射损伤。材料经过化学蚀刻之后，辐射损伤的径迹可用显微镜进行观察和计数，用于粒子的计数与鉴别。

06.0128 径迹蚀刻 track etching
用化学方法去除重带电粒子或核碎片在固体径迹探测器路径上因辐射损伤留下的物质，使径迹清晰可见。

06.0129 位置灵敏探测器 position sensitive detector

不但能记录射线的种类、能量等物理性质，而且可以给出射线轰击在探测器上的位置的一种辐射探测器。

06.0130 井型计数器 well-type counter

辐射探测活性区呈井形的探测器。样品对探测器所张的立体角接近 4π，几何效率几近100%。

06.0131 飞行时间探测器 time-of-flight detector

利用两个动量相同质量不同的粒子飞经相距一定距离所需的时间不同，用两个闪烁晶体测量其飞行时间，从而鉴别它们的一种粒子探测器。

06.0132 定标器 scaler

射线探测装置的 1 个单元，记录来自射线探测器及其后的脉冲放大器、脉冲成形-幅度甄别电路的电压脉冲信号的数目，一般包含 1 个或多个分频电路及时钟电路，可直接读出单位时间记录到的脉冲数目。

06.0133 计数率 counting rate

单位时间内探测器记录到的核辐射计数。

06.0134 活度计 activity meter

通过测量样品发射的 γ 射线强度，根据事先对各种放射性核素所做的刻度曲线，计算出样品的放射性活度，并直接以贝可(Bq)为单位显示出来的一种生物医学研究中常用的测量样品放射性活度的仪器。

06.0135 绝对测量 absolute measurement

在严格规定的条件下进行的测量。样品的绝对放射性活度可以直接从测得的数据推导出来。

06.0136 符合 coincidence

N 个同时发生或在短时间间隔内发生，并有内在因果联系的相关事件。$N=2$ 为二重符合，余类推。与"偶然符合"是一种假符合相反，这是一种真符合。

06.0137 反符合 anti coincidence

1 个事件的发生没有其他指定事件(1 个或多个)同时伴随发生。

06.0138 偶然符合 random coincidence, accidental coincidence

N 个彼此无内在联系的事件偶然同时(在观测仪器的分辨时间之内)发生。

06.0139 符合电路 coincidence circuit

有 N 个输入端和 1 个输出端的电路。仅当 N 个输入端同时(即在电路的分辨时间之内)有信号输入，输出端才给出 1 个输出信号，否则无信号输出。若 $N=2$ 为二重符合电路。

06.0140 反符合电路 anticoincidence circuit

有 N 个输入端和 1 个输出端的逻辑电路。当 N 个输入端同时(即在电路的分辨时间之内)有信号输入或都没有信号输入时输出端无信号输出，否则输出端给出 1 个输出信号。若 $N=2$，为二重反符合电路。

06.0141 符合测量 coincidence measurement

对两个(或多个)具有时间相关性的入射粒子进行的测量。适用于湮灭辐射或在很短时间间隔内发生 β-γ 或 γ-γ 级联衰变的放射性核素的测量。常用于①样品放射性活度的绝对测量；②从很强的干扰放射性中探测到弱的放射性核素。此时 1 个粒子信号用作门脉冲，另一个用作信号脉冲；③级联衰变中间能级寿命的测量。此时需对于第 2 个粒子进行延时再与第 1 个粒子符合；④正电子发射断层成像(PET)中湮灭辐射的测量。

06.0142 符合测量装置 coincidence measurement setup

用于符合测量的装置。N 重符合测量装置由 N 个探测器及相关的信号放大整形电路、符合电路、计数电路、时钟电路及电源组成。按照装置的分辨时间,可分为快符合(纳秒级)和慢符合(微秒级)。

06.0143　射程　range
带电粒子因损失能量失去其电离能力之前穿越介质的距离。β粒子因其径迹曲折,无确定射程。

06.0144　中子探测器　neutron detector
用于探测中子的仪器。其探头的灵敏体积中含有中子截面大的核素(如 ^{3}He,^{6}Li,^{10}B,^{235}U 等)或富氢物质(如有机闪烁体),记录中子反应生成的次级粒子、裂变碎片或反冲核而达到记录中子的目的。此外,还可通过测量金属片(如铟片)被中子束照射产生的感生放射性测量其注量率。

06.0145　中子计数器　neutron counter
用于探测中子的计数器。利用中子与掺入探测器中的某些原子核作用(包括核反应、核裂变或核反冲)所产生的次级粒子进行测量。常用的有 B-10 计数管、He-3 计数管、LiI(Eu) 闪烁晶体、含 Li-6 玻璃、U-235 裂变室、有机晶体(如蒽)或塑料闪烁体等。

06.0146　[核]裂变　[nuclear] fission
重原子核分裂为质量相近的两个(极少数情况 3 个)较轻原子核,放出γ射线和中子,并释放大量能量的核过程。

06.0147　可裂变性参数　fissionability parameter
描述原子核因形变而导致裂变的难易的物理量。数值上等于按原子核液滴模型计算的库仑能与二倍表面能之比。

06.0148　裂变势垒　fission barrier

重核从基态向断点形变过程中所要克服的最小能垒。其值等于鞍点的静质量能减去基态的静质量能。

06.0149　裂变截面　fission cross-section
导致重核裂变的核反应截面。常用 σ_f 表示。

06.0150　裂变化学　fission chemistry
以可裂变核素及裂变产物为研究对象,以放射化学方法为研究手段,以裂变规律为研究目的的一门核化学的分支学科。

06.0151　裂变计数器　fission counter
其内壁敷涂或镶嵌有易裂变物质(如 ^{235}U、^{239}Pu)的一种探测热中子和快中子的探测器。

06.0152　热中子　thermal neutron
与所在或周围介质处于热平衡的中子,其运动速度服从麦克斯韦-玻尔兹曼分布,25℃时的最概然速度为 2220m/s(0.0257 eV)。

06.0153　超热中子　epithermal neutron
动能高于室温热扰动能的中子。通常指动能为 $1\sim10^3$ eV 的中子。

06.0154　快中子　fast neutron
能量显著高于热能的中子。通常指能量高于某规定值(如 100 keV)的中子。

06.0155　缓发中子　delayed neutron
由核反应或核裂变产物经 β$^-$ 衰变形成的激发态核发射的中子,在反应堆控制中起重要作用。

06.0156　瞬发辐射　prompt radiation
在核反应(如裂变或辐射俘获)中发射的辐射。在时间上没有可测的延迟,有别于经过可测量的时间以后由该核反应产物发射的辐射。

06.0157　对称裂变　symmetric fission

(1)对单个原子核，指分裂为质量相等的两个碎片并放出中子和γ射线的核过程；(2)对一种导致裂变的核反应，指在一定的能量范围内，裂变产物的质量分布曲线为对称单峰形的核过程。

06.0158 非对称裂变 asymmetric fission
(1)对单个原子核，指分裂为质量不等的两个碎片并放出中子和γ射线的核过程；(2)对一种导致裂变的核反应，指在一定的能量范围内，裂变产物的质量分布曲线出现轻、重两个峰的核过程。

06.0159 继发裂变 sequential fission
在重粒子核反应中，继弹核与靶核发生准弹性散射或深度非弹性散射后的裂变。

06.0160 自发裂变 spontaneous fission
处于基态或同质异能态的重原子核在没有外加粒子或能量的情况下自行发生的裂变。

06.0161 诱发裂变 induced fission
重核在某种入射粒子的轰击下发生的裂变。

06.0162 易裂变核素 fissible nuclide
在慢中子作用下具有显著的裂变截面的核素。重要的易裂变核素有 ^{233}U、^{235}U 和 ^{239}Pu。

06.0163 可裂变核素 fissionable nuclide
可以被某种过程(包括但不限于俘获慢中子)裂变的核素。包括易裂变核素和可转换核素。

06.0164 准易裂变核素 quasi fissible nuclide
不能发生自持慢中子(含热中子)链式裂变反应，但可发生自持快中子链式裂变反应的一类可裂变核素。如 ^{237}Np 和 ^{241}Am 等。

06.0165 可转换核素 fertile nuclide
通过俘获中子能够直接地或间接地转变为易裂变核素的核素。

06.0166 核反应堆 nuclear reactor
(1)通常指裂变反应堆，是一种在其中可进行可控的自持链式核裂变反应的装置。(2)有时亦指聚变反应堆，是一种在其中进行可控核聚变的装置。

06.0167 链式核裂变反应 chain nuclear fission
当 1 个可裂变核吸收 1 个中子发生裂变时，释放出的中子中至少平均能有 1 个可又一次引起新的裂变，使得裂变反应就能一代一代地进行下去的反应。

06.0168 裂变同质异能素 fission isomer
可裂变核素的高形变亚稳态，与基态具有相同的质子数和中子数，但形状、能量和半衰期都不相同，寿命(10^{-10}~10^{-9} s)比一般激发态核长，通过自发裂变退激，是一种形状同质异能素或形变同质异能素。

06.0169 形状同质异能素 shape isomer
一种激发态原子核。与其可以衰变到达的低激发态或基态相比，发生了很大的形变，因此衰变很慢，寿命比通常的激发态长得多。

06.0170 初级裂片 primary fragment
又称"初始裂片(initial fragment)""发射中子前的裂片(pre-neutron emission fragment)"。重核裂变生成的、尚未发射瞬发中子的高激发态原子核。

06.0171 裂变产物 fission product
核裂变生成的裂变碎片及其衰变产物。

06.0172 次级裂片 secondary fragment
又称"终裂片(final fragment)""发射中子后的裂片(post-neutron emission fragment)"。重核裂变生成的、发射瞬发中子后的原子核。

06.0173 质量产额 mass yield
又称"链产额(chain yield)"。生成指定质量数的裂片的裂变数占裂变总数的份额。因为一次裂变生成两个裂片,所以各种质量数的质量产额的和为200%。

06.0174 [裂变产物的质量分布曲线的]峰谷比 peak to valley ratio [of mass distribution curve of fission products]
重核裂变形成质量互补的两个碎片,以裂变碎片的产额对质量数作图,得到呈双峰结构的质量分布曲线,对称裂变的概率较小,处于质量分布曲线的谷底,曲线的峰值产额和谷底产额之比为峰谷比。

06.0175 裂变产额 fission yield
裂变中生成某一给定种类裂变产物的份额。又可分为初始裂变产额和累计产额。

06.0176 裂变产物[衰变]链 fission product chain, fission product decay chain
重核裂变生成的裂变产物组成的递次 β^- 衰变链。裂变生成的初级裂变产物除少数为稳定核素外,绝大部分是远离 β 稳定线的丰中子核素,会经过一系列的 β^- 衰变生成次级裂变产物,最后衰变成稳定核素,如此形成一条条的递次衰变链。

06.0177 累积产额 cumulative yield
在发生裂变后的指定时间,导致直接生成和经由 β^- 衰变(少数情况经 β^- 衰变后再缓发中子)间接生成某指定裂变产物核的裂变数占裂变总数的份额。如不指定时间,指 $t \to \infty$ 的渐近值。

06.0178 分累积产额 fractional cumulative yield
某给定核素的累积产额占该核素所在的质量链的链产额的份额。

06.0179 直接裂变产额 direct fission yield
生成某种未经任何放射性衰变的裂变产物核的裂变数占总裂变数的份额。

06.0180 独立产额 independent yield
又称"初级产额"。导致直接生成某裂变产物核的裂变数占总裂变数的份额。

06.0181 分独立产额 fractional independent yield
裂变产物链中某核素的独立产额占该衰变链的链产额的份额。

06.0182 裂变产物的质量分布 mass distribution of fission product
重核裂变时生成质量数为 A 的裂变产物质量链的产额 $Y(A)$ 与 A 间的函数关系。

06.0183 受屏蔽核 shielded nuclide
只能由某核反应直接生成而不能由该核反应的其他产物经 β 衰变生成的核素。比其电荷数 Z 大 1 或(和)小 1 的同量异位素都是稳定核素。受屏蔽核的累积产额必定等于其独立产额。

06.0184 裂变产物的电荷分布 charge distribution of fission product
核裂变生成的质量数为 A 的裂变产物质量链中同量异位素的独立产额 $IY(A,Z)$ 随电荷数 Z 变化的函数关系。通常用 $P(Z) = IY(A,Z)/\sum_Z IY(A,Z)$ 表示生成电荷数为 Z 的相对概率,以 $P(Z)$ 对 Z 作的图称为电荷分布曲线,一般认为服从高斯分布。

06.0185 最概然电荷 most probable charge
对于给定的裂变产物质量链,其电荷分布曲线峰值对应的核电荷数。

06.0186　电荷分布宽度　width of charge distribution

裂变产物质量链的电荷分布曲线峰高一半处的宽度。

06.0187　等电荷位移假设　hypothesis of equal charge displacement, equal charge displacement hypothesis

关于裂变产物电荷分布的一种假说，认为一条质量链的最概然电荷 Z_P 与该链的最稳定核的电荷数 Z_S 的差(即电荷位移)对于一对互补的质量链是相等的，即 $(Z_P - Z_S)_L = (Z_P - Z_S)_H$，其中下标 L 和 H 分别表示轻链和重链。

06.0188　最小势能假设　hypothesis of minimum potential energy

关于裂变产物电荷分布的一种假说，认为在断点前复合核的电荷将重排，使得体系的势能最小。

06.0189　恒电荷密度假设　hypothesis of unchanged charge density

关于裂变产物电荷分布的一种假说，认为最概然电荷 Z_p 与裂变产物的质量数 A 的比值，即裂变碎片的荷质比 Z_p/A 与裂变核放出中子后的荷质比 $Z/(A-\bar{\nu})$ 相等，$\bar{\nu}$ 为一次裂变释放的瞬发中子数的平均值。

06.0190　裂变产物化学　fission product chemistry

研究核裂变产物的化学行为、分离、纯化、鉴定、产额测定、裂变产物质量分布、电荷分布和裂变产物的应用、裂变产物作为放射性废物的处理和处置的一门放射化学的分支学科。

06.0191　裂变碎片　fission fragment

裂变产生的具有一定动能的各种核素。

06.0192　缓发中子前驱核素　delayed neutron precursor

其原子核 β^- 衰变后发射中子的一种放射性核素。

06.0193　缓发中子发射体　delayed neutron emitter

由其母体经 β^- 衰变生成后，激发能高于其最后 1 个中子的分离能，通过发射 1 个中子退激的一种放射性核素。可表示为：

$$\,^A_Z X_N \xrightarrow{\beta^-} \,^A_{Z+1}X_{N-1} \longrightarrow \,^{A-1}_{Z+1}T_{N-2} + n$$

其中 $^A_Z X_N$ 为缓发中子先驱核，$^A_Z Y_{N-1}$ 为缓发中子发射体。

06.0194　前驱核素　precursor nuclide

位于衰变链中某一核素前面的任何放射性核素。

06.0195　核化学　nuclear chemistry

用化学方法或化学与物理相结合的方法研究原子核性质及原子核反应的一门学科。通常用各种能量的轻、重粒子引发核反应，实现原子核的转变，分离、鉴定核反应的产物，并由此探讨其反应机理。核化学已经发展成为 1 个相对独立的核科学分支。

06.0196　核反应　nuclear reaction

原子核与原子核之间，或者原子核与其他粒子(如中子、γ 光子等)之间的相互作用所引起的各种变化。

06.0197　弹核　projectile nucleus

核反应中用于轰击靶核并引起核反应的粒子或重离子。

06.0198　靶核　target nucleus

在核反应中，用于被弹核轰击的原子核。

06.0199　靶化学　target chemistry

研究供核反应用的靶子的材料、性质、分析方法、制备技术和装置的一门核化学的分支学科。

06.0200　靶托　target holder

用于固定或密封靶材料的装置。

06.0201　靶子　target

将靶材料装入靶托中制成。靶子需具备热稳定性，耐辐照性能好，辐照后易于处理。

06.0202　制靶法　targetry

根据不同的辐照场要求，制备适宜辐照靶子的工艺。

06.0203　薄靶　thin target

入射粒子的能量的变化可忽略不计，并且出射粒子或 X 射线在其中亦无增强或吸收效应的靶。其厚度一般小于 $1mg/cm^2$。

06.0204　厚靶　thick target

入射粒子的能量在靶中随穿越路径的变化必须考虑，并且出射粒子或 X 射线在其中有吸收或增强效应的靶其厚度在几个 mg/cm^2 或以上。

06.0205　弹靶组合　projectile-target combination

由选定的轰击粒子和选定的靶核素组成的核反应系统。

06.0206　[核反应的] Q 值　Q value [of a nuclear reaction]

核反应释放的能量。是核反应前后的静质量差。$Q>0$ 时核反应为放能反应；$Q<0$ 时核反应为吸能反应。

06.0207　[吸能核反应的] 阈能　threshold [of an endoergic nuclear reaction]

在实验室坐标系中，为使吸能反应能够发生，入射粒子所需的最小动能或入射光子的最小能量。

06.0208　入射道　entrance channel

选定的入射粒子和选定的靶核素组成的核反应系统。

06.0209　出射道　exit channel, outgoing channel

核反应的产物核与出射粒子的组合。

06.0210　碰撞参数　impact parameter, collision parameter

又称"瞄准距离(sighting distance)"。按照经典力学，碰撞参数为靶核中心至入射粒子入射线的距离。

06.0211　反应截面　reaction cross section

入射粒子与靶粒子之间发生指定核反应的概率的度量，等于 1 个入射粒子同单位面积上 1 个靶核发生反应的概率，也是 1 个靶核与单位面积上 1 个入射粒子发生反应的概率。具有面积量纲，SI 单位为 m^2，常用单位为靶恩(b)，$1b=10^{-28} m^2$。

06.0212　俘获　capture

1 个原子体系或原子核体系获得 1 个粒子的过程。通常注明被俘获的粒子的类型及能量。

06.0213　辐射俘获　radiative capture

原子核俘获 1 个粒子后立即发射 γ 射线的过程。

06.0214　俘获截面　capture cross section

靶核将入射粒子俘获且不发射粒子的反应截面。

06.0215　共振截面　resonance cross section

原子核与入射粒子发生共振核反应的截面。

共振反应通常以核反应截面与入射粒子能量的关系曲线上出现窄共振峰为特征。

06.0216 散射截面 scattering cross section
入射粒子同靶核发生散射反应的截面。常用 σ_s 表示。

06.0217 生成截面 production cross section, formation cross section
(1)一定能量的给定弹核轰击给定的靶核，生成某种放射性元素(如 110 号元素)的所有反应截面之和，常用于超重元素的合成。(2)一定能量的给定弹核轰击给定的靶核，生成某种放射性核素的反应截面。

06.0218 吸收截面 absorption cross section
入射粒子被靶核吸收而不放出同种粒子的核反应的截面。在热中子反应堆中，热中子与易裂变核反应的吸收截面 σ_a 等于裂变截面 σ_f 和辐射俘获截面 σ_γ 之和：$\sigma_a = \sigma_f + \sigma_\gamma$。

06.0219 辐射俘获截面 radiative capture cross-section
靶核俘获 1 个入射粒子并发射瞬发 γ 射线的反应截面。

06.0220 总截面 total cross section
对于给定的入射粒子和靶核，能发生的核反应可以有多种，对应于其中每一种核反应有 1 个分截面，总截面 σ_t 等于各种可能反应的分截面之和。在反应堆中，总截面等于吸收截面 σ_a 与散射截面 σ_s 之和：$\sigma_t = \sigma_a + \sigma_s = \sigma_f + \sigma_\gamma + \sigma_s$。

06.0221 库仑势垒 Coulomb barrier
带电粒子进入或飞出原子核所需穿过的原子核附近的高势能区。这一势能来源于入射粒子的核电荷和靶核的核电荷间的库仑作用，或出射粒子的核电荷和剩余核的核电荷间库仑相互作用，对带电粒子进入或飞出原子核起阻挡作用。

06.0222 离心势垒 centrifugal barrier
1 个轨道角动量不为零的粒子进入核中(或从核中飞出)时，所必须克服的势垒。起源于入射粒子与靶核(或出射粒子与剩余核)组成的系统的转动能，只有能量大于该转动能的粒子才有较大的概率进入或飞出原子核。

06.0223 富集靶 enriched target
一种用于核反应的靶子。其中作为靶核素的同位素在靶子元素中的丰度明显高于该同位素在所论元素中的天然丰度。

06.0224 内靶 internal target
放入加速器真空室内直接受粒子流照射的靶子。是一种加速器生产放射性核素的方法。

06.0225 外靶 external target
放入加速器真空室外受偏转粒子束流照射的靶子。

06.0226 复合核 compound nucleus
在低能核反应过程中，入射粒子和靶核融合成的中间态核。其寿命与其形成的时间($\sim 10^{-22}$ s)相比非常长($10^{-16\pm3}$ s)，因此对于自己的形成方式失去"记忆"，即它的衰变方式与它的形成方式无关，只与激发能、角动量的大小有关。

06.0227 透射系数 transmission coefficient
1 个粒子隧穿 1 个势垒的概率。对于入射粒子，是穿过靶核附近的库仑势垒和离心势垒进入靶核内的概率；对于出射粒子，是穿过母核近旁的库仑势垒和离心势垒离开母核的概率。透射系数大小与入射(出射)粒子的种类、能量和角动量有关。

06.0228 激发函数 excitation function
核反应截面随入射粒子能量变化的函数关系。

06.0229 激发曲线 excitation curve
以给定核反应的截面对入射粒子的能量作图所得的曲线。

06.0230 角分布 angular distribution
1 个核过程或核外过程中产生的或散射的粒子或光子的强度相对于实验指定方向随角度的分布。对于核反应，通常指定弹核的入射方向为参考方向，角分布与反应机制有关。在质心坐标系中，常见的角分布有 90° 对称的、前倾的、后倾的、各向同性的及上下起伏的。

06.0231 加速器 accelerator
用人工方法获得带电粒子束的大型的实验装置。是研究原子核物理和核化学、认识物质深层次结构的重要工具。由粒子源、真空加速室、束流导引与聚焦系统、束流输送与分析系统等部分组成。根据其工作原理可分为直线加速器、回旋加速器、电子感应加速器、同步加速器等。

06.0232 法拉第筒 Faraday cylinder
用于监督和测量带电粒子注量率的仪器。是 1 个绝缘的电极，专门用来阻止所有打在它上面的束流粒子，以及由束流在该筒内产生的任何带电粒子。积累在法拉第筒上的总的电荷除以每个粒子的电荷，便给出落在筒上的粒子总数。

06.0233 反冲室 recoil chamber
置于核反应靶之后的充气或有载气流过的小室。用于接收并输送从靶子反冲出来的核反应产物。

06.0234 交叉轰击 cross bombardment
通过不同核反应产生同一种放射性核素，用

以确定后者的质量数的方法。

06.0235 放射性束 radioactive beam
将核反应产生的放射性核素通过同位素分离器或电磁器件收集，提取成品质好的束流，用来轰击靶核，用以研究核结构、核反应和制备新核素。放射性束对于远离β稳定线核结构研究、滴线附近原子核性质研究具有重要的意义。

06.0236 束化学 beam chemistry
研究粒子束(如电子束、离子束、分子束、团簇束等)与被照射物质的化学反应产物及机制的化学学科分支。

06.0237 束流能量 beam energy
在粒子加速器中，被加速的带电粒子在其中沿一定的轨迹运动形成的离子流即为加速器束流，束流中带电粒子的能量称为束流能量。

06.0238 束流强度 beam intensity
在粒子加速器中，被加速的带电粒子在其中沿一定的轨迹运动形成的离子流即为加速器束流。单位时间通过垂直于离子束运动方向的平面的粒子数称为束流强度。

06.0239 分子镀 molecular plating
以有机溶剂为介质，在较高电压下进行电沉积制备源(或靶)的方法。沉积在作为电极之一的衬底材料上的是该元素的某种化合物。

06.0240 屏蔽[地下]室 shielded cave
为降低放射性测量的本底辐射，或者为保护工作人员免受外照射引起的辐射损伤而建造的地面上的或地下的屏蔽设施。屏蔽室一般是固定的。

06.0241 屏蔽室 shielded room
为操作放射性物质而建造的、有严密屏蔽射

线功能的密闭空间。屏蔽室能有效地屏蔽其内的放射性物质的 σ、β 或 γ 射线，又能防止放射性物质的泄漏。

06.0242 气动跑兔 pneumatic rabbit
一种快速传送照射样品的气动小盒（"跑兔"），通过加压气流或抽真空使载靶容器在传送管道中运动。可将靶子快速输送至核反应堆或加速器照射孔(管)道进行照射，照射完毕后又快速将靶子从中取出。

06.0243 射流传送 jet transfer
用高速气流(如氦气流)将核反应产物从靶室快速传送到分析测量装置的方法。

06.0244 同质异能素比 isomer ratio, isomeric ratio
对于给定的入射粒子和靶核，核反应生成同一核素的高自旋同质异能素的截面与生成低自旋的同质异能素的截面的比值。起因于复合核发射高角动量的粒子受到离心势垒的阻挡，因而退激过程中剩余核的能量降低比角动量降低要快，导致高自旋的同质异能素比低自旋的同质异能素有较大的截面。

06.0245 铅室 lead castle, lead cave
用铅作为屏蔽材料制作成的、将辐射探测器及待测放射源置于其中的一种屏蔽室。在放射性测量中用于降低宇宙射线、环境中天然放射性核素的辐射，以及附近可能存在的人工辐射造成的本底计数。

06.0246 捕集箔 catch foil
在辐照靶子时，用于阻停和收集从靶子中反冲出来的核反应产物的金属或塑料箔。

06.0247 反冲动能 recoil kinetic energy
在核转变过程中，产物核所获得的动能。

06.0248 反冲核 recoil nucleus

(1)在核反应中与入射粒子发生弹性散射或非弹性散射的靶核或核反应的产物核。(2)核衰变中发射了粒子或辐射的剩余核。

06.0249 反冲技术 recoil technique
利用核反应及核衰变中的产物核的反冲效应将其分离或将其直接标记在其他化合物上的一种技术。

06.0250 反冲射程 recoil range
核转变过程中形成的反冲原子进入介质，在介质中运动并损失能量，直到静止所通过的距离。

06.0251 机械手 manipulator
能模仿人手和臂的某些动作功能，按固定程序或按操作人员的动作来抓取、搬运物件或操作工具的装置。在核领域，用于在屏蔽墙外操作放射性物质，进行维修、拆除、更换设备、搬用物品等作业，使操作人员与被操作的放射性物质及其污染区隔开，从而保护工作人员不受放射性辐射损伤。

06.0252 主从机械手 master-slave manipulator
由主动臂和从动臂构成的一种机械手。工作时操作人员操纵不在现场的主动臂，在现场的从动臂和主动臂进行完全相同的动作。这样，操作人员就可以在安全地方使从动臂在现场完成各种工作。

06.0253 热室 hot cell
一种有很厚屏蔽装置的封闭室。工作人员可借助远距离操作工具(如机械手)对强放射性物质进行操作或试验，并可通过窥视窗观察操作情况。

06.0254 热实验室 hot laboratory
设计用于安全地操作强放射性物质的实验室。通常拥有 1 个或几个热室，装备有很厚的屏蔽装置和良好的通风装置,用来保护实验人员免受γ射线照射,防止放射性物质进入体内及泄漏到环境中。

06.0255 α手套箱 alpha glove box
操作者借助手套可对某些有毒的或有α放射性的物质进行直观操作的一种密闭的箱式设备。

06.0256 充气分离器 gas-filled separator
主要由1个二极磁铁和两个四级磁铁(DQQ)构成,或者1个四极磁铁和两个二级磁铁(QDD)构成,工作时在其中充满稀薄的工作气体,利用反冲余核与气体的相互作用使其电荷态分布处于一种围绕平衡电荷态的动态平衡中,用以高效地将余核传输到探测装置进行测量。

06.0257 氦射流传输 He-jet transportation
首先将核反应产物阻止在氦气中,并通过毛细管把产物从靶室传输到低本底实验区的技术。

06.0258 快放射化学分离 fast radiochemical separation
放射化学领域中研究短寿命核素的化学和物理性质的快速化学分离技术的总称。

06.0259 快化学 fast chemistry
放射化学领域中快速化学分离技术的总称。

06.0260 每次1个原子的化学 one-atom-at-a-time chemistry
又称"时刻1个原子的化学"。处于周期表末端的元素只能通过加速器人工合成,由于其产额低到每分钟甚至每小时1个原子的水平,每次用这1个原子来进行化学反应时,化学分配定律不再适用,须用大量重复实验所得到的统计概率来代替传统浓度的概念。

06.0261 单个原子化学 single-atom chemistry
由于超重核的产额低到每分钟甚至每小时1个原子的水平,用这些单个原子来进行化学反应时,化学分配定律不再适用,须用大量重复实验所得到的统计概率来代替传统浓度的概念。

06.0262 少数原子化学 few atom chemistry
由于超重核的产额低到每分钟甚至每小时几个原子的水平,用这些极少量原子来进行化学反应时,化学分配定律不再适用,须用大量重复实验所得到的统计概率来代替传统浓度的概念。

06.0263 超微量化学操作 ultramicrochemical manipulation
被处理的物质质量在1μg以下的化学操作。

06.0264 自动快速化学装置 automated rapid chemistry apparatus, ARCA
由计算机控制的适用于短寿命核素的分离和超重元素化学性质研究的液相色谱快速分离探测装置,整个分离过程所需时间仅为数十秒。

06.0265 转轮多探测器分析器 rotating wheel multi-detector analyzer, ROMA
经氦喷嘴传输技术将核反应产物定期地收集在薄金属片或聚丙烯膜上,收集的放射源周期性地转到多个探测器前对超重核的α和自发裂变进行测量的实验装置。

06.0266 在线气相化学装置 on-line gas-chemistry apparatus, OLGA
利用物质挥发性的差异进行气相分离和在线监测的实验装置。

06.0267 重核 heavy nucleus
通常指锕系元素或比锕系元素更重的元素

的原子核。

06.0268　重离子核化学　heavy ion nuclear chemistry
核化学的 1 个研究领域。通过研究重离子核反应及其产物的质量分布及电荷分布，阐明重离子核反应的机制，研究用重离子核反应合成新核素的一门学科。如远离 β 稳定线的核素和超重核素。

06.0269　重离子加速器　heavy ion accelerator
可提供比 α 粒子更重的离子束流的加速器。

06.0270　全熔合反应　complete fusion
重离子核反应机制之一。重离子与靶核接近于迎面相撞时，两核熔合在一起，使动能和动量在所有核子间进行交换和分配而达到统计平衡，形成 1 个高激发态、高角动量的复合核。接着，复合核通过蒸发轻粒子和 γ 射线退激或以裂变方式进行衰变。

06.0271　熔合截面　fusion cross section
重离子与靶核发生融合反应的截面。

06.0272　聚变截面　fusion cross section
轻粒子与靶核发生聚变反应的截面。

06.0273　熔合蒸发反应　fusion-evaporation reaction
重离子熔合反应生成具有一定激发能的复合核，该复合核通过发射粒子而退激的反应过程。

06.0274　非完全熔合反应　incomplete fusion reaction
在重离子熔合反应中，当入射粒子能量达到 10MeV/A 后，弹核和靶核在碰撞早期先发射出较轻的碎片后，剩下的部分形成复合核的反应过程。

06.0275　冷熔合反应　cold-fusion reaction
以较重的弹核轰击稳定的铅或铋靶，形成的复合核激发能较低(10~20 MeV)的一类熔合反应。此反应通过蒸发 1~2 个中子退激。

06.0276　热熔合反应　hot-fusion reaction
以较轻的弹核轰击丰中子锕系核素靶，形成的复合核激发能较高(~50 MeV)的一类熔合反应。此反应通过蒸发 4~5 个中子退激。

06.0277　温熔合反应　warm-fusion reaction
以双幻核 ^{48}Ca 为弹核轰击丰中子锕系靶，形成的复合核的激发能在 30 MeV 左右，介于冷熔合和热熔合之间的熔合反应。此反应通过蒸发 3~4 个中子退激。

06.0278　多核子转移反应　multinucleon transfer reaction
入射粒子与靶核之间发生多个核子的转移或交换的核反应。

06.0279　聚变　fusion
两个较轻的原子核熔合成 1 个较重的原子核同时释放巨大能量的核反应。

06.0280　聚变化学　fusion chemistry
研究核聚变涉及的化学问题的一门学科。是放射化学的一个分支。

06.0281　冷聚变　cold fusion
常温或远低于热核聚变(~10^8 K)温度下发生的聚变。

06.0282　散裂[反应]　spallation [reaction]
高能核反应的一种机制。高能入射粒子轰击靶核，引发靶核放射出大量质子、中子和轻复合粒子，剩余核的质量数分布在(2/3)A 靶核 与 A 靶核 之间。

06.0283　散裂产物　spallation product

散裂反应的产物。包括中子、质子、轻复合粒子及剩余核。

06.0284 散裂中子源 spallation neutron source
将高能强流质子束从加速器引出，轰击重金属靶，通过散裂反应产生大量中子的一种强流中子源。

06.0285 碎裂[反应] fragmentation [reaction]
高能入射离子以较小的碰撞参数打在靶核上，导致靶核高度激发，经过蒸发粒子后抛射出中等质量的碎片，并留下互补的缺中子的余核。

06.0286 高能级联反应 high energy cascade reaction
用高能量入射粒子轰击靶而发生的核内级联反应。即初级碰撞产生的次级核子(或核子团)能量很高，将与核中其余的核子或核子团碰撞产生第二代的核子(或核子团)，如此继续。

06.0287 缓发质子前驱核 precursor of delayed proton emission
通过 β^+ 衰变或轨道电子俘获形成的子体核素除发生 β^+ 衰变或轨道电子俘获外，还可通过发射质子衰变，是一种极缺中子核素。该过程发射的质子称为缓发质子。如

$$^{26}_{15}P_{11} \rightarrow {}^{26}_{14}Si_{12} + e^+ + \nu_e, \quad {}^{26}_{14}Si_{12} \rightarrow {}^{25}_{13}Al_{12} + p,$$

$^{26}_{15}P_{11}$ 为缓发质子前驱核。

06.0288 中子发生器 neutron generator
(1)利用各种带电粒子加速器产生和加速某些粒子(如质子和氚等)，用它们去轰击靶原子核产生中子。这些带电粒子加速器称为中子发生器。(2)各种能产生中子的仪器。

06.0289 中子俘获 neutron capture

入射中子被靶核俘获，形成 1 个中子数增加 1 的产物核同时发射 γ 光子的核反应。

06.0290 中子[能]谱学 neutron spectroscopy
通过测量出射中子的能谱、截面、角分布等，或反应产物的各种参量随入射中子能量变化的规律，获得有关核结构和核反应机制的信息及有实际应用价值的核参量的一门学科。将慢中子束在物质中的衍射现象(中子衍射)应用于物质的化学和磁学结构及动力学研究是中子谱学的重要应用。

06.0291 中子注量 neutron fluence
空间一给定点处的中子注量是射入以该点为中心的小球体的中子数除以该球体的截面积所得的商。

06.0292 中子注量率 neutron fluence rate
又称"中子通量(neutron flux)""中子通量密度(neutron flux density)"。单位时间内进入以空间某点为中心的适当小球体的中子数除以该球体的最大截面积所得的商。

06.0293 中子吸收 neutron absorption
入射中子与靶核相互作用后不再作为自由粒子存在的现象。包括辐射俘获、裂变、发射质子、发射 2 个中子、发射 1 个中子和 1 个质子等，但不包括弹性散射和非弹性散射。

06.0294 中子源 neutron source
能产生中子的实验装置或物质。

06.0295 镭-铍中子源 Ra-Be neutron source
利用镭及其子体放射的 α 粒子轰击铍发生核反应放出中子的装置。

06.0296 锎-252 中子源 Cf-252 neutron source
利用锎-252 的自发裂变性质获得中子的装置。

06.0297 镅-铍中子源 Am-Be neutron source

用镅-241 放射的 α 粒子轰击铍发生核反应放出中子的装置。

06.0298　感生放射性　induced radioactivity
非放射性物质因被某种射线(包括宇宙射线中的中子,质子和其他高能粒子,天然和人工放射性元素发射的 α 粒子和 γ 射线,中子源和反应堆中子,以及加速器产生的各种带电粒子)照射产生的放射性。

06.0299　人工放射性　artificial radioactivity
用人工方法通过核反应(主要在反应堆或加速器上进行)产生的放射性同位素。

06.0300　静电分离器　electrostatic separator
测定熔合-蒸发反应余核质量的一种实验装置。令核反应产物通过由四极磁铁组、静电偏转电极组、四极磁铁组及偶极磁铁组成的电磁分析系统,最后用飞行时间探测器和位置灵敏探测器阵列检测,对单个事件的质量分辨率可达 2%。

06.0301　速度选择器　velocity separator
基于不同质量的核反应产物具有不同速度的原理设计的用于分离和鉴定核反应产物的实验装置,由一系列聚焦透镜、偏转磁铁和电极组成,最后用飞行时间探测器和 α 谱仪及 γ 谱仪测量。

06.0302　[元素的]核合成　nucleosynthesis [of elements]
由最简单的元素氢通过核反应合成所有元素的过程。大爆炸后温度降至 10^7 K 时,由夸克-胶子等离子体形成质子和中子,数分钟后合成 ^7Li 和 ^7Be 以前的核素。接下来的核合成是在恒星和超新星内通过核聚变、核反应及核裂变形成的。

06.0303　[元素的]核起源　nucleogenesis [of elements]
狭义上指由质子、中子合成 ^4He 至 ^7Li 这一初始核合成阶段。

06.0304　存活概率　survival probability
在重离子熔合蒸发反应中产生具有一定激发能的复合核,大部分以裂变的方式退激,只有很小的概率通过蒸发中子的方式产生超重余核,这种生成超重核的概率称为存活概率。

06.02　放射性元素化学

06.0305　锕系收缩　actinide contraction
从 Ac($Z=89$)至 Lw($Z=103$),原子半径和同价离子的半径随原子序数增加逐渐减小的一种类似于镧系收缩的现象。起源于 5f 电子对于核电荷的不完全屏蔽。

06.0306　锕系酰　actinyl
高氧化态锕系元素与氧组成的结构单元 MO_2^{x+}($x=1$ 或 2),铀酰、镎酰、钚酰和镅酰的总称。

06.0307　奥克洛现象　Oklo phenomena
非洲加蓬的奥克洛铀矿区的铀-235 的丰度(0.440%)显著低于其天然丰度的当代世界平均值(0.720%)的现象。该铀矿区及其附近的钌-99、钕-147 等"裂变产物核素"的丰度则显著高于相应的天然丰度。人们推测,在约 20 亿年前,该铀矿及地下水系统组成的体系达到链式反应的临界条件而成为天然反应堆,这样的天然反应堆约有十数座,断续运行了 15 万年以上。

06.0308　超钚元素　transplutonium element
又称"钚后元素"。原子序数大于 94(钚)的元素。

06.0309 钚酰 plutonyl
六价或五价钚与氧组成的结构单元 PuO_2^{2+} 或 PuO_2^+。

06.0310 稳定岛 island of stability, stability island
又称"超重核岛(island of superheavy nuclei)"。理论预言在质子数 $Z=114$、中子数 $N=184$ 附近的核素由于壳效应具有超长的寿命，这些核构成了 1 个远离天然放射性元素区、被不稳定核素"海洋"包围的"稳定岛屿"。

06.0311 超重核 superheavy nucleus
处于稳定岛及其附近的原子核。

06.0312 超重元素 superheavy element
处于稳定岛及其附近的元素。

06.0313 放射性元素 radioactive element, radioelement
没有稳定同位素的元素。如天然存在的元素铀、钍、钋等和自然界不存在、完全由人工合成的元素锝、钷、超铀及锕系后元素等。

06.0314 超锔元素 transcurium element
又称"锔后元素"。原子序数 >96 的元素。

06.0315 超锎元素 transcalifornium element
又称"锎后元素"。原子序数 >98 的元素。

06.0316 空位元素 vacancy element
早期在元素周期表上有些尚未发现而位置暂时空缺的元素。包括锝、钷、砹和钫。

06.0317 镎酰 neptunyl
六价或五价镎与氧组成的结构单元 NpO_2^{2+} 或 NpO_2^+。

06.0318 人造放射性元素 artificial [radio]
element, man-made [radio]element
又称"人工放射性元素"。通过核反应人工制备的放射性元素。

06.0319 射气 emanation, Em
3 个天然放射系中镭的子体氡。包括镭射气 ^{222}Ra、钍射气 ^{220}Rn 和锕射气 ^{219}Rn。氡是惰性气体，属元素周期表的零族元素。

06.0320 天然放射性元素 natural radioelement
从地球形成的时候起天然存在于地壳中的放射性元素，通常指 3 个天然放射系中原子序数大于 83 的元素。

06.0321 钍衰变系 thorium decay series, thorium family
又称"$4n$ 系"。以 ^{232}Th 为母体，经过 6 次 α 衰变和 4 次 β 衰变，最终到达稳定的 ^{208}Pb 的递次衰变链。

06.0322 铀衰变系 uranium decay series, uranium family
又称"$4n+2$ 系"。从 ^{238}U 开始，经过 8 次 α 衰变和 6 次 β 衰变，最终到达稳定的 ^{206}Pb 的递次衰变链。

06.0323 镎衰变系 neptunium decay series, neptunium family
又称"$4n+1$ 系"。起始核为 ^{237}Np，经过 7 次 α 衰变和 4 次 β 衰变，终到达稳定的 ^{209}Bi 的递次衰变链。

06.0324 锕铀衰变系 actinouranium decay series
又称"$4n+3$ 系"。以 ^{235}U 为母体，经过 7 次 α 衰变和 4 次 β 衰变，最终到达稳定的 ^{207}Pb 的递次衰变链。

06.0325 铀酰 uranyl

六价或五价铀与氧组成的结构单元 UO_2^{2+} 或 UO_2^+。

06.0326　宇生放射性核素　cosmogenic radionuclide

由宇宙射线与物质相互作用而产生的放射性核素。

06.0327　天然放射性核素　natural radionuclide

天然存在的放射性核素。包括宇生放射性核素(如 ^{14}C, ^{22}Na 等)、原生放射性核素(如 ^{238}U、^{235}U、^{232}Th、^{40}K、^{50}V、^{144}Nd 等)和次生放射性核素(原生放射性核素的衰变子体，如 ^{226}Ra、^{222}Rn、^{210}Po 等)。

06.03　辐射化学与辐射防护

06.0328　辐射化学　radiation chemistry

研究物质吸收电离(高能)辐射后所引起的化学效应的一门学科。

06.0329　辐射化工　radiation chemical engineering

利用电离辐射技术实现化学合成的化学工程与技术。

06.0330　辐射加工　radiation processing

将电离辐射作用于物质，使其品质与性能得以改善的一种加工工艺。

06.0331　辐射生物化学　radiation biochemistry

辐射化学的 1 个分支。研究生物物质体系(分子、细胞、组织和生命体)吸收电离辐射后产生的生物化学效应的一门学科。

06.0332　辐照装置　irradiation facility

由辐射源、辐照室(源室)、升降机构、屏蔽设备、通风设备、剂量监测及其他控制系统等部分构成的能发射电离辐射的装置。

06.0333　高能辐射　high energy radiation

能量比较高(一般高于紫外光子能量)能使介质发生电离的任何辐射。

06.0334　辐射束　radiation beam

由辐射装置引出，应用于辐射化学研究或辐射加工及医用的高能束流。

06.0335　放射源　radioactive source

可作为电离辐射源使用的任何量的放射性材料。天然放射性核素源和人工生产的放射性核素源，如广为使用的 ^{60}Co 源和 ^{137}Cs 源。

06.0336　辐射源　radiation source

能发射电离辐射的装置或材料。包括放射性核素源、反应堆、加速器及其他产生电离辐射的机器(如 X 光机，中子发生器)等。

06.0337　钴-60 辐射源　Co-60 radiation source

以钴的放射性同位素钴-60(γ 射线能量 1.17MeV 和 1.33MeV，半衰期 5.27 年)做成的辐射源。适于大规模辐射加工生产。

06.0338　水合[化]电子　hydrated electron

在电子电场作用下被一定取向的水分子群围绕着的电子。

06.0339　反冲电子　recoil electron

高能光子与物质的核外电子发生康普顿散射击出的电子。

06.0340　溶剂化电子　solvated electron

在电子电场作用下被一定取向的溶剂分子群围绕着的电子。

06.0341　水溶发光　aquoluminescence

被辐照固体物质溶于水时的发光现象。

06.0342　晶溶发光　lyoluminescence
被辐照后的固体物质溶于液体时的发光现象。

06.0343　刺迹　spur
由能量为 6~100eV 的次级电子与介质作用
形成的离子与激发分子和母体离子紧挨在
一起而形成的小活性粒子团。每个刺迹中平
均含 2~3 个离子对和若干激发分子。

06.0344　电离辐射　ionizing radiation, ionization radiation
能导致物质分子或原子电离的辐射。

06.0345　辐射化学产额　radiation chemistry yield
曾称"G 值"。被辐照物质吸收单位电离辐
射能量所引起物质变化的摩尔数。用 G 表
示，单位为 mol/J。

06.0346　团迹　blob
由 100~500eV 的次级电子与介质作用形成
的离子与激发分子，仍然没有足够的能量远
离它们的母体，因此形成的较大的活性粒子
群团。

06.0347　陷落自由基　trapped radical
陷入晶格中有较长寿命的自由基。

06.0348　闪光光谱法　flash spectroscopy
用强闪光光源照射样品，测量、研究和解释
样品吸收辐射能后的化学效应的一种谱学
方法。

06.0349　脉冲辐解　pulse radiolysis
通过高能带电粒子脉冲在反应体系内引发
辐射化学反应，产生瞬态活性粒子(如电子、
离子、带电荷自由基、中性自由基、激发态
分子等短寿命活性基团)，然后利用瞬态信号
探测技术跟踪这些瞬态产物或其衍生产物
的浓度随时间的变化，用以研究瞬态反应或

快速反应的动力学。

06.0350　激子　exciton
绝缘体或半导体的一种激发态，或是受激产
生的电子-空穴对(或激发分子-基态分子二
聚体 SS*)的束缚态。

06.0351　激子转移　exciton transfer, exciton migration
能量在介质中的传递宛如激子在介质中的
运动。激子转移伴随着能量的转移，但电荷
没有转移。

06.0352　凝胶剂量　gelation dose
又称"凝胶点剂量(gel point dose)"。聚合物
在辐射交联过程中，开始出现凝胶时所对应
的吸收剂量。

06.0353　抗辐射性　radiation resistance
又称"辐射稳定性(radiation stability)"。在电
离辐射作用下物质或材料仍保持其固有物
理、化学及机械性能等的能力。

06.0354　抗辐射剂　anti-radiation agent
可以延长材料在强辐射场中性能及使用寿
命的添加剂。

06.0355　凝胶分率　gel fraction
凝胶在交联产物中所占的质量分数。表征聚
合物交联程度的物理量。

06.0356　辐射共聚合　radiation-induced co-polymerization
应用电离辐射引发两种以上的单体共聚，从
而获取共聚物的过程。

06.0357　预辐照聚合　pre-irradiation polymerization
聚合反应在辐射场内几乎不进行，所生成的
短寿命活性自由基被保护起来，然后在辐射

场外给予适合的环境，使其恢复反应活力，引发聚合反应。理想的保护剂就是空气中的氧。

06.0358 初级辐射 primary radiation
直接来自辐射源的辐射。

06.0359 次级辐射 secondary radiation
由被电磁辐射或电离辐射照射过的物质发出的辐射。

06.0360 辐[射分]解 radiolysis, radiation decomposition
由电离辐射引起物质分子发生的化学分解。

06.0361 辐射保藏 radiation preservation
利用γ射线、X射线或电子束的辐射能量对食品进行辐照处理的食品保藏方法。

06.0362 辐射改性 radiation modification
利用电离辐射技术改变材料的化学的和/或物理的性质，从而改变其固有性质的过程。

06.0363 辐射固定化 radiation immobilization
利用电离辐射技术将生物活性物质通过化学键结合到某一基材上的方法。

06.0364 辐射固化 radiation curing
以紫外线、γ射线、X射线或电子束辐照，在常温下引发特殊配制的各种液体组分，使之全部迅速转化为分子具有交联结构的固体的过程。

06.0365 辐射合成 radiation synthesis
在电离辐射作用下单质及化合物的分子被射线电离和激发，生成离子、激发分子和自由基等活性粒子并引起化学反应而形成新的有机化合物的过程。

06.0366 辐射化学初级过程 primary process of radiation chemistry
又称"原初过程"。电离辐射直接激发或电离物质分子(原子)的过程。通常用 ⟶ 表示。

06.0367 辐射化学次级过程 secondary process of radiation chemistry
由原初过程产生的活性粒子引发的化学反应过程。

06.0368 辐射交联 radiation crosslinking
通过电离辐射引发聚合物线性分子以化学键相连使分子量增加，随着交联键的增多逐渐形成区域网状结构，最终形成整体网状结构，成为不溶也不熔的凝胶。

06.0369 辐射接枝 radiation grafting
又称"辐射接枝聚合(radiation graft polymerization)"。在电离辐射作用下使聚合物骨架上产生若干活性点，然后与其他单体或其均聚物接枝共聚的技术。

06.0370 辐射聚合 radiation polymerization
烯类单体或某些环状单体在高能射线作用下进行的聚合反应。

06.0371 辐射裂解 radiation cleavage
在电离辐射作用下，高分子主链发生断裂的过程。辐射裂解一般很少裂解为单体分子。

06.0372 预辐射接枝 pre-irradiation grafting
将聚合物在有氧或无氧条件下单独进行辐照，然后将辐照过的样品浸入单体或单体溶液，在无氧条件下进行接枝反应。

06.0373 共辐射接枝 direct, simultaneous, mutual radiation grafting
将聚合物基材(片状或颗粒状)与乙烯基单体及溶剂置于同一体系中，在基材和单体保持直接接触条件下进行辐照，引发接枝共聚反应。

06.0374　辐射敏化　radiosensitization
(1)在辐射加工过程中既能减少吸收剂量，又能达到预期的改性效果。(2)又称"辐射增敏作用"。在肿瘤的放射治疗中，使用化疗或其他药物增加肿瘤组织或细胞对于射线的敏感性。

06.0375　辐射敏化剂　radiation sensitizer
(1)在辐射加工过程中能够降低吸收剂量而达到同样目的所使用的添加剂。(2)又称"辐射增强剂(radiation enhancer)"。在肿瘤的放射治疗中为增加肿瘤细胞对于辐射的敏感性以改善疗效而使用的一种辅助药物。

06.0376　辐射引发　radiation induction, radiation initiation
利用射线辐照单体或单体溶液引发单体分子或溶剂分子形成引发单体聚合的活性粒子。

06.0377　辐射诱发突变　radiation induced mutation
电离辐射与生物体的遗传物质 DNA 间发生直接或间接作用从而引起生物体基因突变，或染色体畸变的辐射生物效应。

06.0378　化学剂量计　chemical dosimeter
利用电离辐射在化学体系中所引起的化学变化与体系吸收剂量之间的定量关系测定吸收剂量的方法。

06.0379　辐射引发自氧化　radiation-induced autoxidation
在有氧存在下，由电离辐射引起形成过氧化物和过氧化氢的任何氧化作用。

06.0380　辐照后聚合　post-irradiation polymerization
将聚合反应体系移出辐射场后依然发生的聚合反应。

06.0381　辐射损伤　radiation damage
电离辐射所引起的材料、设备和生物体物理化学性能和生理功能劣化的辐射效应。

06.0382　辐射消毒　radiation sterilization
又称"辐射灭菌(radiation pasteurization)"。利用电离辐射杀灭病原体(包括病毒)，以消除其毒害的方法。

06.0383　灭菌保证水平　sterility assurance level
在已辐射灭菌的产品中发现一件未达到预设灭菌标准的产品的最大概率。

06.0384　灭菌剂量　sterilization dose
在辐射灭菌加工过程中，达到某一预设灭菌保证水平所需的吸收剂量。通常用 D_s 表示。

06.0385　准自由电子　quasi-free electron
晶体中的电子。等价于有效质量为 $m*$ 的自由粒子，$m*$不等于自由电子的静质量。

06.0386　自辐解　autoradiolysis, self-radiolysis
用作标记的放射性核素放出的电离辐射被标记化合物自身吸收而引起的辐射化学变化。

06.0387　径迹蚀刻剂量计　track etch dosimeter
一种化学剂量计。α 粒子及重离子照射塑料表面，在其径迹上留下持久性的辐射损伤，经过化学蚀刻之后用显微计数，计算照射期间所接受的总照射量。

06.0388　热释光剂量计　thermoluminescent dosimeter
一种化学剂量计。某些晶体(如氟化锂和硼酸锂)能将吸收的电离辐射能量储存起来,加热时这些能量以光的形式被释放出来,测量热释光的强度可换算出磷光体的吸收剂量。

06.0389　硫酸铈剂量计　ceric sulfate dosimeter
一种化学剂量计。在电离辐射作用下，Ce^{4+}被还原成 Ce^{3+}，在一定剂量范围内，Ce^{3+}的生成量与剂量计溶液的吸收剂量成正比。用分光光度计测定 Ce^{4+}浓度变化，根据已知的 $G(Ce^{3+})$值，可以计算该剂量计体系的吸收剂量。

06.0390　硫酸亚铁剂量计　ferrous sulfate dosimeter
在电离辐射作用下，Fe^{2+}被氧化成 Fe^{3+}，在一定剂量范围内，Fe^{3+}的生成量与剂量计溶液的吸收剂量成正比的一种化学剂量计。用分光光度计测定 Fe^{3+}浓度，根据已知的 $G(Fe^{3+})$值可以计算该剂量计体系的吸收剂量。

06.0391　辐射防护　radiation protection
研究保护人类(可指全人类,其中的部分或个体成员,以及他们的后代)免受或少受辐射危害的应用性学科。有时亦指用于保护人类免受或尽量少受辐射危害的要求、措施、手段和方法。广义上辐射既包括电离辐射，也包括非电离辐射，后者如微波、激光及紫外线等，狭义上仅包括电离辐射。

06.0392　[辐射照射]实践的正当性　justification of practice
国际放射防护委员会(ICRP)提出的辐射防护三原则之一。即辐射照射的实践，除非对受照个人或社会带来的利益足以弥补其可能引起的辐射危害(包括健康与非健康危害)，否则就不得采取此种实践。

06.0393　辐射防护最优化　optimization of radiation protection
国际放射防护委员会(ICRP)提出的辐射防护三原则之一。即进行辐射实践时，在考虑了经济和社会的因素之后，应保证将辐射照射保持在可合理达到的尽量低水平。

06.0394　可合理达到的尽量低原则　as low as reasonably achievable principle
简称"ALARA 原则(ALARA principle)"。用辐射防护最优化方法，使已判定为正当并准予进行的实践中，有关个人受照剂量的大小、受照射人数以及潜在照射的危险等，全都保持在可以合理达到的尽量低水平的原则。

06.0395　剂量限值　dose limit
在指定时间内不允许接受的剂量范围的下限，而不是允许接受的剂量范围的上限。是最优化过程的约束条件。剂量限值不能直接用于设计和工作安排的目的。

06.0396　个人剂量限值　personal dose limit
国际放射防护委员会(ICRP)提出的辐射防护三原则之一。即对所有相关实践联合产生的照射，所选定的个人受照剂量限制值。规定个人剂量限值旨在防止发生确定性效应，并将随机性效应限制在可以接受的水平。个人剂量限值不适用于医疗照射。

06.0397　年摄入限值　annual limit on intake, ALI
参考人在一年时间内经吸入、食入或通过皮肤所允许摄入的某种放射性核素的(活度)量，其所产生的待积剂量等于相应的剂量限值。

06.0398　点源　point source
源尺寸远小于测定距离的辐射源。

06.0399　α 源　α-source
由 α 放射性核素制成的能发射 α 粒子的放射源。

06.0400　β 源　β-source
由 β 放射性核素制成的能发射 β 射线的放射源。

06.0401　γ源　γ-source

由 γ 放射性核素制成的放射源或辐射源。如钴-60 源、铯-137 源。

06.0402　密封源　sealed source

密封在包壳或紧密覆盖层里的一种放射源。该包壳或紧密覆盖层应具有足够的强度，使之在设计的使用条件和正常磨损下，不会有放射性物质散失出来。

06.0403　韧致辐射源　bremsstrahlung source

利用 β 射线或加速带电粒子(通常为电子)轰击某种元素(如钼、钨)产生电磁辐射(X 射线)的装置。

06.0404　吸收剂量　absorbed dose

单位质量被辐照物质吸收的电离辐射的能量。吸收剂量 D 以下式表述：$D = \dfrac{d\bar{\varepsilon}}{dm}$，式中 $d\bar{\varepsilon}$ 为电离辐射授予质量为 dm 的物质的平均能量，国际单位制(SI)单位为戈瑞，$1\,Gy = 1\,J \cdot kg^{-1}$。

06.0405　剂量率　dose rate

单位时间内的吸收剂量。如没有特别的说明，剂量率指的是吸收剂量率 $\dot{D}$，定义为 $\dot{D} = \dfrac{dD}{dt}$，式中 dD 为时间间隔 dt 内吸取剂量的增量，SI 单位为 $Gy \cdot s^{-1}$。

06.0406　照射量　exposure

X 或 γ 射线在空气中产生的电离的量度。定义为 $X = \dfrac{dQ}{dm}$，式中 dQ 为光子照射质量为 dm 的空气中释放出来的全部电子(负电子和正电子)完全被空气所阻止时，在空气中所产生的任一种符号的离子总电荷的绝对值，SI 单位为 $C \cdot kg^{-1}$。

06.0407　γ 射线剂量常数　specific gamma ray dose constant, SGRDC

单位活度的未加屏蔽的 γ 点源在距其单位距离远的空气中产生的剂量当量率。现已被空气比释动能率常数代替。

06.0408　空气比释动能率常数　air kerma rate constant

表征发射光子的放射性核素的辐射特性的常数。常用 Γ_δ 表示。$\Gamma_\delta = \dfrac{l^2 \cdot \dot{K}_\delta}{A}$，其中 A 为该放射性核素点源的活度，$\dot{K}_\delta$ 为距离该点源 l 处，由能量大于 δ 的光子所造成的空气比释动能率。Γ_δ 的 SI 单位为 $m^2 \cdot Gy \cdot Bq^{-1} \cdot s^{-1}$。

06.0409　当量剂量　equivalent dose

辐射 R 在器官或组织 T 中产生的当量剂量 $H_{T,R}$ 是器官或组织 T 中的平均吸收剂量 $D_{T,R}$ 与辐射权重因子 W_R 的乘积，即 $H_{T,R} = W_R \cdot D_{T,R}$。当辐射场是由具有不同 W_R 值的多种类型辐射组成时，$H_T = \sum\limits_R w_R \cdot D_{T,R}$。$H_{T,R}$ 和 H_T 的 SI 单位为希[沃特](Sv)，$1\,Sv = 1\,J \cdot kg^{-1}$。

06.0410　剂量当量　dose equivalent

组织某一点处被某种辐射照射，其吸收剂量 D 与该种辐射的品质因数 Q 及其他修正因数 N 的乘积。用符号 H 表示，$H = DQN$，H 的 SI 单位为希[沃特](Sv)，$1\,Sv = 1\,J \cdot kg^{-1}$。

06.0411　组织权重因子　tissue weighting factor

又称"器官权重因子(organ weighting factor)"。表征不同器官和组织对于辐射随机性效应敏感度的因子 w_T。当全身受到均匀照射时，辐射对给定器官或组织的随机效应危险度与全身总的危险度之比。全身所有器官和组织的组织权重因子之和等于 1。

06.0412　戈瑞　gray, Gy

吸收剂量、比释动能和比授予能的国际单位制(SI)单位。1 Gy = 1 J · kg^{-1}。

06.0413 希[沃特] sievert, Sv

当量剂量、有效当量剂量、有效剂量等的国际单位制(SI)单位。1 Sv = 1 J · kg^{-1}。

06.0414 拉德 rad

曾经使用过的吸收剂量单位。1rad=10^{-2} Gy。

06.0415 雷姆 rem

曾经使用过的剂量当量的单位。1rem=10^{-2} Sv。

06.0416 伦琴 roentgen, R

已被废止的照射量单位。其定义为 1 伦琴 X 射线照射下，0.001293g 空气(标准状态下，1cm^3 空气的质量)中释放出来的电子全部阻留于空气中时，在空气中总共产生电量各为 1 静电单位的正离子和负离子。与现行的照射量的 SI 单位库仑/千克(C·kg^{-1})的关系为 1 R = 2.58×10^{-4} C · kg^{-1}。

06.0417 有效当量剂量 effective equivalent dose

辐射 R 在器官或组织 T 中产生的当量剂量 $H_{T,R}$。其值为是器官或组织 T 中的平均吸取剂量 $D_{T,R}$ 与辐射权重因子 w_R 的乘积，即 $H_{T,R} = w_R \cdot D_{T,R}$。

06.0418 有效当量剂量率 effective equivalent dose rate

辐射 R 在单位时间内，在器官或组织 T 中产生的当量剂量 $\dot{H}_{T,R}$。

06.0419 有效剂量 effective dose

所考虑的效应是随机性效应时，在全身受到不均匀照射的情况下，人体所有器官或组织的加权后的当量剂量之和。即 $E = \sum_T w_T \cdot H_T$，

式中 H_T 为器官或组织 T 所受的当量剂量，w_T 为器官或组织 T 的权重因子。

06.0420 集体当量剂量 collective equivalent dose

对一给定辐射源，受照群体的器官或组织 T 的集体当量剂量由下式定义：

$$S_T = \int_0^\infty H_T \cdot \frac{dN}{dH_T} dH_T,$$

式中 $\frac{dN}{dH_T} dH_T$ 为接受的当量剂量在 H_T 到 $H_T + dH_T$ 之间的人数。也可以用下式表示：

$$S_T = \sum \bar{H}_{T,i} \cdot N_i,$$

式中 N_i 为接受的平均器官或组织 T 当量剂量为 $\bar{H}_{T,i}$ 的第 i 组人群的人数。

06.0421 集体剂量 collective dose

群体所受的总剂量。等于受某一辐射源照射的人群的成员数与他们所受的平均剂量的乘积。集体剂量的单位为人 · 希[沃特] (人 · Sv)。

06.0422 集体有效剂量 collective effective dose

对一给定辐射源，受照群体所受的总有效剂量 S。$S = \int_0^\infty E \frac{dN}{dE} dE$ 或 $S = \sum_i \bar{E}_i N_i$，式中 N_i 为接受的平均有效剂量当量为 $\bar{E}_i$ 的第 i 组人群的人数。

06.0423 待积当量剂量 committed equivalent dose

从摄入放射性物质时刻起，预计在今后的时间 τ 内，摄入人的某组织或器官 T 将接受的当量剂量 $H_T(\tau)$。$H_T(\tau) = \int_{t_0}^{t_0+\tau} \dot{H}(\tau)dt$，式

中 t_0 为摄入放射性物质的时刻，$\dot{H}(\tau)$ 为 t 时器官或组织 T 的当量剂量率，τ 为摄入放射性物质后过去的时间。未对 τ 加以规定时，对成年人 τ 取 50 年，对儿童的摄入要算至 70 岁。

06.0424　待积有效剂量　committed effective dose

从摄入放射性物质的时刻起，预计在今后的时间 τ 内，摄入人将接受的有效剂量 $E(\tau)$。$E(\tau) = \int_{t_0}^{t_0+\tau} \dot{E}(t)dt$，式中，$t_0$ 为摄入放射性物质的时刻，$\dot{E}(t)$ 为 t 时刻的有效剂量率，τ 为摄入放射性物质后过去的时间。未对 τ 加以规定时，对成年人 τ 取代 50 年，对儿童的摄入要算至 70 岁。

06.0425　等剂量曲线　isodose curve

由介质中等剂量点连成的曲线。

06.0426　[积分]剂量　[integral] dose

受照病人或物体在受照期间所吸取辐射总能量的一种量度。

06.0427　器官剂量　organ dose

人体的 1 个特定组织或器官内的平均剂量 D_T。$D_T = (1/m_T)\int_{m_T} Ddm$，式中 m_T 为组织或器官的质量，D 为质量元 dm 内的吸收剂量。

06.0428　剂量建成　dose build-up

在医学放射治疗中，吸收剂量随深度增加而增加，到某一深度达到最大峰值的现象。

06.0429　剂量积累　dose build-up

辐射通过介质时由于受到散射使实际的吸收剂量高于不考虑散射的吸收剂量计算值的现象。

06.0430　剂量积累因子　dose build-up factor

宽束辐射通过介质时，某一特定的辐射量在任何一点处的总值与未经任何碰撞到达该点的辐射所产生的值的比值。

06.0431　剂量转换因子　dose conversion factor

指定物质中某一点的粒子注量或粒子注量率在该物质中产生的剂量或剂量率。

06.0432　剂量约束　dose constraint

对辐射源可能造成的个人剂量所规定的一种上界值。与辐射源相关，被用作对考虑的源进行防护与安全最优化时的约束。对职业照射、公众照射、医疗照射均可具体应用相应的剂量约束。

06.0433　存活剂量　survival dose

大群体的生命机体，受电离辐射照射后尚有某一设定百分数存活时的吸收剂量。如 D_{10} 是生物体存活 10% 时的吸收剂量。

06.0434　确定性效应　deterministic effect

有剂量阈值的一类电离辐射生物效应。其严重程度取决于受照剂量的大小。

06.0435　随机性效应　stochastic effect

其发生概率(而非其严重程度)与受照剂量大小有关的一类辐射生物效应。假定此类效应发生的概率正比于剂量，且在辐射防护感兴趣的低剂量范围内不存在剂量的阈值。

06.0436　传能线密度　linear energy transfer, LET

又称"有限线碰撞阻止本领(restricted linear collision stopping power)"。带电粒子在一种物质中穿行 dl 距离时，与电子发生其能量损失小于 Δ 的碰撞所造成的能量损失 $d\varepsilon$ 除以 dl 而得的商 L_Δ，即 $L_\Delta = \left(\dfrac{d\varepsilon}{dl}\right)_\Delta$。

06.0437　清除　clearance

又称"廓清"。放射性核素由某一器官或组织内移出的过程。

06.0438 能量吸收 energy absorption
入射辐射能量的全部或一部分传递给所穿过的物质的现象。伴随有能量损耗的散射(如康普顿散射和中子减速)也视为能量吸收。

06.0439 比释动能 kinetic energy released in matter
不带电电离粒子(如光子和中子)在质量为 $\mathrm{d}m$ 的某一物质内释放出来的全部带电粒子的初始动能的总和 $\mathrm{d}E_{tr}$,除以该物质的质量 $\mathrm{d}m$ 所得的商 K,即 $K = \mathrm{d}E_{tr}/\mathrm{d}m$。

06.0440 总线阻止本领 total linear stopping power
具有一定能量的带电粒子穿过介质时,每 1 个粒子在适当小的径迹元上的平能量损失(包括碰撞损失和辐射损失)除以该径迹元的长度所得的商 S。

$$S = \left(\frac{\mathrm{d}E}{\mathrm{d}l}\right)_{col} + \left(\frac{\mathrm{d}E}{\mathrm{d}l}\right)_{rad}$$

06.0441 质量阻止本领 mass stopping power
总线阻止本领(S)除以介质质量密度(ρ)所得的商。

06.0442 辐射剂量学 radiation dosimetry
测量和计算辐射与物质相互作用时辐射场传递给受辐照物质的能量的一门科学。

06.0443 辐射防护剂 radioprotectant
用来预防和减低辐射效应的物质。

06.0444 内照射 internal exposure
进入人体的放射性核素作为辐射源对人体的照射。

06.0445 外照射 external exposure
体外辐射源对人体的照射。

06.0446 职业照射 occupational exposure
除了国家有关法规和标准所排除的照射及豁免的源或实践所产生的照射以外,工作人员在其工作过程中所受的所有照射。

06.0447 公众照射 public exposure
公众成员所受的辐射源的照射。包括获准的源和实践所产生的照射和在干预情况下所受到的照射,但不包括职业性照射、医疗照射和当地正常天然本底辐射的照射。

06.0448 宽[辐射]束 broad beam
含有散射辐射的辐射束。与辐射束物理意义上的大小无关。

06.0449 区域居留因子 area occupancy factor
在屏蔽计算中,根据人员在有关区域居留的时间长短对有效剂量率或注量率进行修正的系数。

06.0450 潜在照射 potential exposure
预期有可能但不一定必然会遭受到的照射。可能由源的事故,或由具有概然性质的事件或事件系列(包括设备故障和操作错误)引起。

06.0451 泄漏辐射 leakage radiation
贯穿辐射源的防护屏蔽体以及经辐射源防护屏蔽体的缝隙逃逸出的无用辐射。

06.0452 湮没辐射 annihilation radiation
(1)粒子与反粒子碰撞产生的电磁辐射。发生相互作用的粒子与反粒子消失,其静质量转化为光子的能量。(2)特指由正电子和电子湮灭产生的两个 0.511 MeV 的光子。

06.0453 剩余辐射 residual radiation

穿过影像接收器、辐射测量装置或者放射治疗中受照部位等辐射，属于辐射被使用后的剩余部分。

06.0454 窄[辐射]束 narrow beam

不含有散射辐射的辐射束。

06.0455 组织等效材料 tissue equivalent materials

对给定辐射具有与某些生物组织(如软组织、肌肉、骨骼或脂肪)相近的吸收和散射特性的材料。

06.0456 事故照射 accidental exposure

在事故情况下受到的一种异常照射。专指非自愿的意外照射，不同于应急照射。

06.0457 核事故 nuclear accident

涉及核设施的事故。尤其是涉及核反应堆的事故，如核动力厂、民用研究性核反应堆、民用核燃料循环设施、放射性废物处理、处置设施、易裂变核材料运输中发生的事故等，导致链式反应失控或活放射性物质外泄失控，造成突发性意外事件或事件系列。

06.0458 辐射事故 radiation accident

带电粒子加速器和 X 射线装置及工业、医学和科学研究中使用的密封或非密封辐射源事故。如操作失误、设备损坏、放射源被盗或丢失、导致电离辐射泄漏或放射性物质向环境失控性释放。

06.0459 屏蔽 shielding

用能减弱核辐射或电磁辐射的材料来降低某一区域的核辐射水平或电磁辐射强度。

06.0460 屏蔽体 shield

为降低某一区域的辐射水平而置于辐射源和人、设备或其他物体之间的物体或材料。

其能使辐射减弱。

06.0461 结构屏蔽 structural shield

纳入建筑结构并由能减弱辐射的材料构成的屏蔽体。

06.0462 半厚度 half thickness, half-value layer, HVL

又称"半值层厚度"。当指定辐射能量或能谱的 X 射线或 γ 射线窄束通过给定物质时，比释动能率、照射量率或吸收剂量率减小到无该物质时所测量值的一半的给定物质的厚度。

06.0463 生物半衰期 biological half-life

当某个生物系统中的某指定的放射性核素的排出速率近似地服从指数规律时，由于生物过程使该核素在系统中的总量减到一半时所需的时间。

06.0464 有效半衰期 effective half-life

进入人体后的某指定的放射性核素的总量由于放射性衰变和生物排出的综合作用，在全身或某一器官的数量按指数规律减少一半时所需的时间。

06.0465 十分之一值层厚度 tenth-value layer, TVL

当指定辐射能量或能谱的 X 射线或 γ 射线窄束通过给定物质时，比释动能率、照射量率或吸收剂量率减小到无该物质时所测量值的十分之一的该物质的厚度。

06.0466 铅当量 lead equivalent

某材料在指定条件下对辐射水平的减弱用具有相同减弱效果的铅的厚度来表示。例如铅玻璃对某一管电压的 X 射线的减弱和 1mm 厚的铅的减弱相当，则该铅玻璃的铅当量为 1mm。

06.0467　剩余[核]辐射　residual [nuclear] radiation
核爆炸后残留放射性物质发射的辐射。一般认定为核爆 1min 后发出的辐射。

06.0468　散射辐射　scattered radiation
由经受碰撞发生方向改变或经受相互作用其能量减弱的辐射。

06.0469　杂散辐射　stray radiation
泄漏辐射、散射辐射以及剩余辐射的总称。

06.0470　体模　phantom
一块具有约定尺寸和形状的组织等效材料。用于确定人体或动物体与辐射的相互作用关系特性的测量、研究和模拟，体模既可代表整个人体，也可代表特定的人体局部。

06.0471　衰减　attenuation
辐射通过物质时由于各种相互作用而引起辐射量的减少。

06.0472　衰减当量　attenuation equivalent
与所论材料对辐射减弱效果等价的基准物质的厚度。在给定种类和能量的射线束和给定的几何条件下，以该厚度的基准物质代替所论物质时，该射线束有相同衰减程度。以米的适当约量单位表示，同时给出基准物质和入射束的辐射种类和能量。

06.0473　中子剂量计　neutron dosimeter
测定中子吸收剂量或当量剂量的仪器。

06.0474　中子监测器　neutron monitor
为辐射防护目的而测量中子辐射水平的装置，能在超过预置阈值时报警。

06.0475　剂量监测系统　dose monitoring system
对工作场所、辐射源周围环境或辐照样品处进行吸收剂量或当量剂量率的测定，并能在超过预置值时报警或终止照射的辐射测量设备。

06.0476　摄入　intake
放射性核素通过吸入、食入或者经由皮肤进入体内的过程或数量。

06.0477　致死剂量　lethal dose
对大群体的生命机体，受照后于规定的时间内致死率为 100%时所需的剂量。

06.0478　[X 射线或中子]屏蔽穿透比　shielding transmission ratio [for X-ray or neutron]
在辐射源与某位置之间有屏蔽体和没有屏蔽体时，该位置处辐射水平的比值。是屏蔽效果的一种量度。

06.0479　吸收　uptake
在考虑内照射时指放射性核素进入细胞外体液的过程或数量。

06.0480　巡测仪　survey meter
检查场所辐射水平和表面放射性污染水平的便携式或固定的自动辐射监测仪。

06.04　放射分析化学

06.0481　放射分析化学　radioanalytical chemistry
以核反应、核效应、核辐射和核装置为基础，将放射化学和放射性测量技术用于分析化学中的一门分支学科。包括中子、带电粒子和光子活化分析、放射性核素分析、同位素示踪分析、同位素稀释分析、裂变产物分析、锕系元素分析等。

06.0482　核反应分析　nuclear reaction analysis

利用核反应测定样品中元素组成、表面杂质及其深度分布的分析方法。

06.0483　活化分析　activation analysis

通过鉴别和测量由核反应产生的放射性核素的特征辐射或核反应产生的瞬发辐射，实现元素和核素分析的方法。

06.0484　中子活化分析　neutron activation analysis, NAA

入射粒子为中子的活化分析。

06.0485　中子散射分析　neutron scattering analysis

利用中子与靶核发生的弹性散射或非弹性散射，研究靶物质组成和结构的核分析方法。

06.0486　中子衍射分析　neutron diffraction analysis

利用中子衍射作用测定物质组成和结构的核分析方法。德布罗意波长为 0.1nm 左右的中子通过晶体物质时发生布喇格衍射，通过衍射图样的分析，可以确定晶体内部原子间的距离和排列。因中子最易被轻原子散射，所以中子衍射主要用于确定轻原子尤其是氢原子的位。此外，也可用于液体结构、磁性材料及合金体系的研究。

06.0487　中子照相术　neutron photography

又称"中子射线照相术(neutron radiography)""中子成像(neutron imaging)"。利用中子束穿透物体时的衰减程度，显示物体内部结构的照相技术。

06.0488　放射化学中子活化分析　radiochemical neutron activation analysis, RNAA

样品活化后需要放射化学分离的中子活化分析。

06.0489　分子活化分析　molecular activation analysis

以分析元素化学种态为目标的一种活化分析方法。在活化前，先用物理、化学或生化方法分离感兴趣元素的化学种态，再用活化方法确定该元素在不同化学种态中的分布。

06.0490　仪器中子活化分析　instrumental neutron activation analysis, INAA

样品活化后可用辐射测量仪器直接测定的中子活化分析。

06.0491　超热中子活化分析　epithermal neutron activation analysis

入射粒子为超热中子的活化分析。

06.0492　冷中子活化分析　cold neutron activation analysis

入射粒子为冷中子(能量 5×10^{-5} eV 至 0.025 eV)的活化分析。

06.0493　扰动角关联　perturbed angular correlation, PAC

利用原子核级联γ衰变时受核外环境扰动产生的效应的分析方法。

06.0494　正电子湮没谱学　positron annihilation spectroscopy, PAS

用正电子作为探针研究物质微观结构的核分析方法。测量湮没寿命及多普勒展宽谱是该技术的两种常用实验方法。

06.0495　瞬发 γ 射线[中子]活化分析　prompt gamma ray [neutron] activation analysis

测量中子核反应的伴随瞬发辐射的活化分析。

06.0496　现场中子活化分析　in situ neutron

activation analysis

用于现场检测的中子活化分析。

06.0497　体内中子活化分析　in vivo neutron activation analysis

照射生物活体，使体内感兴趣元素活化，随后用辐射探测器测定被活化核素发射的 γ 辐射，或直接测定核反应的瞬发辐射，实现生物活体的元素分析。

06.0498　带电粒子活化分析　charged particle activation analysis, CPAA

入射粒子为带电粒子的活化分析。

06.0499　光子活化分析　photon activation analysis, PAA

入射粒子为光子的活化分析。

06.0500　绝对法　absolute method

根据入射粒子注量率、核反应激发函数和生成核放射性活度绝对测量等核参数进行定量的活化分析方法。

06.0501　相对法　relative method

利用化学标准或标准参考物质进行定量的活化分析方法。

06.0502　k_0 法　k_0 method

与照射和测量条件无关的利用组合核参数的参量化中子活化的定量分析方法。

06.0503　X 射线发生器　X-ray generator

产生 X 射线的设备。

06.0504　X 射线荧光分析　X-ray fluorescence analysis

根据物质中待测原子受外界辐射激发时放出的特征 X 射线的能量和强度，实现元素定性和定量分析的方法。

06.0505　多道分析器　multi-channel analyzer, MCA

测量输入脉冲信号分布的一种电子学仪器。由前置放大器、主放大器、模数转换器和输入输出等单元组成。

06.0506　μ子谱学　muon spectroscopy

通过检测注入被研究物质的 μ^+ 子的极化自旋的偏转和弛豫、μ子素的形成和衰变等，研究物质的结构和动力学性质的一门学科。是研究物质结构的谱学方法之一。已用于超导体磁通线点阵及贯通深度、μ子素化学、半导体及有机电磁体中扩散过程的研究。

06.0507　[带电]粒子激发 X 射线荧光分析　[charged] particle-induced X-ray emission fluorescence analysis

外界辐射为带电粒子的 X 射线荧光分析。

06.0508　质子激发 X 射线荧光分析　proton-induced X-ray emission analysis

外界辐射为质子的 X 射线荧光分析。

06.0509　电子探针微区分析　electron probe micro-analysis

利用聚焦电子束轰击样品，从样品的很小体积中激发出为各组成元素的特征 X 射线，记录和分析发射的 X 射线谱，可测得样品微区内的元素组成的一种仪器分析技术。

06.0510　同步辐射 X 射线荧光分析　synchrotron radiation X-ray fluorescence analysis

外界辐射为同步辐射的 X 射线荧光分析。

06.0511　全反射 X 射线荧光分析　total reflection X-ray fluorescence analysis

通过反射技术降低常规 X 荧光分析中高能散射本底的影响，从而提高了分析灵敏度的 X 射线荧光分析方法。

06.0512　交叉束技术　cross beam technique
由两个不同来源喷发出两个分子束，在 1 个高真空的反应室中形成交叉，使分子间发生单次碰撞而散射，以便检测出产物分子以及弹性散射的反应物分子的能量分布、角度分布和分子能态等碰撞反应动力学信息的技术。

06.0513　背散射　backscattering
入射粒子与靶核发生弹性碰撞而产生的大角度散射。

06.0514　背散射分析　backscattering analysis
基于背散射来分析靶物组成的核分析方法。

06.0515　沟道效应　channeling effect
当高度准直的带电粒子沿单晶主轴或主晶面入射时，由于入射粒子与靶物作用截面下降，导致粒子射程明显增强的效应。

06.0516　核微探针　nuclear microprobe
用于微米尺度组成分析的核装置。

06.0517　阻塞效应　blocking effect
从晶体点阵位置射出的带电粒子，当其发射方向与晶轴(或晶面)的夹角足够小(小于临界角)时，将被晶轴(或晶面)上的原子阻挡而使其穿透率呈极小的效应。

06.0518　电感耦合等离子体质谱法　inductively coupled plasma mass spectrometry, ICP-MS
用氩形成的等离子体使待测元素原子化和离子化，如此形成的离子通过一系列的锥孔，进入高真空质量分析室，元素的同位素由其质荷比(m/e)鉴别，元素的量由特征的质谱峰的强度计算。是一种痕量($10^{-6}\sim10^{-9}$)和超痕量($10^{-9}\sim10^{-15}$)的元素分析方法。

06.0519　热电离质谱法　thermal ionization mass spectrometry, TIMS
用于同位素丰度测定和某些元素的分析的一种高灵敏度的分析仪器。样品中的待测元素首先被沉积于灯丝，然后在高温下被电离，离子在电磁分析系统中按其质荷比 m/e 分离和测量。测定同位素比的精度可达 10^{-5}。

06.0520　扫描透射离子显微镜　scanning transmission ion microscope
在扫描离子微探针基础上，再使用微狭缝技术得到空间分辨率达 $0.1\mu m$ 量级的显微分析仪器。

06.0521　扫描质子微探针　scanning proton microscopy
基于微束技术的质子激发 X 射线荧光技术。

06.0522　束-箔谱学　beam-foil spectroscopy
基于高速离子穿过箔靶时先被激发，随后退激时放出能量相应的光子这种效应，来研究原子或离子性质的一门学科。

06.0523　在束谱学　in-beam spectroscopy
又称"在束 γ 射线谱学(in-beam γ-ray spectroscopy)"。通过测量粒子束与靶核相互作用形成的原子核激发态退激时的瞬发 γ 射线，从而研究原子核的性质和结构的一门学科。

06.0524　同位素稀释分析　isotope dilution analysis, IDA
在样品中加入一定量已知丰度的某元素的同位素(或含该同位素的物质)，通过测定混合前后该同位素在样品中的丰度，从而求得该元素(或该物质)含量的分析方法。

06.0525　逆同位素稀释分析　reverse isotope dilution analysis, RIDA
将已知量的非放射性载体加到未知量的放射性样品中，通过同位素稀释测定样品中的载体含量的分析方法。

06.0526 亚化学计量分析 substoichiometric analysis

在化学反应中加入少于化学计算量的试剂与待分离物质反应的分析方法。

06.0527 亚化学计量同位素稀释分析 substoichiometric isotope dilution analysis

基于亚化学计量原理的同位素稀释分析。

06.0528 无源探询 passive interrogation

又称"被动探询"。利用外界辐射源检测核材料的分析方法。

06.0529 有源探询 active interrogation

又称"主动探询"。利用核材料自身放射性进行核查的分析方法。

06.0530 有源中子探询法 active neutron interrogation

利用核材料自身发射的中子来检测核材料的分析方法。

06.0531 放射电化学分析 radioelectrochemical analysis

用于放射性核素分离分析的电化学方法。

06.0532 放射量热法 radiometric calorimetry

通过测量放射性物质或放射源的释热功率来确定其放射性活度的一种绝对测量法。

06.0533 热色谱法 thermochromatography

被分离物质按挥发性大小在温度逐渐增高的色谱柱中被分离开来的一种色谱分析方法。

06.0534 放射性滴定 radiometric titration

用放射性指示剂确定滴定终点的分析方法。

06.0535 放射电泳 radioelectrophoresis

用放射性测量作为检测手段的电泳技术。用放射性示踪剂标记被分离物质，电泳结束后，通过对分布了待测物质的电泳介质(如纸条，琼脂糖凝胶版等)进行放射性扫描、放射性自显影或者切割样品单元(如纸上电泳的纸片段)的放射性测量获得它们在电泳介质上的分布(即电泳图)。

06.0536 放射免疫电泳 radioimmunoelectrophoresis

放射免疫分析中一种分离和定量测定欲测物的分析方法。标记抗原与欲测物在含有特异抗体的琼脂板上电泳时，所形成的抗原-抗体复合物沉淀峰与欲测物含量有关，从标准含量的比较求欲测物含量。

06.0537 放射性检测 radioassay

通过测量某组分放射性活度来确定该物质含量的分析方法。

06.0538 放射计量学 radiometrology

研究放射性测量标准及其方法的一门分支学科。

06.0539 放射性受体分析 radioreceptor assay

竞争结合分析的一种。利用放射性核素标记的待测物与有限量的组织受体结合反应，以定量测定待测物质浓度的分析方法。

06.0540 穆斯堡尔谱仪 Mössbauer spectrometer

基于原子核无反冲的 γ 射线共振散射或吸收现象的一种核技术分析仪器。

06.0541 穆斯堡尔源 Mössbauer source

用于穆斯堡尔谱仪的放射源。最常用的为 Fe-57。

06.0542 核保障 nuclear safeguard

为了不扩散核武器，对核材料的使用进行限制所形成的 1 个核实系统。国际核保障的执行机构是国际原子能机构(IAEA)，主要承担着发展国际核保障概念、开发核保障技术、与当事国签订核保障协定以及派遣观察员进行视察等任务，其职能是确保特种可裂变材料，以及有关的其他材料、服务、设施、设备、情报等，不用作推进任何军事目的。其目标是：及时察觉显著量的核材料从和平核活动转用到核武器或其他核爆炸装置，或转用到未知的目的，通过及早察觉这种风险来遏制这种转用。

06.0543 放射免疫分析 radioimmunoassay, RIA

在待分析物(非标记抗原)中加入固定量的放射性核素标记的待分析物(标记抗原)，将该分析物与亚化学计量的固定量特异抗体结合，分离抗原-抗体复合物，用测量放射性的方法计算抗原中结合部分与游离部分的比值，根据标准曲线确定分析物的量。

06.0544 放射免疫分析试剂盒 radioimmunoassay kit, RIA kit

将标准品、标记物、结合试剂、分离剂和缓冲溶液等组装在一起的一整套组分(包括操作说明书)。利用放射免疫分析原理在体外测定某一待测物质的量，并能达到一定的精密度或准确度。

06.0545 免疫放射分析 immunoradioassay, IMRA

利用过量放射性标记抗体与抗原(待测物)进行免疫反应，分离抗原-抗体复合物后，用测量放射性的方法测量并计算抗体中结合部分与游离部分的比值，从而确定分析物的量。该法特别适于不易得到标记抗原或标记后易失活的生物活性物质的分析。

06.0546 放射性配基结合分析 radioligand binding assay, R[L]BA

放射性标记配基(激动剂或拮抗剂)和组织、

细胞，或含有受体的制剂一起温育，使受体和配基充分结合，形成受体-配基复合物，终止反应后，用过滤或离心的方法除去未被结合的标记物，测定滤膜或沉淀物中的放射性，即可计算出和配基结合的受体的量。

06.0547 计算机断层成像 computed tomography, CT

曾称"计算机轴向断层成像(computed axial tomography, CAT)"。用 X 射线按照一定的方式对物体(如人体脏器)逐片扫描，收集到的数据用计算机进行图像重建，从而获得物体的三维图像。主要用于医学诊断。

06.0548 工业计算机断层成像 industrial computed tomography

简称"工业 CT(industrial CT)"采用计算机断层扫描技术对产品进行无损检测和无损评价的仪器。

06.0549 瞬发辐射分析 prompt radiation analysis

探测由核反应产生的瞬发辐射进行元素分析的方法。

06.0550 核保障监督技术 nuclear safeguards technique

和平利用核能、防止核材料不按照法律或条约规定使用或转用的保障监督技术。

06.0551 同位素相关核保障监督技术 isotopic correlation safeguards technique

监督与同位素使用或转用相关的核保障监督技术。

06.0552 康普顿散射分析 Compton scattering analysis

基于康普顿散射的波长和角分布重建物体图像的分析方法。

06.0553 放射性释放测定 radio-release determination
将一种放射性固体物质(单质或难溶化合物)与溶液中待测物质反应,生成物被释放到溶液中,测量被释放的放射性并根据化学计量关系可推算待测物质的量。

06.0554 放射极谱法 radiopolarography
研究电化学的一种工具。放射性标记的离子被极谱还原,因给定数目的滴汞的放射性活度值正比于沉积的元素的量,也正比于电流,所以测量形成的滴汞的放射性活度,就能计算出被研究离子的还原量。是一种低浓度技术。

06.05 核燃料循环化学

06.0555 再循环 recycling
从乏燃料中除去裂变产物,回收易裂变核素和可转换核素的过程。

06.0556 核燃料 nuclear fuel
含有易裂变核素的材料。在反应堆内能发生自持核裂变链式反应。

06.0557 核燃料循环 nuclear fuel cycle
核燃料的获得、使用、处理和回收利用的全过程。包括采矿、水冶、转化、富集、燃料制造、堆内燃烧、后处理、返料生产和放射性废物的处理与处置等。

06.0558 细菌浸出 bacterial leaching
利用细菌的生物氧化作用,从矿石中浸出某些有用金属的湿法冶金工艺过程。

06.0559 前端 front end
核燃料在进入反应堆之前的所有加工过程。包括铀矿勘探、开采、铀矿石的加工和精制、铀的转化、铀的同位素分离和燃料元件的制造。

06.0560 后端 back end
核燃料从反应堆中卸出后的处理和处置过程。包括乏燃料的中间储存、核燃料后处理、放射性废物的处理和最终处置。

06.0561 黄饼 yellow cake

以重铀酸盐或铀酸盐形式存在的一种铀浓缩物。

06.0562 铀浓缩物 uranium concentrate
用物理或化学的方法处理铀矿石及其他含铀物料,所获得的含铀量高的粗制产品。

06.0563 同位素分离 isotope separation
使某元素的一种或多种同位素与该元素的其他同位素分离的过程。

06.0564 同位素富集 isotopic enrichment
利用同位素效应将特定的同位素进行分离、浓缩,以提高其同位素丰度的方法或操作。

06.0565 天然铀 natural uranium, NU
存在于天然矿物中的铀。由铀的天然同位素 ^{238}U、^{235}U 和 ^{234}U 组成,其丰度(%)分别为 99.2739±0.0007,0.7204±0.0007 和 0.0057±0.0002。相对原子量 238.03。

06.0566 富集铀 enriched uranium, EU
同位素 ^{235}U 的丰度大于其天然丰度的铀。

06.0567 低浓缩铀 low enriched uranium, LEU
同位素 ^{235}U 的丰度大于其天然丰度而小于 5%的铀。

06.0568 高浓缩铀 high enriched uranium,

HEU
同位素 ^{235}U 的丰度大于或等于 20% 的铀。

06.0569 贫化铀 depleted uranium, DU
同位素 ^{235}U 的丰度低于其天然丰度的铀。

06.0570 分离单元 separating unit
能够完成最基本分离过程的单个分离装置。如同位素分离工厂中的 1 个气体扩散机、一台离心机、一台激光分离器等。

06.0571 分离势 separation potential
又称 "价值函数(value function)"。同位素分离领域中的 1 个专用参量。单位质量的同位素混合物的价值称为该混合物的分离势，用 $V(C)$ 表示。其只与所需的同位素的丰度(C) 有关，与所采用的分离方法及分离系数无关，$V(C)=(2C-1)\ln[C/(1-C)]$。

06.0572 分离功 separative work
同位素分离装置或设备的分离能力的量度。分离 F 千克 ^{235}U 丰度为 C_f 的铀原料，得到 P 千克 ^{235}U 丰度为 C_p 的浓缩铀产品和 W 千克 ^{235}U 丰度为 C_w 的贫化铀，需要的分离功为：$SWU=P\cdot V(C_P)+W\cdot V(C_W)-F\cdot V(C_F)$，其中 $V(C)$ 为价值函数。

06.0573 气体扩散法 gaseous diffusion process, gaseous diffusion method
将待分离的同位素的气体混合物(如 ^{235}UF$_6$ 和 ^{238}UF$_6$)通过装有分离膜的装置，含轻同位素的组分比含重同位素的组分的运动速度快，因此得到富集和贫化的两股物流，将单个气体扩散机起来，从而实现同位素分离的方法。

06.0574 气体离心法 gas centrifuge process, gas centrifuge method
将待分离的同位素的气体混合物(如 ^{235}UF$_6$ 和 ^{238}UF$_6$)通过一系列高速转动的圆筒(离心机)，含重同位素的组分在圆筒近壁处富集，含轻同位素的组分在近轴处富集，分别导出到相邻级进行进一步分离的方法。该法所需的电能比气体离心法要少很多。

06.0575 空气动力学同位素分离法 aerodynamic isotope separation
利用空气动力学原理分离同位素的方法。含轻重同位素的气体化合物与氢或氦混合气体高速通过 1 个弯曲轨道时，在曲壁几何结构面上产生的高离心力使不同质量的分子受到不同的离心力，从而实现同位素的分离的方法。包括喷嘴法和蜗旋管法。

06.0576 激光同位素分离法 laser isotope separation
用特定波长的激光激发，仅使某一种同位素的原子或分子发生能态跃迁，其余同位素原子或分子不会发生能级跃迁，使它们在性质上的差异加大，可实现同位素分离的方法。

06.0577 化学同位素分离法 chemical isotope separation
利用同一元素的同位素在两种分子间可发生相互交换位置的化学反应，从而实现同位素分离的方法。例如，H^{34}SO$_3^-$ + ^{35}SO$_2$ $\rightleftharpoons$ H^{35}SO$_3^-$ + ^{34}SO$_2$，$K=1.0034$，达到平衡时，HSO$_3^-$ 中 ^{35}S 的丰度比 SO$_2$ 中的高。多次重复这种同位素交换反应，可得到一定浓度的某同位素富集产品。

06.0578 电磁分离[法] electromagnetic separation
电荷和能量相同而质量不同的同位素的离子在垂直方向的磁场中作圆周运动时，其运动轨道随离子的质量不同而变化，不同离子便按其质量大小分离开来，可得到各种富集了的同位素产品的分离方法。

06.0579 双温交换[法] dual-temperature ex-

change

又称"热扩散法(thermal diffusion process)"。含有同位素混合物的流体在有温度梯度的条件下，进行回流，轻、重子分别富集于不同温区，从而实现同位素分离的方法。

06.0580 扩散膜 diffusion barrier

又称"分离膜(membrane)"。气体扩散法分离同位素的扩散机的关键部件。其对不同质量的同位素分子产生不同阻力，使其在膜的两侧形成浓度差，经过一系列分离膜，可得到相应富集度的同位素。

06.0581 反应堆化学 reactor chemistry

主要研究反应堆内冷却剂和慢化剂的化学行为的一门学科。

06.0582 照射孔道 irradiation channel

从反应堆外穿过堆的屏蔽层径直通到堆内部的孔道。将实验样品放入其中进行辐照，或将中子或 γ 射线引出堆外，供实验研究用。

06.0583 燃料元件 fuel element

反应堆内以核燃料作为主要成分的独立的最小构件。

06.0584 燃料组件 fuel assembly

组装在一起并且在堆芯装料和卸料过程中不拆开的一组燃料元件。

06.0585 铀氧化物 uranium oxide, UOX

铀与氧形成的化合物。符合化学计量的稳定氧化物有 UO_2、U_4O_9、U_3O_8 和 UO_3。

06.0586 混合[铀、钚]氧化物燃料 mixed [uranium-plutonium] oxide fuel, MOX

由二氧化铀和二氧化钚混合物组成的烧结陶瓷燃料。可作为动力堆和快堆的燃料元件。

06.0587 先进核燃料后处理流程 advanced nuclear fuel reprocessing process

为提高后处理的安全性和经济性，对现有的普雷克斯(Purex)后处理流程进行的工艺改进。包括减少循环数、引进钚的氧化还原的无盐试剂、改进镎的分离等。

06.0588 [乏]燃料贮存水池 [spent] fuel storage pool

用来存放乏燃料的水池。

06.0589 乏燃料 spent fuel

经反应堆燃烧过的核燃料。

06.0590 燃耗 burn-up

易裂变材料、可转换材料和可燃毒物等在反应堆中，发生核转换反应时达到的消耗程度。燃耗可用两种方法表示：①已裂变的原子在核燃料中所占的百分数(%)；②单位重量核燃料所产生的能量。

06.0591 乏[核]燃料后处理 spent [nuclear] fuel reprocessing

对反应堆用过的乏燃料进行处理，从裂变产物和其他物质中分离有用元素(如铀和钚)，用于新的核燃料元件制造，实现核燃料的部分循环利用，或从中提取钚用于核武器制造。

06.0592 首端过程 head-end process

对乏燃料的主要成分进行化学分离之前采取的处理步骤。包括剪切、溶解、澄清、调价及尾气处理等。

06.0593 尾端过程 tail-end process

在核燃料后处理流程中，乏燃料溶解液经主要化学分离之后所进行的一些处理步骤。包括对产品的补充净化、浓缩及转化为最终形态等。

06.0594 水法后处理 aqueous reprocessing
在水溶液中进行的核燃料后处理过程。

06.0595 干法后处理 dry reprocessing
又称"非水法后处理(non-aqueous reprocessing)"。在非水溶液条件下进行的核燃料后处理过程。包括卤化挥发法、高温冶金和电解精炼法等。

06.0596 去壳 decladding
用机械的或化学的方法去除乏燃料芯材的包壳的过程。

06.0597 化学去壳 chemical decladding, chemical decanning
用化学试剂溶解的方法去除乏燃料元件的包壳。

06.0598 放射性疾病 radiation-induced disease
由电离辐射对机体引起的损伤和疾病。

06.0599 可萃取物种 extractable species
能被萃取剂萃取的离子或分子。

06.0600 萃取液 extract
又称"负载有机相(loaded organic phase)"。萃取了待分离物质的有机相。

06.0601 萃余液 raffinate
经萃取剂提取后的残余水相。

06.0602 反萃取 back extraction, stripping
将萃取到有机相的待分离物质转移到水相的过程。

06.0603 洗涤 scrubbing
用某种水溶液与负载有机相接触,把同时萃入或夹带到有机相中的其他杂质反洗到水相的过程。

06.0604 分配比 distribution ratio
萃取过程达到平衡后,被萃物在有机相中的分析浓度(即总浓度,不管以何种化学形态存在)与在水相中的分析浓度之比。用 D 表示。分配比越大,在一次萃取中进入有机相的易萃物越多。

06.0605 萃取比 extraction ratio
萃取过程达到平衡后,被萃物在有机相中的总质量(不管以何种化学形态存在)与在水相中的总质量之比。用 D_m 表示。萃取比 D_m 与分配比 D 的关系为:$D_m = D \cdot \alpha$,其中 α 为相比,$\alpha = V_{org}/V_{aq}$。

06.0606 无盐过程 salt-free process
在核燃料后处理过程中,引入的萃取剂、还原剂、支持还原剂及其他试剂只含有 C, H, N, O 四种元素,可以通过蒸发或焚烧完全除去。

06.0607 支持还原剂 holding reductant
对溶液中的还原剂起稳定(或保护)作用的试剂。在乏燃料后处理中常用 U^{4+}、Fe^{2+} 或羟胺做 Pu^{4+} 的还原剂,体系中的亚硝酸会氧化 U^{4+}、Fe^{2+} 或羟胺,影响钚的还原。为了抑制亚硝酸的破坏作用,可在体系中加入支持还原剂(如氨基磺酸或肼),破坏亚硝酸。

06.0608 协同萃取 synergistic extraction
为提高萃取率,采用两种或两种以上萃取剂的混合物作为萃取剂,待分离物质的分配比显著大于单独使用每一萃取剂的分配比之和的萃取。

06.0609 反协同萃取 antagonistic effect, antisynergism
采用两种或两种以上萃取剂的混合物对给定金属离子进行萃取时,金属离子的分配比显著小于单独使用每一萃取剂时的分配比之和的现象。

06.0610 萃取柱 extraction column
靠外部输入能量进行两相逆流萃取和强化传质效率,靠密度差进行分相的一种立式液-液萃取设备。

06.0611 混合澄清槽 mixer-settler
一种通常为卧式的液-液萃取设备。由一系列混合室和澄清室排列组成。1 个混合室和对应的澄清室构成一级。依靠外部输入能量进行两相的混合和逆流流动,靠密度差进行分层。

06.0612 离心萃取器 centrifugal extractor
通过输入能量使两相剧烈混合和进行传质,借助离心力使两相分开的一种高效、快速的液-液萃取设备。两相在设备中停留时间短,提高了处理能力和减轻了萃取剂的辐照损伤,有利于燃耗深的乏燃料元件的处理。

06.0613 次[要]锕系元素 minor actinides, MA
乏燃料中含有的镎、镅、锔等锕系元素。其数量远小于铀和钚。

06.0614 一次通过式燃料循环 once-through fuel cycle
反应堆卸出的乏燃料不进行后处理,直接进行永久处置的核燃料循环。

06.0615 共去污 codecontamination
从乏燃料元件的溶解液中,同时把铀和钚萃取出来,与具有强放射性的裂变产物分离。

06.0616 去污剂 decontaminant, decontaminating agent
去除物体和人体表面的放射性污染所用的化学试剂。

06.0617 冷试验 cold run, cold test
用非放射性物质或示踪量的放射性物质代替高放物质,对某种方法、过程、仪器和设备进行的试验。

06.0618 热试验 hot run, hot test
用真实或按接近实际工况下的放射性水平的物料对某种方法、过程、仪器和设备进行的试验。

06.0619 含氚废物 tritiated waste
含氚浓度超过国家标准(放射性废物的分类,GB9133-1995)的废物。

06.0620 除氚 detritiation
通过气体处理、氚水复用和固定、将氚水注入隔离的含水层等措施除去反应堆运行过程中产生的氚气和氚水。

06.0621 临界安全 criticality safety
在反应堆外操作、加工、处理易裂变材料时,采取相应的控制措施,使得在正常情况及可预见到的异常情况下,均能确保不发生临界事故。

06.0622 临界事故 criticality accident
生产和加工易裂变物质时,在一定条件下,可能达到或超过临界状态,引发链式核裂变反应,释放出大量射线、热量、裂变产物和活化产物,造成重大破坏、伤害和放射性污染。

06.0623 临界浓度 critical concentration
溶液状况和总体积给定时,导致发生发散链式反应的易裂变物质的最低浓度。通常给出均相无限大体积时的临界浓度。

06.0624 临界体积 critical volume
对给定容器形状、周围反射层状况及易裂变物质的浓度和溶液的成分,导致发生发散链式反应的溶液的最小体积。

06.0625 临界质量 critical mass

导致发生发散链式反应的易裂变物质的最小质量。

06.0626 高放废物 high-level [radioactive] waste, high-level [nuclear] waste, HLW

放射性核素的含量高，释热量大，操作和运输过程需要特殊屏蔽的放射性废物。我国目前的标准是：①高放废液，放射性浓度大于 4×10^{10} Bq/L；②高放(固体)废物，放射性比活度大于 4×10^{11} Bq/kg 或释热率大于 2kW/m^3($5a<T_{1/2}\leqslant30a$，含 ^{137}Cs)，或放射性比活度大于 4×10^{10} Bq/kg 且释热率大于 2kW/m^3($T_{1/2}>30a$，不包括α废物)的放射性固态废物。这类废物主要是乏燃料后处理厂产生的含大量裂变产物和超铀元素的废液及其固化体，以及准备直接处置的乏燃料。

06.0627 中放废物 intermediate-level [radioactive] waste

放射性核素含量或释热量低于高放废物，但在操作和运输过程需要屏蔽的放射性废物。我国目前标准是：①中放废气，浓度大于 4×10^7 Bq/m^3 的放射性气载废物；②中放废液，浓度大于 4×10^6 Bq/L，小于或等于 4×10^{10} Bq/L 的放射性液体废物；③中放(固体)废物，放射性比活度大于 4×10^6 Bq/kg($T_{1/2}\leqslant5a$，包括 ^{60}Cs)，或比活度大于 4×10^6 Bq/kg，小于或等于 4×10^{11} Bq/kg，且释热率小于或等于 2kW/m^3($5a<T_{1/2}\leqslant30a$，包括 ^{137}Co)，或比活度大于 4×10^6 Bq/kg 且释热率小于或等于 2kW/m^3($T_{1/2}>30a$，不包括α废物)的固态放射性废物。中放废物主要包括反应堆运行时产生的部分废物，后处理厂的解构的燃料元件包壳、化学污泥、废树脂等。核设施退役产生的被污染物，以及核研究机构产生的部分放射性废物等。

06.0628 低放废物 low-level [radioactive] waste

放射性活度较低、运输和处理时无需屏蔽的放射性废物。我国目前标准是：①低放废气，浓度小于或等于 4×10^7 Bq/m^3 的放射性气载废物；②低放废液，浓度小于或等于 4×10^6 Bq/L 的液态放射性废物；③低放废物，比活度低于 4×10^6 Bq/kg 但高于清洁解控水平的固态废物。主要包括医院、研究机构和工厂产生的被轻微污染的物品或短半衰期核素污染物。

06.0629 豁免废物 exempt waste

含放射性物质，并且其放射性浓度、放射性比活度或污染水平不超过国家审管部门规定的清洁解控水平的废物。

06.0630 清洁解控水平 clearance level

由国家审管部门规定的，以放射性浓度、放射性比活度和/或总活度表示的一组值。当辐射源等于或低于这些值，可解除审管控制。

06.0631 气态放射性废物 gaseous radioactive waste

含有放射性物质的气体流或气载物。

06.0632 放射性气溶胶 radioactive aerosol

含有放射性物质的固体或液体微粒在空气或气体中形成的分散体系。有很高的电离效应和生物效应。

06.0633 固体放射性废物 solid radwaste

核设施中产生的各种以固体形式存在的放射性废物。

06.0634 超铀[元素]废物 transuranium wastes

含半衰期大于20a，原子序数大于92的核素。其放射性比活度大于或等于国家规定限值(3.7×10^6 Bq/kg)的废物。超铀废物主要来自乏燃料后处理厂和钚加工处理设施。

06.0635 α废物 α-bearing waste

含有半衰期大于30a的α发射体核素。其放射性比活度在单个包装中大于 4×10^6 Bq/kg(对近地表处置设施,多个包装的平均比活度大于 4×10^5 Bq/kg)的废物。与超铀废物相比,α废物增加了铀、钍、镭、钋等α放射性核素,在管理与处置的要求上与超铀废物相同。

06.0636　放射性废物处理　radioactive waste treatment
出于安全和(或)经济上的需要,改变放射性废物的特性,减少体积和去除放射性核素,转变成适宜贮存和处置的固化体。

06.0637　放射性废物管理　radioactive waste management, radwaste management
处理和处置放射性废物的措施的总称。包括废物的分类、预处理、处理、整备、固化、运输、贮存、释放及最终处置。

06.0638　放射性废物固化　solidification of radioactive waste
将含有放射性物质的气体、液体或类似于液体的物质转变为固体,使其形成一种易于加工处理和运输、物理性能稳定、不易弥散的物体。

06.0639　沥青固化　bitumen solidification, bituminization
将经过处理的中、低水平放射性废物或固体残渣与沥青基料混合均匀,加热使其形成不溶性固化体。

06.0640　水泥固化　cement solidification
把中、低放射性废液掺入水泥中,固化成含有放射性的水泥块。

06.0641　塑料固化　plastics solidification
把干燥后的中、低放的蒸残液干粉、废树脂及滤渣等加入热固性或热塑性固化剂,经混合转变成硬度大的固化体。

06.0642　合成岩石　synroc
一种人工合成的类似岩石的钛酸盐陶瓷体。用于高放废物和α废物的固化。

06.0643　玻璃固化　vitrification
将高放废液与化学添加物一起烧结成导热性好、浸出率低、化学稳定性和辐照稳定性好的玻璃固化体,是目前比较成熟的处理方法。

06.0644　放射性废物焚烧[化]　incineration of radioactive waste
利用专门设计的焚烧炉,焚烧处理可燃性放射性废物。

06.0645　废物最小化　waste minimization
使核设施产生的放射性废物的数量和活度尽可能减少。最小化包括减少源项、采用再循环和利用以及对废物进行减容和减害处理。

06.0646　放射性废物处置　disposal of radioactive waste
把放射性废物放置在 1 个经批准的、专门的近地表或地质处置库里或经批准,将放射性流出物直接排入环境。

06.0647　放射性废物处置库　radioactive waste repository
用于处置核废物的设施。包括近地表处置库和深地层地质处置库。

06.0648　[深]地质处置　[deep] geological disposal
在深至几百米的稳定地层中,采用工程屏障和天然屏障,将长寿命α废物和高放废物与人类生存环境隔离。是最终处置高放废物的一种措施。

06.0649　浅层掩埋　shallow land burial
又称"近地表处置(near surface disposal)"。将

中、低水平的放射性废物埋于近地表或地表面，也可加工程屏障和几米厚的覆盖层，或者是将废物埋在地表下几十米深的洞穴中。

06.0650　地下处置　subterranean disposal
处置放射性废物的措施。包括浅层掩埋和深地层处置。

06.0651　废物埋藏场　burial ground, waste graveyard
用以埋藏放射性废物的场所。埋藏场的地表层可对放射性废物的辐射起到屏蔽作用。目前埋藏场多以浅地层埋藏中、低放废物为主。

06.0652　屏障　barrier
为阻止和推迟放射性废物中的放射性核素或其他成分的迁移而设置的障碍物。通常包括如主岩、土壤等天然屏蔽和废物固化体、回填材料、处置库等工程屏障。

06.0653　近场　near field
放射性废物处置设施中的离源项较近的部分。此部分暴露于强核辐射、热、水力、机械、化学的扰动中。

06.0654　远场　far field
放射性废物处置设施中距离源项较远的地质层。此部分较少受强核辐射、热、水力、机械、化学的扰动。

06.0655　放射性核素迁移　radionuclide migration
放射性物质通过地下水等载体透过包装层、屏障层向周围环境迁移。

06.0656　锕系焚烧　actinide-burning
在反应堆或加速器驱动的次临界装置中，将放射性废物中的长寿命锕系核素经中子辐照转变成短寿命或稳定的核素。是一种处理

与处置高放废物中锕系元素的措施。

06.0657　分离和嬗变　partitioning and transmutation
将高放废液中的长寿命超铀元素和长寿命裂变产物分别分离出来，送到反应堆中去辐照或制成靶子放到加速器驱动的次临界装置中去辐照，将其转变成短寿命核素或稳定核素。

06.0658　[核]嬗变　[nuclear] transmutation
一种元素通过核反应或核衰变转变为一种或几种其他元素的过程。

06.0659　废物的加速器嬗变　accelerator transmutation of waste, ATW
将含有长寿命放射性核素的废物制成靶件，放到加速器驱动的次临界装置中去辐照，以减少长寿命核素的数量，同时获取一定的能量。

06.0660　加速器驱动次临界系统　accelerator-driven subcritical system, ADS
主要由中能强流质子加速器和次临界反应堆构成，以加速器产生的散裂中子源驱动次临界反应堆，获得裂变能并嬗变超铀元素。是一种构想的洁净核能系统。

06.0661　整备　conditioning
在高放废物储存或地质处置之前，将其中的某些元素转化为适合于安全储存的化学形态的操作。如将易挥发的放射性碘转化为稳定的碘化银。

06.0662　退役　decommissioning
核设施使用期满或因其他原因停止服役后，为了工作人员和公众的健康与安全以及环境保护而采取的措施，实现场址不受限制的开放和使用。

06.0663　普雷克斯流程　plutonium and uranium recovery by extraction process,

PUREX process
采用30%磷酸三丁酯(TBP)-煤油溶液作萃取剂，从含铀、钚和裂变产物的乏燃料硝酸溶解液中回收、纯化铀和钚，再用还原钚的办法将铀、钚分开。是一种普遍采用的处理乏燃料的溶剂萃取流程。

06.0664 雷道克斯流程 reduction oxidation process, REDOX process
采用未稀释的甲基异丁基酮(MIBK)作萃取剂，金属硝酸盐作盐析剂，从乏燃料的溶解液中回收、纯化铀和钚的溶剂萃取流程。此方法已不再用。

06.0665 超铀[元素]萃取流程 transuranium extraction process, TRUEX process
采用双官能团的辛基(苯基)-N,N-二异丁基氨基甲酰甲基氧化膦 (CMPO)作萃取剂，从酸度范围较宽的高放废液中萃取锕系元素。是一种正在研究中的流程。

06.06 应用放射化学

06.0666 标记化合物 labeled compound
化合物中某一个或多个原子或其化学基团，被其易辨认的同位素、其他易辨认的核素或其他基团所取代而得到的化合物。

06.0667 同位素标记 isotope labeling
化合物中的原子被其同位素示踪原子所取代的标记。取代后分子与原分子的区别仅在于同位素组成不同。

06.0668 放射性同位素标记 radioisotope labeling
用于同位素标记的示踪原子为放射性同位素的标记。

06.0669 稳定同位素标记 stable isotope labeling
用于同位素标记的示踪原子为稳定同位素的标记。

06.0670 同位素示踪剂 isotope tracer
与被示踪物元素相同而同位素组成不同的示踪剂。

06.0671 稳定同位素示踪剂 stable isotope tracer
用被示踪元素的稳定同位素作为标记的一种示踪剂。

06.0672 稳定同位素标记化合物 stable isotope labeled compound
用稳定同位素取代化合物分子中一种或几种原子的化合物。

06.0673 非同位素标记化合物 non-isotopic labeled compound
用于标记的原子与被取代的原子不属于同一种元素的标记化合物。

06.0674 放射性同位素示踪剂 radioisotope tracer
用被示踪元素的放射性同位素作为标记的一种示踪剂。

06.0675 放射性标记 radio-labeling
将放射性核素引入化合物中的过程。

06.0676 放射性标记化合物 radio-labeled compound
化合物分子中的1个或多个原子或其化学基团，被放射性核素或其基团所取代而得到的化合物。

06.0677 放射性核素标记化合物 radionu-

clide labeled compound
用放射性核素取代化合物分子的一种或几种原子的化合物。

06.0678 准定位标记化合物 nominally labeled compound
从标记方法预测示踪原子主要标记在化合物分子中指定位置上，而实际结果未做鉴定或鉴定结果为指定位置上的标记原子数少于95%的标记化合物。

06.0679 均匀标记化合物 uniformly labeled compound
化合物分子中所有与标记原子相同的原子均被同等程度取代的化合物。

06.0680 定位标记化合物 specifically labeled compound
在化合物分子中指定位置上的原子被标记原子部分或者全部取代的化合物。也可视为一种同位素未变化合物中加入了唯一一种同位素取代的相同化合物。通常要求在指定位置上标记的化合物占总标记化合物的95%以上。

06.0681 全标记化合物 generally labeled compound
标记化合物分子中与标记原子相同的任意位置上的原子均有可能被标记原子所取代但取代程度不必相同的化合物。

06.0682 立体特异标记化合物 stereospecifically labeled compound
在化合物分子中具有特定立体构型的位置上引入示踪原子的化合物。

06.0683 示踪剂 tracer
某些具有明显的特性而易于辨认的物质。将少量该物质与待测物质相混合或附着于待测物质时可用于确定待测物质的分布状况或其所在的位置等。

06.0684 被示踪物 tracee
与示踪剂的物理、化学性质基本相同的被示踪研究的具体对象。在示踪技术中，示踪剂作为被示踪物的化学组成部分或与其混合来研究其物理、化学和生物学等行为和特性。

06.0685 示踪技术 tracer technique
通过观察示踪剂的行为来研究具体对象的物理、化学和生物学等行为和特性的技术。

06.0686 双重标记 double labeling, double-tagging
用两种不同的核素同时标记在同一化合物分子的两个不同位置上的一种标记方法。

06.0687 标记率 labeling efficiency
引入到标记化合物分子中的稳定或放射性核素的量占用于标记反应的相应核素总量的百分比。是反映标记效率的参数。

06.0688 激发标记 excitation labeling
用微波、放射、加热等辐射能使标记原子或被标记物处于激发态时进行的标记的方法。

06.0689 反冲标记 recoil labeling
利用核过程中产生的反冲原子所引发的化学反应制备标记化合物的方法。

06.0690 曝射标记 exposure labeling
又称"韦茨巴赫技术(Wilzbach technique)"。将需要标记的化合物置于氚气中，让氚与化合物上的氢之间发生同位素交换而获得氚标记化合物的方法。

06.0691 掺加示踪剂 spiking tracer
将具有可辨认的、放射性的或稳定的、同位素示踪剂加入到要用同位素方法进行分析的样品中的过程。

06.0692　掺加同位素　spiking isotope
将具有显著同位素特征的标记物加入到样品中，用同位素方法对样品进行分析的过程。

06.0693　氘核　deuteron
质量数为 2 的氢的同位素核。核内含有 1 个质子和 1 个中子。

06.0694　氘化　deuteration
有机化合物中的氢被其稳定同位素氘置换或加氘的反应。

06.0695　氘化物　deuteride
氘与比氘电负性小的元素组成的二元化合物。通常多指金属氘化物，如氘化锂。

06.0696　氚比　tritium ratio
又称"氚单位(tritium unit)"。在 10^{18} 个氢原子中含 1 个氚原子称为 1 个氚比。相当于 1 g 水中的氚放射性活度为 $1.2×10^{-4}$ Bq。

06.0697　氚化　tritiation
用放射性核素氚取代化合物中的某一个或多个氢原子或加氚而得到氚标记化合物的过程。

06.0698　氚化物　tritide
氚与比氚电负性小的元素组成的二元化合物。通常多指金属氚化物。

06.0699　含氚化合物　tritiated compound
化合物分子中的某一个或多个氢原子被其放射性同位素氚取代而得到的化合物。

06.0700　冷标记　cold labeling
用非放射性示踪剂(如稳定同位素)进行的标记。

06.0701　放射性产额　radioactive yield
(1)在一定条件下(如粒子强度、给定时间等)通过核反应生成某种放射性核素的量与总束流通量之比。(2)在标记化合物的合成中，产物的放射性活度与作为原料加入的反应物的放射性活度之比。

06.0702　分子核医学　molecular nuclear medicine
将分子生物学技术、同位素示踪技术和核医学影像技术有效结合并用于人类疾病的诊断和治疗的一门交叉学科。

06.0703　分子影像学　molecular imaging
利用各种体内成像技术在细胞与分子水平上显示正常与病变组织细胞的生理与生化变化过程信息的一门影像学科。

06.0704　核药物　nuclear pharmaceuticals
用于疾病诊断或治疗的放射性或稳定核素及其标记物或制剂。

06.0705　核医学　nuclear medicine
研究核素和核辐射在医学上的应用及其理论的一门学科。

06.0706　放射性核素显像　radionuclide image
利用脏器和病变组织对放射性药物摄取的差异，通过显像仪器来显示出脏器或病变组织影像的诊断方法。

06.0707　γ照相机　γ-camera
用于显示和拍摄注入人体内的 γ 发射放射性药物分布图像的核医学成像诊断仪器。

06.0708　单光子照相机　single photon camera
用于显示和拍摄单光子发射放射性药物在体内分布图像的核医学成像诊断仪器。

06.0709　发射计算机断层显像　emission com-

puted tomography, ECT

能从不同方向拍摄体内放射性药物浓度分布图并经计算机处理，重建放射性核素在体内各断层(截面)的分布及立体分布图的核素显像技术。分单光子发射计算机断层显像(SPECT)和正电子发射断层显像(PET)两类。

06.0710 正电子发射断层显像 positron emission tomography, PET

利用发射正电子的放射性核素显像剂的发射计算机断层显像技术。

06.0711 微型正电子发射断层显像 micro-positron emission tomography

基于正电子发射断层显像临床诊断技术发展起来的用于在分子水平上研究活体实验动物体内的生物学过程而专门设计的微型正电子断层显像装置。

06.0712 单光子发射计算机断层显像 single photon emission computed tomography, SPECT

能给出发射单光子放射性药物在体内的立体分布图像的显像技术。

06.0713 微型单光子发射计算机断层显像 micro- photon emission computed tomography

为研究单光子发射放射性药物在活体实验动物体内的生物学过程而专门设计的微型单光子发射断层显像装置。

06.0714 放射性药物 radiopharmaceutical

用于诊断、治疗或医学研究的放射性核素制剂或其标记药物或生物制剂。

06.0715 放射性籽粒 radioactive seed

用于植入体内，对肿瘤或病变组织进行放射治疗的微型密封放射源(针状或微球)。

06.0716 放射药物化学 radiopharmaceutical chemistry

研究带有放射性的药物分子的结构、性质、制备、分离、鉴定和应用的化学分支学科。

06.0717 放射药物学 radiopharmacy

研究放射性药物的制备、应用及其有关理论的一门学科。

06.0718 放射药物治疗 radiopharmaceutical therapy

利用放射性药物所含放射性核素发射的射线对病人体内病变器官或组织进行照射，以达到治疗的目的。一般利用放射性核素发射的α或β射线进行治疗。

06.0719 基因显像 gene imaging

用医学影像学方法对活体组织的正常和(或)异常细胞的靶基因进行显像的技术。其中核医学成像研究最多。该法采用放射性核素标记的反义核酸对 DNA 及 mRNA 直接显像，或用放射性核素标记报告基因表达产物(如酶)的底物对靶基因间接显像，显示出靶基因的分布部位、数量及活性，进行定性和定量检测。

06.0720 受体显像 receptor imaging

利用放射性标记的配体与靶组织高亲和力的特异受体结合的原理，通过核医学成像显示受体空间分布、密度和亲和力大小的技术。

06.0721 双功能螯合剂 bifunctional chelator

在靶向放射性药物制备中常用的、具有同时螯合放射性核素和连接靶向分子探针功能的一类螯合剂。

06.0722 双功能连接剂 bifunctional conjugating agent

在放射性药物制备中用于同时连接放射性

核素和靶向分子的连接剂。

06.0723 代谢显像 metabolic imaging
利用放射性药物参与体内必要代谢过程来测定相应器官或组织代谢功能的技术。

06.0724 显像剂 imaging agent
用于显像的放射性药物。

06.0725 血池显像 blood pool imaging
通过探测特定显像剂(如 ^{99m}Tc-RBC)的体内分布并结合核医学显像技术显示相关组织或器官的血流图像，并由此获得组织或器官的血液供应功能或血床分布等情况的技术。

06.0726 功能显像 functional imaging
将具有一定生理功能的放射性药物引入体内，用核医学影像方法显示被检器官的摄取(或吸收)、分布、代谢、排泄等生理功能的变化的技术。

06.0727 灌注显像 perfusion imaging
通过核医学成像技术获得显像剂在组织或器官内的分布图像，并利用组织或器官对显像剂的摄取量在很大范围内与血流灌注量成线性关系的特点评价组织或器官的血流分布或相关功能的技术。

06.0728 放射免疫显像 radioimnunoimaging
利用放射性核素标记的单克隆抗体或抗体片段与肿瘤相关抗原的特异性结合，进行肿瘤及转移灶的定位和鉴别诊断技术。

06.0729 反义核酸显像 anti-sense imaging
利用放射性核素标记的反义寡核苷酸或其化学修饰物，经体内核酸杂交，显示基因异常表达组织的技术。

06.0730 靶对非靶[摄取]比 target to non-target ratio, T/NT
放射性药物作用目标器官或组织中的放射性浓度(单位质量或体积中的放射性活度)与其他器官或组织中的放射性浓度之比值。

06.0731 靶体积 target volume
靶的大小。是从放射生物学"靶学说"的数学模型中演算而得的 1 个参数。

06.0732 靶组织 target tissue
(1)在辐射剂量学中，指吸收辐射的组织或器官。(2)在放射性药物化学中，指期望药物富集的组织或器官(如心肌，肾脏，肿瘤等)。通常是肌体核医学显像中感兴趣的区域。

06.0733 单克隆抗体标记 labeling of mono-clonal antibody
将稳定或放射性核素通过化学方法引入到单克隆抗体分子中的过程。分为直接标记和间接标记两种技术。

06.0734 [^{18}F]-氟代脱氧葡萄糖 [^{18}F]-fluoro-deoxyglucose, [^{18}F]-FDG
脱氧葡萄糖分子中 2 位碳上的氢被放射性核素 ^{18}F 取代后所得到的产物。是正电子发射断层显像研究中应用最广泛的正电子显像剂，可用于肿瘤、心肌和脑等组织或器官的葡萄糖代谢的测定。

06.0735 医学内照射剂量 medical internal radiation dose, MIRD
放射性药物在体内分布、代谢过程中引起的放射性沉积对机体产生的内照射剂量。取决于给药途径和活度、药物理化性质、辐射类型和能量以及个体差异。用于医疗照射的剂量约束。

06.0736 医用电子加速器 medical electron accelerator
加速电子并通过加速后的电子轰击靶材料产生韧致辐射用于放射治疗的医疗设备。

06.0737 医用放射性废物 medical radioactive waste

在应用放射性核素的医学实践中产生的放射性比活度或放射性浓度超过国家规定值的液体、固体和气载废物。

06.0738 医用回旋加速器 medical cyclotron

专门为医用而设计制造的用于制备短寿命放射性核素的小型回旋加速器。

06.0739 放射免疫学 radioimmunology

利用放射性示踪技术研究生物体免疫性、免疫反应和免疫现象的一门生物医学学科。

06.0740 放射免疫治疗 radioimnunotherapy

利用发射α或β辐射的放射性核素标记的单克隆抗体与抗原的特异性结合，使放射性定位于病变组织或器官，通过放射性核素发射射线的放射生物学效应破坏、干扰靶细胞的结构与功能以达到放射治疗的方法。

06.0741 放射性核素治疗 radionuclide therapy

将放射性核素或其标记物引入人体后让其在病变组织或器官浓集，利用放射性核素发射射线的辐射效应抑制和破坏病变组织的治疗方法。

06.0742 近程[放射]治疗 brachytherapy

把密封放射性核素源置于病人自然体腔或组织间隙，对其临近靶区进行照射以达到治疗目的的治疗方法。是放射治疗的第二位照射方式。

06.0743 远程[放射]治疗 teletherapy

利用离体表有相当距离的射线装置或密封放射性核素源产生的外部粒子(如中子、质子或重离子)或辐射对病人病灶进行照射治疗的方法。是放射治疗的主要方式。

06.0744 放射发光材料 radioluminous mate-rials

由β放射性物质与发光材料组成的一种较弱的放射性光源。

06.0745 放射光致发光 radiophotolumines-cence

物体依赖外界放射性辐射获得能量产生激发导致发光的现象。

06.0746 放射性核素发生器 radionuclide generator, radioisotope generator, radioactive cow

可以从较长半衰期的放射性核素(母体)中分离出由它衰变而产生的较短半衰期放射性核素(子体)的一种装置。

06.0747 放射自显影术 autoradiography

利用放射性核素发射的射线使感光材料感光来显示放射性核素标记物质在实验样品中的分布并加以定量的一种技术。

06.0748 放射自显影图 autoradiogram

将含有放射性物质的实验样品与感光胶片紧贴在一起一段时间，利用放射性核素发射的射线使感光材料感光并经显影后获得的图像。

06.0749 放射性同位素烟雾报警器 radioi-sotope smoke alarm

利用由放射性同位素发射的射线电离空气产生的离子被烟雾微粒吸附而导致电离电流降低的原理制造的一种能够早期探测烟雾并报警的装置。

06.0750 核测井 nuclear logging

利用辐射与物质相互作用的各种效应或岩石本身的放射性，借助射线探测仪探测地层物理性质、元素组成以及井下技术参数的物探方法。

06.0751 核电池 nuclear battery
将核衰变能不经过中间机械转换过程而直接转换为电能的装置。

06.0752 裂变径迹年代测定 fission track dating
在含铀矿中，有 ^{238}U 自发裂变(半衰期为 8×10^{15} 年)径迹，根据矿样中的铀浓度 N_{238}、自发裂变径迹浓度 N_{sf} 测定样品年龄的方法。

06.0753 同位素地质年代学 isotope geo-chronology
根据放射性同位素衰变所形成的母子体间定量关系随时间演化的特征，测定地质体年龄、研究地质体演化历史的地质学的分支学科。

06.0754 同位素地质学 isotope geology
研究地球表面、地壳或岩石圈等不同地质体的天然放射性同位素及其衰变子体及不同元素的同位素组成(丰度)变化，测定矿物和岩石的年龄，分析岩石和矿物的来源，追踪元素运移的地球化学过程，分析其产生的地质原因和演化的学科。

06.0755 铱异常 iridium anomaly
地球地壳的铱含量很低，在全球多处的白垩纪末-第三纪初的界面黏土层中发现有铱富集的现象。铱异常可作为地球撞击事件的佐证。

06.0756 同位素年代测定 isotope dating
通过测定样品中放射性母体和由其衰变产生的子体的同位素组成，或测定样品中剩余放射性母体含量(如果放射性母体初始含量已知)，依据放射性衰变规律来确定样品年代的方法。

06.0757 放射性碳年代学 radiocarbon chronology
以样品中放射性碳-14 含量以及放射性衰变规律为基础，测定各种考古学、气象学以及地质学等样品年龄、研究其演化历史的一门学科。

06.0758 碳-14 年代测定 ^{14}C dating
通过测定样品中 ^{14}C 的β放射性活度，并参考现代样品中 ^{14}C 的β放射性活度，利用放射性衰变规律进行样品年代测定的方法。

06.0759 钾-氩年代测定 potassium-argon dating
根据岩石、矿物等样品中 ^{40}K 经 K 层电子俘获形成稳定的 ^{40}Ar 的衰变规律，通过测量封闭体系中 ^{40}K 和 ^{40}Ar 的含量比值来计算样品年龄的一种放射性同位素年代测定方法。

06.0760 铼-锇年代测定 rhenium-osmium dating
根据 ^{187}Re 经β-衰变成稳定的 ^{187}Os 的放射性衰变规律，通过测量封闭样品中 ^{187}Re 和 ^{187}Os 的同位素含量来计算样品年龄的方法。

06.0761 氩-氩年代测定 argon-argon dating
将含钾样品用快中子照射后经 $^{39}K(n, p)$ 反应得到放射性核素 ^{39}Ar，通过测定被照样品中 $^{40}Ar/^{39}Ar$ 的同位素比值代替常规钾-氩法中 $^{40}K/^{40}Ar$ 的比值来计算样品年龄的方法。此法需要已知年龄的标准样与待测样品一起辐照对比。

06.0762 铷-锶年代测定 rubidium-strontium dating
根据放射性同位素 ^{87}Rb 经β-衰变成稳定的 ^{87}Sr 的放射性衰变规律而建立的一种年代学测定方法。

06.0763 钐-钕年代测定 samarium-neodymium dating
根据样品中 ^{147}Sm 经α衰变形成稳定的 ^{143}Nd 的放射性衰变规律，通过加入非放射成因的参考核素 ^{144}Nd 后测量封闭体系中 $^{147}Sm/^{144}Nd$

和 $^{143}Nd/^{144}Nd$ 的含量比值来计算样品年龄的一种放射性同位素年代测定方法。Sm-Nd体系最不易受由变质作用所引起的扰动，测定年龄的准确度高。

06.0764　铀-铅年代测定　uranium-lead dating
通过测定封闭体系中铀(^{238}U、^{235}U)和其衰变系的最终稳定产物铅(^{206}Pb、^{207}Pb)的含量比值，利用放射性衰变平衡测定样品年代的方法。

06.0765　核宇宙化学　nuclear cosmochemistry
用核理论、核模型、核反应及核方法研究宇宙体系(包括太阳系、银河系及银河系外物质)的元素和同位素的起源、组成及其变化，从而探索宇宙及其组成部分的演化史及演化机制的一门学科。

06.0766　p 过程　p-process
由(p, γ) 或(p, n) 反应生成富质子核素的过程。

06.0767　r 过程　r-process
又称"快过程"。在强中子流(中子密度约为 $10^{20}\sim10^{24}/cm^3$)的照射下原子核连续快速俘获中子而生成富中子核素的过程。

06.0768　s 过程　s-process
又称"慢过程"。核素缓慢俘获中子生成另一核素的过程。即元素 X 的核 $^A_Z X$ 俘获 1 个中子后生成的不稳定核 $^{A+1}_Z X$ 有充分的时间进行 β-衰变转变为另一种元素的核 $^{A+1}_{Z+1} Y$。

06.0769　氢燃烧　hydrogen burning
在恒星内部(温度>7×10^7 K)由 4 个氢原子核聚合成 1 个氦原子核的核聚变反应过程。氢燃烧由质子-质子循环和碳-氮-氧循环两个反应链组成。

06.0770　氦燃烧　helium burning
在恒星内部(温度≥10^8 K)由氦原子核聚合成铍核(^8Be)、碳核(^{12}C)和氧核(^{16}O)等的核聚变反应过程。

06.0771　碳-氮-氧循环　C-N-O cycle
在含有相当量碳的恒星中由碳、氮、氧作为氢融合催化剂促使 4 个氢核聚变为 1 个氦核的过程。循环结果是 4 个质子转变成了 1 个氦核、两个正电子和两个中微子。

06.0772　同位素地球化学　isotope geochemistry
研究天然物质中同位素的组成、丰度、差异及其演化规律的学科。是地球化学的 1 个分支。

06.0773　同位素水文学　isotope hydrology
通过对稳定或放射性同位素丰度的测量，研究存在于土壤、岩层及大气层中的地球表面水资源的特性与分布的学科。

06.0774　同位素仪表　isotope gauge
又称"核辐射式检测仪表(nuclear radiation gauge)"。利用放射性同位素和核辐射对非电参数进行检测和控制的仪器仪表。

06.0775　核药[物]学　nuclear pharmacy
研究核药物的制备、应用及其理论的一门学科。

06.0776　免疫放射自显影　immunoradioautography
利用放射性核素标记的抗体(或抗原)与被检抗原(或抗体)产生的特异性免疫反应，当两者的量在一定比例时即可形成免疫沉淀图形，可通过自显影方法进行显示并定量的技术。

06.0777　竞争放射分析　competitive radioassay
用放射性示踪技术的体外超微量分析方法的总称。包括利用抗原抗体免疫反应的放射免疫分析法、利用特异结合蛋白质的竞争性蛋白结合分析法、放射受体分析法等。

06.0778　磷光成像仪　phosphor imager
用磷光屏代替 X 胶片成像的一种自显影仪器。由镧系元素掺杂的特殊晶体制成的磷光屏及信号读出设备组成。样品发射的射线在磷光屏中形成潜影，照射结束后用激光扫描磷光屏，读出其中的潜影信号并转化为数字信号储存。

06.0779　硼中子俘获治疗　boron neutron capture therapy, BNCT
将含富集硼-10(^{10}B)的药物注入体内肿瘤组织中，在超热中子辐照下通过 ^{10}B(n, α)^{7}Li 产生的α粒子以及反冲核 ^{7}Li 的电离激发作用来破坏肿瘤细胞的治疗方法。

06.0780　同位素[组成]未变化合物　isotopically unmodified compound
所有元素的宏观同位素组成与其天然同位素组成相同的一类化合物。

06.0781　同位素[组成]改变的化合物　isotopically modified compound
组成元素中至少有一种元素的宏观同位素组成与该元素的天然同位素组成有可以测量的差别的一类化合物。

06.0782　同位素取代化合物　isotopically substituted compound
分子中特定位置只有指定的核素，分子的其他位置上的元素的同位素组成与相应元素的天然同位素组成相同的一类化合物。

06.0783　同位素标记化合物　isotopically labeled compound
同位素取代化合物与同位素未变化合物的混合物。

06.0784　外来标记化合物　foreign labeled compound
在被研究的分子中引入分子中不包含的元素(外来元素)的放射性同位素或荧光基团。所得化合物在所研究的方面具有原化合物相同或相似的生物学特性。

英 汉 索 引

A

acid anhydride　酸酐　01.0122

acid-base catalysis　酸碱催化　04.0648

acid-base equilibrium　酸碱平衡　01.0453

acid-base indicator　酸碱指示剂　03.0552

acid-base titration　酸碱滴定法　03.0406

acid catalysis　酸催化　04.0646

acid catalyst　酸催化剂　04.0653

acidic oxide　酸性氧化物　01.0146

acidification　酸化　01.0455

acidimetry　酸量法，*碱滴定法　03.0407

acidity　酸度　03.0734

acidity constant　酸度常数　03.0755

acidity function　酸度函数　02.0912

acidolysis　酸解　01.0452

acidometer　pH 计，*酸度计　03.1559

acid salt　酸式盐　01.0127

acid value　酸值　03.0775

aconane　阿康烷[类]　02.0509

aconitine alkaloid　乌头碱[类]生物碱，*去甲二萜碱
　02.0422

acousto optical tunable filter　光声可调滤光器
　03.1436

acoustooptic effect　光声效应　03.1435

AC polarography　交流极谱法　03.1468

acquisition time　采样时间　03.2212

acridine　*吖啶　02.0362

acridine derivative　吖啶衍生物　03.0636

9-acridone　9-吖啶酮　02.0363

acrylate rubber　丙烯酸酯橡胶　05.0345

acrylic resin　丙烯酸[酯]树脂　05.0204

acrylonitrile-butadiene-styrene resin　丙烯腈-丁二烯-苯
乙烯树脂　05.0184

acrylonitrile-styrene resin　丙烯腈-苯乙烯树脂
　05.0185

actinide　锕系元素，*锕系　01.0086

actinide-burning　锕系焚烧　06.0656

actinide contraction　锕系收缩　06.0305

actinometer　光强测定仪，*曝光计　04.1042

actinometry　光强测定术　04.1041

actinouranium decay series　锕铀衰变系，*4n+3 系
　06.0324

actinyl　锕系酰　06.0306

activated aluminium oxide　活性氧化铝　03.2037

activated carbon　活性炭　01.0100

activated charcoal　活性炭　01.0100

activated complex　活化复合物　03.2363

activated monomer　活化单体　05.0398

activated polycondensation　活化缩聚　05.0515

activating group　活化基团　02.0583

activation　活化　01.0387

activation analysis　活化分析　06.0483

activation controlled reaction　活化控制反应　04.0341

activation energy　活化能　04.0286

activation energy of adsorption　吸附活化能　04.1586

activation grafting　活化接枝　05.0650

activator　激活剂　01.0770

active carbon fiber　活性碳纤维　05.0368

active center　活性中心　01.0643，05.0568

active constituent　活性组分　03.0788

active intermediate　活性中间物　04.0801

active interrogation　有源探询，*主动探询　06.0529

active neutron interrogation　有源中子探询法
　06.0530

active site　*活性位点　01.0643

active species　活性物种　04.0800

activity　活度　04.0194

activity factor　活度因子　04.0195

activity meter　活度计　06.0134

acyclic diterpene　无环二萜　02.0487

acyclic monoterpene　无环单萜　02.0458

acyclic sesquiterpene　无环倍半萜　02.0469

acylation　酰化　02.1030

acylazide　酰叠氮　02.0115

acylbromide　酰溴　02.0096

acylcation　酰[基]正离子　02.0950

acylchloride　酰氯　02.0095

acylcleavage　酰基裂解　02.1100

acylcyanide　酰腈　02.0120

acylfluoride　酰氟　02.0094

acylhalide　酰卤　02.0093

acyliodide　酰碘　02.0097

acyloin　偶姻　02.0144

acyloin condensation　偶姻缩合　02.1121

acylolysis　酰基裂解　02.1100

acyloxylation　酰氧基化　02.1045

acyl peroxide　酰基过氧化物　02.0102

acyl rearrangement　酰基重排　02.1168

acyl species　酰[基]物种　02.0949

adatom 吸附原子 04.1968

1,4-addition 1,4-加成 02.1062

addition-eliminationmechanism 加成-消除机理 02.0883

addition polymer 加成聚合物，*加聚物 05.0051

addition polymerization 加成聚合，*加聚 05.0414

addition reaction 加成反应 01.0356

additive 添加物 04.0754，添加剂 05.1089

additivedimerization 加成二聚 02.1066

additivity of sum of deviations squares 差方和的加和性 03.0195

additivity of sum of squares 平方和加和性 03.0237

adduct 加成物 02.1061

adduction ion 加合离子 03.2478

adenine 腺嘌呤 02.1304

adenosine 腺苷，*腺嘌呤核苷 02.1309

adenosine5'-triphosphate *腺苷-5′-三磷酸 02.1297

adhesion 黏合 05.1074

adhesive 黏合剂，*胶黏剂 05.0377

adiabatic approximation *绝热近似 04.1305

adiabatic calorimeter 绝热式热量计 04.0131

adiabatic electron transfer 绝热电子转移 04.1004

adiabatic ionization 绝热电离 03.2482

adiabatic potential energy surface 绝热势能面 04.0305

adiabatic process 绝热过程 04.0037

adiabatic system 绝热系统 04.0026

adjacent reentry model 相邻再入模型 05.0846

adjusted retention time 调整保留时间 03.1924

adjusted retention volume 调整保留体积 03.1929

admicelle 吸附胶束 04.1642

ADS 加速器驱动次临界系统 06.0660

adsolubilization 吸附增溶 04.1648

adsorbate 吸附质 04.1578

adsorbed amount 吸附量 04.1604

adsorbent 吸附剂 04.1580

adsorption 吸附 01.0372

adsorption bubble separation method 吸附气泡分离法 04.1607

adsorption center 吸附中心 04.1587

adsorption chromatography 吸附色谱法 03.1748

adsorption coprecipitation 吸附共沉淀 03.0811

adsorption current 吸附电流 03.1661

adsorption equilibrium 吸附平衡 04.1589

adsorption hysteresis 吸附滞后 04.1594

adsorption indicator 吸附指示剂 03.0553

adsorption inhibitor 吸附型缓蚀剂 04.0592

adsorption isobar 吸附等压线 04.1591

adsorption isostere 吸附等量线 04.1592

adsorption isotherm 吸附等温线[式] 04.1590

adsorption layer 吸附层，*吸附相 04.1597

adsorption polymerization 吸附聚合 05.0497

adsorption potential 吸附电势 04.0471

adsorption rate 吸附速率 04.1588

adsorption separation 吸附分离法 03.0902

adsorption solvent strength parameter 吸附溶剂强度参数 03.1868

adsorption wave 吸附波 03.1675

adsorptive 吸附物 04.1579

adsorptive stripping voltammetry 吸附溶出伏安法，*吸附伏安法 03.1490

adsorptive voltammetry 吸附溶出伏安法，*吸附伏安法 03.1490

advanced nuclear fuel reprocessing process 先进核燃料后处理流程 06.0587

advancing contact angle 前进接触角 04.1671

adventitious carbon reference 外来碳基准 03.2628

AD-XPS 同角度有关的 X 射线光电子能谱法 03.2620

AEC 阴离子交换色谱法 03.1794

aerodynamic isotope separation 空气动力学同位素分离法 06.0575

aerogel 气凝胶 04.1702

aerosol 气溶胶 04.1687

AES 原子发射光谱法 03.0934，俄歇电子能谱[法] 03.2632

affinity capillary electrophoresis 亲和毛细管电泳 03.1838

affinity chromatography 亲和色谱法 03.1784

affinity of chemical reaction 化学反应亲和势 04.0167

AFM 原子力显微镜法 03.2670

AFS 原子荧光光谱法 03.1134

Ag/AgCl electrode 银-氯化银电极 03.1595

agar-agar 琼脂 05.0153

agglomeration 团聚 04.1517

aggregate 聚集体 04.1514，聚集体 05.0692

aggregation 聚集 04.1513

aggregation defect　*缔合缺陷　01.0730

aggregation number of micelle　胶束聚集数　04.1634

aggregation velocity　聚集速度　03.0796

aging　陈化　03.0824，老化　04.0712

aglycon　苷元，*甙元，*配糖体　02.0542

aglycone　苷元，*甙元，*配糖体　02.0542

agonist　激动剂　02.1321

agostic hydrogen　抓桥氢　02.1459

agostic hydrogen bond　抓氢键　02.1460

air-acetylene flame　空气-乙炔火焰　03.1047

airborne debris　[大气]气载碎片　06.0080

air-damped balance　[空气]阻尼天平　03.0088

air kerma rate constant　空气比释动能率常数　06.0408

alanine　丙氨酸　02.1330

ALARA principle　*ALARA原则　06.0394

albite　钠长石　01.0246

albumin　白蛋白　05.0155

alchemy　金丹术　01.0408

alcohol　醇　02.0027

alcoholization　醇化　01.0418

alcoholysis　醇解　01.0369

aldehyde　醛　02.0047

aldehyde hydrate　醛水合物，*偕二羟基化合物　02.0051

aldimine　醛亚胺　02.0071

alditol　糖醇　02.1268

aldol　羟醛　02.0143

aldol condensation　羟醛缩合　02.1118

aldonic acid　糖酸　02.1269

aldose　醛糖　02.1255

aldoxime　醛肟　02.0074

alexandrite　变石　01.0265

alfin initiator　烯醇钠引发剂　05.0544

ALI　年摄入限值　06.0397

alicyclic compound　脂环化合物　02.0150

aliphatic compound　脂肪族化合物　02.0008

aliphatic epoxy resin　脂肪族环氧树脂　05.0207

aliphatic polyester　脂肪族聚酯　05.0265

alizarin　茜素，*1,2-二羟基蒽醌　03.0514

alizarin complexant　茜素氨羧络合剂　03.0515

alizarin red S　茜素红S　03.0516

alizarin yellow R　茜素黄R　03.0578

alkali fusion　碱熔　01.0454

alkali metal　碱金属　01.0067

alkalimetry　碱量法，*酸滴定法　03.0408

alkaline accumulator　碱性蓄电池　04.0560

alkaline earth metal　碱土金属　01.0068

alkaline polymerization　碱性聚合　01.0456

alkalinity　碱度　03.0736

alkalization　碱化　01.0457

alkaloid　生物碱　02.0391

alkane　烷[烃]　02.0012

alkene　烯[烃]　02.0013

alkenyl group　烯基　02.0574

alkenyl metal　烯基金属　02.1518

alkyd resin　醇酸树脂　05.0205

alkylation　烷基化　02.1024

alkylation reaction　烷基化反应　04.0854

alkylbenzene　烷基苯　02.0175

alkyl bromide　*烷基溴[化物]　02.0025

alkyl chloride　*烷基氯[化物]　02.0024

alkyl cleavage　烷基裂解　02.1099

alkylene　亚烷基，*烷亚基　02.0573

alkyl fluoride　*烷基氟[化物]　02.0023

alkyl group　一般结构原理烷基　02.0572

alkyl halide　*烷基卤[化物]　02.0022

alkylidene complex　亚烃基配合物　02.1515

alkylidene group　亚烷基，*烷亚基　02.0573

alkyl iodide　*烷基碘[化物]　02.0026

alkylolysis　烷基裂解　02.1099

alkyne　炔[烃]　02.0014

alkyne complex　炔烃配合物　02.1521

alkynide　炔化物　02.0020

alkynyl group　炔基　02.0577

alkynyl metal　炔基金属　02.1519

allene　联烯　02.0017

allophanate　脲基甲酸酯　02.0130

allotrope　同素异形体　01.0089

allotropic transition　同素异形转化　01.0375

allowable deviation　允许偏差　03.0170

allowable error　容许[误]差　03.0185

alloxazine　*咯嗪　02.0384

alloy catalyst　合金催化剂　04.0675

π-allyl complex mechanism　π烯丙型络合机理　02.0896

allyl group　烯丙基　02.0575

allylic　烯丙位[的]　02.0576

allylic alcohol　烯丙醇　02.0031

allylic hydroperoxylation　烯丙型氢过氧化　02.1127

allylic migration　烯丙型迁移　02.1160

allylic polymerization　烯丙基聚合　05.0455

allylic rearrangement　烯丙型重排　02.1159

allyl resin　烯丙基树脂　05.0179

alpha glove box　α手套箱　06.0255

alternant hydrocarbon　交替烃　02.0620

alternating copolymer　交替共聚物　05.0037

alternating copolymerization　交替共聚合　05.0607

alternating current　交流极谱法　03.1468

alternating current arc source　交流电弧光源　03.0938

alternating current chronopotentiometry　交流计时电位法　03.1519

alternating current impedance method　交流阻抗法　04.0621

alternating current voltammetry　交流伏安法　03.1470

alternative hypothesis　备择假设　03.0216

alternative method　替换方法，＊推荐方法　03.0871

alum　明矾，＊钾铝矾　01.0219

aluminate coupling agent　铝酸酯偶联剂　05.1102

aluminon　铝试剂，＊玫红三羧酸铵　03.0509

aluminothermy　铝热法　01.0419

alunite　明矾石　01.0270

amalgam　汞齐，＊汞合金　01.0229

amalgamation　汞齐化　01.0394

Am-Be neutron source　镅-铍中子源　06.0297

ambident　两可[的]　02.0828

ambrane　龙涎香烷[类]　02.0515

amide　酰胺　02.0108

amidine　脒　02.0116

aminal　胺缩醛，＊偕二胺　02.0059

amination　氨基化　02.1036

amine　胺　02.0039

amine oxide　胺氧化物　02.0103

amino acid　氨基酸　02.1323

amino acid analyzer　氨基酸分析仪　03.1980

amino acid residue　氨基酸残基　02.1362

amino acid sequence　氨基酸序列　02.1409

amino-bonded phase　氨基键合相　03.2023

γ-aminobutyric acid　γ-氨基丁酸　02.1361

aminoglycoside　氨基糖苷，＊氨基环醇抗生素　02.0556

aminohydroxylation　氨羟化反应　02.1043

aminolysis　氨解　01.0368

aminomercuration　氨汞化　02.1153

aminomethylation　氨甲基化　02.1109

amino resin　氨基树脂　05.0200

amino silane　氨基硅烷　02.0223

amino terminal　＊氨基端　02.1379

aminoxide　胺氧化物　02.0103

aminylium ion　氨基正离子　02.0957

ammonia-soda process　氨碱法　01.0409

ammonolysis　氨解　01.0368

amorphous alloy　非晶态合金　04.1887

amorphous alloy catalyst　非晶态合金催化剂　04.0676

amorphous catalyst　非晶态催化剂　04.0698

amorphous orientation　非晶取向　05.0873

amorphous phase　非晶相　05.0871

amorphous precipitation　无定形沉淀　03.0799

amorphous region　非晶区　05.0872

amorphous silica-alumina catalyst　非晶型硅铝催化剂　04.0663

amorphous state　非晶态　01.0692

ampere detector　安培检测器　03.2070

amperometric method　电流法　04.0616

amperometric titration　电流滴定法，＊安培滴定法　03.1513

amperometry　电流滴定法，＊安培滴定法　03.1513

amphibole　角闪石　01.0249

amphiphile　两亲体　02.0827

amphiphilic　两亲的　04.1522

amphiphilic block copolymer　两亲嵌段共聚物　05.0041

amphiphilic molecule　两亲分子　04.1613

amphiphilic polymer　两亲聚合物　05.0100

amphiphobic　双疏的　04.1523

amphi position　远位　02.0599

amphiprotic solvent　两性溶剂　03.0660

ampholyte　两性物　03.0661

amphoteric surfactant　两性型表面活性剂　04.1618

AMS　加速器质谱法　03.2366

amylin　糊精　02.1267

amylopectin　支链淀粉　05.0157

amylose　直链淀粉　05.0156

β-amyrane　齐墩果烷[类]，＊β-香树脂烷类　02.0521

anaerobic adhesive　厌氧黏合剂　05.0380

analog 类似物 02.0003

analogue 类似物 02.0003

analyser 分析器，＊质量分析器 03.2513

analysis error 分析误差 03.0165

analysis of acid rain 酸雨分析 03.0455

analysis of covariance 协方差分析 03.0198

analysis of mineral 矿物分析 03.0452

analysis of original organism in body fluid 生物体液原态分析 03.0436

analysis of variance 方差分析 03.0196

analyte 分析物 03.0085

analytical balance 分析天平 03.0086

analytical concentration 分析浓度，＊标称浓度 03.0747

analytical line 分析线 03.0929

analytically pure 分析纯，＊二级纯 03.0040

analytical pyrolysis 分析裂解 03.2736

analytical signal 分析信号 03.2462

analytical type chromatograph 分析型色谱仪 03.1972

anatase 锐钛矿 01.0289

anchored catalyst 锚定催化剂 04.0702

androstane 雄甾烷[类] 02.0531

ANF 心房肽 02.1388

angiotensin 血管紧张肽，＊血管紧张素 02.1390

angle strain 角张力 02.0643

angular dependent X-ray photoelectron spectroscopy 同角度有关的 X 射线光电子能谱法 03.2620

angular dispersion 角色散 03.0966

angular distribution 角分布 06.0230

angular momentum 角动量 04.1179

angular overlap model 角重叠模型 01.0576

anharmonic oscillator 非简谐振子 04.1287

anhydride 酐 01.0121

anhydridization 酐化 01.0420

anhydrite 无水石膏，＊硬石膏 01.0302

anion 阴离子，＊负离子 01.0019

anion base 阴离子碱 03.0705

anion exchange chromatography 阴离子交换色谱法 03.1794

anion exchange membrane 负离子交换膜 05.1088

anion exchanger 阴离子交换剂 03.2029

anionic acid 阴离子酸 03.0704

anioniccycloaddition 负离子环加成 02.1088

anionic cyclopolymerization 负离子环化聚合 05.0452

anionic electrochemical polymerization 负离子电化学聚合，＊电引发负离子聚合，＊负离子电解聚合 05.0453

anionic initiator 负离子引发剂 05.0541

anionic isomerization polymerization 负离子异构化聚合 05.0454

anionic polymerization 负离子聚合，＊阴离子聚合 05.0449

anionic surfactant 阴离子型表面活性剂 04.1616

anionotropic rearrangement 负离子转移重排 02.1174

anion radical initiator 负离子自由基引发剂 05.0543

anisotropic temperature factor 各向异性温度因子 04.2025

anisotropy ＊各向异性度 04.1070

annihilation 湮灭 04.0989

annihilation radiation 湮没辐射 06.0452

annonaceousacetogenin 番荔枝内酯 02.0567

annual limit on intake 年摄入限值 06.0397

annulation 增环反应 02.1124

annulene 轮烯 02.0184

anode 阳极 04.0442

anodic current 阳极电流 03.1649

anodic depolarizer 阳极去极剂 03.1701

anodic deposition 阳极沉积 01.0376

anodic inhibitor 阳极型缓蚀剂 04.0591

anodic oxidation 阳极氧化 01.0377

anodic polarization 阳极极化 04.0515

anodic protection 阳极保护 04.0587

anodic stripping voltammetry 阳极溶出伏安法 03.1488

anodic synthesis 阳极合成 01.0378

anodic transfer coefficient 阳极传递系数 04.0532

anomalous mixed crystal 反常混晶 06.0077

anomalous scattering 反常散射 04.2015

anomer 端基[差向]异构体 02.0709

anomeric effect 端基[异构]效应 02.1013

anorthite 钙长石 01.0245

ANP 心房肽 02.1388

ansa antibiotic 环柄类抗生素，＊安莎霉素 02.0566

ansa compound 环柄化合物 02.0565

antagonist 拮抗剂 02.1322

antagonistic effect　反协同萃取　06.0609

antarafacialreaction　异面反应　02.0907

antenna effect　天线效应　04.0939

anthocyanidin　花青素，＊花色素　02.0433

anthracene　蒽　02.0166

anthracyclineantibiotic　蒽环抗生素　02.0563

anthranilic acid　邻氨基苯甲酸　03.0535

anthraquinone　蒽醌　02.0206

anthrone colorimetry　蒽酮比色法　03.0487

anti　＊反　02.0724

anti-aging agent　防老剂　05.1115

antiaromaticity　反芳香性　02.0619

antibiotic　抗生素　02.0549

antibonding [molecular] orbital　＊反键分子轨道　04.1251

antibonding orbital　＊反键轨道　04.1242

antibump rod　防暴沸棒　03.0804

anticlinal　＊反错　02.0744

anticlinal conformation　反错构象　02.0748

anticoincidence　反符合　06.0137

anticoincidence circuit　反符合电路　06.0140

anti-degradant　抗降解剂　05.1114

antiferroelectricity　反铁电性　01.0761

antiferroelectric LC　反铁电液晶　02.0235

antiferroelectric liquid crystal　反铁电液晶　02.0235

antiferromagnetism　反铁磁性　01.0790

anti-isomorphism　反类质同晶　04.1894

anti-Markovnikov addition [reaction]　反马氏加成[反应]　02.0881

antioxidant　抗氧[化]剂　01.0194

antiozonant　防臭氧剂　05.1116

antiperiplanar　＊反叉　02.0744

antiperiplanarconformation　反叉构象，＊反叠构象，＊反式构象　02.0746

anti-radiation agent　抗辐射剂　06.0354

anti-reversion agent　抗硫化返原剂　05.1097

anti-sense imaging　反义核酸显像　06.0729

antistatic agent　抗静电剂　05.1119

anti-Stokes atomic fluorescence　反斯托克斯原子荧光　03.1124

antistructure　反结构　04.1891

antisymmetrical wave function　反对称波函数　04.1313

antisynergism　反协同萃取　06.0609

AOTF　光声可调滤光器　03.1436

A.P.　分析纯，＊二级纯　03.0040

ap　＊反叉　02.0744

apatite　磷灰石　01.0304

APCI　大气压化学电离　03.2440

API　大气压电离　03.2439

apical bond　顶点向键　02.0772

apoprotein　脱辅基蛋白　01.0618

aporphine alkaloid　阿朴啡[类]生物碱　02.0402

apparent activation energy　表观活化能　04.0287

apparent density　表观密度，＊粒密度　04.0792

apparent [electrophoretic] mobility　表观[电泳]淌度　03.1966

apparent kinetics　表观反应动力学　04.0910

apparent molar mass　表观摩尔质量　05.0742

apparent molecular weight　表观分子量　05.0743

apparent retention　＊表观保留　06.0097

apparent shear viscosity　表观剪切黏度　05.0795

applied electrochemistry　应用电化学　04.0407

APS　大气压喷雾　03.2441

aptamer　适配体　02.1451

aqua ion　水合离子　01.0020

aqua regia　王水　01.0130

aqueous reprocessing　水法后处理　06.0594

aqueous surfactant two phase　表面活性剂双水相　04.1640

aqueous two-phase extraction　双水相萃取　03.0886

aquoluminescence　水溶发光　06.0341

arachno-　网式　01.0166

aragonite　文石，＊霰石　01.0258

aramid fiber　聚芳酰胺纤维　05.0359

arbitration analysis　仲裁分析　03.0008

ARCA　自动快速化学装置　06.0264

Archimedean polyhedra　阿基米德多面体　04.1919

arc spectrum　电弧光谱　03.0924

area occupancy factor　区域居留因子　06.0449

arene　芳烃　02.0161

arenium ion　芳正离子　02.0953

argentimetry　银量法　03.0416

arginine　L-精氨酸　02.1348

argon-argon dating　氩-氩年代测定　06.0761

argon ionization detector　氩离子化检测器　03.2060

arithmetic average deviation　[算术]平均偏差　03.0175

arithmetic crystal class 算术晶类 04.1833

arithmetic mean 算术平均值 03.0149

aromatic compound 芳香化合物 02.0160

aromaticity 芳香性 02.0615

aromatic nucleophilic substitution [reaction] 芳香族亲核取代[反应] 02.0872

aromatic polyamide 聚芳酰胺 05.0275

aromatic polyester 芳香族聚酯 05.0266

aromatic polysulfonamide 聚芳砜酰胺 05.0285

aromatic sextet 芳香六隅 02.0616

aromatization 芳构化 02.1131

array capillary electrophoresis 阵列毛细管电泳 03.1841

Arrhenius equation 阿伦尼乌斯方程 04.0285

Arrhenius ionization theory 阿伦尼乌斯电离理论 04.0429

arsenazo I 偶氮胂 I 03.0511

arsenazo III 偶氮胂 III，＊铀试剂 III 03.0512

arsenblende 雌黄 01.0313

arsenic ylide 砷叶立德 02.0973

arsine 胂 02.0217

arsonium ion 砷鎓离子 01.0174

artificial aging 人工老化 05.0963

artificial element 人造元素 01.0050

artificial neutral network 人工神经网络 03.0314

artificial radioactivity 人工放射性 06.0299

artificial [radio] element ＊人工放射性元素，人造放射性元素 06.0318

arylation 芳基化 02.1029

aryl cation 芳基正[碳]离子 02.0954

aryl group 芳基 02.0579

aryne 芳炔 02.0183

ascarite 烧碱石棉 03.0677

ascending development method 上行展开[法] 03.2153

ascorbic acid 抗坏血酸 02.1285

ash 灰分 03.0083

as low as reasonably achievable principle 可合理达到的尽量低原则 06.0394

asparagine 天冬酰胺 02.1331

aspartic acid L-天冬氨酸 02.1346

assembly of independent particles 独立粒子系集 04.0224

assembly of interacting particles 非独立粒子系集 04.0225

assembly of localized particles 定域粒子系集 04.0226

assembly of non-localized particles 非定域粒子系集 04.0227

assistant flux 助熔剂 03.0864

association colloid 缔合胶体 04.1521

association constant 缔合常数 03.0771

association polymer 缔合聚合物 05.0055

association reaction 缔合反应 01.0458

associative adsorption 非解离吸附 04.0914

associative ionization 缔合电离 03.2492

associative mechanism 缔合机理 01.0588

as-spun fiber 初生纤维 05.0354

assumption of local equilibrium 局域平衡假设 04.0216

ASTP 表面活性剂双水相 04.1640

asymmetric activation 不对称活化 02.1239

asymmetrical top molecule ＊不对称陀螺分子 04.1258

asymmetric amplification 手性放大 02.1238

asymmetric atom 不对称原子 02.0686

asymmetric auto-catalysis 不对称自催化 02.1242

asymmetric carbon 不对称碳原子 02.0687

asymmetric center ＊不对称中心 02.0685

asymmetric factor 不对称因子 03.1912

asymmetric fission 非对称裂变 06.0158

asymmetric induction 不对称诱导 02.1236

asymmetric induction polymerization 不对称诱导聚合 05.0464

asymmetric poisoning 不对称毒化 02.1240

asymmetric selective polymerization 不对称选择性聚合，＊不对称立体选择聚合，＊立体有择聚合 05.0465

asymmetric synthesis 不对称合成 02.1233

asymmetric transformation 不对称转化 02.0790

asymmetric unit [晶体学]不对称单元 04.1907

asymmetry parameter 非对称参数 03.2622

atactic block 无规[立构]嵌段 05.0672

atacticity 无规[立构]度 05.0666

atactic polymer 无规立构聚合物 05.0021

-ate 根 01.0134

athermal solution 无热溶液 04.0179

atisane 阿替生烷[类] 02.0507

atmospheric photochemistry 大气光化学 04.0931

atmospheric pressure chemical ionization 大气压化学电离 03.2440

atmospheric pressure ionization 大气压电离 03.2439

atmospheric pressure spray 大气压喷雾 03.2441

atom 原子 01.0001

atomic absorption coefficient 原子吸收系数 03.1080

atomic absorption line 原子吸收线 03.1005

atomic absorption spectrometer 原子吸收光谱仪 03.1107

atomic absorption spectrometry 原子吸收光谱法 03.1004

atomic absorption spectrophotometer * 原子吸收分光光度计 03.1107

atomic absorption spectrum 原子吸收光谱 03.1003

atomic average mass 原子的平均质量 01.0004

atomic charge 原子电荷 04.1205

atomic core 原子芯 04.1207

atomic crystal * 原子晶体 01.0693

atomic emission spectrometry 原子发射光谱法 03.0934

atomic emission spectrum 原子发射光谱 03.0922

atomic fluorescence 原子荧光 03.1118

atomic fluorescence quantum efficiency 原子荧光量子效率 03.1131

atomic fluorescence spectrometer 原子荧光光谱仪 03.1139

atomic fluorescence spectrometry 原子荧光光谱法 03.1134

atomic force microscope 原子力显微镜法 03.2670

atomic [fractional] coordinate 原子[分数]坐标 04.1903

atomic line 原子线 03.0915

atomic mass constant 原子质量常量 01.0005

atomic mass unit 原子质量单位 03.2409

atomic number 原子序数,* 原子序 01.0044

atomic orbital 原子轨道 04.1193

atomic orbital energy level 原子轨道能级 04.1202

atomic scattering factor 原子散射因子 04.2018

atomic spectrum 原子光谱 03.0904

atomic structure 原子结构 04.1188

atomic symbol 元素符号 01.0043

atomic unit 原子单位 03.2408

atomic weight 原子量 01.0002

atomization 原子化 03.1031

atomization efficiency 原子化效率 03.1032

atomization energy 原子化能 04.1206

atomizer 原子化器 03.1067

atom transfer radical polymerization 原子转移自由基聚合 05.0419

atom trapping technique 原子捕集技术 03.1056

ATP * 腺苷-5′-三磷酸 02.1297

ATR 衰减全反射 03.1380

atrial natriuretic factor 心房肽 02.1388

atropisomer 阻转异构体 02.0771

ATRP 原子转移自由基聚合 05.0419

attenuated total reflection 衰减全反射 03.1380

attenuation 衰减 06.0471

attenuation equivalent 衰减当量 06.0472

attractive potential energy surface 吸引型势能面 04.0389

ATW 废物的加速器嬗变 06.0659

AU 原子单位 03.2408

Auger chemical effect 俄歇化学效应 03.2640

Auger depth profiling 俄歇深度剖析 03.2646

Auger effect 俄歇效应 03.2629

Auger electron 俄歇电子 03.2631

Auger electron spectroscopy 俄歇电子能谱[法] 03.2632

Auger electron yield 俄歇电子产额 03.2638

Auger image 俄歇像 03.2642

Auger map * 俄歇图 03.2642

Auger matrix effect 俄歇基体效应 03.2641

Auger parameter 俄歇参数 03.2643

Auger signal intensity 俄歇信号强度 03.2645

Auger transition 俄歇跃迁 03.2630

auration 金化[反应] 02.1461

aurivillius phase 黛眼蝶相 01.0294

aurone 橙酮 02.0436

Au-Si surface barrier detector 金-硅面垒探测器 06.0120

autoacceleration effect 自动加速效应,* 凝胶效应 05.0586

autocatalysis 自催化 04.0749

autocatalytic polycondensation 自催化缩聚,* 自缩聚 05.0490

autodecomposition 自分解 01.0379

auto-exhaust catalyst 汽车尾气催化剂 04.0680

autoignition 自燃 01.0390

autoionization　自电离　03.2428

automated rapid chemistry apparatus　自动快速化学装置　06.0264

automatic sampler　自动进样器　03.1985

automatic sampling　自动进样　03.0065

automatic titration　自动滴定　03.0462

auto-oxidation　自氧化　02.1126

auto-oxidation chemiluminescence　自氧化化学发光　03.1263

autophobization　自憎现象　04.1666

autoprotolysis　质子自递作用　03.0667

autoprotolysis constant　质子自递常数　03.0772

autoradiogram　放射自显影图　06.0748

autoradiography　放射自显影术　06.0747

autoradiolysis　自辐解　06.0386

autothermal reforming　自热重整　04.0862

auto-time correlation function　自时间相关函数　04.1444

auto-vulcanization　常温硫化　05.1031

auxeticity　拉胀性　05.0922

auxiliary electrode　辅助电极　03.1589

auxochrome　助色团　03.1191

auxochromic group　助色团　03.1191

average degree of polymerization　平均聚合度　05.0745

average functionality　平均官能度　05.0387

average life　平均寿命　06.0036

average life of fluorescence molecule　荧光分子平均寿命　03.1289

average molecular weight　平均分子量　03.2544

average pore diameter　平均孔直径　04.0786

Avrami equation　阿夫拉米方程　05.0858

axial bond　＊竖向键　02.0772，直立键，＊竖键　02.0782

axial chirality　轴向手性　02.0691

axial glide plane　轴向滑移面　04.1824

axial inductively coupled plasma　端视电感耦合等离子体　03.0947

axialite　轴晶　05.0837

axis of chirality　手性轴　02.0690

axis of helicity　螺旋轴　02.0767

azacrown ether　氮杂冠醚　02.0840

azacyclobutadiene　氮杂环丁二烯，＊吖丁　02.0257

azacyclobutane　氮杂环丁烷，＊吖丁啶，＊三亚甲基亚胺　02.0253

azacyclobutanone　氮杂环丁酮　02.0262

azacyclobutene　氮杂环丁烯，＊二氢吖丁　02.0256

azacycloheptatriene　氮杂环庚三烯　02.0329

azacyclooctatetraene　氮杂环辛四烯　02.0331

2-azacyclopentanone　1-氮杂环戊-2-酮　02.0272

azacyclopropane　氮杂环丙烷，＊氮丙啶　02.0243

azacyclopropene　氮杂环丙烯，＊吖丙因　02.0246

azeotrope　恒沸[混合]物　04.0147

azeotropic copolymer　恒[组]分共聚物　05.0048

azeotropic copoly-merization　恒[组]分共聚合，＊恒比共聚合　05.0608

azeotropic point　恒沸点　04.0148

azepine　氮杂䓬　02.0329

azetane　氮杂环丁烷，＊吖丁啶，＊三亚甲基亚胺　02.0253

azete　氮杂环丁二烯，＊吖丁　02.0257

azetidin　氮杂环丁烷，＊吖丁啶，＊三亚甲基亚胺　02.0253

azetidinone　氮杂环丁酮　02.0262

azetine　氮杂环丁烯，＊二氢吖丁　02.0256

azide　叠氮化物　01.0177

azimuthal quantum number　角量子数　04.1197

azirane　氮杂环丙烷，＊氮丙啶　02.0243

aziridine　氮杂环丙烷，＊氮丙啶　02.0243

azirine　氮杂环丙烯，＊吖丙因　02.0246

azocine　＊吖辛因　02.0331

azocompound　偶氮化合物　02.0194

azo dye　偶氮染料　03.0510

azo imide　偶氮亚胺　02.0197

azole　吡咯，＊氮杂环戊二烯　02.0270

azo methine oxide　＊次甲基氮氧化物　02.0077

azo polymer　偶氮类聚合物　05.0146

azo type initiator　偶氮[类]引发剂　05.0527

azoxy compound　氧化偶氮化合物　02.0196

azulene　薁　02.0188

azurin　天青蛋白　01.0617

azurite　蓝铜矿，＊石青　01.0316

B

backbiting transfer　回咬转移　05.0588

back bonding　反馈键合　02.1462

back donating bonding　反馈键　01.0569

back donation　反馈作用　01.0538

back electron transfer　逆向电子转移　04.1005

back end　后端　06.0560

back extraction　反萃取　06.0602

back flushing　反吹　03.2125

background　背景，* 本底　03.0054

background absorption　背景吸收　03.1099

background correction　背景校正　03.1101

background electrolyte　背景电解质　03.1859

background of mass spectrum　质谱本底　03.2417

back pressure　* 背压　03.1884

back propagation algorithm　反向传播法　03.0317

backscattered electron　背散射电子　03.2652

backscattering　反散射　06.0110，背散射　06.0513

backscattering analysis　背散射分析　06.0514

backside attack　背面进攻　02.1004

back strain　后张力，* 背张力　02.0649

back titration　返滴定法，* 回滴法　03.0399

backward reaction　逆[向]反应　01.0361

backward scattering　后向散射　04.0379

bacterial degradation　细菌降解　05.0637

bacterial leaching　细菌浸出　06.0558

baking soda　小苏打　01.0210

ball top molecule　* 球陀螺分子　04.1258

ball viscosity　落球黏度　05.0789

banana bond　香蕉键　02.0625

band　谱带　03.1954

band broadening　谱带展宽　03.1955

banded texture　条带织构　05.0867

band gap　* 带隙　01.0747

band gap energy　带隙能量　04.1128

band-pass retarding field analyzer　带通减速场分析器　03.2637

band width　能带宽度，* 带宽　01.0743

barbituric acid　* 巴比妥酸　02.0320

barite　重晶石　01.0299

barrelene　桶烯　02.0187

barrier　屏障　06.0652

barrier polymer　阻隔聚合物　05.0125

basal bond　底端向键　02.0774

base　碱　01.0102，碱基　02.1303

π-base　π-碱　01.0568

base catalysis　碱催化　04.0647

baseline　基线　03.1906

baseline drift　基线漂移　03.1907

baseline method　基线法　03.1378

baseline noise　基线噪声　03.1908

base peak　基峰　03.2365

basic catalyst　碱催化剂　04.0654

basic oxide　碱性氧化物　01.0147

basic salt　碱式盐　01.0128

basis function　基函数　04.1317

basis set　基组　04.1382

basis set superposition error　基组重叠误差　04.1383

batch polymerization　间歇聚合，* 分批聚合　05.0512

batch reactor　间歇式反应器　04.0888

bathochromic effect　红移效应　02.0838

bathochromic shift　光谱红移　04.1054

battery　电池　04.0544

bauxite　铝土矿　01.0266

bayerite　三羟铝石，* 拜三水铝石　01.0268

B-base centered lattice　B 心晶格　04.1796

bead-rod model　珠-棒模型　05.0776

bead-spring model　珠-簧模型　05.0777

beam chemistry　束化学　06.0236

beam energy　束流能量　06.0237

beam-foil spectroscopy　束-箔谱学　06.0522

beam intensity　束流强度　06.0238

beam monitor　束监视器　03.2536

α-bearing waste　α 废物　06.0635

becquerel　贝可　06.0051

Beer-Lambert law　比尔-朗伯定律　04.0950

Beer law　比尔定律　03.1181

β-bend　β 转角　02.1412

α-benoinoxime　α-安息肟　03.0526

bent sandwich compound　弯曲夹心化合物　02.1463

benzene　苯　02.0162

benzidine　联苯胺　03.0532

benzil　偶苯酰，* 1,2-二苯基二酮　02.0210

benzilic acid rearrangement　二苯乙醇酸重排　02.1167

benzimidazole　苯并咪唑　02.0345

benzisoxazole　苯并异噁唑　02.0346

benzo[b]pyrazine　苯并[b]吡嗪，* 1,4-苯并二嗪，* 喹喔啉　02.0372

benzo[b]pyrrole　* 苯并[b]吡咯　02.0334

benzo[b]quinoline　* 苯并[b]喹啉　02.0362

benzo[c]pyrrole ＊苯并[c]吡咯 02.0335

benzo[c]quinoline 苯并[c]喹啉 02.0364

benzofuran 苯并呋喃，＊氧茚 02.0332

benzofuranone 苯并呋喃酮 02.0336

benzoic acid 安息香酸，＊苯甲酸 03.0527

benzoin 苯偶姻，＊安息香 02.0209

benzoin condensation 苯偶姻缩合 02.1122

benzopyran 苯并吡喃 02.0351

benzopyranium salt 苯并吡喃盐 02.0352

benzopyridazine 苯并哒嗪，＊1,2-苯并二嗪 02.0371

benzopyrimidine 苯并嘧啶，＊1,3-苯并二嗪，＊喹唑啉 02.0373

benzoquinone 苯醌 02.0201

1,2-benzoquinone ＊1,2-苯醌 02.0202

1,4-benzoquinone ＊1,4-苯醌 02.0203

benzothiadiazole 苯并噻二唑 02.0350

benzothiazine 苯并噻嗪 02.0376

benzothiazole 苯并噻唑 02.0344

benzothiophene 苯并噻吩，＊硫茚 02.0333

benzotriazine 苯并三嗪 02.0374

benzotriazole 苯并三唑 02.0348

benzoxadiazole 苯并噁二唑 02.0349

benzoxazine 苯并噁嗪 02.0375

benzoxazole 苯并噁唑 02.0343

benzvalene 盆苯 02.0186

benzyl group 苄基 02.0580

benzylic 苄位[的] 02.0581

benzylic cation 苄[基]正离子 02.0952

benzylic intermediate 苄[基]中间体 02.0951

benzylphenethylamine alkaloid 苄基苯乙胺[类]生物碱 02.0399

benzyne 苯炔 02.0943

Berendsen rescaling method 贝伦德森变标度法 04.1460

Berry pseudorotation mechanism 伯利假旋转机理 02.1473

Berthollide ＊贝陀立体 01.0707

beryl 绿柱石，＊绿宝石 01.0250

beryllocene 二茂铍 02.1464

best unbiased estimator 最佳无偏估计量，＊最佳无偏估计值 03.0144

BET adsorption isotherm BET 吸附等温式 04.1602

betaine 内鎓盐 02.0138

betweenanene 双反式环烯，＊双扭环烯 02.0153

beyerane 贝叶烷[类] 02.0506

BGE 背景电解质 03.1859

biaryl 联芳 02.0177

bias 偏倚 03.0161

biaxial crystal 双轴晶体 04.1954

biaxial drawing 双轴拉伸 05.1064

biaxial orientation 双轴取向 05.0892

bibenzyl 联苄 02.0176

bicarbonate 碳酸氢盐，＊重碳酸盐 01.0225

bicomponent catalyst 双组分催化剂 05.0547

bicontinuous system 双连续系统 04.1751

bicrystal 孪晶，＊双晶 04.1860

bicyclic diterpene 二环二萜 02.0490

bicyclic monoterpene 二环单萜 02.0462

bicyclic sesquiterpene 二环倍半萜 02.0475

bicyclofarnesane 二环金合欢烷[类] 02.0479

biflavone 双黄酮 02.0446

bifunctional catalyst 双功能催化剂 04.0670

bifunctional chelator 双功能螯合剂 06.0721

bifunctional conjugating agent 双功能连接剂 06.0722

bifunctional initiator 双官能引发剂 05.0533

bifunctional monomer 双官能[基]单体 05.0388

bilayer lipid membrane 双层脂质膜 04.1662

bile acid 胆汁酸 03.0637

bilirubin 胆红素 03.0638

bimetallic catalyst 双金属催化剂 05.0552

bimetallic electrode 双金属电极 03.1591

bimetallic enzyme 双金属酶 01.0654

bimetallic μ-oxo alkoxide catalyst μ-氧桥双金属烷氧化物催化剂 05.0553

bimolecular acid-catalyzed acyl-oxygen cleavage [reaction] 双分子酸催化酰氧断裂[反应] 02.0890

bimolecular acid-catalyzed alkyl-oxygen cleavage [reaction] 双分子酸催化烷氧断裂[反应] 02.0893

bimolecular base-catalyzed acyl-oxygen cleavage [reaction] 双分子碱催化酰氧断裂[反应] 02.0891

bimolecular base-catalyzed alkyl-oxygen cleavage 双分子碱催化烷氧断裂[反应] 02.0895

bimolecular electrophilic substitution [reaction] 双分子亲电取代[反应] 02.0877

bimolecular elimination [reaction] 双分子消除[反应] 02.0886

bimolecular elimination [reaction] through conjugate

base 双分子共轭碱消除[反应] 02.0888

bimolecular nucleophilic substitution [reaction] 双分子亲核取代[反应] 02.0869

bimolecular nucleophilic substitution with allylicrear-rangement [reaction] 烯丙型双分子亲核取代[反应] 02.0870

bimolecular reaction 双分子反应 04.0269

bimolecular reduction 双分子还原 02.1140

bimolecular termination 双分子终止，＊双基终止 05.0572

binaphthyl 联萘 02.0179

binary copolymer 二元共聚物 05.0031

binary copolymerization 二元共聚合 05.0600

binding agent 黏结剂 04.0739

binding energy 结合能 03.2608

binding site 结合位点 01.0652

Bingham fluid 宾厄姆流体 05.0926

binodal decomposition 稳态相分离 05.0878

binomial distribution 二项分布 03.0136

bioactive macromolecule 生物活性高分子 05.0086

bioautography 生物自显影法 03.2164

bioavailability 生物利用度 01.0607

biocatalysis 生物催化[作用] 02.1315

bioceramic 生物陶瓷 01.0602

biochemical analysis 生化分析 03.0012

biochemical oxygen demand 生化需氧量，＊生物耗氧量 03.0781

biocide 抗微生物剂 05.1117

biocolloid 生物胶体 04.1506

bioconversion ＊生物转换 02.1316

biodegradation 生物降解 05.0638

bioelastomer 生物弹性体 05.0095

bioelectrochemistry 生物电化学 04.0408

bioerodable polymer 生物可蚀性聚合物 05.0098

biofuel cell 生物燃料电池 04.0555

biological catalyst 生物催化剂 04.0671

biological chromatography 生物色谱法 03.1756

biological half-life 生物半衰期 06.0463

biological mass spectrometry 生物质谱法 03.2390

bioluminescence 生物发光 04.0968

bioluminescence immunoassay 生物发光免疫分析 03.1276

bio-macromolecule 生物高分子 05.0085

biomedical chromatography 生物医学色谱法 03.1757

biomedical macromolecule 生物医用高分子 05.0087

biomembrane electrode 生物膜电极 03.1644

biomethylation 生物甲基化 02.1470

biomimetic 仿生[的] 02.0860

biomimetic polymer 仿生聚合物 05.0093

biomimetic synthesis 仿生合成 02.1223

biomimic materials 仿生材料 01.0704

biomimics 仿生学 02.1317

biomimic sensor 仿生传感器 03.1573

biomineral 生物矿物 01.0601

biomineralization 生物矿化 01.0600

bionic ＊仿生 01.0608

bionics 仿生学 02.1317

bioorganic chemistry 生物有机化学 02.1318

bioprobe 生物探针 02.1319

biorientation 双轴取向 05.0892

biosensor 生物传感器 03.1565

biosimulation 生物模拟 01.0608

biosynthesis 生物合成 02.1320

biotransformation 生物转化 02.1316

biphenyl 联苯 02.0178

biphotonic absorption 双光子吸收 04.1098

biphotonic dissociation 双光子解离 04.1099

bipolaron 双极化子 04.0981

bipotentiostat 双恒电势仪 04.0614

2,2'-bipyridine 2,2'-联吡啶 03.0506

bipyridine 联吡啶 02.0387

bipyridyl 联吡啶 02.0387

biradical 双自由基 02.0964

biradicaloid 类双自由基 02.0965

Birch reduction reaction 伯奇还原反应 02.0884

birefringence 双折射 04.1949

bisabolane 没药烷[类] 02.0472

bisamination 双氨基化 02.1037

bis(benzene) chromium 二苯铬 02.1475

bisbenzylisoquinoline alkaloid 双苄基异喹啉[类]生物碱 02.0406

bis-diazotized benzidine 双重氮联苯胺 03.0533

bisecting conformation 等分构象 02.0745

bismuth germinate detector 锗酸铋探测器 06.0123

bisphenol A epoxy resin 双酚 A 环氧树脂 05.0208

bitumen solidification 沥青固化 06.0639

bituminization 沥青固化 06.0639

biuret method 双缩脲法 03.0489

bixbyite 方铁锰矿 01.0295

black film 黑膜 04.1663

blank solution 空白溶液 03.0839

blank test 空白试验 03.0877

blank value 空白值 03.0878

blast burner 喷灯 03.0671

blaze angle 闪耀角 03.0962

blazed grating 闪耀光栅 03.0960

blaze wavelength 闪耀波长 03.0961

bleaching clay 漂白土，*漂白黏土 01.0253

bleaching powder 漂白粉 01.0216

blending 共混 05.0977

blend spinning 共混纺丝 05.1047

bleomycin 博来霉素 01.0656

BLM 双层脂质膜 04.1662

blob 团迹 06.0346

Bloch equation 布洛赫方程 03.2176

block 嵌段 05.0667

block copolymer 嵌段共聚物 05.0040

block copolymerization 嵌段共聚合，*嵌段聚合 05.0610

blocking [指示剂]封闭 03.0720

blocking effect 阻塞效应 06.0517

block polymer *嵌段聚合物 05.0040

blood pool imaging 血池显像 06.0725

blow moulding 吹塑，*中空吹塑 05.1006

blow pipe test 吹管试验 03.0469

blue shift 蓝移，*紫移 03.1247

blue vitriol 胆矾 01.0222

BM 束监视器 03.2536

BMS 生物质谱法 03.2390

BNCT 硼中子俘获治疗 06.0779

boat 舟皿 03.0679

boat conformation 船型构象 02.0756

BOD 生化需氧量，*生物耗氧量 03.0781

Bode plot 伯德图 04.0628

body centered lattice 体心晶格 04.1797

boehmite 水铝石 01.0269

Bohr magneton 玻尔磁子 04.1191

Bohr model of atom 玻尔原子模型 04.1189

Bohr radius 玻尔半径 04.1190

boiling point elevation 沸点升高 04.0185

bola surfactant bola 型表面活性剂 04.1623

Boltzmann distribution law 玻尔兹曼分布定律 04.0228

Boltzmann superposition principle 玻尔兹曼叠加原理 05.0955

bomb calorimeter 弹式热量计 04.0132

δ bond δ键 04.1257

π bond π键 04.1256

σ bond σ键 04.1255

bond critical point 键临界点 04.1267

bonded phase chromatography 键合相色谱法 03.1777

bonded [stationary] phase 键合[固定]相 03.2021

bond energy 键能 04.0083

bond enthalpy 键焓 04.0084

σ-bonding ligand σ配体 01.0482

π-bonding ligand π配体 01.0483

bonding [molecular] orbital 成键[分子]轨道 04.1251

bonding orbital *成键轨道 04.1242

bonding property 成键性质 04.0798

bond moment 键矩 04.1279

bond order 键级 04.1241

bond strength 键强度 04.1240

bond valence-bond length correlation 键价-键长关联 04.1925

bond-valence theory 键价理论 04.1926

boracyclohexane 硼杂环己烷 02.0313

borane 硼烷 01.0159

borax 硼砂 01.0213

borax-bead test 硼砂珠试验，*熔珠试验 03.0471

borderline acid 交界酸 01.0115

borderline base 交界碱 01.0116

borderline mechanism 边界机理 02.0897

borinane 硼杂环己烷 02.0313

Born-Haber cycle 玻恩-哈伯循环 04.0127

Born-Oppenheimer approximation 玻恩-奥本海默近似 04.1305

borofluoride 氟硼酸盐 01.0224

boron carbide fiber 碳化硼纤维 05.0369

boron neutron capture therapy 硼中子俘获治疗 06.0779

Bose-Einstein distribution 玻色-爱因斯坦分布 04.0230

boson 玻色子 04.1330

Bouguer-Lambert law 布格-朗伯定律 03.1182

Bouguer law 布格定律 03.1180

boundary element method 边界元方法 04.1461

boundary phase 界面相 05.0880

bowsprit 船舷[键] 02.0765

Boys-Foster localization 博伊斯-福斯特定域化 04.1373

Bq 贝可 06.0051

brachytherapy 近程[放射]治疗 06.0742

bradykinin [舒]缓激肽 02.1391

Bragg-Brentano diffractometer 布拉格-布伦塔诺型衍射仪 04.1993

Bragg equation 布拉格方程 04.1980

branch chain 支链 05.0721

branched chain explosion 支链爆炸 04.0333

branched chain reaction 支链反应 04.0328

branched polymer 支化聚合物 05.0075

branching decay 分支衰变 06.0045

branching density 支化密度 05.0725

branching factor 支化因子 04.0334

branching index 支化系数 05.0724

branching ratio 分支比 04.0255，06.0044

brass 黄铜 01.0231

Bravais lattice 布拉维晶格 04.1791

Bravais-lattice type 布拉维点阵型式 04.1792

Bredt rule 布雷特规则 02.1017

bremsstrahlung 韧致辐射 03.2614

bremsstrahlung source 韧致辐射源 06.0403

Brewster angle 布儒斯特角 04.1546

Brewster angle microscope 布儒斯特角显微镜 04.1547

bridged carbocation 桥连碳正离子 02.0947

bridged heterocyclic compound 桥杂环化合物 02.0390

bridged metallocene catalyst 桥连茂金属催化剂 05.0554

bridged-ring system 桥环体系 02.0589

bridgehead atom 桥头原子 02.1471

bridging carbonyl 桥羰基 02.1474

bridging flocculation 桥连絮凝 04.1689

bridging group 桥基 01.0195

bridging ligand 桥联配体 01.0479

Bridgman-Stockbarger method [晶体生长]坩埚下降法，* 布里奇曼-斯托克巴杰法 01.0817

brilliant green 亮绿，* 碱性艳绿 03.0507

Brillouin theorem 布里渊定理 04.1370

brittle-ductile transition 脆-韧转变 05.0905

brittleness temperature 脆化温度 05.0903

brittle temperature 脆化温度 05.0903

broad band decoupling 宽带去耦 03.2265

broad beam 宽[辐射]束 06.0448

broadening of spectral lines 谱线展宽 04.1073

bromine number 溴值，* 溴价 03.0777

bromoalkane 溴代烷 02.0025

bromocresol green 溴甲酚绿，* 溴甲酚蓝 03.0581

bromolactonization 溴化内酯化反应 02.1181

bromometry 溴量法 03.0429

bromophenol blue 溴酚蓝，* 四溴苯酚磺酞，* 溴麝香酚蓝 03.0580

bromopyrogallol red 溴代邻苯三酚红 03.0519

bromothymol blue 溴百里酚蓝 03.0579

Brønsted acid 布朗斯特酸，* 质子酸 01.0104

Brønsted base 布朗斯特碱，* 质子碱 01.0105

Brønsted-Lowry theory of acids and bases 酸碱质子理论 01.0103

bronze 青铜 01.0232

Brownian motion 布朗运动 04.1526

brownmillerite 钙铁石 01.0293

Brunauer-Emmett-Teller adsorption isotherm BET 吸附等温式 04.1602

B strain 后张力，* 背张力 02.0649

Büchner funnel 布氏漏斗 03.0103

bufanolide 蟾蜍内酯[类]，* 乙型强心苷元 02.0540

buffer 缓冲 01.0421

buffer capacity 缓冲容量 03.0740

buffer index 缓冲指数 03.0742

buffer solution 缓冲溶液 03.0743

buffer value 缓冲值 03.0741

building block 合成砌块 02.1229

building up principle 填充原理 04.1310

bulk catalyst 本体催化剂 04.0666

bulk concentration 本体浓度 04.0481

bulk defect 体缺陷 04.1880

bulk density 堆密度 04.0791

bulk diffusion 体扩散 01.0803

bulk phase 体相 04.1573

bulk polymerization 本体聚合 05.0494

bulk viscosity 本体黏度 05.0791

bumping 暴沸 03.0803

buret 滴定管 03.0691

burial ground 废物埋藏场 06.0651

burning-off curve 燃烧曲线 03.0993

burnt plaster 烧石膏，＊煅石膏 01.0303

burn-up 燃耗 06.0590

butadiene-acrylonitrile rubber 丁腈橡胶 05.0327

butadiene-vinylpyridine rubber 丁吡橡胶 05.0333

Butler-Volmer equation 巴特勒-福尔默方程 04.0521

butterfly cluster 蝶状簇 02.1472

butyl rubber 丁基橡胶 05.0331

butyral resin 缩丁醛树脂 05.0189

γ-butyrolactone ＊γ丁内酯 02.0265

C

CAD 碰撞活化解离 03.2385

cadinane 杜松烷[类] 02.0476

cadion 03.0503

cadion 镉试剂 03.0503

cadmium zinc telluride detector 碲锌镉探测器 06.0124

cage compound 笼状化合物 02.0850

cage effect 笼效应 04.0338

Cahn-Ingold-Prelogsequence rule CIP 顺序规则 02.0700

calcein 钙黄绿素，＊荧光氨羧络合剂 03.0602

calcination 焙烧 04.0765

calcite 方解石 01.0257

calcium ion-selective electrode 钙离子选择电极 03.1610

calcium pump 钙泵 01.0626

calcon 钙试剂，＊铬蓝黑 R 03.0605

calconcarboxylic acid 钙指示剂，＊钙羧酸指示剂 03.0604

calendaring 压延 05.0980

calibration 校正 03.0055

calibration curve 校正曲线 03.0281

calibration curve method 校正曲线法 03.0282

calibration filter 校准滤光片 03.1206

calixarene 杯芳烃 02.0843

calmagite 钙镁指示剂 03.0603

calmodulin 钙调蛋白，＊钙调素 01.0637

calomel 甘汞 01.0227

calomel electrode 甘汞电极 03.1593

calorimeter 热量计 04.0128

calorimetric entropy 量热熵 04.0088

calorimetry 量热学 04.0124

γ-camera γ 照相机 06.0707

camphane 樟烷类 02.0466

camptothecine alkaloid 喜树碱[类]生物碱 02.0410

canavanine 刀豆氨酸 02.1357

canonical ensemble 正则系综 04.0242

canonical Hartree-Fock orbital 正则哈特里-福克轨道 04.1362

canonical molecular orbital 正则分子轨道 04.1250

canonical partition function 正则配分函数 04.0244

capacitance immunosensor 电容免疫传感器 03.1570

capacitive coupled microwave plasma 电容耦合微波等离子体 03.0948

capacity factor ＊容量因子 03.1959

capillarity 毛细现象 04.1559

capillarity action ＊毛细作用 04.1559

capillary column 毛细管柱 03.2014

capillary condensation 毛细管凝结 04.1603

capillary constant 毛细管常数 03.1685

capillary electrochromatography 毛细管电色谱法 03.1836

capillary electrophoresis electrochemiluminescence analyzer 毛细管电泳电化学发光分析仪 03.1556

capillary electrophoresis-mass spectrometry system 毛细管电泳-质谱联用仪 03.2088

capillary electrophoresis[method] 毛细管电泳[法] 03.1739

capillary electrophoresis system 毛细管电泳仪 03.1981

capillary force 毛细力 04.1560

capillary gel electrophoresis 毛细管凝胶电泳 03.1833

capillary isoelectric focusing 毛细管等电聚焦 03.1834

capillary isotachophoresis 毛细管等速电泳 03.1835

capillary liquid chromatography 毛细管液相色谱法 03.1781

capillary rise method 毛细升高法 04.1563

capillary viscometer 毛细管黏度计 04.1722

capillary zone electrophoresis 毛细管区带电泳 03.1832

capture 俘获 06.0212

capture cross section 俘获截面 06.0214

carane 蒈烷类 02.0463

carbalkoxylation 烷氧羰基化 02.1033

carbamate 氨基甲酸酯 02.0123，氨基甲酸盐 02.0124

carbamic acid 氨基甲酸 02.0122

carbamide resin 聚脲树脂，*碳酰胺树脂 05.0199

carbanion 碳负离子 02.0940

carbanionic polymerization 碳负离子聚合 05.0450

carbazole *咔唑 02.0342

carbene 卡宾，*碳烯 02.0977

carbenium ion 三价碳正离子 02.0938

carbenoid 类卡宾 02.0976

carbide catalyst 碳化物催化剂 04.0682

carbinol 甲醇 02.0028

carboamidation 氨羰基化 02.1034

carboboration 碳硼化[反应] 02.1476

carbocation 碳正离子 02.0936

carbocationic polymerization 碳正离子聚合 05.0445

carbodiimide 碳二亚胺 02.0129

carbohydrate 碳水化合物 02.1253

β-carboline *β咔啉 02.0385

carbometallation 碳金属化反应 02.1150

carbon black 炭黑 01.0284

carbon chain polymer 碳链聚合物 05.0059

carbon deposition 积炭 04.0764

carbon electrode 碳电极 03.1596

carbon fiber 碳纤维 05.0367

carbon fiber micro-disk electrode 碳纤维微盘电极 03.1598

carbonic anhydrase 碳酸酐酶 01.0682

carbonium ion 高价碳正离子，*碳鎓离子 02.0937

carbonium ion polymerization 碳正离子聚合 05.0445

carbon molecular sieve 碳分子筛 04.0664

carbon nano-tube 碳纳米管 05.0371

carbon nanotube-based biocomposite electrode 碳纳米管生物组合电极 03.1633

carbon nanotube-based electrochemical biosensor 碳纳米管电化学生物传感器 03.1631

carbon nanotube-based electrochemical deoxyribonucleic

acid sensor 碳纳米管电化学脱氧核糖核酸传感器 03.1634

carbon nanotube-based enzyme electrode 碳纳米管酶电极 03.1632

carbon nanotube modified electrode 碳纳米管修饰电极 03.1630

carbon paste electrode 碳糊电极 03.1600

carbon rod atomizer 碳棒原子化器 03.1073

carbon suboxide 二氧化三碳 02.0121

carbonylation 羰基化 01.0460，02.1072

carboplatin 卡铂，*碳铂 01.0687

carborane 碳硼烷 01.0160

carboxylation 羧基化 02.1035

carboxylic acid 羧酸 02.0089

carboxyl terminal *羧基端 02.1380

carboxymethyl cellulose 羧甲基纤维素 05.0169

carburization 渗碳 01.0459，碳化 04.0747

carbyne 卡拜，*碳炔 02.0979

cardenolide 心甾内酯[类]，*甲型强心苷元 02.0539

Carnot cycle 卡诺循环 04.0204

Carnot theorem 卡诺定理 04.0205

carotene 胡萝卜素[类] 02.0528

carrier 载体 01.0206，载流子 01.0751

carrier concentration 载流子浓度 01.0750

carrier coprecipitation 载体共沉淀 06.0076

carrier free 无载体 06.0075

carrier gas 载气 03.1871

carrier mobility 载流子迁移率 01.0754

carrier precipitation 载体沉淀 03.0802

carry gas separator 载气分离器，*分子分离器 03.2553

carryover 携流效应，*记忆效应 03.1962

Cartesian coordinate 笛卡儿坐标 04.1168

caryophyllane 石竹烷[类]，*丁香烷类 02.0477

cascade reaction *串级反应 02.1220

cassane 卡山烷[类] 02.0500

CASSCF method 完全活性空间自洽场方法 04.1403

casting film 流延薄膜，*浇铸薄膜 05.0991

cast molding 铸塑 05.0993

cast polymerization 铸塑聚合 05.0411

CAT *计算机轴向断层成像 06.0547

Catalan polyhedra 卡塔蓝多面体 04.1920

catalase 过氧化氢酶 01.0671

catalysis 催化[作用] 04.0636

¹⁴C dating 碳-14 年代测定 06.0758

CD-RTP 环糊精诱导室温磷光法 03.1334

CEC 阳离子交换色谱法 03.1793，毛细管电色谱法 03.1836

cedrane 雪松烷[类]，* 柏木烷类 02.0481

CEI 电荷交换电离 03.2445

ceiling temperature of polymerization 聚合最高温度，* 聚合极限温度 05.0570

cell 电池 04.0544

cell analysis 细胞分析 03.0018

cell constant 电导池常数 04.0576，晶胞参数 04.1778

cell-in-cell-out method 池入-池出法 03.1377

cellosolve 溶纤剂 02.0037

cell parameter 晶胞参数 04.1778

cellulose 纤维素 02.1264

α-cellulose α 纤维素 05.0163

β-cellulose β 纤维素 05.0164

γ-cellulose γ 纤维素 05.0165

cellulose acetate 乙酸纤维素，* 醋酸纤维素 05.0167

cellulose nitrate 硝酸纤维素，* 硝化纤维素 05.0166

cell voltage 槽电压 04.0607

cembrane 烟草烷[类] 02.0511

cement solidification 水泥固化 06.0640

CE [method] 毛细管电泳[法] 03.1739

CE-MS system 毛细管电泳-质谱联用仪 03.2088

center of symmetry 对称中心 04.1820

central atom 中心原子 01.0469

central field approximation 中心力场近似 04.1322

centric-preparation thin layer chromatography * 离心制备薄层色谱法 03.1817

centrifugal barrier 离心势垒 06.0222

centrifugal extractor 离心萃取器 06.0612

centrifugal method 离心法 03.0806

centrifuge 离心机 03.0688

centripedal development 向心展开[法] 03.2157

cepham 头孢烷 02.0553

cephem 头孢烯 02.0554

Cer 神经酰胺，* 脑酰胺 N-脂酰鞘氨醇 02.1438

ceramic membrane catalyst 陶瓷膜催化剂 04.0694

ceramic membrane electrode 陶瓷膜电极 03.1602

ceramide 神经酰胺，* 脑酰胺，*N-脂酰鞘氨醇 02.1438

ceria 铈土 01.0325

ceric sulfate dosimeter 硫酸铈剂量计 06.0389

cerimetric titration 铈(Ⅳ)量法 03.0425

cermet 金属陶瓷，* 陶瓷金属 01.0234

ceruloplasmin 血浆铜蓝蛋白 01.0631

Cf-252 neutron source 锎-252 中子源 06.0296

CGE 毛细管凝胶电泳 03.1833

chain axis 链轴 05.0817

chain backbone 主链，* 链骨架 05.0720

chain branching 链支化 05.0652

chain breaking 链断裂 05.0635

chain carrier 链载体 04.0326

chain conformation 链构象 05.0703

chain end 链末端 05.0714

chain entanglement 链缠结 05.0693

chain extender 扩链剂 05.0622

chain flexibility 链柔性 05.0683

chain folding 链折叠 05.0842

chain growth 链增长 05.0565

chain inhibitor 链抑制剂 04.0331

chain initiation 链引发 05.0557

chain length 链长 04.0330

chain nuclear fission 链式核裂变反应 06.0167

chain orientational disorder 链取向无序 05.0824

chain polymer 链型聚合物 05.0058

chain polymerization 链聚合 02.1020

chain propagation 链增长 05.0565

chain reaction 链[式]反应，* 连锁反应 01.0448

chain repeating distance * 链重复距离 05.0818

chain rigidity 链刚性 05.0685

chain scission degradation 断链降解 05.0641

chain segment 链段 05.0701

chain structure 链型结构 04.1928

chain terminal 链末端 05.0714

chain termination 链终止 05.0571

chain termination agent 链终止剂 05.0580

chain transfer 链转移 02.1021

chain transfer agent 链转移剂 05.0587

chain transfer constant 链转移常数 05.0590

chain yield * 链产额 06.0173

chair conformation 椅型构象 02.0755

chalcogen 硫属元素 01.0070

chalcogenide 硫属化物 01.0132

chalcone 查耳酮 02.0447

chalcopyrite 黄铜矿 01.0315

chamber saturation 展开槽饱和 03.2152

channeling effect 沟道效应 06.0515

characteristic concentration 特征浓度 03.1095

characteristic energy loss spectroscopy 特征能量损失谱法 03.2655

characteristic function 特征函数 04.0092

characteristic ion 特征离子 03.2547

characteristic mass 特征质量 03.1096

characteristic rotational temperature 转动特征温度 04.0235

characteristic vibrational temperature 振动特征温度 04.0237

character of symmetric operation 对称操作的特征标 04.1494

charcoal black 炭黑 01.0284

charge balance 电荷平衡，*电中性规则 03.0751

charge carrying particle 载流子 01.0751

charge compensation 电荷补偿 01.0728

charge coupled detector 电荷耦合检测器 03.0972

charge coupled device detector 电荷耦合探测器 04.1998

charged acid 荷电酸 03.0699

charge density 电荷密度 04.1209

charge/discharge curve 充放电曲线 04.0577

charge/discharge efficiency 充放电效率 04.0579

charge distribution 电荷分布 04.1210

charge distribution of fission product 裂变产物的电荷分布 06.0184

charged particle activation analysis 带电粒子活化分析 06.0498

charged particle excited X-ray fluorescence spectrometry 带电粒子激发 X 射线荧光光谱法 03.1146

[charged] particle-induced X-ray emission fluorescence analysis [带电]粒子激发 X 射线荧光分析 06.0507

charge effect 荷电效应 03.2626

charge exchange ionization 电荷交换电离 03.2445

charge injection detector 电荷注入检测器 03.0973

charge number 电荷数 03.2341

charge recombination 电荷重合 04.1123

charge separation 电荷分离 04.1122

charge-transfer 电荷转移，*电荷迁移，*荷移 01.0755

charge-transfer absorption 电荷转移吸收 04.1008

charge-transfer absorption spectrum 电荷转移吸收光谱 03.1174

charge-transfer coefficient 电荷跃迁系数，*电荷转移系数 03.1689

charge-transfer complex 电荷转移络合物 03.0712，电荷转移复合物 04.1006

charge-transfer initi-ation 电荷转移引发 05.0560

charge-transfer interaction 电荷转移作用 03.0711

charge-transfer overpotential 电荷传递过电势 04.0524

charge-transfer polymerization 电荷转移聚合 05.0430

charge-transfer process 电荷传递过程 04.0506

charge-transfer resistance 电荷转移电阻 04.0624

charge-transfer state 电荷转移态 04.1007

charge-transfer transition 电荷转移跃迁 04.1009

charging current 充电电流 03.1663

chart of [the] nuclides 核素图 06.0013

C-H bond activation reaction C-H 键活化反应 02.1186

chelate 螯合物 01.0486

chelate effect 螯合效应 01.0487

chelate group 螯合基团 01.0488

chelate polymer 螯合聚合物 05.0056

chelate ring 螯合环 01.0489

chelating agent 螯合剂 01.0491

chelating ion chromatography 螯合离子色谱法 03.1797

chelating ligand 螯合配体 01.0485

chelation 螯合作用 01.0490

chelation extraction 螯合萃取 03.0885

chelatometry 螯合滴定法 03.0411

cheletropic reaction 螯键反应 02.1103

chemical activation 化学活化 04.0282

chemical activity 化学活性 01.0332

chemical adsorption 化学吸附 01.0374

chemical analysis 化学分析 03.0003

chemical bond 化学键 04.1225

chemical chaos 化学混沌 04.0214

chemical combination 化合 01.0330

chemical crosslinking 化学交联 05.0624

chemical decanning 化学去壳 06.0597

chemical decladding 化学去壳 06.0597

chemical degradation 化学降解 05.0639

chemical dosimeter 化学剂量计 06.0378

chemical dynamics * 化学动态学 04.0251

chemical energy 化学能 01.0040

chemical equilibrium 化学平衡 04.0163

chemical equivalence 化学全同 03.2238

chemical etching 化学浸蚀，* 化学刻蚀 01.0333

chemical exchange 化学交换 03.2282

chemical excitation 化学激发 04.0966

chemical fiber 化学纤维 05.0353

chemical foaming 化学发泡 05.1005

chemical foaming agent 化学发泡剂 05.1127

chemical formula 化学式 01.0007

chemical interference 化学干扰 03.1115

chemical ionization 化学电离 03.2468

chemical isotope separation 化学同位素分离法
      06.0577

chemical kinetics 化学动力学 04.0249

chemical laser 化学激光 04.1079

chemically induced dynamic nuclear polarization 化学
      诱导动态核极化 04.1011

chemically induced dynamic polarization 化学诱导动
      态电子极化 03.2300

chemically induced electron exchange luminescence 化
      学诱导电子交换发光，* 催化化学发光 04.1061

chemically modified electrode 化学修饰电极
      03.1628

chemically modified optically transparent electrode 化
      学修饰光透电极 03.1629

chemically pure 化学纯 03.0041

chemical modification 化学修饰 01.0334

chemical modification technique 化学改进技术
      03.1090

chemical oscillation 化学振荡 04.0212

chemical oxygen demand 化学需氧量 03.0780

chemical plasticizer * 化学增塑剂 05.1098

chemical plating 化学镀 01.0335

chemical potential 化学势 04.0165

chemical reaction 化学反应，* 化学变化，* 化学作用
      01.0331

chemical reaction isotherm 化学反应等温式 04.0164

chemical reactivity 化学反应性 01.0336

chemicals 化学物质 01.0060

chemical separation 化学分离 03.0880

chemical shift 化学位移 03.2616

chemical shift anisotropy 化学位移各向异性[效应]

03.2247

chemical stability 化学稳定性 01.0337

chemical substance 化学物质 01.0060

chemical thermodynamics 化学热力学 04.0003

chemical vapor deposition 化学气相沉积 01.0814

chemical vapor deposition [method] 化学气相沉积[法]
      04.0733

chemical vapor transportation 化学气相输运 01.0813

chemical wave 化学波 04.0213

chemiluminescence 化学发光 03.1259

chemiluminescence analysis 化学发光分析 03.1273

chemiluminescence detector 化学发光检测器
      03.2069

chemiluminescence efficiency * 化学发光效率
      03.1271

chemiluminescence enzyme-linked immunoassay 化学
      发光酶联免疫分析法 03.1277

chemiluminescence imaging analysis 化学发光成像分
      析法 03.1279

chemiluminescence immunoassay 化学发光免疫分析
      法 03.1274

chemiluminescence label 化学发光标记 03.1275

chemiluminescence quantum yield 化学发光量子产率
      03.1271

chemiluminescence reagent 化学发光剂 03.0494

chemiluminescent indicator 化学发光指示剂
      03.0561

cheminformatics 化学信息学 03.0112

chemometrics 化学计量学，* 化学统计学 03.0115

chemoselectivity 化学选择性 04.0841

chemosmosis 化学渗透 01.0338

chemsorption 化学吸附 01.0374

Chile nitre 智利硝石，* 钠硝石 01.0255

Chile saltpeter 智利硝石，* 钠硝石 01.0255

chip capillary electrophoresis 芯片毛细管电泳
      03.1840

chip liquid chromatography 芯片液相色谱法
      03.1780

chips-LC 芯片液相色谱法 03.1780

chiral 手性的 02.0682

chiral adjuvant 手性辅基 02.1237

chiral amplification 手性放大 02.1238

chiral auxiliary 手性辅基 02.1237

chiral axis 手性轴 02.0690

chiral building block 手性元 02.1235

chiral capillary electrophoresis 手性毛细管电泳 03.1837

chiral center 手性中心 02.0685

chiral chromatography 手性色谱法 03.1758

chiral coordination compound 手性配合物 01.0514

chirality 手性 02.0681

chirality center 手性中心 02.0685

chirality element 手性因素 02.0692

chirality plane 手性面 02.0689

chirality sense 手性矢向 02.0693

chiral liquid chromatography 手性液相色谱法 03.1783

chiral macromolecule 手性高分子 05.0081

chiral mobile phase 手性流动相 03.1863

chiral molecule 手性分子 02.0684

chiral poisoning 不对称毒化 02.1240

chiral selector 手性选择剂 03.1876

chiral shift reagent 手性位移试剂 03.2311

chiral stationary phase 手性固定相 03.1847

chiron 手性元 02.1235

chiroptic 手光性的 02.0694

chiroptical 手光性的 02.0694

chirotopic 手性位的 02.0695

chi-square test *卡方检验 03.0234

chitin 甲壳质 05.0159

chitosan 壳聚糖 05.0160

chloranilic acid 氯冉酸 03.0508

chlorinated polyethylene 氯化聚乙烯 05.0335

chloroalkane 氯代烷 02.0024

chloroborane 氯硼烷 02.0211

chlorocarbonylation 氯羰基化 02.1057

chloromethylation 氯甲基化 02.1112

chlorophenol red 氯酚红，*二氯酚磺酞 03.0577

chlorophosphonazo III 偶氮氯膦 III 03.0513

chlorophyll 叶绿素 02.1277

chloroprene rubber 氯丁橡胶 05.0334

chlorosulfenation 氯亚磺酰化 02.1056

chlorosulfonated polyethylene 氯磺化聚乙烯 05.0336

chlorosulfonation 氯磺酰化 02.1052

chlorosulfophenol S 氯磺酚 S 03.0505

cholane 胆酸烷[类] 02.0533

cholestane 胆甾烷[类] 02.0534

cholestane alkaloid 胆甾生物碱 02.0417

cholesteric phase 胆甾相 02.0237

chroman *色满 02.0353

chromane 色原烷 02.0429

chromanol 色原醇 02.0431

chromatogram 色谱图 03.1894

chromatograph 色谱仪 03.1971

chromatograph coupled with Fourier transform infrared spectrometer 气相色谱-傅里叶变换红外光谱联用仪 03.2085

chromatographic analysis 色谱分析 03.1737

chromatographic column 色谱柱 03.1881

chromatographic data system 色谱数据系统 03.2097

chromatographic peak 色谱峰 03.1909

chromatographic workstation 色谱工作站 03.2098

chromatography 色谱[法]，*层析[法] 03.1736

chromatography-atomic absorption spectrometer 色谱-原子吸收光谱联用仪 03.2084

chrome azurol S 铬天青 S，*铬天蓝 S 03.0504

chromene *色烯 02.0351

chromene 色原烯 02.0432

chrome yellow 铬黄，*铅铬黄 01.0237

chromite 铬铁矿 01.0311

chromocene 二茂铬 02.1465

chromogenic reagent 显色剂 03.0484

chromone 色酮 02.0355

chromone 色原酮 02.0430

chromophore *发色团 03.1189

chromophoric group 生色团 03.1189

chromotropic acid 变色酸 03.0498

chronoamperometry 计时电流法 03.1516

chronocoulometry 计时库仑法 03.1517

chronopotentiometric stripping analysis 计时电位溶出分析法 03.1494

chronopotentiometry 计时电位法 03.1518

chrysene 䓛 02.0170

chrysoberyl 金绿石 01.0263

CI 化学电离 03.2468，组态相互作用法 04.1395，居里 06.0053

CID 电荷注入检测器 03.0973，碰撞诱导解离 03.2386

CIDNP 化学诱导动态核极化 04.1011

CIDP 化学诱导动态电子极化 03.2300

CIEEL 化学诱导电子交换发光，*催化化学发光

04.1061

CIFE 毛细管等电聚焦 03.1834

cinchonine 辛可宁 03.0545

cinchonine alkaloid 奎宁[类]生物碱，* 金鸡纳生物碱 02.0411

cine substitution 移位取代 02.1038

cinnabar 辰砂，* 丹砂，* 朱砂 01.0322

CIP priority CIP 顺序规则 02.0700

CIP system CIP 顺序规则 02.0700

circular birefringence 圆双折射 04.1491

circular development 环形展开[法] 03.2160

circular dichroism 圆二色性 02.0814

circularly polarized light 圆偏振光 02.0812

circulating fluidized-bed reactor 循环流化床反应器 04.0883

cis-configuration polymer 顺式聚合物 05.0016

cis-isomer 顺式异构体 01.0552

cisoid conformation 顺向构象 02.0760

cisplatin 顺铂 01.0686

cis-1,4-polybutadiene rubber 顺丁橡胶 05.0323

cis-polymer 顺式聚合物 05.0016

cis-*trans* isomer 顺反异构体 02.0718

cis-*trans* isomerism 顺反异构 02.0717

CITP 毛细管等速电泳 03.1835

citrulline 瓜氨酸 02.1354

Claisen rearrangement 克莱森重排 02.1090

Clapeyron-Clausius equation 克拉佩龙-克劳修斯方程 04.0159

Clapeyron equation 克拉佩龙方程 04.0158

Clarke value * 克拉克值 01.0058

Clark oxygen electrode 克拉克氧电极 03.1642

classical thermodynamics 经典热力学 04.0002

classical trajectory calculation 经典轨迹计算 04.0351

class interval 组距 03.0125

clathrate 笼合物，* 包合物 01.0180

clathrate compound 笼形化合物 03.0713

clathration 包合作用 01.0440

Clausius inequality 克劳修斯不等式 04.0206

CLD 化学发光检测器 03.2069

clearance 清除，* 廓清 06.0437

clearance level 清洁解控水平 06.0630

clear point method 澄清点法 03.0420

cleavage 解理 04.1957

cleavage reaction 断裂反应 01.0446

clerodane 克罗烷[类] 02.0492

clinic analysis 临床分析 03.0021

clock reaction 时钟反应，* B-Z 反应 01.0407

closed system 封闭系统 04.0024

close packing 密堆积 04.1908

close pore * 闭孔 04.1596

closo- 闭式 01.0164

cloud point 浊点 04.1646

CLRP 可控活性自由基聚合 05.0418

cluster [团]簇 04.1259

cluster analysis 聚类分析 03.0320

cluster crystal 簇晶 04.1864

cluster decay 簇衰变 06.0031

cluster ion 簇离子 03.2438

cluster radioactivity 簇放射性 06.0030

CMA 筒镜能量分析器 03.2636

^{13}C-NMR 碳-13 核磁共振 03.2171

C-N-O cycle 碳-氮-氧循环 06.0771

^{13}C nuclear magnetic resonance 碳-13 核磁共振 03.2171

coacervation 凝聚 04.1515

coadsorption 共吸附 04.1593

coagulating agent 凝聚剂 05.1138

coagulation 聚沉 04.1708

coagulation value 聚沉值 04.1709

coalescence 聚并 04.1516

coarse disperse system 粗分散系统 04.1503

coat 涂渍 03.2121

coating 涂料 05.0382

coaxial extrusion 同轴挤出 05.1000

cobalamine 钴胺素 01.0655

Cochrane test method 柯奇拉检验法 03.0230

cochromatography 共同色谱分析 03.1767

cocondensation 共缩合 01.0351

cocrystallization 共结晶 04.1848

COD 化学需氧量 03.0780

codecontamination 共去污 06.0615

coded data 编码数据 03.0366

coded sample 密码样品，* 编码样品 03.0873

coefficient of acid effect 酸效应系数 03.0767

coefficient of complexation effect 络合效应系数，* 配位效应系数 03.0766

coefficient of variation * 变异系数 03.0183

coenzyme 辅酶 02.1424

coenzyme B_{12} 辅酶 B_{12} 01.0661

coextrusion 共挤出 05.0998

coextrusion blow molding 共挤出吹塑 05.1008

cofactor 辅因子 01.0662

coherence transfer pathway 相干转移路径 03.2291

coherent anti-Stokes Raman scattering 相干反斯托克斯拉曼散射 03.1402

coherent control 相干控制 04.0362

coherent radiation 相干辐射 04.1088

coherent scattering 相干散射 04.2013

cohesional entanglement 凝聚缠结 05.0695

coiled conformation 卷曲构象 05.0707

coil-globule transition 线团-球状转换 05.0698

coiling 卷曲 02.0834

coiling type polymer 线团状聚合物 05.0067

coil pyrolyser 环状裂解器 03.2753

coincidence 符合 06.0136

coincidence circuit 符合电路 06.0139

coincidence measurement 符合测量 06.0141

coincidence measurement setup 符合测量装置 06.0142

coinitiator 共引发剂 05.0542

coinjection molding 共注塑 05.0985

coion 同离子 04.1698

coke deposition 积炭 04.0764

cold drawing 冷拉伸 05.1062

cold flow 冷流 05.0927

cold fusion 冷聚变 06.0281

cold-fusion reaction 冷熔合反应 06.0275

cold labeling 冷标记 06.0700

cold neutron activation analysis 冷中子活化分析 06.0492

cold rolling 冷轧 05.0979

cold run 冷试验 06.0617

cold stretching 冷拉伸 05.1062

cold test 冷试验 06.0617

cold vapor atomic absorption spectrometry 冷蒸气原子吸收光谱法 03.1023

collagen 骨胶原 05.0150

collapse pressure 崩溃压 04.1659

collection coefficient 收集系数 04.0541

collective dose 集体剂量 06.0421

collective effective dose 集体有效剂量 06.0422

collective equivalent dose 集体当量剂量 06.0420

colligative property of dilute solution 稀溶液依数性 04.0184

collimator 准直镜 03.0952

collinear collision 共线碰撞 04.0319

collision activated dissociation 碰撞活化解离 03.2385

collisional activation 碰撞活化，* 碰撞激发 03.2384

collisional quenching 碰撞猝灭 04.0991

collision broadening 碰撞变宽，* 压力变宽 03.1015

collision broadening * 碰撞加宽 04.1074

collision chamber 碰撞室，* 碰撞池 03.2577

collision cross section 碰撞截面 04.0301

collision energy transfer 碰撞传能 04.0302

collision induced dissociation 碰撞诱导解离 03.2386

collision parameter 碰撞参数 06.0210

collision theory 碰撞理论 04.0911

colloid 胶体 04.1505

colloidal crystal 胶体晶体 04.1510

colloidal electrolyte 胶体电解质 04.1641

colloidal state 胶体状态 04.1509

colloid chemistry 胶体化学 04.1508

colloidization 胶态化 01.0422

colloid mill 胶体磨 04.1511

colorant 色料，* 着色剂 05.1112

color center 色心 04.1882

color change interval 变色区间 03.0852

colorimeter 比色计 03.1198

colorimetric analysis 比色分析 03.0439

colorimetric method with phenylhydrazine 苯肼比色法 03.0485

colorimetric method with salicylic acid 水杨酸比色法 03.0486

column bleeding 柱流失 03.1887

column capacity 柱容量 03.1889

column chromatography 柱色谱法 03.1752

column efficiency 柱效[能] 03.1886

column internal diameter 柱内径 03.1883

column length 柱长 03.1882

column life 柱寿命 03.1888

column oven 柱温箱 03.2040

column pressure 柱压 03.1884

column regeneration 柱再生 03.2122

column switching 柱切换 03.2123

combination electrode 组合电极 03.1603

combination line 组合峰 03.2239

combinatorial catalysis 组合催化 04.0651

combinatorialchemistry 组合化学 02.1216

combinatorial electrochemistry 组合电化学 04.0417

combined derivative spectrophotometry 组合导数分光光度法 03.1218

combined differential thermal analysis and dielectric analysis 差热分析和介电分析联用 03.2783

comb-ined quantum mechanics and molecular mechanics method 量子力学-分子力学结合方法 04.1408

combined rotation and multiple pulse spectroscopy 旋转与多脉冲相关谱 03.2293

combined standard uncertainty 合成标准不确定度 03.0383

comb polymer 梳形聚合物 05.0070

combustion calorimetry 燃烧量热法 04.0129

combustion curve 燃烧曲线 03.0993

combustion tube 燃烧管 03.0678

commensurate structure 公度结构 04.1897

committed effective dose 待积有效剂量 06.0424

committed equivalent dose 待积当量剂量 06.0423

commodity inspection 商品检验 03.0787

commodity polymer 通用聚合物 05.0091

common detector 通用型检测器 03.2043

common ion effect 同离子效应 03.0728

common-pressure liquid chromatography 常压液相色谱法 03.1775

common ring 普通环 02.0586

commutator 对易子 04.1161

comonomer 共聚单体 05.0402

compact layer 紧密层 04.0491

comparison 比对 03.0872

compatibility 相容性 05.0883

compatibilization 增容作用 05.0885

compatibilizer 增容剂，＊相容剂 05.1108

compensation effect 补偿效应 04.0778

compensation spectrum 补偿光谱 03.1175

competitive radioassay 竞争放射分析 06.0777

complete active space self consistent field method 完全活性空间自洽场方法 04.1403

complete fusion 全熔合反应 06.0270

completely automatic colorimetric analyzer 全自动比色分析器 03.1202

completely pyrolytic graphite tube 全热解石墨管 03.1076

complete set 完备集 04.1178

complex 配位化合物，＊配合物，＊络合物 01.0465

complex anion 络阴离子，＊配阴离子 01.0467

complexant 络合剂，＊配位剂 01.0472

complexation 络合作用 03.0715

complexation chromatography 络合色谱法 03.1787

complex cation 络阳离子，＊配阳离子 01.0468

complexing agent 络合剂，＊配位剂 01.0472

complex initiation system 复合引发体系 05.0529

complex ion 络离子，＊配离子 01.0466

complex ion 复合离子 03.2464

complexometry 络合滴定法，＊配位滴定法 03.0410

complexone 氨羧络合剂 03.0630

complex oxide 复合氧化物 01.0138

composite oxide catalyst 复合氧化物催化剂 04.0678

composite reaction 复合反应 03.0716

composite semiconductor photocatalyst 复合半导体光催化剂 04.0689

composite structure 复合结构 04.1900

compositional heterogeneity 组成非均一性 05.0736

compound 化合物 01.0062

compound nucleus 复合核 06.0226

comprehensive two-dimensional chromatography 全二维色谱法 03.1761

compressibility factor 压缩因子 04.0113

compressibility factor diagram 压缩因子图 04.0114

compression molding 模压成型，＊压缩成型 05.0982

comproportionation reaction 归中反应，＊逆歧化反应 01.0344

Compton scattering analysis 康普顿散射分析 06.0552

computational chemistry 计算化学 04.1152

computational spectrophotometry 计算分光光度法 03.1239

computed axial tomography ＊计算机轴向断层成像 06.0547

computed tomography 计算机断层成像 06.0547

computer of average transients 信号平均累加器 03.2223

computer simulation 计算机模拟 04.2047

concentration 浓度 01.0034

concentration cell 浓差电池 04.0546

concentration constant 浓度常数，＊浓度平衡常数

03.0752

concentration direct reading　浓度直读[法]　03.0988

concentration jump　浓度跃变　04.0399

concentration overpotential　浓差过电位　03.1720

concentration polarization　浓差极化　03.1709

concentration quenching　浓度猝灭　05.0888

concentration sensitive detector　浓度敏感型检测器　03.2049

concentration sensitivity　浓度灵敏度　03.0045

concentric cylinder viscometer　同心转筒式黏度计　04.1725

concentric nebulizer　同心雾化器　03.1051

concerted catalysis　协同催化　01.0380

concerted reaction　协同反应，*一步反应　01.0382

concomitant variable　协变量，*伴随变量　03.0121

condensation　缩合　02.1117

condensation polymer　缩聚物　05.0052

condensation polymerization　缩聚反应，*缩合聚合反应　05.0486

condensed state　凝聚态　05.0694

condensed system　凝聚系统　04.0027

conditional formation constant　条件生成常数　01.0585

conditional solubility product　条件溶度积　03.0757

conditional stability constant　条件稳定常数　01.0578

conditioning　老化　03.2126，整备　06.0661

conductance　电导　04.0436

conducting polymer　导电聚合物　05.0113

conduction band　导带　01.0744

conductometric analysis　电导分析法　03.1499

conductometric detector　电导检测器　03.2068

conductometric titration　电导滴定法　03.1500

cone and plate viscometer　锥板式黏度计　04.1726

confidence coefficient　置信系数　03.0377

confidence interval　置信区间，*置信范围　03.0376

confidence limit　置信限　03.0375

configuration　构型　02.0655，*位形　04.1290

configurational disorder　构型无序　05.0823

configurational unit　构型单元　05.0661

configuration coordinate　位形坐标　01.0780

configuration entropy　构型熵　04.1430

configuration entropy of mixing　混合构型熵　04.1431

configuration integral　位形积分　04.1442

configuration interaction　组态相互作用法　04.1395

configuration space　位形空间　04.1354

confined chain　受限链　05.0687

confined state　受限态　05.0699

confocal microprobe Raman spectrometry　共聚焦显微拉曼光谱法　03.1417

conformation　构象　02.0658

conformational analysis　构象分析　02.0742

conformational disorder　构象无序　05.0825

conformational effect　构象效应　02.0743

conformational repeating unit　构象重复单元　05.0820

conformational search　构象搜索　04.1470

conformer　构象异构体　02.0659

conglomerate　外消旋堆集体　02.0740

Congo red　刚果红　03.0594

congruent melting point　相合熔点　04.0151

conjugate　缀合物　02.0006

conjugate acid　共轭酸　02.0908

conjugate acid-base pair　共轭酸碱对　01.0106

conjugate addition　共轭加成　02.1063

conjugate base　共轭碱　02.0909

conjugate base mechanism　共轭碱机理　01.0590

conjugated monomer　共轭单体　05.0396

conjugated polymer　共轭聚合物　05.0089

conjugated system　共轭体系　02.0603

conjugate fiber　复合纤维　05.0373

conjugate phase　共轭相　04.0156

conjugate solution　共轭溶液　04.0155

conjugate spinning　复合纺丝　05.1053

conjugation　共轭　02.0601

conjugation molecule　共轭分子　02.0602

conrotatory　顺旋　02.0904

consecutive reaction　连串反应　04.0291

conservation of orbital symmetry　轨道对称性守恒　04.1253

consolute temperature　临界共溶温度　04.0161

constant current coulometry　恒电流库仑法，*库仑滴定法　03.1507

constant current electrolysis　恒电流电解法　03.1504

constant energy synchronous fluorimetry　等能量同步荧光光谱法　03.1302

constant flow pump　恒流泵　03.2001

constant pressure pump　恒压泵　03.2000

constant temperature atomization　等温原子化，*恒温原子化　03.1061

constant weight 恒重 03.0081

constitution 构造 02.0652

constitutional heterogeneity 组成非均一性 05.0736

constitutional isomer 构造异构体 02.0653

constitutional repeating unit 组成重复单元 05.0659

constitutional unit 组成单元 05.0657

constitution controller 结构控制剂 05.1111

constitution water 结构水 03.0820

constrained geometry metallocene catalyst 限定几何构型茂金属催化剂 05.0555

contact angle 接触角 04.1669

contact angle hysteresis 接触角滞后 04.1673

contact ion pair 紧密离子对 02.0948

contact potential 接触电势，* 伏打电势 04.0465

contamination 玷污 03.0809

continous analysis 连续分析法 03.0396

continuous bed column * 连续床柱 03.2039

continuous co-precipitation [method] 连续共沉淀[法] 04.0709

continuous development 连续展开[法] 03.2159

continuous extraction 连续萃取 03.0894

continuous flow enthalpimetry 连续流焓分析 03.2772

continuous flow method 连续流动法 04.0393

continuous flow reactor 连续流动反应器 04.0880

continuous mode pyrolyser 连续式裂解器，* 炉式裂解器 03.2754

continuous polymerization 连续聚合 05.0510

continuous source method for background correction 连续光源背景校正法 03.1103

continuous spectrum 连续光谱 03.1166

continuous stirred tank reactor 连续搅拌釜式反应器 04.0879

continuous-wave laser 连续波激光器 04.1077

continuous wave nuclear magnetic resonance spectrometer 连续波核磁共振[波谱]仪 03.2194

continuum 能级连续区 04.1095

contour length 伸直长度 05.0718

contour plot of atomic orbital 原子轨道轮廓图 04.1203

contrast 对比度 03.0851

contrast agent 造影剂 01.0649

contrast test 对照试验 03.0874

control central line 控制中心线 03.0349

$\bar{x}$-control chart 平均值控制图 03.0350

control chart for quality 质量控制图，* 质量管理图 03.0348

controllable factor 可控因素 03.0243

controlled current coulometry 控制电流库仑法 03.1508

controlled living radical polymerization 可控活性自由基聚合 05.0418

controlled potential coulometric titration 控制电位库仑滴定法 03.1510

controlled potential coulometry 控制电位库仑法 03.1509

controlled potential electrolysis 控制电位电解法 03.1505

convection 对流 04.0508

convection-diffusion equation 对流-扩散方程 04.0510

conventional entropy 规定熵 04.0090

conventional impregnation [method] 常规浸渍[法] 04.0719

convergent synthesis 汇聚合成 02.1228

conversion 转化率 04.0832

conversion factor 换算因子 03.0831

convolution spectrometry 卷积光谱法，* 褶合光谱法 03.1244

convolution voltammetry 卷积伏安法 03.1496

cooling curve 冷却曲线 04.0143

cool on-column injection 冷柱上进样 03.2111

Coomassie brilliant blue 考马斯亮蓝 03.0627

cooperative effect 协同效应 01.0381

coordinate-covalent bond 配位共价键 02.0624

coordinated anionic polymerization 配位负离子聚合 05.0459

coordinated cationic polymerization 配位正离子聚合 05.0460

coordination 配位作用 01.0424

coordination atom 配位原子 01.0471

coordination bond 配位键 01.0554

coordination catalysis 配位催化 04.0643

coordination chemistry 配位化学 01.0464

coordination compound 配位化合物，* 配合物，* 络合物 01.0465

coordination distance 配位距离 04.1911

coordination isomerism 配位异构 01.0540

coordination number 配位数 01.0492

coordination polyhedron　配位多面体　01.0493

coordination polymer　配位聚合物　05.0057

coordination polymerization　配位聚合　05.0458

coordination reaction　配位反应　01.0423

coordination sphere　配位层　01.0494

Cope rearrangement　库帕重排　02.1091

copolycondensation　共缩聚，＊逐步共聚合　05.0613

copolyester　共聚酯　05.0262

copolyether　共聚醚　05.0277

copolymer　共聚物　05.0015

copolymerization　共聚合[反应]　05.0599

copolymerization equation　共聚合方程，＊共聚物组成方程　05.0612

copolyoxymethylene　共聚甲醛　05.0260

copper pyrite　黄铜矿　01.0315

coprecipitation　共沉淀　01.0392

co-precipitation [method]　共沉淀[法]　04.0707

Co-60 radiation source　钴-60 辐射源　06.0337

corona discharge　电晕放电　03.2451

coronene　蔻　02.0173

corrected retention volume　校正保留体积　03.1930

correction factor　校正因子　03.2103

correlating natural orbital　＊相关自然轨道　04.1377

correlation　相关　04.1438

correlation analysis　相关分析　03.0252

correlation coefficient　相关系数　03.0253

correlation diagram　相关图，＊能级相关图　04.1352

correlation function　相关函数　03.2178

correlation test　相关性检验　03.0251

correlation time　相关时间　03.2177

corresponding state　对比状态　04.0110

corrin　咕啉，＊可啉　02.0275

corrosion current　腐蚀电流　04.0597

corrosion inhibitor　缓蚀剂　04.0589

corrosion potential　腐蚀电势　04.0596

corrosion protection　防腐　04.0586

corrosion rate　腐蚀速率　04.0598

corrosive sublimate　升汞　01.0228

corundum　刚玉　01.0281

cosmogenic radionuclide　宇生放射性核素　06.0326

cospinning　共纺，＊混纺　05.1048

cosurfactant　助表面活性剂　04.1614

Cotton effect　科顿效应　02.0815

Cottrell equation　科特雷尔方程　04.0519

Coulomb barrier　库仑势垒　06.0221

Coulomb integral　库仑积分　04.1324

Coulomb interaction　库仑相互作用　04.1325

coulometer　库仑计　03.1560

coulometric detector　库仑检测器　03.1562

coulometric titration　恒电流库仑法，＊库仑滴定法　03.1507

coulometry　库仑法　03.1506

coumarin　＊香豆素　02.0354

coumarin antibiotics　香豆素类抗生素　02.0424

coumarone-indene resin　苯并呋喃-茚树脂　05.0182

counter current chromatography　逆流色谱法，＊反流色谱法　03.1842

countercurrent electrophoresis　对流电泳，＊逆流电泳　03.1828

counter electrode　对电极　04.0448

counter ion　反荷离子　02.0934

counterion　反离子　04.1699

counting rate　计数率　06.0133

coupled reaction　偶联反应　01.0427

coupled simultaneous technique　耦合联用技术，＊串接联用技术　03.2734

coupling　耦合　03.2249

coupling agent　偶联剂　05.1099

coupling constant　耦合常数　03.2252

coupling polymerization　偶联聚合　05.0480

coupling reaction　偶联反应　01.0427

coupling reaction chemiluminescence　偶合反应化学发光　03.1265

coupling reagent　偶联剂　02.1400

coupling termination　偶合终止，＊结合终止　05.0576

covalent bond　共价键　04.1227

covalent coordination bond　共价配[位]键　01.0555

covalent crystal　共价晶体　01.0693

covalent radius　共价半径　04.1910

covariance　协方差　03.0197

coverage factor　包含因子，＊覆盖因子　03.0385

C.P.　化学纯　03.0041

CPAA　带电粒子活化分析　06.0498

CPE　氯化聚乙烯　05.0335

CRA　碳棒原子化器　03.1073

CRAMPS　旋转与多脉冲相关谱　03.2293

Cram rule　克拉姆规则　02.0788

craze　银纹　05.0910

creep 蠕变 05.0935

creep compliance 蠕变柔量 05.0939

cresol purple 甲酚紫，*间甲酚磺肽 03.0573

cristobalite 方石英 01.0242

critical aggregation concentration 临界聚集浓度 05.0697

critical concentration 临界浓度 06.0623

critical constant 临界常数 04.0117

critical energy of reaction 反应临界能 04.0299

criticality accident 临界事故 06.0622

criticality safety 临界安全 06.0621

critical mass 临界质量 06.0625

critical micelle concentration 临界胶束浓度 04.1629

critical molecular weight 临界分子量 05.0749

critical phenomenon 临界现象 04.0116

critical point 临界点 04.0118

critical pressure 临界压力 04.0120

critical quenching radius 临界猝灭半径 04.1013

critical solution temperature 临界共溶温度 04.0161

critical state 临界状态 04.0115

critical surface tension of wetting [润湿]临界表面张力 04.1675

critical temperature 临界温度 04.0119

critical value 临界值 03.0219

critical volume 临界体积 04.0121，06.0624

crossaldolcondensation 交叉羟醛缩合 02.1119

cross beam technique 交叉束技术 06.0512

cross bombardment 交叉轰击 06.0234

cross conjugation 交叉共轭 02.0605

cross-coupling reaction 交叉偶联反应 02.1060

crossed molecular beam 交叉分子束 04.0354

crosslinked polymer *交联聚合物 05.0063

crosslinking 交联 05.0623

crosslinking density 交联密度 05.0631

crosslinking index 交联指数 05.0632

cross polarization 交叉极化 03.2314

cross propagation 交叉增长 05.0616

cross relaxation 交叉弛豫 03.2315

cross termination 交叉终止 05.0618

cross validation method 交互检验法，*交叉检验 03.0266

crown conformation 冠状构象 02.0762

crown ether 冠醚 03.0639

crown ether stationary phase 冠醚固定相 03.2026

crucible 坩埚 03.0680

crude rubber 生橡胶 05.0306

cryolite 冰晶石 01.0312

cryptand 穴状配体，*穴合剂 01.0477，穴醚 02.0845

cryptate 穴合物 01.0519，穴醚络合物 02.0846

cryptophane 穴蕃 02.0844

crystal 晶体 04.1770

crystal axis 晶轴 04.1773

crystal cell 晶胞 04.1777

crystal chemistry 晶体化学 04.1769

crystal edge 晶棱 04.1784

crystal engineering 晶体工程 02.0861，晶体工程学 04.1768

crystal face 晶面 04.1783

crystal family 晶族 04.1801

crystal field splitting 晶体场分裂 04.1262

crystal form 晶形 04.1844

crystal growth 晶体生长 04.1852

crystal habit 晶癖 04.1845

crystal imperfection 晶体非完美性 04.1872

crystalline fold period 晶体折叠周期 05.0819

crystalline polymer 结晶聚合物 05.0829

crystalline precipitate 晶形沉淀 03.0797

crystalline state 晶态 04.1854

crystallinity 结晶度 05.0833

crystallite 微晶 04.1863

crystallization 结晶 04.1847

crystallographic data 晶体学数据 04.2052

[crystallographic] plane group 平面[对称操作]群 04.1835

[crystallographic] point group 点对称操作群，*点群 04.1831

crystallographic shear 结晶[学]切变 01.0731

[crystallographic] space group 空间[对称操作]群 04.1834

crystallographic symmetry 晶体学对称性 04.1829

crystallographic texture 晶体织构 04.1933

[crystallographic] zone 晶带 04.1788

[crystallographic] zone axis 晶带轴 04.1789

crystallography 晶体学 04.1767

crystal morphology 晶体形态学 04.1843

crystal nucleus 晶核 04.1846

crystal structure 晶体结构 04.1890

cystine 胱氨酸 02.1333

cytidine 胞苷，* 胞嘧啶核苷 02.1310

cytochrome 细胞色素 01.0619

cytochrome c oxidase 细胞色素 c 氧化酶 01.0621

cytochrome P-450 细胞色素 P-450 01.0620

cytosine 胞嘧啶 02.1305

CZE 毛细管区带电泳 03.1832

Czochralski method [晶体生长]提拉法，* 捷克拉斯基方法 01.0816

CZT detector * CZT 探测器 06.0124

D

Da 道尔顿 03.2338

dalton 道尔顿 03.2338

Daltonide * 道尔顿体 01.0706

DAM 二安替比林甲烷 03.0499

dammarane 达玛烷[类] 02.0520

Daniell cell 丹聂尔电池，* 铜锌原电池 04.0551

daphnane 瑞香烷[类] 02.0501

dark field microscope 暗场显微镜 04.1545

data handling 数据处理 03.0116

data processing 数据处理 03.0116

daughter nuclide 子体核素 06.0049

d-block element d 区元素 01.0078

DE 延迟引出，* 脉冲离子引出 03.2551

deactivating group 钝化基团 02.0991

deactivation 失活[作用] 04.0757

deactivation mechanism 失活机理 04.0758

dead end polymerization 死端聚合 05.0425

dead milling 过炼 05.0976

dead time 死时间 03.1922

dead volume 死体积 03.1926

deamination 脱氨基 02.1094

Debye equation 德拜公式 04.1550

Debye-Hückel limiting law 德拜-休克尔极限定律 04.0431

Debye-Hückel theory 德拜-休克尔理论 04.0430

Debye radius 德拜半径 03.2339

Debye-Scherrer method 德拜-谢乐法 04.2005

Debye-Waller temperature factor 德拜-沃勒温度因子 04.2023

decarbonylation 脱羰 02.1075

decarboxamidation 脱酰胺化 02.1097

decarboxylation 脱羧 02.1046

decarboxylative nitration 脱羧硝化 02.1049

α-decay α 衰变 06.0018

β-decay β 衰变 06.0019

β⁺-decay β⁺衰变 06.0020

γ-decay γ 衰变 06.0024

decay process of excited state 激发态衰变过程 04.0971

decay rate * 衰变率 06.0035

deceptively simple spectrum 假象简单图谱 03.2240

decladding 去壳 06.0596

decoloring clay * 脱色土 01.0253

decommissioning 退役 06.0662

decomposition 分解 01.0347

decomposition voltage 分解电压 03.1724

decontaminant 去污剂 06.0616

decontaminating agent 去污剂 06.0616

decontamination factor 去污因子，* 去污系数 06.0106

decrepitation 烧爆作用，* 爆裂作用 03.0826

decyanation 脱氰[基]化 02.1098

decyanoethylation 脱氰乙基化 02.1079

[deep] geological disposal [深]地质处置 06.0648

defect 缺陷 01.0718

defect cluster 缺陷簇 01.0730

deflection function 偏离函数 04.0372

defoamer 消泡剂 04.1764

deformation 形变 04.1876

degasser 脱气装置，* 脱气机 03.1993

degeneracy * 简并度 04.0229

degenerated branched chain reaction 退化支链反应，* 简并支链反应 04.0329

degradable polymer 降解性聚合物 05.0097

degradation 降解 05.0634

degradative chain transfer 退化链转移 05.0589

degree of branching 支化度，* 支化密度 05.0653

degree of crosslinking 交联度 05.0726

degree of crystallinity 结晶度 05.0833

degree of dissociation 解离度 04.0177

degree of freedom 自由度 03.2430

degree of ionization 电离度 04.0424

degree of orientation 取向度 05.0893

degree of polymerization 聚合度 05.0744

degree of swelling 溶胀度 05.0729

dehalogenation 脱卤 02.1047

dehydration 脱水 01.0441

dehydrogenation 脱氢 01.0442

dehydrohalogenation 脱卤化氢 02.1093

DEI 解吸电子电离 03.2480

deinsertion 去除插入[反应] 02.1479

deionization 去离子化, *脱离子化 01.0364

deionized water 去离子水 01.0150

delayed extraction 延迟引出, *脉冲离子引出
03.2551

delayed fluorescence 延迟荧光 03.1284

delayed luminescence 延迟发光 04.1060

delayed neutron 缓发中子 06.0155

delayed neutron emitter 缓发中子发射体 06.0193

delayed neutron precursor 缓发中子前驱核素
06.0192

deliquescence 潮解 01.0329

delocalized bond 离域键 04.1238

delocalized molecular orbital 离域分子轨道 04.1249

delta sleep inducing peptide δ睡眠肽, *δ诱眠肽
02.1387

demasking 解蔽 03.0719

demethylation 脱甲基化 02.1027

demineralization 去矿化, *脱矿 01.0604

demulsification 破乳 04.1757

demulsifier 破乳剂 04.1758

denaturation 变性作用 02.1407

dendrimer 树[枝]状聚合物 05.0066

dendrite 树枝[状]晶体 05.0838

dendritic crystal 枝晶 04.1866

dendritic polymer 树[枝]状聚合物 05.0066

denier 旦[尼尔] 05.1070

de novo sequencing 从头测序 03.2589

denovo synthesis 从头合成 02.1210

density functional theory 密度泛函理论 04.1388

density of spectral line 谱线黑度 03.0992

density of state 态密度 01.0745

density operator 密度算符 04.1436

denticity *齿数 02.1498

deoxygenation 脱氧 02.1145

deoxynucleoside 脱氧核苷 02.1302

deoxynucleotide 脱氧核苷酸 02.1293

deoxyribonuclease 脱氧核糖核酸酶 02.1426

deoxyribonucleic acid 脱氧核糖核酸 02.1299

deoxyribonucleic acid electrochemical biosensor 脱氧
核糖核酸电化学生物传感器 03.1568

deoxyribonucleic acid hybridization indicator 脱氧核
糖核酸杂交指示剂 03.1733

deoxyribose 脱氧核糖 02.1282

de [percent] 非对映体过量[百分比] 02.0805

depleted uranium 贫化铀 06.0569

depletion flocculation 空缺絮凝作用 04.1695

depletion stabilization 空缺稳定作用 04.1696

depolarization 去极化 04.0520；解偏振作用
05.0806

depolarized electrode 去极化电极 03.1615

depolarizer 去极剂 03.1700

depolymerase 解聚酶 05.0636

depolymerization 解聚 05.0633

deposition potential 析出电位 03.1723

deposition precipitation [method] 沉积沉淀[法]
04.0710

deprotection 去保护 02.1225

deprotonated molecule 去质子化分子 03.2388

depsipeptide 酯肽 02.1369

DEPT 无畸变极化转移增强 03.2272

depth resolution 深度分辨率 03.2651

deracemization *去消旋化 02.0790

derivative 衍生物 02.0004

derivative chronopotentiometry 导数计时电位法
03.1520

derivative curve 微分曲线 03.2710

derivative polarography 导数极谱法 03.1466

derivative spectrophotometry 导数分光光度法
03.1215

derivative spectrum 导数光谱 03.1177

derivative synchronous fluorescence spectrum 导数同
步荧光光谱 03.1298

derivative synchronous fluorimetry 导数同步荧光分析
法 03.1301

derivative thermogravimetry 微商热重法 04.0136

derivatization room temperature phosphorimetry 衍生
室温磷光法 03.1335

descending development method 下行展开[法]
03.2154

deselenization 脱硒 02.1147

desferrioxamine 去铁敏 01.0657

deshielding 去屏蔽 03.2188

desiccant 干燥剂 03.0675

desiccator 干燥器 03.0674

desolvation 去溶剂化 01.0365

desorption 脱附 04.0807

desorption chemical ionization 解吸化学电离 03.2481

desorption electron ionization 解吸电子电离 03.2480

desorption ionization 解吸电离 03.2479

destructive detector 破坏性检测器 03.2047

desulfonation 脱磺酸基化 02.1053

desulfurization 脱硫 02.1146

desymmetrization 去对称化 02.0665

detailed balance 细致平衡 04.1424

detection 检出 03.0043

detection limit 检出限，*检测限 03.0052

detection period 检测期 03.2299

detection tube method 检测管法 03.0466

detector 检测器 03.2042，06.0111

determination limit 测定限 03.0371

determination of absolute configuration 绝对构型测定 04.2041

determination of ash 灰分测定 03.0789

determination of protein 蛋白质测定 03.0792

deterministic effect 确定性效应 06.0434

detritiation 除氚 06.0620

deuterated solvent 氘代溶剂 03.2301

deuteration 氘化 06.0694

deuteride 氘化物 06.0695

deuterium 氘 01.0065

deuterium exchange 氘交换 03.2283

deuterium lamp background correction 氘灯校正背景 03.1102

deuteron 氘核 06.0693

developing line method 显线法 03.0919

developing solvent 展开剂 03.1880

developing tank 展开槽 03.2078

development 展开 03.1879

deviation 偏差 03.0169

devitrification 失透 01.0812

Dewar benzene 杜瓦苯 02.0185

Dexter electron exchange energy transfer 德克斯特电子交换能量传递 04.0996

dextran 葡聚糖，*右旋糖酐 05.0158

dextrin 糊精 02.1267

dextro isomer 右旋异构体 02.0662

DFT 密度泛函理论 04.1388

DI 解吸电离 03.2479，直接进样 03.2554

diacetylene polymer 二乙炔聚合物 05.0143

diad 二单元组 05.0674

diagonal glide plane 对角滑移面，*n 滑移面 04.1825

diagonalization of matrix 矩阵对角化 04.1173

diagonal matrix 对角矩阵 04.1172

diallyl polymer 二烯丙基聚合物 05.0144

dialysis 透析 03.0805

dialyzer 渗析器 03.0687

diamagnetic ring current effect 抗磁环电流效应 02.0617

diamagnetic shift 抗磁位移 03.2244

diamagnetism 抗磁性，*反磁性，*逆磁性 01.0788

diamagnetism coordination compound 抗磁性配合物 01.0502

diamond 金刚石 01.0286

diamond glide plane 金刚石型滑移面，*d 滑移面 04.1826

dianion 双负离子 02.0945

diantipyrylmethane 二安替比林甲烷 03.0499

diaphragm pump 隔膜泵 03.2007

diaspore 水铝石 01.0269

diastereoisomerization 非对映异构化 02.0792

diastereomer 非对映[异构]体 02.0707

diastereomeric excess 非对映体过量[百分比] 02.0805

diastereomeric ratio 非对映体比例 02.0807

diastereoselectivity 非对映选择性 02.1205

diastereotopic 非对映异位[的] 02.0671

diaxial addition [reaction] 双竖键加成[反应] 02.0879

diazacyclobutadiene 二氮杂环丁二烯 02.0258

diazacycloheptatriene 二氮杂环庚三烯 02.0330

1,4-diazacyclohexane 1,4-二氮杂环己烷，*六氢吡嗪 02.0321

diazenyl radical 二氮烯基自由基 02.0968

diazepine *二氮杂䓬 02.0330

diazete 二氮杂环丁二烯 02.0258

1,2-diazine　*1,2-二嗪　02.0317

1,3-diazine　*1,3-二嗪　02.0319

1,4-diazine　*1,4-二嗪　02.0318

diaziridine　二氮杂环丙烷，*亚甲基肼　02.0248

diazirine　二氮杂环丙烯　02.0249

diazoalkane　重氮烷　02.0042

diazoamino compound　重氮氨基化合物　02.0193

diazo compound　重氮化合物　02.0041

diazohydroxide　重氮氢氧化物　02.0192

diazonium coupling　重氮偶联　02.1059

diazonium salt　重氮盐　02.0191

diazotization　重氮化　02.1058

dibenzo [b,e] pyran　二苯并[b,e]吡喃　02.0356

dibenzo [b,d] pyrrole　二苯并[b,d]吡咯　02.0342

dibenzo [b, e] oxazine　二苯并[b,e]噁嗪　02.0367

dibenzo [b, e] pyranone　二苯并[b,e]吡喃酮　02.0357

dibenzo [b, e] pyrazine　二苯并[b,e]吡嗪　02.0366

dibenzo [b,e] pyridine　二苯并[b,e]吡啶　02.0362

dibenzo [b, e] thiapyranone　二苯并[b,e]噻喃酮　02.0358

dibenzo [b, e] thiazine　二苯并[b,e]噻嗪　02.0368

dibenzofuran　二苯并呋喃，*氧芴　02.0340

dibenzothiophene　二苯并噻吩，*硫芴　02.0341

dication　双正离子　02.0944

2,7-dichlorofluorescein　2,7-二氯荧光素，*二氯荧光黄　03.0590

dichroism　二色性，*二向色性　03.1379

dichromate titration　重铬酸钾滴定法　03.0424

DIE　直接进样量热分析　03.2771

dielectricity　介电性　01.0758

dielectric relaxation　介电弛豫　04.0401

Diels-Alder polymerization　*第尔斯–阿尔德聚合　05.0429

Diels-Alder reaction　第尔斯-阿尔德反应，*[4+2]环加成反应　02.1083

diene　二烯，*双烯　02.0015

diene monomer　双烯单体，*二烯单体　05.0393

diene polymer　双烯聚合物　05.0140

diene polymerization　双烯[类]聚合　05.0413

dienophile　亲双烯体　02.1086

die swell　出模膨胀　05.0997

difference electron density method　差值傅里叶法　04.2037

difference Fourier method　差值傅里叶法　04.2037

difference spectrum　示差谱　03.2319

differential capacitance　微分电容　04.0497

differential enthalpy of solution　微分溶解焓　04.0060

differential fiber　差别纤维　05.0374

differential heat of adsorption　微分吸附热　04.1584

differential pulse polarography　微分脉冲极谱法　03.1482

differential pulse voltammetry　微分脉冲伏安法　03.1483

differential reaction cross section　微分反应截面　04.0371

differential reaction-rate kinetic analysis　速差动力学分析法　03.1217

differential refractive index detector　示差折光检测器，*折射率检测器，*折光指数检测器　03.2063

differential scanning calorimeter curve　差示扫描量热曲线　03.2701

differential scanning calorimetry　差式扫描量热分析　03.2690

differential spectrophotometry　示差分光光度法　03.1216

differential spectrum　差谱　03.1176

differential thermal analysis　差热分析　03.2689

differential thermodilatometry　差示热膨胀法　03.2692

differential type detector　微分型检测器　03.2052

differentiating effect　区分效应，*分辨效应　03.0657

diffraction grating　衍射光栅　03.0957

diffraction grating spectrometer　衍射光栅光谱仪　03.0978

diffraction group　衍射群　04.1977

diffraction pattern　衍射图案　04.1991

diffuse reflectance-Fourier transform infrared technique　漫反射傅里叶变换红外光谱技术　03.1366

diffuse reflection spectrometry　漫反射光谱法　03.1357

diffusion　扩散　04.0509

diffusion barrier　扩散膜　06.0580

diffusion coefficient　扩散系数　04.1531

diffusion control　扩散控制　04.0538

diffusion controlled rate　扩散控制速率　04.0539

diffusion controlled reaction　扩散控制反应　04.0340

diffusion controlled termination　扩散控制终止　05.0574

diffusion current　扩散电流　03.1652

diffusion current constant　扩散电流常数　03.1686

diffusion impedance　扩散阻抗　04.0626

diffusion layer　扩散层　04.0494

diffusion limitation　扩散限制　04.0805

diffusion-ordered spectroscopy　扩散排序谱　03.2292

diffusion overpotential　扩散过电势　04.0525

difunctional initiator　双官能引发剂　05.0533

digestion　消化，* 消解　03.0823

digonal carbon　直线型碳　02.0716

digonal hybridization　直线型杂化，* sp 杂化　02.0609

dihedral angle　二面角　02.0775

dihydride catalyst　双氢催化剂　02.1482

dihydroflavone　二氢黄酮　02.0443

dihydroflavonol　二氢黄酮醇　02.0445

dihydroisoflavone　二氢异黄酮　02.0444

2,4-dihydroxybenzo [g] pteridine　2,4-二羟基苯并[g]蝶啶　02.0384

dihydroxylation　双羟基化反应　02.1041

3-(3,4-dihydroxyphenyl) alanine　多巴　02.1360

2,3-dihyrobenzopyran　2,3-二氢苯并吡喃　02.0353

diisotactic polymer　双全同立构聚合物　05.0025

dilatant fluid　胀流型流体　04.1733

dilignan　双木脂体　02.0453

dilution　稀释　03.0840

dimensions thermodilatometry　热膨胀分析　03.2691

dimer　二聚体　05.0010

dimeric ion　二聚离子　03.2458

dimerization　二聚　02.1064

dimethylglyoxime　丁二酮肟，* 二甲基乙二醛肟　03.0549

dimethyl silicone rubber　二甲基硅橡胶　05.0342

dinitrogen complex　双氮配合物　02.1480

diode-array detector　二极管阵列检测器　03.0971

diol　二醇　02.0141

dioxane　1,4-二氧杂环己烷，* 二氧六环，* 二噁烷　02.0314

dioxin　* 二噁英　02.0370

dioxirane　二氧杂环丙烷，* 过氧化酮　02.0247

2,5-dioxopiperazine　2,5-二氧亚基哌嗪　02.0322

dioxygen complex　双氧配合物　02.1481

diphenylamine blue　二苯胺蓝　03.0589

diphenylcarbazide　二苯卡巴肼，* 二苯氨基脲　03.0500

diphenylcarbazone　二苯卡巴腙　03.0501

dipolar addition dipolar cycloaddition　偶极[环]加成，* 偶极加成　02.1089

dipole-dipole interaction　偶极-偶极相互作用　04.1350

dipole-quadrupole interaction　偶极-四极相互作用　04.1351

diprotic acid　二元酸　01.0124

Dirac delta function　狄拉克 δ 函数　04.1316

Dirac equation　狄拉克方程　04.1394

diradical　双自由基　02.0964

direct　共辐射接枝　06.0373

direct chemical ionization　直接化学电离　03.2510

direct current arc source　直流电弧光源　03.0939

direct current plasma source　直流等离子体光源　03.0946

direct current polarography　直流极谱法，* 经典极谱法　03.1465

direct current voltammetry　直流伏安法　03.1467

direct fission yield　直接裂变产额　06.0179

direct injection enthalpimetry　直接进样量热分析　03.2771

direct inlet　直接进样　03.2554

direction focusing　方向聚焦　03.2521

direct-line atomic fluorescence　直跃线原子荧光　03.1121

direct methanol fuel cell　直接甲醇燃料电池　04.0554

direct method　直接法　04.2044

direct probe　直接进样探头　03.2557

direct reaction　直接反应　04.0381

direct space　正空间　04.1985

disaccharide　二糖，* 双糖　02.1261

discharge capacity　放电容量　04.0578

discharge energy density　放电能量密度　04.0580

discharge ionization　放电电离　03.2497

discolor spectrophotometry　褪色分光光度法　03.1223

discontinuous simultaneous technique　非连续联用分析　03.2735

discotic phase　盘状相　05.0866

discrete energy level　离散能级　04.1093

discriminant analysis　判别分析　03.0331

disilene　硅硅烯，* 乙硅烯　02.0221

disilyne　硅硅炔，* 乙硅炔　02.0222

disjoining pressure　楔压，* 分离压　04.1693

dislocation 位错 01.0696

dismutation 歧化反应 01.0343

disorder orientation 无序取向 04.1931

disorientation 解取向 05.0869

disperse medium 分散介质 04.1502

disperse phase 分散相 04.1501

disperse system 分散系统 04.1500

dispersing agent 分散剂 05.1110

dispersion 色散率 03.0964

dispersion force 色散力 04.1264

dispersion polymerization 分散聚合 05.0503

dispersion spectrum 色散型谱 03.2221

displacement chromatography 置换色谱法，* 顶替色谱法 03.1744

displacement reaction 置换反应 01.0443

disposal of radioactive waste 放射性废物处置 06.0646

disproportionation reaction 歧化反应 01.0343

disproportionation termination 歧化终止 05.0575

disrotatory 对旋 02.0905

dissemination of quantity value 量值传递 03.0379

dissipative structure 耗散结构 04.0223

dissociation 离解，* 解离 01.0415

dissociation constant 解离常数 03.0754

dissociation energy 解离能 03.0994

dissociation limit 离解极限 04.1301

dissociation threshold 解离阈值 04.1097

dissociative adsorption 解离吸附 04.0913

dissociative mechanism 解离机理 01.0587

dissolved oxygen 溶解氧 03.0779

dissolving metal reduction 溶解金属还原 02.1138

dissymmetry of scattering 散射的非对称性 05.0805

distillation 蒸馏 03.0458

distilled water 蒸馏水 01.0149

distonic radical cation 分离式正离子自由基 02.0966

distorted peak 畸峰 03.1918

distortion 畸变 04.1875

distortionless enhancement by polarization transfer 无畸变极化转移增强 03.2272

χ^2-distribution χ^2 分布 03.0135

distribution diagram 分布分数图 03.0762

distribution fraction 分布分数 03.0761

distribution law 分配定律 04.0183

distribution ratio 分配比 06.0604

disulfide bond 二硫键 02.1382

disyndiotactic polymer 双间同立构聚合物 05.0028

diterpene 二萜 02.0486

diterpenoid alkaloid 二萜[类]生物碱 02.0421

1,4-dithiacyclohexane 1,4-二硫杂环己烷 02.0316

dithiane 二噻环己烷 02.0058

dithioacetal 二硫缩醛 02.0063

dithioketal 二硫缩酮 02.0064

dithiolane 二硫杂环戊烷 02.0269

dithizone 二硫腙 03.0502

diverse ion effect 异离子效应，* 异盐效应 03.0729

diversity oriented synthesis 多样性导向合成 02.1208

Dixon test method 狄克松检验法 03.0228

diyne 二炔 02.0021

di-π-methane rearrangement 双π甲烷重排 02.1189

D-L system of nomenclature D-L 命名体系 02.0699

DME 滴汞电极 03.1604

DMF 二甲基甲酰胺 03.0650

DMFC 直接甲醇燃料电池 04.0554

DNA 脱氧核糖核酸 02.1299

2D NMR spectrum 二维核磁共振谱 03.2285

dodecahedron 十二面体 04.1917

dolabellane 海兔烷[类] 02.0493

dolomite 白云石 01.0256

domino reaction * 多米诺反应 02.1220

Donnan equilibrium 唐南平衡 04.1539

Donnan potential 唐南电势 04.0473

donor 给体 01.0184，02.1418

π-donor * π给体 01.0568

σ-donor ligand σ供电子配体 02.1478

doped crystal 掺杂晶体 01.0697

doping 掺杂 01.0738

doping effect 掺杂效应 04.0776

Doppler broadening 多普勒变宽 03.1013

dormant species 休眠种 05.0417

dose build-up 剂量建成 06.0428，剂量积累 06.0429

dose build-up factor 剂量积累因子 06.0430

dose constraint 剂量约束 06.0432

dose conversion factor 剂量转换因子 06.0431

dose equivalent 剂量当量 06.0410

dose limit 剂量限值 06.0395

dose monitoring system 剂量监测系统 06.0475

dose rate 剂量率 06.0405

DOSY 扩散排序谱 03.2292

double arc method　双电弧法　03.0989

double beam atomic absorption spectrometer　双光束原子吸收光谱仪　03.1109

double beam optical-null infrared spectrometer　双光束光零点红外分光光度计　03.1392

double beam spectrophotometer　双光束分光光度计　03.1255

double bond　双键　04.1229

double bond migration　双键移位　02.1158

double bond-no-bond resonance　＊双键-无键共振　02.0614

double-charged ion　双电荷离子　03.2503

double-column qualitative method　双柱定性法　03.2101

double β decay　双 β-衰变　06.0032

double decomposition　复分解　01.0410

double doublet　双双峰　03.2278

double electric layer　双电层　04.0487

double exchange　双交换　01.0797

double focusing mass spectrometer　双聚焦质谱仪　03.2584

double glide plane　双向轴滑移面，＊e 滑移面　04.1827

double impregnation [method]　双浸渍[法]　04.0716

double labeling　双重标记　06.0686

double layer capacitance　双电层电容　04.0496

double layer current　电双层电流　03.1665

double layer potential　电双层电位　03.1717

double layer thickness　双电层厚度　04.1697

double magic nucleus　双幻核　06.0064

double-potential-step method　双电位阶跃法　03.1524

double refraction　双折射　04.1949

double resonance　双共振　03.2261

double salt　复盐　01.0129

double-step chronocoulometry　双阶跃计时库仑法　03.1526

double strand chain　双[股]链　05.0827

doublet　双峰　03.2277

double-tagging　双重标记　06.0686

DP　聚合度　05.0744

dr　非对映体比例　02.0807

drag reducer　减阻剂　05.1134

drainage error　滴沥误差　03.0854

DR-FTIR　漫反射傅里叶变换红外光谱技术　03.1366

drimane　二环金合欢烷[类]　02.0479

drip line　滴线　06.0009

drop method　点滴法，＊点滴试验　03.0463

dropping mercury electrode　滴汞电极　03.1604

drop time　滴下时间　03.1690

drop-volume method　滴体积法　04.1564

drop-weight method　滴重法　04.1565

DRS　漫反射光谱法　03.1357

D-RTP　衍生室温磷光法　03.1335

dry ashing　干法灰化　03.0857

dry battery　干电池　04.0568

dry column packing　干法柱填充　03.2120

drying oven　烘箱　03.0105

dry [jet] -wet spinning　干[喷]湿法纺丝　05.1041

dry method　干法　03.0038

dry reaction　干法反应　01.0358

dry reprocessing　干法后处理　06.0595

dry spinning　干纺　05.1039

dry way　干法　03.0038

ds-block element　ds 区元素　01.0079

DSC　差式扫描量热分析　03.2690

DSIMS　动态二次离子质谱法　03.2349

DSIP　δ睡眠肽，＊δ 诱眠肽　02.1387

DTA　差热分析　03.2689

DTG　微商热重法　04.0136

DU　贫化铀　06.0569

dual-channel atomic absorption spectrophotometer　双通道原子吸收分光光度计　03.1110

dual functional catalyst　双功能催化剂　04.0670

dual polyhedron　对偶多面体　04.1921

dual-temperature exchange　双温交换[法]　06.0579

dual wavelength spectrophotometer　双波长分光光度计　03.1256

ductile fracture　韧性断裂　05.0904

Duhem-Margules equation　杜安-马居尔方程　04.0182

Du Noüy ring method　迪努伊环法，＊吊环法，＊脱环法　04.1566

duplex film　双重膜　04.1661

duplicate　双份法　03.0697

Dupre equation　杜普雷公式　04.1667

dust-free operating space　无尘操作区　03.0869

dwell time　采样间隔时间　03.2211

dye laser　染料激光器　04.1080

dye sensitized photoinitiation　染料敏化光引发　05.0559

dynamical correlation　动力学相关性　04.1420

dynamic combinatorial chemistry　动态组合化学　02.1217

dynamic contact angle　动态接触角　04.1670

dynamic electron correlation effect　动态电子相关效应　04.1405

dynamic field spectrometer　动态场质谱仪　03.2566

dynamic infrared spectrometry　动态红外光谱法　03.1364

dynamic kinetic resolution　动态动力学拆分　02.0798

dynamic light scattering　动态光散射　05.0779

dynamic mass spectrometer　动态质谱仪　03.2565

dynamic mechanical analysis　动力学分析　03.0030

dynamic mechanical property　动态力学性质　05.0944

dynamic range　动态范围　03.2129

dynamic resonance　动力学共振　04.0350

dynamic secondary ion mass spectrometry　动态二次离子质谱法　03.2349

dynamic surface tension　动态表面张力　04.1558

dynamic thermomechanical measurement　动态热变形分析　03.2694

dynamic transition　动态转变　05.0947

dynamic viscoelasticity　动态黏弹性　05.0945

dynamic viscosity　动态黏度　05.0948

dynamic vulcanization　动态硫化　05.1027

dynorphin　强啡肽　02.1385

E

EA　电子亲和势，* 电子亲和性　03.2344

EAM　嵌入原子势方法　04.1464

early barrier　前势垒，* 早势垒　04.0391

early transition metal　前[期]过渡金属　02.1483

ebonite　硬质胶　05.0309

EELS　电子能量损失能谱　04.1488

EC　[轨道]电子俘获　06.0022

ECCI　电子俘获化学电离　03.2453

ECD　电子捕获检测器，* 电子俘获检测器　03.2057

ecdysone　蜕皮激素，* 蜕皮酮　02.1445

echelle grating　中阶梯光栅　03.0959

ECL　电致化学发光　03.1266

eclipsed conformation　重叠构象　02.0750

eclipsing effect　重叠效应　02.0641

eclipsing strain　重叠张力　02.0642

ECT　发射计算机断层显像　06.0709

EDA complex　电子供体受体络合物　02.0916

eddy diffusion　涡流扩散　03.1948

edge bridging group　边桥基　01.0196

Edman degradation　埃德曼降解　02.1408

EDTA　乙二胺四乙酸　03.0631

EDX　能量色散 X 射线分析　03.2603

EELS　电子能量损失谱法　03.2654

ee [percent]　对映体过量[百分比]　02.0804

EFA　渐进因子分析　03.0333

α-effect　α效应　02.1003

effective atomic number rule　有效原子序数规则　01.0573

effective charge of defect　缺陷的有效电荷　01.0727

effective core potential　有效芯势　04.1384

effective dose　有效剂量　06.0419

effective equivalent dose　有效当量剂量　06.0417

effective equivalent dose rate　有效当量剂量率　06.0418

effective field　有效场，* 内场　03.2275

effective half-life　有效半衰期　06.0464

effective length of capillary　毛细管有效长度　03.1893

effective mobility　有效淌度　03.1968

effective plate height　有效塔板高度　03.1943

effective plate number　有效塔板数　03.1942

efficiency of grafting　接枝效率　05.0654

efflorescence　风化　01.0328

effluent　流出液　03.1866

effusive beam source　溢流束源　04.0355

EGA　逸出气分析　03.2685

EGTA　乙二醇双(2-氨基乙醚)四乙酸　03.0634

EHI　电流体动力学电离　03.2444

EHMO method　推广的休克尔分子轨道法　04.1357

Ehrenfest equation　埃伦菲斯特方程　04.0160

eigen equation　本征方程　04.1163

eigenvalue　特征值　03.0340

eigenvector　* 本征值　03.0340

eighteen electron rule　18 电子规则　01.0574

EIS 电化学阻抗谱 04.0622

E isomer *E* 异构体 02.0721

elastic deformation 弹性形变 05.0907

elastic hysteresis 弹性滞后 05.0908

elastic recovery 弹性回复 05.0909

elastic scattering 弹性散射 04.0366

elastomer 弹性体 05.0304

elastomeric state ＊高弹态 05.0895

electret thermal analysis 驻电体热分析 03.2733

electrical conductivity 电导率 04.0437

electrical double layer 电双层 03.1735

electricaleffect 电场效应 02.0630

electrical field magnified injection 场放大进样 03.2118

electric dipole transition 电偶极跃迁 04.1343

electric field scanning 电场扫描 03.2519

electric sector 扇形电场 03.2581

electroactive polymer 电活性聚合物 05.0117

electroactive substance 电活性物质 03.1699

electroanalytical chemistry 电分析化学 03.1461

electrocapillary curve 电毛细管曲线 03.1681

electrocapillary phenomenon 电毛细现象 04.0495

electrocasting 电铸 04.0601

electrocatalysis 电催化作用 03.1732

electrocatalytic reactor 电催化反应器 04.0893

clcctrochcmical analysis 电化学分析法 03.1462

electrochemical analyzer 电化学分析仪 03.1548

electrochemical biosensor 电化学生物传感器 03.1567

electrochemical corrosion 电化学腐蚀 04.0583

electrochemical detector 电化学检测器 03.1561

electrochemical etching 电化学蚀刻，＊电解浸蚀 04.0605

electrochemical immunoassay 电化学免疫分析法 03.1540

electrochemical impedance spectroscopy 电化学阻抗法 03.1545，电化学阻抗谱 04.0622

electrochemical kinetics ＊电化学动力学 04.0503

electrochemical oscillation 电化学振荡 04.0348

electrochemical oxidation 电化学氧化 02.1129

electrochemical polarization 电化学极化 03.1708

electrochemical potential 电化学势 04.0479

electrochemical probe 电化学探针 03.1579

electrochemical quartz crystal microbalance 电化学石英晶体微天平 03.1555

electrochemical reduction 电化学还原 02.1141

electrochemical reflection spectroscopy 电化学反射光谱法 04.0631

electrochemical scanning probe microscopy 电化学扫描探针显微术 04.0633

electrochemical sensor 电化学传感器 03.1566

electrochemical synthesis 电化学合成 02.1195

electrochemiluminescence 电致化学发光 03.1266

electrochemiluminescence detector 电致化学发光检测器 03.2071

electrochemiluminescence immunoassay 电化学发光免疫分析法 03.1542

electrochemistry 电化学 04.0406

electrochemistry at liquid-liquid interface 液-液界面电化学 03.1543

electrochemistry of molten salt 熔盐电化学 04.0411

electrochemistry of semiconductor 半导体电化学 04.0410

electrochromic polymer 电致变色聚合物 05.0120

electrochromism 电致变色 04.1140

electrocyclic reaction 电环[化]反应 02.1081

electrocyclic rearrangement 电环[化]重排 02.0903

electrode 电极 03.1585

electrode array 电极阵列 04.0458

electrodeless discharge lamp 无极放电灯 03.1029

electrodeposition 电沉积 04.0599

electrode potential 电极电势 04.0462

electrode process 电极过程 03.1692

electrode reaction 电极反应 03.1693

electrode reaction rate constant 电极反应速率常数 04.0528

electrodialysis 电渗析 04.1518

electroforming 电铸 04.0601

electrofuge 离去电体 02.1006

electrogenerated chemiluminescence 电致化学发光 03.1266

electrogravimetry 电重量法 03.1502

electrohydrodynamic ionization 电流体动力学电离 03.2444

electrokinetic injection 电动进样 03.2115

electroluminescence 电致发光，＊场致发光 01.0773

electroluminescent polymer 电致发光聚合物 05.0111

electrolysis 电解 01.0363

electrolyte 电解质 04.0419

electrolyte solution 电解质溶液 04.0175

electrolytic analysis 电解分析法 03.1503

electrolytic cell 电解池 03.1580

electrolytic [initiated]polymerization 电解[引发]聚合，* 电化学引发聚合 05.0433

electromagnetic radiation X-ray excited fluorescence spectrometry 电磁辐射激发 X 射线荧光光谱法 03.1147

electromagnetic separation 电磁分离[法] 06.0578

electromigration injection * 电迁移进样 03.2115

electromotive force 电动势 04.0463

electron accelerating voltage 电子加速电压 03.2520

electron acceptor 电子受体 04.1345

electron affinity 电子亲和势，* 电子亲和性 03.2344

electron attachment 电子附加 03.2342

electron capture chemical ionization 电子俘获化学电离 03.2453

electron capture detector 电子捕获检测器，* 电子俘获检测器 03.2057

electron cloud 电子云 04.1211

electron correlation 电子相关 04.1346

electron crystallography 电子晶体学 04.1971

electron defect 电子缺陷 04.1881

electron deficiency compound 缺电子化合物 04.1214

electron deficient bond 贫电子键 02.1488

electron deficient [system] 贫电子[体系] 02.0983

electron density difference 电子密度差 04.1266

electron-density function 电子密度函数 04.2034

electron diffraction 电子衍射 03.2660

electron-donating group 给电子基团，* 推电子基团 02.0989

electron donor 电子给体 04.1344

electron donor-acceptor complex 电子供体受体络合物 02.0916

electron energy loss spectroscopy 电子能量损失谱法 03.2654，电子能量损失能谱 04.1488

electron excited X-ray fluorescence spectrometry 电子激发 X 射线荧光光谱法 03.1144

electron-hole pair 电子-空穴对 01.0749

electron-hole recombination 电子-空穴复合 01.0748

electron kinetic energy 电子动能 03.2343

electronic balance 电子天平 03.0089

electronic ceramics 电子陶瓷 01.0702

electronic configuration 电子组态 04.1208

electronic effect [of substituent] [取代基的]电子效应 02.0982

electronic energy level 电子能级 04.1213

electronic energy migration [电子]能量迁移 04.0998

electronic excited state 电子激发态 04.0954

electronic partition function 电子配分函数 04.0238

electronic shell 电子壳层 04.1220

electronic spectrum 电子光谱 04.1485

electronic structure 电子结构 04.0797

electronic transition moment * 电子跃迁矩 04.0962

electron ionization 电子电离，* 电子轰击离子化 03.2452

electron mobility 电子迁移率 01.0752

electron multiplier 电子倍增器 03.2530

electron number of electrode reaction 电极反应电子数 03.1687

electron-pair acceptor * 电子对受体 01.0108

electron-pair donor * 电子对给体 01.0109

electron pairing energy 电子成对能 01.0562

electron paramagnetic resonance [电子]顺磁共振 04.1490

electron paramagnetic resonance spectrometer 顺磁共振[波谱]仪 03.2197

electron paramagnetic resonance spectrum 电子顺磁共振谱 04.0827

electron probe micro analysis 电子探针显微分析 03.2601

electron probe micro-analysis 电子探针微区分析 06.0509

electron rich [system] 富电子[体系] 02.0984

electron spectrometer 电子能谱仪 03.2606

electron spectroscopy for chemical analysis 化学分析电子能谱法 03.2610

electron spin 电子自旋 04.1183

electron spin echo envelope modulation 电子自旋回波包络调制 03.2334

electron spin resonance absorption 电子自旋共振吸收 03.2325

electron spin resonance dispersion 电子自旋共振色散 03.2326

electron spin resonance spectrum * 电子自旋共振谱

04.0827

electron transfer 电子转移 01.0436

electron transfer coefficient 电子传递系数 04.0530

electron transfer protein 电子传递蛋白 01.0638

electron transfer reaction 电子转移反应 03.1695

electron transition 电子跃迁 01.0437

electron-withdrawing group 吸电子基团，＊拉电子基团 02.0990

electroosmosis 电渗 04.1680

electroosmotic flow 电渗流 03.1964

electroosmotic mobility 电渗淌度 03.1967

electroosmotic pump 电渗泵 03.2008

electroosmotic velocity 电渗流速度 03.1965

electrophile 亲电体，＊亲电试剂 02.0999

electrophilic addition [reaction] 亲电加成[反应] 02.0878

electrophilic aromatic substitution [reaction] 芳香族亲电取代[反应] 02.0875

electrophilicity 亲电性 02.1000

electrophilic reagent 亲电[子]试剂 01.0186

electrophilic rearrangement 亲电重排 02.1177

electrophilic substitution [reaction] 亲电取代[反应] 02.0874

electrophobic reagent 疏电[子]试剂 01.0187

electrophoresis 电泳 03.1738

electrophoretogram 电泳图 03.1901

electroplating 电镀 04.0600

electropolishing 电抛光 04.0602

electropolymerization 电聚合 04.0634

electrorefining 电解精炼 04.0603

electrospray interface 电喷雾接口 03.2449

electrospray ionization 电喷雾电离 03.2450

electrospray ionization mass spectrometer 电喷雾电离质谱 03.2564

electrospray ionization mass spectrometry mass spectrometer 电喷雾串联质谱仪 03.2563

electrostatic analyzer 静电分析器 03.2524

electrostatic interaction 静电作用 02.0835

electrostatic potential 静电势 04.1451

electrostatic separator 静电分离器 06.0300

electrostatic spinning 静电纺丝 05.1051

electrostatic valence rule 电价规则 04.1924

electrostriction 电致伸缩 01.0783

electrosynthesis 电合成 01.0359

electrothermal atomizer 电热原子化器 03.1071

electrovalent coordination bond 电价配[位]键 01.0556

electroviscous effect 电黏性效应 04.1720

electrowinning 电解提取，＊湿法冶金 04.0604

elemane 榄烷[类] 02.0473

element [化学]元素 01.0042

elemental analysis 元素分析 03.0011

elementary electric charge 基础电荷 03.2470

elementary reaction 基元反应 02.0863

elementary reaction step 基元反应步骤 02.1485

elementary substance 单质 01.0061

elemento-organic chemistry 元素有机化学 02.1455

elemento-organic compound 元素有机化合物 02.1456

element polymer 元素聚合物，＊元素高分子 05.0008

element step 基元步骤 04.0924

elimination 消除 02.1092

elimination-addition 消除-加成 02.1096

elimination polymerization 消除聚合 05.0471

elimination reaction 消除反应 01.0428

ellagitannin 逆没食子鞣质 02.0548

elongation at break 断裂伸长 05.0906

ELSD 蒸发光散射检测器 03.2073

eluant 洗脱剂，＊淋洗液 03.1864

eluate 洗出液 03.1865

eluting power 洗脱强度，＊洗脱能力 03.1867

elution 淋洗 02.1245

elution chromatography 洗脱色谱法，＊淋洗色谱法 03.1747

elution fractionation 洗脱分级，＊淋洗分级 05.0810

elution volume 洗脱体积 05.0814

Em 射气 06.0319

eman 埃曼 06.0052

emanation 射气 06.0319

emanation thermal analysis 放射性热分析 03.2686

embedded atom method 嵌入原子势方法 04.1464

emetine alkaloid 吐根碱类生物碱 02.0405

emission computed tomography 发射计算机断层显像 06.0709

emission polarization 发射偏振度 04.1070

emission spectrum 发射光谱 01.0779

empirical formula 实验式 01.0009

emulsification　乳化作用　04.1739

emulsifier　乳化剂　04.1754

emulsifier-free emulsion polymerization　无乳化剂乳液聚合　05.0507

emulsifying agent　乳化剂　04.1754

emulsifying efficiency　乳化效率　04.1755

emulsion　乳状液　04.1740

emulsion breaker　破乳剂　04.1758

emulsion breaking　破乳　04.1757

emulsion calibration [characteristic] curve　乳剂校准[特性]曲线　03.0991

emulsion polymerization　乳液聚合　05.0506

emulsion polymerized styrene-butadiene rubber　乳聚丁苯橡胶　05.0326

emulsion spinning　乳液纺丝　05.1043

enamine　烯胺，* 烯基胺　02.0086

enantioasymmetric polymerization　对映体不对称聚合　05.0466

enantioconvergence　对映汇聚　02.0809

enantioenrichment　对映体富集　02.1241

enantiomer　对映[异构]体　02.0705

enantiomerical enrichment　对映体富集　02.1241

enantiomerically pure　对映纯　02.0801

enantiomeric excess　对映体过量[百分比]　02.0804

enantiomeric purity　* 对映纯度　02.0804

enantiomeric ratio　对映体比例　02.0806

enantiomerism　对映异构　01.0546

enantiopure　对映纯　02.0801

enantioselective reaction　对映体选择性反应　01.0426

enantioselectivity　对映选择性　02.1204

enantiosymmetric polymerization　对映体对称聚合　05.0467

enantiotopic　对映异位[的]　02.0670

encapsulation　包结作用，* 包覆作用　02.0836

encoded amino acid　编码氨基酸　02.1327

encounter complex　偶遇络合物，* 遭遇络合物　04.0339

end-bound ligand　端连配体　02.1487

end cap electrode　端盖电极　03.2567

endcapping　封尾，* 封端　03.2149

end capping reaction　封端反应　05.0595

end group　端基　05.0596

end group analysis　端基分析　05.0798

endo　* 内　02.0724

endoergicity　获能度　04.0376

endo isomer　内型异构体　02.0725

endo-ligand　端基配体　01.0478

end-on ligand　端连配体　02.1487

endorphin　内啡肽　02.1384

endothermic peak　吸热峰　03.2716

end point　终点　03.0846

end point error　终点误差　03.0853

end-to-end distance　末端距　05.0715

end-to-end vector　末端间矢量　05.0713

ene reaction　烯反应　02.1087

energetic atom　高能原子，* 热原子　06.0091

energy absorption　能量吸收　06.0438

energy analyzer　能量分析器　03.2607

energy band　能带　01.0742

energy band structure　能带结构　03.2677

energy band theory　能带理论　04.1934

energy decomposition　能量分解　04.1299

energy-dispersion X-ray analysis　能量色散X射线分析　03.2603

energy dispersive X-ray fluorescence spectrometer　能量色散X射线荧光光谱仪　03.1151

energy level in molecule　分子体系的能级　04.1244

energy randomization　能量随机化　04.0277

energy transfer chemiluminescence　能量转移化学发光　03.1264

engineering plastic　工程塑料　05.0301

enhanced analytical reagent　增效分析试剂　03.0496

ENK　脑啡肽　02.1383

enkephalin　脑啡肽　02.1383

enol　烯醇　02.0082

enolate　烯醇化物　02.0085

enol ester　烯醇酯　02.0084

enol ether　烯醇醚　02.0083

enolization　烯醇化　02.1115

enriched oxygen-acetylene flame　富氧空气-乙炔火焰　03.1048

enriched target　富集靶　06.0223

enriched uranium　富集铀　06.0566

enrichment　富集　03.0818

ensemble　系综　04.0240

ensemble average　系综平均[值]　04.1412

enterobactin　肠杆菌素　01.0658

enthalpimetric analysis　热焓分析　03.2777

enthalpimetric titration curve　量热滴定曲线　03.2775

enthalpogram　热焓图　03.2773

enthalpy　焓　04.0052

enthalpy function　焓函数　04.0100

enthalpy of activation　活化焓　04.0321

enthalpy of combustion　燃烧焓　04.0055

enthalpy of dilution　稀释焓　04.0061

enthalpy of formation　生成焓　04.0053

enthalpy of fusion　熔化焓　04.0065

enthalpy of hydration　水合焓　04.0064

enthalpy of liquefaction　液化焓　04.0068

enthalpy of mixing　混合焓　04.0063

enthalpy of neutralization　中和焓　04.0062

enthalpy of solution　溶解焓　04.0057

enthalpy of sublimation　升华焓　04.0066

enthalpy of vaporization　汽化焓　04.0067

ent-kaurane　对映贝壳杉烷[类]　02.0505

entrance channel　入射道　06.0208

entropy　熵　04.0085

entropy flux　熵流　04.0218

entropy of activation　活化熵　04.0322

entropy production　熵产生　04.0217

envelope conformation　信封型构象　02.0759

environmental analysis　环境分析　03.0014

environmental friendly polymer　环境友好聚合物　05.0099

environmental monitoring　环境监测　03.0451

environmental radiochemistry　环境放射化学　06.0079

enyne　烯炔　02.0019

enzymatic polymerization　酶聚合　05.0478

enzyme　酶　02.1421

enzyme catalysis　酶催化　04.0644

enzyme catalyst　酶催化剂　04.0672

enzyme catalytic kinetic spectrophotometry　酶催化动力学分光光度法　03.1222

enzyme electrode　酶电极　03.1592

enzyme like macromolecule　类酶高分子　05.0084

enzymology　酶学　02.1422

EOF　电渗流　03.1964

eosine　曙红，* 四溴荧光黄　03.0598

EPDM　三元乙丙橡胶　05.0330

epichloro-hydrin rubber　氯醚橡胶　05.0337

epimer　差向异构体　02.0708

epimerization　差向立体异构化　02.0793

epitaxial crystallization　附生结晶，* 外延结晶　05.0861

epitaxial crystallization growth　附生结晶生长，* 外延结晶生长　05.0862

epitaxial growth　外延生长　04.1853

epitaxial growth reaction　外延生长反应　01.0805

epithermal neutron　超热中子　06.0153

epithermal neutron activation analysis　超热中子活化分析　06.0491

EPMA　电子探针显微分析　03.2601

epoxidation　环氧化　02.1042

epoxide　环氧化合物　02.0036

epoxy compound　环氧化合物　02.0036

epoxyethane　* 环氧乙烷　02.0241

epoxy resin　环氧树脂　05.0206

EPR　[电子]顺磁共振　04.1490，二元乙丙橡胶　05.0329

EPRS　电子顺磁共振谱　04.0827

EPT　三元乙丙橡胶　05.0330

EQCM　电化学石英晶体微天平　03.1555

equal charge displacement hypothesis　等电荷位移假设　06.0187

equation of polarographic wave　极谱波方程式　03.1680

equatorial bond　平向键　02.0773，平伏键，* 横键　02.0783

equilibrium approximation　平衡近似　04.0297

equilibrium constant　平衡常数　04.0168

equilibrium melting point　平衡熔点　05.0958

equilibrium polymerization　平衡聚合　05.0440

equilibrium state　平衡态　04.1303

equilibrium statistics　平衡统计　04.0247

equilibrium surface tension　* 平衡表面张力　04.1557

equilibrium swelling　平衡溶胀　05.0730

equilibrium system　平衡系统　04.0019

equilibrium treatment　平衡处理　04.0918

equipartition of energy　能量均分定律　04.1446

equitactic polymer　全同间同等量聚合物　05.0024

equivalent chain　等效链　05.0688

equivalent circuit　等效电路　04.0629

equivalent dose　当量剂量　06.0409

equivalent point　等效点　04.1905

equivalent point system　等效点系　04.1906

er 对映体比例 02.0806

ergodic hypothesis 各态历经假说 04.1416

ergostane 麦角甾烷[类] 02.0535

eriochrome black T 铬黑 T 03.0606

eriochrome blue black B 铬蓝黑 B, * 铬黑 B 03.0607

eriochrome cyanine R 铬花青 R, * 蓝光酸性铬花青 03.0497

eriochrome violet B 铬紫 B 03.0608

erioglaucine A 翟红 A, * 羊毛翟红 A 03.0628

erlenmeyer flask 锥形瓶 03.0100

error 误差 03.0157

error of the first kind 第一类错误, * 弃真错误 03.0223

error of the second kind 第二类错误, * 纳伪错误 03.0224

error propagation 误差传递 03.0160

erythro configuration 赤式构型 02.0710

erythro-diisotactic polymer 赤型双全同立构聚合物 05.0027

erythro-disyndiotactic polymer 赤型双间同立构聚合物 05.0030

erythro isomer 赤型异构体 02.0711

erythrose D-(–)-赤藓糖, * 赤丁糖 02.1279

ESBR 乳聚丁苯橡胶 05.0326

ESCA 化学分析电子能谱法 03.2610

ESEEM 电子自旋回波包络调制 03.2334

ESI 电喷雾电离 03.2450

ESI-MS 电喷雾电离质谱 03.2564

ESI-MS-MS 电喷雾串联质谱仪 03.2563

ESR absorption 电子自旋共振吸收 03.2325

ESR dispersion 电子自旋共振色散 03.2326

ESRS * 电子自旋共振谱 04.0827

essential amino acid 必需氨基酸 02.1329

essential element 必需元素 01.0622

essential oil 精油, * 挥发油 02.0454

essential water 组成水 03.0821

ester 酯 02.0090

esterase 酯酶 01.0677

ester exchange polycondensation 酯交换缩聚 05.0489

esterification 酯化 02.1104

estimator 估计量, * 估计值 03.0141

estimator of variance 方差估计值 03.0194

estrane 雌甾烷[类] 02.0530

ethanolysis 乙醇解 02.1107

ether 醚 02.0034

ethylation 乙基化 02.1028

ethylenediaminetetraacetic acid 乙二胺四乙酸 03.0631

ethyleneglycol bis (2-aminoethylether) tetraacetic acid 乙二醇双(2-氨基乙醚)四乙酸 03.0634

ethylenepropylenediene monomer 三元乙丙橡胶 05.0330

ethylene-propylene rubber 二元乙丙橡胶 05.0329

ethylene-propylene terpolymer 三元乙丙橡胶 05.0330

ethylene-vinyl acetate copolymer 乙烯-乙酸乙烯酯共聚物 05.0251

EU 富集铀 06.0566

eudesmane 桉烷[类] 02.0478

euphane 大戟烷[类] 02.0517

eutectic mixture 低共熔[混合]物 04.0149

eutectic point 低共熔点 04.0150

EVA 乙烯-乙酸乙烯酯共聚物 05.0251

e value *e* 值 05.0620

evaporating dish 蒸发皿 03.0689

evaporative light-scattering detector 蒸发光散射检测器 03.2073

even-electron ion 偶电子离子 03.2383

even-electron rule 偶电子规则 03.2382

evolution period 演化期 03.2297

evolved gas analysis 逸出气分析 03.2685

evolving factor analysis 渐进因子分析 03.0333

Ewald diffraction sphere 埃瓦尔德衍射球 04.1989

Ewald reflection sphere 埃瓦尔德衍射球 04.1989

EXAFS 扩展 X 射线吸收精细结构 04.2059

EXAFSS 扩展 X 射线吸收精细结构谱 04.0828

excess enthalpy 超额焓 04.0199

excess entropy 超额熵 04.0200

excess function 超额函数 04.0196

excess [Gibbs] free energy 超额[吉布斯]自由能 04.0197

excess Rayleigh ratio 超瑞利比 05.0802

excess volume 超额体积 04.0198

exchange capacity 交换容量 03.1861

exchange capacity of resin 树脂交换容量 03.0739

exchange-correlation potential 交换-相关势 04.1392

exchange current 交换电流 04.0533

exchange energy　交换能　04.1323

exchange half-life　半交换期　06.0069

exchange half-time　半交换期　06.0069

exchange integral　交换积分　04.1326

excimer　激基缔合物　04.0983

excimer fluorescence　激基缔合物荧光　05.0889

exciplex　激基复合物　04.0984

exciplex fluorescence　激基复合物荧光　05.0890

excitation curve　激发曲线　06.0229

excitation function　激发函数　06.0228

excitation labeling　激发标记　06.0688

excitation light source　激发光源　03.0937

excitation potential　激发电位　03.0907

excitation process　激发过程　04.0953

excited configuration　激发组态　04.1396

excited state　激发态　03.0906

exciton　激子　06.0350

exciton migration　激子转移　06.0351

exciton transfer　激子转移　06.0351

excluded volume　排除体积　05.0766

exclusion chromatography　排阻色谱法　03.1750

exempt waste　豁免废物　06.0629

exhaustive desilylation　彻底脱硅基化　02.1187

exhaustive methylation　彻底甲基化　02.1026

exit channel　出射道　06.0209

exo　*外　02.0724

exoergicity　释能度　04.0375

exo isomer　外型异构体　02.0726

exo-ligand　桥联配体　01.0479

exothermic peak　放热峰　03.2717

exotic atom　奇异原子　06.0083

exotic atom chemistry　奇异原子化学　06.0088

exotic nucleus　奇异核　06.0087

expanded uncertainty　扩展不确定度　03.0384

expansion factor　扩张因子　05.0767

expectation value　期望值　03.0140

experimental design　实验设计　03.0284

expert system of gas chromatography　气相色谱专家系统　03.2099

explosion limit　爆炸界限　04.0335

exposure　照射量　06.0406

exposure labeling　曝射标记　06.0690

EXSY　二维交换谱　03.2289

extended-chain crystal　伸展链晶体　05.0851

extended Hückel molecular orbital method　推广的休克尔分子轨道法　04.1357

extended X-ray absorption fine structure　扩展X射线吸收精细结构　04.2059

extended X-ray absorption fine structure spectrum　扩展X射线吸收精细结构谱　04.0828

extensive property　广度性质　04.0015

extent of reaction　反应进度　04.0162

external diffusion　外扩散　04.0803

external exposure　外照射　06.0445

external heavy atom effect　外重原子效应　03.1340

external lock　外锁　03.2229

external phase　外相　04.1745

external plasticization　外增塑作用　05.0972

external quantum efficiency　外量子效率　04.0976

external releasing agent　外脱模剂　05.1130

external return　[离子对]外部返回　02.0998

external standard compound　外标物　03.2304

external standard method　外标法　03.0066

external target　外靶　06.0225

extinction　*消光度　03.1184

extra-column effect　柱外效应　03.1952

extract　萃取　02.1247，萃取液　06.0600

extractable acid　可萃取酸　03.0785

extractable species　可萃取物种　06.0599

extractant　萃取剂　03.0668

extracted ion chromatogram　提取离子色谱图　03.1899

extraction　萃取　02.1247

extraction-catalytical kinetic spectrophotometry　萃取催化动力学分光光度法　03.1228

extraction column　萃取柱　06.0610

extraction constant　萃取常数，*萃取平衡常数　03.0756

extraction floatation　萃取浮选法　03.0897

extraction fractionation　萃取分级　05.0809

extraction-inhibition kinetic spectrophotometry　萃取阻抑动力学分光光度法　03.1229

extraction ratio　萃取比　06.0605

extraction spectrophotometry　萃取分光光度法　03.1227

extrapolated onset　外延点，*外推始点　03.2718

extremum value　极值　03.0225

extrinsic defect　杂质缺陷　01.0720

extrudate swell　*挤出胀大　05.0997

extrusion　挤出[反应]　02.1023，挤出　05.0995

extrusion blow molding　挤出吹塑　05.1007

extrusion draw blow molding　挤拉吹塑　05.1010

F

FAB　快速原子轰击离子源　03.2484

face bridging group　面桥基　01.0197

face centered lattice　面心晶格　04.1798

facial isomer　面式异构体　01.0550

factor analysis　因子分析　03.0332

factorial effect　因素效应　03.0246

factorial experiment design　析因试验设计　03.0286

factor interaction　因子交互效应　03.0248

Fajans method　法扬斯法　03.0419

falling ball viscometer　落球黏度计　05.0790

falling-off phenomenon　降变现象　04.0275

falling sphere viscometer　落球式黏度计　04.1727

family　族　01.0056

faradaic current　法拉第电流　03.1653

faradaic impedance　法拉第阻抗　04.0623

Faraday cup collector　法拉第杯收集器　03.2533

Faraday cylinder　法拉第筒　06.0232

Faraday effect　法拉第效应　04.1492

Faraday law　法拉第定律　04.0620

far field　远场　06.0654

far infrared spectrometry　远红外光谱法　03.1354

far infrared spectrum　远红外光谱　03.1344

farnesane　金合欢烷[类]，* 法尼烷　02.0470

fast analysis　快速分析　03.0438

fast atom bombardment ion source　快速原子轰击离子源　03.2484

fast chemistry　快化学　06.0259

fast chromatography　快速色谱法　03.1763

fast gas chromatography　快速气相色谱法　03.1812

fast ion conductor　* 快离子导体　04.1947

fast neutron　快中子　06.0154

fast-particle bombardment　快速粒子轰击　03.2483

fast radiochemical separation　快放射化学分离　06.0258

fast reaction　快反应　04.0252

fatigue [of a photochromic system]　[光致变色系统的]疲劳　04.1139

faujasite　八面沸石　01.0276

f-block element　f 区元素　01.0080

FC　快速液相色谱法　03.1765

FD　场解吸　03.2436

F-distribution　F 分布　03.0133

feedback network　反馈网络　03.0316

feedfoward network　前向网络，* 前馈网络　03.0315

Fehling reagent　费林试剂　03.0523

feldspar　长石　01.0243

femtochemistry　飞秒化学　04.0361

femtosecond laser　飞秒激光　04.0360

fenchane　莰烷[类]，* 茴香烷　02.0467

Fenton reaction　芬顿反应　01.0688

Fe-only hydrogenase　唯铁氢化酶　02.1492

Fermi contact interaction　费米接触相互作用　04.1273

Fermi-Dirac distribution　费米-狄拉克分布　04.0231

Fermi hole　费米穴　04.1407

Fermi level　费米能级　01.0753

fermion　费米子　04.1331

fernane　羊齿烷[类]　02.0526

ferredoxin　铁氧化还原蛋白　01.0632

ferriheme　高铁血红素　01.0614

ferrimagnetism　亚铁磁性　01.0791

ferritin　铁蛋白，* 储铁蛋白　01.0629

ferrocene　二茂铁　01.0525

α-ferrocenyl carbonium ion　α-二茂铁碳正离子　02.1468

ferrochelatase　亚铁螯合酶　01.0675

ferroelectric crystal　铁电晶体　04.1944

ferroelectric LC　铁电液晶　02.0234

ferroelectric liquid crystal　铁电液晶　02.0234

ferroelectric polymer　铁电聚合物　05.0123

ferroin　邻二氮菲亚铁离子　03.0624

ferromagnetic crystal　铁磁晶体　04.1945

ferromagnetic polymer　铁磁聚合物　05.0122

ferromagnetism　铁磁性　01.0789

ferrous metal　黑色金属，* 铁类金属　01.0096

ferrous sulfate dosimeter　硫酸亚铁剂量计　06.0390

fertile nuclide　可转换核素　06.0165

few atom chemistry　少数原子化学　06.0262

FF　填充因子　04.1121

[18F]-FDG　[18F]-氟代脱氧葡萄糖　06.0734

FFF　场流分级法，*场流分离法　03.1740

[^{18}F]-fluorodeoxyglucose　[^{18}F]-氟代脱氧葡萄糖　06.0734

FFR　无场区　03.2587

FIA　流动注射分析　03.0433，荧光免疫分析　03.1310

fiber　纤维　05.0349

fiber forming　成纤　05.1036

fibril　原纤　05.0355

fibrous crystal　纤维晶　05.0839

FIC　*快离子导体　04.1947

Fick law of diffusion　菲克扩散定律　04.0507

Fick first law　菲克第一定律　04.1534

Fick second law　菲克第二定律　04.1535

FID　火焰离子化检测器，*氢火焰检测器　03.2054，自由感应衰减　03.2218

fiducial group　基准基团　02.0781

field assay　现场分析　03.0437

field desorption　场解吸　03.2436

field effect　场效应　02.0629

field emission Auger electron spectroscopy　场发射俄歇电子能谱　03.2633

field flow fractionation　场流分级法，*场流分离法　03.1740

field flow fractionation system　场流分离仪　03.1983

field-free region　无场区　03.2587

field ionization　场电离　03.2435

field ion microscope　场离子显微镜法　03.2669

field jump　电场跃变　04.0400

field sweep mode　扫场模式　03.2198

filament　长丝　05.1055

filament pyrolyzer　线状裂解器，*带状裂解器　03.2738

filler　填料　05.1103

filling factor　填充因子　04.1121

film pressure　膜压　04.1658

filter paper　滤纸　03.0097

filtrate　滤液　02.1246

filtration　过滤　03.0807

FIM　场离子显微镜法　03.2669

final fragment　*终裂片　06.0172

final pyrolysis temperature　最后裂解温度　03.2739

final temperature　终了温度　03.2707

fine structure　精细结构　04.1480

fine structure constant　精细结构常数　04.1481

fire assaying　火试金法　03.0470

first field-free region　第一无场区　03.2518

first order phase transition　一级相变　04.0145

first order reaction　一级反应　04.0262

first order spectrum　一级图谱　03.2235

first principle　第一原理　04.1150

Fischer carbene complex　费歇尔卡宾配合物，*费歇尔金属卡宾　02.1514

Fischer projection　费歇尔投影式　02.0676

Fischer-Rosanoff convention　费歇尔-罗森诺夫惯例　02.0698

Fischer-Tropsch catalytic process　费-托催化过程　04.0874

fissible nuclide　易裂变核素　06.0162

fissionability parameter　可裂变性参数　06.0147

fissionable nuclide　可裂变核素　06.0163

fission barrier　裂变势垒　06.0148

fission chemistry　裂变化学　06.0150

fission counter　裂变计数器　06.0151

fission cross-section　裂变截面　06.0149

fission fragment　裂变碎片　06.0191

fission isomer　裂变同质异能素　06.0168

fission product　裂变产物　06.0171

fission product chain　裂变产物[衰变]链　06.0176

fission product chemistry　裂变产物化学　06.0190

fission product decay chain　裂变产物[衰变]链　06.0176

fission track dating　裂变径迹年代测定　06.0752

fission yield　裂变产额　06.0175

FITC　异硫氰酸荧光素　03.0591

fixed-bed reactor　固定床反应器，*填充床反应器　04.0885

fixed factor　固定因素　03.0242

fixed fluidized-bed reactor　固定流化床反应器　04.0884

FI　场电离　03.2435

flagpole　船杆[键]　02.0764

flame atomic absorption spectrometry　火焰原子吸收光谱法　03.1019

flame atomic fluorescence spectrometry　火焰原子荧光光谱法　03.1135

flame atomization　火焰原子化　03.1033

flame background　火焰背景　03.1060

flame emission spectrum　火焰发射光谱　03.1001

flame ionization detector 火焰离子化检测器，* 氢火焰检测器 03.2054

flame photometer 火焰光度计 03.1002

flame photometric detector 火焰光度检测器，* 硫磷检测器 03.2055

flame photometry 火焰光度分析[法] 03.1000

flame retardant 阻燃剂 05.1131

flame test 焰色试验 03.0472

flash back 回火 03.0672

flash chromatography 快速液相色谱法 03.1765

flash desorption 闪解吸，* 快速热解吸 03.2389

flash gas chromatography 闪蒸气相色谱法 03.1811

flash photolysis 闪光光解 04.1114

flash polymerization 闪发聚合，* 瞬间聚合，* 暴聚 05.0482

flash pyrolysis 闪解 03.2740

flash spectroscopy 闪光光谱法 06.0348

flash vacuum pyrolysis 真空闪热解 02.1101

flat band potential 平带电势 04.0475

flavane 黄烷 02.0438

flavanol 黄烷醇 02.0439

flavanone * 黄烷酮 02.0443

flavanonol 二氢黄酮醇 02.0445

flavone 黄酮 02.0440

flavonoid 黄酮类化合物 02.0437

flavonol 黄酮醇 02.0441

flexible chain 柔性链 05.0682

flexible chain polymer 柔性链聚合物 05.0043

floatation 浮选 03.0898

floatation by precipitation adsorption 沉淀吸附浮选 03.0901

flocculation 絮凝 04.1688

flocculation concentration 絮凝浓度[值] 04.1690

Flory-Huggins theory 弗洛里-哈金斯理论 05.0769

flotation spectrophotometry 浮选分光光度法 03.1230

flow analysis 流动分析 03.0434

flow birefringence 流动双折射 05.0778

flow cell 流通池，* 流动池 03.2041

flow injection analysis 流动注射分析 03.0433

flow injection enthalpimetry 流动注射焓分析 03.2776

flow injection potentiometric stripping analysis 流动注射电位溶出分析法 03.1495

flow injection spectrophotometry 流动注射分光光度法 03.1231

flow rate 流速 03.1873

fluctuation 涨落 04.1426

fluidized-bed reactor 流化床反应器 04.0882

fluoborate 氟硼酸盐 01.0224

fluorapatite 氟磷灰石 01.0306

fluorene 芴 02.0167

fluorescamine 荧光胺 03.0592

fluorescein 荧光素，* 荧光黄 03.0600

fluorescein isothiocyanate 异硫氰酸荧光素 03.0591

fluorescence 荧光 03.1281

fluorescence detector 荧光检测器 03.2067

fluorescence efficiency 荧光效率，* 荧光量子效率，* 荧光量子产额 03.1290

fluorescence emission spectrum 荧光发射光谱 03.1283

fluorescence excitation spectrum 荧光激发光谱 03.1282

fluorescence immunoassay 荧光免疫分析 03.1310

fluorescence intensity 荧光强度 03.1288

fluorescence lifetime 荧光寿命 04.1063

fluorescence marking assay 荧光标记分析 03.1309

fluorescence microscopy 荧光显微法 03.1307

fluorescence probe 荧光探针 03.1294

fluorescence quenching constant 荧光猝灭常数 03.1292

fluorescence quenching effect 荧光猝灭效应 03.1291

fluorescence quenching method 荧光猝灭法 03.1306

fluorescence resonance energy transfer 荧光共振能量传递 04.0359

fluorescence resonance energy transfer 荧光共振能量转移 03.1311

fluorescence spectrophotometry 荧光分光光度法 03.1299

fluorescence standard substance 荧光标准物 03.1293

fluorescent indicator 荧光指示剂 03.0559

fluorescent reagent 荧光试剂 03.0493

fluorescent thin layer plate 荧光薄层板 03.2080

fluorescent whitening agent 荧光增白剂 05.1113

fluorimeter 荧光计 03.1313

fluorinated surfactant 氟表面活性剂 04.1621

fluorine ion-selective electrode 氟离子选择电极 03.1609

fluorite　萤石　01.0323

fluoroalkane　氟代烷　02.0023

fluorocarbon　碳氟化合物　02.0229

fluorocarbon oil　氟油　02.0231

fluorocarbon phase　氟碳相　02.1230

fluorocarbon resin　氟碳树脂　05.0186

fluorocarbon surfactant　氟表面活性剂　04.1621

fluoroelastomer　氟橡胶　05.0339

fluoroether rubber　氟醚橡胶　05.0338

fluoroethylene resin　氟树脂　05.0210

fluorophotometer　荧光光度计　03.1315

fluororubber　氟橡胶　05.0339

fluorosilicone rubber　氟硅橡胶　05.0340

fluorosurfactant　氟表面活性剂　04.1621

fluorous phase organic synthesis　氟[碳]相有机合成　02.1231

fluorous phase reaction　氟[碳]相反应　02.1232

fluorspar　萤石　01.0323

flux　熔剂　03.0079

fluxionality　流变性　02.1489

fluxional molecule　流变分子　02.0593

fluxional structure　流变结构　02.0594

flux method　助熔剂法　01.0819

flux-velocity-angle-contour map　通量-速度-角度等量线图　04.0388

FMO　前线[分子]轨道　04.1252

foam　泡沫　04.1761

foam breaker　消泡剂　04.1764

foam floatation　泡沫浮选法　03.0900

foaming　发泡　05.1003

foaming agent　发泡剂　05.1125

foam inhibitor　抑泡剂　04.1763

foam stabilizer　稳泡剂　04.1765

foam value　泡沫值　04.1766

fold　折叠　02.1419，03.2233

foldamer　折叠体　02.0851

fold domain　折叠微区　05.0845

folded-chain crystal　折叠链晶体　05.0849

folding　折叠　02.1419，03.2233

folding length　*折叠长度　05.0819

fold plane　折叠面　05.0844

fold surface　折叠表面　05.0843

food additive analysis　食品添加剂分析　03.0791

food analysis　食品分析　03.0020

food preservative analysis　食品防腐剂分析　03.0790

forbidden band　禁带　01.0747

forbidden radiative transition　禁阻辐射跃迁　04.0965

forbidden transition　禁阻跃迁　02.1178

force constant　力常数　04.1294

force-constant matrix　力常数矩阵　04.1295

foreign labeled compound　外来标记化合物　06.0784

formaldehyde complex　甲醛配合物　02.1490

formalized poly(vinyl alcohol) fiber　聚乙烯醇缩甲醛纤维　05.0364

formal potential　式量电位　03.1714

formal synthesis　形式合成　02.1212

formation constant　生成常数　01.0584

formation constant of complex　络合物形成常数，*络合物稳定常数　03.0759

formation cross section　生成截面　06.0217

formula weight　式量　01.0012

formylation　甲酰化　02.1031

formyl complex　甲酰基配合物　02.1491

Förster-dipole-dipole resonance-energy transfer　弗斯特偶极-偶极-共振能量传递　04.0997

forward-backward scattering　前向-后向散射　04.0380

forward reaction　正[向]反应　01.0360

forward scattering　前向散射　04.0378

forward strain　前张力，*面张力　02.0648

four center polymerization　四中心聚合，*环化加成聚合　05.0429

four-circle diffractometer　四圆衍射仪　04.1992

four-electrode system　四电极系统　04.0612

Fourier synthesis　傅里叶合成　04.2036

Fourier transfer ion cyclotron resonance mass spectrometry　傅里叶变换离子回旋共振质谱法　03.2358

Fourier transform infrared photoacoustic spectrum　傅里叶变换红外光声光谱　03.1440

Fourier transform infrared spectrometer　傅里叶变换红外光谱仪　03.1395

Fourier transform infrared spectrum　傅里叶变换红外光谱　04.0816

Fourier transform Raman spectrometer　傅里叶变换拉曼光谱仪　03.1421

FPB　快速粒子轰击　03.2483

FPD　火焰光度检测器，*硫磷检测器　03.2055

fractional cumulative yield　分累积产额　06.0178

fractional independent yield　分独立产额　06.0181

fractional precipitation　分步沉淀　03.0795

fractionated pyrolysis　部分裂解　03.2741

fractionation　分级　05.0807

fraction collector　馏分收集器，＊流分收集器　03.2079

fragmentation　碎裂反应　02.1102

fragmentation [reaction]　碎裂[反应]　06.0285

fragment ion　碎片离子　03.2393

fragment peak　碎片峰　03.2392

Franck-Condon factor　富兰克-康顿因子　04.0956

Franck-Condon principle　富兰克-康顿原理　04.0955

free energy function　自由能函数　04.0099

free induction decay　自由感应衰减　03.2218

freely-jointed chain　自由连接链　05.0679

freely-rotating chain　自由旋转链　05.0680

free radical　自由基　01.0136

free radical catcher　自由基捕捉剂　04.1108

free radical chain degradation　自由基链降解　05.0642

free radical induced catalysis　自由基引发催化作用　04.0750

free radical isomerization polymerization　自由基异构化聚合　05.0423

free radical lifetime　自由基寿命　05.0585

free radical polymerization　自由基聚合，＊游离基聚合　05.0415

free radical reaction　自由基反应　04.0325

free radical scavenger　自由基清除剂　01.0596

free rotation　自由旋转　02.0770

free valency　自由价　04.1292

freeze drying [method]　冷冻干燥[法]　04.0723

freezing point depression　凝固点降低　04.0186

Frenkel defect　弗仑克尔缺陷　01.0721

Frenkel exciton　弗仑克尔激子　04.0978

Freon　氟利昂　02.0230

frequency　频数　03.0122

frequency distribution　频率分布　03.0124

frequency domain signal　频域信号　03.2200

frequency doubling　倍频　04.1137

frequency sweep mode　扫频模式　03.2199

FRET　荧光共振能量传递　04.0359，荧光共振能量转移　03.1311

friedelane　木栓烷[类]　02.0525

Friedel-Crafts reaction　弗里德-克拉夫茨反应　02.1192

Friedel law　费里德定律　04.1978

fringed-micelle model　缨状微束模型　05.0848

frit　筛板　03.1892

frontal chromatography　前沿色谱法，＊迎头色谱法　03.1743

front end　前端　06.0559

frontier [molecular] orbital　前线[分子]轨道　04.1252

fructose　果糖　02.1286

F strain　前张力，＊面张力　02.0648

F-test method　F 检验法　03.0233

FTICR mass spectrometry　傅里叶变换离子回旋共振质谱法　03.2358

FTIR　傅里叶变换红外光谱仪　03.1395

FTIR-TRS　时间分辨傅里叶变换红外光谱法　03.1365

fuel assembly　燃料组件　06.0584

fuel cell　燃料电池　04.0552

fuel element　燃料元件　06.0583

fuel-lean flame　贫燃火焰　03.1041

fuel-rich flame　富燃火焰　03.1040

fugacity　逸度　04.0191

fugacity factor　逸度因子　04.0192

full analysis　全分析　03.0445

full configuration interaction　完全组态相互作用法　04.1397

fullerene　富勒烯，＊球碳　01.0181

full wide of half maximum　最高谱带的半高宽　04.1086

fully oriented yarn　全取向丝　05.1058

fulminate　雷酸盐，＊雷汞　01.0226

fulvene　富烯　02.0180

functional ceramics　＊功能陶瓷　01.0702

functional coating　功能涂料　05.0383

functional fiber　功能纤维　05.0372

functional group　官能团　02.0582

functional group frequency region　官能团频率区　03.1375

functional imaging　功能显像　06.0726

functionality　官能度　05.0386

functional macromolecule　功能高分子　05.0082

functional magnetic resonance imaging　功能磁共振成像　03.2321

functional monomer　官能单体，＊功能单体　05.0399

fundamental frequency band　基频谱带　03.1178

funnel 漏斗 03.0684

furan 呋喃 02.0263

furanose 呋喃糖 02.1258

furan resin 呋喃树脂 05.0194

furfural phenol resin 糠醛苯酚树脂 05.0196

furfural resin 糠醛树脂 05.0195

furocoumarin 呋喃并香豆素 02.0426

furostane 呋甾烷[类] 02.0538

fused ring compound 并环化合物，* 稠环化合物 02.0158

fusion 熔融 03.0078，聚变 06.0279

fusion casting 熔铸 05.0992

fusion chemistry 聚变化学 06.0280

fusion cross section 熔合截面 06.0271，聚变截面 06.0272

fusion-evaporation reaction 熔合蒸发反应 06.0273

fuzzy clustering analysis 模糊聚类分析 03.0325

fuzzy comprehensive evaluation 模糊综合评判 03.0328

fuzzy hierarchial clustering 模糊系统聚类法 03.0326

fuzzy nonhierarchical clustering 逐步模糊聚类法 03.0327

fuzzy orthogonal design 模糊正交设计 03.0289

fuzzy pattern recognition 模糊模式识别 03.0338

FVP 真空闪热解 02.1101

FWHM 最高谱带的半高宽 04.1086

G

GA 神经节苷脂 02.1439

galena 方铅矿 01.0318

gallotannin 没食子鞣质 02.0547

Galvanic corrosion 伽伐尼腐蚀，* 原电池腐蚀，* 电偶腐蚀 04.0584

Galvani potential difference 伽伐尼电势差 04.0474

galvanostat 恒电流仪 04.0613

galvanostatic method 恒电流法 03.1512

ganglioside 神经节苷脂 02.1439

garnet 石榴[子]石 01.0280

gas aided injection molding 气辅注塑 05.0986

gas centrifuge method 气体离心法 06.0574

gas centrifuge process 气体离心法 06.0574

gas chromatography 气相色谱法 03.1803

gas chromatography/mass spectrometry 气相色谱-质谱法，* 气质联用 03.2555

gas electrode 气体电极 04.0453

gaseous diffusion method 气体扩散法 06.0573

gaseous diffusion process 气体扩散法 06.0573

gaseous polymerization 气相聚合 05.0496

gaseous radioactive waste 气态放射性废物 06.0631

gas-filled separator 充气分离器 06.0256

gas laser 气体激光器 04.1083

gas-liquid chromatography 气液色谱法 03.1804

gasometric analysis 气体分析 03.0432

gas-phase chemiluminescence 气相化学发光 03.1260

gas-phase oxidation 气相氧化 04.0847

gas-phase polymerization 气相聚合 05.0496

gas sensing electrode 气敏电极 03.1611

gas-solid chromatography 气固色谱法 03.1805

gated decoupling 门控去耦 03.2267

gauche conformation 邻位交叉构象 02.0752

Gaussian band shape 高斯谱带形状 04.1076

Gaussian chain 高斯链 05.0689

Gaussian distribution * 高斯分布 03.0130

Gaussian error function 高斯误差函数 03.0168

Gaussian lineshape 高斯线型 03.2180

Gaussian peak 高斯峰 03.1910

GC 气相色谱法 03.1803

GC-FTIR 气相色谱-傅里叶变换红外光谱联用仪 03.2085

GC/MS 气相色谱-质谱法，* 气质联用 03.2555

GDX 高分子多孔小球 03.2038

Geiger-Müller counter 盖革-米勒计数器，* G-M 计数器 06.0113

gel 凝胶 05.0728

gelatin 明胶 05.0151

gelatinous precipitate 胶状沉淀 03.0800

gelation 胶凝作用 01.0398

gelation dose 凝胶剂量 06.0352

gel chromatography 凝胶色谱法 03.1799

gel electrophoresis 凝胶电泳 03.1825

gel filtration chromatography 凝胶过滤色谱法 03.1801

gel fraction 凝胶分率 06.0355

Ge-Li detector 锗-锂探测器 06.0117

gelling agent 胶凝剂 04.1705

gel permeation chromatography 凝胶渗透色谱法 03.1800

gel point 凝胶点 05.0733

gel point dose ＊凝胶点剂量 06.0352

gel spinning 凝胶纺丝 05.1049

gemini surfactant gemini 型表面活性剂，＊双子表面活性剂，＊二聚表面活性剂 04.1624

gene imaging 基因显像 06.0719

generalized standard addition method 广义标准加入法，＊通用标准加入法 03.0336

generally labeled compound 全标记化合物 06.0681

genetic algorithm 遗传算法 03.0313

genin 苷元，＊配糖体，＊甙元 02.0542

geometrical equivalence 几何等效 05.0821

geometrical isomerism 几何异构 01.0541

[geometric] crystal class [几何]晶类 04.1832

geometric mean 几何平均值 03.0150

geometric standard deviation 几何标准[偏]差 03.0177

geometry optimization 几何优化 04.1465

germacrane 吉玛烷[类]，＊牻牛儿烷，＊大根香叶烷 02.0474

GFAAS 石墨炉原子吸收光谱法 03.1020

g-factor g 因子 03.2256

GFC 凝胶过滤色谱法 03.1801

ghost peak 假峰，＊鬼峰 03.1916

gibbane 赤霉烷[类] 02.0503

gibberellane 赤霉烷[类] 02.0503

Gibbs adsorption equation 吉布斯吸附公式 04.1608

Gibbs-Duhem equation 吉布斯-杜安方程 04.0181

Gibbs free energy 吉布斯自由能 04.0086

Gibbs free energy of activation 活化吉布斯自由能 04.0320

Gibbs function ＊吉布斯函数 04.0086

Gibbs isotherm ＊吉布斯等温式 04.1608

gibbsite 三水铝石，＊水铝氧石 01.0267

Gibbs phase rule 吉布斯相律 04.0138

Gilman reagent 盖尔曼试剂 02.1493

glass electrode 玻璃电极 03.1618

glass transition 玻璃化转变，＊α 转变 05.0949

glass-transition temperature 玻璃化[转变]温度 05.0950

glassy carbon electrode 玻碳电极 03.1597

glassy state 玻璃态 05.0894

Glauber salt 格劳伯盐 01.0300

GLC 气液色谱法 03.1804

glide plane 滑移面 04.1823

glide reflection 滑移反射 04.1816

global chain orientation [分子]链大尺度取向 05.0828

global optimization 全局最优化 03.0295

globular-chain crystal 球状链晶体 05.0852

glove-box technique 手套箱技术 02.1494

glow discharge source 辉光放电光源 03.0950

glucose 葡萄糖 02.1283

glucose sensor 葡萄糖传感器 03.1569

glucoside 葡[萄]糖苷 02.1290

glutamic acid L-谷氨酸 02.1347

glutamine L-谷氨酰胺 02.1334

glutathione 谷胱甘肽 02.1394

glutathione peroxidase 谷胱甘肽过氧化物酶 01.0664

glyceraldehyde 甘油醛，＊2,3-二羟基丙醛 02.1278

glyceride 甘油酯 02.1443

glycine 甘氨酸 02.1335

glycogen 糖原 02.1291

glycol 二醇 02.0141

glycolipid 糖脂 02.1436

glycopeptide 糖肽 02.1393

glycoprotein 糖蛋白 02.1265

glycoside 糖苷 02.1289

g-matrix g 矩阵 03.2327

Golay equation 戈雷方程 03.1946

golden cut method 黄金分割法，＊0.618 法 03.0307

Gooch crucible 古氏坩埚 03.0681

goodness of fit test 拟合优度检验 03.0268

good solvent 良溶剂 05.0763

Gouy-Chapman layer 古依-查普曼层 04.0490

GPC 凝胶渗透色谱法 03.1800

gradient copolymer 梯度共聚物 05.0039

gradient elution 梯度洗脱 03.2140

gradient liquid chromatography 梯度液相色谱法 03.1788

gradient search 梯度寻优 03.0304

graft copolymer ＊接枝共聚物 05.0077

graft copolymerization 接枝共聚合，＊接枝聚合 05.0609

grafting degree　接枝度　05.0655

grafting site　接枝点　05.0651

graft polymer　接枝聚合物　05.0077

Graham salt　格雷姆盐　01.0215

grain boundary diffusion　晶粒间界扩散　01.0802

gramicidin S　短杆菌肽 S　02.1392

grandcanonical ensemble　巨正则系综　04.0243

grand canonical partition function　巨正则配分函数　04.0246

granddaughter nuclide　第二代子体核素　06.0050

grand partition function　巨配分函数　04.1428

grand potential　巨势　04.1429

Gran function　格兰函数　03.0773

Gran plot　格兰图　03.0774

graphical-statistical analysis　图解统计分析　03.0202

graphite　石墨　01.0285

graphite electrode　石墨电极　03.1601

graphite furnace　石墨炉　03.1068

graphite furnace atomic absorption spectrometry　石墨炉原子吸收光谱法　03.1020

graphite tube coated with refractory metal carbide　难熔金属碳化物涂层石墨管　03.1078

graphitized carbon black　石墨化碳黑　03.2036

graph theory of molecular orbital　分子轨道图形理论　04.1247

grating efficiency　光栅效率　03.0963

grating infrared spectrophotometer　光栅红外分光光度计　03.1394

grating spectrograph　光栅光谱仪　03.0976

gravimetric analysis　重量分析法　03.0392

gravimetric factor　重量因子，＊重量因数　03.0830

gravimetric method　重量法　04.1605

gravity bottle　比重瓶　03.0683

gray　戈瑞　06.0412

green chemistry　绿色化学　02.1199

Green function　格林函数　04.1315

greenhouse effect　温室效应　01.0463

green vitriol　绿矾，＊水绿矾　01.0221

grey analytical system　灰色分析系统　03.0322

grey clustering analysis　灰色聚类分析　03.0323

grey correlation analysis　灰色关联分析　03.0324

grid search　网格搜索　04.1471

Griess test　格里斯试验　03.0474

Grignard reagent　格氏试剂　02.1457

gross error　过失误差，＊粗差　03.0162

Grothus-Draper law　格鲁西斯-特拉帕定律，＊光化学第一定律　04.0948

ground state　基态　03.0905

group　族　01.0056，基　01.0135

group frequency　基团频率，＊特征频率　03.1374

group reagent　组试剂　03.0495

group theory　群论　04.1493

group transfer polymerization　基团转移聚合　05.0470

growth hormone　促生长素　02.1444

Grubbs test method　格鲁布斯检验法　03.0229

GSC　气固色谱法　03.1805

GSH　谷胱甘肽　02.1394

GTP　基团转移聚合　05.0470

guanine　鸟嘌呤　02.1306

guanosine　鸟苷，＊鸟嘌呤核苷　02.1311

guard column　保护柱　03.2011

guest　客体　02.0821

gum　树胶　05.0154

Gutzeit test　古蔡试验，＊古蔡试砷法　03.0473

Gy　戈瑞　06.0412

gypsum　石膏，＊生石膏　01.0301

H

Hadamard transform spectrum　阿达玛变换光谱　03.1396

half-chair conformation　半椅型构象　02.0758

half-life　半衰期　06.0038

halfmicelle　半胶束　04.1643

half-peak potential　半峰电势　04.0477

half reaction　半反应　04.0484

half-sandwich complex　半夹心配合物　02.1497

half thickness　半厚度，＊半值层厚度　06.0462

half-value layer　半厚度，＊半值层厚度　06.0462

half-wave potential　半波电位　03.1718

halide　卤化物　01.0131

haloalkane　卤代烷　02.0022

haloalkylation　卤烷基化　02.1113

haloform reaction　卤仿反应　02.1116

halogen　卤素，＊卤族元素　01.0071

halogenated butyl rubber　卤化丁基橡胶　05.0332

halogenation　卤化，＊卤化反应　01.0397

halogen bridge　卤桥　01.0203

halohydrin　卤代醇　02.0033

halonium ion　卤正离子，＊卤鎓离子　02.0946

haloperoxidase　卤素过氧化物酶　01.0668

Hamaker constant　哈马克常数　04.1701

Hamiltonian　哈密顿[算符]　03.2175

Hamiltonian operator　哈密顿算符　04.1308

Hammett acidity function　哈米特酸度函数　03.0738

Hammett relation　哈米特关系　04.0345

hanging mercury drop electrode　悬汞电极　03.1605

hapten　半抗原　02.1452

hapticity　扣数　02.1498

hard acid　硬酸　01.0113

hard and soft acid and base[rule]　软硬酸碱[规则]　01.0110

hard base　硬碱　01.0114

hard water　硬水　01.0151

harmonic oscillator　简谐振子　04.1286

harmonic vibrational frequency　简谐振动频率　04.1288

harpoon model　鱼叉模型　04.0386

Hartley test method　哈特莱检验法　03.0231

Hartmann diaphragm　哈特曼光阑　03.0954

Hartree-Fock equation　哈特里-福克方程　04.1361

Hartree-Fock limit　哈特里-福克极限　04.1360

Hartree-Fock method　哈特里-福克方法　04.1358

Hartree-Fock-Roothaan equation　哈特里-福克-罗特汉方程　04.1365

Haworth representation　霍沃思表达式　02.0680

4*H*-benzopyran-4-one　4*H*-苯并吡喃-4-酮，＊4*H*-色烯-4-酮　02.0355

2*H*-benzopyran-2-one　2*H*-苯并吡喃-2-酮　02.0354

1*H*-benzopyrazole　1*H*-苯并吡唑　02.0347

2*H*-chromen-2-one　＊2*H*-色烯-2-酮　02.0354

HDPE　高密度聚乙烯　05.0213

head-end process　首端过程　06.0592

head group　头基　04.1615

headspace gas chromatography　顶空[气相]色谱法　03.1809

heart-cutting　中心切割　03.2150

heat　热　04.0049

heat capacity　热容　04.0077

heat capacity at constant pressure　定压热容　04.0078

heat capacity at constant volume　定容热容　04.0081

heat conduction calorimeter　热导式热量计　04.0130

heat cure　热硫化　05.1032

heat effect　热效应　04.0050

heat-flux differential scanning calorimetry　热流差热扫描量热法　03.2700

heating-curve determination　加热曲线测定　03.2709

heating or cooling curve determination　加热或冷却曲线测定　03.2688

heating rate　加热速率　03.2704

heating rate curve　升温速率曲线　03.2137

heat of adsorption　吸附热　04.1582

heat of dilution　稀释热　04.0069

heat of immersion　浸润热，＊浸湿热，＊润湿热　04.1678

heat of fusion　熔化热　04.0073

heat of hydration　水合热　04.0072

heat of liquefaction　液化热　04.0076

heat of micellization　胶束形成热　04.1645

heat of mixing　混合热　04.0071

heat of neutralization　中和热　04.0070

heat of reaction　反应热　04.0051

heat of solution　溶解热　04.0058

heat of sublimation　升华热　04.0074

heat of vaporization　汽化热　04.0075

heat stabilizer　热稳定剂　05.1118

heavy atom effect　重原子效应　03.1338

heavy atom method　重原子法　04.2040

heavy ion accelerator　重离子加速器　06.0269

heavy ion induced desorption　重离子诱导解吸　03.2512

heavy ion nuclear chemistry　重离子核化学　06.0268

heavy nucleus　重核　06.0267

heavy water　重水　01.0153

HEDTA　2-羟乙基乙二胺三乙酸　03.0635

height equivalent to a theoretical plate　理论塔板高度　03.1941

He-jet transportation　氦射流传输　06.0257

helical polymer　螺旋形聚合物　05.0072

helicene　螺旋烃　02.0182

helicity　螺旋手性　02.0766

helium burning　氦燃烧　06.0770

helium ionization detector　氦离子化检测器　03.2059

helium leak detection mass spectrometer　氦质谱探漏

仪　03.2570

α-helix　α螺旋　02.1410

helix chain　螺旋链　05.0822

Hellmann-Feyman theorem　赫尔曼-费曼定理　04.1320

Helmholtz free energy　亥姆霍兹自由能　04.0087

Helmholtz function　*亥姆霍兹函数　04.0087

Helmholtz layer　亥姆霍兹层　04.0488

hematite　赤铁矿　01.0288

hematoxylineosin staining　苏木素-伊红染色法　03.0488

heme　血红素　01.0613

hemerythrin　蚯蚓血红蛋白　01.0633

hemiacetal　半缩醛　02.0053

hemiaminal　半胺缩醛，*α-氨基醇　02.0060

hemiketal　半缩酮　02.0054

hemimicelle　半胶束　04.1643

hemiterpene　半萜　02.0456

hemocyanin　血蓝蛋白　01.0635

hemoglobin　血红蛋白　01.0615

hemoporphyrin　血卟啉　01.0611

hemoprotein　血红素蛋白　01.0612

Henry law　亨利定律　04.0180

Hermann-Mauguin symbol　赫曼-摩干记号　04.1840

hermitian opertator　厄密算符　04.1171

Hessian matrix　*黑塞矩阵　04.1295

Hess law　赫斯定律　04.0126

heteroalkene　杂原子烯烃　02.1502

heteroalkyne　杂原子炔烃　02.1503

heteroatomic-incorporated molecular sieve catalyst　杂原子分子筛催化剂　04.0661

heteroborane　杂硼烷　01.0163

heterochain polymer　杂链聚合物　05.0060

heterocoagulation　异质聚沉　04.1710

heterocycle　杂环　02.0239

heterocyclic compound　杂环化合物　02.0240

heterocyclic polymer　杂环聚合物　05.0064

hetero-Diels-Alder reaction　杂第尔斯-阿尔德反应　02.1085

heterogeneous catalysis　多相催化　04.0642

heterogeneous equilibrium　多相平衡　01.0396

heterogeneous hydrogenation　非均相氢化　02.1133

heterogeneous membrane electrode　非均相膜电极　03.1613

heterogeneous nucleation　异相成核　03.0731

heterogeneous polymerization　非均相聚合　05.0492

heterogeneous reaction　多相反应　01.0810

heterogeneous system　非均相系统，*复相系统　04.0022

heterolysis　异裂　02.0933

heterolytic reaction　异裂反应　01.0400

heteronuclear chemical shift correlation spectrum　异核化学位移相关谱　03.2288

heteronuclear decoupling　异核去耦　03.2260

heterophase chemiluminescence　异相化学发光　03.1262

heteropolyacid　杂多酸　01.0533

heteropolyacid catalyst　杂多酸催化剂　04.0686

heteropolycompound catalyst　杂多化合物催化剂　04.0685

heteropolynuclear coordination compound　杂多核配合物　01.0512

heterotopic　异位[的]　02.0669

HETP　理论塔板高度　03.1941

HEU　高浓缩铀　06.0568

hexagonal lattice　H晶格　04.1800

hexagonal system　六方晶系　04.1804

hexahydropyridine　六氢吡啶　02.0310

hexamethyldisilane　六甲基二硅烷　03.2307

hexamethyldisiloxane　六甲基二硅醚　03.2306

hexose　己糖，*六碳糖　02.1276

HG-AAS　氢化物发生原子吸收光谱法　03.1024

HG-AFS　氢化物发生原子荧光光谱法　03.1138

hierarchial-cluster analysis　系统聚类分析　03.0321

high density polyethylene　高密度聚乙烯　05.0213

high elastic deformation　高弹形变　05.0897

high energy cascade reaction　高能级联反应　06.0286

high energy collision　高能碰撞　03.2465

high energy ion scattering spectroscopy　高能离子散射谱法　03.2667

high energy radiation　高能辐射　06.0333

high energy surface　高能表面　04.1677

high enriched uranium　高浓缩铀　06.0568

higher harmonic alternating current polarography　高阶谐波交流极谱法　03.1469

higher nuclearity cluster　高核簇　02.1504

higher order Tyndall spectra　高级丁铎尔谱　04.1543

highest occupied molecular orbital　最高占据[分子]轨

道　04.1268

high frequency conductometric titration　高频电导滴定法　03.1501

high frequency spark source　高频[电]火花光源　03.0943

high frequency titration　高频滴定法　03.0413

high impact polystyrene　高抗冲聚苯乙烯　05.0233

high-intensity hollow cathode lamp　高强度空心阴极灯　03.1027

high-level [nuclear] waste　高放废物　06.0626

high-level [radioactive] waste　高放废物　06.0626

high performance capillary electrophoresis　*高效毛细管电泳　03.1739

high performance hollow cathode lamp　高性能空心阴极灯　03.1028

high performance liquid chromatography　高效液相色谱法，*高压液相色谱法　03.1772

high-pressure gradient　高压梯度，*内梯度　03.2143

high pressure pump　高压输液泵　03.1997

high pressure spectrometry　高压光谱法　03.1359

high-pressure spinning　高压纺丝　05.1052

high-purity germanium detector　高纯锗探测器　06.0116

high resolution mass spectrometry　高分辨质谱法　03.2359

high resolution mass spectrum　高分辨质谱　03.2542

high-speed chromatography　快速色谱法　03.1763

high spin coordination compound　高自旋配合物　01.0500

high spin state　高自旋态　01.0566

high temperature ashing method　高温灰化法　03.0859

high temperature reflectance spectrometry　高温反射光谱法　03.1358

high voltage electrophoresis　高压电泳　03.1823

high voltage glow-discharge ion source　高压辉光放电离子源　03.2466

HIID　重离子诱导解吸　03.2512

hindered rotation　受阻旋转，*阻碍旋转　02.0640

1H-indole-2,3-dione　1H-吲哚-2,3-二酮，*吲哚满二酮　02.0339

hippuric acid　马尿酸　02.1359

HIPS　高抗冲聚苯乙烯　05.0233

hirsutane　樱草花烷[类]　02.0483

histidine　L-组氨酸　02.1349

histogram　直方图，*频数分布图　03.0126

HLB　亲水亲油平衡　04.1759

HLW　高放废物　06.0626

HMDE　悬汞电极　03.1605

HMDS　六甲基二硅烷　03.2307

HMDSO　六甲基二硅醚　03.2306

HMO method　休克尔分子轨道法　04.1355

HNBR　氢化丁腈橡胶　05.0328

Hofmann degradation　*霍夫曼降解　02.1190

Hofmann elimination　霍夫曼消除　02.1190

Hofmann rearrangement　霍夫曼重排　02.1191

Hofmann rule　霍夫曼规则　02.1016

Hofmeister series　*霍夫迈斯特次序　04.1713

Hohenberg-Kohn theorems　霍恩伯格-科恩定理　04.1386

holdback carrier　反载体　06.0074

holding reductant　支持还原剂　06.0607

hole　空穴　01.0740

holocellulose　全纤维素　05.0162

hollow cathode lamp　空心阴极灯　03.1026

hollow fiber　中空纤维　05.1059

holoenzyme　全酶　01.0673

holographic grating　全息光栅　03.0956

Holtsmark broadening　霍尔兹马克变宽，*共振变宽　03.1016

homeostasis　内稳态　01.0599

HOMO　最高占据[分子]轨道　04.1268

homoallylic alcohol　高烯丙醇　02.0032

homoaromaticity　同芳香性　02.0618

homochiral　同手性[的]　02.0697

homoconjugation　高共轭　02.0604

homocyclic compound　同素环状化合物　02.0591

homofiber　单组分纤维　05.0356

homogeneity spoiling pulse　均匀性破坏脉冲　03.2317

homogeneity test method for variance　方差齐性检验法　03.0235

homogeneous catalysis　均相催化　04.0637

homogeneous design　均匀设计　03.0291

homogeneous equilibrium　均相平衡　01.0395

homogeneous extraction　均相萃取　03.0888

homogeneous hydrogenation　均相氢化　02.1134

homogeneous membrane electrode　均相膜电极　03.1612

homogeneous metallocene catalyst　均相茂金属催化剂　05.0556

homogeneous nucleation　均相成核　03.0730

homogeneous phase flame chemiluminescence　均相火焰化学发光　03.1268

homogeneous polycondensation　均缩聚反应　05.0487

homogeneous polymerization　均相聚合　05.0491

homogeneous precipitation　均匀沉淀，＊均相沉淀　03.0794

homogeneous precipitation [method]　均匀沉淀[法]　04.0708

homogeneous reaction　均相反应　01.0809

homogeneous system　均相系统　04.0021

homogenization　均化　04.1512

homoleptic complex　全同[配体]配合物　02.1496

homolog　同系物　02.0002

homologization　同系化　02.1077

homolysis　均裂　02.0932

homolytic　均裂　02.0932

homolytic reaction　均裂反应　01.0399

homonuclear decoupling　同核去耦　03.2259

homopolycondensation　均缩聚反应　05.0487，均相缩聚　05.0514

homopolymer　均聚物　05.0014

homopolymerization　均聚反应　05.0404

homopropagation　均聚增长　05.0614

homosigmatropic rearrangement　同σ迁移重排　02.1176

homosteroid alkaloid　异甾烷[类]生物碱　02.0419

homotopic　等位[的]　02.0668

honeycomb catalyst　＊蜂窝催化剂　04.0695

honeycomb support　蜂窝状载体　04.0752

hopane　何帕烷[类]　02.0522

hormone　激素，＊荷尔蒙　02.1405

host　主体　02.0820

host-guest chemistry　主客体化学　02.0822

host-guest compound　主客体化合物　01.0178

hot atom　热原子　04.0289

hot atom annealing　热原子退火　06.0095

hot atom chemistry　热原子化学　06.0094

hot atom reaction　热原子反应　06.0093

hot cell　热室　06.0253

hot filament pyrolyzer　热丝裂解器　03.2092

hot-fusion reaction　热熔合反应　06.0276

hot laboratory　热实验室　06.0254

hot plate　电热板　03.0107

hot run　热试验　06.0618

HOTS　高级丁铎尔谱　04.1543

hot test　热试验　06.0618

HPCE　＊高效毛细管电泳　03.1739

HPLC　高效液相色谱法，＊高压液相色谱法　03.1772

HRMS　高分辨质谱　03.2542

HSAB[rule]　软硬酸碱[规则]　01.0110

HSGC　顶空[气相]色谱法　03.1809

HSP　均匀性破坏脉冲　03.2317

H-theorem　H 定理　04.1423

HTRS　高温反射光谱法　03.1358

Hückel molecular orbital method　休克尔分子轨道法　04.1355

Hückel (4n+2) rule　休克尔 4n+2 规则　04.1356

Huggins coefficient　哈金斯系数　05.0771

Huggins equation　哈金斯方程　05.0770

Hund rule　＊洪德规则　04.0951

HVL　半厚度，＊半值层厚度　06.0462

hybrid [compound]　杂化物　02.0007

hybridization　杂化　04.1232

hydantoin　＊海因　02.0295

hydracid　无氧酸，＊氢某酸　01.0119

hydrate　水合物　01.0148

hydrated electron　水合[化]电子　06.0338

hydration　水合　01.0349

hydration energy　水合能　04.0433

hydration number　水合数　01.0586

hydrazide　酰肼　02.0114

hydrazo compound　氢化偶氮化合物　02.0195

hydrazone　腙　02.0078

hydride　氢负离子　02.0942

hydride affinity　氢负离子亲和性　03.2387

hydride generation atomic absorption spectrometry　氢化物发生原子吸收光谱法　03.1024

hydride generation atomic fluorescence spectrometry　氢化物发生原子荧光光谱法　03.1138

hydroacylation　氢酰化　02.1074

hydroalumination　铝氢化，＊氢铝化　02.1069

hydroamination　氢氨化反应　02.1044

hydroboration　硼氢化，＊氢硼化　02.1071

hydrocarbon　碳氢化合物，＊烃　02.0009

hydrocarbon resin　烃类树脂　05.0178

hydrocarboxylation　氢羧基化　02.1076

hydrocarbyl group　烃基　02.0959

hydrodynamically equivalent sphere　流体力学等效球　05.0774

hydrodynamic injection　流体力学进样　03.2116

hydrodynamic volume　流体力学体积　05.0775

hydroformylation　氢甲酰化[反应]　02.1073

hydrogel　水凝胶　04.1704

hydrogenase　氢化酶　01.0678

hydrogenated butadiene-acrylonitrile rubber　氢化丁腈橡胶　05.0328

hydrogenated rubber　氢化橡胶　05.0317

hydrogenation　氢化，＊加氢　01.0411

hydrogen bond　氢键　01.0204

hydrogen bridge　氢桥　01.0202

hydrogen burning　氢燃烧　06.0769

hydrogen electrode　氢电极　03.1620

hydrogen exponent　氢离子浓度指数　03.0737

hydrogen-like atom　类氢原子　04.1192

hydrogenolysis　氢解　02.1137

hydrogen-oxygen fuel cell　氢氧燃料电池　04.0553

hydrogen transfer polymerization　氢转移聚合　05.0469

hydrogen wave　氢波　03.1676

hydrolase　水解酶　01.0681

hydrolysis　水解　01.0346

hydrolytic degradation　水解降解　05.0644

hydrometallation　氢金属化[反应]　02.1499

hydron　氢正离子　02.0941

hydronium ion　水合氢离子　01.0021

hydroperoxide　氢过氧化物　01.0144

hydrophile-lipophile balance　亲水亲油平衡　04.1759

hydrophilic　亲水[的]　02.0829

hydrophilic colloid　亲水胶体　04.1520

hydrophilic interaction　亲水作用　02.0830

hydrophilic polymer　亲水聚合物　05.0101

hydrophobic　疏水[的]　02.0832

hydrophobic colloid　疏水胶体　04.1519

hydrophobic interaction　疏水作用　02.0831

hydrophobic interaction chromatography　疏水作用色谱法　03.1789

hydrophobic polymer　疏水聚合物　05.0102

hydrophobic sol　疏水溶胶　04.1685

hydrosilation　硅氢化，＊氢硅化　02.1070

hydrosilication　硅氢化作用　01.0444

hydrosiliconization　硅氢化，＊氢硅化　02.1070

hydrosol　水溶胶　04.1686

hydrostannation　氢锡化，＊锡氢化　02.1500

hydrothermal crystallization　水热晶化　04.0729

hydrothermal deactivation　水热失活[作用]　04.0759

hydrothermal method　水热法　01.0822

hydrothermal stability　水热稳定性　04.0762

hydrothermal synthesis　水热合成　04.0728

hydrothermal treatment　水热处理　04.0727

hydrotopy　水溶助长[作用]　04.1649

hydroxyalkylation　羟烷基化　02.1111

hydroxyapatite　羟基磷灰石　01.0305

hydroxy bridge　羟桥　01.0201

hydroxyethyl cellulose　羟乙基纤维素　05.0170

2-hydroxyethylethylene diamine triacetic acid　2-羟乙基乙二胺三乙酸　03.0635

hydroxylation　羟基化　02.1040

hydroxymethylation　羟甲基化　02.1110

7-hydroxy-4-methyl-coumarin　7-羟基-4-甲基香豆素　03.0528

hydroxyproline　羟脯氨酸　02.1356

8-hydroxyquinoline　8-羟基喹啉，＊喹啉醇　03.0538

hydroxyl radical　羟自由基　01.0595

hydrozirconation　氢锆化，＊锆氢化　02.1501

hygroscopic water　湿存水　03.0822

hygrostat　恒湿器　03.0676

hyperbranched polymer　超支化聚合物　05.0076

hyperchrome　增色团　03.1190

hyperchromic effect　增色效应　04.1056

hyperchromic group　增色团　03.1190

hyperchromism　增色作用　03.0726

hyperconjugation　超共轭　02.0612

hyperfine coupling constant　超精细耦合常数　03.2328

hyperfine structure　超精细结构　04.1482

hyper Raman scattering　超拉曼散射　03.1401

hyphenated technique of instruments　仪器联用技术　03.0005

hypo　海波，＊大苏打　01.0212

hypochromic effect　减色效应　04.1057

hypochromism　减色作用　03.0727

hypothesis of equal charge displacement　等电荷位移假设　06.0187

hypothesis of minimum potential energy　最小势能假设

06.0188

hypothesis of unchanged charge density　恒电荷密度假设　06.0189

hypothesis test　假设检验　03.0203

hypsochromic effect　蓝移效应　02.0837

hypsochromic shift　光谱蓝移　04.1055

I

IAC　免疫亲和色谱法　03.1785

IBA　离子束分析　03.2664

IBCI　在束化学电离　03.2509

IC　离子色谱法　03.1791

ICAT　同位素编码亲和标签　03.2592

ICE　离子排阻色谱法　03.1795

iceland spar　冰洲石　01.0259

icosahedron　二十面体　04.1916

ICP-AES　电感耦合等离子体原子发射光谱法　03.0935

ICP-MS　电感耦合等离子体质谱法　06.0518

ICR　离子回旋共振质谱仪　03.2574

IDA　同位素稀释分析　06.0524

-ide　根　01.0134

ideal copolymerization　理想共聚合　05.0606

ideal crystal　理想晶体　04.1857

ideal dilute solution　理想稀溶液　04.0174

ideal nonpolarized electrode　理想非极化电极　03.1617

ideal polarized electrode　理想极化电极　03.1616

ideal solution　理想溶液　04.0173

identification　鉴定　03.0042

identity period　等同周期　05.0818

IEC　离子交换色谱法　03.1792

IEP　等电点　04.1681

IEXRF　同位素激发 X 射线荧光法　03.1149

IGC　反气相色谱法，* 逆相气相色谱　03.1814

ignition　灼烧　03.0828

ignition temperature　着火温度　03.0827

IHP　内亥姆霍兹面　04.0492

IKES　离子动能谱法　03.2370

Ilkovic equation　伊尔科维奇方程，* 扩散电流公式　03.1684

ilmenite　钛铁矿　01.0290

image X-ray photoelectron spectroscopy　成像X射线光电子能谱法　03.2612

imaginary atom　虚拟原子　02.0667

imaging agent　显像剂　06.0724

imaging plate　影像板　04.1999

imidazole　咪唑，* 1,3-二唑　02.0280

imidazole alkaloid　咪唑[类]生物碱　02.0412

imidazolidine　咪唑烷，* 四氢咪唑　02.0288

imidazolidine-2,4-dione　咪唑烷-2，4-二酮，* 乙内酰脲　02.0295

imidazolidone　咪唑烷酮　02.0293

imidazoline　咪唑啉，* 二氢咪唑　02.0284

imide　酰亚胺，* 二酰亚胺　02.0109

imidine　亚脒　02.0117

imine　亚胺　02.0070

imine-enamine tautomerism　亚胺-烯胺互变异构　02.0635

imino acid　亚氨基酸　02.0137

IMMA　离子探针质量分析器　03.2527

immiscibility　不相溶性　05.0882

immobilized catalyst　固定化催化剂　04.0696

immobilized pH gradient　固定化 pH 梯度　03.2550

immortal polymerization　永生[的]聚合，* 不死聚合　05.0477

immune analysis　免疫分析　03.0019

immunity electrode　免疫电极　03.1645

immunoaffinity chromatography　免疫亲和色谱法　03.1785

immuno electrophoresis　免疫电泳　03.1827

immunoradioassay　免疫放射分析　06.0545

immunoradioautography　免疫放射自显影　06.0776

impact molding　冲压模塑　05.0983

impact parameter　碰撞参数　06.0210

imperfect crystal　缺陷晶体　01.0695

impregnation　浸渍　05.1078

impregnation [method]　浸渍[法]　04.0713

impurity defect　杂质缺陷　01.0720

IMRA　免疫放射分析　06.0545

INAA　仪器中子活化分析　06.0490

in-beam chemical ionization　在束化学电离　03.2509

in-beam electron ionization　在束电子电离　03.2508

in-beam γ-ray spectroscopy　* 在束 γ 射线谱学

06.0523

in-beam spectroscopy　在束谱学　06.0523

incineration of radioactive waste　放射性废物焚烧[化]
06.0644

incipient wetness impregnation [method]　等体积浸渍
[法]　04.0714

incitant analysis　兴奋剂分析　03.0017

inclusion　包合作用　01.0440

inclusion compound　包合物　01.0179

inclusion constant　包结常数，＊包含常数　03.1844

incoherent scatting　非相干散射　04.2014

incommensurate structure　无公度结构　04.1898

incompatibility　不相容性　05.0884

incomplete fusion reaction　非完全熔合反应　06.0274

indazole　＊吲唑　02.0347

indene　茚　02.0164

indene resin　茚树脂　05.0181

independent yield　独立产额，＊初级产额　06.0180

indicating electrode　指示电极　03.1587

indicator　指示剂　03.0550

indicator blank　指示剂空白　03.0568

indicator constant　指示剂常数　03.0567

indicator transition point　指示剂变色点　03.0849

indicatrix　光率体　04.1950

indices of diffraction　衍射指数　04.1982

indigo　靛蓝，＊靛青　02.0338

indigo monosulfonate　靛蓝磺酸盐　03.0619

indigo tetrasulfonate　靛蓝四磺酸盐　03.0621

indirect atomic absorption spectrometry　间接原子吸收
光谱法　03.1022

indirect detection　间接检测　03.2131

indirect determination　间接测量法　03.0394

indirect fluorimetry　间接荧光法　03.1297

indium-tin oxide electrode　铟锡氧化物电极，＊ITO 电
极　03.1635

individual　个体　03.0119

indole　吲哚　02.0334

indole alkaloid　吲哚[类]生物碱　02.0407

indole test　吲哚试验　03.0478

indolizidine alkaloid　吲嗪[类]生物碱，＊吲哚里西啶
[类]生物碱　02.0397

indolizine　吲哚嗪　02.0381

indolone　吲哚酮，＊2,3-二氢吲哚-3-酮　02.0337

INDO method　间略微分重叠法　04.1375

induced decomposition　诱导分解　05.0563

induced dipole moment　诱导偶极矩　04.1270

induced fission　诱发裂变　06.0161

induced radioactivity　感生放射性　06.0298

induced reaction　诱导反应　01.0412

induction period　诱导期，＊阻聚期　05.0561

inductive effect　诱导效应　02.0628

inductively coupled plasma atomic emission
spectrometry　电感耦合等离子体原子发射光谱法
03.0935

inductively coupled plasma mass spectrometry　电感耦
合等离子体质谱法　06.0518

industrial chromatograph　工业色谱仪　03.1974

industrial chromatography　工业色谱法　03.1755

industrial computed tomography　工业计算机断层成像
06.0548

industrial CT　＊工业 CT　06.0548

inelastic scattering　非弹性散射　04.0367

INEPT　低敏核极化转移增强　03.2271

inert complex　惰性配合物　01.0516

inert electrolyte　支持电解质，＊惰性电解质　03.1706

inert gas　＊惰性气体　01.0091

inert solvent　惰性溶剂　03.0651

inflection point　拐点　03.0847

information　信息　03.0341

information capacity　信息容量　03.0342

information efficiency　信息效率　03.0343

information gain　信息增益　03.0346

information profitability　信息效益　03.0345

infrared absorption analysis　红外吸收分析[法]
03.1369

infrared absorption cell　红外吸收池　03.1388

infrared absorption intensity　红外吸收强度　03.1352

infrared absorption spectrum　红外吸收光谱　03.1342

infrared active molecule　红外活性分子　03.1351

infrared beam condenser　红外光束聚光器　03.1384

infrared beam splitter　红外光分束器　03.1385

infrared detector　红外检测器　03.1387

infrared emission spectrum　红外发射光谱　03.1343

infrared gas analyzer　红外气体分析器　03.1397

infrared laser spectrometry　红外激光光谱法　03.1372

infrared microscopy　红外显微[技]术　03.1368

infrared multiphoton absorption spectrum　红外多光子
吸收光谱　04.1092

infrared multiphoton dissociation 红外多光子解离 04.1091

infrared photochemistry 红外光化学 04.0930

infrared polarization spectrum 红外偏振光谱 03.1346

infrared polarizer 红外偏振器 03.1386

infrared reflection-absorption spectrometry 红外反射-吸收光谱法 03.1362

infrared solvent 红外溶剂 03.1389

infrared source 红外光源 03.1383

infrared spectroelectrochemistry 红外光谱电化学法 03.1532

infrared spectrometry 红外光谱法 03.1353

infrared spectrophotometer 红外分光光度计 03.1390

infrared spectrophotometry 红外分光光度法 03.1361

infrared spectroscopy pyrogram 裂解红外图 03.2743

infrared spectrum 红外光谱 03.1341

infrared standard spectrum 红外标准谱图 03.1382

infrared thermography 红外热成像法 03.1370

infrared wave number calibration 红外波数校准 03.1373

inherent viscosity 比浓对数黏度 05.0792

inhibiting effect 抑制[阻滞]效应 04.0777

inhibition 阻聚作用 05.0592

inhibition discoloring spectrophotometry 抑制褪色分光光度法 03.1225

inhibition kinetic spectrophotometry 阻抑动力学分光光度法 03.1226

inhibitor 阻聚剂 05.0594

inhomogeneous broadening 非均匀展宽 04.1075

inhomogeneous reaction 非均相反应 01.0811

inifer 引发-转移剂 05.0536

iniferter 引发-转移-终止剂 05.0537

initial fragment * 初始裂片 06.0170

initial spreading coefficient 初始铺展系数 04.1665

initial temperature 初始温度 03.2706

initiation 引发 02.1018

initiator 引发剂 05.0524

initiator efficiency 引发剂效率 05.0562

initiator transfer agent 引发-转移剂 05.0536

initiator-transfer agent-terminator 引发-转移-终止剂 05.0537

injection draw blow molding 注拉吹塑 05.1011

injection molding 注射成型, * 注[射模]塑 05.0984

injection valve 进样阀 03.1988

injection volume 进样体积 03.2107

injection welding 注塑焊接 05.0988

inlet 进样口 03.1987

inner electric potential 内电势 04.0467

inner Helmholtz plane 内亥姆霍兹面 04.0492

inner molecular reaction * 分子内反应 01.0353

inner orbital 内层轨道 04.1221

inner orbital coordination compound 内轨配合物 01.0497

inner phase 内相 04.1746

inner salt * 内盐 01.0022

inner shell 内壳层 04.1219

inner sphere 内层, * 内界 01.0495

inner sphere mechanism 内层机理 01.0591

inner strain 内张力 02.0650

inner transition element 内过渡元素 01.0074

inorganic acid 无机酸 01.0118

inorganic analysis 无机分析 03.0009

inorganic coprecipitant 无机共沉淀剂 03.0801

inorganic ion qualitative detection 无机离子定性检测 03.0464

inorganic photoconductive materials 无机光导材料 04.1124

inorganic polymer 无机聚合物, * 无机高分子 05.0005

INS 离子中和谱法 03.2665

insect hormone 昆虫信息素, * 昆虫外激素 02.1448

insensitive nuclei enhanced by polarization transfer 低敏核极化转移增强 03.2271

insertion polymerization 插入聚合 05.0461

insertion reaction 插入反应 01.0355

in situ analysis 原位分析 03.0440

in situ concentration 原位富集 03.1058

in situ Fourier transform infrared spectrum 原位傅里叶变换红外光谱 04.0817

in situ neutron activation analysis 现场中子活化分析 06.0496

in situ polymerization 原位聚合 05.0513

in situ pretreatment 原位预处理 04.0902

in situ quantitation 原位定量 03.2163

in situ reaction 原位反应技术 04.0903

in-source fragmentation 源内断裂, * 源内碎裂 03.2507

in-source pyrolysis　源内裂解　03.2742

instability constant　不稳定常数　01.0582

instrumental analysis　仪器分析　03.0004

instrumental neutron activation analysis　仪器中子活化分析　06.0490

intake　摄入　06.0476

integral capacitance　积分电容　04.0498

[integral] dose　[积分]剂量　06.0426

integral enthalpy of solution　积分溶解焓　04.0059

integral heat of adsorption　积分吸附热　04.1583

integral property detector　整体性质检测器　03.2045

integral type detector　积分型检测器　03.2051

integrated absorption coefficient　积分吸收系数　03.1081

integrated rubber　集成橡胶　05.0321

integrator　积分仪，*积分器　03.2095

intelligent polymer　智能聚合物　05.0094

intensity of absorption line　[原子]吸收谱线的强度　03.1007

intensity ratio of line pair　线对强度比　03.0926

intensive property　强度性质　04.0016

intercalation chemistry　嵌入化学　01.0736

intercalation electrode　嵌入电极　04.0461

intercalation polymerization　插层聚合　05.0473

intercalation reaction　嵌入反应，*插层反应　01.0354

interchain interaction　链间相互作用　05.0691

interchain spacing　链间距　05.0690

interchange mechanism　互换机理　01.0589

interface　界面　03.2595

interface analysis　界面分析　03.0026

interface excess　界面超量　04.1610

interface film　界面膜　04.1655

interfacial electrochemistry　界面电化学　04.0414

interfacial polycondensation　界面缩聚　05.0520

interfacial polymerization　界面聚合　05.0519

interfacial potential　界面电势　04.0470

interfacial tension　界面张力　04.1554

interfacial viscosity　界面黏度　04.1718

interference element　干扰成分　03.0866，干扰元素　03.1116

interference filter　干涉滤光片　03.1204

interhalogen compound　互卤化物　01.0167

intermediate　中间体　02.0928

intermediate-level [radioactive] waste　中放废物　06.0627

intermediate neglect of differential overlap method　间略微分重叠法　04.1375

intermetallic compound　金属间化合物　04.1888

[intermolecular] condensation　[分子间]缩合　01.0350

intermolecular energy transfer　分子间能量传递　04.0278

intermolecular photoinduced electron transfer　分子间光诱导电子转移　04.1000

intermolecular relaxation　分子间弛豫　04.1100

internal abstraction　内攫取[反应]　02.1155

internal carbon reference　内标碳基准　03.2627

internal conversion　内转换　04.1478

internal conversion coefficient　内转换系数　06.0029

internal conversion electron　内转换电子　06.0028

internal coordinate　内坐标　04.1291

internal diffusion　内扩散　04.0802

internal energy　内能　03.2381，内部能量　04.0374

internal exposure　内照射　06.0444

internal heavy atom effect　内重原子效应　03.1339

internal lock　内锁　03.2230

internal nucleophilic substitution [reaction]　分子内亲核取代[反应]　02.0871

internal plasticization　内增塑作用　05.0971

internal reference electrode　内参比电极　04.0446

internal releasing agent　内脱模剂　05.1129

internal return　[离子对]内部返回　02.0997

internal rotation　内旋转　04.1289

internal standard element　内标元素　03.0998

internal standard line　内标线　03.0933

internal standard method　内标法　03.0067

internal standard substance　内标物　03.0068

internal target　内靶　06.0224

international symbol　赫曼-摩干记号　04.1840

interpenetrating polymer networks　互穿聚合物网络　05.0078

interplanar spacing　[晶]面间距，*[格]面间距　04.1787

interrupted arc　断续电弧　03.0941

interstitial defect　间隙缺陷　01.0724

interstitial void　晶格间隙　01.0717

interstitial volume　间隙体积　03.1891

inter-system crossing　系间穿越，*系间窜越　04.0985

interval estimation　区间估计　03.0214

intimate ion pair　紧密离子对　02.0948

intramolecular energy transfer　分子内能量传递

04.0279

intramolecular photoinduced electron transfer　分子内
　光诱导电子转移　04.0999

intramolecular vibrational relaxation　分子内振动弛豫
　04.0280

intrinsic catalytic activity　本征催化活性　04.0838

intrinsic defect　本征缺陷　01.0719

intrinsic kinetics　本征反应动力学　04.0909

intrinsic reaction coordinate　内禀反应坐标　04.0317

intrinsic solubility　固有溶解度，* 分子溶解度
　03.0769

intrinsic viscosity　特性黏数　05.0768

invariance of coordinate transformation　坐标变换不变
　性　04.1159

invariance of unitary transformation of Hartree-Fock
　orbital　哈特里-福克轨道的酉变换不变性　04.1369

inverse dispersion polymerization　反相分散聚合
　05.0504

inversed micelle-stabilized room temperature fluorimetry
　逆胶束增稳室温荧光法　03.1304

inverse emulsion polymerization　反相乳液聚合
　05.0508

inverse gas chromatography　反气相色谱法，* 逆相气
　相色谱　03.1814

inverse isotope effect　逆反同位素效应，* 倒置同位素
　效应　02.0919

inverse Raman effect　逆拉曼效应　03.1400

inverse suspension polymerization　反相悬浮聚合
　05.0502

inversion　倒反　04.1813

inversion center　* 反演中心　04.1820

inversion of configuration　构型翻转　02.0794

inversion of emulsion　乳状液变型　04.1756

inverted region in Marcus theory [for electron transfer]
　马库斯理论的反转区　04.1002

in vitro analysis　体外分析　03.0443

in vivo analysis　体内分析　03.0442

in vivo neutron activation analysis　体内中子活化分析
　06.0497

iodimetric titration　碘滴定法，* 直接碘量法　03.0427

iodimetry　碘量法　03.0426

iodine flask　碘瓶　03.0110

iodine number　碘值，* 碘价　03.0776

iodoalkane　碘代烷　02.0026

iodoform test　碘仿试验　03.0483

iodolactonization　碘化内酯化反应　02.1180

iodometry　滴定碘法，* 间接碘量法　03.0428

ion　离子　01.0016

ion association complex　离子缔合络合物　03.0714

ion association extraction　离子缔合物萃取　03.0884

ion atmosphere　离子氛　03.2373

ion beam　离子束　03.2489

ion beam analysis　离子束分析　03.2664

ion channel　离子通道　01.0646

ion channel switching immunosensor　离子通道免疫传
　感器　03.1571

ion chromatography　离子色谱法　03.1791

ion core　离子芯　04.1222

ion cyclotron resonance　离子回旋共振　03.2525

ion cyclotron resonance mass spectrometer　离子回旋共
　振质谱仪　03.2574

ion-dipole interaction　离子-偶极相互作用　02.0826

ion exchange chromatography　离子交换色谱法
　03.1792

ion exchange membrane　离子交换膜　03.1584

ion exchanger　离子交换剂　03.1860

ion exchange resin　离子交换树脂　05.0176

ion exclusion chromatography　离子排阻色谱法
　03.1795

ion floatation　离子浮选法　03.0899

ion gun　离子枪　03.2663

ionic activity coefficient　离子活度系数　04.0427

ionic association　离子缔合　04.0432

ionic bond　离子键　04.1226

ionic charge　离子电荷　04.1269

ionic conductance　离子电导　04.0439

ionic conductivity　离子导电性　01.0756

ionic conductor　* 离子导体　01.0699

ionic copolymerization　离子共聚合　05.0604

ionic dissociation　离子解离　01.0429

ionic equilibrium　* 离子平衡　01.0370

ionic formula　离子式　01.0017

ionic hydration　离子水合　01.0430

ionicity parameter　离子性参数　01.0715

ionic line　离子线　03.0916

ionic liquid　离子液体　02.0232

ionic mobility　离子迁移率　04.0434

ionic partition diagram　离子分配图　03.1697

ionic polymerization　离子[型]聚合　05.0441

ionic product of water　水的离子积，＊水的活度积　03.0758

ionic radius　离子半径　04.1909

ionic reaction　离子反应　01.0431

ionic replacement　离子取代　01.0432

ionic solvation　离子溶剂化　03.1698

ionic strength　离子强度　04.0426

ion-implantation modified electrode　离子注入修饰电极　03.1636

ion-implantation technique　离子注入技术　03.1546

ionization　电离　01.0362，离子化　03.2486

ionization cell　电离室　06.0112

ionization chamber　离子化室　03.2488，电离室　06.0112

ionization constant　电离常数　04.0425

ionization cross section　离子化截面　03.2487

ionization efficiency　电离效率　03.2448

ionization energy　电离能　03.2447

ionization equilibrium　电离平衡　01.0370

ionization interference　电离干扰　03.1114

ionization isomerism　电离异构　01.0542

ionization radiation　电离辐射　06.0344

ionizing current　电离电流　03.2446

ionizing radiation　电离辐射　06.0344

ionizing solvent　离子化溶剂　03.0658

ion kinetic energy spectroscopy　离子动能谱法　03.2370

ion meter　离子计　03.1558

ion microprobe mass analyzer　离子探针质量分析器　03.2527

ion-molecular reaction　离子–分子反应　03.2372

ion-neutral complex　离子-中性分子复合物　03.2377

ion neutralization spectroscopy　离子中和谱法　03.2665

ionochromism　离子变色　04.1141

ionogen　可离子化基团　03.0659

ionomer　离子聚合物，＊离聚物　05.0136

ionophore　离子载体　01.0644

ion optics　离子光学　03.2374

ionothermal synthesis　离子热合成　04.0732

ion pair　离子对　02.0935

ion pair chromatography　离子对色谱法　03.1790

ion pair formation　离子对形成　03.2371

ion pair ionization　离子对电离　03.2485

ion pair polymerization　离子对聚合　05.0443

ion pair reagent　离子对试剂　03.0642

ion pair return　离子对返回　02.0996

ion probe micro-analysis　离子探针显微分析　03.2602

ion pump　离子泵　01.0625

ion scattering spectroscopy　离子散射谱法　03.2666

ion selective electrode　离子选择电极　03.1608

ion selective field effect transistor　离子选择场效应晶体管　03.1583

ion source　离子源　03.2490

ion suppressed chromatography　离子抑制色谱法　03.1796

ion transfer reaction　离子转移反应　03.1694

ion transmission　离子传输率　03.2369

ion trap　离子阱　03.2526

ion trap mass spectrometer　离子阱质谱仪　03.2575

ion trap mass spectrometry　离子阱质谱法　03.2375

IPC　离子对色谱法　03.1790

IPN　互穿聚合物网络　05.0078

ipso-attack　原位进攻　02.0595

IRE　逆拉曼效应　03.1400

iridium anomaly　铱异常　06.0755

iridoid　戊环并吡喃萜[类]化合物，＊环烯醚单萜　02.0461

iron and steel analysis　钢铁分析　03.0453

iron group　铁系元素　01.0081

iron-sulfur protein　铁硫蛋白　01.0650

irradiation channel　照射孔道　06.0582

irradiation facility　辐照装置　06.0332

irreducible representation　不可约表示　04.1498

irregular block　非规整嵌段　05.0669

irregular polymer　非规整聚合物　05.0019

irreversible adsorption　不可逆吸附　04.1575

irreversible process　不可逆过程　04.0041

irreversible reaction　不可逆反应　01.0339

irreversible wave　不可逆波　03.1674

isatin　＊靛红　02.0339

isenthalpic process　等焓过程　04.0035

isentropic process　等熵过程　04.0036

ISFET　离子选择场效应晶体管　03.1583

island of stability　稳定岛　06.0310

island of superheavy nuclei　＊超重核岛　06.0310

island structure　岛型结构　04.1927

isoabsorptive point 等吸收点，＊等色点 03.1245

isobar 同量异位素 01.0047

isobaric mass-change determination 等压质量变化测量 03.2684

isobaric process 等压过程 04.0033

isobestic point 等吸收点，＊等色点 03.1245

isochoric process 等容过程 04.0034

isocratic elution 等度洗脱，＊恒溶剂洗脱 03.2141

isocyanide 异腈 02.0105

isocyanide complex 异腈配合物 02.1509

isodose curve 等剂量曲线 06.0425

isoelectric focus electrophoresis 等电聚焦电泳 03.1826

isoelectric point 等电点 04.1681

isoelectronic species 等电子体 01.0188

isoflavanone 二氢异黄酮 02.0444

isoflavone 异黄酮 02.0442

Isofurocoumarin 角型呋喃并香豆素 02.0427

isoindole 异吲哚 02.0335

isokinetic temperature 等动力学温度 04.0346

isolated system 隔离系统 04.0025

isoleucine L-异亮氨酸 02.1336

isolobal 等瓣，＊等叶片 01.0577

isolobal addition 等瓣加成 02.1507

isolobal analogy 等瓣相似 02.1505

isolobal displacement 等瓣置换 02.1506

isolobal fragment 等瓣碎片 02.1508

isomer 异构体 02.0005

isomerase 异构酶 02.1427

isomeric ratio 同质异能素比 06.0244

isomeric transition 同质异能跃迁 06.0027

isomerism 异构[现象] 02.0791

isomerization polymerization 异构化聚合 05.0468

isomer ratio 同质异能素比 06.0244

isometric crystal 等轴晶体 04.1952

isomorphism 类质同晶型 04.1893

isomorphous replacement method 同晶置换法 04.2042

isonitrile complex 异腈配合物 02.1509

isoperibolic calorimeter 等环境热量计 04.0133

isopolyacid 同多酸 01.0532

isopolynuclear coordination compound 同多核配合物 01.0511

isoprene rubber 异戊橡胶 05.0320

isoquinoline 异喹啉，＊苯并[c]吡啶 02.0360

isoquinoline alkaloid 异喹啉[类]生物碱 02.0401

isorheic elution 恒流量洗脱 03.2142

isospecific polymerization 全同立构聚合 05.0463

isosteric heat of adsorption 等量吸附热 04.1585

isostructural species 等结构体 01.0189

isostructure 同构 04.1892

isostructure method 同构型法 04.2046

isosynthesis 异构合成 04.0861

isotachophoresis 等速电泳 03.1829

isotactic block 全同[立构]嵌段，＊等规嵌段 05.0671

isotacticity 全同[立构]度，＊等规度 05.0664

isotactic polymer 全同立构聚合物，＊等规聚合物 05.0022

isotactic polymerization 全同立构聚合 05.0463

isothermal-isobaric ensemble 等温等压系综 04.1413

isothermal process 等温过程 04.0032

isothermal pyrolysis 等温裂解 03.2744

isothiazole 异噻唑，＊1,2-噻唑 02.0279

isotone 同中子[异位]素 06.0003

isotope 同位素 01.0045

isotope chemistry 同位素化学 06.0068

isotope coded affinity tag 同位素编码亲和标签 03.2592

isotope dating 同位素年代测定 06.0756

isotopc dilution analysis 同位素稀释分析 06.0524

isotope effect 同位素效应 06.0070

isotope exchange 同位素交换 02.0920

isotope excited X-ray Fluorescence spectrometry 同位素激发 X 射线荧光法 03.1149

isotope fractionation 同位素分馏 06.0067

isotope gauge 同位素仪表 06.0774

isotope geochemistry 同位素地球化学 06.0772

isotope geochronology 同位素地质年代学 06.0753

isotope geology 同位素地质学 06.0754

isotope hydrology 同位素水文学 06.0773

isotope labeling 同位素标记 06.0667

isotope peak 同位素峰 03.2394

isotope separation 同位素分离 06.0563

isotope side band 同位素边峰 03.2258

isotope tracer 同位素示踪剂 06.0670

isotopic abundance 同位素丰度 01.0049

isotopically enriched ion 同位素富集离子 03.2395

isotopically labeled compound 同位素标记化合物

06.0783

isotopically modified compound　同位素[组成]改变的化合物　06.0781

isotopically substituted compound　同位素取代化合物　06.0782

isotopically unmodified compound　同位素[组成]未变化合物　06.0780

isotopic carrier　同位素载体　06.0071

isotopic cluster　同位素簇离子　03.2593

isotopic correlation safeguards technique　同位素相关核保障监督技术　06.0551

isotopic dilution mass spectrometry　同位素稀释质谱法　03.2396

isotopic effect　同位素效应　06.0070

isotopic enrichment　同位素富集　06.0564

isotopic fractionation　同位素分馏　06.0067

isotropic temperature factor　各向同性温度因子　04.2024

isovalent hyperconjugation　等价超共轭　02.0613

isovolumetric impregnation [method]　等体积浸渍[法]　04.0714

isoxazole　异噁唑，* 1,2-噁唑　02.0277

isoxazolidine　异噁唑烷，* 四氢异噁唑　02.0290

ISS　离子散射谱法　03.2666

I strain　内张力　02.0650

IT　同质异能跃迁　06.0027

-ite　根　01.0134

iterative method　迭代法　03.0309

iterative target transformation factor analysis　迭代目标转换因子分析　03.0335

ITMS　离子阱质谱仪　03.2575

IVR　分子内振动弛豫　04.0280

J

jablonski plot　乔布隆斯基作图　04.0940

Jahn-Teller effect　姜-泰勒效应　04.1484

jet spinning　喷射纺丝　05.1044

jet transfer　射流传送　06.0243

JH　保幼激素，* 咽侧体激素　02.1446

Joule-Thomson coefficient　焦耳-汤姆孙系数　04.0203

Joule-Thomson effect　焦耳-汤姆孙效应　04.0202

J-resolved spectrum　二维 J 分解谱，* δ-J 谱　03.2286

justification of practice　[辐射照射]实践的正当性　06.0392

juvenile hormone　保幼激素，* 咽侧体激素　02.1446

K

Kalman filtering method　卡尔曼滤波法　03.0312

Karl Fischer reagent　卡尔·费歇尔试剂　03.0405

Karl Fischer titration　卡尔·费歇尔滴定法，* 测水滴定法　03.0404

kaurane　贝壳杉烷[类]　02.0504

K-capture　K 俘获　06.0023

Kelvin equation　开尔文公式　04.1562

Kelvin model　开尔文模型　05.0952

KER　动能释放　03.2348

ketal　缩酮　02.0056

ketene　烯酮　02.0098

ketimine　酮亚胺　02.0072

ketoaldonic acid　酮糖酸　02.1270

ketoaldose　酮醛糖　02.1257

keto carbene　酮卡宾　02.0981

keto-enol tautomerism　酮-烯醇互变异构　02.0633

keto ester　酮酸酯　02.0119

α-ketol rearrangement　α 酮醇重排　02.1163

ketone　酮　02.0048

ketone hydrate　酮水合物　02.0052

ketose　酮糖　02.1256

ketoxime　酮肟　02.0075

ketyl　羰自由基　02.0960

kieselguhr　硅藻土　01.0252

kinematic viscosity　运动黏度　04.1717

kinetic acidity　动力学酸度　02.0911

kinetic analysis　动力学分析　03.0030

kinetic chain length　动力学链长　05.0746

kinetic colorimetry　动力学比色法　03.1194

kinetic control　动力学控制　02.0924

kinetic correlations energy　动力学相关能　04.1284

kinetic coupling　动力学耦合　04.0921

kinetic current　动力电流　03.1659

kinetic effect　动力学效应　03.2347

kinetic energy of Auger electron　俄歇电子动能　03.2639

kinetic energy release　动能释放　03.2348

kinetic energy released in matter　比释动能　06.0439

kinetic isotope effect　动力学同位素效应　02.0923

kinetic photometry　动力学光度学　04.0404

kinetic resolution　动力学拆分　02.0797

kinetic salt effect　动力学盐效应　04.0343

kinetic shift　动力学位移　03.2346

kinetics of electrode process　电极过程动力学　04.0503

kinetic solvent effect　动力学溶剂效应　04.0342

kinetic spectrophotometry　动力学分光光度法　03.1220

kinetic spectroscopy　动力学光谱学　04.0403

kinin　激肽　02.1389

kink　扭折　04.1967

Kirchhoff law　基尔霍夫定律　04.0201

Kjeldahl flask　凯氏烧瓶　03.0461

Kjeldahl method　凯氏定氮法　03.0460

k_0 method　k_0法　06.0502

kneading　捏合　05.0978

Kohlrausch law of independent migration of ions　科尔劳施离子独立迁移定律　04.0440

Kohn-Sham equation　科恩-沈吕九方程　04.1387

Koopmans theorem　科普曼斯定理　04.1371

Kuhn-Thomas-Reiche sum rule　库恩-托马斯-赖歇加和规则　04.1285

L

labdane　半日花烷[类]　02.0491

labeled compound　标记化合物　06.0666

labeling efficiency　标记率　06.0687

labeling of monoclonal antibody　单克隆抗体标记　06.0733

labile complex　易变配合物，＊活性配合物　01.0515

lactam　内酰胺　02.0139

β-lactam antibiotic　β内酰胺抗生素　02.0550

lactim　内羟亚胺　02.0140

lactol　内半缩醛　02.0135，内半缩酮　02.0136

lactone　内酯　02.0134

ladderane　梯[形]烷　02.0157

ladder polymer　梯形聚合物　05.0071

laevo isomer　左旋异构体　02.0663

Lambert-Beer law　朗伯-比尔定律　03.1183

lamella　片晶　05.0836

lamellar crystal　片晶　05.0836

laminar flame　层流火焰　03.1039

laminar flow burner　层流燃烧器　03.1038

laminating　层压　05.1018

Landolt reaction　兰多尔特反应　03.0717

Langmuir adsorption isotherm　朗缪尔吸附等温式[线]　04.1601

Langmuir-Blodgett film　LB膜　05.1083

Langmuir film balance　朗缪尔膜天平　04.1660

Langmuir-Hinshelwood mechanism　朗缪尔-欣谢尔伍德机理　04.0907

Langmuir-Rideal mechanism　朗缪尔-里迪尔机理　04.0908

lanostane　羊毛甾烷[类]　02.0516

lanthanide　镧系元素　01.0084

lanthanide contraction　镧系收缩　01.0085

lanthanide shift reagent　镧系位移试剂　03.2309

lanthanoid　镧系元素　01.0084

lanthanoid complex　镧系元素配合物　02.1510

large angle strain　大角张力　02.0645

large ring　大环　02.0588

large-volumn injection　大体积进样　03.2112

Larmor frequency　拉莫尔频率　03.2184

laser　激光　04.1071

laser ablation-resonance ionization spectrometry　激光烧蚀共振电离光谱法　03.1451

laser chemistry　激光化学　04.0935

laser desorption　＊激光解吸　03.2474

laser desorption ionization　激光解吸电离　03.2476

laser dye　激光染料　04.1072

laser excited atomic fluorescence spectrometry　激光激发原子荧光光谱法　03.1137

laser fiber　激光光纤　05.0376

laser flash photolysis　激光闪光光解　04.1115

laser induced fluorescence　激光诱导荧光　04.1064

laser induced fluorescence detector　激光诱导荧光检测器　03.2066

laser induced fluorescence spectrum　激光诱导荧光光

谱 04.0824

laser induced molecular fluorescence spectrometry 激光诱导分子荧光光谱法 03.1430

laser induced photoacoustic spectrometry 激光诱导光声光谱法 03.1434

laser induced predissociation 激光诱导预解离 04.1096

laser ionization 激光电离 03.2474

laser ionization spectrum 激光电离光谱 03.1449

laser ion source 激光离子源 03.2477

laser isotope separation 激光同位素分离法 06.0576

laser low temperature fluorescence spectrometry 激光低温荧光光谱法 03.1429

laser mass spectrometry 激光质谱法 03.2086

laser microprobe 激光微探针 03.1431

laser multiphoton ion source 激光多光子离子源 03.2475

laser photoacoustic spectrum 激光光声光谱 03.1432

laser photolysis 激光光解 04.0358

laser photothermal deflection spectrometry 激光光热偏转光谱法 03.1445

laser photothermal displacement spectrometry 激光光热位移光谱法 03.1448

laser photothermal interference spectrometry 激光光热干涉光谱法 03.1447

laser photothermal refraction spectrometry 激光光热折射光谱法 03.1446

laser photothermal spectrometry 激光光热光谱法 03.1442

laser pyrolysis [method] 激光热解[法] 04.0735

laser pyrolyzer 激光裂解器 03.2094

laser Raman photoacoustic spectrometry 激光拉曼光声光谱法 03.1439

laser Raman spectrometry 激光拉曼光谱法 03.1416

laser resonance ionization spectrometry 激光共振电离光谱法 03.1450

laser source 激光光源，* 激光器 03.1426

laser spectrum 激光光谱 03.1428

laser thermal lens spectrometry 激光热透镜光谱法 03.1443

late barrier 后势垒，* 晚势垒 04.0392

latent curing agent 潜固化剂 05.1091

latent image 潜像 04.1138

late transition metal 后[期]过渡金属 02.1484

late transition metal catalyst 后过渡金属催化剂 05.0548

latex 胶乳 05.0307

Latin square design 拉丁方设计 03.0287

lattice 晶格 04.1774

lattice constant 晶格参数 04.1779

lattice energy 晶格能 04.1935

lattice image 晶格像 04.2055

lattice parameter 晶格参数 04.1779

lattice plane 格面，* 点阵面 04.1776

[lattice] site [晶格]格位 01.0716

lattice vector 格矢，* 点阵矢量 04.1775

Laue equation 劳厄方程 04.1979

Laue indices * 劳厄指数 04.1982

Laue method 劳厄法 04.2001

Laue photography 劳埃照相法 03.1159

Laue point group 劳厄点群 04.1976

law of rational indices 有理指数定律 04.1786

law of thermal equilibrium * 热平衡定律 04.0007

layer-by-layer self-assembly 层层自组装 04.1636

layer structure 层型结构 04.1929

LB film LB 膜 05.1083

LC 液相色谱法 03.1769

LCAO 原子轨道线性组合 04.1204

LC-FTIR 液相色谱-傅里叶变换红外光谱联用仪 03.2083

LC/MS 液相色谱-质谱法，* 液质联用 03.2556

LC-NMR system 液相色谱-核磁共振谱联用仪 03.2087

LCST 最低临界共溶温度 05.0886

LDA 局域密度近似 04.1391

LDI 激光解吸电离 03.2476

LDPE 低密度聚乙烯 05.0214

lead-acid accumulator 铅酸蓄电池 04.0559

lead castle 铅室 06.0245

lead cave 铅室 06.0245

lead equivalent 铅当量 06.0466

leader peptide * 前导肽 02.1395

leader peptide 信号肽 02.1395

leadin g peak 前伸峰 03.1914

lead sugar 铅糖 01.0238

leakage radiation 泄漏辐射 06.0451

least square fitting 最小二乘法拟合 03.0264

least square method 最小二乘法 03.0263

leaving group　离去基团　02.1005

Le Chatelier principle　勒夏特列原理　04.0171

LED　发光二极管　04.1126

ledge　突壁　04.1966

LEED　低能电子衍射法　03.2661

legal unit of measurement　法定计量单位　03.0380

LEIS　低能离子散射谱法　03.2668

LEPPES　LEP 势能面　04.0315

LEPSPES　LEPS 势能面　04.0316

LET　传能线密度　06.0436

lethal dose　致死剂量　06.0477

LEU　低浓缩铀　06.0567

leucine　L-亮氨酸　02.1337

leucite　白榴石　01.0279

leucoanthocyanidin　白花青素，* 无色花色素　02.0435

leukotriene　白三烯　02.1442

leveling effect　拉平效应　03.0655

leveling solvent　拉平溶剂　03.0656

level of factor　因素水平　03.0244

level rule　杠杆规则　04.0154

Lewis acid　路易斯酸　01.0108

Lewis base　路易斯碱　01.0109

Lewis structure　路易斯结构　02.0623

Lewis theory of acids and bases　路易斯酸碱理论，* 酸碱电子理论　01.0107

LI　液相电离　03.2505

LIF　激光诱导荧光　04.1064

LIF detector　激光诱导荧光检测器　03.2066

lifetime of excited state　激发态寿命　04.0972

ligand　配[位]体　01.0470，配体　02.1416

ligand exchange　配体交换　01.0539

ligand exchange chromatography　配体交换色谱法　03.1786

ligand field　配位场，* 配体场　01.0557

ligand field splitting　配位场分裂　01.0559

ligand field stabilization energy　配位场稳定化能　01.0561

ligand field theory　配位场理论　01.0558

ligand-to-metal charge-transfer　配体-金属电荷转移跃迁　04.1068

ligase　连接酶　02.1429

ligating atom　配位原子　01.0471

light emission diode　发光二极管　04.1126

light mixing　光学混频　03.1376

light path　光程　03.1210

light scattering　光散射　03.1398

light scattering detector　光散射检测器　03.2072

light screener　光屏蔽剂　05.1121

light stabilizer　光稳定剂　05.1120

lignan　木脂素[类]　02.0449

lignin　木素　05.0161

limestone　石灰石，* 石灰岩　01.0260

limited sphere　极限球　04.1990

limiting adsorption current　极限吸附电流　04.0536

limiting catalytic current　极限催化电流　04.0537

limiting current　极限电流　03.1657

limiting diffusion current　极限扩散电流　03.1658

limiting kinetic current　极限动力学电流　04.0540

limiting molecular area　极限分子面积　04.1598

limiting viscosity number　特性黏数　05.0768

limonite　褐铁矿　01.0307

Lindemann mechanism　林德曼机理　04.0271

linear chromatography　线性色谱法　03.1745

linear combination of atomic orbitals　原子轨道线性组合　04.1204

linear dispersion　线色散　03.0965

linear energy transfer　传能线密度　06.0436

linear Gibbs free energy relation　线性吉布斯自由能关系　04.0344

linearity range　线性范围　03.0283

linear low density polyethylene　线型低密度聚乙烯　05.0215

linear mode　线性检测模式　03.2535

linear [nonequilibrium] thermodynamics　线性[非平衡]态热力学　04.0210

linear peptide　线型肽　02.1368

linear polymer　线型聚合物　05.0062

linear regression　线性回归　03.0275

linear sweep polarography　线性扫描极谱法　03.1472

linear sweep voltammeter　线性扫描伏安仪　03.1550

linear sweep voltammetry　线性扫描伏安法　03.1473

linear synthesis　线性合成　02.1227

linear thermodilatometry　线性热膨胀分析法　03.2721

linear titration　线性滴定法　03.0401

linear velocity　线速度　03.1872

linear viscoelasticity　线性黏弹性　05.0933

line defect　线缺陷　04.1878

line profile　谱线轮廓　03.1009

linkage isomerism　键合异构　01.0543

Liouville's theorem　利乌维尔定理　04.1427

lipase　脂肪酶　02.1425

lipid　类脂，＊脂质　02.1431

lipoid　类脂，＊脂质　02.1431

lipopeptide　脂肽　02.1404

lipophilic interaction　亲脂作用　02.0833

liposome　脂质体　02.1432

liquid chromatography　液相色谱法　03.1769

liquid chromatography-Fourier transform infrared spectrometer　液相色谱-傅里叶变换红外光谱联用仪　03.2083

liquid chromatography/mass spectrometry　液相色谱-质谱法，＊液质联用　03.2556

liquid chromatography-mass spectrometry system　液相色谱-质谱联用仪　03.2082

liquid chromatography/nuclear magnetic resonance system　液相色谱-核磁共振谱联用仪　03.2087

liquid core optical fiber spectrophotometry　液芯光纤分光光度法　03.1238

liquid crystal　液晶　02.0233

liquid crystal macromolecule　液晶高分子　05.0127

liquid crystal spinning　液晶纺丝　05.1045

liquid crystal state　液晶态　05.0864

liquid drop model　液滴模型　06.0065

liquid film separation　液膜分离，＊液膜萃取　03.0896

liquid ionization　液相电离　03.2505

liquid junction potential　液体接界电位，＊接界电位　03.1721

liquid-liquid chromatography　液-液色谱法　03.1770

liquid-liquid diphase catalysis　液-液两相催化　04.0638

liquid-liquid extraction　液-液萃取，＊溶剂萃取　03.0892

liquid-liquid interface　液-液界面　03.1544

liquid-liquid two-phase catalysis　液-液两相催化　04.0638

liquid membrane electrode　液膜电极　03.1622

liquid phase basicity　液相碱度　03.2405

liquid phase chemiluminescence　液相化学发光　03.1261

liquid phase oxidation　液相氧化　04.0846

liquid phase reaction　液相反应　04.0336

liquid rubber　液体橡胶　05.0314

liquid scintillation counter　液体闪烁探测器　06.0125

liquid scintillation detector　液体闪烁探测器　06.0125

liquid secondary ion mass spectrometry　液相二次离子质谱法　03.2404

Liquid-solid chromatography　液固色谱法　03.1771

lithiation　锂化　02.1149

lithium battery　锂电池　04.0562

lithium ion battery　锂离子电池　04.0563

litmus paper　石蕊试纸　03.0564

liver starch　＊肝淀粉　02.1291

living anionic polymerization　活性负离子聚合　05.0451

living cationic polymerization　活性正离子聚合　05.0448

living macromolecule　活性高分子　05.0080

living polymerization　活性聚合　05.0416

living ring opening polymerization　活性开环聚合　05.0476

LLDPE　线型低密度聚乙烯　05.0215

LLE　液液萃取，＊溶剂萃取　03.0892

LMCT transition　配体-金属电荷转移跃迁　04.1068

loaded organic phase　＊负载有机相　06.0600

local density approximation　局域密度近似　04.1391

local field　局域场　03.2274

localization of spot　斑点定位法　03.2162

localized bond　定域键　04.1233

localized molecular orbital　定域分子轨道　04.1248

local maximum　局部极大点　04.1467

local optimization　局部优化　03.0296

logarithmic normal distribution　对数正态分布　03.0132

logarithmic titration　对数滴定法　03.0402

logarithmic viscosity number　比浓对数黏度　05.0792

logical losses　合理丢失　03.2362

logical neutral losses　＊合理中性[碎片]丢失　03.2362

London-Eyring-Polanyi potential energy surface　LEP 势能面　04.0315

London-Eyring-Polanyi-Sato potential energy surface　LEPS 势能面　04.0316

lone-pair electron　孤对电子　04.1278

long chain branch　长支链　05.0723

long chain branched polyethylene　长支链聚乙烯　05.0217

longifolane　长叶松烷[类]　02.0484

longitudinal diffusion　纵向扩散　03.1947

longitudinal relaxation　纵向弛豫　03.2185

long-lived complex　长寿命络合物　04.0382

long period　长周期　05.0853

long range coupling　远程耦合　03.2254

long range electron transfer　长程电子传递　01.0641

long range force　长程力　04.1293

long range intramolecular interaction　远程分子内相互作用　05.0710

long range order　长程有序　04.1884

long range structure　远程结构　05.0855

loose transition state　松散过渡态　04.0323

Lorentz broadening　洛伦茨变宽　03.1014

Lorentz factor　洛伦兹因子　04.2020

Lorentzian lineshape　洛伦兹线型　03.2179

low abundance protein　低丰度蛋白质　03.2590

low density polyethylene　低密度聚乙烯　05.0214

low energy collision　低能碰撞　03.2340

low energy electron diffraction　低能电子衍射法　03.2661

low energy ion scattering spectroscopy　低能离子散射谱法　03.2668

low energy surface　低能表面　04.1676

low enriched uranium　低浓缩铀　06.0567

lower alarm limit　下警告限　03.0353

lower control limit　下控制限　03.0355

lower critical solution temperature　最低临界共溶温度　05.0886

lower-phase microemulsion　下相微乳液　04.1750

lowest unoccupied molecular orbital　*最低未占[分子]轨道　04.1268

low-level [radioactive] waste　低放废物　06.0628

low-pressure gradient　低压梯度，*外梯度　03.2144

low-pressure liquid chromatography　低压液相色谱法　03.1776

low spin coordination compound　低自旋配合物　01.0499

low spin state　低自旋态　01.0565

low temperature ashing method　低温灰化法　03.0860

low temperature atomization　低温原子化　03.1062

low temperature fluorescence spectrometry　低温荧光光谱法　03.1295

low temperature infrared spectrum　低温红外光谱　03.1347

low temperature phosphorescence spectrometry　低温磷光光谱法　03.1331

low voltage alternating current arc　低压交流电弧　03.0940

low voltage arc ion source　低压电弧离子源　03.2443

LPLC　低压液相色谱法　03.1776

LSIMS　液相二次离子质谱法　03.2404

LTLS　激光热透镜光谱法　03.1443

LTPS　低温磷光光谱法　03.1331

lucigenin　光泽精，*硝酸-双氮-甲基吖啶　03.0646

Luggin capillary　卢金毛细管　04.0486

LUMO　最低未占[分子轨道]　04.1268

luminescence　发光　01.0769

luminescence analysis　发光分析法　03.1258

luminescence center　发光中心　01.0766

luminescence quantum yield　发光量子产率　03.1270

luminescence quenching　发光猝灭　01.0767

luminescent materials　发光材料　01.0700

luminol　鲁米诺，*氨基邻苯二甲酰肼　03.0645

luminous intensity　发光强度　03.1272

lupane　羽扇豆烷[类]　02.0524

lyate ion　溶剂阴离子　03.0701

lyoluminescence　晶溶发光　06.0342

lyonium ion　溶剂阳离子　03.0702

lyotropic liquid crystal　溶致液晶　04.1639

lyotropic liquid crystalline macromolecule　溶致液晶高分子　05.0128

lyotropic series　感胶离子序　04.1713

lysine　L-赖氨酸　02.1350

M

MA　次[要]锕系元素　06.0613

macro analysis　常量分析　03.0031

macrocycle　大环　02.0588

macrocyclic alkaloid　大环生物碱　02.0423

macrocyclic diterpene　大环二萜　02.0510

macrocyclic effect　大环效应　01.0536

macrocyclic ligand　大环配体　01.0475

macrocyclic polymer　大环聚合物　05.0065

macroinitiator　大分子引发剂　05.0535

macrokinetics　*宏观反应动力学　04.0910

macrolide-antibiotic　大环内酯抗生素　02.0560

macromer　大[分子]单体　05.0400

macromolecular isomorphism　高分子[异质]同晶现象　05.0834

macromolecular ligand　大分子配体　01.0476

macromolecule　高分子，*大分子　05.0001

macromonomer　大[分子]单体　05.0400

macroporous polymer　大孔聚合物　05.0126

macroreticular resin　大网络树脂　05.0177

Madelung constant　马德隆常数　04.1936

magic acid　魔酸　02.0915

magic angle　魔角　03.2621

magic angle spinning　魔角旋转　04.1489

magic nucleus　幻核　06.0063

magic number　幻数　06.0062

magic number of cluster structure　团簇结构幻数　04.1865

magnesite　菱镁矿　01.0326

magnetically anisotropic group　磁各向异性基团　02.0584

magnetic analyzer　磁分析器　03.2515

magnetic deflection　磁偏转　03.2516

magnetic dipole moment　磁[偶极]矩　04.1272

magnetic equivalent protons　磁等价质子　03.2237

magnetic field scan　磁场扫描　03.2514

magnetic hysteresis loop　磁滞回线　01.0798

magnetic materials　磁性材料　01.0703

magnetic moment　磁矩　01.0784

magnetic optical rotation　磁致旋光　03.1459

magnetic polymer　磁性聚合物　05.0121

magnetic quantum number　磁量子数　04.1198

magnetic sector　扇形磁场　03.2580

magnetic stirrer　[电]磁搅拌器　03.0109

magnetic susceptibility　磁化率，*[单位]体积磁化率　01.0786

magnetism　磁性　01.0785

magnetization　磁化强度　03.2181

magnetogyric ratio　磁旋比，*回磁比，*旋磁比　03.2182

magneto-resistance effect　磁阻效应　01.0794

magnetostriction　磁致伸缩　04.1943

magnitude spectrum　量值谱　03.2222

main band　主带　03.2226

main chain　主链，*链骨架　05.0720

main chain liquid crystalline polymer　主链型液晶聚合物　05.0130

main effect　主效应　03.0247

main group　主族　01.0057

makeup gas　补充气，*尾吹气　03.1875

malachite　孔雀石　01.0308

malachite green　孔雀绿，*品绿　03.0585

MALDI　基质辅助激光解吸电离　03.2473

malonyl urea　丙二酰脲　02.0320

maltose　麦芽糖　02.1288

mandelic acid　苦杏仁酸　03.0529

manipulator　机械手　06.0251

man-made [radio]element　人造放射性元素，*人工放射性元素　06.0318

Mannich base　曼尼希碱　02.0088

manual injector　手动进样器　03.1986

many-body perturbation theory　多体微扰理论　04.1381

many-electron system　多电子体系　04.1160

MAO　甲基铝氧烷　05.0551

MAPD　基质辅助等离子体解吸　03.2472

Marangoni effect　马兰戈尼效应　04.1762

Marcus theory [for electron transfer]　马库斯[电子转移]理论　04.1001

Markovnikov rule　马尔科夫尼科夫规则，*马氏规则　02.0880

masking agent　掩蔽剂　03.0718

masking index　掩蔽指数　03.0770

mass analyzed ion kinetic energy spectrum　基于质量分析的离子动能谱　03.2543

mass chromatogram　质量色谱图　03.1900

mass defect　质量亏损　03.2414

mass discrimination　质量歧视效应　03.2415

mass dispersion　质量色散　03.2416

mass distribution function　质量分布函数　05.0753

mass distribution of fission product　裂变产物的质量分布　06.0182

mass electropherogram　质量电泳图　03.1905

mass fragmentogram　碎片质量谱图　03.2545

massive-cluster impact ionization　团簇碰撞电离　03.2504

Massmann high-temperature furnace　马斯曼高温炉　03.1069

mass marker　质量标尺　03.2411

mass number 质量数 01.0046

mass polymerization 本体聚合 05.0494

mass range 质量范围 03.2413

mass selective detector * 质量选择[性]检测器 03.2076

mass sensitive detector 质量敏感型检测器 03.2050

mass sensitivity 质量灵敏度 03.0046

mass spectrometer 质谱仪 03.2560

mass spectrometric detector 质谱检测器 03.2076

mass spectrometry 质谱法 03.2335

mass spectrum 质谱图 03.2539，质谱 04.0820

mass standard 质量标样，* 质量标准 03.2412

mass stopping power 质量阻止本领 06.0441

mass-to-charge ratio 质荷比 03.2410

mass-transfer by convection 对流传质 03.1705

mass-transfer by diffusion 扩散传质 03.1703

mass-transfer by electromigration 电迁移传质 03.1704

mass transfer coefficient * 传质系数 04.1531

mass-transfer overpotential 传质过电势 04.0526

mass transfer process 传质过程 03.1949

mass transfer resistance 传质阻力 03.1950

mass-transport overpotential 传质过电势 04.0526

mass yield 质量产额 06.0173

master-slave manipulator 主从机械手 06.0252

mastication * 素炼 05.0975

material balance 物料平衡，* 物料衡算 03.0749

matrix 矩阵 03.0339，基体 03.1087，基质 03.2471，基体 05.1079

matrix-assisted laser desorption ionization 基质辅助激光解吸电离 03.2473

matrix-assisted laser desorption ionization-time of flight mass spectrometer 基质辅助激光解吸飞行时间质谱仪 03.2571

matrix-assisted plasma desorption 基质辅助等离子体解吸 03.2472

matrix effect 基体效应 03.1088

matrix interference 基体干扰 03.1117

matrix modifier 基体改进剂 03.1089

matrix representation 矩阵表示 04.1497

maximal subgroup 极大子群 04.1837

maximum absorption wavelength 最大吸收波长 03.1083

maximum allowable error 最大容许误差 03.0186

maximum bubble pressure method 最大泡压法 04.1569

maximum likelihood estimator 极大似然估计量，* 极大似然估计值 03.0145

maximum membership principle 最大隶属度原则 03.0330

maximum power temperature program 最大功率升温 03.1079

maximum pyrolysis temperature 最大裂解温度 03.2745

Maxwell model 麦克斯韦模型 05.0953

Maxwell relation 麦克斯韦关系 04.0208

MBT 巯基苯并噻唑，* 促进剂 M 03.0539

MCA 多道分析器 06.0505

MCFC 熔融碳酸盐燃料电池 04.0557

MCI 团簇碰撞电离 03.2504

MCIC 金属配合物离子色谱法 03.1798

MCR 多组分反应 02.1221

McReynold constant 麦克雷诺常数 03.1852

MC-SCF 多组态自洽场理论 04.1400

mean ionic activity coefficient 平均离子活度系数 04.0428

mean life 平均寿命 06.0036

mean square radius of gyration 均方回转半径 05.0712

mean value 平均值 04.1164

measured value * 测定值 03.0142

measurement error 测量误差 03.0166

measuring pipet 吸量管，* 刻度移液管 03.0693

mechanisms of ion fragmentation 离子碎裂机理 03.2376

mechanochemical degradation 力化学降解 05.0649

median 中位值 03.0152

medical cyclotron 医用回旋加速器 06.0738

medical electron accelerator 医用电子加速器 06.0736

medical internal radiation dose 医学内照射剂量 06.0735

medical radioactive waste 医用放射性废物 06.0737

medium ring 中环 02.0587

MEEKC 微乳液电动色谱法 03.1831

MEKC 胶束电动色谱法 03.1830

Meker burner 麦克灯，* 酒精喷灯 03.0673

melamine-formaldehyde resin 三聚氰胺-甲醛树脂

05.0201

melamine resin　三聚氰胺-甲醛树脂　05.0201

meliacane　楝烷[类],＊四去甲三萜　02.0518

melittin　蜂毒肽　02.1396

melt adhesive　热熔黏合剂　05.0378

melt flow rate　熔体流动速率　05.0967

melt fracture　熔体破裂　05.0996

melting analysis　熔炼分析　03.0441

melt phase polycondensation　熔融缩聚　05.0516

melt spinning　熔纺　05.1046

membership　隶属度　03.0329

membrane　＊分离膜　06.0580

membrane catalyst　膜催化剂　04.0693

membrane electrochemistry　膜电化学　03.1734

membrane electrode　膜电极　04.0454

membrane extraction　膜萃取　03.0895

membrane inlet mass spectrometry　膜进样质谱法　03.2379

membrane inlet mass spectrometry　膜导入质谱法　03.2559

membrane introduction mass spectrometry　膜进样质谱法　03.2379

membrane potential　膜电势　04.0466

membrane reactor　膜反应器　04.0890

memory effect　记忆效应　03.1097

menthane　薄荷烷[类]　02.0460

MEP　最低能量途径　04.0309

mercaptan　硫醇　02.0029

mercaptobenzothiazole　巯基苯并噻唑,＊促进剂M　03.0539

8-mercaptoquinoline　8-巯基喹啉,＊喹啉-8-巯醇　03.0540

mercuration　汞化　02.1151

mercurimetry　汞量法　03.0421

mercury film electrode　汞膜电极　03.1606

mercury pool electrode　汞池电极　03.1607

meridianal isomer　经式异构体　01.0551

merry-go-round reactor　旋转木马式反应器　04.1109

ME-RTP　微乳液增稳室温磷光法　03.1329

meschemistry　介子化学　06.0085

mesh　[筛]目　03.0057

meso analysis　半微量分析　03.0032

meso-compound　内消旋化合物　02.0737

meson chemistry　介子化学　06.0085

mesonic atom　介子原子　06.0084

mesonium　介子素　06.0086

mesoporous [molecular sieve] catalyst　介孔[分子筛]催化剂　04.0660

metabolic imaging　代谢显像　06.0723

meta directing group　间位定位基　02.0993

metal　金属　01.0092

metal-air battery　金属空气电池　04.0567

metal alkenyl　烯基金属　02.1518

metal alkynyl　炔基金属　02.1519

metal binding protein　金属结合蛋白　01.0627

metal binding site　金属结合部位　01.0642

metal carbene　金属卡宾　01.0522

metal carbine　金属卡拜　01.0523

metal carbonyl compound　金属羰基化合物　01.0520

metal catalysis　金属催化　04.0923

metal catalyst　金属催化剂　04.0674

metal cluster　金属簇,＊金属簇合物　01.0506

metal complex catalyst　金属络合物催化剂,＊络合催化剂　05.0549

metal complex ion chromatography　金属配合物离子色谱法　03.1798

metal coordination polymer　金属配位聚合物　01.0527

metalfluorescent indicator　金属荧光指示剂　03.0560

metal hydride　金属氢化物　02.1520

metal indicator　金属指示剂　03.0554

metal ion activated enzyme　金属离子激活酶　01.0609

metallation　金属化　02.1148

metallic bond　金属键　04.1239

metallic electrode　金属电极　03.1590

metallic solution　金属固溶体　04.1889

metalloborane　金属硼烷　01.0161

metallocarborane　金属碳硼烷　01.0162

metallocene　金属茂,＊茂金属　01.0524

metallocene catalyst　[二]茂金属催化剂　05.0550

metallochaperone　金属伴侣　01.0645

metallocycle　金属杂环　02.1511

metalloenzyme　金属酶　01.0610

metallofullerene　金属富勒烯　02.1512

metalloid　半金属　01.0094

metalloligand　金属配合物配体　01.0484

metalloporphyrin　金属卟啉　01.0517

metalloprotein　金属蛋白　01.0628

metallothionein 金属硫蛋白 01.0651

metal-metal bond 金属-金属键 01.0570

metal-metal multiple bond 金属-金属多重键 01.0571

metal-metal quadruple bond 金属-金属四重键 01.0572

metal nitrosyl complex 金属亚硝酰配合物 01.0521

metal organic chemical vapor deposition 金属有机气相沉积 01.0815

metal-organic framework 金属有机骨架 01.0528

metal oxide electrode 金属氧化物电极 04.0451

metalphthalein 金属酞，*酞络合剂 03.0610

metal phthalocyanine 金属酞菁 01.0518

metal-support interaction 金属载体相互作用 04.0896

metal-to-ligand charge-transfer 金属-配体电荷转移跃迁 04.1067

metal transporter 金属转运载体 01.0639

meta position 间位 02.0597

metastable ion 亚稳离子 03.2402

metastable ion decay 亚稳离子衰减 03.2403

metastable peak 亚稳峰 03.2548

metastable state 亚稳态 05.0875

metathesis 复分解 01.0410，换位反应，*复分解反应 02.1183

metathesis polymerization 易位聚合 05.0435

methane dehydroaromatization 甲烷脱氢芳构化 04.0853

methane non-oxidative aromatization 甲烷无氧芳构化 04.0852

methionine L-甲硫氨酸，*蛋氨酸 02.1338

method of peak area measurement 峰面积测量法 03.1084

method of peak height measurement 峰高测量法 03.1082

method of three standard samples 三标准试样法 03.0986

methylal resin 缩甲醛树脂 05.0188

methylaluminoxane 甲基铝氧烷 05.0551

methyl cellulose 甲基纤维素 05.0168

methylenation 亚甲基化反应 02.1188

methylene blue 亚甲蓝，*次甲基蓝 03.0626

methylidenation 亚甲基化反应 02.1188

methyl orange 甲基橙 03.0574

methyl red 甲基红，*甲烷红 03.0575

methyl red test 甲基红试验 03.0477

methylthymol blue 甲基百里酚蓝 03.0609

methylvinyl silicone rubber 甲基乙烯基硅橡胶 05.0343

methyl yellow 甲基黄，*二甲基黄 03.0576

Metropolis algorithm 梅特罗波利斯算法 04.1454

mica 云母 01.0277

micellar catalysis 胶束催化 04.1650

micellar electrokinetic chromatography 胶束电动色谱法 03.1830

micellar inclusion complex 胶束包合络合物 03.0708

micellar sensitization 胶束增敏作用 03.1234

micellar solubilization 胶束增溶作用 03.1235

micellar solubilization spectrophotometry 胶束增溶分光光度法 03.1236

micelle 胶束，*胶团 04.1625

micelle core 胶束内核 04.1630

micelle-sensitized flow injection spectrophotometry 胶束增敏流动注射分光光度法 03.1232

micelle-sensitized kinetic photometry 胶束增敏动力学光度法 03.1237

micelle-sensitized spectrofluorimetry 胶束增敏荧光分光法 03.1303

micelle-stabilized room temperature phosphorimetry 胶束增稳室温磷光法 03.1333

micellization 胶束化 04.1627

Michael addition [reaction] 迈克尔加成[反应] 02.0882

microanalysis 微量分析 03.0033

microanalysis 显微分析 03.2596

micro [analytical] balance 微量天平 03.0091

micro-area element analysis 微区元素分析 04.0823

microbe electrode sensor 微生物电极传感器 03.1572

microcanonical ensemble 微正则系综 04.0241

microcanonical partition function 微正则配分函数 04.0245

microcapsule 微胶囊 04.1638

microcell 微电池 04.0569

microchip electrophoresis 芯片电泳 03.1824

micro-chromatograph 微型色谱仪 03.1976

micro-column liquid chromatography 微柱液相色谱法 03.1782

microcoulometric detector 微库仑检测器 03.2062

microcrystal 微晶 04.1863

microdensitometer 测微光度计，* 黑度计 03.0984

microelectrode 微电极 03.1623

microelement 微量元素 01.0624

microemulsion 微乳[状液] 04.1747

microemulsion electrokinetic chromatography 微乳液电动色谱法 03.1831

microemulsion [method] 微乳[法] 04.0734

microemulsion polymerization 微乳液聚合 05.0509

microemulsion stabilized room temperature phosphirimetry 微乳液增稳室温磷光法 03.1329

microfluidics 微流控 03.1741

microfurnace pyrolyzer 微炉裂解器 03.2093

microgel 微凝胶 05.0732

microkinetics * 微观反应动力学 04.0909

micro morphology analysis 显微形貌分析 03.2599

microphase domain 微相区 05.0879

microphotometer 测微光度计，* 黑度计 03.0984

micro-photon emission computed tomography 微型单光子发射计算机断层显像 06.0713

micropore diffusion 微孔扩散 04.0804

micro-positron emission tomography 微型正电子发射断层显像 06.0711

microreactor 微型反应器 04.0878

microscopic analysis 显微镜分析，* 显微结晶分析 03.0444

microscopic electrophoresis * 显微电泳 04.1679

microscopic fluorescence imaging analysis 显微荧光成像分析 03.1312

microscopic Raman spectrum 显微拉曼光谱 03.1418

microscopic reversibility 微观可逆性 02.0926

microspherical catalyst 微球催化剂 04.0700

micro structure analysis 显微结构分析 03.2600

micro-total analysis system 微全分析系统 03.1742

microwave assisted reaction 微波促进的反应 02.1197

microwave cure 微波硫化 05.1034

microwave digestion 微波消解，* 微波消化法 03.0862

microwave excited electrodeless discharge lamp 微波激发无极放电灯 03.1030

microwave extraction separation 微波萃取分离 03.0882

microwave induced plasma 微波诱导等离子体 03.0949

microwave induced plasma atomic absorption spectrometry 微波诱导等离子体原子吸收光谱法 03.1025

microwave induced plasma atomic emission spectrometry 微波诱导等离子体原子发射光谱法 03.0936

microwave irradiation treatment 微波辐射处理 04.0737

microwave plasma emission spectroscopic detector 微波等离子体发射光谱检测器 03.2061

MID 亚稳离子衰减 03.2403

middle-phase microemulsion 中相微乳液 04.1749

middle-pressure liquid chromatography 中压液相色谱法 03.1774

migration 迁移 02.1172，04.0511

migration current 迁移电流 03.1662

migration time 迁移时间 03.1937

migratory aptitude 迁移倾向 02.1169

migratory insertion 迁移插入[反应] 02.1516

Miller indices 米勒指数 04.1785

milling 混炼 05.0974

MIMS 膜导入质谱法 03.2559

mineral acid * 矿物酸 01.0118

mineralization 矿化 01.0605

mineralized tissue 矿化组织 01.0603

miniemulsion 细小乳状液 04.1744

minimal supergroup 最小母群 04.1838

minimum detectable concentration 最低检测浓度 03.2128

minimum detectable quantity 最小检出量 03.2127

minimum energy path 最低能量途径 04.0309

minimum residual method 最小残差法 03.0308

minimum total potential energy principle 势能最低原理 04.1300

minor actinides 次[要]锕系元素 06.0613

MIP 微波诱导等离子体 03.0949

MIP-AAS 微波诱导等离子体原子吸收光谱法 03.1025

MIP-AES 微波诱导等离子体原子发射光谱法 03.0936

mirabilite 芒硝 01.0300

MIRD 医学内照射剂量 06.0735

mirror plane 镜面 04.1819

mirror symmetry 镜面对称 02.0704

miscibility 相溶性 05.0881

misplaced atoms　错位原子　01.0726

mixed-bed ion exchange stationary phase　混合床离子
　　交换固定相　03.2034

mixed constant　混合常数　03.0753

mixed crystal　混晶　04.1851

mixed crystal coprecipitation　混晶共沉淀　03.0813

mixed ensemble　混合系综　04.1435

mixed indicator　混合指示剂　03.0556

mixed ligand coordination compound　混合配体配合
　　物，＊混配化合物　01.0513

mixed metal oxide catalyst　混合金属氧化物催化剂
　　04.0679

mixed polycondensation　混缩聚反应　05.0488

mixed potential　混合电势　04.0478

mixed sandwich complex　混合夹心配合物　02.1517

mixed [uranium-plutonium] oxide fuel　混合[铀、钚]氧
　　化物燃料　06.0586

mixed valence　混合价　01.0734

mixed valence compound　混合价化合物，＊同素异价
　　化合物　01.0155

mixer-settler　混合澄清槽　06.0611

mixing　混炼　05.0974

mixing method　混合法　04.0738

mixing period　混合期　03.2298

mixture　混合物　01.0063

MLCT transition　金属-配体电荷转移跃迁　04.1067

MLR　多元线性回归　03.0257

MO　分子轨道　04.1242

mobile phase　流动相，＊移动相　03.1862

mobility　迁移率　03.1691

mobilization　可移动化　01.0648

Mobius system　默比乌斯体系　02.0622

MOCVD　金属有机气相沉积　01.0815

mode　众数　03.0153

model catalyst　模型催化剂　04.0701

model method　模型法　04.2045

mode-locked laser　锁-模激光器　04.1084

modified Auger parameter　修正的俄歇参数　03.2644

modified electrode　修饰电极　03.1627

modified simplex method　改进单纯形法　03.0294

modified support　改性载体　03.1857

modifier　改性剂　03.1878

modulated side band　调制边带　03.2227

modulated structure　调制结构　04.1899

MOF　金属有机骨架　01.0528

Mohr method　莫尔法　03.0417

Mohr's salt　莫尔盐　01.0223

moisture content　含湿量，＊水分含量　03.0084

molality　质量摩尔浓度　01.0030

molar absorptivity　摩尔吸光系数　03.1188

molar abundance　摩尔丰度　01.0027

molar conductivity　摩尔电导率　04.0438

molar entropy　摩尔熵　04.0102

molar fraction　摩尔分数　01.0024

molar gas constant　摩尔气体常数　04.0101

molar heat capacity　摩尔热容　04.0079

molar heat capacity at constant pressure　定压摩尔热容
　　04.0080

molar heat capacity at constant volume　定容摩尔热容
　　04.0082

molar internal energy　摩尔内能　04.0104

molarity　摩尔浓度，＊体积摩尔浓度，＊物质的量浓
　　度　01.0028

molar mass　摩尔质量　01.0026

molar mass average　摩尔质量平均，＊分子量平均
　　05.0737

molar mass exclusion limit　摩尔质量排除极限
　　05.0812

molar solubility　摩尔溶解度　01.0029

molar susceptibility　摩尔磁化率　01.0793

molar volume　摩尔体积　01.0025

molding　模塑，＊成型　05.0981

mole　摩尔　01.0023

molecular absorption　分子吸收　03.1100

molecular absorption band　分子吸收谱带　03.1165

molecular absorption spectrum　分子吸收光谱，＊吸收
　　曲线　03.1163

molecular activation analysis　分子活化分析　06.0489

molecular assembly　分子组装　05.0731

molecular beam　分子束　04.0353

molecular clamp　分子钳　02.0854

molecular crystal　分子晶体　01.0694

molecular design　分子设计　04.1155

molecular devices and machines　分子器件和机器
　　04.1145

molecular diffusion　＊分子扩散　03.1947

molecular distillation　分子蒸馏　02.1248

molecular docking　分子对接　04.1462

molecular dynamics 分子动力学 04.1452

molecular dynamics simulation 分子动力学模拟 04.0318

molecular emission spectrum 分子发射光谱 03.1164

molecular entity 分子实体 01.0013

molecular fluorescent method 分子荧光分析法 03.1308

molecular force field function 分子力场函数 04.1450

molecular formula 分子式 01.0008

molecular fragment 分子片 01.0014

molecular geometry 分子几何结构 04.1290

molecular imaging 分子影像学 06.0703

molecular ion 分子离子 03.2461

molecularity 反应分子数 04.0266

molecular knot 分子结 02.0855

molecular machine 分子机器 02.0857

molecular modeling 分子模拟 04.1157

molecular motor 分子马达 02.0858

molecular nuclear medicine 分子核医学 06.0702

molecular nucleation 分子成核作用 05.0857

molecular orbital 分子轨道 04.1242

molecular orbital energy level 分子轨道能级 04.1245

molecular orbital method 分子轨道法 02.0606

molecular orbital space 分子轨道空间 04.1402

molecular orbital theory 分子轨道理论 04.1246

molecular partition function 分子配分函数 04.0232

molecular plating 分子镀 06.0239

molecular probe 分子探针 02.0859

molecular reaction 分子反应 01.0352

molecular reaction dynamics 分子反应动力学 04.0251

molecular rearrangement 分子重排 01.0353

molecular recognition 分子识别 01.0451

molecular replacement method 分子置换法 04.2043

molecular ribbon 分子带 02.0856

molecular separator 分子分离器 03.2522

molecular shuttle 分子梭 02.0853

molecular sieve 分子筛 01.0274

molecular simulation 分子模拟 04.1157

molecular spectrum 分子光谱 03.1162

molecular surface area 分子的表面积 04.1265

molecular switch 分子开关 04.1146

molecular thermodynamics 分子热力学 04.0005

molecular weight 分子量 01.0011

molecular weight distribution 分子量分布 05.0750

molecular weight exclusion limit 分子量排除极限 05.0813

molecule 分子 01.0006

molecule self-assembly 分子自组装 03.1637

molten carbonate fuel cell 熔融碳酸盐燃料电池 04.0557

molting hormone 蜕皮激素，* 蜕皮酮 02.1445

molybdenite 辉钼矿 01.0320

momentum 动量 04.1180

momentum spectrum 动量谱 03.2541

monazite 独居石，* 磷铈镧矿 01.0298

Monel metal 蒙乃尔合金，* 蒙铜 01.0230

monocentric integral 单中心积分 04.1366

monochromatic X-ray absorption analysis 单色 X 射线吸收分析法 03.1153

monoclinic system 单斜晶系 04.1808

monocyclic diterpene 单环二萜 02.0489

monocyclic monoterpene 单环单萜 02.0459

monocyclic sesquiterpene 单环倍半萜 02.0471

monodentate ligand 单齿配体 01.0473

monodisperse polymer 单分散聚合物 05.0049

monodispersion 单分散[体] 04.1524

monodispersity 单分散性 05.0747

monofil 单丝 05.1056

monofilament 单丝 05.1056

monohydride catalyst 单氢催化剂 02.1522

monoisotopic mass 单一同位素质量 03.2540

monolayer adsorption * 单层吸附 04.1599

monolithic catalyst 独居石催化剂 04.0695

monolithic column 整体柱 03.2039

monomer 单体 05.0385

monomer casting 单体浇铸 05.0994

monomeric unit 单体单元 05.0673

monomolecular adsorption 单分子层吸附 04.1599

monomolecular film 单分子膜 04.1656

mononuclear complex 单核配合物 03.0706

mononuclear coordination compound 单核配合物 01.0509

mononucleotide 单核苷酸 02.1294

monooxygenase 单加氧酶 01.0683

monoprotic acid 一元酸 01.0123

monosaccharide 单糖 02.1260

monoterpene　单萜　02.0457

monothioacetal　单硫缩醛　02.0061

monothioketal　单硫缩酮　02.0062

monoxygenase　单加氧酶　01.0683

Monte Carlo method　蒙特卡罗法，*随机搜索法　03.0311

Mooney viscosity　穆尼黏度　05.0968

morin　桑色素　03.0644

morphinane alkaloid　吗啡烷[类]生物碱　02.0403

morpholine　吗啉　02.0323

morphology　形貌　04.0782

morphology of polymer　聚合物形态　05.0835

Morse function　莫尔斯函数　04.1463

mortar　研钵　03.0682

mosaic structure　镶嵌结构　04.1873

Mössbauer source　穆斯堡尔源　06.0541

Mössbauer spectro-meter　穆斯堡尔谱仪　06.0540

Mössbauer spectrum　穆斯堡尔谱　04.0825

most abundant intermediate species　最丰反应中间物　04.0919

most probable charge　最概然电荷　06.0185

most probable distribution　最概然分布　04.1418

motif　基元　04.1771

mould cure　模压硫化　05.1030

moving-bed reactor　移动床反应器　04.0886

moving boundary electrophoresis　移动界面电泳　03.1820

moving range　移动极差　03.0200

MOX　混合[铀、钚]氧化物燃料　06.0586

MPA　多光子吸收　04.0945

MPD　多光子解离　04.1090

MPI　多光子电离　03.2455

MQT　多量子跃迁　03.2322

MRCI　多参考组态相互作用法　04.1401

MS　质谱法　03.2335，质谱　04.0820

MSD　质谱检测器，*质量选择[性]检测器　03.2076

MS/MS　串级质谱法，*串联质谱法　03.2336

MS-RTP　胶束增稳室温磷光法　03.1333

muffle furnace　马弗炉　03.0670

Mulliken electronegativity　马利肯布电负性　04.1348

Mulliken population analysis　马利肯布居数分析　04.1379

multi-atomic ion　多原子离子　03.2456

multiaxial drawing　多轴拉伸　05.1065

multicenter bond　多中心键　04.1235

multi-channel analyzer　多道分析器　06.0505

multi-channel spectrometer　多道谱仪　03.2202

multi-channel X-ray fluorescence spectrometer　多道X射线荧光光谱仪　03.1152

multichromatic X-ray absorption analysis　多色X射线吸收分析法　03.1154

multicomponent reaction　多组分反应　02.1221

multicomponent spectrophotometry　多组分分光光度法　03.1214

multiconfiguration self-consistent field theory　多组态自洽场理论　04.1400

multicopper oxidase　多铜氧化酶　01.0680

multidecker sandwich complex　多层夹心配合物　02.1513

multi dimensional chromatography　多维色谱法　03.1762

multi dimensional fluorescence spectrum　*多维荧光光谱　03.1285

multidimensional nuclear magnetic resonance　多维核磁共振　03.2290

multifilament　复丝　05.1057

multilayer adsorption　*多层吸附　04.1600

multi-layer blow molding　多层吹塑　05.1012

multi-layer extrusion　多层挤出　05.0999

multimolecular adsorption　多分子层吸附　04.1600

multi-nuclear magnetic resonance　多核磁共振　03.2172

multinucleon transfer reaction　多核子转移反应　06.0278

multiphoton absorption　多光子吸收　04.0945

multiphoton dissociation　多光子解离　04.1090

multi photon ionization　多光子电离　03.2455

multipicity　多重度　04.0959

multiple bond　多重键　04.1231

multiple cell　复晶胞　04.1781

multiple-charged ion　多电荷离子　03.2454

multiple collector　多接收器　03.2531

multiple collision　多重碰撞　03.2351

multiple comparison　多重比较　03.0239

multiple development　多次展开[法]　03.2158

multiple emulsion　多重乳状液　04.1743

multiple ion monitoring　多离子监测　03.2532

multiple irradiation　多重照射　03.2263

multiple linear regression spectrophotometry　多元线性回归分光光度法　03.1241

multiple path reaction　多路径反应　04.0928

multiple quantum transi-tion　多量子跃迁　03.2322

multiple regression analysis　多元回归分析　03.0258

multiple scattering　多重散射　04.2016

multiplet　多重峰　03.2281

multiple theory of catalysis　催化多位理论　04.0904

multiple time scale integration　多重时间尺度积分　04.1456

multiplet line absorption interference　多重线吸收干扰　03.1113

multiple-wavelength spectrophotometry　多波长分光光度法　03.1213

multiplication effect　放大效应，* 倍增效应　03.0725

multiplicity factor　多重性因子　04.2027

multiply deprotonated molecule　多重去质子分子　03.2352

multiply protonated molecule　多重质子化分子　03.2353

multipolymer　多元聚合物　05.0033

multi-reference configuration interaction　多参考组态相互作用法　04.1401

multistep attenuator　阶梯减光板　03.0953

multi-sweep cyclic voltammetry　多扫循环伏安法　03.1477

multivariate linear regression　多元线性回归　03.0257

muon spectroscopy　μ子谱学　06.0506

murexide　紫脲酸铵，* 氨基紫色酸　03.0615

muscovite　白云母　01.0278

mutarotation　变旋作用　02.0732

mutual coagulation　互沉现象　04.1730

mutual diffusion　互扩散　01.0800

mutual radiation grafting　共辐射接枝　06.0373

MWD　分子量分布　05.0750

myoglobin　肌红蛋白　01.0616

N

NAA　中子活化分析　06.0484

NACE　非水毛细管电泳　03.1839

NaI(Tl) scintillator　NaI(Tl)闪烁体　06.0122

naked cluster　裸原子簇，* 无配体原子簇　01.0182

nano analytical chemistry　纳米分析化学　03.0113

nanocatalyst　纳米粒子催化剂　04.0697

nanochemistry　纳米化学　01.0041

nanoelectrochemistry　纳米电化学　04.0412

nanoelectrode　纳米电极　03.1625

nanoelectrospray　纳升电喷雾　03.2494

nanoES　纳升电喷雾　03.2494

nano-fiber　纳米纤维　05.0370

nanoflow electrospray　纳喷雾　03.2558

nanomaterial　纳米材料　01.0712

nanoparticle　纳米粒子　01.0711

nanoparticle catalyst　纳米粒子催化剂　04.0697

nanosized catalyst　纳米粒子催化剂　04.0697

nanostructure　纳米结构　01.0713

nanostructure electrode　纳米结构电极　04.0460

nanotechnology　纳米技术　01.0714

nanotube　纳米管　01.0710

nanowire　纳米线　01.0709

naphthalene　萘　02.0163

naphtho[1,8-de]pyrimidine　萘并[1,8-de]嘧啶,* 萘嵌间二氮杂苯　02.0383

5,6-naphthoquinoline　5,6-萘喹啉　03.0536

naphthoquinone　萘醌　02.0204

naphthyridine　* 萘啶　02.0380

narrow beam　窄[辐射]束　06.0454

native defect　本征缺陷　01.0719

natural amino acid　天然氨基酸　02.1324

natural fiber　天然纤维　05.0350

natural line width　自然线宽　03.1012

natural macromolecule　天然高分子　05.0004

natural orbital　自然轨道　04.1377

natural radioelement　天然放射性元素　06.0320

natural radionuclide　天然放射性核素　06.0327

natural resin　天然树脂　05.0172

natural rubber　天然橡胶　05.0318

[natural] silk　蚕丝　05.0149

natural uranium　天然铀　06.0565

N-benzoyl-glycine　马尿酸　02.1359

N-benzoyl-N-phenyl hydroxylamine　N-苯甲酰-N-苯基羟胺，* N-苯甲酰苯胺　03.0548

NBR　丁腈橡胶　05.0327

NCA　不加载体　06.0073

NDDO method　忽略双原子微分重叠方法　04.1376

2nd FFR　第二无场区　03.2517

near equilibrium state　近平衡态　04.1432

near field　近场　06.0653

near field laser thermal lens spectrometry　近场激光热透镜光谱法　03.1444

near field optical microscope　近场光学显微镜法　03.2671

near field spectrometer　近场光谱仪　03.1422

near infrared diffuse reflection spectrometry　近红外漫反射光谱法　03.1356

near-infrared Fourier transform surface-enhanced Raman spectrometry　近红外傅里叶变换表面增强拉曼光谱法　03.1419

near infrared spectrometry　近红外光谱法　03.1355

near infrared spectrum　近红外光谱　03.1345

near surface disposal　* 近地表处置　06.0649

nebulization efficiency　雾化效率　03.1054

nebulizer　雾化器　03.1050

necking　颈缩现象，* 细颈现象　05.0901

nefluorophotometer　比浊荧光光度计　03.1317

negative adsorption　* 负吸附　01.0372

negative correlation　负相关　03.0250

negative electrode　负极　04.0445

negative ion chemical ionization　负离子化学电离　03.2463

negative ion mass spectrum　负离子质谱　03.2357

negative peak　负峰，* 反峰，* 倒峰　03.1917

negative thixotropy　负触变性　04.1737

neglect of diatomic differential overlap method　忽略双原子微分重叠方法　04.1376

neighboring group assistance　邻助作用　02.1009

neighboring group effect　邻基效应　02.1010

neighboring group participation　邻基参与　02.1008

nematic phase　向列相　02.0236

neocupferron　新铜铁试剂，* 亚硝基萘胲铵　03.0517

neocuproine　新亚铜试剂，* 2,9-二甲基-1,10-二氮菲　03.0518

neolignan　新木脂素　02.0450

nephelometry　浊度法，* 散射比浊度法　03.1197

neptunium decay series　镎衰变系，* 4n+1 系　06.0323

neptunium family　镎衰变系，* 4n+1 系　06.0323

neptunyl　镎酰　06.0317

nereistoxin　沙蚕毒素　02.0569

Nernst equation　能斯特方程　04.0483

nerviness　回缩性　05.0898

Nessler reagent　奈斯勒试剂　03.0522

net charge　* 原子的净电荷　04.1205

net retention time　净保留时间　03.1925

net retention volume　净保留体积　03.1928

network　网络　05.0727

network density　* 网络密度　05.0726

network polymer　* 网络聚合物　05.0063

network structure　架型结构　04.1930

neutral filter　中性滤光片，* 中性密度滤光片　03.1208

neutral flame　中性火焰　03.1044

neutral fragment reionization　中性碎片再电离　03.2511

neutralization　中和　01.0348

neutralization reionization mass spectrometry　中性化再电离质谱法　03.2422

neutral point　中性点　03.0848

neutral red　中性红　03.0582

neutron absorption　中子吸收　06.0293

neutron activation analysis　中子活化分析　06.0484

neutron capture　中子俘获　06.0289

neutron counter　中子计数器　06.0145

neutron-deficient nuclide　* 缺中子核素　06.0007

neutron detector　中子探测器　06.0144

neutron diffraction　中子衍射　04.2054

neutron diffraction analysis　中子衍射分析　06.0486

neutron dosimeter　中子剂量计　06.0473

neutron drip line　中子滴线　06.0011

neutron fluence　中子注量　06.0291

neutron fluence rate　中子注量率　06.0292

neutron flux　* 中子通量　06.0292

neutron flux density　* 中子通量密度　06.0292

neutron generator　中子发生器　06.0288

neutron imaging　* 中子成像　06.0487

neutron monitor　中子监测器　06.0474

neutron photography　中子照相术　06.0487

neutron radiography　* 中子射线照相术　06.0487

neutron-rich nuclide　丰中子核素　06.0008

neutron scattering　中子散射　04.1540

neutron scattering analysis　中子散射分析　06.0485

neutron source　中子源　06.0294

neutron spectroscopy　中子[能]谱学　06.0290

Newman projection　纽曼投影式　02.0677

Newtonian flow　牛顿流动　04.1715

Newtonian fluid　牛顿流体　05.0923

Newtonian shear viscosity　牛顿剪切黏度　05.0793

Newtonian viscosity　牛顿黏度　04.1719

NFR　中性碎片再电离　03.2511

NICI　负离子化学电离　03.2463

nickel-cadmium battery　镍镉电池　04.0565

nickel metal-hydride battery　镍金属氢化物电池，＊镍氢电池　04.0564

nido-　巢式　01.0165

Nile blue A　尼罗蓝 A，＊耐尔蓝　03.0586

ninhydrin reaction　茚三酮反应　03.0475

NIR　近红外光谱　03.1345

NIR-FT-SERS　近红外傅里叶变换表面增强拉曼光谱法　03.1419

NIRS　近红外光谱法　03.1355

nitramine　硝胺　02.0110

nitrate reductase　硝酸盐还原酶　01.0674

nitration　硝化　02.1048

nitrene　氮宾，＊乃春　02.0978

nitrenium ion　氨基正离子　02.0957

nitridation　氮化　04.0748

nitride catalyst　氮化物催化剂　04.0684

nitrile　腈　02.0104

nitrile imide　＊腈酰亚胺　02.0113

nitrile oxide　腈氧化物　02.0106

nitrile rubber　丁腈橡胶　05.0327

nitrile sulfide　腈硫化物　02.0107

nitrile ylide　腈叶立德　02.0974

nitrilimine　腈亚胺　02.0113

nitrilium ion　腈正离子　02.0958

nitrilotriacetic acid　氨三乙酸　03.0632

nitrimine　硝亚胺　02.0111

nitrite reductase　亚硝酸盐还原酶　01.0676

nitro-compound　硝基化合物　02.0038

nitroferroin　硝基邻二氮菲亚铁离子　03.0625

nitrogenase　固氮酶　01.0666

nitrogen fixation　固氮[作用]　01.0402

nitrogen-phosphorus detector　氮-磷检测器　03.2058

nitrogen ylide　氮叶立德　02.0970

nitron　硝酸试剂，＊硝淀剂　03.0544

nitrone　硝酮　02.0077

nitrosation　亚硝化　02.1050

nitrosimine　亚硝亚胺　02.0112

nitroso compound　亚硝基化合物　02.0076

1-nitroso-2-naphthol　1-亚硝基-2-萘酚，＊钴试剂　03.0547

nitrous oxide acetylene flame　氧化亚氮-乙炔火焰　03.1046

nitroxide　氮氧自由基　02.0967

nitroxidemediated polymerization　氮氧自由基调控聚合，＊稳定自由基聚合　05.0421

nitroxyl radical　氮氧自由基　02.0967

NMP　氮氧自由基调控聚合，＊稳定自由基聚合　05.0421

NMR　核磁共振　03.2168

NMR spectrum　核磁共振谱　04.0826

NMR crystallography　核磁共振晶体学　04.1972

NMRI　核磁共振成像　03.2320

NMR spectroscopy　核磁共振波谱法　03.2169

N, N-dimethylformamide　二甲基甲酰胺　03.0650

noble gas　稀有气体　01.0091

noble metal　贵金属　01.0095

no-bond resonance　无键共振　02.0614

no-carrier-added　不加载体　06.0073

node　[波函数]节面　04.1212

NOE　核欧沃豪斯效应　03.2268

no-equilibrium　不平衡　06.0043

NOESY　二维核欧沃豪斯效应谱　03.2269

nominally labeled compound　准定位标记化合物　06.0678

non-absorption line　非[原子]吸收谱线　03.1006

non-adiabatic process　非绝热过程　04.0307

non-adsorptive support　非吸附性载体　03.1858

non-alternant hydrocarbon　非交替烃　02.0621

nonaqueous capillary electrophoresis　非水毛细管电泳　03.1839

non-aqueous reprocessing　＊非水法后处理　06.0595

non-aqueous solvent　非水溶剂　03.0649

non-aqueous titration　非水滴定法　03.0403

nonbonding interaction　非键相互作用　02.0638

nonbonding [molecular] orbital　＊非键分子轨道　04.1251

nonbonding orbital　＊非键轨道　04.1242

nonclassical carbocation　非经典碳正离子　02.0939

non-coded amino acid　非编码氨基酸　02.1328

non-coherent scattering　非相干散射　04.2014

noncongruent melting point　不相合熔点　04.0152

non conjugated monomer　非共轭单体　05.0397

non-covalent bond　非共价键　02.0823

noncrystalline phase　非晶相　05.0871

noncrystalline region　非晶区　05.0872

non-crystallographic symmetry　非晶体学对称性
　04.1830

non-destructive detector　非破坏性检测器　03.2048

nondispersive atomic fluorescence spectrometer　非色
　散原子荧光光谱仪　03.1140

non-dynamic electron correlation effects　非动态电子
　相关效应　04.1406

non-electrolyte solution　非电解质溶液　04.0176

non-equilibrium　不平衡　06.0043

[non-equilibrium] stationary state　[非平衡]定态，* 稳
　态　04.1215

non-equilibrium statistics　非平衡统计　04.0248

non-equilibrium system　非平衡系统　04.0020

non-equilibrium thermodynamics　非平衡热力学
　04.0006

nonessential element　非必需元素　01.0623

nonfaradaic current　非法拉第电流　03.1654

non-ferrous metal　有色金属　01.0097

nonionic surfactant　非离子型表面活性剂　04.1619

non-isotopic carrier　非同位素载体　06.0072

non-isotopic labeled compound　非同位素标记化合物
　06.0673

nonlinear chemical kinetics　非线性化学动力学
　04.0347

non-linear chemistry　* 非线性化学　04.0211

non-linear chromatography　非线性色谱法　03.1746

nonlinear error　非线性误差　03.0167

[non-linear non-equilibrium] thermodynamics　非线性
　[非平衡态]热力学　04.0211

nonlinear optical crystal　非线性光学晶体　04.1939

non-linear optical effect　非线性光学效应　01.0772

nonlinear optical technology　非线性光学技术
　04.1134

non-linear regression　非线性回归　03.0276

non-linear viscoelasticity　非线性黏弹性　05.0934

non-metal　非金属　01.0093

non-Newtonian flow　非牛顿流动　04.1728

non-Newtonian fluid　非牛顿流体　05.0924

nonparameter test　非参数检验　03.0211

non-polar bond　非极性[共价]键　04.1237

non-polar bonded phase　非极性键合相　03.2022

non-polar monomer　非极性单体　05.0395

non-polar polymer　非极性聚合物　05.0047

non-polar solvent　非极性溶剂　03.0652

non-pressure cure　无压硫化　05.1029

non-protected fluid room temperature phosphorimetry
　无保护流体室温磷光法　03.1330

non-protein amino acid　非蛋白[质]氨基酸　02.1326

non-radiation decay　非辐射衰变　04.0974

non-radiative energy transfer　非辐射能量转移
　04.0995

non-radiative transition　非辐射跃迁　03.0909

non-reducing sugar　非还原糖　02.1274

non-resonance atomic fluorescence　非共振原子荧光
　03.1120

nonrigid rotator　非刚性转子　04.1297

nonspontaneous process　非自发过程　04.0043

nonstoichiometric compound　非整比化合物，* 非化学
　计量化合物　01.0707

nonthermal atomizer　非热原子化器　03.1072

non-uniform polymer　多分散性聚合物　05.0050

non-vertical energy transfer　非垂直能量转移
　04.0957

non-woven fabrics　无纺布　05.1054

norlignan　降木脂体　02.0451

normal distribution　正态分布　03.0130

normal hydrogen electrode　标准氢电极　03.1621

normalization method　归一化法　03.2106

normalized intensity　归一化强度　03.2361

normal phase high performance liquid chromatography
　正相高效液相色谱法　03.1779

normal pulse polarography　常规脉冲极谱法　03.1480

normal pulse voltammetry　常规脉冲伏安法　03.1481

normal vibration mode　简正振动模式　04.1304

norminal mass　标称质量　03.2378

Norrish type I photoreaction　诺里什-I 光反应　02.0898

Norrish type II photoreaction　诺里什-II 光反应　02.0899

Nosé dynamics　能势动力学　04.1457

Nosé-Hoover dynamics　能势-胡佛动力学　04.1458

NPD　氮-磷检测器　03.2058

N-phenylanthranilic acid　*N*-苯基邻氨基苯甲酸
　03.0629

NP-RTP　无保护流体室温磷光法　03.1330

NQR 核四极共振 03.2295

N-representability *N*-可表示性 04.1390

NRMS 中性化再电离质谱法 03.2422

NTA 氨三乙酸 03.0632

N-terminal N 端 02.1379

NU 天然铀 06.0565

nuclear accident 核事故 06.0457

nuclear battery 核电池 06.0751

nuclear binding energy 核结合能 06.0066

nuclear charge 核电荷 01.0051

nuclear chemical engineering 核化工 06.0082

nuclear chemistry 核化学 06.0195

nuclear cosmochemistry 核宇宙化学 06.0765

nuclear decay 核衰变 06.0017

nuclear electric quadrupole coupling tensor 核电四极耦合张量 03.2329

[nuclear] fission [核]裂变 06.0146

nuclear fuel 核燃料 06.0556

nuclear fuel cycle 核燃料循环 06.0557

nuclear isomer [核]同质异能素 06.0004

nuclear logging 核测井 06.0750

nuclear magnetic moment 核磁矩 03.2173

nuclear magnetic resonance 核磁共振 03.2168

nuclear magnetic resonance crystallography 核磁共振晶体学 04.1972

nuclear magnetic resonance imaging 核磁共振成像 03.2320

nuclear magnetic resonance spectrometer 核磁共振波谱仪 03.2193

nuclear magnetic resonance spectrometer with superconducting magnet 超导核磁共振波谱仪 03.2196

nuclear magnetic resonance spectroscopy 核磁共振波谱法 03.2169

nuclear magnetic resonance spectrum 核磁共振谱 04.0826

nuclear medicine 核医学 06.0705

nuclear microprobe 核微探针 06.0516

nuclear Overhauser effect 核欧沃豪斯效应 03.2268

nuclear Overhauser effect spectroscopy 二维核欧沃豪斯效应谱 03.2269

nuclear partition function 核配分函数 04.0239

nuclear pharmaceuticals 核药物 06.0704

nuclear pharmacy 核药[物]学 06.0775

nuclear purity 核纯度 06.0060

nuclear quadrupole moment 核四极矩 03.2174

nuclear quadrupole resonance 核四极共振 03.2295

nuclear radiation gauge * 核辐射式检测仪表 06.0774

nuclear reaction 核反应 06.0196

nuclear reaction analysis 核反应分析 06.0482

nuclear reactor 核反应堆 06.0166

nuclear safeguard 核保障 06.0542

nuclear safeguards technique 核保障监督技术 06.0550

nuclear spin [angular momentum] 核自旋[角动量] 04.1184

[nuclear] transmutation [核]嬗变 06.0658

nuclease 核酸酶 01.0684

nucleation 成核作用 05.0856

nucleic acid 核酸，* 多聚核苷酸 02.1300

nucleofuge 离去核体 02.1007

nucleogenesis [of elements] [元素的]核起源 06.0303

nucleophile 亲核体，* 亲核试剂 02.1001

nucleophilicity 亲核性 02.1002

nucleophilic reaction 亲核反应 02.0865

nucleophilic substitution [reaction] 亲核取代[反应] 02.0866

nucleoside 核苷 02.1301

nucleoside antibiotic 核苷抗生素 02.0564

nucleosynthesis [of elements] [元素的]核合成 06.0302

nucleotide 核苷酸 02.1292

nuclide 核素 01.0052

nuclide chart 核素图 06.0013

nuclide far from β stability 远离 β 稳定线核素 06.0012

null hypothesis 原假设，* 零假设 03.0215

number-average molar mass 数均分子量 05.0738

number-average molecular weight 数均分子量 05.0738

number density 数密度 04.1441

number distribution function 数量分布函数 05.0752

number of [independent] component [独立]组分数 04.0142

number of theoretical plates 理论塔板数 03.1940

nutation 章动 03.2215

nylon 6 * 尼龙 6 05.0272

nylon 66 * 尼龙 66 05.0273

Nyquist plot 奈奎斯特图 04.0627

n-π* transition n-π*跃迁 04.0960

O

o-benzoquinone 邻苯醌 02.0202

observed value 观测值 03.0142

occlusion 包藏，*包藏共沉淀 03.0817

occlusion coprecipitation 吸留共沉淀 03.0812

occupancy 占有率 04.1904

occupational exposure 职业照射 06.0446

OCP 烯烃共聚物 05.0141

octahedral complex 八面体配合物 01.0503

octahedral compound 八面体化合物 02.0592

octahedron 八面体 04.1915

octant rule 八区规则 02.0816

ODMR 光学探测磁共振技术 04.1107

off-line pyrolysis 离线裂解 03.2746

off resonance 偏共振 03.2241

off-set [射频发射器的]偏置 03.2232

ohmic potential drop 欧姆电势降 04.0517

OHP 外亥姆霍兹面 04.0493

oil-extended rubber 充油橡胶 05.0311

oil in water emulsion 水包油乳状液 04.1742

Oklo phenomena 奥克洛现象 06.0307

olation 羟联 01.0480

oleanane 齐墩果烷[类]，*β-香树脂烷类 02.0521

OLED 有机发光二极管 04.1127

olefin 烯[烃] 02.0013

olefin complex 烯烃配合物 02.1523

olefin copolymer 烯烃共聚物 05.0141

olefin metathesis 烯烃换位反应，*烯烃互换反应，
*烯烃复分解反应 02.1184

OLGA 在线气相化学装置 06.0266

oligomer 低聚物，*齐聚物 05.0009

oligomerization 低聚反应，*齐聚反应 05.0405

oligonucleotide 寡核苷酸 02.1295

oligopeptide 寡肽 02.1376

oligosaccharide 寡糖 02.1262

olivine 橄榄石 01.0247

OMA 光学多道分析器 04.1116

omega scan ω扫描 04.2008

OMS 有机质谱 03.2406

once-through fuel cycle 一次通过式燃料循环
06.0614

on-column derivatization 柱上衍生化 03.2134

on-column injection 柱上进样，*柱头进样 03.2110

one-atom-at-a-time chemistry 每次一个原子的化学，
*时刻一个原子的化学 06.0260

one-component system 单组分系统 04.0028

one electron approximation 单电子近似 04.1319

one electron wave function 单电子波函数 04.1318

one pot reaction 一锅反应 02.1218

one-side test *单尾检验 03.0217

one-tailed test 单侧检验 03.0217

one-way valve 单向阀，*止逆阀 03.1998

onium ion 鎓离子 01.0170

onium salt 鎓盐 01.0176

on line analysis 在线分析 03.0435

on-line concentration 在线富集 03.0061

on-line detection 柱上检测 03.2151

on-line gas-chemistry apparatus 在线气相化学装置
06.0266

Onsager reciprocal relation 昂萨格倒易关系 04.0222

open-circuit potential 开路电位 03.1722

open-circuit relaxation chronoabsorptometry 开路弛豫
计时吸收法 03.1539

open-circuit voltage 开路电压 04.0476

open metallocene 敞开式茂金属 02.1469

open pore *开孔 04.1596

open system 敞开系统 04.0023

open tubular column 开管柱，*空心柱 03.2015

opioid peptide 阿片样肽 02.1386

OPO 光学参量振荡器 04.1089

optical active polymer 光活性聚合物 05.0106

optical activity 旋光活性，*光学活性 02.0661

optical angle 光轴角 04.1955

optical axis of crystal 晶体光轴 04.1951

optical bleaching agent 荧光增白剂 05.1113

optical isomer 旋光异构体，*光学异构体 02.0660

optical isomerism 旋光异构，*光学异构 01.0544

optically detected magnetic resonance 光学探测磁共
振技术 04.1107

optically transparent thin-layer electrochemical cell 光
透薄层电化学池 03.1581

optically transparent thin-layer electrode　光透薄层电极　04.0456

optically transparent vitreous carbon electrode　光透玻璃碳电极　03.1626

optical multichannel analyzer　光学多道分析器　04.1116

optical parametric oscillator　光学参量振荡器　04.1089

[optical] parametric process　[光学]参数化过程　04.1135

[optical] path difference　[光]程差　04.1983

optical purity　旋光纯度，*光学纯度　02.0803

optical rotation　旋光性　03.1456

optical rotatory dispersion　旋光色散　02.0813

optical sign　光性符号　04.1956

optical yield　旋光产率，*光学产率　02.0802

optimal block design　最优区组设计　03.0302

optimal estimate　最优估计　03.0300

optimal value　最优值　03.0301

optimization of radiation protection　辐射防护最优化　06.0393

optimum cure　正硫[化]　05.1023

optimum pulse flip angle　最佳倾倒角　03.2206

optoacoustic spectroscopy　光声光谱　04.1112

orange IV　[酸性]四号橙　03.0587

orbital angular momentum　轨道角动量　04.1199

[orbital] electron capture　[轨道]电子俘获　06.0022

orbital exponent　轨道指数　04.1254

orbital magnetic moment　轨道磁矩　01.0564

orbital overlap population　轨道重叠布居数　04.1380

orbital quantum number　轨道量子数　04.1200

order-disorder [phase] transformation　有序-无序[相]转变　04.1885

order-disorder [phase] transition　有序-无序[相]转变　04.1885

order-disorder transition　有序-无序转变　01.0733

ordered alloy　有序合金　04.1886

ordered point defect　有序点缺陷　01.0732

order of diffraction　衍射级　04.1981

order of group　群的阶次　04.1495

organometallic catalyst　有机金属催化剂　04.0673

organ dose　器官剂量　06.0427

organic analysis　有机分析　03.0010

organic and polymeric photoconductive materials　有机及高分子光导材料　04.1125

organic chromogenic reagent　有机显色剂　03.0492

organic compound　有机化合物　02.0001

organic coprecipitant　有机共沉淀剂　03.0491

organic electrochemistry　有机电化学　04.0409

organic heterojunction　有机异质结　04.1120

organic light emission diode　有机发光二极管　04.1127

organic mass spectrometry　有机质谱　03.2406

organic molecular luminescence　有机分子的发光　04.1051

organic polymer　有机聚合物，*有机高分子　05.0006

organic precipitant　有机沉淀剂　03.0525

organic reagent　有机试剂　03.0490

organic secondary ion mass spectrometry　有机二次离子质谱法　03.2407

organic SIMS　有机二次离子质谱法　03.2407

organized molecular assembly　有序分子组合体　04.1635

organoargentate　有机银阴离子盐　02.1525

organometallic chemistry　金属有机化学　02.1453

organometallic compound　金属有机化合物　02.1454

organometallic polymer　金属有机聚合物　05.0007

organ weighting factor　*器官权重因子　06.0411

organyl silazane　有机硅胺　02.0224

orientation matrix　取向矩阵　04.2000

ornithine　鸟氨酸　02.1355

orpiment　雌黄　01.0313

orthoacid　原酸　01.0117

ortho amide　原酰胺　02.0092

orthoclase　正长石　01.0244

ortho effect　邻位效应　02.0994

ortho ester　原酸酯　02.0091

orthogonal design of experiment　正交试验设计　03.0288

orthogonality　正交　04.1176

orthogonalization　正交化　04.1177

orthogonal layout　正交表　03.0290

orthogonal polynomial regression　正交多项式回归　03.0259

orthogonal table　正交表　03.0290

orthohydrogen　正氢　01.0098

orthokinetic aggregation　同向聚集作用　04.1711

orthometallation　*邻位金属化　02.1477

orthonormal function　正交归一化函数　04.1314

orthonormal orbital　正交归一轨道　04.1329

ortho-para directing group　邻对位定位基　02.0992

ortho position　邻位　02.0596

orthorhombic system　正交晶系　04.1807

osazone　脎，*糖脎　02.1272

oscillating jet method　振动射流法　04.1570

oscillating magnetic field　振荡磁场　03.2323

oscillating reaction　振荡反应　01.0407

oscillation method　回摆法　04.2002

oscillator strength　振子强度　03.1008

oscillographic polarograph　示波极谱仪　03.1552

oscillographic titration　示波滴定法　03.1527

oscillopolarographic titration　示波极谱滴定法　03.1528

oscillopolarography　示波极谱法　03.1475

osmometer　渗透计　04.1536

osmosis　渗透[作用]　04.0187

osmotic balance　渗透天平　04.1537

osmotic factor　渗透因子　04.0190

osmotic pressure　渗透压　04.0188

ossification of indicator　[指示剂]僵化　03.0721

Ostwald dilution law　奥斯特瓦尔德稀释定律　04.0441

Ostwald viscometer　奥氏黏度计　04.1723

OTTLE　光透薄层电极　04.0456

outer electric potential　外电势　04.0468

outer Helmholtz plane　外亥姆霍兹面　04.0493

outer orbital coordination compound　外轨配合物　01.0498

outer sphere　外层，*外界　01.0496

outer sphere mechanism　外层机理　01.0592

outgoing channel　出射道　06.0209

outlier　异常值　03.0226

ovalene　卵苯　02.0174

oven　烘箱　03.0105

overall reaction　总反应，*总包反应　04.0259

overall stability constant　总稳定常数　03.0763

overcarry　超载　03.1963

over cure　过硫　05.1024

overlap integral　重叠积分　04.1327

overpotential　过电势，*超电势　04.0522

oxacyclobutane　氧杂环丁烷　02.0251

oxacyclobutanone　氧杂环丁酮，*1-氧杂环丁-2-酮　02.0260

oxacyclobutene　氧杂环丁烯，*环氧丙烯　02.0254

oxacycloheptatriene　氧杂环庚三烯　02.0327

1-oxacyclopentan-2-one　1-氧杂环戊-2-酮　02.0265

oxacyclopropane　氧杂环丙烷　02.0241

oxacyclopropene　氧杂环丙烯，*环氧乙烯　02.0244

oxadiazole　噁二唑　02.0296

oxalation　氧联　01.0481

oxazacyclobutane　氧氮杂环丁烷　02.0259

oxazalone　*噁唑酮　02.0291

oxazetidine　氧氮杂环丁烷　02.0259

oxazine　噁嗪　02.0324

oxaziridine　氧氮杂环丙烷，*噁吖啶　02.0250

oxazole　噁唑，*1,3-噁唑　02.0276

oxazolidine　噁唑烷，*四氢噁唑　02.0286

oxazolidone　噁唑烷酮　02.0292

oxazoline　噁唑啉，*二氢噁唑　02.0282

oxazolinone　噁唑啉酮　02.0291

oxepin　*氧杂䓬　02.0327

oxetane　氧杂环丁烷　02.0251

oxidant　氧化剂　01.0192

oxidation　氧化　01.0433

oxidation addition　氧化加成反应　01.0434

oxidation current　氧化电流　03.1651

oxidation number　*氧化数　01.0191

oxidation potential　氧化电位　03.1716

oxidation-reduction　氧化还原[作用]　01.0341

oxidation-reduction indicator　氧化还原指示剂　03.0555

oxidation stability　氧化稳定性　03.0858

oxidation state　氧化态　01.0191

oxidative addition　氧化加成[反应]　02.1524

oxidative coupling　氧化偶联　04.0850

oxidative coupling polymerization　氧化偶联聚合　05.0484

oxidative damage　氧化性损伤　01.0653

oxidative decarboxylation　氧化脱羧　02.1130

oxidative dehydrogenation　氧化脱氢　04.0851

oxidative polymerization　氧化聚合，*脱氢聚合　05.0483

oxidative potentiometric stripping analysis　氧化电位溶出分析法　03.1492

oxidative pyrolysis　氧化裂解　03.2747

oxide　氧化物　01.0137

oxide catalyst　氧化物催化剂　04.0677

oxidizing agent　氧化剂　01.0192

oxime　肟　02.0073

oxirane　*噁丙环　02.0241

oxirene　氧杂环丙烯，*环氧乙烯　02.0244

oxo acid　含氧酸　01.0120

oxo bridge　氧桥　01.0199

oxo carboxylic acid　氧亚基代羧酸，*氧代羧酸，*酮酸　02.0118

oxometallate　金属氧酸盐　01.0530

oxometallic acid　金属氧酸　01.0529

oxonium compound　氧鎓化合物　01.0172

oxonium ion　氧鎓离子　01.0171

oxonium ylide　氧鎓叶立德　02.0975

oxo process　*羰基合成　02.1073

oxy-acetylene flame　氧炔焰　01.0416

oxyacid　含氧酸　01.0120

oxyamination　氨羟化反应　02.1043

oxydizing flame　氧化性火焰　03.1045

oxygenation　氧合作用　01.0660

oxygen carrier　氧载体　01.0597

oxygen electrode　氧电极　03.1641

oxygen saturation curve　氧饱和曲线　01.0640

oxyhydroxide　羟基氧化物　01.0145

oxymercuration　羟汞化　02.1152

ozone hole　臭氧空洞　04.0932

ozone monitor analysis　臭氧监测分析　03.0456

ozonide　臭氧化物　01.0142

ozonization　臭氧化　01.0413

ozonolysis　臭氧解　02.1128

P

PAA　聚丙烯酸　05.0246，光子活化分析　06.0499

PAC　扰动角关联　06.0493

packed capillary column　填充毛细管柱　03.2019

packed column　填充柱　03.2013

packing material　填料　03.1853

packing parameter　排列参数　04.1633

paint　油漆　05.0384

paired comparison　成对比较　03.0240

paired comparison experiment　成对比较试验　03.0875

palytoxin　[沙]海葵毒素　02.0568

PAN　1-(2-吡啶基偶氮)-2-萘酚　03.0612，聚丙烯腈　05.0245

Paneth-Fajans-Hahn adsorption rule　潘-法-罕吸附规则　03.0733

paper chromatography　纸色谱法，*纸层析　03.1815

paper electrophoresis　纸电泳　03.1822

PAR　4-(2-吡啶基偶氮)间苯二酚，*吡啶-(2-偶氮-4)间苯二酚　03.0613

paraffin wax　石蜡　02.0010

parahydrogen　仲氢　01.0099

parallel catalytic wave　平行催化波　03.1669

parallel-chain crystal　平行链晶体　05.0850

parallel determination　平行测定　03.0696

parallel displacement of curve　曲线平移　03.0280

parallel reaction　平行反应　04.0292

parallel synthesis　平行合成　02.1219

paramagnetic effect　顺磁效应　03.2192

paramagnetic shielding　顺磁屏蔽　03.2189

paramagnetic shift　顺磁位移　03.2245

paramagnetic shift reagent　顺磁性位移试剂　03.2310

paramagnetic substance　顺磁物质　03.2191

paramagnetism　顺磁性　01.0787

paramagnetism coordination compound　顺磁性配合物　01.0501

χ-parameter　相互作用参数　05.0772

parameter assumption　*参数假设　03.0209

parameter estimation　参数估计　03.0212

parameter test　参数检验　03.0210

para position　对位　02.0598

parent　*母体　03.0117

parent nuclide　母体核素　06.0048

parity conservation　宇称守恒[定律]　04.1170

parity operator　宇称算符　04.1169

partial correlation coefficient　偏相关系数　03.0255

partial least square method　偏最小二乘法　03.0265

partial least square regression spectrophotometry　偏最小二乘分光光度法　03.1242

partial molar enthalpy　偏摩尔焓　04.0106

partial molar Gibbs free energy　偏摩尔吉布斯自由能　04.0107

partial molar quantity　偏摩尔量　04.0105

partial molar volume　偏摩尔体积　04.0108

partial rate factor　分速度系数　02.0995

partial regression coefficient　偏回归系数　03.0273

partial synthesis　半合成　02.1213

particle beam　粒子束　03.2491

particle density　表观密度，* 粒密度　04.0792

particle electrophoresis　粒子电泳　04.1679

particle partition function　* 粒子配分函数　04.0232

particle scattering factor　* 粒子散射因子　05.0803

particle scattering function　粒子散射函数　05.0803

particle size　填料粒度　03.1854，颗粒大小　04.0789

particle size distribution　粒子大小分布　04.0790

partition chromatography　分配色谱法　03.1749

partition coefficient　分配系数　03.0059

partition function　配分函数　04.1414

partitioning and transmutation　分离和嬗变　06.0657

PAS　光声光谱法　03.1433，聚芳砜　05.0284，正电子湮没谱学　06.0494

passivation　钝化　01.0388

passivation film　钝化膜　04.0594

passivation potential　钝化电势　04.0595

passivator　钝化剂　04.0745

passive film　钝化膜　04.0594

passive interrogation　无源探询，* 被动探询　06.0528

path　途径　04.0044

pattern recognition　模式识别　03.0337

Patterson function method　帕特森函数法　04.2038

Patterson search method　帕特森寻峰法　04.2039

Pauli [exclusion] principle　泡利 [不相容]原理　04.1332

Pauling electronegativity　鲍林电负性　04.1349

Pauling electronegativity scale　鲍林电负性标度　02.0626

Pauling rule　鲍林规则　04.1923

PB　粒子束　03.2491

p-benzoquinone　对苯醌　02.0203

p-block element　p 区元素　01.0077

PBT　聚对苯二甲酸丁二酯　05.0268

PCR　主成分分析，* 主分量分析　03.0319

PCTFE　聚三氟氯乙烯　05.0224

PDI　多分散性指数　05.0751

PE　聚乙烯　05.0212

peak　峰　03.2715

peak absorbance　峰值吸光度　03.1085

peak absorption coefficient　峰值吸收系数　03.1086

peak area　峰面积　03.0049

peak base　峰底　03.1920

peak capacity　峰容量　03.1961

peak current　峰电流　03.1656

peak height　峰高　03.0047

peak matching method　峰匹配法　03.2356

peak potential　峰电位　03.1719

peak-to-background ratio　峰背比　03.1098

peak to valley ratio [of mass distribution curve of fission products]　[裂变产物的质量分布曲线的]峰谷比　06.0174

peak width　峰宽，* 峰底宽　03.0048

peak width at half height　半[高]峰宽　03.1921

PEC　光电化学　04.1118

PEEK　聚醚醚酮　05.0293

PEG　聚乙二醇　05.0252

PEK　聚醚酮　05.0292

PEKK　聚醚酮酮　05.0294

pellicular packing　薄壳型填料　03.2035

penam　青霉烷　02.0551

pendent drop method　悬滴法　04.1568

penem　青霉烯　02.0552

penetration effect　钻穿效应　04.1275

Penning ionization　彭宁电离　03.2496

pentacyclic diterpene　五环二萜　02.0508

pentad　五单元组　05.0677

η^5-pentadienyl　η^5-戊二烯基　02.1526

pentamethylcyclopentadienyl　五甲基环戊二烯基　02.1527

pentose　戊糖　02.1275

penultimate effect　前末端基效应　05.0617

peptide　肽　02.1366

peptide alkaloid　肽类生物碱　02.0420

peptide-antibiotic　肽抗生素　02.0555

peptide bond　肽键　02.1372

peptide conjugate　肽缀合物　02.1402

peptide hormone　肽激素　02.1375

peptide library　肽库　02.1401

peptide mapping fingerprinting　肽质量指纹图　03.2546

peptide sequence tag　肽序列标签　03.2591

peptide unit　肽单元　02.1378

peptidomimetic　肽模拟物　02.1377

peptization　胶溶作用　03.0732

peptizer　塑解剂　05.1098

peracid　过酸　02.0099

percolation　渗流　04.1753

perester　过氧酸酯，*过酸酯　02.0101

perfect solution　*完美溶液　04.0173

perfusion chromatography　贯流色谱法，*灌注色谱法　03.1843

perfusion imaging　灌注显像　06.0727

perhydrate　过氧化氢合物　01.0154

pericyclic reaction　周环反应　02.0902

perikinetic aggregation　异向聚集作用　04.1712

perimidine　*白啶　02.0383

period　周期　01.0055

periodate titration　高碘酸盐滴定法　03.0430

periodic copolymer　周期共聚物　05.0038

periodic law of the elements　元素周期律　01.0053

periodic table of the elements　元素周期表　01.0054

peri position　近位，*迫位　02.0600

peristaltic pump　蠕动泵　03.2003

peritectic temperature　转熔温度　04.0153

Perkin reaction　珀金反应　02.1531

permanent chemical modification technique　持久化学改进技术　03.1092

permanent chemical modifier　持久化学改进剂　03.1091

permanganometric titration　高锰酸钾滴定法　03.0423

permeability　渗透性　03.1890

permissible error　允许误差　03.0171

perovskite　钙钛矿　01.0297

peroxidase　过氧化物酶　01.0672

peroxide　过氧化物　01.0140

peroxide crosslinking　过氧化物交联　05.0629

peroxidization　过氧化　01.0366

peroxo bridge　过氧桥　01.0200

η^2-peroxo complex　η^2-过氧配合物　02.1529

peroxy acid　过氧酸　02.0100

peroxy bond　过氧键　01.0205

persistence length　相关长度　05.0719

persistent line　最后线　03.0930

persistent radical　持续自由基　05.0569

personal dose limit　个人剂量限值　06.0396

persulphate initiator　过硫酸盐引发剂　05.0528

perturbation theory　微扰理论　04.1410

perturbed angular correlation　扰动角关联　06.0493

perturbed dimension　扰动尺寸　05.0762

perylene　苝　02.0172

PES　势能面　04.0304

pesticide residue analysis　农药残留分析　03.0450

PET　聚对苯二甲酸乙二酯　05.0267，正电子发射断层显像　06.0710

p-ethoxychrysoidine　对乙氧基菊橙，*对乙氧基柯衣定　03.0588

petroleum resin　石油树脂　05.0180

PFG technology　脉冲梯度场技术　03.2213

PFPD　脉冲火焰光度检测器　03.2056

PG　前列腺素　02.1441

PGA　聚谷氨酸　05.0257

PGC　裂解气相色谱法　03.1810

phane　蕃　02.0159

phantom　体模　06.0470

phantom atom　虚拟原子　02.0667

pharmaceutical analysis　药物分析　03.0016

phase　相位　03.2228，相　04.0137

phase analysis by X-ray diffraction　X射线衍射物相分析　03.1156

phase change　相变　04.0139

phase composition　[物]相组成　04.0796

phase diagram　相图　04.0141

phase difference　位相差　04.1984

phase inversion temperature　相转变温度　04.1760

phase ratio　相比　03.1885

phase separation　相分离　05.0876

phase space　相空间　04.1415

phase structure　[物]相结构　04.0795

phase-transfer catalysis　相转移催化　04.0639

phase transfer polymerization　相转化聚合　05.0493

phase transition　相变　04.0139

phase transition enthalpy [heat]　相变焓[热]　04.0140

phenanthrene　菲　02.0168

phenanthrenequinone　菲醌，*9,10-菲醌　02.0205

phenanthridine　*菲啶　02.0364

phenanthroline　菲咯啉　02.0365

phenazine　*吩嗪　02.0366

phenol　酚　02.0198

phenol-2,4-disulphonic acid　酚二磺酸　03.0620

phenolate　*酚盐　02.0199

phenol ether resin　苯酚醚树脂　05.0197

phenol-formaldehyde resin　酚醛树脂　05.0190

phenolic resin　酚醛树脂　05.0190

phenol-keto tautomerism　酚-酮互变异构　02.0634

phenolphthalein　酚酞　03.0572

phenol red　苯酚红，* 酚红　03.0571

phenosafranine　酚藏花红　03.0593

phenothiazine　* 吩噻嗪　02.0368

phenoxathine　吩噁噻，* 氧硫杂蒽　02.0369

phenoxazine　* 吩噁嗪　02.0367

phenoxide　酚氧化合物　02.0199

phenylalanine　L-苯丙氨酸　02.1339

phenyl-bonded phase　苯基键合相　03.2024

phenyl group　苯基　02.0578

pheromone　昆虫信息素，* 昆虫外激素　02.1448

pH glass electrode　pH 玻璃电极　03.1619

phi scan　φ扫描　04.2009

pH meter　pH 计，* 酸度计　03.1559

phonon　声子　01.0765

phosgene　光气　01.0207

phosphafuran　磷杂呋喃　02.0302

phosphane　磷氢化合物　02.0215

phosphazene　膦氮烯　02.0214

phosphine　膦　02.0212

phosphine oxide　膦氧化物　02.0216

phosphinium salt　鏻盐　02.0213

phosphodiesterase　磷酸二酯酶　01.0667

phospholipase　磷脂酶　02.1433

phospholipid　磷脂　02.1434

phosphonium ion　磷鎓离子　01.0173

phosphopeptide　磷酸肽　02.1403

phosphorescence　磷光　03.1319

phosphorescence analysis　磷光分析　03.1323

phosphorescence emission spectrum　磷光发射光谱　03.1320

phosphorescence excitation spectrum　磷光激发光谱　03.1321

phosphorescence intensity　磷光强度　03.1322

phosphorescence lifetime　磷光寿命　04.1065

phosphor imager　磷光成像仪　06.0778

phosphorimeter　磷光计　03.1325

phosphorization　磷化　01.0462

phosphorus printing　磷印试验　03.0480

phosphorus ylide　磷叶立德　02.0972

phosphosphingolipid　鞘磷脂，* 神经鞘磷脂　02.1435

photo-absorption　光吸收　04.0936

photoacoustic detection　光声检测　04.1111

photoacoustic effect　光声效应　04.1110

photoacoustic Raman spectrum　光声拉曼光谱　03.1438

photoacoustic spectrometer　光声光谱仪　03.1437

photoacoustic spectrometry　光声光谱法　03.1433

photoactivation　光活化　04.0283

photoaging　光老化　05.0960

photobiology　光生物学　04.0934

photobleaching　光漂白　04.1018

photocatalysis　光催化　04.0645

photocatalyst　光催化剂　04.0687

photocatalytic degradation　光催化降解　04.0871

photocatalytic oxidation　光催化氧化　04.0872

photocatalytic reactor　光催化反应器　04.0892

photocatalytic reduction　光催化还原　04.0873

photocell　光电池　03.1211

photochemical aromatic substitution　光化学的芳香取代　04.1021

photochemical reaction　光化学反应　01.0383

photochemical rearrangement　光化学重排　02.1179

photochemical smog　光化学烟雾　04.1014

photochemical synthesis　光化学合成　02.1194

photochemistry　光化学　04.0929

photochromism　光致变色　03.1280

photo cis-trans isomerization　光顺-反异构化　04.1016

photo-Claisen rearrangement　光-克莱森重排　04.1035

photoconductive fiber　光导纤维　05.0375

photoconductive polymer　光致导电聚合物　05.0115

photoconductivity　光电导性　01.0782

photoconductor　光电导体　01.0701

photo crosslinking　光交联　05.0626

photo-curing　光固化　05.1020

photocyclization　光环化　04.1019

photocycloaddition　光环合加成[反应]　04.1020

photodecarbonylation　光脱羰基[反应]　04.1022

photodecomposition　光解　01.0384

photodegradation　光降解　05.0647

photodissociation　光解离　04.1023

photodynamic effect　光动力效应　04.1032

photodynamic therapy　光动力疗法　04.1033

photoelastic polymer　光弹性聚合物　05.0108

photoelectric colorimeter　光电比色计　03.1200

photoelectric direct reading spectrometer　光电直读光谱计　03.0979

photoelectric effect　光电效应　01.0781

photoelectric spectrophotometer　光电分光光度计　03.1253

photoelectrocatalysis　光电催化　04.0650

photoelectrocatalyst　光电催化剂　04.0690

photoelectrocatalytic reactor　光电催化反应器　04.0894

photoelectrochemical cell　光电化学电池　04.0573

photoelectrochemical etching　光电化学蚀刻　04.0606

photoelectrochemistry　光电化学　04.1118

photoelectrolytic cell　光电解池　04.0575

photoelimination　光消去[反应]　04.1024

photoemission　光电发射　03.2605

photoenolization　光烯醇化　04.1017

photo-excitation　光激发[作用]　04.0952

photofragmentation　光碎片化　04.1025

photo-Fries rearrangement　光-弗莱斯重排　04.1036

photogalvanic cell　光伽伐尼电池　04.1119

photohalogenation　光卤化　01.0385

photoimaging system　光成像体系　04.1047

photo induced electronic energy transfer　光诱导电子能量转移　04.0993

photoinduced polymerization　光诱导聚合　04.1037，光[致]聚合　05.0426

photoinduced proton transfer　光诱导质子转移　04.1027

photoiniferter　光引发-转移-终止剂　05.0538

photo-initiated polymerization　光引发聚合　05.0427

photoinitiator　光敏引发剂　05.0532

photo-ionization　光电离，＊光诱导电离　03.2467，光离子化　04.1026

photo-ionization detector　光离子化检测器　03.2074

photoionization process　光电离过程　03.2604

photoisomerization　光异构化　04.1015

photoluminescence　光致发光　03.1267

photoluminescent polymer　光致发光聚合物　05.0110

photometer　光度计　03.0969

photometric titration　光度滴定法，＊分光光度滴定法　03.0414

photomultiplier　光电倍增管　03.0970

photon activation analysis　光子活化分析　06.0499

photon correlation spectroscopy　光子相关光谱法　04.1541

photon fluence　光子流通量　04.1043

photon fluence rate　光子流量率　04.1046

photon flux　光子通量　04.1044

photonic crystal　光子晶体　04.1938

photon irradiance　光子辐照度　04.1045

photooxidation　光氧化[作用]　04.1028

photooxidative degradation　光氧化降解　05.0648

photooxygenation　光氧[气]化反应　04.1030

photoozonization　光臭氧化[作用]　04.0933

photophysical process　光物理过程　04.0969

photopolymer　感光聚合物　05.0109

photopolymerization　光聚合反应　04.1038

photorearrangement　光重排反应　04.1034

photoredox reaction　光[致]氧化还原反应　01.0386

photoreduction　光还原[作用]　04.1029

photorefractive effect　光折变效应　04.1048

photoresist　光致抗蚀剂，＊光刻胶　05.1124

photoresponsive polymer　光响应聚合物　05.0105

photosensitive polymer　光敏聚合物　05.0107

photosensitization　光敏化[作用]　04.1131

photo-sensitized polymerization　光敏聚合　05.0428

photosensitizer　光敏剂　04.1129

photosensitizing dye　光敏染料　04.1132

photostabilizer　光稳定剂　05.1120

photostationary state　光稳态　04.0958

photosynthesis　光合作用　01.0606

photosynthetic pigment　光合作用色素　04.1133

photothermal effect　光热效应　04.1049

photothermography　光热成像术　04.1050

photovoltaic cell　光伏电池　04.0574

pH paper　pH 试纸　03.0099

pH [value]　＊pH[值]　03.0737

physical adsorption　物理吸附　01.0373

physical aging　物理老化　05.0959

physical crosslinking　物理交联　05.0700

physical entanglement　＊物理缠结　05.0695

physical foaming　物理发泡　05.1004

physical foaming agent　物理发泡剂　05.1126

physisorption　物理吸附　01.0373

phytane　植物烷[类]　02.0488

phytohormone　植物激素　02.1449

PI　光电离，＊光诱导电离　03.2467，彭宁电离　03.2496

picene　芘　02.0171

PID 光离子化检测器 03.2074

PIE 脉冲离子引出，＊延迟引出技术 03.2493

piezochromism 压致变色 04.1142

piezo-electric crystal 压电晶体 04.1941

piezo-electric deoxyribonucleic acid sensor 压电脱氧核糖核酸传感器 03.1575

piezo-electric enzyme sensor 压电酶传感器 03.1576

piezo-electric immunosensor 压电免疫传感器 03.1577

piezoelectricity 压电性 01.0762

piezo-electric microbe sensor 压电微生物传感器 03.1578

piezo-electric polymer 压电聚合物 05.0118

piezo-electric sensor 压电传感器 03.1574

piezo-electric spectroelectrochemistry 压电光谱电化学法 03.1533

piezoluminescence 压致发光 04.1058

piezomagnetic crystal 压磁晶体 04.1942

pimarane 海松烷[类] 02.0496

pinacol 片呐醇，＊频哪醇 02.0081

pinacol rearrangement 片呐醇重排 02.1164

pinane 蒎烷类 02.0465

piperazine ＊哌嗪 02.0321

piperazine-2,5-dione ＊2,5-哌嗪二酮 02.0322

piperidine ＊哌啶 02.0310

piperidine alkaloid 哌啶[类]生物碱 02.0395

piperidone 哌啶酮 02.0311

pipet 移液管，＊单标线吸量管 03.0692

piston pump 活塞泵，＊柱塞泵 03.2004

PIT 相转变温度 04.1760

pitting corrosion 孔蚀，＊点蚀 04.0585

Pitzer strain ＊皮策张力 02.0642

PLA 聚乳酸 05.0256

plain curve 平坦曲线 02.0817

planar chirality 面手性 02.0688

planar chromatography 平面色谱法，＊平板色谱 03.1753

planar defect 面缺陷 04.1879

planar square complex 平面四方配合物 01.0505

plane of symmetry 对称面 02.0703

plasma 等离子体 01.0708

plasma atomic fluorescence spectrometry 等离子体原子荧光光谱法 03.1136

plasma desorption 等离子解吸 03.2442

plasma loss peak 等离子损失峰 03.2656

plasma polymerization 等离子体聚合，＊辉光放电聚合 05.0434

plasma source 等离子体光源 03.0944

plasma torch tube [等离子体]炬管 03.0945

plastic 塑料 05.0300

plastic alloy 塑料合金 05.0302

plastication 塑炼 05.0975

plastic crystal 塑晶 04.1868

plastic deformation 塑性变形 05.0930

plastic flow 塑性流动 05.0931

plastic fluid ＊塑性流体 05.0926

plasticity 塑性 04.1729

plasticization 增塑作用 05.0970

plasticizer 增塑剂 05.1106

plasticizer extender 增塑增容剂，＊增量剂 05.1109

plasticizing 塑化 05.0969

plastics solidification 塑料固化 06.0641

plastocyanin 质体蓝素 01.0636

plastomer 塑性体 05.0299

plateau 平台 03.2705

plate theory 塔板理论 03.1938

plate theory equation 塔板理论方程 03.1939

platform atomization 平台原子化 03.1064

platinum group 铂系元素，＊铂系金属 01.0082

β-pleated sheet β折叠片[层] 02.1411

PLOT column 多孔层开管柱 03.2018

plug flow 塞式流型 03.1970

plug flow reactor 活塞流反应器 04.0881

plumbocene 二茂铅 02.1466

plutonium and uranium recovery by extraction process 普雷克斯流程 06.0663

plutonyl 钚酰 06.0309

PMF 肽质量指纹图 03.2546

PMMA 聚甲基丙烯酸甲酯 05.0249

PMR 质子核磁共振 03.2170

pneumatic nebulizer 气动雾化器 03.1052

pneumatic pump 气动泵 03.2006

pneumatic rabbit 气动跑兔 06.0242

pnicogen 磷属元素 01.0069

pnictide 磷属化物 01.0133

p-nitrodiphenylamine 对硝基二苯胺 03.0622

podocarpane 罗汉松烷[类] 02.0498

point defect 点缺陷 04.1877

point estimation 点估计 03.0213

[point] lattice 点阵 04.1772

point of zero electric charge 零电荷点 04.1682

point source 点源 06.0398

poison 毒物 04.0755

Poisson distribution 泊松分布 03.0137

Poisson ratio 泊松比 05.0899

polar bond 极性[共价]键 04.1236

polar bonded phase 极性键合相 03.2027

polar effect 极性效应 02.1011

polarimeter 旋光计 03.1457

polarizability 极化率 01.0757，可极化性 02.0627

polarization 极化 03.1707

polarization colorimeter 偏光比色计 03.1201

polarization curve 极化曲线 04.0518

polarization factor 偏振[化]因子 04.2019

polarization fluorimeter 偏光荧光计 03.1318

polarization infrared technique 偏振红外光技术
03.1367

polarization potential 极化电位 03.1712

polarization spectrometer 旋光光谱仪，* 偏振仪
03.1460

polarization spectroscopy 偏振光谱 04.1069

polarization transfer 极化转移 03.2312

polarized electrode 极化电极 03.1614

polarized light 偏振光，* 平面偏振光 02.0810

polarizing spectrophotometer 偏振分光光度计
03.1257

polar monomer 极性单体 05.0394

polarogram 极谱图 03.1677

polarograph 极谱仪 03.1547

polarographic adsorptive complex wave 极谱络合吸附
波 03.1670

polarographic catalytic wave 极谱催化波 03.1668

polarographic wave 极谱波 03.1666

polarography 极谱法 03.1463

polaron 极化子 04.0980

polar polymer 极性聚合物 05.0046

polar solvent 极性溶剂 03.0653

pole figure 极图 04.2010

policeman 淀帚 03.0695

polyacetylene 聚乙炔 05.0244

polyacid 多酸 01.0531

polyacid complex 多酸络合物 03.0707

polyacrylate 聚丙烯酸酯 05.0247

poly(acrylic acid) 聚丙烯酸 05.0246

polyacrylonitrile 聚丙烯腈 05.0245

polyacrylonitrile fiber 聚丙烯腈纤维 05.0361

polyaddition reaction 聚加成反应，* 逐步加成聚合
05.0479

polyalkenamer 开环聚环烯烃 05.0239

polyamide 聚酰胺 05.0271

polyamide 6 * 聚酰胺 6 05.0272

polyamide 66 * 聚酰胺 66 05.0273

polyamide fiber 聚酰胺纤维 05.0358

polyampholyte 两性聚电解质 05.0138

polyamphoteric electrolyte 两性聚电解质 05.0138

polyaniline 聚苯胺 05.0298

polyaramide 聚芳酰胺 05.0275

poly (aryl ether) 芳香族聚醚 05.0278

poly(aryl sulfone) 聚芳砜 05.0284

polybasic acid 多元酸 01.0125

polybenzimidazole 聚苯并咪唑 05.0289

polybenzothiazole 聚苯并噻唑 05.0290

polyblend 聚合物共混物 05.0053

polybutadiene 聚丁二烯 05.0234

poly(1-butene) 聚 1-丁烯 05.0228

poly (butylene terephthalate) 聚对苯二甲酸丁二酯
05.0268

poly(ε-caprolactam) 聚己内酰胺 05.0272

polycarbonate 聚碳酸酯 05.0270

polychloroprene 聚氯丁二烯 05.0235

poly (chlorotrifluoroethylene) 聚三氟氯乙烯 05.0224

polycomponent coordination compound 多元配合物
01.0508

polycondensate 缩聚物 05.0052

polycondensation 缩聚反应，* 缩合聚合反应
05.0486

polycrystal 多晶 04.1861

polycrystalline polymer 多晶型聚合物 05.0090

polycyclopentadiene 聚环戊二烯 05.0237

polydecker sandwich complex 聚层夹心配合物
02.1528

polydentate ligand 多齿配体 01.0474

poly(diphenyl ether sulfone) 聚二苯醚砜 05.0287

polydisperse polymer 多分散性聚合物 05.0050

polydispersion 多分散[体] 04.1525

polydispersity 多分散性 05.0748

polydispersity index　多分散性指数　05.0751

polyelectrolyte　聚电解质，* 高分子电解质　05.0137

polyenemacrolide antibiotic　多烯大环内酯抗生素　02.0561

polyepichlorohydrin　聚环氧氯丙烷　05.0242

polyester　聚酯　05.0261

polyester fiber　聚酯纤维　05.0360

polyester resin　聚酯树脂　05.0203

polyether　聚醚　05.0276

poly(ether amide)　聚醚酰胺　05.0274

polyether antibiotic　多醚类抗生素，* 聚醚类抗生素　02.0562

poly(ether-ether-ketone)　聚醚醚酮　05.0293

poly(ether-ketone)　聚醚酮　05.0292

poly(ether-ketone-ketone)　聚醚酮酮　05.0294

poly(ether sulfone)　聚醚砜　05.0286

poly(ether-urethane)　聚醚氨酯，* 聚醚型聚氨酯　05.0296

polyethylene　聚乙烯　05.0212

poly(ethylene glycol)　聚乙二醇　05.0252

poly (ethylene oxide)　聚环氧乙烷　05.0240

poly(ethylene terephthalate)　聚对苯二甲酸乙二酯　05.0267

polyformaldehyde　聚甲醛　05.0259

poly(glutamic acid)　聚谷氨酸　05.0257

polyglycine　聚甘氨酸　05.0258

polyhalide　多卤化物　01.0168

polyhalide ion　多卤离子　01.0169

polyhedrane　多面体烷　02.0156

poly(hexamethylene adipamide　聚己二酰己二胺　05.0273

polyimide　聚酰亚胺　05.0288

polyisobutylene　聚异丁烯　05.0229

polyisoprene　聚异戊二烯　05.0236

polyketide　聚[乙烯]酮类化合物　02.0557

poly(lactic acid)　聚乳酸　05.0256

polylactide　* 聚丙交酯　05.0256

polyligand complex　多配基配合物，* 多配基络合物　03.0710

polymer　聚合物　05.0002

ω-polymer　ω聚合物　05.0069

polymer blend　聚合物共混物　05.0053

polymer catalyst　聚合物催化剂　05.0132

polymer crystal　高分子晶体　05.0831

polymer crystallite　高分子晶粒　05.0832

polymer drug　高分子药物　05.0096

polymeric carrier　聚合物载体　05.0133

polymeric electrolyte　聚[合物]电解质　04.0422

polymeric flocculant　高分子絮凝剂　05.1081

polymeric membrane　高分子膜　05.1082

polymerization　聚合[反应]　05.0403

polymerization accelerator　聚合加速剂，* 聚合促进剂　05.0531

polymerization catalyst　聚合催化剂　05.0525

polymerization kinetics　聚合动力学　05.0597

polymerization thermodynamics　聚合热力学　05.0598

polymer-metal complex　聚合物-金属配合物，* 高分子金属络合物　05.0054

polymer reactant　高分子试剂　05.0134

polymer reagent　高分子试剂　05.0134

polymer solution　聚合物溶液　05.0756

polymer solvent　聚合物溶剂　05.0135

polymer-solvent interaction　聚合物-溶剂相互作用　05.0757

polymer support　聚合物载体　05.0133

polymer surfactant　高分子表面活性剂　05.1080

polymethacrylate　聚甲基丙烯酸酯　05.0248

poly(methyl methacrylate)　聚甲基丙烯酸甲酯　05.0249

poly(4-methyl-1-pentene)　聚 4-甲基-1-戊烯　05.0230

polymorphic modification　[同质多晶]型变　04.1896

polymorphism　同质多晶　04.1895

polynomial regression　多项式回归　03.0279

polynorbornene　聚降冰片烯　05.0238

polynuclear acid　多酸　01.0531

polynuclear coordination compound　多核配合物　01.0510

polynucleotide　多核苷酸　02.1296

poly(1-octene)　聚(1-辛烯)　05.0231

polyolefin　聚烯烃　05.0211

polyoxometallate　多金属氧酸盐　01.0535

polyoxometallic acid　多金属氧酸　01.0534

polyoxyethylene　* 聚氧乙烯　05.0240

polyoxymethylene　聚甲醛　05.0259

polyoxytetramethylene　聚四氢呋喃　05.0243

polyoxytrimethylene　* 聚氧丙烯　05.0241

polypeptide　多肽　02.1367

polypeptide chain　多肽链　02.1373

poly(perfluoropropene)　聚全氟丙烯　05.0226

poly(phenylene oxide)　聚苯醚　05.0279

poly(*p*-phenylene)　聚对亚苯　05.0282

poly(*p*-phenylene sulfide)　聚苯硫醚　05.0281

poly(*p*-phenylene terephthalate)　聚对苯二甲酸亚苯酯　05.0269

polypropylene　聚丙烯　05.0227

polypropylene fiber　聚丙烯纤维　05.0362

poly (propylene oxide)　聚环氧丙烷　05.0241

polyprotic acid　多元酸　01.0125

polyquinoxaline　聚喹喔啉　05.0291

polysaccharide　多糖　02.1263

polysilicate　硅酸盐聚合物　05.0147

polystyrene　聚苯乙烯　05.0232

polystyrene-divinylbenzene resin　聚苯乙烯-二乙烯苯树脂　03.2082

polysulfide　多硫化物，＊聚硫化物　02.0218

polysulfide rubber　聚硫橡胶　05.0346

polysulfone　聚砜　05.0283

poly(tetrafluoroethylene)　聚四氟乙烯　05.0225

polytetrahydrofuran　聚四氢呋喃　05.0243

poly (tetramethylene terephthalate)　聚对苯二甲酸丁二酯　05.0268

polythioether　聚硫醚　05.0280

polytopal isomerism　多面体异构　01.0547

polytropic process　多方过程　04.0038

polyurea　聚脲　05.0297

polyurethane　聚氨基甲酸酯，＊聚氨酯　05.0295

polyurethane elastic fiber　聚氨酯弹性纤维　05.0366

polyurethane rubber　聚氨酯橡胶　05.0344

poly(vinyl acetate)　聚乙酸乙烯酯　05.0250

poly(vinyl alcohol)　聚乙烯醇　05.0253

poly(vinyl alcohol) fiber　聚乙烯醇纤维　05.0363

poly(vinyl butyral)　聚乙烯醇缩丁醛　05.0255

poly(vinyl chloride)　聚氯乙烯　05.0219

poly(vinyl chloride) fiber　聚氯乙烯纤维　05.0365

polyvinylchloride membrane electrode　聚氯乙烯膜电极　03.1643

poly(vinylene chloride　聚 1,2-二氯亚乙烯　05.0220

poly(vinyl fluoride　聚氟乙烯　05.0222

poly(vinyl formal)　聚乙烯醇缩甲醛　05.0254

poly(vinylidene chloride)　聚偏氯乙烯，＊聚(1,1-二氯乙烯)　05.0221

poly(vinylidene fluoride)　聚偏氟乙烯　05.0223

POM　聚甲醛　05.0259

pooled standard deviation　并合标准[偏]差　03.0184

pooled variance　并合方差　03.0190

poor solvent　不良溶剂　05.0764

popcorn polymer　＊米花状聚合物　05.0069

Pople-Nesbet equation　波普尔-内斯拜特方程　04.1367

population　总体　03.0117

population analysis　布居数分析　04.1378

population deviation　总体偏差　03.0173

population inversion　布居反转　04.1087

population mean　总体平均值　03.0147

population variance　总体方差　03.0188

pore　孔　04.1596

pore distribution　孔分布　04.0784

pore-making agent　造孔剂　04.0740

pore size　孔径　03.1856，04.0785

pore structure　孔结构　04.0783

pore volume　孔体积　03.1855

pore volume　孔体积　04.0787

porosity　孔隙率　04.0788

porous layer open tubular column　多孔层开管柱　03.2018

porous membrane　多孔膜　05.1086

porous polymer beads　高分子多孔小球　03.2038

porphine　＊卟吩　02.0274

porphyrin　卟啉　02.0274

portable chromatograph　便携式色谱仪　03.1977

position sensitive detector　位置灵敏探测器　06.0129

positive adsorption　＊正吸附　01.0372

positive correlation　正相关　03.0249

positive electrode　正极　04.0444

positron annihilation spectroscopy　正电子湮没谱学　06.0494

positron emission tomography　正电子发射断层显像　06.0710

positronium　正电子素，＊电子偶素　06.0089

positronium chemistry　正电子化学　06.0090

post column derivatization　柱后衍生化　03.2135

post column reactor　柱后反应器　03.2136

post cure　后硫化，＊二次硫化，＊二段硫化　05.1022

post-irradiation polymerization　辐照后聚合　06.0380

post-neutron emission fragment　＊发射中子后的裂片　06.0172

post polymerization 后聚合 05.0409

postprecipitation 后沉淀 03.0814

post source decay 源后衰变 03.2506

post-transition element 过渡后元素 01.0083

post vulcanization 后硫化，＊二次硫化，＊二段硫化 05.1022

potash 钾碱 01.0217

potassium-argon dating 钾-氩年代测定 06.0759

ζ-potential ζ电势 04.0472

potential window 电势窗口 04.0514

potential analysis 电位分析法 03.1514

potential at zero charge 零电荷电势 04.0501

potential barrier 势垒 04.1181

potential determining ion 电势决定离子 04.1700

potential energy of molecule 分子的势能 04.1353

potential energy profile 势能剖面 04.0314

potential energy surface 势能面 04.0304

potential exposure 潜在照射 06.0450

potential scan 电势扫描 04.0618

potential step 电势阶跃 04.0617

potential step method 电位阶跃法 03.1522

potential sweep 电势扫描 04.0618

potentiometric curve 电位滴定曲线 03.1682

potentiometric stripping analysis 电位溶出分析法 03.1491

potentiometric stripping analyzer 电位溶出分析仪 03.1563

potentiometric titration 电位滴定法 03.1515

potentiometric titrator 电位滴定仪 03.1557

potentiometry 电位滴定法 03.1515

potentiostat 恒电位仪 03.1554

potentiostatic method 恒电势法 04.0608

powder catalyst 粉体催化剂 04.0669

powder crystal 粉晶 04.1862

powder diffraction file 粉末衍射卡片，＊粉末衍射文档 04.2007

powdered rubber 粉末橡胶 05.0313

powder method 粉末法 04.2006

powder microelectrode 粉末微电极 04.0457

powder X-ray diffractometry 粉末 X 射线衍射法 03.1158

power-compensation differential scanning calorimetry 功率补偿式差热扫描量热法 03.2699

power-law fluid 幂律流体 04.1732

PP 聚丙烯 05.0227

PPO 聚苯醚 05.0279

p-process p 过程 06.0766

PPS 聚苯硫醚 05.0281

precession 进动，＊核的旋进 03.2183

precession method 旋进法 04.2003

precious metal 贵金属 01.0095

precipitation 沉淀 01.0391

precipitation fractionation 沉淀分级 05.0808

precipitation method 沉淀法 03.0793

precipitation [method] 沉淀[法] 04.0706

precipitation polymerization 沉淀聚合 05.0499

precipitation titration 沉淀滴定法 03.0409

precipitator 沉淀剂 04.0711

precision 精密度 03.0368

precision polymerization 精密聚合 05.0437

precolumn 预柱，＊前置柱 03.2010

preconcentration 预富集 03.0060

precursor 前体 02.1415，前驱体 04.0753

precursor ion 先驱离子，＊前体离子 03.2380

precursor nuclide 前驱核素 06.0194

precursor of delayed proton emission 缓发质子前驱核 06.0287

predissociation 预离解 04.1302

predominant region diagram 优势区域图 03.0768

pre-exponential factor 指前因子 04.0288

preferential adsorption ＊优先吸附 04.1595

preferential sputtering 择优溅射 03.2650

preferred orientation 择优取向 04.1932

pregnane 孕甾烷[类] 02.0532

pregnane alkaloid 孕甾生物碱 02.0416

pre-irradiation grafting 预辐射接枝 06.0372

pre-irradiation polymerization 预辐照聚合 06.0357

Prelog rule 普雷洛格规则 02.0789

premicellization 预胶束化 04.1628

premix burner 预混合型燃烧器 03.1035

pre-neutron emission fragment ＊发射中子前的裂片 06.0170

preparation condition 制备条件 04.0704

preparation parameter 制备参数 04.0705

preparation period 准备期 03.2296

preparative chromatograph 制备色谱仪 03.1973

preparative chromatography 制备色谱法 03.1764

preparative gas chromatography 制备气相色谱法

03.1808

prepolymer 预聚物 05.0013

prepolymerization 预聚合 05.0408

pressure broadening 压力展宽 04.1074

pressured thin layer chromatography 加压薄层色谱法 03.1819

pressure gradient correction factor 压力梯度校正因子 03.1874

pressure jump 压力跃变 04.0398

pressure monitored pyrolysis 量压裂解器 03.2748

pressure sensitive adhesion 压敏黏合 05.1076

pressure sensitive adhesive 压敏黏合剂 05.0381

pressure swing adsorption 变压吸附 04.1577

presulfidation 预硫化 04.0746

primary battery 原电池[组]，* 一次电池 04.0547

primary crystallization 初级结晶 05.0859

primary extinction 初级消光 04.2030

primary fragment 初级裂片 06.0170

primary isotope effect 一级同位素效应 02.0917

primary photochemical process 初级光化学过程 04.1039

primary photoreaction * 原初光反应 04.1039

primary process of radiation chemistry 辐射化学初级过程，* 原初过程 06.0366

primary radiation 初级辐射 06.0358

primary radical termination 初级自由基终止 05.0573

primary standard 一级标准，* 基准物 03.0071

primary structure 一级结构 02.1249

primer 底漆 05.1077

primitive cell 原胞 04.1780

primitive change 基元变化，* 基本变化 02.0900

primitive lattice 简单晶格 04.1793

principal component analysis 主成分分析，* 主分量分析 03.0319

principal component regression method 主成分回归法 03.0260

principal component regression spectrophotometry 主成分回归分光光度法 03.1240

principal natural orbital * 主自然轨道 04.1377

principal quantum number 主量子数 04.1196

principle isotope 主同位素 03.2425

principle of corresponding state 对比状态原理 04.0111

principle of detailed balance 精致平衡原理 04.0294

principle of entropy increase 熵增原理 04.0207

principle of equal a priori probabilities 等概率原理 04.1447

principle of maximum multiplicity 最大多重性原理 04.0951

principle of microreversibility 微观可逆性原理 04.0293

principle of minimum entropy production 最小熵产生原理 04.0221

principle of variation of bond 键型变异原理 04.1448

prism infrared spectrophotometer 棱镜红外分光光度计 03.1393

prism spectrograph 棱镜光谱仪 03.0977

probability 概率 03.0127

probability density 概率密度 03.0128

probe 探头 03.2203

probe atomization 探针原子化 03.1065

process 过程 04.0031

processability 加工性 05.0966

process analysis 过程分析 03.0015

process chromatograph 过程色谱仪 03.1975

process chromatography 过程色谱法 03.1754

process gas chromatograph 过程气相色谱仪 03.1979

prochiral center 前手性中心 02.0800

prochirality 前手性 02.0727

prochirality centre 前手性中心 02.0800

pro-column derivatization 柱前衍生化 03.2133

product analysis 成品分析 03.0448

product ion 产物离子，* 子离子 03.2457

production cross section 生成截面 06.0217

pro-E 前 E 02.0722

programmed current chronopotentiometry 程序电流计时电位法 03.1521

programmed flow 程序变流，* 程序流速 03.2145

programmed pressure 程序升气压 03.2146

programmed temperature 程序升温 03.2148

programmed temperature sampling 程序升温进样 03.2113

programmed temperature vaporizer 程序升温蒸发器 03.1992

programmed voltage 程序升电压 03.2147

projectile nucleus 弹核 06.0197

projectile-target combination 弹靶组合 06.0205

projection formula　投影式　02.0675

projection operator　投影算符　04.1174

proline　L-脯氨酸　02.1340

promoter　助剂　04.0751

promoting effect　助剂效应，＊促进效应　04.0774

prompt gamma ray [neutron] activation analysis　瞬发 γ 射线[中子]活化分析　06.0495

prompt radiation　瞬发辐射　06.0156

prompt radiation analysis　瞬发辐射分析　06.0549

propagating chain end　增长链端　05.0566

propellane　螺桨烷，＊[a.b.c]螺桨烷　02.0155

proportional counter　正比计数器　06.0114

proportional detector　正比探测器　04.1997

proportional sampling　比例抽样　03.0357

proportional valve　比例阀　03.1999

pro-R-group　前 R 手性基团　02.0728

pro-S-group　前 S 手性基团　02.0729

prostaglandin　前列腺素　02.1441

protecting group　保护基　02.1224

protein　蛋白质　02.1406

protein amino acid　蛋白[质]氨基酸　02.1325

proteinase　蛋白酶　01.0670

protein assay　蛋白质分析　03.0013

protic solvent　质子溶剂　03.0665

protium　氕　01.0064

protoberberine alkaloid　原小檗碱类生物碱　02.0404

protogenic solvent　给质子溶剂　03.0654

protolyte　质子传递物　03.0666

proton acceptor　质子受体　03.2419

proton affinity　质子亲和势　03.2345

protonated molecule　质子化分子　03.2420

protonation　质子化　01.0393

protonation constant　质子化常数　01.0583

proton-bridged ion　质子桥接离子　03.2421

proton condition　质子条件，＊质子守恒　03.0750

proton-deficient nuclide　＊缺质子核素　06.0008

proton donor　质子给体　03.2418

proton drip line　质子滴线　06.0010

proton excited X-ray fluorescence spectrometry　质子激发 X 射线荧光光谱法　03.1145

proton-induced X-ray emission analysis　质子激发 X 射线荧光分析　06.0508

proton magnetic resonance　质子核磁共振　03.2170

proton noise decoupling　质子噪声去耦　03.2266

proton-rich nuclide　丰质子核素　06.0007

proton transfer　质子传递　01.0401

protophilic solvent　亲质子溶剂，＊碱性溶剂　03.0662

protophobic solvent　疏质子溶剂，＊酸性溶剂　03.0663

prototropic rearrangement　质子转移重排　02.1157

pro-Z　前 Z　02.0723

PS　聚苯乙烯　05.0232

PSA　变压吸附　04.1577

PSD　源后衰变　03.2506

pseudo acid　假酸　02.0913

pseudoaromaticity　＊假芳香性　02.0619

pseudoasymmetric carbon　假不对称碳　02.0666

pseudo-axial bond　似直立键　02.0784

pseudo cationic living polymerization　假正离子活性聚合　05.0447

pseudo cationic polymerization　假正离子聚合　05.0446

pseudo-equatorial bond　似平伏键　02.0785

pseudo first order reaction　准一级反应　04.0263

pseudohalogen　拟卤素　01.0072

pseudo level　拟水平　03.0245

pseudopeptide　伪肽　02.1374

pseudo-periodicity　准周期性　04.1871

pseudoplastic fluid　假塑性流体　04.1731

pseudoplasticity　假塑性　05.0925

pseudo-reference electrode　准参比电极　04.0447

pseudo-retention　假保留　06.0097

pseudorotation　假旋转　02.0769

pseudostationary phase　准固定相，＊假固定相　03.1846

pseudo-symmetry　准对称性　04.1870

pseudotermination　假终止　05.0581

pseudo-unimolecular reaction　＊准单分子反应　04.0267

PST　肽序列标签　03.2591

pteridine　蝶啶　02.0378

PTFE　聚四氟乙烯　05.0225

PTHF　聚四氢呋喃　05.0243

PTV　程序升温蒸发器　03.1992

public exposure　公众照射　06.0447

puckered ring　折叠环　02.0780

pulse current　脉冲电流　03.1655

pulse damper　脉冲阻尼器　03.2009

pulse delay　脉冲延迟　03.2210

pulse flame photometric detector　脉冲火焰光度检测器　03.2056

pulse flip angle　脉冲倾倒角　03.2205

pulse Fourier transform electron spin resonance spectrometer　脉冲傅里叶变换电子自旋共振仪　03.2333

pulse Fourier transform nuclear magnetic resonance spectrometer　脉冲傅里叶变换核磁共振[波谱]仪　03.2195

pulse interval　脉冲间隔　03.2209

pulse ion extraction　脉冲离子引出，* 延迟引出技术　03.2493

pulse laser　脉冲激光器　04.1078

pulse magnetic field gradient technology　脉冲梯度场技术　03.2213

pulse mode pyrolyser　脉冲裂解器　03.2749

pulse polarography　脉冲极谱法　03.1478

pulse radiolysis　脉冲辐解　06.0349

pulse sequence　脉冲序列　03.2208

pulse voltammetry　脉冲伏安法　03.1479

pulse width　脉冲宽度　03.2204

pure ensemble　纯粹系综　04.1434

PUREX process　普雷克斯流程　06.0663

purine　嘌呤　02.0377

purine alkaloid　嘌呤[类]生物碱　02.0414

purity　纯度　03.0810

PVA　聚乙烯醇　05.0253

PVAc　聚乙酸乙烯酯　05.0250

PVB　聚乙烯醇缩丁醛　05.0255

PVC　聚氯乙烯　05.0219

PVDF　聚偏氟乙烯　05.0223

PVF　聚乙烯醇缩甲醛　05.0254

Py-GC　裂解气相色谱　03.2755

Py-GC-IR spectroscopy　裂解气相色谱-红外光谱　03.2756

Py-IR spectroscopy　裂解红外光谱　03.2757

Py-MS　裂解质谱分析　03.2759

pyramidal inversion　棱锥型翻转　02.0795

pyran　吡喃　02.0303

pyranium salt　吡喃盐　02.0306

pyranocoumarin　吡喃香豆素　02.0428

pyranone　吡喃酮　02.0305

pyranose　吡喃糖　02.1259

pyrazine　吡嗪　02.0318

pyrazole　吡唑，* 1,2-二唑　02.0281

pyrazolidine　吡唑烷，* 四氢吡唑　02.0289

pyrazoline　吡唑啉，* 二氢吡唑　02.0285

pyrazolone　吡唑啉酮，* 吡唑酮　02.0294

pyrene　芘　02.0169

pyridazine　哒嗪　02.0317

pyridine　吡啶，* 氮杂苯　02.0309

pyridine alkaloid　吡啶[类]生物碱　02.0394

pyrido[3,4-b]indole　吡啶并[3,4-b]吲哚　02.0385

pyrido[2,3-b]pyridine　吡啶并[2,3-b]吡啶　02.0380

pyridone　吡啶酮　02.0312

pyridoxal　吡哆醛　02.1363

pyridoxamine　吡哆胺　02.1365

pyridoxol　吡哆醇　02.1364

1-(2-pyridylazo)-2-naphthol　1-(2-吡啶基偶氮)-2-萘酚　03.0612

4-(2-pyridylazo)resorcinol　4-(2-吡啶基偶氮)间苯二酚，* 吡啶-(2-偶氮-4)间苯二酚　03.0613

pyrimidine　嘧啶　02.0319

pyrite　黄铁矿　01.0321

pyrocatechol violet　邻苯二酚紫　03.0611

pyrochlore　烧绿石，* 黄绿石　01.0251

pyroelectric crystal　热电晶体　04.1940

pyroelectricity　热释电性　01.0760

pyroelectric polymer　热电性聚合物　05.0119

pyrogallol　连苯三酚，* 焦性没食子酸　03.0534

pyrogallol tannin　可水解鞣质，* 焦性没食子鞣质　02.0546

pyroglutamic acid　焦谷氨酸　02.1353

pyrogram　裂解图　03.2750

pyrolusite　软锰矿　01.0292

pyrolysate　热解物　03.2751

pyrolyser　裂解器　03.2752

pyrolysis　热解　01.0414

pyrolysis-gas chromatography　裂解气相色谱法　03.1810

pyrolysis-gas chromatography　裂解气相色谱　03.2755

pyrolysis-gas chromatography-infrared spectroscopy　裂解气相色谱-红外光谱　03.2756

pyrolysis-infrared spectroscopy　裂解红外光谱　03.2757

pyrolysis-infrared spectrum　裂解红外光谱图　03.2758

pyrolysis-mass spectrometry　裂解质谱分析　03.2759

pyrolysis-mass spectrum　裂解质谱分析图　03.2760

pyrolysis reaction　裂解反应　03.2761

pyrolysis residue　裂解残留物　03.2762

pyrolysis thermogram　裂解热重分析　03.2763

pyrolytically coated graphite tube　热解涂层石墨管　03.1077

pyrolytic elimination　热解消除　02.1095

pyrolytic spectrum　热解光谱　03.1360

pyrolyzate　热解物　03.2751

pyrolyzer　裂解器　03.2752

pyroxene　辉石　01.0248

pyrrole　吡咯，＊氮杂环戊二烯　02.0270

pyrrolidine　＊吡咯烷　02.0271

pyrrolidine alkaloid　吡咯烷[类]生物碱，＊吡咯里啶类生物碱　02.0392

α-pyrrolidone　＊α-吡咯烷酮　02.0272

pyrrolinone　吡咯啉酮，＊氮杂环戊烯酮　02.0273

pyrrolizidine alkaloid　吡咯嗪[类]生物碱，＊吡咯里西啶[类]生物碱　02.0398

pyrrolizine　吡咯嗪　02.0382

pyrrolo[1,2-a]pyridine　＊吡咯并[1,2-a]吡啶　02.0381

pyrrolo[1,2-a]pyrrole　＊吡咯并[1,2-a]吡咯　02.0382

pyrrolysine　吡咯赖氨酸　02.1352

pyrrotriazole　四唑，＊焦三唑　02.0299

Q

QET　准平衡理论　03.2427

QM/MM method　量子力学-分子力学结合方法　04.1408

QMS　四极质谱仪　03.2585

QRTP　猝灭室温磷光法　03.1328

QSAR　定量结构-活性关系，＊定量构效关系　04.1156

Q-switched laser　Q 开关激光器　04.1085

quadrupole mass spectrometer　四极质谱仪　03.2585

qualitative analysis　定性分析　03.0001

qualitative spectral analysis　光谱定性分析　03.0918

quality control　质量控制　03.0347

quality management sample　质量控制样品　03.0816

quantification limit　定量限　03.0053

quantitative analysis　定量分析　03.0002

quantitative analysis of atomic spectral　原子光谱定量分析　03.0921

quantitative structure-activity relationship　定量结构-活性关系，＊定量构效关系　04.1156

quantization　量子化　04.1277

quantometer　光量计　03.0980

quantum chemistry　量子化学　04.1149

quantum crystal　量子晶体　04.1937

quantum dynamics　从头[计]算分子动力学　04.1453

quantum effect　量子效应　04.1165

quantum electrochemistry　量子电化学　04.0413

quantum mechanics　量子力学　04.1147

quantum number　量子数　04.1167

quantum state　量子态　04.1166

quantum yield　量子产率　04.0975

quartering　四分[法]　03.0062

quartet　四重峰　03.2280

quartz crystal microbalance　石英晶体微天平　03.0094

quartz furnace atomizer　石英炉原子化器　03.1075

quartz tube atom-trapping　石英管原子捕集法　03.1057

quasi-axial bond　似直立键　02.0784

quasi-chemical equilibrium of defect　缺陷的类化学平衡　01.0729

quasiclassical trajectory　准经典轨迹　04.0352

quasicontinuum　准连续区　04.1094

quasicrystal　准晶　04.1869

quasi-enantiomer　似对映体　02.0706

quasi-equatorial bond　似平伏键　02.0785

quasi-equilibrium theory　准平衡理论　03.2427

quasi-ergodic hypothesis　准各态历经假说　04.1417

quasi fissible nuclide　准易裂变核素　06.0164

quasi-free electron　准自由电子　06.0385

quasi-free electron approximation　准自由电子近似　01.0764

quasi-molecular ion　准分子离子　03.2426

quasi-racemate　似外消旋体　02.0738

quasi-racemic compound　似外消旋化合物　02.0739

quasi-reference electrode　准参比电极　04.0447

quasi-reversible process　准可逆过程　04.0504

quasi-reversible wave　准可逆波　03.1673

quassinane　苦木烷[类]　02.0519

quaternary ammonium compound　季铵化合物，＊四级

铵化合物　02.0040

quaternary structure　四级结构　02.1252

quenched room temperature phosphorimetry　猝灭室温磷光法　03.1328

quencher　猝灭剂　04.0987

quenching　猝灭　04.0986

quenching cross section　猝灭截面　04.1012

quenching effect of atomic fluorescence　原子荧光猝灭效应　03.1132

quick lime　生石灰，＊石灰　01.0261

quinaldic acid　喹哪啶酸　03.0531

quinaldine red　喹哪啶红　03.0584

quinazoline alkaloid　喹唑啉[类]生物碱　02.0413

quinhydrone　醌氢醌　02.0207

quinine sulfate　硫酸喹宁　03.0546

quinoline　喹啉，＊苯并[b]吡啶　02.0359

quinoline alkaloid　喹啉[类]生物碱　02.0400

8-quinoline carboxylic acid　8-喹啉羧酸　03.0530

2-quinoline carboxylic acid　＊2-喹啉羧酸　03.0531

quinolizidine alkaloid　喹嗪[类]生物碱，＊喹诺里西啶[类]生物碱　02.0396

quinolizine　喹嗪　02.0379

quinolone　喹诺酮　02.0361

quinone　醌　02.0200

quinone polymer　苯醌聚合物　05.0145

Q value　*Q* 值　05.0619

Q value [of a nuclear reaction]　[核反应的]Q 值　06.0206

R

R　伦琴　06.0416

Ra-Be neutron source　镭-铍中子源　06.0295

racemase　消旋酶　02.1428

racemate　外消旋体　02.0734

racemic compound　外消旋化合物　02.0735

racemic solid solution　外消旋固体溶液　02.0736

racemization　外消旋化　02.0733

rad　拉德　06.0414

radial development　径向展开[法]　03.2156

radial distribution function　径向分布函数　04.1856

radial function　径向函数　04.1194

radiation accident　辐射事故　06.0458

radiation beam　辐射束　06.0334

radiation biochemistry　辐射生物化学　06.0331

radiation chemical engineering　辐射化工　06.0329

radiation chemistry　辐射化学　06.0328

radiation chemistry yield　辐射化学产额，＊*G* 值　06.0345

radiation cleavage　辐射裂解　06.0371

radiation crosslinking　辐射交联　06.0368

radiation curing　辐射固化　06.0364

radiation damage　辐射损伤　06.0381

radiation damping　辐射阻尼　03.2217

radiation decay　辐射衰变　04.0973

radiation decomposition　辐[射分]解　06.0360

radiation degradation　辐射降解　05.0640

radiation dosimetry　辐射剂量学　06.0442

radiation enhancer　＊辐射增强剂　06.0375

radiation grafting　辐射接枝　06.0369

radiation graft polymerization　＊辐射接枝聚合　06.0369

radiation immobilization　辐射固定化　06.0363

radiation-induced autoxidation　辐射引发自氧化　06.0379

radiation-induced copolymerization　辐射共聚合　06.0356

radiation-induced disease　放射性疾病　06.0598

radiation induced grafting　辐射诱导接枝　05.0656

radiation induced mutation　辐射诱发突变　06.0377

radiation induction　辐射引发　06.0376

radiation [initiated] polymerization　辐射[引发]聚合　05.0431

radiation initiation　辐射引发　06.0376

radiation ionic poly-merization　辐射离子聚合　05.0442

radiationless transition　无辐射跃迁　04.0964

radiation modification　辐射改性　06.0362

radiation pasteurization　＊辐射灭菌　06.0382

radiation polymerization　辐射聚合　06.0370

radiation preservation　辐射保藏　06.0361

radiation processing　辐射加工　06.0330

radiation protection　辐射防护　06.0391

radiation resistance　抗辐射性　06.0353

radiation sensitizer　辐射敏化剂　06.0375

radiation source   辐射源   06.0336

radiation stability   * 辐射稳定性   06.0353

radiation sterilization   辐射消毒   06.0382

radiation synthesis   辐射合成   06.0365

radiation vulcanization   辐射硫化   05.1035

radiative capture   辐射俘获   06.0213

radiative capture cross-section   辐射俘获截面
06.0219

radiative energy transfer   辐射能量转移   04.0994

radiative transition   辐射跃迁   03.0908

radical anion   自由基负离子   02.0963

radical cation   自由基正离子   02.0962

radical copolymerization   自由基共聚合   05.0603

radical initiator   自由基引发剂   05.0526

radical ion   自由基离子   02.0961

radical trapping agent   自由基捕获剂   05.0583

radioactive aerosol   放射性气溶胶   06.0632

radioactive background   放射性本底   06.0054

radioactive beam   放射性束   06.0235

radioactive colloid   放射性胶体   06.0102

radioactive contamination   放射性污染   06.0104

radioactive cow   放射性核素发生器   06.0746

radioactive decay   放射性衰变   06.0016

[radioactive] decay chain   [放射性]衰变链   06.0046

[radioactive] decay constant   [放射性]衰变常数
06.0033

radioactive decay law   放射性衰变律   06.0047

[radioactive] decay scheme   [放射性]衰变纲图
06.0034

radioactive decay series   * 放射性衰变系   06.0046

[radioactive] decontamination   [放射性]去污   06.0103

radioactive deposit   放射性淀质   06.0099

radioactive element   放射性元素   06.0313

radioactive equilibrium   放射性平衡   06.0040

radioactive fallout   放射性沉降物, * 放射性散落物
06.0101

radioactive indicator   放射性指示剂   03.0562

radioactive nuclide   放射性核素   06.0006

radioactive purity   放射性纯度   06.0057

radioactive seed   放射性籽粒   06.0715

radioactive source   放射源   06.0335

radioactive standard   放射性标准   06.0055

radioactive standard source   放射性标准源   06.0056

radioactive waste   放射性废物   06.0100

radioactive waste management   放射性废物管理
06.0637

radioactive waste repository   放射性废物处置库
06.0647

radioactive waste treatment   放射性废物处理
06.0636

radioactive yield   放射性产额   06.0701

radioactivity   放射性   06.0014, [放射性]活度
06.0035

radioactivity detector   放射性检测器   03.2075

radioanalytical chemistry   放射分析化学   06.0481

radioassay   放射性检测   06.0537

radiocarbon chronology   放射性碳年代学   06.0757

radiochemical neutron activation analysis   放射化学中
子活化分析   06.0488

radiochemical purity   放射化学纯度   06.0058

radiochemical separation   放射化学分离   06.0078

radiochemical yield   放射化学产率   06.0059

radiochemistry   放射化学   06.0001

radioelectrochemical analysis   放射电化学分析
06.0531

radioelectrophoresis   放射电泳   06.0535

radioelement   放射性元素   06.0313

radio frequency cold crucible method   射频感应冷坩埚
法   01.0821

radio frequency spark   射频放电   03.2583

radioimmunoassay   放射免疫分析   06.0543

radioimmunoassay kit   放射免疫分析试剂盒   06.0544

radioimmunoelectrophoresis   放射免疫电泳   06.0536

radioimmunology   放射免疫学   06.0739

radioimmunoimaging   放射免疫显像   06.0728

radioimmunotherapy   放射免疫治疗   06.0740

radioisotope   放射性同位素   06.0002

radioisotope generator   放射性核素发生器   06.0746

radioisotope labeling   放射性同位素标记   06.0668

radioisotope smoke alarm   放射性同位素烟雾报警器
06.0749

radioisotope tracer   放射性同位素示踪剂   06.0674

radio-labeled compound   放射性标记化合物   06.0676

radio-labeling   放射性标记   06.0675

radioligand binding assay   放射性配基结合分析
06.0546

radioluminous materials   放射发光材料   06.0744

radiolysis   辐[射分]解   06.0360

radiometric calorimetry 放射量热法 06.0532

radiometric titration 放射性滴定 06.0534

radiometrology 放射计量学 06.0538

radionuclide 放射性核素 06.0006

radionuclide generator 放射性核素发生器 06.0746

radionuclide image 放射性核素显像 06.0706

radionuclide labeled compound 放射性核素标记化合物 06.0677

radionuclide migration 放射性核素迁移 06.0655

radionuclide purity ＊放射性核素纯度 06.0057

radionuclide therapy 放射性核素治疗 06.0741

radiopharmaceutical 放射性药物 06.0714

radiopharmaceutical chemistry 放射药物化学 06.0716

radiopharmaceutical therapy 放射药物治疗 06.0718

radiopharmacy 放射药物学 06.0717

radiophotoluminescence 放射光致发光 06.0745

radiopolarography 放射极谱法 06.0554

radioprotectant 辐射防护剂 06.0443

radioreceptor assay 放射性受体分析 06.0539

radio-release determination 放射性释放测定 06.0553

radiosensitization 辐射敏化，＊辐射增敏作用 06.0374

radius of gyration 回转半径 05.0711

radius ratio limit 极限半径比 04.1922

radwaste 放射性废物 06.0100

radwaste management 放射性废物管理 06.0637

raffinate 萃余液 06.0601

RAFTP 可逆加成断裂链转移聚合 05.0422

Raman activity 拉曼活性 03.1404

Raman effect 拉曼效应 03.1399

Raman inactivity 拉曼非活性 03.1405

Raman shift 拉曼位移，＊拉曼光谱频率 03.1406

Raman spectrometer 拉曼光谱仪 03.1420

Raman spectroscopy 拉曼光谱学 03.1408

Raman spectrum 拉曼光谱 03.1407

rancidity test of fat 油脂酸败试验 03.0479

random coil 无规卷曲 02.1413，无规线团 05.0678

random coil model 无规线团模型 05.0705

random coincidence 偶然符合 06.0138

random copolymer 无规共聚物 05.0035

random copolymerization 无规共聚 05.0605

random crosslinking 无规交联 05.0630

random degradation 无规降解 05.0643

random error 随机误差 03.0158

random factor 随机因素 03.0241

randomization 随机化 03.0364

randomized block design 随机区组设计 03.0285

random sample 随机样本 03.0363

random sampling 随机抽样 03.0356

random search 随机搜索 04.1473

random variable 随机变量 03.0120

random walk model 无规行走模型 05.0704

range 极差，＊全距 03.0199

range 射程 06.0143

Raoult law 拉乌尔定律 04.0172

rare earth complex ＊稀土金属有机配合物 02.1510

rare earth element 稀土元素 01.0075

rare gas 稀有气体 01.0091

rare metal 稀有金属 01.0090

rate constant 速率常数 04.0912

rate controlling step 速控步 04.0295

rate determining step ＊决速步 04.0295

rate of mass transfer 传质速率 03.1951

rate theory 速率理论 03.1944

RATRP 反向原子转移自由基聚合 05.0420

rauwolfia alkaloid 萝芙木生物碱 02.0409

raw data 原始数据 03.0365

raw rubber 生橡胶 05.0306

Rayleigh equation 瑞利公式 04.1549

Rayleigh factor 瑞利比，＊瑞利因子 05.0801

Rayleigh ratio 瑞利比，＊瑞利因子 05.0801

Rayleigh scattering 瑞利散射 03.1425

Rayleigh scattering spectrophotometry 瑞利散射分光光度法 03.1423

γ-ray spectrometry γ射线能谱法 06.0026

RCM 环合[烯烃]换位反应，＊关环转换反应 02.1185

R-control chart 极差控制图 03.0351

RDF 径向分布函数 04.1856

reaction adhesion 反应黏合 05.1075

reaction barrier 反应势垒 04.0970

reaction bonding 反应黏合 05.1075

reaction chromatography 反应色谱法 03.1759

reaction coordinate 反应坐标 04.0313

reaction cross section 反应截面 04.0370，06.0211

reaction energy barrier 反应能垒 04.0312

reaction gas 反应气 03.2459

reaction gas chromatography 反应气相色谱法 03.1807

reaction gas ion 反应气离子 03.2460

reaction injection molding 反应注塑 05.1014

reaction interval 反应间隔 03.2708

[reaction]mechanism [反应]机理，* [反应]历程 02.0862

reaction mechanism 反应机理 04.0290

reaction network 反应网络 04.0258

reaction order [总]反应级数 04.0260

reaction overpotential 反应过电势 04.0523

reaction path 反应途径 04.0253

reaction path degeneracy 反应途径简并 04.0284

reaction rate 反应速率 04.0254

reaction rate constant 反应速率常数 04.0257

reaction rate equation 反应速率方程 04.0256

reaction spinning 反应纺丝，* 化学纺丝 05.1050

reactive complex 活泼中间体，* 活泼络合物 02.0929

reactive extrusion 反应[性]挤出 05.1001

reactive heat-melting adhesive 反应性热熔胶 05.0379

reactive intermediate 活泼中间体，* 活泼络合物 02.0929

reactive oxygen species 活性氧[物种] 01.0593

reactive polymer 反应性聚合物 05.0088

reactive processing 反应[性]加工 05.0965

reactive scattering 反应性散射 04.0368

reactive species 活性种 05.0567

reactivity ratio 竞聚率 05.0602

reactor chemistry 反应堆化学 06.0581

reagent 试剂 03.0039

reagent blank 试剂空白 03.0879

reagent bottle 试剂瓶 03.0111

real crystal 实际晶体 04.1858

realgar 雄黄 01.0314

rearrangement 重排 02.1156

rearrangement ion 重排离子 03.2424

rearrangement reaction 重排反应 03.2423

rebound model 反弹模型 04.0385

receding contact angle 后退接触角 04.1672

receptor 受体 01.0185，02.1417

receptor imaging 受体显像 06.0720

reciprocal lattice 倒易晶格 04.1987

reciprocal linear dispersion 倒数线色散 03.0967

reciprocal space 倒易空间 04.1986

reciprocal vector 倒易矢量 04.1988

reciprocating piston pump 往复式活塞泵 03.2005

reclaimed rubber 再生胶 05.0310

recoil 反冲 06.0098

recoil chamber 反冲室 06.0233

recoil electron 反冲电子 06.0339

recoil energy 反冲[平动]能，* 反弹能 04.0377

recoil kinetic energy 反冲动能 06.0247

recoil labeling 反冲标记 06.0689

recoil nucleus 反冲核 06.0248

recoil range 反冲射程 06.0250

recoil technique 反冲技术 06.0249

reconstructed ion chromatogram 重建离子流色谱图 03.1896

reconstructed ion chromatogram 重建离子色谱图 03.2549

reconstructed ion electropherogram 重建离子流电泳图 03.1903

recorder 记录仪 03.2096

recovery 回收率 03.0056

recovery test 回收试验 03.0876

recrystallization 再结晶 04.1849，重结晶 04.1850

rectification 精馏 03.0648

recycling 再循环 06.0555

recycling chromatography 循环色谱法 03.1768

red lead 红铅，* 红丹，* 铅丹 01.0235

redox 氧化还原[作用] 01.0341

redox catalysis 氧化还原催化 04.0649

redox condensation method 氧化还原缩合法 02.1530

redox couple 氧化还原对 04.0485

redox flow battery 氧化还原液流电池 04.0566

redox initiator 氧化还原引发剂 05.0530

redox polymerization 氧化还原聚合 05.0424

REDOX process 雷道克斯流程 06.0664

redox resin 氧化还原树脂 05.0175

redox titration 氧化还原滴定法 03.0412

red shift 红移 03.1246

reduced cell 约化胞 04.1782

reduced equation of state 对比状态方程 04.0112

reduced variable 对比参数 04.0109

reduced viscosity * 比浓黏度 05.0787

reducible representation　* 可约表示　04.1498

reducing agent　还原剂　01.0193

reducing flame　还原性火焰　03.1042

reducing sugar　还原糖　02.1273

reductant　还原剂　01.0193

reduction　还原　01.0389

reduction current　还原电流　03.1650

reduction elimination　还原消除反应　01.0435

reduction oxidation process　雷道克斯流程　06.0664

reduction potential　还原电位　03.1715

reduction state　还原态　04.0423

reductive acylation　还原酰化　02.1143

reductive alkylation　还原烷基化　02.1142

reductive dimerization　还原二聚　02.1144

reductive elimination　还原消除[反应]　02.1531

reductive potentiometric stripping analysis　还原电位溶
　　出分析法　03.1493

reductive pyrolysis　还原裂解　03.2764

re-face　*re* 面　02.0730

referee analysis　仲裁分析　03.0008

reference beam　参比光束　03.1203

reference cell　参比池　03.2713

reference compound　参比物　03.2303

reference electrode　参比电极　03.1588

reference level　参考水平，* 零水平　03.0748

reference line　* 参比线　03.0933

reference material　标准物质　03.0070，参比物质
　　03.2711

reference solution　参比溶液　03.1725

reflection　反映　04.1812

reflection grating　反射光栅　03.0958

reflection high energy electron diffraction　反射式高能
　　电子衍射法　03.2662

reflection mode　反射检测模式　03.2534

reflection spectrum　反射光谱　03.1348

refractive index　折射率，* 折光率　03.1454

refractive index increment　折光指数增量，* 折射率增
　　量　05.0800

refractometer　折射仪，* 折光计　03.1455

regeneration　再生[作用]　04.0763

regioselectivity　区域选择性　02.1200

regiospecificity　区域专一性　02.1201

regression analysis　回归分析　03.0256

regression coefficient　回归系数　03.0272

regression curve　回归曲线　03.0270

regression equation　回归方程　03.0269

regression sum of square　回归平方和　03.0238

regression surface　回归曲面　03.0271

regular block　规整嵌段　05.0668

regular polyhedron　正多面体　04.1912

regular polymer　规整聚合物　05.0018

regular solution　正规溶液　04.0178

Rehm-Weller equation　伦姆-维勒方程　04.1003

reinforcing　增强　05.0973

reinforcing agent　增强剂　05.1104

reinitiation　再引发　05.0564

rejection region　拒绝域，* 否定域，* 舍弃域　03.0221

relative abundance　相对丰度　03.2399

relative activity　* 相对活度　04.0194

relative atomic mass　* 相对原子质量　01.0002

relativeconfiguration　相对构型　02.0657

relative correction factor　相对校正因子　03.2104

relative deviation　相对偏差　03.0182

relative error　相对误差　03.0164

relative intensity　相对强度　03.2401

relative method　相对法　06.0501

relative molecular mass　* 相对分子质量　01.0011

relative polarity of stationary liquid　固定液的相对极性
　　03.1850

relative retention value　相对保留值　03.1934

relative R_f value　相对 R_f 值　03.1936

relative sensitivity coefficient　相对灵敏度系数
　　03.2400

relative standard deviation　相对标准[偏]差　03.0183

relative viscosity　相对黏度　05.0785

relative viscosity increment　相对黏度增量　05.0786

relativistic effect　相对论效应　04.1223

relaxation　弛豫[作用]，* 松弛　05.0936

relaxation energy　弛豫能　03.2676

relaxation method　弛豫法　04.0396

relaxation modulus　弛豫模量　05.0937

relaxation process　弛豫过程　04.1437

relaxation reagent　弛豫试剂　03.2302

relaxation spectrum　弛豫谱　05.0941

relaxation time　弛豫时间　05.0940

relax effect　弛豫效应　03.2618

relax potential model　弛豫势能模型　03.2619

relay synthesis　接力合成　02.1214

releasing agent　释放剂　03.1093，脱模剂　05.1128

reliability　可靠性　03.0855

reliability ranking　可靠性顺序　03.2367

rem　雷姆　06.0415

REMPI　共振增强多光子电离　04.0363

repeatability　重复性　03.0369

repeller voltage　排斥电压　03.2576

replacement titration　置换滴定法　03.0400

replica grating　复制光栅　03.0955

repolymerization　再聚合　05.0410

representation theory　表示论　04.1496

reproducibility　再现性，＊重现性　03.0370

repulsive potential energy surface　推斥型势能面　04.0390

residence time　停留时间　04.0830

residual　残差，＊残余偏差　03.0172

residual coupling constant　剩余耦合常数　03.2253

residual current　残余电流　03.1664

residual entropy　残余熵　04.0091

residual [nuclear] radiation　剩余[核]辐射　06.0467

residual radiation　剩余辐射　06.0453

residual variance　残余方差　03.0193

residual variance factor　残差因子　04.2051

residue　残渣　03.0082

resilience　回弹，＊回弹性　05.0911

resin　树脂　05.0171

resin transfer molding　树脂传递模塑　05.0990

resite　丙阶酚醛树脂，＊不溶不熔酚醛树脂　05.0193

resitol　乙阶酚醛树脂，＊半熔酚醛树脂　05.0192

resol　甲阶酚醛树脂，＊可溶酚醛树脂　05.0191

resolution　拆分　02.0796，分辨率，＊分离度　03.0050

resonance atomic fluorescence　共振原子荧光　03.1119

resonance cross section　共振截面　06.0215

resonance effect　共振效应　02.0611

resonance energy　共振能　04.1280

resonance-enhanced multiphoton ionization　共振增强多光子电离　04.0363

resonance-enhanced Raman spectrometry　共振增强拉曼光谱法　03.1413

resonance fluorescence technique　共振荧光技术　04.1062

resonance light scattering　共振光散射　03.1410

resonance line　共振线　03.0932

resonance Raman spectrometry　共振拉曼光谱法　03.1411

resonance Rayleigh scattering　共振瑞利散射　03.1424

resonance stabilization　共振稳定化　03.2360

resonance theory　共振论　02.0610

response factor　响应因子　03.2105

restricted Hartree-Fock method　限制性的哈特里-福克方法　04.1363

restricted linear collision stopping power　＊有限线碰撞阻止本领　06.0436

restricted rotation　受阻旋转，＊阻碍旋转　02.0640

retardation　缓聚作用，＊延迟作用　05.0591

retardation time　推迟时间　05.0942

retardation [time] spectrum　推迟[时间]谱　05.0943

retarded deformation　延迟形变　05.0912

retarded elasticity　延迟弹性　05.0913

retarder　缓聚剂，＊阻滞剂　05.0593

retarding agent　缓聚剂，＊阻滞剂　05.0593

retention　保留　06.0096

retention factor　保留因子　03.1959

retention gap　保留间隙　03.2124

retention index　保留指数　03.1932

retention index qualitative method　保留指数定性法　03.2102

retention of configuration　构型保持　02.0787

retention qualitative method　保留值定性法　03.2100

retention temperature　保留温度　03.1933

retention time　保留时间　03.1923

retention volume　保留体积　03.1927

reticulated vitreous carbon electrode　网状玻碳电极　03.1599

retro Diels-Alder reaction　逆第尔斯-阿尔德反应　02.1084

retrograde aldol condensation　逆羟醛缩合　02.1120

retro-pinacol rearrangement　逆片呐醇重排　02.1165

retrosynthesis　逆合成，＊反合成　02.1211

reverse atom transfer radical polymerization　反向原子转移自由基聚合　05.0420

reverse double focusing mass spectrometer　反置双聚焦质谱仪　03.2568

reversed phase high performance liquid chromatography　反相高效液相色谱法　03.1778

reversed phase micelle extraction　反相胶束萃取　03.0887

reversed phase partition chromatography　* 反相分配色谱法　03.1778

reverse isotope dilution analysis　逆同位素稀释分析　06.0525

reverse micelle　反胶束，* 反胶团　04.1626

reverse microemulsion　反相微乳液　04.1752

reverse osmosis　反渗透　04.1538

reverse osmosis membrane　反渗透膜　05.1085

reversible addition fragmentation chain transfer polymerization　可逆加成断裂链转移聚合　05.0422

reversible adsorption　可逆吸附　04.1574

reversible gel　可逆凝胶　05.0734

reversible process　可逆过程　04.0040

reversible reaction　可逆反应　01.0340

reversible wave　可逆波　03.1672

reversible work　可逆功　04.0047

R_f value　R_f 值，* 比移值　03.1935

RHEED　反射式高能电子衍射法　03.2662

rhenium-osmium dating　铼-锇年代测定　06.0760

rheology　流变学　04.1714

RHF method　限制性的哈特里-福克方法　04.1363

rhodamine B　罗丹明 B，* 玫瑰红 B　03.0596

rhodamine 6G　罗丹明 6G，* 玫瑰红 6G　03.0595

rhodochrosite　菱锰矿　01.0327

rhombohedral lattice　R 晶格　04.1799

RIA　放射免疫分析　06.0543

RIA kit　放射免疫分析试剂盒　06.0544

ribonuclease　核糖核酸酶　01.0685

ribonucleic acid　核糖核酸　02.1298

ribose　核糖　02.1281

Rice-Ramsperger-Kassel-Marcus theory　RRKM 理论　04.0273

Rice-Ramsperger-Kassel theory　RRK 理论　04.0272

RIDA　逆同位素稀释分析　06.0525

rider　游码　03.0096

Rietveld method　里特沃尔德法　04.2049

rigid chain　刚性链　05.0684

rigid chain polymer　刚性链聚合物　05.0042

rigid rotator　刚性转子　04.1296

RIM　反应注塑　05.1014

ring-chain tautomerism　环-链互变异构　02.0636

ring closure　环合　02.1080

ring closure metathesis　环合[烯烃]换位反应，* 关环[烯烃]互换反应　02.1185

ring contraction　缩环[反应]　02.1161

ringed spherulite　环带球晶　05.0868

ring electrode　环形电极　03.2523

ring enlargement　扩环[反应]　02.1162

ring expansion　扩环[反应]　02.1162

ring inversion　环翻转　02.0754

ring opening copolymerization　开环共聚合　05.0611

ring opening metathesis polymerization　开环易位聚合　05.0436

ring opening polymerization　开环聚合　05.0475

ring reversal　环翻转　02.0754

ring test　环试验　03.0468

ripening　熟化　05.1066

R[L]BA　放射性配基结合分析　06.0546

RM　标准物质　03.0070

RNA　核糖核酸　02.1298

RNAA　放射化学中子活化分析　06.0488

robustness regression　稳健回归　03.0261

rock salt　岩盐　01.0324

rod-coil block copolymer　刚-柔嵌段共聚物　05.0045

rodlike chain　棒状链　05.0686

rodlike polymer　棒状聚合物　05.0061

roentgen　伦琴　06.0416

ROESY　旋转坐标系的欧沃豪斯增强谱　03.2270

Rohrschneider constant　罗尔施奈德常数　03.1851

ROMA　转轮多探测器分析器　06.0265

ROMP　开环易位聚合　05.0436

room temperature phosphorimetry　室温磷光法　03.1326

root-mean-square deviation　* 均方根偏差　03.0176

root-mean-square end-to-end distance　均方末端距　05.0717

ROS　活性氧[物种]　01.0593

rose bengal　玫瑰红，* 虎红　03.0597

rotamer　旋转异构体　02.0741

rotating disc reactor　转盘式反应器　04.0891

rotating disk electrode　旋转圆盘电极　03.1647

rotating electrode　旋转电极　03.1646

rotating frame Overhauser-enhancement spectroscopy　旋转坐标系的欧沃豪斯增强谱　03.2270

rotating ring-disk electrode　旋转环盘电极　04.0455

rotating sector method　旋转光闸法，* 间歇光照法

05.0584

rotating thin layer chromatograph　旋转薄层色谱仪　03.2081

rotating thin layer chromatography　旋转薄层色谱法　03.1817

rotating wheel multi-detector analyzer　转轮多探测器分析器　06.0265

rotation　旋转　04.1811

rotation axis　旋转轴　04.1855

rotational barrier　旋转能垒　02.0768

rotational diffusion　转动扩散　04.1533

rotational energy of molecule　分子转动能　04.1282

rotational invariance　*旋转不变性　04.1159

rotational molding　滚塑　05.1013

rotational partition function　转动配分函数　04.0234

rotational relaxation time　转动弛豫时间　04.1102

rotational spectrum　转动光谱　04.1486

rotation inversion　旋转倒反　04.1814

rotation-inversion axis　反轴　04.1821

rotaxane　轮烷　02.0847

rotenoid　鱼藤酮类黄酮　02.0448

rotoinvertion　旋转倒反　04.1814

round-off error　修约误差　03.0390

round-off method　修约方法　03.0389

routine analysis　例行分析　03.0007

rovibronic spectrum　[电子]振转光谱　04.1479

Rowland circle　罗兰圆　04.1996

RP-HPLC　反相高效液相色谱法　03.1778

r-process　r过程，*快过程　06.0767

RRKM theory　RRKM理论　04.0273

RRK theory　RRK理论　04.0272

RS　瑞利散射　03.1425

RSD　相对标准[偏]差　03.0183

R-S system of nomenclature　*R-S*命名体系　02.0701

RTM　树脂传递模塑　05.0990

RTP　室温磷光法　03.1326

rubber　橡胶　05.0303

rubber latex　橡胶胶乳　05.0308

rubbery state　橡胶态　05.0895

rubidium-strontium dating　铷-锶年代测定　06.0762

ruby　红宝石　01.0282

rule of rounding off　修约规则　03.0391

ruthenocene　二茂钌　02.1467

rutile　金红石　01.0291

Rydberg state　里德伯态　04.1216

Rydberg transition　里德伯跃迁　04.0963

S

saccharide　糖　02.1254

saddle point　鞍点　04.0308

Saha equation　沙哈方程　03.0995

salicylaldoxime　水杨醛肟　03.0541

salt　盐　01.0126

salt bridge　盐桥　03.1710

salt effect　盐效应　03.0722

salt-free process　无盐过程　06.0606

salting in effect　盐溶效应　03.0724

salting out effect　盐析效应　03.0723

saltpeter　[钾]硝石，*火硝，*土硝　01.0254

SAM　扫描俄歇微探针[法]　03.2634

samarium-neodymium dating　钐-钕年代测定　06.0763

sample　试样，*样品　03.0063，样本，*子样　03.0118

sample application　点样　03.2114

sample capacity　样本容量　03.0362

sample cell　样品池　03.2712

sample contamination　样品污染　03.0867

sampled-current voltammetry　取样电流伏安法　04.0615

sample deviation　样本偏差　03.0174

sample injector　进样器　03.1984

sample introduction　样品导入　03.2552

sample loop　定量环，*定量管，*样品环　03.1989

sample mean　样本平均值　03.0148

sample pretreatment　样品预处理，*前处理　03.0856

sample size　进样量　03.0064

sample spotter　点样器　03.1990

sample value　样本值　03.0146

sample variance　样本方差　03.0189

sampling　取样，*采样　03.0058

sampling cone　采样锥　03.0686

sampling inspection　*抽样检查　03.0361

sampling test　抽样检验　03.0361

Sandell index 桑德尔指数 03.1193

sandwich compound 夹心化合物 02.1458

sandwich coordination compound 夹心配合物 01.0507

α-santalane α檀香烷[类] 02.0485

saponification 皂化 02.1106

saponification number 皂化值 03.0778

saponin 皂苷，* 皂甙 02.0541

sapphire 蓝宝石 01.0283

saturated calomel electrode 饱和甘汞电极 03.1594

saturated polyester 饱和聚酯 05.0264

saturated rubber 饱和橡胶 05.0315

saturated solution 饱和溶液 01.0036

saturation [磁]饱和 03.2190

saturation effect of atomic fluorescence 原子荧光的饱和效应 03.1133

saturation transfer 饱和转移 03.2313

sawhorse projection 锯木架形投影式 02.0679

saxitoxin 石房蛤毒素 02.0571

SAXS X射线小角散射 03.1160

Saytzeff rule 札依采夫规则 02.1015

s-block element s 区元素 01.0076

SBR 丁苯橡胶 05.0324

SBS 苯乙烯-丁二烯-苯乙烯嵌段共聚物 05.0347

sc * 顺错 02.0744

scalar coupling 标量耦合 03.2251

scale factor 标度因子 04.2028

scaler 定标器 06.0132

scaling theory 标度理论 04.1298

scanning Auger microprobe 扫描俄歇微探针[法] 03.2634

scanning electrochemical microscope 扫描电化学显微镜 03.1553

scanning electrochemical microscopy 扫描电化学显微术 04.0632

scanning electron microscope 扫描电子显微镜 04.0821

scanning infrared spectrophotometer 扫描红外分光光度计 03.1391

scanning near field optical microscope 扫描近场光学显微镜 03.2672

scanning probe microscope 扫描探针显微镜 04.2056

scanning proton microscopy 扫描质子微探针 06.0521

scanning thin layer chromatography 扫描薄层色谱法 03.1818

scanning transmission ion microscope 扫描透射离子显微镜 06.0520

scanning tunneling spectroscopy 扫描隧道谱法 03.2659

scanning tunnelling microscopy 扫描隧道显微术 03.0114

scanning tunnel microscope 扫描隧道显微镜 03.2658

scan range 扫描范围 03.2579

scattered radiation 散射辐射 06.0468

scattering angle 散射角 04.0369

scattering cross section 散射截面 06.0216

scattering efficiency 散射效率 04.1544

scattering matrix 散射矩阵 04.1187

scavenger 清除剂 06.0105

SCE 饱和甘汞电极 03.1594

scheelite 白钨矿 01.0309

Scherrer equation 谢乐公式 04.2011

Schiff base 席夫碱 03.0643

Schiff reagent 席夫试剂,* 品红亚硫酸试剂 03.0524

Schöenflies symbol 熊夫利记号 04.1839

Schottky defect 肖特基缺陷 01.0722

Schrock carbene complex * 史罗克卡宾配合物 02.1515

Schrödinger equation 薛定谔方程 04.1306

Schulze-Hardy rule 舒尔策-哈代规则 04.1692

Schulz-Zimm distribution 舒尔茨-齐姆分布 05.0755

scintillation cocktail 闪烁液 06.0126

scintillation counter 闪烁探测器 06.0121

scintillation detector 闪烁探测器 06.0121

scorching 焦烧 05.1028

scorch retarder 防焦剂 05.1096

scorpion toxin 蝎毒素 02.1397

SCOT column 载体涂渍开管柱 03.2016

screen printing electrode 丝网印刷电极 04.0459

screw axis 螺旋轴 04.1822

screw rotation 螺旋旋转 04.1815

scrubbing 洗涤 06.0603

SCT 简单碰撞理论 04.0300

SDC 剪切驱动色谱法 03.1766

SDMS 自发解吸质谱法 03.2429

sealed source 密封源 06.0402

SEC 尺寸排阻色谱法 03.1751

SECM 扫描电化学显微术 04.0632

secondary battery 蓄电池，* 二次电池 04.0548

secondary crystallization 二次结晶 05.0860

secondary electron 次级电子，* 二次电子 03.2653

secondary extinction 次级消光 04.2031

secondary fragment 次级裂片 06.0172

secondary ion 次级离子 03.2437

secondary ion mass spectrometry 二次离子质谱法
03.2354

secondary isotope effect 二级同位素效应 02.0918

secondary photochemical process 次级光化学过程
04.1040

secondary process of radiation chemistry 辐射化学次
级过程 06.0367

secondary radiation 次级辐射 06.0359

secondary relaxation 次级弛豫 05.0951

secondary standard 二级标准 03.0072

secondary structure 二级结构 02.1250

secondary transition * 次级转变 05.0951

secondary X-ray fluorescence 次级 X 射线荧光 03.1161

secondary X-ray fluorescence spectrometry 次级 X 射
线荧光光谱法 03.1142

second field-free region 第二无场区 03.2517

second harmonic alternating current voltammetry 二阶
谐波交流伏安法 03.1471

second order phase transition 二级相变 04.0146

second order reaction 二级反应 04.0264

second order spectrum 二级图谱 03.2236

sector-type magnetic mass spectrometer 扇形场质谱仪
03.2582

secular equation 久期方程 04.1311

secular equilibrium 长期平衡 06.0041

sedimentation 沉降 04.1527

sedimentation coefficient 沉降系数 05.0782

sedimentation equilibrium 沉降平衡 05.0781

sedimentation equilibrium method 沉降平衡法
05.0784

sedimentation potential 沉降电势 04.1529

sedimentation velocity 沉降速度 04.1528

sedimentation velocity method 沉降速度法 05.0783

seeding polymerization 种子聚合 05.0505

segmental motion 链段运动 05.0874

segregation 分凝 05.0870

selected ion detection * 选择离子检测 03.2537

selected ion monitoring 选择离子监测 03.2537

selection rule 选择定则 04.1477

selective adsorption 选择吸附 04.1595

selective catalytic reduction 选择催化还原 04.0865

selective detector 选择性检测器 03.2044

selective hydrogenation 选择加氢 04.0855

selective ion chromatogram 选择离子色谱图
03.1898

selective ion electropherogram 选择离子电泳图
03.1904

selective oxidation 选择氧化 04.0845

selective pulse 选择性脉冲 03.2214

selective reagent 选择[性]试剂 03.0074

selectivity 选择性 03.0073

selectivity factor 选择性因子 03.1960

selenocarbonyl 硒羰基 02.1536

selenocysteine 硒代半胱氨酸 02.1351

selenophene 硒吩 02.0300

selenylation 硒化 02.1068

self-absorption 自吸收 06.0108

self-absorption background correction method 自吸收
校正背景法 03.1106

self-absorption broadening 自吸展宽 03.1018

self-assembled layer modified electrode 自组装膜修饰
电极 03.1640

self-assembled membrane 自组装膜 03.1638

self-assembled monolayer membrane 自组装单层膜
03.1639

self-assembly 自组装 01.0450

self-avoiding random walk model 自避随机行走模型
05.0706

self-consistent field 自洽场方法 04.1359

self crosslinking 自交联 05.0625

self-diffusion 自扩散 06.0107

self-discharge 自放电 04.0581

self indicator method 自身指示剂法 03.0557

self-ionization spectroscopy 自电离谱法 03.2673

self-organization phenomenon 自组织现象 04.0215

self propagation 自增长 05.0615

self quenching 自猝灭 04.0992

self-radiolysis 自辐解 06.0386

self-redox reaction 自氧化还原反应 01.0342

self-reinforcing polymer 自增强聚合物 05.0092

self-scattering 自散射 06.0109

self termination 自终止 05.0582

SEM 扫描电子显微镜 04.0821

semibridging carbonyl 半桥羰基 02.1532

semibridging group 半桥基 01.0198

semicarbazone 缩氨基脲 02.0079

semiconducting polymer 高分子半导体 05.0116

semiconductor 半导体 01.0698

semiconductor detector 半导体探测器 06.0115

semiconductor electrode 半导体电极 04.0452

semiconductor laser 半导体激光器, *二极管激光器 04.1082

semiconductor photocatalyst 半导体光催化剂 04.0688

semicontinuous polymerization 半连续聚合 05.0511

semi-crystalline polymer 半结晶聚合物 05.0830

semi-differential voltammetry 半微分伏安法 03.1498

semiempirical molecular orbital method 半经验分子轨道法 04.1374

semi-flexible chain polymer 半柔性链聚合物 05.0044

semi-fusion method 半熔法 03.0863

semi-integral voltammetry 半积分伏安法 03.1497

semi-interpenetrating polymer network 半互穿聚合物网络 05.0079

semimicelle 半胶束 04.1643

semimicro analysis 半微量分析 03.0032

semimicro [analytical] balance 半微量天平 03.0090

semipermeable membrane 半透膜 05.1084

semi-pinacol rearrangement 半片呐醇重排 02.1166

semiquantitative analysis 半定量分析 03.0447

semi-quantitative spectral analysis 光谱半定量分析 03.0920

semiquinone 半醌 02.0208

semi-regular polyhedra 半正多面体 04.1918

semi-synthetic fiber 半合成纤维 05.0351

sensitive line 灵敏线 03.0931

sensitivity 灵敏度 03.0044

sensitization 敏化 04.1691

sensitized atomic fluorescence 敏化原子荧光 03.1129

sensitized room temperature phosphorimetry 敏化室温磷光法 03.1327

sensitizer 敏化剂 01.0771

sensor 传感器 03.1564

separant 隔离剂 05.1133

separate impregnation [method] 分步浸渍[法] 04.0717

separating unit 分离单元 06.0570

separation factor *分离因子 03.1960

separation number 分离数 03.1958

separation potential 分离势 06.0571

separative work 分离功 06.0572

separatory funnel 分液漏斗 03.0685

sequence length distribution 序列长度分布 05.0621

sequential analysis 序贯分析, *序贯抽样 03.0360

sequential copolymer 序列共聚物 05.0034

sequential fission 继发裂变 06.0159

sequential polymerization 序列聚合 05.0481

sequential programmable synthesis 连续合成 02.1215

sequential pyrolysis 连续热解分析 03.2765

sequential reaction *后继反应 04.1040

sequential scanning inductively coupled plasma spectrometer 顺序扫描电感耦合等离子体光谱仪 03.0981

sequential search 序贯寻优 03.0303

serine L-丝氨酸 02.1341

SERRS 表面增强共振拉曼散射 03.1415

SERS 表面增强拉曼散射 03.1409, 表面增强拉曼光谱法 03.1414

sesquilignan 倍半木脂体 02.0452

sesquioxide 倍半氧化物 01.0143

sesquiterpene 倍半萜 02.0468

sessile drop method 躺滴法 04.1571

sesterterpene 二倍半萜 02.0512

SET 单电子转移 02.0988

setting 定形 05.1067

sex hormone 性激素 02.1447

SFC 超临界流体色谱[法] 03.1802

SGRDC γ射线剂量率常数 06.0407

shallow land burial 浅层掩埋 06.0649

shaped catalyst 成型催化剂 04.0668

shape isomer 形状同质异能素 06.0169

shape memory effect 形状记忆效应 04.1948

shape-memory macromolecule 形状记忆高分子 05.0083

shape-selective effect 择形效应 04.0772

shape selectivity 择形选择性 04.0840

sharpness index　敏锐指数　03.0850

shear-driven chro-matography　剪切驱动色谱法　03.1766

shearing　剪切　04.1734

shear structure　*切变结构　01.0731

shear thickening　剪切稠化　04.1735

shear thinning　剪切变稀　05.0928

shear viscosity　剪切黏度　05.0794

sheath-core fiber　皮芯纤维　05.1060

sheathed flame　屏蔽火焰　03.1049

β-sheet　*β片[层]　02.1411

shellac 紫胶，*虫胶　05.0148

shell model　壳[层]模型　06.0061

shield　屏蔽体　06.0460

shielded cave　屏蔽[地下]室　06.0240

shielded flame　屏蔽火焰　03.1049

shielded nuclide　受屏蔽核　06.0183

shielded room　屏蔽室　06.0241

shielding　屏蔽　06.0459

shielding constant　屏蔽常数　03.2187

shielding effect　屏蔽效应　04.1276

shielding factor　屏蔽因子　04.0542

shielding transmission ratio [for X-ray or neutron]　[X射线或中子]屏蔽穿透比　06.0478

shift factor　平移因子，*移动因子　05.0956

shift reagent　位移试剂　03.2308

shim coil　匀场线圈　03.2225

shimming　匀场　03.2224

shish-kebab structure　串晶结构　05.0840

shock molding　冲压模塑　05.0983

shock tube　激波管　04.0402

short chain branch　短支链　05.0722

short circuit current　短路电流　04.0582

short range force　*短程力　04.1293

short-range intramolecular interaction　近程分子内相互作用　05.0709

short-range order　短程有序　04.1883

short-range structure　近程结构　05.0854

shoulder　肩峰　03.1915

SI　表面电离　03.2431

SIBR　苯乙烯-异戊二烯-丁二烯橡胶　05.0322

SID　表面诱导电离　03.2432，*选择离子检测　03.2537

side band　*边带　03.2226

side-bound ligand　侧连配体　02.1486

side chain　侧链　02.1381

side chain liquid crystalline polymer　侧链型液晶聚合物　05.0131

side-on ligand　侧连配体　02.1486

side reaction　副反应　01.0438

side reaction coefficient　副反应系数，*α系数　03.0765

siderophore　铁结合物，*铁载体　01.0598

sievert　希[沃特]　06.0413

si-face　si 面　02.0731

sighting distance　*瞄准距离　06.0210

sigmatropic rearrangement　σ迁移重排　02.1175

signal background ratio　信背比　03.0372

signal peptide　信号肽　02.1395

signal to noise ratio　信噪比　03.0051

significance level　显著性水平　03.0205

significance test　显著性检验　03.0204

significant difference　显著性差异　03.0206

significant figure　有效数字　03.0388

sign test method　符号检验法　03.0227

silabenzene　硅杂苯　02.0308

silane　硅烷　01.0157

silane coupling agent　硅烷偶联剂　05.1100

silanetetramine　四氨基硅烷　02.0228

silazane　氨基硅烷　02.0223

silene　硅碳烯　02.0219

silica　硅石　01.0241

silica gel　硅胶　03.2020

silicane　硅烷　01.0157

silicate polymer　硅酸盐聚合物　05.0147

silication　硅化作用　01.0445

silicone resin　有机硅树脂　05.0209

silicone rubber　硅橡胶　05.0341

silicon surface barrier detector　硅面垒探测器　06.0119

silicon surfactant　硅表面活性剂　04.1622

Si -Li detector　硅-锂探测器　06.0118

siloxane　硅氧烷　01.0158

siloxene indicator　硅氧烯指示剂　03.0563

silver mirror test　银镜试验　03.0481

silver-zinc battery　银锌电池　04.0558

silyl amide　硅胺　02.0225

silylation　硅烷[基]化　02.1025

silylene　硅烯　02.0980

silyl imine 硅亚胺 02.0226

silylium ion 硅正离子 02.0956

silyl radical 硅自由基 02.0955

silyne 硅碳炔 02.0220

SIM 选择离子监测 03.2537

simple collision theory 简单碰撞理论 04.0300

simplex 单纯形 03.0292

simplex optimization 单纯形优化 03.0293

SIMS 二次离子质谱法 03.2354

simulated annealing 模拟退火 03.0318

simulated spectrum 模拟谱 03.2318

simultaneous 共辐射接枝 06.0373

simultaneous differential scanning calorimetry and reflective light intensity 差示扫描量热法与反射光强度测定法联用 03.2785

simultaneous differential thermal analysis and microscope 差热分析与显微镜联用 03.2784

simultaneous techniques of thermal analysis 热分析联用技术 03.2778

simultaneous thermal analysis and gas chromatography 热分析与气相色谱联用 03.2779

simultaneous thermal analysis and mass spectrometry 热分析与质谱联用 03.2780

simultaneous thermogravimetry and coulomb analysis 热重法与库仑分析联用 03.2781

simultaneous thermogravimetry and differential scanning calorimetry 热重法与差示扫描量热法联用 03.2787

simultaneous thermogravimetry and differential thermal analysis 热重法与差热分析联用 03.2786

simultaneous thermogravimetry and electron paramagnetic resonance 热重法与顺磁共振联用 03.2782

simultaneous thermogravimetry and thermophotometry 热重法与热光度法联用 03.2788

single-atom chemistry 单个原子化学 06.0261

single beam spectrophotometer 单光束分光光度计 03.1254

single bond 单键 04.1228

single cell analysis 单细胞分析 03.0024

single collector 单接收器 03.2528

single crystal 单晶 04.1859

single crystal electrode 单晶电极 04.0450

single crystal X-ray diffractometry 单晶 X 射线衍射法 03.1157

single electron transfer 单电子转移 02.0988

single electron transfer reaction 单电子转移反应 02.1139

single focusing mass spectrometer 单聚焦质谱仪 03.2562

single ion monitoring 单离子监测 03.2529

single molecule analysis 单分子分析 03.0023

single molecule detection 单分子探测 04.0268

single pan balance 单盘天平 03.0087

[single particle] distribution function [单粒子]分布函数 04.1422

single path reaction 单一路径反应 04.0927

single photon camera 单光子照相机 06.0708

single photon counting 单光子计数技术 04.1113

single photon emission computed tomography 单光子发射计算机断层显像 06.0712

single-potential-step method 单电位阶跃法 03.1523

single-reference configuration interaction 单参考组态相互作用法 04.1399

single-step chronocoulometry 单阶跃计时库仑法 03.1525

singlet 单峰 03.2276

singlet oxygen 单重态氧 04.1031

singlet state 单线态，* 单重态 03.1336

singly and doubly excited configuration interaction 单双激发组态相互作用法 04.1398

sintered-glass filter crucible [烧结]玻璃砂[滤]坩埚 03.0104

sintering 烧结 01.0807

sinter molding 烧结成型 05.1017

siphon injection 虹吸进样 03.2117

SIPN 半互穿聚合物网络 05.0079

SIS 苯乙烯-异戊二烯-苯乙烯嵌段共聚物 05.0348

site occupation factor 占有率 04.1904

site symmetry 位点对称性 04.1836

size consistency 广度一致性，* 大小一致性 04.1158

size exclusion chromatography 尺寸排阻色谱法 03.1751

skeletal catalyst 骨架催化剂 04.0665

skeletal electron theory 骨架电子理论 02.1533

skeletal isomerization 骨架异构化 04.0860

skew boat conformation * 扭船型构象 02.0757

skew conformation 邻位交叉构象 02.0752

skin and core effect　皮芯效应　05.1061

slaked lime　熟石灰，* 消石灰　01.0262

Slater-Condon rules　斯莱特-康顿规则　04.1334

Slater theory　斯莱特理论　04.0274

Slater type orbital　斯莱特型轨道　04.1333

slipped sandwich structure　滑移夹心结构　02.1534

slit　狭缝　03.0951

slot burner　缝式燃烧器　03.1034

slotted-tube atom trap　缝管原子捕集　03.1055

slurry bed reactor　浆态床反应器　04.0889

slurry impregnation [method]　泥浆浸渍[法]，* 浆液浸渍[法]，* 浆态浸渍[法]　04.0715

slurry packing　* 匀浆填充　03.2119

slurry polymerization　淤浆聚合　05.0500

slurry sampling　* 浆液进样　03.1059

small angle strain　小角张力　02.0644

small angle X-ray scattering　X 射线小角散射　03.1160

small area analysis by X-ray photoelectron spectroscopy　X 射线光电子能谱小面积分析法　03.2611

small ring　小环　02.0585

S matrix　散射矩阵　04.1187

SMDE　静汞滴电极　04.0449

smectic phase　近晶相　02.0238

Smith-Hieftje background correction method　自吸收校正背景法　03.1106

SMSI　金属载体强相互作用　04.0897

SN　分离数　03.1958

soap film flow meter　皂膜流量计　03.1996

soap-free emulsion polymerization　* 无皂液聚合　05.0507

SOD　超氧化物歧化酶　01.0663

soda　纯碱，* 苏打　01.0209

sodalite　方钠石　01.0275

sodium diphenylaminesulfonate　二苯胺磺酸钠　03.0623

sodium-sulfur battery　钠硫电池　04.0561

sodium tetraphenylborate　四苯硼钠　03.0542

SOF　占有率　04.1904

SOFC　固体氧化物燃料电池　04.0556

soft acid　软酸　01.0111

soft base　软碱　01.0112

softening temperature　软化温度　05.0957

soft matter　软物质　04.1507

soft water　软水　01.0152

soil analysis　土壤分析　03.0454

sol　溶胶　04.1684

solar cell　太阳[能]电池　04.0572

sol-gel method　溶胶-凝胶法　01.0824

sol-gel transformation　溶胶-凝胶转化　05.0735

solid acid　固体酸　01.0705

solid acid catalyst　固体酸催化剂　04.0655

solid basic catalyst　固体碱催化剂　04.0656

solid electrolyte　固体电解质　01.0699

solid energy band theory　固体能带理论　04.1263

solid fluorescence analysis　固体荧光分析　03.1296

solidification of radioactive waste　放射性废物固化　06.0638

solid-liquid extraction　固液萃取　03.0891

solid oxide fuel cell　固体氧化物燃料电池　04.0556

solid phase extraction　固相萃取　03.0889

solid phase extrusion　固相挤出　05.1002

solid phase micro-extraction　固相微萃取　03.0890

solid phase organic synthesis　固相有机合成　02.1244

solid phase peptide synthesis　固相肽合成法　02.1399

solid phase polycondensation　固相缩聚　05.0517

solid phase polymerization　固相聚合　05.0495

solid phase spectrophotometry　固相分光光度法　03.1233

solid radwaste　固体放射性废物　06.0633

solid solution　固溶体　01.0691

solid state electrochemistry　固态电化学　04.0416

solid state ionics　固态离子学　04.0418

solid state laser　固体激光器　04.1081

solid state nuclear track detector　固体核径迹探测器　06.0127

solid state reaction　固相反应　01.0804

solid-substrate room temperature phosphorimetry　固体基质室温磷光法　03.1332

solid surface chemiluminescence　固体表面化学发光　03.1269

soliton　孤子　04.0982

solubility　溶解度　01.0035

solubility parameter　溶解度参数　03.1869，溶度参数　05.0773

solubility product　溶度积　01.0039

solubilization　增溶作用　04.1647

solute　溶质　01.0033

solute property detector 溶质性质检测器 03.2046

solution 溶液 01.0031

solution method 溶液法 02.1398

solution polymerization 溶液聚合 05.0498

solution polymerized styrene-butadiene rubber 溶聚丁苯橡胶 05.0325

solution resistance 溶液电阻 04.0625

solution spinning 溶液纺丝 05.1042

solvate 溶剂合物 01.0156

solvated electron 溶剂化电子 06.0340

solvated metal atom impregnation [method] 溶剂化金属原子浸渍[法] 04.0718

solvated proton 溶剂化质子 03.0664

solvate isomerism 溶剂合异构 01.0548

solvation 溶剂化 01.0417

solvation model 溶剂化模型 04.1474

solvatochromism 溶致变色 04.1143

Solvay process * 索尔维法 01.0409

solvent 溶剂 01.0032

solvent-assisted spreading [method] 溶剂助分散[法] 04.0722

solvent cage 溶剂笼 04.0337

solvent effect 溶剂效应 02.0986

solvent elimination technique 溶剂峰消除技术 03.2316

solvent extraction method 溶剂萃取法 03.0881

solvent-free reaction 无溶剂反应 02.1198

solvent-induced symmetry breaking 溶剂诱导对称破坏 04.1052

solvent isotope effect 溶剂同位素效应 02.0922

[solvent]polarity [溶剂]极性 02.1012

solvent polarity parameter 溶剂极性参数 04.1053

solvent shift 溶剂位移 03.2246

solvent strength 溶剂强度 03.1870

solvent suppression technique * 溶剂峰抑制技术 03.2316

solvolysis 溶剂解 01.0367

solvothermal method 溶剂热法 01.0823

solvothermal synthesis 溶剂热合成 04.0730

solvothermal treatment 溶剂热处理 04.0731

sonic spray ionization 声波喷雾电离 03.2502

sonochemical synthesis 声化学合成 02.1196

sonoluminescence 声致发光 04.1059

Soret band 索雷谱带 01.0659

β-source β源 06.0400

γ-source γ源 06.0401

α-source α源 06.0399

Soxhlet extraction method 索氏萃取法，* 索氏抽提法 03.0865

sp * 顺叠 02.0744

space auto correlation function 空间自相关函数 04.1440

space charge capacitance 空间电荷电容 04.0500

space charge effect 空间电荷效应 03.2368

space charge region 空间电荷区 04.0499

space correlation function 空间相关函数 04.1439

space-time yield 时空收率，* 产率 04.0834

space velocity 空速 04.0831

spallation neutron source 散裂中子源 06.0284

spallation product 散裂产物 06.0283

spallation [reaction] 散裂[反应] 06.0282

spark ionization 火花放电电离 03.2469

spark source [电]火花光源 03.0942

spark source mass spectrometry 火花放电质谱法 03.2364

spark spectrum 火花光谱 03.0923

SPE 固相萃取 03.0889

species analysis 形态分析，* 物种分析 03.0027

specific absorptivity 比吸光系数 03.1187

specific activity 比活性 02.1423，比活度 06.0039

specific adsorption 特性吸附 04.0502

specifically labeled compound 定位标记化合物 06.0680

specific gamma ray dose constant γ射线剂量常数 06.0407

specific indicator 特殊指示剂 03.0558

specific information price 信息比价 03.0344

specificity 专一性，* 特效性，* 专属性 03.0868

specific reagent 特效试剂，* 专一试剂 03.0075

specific retention volume 比保留体积 03.1931

specific rotation 比旋光 02.0811

specific rotatory power 比旋光度，* 旋光率 03.1458

specific surface area 比表面 04.1581

specimen-cell assembly 样品池组件 03.2714

specpure 光谱纯 03.0999

SPECT 单光子发射计算机断层显像 06.0712

spectator-stripping model 旁观者-夺取模型 04.0383

spectral analysis 光谱分析 03.0903

spectral buffer　光谱缓冲剂　03.0997

spectral comparator　光谱比长仪　03.0983

spectral hole-burning　光谱烧孔　04.0944

spectral imaging technique　光谱成像技术　03.1371

spectral interference　光谱干扰　03.1111

spectral line half width　谱线半宽度　03.1011

spectral line intensity　谱线强度　03.0925

spectral line self-absorption　谱线自吸　03.0927

spectral line self-reversal　谱线自蚀　03.0928

spectral overlap　光谱重叠　03.1112

spectral photographic plate　光谱感光板　03.0990

spectral responsivity　光谱响应性　04.1117

spectral sensitizer　光谱增感剂　04.1130

spectral width　谱线宽度，＊谱宽，＊半值宽度
　　03.2207

spectroanalysis　光谱分析　03.0903

spectrochemical series　光谱化学序列　01.0575

spectroelectrochemistry　光谱电化学法　03.1529

spectrofluorometer　分光荧光计　03.1314

spectrograph　摄谱仪　03.0974

spectrometer　光谱仪　03.0975

spectrophos phorimetry　磷光分光光度法　03.1324

spectrophotofluorometer　荧光分光光度计　03.1316

spectrophotometer　分光光度计　03.1249

spectrophotometry　分光光度法　03.1250

spectroscopic carrier　光谱载体　03.0996

spectroscopic entropy　＊光谱熵　04.0089

spectroscopic pure　光谱纯　03.0999

spectroscopic term　光谱项　04.1475

α-spectroscopy　α谱学　06.0015

β-spectroscopy　β谱学　06.0021

γ-spectroscopy　γ谱学　06.0025

spectrum projector　映谱仪，＊光谱投影仪　03.0982

spent fuel　乏燃料　06.0589

[spent] fuel storage pool　[乏]燃料贮存水池　06.0588

spent [nuclear] fuel reprocessing　乏[核]燃料后处理
　　06.0591

sperand　球状冠醚　03.0641

sphalerite　闪锌矿　01.0317

spherical deflection analyzer　球形偏转能量分析器
　　03.2615

spherical harmonic function　球谐函数　04.1195

spherical micelle　球形胶束　04.1631

spherulite　球晶　05.0841

4-sphingenine　鞘氨醇，＊神经氨基醇　02.1437

sphingomyelin　鞘磷脂，＊神经鞘磷脂　02.1435

sphingosine　鞘氨醇，＊神经氨基醇　02.1437

spike　加标　03.2397

spiking isotope　掺加同位素　06.0692

spiking tracer　掺加示踪剂　06.0691

spill-over hydrogen effect　溢流氢效应　04.0779

spin　自旋　04.1182

spin-allowed transition　＊自旋容许跃迁　04.1274

spin conservation rule　自旋守恒规则　04.1103

spin decoupling　自旋去耦，＊双照射，＊双共振技术
　　03.2262

spin density　自旋密度　04.1368

spin echo refocusing　自旋回波重聚[焦]　03.2231

spinel　尖晶石　01.0296

spin-forbidden transition　自旋禁阻跃迁　04.1274

spin labeling　自旋标记　03.2331

spin-lattice relaxation　＊自旋-晶格弛豫　03.2185

spin locking　自旋锁定　03.2216

spin magnetic moment　自旋磁矩　01.0563

spin multiplicity　自旋多重度　04.1186

spinnability　可纺性　05.1038

spinning　纺丝　05.1037

spinning drop method　旋滴法　04.1572

spinning side band　旋转边带　03.2257

spinodal decomposition　亚稳态相分离　05.0877

spin orbital　＊自旋轨道　04.1318

spin-orbit coupling　自旋轨道耦合　04.1104

spin-orbit splitting　自旋轨道分裂　04.1105

spin pairing　自旋成对　04.1336

spin polarization　自旋极化　04.1185

spin quantum number　自旋量子数　04.1201

spin-spin coupling　自旋自旋耦合　04.1106

spin-spin relaxation　＊自旋-自旋弛豫　03.2186

spin-spin splitting　自旋-自旋裂分　03.2250

spin split　自旋劈裂　04.1337

spin tickling　自旋微扰　03.2264

spin trap　自旋捕捉　03.2332

spirane　螺烷烃　02.0154

spiroannulation　螺增环　02.1125

spiro compound　螺环化合物　02.0590

spiro heterocyclic compound　螺杂环化合物　02.0389

spirosolane alkaloid　螺[环]甾烷[类]生物碱　02.0418

spirostane　螺甾烷[类]　02.0537

split injection 分流进样 03.2108

splitless injection 不分流进样 03.2109

splitless sampling 不分流进样 03.2109

split peak 分裂峰 03.1919

split ratio 分流比 03.1995

split sampling 分流进样 03.2108

splitter 分流器 03.1994

SPM 扫描探针显微镜 04.2056

spontaneous desorption mass spectrometry 自发解吸质谱法 03.2429

spontaneous emission 自发发射 04.0946

spontaneous emission coefficient 自发发射系数 03.0914

spontaneous fission 自发裂变 06.0160

spontaneous ignition 自燃 01.0390

spontaneous monolayer dispersion 自发单层分散 04.0720

spontaneous polymerization 自发聚合 05.0407

spontaneous process 自发过程 04.0042

spontaneous reaction 自发反应 01.0371

spontaneous resolution 自发拆分 02.0799

spontaneous termination 自发终止 05.0578

spot applicator 点样器 03.1990

spot plate 点滴板 03.0694

spot test 斑点试验，* 斑点分析 03.0467

spray drying [method] 喷雾干燥[法] 04.0725

spray ionization 喷雾电离 03.2495

spreader 涂布器 03.2089

spreading 铺展 04.1651

spreading coefficient 铺展系数 04.1664

spreading function 加宽函数 05.0816

s-process s 过程，* 慢过程 06.0768

spur 刺迹 06.0343

spurious band 乱真谱带，* 虚假谱带 03.1179

sputtering 溅射 03.2647

sputtering rate 溅射速率 03.2649

sputtering yield 溅射产额 03.2648

squalene 角鲨烯 02.0514

square wave polarography 方波极谱法 03.1484

square wave voltammetry 方波伏安法 03.1485

SRCI 单参考组态相互作用法 04.1399

S-RTP 敏化室温磷光法 03.1327

SSBR 溶聚丁苯橡胶 05.0325

SSI 声波喷雾电离 03.2502

SSIMS 静态二次离子质谱法 03.2350

SSNTD 固体核径迹探测器 06.0127

SS-RTP 固体基质室温磷光法 03.1332

stability 稳定性 03.0374

stability constant 稳定常数 01.0581

stability island 稳定岛 06.0310

stabilized temperature plateau furnace technology 稳定温度石墨炉平台技术 03.1066

stable ion 稳定离子，* 稳态离子 03.2398

stable isotope 稳定同位素 01.0048

stable isotope labeled compound 稳定同位素标记化合物 06.0672

stable isotope labeling 稳定同位素标记 06.0669

stable isotope tracer 稳定同位素示踪剂 06.0671

stable nuclide 稳定核素 06.0005

stacking 样品堆积 03.2165

π–π stacking π–π堆积作用 02.0825

stacking fault 堆垛层错 04.1874

staggered conformation 叉开构象 02.0753

staircase sweep voltammetry 阶梯扫描伏安法 03.1474

standard addition method 标准加入法 03.0069

standard atomic weights 标准原子量 01.0003

standard buffer solution 标准缓冲溶液 03.0744

standard cell 标准电池 04.0545

standard chemical potential 标准化学势 04.0166

standard concentration 标准浓度 04.0095

standard curve method 标准曲线法 03.0987

standard deviation 标准[偏]差 03.0176

standard deviation of sample 样本标准偏差 03.0178

standard deviation of standard deviation 标准偏差的标准偏差 03.0179

standard deviation of weighted mean 加权平均值标准偏差 03.0180

standard electrode potential 标准电极电位 03.1711

standard electromotive force 标准电动势 04.0464

standard equilibrium constant * 标准平衡常数 04.0169

standard filter 标准滤光片 03.1207

standard free energy change 标准自由能变化 04.0097

standard hydrogen electrode 标准氢电极 03.1621

standardization 标定 03.0836

standardized regression coefficient 标准回归系数

03.0274

standardless analysis　无标分析　03.1094

standard method　标准方法　03.0870

standard molality　标准质量摩尔浓度　04.0096

standard molar enthalpy of combustion　标准摩尔燃烧焓　04.0056

standard molar enthalpy of formation　标准摩尔生成焓　04.0054

standard molar entropy　标准摩尔熵　04.0103

standard molar Gibbs free energy of formation　标准摩尔生成吉布斯自由能　04.0098

standard normal distribution　标准正态分布　03.0131

standard potential　标准电位　03.1713

standard pressure　标准压力　04.0094

standard rate constant of an electrode reaction　标准电极反应速率常数　04.0529

standard rate constant of electrode reaction　电极反应标准速率常数　03.1688

standard solution　标准溶液　03.0837

standard spectrum　标准光谱　03.1381

standard state　标准[状]态　04.0093

standard uncertainty　标准不确定度　03.0382

starch　淀粉　02.1266

Stark broadening　斯塔克变宽　03.1017

Stark-Einstein law　斯塔克-爱因斯坦定律，* 光化学第二定律　04.0949

star polymer　星形聚合物　05.0073

STAT　缝管原子捕集　03.1055

state diagram　* 状态图　04.0940

state function　* 状态函数　04.0014

state selection　选态　04.0387

state-steady treatment　稳态处理　04.0917

state-to-state reaction dynamics　态-态反应动力学　04.0349

static field spectrometer　静态场质谱仪　03.2573

static light scattering　静态光散射　05.0780

static magnetic field　静态磁场　03.2324

static mass spectrometer　静态质谱仪　03.2572

static mercury drop electrode　静汞滴电极　04.0449

static secondary ion mass spectrometry　静态二次离子质谱法　03.2350

static surface tension　静态表面张力　04.1557

stationary liquid　固定液　03.1848

stationary liquid polarity　固定液极性　03.1849

stationary phase　固定相　03.1845

stationary point　定态点，* 稳态点　04.1468

stationary Schrödinger equation　定态薛定谔方程　04.1307

statistic　统计量　03.0208

statistical assumption　统计假设　03.0209

statistical copolymer　统计[结构]共聚物　05.0036

statistical correlation　统计相关性　04.1419

statistical entropy　统计熵　04.0089

statistical inference　统计推断　03.0222

statistical mechanics　统计力学　04.1148

statistical segment　统计链段　05.0702

statistical test　统计检验　03.0201

statistical thermodynamics　统计热力学　04.0004

statistical weight　统计权重　04.0229

steady state　稳态　04.0512

steady state approximation　稳态近似　04.0296

steady state current　稳态电流　04.0534

steady state process　稳态过程　04.0513

steam cure　蒸汽硫化　05.1033

steam reforming　水蒸气重整　04.0863

steeloscope　看谱镜，* 析钢仪　03.0985

steepest ascent method　最速上升法　03.0305

steepest descent method　最速下降法　03.0306

step　台阶　04.1965

step [growth] polymerization　逐步[增长]聚合　05.0485

stepped temperature program　阶梯升温程序　03.2138

step size　步长　03.0297

step width　步长　03.0297

stepwise decomposition　逐级分解　01.0404

stepwise development　分步展开[法]　03.2161

stepwise dilution　逐级稀释　03.0841

stepwise dissociation　逐级解离　01.0405

stepwise excitation　* 分步激发　04.1092

stepwise formation constant　逐级形成常数　03.0760

stepwise hydrolysis　逐级水解　01.0406

stepwise line atomic fluorescence　阶跃线原子荧光　03.1122

stepwise pyrolysis　步进热解分析　03.2766

stepwise reaction　分步反应　02.0901

stepwise regression　逐步回归　03.0277

stepwise stability constant　逐级稳定常数　01.0579

stepwise titration　分步滴定法　03.0398

stereoblock　立构嵌段　05.0670

stereochemical effect　立体化学效应　04.1260

stereochemical formula　立体化学式　02.0674

stereochemistry　立体化学　02.0651

stereoconvergence　立体会聚　02.0808

stereoelectronic effect　立体电子效应　02.0985

stereoelement　立体异构源单元　02.0776

stereoformula　立体化学式　02.0674

stereogen　立体异构源单元　02.0776

stereogenic center　立体异构源中心　02.0777

stereogenic unit　立体异构源单元　02.0776

stereographic projection　极射赤[道]面投影　04.1841

stereoheterotopic　立体异位[的]　02.0672

stereoisomer　立体异构体　02.0654

stereoisomerism　立体异构　01.0545

stereomutation　立体变更　02.0778

stereo-regularity　立构规整度　05.0663

stereoregular poly-mer　有规立构聚合物，＊立构规整聚合物　05.0020

stereoregular polymerization　立构规整聚合　05.0462

stereorepeating unit　立构重复单元　05.0662

stereoselective synthesis　立体选择性合成　02.1234

stereoselectivity　立体选择性　02.1202

stereospecifically labeled compound　立体特异标记化合物　06.0682

stereospecificity　立体专一性　02.1203

stereospecific polymerization　＊定向聚合　05.0462

steric effect　立体效应，＊空间效应　01.0425

steric factor　空间因子，＊方位因子　04.0303

steric hindrance　位阻　02.0786

steric isotope effect　空间同位素效应　02.0921

steric stabilization　空间稳定作用　04.1694

steric strain　空间张力　02.0779

sterility assurance level　灭菌保证水平　06.0383

sterilization dose　灭菌剂量　06.0384

Stern layer　施特恩层　04.0489

Stern-Volmer equation　斯顿-伏尔莫公式　04.0988

steroid　甾体　02.0529

steroid alkaloid　甾体生物碱　02.0415

steroidsaponin　甾体皂苷　02.0544

Stevenson rule　史蒂文森规则　03.2391

1st FFR　第一无场区　03.2518

stibnite　辉锑矿　01.0319

sticking coefficient　黏附系数　04.0906

stigmastane　豆甾烷[类]　02.0536

stimulated absorption transition　受激吸收跃迁　03.0912

stimulated emission　受激发射　04.0947

stimulated emission coefficient　受激发射系数　03.0913

stimulated emission transition　受激发射跃迁　03.0911

stimulated Raman scattering　受激拉曼散射　03.1403

STM　扫描隧道显微术　03.0114

STO　斯莱特型轨道　04.1333

stochastic dynamics　随机动力学　04.1455

stochastic effect　随机性效应　06.0435

stochastic search　随机搜索　04.1473

stock solution　储备溶液　03.0076

stoichiometric compound　整比化合物，＊化学计量化合物　01.0706

stoichiometric concentration　化学计量浓度　03.0746

stoichiometric flame　化学计量[性]火焰　03.1043

stoichiometric number　化学计量数　04.0922

stoichiometric point　化学计量点　03.0844

stoichiometry　化学计量　01.0737

Stokes atomic fluorescence　斯托克斯原子荧光　03.1123

Stokes shift　斯托克斯位移　04.0941

stopped-flow method　停流法　04.0394

stopped-flow spectrophotometry　停流分光光度法　03.1219

stopped-flow technique　停流技术　03.2132

storage battery　储备电池　04.0550

STPF technology　＊STPF 技术　03.1066

straight chain reaction　直链反应　04.0327

strain hardening　应变硬化　05.0920

strain softening　应变软化　05.0921

strand　股　05.1073

stratified sampling　分层抽样，＊分类抽样，＊类型抽样　03.0359

stray radiation　杂散辐射　06.0469

streaming birefringence　流动双折射　05.0778

stress cracking　应力开裂　05.0914

stress-strain curve　应力-应变曲线　05.0915

stress whitening　应力发白，＊应力致白　05.0919

stretch blow molding　拉伸吹塑　05.1009

stripping　反萃取　06.0602

stripping model　夺取模型　04.0384

stripping voltammetry　溶出伏安法　03.1487

strong acid type ion exchanger 强酸型离子交换剂 03.2030

strong base type ion exchanger 强碱型离子交换剂 03.2032

strong collision assumption 强碰撞假设 04.0276

strong electrolyte 强电解质 04.0421

strong metal-support interaction 金属载体强相互作用 04.0897

strong oxide-oxide interaction 氧化物间强相互作用 04.0898

structural analysis 结构分析 03.0028

structural ceramics ＊结构陶瓷 01.0702

structural chemistry 结构化学 04.1153

structural domain 结构域 02.1414

structural formula 结构式 01.0010

structural repeating unit 结构重复单元 05.0660

structural shield 结构屏蔽 06.0461

structural unit 结构单元 05.0658

structure amplitude 结构振幅 04.2033

structure factor 结构因子 04.2032

structure insensitive reaction 结构不敏感反应 04.0901

structure refinement 结构精修 04.2035

structure sensitive reaction 结构敏感反应 04.0900

strychnine alkaloid 番木鳖碱[类]生物碱，＊士的宁[类]生物碱 02.0408

styrene-butadiene rubber 丁苯橡胶 05.0324

styrene butadiene styrene block copolymer 苯乙烯-丁二烯-苯乙烯嵌段共聚物 05.0347

styrene-isoprene-butadiene rubber 苯乙烯-异戊二烯-丁二烯橡胶 05.0322

styrene isoprene styrene block copolymer 苯乙烯-异戊二烯-苯乙烯嵌段共聚物 05.0348

subatomic particle 亚原子粒子 06.0037

subgroup 副族 01.0059

suboxide 低氧化物 01.0139

subphase 亚相 04.1657

substituent effect 取代基效应 02.0987

substitutional defect 取代缺陷 01.0723

substitution[reaction] 取代[反应] 02.0864

substoichiometric analysis 亚化学计量分析 06.0526

substoichiometric isotope dilution analysis 亚化学计量同位素稀释分析 06.0527

substrate 底物，＊原料 02.0927

subterranean disposal 地下处置 06.0650

successive approximate method 逐次近似法，＊逐次逼近法 03.0310

successive synthesis 连续合成 02.1215

sucrose 蔗糖 02.1287

surfactant-free emulsion polymerization ＊无表面活性剂乳液聚合 05.0507

sugar 糖 02.1254

sulfene 砜烯 02.0046

sulfenylation 亚磺酰化 02.1054

sulfide 硫醚 02.0035

sulfide catalyst 硫化物催化剂 04.0683

sulfolane 四氢噻吩砜，＊环丁砜 02.0268

sulfonation 磺化 02.1051

sulfone 砜 02.0045

sulfonic acid 磺酸 02.0043

sulfonium ion 硫鎓离子 01.0175

sulfonylation 磺酰化 02.1055

sulfosalicylic acid 磺基水杨酸 03.0616

sulfoxide 亚砜 02.0044

sulfur donor agent 给硫剂，＊给硫体 05.1093

sulfurization 硫化 02.1067

sulfur print test 硫印试验，＊硫印检验法 03.0476

sulfur vulcanization 硫硫化 05.0627

sulfur ylide 硫叶立德 02.0971

sum of square of residues 残差平方和 03.0236

superacid 超[强]酸 02.0914

super acid catalyst 超强酸催化剂 04.0657

super basic catalyst 超强碱催化剂 04.0658

supercapacitor 超级电容器 04.0571

superconductive polymer 超导聚合物 05.0114

superconductor 超导体 04.1946

supercritical fluid chromatograph 超临界流体色谱仪 03.1978

supercritical fluid chromatography 超临界流体色谱[法] 03.1802

supercritical fluid drying [method] 超临界流体干燥[法] 04.0724

supercritical fluid extraction 超临界流体萃取 03.0883

super excited state 超激发态 04.0364

superheavy element 超重元素 06.0312

superheavy nucleus 超重核 06.0311

superionic conductor 超离子导体 04.1947

superlattice 超晶格 04.1902

supermolecular complex　超分子络合物　03.0709

supermolecule　超分子　02.0818

superoxide　超氧化物　01.0141

superoxide dismutase　超氧化物歧化酶　01.0663

superoxide radical　超氧自由基　01.0594

η^1-superoxo complex　η^1超氧配合物　02.1535

superparamagnetism　超顺磁性　01.0792

superposability　重叠性　02.0751

superposition principle　叠加原理　04.1309

super-saturability　过饱和度　03.0815

super-saturated solution　过饱和溶液　01.0038

supersonic beam source　超声束源　04.0356

superstructure　超结构　04.1901

support coated open tubular column　载体涂渍开管柱　03.2016

supported amorphous catalyst　负载型非晶态催化剂　04.0691

supported catalyst　负载型催化剂　04.0667

supported ionic liquid catalyst　负载型离子液体催化剂　04.0692

support effect　载体效应　04.0775

support-induced crystal growth　载体诱导晶体生长　04.0899

supporting electrolyte　支持电解质，＊惰性电解质　03.1706

suppressed column　抑制柱　03.2012

supra macromolecule　超高分子　05.0003

supramolecular chemistry　超分子化学　02.0819

surface　表面　03.2594

surface active agent　表面活性剂　04.1612

surface activity　表面活性　04.1611

surface analysis　表面分析　03.0025

surface area　表面积　04.0794

surface charge　表面电荷　04.1683

surface chemical shift　表面化学位移　03.2617

surface concentration　表面浓度　04.0482

surface coverage　表面覆盖度　04.0915

surface crystallography　表面晶体学　04.1958

surface diffusion　表面扩散　01.0801

surface electric potential　表面电势　04.0469

surface electrochemistry　表面电化学　04.0415

surface energy　表面能　04.1552

surface enhanced laser desorption　表面增强激光解吸电离　03.2433

surface enhanced Raman scattering　表面增强拉曼散射　03.1409

surface enhanced resonance Raman scattering　表面增强共振拉曼散射　03.1415

surface enrichment　表面富集　04.0770

surface excess　表面超量　04.1609

surface film　表面膜　04.1654

surface free energy　表面自由能　04.1553

surface enhanced Raman spectrometry　表面增强拉曼光谱法　03.1414

surface-induced ionization　表面诱导电离　03.2432

surface inhomogeneity　表面不均匀性　04.0766

surface intermediate　表面中间物　04.0768

surface ionization　表面电离　03.2431

surface micelle　表面胶束　04.1644

surface mobility　表面移动性　04.0905

surface modification　表面改性　04.0744

surface pressure　表面压力　04.1556

surface reaction　表面反应　04.0780

surface reaction mechanism　表面反应机理　04.0781

surface reconstruction　表面重构　04.1960

surface relaxation　表面弛豫　04.1961

surface rumpling　表面皱析　04.1962

surface segregation　表面偏析　04.1963

surface solubilization　＊表面增溶　04.1648

surface species　表面物种　04.0771

surface state　表面态　04.0767

surface state analysis　表面态分析　03.2598

surface structure　表面结构　04.0769

surface tensammetric curve　表面张力曲线　03.1683

surface tension　表面张力　04.1551

surface vacancy　表面空位　04.1969

surface viscosity　＊表面黏度　04.1718

surface work　表面功　04.0048

surfactant　表面活性剂　04.1612

surrogate reference material　代用标准物质　03.0838

surrounding　环境　04.0018

survey meter　巡测仪　06.0480

survival dose　存活剂量　06.0433

survival probability　存活概率　06.0304

suspension　悬浮液　04.1504

suspension polymerization　悬浮聚合，＊珠状聚合　05.0501

suspension sampling　悬浮液进样　03.1059

Sv 希[沃特] 06.0413

sweeping 推扫 03.2166

swelling pressure 膨胀压 04.1706

switchboard model 插线板模型 05.0847

symmetrical top molecule 对称陀螺分子 04.1258

symmetric fission 对称裂变 06.0157

symmetry-adapted basis ＊对称性匹配基 04.1499

symmetry-adapted configuration 对称性匹配组态 04.1404

symmetry element 对称因素 02.0702，对称元素 04.1818

symmetry forbidden reaction 对称禁阻反应 02.0906

symmetry operation 对称操作 04.1810

symmetry orbital 对称轨道 04.1499

syn 同 02.0724

synchronous fluorimetry 同步荧光分析法 03.1300

synchrotron radiation 同步辐射 04.1995

synchrotron radiation excited X-ray fluorescence spectrometry 同步辐射激发 X 射线荧光法 03.1148

synchrotron radiation X-ray fluorescence analysis 同步辐射 X 射线荧光分析 06.0510

synclinal ＊顺错 02.0744

synclinal conformation 顺错构象 02.0749

syn conformation ＊顺式构象 02.0747

syndiotacticity 间同[立构]度 05.0665

syndiotactic polymer 间同立构聚合物，＊间规聚合物 05.0023

syneresis 脱水收缩，＊离浆作用 04.1707

synergetic effect 协同效应 04.0773

synergic effect 协同效应 01.0381

synergic reaction 协同反应，＊一步反应 01.0382

synergistic chromatic effect 协同显色效应 03.1192

synergistic extractant 协萃剂 03.0669

synergistic extraction 协同萃取 06.0608

synergistic interaction 协同作用 04.0925

synfacial reaction ＊同面反应 02.0907

syngas 合成气 04.0876

synperiplanar ＊顺叠 02.0744

synperiplanar conformation 顺叠构象 02.0747

synroc 合成岩石 06.0642

synthesis 合成 02.1206

synthesis gas 合成气 04.0876

synthetase 合成酶 02.1430

synthetic fiber 合成纤维 05.0352

synthetic rubber 合成橡胶 05.0319

synthon 合成元，＊合成子 02.1222

syringe pump 注射泵 03.2002

system 系统，＊体系 04.0017

systematic absence 系统消光 04.2029

systematic analysis 系统分析 03.0006

systematic error 系统误差 03.0159

systematic extinction 系统消光 04.2029

systematic sampling 系统抽样，＊机械抽样，＊等距抽样 03.0358

systematic search 系统搜索 04.1472

systematic separation method with hydrogen sulfide 硫化氢分析系统 03.0465

Szilard-Chalmers effect 齐拉-却尔曼斯效应 06.0092

T

tackifier 增黏剂 05.1107

tacticity 立构规整度 05.0663

tactic polymer 有规立构聚合物，＊立构规整聚合物 05.0020

Tafel equation 塔费尔方程，＊塔费尔公式 04.0527

tagged atom 标记原子 01.0183

tail-end process 尾端过程 06.0593

tailing factor 拖尾因子 03.1913

tailing peak 拖尾峰 03.1911

tailing reducer 减尾剂，＊去尾剂 03.1877

talc 滑石 01.0272

Tammann temperature 塔曼温度 04.0895

tandem mass spectrometry 串级质谱法，＊串联质谱法 03.2336

tandem mass spectrometer 串级质谱仪 03.2561

tandem reaction 串联反应 02.1220

tannin 鞣质，＊单宁 02.0545

tar 焦油 03.2767

target 靶子 06.0201

target chemistry 靶化学 06.0199

target holder 靶托 06.0200

target nucleus 靶核 06.0198

target oriented synthesis 目标分子导向合成 02.1207

targetry 制靶法 06.0202

target tissue 靶组织 06.0732

target to nontarget ratio 靶对非靶[摄取]比 06.0730

target transformation factor analysis 目标转换因子分析 03.0334

target volume 靶体积 06.0731

tarnishing 锈蚀 01.0808

μ-TAS 微全分析系统 03.1742

tautomerism 互变异构[现象] 02.0631

tautomerization 互变异构化 02.0632

taxane 紫杉烷[类] 02.0497

TBA 扭辫分析 05.0918

TCD 热导检测器 03.2053

TD-DFT 含时密度泛函理论 04.1409

t-distribution t分布，* 学生氏分布 03.0134

TDS 热脱附谱 04.0808

Tebbe reagent 泰伯试剂 02.1537

telechelic polymer 遥爪聚合物 05.0074

teletherapy 远程[放射]治疗 06.0743

tellurophene 碲吩 02.0301

telomer 调聚物 05.0012

telomerization 调聚反应 05.0406

TEM 透射电子显微镜 04.0822

temperature jump 温度跃变 04.0397

temperature programme 控温程序 03.2681

temperature-programmed decomposition 程序升温分解 04.0813

temperature-programmed desorption 程序升温脱附 04.0810

temperature-programmed gas chromatography 程序升温气相色谱法 03.1806

temperature-programmed oxidation 程序升温氧化 04.0812

temperature-programmed pyrolysis 温控裂解 03.2768

temperature-programmed reaction spectrum 程序升温反应谱 04.0809

temperature-programmed reduction 程序升温还原 04.0811

temperature rate 升温速率 03.2139

temperature rise time 升温时间 03.2769

temperature swing adsorption 变温吸附 04.1576

temperature time profile 温控时间 03.2770

template polymerization 模板聚合 05.0472

template synthesis 模板合成 01.0449

tensammetry 张力法 03.1486

tensile stress relaxation 拉伸应力弛豫 05.0916

tenth-value layer 十分之一值层厚度 06.0465

terminal group 端基 05.0596

terminal ligand 端基配体 01.0478

terminator 终止剂 05.0579

termolecular reaction 三分子反应 04.0270

term splitting 谱项分裂 04.1476

ternary complex 三元络合物 03.1248

ternary copolymerization 三元共聚合 05.0601

terpene resin 萜烯树脂 05.0183

terpenoid 萜类化合物 02.0455

terpolymer 三元共聚物 05.0032

terrace 平台 04.1964

terrace-ledge-kink structure TLK 结构 04.1970

terrace-step-kink structure * TSK 结构 04.1970

tertiary structure 三级结构 02.1251

test paper 试纸 03.0098

test solution 试液 03.0077

test statistic 检验统计量 03.0207

2,3,7,8-tetrachlorodibenzo[b, e][1, 4]dioxin 2,3,7,8-四氯代二苯并[b,e][1,4]-二噁英 02.0370

tetracyclic diterpene 四环二萜 02.0502

tetracycline 四环素 02.0558

tetracycline-antibiotic 四环素类抗生素 02.0559

tetrad 四单元组 05.0676

tetragonal system 四方晶系 04.1805

tetrahedral carbon 四面体型碳 02.0714

tetrahedral complex 四面体配合物 01.0504

tetrahedral configuration 四面体构型 02.0664

tetrahedral hybridization 四面体杂化，* sp³ 杂化 02.0607

tetrahedral intermediate 四面体中间体 02.0931

tetrahedron 四面体 04.1913

tetrahydrofuran 四氢呋喃 02.0264

tetrahydropyran 四氢吡喃 02.0304

tetrahydropyrrole 四氢吡咯 02.0271

tetrahydrothiophene 四氢噻吩 02.0267

tetramethylenesulfone 四氢噻吩砜，* 环丁砜 02.0268

tetramethylsilane 四甲基硅烷 03.2305

tetraphenylarsonium chloride 氯化四苯砷 03.0537

tetraterpene 四萜 02.0527

tetrathiafulvalene 四硫代富瓦烯 02.0388

tetrazole 四唑，＊焦三唑 02.0299

tetrodotoxin 河鲀毒素 02.0570

tex 特[克斯] 05.1071

textile finishing agent 纺织品整理剂 05.1139

texture 织构 05.0863

TFG 热分级谱法，＊热分离层析法 03.2729

TG 热重法 04.0135

TGA 热重分析 03.2682

TG curve ＊TG曲线 03.2702

Thalassemia 地中海贫血症 01.0689

the effect of electrical discrimination 电歧视效应 03.1969

the first law of thermodynamics 热力学第一定律 04.0008

theoretical chemistry 理论化学 04.1151

theory of reaction rates 反应速率理论 04.0298

thermal activation 热活化 04.0281

thermal aging 热陈化 03.0825，热老化 05.0961

thermal analysis 热分析 03.2680

thermal conductivity detector 热导检测器 03.2053

thermal decomposition 热分解 01.0439

thermal degradation 热降解 05.0645

thermal depolarized light intensity 热消偏振光强度法 03.2728

thermal desorption gas chromatography 热解吸气相色谱法 03.1813

thermal desorption spectroscopy 热脱附谱 04.0808

thermal diffusion 热扩散 01.0806

thermal diffusion process ＊热扩散法 06.0579

thermal dispersion 热分散 04.0721

thermal explosion 热爆炸 04.0332

thermal extraction 热萃取 03.0893

thermal fractionation 热分级 05.0811

thermal history 热历史 05.0917

thermal initiation 热引发 05.0558

thermal ionization 热电离 03.2499

thermal ionization mass spectrometry 热电离质谱法 06.0519

thermally assisted atomic fluorescence 热助原子荧光 03.1125

thermally assisted direct-line atomic fluorescence 热助直跃线原子荧光 03.1128

thermally assisted resonance atomic fluorescence 热助共振原子荧光 03.1126

thermally assisted stepwise atomic fluorescence 热助阶跃线原子荧光 03.1127

thermal neutron 热中子 06.0152

thermal oxidative degradation 热氧化降解 05.0646

thermal parameter 热参数 04.2026

thermal polymerization 热聚合 05.0432

thermal quenching 热猝灭，＊温度猝灭 01.0768

thermal reflectance spectroscopy 热反射光谱法 03.2727

thermal stability 热稳定性 04.0761

thermal surface ionization 热表面电离 03.2498

thermionic detector ＊热离子检测器 03.2058

thermoacoustimetry 热声分析，＊热传声法 03.2695

thermobalance 热天平 03.2703

thermochemical equation 热化学方程式 04.0125

thermochemical kinetics 热化学动力学 04.0250

thermochemistry 热化学 04.0122

thermochromatography 热色谱法 06.0533

thermochromism 热色现象 03.2683

thermochromism 热致变色 04.1144

thermodilatometric curve 热膨胀曲线 03.2720

thermodilatometry 热膨胀分析法 03.2719

thermodynamic acidity 热力学酸度 02.0910

thermodynamically equivalent sphere 热力学等效球 05.0708

thermodynamic analysis 热力学分析 03.0029

thermodynamic control 热力学控制 02.0925

thermodynamic equilibrium 热力学平衡 04.0011

thermodynamic equilibrium constant 热力学平衡常数 04.0169

thermodynamic flow 热力学流 04.0220

thermodynamic force 热力学力 04.0219

thermodynamic function 热力学函数 04.0014

thermodynamic limit 热力学极限 04.1425

thermodynamic probability 热力学概率 04.0012

thermodynamics 热力学 04.0001

thermodynamic temperature 热力学温度 04.0013

thermodynamic variable ＊热力学变量 04.0014

thermoelectric effect ＊温差电效应 01.0759

thermoelectricity 热电性 01.0759

thermoelectrometry 热电分析 03.2697

thermofractography 热分级谱法，＊热分离层析法 03.2729

thermogram 热分析图 03.0829

thermogravimetric analysis　热重分析　03.2682

thermogravimetric curve　热重图　03.2702

thermogravimetry　热重法　04.0135

thermoiniferter　热引发-转移-终止剂　05.0539

thermoluminescence　热释发光　01.0776

thermoluminescence analysis　热释光分析　03.2732

thermoluminescent dosimeter　热释光剂量计　06.0388

thermolysin　嗜热菌蛋白酶　01.0679

thermolysis　热分解　01.0439

thermolysis gas chromatography　* 热解气相色谱法　03.1810

thermomagnetometry　热磁分析　03.2698

thermomechanical analysis　热机械分析　03.2723

thermomechanical analyzer　热机械分析仪　03.2724

thermomechanical curve　热-机械曲线，* 温度-形变曲线　05.0946

thermomechanical measurement　热机械性能测定,* 热机械分析　03.2693

thermometric titration　温度滴定法,* 量热滴定法　03.0431

thermometric titration curve　量热滴定曲线　03.2775

thermometric titration with catalytic endpoint detection　量热滴定催化终点检测　03.2774

thermometry　计温学　04.0123

thermo-oxidative aging　热氧老化　05.0962

thermoparticulate analysis　颗粒热分析　03.2687

thermophotometry　热光分析　03.2696

thermoplastic elastomer　热塑性弹性体　05.0305

thermoplastic resin　热塑性树脂　05.0173

thermoradiography　放射热谱法　03.2730

thermorefractometry　热折射法　03.2731

thermoregulated phase-separable catalysis　温控相分离催化　04.0641

thermoregulated phase-transfer catalysis　温控相转移催化　04.0640

thermosensitive luminescent polymer　热敏发光聚合物　05.0112

thermosensitivity　热敏　01.0777

thermosetting resin　热固性树脂　05.0174

thermosonimetry　热超声检测　03.2725

thermospectrometry　热光谱法　03.2726

thermospray　热喷雾　03.2500

thermospray ionization　热喷雾电离　03.2501

thermotropic liquid crystal　热致[性]液晶　05.0865

thermotropic liquid crystalline macromolecule　热致液晶高分子　05.0129

the second law of thermodynamics　热力学第二定律　04.0009

theta solvent　θ 溶剂　05.0760

theta state　θ 态　05.0758

theta temperature　θ 温度　05.0759

the third law of thermodynamics　热力学第三定律　04.0010

the zeroth law of thermodynamics　热力学第零定律　04.0007

THF　四氢呋喃　02.0264

thiacrown　冠硫醚　03.0640

thiacrown ether　硫杂冠醚　02.0841

thiacyclobutane　硫杂环丁烷　02.0252

thiacyclobutanone　硫杂环丁酮　02.0261

thiacyclobutene　硫杂环丁烯，* 环硫丙烯　02.0255

thiacycloheptatriene　硫杂环庚三烯　02.0328

thiacyclopropane　硫杂环丙烷，* 硫杂丙环，* 环硫乙烷　02.0242

thiacyclopropene　硫杂环丙烯，* 环硫乙烯　02.0245

thiadiazole　噻二唑　02.0297

thiazine　噻嗪　02.0325

thiazole　噻唑，* 1,3-噻唑　02.0278

thiazolidine　噻唑烷，* 四氢噻唑　02.0287

thiazoline　噻唑啉，* 二氢噻唑　02.0283

thickener　增稠剂　05.1136

thickening agent　增稠剂　05.1136

thick target　厚靶　06.0204

thiepine　* 硫杂草　02.0328

thietane　硫杂环丁烷　02.0252

thiete　硫杂环丁烯，* 环硫丙烯　02.0255

thiirane　硫杂环丙烷，* 硫杂丙环，* 环硫乙烷　02.0242

thiirene　硫杂环丙烯，* 环硫乙烯　02.0245

thin film battery　薄膜电池　04.0570

thin layer chromatogram scanner　薄层色谱扫描仪　03.1982

thin layer chromatography　薄层色谱法，* 薄层层析　03.1816

thin layer controlled potential electrolysis absorptometry　薄层控制电位电解吸收法　03.1536

thin layer cyclic voltabsorptometry　薄层循环伏安吸收法　03.1535

thin layer cyclic voltammetry 薄层循环伏安法 03.1534

thin layer double-potential-step chronoabsorptometry 薄层双电位跃阶计时吸收法 03.1538

thin layer plate 薄层板 03.2077

thin layer single-potential-step chronoabsorptometry 薄层单电位跃阶计时吸收法 03.1537

thin layer spectroelectrochemistry 薄层光谱电化学法 03.1530

thin target 薄靶 06.0203

thioacetal 硫缩醛 02.0065

thio acid 硫羰酸 02.0133

thioaldehyde 硫醛 02.0069

thiocarbonyl ligand 硫羰基配体 02.1538

thiocyanate 硫氰酸酯 02.0127，硫氰酸盐 02.0128

thioester 硫代酸酯 02.0131

thiohemiacetal 硫代半缩醛 02.0067

thiohemiketal 硫代半缩酮 02.0068

thioketal 硫缩酮 02.0066

thioketone 硫酮 02.0049

thioketone S-oxide S-氧化硫酮 02.0050

thiol 硫醇 02.0029

thiol acid 硫羟酸 02.0132

thiolate 硫醇盐 02.0030

thio-Michler ketone 硫代米蚩酮 03.0647

thiophene 噻吩，* 硫杂环戊二烯 02.0266

thiopyran 噻喃 02.0307

9-thioxanthone * 9-噻吨酮 02.0358

third order reaction 三级反应 04.0265

thixotropy 触变性 05.0929

Thomas–Fermi model 托马斯-费米模型 04.1385

Thomson scattering 汤姆森散射 04.2012

thorin 钍试剂 03.0599

thorium decay series 钍衰变系，* 4n 系 06.0321

thorium family 钍衰变系，* 4n 系 06.0321

three center bond 三中心键 04.1234

three-component system 三组分系统 04.0030

three dimensional fluorescence spectrum 三维荧光光谱 03.1285

three dimensional polycondensation 体型缩聚，* 三维缩聚 05.0518

three dimensional poly-mer 体型聚合物 05.0063

three-electrode cell 三电极电解池 03.1582

three-electrode system 三电极系统 04.0611

three wavelength spectrophotometry 三波长分光光度法 03.1212

three-way catalyst 三效催化剂 04.0681

threo configuration 苏式构型 02.0712

threo-diisotactic polymer 苏型双全同立构聚合物 05.0026

threo-disyndiotactic polymer 苏型双间同立构聚合物 05.0029

threo isomer 苏型异构体 02.0713

threonine L-苏氨酸 02.1342

threose D-(−)-苏阿糖，* 苏丁糖 02.1280

threshold energy * 阈能 04.0299

threshold [of an endoergic nuclear reaction] [吸能核反应的] 阈能 06.0207

thujane 侧柏烷 02.0464

thymidine thymine-2-deoxyriboside 胸苷 02.1313

thymine 胸腺嘧啶 02.1308

thymol blue 百里酚蓝，* 麝香草酚蓝 03.0569

thymolphthalein 百里酚酞，* 麝香草酚酞 03.0570

TICT state 扭曲分子内电荷转移态 04.1010

tie line 结线 04.0157

tight binding approxim-ation 紧束缚近似 01.0763

tight ion pair 紧密离子对 02.0948

tight transition state 紧密过渡态 04.0324

time average 时间平均[值] 04.1411

time averaging method 时间平均法 03.2234

time constant 时间常数 03.2130

time correlation function 时间相关函数 04.1443

time-dependent density functional theory 含时密度泛函理论 04.1409

time domain signal 时域信号 03.2201

time inversion invariance 时间反演不变性 04.1449

time-of-flight 飞行时间 04.0357

time-of-flight detector 飞行时间探测器 06.0131

time-of-flight mass spectrometer 飞行时间质谱仪 03.2569

time-resolved fluorescence 时间分辨荧光 03.1286

time-resolved fluorescence spectrometry 时间分辨荧光光谱法 03.1287

time-resolved Fourier transform infrared spectrometry 时间分辨傅里叶变换红外光谱法 03.1365

time-resolved laser-induced fluorimetry 时间分辨激光诱导荧光光谱法 03.1453

time-resolved optoacoustic technique 时域光声谱技

术，＊时间分辨光声谱技术 03.1441

time-resolved spectrometry 时间分辨光谱法 03.1452

time-resolved spectroscopy 时间分辨光谱学 04.0405

time-resolved spectrum 时间分辨光谱 04.0942

time-resolving fluorescence immunoassay 时间分辨荧光免疫分析法 03.1278

time sharing 分时 03.2273

time-temperature equivalent principle 时-温等效原理 05.0954

time translational invariance 时间平移不变性 04.1445

TIMS 热电离质谱法 06.0519

tiron 钛试剂，＊钛铁试剂 03.0617

tissue equivalent materials 组织等效材料 06.0455

tissue weighting factor 组织权重因子 06.0411

titanate coupling agent 钛酸酯偶联剂 05.1101

titer 滴定度 03.0835

titrand 被滴定物 03.0834

titrant 滴定剂 03.0833

titration 滴定 03.0832

titration curve 滴定曲线 03.0842

titration exponent 滴定指数 03.0566

titration fraction 滴定分数 03.0845

titration jump 滴定突跃 03.0843

titrimetric analysis 滴定分析法 03.0393

titrimetric calorimeter 滴定热量计 04.0134

TLC 薄层色谱法，＊薄层层析 03.1816

TMA 热机械分析 03.2723

TMS 四甲基硅烷 03.2305

T/NT 靶对非靶[摄取]比 06.0730

TOFMS 飞行时间质谱仪 03.2569

tolerance error 容许[误]差 03.0185

tolerance limit 容许限 03.0373

Tollen reagent 托伦试剂 03.0482

topochemical polymerization 拓扑化学聚合，＊局部化学聚合 05.0439

topological entanglement 拓扑缠结 05.0696

topological index 拓扑指数 04.1393

topomerization 拓扑异构化 02.0673

Torr 托 03.2586

torsional braid analysis 扭辫分析 05.0918

torsional strain 扭转张力 02.0639

torsion angle 扭转角 02.0744

torsion balance 扭力天平 03.0093

total acidity 总酸度 03.0735

total consumption burner 全消耗型燃烧器 03.1036

total correlation coefficient 全相关系数，＊复相关系数，＊总相关系数 03.0254

total correlation spectroscopy 总相关谱 03.2294

total cross section 总截面 06.0220

total emission current 总发射电流 03.2588

total infrared absorbance reconstruction chromatogram 红外总吸光度重建色谱图 03.1897

total ion chromatogram 总离子流色谱图 03.1895

total ion detection 总离子检测 03.2538

total ion electropherogram 总离子流电泳图 03.1902

total ionic strength adjustment buffer 总离子强度缓冲液 03.1726

total linear stopping power 总线阻止本领 06.0440

total luminescence spectrum ＊总发光光谱 03.1285

totally irreversible process 完全不可逆过程 04.0505

total nitrogen analysis 总氮分析，＊全氮分析 03.0449

total reflection X-ray fluorescence analysis 全反射X射线荧光分析 06.0511

total reflection X-ray fluorescence spectrometry 全反射X射线荧光光谱法 03.1143

total suspended substance 总悬浮物，＊总悬浮颗粒物 03.0786

total synthesis 全合成 02.1209

totarane 桃拓烷[类] 02.0499

toughening agent 增韧剂，＊抗冲击剂 05.1105

tourmaline 电气石 01.0287

TPD 程序升温脱附 04.0810，程序升温氧化 04.0812

TPR 程序升温还原 04.0811

TPRS 程序升温反应谱 04.0809

traceability 溯源性 03.0378

trace analysis 痕量分析 03.0035

tracee 被示踪物 06.0684

trace element 微量元素 01.0624

trace level 痕量级，＊示踪量级 06.0081

tracer 示踪剂 06.0683

tracer diffusion 示踪原子扩散 01.0799

tracer technique 示踪技术 06.0685

track etch dosimeter 径迹蚀刻剂量计 06.0387

track etching 径迹蚀刻 06.0128

transacetalation 缩醛交换 02.1114

transamination 转氨基化 02.1039

transannular insertion 跨环插入 02.1170

transannular interaction 跨环相互作用 02.0646

transannular rearrangement 跨环重排 02.1171

transannular strain 跨环张力 02.0647

transcalifornium element 超锎元素，＊锎后元素
06.0315

trans-configuration polymer 反式聚合物 05.0017

transcurium element 超锔元素，＊锔后元素 06.0314

trans-effect 反位效应 01.0537

transesterification 酯交换 02.1105

transesterification polycondensation 酯交换缩聚
05.0489

transference number [离子]迁移数 04.0435

transfer hydrogenation 转移氢化 02.1136

transfer molding 传递成型 05.0989

transferring 运铁蛋白 01.0630

transient current 暂态电流 04.0535

transient dipole moment 瞬间偶极矩 04.1271

transient equilibrium 暂时平衡 06.0042

transient method 暂态法 04.0609

transient-response experiment 过渡应答实验
04.0814

transient spectrum 瞬态光谱 04.0943

trans influence 反式影响 02.1539

trans-isomer 反式异构体 01.0553

γ-transition ＊γ跃迁 06.0024

π-π^* transition π-π^*跃迁 04.0961

transition [dipole] moment 跃迁[偶极]矩 04.0962

transition element 过渡元素 01.0073

transition energy 跃迁能 04.1339

transition metal catalyst 过渡金属催化剂 05.0546

transition of spontaneous emission 自发发射跃迁
03.0910

transition probability 跃迁概率，＊跃迁几率 04.1338

transition region species 过渡态物种 04.1335

transition species 过渡物种 02.0930

transition state 过渡态 04.0310

transition state theory 过渡态理论 04.0311

translation 平移 04.1817

translational diffusion 平动扩散 04.1532

translational energy of molecule 分子平动能 04.1281

translational partition function 平动配分函数
04.0233

[translation] vector [平移]矢量 04.1828

translawrencium element 铹后元素，＊铹系后元素
01.0088

transmembrane transport 跨膜运输 01.0647

transmission coefficient 透射系数 06.0227

transmission electron microscope 透射电子显微镜
04.0822

transmissivity 透射率 03.1185

transoid conformation 反向构象 02.0761

transplutonium element 超钚元素，＊钚后元素
06.0308

trans-polymer 反式聚合物 05.0017

transport property 输运性质 04.1433

trans-quantitative method 转化定量法 03.0395

transuranium element 铀后元素，＊超铀元素 01.0087

transuranium extraction process 超铀[元素]萃取流程
06.0665

transuranium wastes 超铀[元素]废物 06.0634

transversely heated atomizer 横向加热原子化器
03.1070

transverse relaxation 横向弛豫 03.2186

trap [陷]阱 01.0739

trapped electron 被俘[获]电子，＊陷落电子 01.0741

trapped radical 陷落自由基 06.0347

trapping 捕获 02.1022

tree polymer 树[枝]状聚合物 05.0066

TRG 放射热谱法 03.2730

triad 三单元组 05.0675

triangular prism 三棱镜 03.0968

triazine 三嗪，＊三氮杂苯 02.0326

triazole 三唑 02.0298

triboluminescence 摩擦发光 01.0778

trickle-bed reactor 滴流床反应器，＊喷淋床反应
04.0887

triclinic system 三斜晶系 04.1809

tricyclic diterpene 三环二萜 02.0494

tricyclic sesquiterpene 三环倍半萜 02.0480

tridentate ligand ＊三齿配体 02.1495

triene 三烯 02.0016

triflate 三氟甲磺酸酯 02.0148，三氟甲磺酸盐
02.0149

trifunctional initiator 三官能引发剂 05.0534

trifunctional monomer 三官能[基]单体 05.0389

trigonal carbon 三角型碳 02.0715

trigonal hybridization 三角型杂化，* sp^2 杂化 02.0608

trigonal planar configuration 平面三角构型 02.1540

trigonal system 三方晶系 04.1806

trihapto ligand 三扣[连]配体 02.1495

trimer 三聚体 05.0011

trimerization 三聚 02.1065

1,3,5-trioxacyclohexane 1,3,5-三氧杂环己烷 02.0315

trioxane * 三噁烷 02.0315

triphosadenine 三磷酸腺苷，* 腺三磷 02.1297

triple bond 三键 04.1230

triple point 三相点 04.0144

triple-stage quadrupole mass spectrometer 三重四极质谱仪 03.2578

triplet 三重峰 03.2279

triplet state 三线态，* 三重态 03.1337

triplet-triplet annihilation 三重态-三重态湮灭 04.0990

triplet-triplet energy transfer 三重态-三重态能量传递 04.1066

triplicate 三份法 03.0698

triterpene 三萜 02.0513

triterpenoid saponin 三萜皂苷 02.0543

tritiated compound 含氚化合物 06.0699

tritiated waste 含氚废物 06.0619

tritiation 氚化 06.0697

tritide 氚化物 06.0698

tritium 氚 01.0066

tritium ratio 氚比 06.0696

tritium unit * 氚单位 06.0696

tropane alkaloid 莨菪烷[类]生物碱，* 托品烷[类]生物碱 02.0393

tropolone 环庚三烯酚酮，* 草酚酮 02.0189

tropone 环庚三烯酮，* 草酮 02.0190

Trouton rule 特鲁顿规则 04.0209

TRS 时间分辨光谱法 03.1452

TRT 升温时间 03.2769

true density 真密度 04.0793

true value 真值 03.0139

TRUEX process 超铀[元素]萃取流程 06.0665

tryptophan[e] L-色氨酸 02.1343

TSA 变温吸附 04.1576

T-shaped complex T 状配合物 02.1541

TSI 热表面电离 03.2498，热喷雾电离 03.2501

TSQ-MS 三重四极质谱仪 03.2578

TST 过渡态理论 04.0311

t-test method t 检验法 03.0232

TTET 三重态-三重态能量传递 04.1066

TTP 温控时间 03.2770

tub conformation 盆式构象 02.0763

tube furnace pyrolyzer 管式炉裂解器 03.2090

tube-wall atomization 管壁原子化 03.1063

tunable laser source 可调谐激光光源 03.1427

tungsten bronze 钨青铜 01.0233

tunnel effect 隧道效应 03.2657

turbidimetric method 比浊法，* 透射比浊度法 03.1196

turbidimetry 比浊法，* 透射比浊度法 03.1196

turbidity 浊度 04.1548

turbulent flow burner 湍流燃烧器，* 紊流燃烧器 03.1037

turmeric paper 姜黄试纸 03.0565

β-turn β 转角 02.1412

turnover frequency 转换频率 04.0836

turnover number 转换数 04.0835

turntable reactor 旋转木马式反应器 04.1109

turquoise 绿松石 01.0264

TVL 十分之一值层厚度 06.0465

twin crystal 孪晶，* 双晶 04.1860

twist 捻度 05.1069

twist conformation 扭型构象 02.0757

twisted intramolecular charge transfer state 扭曲分子内电荷转移态 04.1010

twisting 加捻 05.1068

two-component system 二组分系统 04.0029

two-dimensional chromatography 二维色谱法 03.1760

two-dimensional chemical shift correlation spectrum 二维化学位移相关谱 03.2287

two-dimensional development method 双向展开[法] 03.2155

two-dimensional exchange spectroscopy 二维交换谱 03.2289

two-dimensional infrared correlation spectrum 二维红外相关光谱 03.1350

two-dimensional infrared spectrum 二维红外光谱 03.1349

two-dimensional nuclear magnetic resonance spectrum 二维核磁共振谱 03.2285

two-electrode system　二电极系统　04.0610
two-electron integral　双电子积分　04.1328
two photon excitation　双光子激发　04.0967
two photon excited atomic fluorescence　双光子激发原子荧光　03.1130
two-side test　双侧检验，*双尾检验　03.0218
two step mechanism　两步机理　04.0916
two-tailed test　双侧检验　03.0218

Tyndall phenomenon　丁铎尔现象　04.1542
type A standard uncertainty　A类标准不确定度　03.0386
type B standard uncertainty　B类标准不确定度　03.0387
type 1 error　第一类错误，*弃真错误　03.0223
type 2 error　第二类错误，*纳伪错误　03.0224
tyrosine　L-酪氨酸　02.1344

U

Ubbelohde [dilution] viscometer　乌氏[稀释]黏度计　05.0788
Ubbelohde viscometer　乌氏黏度计　04.1724
UCST　最高临界共溶温度　05.0887
UHF method　非限制性的哈特里-福克方法　04.1364
UHMWPE　超高分子量聚乙烯　05.0218
ULDPE　超低密度聚乙烯　05.0216
ulosonic acid　酮糖酸　02.1270
ultracentrifuge　超[高]离心机　04.1530
ultrafiltration　超滤　03.0808
ultrafine particle catalyst　超细粒子催化剂　04.0699
ultra-high molecular weight polyethylene　超高分子量聚乙烯　05.0218
ultra-high performance liquid chromatography　超高效液相色谱法，*超高压液相色谱　03.1773
ultralow density polyethylene　超低密度聚乙烯　05.0216
ultra low interfacial tension　超低界面张力　04.1555
ultramicro analysis　超微量分析　03.0034
ultramicro [analytical] balance　超微量天平　03.0092
ultramicrochemical manipulation　超微量化学操作　06.0263
ultramicroelectrode　超微电极　03.1624
ultramicroscope　*超显微镜　04.1545
ultrasonic nebulizer　超声雾化器　03.1053
ultrasonic treatment　超声波处理　04.0736
ultratrace analysis　超痕量分析　03.0036
ultraviolet absorber　紫外线吸收剂　05.1123
ultraviolet absorption detector　紫外吸收检测器　03.2064
ultraviolet absorption spectrum　紫外吸收光谱　03.1169
ultraviolet excited laser resonance Raman spectrum　紫

外激发激光共振拉曼光谱　03.1412
ultraviolet photoelectron spectroscopy　紫外光电子能谱[法]　03.2624
ultraviolet Raman spectrum　紫外拉曼光谱　04.0818
ultraviolet reflectance spectrometry　紫外反射光谱法　03.1173
ultraviolet spectrophotometry　紫外分光光度法　03.1172
ultraviolet stabilizer　紫外线稳定剂　05.1122
ultraviolet-visible light detector　紫外-可见光检测器，*紫外-可见光吸收检测器　03.2065
ultraviolet-visible spectrophotometer　紫外-可见分光光度计　03.1252
umbelliferone　伞形花内酯　02.0425
umpolung　极性反转　02.1226
unbiased estimator　无偏估计量，*无偏估计值　03.0143
uncatalyzed polymerization　无催化聚合　05.0474
uncertainty　不确定度　03.0381
uncertainty principle　不确定[性]原理，*测不准关系　04.1162
uncharged acid　无荷电酸　03.0700
under cure　欠硫　05.1026
underpotential deposition　欠电势沉积　04.0543
unfolding　解折叠　02.1420
uniaxial crystal　单轴晶体　04.1953
uniaxial drawing　单轴拉伸　05.1063
uniaxial elongation　单轴拉伸　05.1063
uniaxial orientation　单轴取向　05.0891
uniform distribution　均匀分布　03.0138
uniformly labeled compound　均匀标记化合物　06.0679
uniform polymer　单分散聚合物　05.0049

unimolecular acid-catalyzed acyl-oxygen cleavage [reaction]　单分子酸催化酰氧断裂[反应]　02.0889

unimolecular acid-catalyzed alkyl-oxygen cleavage　单分子酸催化烷氧断裂[反应]　02.0892

unimolecular base-catalyzed alkyl-oxygen cleavage [reaction]　单分子碱催化烷氧断裂[反应]　02.0894

unimolecular electrophilic substitution　单分子亲电取代[反应]　02.0876

unimolecular elimination[reaction]　单分子消除[反应]　02.0885

unimolecular elimination[reaction] through conjugate base　单分子共轭碱消除[反应]　02.0887

unimolecular free radical nucleophilic substitution [reaction]　单分子自由基亲核取代[反应]　02.0868

unimolecular ion decomposition　单分子离子分解　03.2337

unimolecular nucleophilic substitution[reaction]　单分子亲核取代[反应]　02.0867

unimolecular reaction　单分子反应　04.0267

unimolecular termination　单分子终止　05.0577

unitary matrix　酉矩阵　04.1175

universal buffer　广域缓冲剂　03.0745

universal calibration　普适标定　05.0815

universal indicator　通用指示剂　03.0551

unoccupied state　空表面态　03.2675

unperturbed dimension　无扰尺寸　05.0761

unperturbed end-to-end distance　无扰末端距　05.0716

unrestricted Hartree-Fock method　非限制性的哈特里-福克方法　04.1364

unsaturated polyester　不饱和聚酯　05.0263

unsaturated rubber　不饱和橡胶　05.0316

unsaturated solution　不饱和溶液　01.0037

unstable ion　不稳定离子　03.2434

UOX　铀氧化物　06.0585

up conversion　上转换　04.1136

UPD　欠电势沉积　04.0543

UPLC　超高效液相色谱法，*超高压液相色谱　03.1773

upper alarm limit　上警告限　03.0352

upper control limit　上控制限　03.0354

upper critical solution temperature　最高临界共溶温度　05.0887

upper-phase microemulsion　上相微乳液　04.1748

UPS　紫外光电子能谱[法]　03.2624

uptake　吸收　06.0479

uracil　尿嘧啶，*二氧嘧啶　02.1307

uranium carbonyl complex　羰基铀配合物　02.1542

uranium concentrate　铀浓缩物　06.0562

uranium decay series　铀衰变系，*4n+2系　06.0322

uranium family　铀衰变系，*4n+2系　06.0322

uranium-lead dating　铀-铅年代测定　06.0764

uranium oxide　铀氧化物　06.0585

uranyl　铀酰　06.0325

urea　脲，*尿素　02.0125

urea-formaldehyde resin　脲醛树脂　05.0198

urea resin　尿素树脂　05.0202

urease　脲酶　01.0669

uridine　尿苷，*尿嘧啶核苷　02.1312

uronic acid　糖醛酸　02.1271

ursane　乌索烷[类]，*α-香树脂烷　02.0523

UV-visible absorption spectrum　紫外可见吸收光谱　04.0819

V

vacancy defect　空位缺陷　01.0725

vacancy element　空位元素　06.0316

vacuum drying [method]　真空干燥[法]　04.0726

vacuum line technique　真空线技术　02.1543

vacuum molding　真空成型　05.1016

vacuum ultraviolet photosource　真空紫外光源　03.2623

vacuum ultraviolet spectrum　真空紫外光谱　03.1170

valence　化合价，*原子价　01.0190

valence analysis　价态分析　03.0446

valence band　价带　01.0746

valence band spectra　价带谱　03.2625

valence band structure　价带结构　03.2678

valence bond theory　价键理论，*电子配对法　04.1224

valence electron　价电子　04.1218

valence electron approximation　价电子近似　04.1340

18-valence electron rule　18-价电子规则　02.1545

valence fluctuation　价态起伏　01.0735

valence isomerism　价态异构　01.0549

valence shell electron pair repulsion 价层电子对互斥 01.0015

valence-shell electron pair repulsion theory 价层电子对互斥理论 04.1261

valence state electron affinity 价态电子亲和势 04.1341

valence state ionization potential 价态电离势 04.1342

valence tautomerism 价互变异构 02.0637

valine L-缬氨酸 02.1345

δ-value δ值 03.2242

τ-value τ值 03.2243

value function *价值函数 06.0571

van Deemter equation 范第姆特方程，*速率理论方程 03.1945

van der Waals force 范德瓦耳斯力 02.0824

van der Waals shift 范德瓦耳斯位移 03.2248

van't Hoff law 范托夫定律 04.0170

vaporizer 气化室 03.1991

vapor phase inhibitor 气相缓蚀剂，*挥发性缓蚀剂 04.0593

vapor pressure lowering 蒸气压下降 04.0189

vapor pressure osmometry 蒸气压渗透法 05.0799

variability 变异性 03.0154

variable step size 可变步长 03.0298

variable temperature infrared spectrometry 变温红外光谱法 03.1363

variamine blue 变胺蓝，*标准色基蓝 03.0618

variance 方差 03.0187

variance between laboratories 组间方差 03.0192

variance within laboratory 组内方差 03.0191

variational method 变分法 04.1321

variation between laboratories 组间变异性 03.0156

variation within laboratory 组内变异性 03.0155

Vaska complex 瓦斯卡配合物 02.1544

VB 价键理论，*电子配对法 04.1224

velocity distribution 速率分布 04.0373

velocity distribution function 速率分布函数 04.1421

velocity selector 选速器 04.0365

velocity separator 速度选择器 06.0301

Verneuil flame fusion method [晶体生长]焰熔法，*火焰熔融法 01.0818

18-VE rule 18-价电子规则 02.1545

Verwey-Niessen model 费尔韦-奈尔森模型 03.1696

vesicle 微泡体 02.0839，囊泡 04.1637

vibrational energy of molecule 分子振动能 04.1283

vibrational partition function 振动配分函数 04.0236

vibrational relaxation 振动弛豫 04.0977

vibrational-rotational spectrum 振动-转动光谱 03.1167

vibrational spectrum 振动光谱 04.1487

vibration-vibration energy transfer 振动-振动能量传递 04.1101

vibronic coupling [电子]振动耦合 04.1483

vicarious nucleophilic substitution[reaction] 亲核替取代[反应] 02.0873

vinylene monomer 1,2-亚乙烯基单体，*1,2-二取代乙烯单体 05.0392

vinylidene monomer 1,1-亚乙烯基单体，*1,1-二取代乙烯单体，*偏[二]取代乙烯单体 05.0391

vinyl monomer 乙烯基单体 05.0390

vinyl polymer 乙烯类聚合物 05.0139

vinyl polymerization 乙烯基[单体]聚合，*烯类聚合 05.0412

vinylpyridiene rubber 丁吡橡胶 05.0333

virial coefficient 位力系数，*维里系数 05.0765

virial theorem 位力定理，*维里定理 04.1372

virtual long-range coupling 虚拟远程耦合 03.2255

virtual orbital 空轨道 04.1243

virtual screening 虚拟筛选 04.1466

virus analysis 病毒分析 03.0022

viscoelasticity 黏弹性 05.0932

viscometer 黏度计 04.1721

viscose fiber 黏胶纤维 05.0357

viscosity 黏度 04.1716

viscosity-average molar mass 黏均分子量 05.0741

viscosity-average molecular weight 黏均分子量 05.0741

viscosity function 黏度函数 05.0796

viscosity modifier 黏度改进剂，*黏度调节剂 05.1135

viscosity number 黏数 05.0787

viscosity ratio *黏度比 05.0785

viscous flow state 黏流态 05.0896

visible absorption spectrum 可见吸收光谱 03.1168

visible spectrophotometer 可见光分光光度计 03.1251

visible spectrophotometry 可见分光光度法 03.1171

visual colorimeter 目视比色计，*视式比色计 03.1199

visual titration 目视滴定法 03.0397

Vitamin C ＊维生素 C 02.1285

vitrification 玻璃固化 06.0643

vitriol 矾 01.0218

Voigt model ＊沃伊特模型 05.0952

volatilization method 挥发法 03.0457

Volhard method 福尔哈德法 03.0418

voltage step 电压阶跃 03.1727

voltage sweep 电压扫描 03.1728

voltaic cell 伏打电池 04.0549

voltammeter 伏安仪 03.1549

voltammetric enzyme-linked immunoassay 伏安酶联
免疫分析法 03.1541

voltammetry 伏安法 03.1464

voltammogram 伏安图 03.1678

volume relaxation 体积弛豫 05.0938

volume thermodilatometry 体积热膨胀分析法 03.2722

volumetric flask ［容］量瓶 03.0101

volumetric method 体积法，＊容量法 04.1606

volume work 体积功 04.0046

VPO 蒸气压渗透法 05.0799

V-representability V-可表示性 04.1389

VSEPR 价层电子对互斥 01.0015

VSEPR theory 价层电子对互斥理论 04.1261

VSIP 价态电离势 04.1342

vulcanizate 硫化橡胶 05.0312

vulcanization 硫化 05.1021

vulcanization accelerator 硫化促进剂 05.1094

vulcanization activator 硫化活化剂 05.1095

vulcanized rubber 硫化橡胶 05.0312

vulcanizing agent 硫化剂 05.1092

V-V energy transfer 振动-振动能量传递 04.1101

W

Wade rule ＊韦德规则 02.1533

Walden inversion 瓦尔登翻转 02.1014

walk rearrangement 游走重排 02.1019

wall coated open tubular column 壁涂开管柱 03.2017

wall effect 管壁效应 03.1953

Wannier exciton 瓦尼尔激子 04.0979

Warburg impedance ＊瓦博格阻抗 04.0626

warm-fusion reaction 温熔合反应 06.0277

wash bottle 洗瓶 03.0108

washing soda 洗涤碱，＊晶碱 01.0211

waste graveyard 废物埋藏场 06.0651

waste minimization 废物最小化 06.0645

watch glass 表面皿 03.0690

water absorbent polymer 吸水性聚合物 05.0103

water aided injection molding 水辅注塑 05.0987

water bath 水浴 03.0106

water-gas reaction 水煤气反应 01.0345

water-gas shift reaction 水煤气转化反应 04.0875

water glass 水玻璃，＊泡化碱 01.0214

water hardness 水硬度 03.0782

water in oil emulsion 油包水乳状液 04.1741

water soluble acid 水溶性酸 03.0784

water soluble alkali 水溶性碱 03.0783

water soluble polymer 水溶性聚合物 05.0104

water vapor distillation 水蒸气蒸馏 03.0459

wave function 波函数 04.1312

wave-guide tube 波导管 03.2330

wavelength dispersive X-ray fluorescence spectrometer
波长色散 X 射线荧光光谱仪 03.1150

wavelet transformation-multiple spectrophotometry 小
波变换多元分光光度法 03.1243

wax 蜡 02.0011

WCOT column 壁涂开管柱 03.2017

weak acid type ion exchanger 弱酸型离子交换剂 03.2031

weak base type ion exchanger 弱碱型离子交换剂 03.2033

weak electrolyte 弱电解质 04.0420

weighing 称量 03.0080

weighing bottle 称量瓶 03.0102

weight 砝码 03.0095

weight-average molar mass 重均分子量 05.0739

weight-average molecular weight 重均分子量 05.0739

weight distribution function 重量分布函数 05.0754

weighted least square method 加权最小二乘法 03.0267

weighted mean 加权平均值 03.0151

weighted regression 加权回归 03.0278

Weiss constant　外斯常数　01.0796

Weissenberg effect　魏森贝格效应　04.1738

Weissenberg method　魏森贝格法　04.2004

well-type counter　井型计数器　06.0130

Werner complex　维尔纳配合物　02.1546

wet ashing　湿法灰化　03.0861

wet column packing　湿法柱填充　03.2119

wet method　湿法　03.0037

wet reaction　湿法反应　01.0357

wet spinning　湿纺　05.1040

wetting　润湿　04.1674

wetting agent　湿润剂　05.1132

wet way　湿法　03.0037

whisker　晶须　04.1867

white arsenic　砒霜，* 白砒，* 砷华　01.0271

white lead　铅白　01.0236

whole contraction　整体收缩　03.0299

wide band nuclear magnetic resonance　宽带核磁共振　03.2284

width of charge distribution　电荷分布宽度　06.0186

Wigner rule　* 维格纳规则　04.1103

Wilhelmy plate method　吊片法　04.1567

Wilkinson catalyst　威尔金森催化剂　02.1547

Wilson disease　威尔逊氏症　01.0690

Wilzbach technique　* 韦茨巴赫技术　06.0690

Wittig reaction　维蒂希反应　02.1182

Wolff-Kishner reaction　沃尔夫-基希纳反应，* 沃尔夫-基希纳-黄鸣龙反应　02.1193

wolframite　黑钨矿，* 钨锰铁矿　01.0310

Woodcock rescaling isokinetic thermostat　伍德科克变标度恒温法　04.1459

work　功　04.0045

work function　逸出功　03.2679

working electrode　工作电极　03.1586

work of adhesion　黏附功　04.1652

work of cohesion　内聚功　04.1653

worm-like chain　蠕虫状链　05.0681

Wulff net　伍尔夫网　04.1842

X

XAES　X 射线激发俄歇电子　03.2635，X 射线吸收精细结构　04.2057

xanthate　黄原酸酯　02.0146，黄原酸盐　02.0147

xanthate gum　黄原胶　05.0152

xanthene　* 呫吨　02.0356

9-xanthenone　* 9-呫吨酮　02.0357

xanthic acid　黄原酸　02.0145

xanthine oxidase　黄嘌呤氧化酶　01.0665

xanthonate　黄原酸酯　02.0146，黄原酸盐　02.0147

xerogel　干凝胶　04.1703

XPS　X 射线光电子能谱法　03.2609

X-ray absorption edge spectrometry　X 射线吸收限光谱法　03.1155

X-ray absorption fine structure　X 射线吸收精细结构　04.2057

X-ray absorption near edge structure　X 射线吸收近边结构　04.2058

X-ray crystallography　X 射线晶体学　04.1973

X-ray diffraction spectrum　X 射线衍射谱　04.0815

X-ray diffraction　X 射线衍射　04.2053

X-ray diffractometry　X 射线衍射学　04.1974

X-ray diffuse scattering　X 射线漫散射　04.2017

X-ray excited Auger electron　X 射线激发俄歇电子　03.2635

X-ray fluorescence analysis　X 射线荧光分析　06.0504

X-ray fluorescence spectrometry　X 射线荧光光谱法　03.1141

X-ray generator　X 射线发生器　06.0503

X-ray luminescence　X 射线发光　01.0775

X-ray microanalysis　X 射线微区分析　03.2597

X-ray monochromator　X 射线单色器　03.2613

X-ray peak broadening　X 射线峰增宽　04.2050

X-ray photoelectron spectroscopy　X 射线光电子能谱法　03.2609

X-ray source　X 射线源　04.1994

X-ray structure analysis　X 射线结构分析　04.1975

XRD　X 射线衍射　04.2053

XRD spectrum　X 射线衍射谱　04.0815

x^2-test method　x^2 检验法　03.0234

xylenol orange　二甲酚橙　03.0601

xylose　木糖　02.1284

Y

yarn　纱[线]　05.1072

yellow cake　黄饼　06.0561

yield　收率，* 得率　04.0833

yielding　屈服　05.0900

yield temperature　屈服温度　05.0902

yield value　屈服值　04.1736

ylide　叶立德　02.0969

Ylide　叶立德　02.0969

ylide complex　叶立德配合物　02.1548

ynamine　炔胺　02.0087

Young-Dupre equation　杨-杜普雷公式，* 润湿方程　04.1668

Young-Laplace equation　杨-拉普拉斯公式　04.1561

Z

ZAAS　塞曼原子吸收光谱法　03.1021

Zaitsev rule　札依采夫规则　02.1015

Z-average molar mass　Z 均分子量　05.0740

Z-average molecular weight　Z 均分子量　05.0740

Zeeman atomic absorption spectrometry　塞曼原子吸收光谱法　03.1021

Zeeman atomic absorption spectrophotometer　塞曼原子吸收分光光度计　03.1108

Zeeman effect　塞曼效应　03.1104

Zeeman effect background correction method　塞曼效应校正背景法　03.1105

Zeise salt　蔡斯盐　01.0526

Z-E isomer　Z-E 异构体　02.0719

zeolite　沸石　01.0273

zeolite membrane　沸石膜　04.0662

zeolite [molecular sieve] catalyst　沸石[分子筛]催化剂　04.0659

zero field splitting　零场分裂　01.0560

zero filling　冲零　03.2219

zero-point energy　零点能　04.1217

zero pressure molding　无压成型　05.1015

zero shear viscosity　零切[变速率]黏度　05.0797

zeroth order reaction　零级反应　04.0261

Ziegler-Natta catalyst　齐格勒-纳塔催化剂　05.0545

Ziegler-Natta polymerization　齐格勒-纳塔聚合　05.0457

zigzag chain　锯齿链　05.0826

zigzag projection　锯齿形投影式　02.0678

Zimm plot　齐姆图　05.0804

zinc blende　闪锌矿　01.0317

zinc finger protein　锌指蛋白　01.0634

zincon　锌试剂　03.0614

zinc vitriol　锌矾　01.0220

zinc white　锌白　01.0239

zinc yellow　锌铬黄，* 锌黄　01.0240

Z isomer　Z 异构体　02.0720

zonal equation　晶带方程　04.1790

zone　区带　03.1956

zone compression　区带压缩　03.2167

zone electrophoresis　区带电泳　03.1821

zone melting method　区熔法　01.0820

zone spreading　区带扩展　03.1957

zwitterion　正负[离子]同体化合物，* 两性离子化合物　01.0022

zwitterionic compound　正负[离子]同体化合物，* 两性离子化合物　01.0022

zwitterionic compound　两性离子化合物　02.1314

zwitterionic surfactant　* 两性离子型表面活性剂　04.1618

zwitterion polymerization　两性离子聚合　05.0456

汉英索引

A

螯合环　chelate ring　01.0489
螯合基团　chelate group　01.0488
螯合剂　chelating agent　01.0491
螯合聚合物　chelate polymer　05.0056
螯合离子色谱法　chelating ion chromatography　03.1797
螯合配体　chelating ligand　01.0485
螯合物　chelate　01.0486

螯合效应　chelate effect　01.0487
螯合作用　chelation　01.0490
螯键反应　cheletropic reaction　02.1103
奥克洛现象　Oklo phenomena　06.0307
奥氏黏度计　Ostwald viscometer　04.1723
奥斯特瓦尔德稀释定律　Ostwald dilution law　04.0441

B

八面沸石　faujasite　01.0276
八面体　octahedron　04.1915
八面体化合物　octahedral compound　02.0592
八面体配合物　octahedral complex　01.0503
八区规则　octant rule　02.0816
* 巴比妥酸　barbituric acid　02.0320
巴特勒-福尔默方程　Butler-Volmer equation　04.0521
靶对非靶[摄取]比　target to non-target ratio, T/NT　06.0730
靶核　target nucleus　06.0198
靶化学　target chemistry　06.0199
靶体积　target volume　06.0731
靶托　target holder　06.0200
靶子　target　06.0201
靶组织　target tissue　06.0732
白蛋白　albumin　05.0155
* 白啶　perimidine　02.0383
白花青素　leucoanthocyanidin　02.0435
白榴石　leucite　01.0279
* 白砒　white arsenic　01.0271
白三烯　leukotriene　02.1442
白钨矿　scheelite　01.0309
白云母　muscovite　01.0278
白云石　dolomite　01.0256
百里酚蓝　thymol blue　03.0569
百里酚酞　thymolphthalein　03.0570
* 柏木烷类　cedrane　02.0481
* 拜三水铝石　bayerite　01.0268
斑点定位法　localization of spot　03.2162
* 斑点分析　spot test　03.0467
斑点试验　spot test　03.0467
半胺缩醛　hemiaminal　02.0060
半波电位　half-wave potential　03.1718
半导体　semiconductor　01.0698

半导体电化学　electrochemistry of semiconductor　04.0410
半导体电极　semiconductor electrode　04.0452
半导体光催化剂　semiconductor photocatalyst　04.0688
半导体激光器　semiconductor laser　04.1082
半导体探测器　semiconductor detector　06.0115
半定量分析　semiquantitative analysis　03.0447
半反应　half reaction　04.0484
半峰电势　half-peak potential　04.0477
半[高]峰宽　peak width at half height　03.1921
半胱氨酸　cysteine　02.1332
半合成　partial synthesis　02.1213
半合成纤维　semi-synthetic fiber　05.0351
半厚度　half thickness, half-value layer, HVL　06.0462
半互穿聚合物网络　semi-interpenetrating polymer network, SIPN　05.0079
半积分伏安法　semi-integral voltammetry　03.1497
半夹心配合物　half-sandwich complex　02.1497
半交换期　exchange half-time, exchange half-life　06.0069
半胶束　hemimicelle, semimicelle, halfmicelle　04.1643
半结晶聚合物　semi-crystalline polymer　05.0830
半金属　metalloid　01.0094
半经验分子轨道法　semiempirical molecular orbital method　04.1374
半抗原　hapten　02.1452
半醌　semiquinone　02.0208
半连续聚合　semicontinuous polymerization　05.0511
半片呐醇重排　semi-pinacol rearrangement　02.1166
半桥基　semibridging group　01.0198
半桥羰基　semibridging carbonyl　02.1532
半日花烷[类]　labdane　02.0491

半熔法　semi-fusion method　03.0863

* 半熔酚醛树脂　resitol　05.0192

半柔性链聚合物　semi-flexible chain polymer　05.0044

半衰期　half-life　06.0038

半缩醛　hemiacetal　02.0053

半缩酮　hemiketal　02.0054

半萜　hemiterpene　02.0456

半透膜　semipermeable membrane　05.1084

半微分伏安法　semi-differential voltammetry　03.1498

半微量分析　semimicro analysis, meso analysis　03.0032

半微量天平　semimicro [analytical] balance　03.0090

半椅型构象　half-chair conformation　02.0758

半正多面体　semi-regular polyhedra　04.1918

* 半值层厚度　half thickness, half-value layer, HVL
  06.0462

* 半值宽度　spectral width　03.2207

* 伴随变量　concomitant variable　03.0121

棒状聚合物　rodlike polymer　05.0061

棒状链　rodlike chain　05.0686

包藏　occlusion　03.0817

* 包藏共沉淀　occlusion　03.0817

* 包覆作用　encapsulation　02.0836

* 包含常数　inclusion constant　03.1844

包含因子　coverage factor　03.0385

包合物　inclusion compound　01.0179

* 包合物　clathrate　01.0180

包合作用　clathration, inclusion　01.0440

包结常数　inclusion constant　03.1844

包结作用　encapsulation　02.0836

胞苷　cytidine　02.1310

胞嘧啶　cytosine　02.1305

* 胞嘧啶核苷　cytidine　02.1310

饱和甘汞电极　saturated calomel electrode, SCE
  03.1594

饱和聚酯　saturated polyester　05.0264

饱和溶液　saturated solution　01.0036

饱和橡胶　saturated rubber　05.0315

饱和转移　saturation transfer　03.2313

保护基　protecting group　02.1224

保护柱　guard column　03.2011

保留　retention　06.0096

保留间隙　retention gap　03.2124

保留时间　retention time　03.1923

保留体积　retention volume　03.1927

保留温度　retention temperature　03.1933

保留因子　retention factor　03.1959

保留值定性法　retention qualitative method　03.2100

保留指数　retention index　03.1932

保留指数定性法　retention index qualitative method
  03.2102

保幼激素　juvenile hormone, JH　02.1446

薄靶　thin target　06.0203

薄层板　thin layer plate　03.2077

* 薄层层析　thin layer chromatography, TLC　03.1816

薄层单电位跃阶计时吸收法　thin-layer sin-
  gle-potential-step chronoabsorptometry　03.1537

薄层光谱电化学法　thin layer spectroelectrochemistry
  03.1530

薄层控制电位电解吸收法　thin layer controlled potential
  electrolysis absorptometry　03.1536

薄层色谱法　thin layer chromatography, TLC
  03.1816

薄层色谱扫描仪　thin layer chromatogram scanner
  03.1982

薄层双电位跃阶计时吸收法　thin layer double-poten-
  tial-step chronoabsorptometry　03.1538

薄层循环伏安法　thin layer cyclic voltammetry
  03.1534

薄层循环伏安吸收法　thin layer cyclic voltabsorptom-
  etry　03.1535

薄壳型填料　pellicular packing　03.2035

薄膜电池　thin film battery　04.0570

鲍林电负性　Pauling electronegativity　04.1349

鲍林电负性标度　Pauling electronegativity scale
  02.0626

鲍林规则　Pauling rule　04.1923

暴沸　bumping　03.0803

* 暴聚　flash polymerization　05.0482

* 爆裂作用　decrepitation　03.0826

爆炸界限　explosion limit　04.0335

杯芳烃　calixarene　02.0843

贝壳杉烷[类]　kaurane　02.0504

贝可　becquerel, Bq　06.0051

贝伦德森变标度法　Berendsen rescaling method
  04.1460

* 贝陀立体　Berthollide　01.0707

贝叶烷[类]　beyerane　02.0506

备择假设　alternative hypothesis　03.0216

苝　perylene　02.0172
背景　background　03.0054
背景电解质　background electrolyte, BGE　03.1859
背景校正　background correction　03.1101
背景吸收　background absorption　03.1099
背面进攻　backside attack　02.1004
背散射　backscattering　06.0513
背散射电子　backscattered electron　03.2652
背散射分析　backscattering analysis　06.0514
* 背压　back pressure　03.1884
* 背张力　B strain, back strain　02.0649
倍半木脂体　sesquilignan　02.0452
倍半萜　sesquiterpene　02.0468
倍半氧化物　sesquioxide　01.0143
倍频　frequency doubling　04.1137
* 倍增效应　multiplication effect　03.0725
被滴定物　titrand　03.0834
* 被动探询　passive interrogation　06.0528
被俘[获]电子　trapped electron　01.0741
被示踪物　tracee　06.0684
焙烧　calcination　04.0765
* 本底　background　03.0054
本体催化剂　bulk catalyst　04.0666
本体聚合　bulk polymerization, mass polymerization
　　05.0494
本体黏度　bulk viscosity　05.0791
本体浓度　bulk concentration　04.0481
本征催化活性　intrinsic catalytic activity　04.0838
本征反应动力学　intrinsic kinetics　04.0909
本征方程　eigen equation　04.1163
本征缺陷　intrinsic defect, native defect　01.0719
* 本征值　eigenvector　03.0340
苯　benzene　02.0162
L-苯丙氨酸　phenylalanine　02.1339
* 苯并[b]吡啶　quinoline　02.0359
* 苯并[c]吡啶　isoquinoline　02.0360
* 苯并[b]吡咯　benzo[b]pyrrole　02.0334
* 苯并[c]吡咯　benzo[c]pyrrole　02.0335
苯并吡喃　benzopyran　02.0351
2H-苯并吡喃-2-酮　2H-benzopyran-2-one　02.0354
4H-苯并吡喃-4-酮　4H-benzopyran-4-one　02.0355
苯并吡喃盐　benzopyranium salt　02.0352
苯并[b]吡嗪　benzo[b]pyrazine　02.0372
1H-苯并吡唑　1H-benzopyrazole　02.0347

苯并哒嗪　benzopyridazine　02.0371
苯并噁二唑　benzoxadiazole　02.0349
苯并噁嗪　benzoxazine　02.0375
苯并噁唑　benzoxazole　02.0343
* 1,2-苯并二嗪　benzopyridazine　02.0371
* 1,3-苯并二嗪　benzopyrimidine　02.0373
* 1,4-苯并二嗪　benzo[b]pyrazine　02.0372
苯并呋喃　benzofuran　02.0332
苯并呋喃酮　benzofuranone　02.0336
苯并呋喃-茚树脂　coumarone-indene resin　05.0182
* 苯并[b]喹啉　benzo[b]quinoline　02.0362
苯并[c]喹啉　benzo[c]quinoline　02.0364
苯并咪唑　benzimidazole　02.0345
苯并嘧啶　benzopyrimidine　02.0373
苯并噻二唑　benzothiadiazole　02.0350
苯并噻吩　benzothiophene　02.0333
苯并噻嗪　benzothiazine　02.0376
苯并噻唑　benzothiazole　02.0344
苯并三嗪　benzotriazine　02.0374
苯并三唑　benzotriazole　02.0348
苯并异噁唑　benzisoxazole　02.0346
苯酚红　phenol red　03.0571
苯酚醚树脂　phenol ether resin　05.0197
苯基　phenyl group　02.0578
苯基键合相　phenyl-bonded phase　03.2024
N-苯基邻氨基苯甲酸　N-phenylanthranilic acid
　　03.0629
* 苯甲酸　benzoic acid　03.0527
* N-苯甲酰苯胲　N-benzoyl-N-phenyl hydroxylamine
　　03.0548
N-苯甲酰-N-苯基羟胺　N-benzoyl-N-phenyl hydrox-
　　ylamine　03.0548
苯肼比色法　colorimetric method with phenylhydrazine
　　03.0485
苯醌　benzoquinone　02.0201
* 1,2-苯醌　1,2-benzoquinone　02.0202
* 1,4-苯醌　1,4-benzoquinone　02.0203
苯醌聚合物　quinone polymer　05.0145
苯偶姻　benzoin　02.0209
苯偶姻缩合　benzoin condensation　02.1122
苯炔　benzyne　02.0943
苯乙烯-丁二烯-苯乙烯嵌段共聚物　styrene butadiene
　　styrene block copolymer, SBS　05.0347
苯乙烯-异戊二烯-苯乙烯嵌段共聚物　styrene isoprene

styrene block copolymer, SIS 05.0348

苯乙烯-异戊二烯-丁二烯橡胶 styrene-isoprene-buta-
　　diene rubber, SIBR 05.0322

崩溃压 collapse pressure 04.1659

比保留体积 specific retention volume 03.1931

比表面 specific surface area 04.1581

比对 comparison 03.0872

比尔定律 Beer law 03.1181

比尔-朗伯定律 Beer-Lambert law 04.0950

比活度 specific activity 06.0039

比活性 specific activity 02.1423

比例抽样 proportional sampling 03.0357

比例阀 proportional valve 03.1999

比浓对数黏度 inherent viscosity, logarithmic viscosity
　　number 05.0792

* 比浓黏度 reduced viscosity 05.0787

比色分析 colorimetric analysis 03.0439

比色计 colorimeter 03.1198

比释动能 kinetic energy released in matter 06.0439

比吸光系数 specific absorptivity 03.1187

比旋光 specific rotation 02.0811

比旋光度 specific rotatory power 03.1458

* 比移值 R_f value 03.1935

比重瓶 gravity bottle 03.0683

比浊法 turbidimetry, turbidimetric method 03.1196

比浊荧光光度计 nefluorophotometer 03.1317

芘 pyrene 02.0169

吡啶 pyridine 02.0309

吡啶并[2,3-*b*]吡啶 pyrido[2,3-*b*]pyridine 02.0380

吡啶并[3,4-*b*]吲哚 pyrido[3,4-*b*]indole 02.0385

4-(2-吡啶基偶氮)间苯二酚 4-(2-pyridylazo)resorcinol,
　　PAR 03.0613

1-(2-吡啶基偶氮)-2-萘酚 1-(2-pyridylazo)-2-naphthol,
　　PAN 03.0612

吡啶[类]生物碱 pyridine alkaloid 02.0394

* 吡啶-(2-偶氮-4)间苯二酚 4-(2-pyridylazo)resorcinol,
　　PAR 03.0613

吡啶酮 pyridone 02.0312

吡哆胺 pyridoxamine 02.1365

吡哆醇 pyridoxol 02.1364

吡哆醛 pyridoxal 02.1363

吡咯 pyrrole, azole 02.0270

* 吡咯并[1,2-*a*]吡啶 pyrrolo[1,2-*a*]pyridine 02.0381

* 吡咯并[1,2-*a*]吡咯 pyrrolo[1,2-*a*]pyrrole 02.0382

吡咯赖氨酸 pyrrolysine 02.1352

* 吡咯里啶类生物碱 pyrrolidine alkaloid 02.0392

* 吡咯里西啶[类]生物碱 pyrrolizidine alkaloid
　　02.0398

吡咯啉酮 pyrrolinone 02.0273

吡咯嗪 pyrrolizine 02.0382

吡咯嗪[类]生物碱 pyrrolizidine alkaloid 02.0398

* 吡咯烷 pyrrolidine 02.0271

吡咯烷[类]生物碱 pyrrolidine alkaloid 02.0392

* α-吡咯烷酮 α-pyrrolidone 02.0272

吡喃 pyran 02.0303

吡喃糖 pyranose 02.1259

吡喃酮 pyranone 02.0305

吡喃香豆素 pyranocoumarin 02.0428

吡喃盐 pyranium salt 02.0306

吡嗪 pyrazine 02.0318

吡唑 pyrazole 02.0281

吡唑啉 pyrazoline 02.0285

吡唑啉酮 pyrazolone 02.0294

* 吡唑酮 pyrazolone 02.0294

吡唑烷 pyrazolidine 02.0289

必需氨基酸 essential amino acid 02.1329

必需元素 essential element 01.0622

* 闭孔 close pore 04.1596

闭式 closo- 01.0164

荜澄茄烷[类] cubebane 02.0482

壁涂开管柱 wall coated open tubular column, WCOT
　　column 03.2017

* 边带 side band 03.2226

边界机理 borderline mechanism 02.0897

边界元方法 boundary element method 04.1461

边桥基 edge bridging group 01.0196

编码氨基酸 encoded amino acid 02.1327

编码数据 coded data 03.0366

* 编码样品 coded sample 03.0873

苄基 benzyl group 02.0580

苄基苯乙胺[类]生物碱 benzylphenethyl amine alkaloid
　　02.0399

苄[基]正离子 benzylic cation 02.0952

苄[基]中间体 benzylic intermediate 02.0951

苄位[的] benzylic 02.0581

便携式色谱仪 portable chromatograph 03.1977

变胺蓝 variamine blue 03.0618

变分法 variational method 04.1321

变色区间　color change interval　03.0852

变色酸　chromotropic acid　03.0498

变石　alexandrite　01.0265

变温红外光谱法　variable temperature infrared spectrometry　03.1363

变温吸附　temperature swing adsorption, TSA 04.1576

变性作用　denaturation　02.1407

变旋作用　mutarotation　02.0732

变压吸附　pressure swing adsorption, PSA　04.1577

* 变异系数　coefficient of variation　03.0183

变异性　variability　03.0154

* 标称浓度　analytical concentration　03.0747

标称质量　norminal mass　03.2378

标定　standardization　03.0836

标度理论　scaling theory　04.1298

标度因子　scale factor　04.2028

标记化合物　labeled compound　06.0666

标记率　labeling efficiency　06.0687

标记原子　tagged atom　01.0183

标量耦合　scalar coupling　03.2251

标准不确定度　standard uncertainty　03.0382

标准电池　standard cell　04.0545

标准电动势　standard electromotive force　04.0464

标准电极电位　standard electrode potential　03.1711

标准电极反应速率常数　standard rate constant of an electrode reaction　04.0529

标准电位　standard potential　03.1713

标准方法　standard method　03.0870

标准光谱　standard spectrum　03.1381

标准化学势　standard chemical potential　04.0166

标准缓冲溶液　standard buffer solution　03.0744

标准回归系数　standardized regression coefficient 03.0274

标准加入法　standard addition method　03.0069

标准滤光片　standard filter　03.1207

标准摩尔燃烧焓　standard molar enthalpy of combustion 04.0056

标准摩尔熵　standard molar entropy　04.0103

标准摩尔生成焓　standard molar enthalpy of formation 04.0054

标准摩尔生成吉布斯自由能　standard molar Gibbs free energy of formation　04.0098

标准浓度　standard concentration　04.0095

标准[偏]差　standard deviation　03.0176

标准偏差的标准偏差　standard deviation of standard deviation　03.0179

* 标准平衡常数　standard equilibrium constant 04.0169

标准氢电极　normal hydrogen electrode, standard hydrogen electrode　03.1621

标准曲线法　standard curve method　03.0987

标准溶液　standard solution　03.0837

* 标准色基蓝　variamine blue　03.0618

标准物质　reference material, RM　03.0070

标准压力　standard pressure　04.0094

标准原子量　standard atomic weights　01.0003

标准正态分布　standard normal distribution　03.0131

标准质量摩尔浓度　standard molality　04.0096

标准[状]态　standard state　04.0093

标准自由能变化　standard free energy change 04.0097

* 表观保留　apparent retention　06.0097

表观[电泳]淌度　apparent [electrophoretic] mobility 03.1966

表观反应动力学　apparent kinetics　04.0910

表观分子量　apparent molecular weight　05.0743

表观活化能　apparent activation energy　04.0287

表观剪切黏度　apparent shear viscosity　05.0795

表观密度　apparent density, particle density　04.0792

表观摩尔质量　apparent molar mass　05.0742

表面　surface　03.2594

表面不均匀性　surface inhomogeneity　04.0766

表面超量　surface excess　04.1609

表面弛豫　surface relaxation　04.1961

表面重构　surface reconstruction　04.1960

表面电荷　surface charge　04.1683

表面电化学　surface electrochemistry　04.0415

表面电离　surface ionization, SI　03.2431

表面电势　surface electric potential　04.0469

表面反应　surface reaction　04.0780

表面反应机理　surface reaction mechanism　04.0781

表面分析　surface analysis　03.0025

表面富集　surface enrichment　04.0770

表面覆盖度　surface coverage　04.0915

表面改性　surface modification　04.0744

表面功　surface work　04.0048

表面化学位移　surface chemical shift　03.2617

表面活性 surface activity 04.1611

表面活性剂 surface active agent, surfactant 04.1612

表面活性剂双水相 aqueous surfactant two phase, ASTP 04.1640

表面积 surface area 04.0794

表面胶束 surface micelle 04.1644

表面结构 surface structure 04.0769

表面晶体学 surface crystallography 04.1958

表面空位 surface vacancy 04.1969

表面扩散 surface diffusion 01.0801

表面皿 watch glass 03.0690

表面膜 surface film 04.1654

表面能 surface energy 04.1552

* 表面黏度 surface viscosity 04.1718

表面浓度 surface concentration 04.0482

表面偏析 surface segregation 04.1963

表面态 surface state 04.0767

表面态分析 surface state analysis 03.2598

表面物种 surface species 04.0771

表面压力 surface pressure 04.1556

表面移动性 surface mobility 04.0905

表面诱导电离 surface-induced ionization, SID 03.2432

表面增强共振拉曼散射 surface enhanced resonance Raman scattering, SERRS 03.1415

表面增强激光解吸电离 surface enhanced laser desorption 03.2433

表面增强拉曼光谱法 surface enhanced Raman spectrometry, SERS 03.1414

表面增强拉曼散射 surface enhanced Raman scattering, SERS 03.1409

* 表面增溶 surface solubilization 04.1648

表面张力 surface tension 04.1551

表面张力曲线 surface tensammetric curve 03.1683

表面中间物 surface intermediate 04.0768

表面皱析 surface rumpling 04.1962

表面自由能 surface free energy 04.1553

表示论 representation theory 04.1496

宾厄姆流体 Bingham fluid 05.0926

冰晶石 cryolite 01.0312

冰洲石 iceland spar 01.0259

丙氨酸 alanine 02.1330

丙二酰脲 malonyl urea 02.0320

丙阶酚醛树脂 resite 05.0193

丙烯腈-苯乙烯树脂 acrylonitrile-styrene resin 05.0185

丙烯腈-丁二烯-苯乙烯树脂 acrylonitrile-butadiene-styrene resin 05.0184

丙烯酸[酯]树脂 acrylic resin 05.0204

丙烯酸酯橡胶 acrylate rubber 05.0345

并苯 acene 02.0181

并合标准[偏]差 pooled standard deviation 03.0184

并合方差 pooled variance 03.0190

并环化合物 fused ring compound 02.0158

病毒分析 virus analysis 03.0022

波长色散 X 射线荧光光谱仪 wavelength dispersive X-ray fluorescence spectrometer 03.1150

波导管 wave-guide tube 03.2330

波函数 wave function 04.1312

[波函数]节面 node 04.1212

波普尔-内斯拜特方程 Pople-Nesbet equation 04.1367

玻恩-奥本海默近似 Born-Oppenheimer approximation 04.1305

玻恩-哈伯循环 Born-Haber cycle 04.0127

玻尔半径 Bohr radius 04.1190

玻尔磁子 Bohr magneton 04.1191

玻尔原子模型 Bohr model of atom 04.1189

玻尔兹曼叠加原理 Boltzmann superposition principle 05.0955

玻尔兹曼分布定律 Boltzmann distribution law 04.0228

玻璃电极 glass electrode 03.1618

pH 玻璃电极 pH glass electrode 03.1619

玻璃固化 vitrification 06.0643

玻璃化转变 glass transition 05.0949

玻璃化[转变]温度 glass-transition temperature 05.0950

玻璃态 glassy state 05.0894

玻色-爱因斯坦分布 Bose-Einstein distribution 04.0230

玻色子 boson 04.1330

玻碳电极 glassy carbon electrode 03.1597

伯德图 Bode plot 04.0628

伯利假旋转机理 Berry pseudorotation mechanism 02.1473

泊奇还原反应 Birch reduction reaction 02.0884

泊松比 Poisson ratio 05.0899

泊松分布 Poisson distribution 03.0137

* 铂系金属　platinum group　01.0082

铂系元素　platinum group　01.0082

博来霉素　bleomycin　01.0656

博伊斯-福斯特定域化　Boys-Foster localization　04.1373

薄荷烷[类]　menthane　02.0460

* 卟吩　porphine　02.0274

卟啉　porphyrin　02.0274

补偿光谱　compensation spectrum　03.1175

补偿效应　compensation effect　04.0778

补充气　makeup gas　03.1875

捕获　trapping　02.1022

捕集箔　catch foil　06.0246

不饱和聚酯　unsaturated polyester　05.0263

不饱和溶液　unsaturated solution　01.0037

不饱和橡胶　unsaturated rubber　05.0316

不对称毒化　asymmetric poisoning, chiral poisoning　02.1240

不对称合成　asymmetric synthesis　02.1233

不对称活化　asymmetric activation　02.1239

* 不对称立体选择聚合　asymmetric selective polymerization　05.0465

不对称碳原子　asymmetric carbon　02.0687

* 不对称陀螺分子　asymmetrical top molecule　04.1258

不对称选择性聚合　asymmetric selective polymerization　05.0465

不对称因子　asymmetric factor　03.1912

不对称诱导　asymmetric induction　02.1236

不对称诱导聚合　asymmetric induction polymerization　05.0464

不对称原子　asymmetric atom　02.0686

* 不对称中心　asymmetric center　02.0685

不对称转化　asymmetric transformation　02.0790

不对称自催化　asymmetric auto-catalysis　02.1242

不分流进样　splitless sampling, splitless injection　03.2109

不加载体　no-carrier-added, NCA　06.0073

不可逆波　irreversible wave　03.1674

不可逆反应　irreversible reaction　01.0339

不可逆过程　irreversible process　04.0041

不可逆吸附　irreversible adsorption　04.1575

不可约表示　irreducible representation　04.1498

不良溶剂　poor solvent　05.0764

不平衡　no equilibrium, non-equilibrium　06.0043

不确定[性]原理　uncertainty principle　04.1162

不确定度　uncertainty　03.0381

* 不溶不熔酚醛树脂　resite　05.0193

* 不死聚合　immortal polymerization　05.0477

不稳定常数　instability constant　01.0582

不稳定离子　unstable ion　03.2434

不相合熔点　noncongruent melting point　04.0152

不相容性　incompatibility　05.0884

不相溶性　immiscibility　05.0882

布格定律　Bouguer law　03.1180

布格-朗伯定律　Bouguer-Lambert law　03.1182

布居反转　population inversion　04.1087

布居数分析　population analysis　04.1378

布拉格-布伦塔诺型衍射仪　Bragg-Brentano diffractometer　04.1993

布拉格方程　Bragg equation　04.1980

布拉维点阵型式　Bravais-lattice type　04.1792

布拉维晶格　Bravais lattice　04.1791

布朗斯特碱　Brønsted base　01.0105

布朗斯特酸　Brønsted acid　01.0104

布朗运动　Brownian motion　04.1526

布雷特规则　Bredt rule　02.1017

* 布里奇曼-斯托克巴杰法　Bridgman-Stockbarger method　01.0817

布里渊定理　Brillouin theorem　04.1370

布洛赫方程　Bloch equation　03.2176

布儒斯特角　Brewster angle　04.1546

布儒斯特角显微镜　Brewster angle microscope　04.1547

布氏漏斗　Büchner funnel　03.0103

步长　step size, step width　03.0297

步进热解分析　stepwise pyrolysis　03.2766

* 钚后元素　transplutonium element　06.0308

钚酰　plutonyl　06.0309

部分裂解　fractionated pyrolysis　03.2741

C

* 采样　sampling　03.0058

采样间隔时间　dwell time　03.2211

采样时间　acquisition time　03.2212

采样锥　sampling cone　03.0686

蔡斯盐　Zeise salt　01.0526

参比池　reference cell　03.2713

参比电极　reference electrode　03.1588

参比光束　reference beam　03.1203

参比溶液　reference solution　03.1725

参比物　reference compound　03.2303

参比物质　reference material　03.2711

* 参比线　reference line　03.0933

参考水平　reference level　03.0748

参数估计　parameter estimation　03.0212

* 参数假设　parameter assumption　03.0209

参数检验　parameter test　03.0210

残差　residual　03.0172

残差平方和　sum of square of residues　03.0236

残差因子　residual variance factor　04.2051

残余电流　residual current　03.1664

残余方差　residual variance　03.0193

* 残余偏差　residual　03.0172

残余熵　residual entropy　04.0091

残渣　residue　03.0082

蚕丝　[natural] silk　05.0149

槽电压　cell voltage　04.0607

* 侧柏烷　thujane　02.0464

侧连配体　side-bound ligand, side-on ligand　02.1486

侧链　side chain　02.1381

侧链型液晶聚合物　side chain liquid crystalline polymer　05.0131

测不准关系　uncertainty principle　04.1162

测定限　determination limit　03.0371

* 测定值　measured value　03.0142

测量误差　measurement error　03.0166

* 测水滴定法　Karl Fischer titration　03.0404

测微光度计　microphotometer, microdensitometer　03.0984

层层自组装　layer-by-layer self-assembly　04.1636

层流火焰　laminar flame　03.1039

层流燃烧器　laminar flow burner　03.1038

* 层析[法]　chromatography　03.1736

层型结构　layer structure　04.1929

层压　laminating　05.1018

叉开构象　staggered conformation　02.0753

差别纤维　differential fiber　05.0374

差方和的加和性　additivity of sum of deviations squares　03.0195

差谱　differential spectrum　03.1176

差热分析　differential thermal analysis, DTA　03.2689

差热分析和介电分析联用　combined differential thermal analysis and dielectric analysis　03.2783

差热分析与显微镜联用　simultaneous differential thermal analysis and microscope　03.2784

差示热膨胀法　differential thermodilatometry　03.2692

差示扫描量热法与反射光强度测定法联用　simultaneous differential scanning calorimetry and reflective light intensity　03.2785

差示扫描量热曲线　differential scanning calorimeter curve　03.2701

差式扫描量热分析　differential scanning calorimetry, DSC　03.2690

差向立体异构化　epimerization　02.0793

差向异构体　epimer　02.0708

差值傅里叶法　difference Fourier method, difference electron density method　04.2037

* 插层反应　intercalation reaction　01.0354

插层聚合　intercalation polymerization　05.0473

插入反应　insertion reaction　01.0355

插入聚合　insertion polymerization　05.0461

插线板模型　switchboard model　05.0847

查耳酮　chalcone　02.0447

拆分　resolution　02.0796

掺加示踪剂　spiking tracer　06.0691

掺加同位素　spiking isotope　06.0692

掺杂　doping　01.0738

掺杂晶体　doped crystal　01.0697

掺杂效应　doping effect　04.0776

蟾蜍内酯[类]　bufanolide　02.0540

* 产率　space-time yield　04.0834

产物离子　product ion　03.2457

长程电子传递　long range electron transfer　01.0641

长程力　long range force　04.1293

长程有序　long range order　04.1884

长期平衡　secular equilibrium　06.0041

长石　feldspar　01.0243

长寿命络合物　long-lived complex　04.0382

长丝　filament　05.1055

长叶松烷[类]　longifolane　02.0484

长支链 long chain branch 05.0723

长支链聚乙烯 long chain branched polyethylene 05.0217

长周期 long period 05.0853

肠杆菌素 enterobactin 01.0658

常规浸渍[法] conventional impregnation [method] 04.0719

常规脉冲伏安法 normal pulse voltammetry 03.1481

常规脉冲极谱法 normal pulse polarography 03.1480

常量分析 macro analysis 03.0031

常温硫化 auto-vulcanization 05.1031

常压液相色谱法 common-pressure liquid chromatography 03.1775

场电离 field ionization, FI 03.2435

场发射俄歇电子能谱 field emission Auger electron spectroscopy 03.2633

场放大进样 electrical field magnified injection 03.2118

场解吸 field desorption, FD 03.2436

场离子显微镜法 field ion microscope, FIM 03.2669

场流分级法 field flow fractionation, FFF 03.1740

* 场流分离法 field flow fractionation, FFF 03.1740

场流分离仪 field flow fractionation system 03.1983

场效应 field effect 02.0629

* 场致发光 electroluminescence 01.0773

敞开式茂金属 open metallocene 02.1469

敞开系统 open system 04.0023

超钚元素 transplutonium element 06.0308

超导核磁共振波谱仪 nuclear magnetic resonance spectrometer with superconducting magnet 03.2196

超导聚合物 superconductive polymer 05.0114

超导体 superconductor 04.1946

超低界面张力 ultra low interfacial tension 04.1555

超低密度聚乙烯 ultralow density polyethylene, ULDPE 05.0216

* 超电势 overpotential 04.0522

超额函数 excess function 04.0196

超额焓 excess enthalpy 04.0199

超额[吉布斯]自由能 excess [Gibbs] free energy 04.0197

超额熵 excess entropy 04.0200

超额体积 excess volume 04.0198

超分子 supermolecule 02.0818

超分子化学 supramolecular chemistry 02.0819

超分子络合物 supermolecular complex 03.0709

超高分子 supra macromolecule 05.0003

超高分子量聚乙烯 ultra-high molecular weight polyethylene, UHMWPE 05.0218

超[高]离心机 ultracentrifuge 04.1530

超高效液相色谱法 ultra-high performance liquid chromatography, UPLC 03.1773

* 超高压液相色谱法 ultra-high performance liquid chromatography, UPLC 03.1773

超共轭 hyperconjugation 02.0612

超痕量分析 ultratrace analysis 03.0036

超激发态 super excited state 04.0364

超级电容器 supercapacitor 04.0571

超结构 superstructure 04.1901

超晶格 superlattice 04.1902

超精细结构 hyperfine structure 04.1482

超精细耦合常数 hyperfine coupling constant 03.2328

超锔元素 transcurium element 06.0314

超锎元素 transcalifornium element 06.0315

超拉曼散射 hyper Raman scattering 03.1401

超离子导体 superionic conductor 04.1947

超临界流体萃取 supercritical fluid extraction 03.0883

超临界流体干燥[法] supercritical fluid drying [method] 04.0724

超临界流体色谱[法] supercritical fluid chromatography, SFC 03.1802

超临界流体色谱仪 supercritical fluid chromatograph 03.1978

超滤 ultrafiltration 03.0808

超强碱催化剂 super basic catalyst 04.0658

超[强]酸 superacid 02.0914

超强酸催化剂 super acid catalyst 04.0657

超热中子 epithermal neutron 06.0153

超热中子活化分析 epithermal neutron activation analysis 06.0491

超瑞利比 excess Rayleigh ratio 05.0802

超声波处理 ultrasonic treatment 04.0736

超声束源 supersonic beam source 04.0356

超声雾化器 ultrasonic nebulizer 03.1053

超顺磁性 superparamagnetism 01.0792

超微电极 ultramicroelectrode 03.1624

超微量分析 ultramicro analysis 03.0034

超微量化学操作 ultramicrochemical manipulation 06.0263

超微量天平 ultramicro [analytical] balance 03.0092

超细粒子催化剂 ultrafine particle catalyst 04.0699

* 超显微镜 ultramicroscope 04.1545

超氧化物 superoxide 01.0141

超氧化物歧化酶 superoxide dismutase, SOD 01.0663

η^1-超氧配合物 η^1-superoxo complex 02.1535

超氧自由基 superoxide radical 01.0594

* 超铀元素 transuranium element 01.0087

超铀[元素]萃取流程 transuranium extraction process, TRUEX process 06.0665

超铀[元素]废物 transuranium wastes 06.0634

超载 overcarry 03.1963

超支化聚合物 hyperbranched polymer 05.0076

超重核 superheavy nucleus 06.0311

* 超重核岛 island of superheavy nuclei 06.0310

超重元素 superheavy element 06.0312

巢式 nido- 01.0165

潮解 deliquescence 01.0329

彻底甲基化 exhaustive methylation 02.1026

彻底脱硅基化 exhaustive desilylation 02.1187

沉淀 precipitation 01.0391

沉淀滴定法 precipitation titration 03.0409

沉淀法 precipitation method 03.0793

沉淀[法] precipitation [method] 04.0706

沉淀分级 precipitation fractionation 05.0808

沉淀剂 precipitator 04.0711

沉淀聚合 precipitation polymerization 05.0499

沉淀吸附浮选 floatation by precipitation adsorption 03.0901

沉积沉淀[法] deposition precipitation [method] 04.0710

沉降 sedimentation 04.1527

沉降电势 sedimentation potential 04.1529

沉降平衡 sedimentation equilibrium 05.0781

沉降平衡法 sedimentation equilibrium method 05.0784

沉降速度 sedimentation velocity 04.1528

沉降速度法 sedimentation velocity method 05.0783

沉降系数 sedimentation coefficient 05.0782

辰砂 cinnabar 01.0322

陈化 aging 03.0824

称量 weighing 03.0080

称量瓶 weighing bottle 03.0102

成对比较 paired comparison 03.0240

成对比较试验 paired comparison experiment 03.0875

成核作用 nucleation 05.0856

成键[分子]轨道 bonding [molecular] orbital 04.1251

* 成键轨道 bonding orbital 04.1242

成键性质 bonding property 04.0798

成链作用 catenation 01.0447

成品分析 product analysis 03.0448

成纤 fiber forming 05.1036

成像 X 射线光电子能谱法 image X-ray photoelectron spectroscopy 03.2612

* 成型 molding 05.0981

成型催化剂 shaped catalyst 04.0668

程序变流 programmed flow 03.2145

程序电流计时电位法 programmed current chronopotentiometry 03.1521

* 程序流速 programmed flow 03.2145

程序升电压 programmed voltage 03.2147

程序升气压 programmed pressure 03.2146

程序升温 programmed temperature 03.2148

程序升温反应谱 temperature-programmed reaction spectrum, TPRS 04.0809

程序升温分解 temperature-programmed decomposition 04.0813

程序升温还原 temperature-programmed reduction, TPR 04.0811

程序升温进样 programmed temperature sampling 03.2113

程序升温气相色谱法 temperature-programmed gas chromatography 03.1806

程序升温脱附 temperature-programmed desorption, TPD 04.0810

程序升温氧化 temperature-programmed oxidation, TPO 04.0812

程序升温蒸发器 programmed temperature vaporizer, PTV 03.1992

澄清点法 clear point method 03.0420

橙酮 aurone 02.0436

弛豫法 relaxation method 04.0396

弛豫过程 relaxation process 04.1437

弛豫模量 relaxation modulus 05.0937

弛豫能 relaxation energy 03.2676

弛豫谱　relaxation spectrum　05.0941

弛豫时间　relaxation time　05.0940

弛豫势能模型　relax potential model　03.2619

弛豫试剂　relaxation reagent　03.2302

弛豫效应　relax effect　03.2618

弛豫[作用]　relaxation　05.0936

池入-池出法　cell-in-cell-out method　03.1377

持久化学改进技术　permanent chemical modification technique　03.1092

持久化学改进剂　permanent chemical modifier　03.1091

持续自由基　persistent radical　05.0569

尺寸排阻色谱法　size exclusion chromatography, SEC　03.1751

* 齿数　denticity　02.1498

* 赤丁糖　erythrose　02.1279

赤霉烷[类]　gibberellane, gibbane　02.0503

赤式构型　erythro configuration　02.0710

赤铁矿　hematite　01.0288

D-(−)-赤藓糖　erythrose　02.1279

赤型双间同立构聚合物　erythro-disyndiotactic poly-mer　05.0030

赤型双全同立构聚合物　erythro-diisotactic polymer　05.0027

赤型异构体　erythro isomer　02.0711

充电电流　charging current　03.1663

充放电曲线　charge/discharge curve　04.0577

充放电效率　charge/discharge efficiency　04.0579

充气分离器　gas-filled separator　06.0256

充油橡胶　oil-extended rubber　05.0311

冲零　zero filling　03.2219

冲压模塑　impact molding, shock molding　05.0983

重叠构象　eclipsed conformation　02.0750

重叠积分　overlap integral　04.1327

重叠效应　eclipsing effect　02.0641

重叠性　superposability　02.0751

重叠张力　eclipsing strain　02.0642

重复性　repeatability　03.0369

重建离子流电泳图　reconstructed ion electropherogram　03.1903

重建离子流色谱图　reconstructed ion chromatogram　03.1896

重建离子色谱图　reconstructed ion chromatogram　03.2549

重结晶　recrystallization　04.1850

重晶石　barite　01.0299

* 重现性　reproducibility　03.0370

重排　rearrangement　02.1156

重排反应　rearrangement reaction　03.2423

重排离子　rearrangement ion　03.2424

* 虫胶　shellac　05.0148

* 抽样检查　sampling inspection　03.0361

抽样检验　sampling test　03.0361

* 稠环化合物　fused ring compound　02.0158

臭氧化　ozonization　01.0413

臭氧化物　ozonide　01.0142

臭氧监测分析　ozone monitor analysis　03.0456

臭氧解　ozonolysis　02.1128

臭氧空洞　ozone hole　04.0932

出模膨胀　die swell　05.0997

出射道　exit channel, outgoing channel　06.0209

* 初级产额　independent yield　06.0180

初级辐射　primary radiation　06.0358

初级光化学过程　primary photochemical process　04.1039

初级结晶　primary crystallization　05.0859

初级裂片　primary fragment　06.0170

初级消光　primary extinction　04.2030

初级自由基终止　primary radical termination　05.0573

初生纤维　as-spun fiber　05.0354

* 初始裂片　initial fragment　06.0170

初始铺展系数　initial spreading coefficient　04.1665

初始温度　initial temperature　03.2706

除氚　detritiation　06.0620

储备电池　storage battery　04.0550

储备溶液　stock solution　03.0076

* 储铁蛋白　ferritin　01.0629

触变性　thixotropy　05.0929

氚　tritium　01.0066

氚比　tritium ratio　06.0696

* 氚单位　tritium unit　06.0696

氚化　tritiation　06.0697

氚化物　tritide　06.0698

传递成型　transfer molding　05.0989

传感器　sensor　03.1564

传能线密度　linear energy transfer, LET　06.0436

传质过程　mass transfer process　03.1949

传质过电势 mass-transfer overpotential, mass-transport overpotential 04.0526

传质速率 rate of mass transfer 03.1951

* 传质系数 mass transfer coefficient 04.1531

传质阻力 mass transfer resistance 03.1950

船杆[键] flagpole 02.0764

船舷[键] bowsprit 02.0765

船型构象 boat conformation 02.0756

* 串级反应 cascade reaction 02.1220

串级质谱法 tandem mass spectrometry, MS/MS 03.2336

串级质谱仪 tandem mass spectrometer 03.2561

* 串接联用技术 coupled simultaneous technique 03.2734

串晶结构 shish-kebab structure 05.0840

串联反应 tandem reaction 02.1220

* 串联质谱法 tandem mass spectrometry, MS/MS 03.2336

吹管试验 blow pipe test 03.0469

吹塑 blow moulding 05.1006

纯粹系综 pure ensemble 04.1434

纯度 purity 03.0810

纯碱 soda 01.0209

醇 alcohol 02.0027

醇化 alcoholization 01.0418

醇解 alcoholysis 01.0369

醇酸树脂 alkyd resin 05.0205

[磁]饱和 saturation 03.2190

磁场扫描 magnetic field scan 03.2514

磁等价质子 magnetic equivalent protons 03.2237

磁分析器 magnetic analyzer 03.2515

磁各向异性基团 magnetically anisotropic group 02.0584

磁化率 magnetic susceptibility 01.0786

磁化强度 magnetization 03.2181

磁矩 magnetic moment 01.0784

磁量子数 magnetic quantum number 04.1198

磁[偶极]矩 magnetic dipole moment 04.1272

磁偏转 magnetic deflection 03.2516

磁性 magnetism 01.0785

磁性材料 magnetic materials 01.0703

磁性聚合物 magnetic polymer 05.0121

磁旋比 magnetogyric ratio 03.2182

磁致伸缩 magnetostriction 04.1943

磁致旋光 magnetic optical rotation 03.1459

磁滞回线 magnetic hysteresis loop 01.0798

磁阻效应 magneto-resistance effect 01.0794

雌黄 arsenblende, orpiment 01.0313

雌甾烷[类] estrane 02.0530

* 次基氮氧化物 azomethine oxide 02.0077

次级弛豫 secondary relaxation 05.0951

次级电子 secondary electron 03.2653

次级辐射 secondary radiation 06.0359

次级光化学过程 secondary photochemical process 04.1040

次级离子 secondary ion 03.2437

次级裂片 secondary fragment 06.0172

次级X射线荧光 secondary X-ray fluorescence 03.1161

次级X射线荧光光谱法 secondary X-ray fluorescence spectrometry 03.1142

次级消光 secondary extinction 04.2031

* 次级转变 secondary transition 05.0951

* 次甲基蓝 methylene blue 03.0626

次[要]锕系元素 minor actinides, MA 06.0613

刺迹 spur 06.0343

从头测序 de novo sequencing 03.2589

从头合成 de novo synthesis 02.1210

从头计算法 ab initio method 04.2048

从头[计]算分子动力学 ab initio molecular dynamics, quantum dynamics 04.1453

* 粗差 gross error 03.0162

粗分散系统 coarse disperse system 04.1503

* 促进剂M mercaptobenzothiazole, MBT 03.0539

促进硫化 accelerated sulfur vulcanization 05.0628

* 促进效应 promoting effect 04.0774

促生长素 growth hormone 02.1444

猝灭 quenching 04.0986

猝灭剂 quencher 04.0987

猝灭截面 quenching cross section 04.1012

猝灭室温磷光法 quenched room temperature phosphorimetry, QRTP 03.1328

* 醋酸纤维素 cellulose acetate 05.0167

簇放射性 cluster radioactivity 06.0030

簇晶 cluster crystal 04.1864

簇离子 cluster ion 03.2438

簇衰变 cluster decay 06.0031

催化比色法 catalytic colorimetry 03.1195

催化波 catalytic wave 03.1667

催化部分氧化　catalytic partial oxidation　04.0848
催化材料　catalytic materials　04.0652
催化重整　catalytic reforming　04.0844
催化滴定法　catalytic titration　03.0415
催化电流　catalytic current　03.1660
催化动力学光度法　catalytic kinetic photometry　03.1221
催化多位理论　multiple theory of catalysis　04.0904
催化反应　catalytic reaction, catalyzed reaction　04.0842
催化分解　catalytic decomposition　04.0867
* 催化化学发光　chemically induced electron exchange luminescence, CIEEL　04.1061
催化还原　catalytic reduction　04.0864
催化活性　catalytic activity　04.0837
催化活性位　catalytic active site　04.0799
催化剂　catalyst　04.0635
催化剂表征　catalyst characterization　04.0806
催化剂后处理　catalyst post-treatment　04.0742
催化剂活化　catalyst activation　04.0743
催化剂稳定性　catalyst stability　04.0760
催化剂预处理　catalyst pretreatment　04.0741
催化剂制备　catalyst preparation　04.0703
催化剂中毒　catalyst poisoning　04.0756
催化加氢裂解　catalytic hydrocracking　04.0869
催化加氢脱氮　catalytic hydrodenitrification　04.0857
催化加氢脱硫　catalytic desulfurhydrogenation, catalytic hydrodesulfurization　04.0856
催化加氢异构化　catalytic hydroisomerization　04.0858
催化聚合　catalytic polymerization　04.0870
* 催化抗体　abzyme, catalytic antibody　02.1450
催化煤气化　catalytic coal gasification　04.0877
催化歧化　catalytic disproportionation　04.0859
催化氢波　catalytic hydrogen wave　03.1671

催化氢化　catalytic hydrogenation　02.1132
催化燃烧　catalytic combustion　04.0866
催化湿式氧化　catalytic wet oxidation　04.0849
催化褪色分光光度法　catalytical discoloring spectrophotometry　03.1224
催化脱氢　catalytic dehydrogenation　02.1135
催化性能　catalytic performance　04.0829
催化选择性　catalytic selectivity　04.0839
催化循环　catalytic cycle　04.0920
催化荧光法　catalytic fluorimetry　03.1305
催化蒸馏　catalytic distillation　04.0868
催化转化　catalytic conversion　04.0843
催化[作用]　catalysis　04.0636
脆化温度　brittleness temperature, brittle temperature　05.0903
脆-韧转变　brittle-ductile transition　05.0905
萃取　extract, extraction　02.1247
萃取比　extraction ratio　06.0605
萃取常数　extraction constant　03.0756
萃取催化动力学分光光度法　extraction-catalytical kinetic spectrophotometry　03.1228
萃取分光光度法　extraction spectrophotometry　03.1227
萃取分级　extraction fractionation　05.0809
萃取浮选法　extraction floatation　03.0897
萃取剂　extractant　03.0668
* 萃取平衡常数　extraction constant　03.0756
萃取液　extract　06.0600
萃取柱　extraction column　06.0610
萃取阻抑动力学分光光度法　extraction-inhibition kinetic spectrophotometry　03.1229
萃余液　raffinate　06.0601
存活概率　survival probability　06.0304
存活剂量　survival dose　06.0433
错位原子　misplaced atoms　01.0726

D

哒嗪　pyridazine　02.0317
达玛烷[类]　dammarane　02.0520
* 大分子　macromolecule　05.0001
大［分子］单体　macromonomer, macromer　05.0400
大分子配体　macromolecular ligand　01.0476
大分子引发剂　macroinitiator　05.0535
* 大根香叶烷　germacrane　02.0474

大环　large ring, macrocycle　02.0588
大环二萜　macrocyclic diterpene　02.0510
大环聚合物　macrocyclic polymer　05.0065
大环内酯抗生素　macrolide-antibiotic　02.0560
大环配体　macrocyclic ligand　01.0475
大环生物碱　macrocyclic alkaloid　02.0423
大环效应　macrocyclic effect　01.0536

大戟烷[类] euphane 02.0517

大角张力 large angle strain 02.0645

大孔聚合物 macroporous polymer 05.0126

大气光化学 atmospheric photochemistry 04.0931

[大气]气载碎片 airborne debris 06.0080

大气压电离 atmospheric pressure ionization, API 03.2439

大气压化学电离 atmospheric pressure chemical ionization, APCI 03.2440

大气压喷雾 atmospheric pressure spray, APS 03.2441

* 大苏打 hypo 01.0212

大体积进样 large-volumn injection 03.2112

大网络树脂 macroreticular resin 05.0177

* 大小一致性 size consistency 04.1158

代谢显像 metabolic imaging 06.0723

代用标准物质 surrogate reference material 03.0838

* 甙元 genin, aglycon, aglycone 02.0542

带电粒子活化分析 charged particle activation analysis, CPAA 06.0498

[带电]粒子激发 X 射线荧光分析 [charged] particle-induced X-ray emission fluorescence analysis 06.0507

带电粒子激发 X 射线荧光光谱法 charged particle excited X-ray fluorescence spectrometry 03.1146

* 带宽 band width 01.0743

带通减速场分析器 band-pass retarding field analyzer 03.2637

* 带隙 band gap 01.0747

带隙能量 band gap energy 04.1128

* 带状裂解器 filament pyrolyzer 03.2738

待积当量剂量 committed equivalent dose 06.0423

待积有效剂量 committed effective dose 06.0424

黛眼蝶相 aurivillius phase 01.0294

丹聂尔电池 Daniell cell 04.0551

* 丹砂 cinnabar 01.0322

* 单标线吸量管 pipet 03.0692

单参考组态相互作用法 single-reference configuration interaction, SRCI 04.1399

单侧检验 one-tailed test 03.0217

* 单层吸附 monolayer adsorption 04.1599

单齿配体 monodentate ligand 01.0473

* 单重态 singlet state 03.1336

单重态氧 singlet oxygen 04.1031

单纯形 simplex 03.0292

单纯形优化 simplex optimization 03.0293

单电位阶跃法 single-potential-step method 03.1523

单电子波函数 one electron wave function 04.1318

单电子近似 one electron approximation 04.1319

单电子转移 single electron transfer, SET 02.0988

单电子转移反应 single electron transfer reaction 02.1139

单分散聚合物 monodisperse polymer, uniform polymer 05.0049

单分散[体] monodispersion 04.1524

单分散性 monodispersity 05.0747

单分子层吸附 monomolecular adsorption 04.1599

单分子反应 unimolecular reaction 04.0267

单分子分析 single molecule analysis 03.0023

单分子共轭碱消除[反应] unimolecular elimination [reaction] through conjugate base 02.0887

单分子碱催化烷氧断裂[反应] unimolecular base-catalyzed alkyl-oxygen cleavage [reaction] 02.0894

单分子离子分解 unimolecular ion decomposition 03.2337

单分子膜 monomolecular film 04.1656

单分子亲电取代[反应] unimolecular electrophilic substitution 02.0876

单分子亲核取代[反应] unimolecular nucleophilic substitution [reaction] 02.0867

单分子酸催化烷氧断裂[反应] unimolecular acid-catalyzed alkyl-oxygen cleavage 02.0892

单分子酸催化酰氧断裂[反应] unimolecular acid-catalyzed acyl-oxygen cleavage [reaction] 02.0889

单分子探测 single molecule detection 04.0268

单分子消除[反应] unimolecular elimination[reaction] 02.0885

单分子终止 unimolecular termination 05.0577

单分子自由基亲核取代[反应] unimolecular free radical nucleophilic substitution[reaction] 02.0868

单峰 singlet 03.2276

单个原子化学 single-atom chemistry 06.0261

单光束分光光度计 single beam spectrophotometer 03.1254

单光子发射计算机断层显像 single photon emission computed tomography, SPECT 06.0712

单光子计数技术 single photon counting 04.1113

单光子照相机　single photon camera　06.0708

单核苷酸　mononucleotide　02.1294

单核配合物　mononuclear coordination compound　01.0509

单核配合物　mononuclear complex　03.0706

单环倍半萜　monocyclic sesquiterpene　02.0471

单环单萜　monocyclic monoterpene　02.0459

单环二萜　monocyclic diterpene　02.0489

单加氧酶　monooxygenase, monoxygenase　01.0683

单键　single bond　04.1228

单阶跃计时库仑法　single-step chronocoulometry　03.1525

单接收器　single collector　03.2528

单晶　single crystal　04.1859

单晶电极　single crystal electrode　04.0450

单晶 X 射线衍射法　single crystal X-ray diffractometry　03.1157

单聚焦质谱仪　single focusing mass spectrometer　03.2562

单克隆抗体标记　labeling of monoclonal antibody　06.0733

单离子监测　single ion monitoring　03.2529

[单粒子]分布函数　[single particle] distribution function　04.1422

单硫缩醛　monothioacetal　02.0061

单硫缩酮　monothioketal　02.0062

* 单宁　tannin　02.0545

单盘天平　single pan balance　03.0087

单氢催化剂　monohydride catalyst　02.1522

单色 X 射线吸收分析法　monochromatic X-ray absorption analysis　03.1153

单双激发组态相互作用法　singly and doubly excited configuration interaction　04.1398

单丝　monofilament, monofil　05.1056

单糖　monosaccharide　02.1260

单体　monomer　05.0385

单体单元　monomeric unit　05.0673

单体浇铸　monomer casting　05.0994

单萜　monoterpene　02.0457

* 单尾检验　one-side test　03.0217

* [单位]体积磁化率　magnetic susceptibility　01.0786

单细胞分析　single cell analysis　03.0024

单线态　singlet state　03.1336

单向阀　one-way valve　03.1998

单斜晶系　monoclinic system　04.1808

单一路径反应　single path reaction　04.0927

单一同位素质量　monoisotopic mass　03.2540

单质　elementary substance　01.0061

单中心积分　monocentric integral　04.1366

单轴晶体　uniaxial crystal　04.1953

单轴拉伸　uniaxial drawing, uniaxial elongation　05.1063

单轴取向　uniaxial orientation　05.0891

单组分系统　one-component system　04.0028

单组分纤维　homofiber　05.0356

胆矾　blue vitriol　01.0222

胆红素　bilirubin　03.0638

胆酸烷[类]　cholane　02.0533

胆甾生物碱　cholestane alkaloid　02.0417

胆甾烷[类]　cholestane　02.0534

胆甾相　cholesteric phase　02.0237

胆汁酸　bile acid　03.0637

旦[尼尔]　denier　05.1070

弹靶组合　projectile-target combination　06.0205

弹核　projectile nucleus　06.0197

弹式热量计　bomb calorimeter　04.0132

* 蛋氨酸　methionine　02.1338

蛋白酶　proteinase　01.0670

蛋白质　protein　02.1406

蛋白[质]氨基酸　protein amino acid　02.1325

蛋白质测定　determination of protein　03.0792

蛋白质分析　protein assay　03.0013

氮宾　nitrene　02.0978

* 氮丙啶　azacyclopropane, azirane, aziridine　02.0243

氮化　nitridation　04.0748

氮化物催化剂　nitride catalyst　04.0684

氮-磷检测器　nitrogen-phosphorus detector, NPD　03.2058

氮氧自由基　nitroxyl radical, nitroxide　02.0967

氮氧自由基调控聚合　nitroxidemediated polymerization, NMP　05.0421

氮叶立德　nitrogen ylide　02.0970

* 氮杂苯　pyridine　02.0309

氮杂冠醚　azacrown ether　02.0840

氮杂环丙烷　azacyclopropane, azirane, aziridine　02.0243

氮杂环丙烯　azacyclopropene, azirine　02.0246

氮杂环丁二烯　azacyclobutadiene, azete　02.0257

氮杂环丁酮　azacyclobutanone, azetidinone　02.0262

氮杂环丁烷　azacyclobutane, azetidin, azetane　02.0253

氮杂环丁烯　azacyclobutene, azetine　02.0256

氮杂环庚三烯　azacycloheptatriene　02.0329

* 氮杂环戊二烯　pyrrole, azole　02.0270

1-氮杂环戊-2-酮　2-azacyclopentanone　02.0272

* 氮杂环戊烯酮　pyrrolinone　02.0273

氮杂环辛四烯　azacyclooctatetraene　02.0331

氮杂草　azepine　02.0329

当量剂量　equivalent dose　06.0409

刀豆氨酸　canavanine　02.1357

氘　deuterium　01.0065

氘代溶剂　deuterated solvent　03.2301

氘灯校正背景　deuterium lamp background correction　03.1102

氘核　deuteron　06.0693

氘化　deuteration　06.0694

氘化物　deuteride　06.0695

氘交换　deuterium exchange　03.2283

导带　conduction band　01.0744

导电聚合物　conducting polymer　05.0113

导数分光光度法　derivative spectrophotometry　03.1215

导数光谱　derivative spectrum　03.1177

导数极谱法　derivative polarography　03.1466

导数计时电位法　derivative chronopotentiometry　03.1520

导数同步荧光分析法　derivative synchronous fluorimetry　03.1301

导数同步荧光光谱　derivative synchronous fluorescence spectrum　03.1298

岛型结构　island structure　04.1927

倒反　inversion　04.1813

* 倒峰　negative peak　03.1917

倒数线色散　reciprocal linear dispersion　03.0967

倒易晶格　reciprocal lattice　04.1987

倒易空间　reciprocal space　04.1986

倒易矢量　reciprocal vector　04.1988

* 倒置同位素效应　inverse isotope effect　02.0919

道尔顿　dalton, Da　03.2338

* 道尔顿体　Daltonide　01.0706

* 得率　yield　04.0833

德拜半径　Debye radius　03.2339

德拜公式　Debye equation　04.1550

德拜-沃勒温度因子　Debye-Waller temperature factor　04.2023

德拜-谢乐法　Debye-Scherrer method　04.2005

德拜-休克尔极限定律　Debye-Hückel limiting law　04.0431

德拜-休克尔理论　Debye-Hückel theory　04.0430

德克斯特电子交换能量传递　Dexter electron exchange energy transfer　04.0996

等瓣　isolobal　01.0577

等瓣加成　isolobal addition　02.1507

等瓣碎片　isolobal fragment　02.1508

等瓣相似　isolobal analogy　02.1505

等瓣置换　isolobal displacement　02.1506

等电点　isoelectric point, IEP　04.1681

等电荷位移假设　hypothesis of equal charge displacement, equal charge displacement hypothesis　06.0187

等电聚焦电泳　isoelectric focus electrophoresis　03.1826

等电子体　isoelectronic species　01.0188

等动力学温度　isokinetic temperature　04.0346

等度洗脱　isocratic elution　03.2141

等分构象　bisecting conformation　02.0745

等概率原理　principle of equal a priori probabilities　04.1447

* 等规度　isotacticity　05.0664

* 等规聚合物　isotactic polymer　05.0022

* 等规嵌段　isotactic block　05.0671

等焓过程　isenthalpic process　04.0035

等环境热量计　isoperibolic calorimeter　04.0133

等剂量曲线　isodose curve　06.0425

等价超共轭　isovalent hyperconjugation　02.0613

等结构体　isostructural species　01.0189

* 等距抽样　systematic sampling　03.0358

等离子解吸　plasma desorption　03.2442

等离子损失峰　plasma loss peak　03.2656

等离子体　plasma　01.0708

等离子体光源　plasma source　03.0944

[等离子体]炬管　plasma torch tube　03.0945

等离子体聚合　plasma polymerization　05.0434

等离子体原子荧光光谱法　plasma atomic fluorescence spectrometry　03.1136

等量吸附热　isosteric heat of adsorption　04.1585

等能量同步荧光光谱法　constant energy synchronous fluorimetry　03.1302

等容过程　isochoric process　04.0034

* 等色点　isobestic point, isoabsorptive point　03.1245

等熵过程　isentropic process　04.0036

等速电泳　isotachophoresis　03.1829

等体积浸渍[法]　isovolumetric impregnation [method], incipient wetness impregnation [method]　04.0714

等同周期　identity period　05.0818

等位[的]　homotopic　02.0668

等温等压系综　isothermal-isobaric ensemble　04.1413

等温过程　isothermal process　04.0032

等温裂解　isothermal pyrolysis　03.2744

等温原子化　constant temperature atomization　03.1061

等吸收点　isobestic point, isoabsorptive point　03.1245

等效点　equivalent point　04.1905

等效点系　equivalent point system　04.1906

等效电路　equivalent circuit　04.0629

等效链　equivalent chain　05.0688

等压过程　isobaric process　04.0033

等压质量变化测量　isobaric mass-change determination　03.2684

* 等叶片　isolobal　01.0577

等轴晶体　isometric crystal　04.1952

低放废物　low-level [radioactive] waste　06.0628

低丰度蛋白质　low abundance protein　03.2590

低共熔点　eutectic point　04.0150

低共熔[混合]物　eutectic mixture　04.0149

低聚反应　oligomerization　05.0405

低聚物　oligomer　05.0009

低密度聚乙烯　low density polyethylene, LDPE　05.0214

低敏核极化转移增强　insensitive nuclei enhanced by polarization transfer, INEPT　03.2271

低能表面　low energy surface　04.1676

低能电子衍射法　low energy electron diffraction, LEED　03.2661

低能离子散射谱法　low energy ion scattering spectroscopy, LEIS　03.2668

低能碰撞　low energy collision　03.2340

低浓缩铀　low enriched uranium, LEU　06.0567

低温红外光谱　low temperature infrared spectrum　03.1347

低温灰化法　low temperature ashing method　03.0860

低温磷光光谱法　low temperature phosphorescence spectrometry, LTPS　03.1331

低温荧光光谱法　low temperature fluorescence spectrometry　03.1295

低温原子化　low temperature atomization　03.1062

低压电弧离子源　low voltage arc ion source　03.2443

低压交流电弧　low voltage alternating current arc　03.0940

低压梯度　low-pressure gradient　03.2144

低压液相色谱法　low-pressure liquid chromatography, LPLC　03.1776

低氧化物　suboxide　01.0139

低自旋配合物　low spin coordination compound　01.0499

低自旋态　low spin state　01.0565

滴定　titration　03.0832

滴定碘法　iodometry　03.0428

滴定度　titer　03.0835

滴定分数　titration fraction　03.0845

滴定分析法　titrimetric analysis　03.0393

滴定管　buret　03.0691

滴定剂　titrant　03.0833

滴定曲线　titration curve　03.0842

滴定热量计　titrimetric calorimeter　04.0134

滴定突跃　titration jump　03.0843

滴定指数　titration exponent　03.0566

滴汞电极　dropping mercury electrode, DME　03.1604

滴沥误差　drainage error　03.0854

滴流床反应器　trickle-bed reactor　04.0887

滴体积法　drop-volume method　04.1564

滴下时间　drop time　03.1690

滴线　drip line　06.0009

滴重法　drop-weight method　04.1565

狄克松检验法　Dixon test method　03.0228

狄拉克方程　Dirac equation　04.1394

狄拉克 δ 函数　Dirac delta function　04.1316

迪努伊环法　Du Noüy ring method　04.1566

笛卡儿坐标　Cartesian coordinate　04.1168

底端向键　basal bond　02.0774

底漆　primer　05.1077

底物　substrate　02.0927

地下处置　subterranean disposal　06.0650

地中海贫血症　Thalassemia　01.0689

第尔斯-阿尔德反应　Diels-Alder reaction　02.1083

* 第尔斯-阿尔德聚合　Diels-Alder polymerization　05.0429

第二代子体核素　granddaughter nuclide　06.0050

第二类错误　error of the second kind, type 2 error
　03.0224

第二无场区　second field-free region, 2nd FFR
　03.2517

第一类错误　error of the first kind, type 1 error
　03.0223

第一无场区　first field-free region, 1st FFR　03.2518

第一原理　first principle　04.1150

缔合常数　association constant　03.0771

缔合电离　associative ionization　03.2492

缔合反应　association reaction　01.0458

缔合机理　associative mechanism　01.0588

缔合胶体　association colloid　04.1521

缔合聚合物　association polymer　05.0055

* 缔合缺陷　aggregation defect　01.0730

碲吩　tellurophene　02.0301

碲锌镉探测器　cadmium zinc telluride detector
　06.0124

点滴板　spot plate　03.0694

点滴法　drop method　03.0463

* 点滴试验　drop method　03.0463

点对称操作群　[crystallographic] point group　04.1831

点估计　point estimation　03.0213

点缺陷　point defect　04.1877

* 点群　[crystallographic] point group　04.1831

* 点蚀　pitting corrosion　04.0585

点样　sample application　03.2114

点样器　sample spotter, spot applicator　03.1990

点源　point source　06.0398

点阵　[point] lattice　04.1772

* 点阵矢量　lattice vector　04.1775

* 点阵面　lattice plane　04.1776

碘代烷　iodoalkane　02.0026

碘滴定法　iodimetric titration　03.0427

碘仿试验　iodoform test　03.0483

碘化内酯化反应　iodolactonization　02.1180

* 碘价　iodine number　03.0776

碘量法　iodimetry　03.0426

碘瓶　iodine flask　03.0110

碘值　iodine number　03.0776

电场扫描　electric field scanning　03.2519

电场效应　electrical effect　02.0630

电场跃变　field jump　04.0400

电沉积　electrodeposition　04.0599

电池　cell, battery　04.0544

电磁分离[法]　electromagnetic separation　06.0578

电磁辐射激发 X 射线荧光光谱法　electromagnetic ra-
diation X-ray excited fluorescence spectrometry
　03.1147

[电]磁搅拌器　magnetic stirrer　03.0109

电催化反应器　electrocatalytic reactor　04.0893

电催化作用　electrocatalysis　03.1732

电导　conductance　04.0436

电导池常数　cell constant　04.0576

电导滴定法　conductometric titration　03.1500

电导分析法　conductometric analysis　03.1499

电导检测器　conductometric detector　03.2068

电导率　electrical conductivity　04.0437

电动进样　electrokinetic injection　03.2115

电动势　electromotive force　04.0463

电镀　electroplating　04.0600

电分析化学　electroanalytical chemistry　03.1461

电感耦合等离子体原子发射光谱法　inductively cou-
pled plasma atomic emission spectrometry, ICP-AES
　03.0935

电感耦合等离子体质谱法　inductively coupled plasma
mass spectrometry, ICP-MS　06.0518

电合成　electrosynthesis　01.0359

电荷补偿　charge compensation　01.0728

电荷重合　charge recombination　04.1123

电荷传递过程　charge-transfer process　04.0506

电荷传递过电势　charge-transfer overpotential
　04.0524

电荷分布　charge distribution　04.1210

电荷分布宽度　width of charge distribution　06.0186

电荷分离　charge separation　04.1122

电荷交换电离　charge exchange ionization, CEI
　03.2445

电荷密度　charge density　04.1209

电荷耦合检测器　charge coupled detector, CCD
　03.0972

电荷耦合探测器　charge coupled device detector, CCD
detector　04.1998

电荷平衡　charge balance　03.0751

* 电荷迁移　charge-transfer　01.0755

电荷数　charge number　03.2341

电荷跃迁系数　charge-transfer coefficient　03.1689

电荷注入检测器 charge injection detector, CID 03.0973

电荷转移 charge-transfer 01.0755

电荷转移电阻 charge-transfer resistance 04.0624

电荷转移复合物 charge-transfer complex, CT complex 04.1006

电荷转移聚合 charge-transfer polymerization 05.0430

电荷转移络合物 charge-transfer complex 03.0712

电荷转移态 charge-transfer state 04.1007

电荷转移吸收 charge-transfer absorption 04.1008

电荷转移吸收光谱 charge-transfer absorption spectrum 03.1174

电荷转移系数 charge-transfer coefficient 03.1174

电荷转移引发 charge-transfer initiation 05.0560

电荷转移跃迁 charge-transfer transition 04.1009

电荷转移作用 charge-transfer interaction 03.0711

电弧光谱 arc spectrum 03.0924

电化学 electrochemistry 04.0406

电化学传感器 electrochemical sensor 03.1566

* 电化学动力学 electrochemical kinetics 04.0503

电化学发光免疫分析法 electrochemiluminescence immunoassay 03.1542

电化学反射光谱法 electrochemical reflection spectroscopy 04.0631

电化学分析法 electrochemical analysis 03.1462

电化学分析仪 electrochemical analyzer 03.1548

电化学腐蚀 electrochemical corrosion 04.0583

电化学合成 electrochemical synthesis 02.1195

电化学还原 electrochemical reduction 02.1141

电化学极化 electrochemical polarization 03.1708

电化学检测器 electrochemical detector 03.1561

电化学免疫分析法 electrochemical immunoassay 03.1540

电化学扫描探针显微术 electrochemical scanning probe microscopy 04.0633

电化学生物传感器 electrochemical biosensor 03.1567

电化学石英晶体微天平 electrochemical quartz crystal microbalance, EQCM 03.1555

电化学蚀刻 electrochemical etching 04.0605

电化学势 electrochemical potential 04.0479

电化学探针 electrochemical probe 03.1579

电化学氧化 electrochemicaloxidation 02.1129

* 电化学引发聚合 electrolytic [initiated] polymeriza-

tion 05.0433

电化学振荡 electrochemical oscillation 04.0348

电化学阻抗法 electrochemical impedance spectroscopy 03.1545

电化学阻抗谱 electrochemical impedance spectroscopy, EIS 04.0622

电环[化]重排 electrocyclic rearrangement 02.0903

电环[化]反应 electrocyclic reaction 02.1081

电活性聚合物 electroactive polymer 05.0117

电活性物质 electroactive substance 03.1699

[电]火花光源 spark source 03.0942

电极 electrode 03.1585

* ITO 电极 indium-tin oxide electrode 03.1635

电极电势 electrode potential 04.0462

电极反应 electrode reaction 03.1693

电极反应标准速率常数 standard rate constant of electrode reaction 03.1688

电极反应电子数 electron number of electrode reaction 03.1687

电极反应速率常数 electrode reaction rate constant 04.0528

电极过程 electrode process 03.1692

电极过程动力学 kinetics of electrode process 04.0503

电极阵列 electrode array 04.0458

电价规则 electrostatic valence rule 04.1924

电价配[位]键 electrovalent coordination bond 01.0556

电解 electrolysis 01.0363

电解池 electrolytic cell 03.1580

电解分析法 electrolytic analysis 03.1503

* 电解浸蚀 electrochemical etching 04.0605

电解精炼 electrorefining 04.0603

电解提取 electrowinning 04.0604

电解[引发]聚合 electrolytic [initiated]polymerization 05.0433

电解质 electrolyte 04.0419

电解质溶液 electrolyte solution 04.0175

电聚合 electropolymerization 04.0634

电离 ionization 01.0362

电离常数 ionization constant 04.0425

电离电流 ionizing current 03.2446

电离度 degree of ionization 04.0424

电离辐射 ionizing radiation, ionization radiation

06.0344

电离干扰 ionization interference 03.1114

电离能 ionization energy 03.2447

电离平衡 ionization equilibrium 01.0370

电离室 ionization chamber, ionization cell 06.0112

电离效率 ionization efficiency 03.2448

电离异构 ionization isomerism 01.0542

电流滴定 current titration 04.0630

电流滴定法 amperometric titration, amperometry 03.1513

电流-电势曲线 current-potential curve 04.0480

电流法 amperometric method 04.0616

电流分析法 current analysis 03.1511

电流阶跃 current step 03.1729

电流密度 current density 03.1730

电流扫描 current sweep 04.0619

电流体动力学电离 electrohydrodynamic ionization, EHI 03.2444

电流效率 current efficiency 03.1731

电毛细管曲线 electrocapillary curve 03.1681

电毛细现象 electrocapillary phenomenon 04.0495

电黏性效应 electroviscous effect 04.1720

* 电偶腐蚀 Galvanic corrosion 04.0584

电偶极跃迁 electric dipole transition 04.1343

电抛光 electropolishing 04.0602

电喷雾串联质谱仪 electrospray ionization mass spectrometry mass spectrometer, ESI-MS-MS 03.2563

电喷雾电离 electrospray ionization, ESI 03.2450

电喷雾电离质谱 electrospray ionization mass spectrometer, ESI-MS 03.2564

电喷雾接口 electrospray interface 03.2449

电歧视效应 the effect of electrical discrimination 03.1969

电气石 tourmaline 01.0287

电迁移传质 mass-transfer by electromigration 03.1704

* 电迁移进样 electromigration injection 03.2115

电热板 hot plate 03.0107

电热原子化器 electrothermal atomizer 03.1071

电容免疫传感器 capacitance immunosensor 03.1570

电容耦合微波等离子体 capacitive coupled microwave plasma 03.0948

电渗 electroosmosis 04.1680

电渗泵 electroosmotic pump 03.2008

电渗流 electroosmotic flow, EOF 03.1964

电渗流速度 electroosmotic velocity 03.1965

电渗淌度 electroosmotic mobility 03.1967

电渗析 electrodialysis 04.1518

ζ电势 ζ-potential 04.0472

电势窗口 potential window 04.0514

电势阶跃 potential step 04.0617

电势决定离子 potential determining ion 04.1700

电势扫描 potential sweep, potential scan 04.0618

电双层 electrical double layer 03.1735

电双层电流 double layer current 03.1665

电双层电位 double layer potential 03.1717

电位滴定法 potentiometric titration, potentiometry 03.1515

电位滴定曲线 potentiometric curve 03.1682

电位滴定仪 potentiometric titrator 03.1557

电位分析法 potential analysis 03.1514

电位阶跃法 potential step method 03.1522

电位溶出分析法 potentiometric stripping analysis 03.1491

电位溶出分析仪 potentiometric stripping analyzer 03.1563

电压阶跃 voltage step 03.1727

电压扫描 voltage sweep 03.1728

* 电引发负离子聚合 anionic electrochemical polymerization 05.0453

电泳 electrophoresis 03.1738

电泳图 electrophoretogram 03.1901

电晕放电 corona discharge 03.2451

电致变色 electrochromism 04.1140

电致变色聚合物 electrochromic polymer 05.0120

电致发光 electroluminescence 01.0773

电致发光聚合物 electroluminescent polymer 05.0111

电致化学发光 electrogenerated chemiluminescence, electrochemiluminescence, ECL 03.1266

电致化学发光检测器 electrochemiluminescence detector 03.2071

电致伸缩 electrostriction 01.0783

* 电中性规则 charge balance 03.0751

电重量法 electrogravimetry 03.1502

电铸 electroforming, electrocasting 04.0601

电子倍增器 electron multiplier 03.2530

电子捕获检测器 electron capture detector, ECD

03.2057

电子成对能　electron pairing energy　01.0562

电子传递蛋白　electron transfer protein　01.0638

电子传递系数　electron transfer coefficient　04.0530

电子电离　electron ionization　03.2452

电子动能　electron kinetic energy　03.2343

* 电子对给体　electron-pair donor　01.0109

* 电子对受体　electron-pair acceptor　01.0108

电子俘获化学电离　electron capture chemical ionization, ECCI　03.2453

* 电子俘获检测器　electron capture detector, ECD　03.2057

电子附加　electron attachment　03.2342

电子给体　electron donor　04.1344

电子供体受体络合物　electron donor-acceptor complex, EDA complex　02.0916

电子光谱　electronic spectrum　04.1485

18 电子规则　eighteen electron rule　01.0574

* 电子轰击离子化　electron ionization　03.2452

电子激发 X 射线荧光光谱法　electron excited X-ray fluorescence spectrometry　03.1144

电子激发态　electronic excited state　04.0954

电子加速电压　electron accelerating voltage　03.2520

电子结构　electronic structure　04.0797

电子晶体学　electron crystallography　04.1971

电子壳层　electronic shell　04.1220

电子-空穴对　electron-hole pair　01.0749

电子-空穴复合　electron-hole recombination　01.0748

电子密度差　electron density difference　04.1266

电子密度函数　electron-density function　04.2034

电子能级　electronic energy level　04.1213

[电子]能量迁移　electronic energy migration　04.0998

电子能量损失能谱　electron energy loss spectroscopy, EELS　04.1488

电子能量损失谱法　electron energy loss spectroscopy, EELS　03.2654

电子能谱仪　electron spectrometer　03.2606

* 电子偶素　positronium　06.0089

* 电子配对法　valence bond theory, VB　04.1224

电子配分函数　electronic partition function　04.0238

电子迁移率　electron mobility　01.0752

电子亲和势　electron affinity, EA　03.2344

* 电子亲和性　electron affinity, EA　03.2344

电子缺陷　electron defect　04.1881

电子受体　electron acceptor　04.1345

[电子]顺磁共振　electron paramagnetic resonance, EPR　04.1490

电子顺磁共振谱　electron paramagnetic resonance spectrum, EPRS　04.0827

电子探针微区分析　electron probe micro-analysis　06.0509

电子探针显微分析　electron probe micro analysis, EPMA　03.2601

电子陶瓷　electronic ceramics　01.0702

电子天平　electronic balance　03.0089

电子相关　electron correlation　04.1346

电子衍射　electron diffraction　03.2660

电子跃迁　electron transition　01.0437

* 电子跃迁矩　electronic transition moment　04.0962

电子云　electron cloud　04.1211

[电子]振动耦合　vibronic coupling　04.1483

[电子]振转光谱　rovibronic spectrum　04.1479

电子转移　electron transfer　01.0436

电子转移反应　electron transfer reaction　03.1695

电子自旋　electron spin　04.1183

* 电子自旋共振谱　electron spin resonance spectrum, ESRS　04.0827

电子自旋共振色散　electron spin resonance dispersion, ESR dispersion　03.2326

电子自旋共振吸收　electron spin resonance absorption, ESR absorption　03.2325

电子自旋回波包络调制　electron spin echo envelope modulation, ESEEM　03.2334

电子组态　electronic configuration　04.1208

玷污　contamination　03.0809

淀粉　starch　02.1266

淀帚　policeman　03.0695

* 靛红　isatin　02.0339

靛蓝　indigo　02.0338

靛蓝磺酸盐　indigo monosulfonate　03.0619

靛蓝四磺酸盐　indigo tetrasulfonate　03.0621

* 靛青　indigo　02.0338

* 吊环法　Du Noüy ring method　04.1566

吊片法　Wilhelmy plate method　04.1567

迭代法　iterative method　03.0309

迭代目标转换因子分析　iterative target transformation factor analysis　03.0335

叠氮化物　azide　01.0177

叠加原理　superposition principle　04.1309

蝶啶　pteridine　02.0378

蝶状簇　butterfly cluster　02.1472

丁苯橡胶　styrene-butadiene rubber, SBR　05.0324

丁吡橡胶　butadiene-vinylpyridine rubber, vinylpyridiene rubber　05.0333

丁铎尔现象　Tyndall phenomenon　04.1542

丁二酮肟　dimethylglyoxime　03.0549

丁基橡胶　butyl rubber　05.0331

丁腈橡胶　butadiene-acrylonitrile rubber, nitrile rubber, NBR　05.0327

* γ丁内酯　γ-butyrolactone　02.0265

* 丁香烷类　caryophyllane　02.0477

顶点向键　apical bond　02.0772

顶空[气相]色谱法　headspace gas chromatography, HSGC　03.1809

* 顶替色谱法　displacement chromatography　03.1744

定标器　scaler　06.0132

H 定理　H-theorem　04.1423

定量分析　quantitative analysis　03.0002

* 定量构效关系　quantitative structure-activity relationship, QSAR　04.1156

* 定量管　sample loop　03.1989

定量环　sample loop　03.1989

定量结构-活性关系　quantitative structure-activity relationship, QSAR　04.1156

定量限　quantification limit　03.0053

定容摩尔热容　molar heat capacity at constant volume　04.0082

定容热容　heat capacity at constant volume　04.0081

定态点　stationary point　04.1468

定态薛定谔方程　stationary Schrödinger equation　04.1307

定位标记化合物　specifically labeled compound　06.0680

* 定向聚合　stereospecific polymerization　05.0462

定形　setting　05.1067

定性分析　qualitative analysis　03.0001

定压摩尔热容　molar heat capacity at constant pressure　04.0080

定压热容　heat capacity at constant pressure　04.0078

定域分子轨道　localized molecular orbital　04.1248

定域键　localized bond　04.1233

定域粒子系集　assembly of localized particles 04.0226

动力电流　kinetic current　03.1659

动力学比色法　kinetic colorimetry　03.1194

动力学拆分　kinetic resolution　02.0797

动力学分光光度法　kinetic spectrophotometry　03.1220

动力学分析　kinetic analysis, dynamic mechanical analysis　03.0030

动力学共振　dynamic resonance　04.0350

动力学光度学　kinetic photometry　04.0404

动力学光谱学　kinetic spectroscopy　04.0403

动力学控制　kinetic control　02.0924

动力学链长　kinetic chain length　05.0746

动力学耦合　kinetic coupling　04.0921

动力学溶剂效应　kinetic solvent effect　04.0342

动力学酸度　kinetic acidity　02.0911

动力学同位素效应　kinetic isotope effect　02.0923

动力学位移　kinetic shift　03.2346

动力学相关能　kinetic correlations energy　04.1284

动力学相关性　dynamical correlation　04.1420

动力学效应　kinetic effect　03.2347

动力学盐效应　kinetic salt effect　04.0343

动量　momentum　04.1180

动量谱　momentum spectrum　03.2541

动能释放　kinetic energy release, KER　03.2348

动态表面张力　dynamic surface tension　04.1558

动态场质谱仪　dynamic field spectrometer　03.2566

动态电子相关效应　dynamic electron correlation effect　04.1405

动态动力学拆分　dynamic kinetic resolution　02.0798

动态二次离子质谱法　dynamic secondary ion mass spectrometry, DSIMS　03.2349

动态范围　dynamic range　03.2129

动态光散射　dynamic light scattering　05.0779

动态红外光谱法　dynamic infrared spectrometry　03.1364

动态接触角　dynamic contact angle　04.1670

动态力学性质　dynamic mechanical property　05.0944

动态硫化　dynamic vulcanization　05.1027

动态黏度　dynamic viscosity　05.0948

动态黏弹性　dynamic viscoelasticity　05.0945

动态热变形分析　dynamic thermomechanical measurement　03.2694

动态质谱仪　dynamic mass spectrometer　03.2565

动态转变　dynamic transition　05.0947

动态组合化学　dynamic combinatorial chemistry　02.1217

豆甾烷[类]　stigmastane　02.0536

毒物　poison　04.0755

独居石　monazite　01.0298

独居石催化剂　monolithic catalyst　04.0695

独立产额　independent yield　06.0180

独立粒子系集　assembly of independent particles　04.0224

[独立]组分数　number of [independent] component　04.0142

杜安-马居尔方程　Duhem-Margules equation　04.0182

杜普雷公式　Dupre equation　04.1667

杜松烷[类]　cadinane　02.0476

杜瓦苯　Dewar benzene　02.0185

C 端　C-terminal　02.1380

N 端　N-terminal　02.1379

端盖电极　end cap electrode　03.2567

端基　terminal group, end group　05.0596

端基[差向]异构体　anomer　02.0709

端基分析　end group analysis　05.0798

端基配体　endo-ligand, terminal ligand　01.0478

端基[异构]效应　anomeric effect　02.1013

端连配体　end-bound ligand, end-on ligand　02.1487

端视电感耦合等离子体　axial inductively coupled plasma　03.0947

* 短程力　short range force　04.1293

短程有序　short-range order　04.1883

短杆菌肽 S　gramicidin S　02.1392

短路电流　short circuit current　04.0582

短支链　short chain branch　05.0722

断链降解　chain scission degradation　05.0641

断裂反应　cleavage reaction　01.0446

断裂伸长　elongation at break　05.0906

断续电弧　interrupted arc　03.0941

* 煅石膏　burnt plaster　01.0303

堆垛层错　stacking fault　04.1874

π–π堆积作用　π–π stacking　02.0825

堆密度　bulk density　04.0791

对苯醌　p-benzoquinone　02.0203

对比参数　reduced variable　04.0109

对比度　contrast　03.0851

对比状态　corresponding state　04.0110

对比状态方程　reduced equation of state　04.0112

对比状态原理　principle of corresponding state　04.0111

对称操作　symmetry operation　04.1810

对称操作的特征标　character of symmetric operation　04.1494

对称轨道　symmetry orbital　04.1499

对称禁阻反应　symmetry forbidden reaction　02.0906

对称裂变　symmetric fission　06.0157

对称面　plane of symmetry　02.0703

对称陀螺分子　symmetrical top molecule　04.1258

* 对称性匹配基　symmetry-adapted basis　04.1499

对称性匹配组态　symmetry-adapted configuration　04.1404

对称因素　symmetry element　02.0702

对称元素　symmetry element　04.1818

对称中心　center of symmetry　04.1820

对电极　counter electrode　04.0448

对角滑移面　diagonal glide plane　04.1825

对角矩阵　diagonal matrix　04.1172

对流　convection　04.0508

对流传质　mass-transfer by convection　03.1705

对流电泳　countercurrent electrophoresis　03.1828

对流-扩散方程　convection-diffusion equation　04.0510

对偶多面体　dual polyhedron　04.1921

对数滴定法　logarithmic titration　03.0402

对数正态分布　logarithmic normal distribution　03.0132

对位　para position　02.0598

对硝基二苯胺　p-nitrodiphenylamine　03.0622

对旋　disrotatory　02.0905

对乙氧基菊橙　p-ethoxychrysoidine　03.0588

* 对乙氧基柯衣定　p-ethoxychrysoidine　03.0588

对易子　commutator　04.1161

对映贝壳杉烷[类]　ent-kaurane　02.0505

对映纯　enantiomerically pure, enantiopure　02.0801

* 对映纯度　enantiomeric purity　02.0804

对映汇聚　enantioconvergence　02.0809

对映体比例　enantiomeric ratio, er　02.0806

对映体不对称聚合　enantioasymmetric polymerization　05.0466

对映体对称聚合　enantiosymmetric polymerization　05.0467

对映体富集　enantiomerical enrichment, enantioenrichment 02.1241

对映体过量[百分比] enantiomeric excess, *ee*[percent] 02.0804

对映体选择性反应 enantioselective reaction 01.0426

对映选择性 enantioselectivity 02.1204

对映异构 enantiomerism 01.0546

对映[异构]体 enantiomer 02.0705

对映异位[的] enantiotopic 02.0670

对照试验 contrast test 03.0874

钝化 passivation 01.0388

钝化电势 passivation potential 04.0595

钝化基团 deactivating group 02.0991

钝化剂 passivator 04.0745

钝化膜 passive film, passivation film 04.0594

多巴 3-(3,4-dihydroxyphenyl) alanine 02.1360

多波长分光光度法 multiple-wavelength spectrophotometry 03.1213

多参考组态相互作用法 multi-reference configuration interaction, MRCI 04.1401

多层吹塑 multi-layer blow molding 05.1012

多层挤出 multi-layer extrusion 05.0999

多层夹心配合物 multidecker sandwich complex 02.1513

* 多层吸附 multilayer adsorption 04.1600

多齿配体 polydentate ligand 01.0474

多重比较 multiple comparison 03.0239

多重度 multiplicity 04.0959

多重峰 multiplet 03.2281

多重键 multiple bond 04.1231

多重碰撞 multiple collision 03.2351

多重去质子分子 multiply deprotonated molecule 03.2352

多重乳状液 multiple emulsion 04.1743

多重散射 multiple scattering 04.2016

多重时间尺度积分 multiple time scale integration 04.1456

多重线吸收干扰 multiplet line absorption interference 03.1113

多重性因子 multiplicity factor 04.2027

多重照射 multiple irradiation 03.2263

多重质子化分子 multiply protonated molecule 03.2353

多次展开[法] multiple development 03.2158

多道 X 射线荧光光谱仪 multi-channel X-ray fluores-

cence spectrometer 03.1152

多道分析器 multi-channel analyzer, MCA 06.0505

多道谱仪 multi-channel spectrometer 03.2202

多电荷离子 multiple-charged ion 03.2454

多电子体系 many-electron system 04.1160

多方过程 polytropic process 04.0038

多分散[体] polydispersion 04.1525

多分散性 polydispersity 05.0748

多分散性聚合物 polydisperse polymer, non-uniform polymer 05.0050

多分散性指数 polydispersity index, PDI 05.0751

多分子层吸附 multimolecular adsorption 04.1600

多光子电离 multi photon ionization, MPI 03.2455

多光子解离 multiphoton dissociation, MPD 04.1090

多光子吸收 multiphoton absorption, MPA 04.0945

多核磁共振 multi-nuclear magnetic resonance 03.2172

多核苷酸 polynucleotide 02.1296

多核配合物 polynuclear coordination compound 01.0510

多核子转移反应 multinucleon transfer reaction 06.0278

多接收器 multiple collector 03.2531

多金属氧酸 polyoxometallic acid 01.0534

多金属氧酸盐 polyoxometallate 01.0535

多晶 polycrystal 04.1861

多晶型聚合物 polycrystalline polymer 05.0090

* 多聚核苷酸 nucleic acid 02.1300

多孔层开管柱 porous layer open tubular column, PLOT column 03.2018

多孔膜 porous membrane 05.1086

多离子监测 multiple ion monitoring 03.2532

多量子跃迁 multiple quantum transition, MQT 03.2322

多硫化物 polysulfide 02.0218

多卤化物 polyhalide 01.0168

多卤离子 polyhalide ion 01.0169

多路径反应 multiple path reaction 04.0928

多醚类抗生素 polyether antibiotic 02.0562

* 多米诺反应 domino reaction 02.1220

多面体烷 polyhedrane 02.0156

多面体异构 polytopal isomerism 01.0547

* 多配基络合物 polyligand complex 03.0710

多配基配合物 polyligand complex 03.0710

多普勒变宽 Doppler broadening 03.1013

多扫循环伏安法 multi-sweep cyclic voltammetry

03.1477

多色 X 射线吸收分析法　multichromatic X-ray absorption analysis　03.1154

多酸　polyacid, polynuclear acid　01.0531

多酸络合物　polyacid complex　03.0707

多肽　polypeptide　02.1367

多肽链　polypeptide chain　02.1373

多糖　polysaccharide　02.1263

多体微扰理论　many-body perturbation theory　04.1381

多铜氧化酶　multicopper oxidase　01.0680

多维核磁共振　multidimensional nuclear magnetic resonance　03.2290

多维色谱法　multi dimensional chromatography　03.1762

* 多维荧光光谱　multi dimensional fluorescence spectrum　03.1285

多烯大环内酯抗生素　polyenemacrolide antibiotic　02.0561

多相催化　heterogeneous catalysis　04.0642

多相反应　heterogeneous reaction　01.0810

多相平衡　heterogeneous equilibrium　01.0396

多项式回归　polynomial regression　03.0279

多样性导向合成　diversity oriented synthesis　02.1208

多元回归分析　multiple regression analysis　03.0258

多元聚合物　multipolymer　05.0033

多元配合物　polycomponent coordination compound　01.0508

多元酸　polyprotic acid, polybasic acid　01.0125

多元线性回归　multivariate linear regression, MLR　03.0257

多元线性回归分光光度法　multiple linear regression spectrophotometry　03.1241

多原子离子　multi-atomic ion　03.2456

多中心键　multicenter bond　04.1235

多轴拉伸　multiaxial drawing　05.1065

多组分反应　multicomponent reaction, MCR　02.1221

多组分分光光度法　multicomponent spectrophotometry　03.1214

多组态自洽场理论　multiconfiguration self-consistent field theory, MCSCF　04.1400

夺取模型　stripping model　04.0384

* 惰性电解质　supporting electrolyte, inert electrolyte　03.1706

惰性配合物　inert complex　01.0516

* 惰性气体　inert gas　01.0091

惰性溶剂　inert solvent　03.0651

E

俄歇参数　Auger parameter　03.2643

俄歇电子　Auger electron　03.2631

俄歇电子产额　Auger electron yield　03.2638

俄歇电子动能　kinetic energy of Auger electron　03.2639

俄歇电子能谱[法]　Auger electron spectroscopy, AES　03.2632

俄歇化学效应　Auger chemical effect　03.2640

俄歇基体效应　Auger matrix effect　03.2641

俄歇深度剖析　Auger depth profiling　03.2646

* 俄歇图　Auger map　03.2642

俄歇像　Auger image　03.2642

俄歇效应　Auger effect　03.2629

俄歇信号强度　Auger signal intensity　03.2645

俄歇跃迁　Auger transition　03.2630

* 噁吖啶　oxaziridine　02.0250

* 噁丙环　oxirane　02.0241

噁二唑　oxadiazole　02.0296

噁嗪　oxazine　02.0324

噁唑　oxazole　02.0276

* 1,3-噁唑　oxazole　02.0276

* 1,2-噁唑　isoxazole　02.0277

噁唑啉　oxazoline　02.0282

噁唑啉酮　oxazolinone　02.0291

* 噁唑酮　oxazalone　02.0291

噁唑烷　oxazolidine　02.0286

噁唑烷酮　oxazolidone　02.0292

厄密算符　hermitian opertator　04.1171

苊　acenaphthylene　02.0165

蒽　anthracene　02.0166

蒽环抗生素　anthracycline antibiotic　02.0563

蒽醌　anthraquinone　02.0206

蒽酮比色法　anthrone colorimetry　03.0487

儿茶素　catechin　02.0434

二安替比林甲烷　diantipyrylmethane, DAM　03.0499

二倍半萜　sesterterpene　02.0512

* 二苯氨基脲　diphenylcarbazide　03.0500

二苯胺磺酸钠　sodium diphenylaminesulfonate　03.0623

二苯胺蓝　diphenylamine blue　03.0589

二苯并[b, e]吡啶　dibenzo[b, e] pyridine　02.0362

二苯并[b, d]吡咯　dibenzo[b, d] pyrrole　02.0342

二苯并[b, e]吡喃　dibenzo[b, e] pyran　02.0356

二苯并[b, e]吡喃酮　dibenzo[b, e] pyranone　02.0357

二苯并[b, e]吡嗪　dibenzo[b, e] pyrazine　02.0366

二苯并[b, e]噁嗪　dibenzo[b, e] oxazine　02.0367

二苯并呋喃　dibenzofuran　02.0340

二苯并噻吩　dibenzothiophene　02.0341

二苯并[b, e]噻喃酮　dibenzo[b, e] thiapyranone　02.0358

二苯并[b, e]噻嗪　dibenzo[b, e] thiazine　02.0368

二苯铬　bis(benzene) chromium　02.1475

* 1,2-二苯基二酮　benzil　02.0210

二苯卡巴肼　diphenylcarbazide　03.0500

二苯卡巴腙　diphenylcarbazone　03.0501

二苯乙醇酸重排　benzilic acid rearrangement　02.1167

二醇　glycol, diol　02.0141

* 二次电池　accumulator, secondary battery　04.0548

* 二次电子　secondary electron　03.2653

二次结晶　secondary crystallization　05.0860

二次离子质谱法　secondary ion mass spectrometry, SIMS　03.2354

* 二次硫化　post cure, post vulcanization　05.1022

二单元组　diad　05.0674

二氮烯基自由基　diazenyl radical　02.0968

二氮杂环丙烷　diaziridine　02.0248

二氮杂环丙烯　diazirine　02.0249

二氮杂环丁二烯　diazacyclobutadiene, diazete　02.0258

二氮杂环庚三烯　diazacycloheptatriene　02.0330

1,4-二氮杂环己烷　1,4-diazacyclohexane　02.0321

二氮杂䓬　diazepine　02.0330

二电极系统　two-electrode system　04.0610

* 二段硫化　post cure, post vulcanization　05.1022

* 二噁烷　dioxane　02.0314

* 二噁英　dioxin　02.0370

二环倍半萜　bicyclic sesquiterpene　02.0475

二环单萜　bicyclic monoterpene　02.0462

二环二萜　bicyclic diterpene　02.0490

二环金合欢烷[类]　bicyclofarnesane, drimane　02.0479

二级标准　secondary standard　03.0072

* 二级纯　analytically pure, A.P.　03.0040

二级反应　second order reaction　04.0264

二级结构　secondary structure　02.1250

二级同位素效应　secondary isotope effect　02.0918

二级图谱　second order spectrum　03.2236

二级相变　second order phase transition　04.0146

* 二极管激光器　semiconductor laser　04.1082

二极管阵列检测器　diode-array detector　03.0971

* 2,9-二甲基-1,10-二氮菲　neocuproine　03.0518

二甲基硅橡胶　dimethyl silicone rubber　05.0342

* 二甲基黄　methyl yellow　03.0576

二甲基甲酰胺　N, N-dimethylformamide, DMF　03.0650

* 二甲基乙二醛肟　dimethylglyoxime　03.0549

二甲四酚橙　xylenol orange　03.0601

二阶谐波交流伏安法　second harmonic alternating current voltammetry　03.1471

二聚　dimerization　02.1064

* 二聚表面活性剂　gemini surfactant　04.1624

二聚离子　dimeric ion　03.2458

二聚体　dimer　05.0010

二硫键　disulfide bond　02.1382

二硫缩醛　dithioacetal　02.0063

二硫缩酮　dithioketal　02.0064

1,4-二硫杂环己烷　1,4-dithiacyclohexane　02.0316

二硫杂环戊烷　dithiolane　02.0269

二硫腙　dithizone　03.0502

* 二氯酚磺酞　chlorophenol red　03.0577

* 二氯荧光黄　2,7-dichlorofluorescein　03.0590

2,7-二氯荧光素　2,7-dichlorofluorescein　03.0590

二茂铬　chromocene　02.1465

[二]茂金属催化剂　metallocene catalyst　05.0550

二茂钌　ruthenocene　02.1467

二茂铍　beryllocene　02.1464

二茂铅　plumbocene　02.1466

二茂铁　ferrocene　01.0525

α-二茂铁碳正离子　α-ferrocenyl carbonium ion　02.1468

二面角　dihedral angle　02.0775

2,4-二羟基苯并[g]蝶啶　2,4-dihydroxybenzo [g] pteridine　02.0384

* 2,3-二羟基丙醛　glyceraldehyde　02.1278

* 1,2-二羟基蒽醌　alizarin　03.0514

* 1,2-二嗪　1,2-diazine　02.0317

* 1,3-二嗪　1,3-diazine　02.0319

* 1,4-二嗪　1,4-diazine　02.0318

* 二氢吖丁　azacyclobutene azetine　02.0256

2,3-二氢苯并吡喃　2,3-dihyrobenzopyran　02.0353

* 二氢吡唑　pyrazoline　02.0285

二氢噁唑　oxazoline　02.0282

二氢黄酮　dihydroflavone　02.0443

二氢黄酮醇　flavanonol, dihydroflavonol　02.0445

* 二氢咪唑　imidazoline　02.0284

* 二氢噻唑　thiazoline　02.0283

二氢异黄酮　isoflavanone, dihydroisoflavone　02.0444

* 2,3-二氢吲哚-3-酮　indolone　02.0337

* 1,1-二取代乙烯单体　vinylidene monomer　05.0391

* 1,2-二取代乙烯单体　vinylene monomer　05.0392

二炔　diyne　02.0021

二噻环己烷　dithiane　02.0058

二色性　dichroism　03.1379

二十面体　icosahedron　04.1916

二糖　disaccharide　02.1261

二萜　diterpene　02.0486

二萜[类]生物碱　diterpenoid alkaloid　02.0421

二维 J 分解谱　J-resolved spectrum　03.2286

二维核磁共振谱　two-dimensional nuclear magnetic
resonance spectrum, 2D NMR spectrum　03.2285

二维核欧沃豪斯效应谱　nuclear Overhauser effect
spectroscopy, NOESY　03.2269

二维红外光谱　two dimensional infrared spectrum
03.1349

二维红外相关光谱　two-dimensional infrared correlation
spectrum　03.1350

二维化学位移相关谱　two-dimensional chemical shift
correlation spectrum　03.2287

二维交换谱　exchange spectroscopy, EXSY　03.2289

二维色谱法　two-dimensional chromatography
03.1760

二烯　diene　02.0015

二烯丙基聚合物　diallyl polymer　05.0144

* 二烯单体　diene monomer　05.0393

* 二酰亚胺　imide　02.0109

* 二向色性　dichroism　03.1379

二项分布　binomial distribution　03.0136

二氧化三碳　carbon suboxide　02.0121

* 二氧六环　dioxane　02.0314

* 二氧嘧啶　uracil　02.1307

2,5-二氧亚基哌嗪　2,5-dioxopiperazine　02.0322

二氧杂环丙烷　dioxirane　02.0247

1,4-二氧杂环己烷　dioxane　02.0314

二乙炔聚合物　diacetylene polymer　05.0143

二元共聚合　binary copolymerization　05.0600

二元共聚物　binary copolymer　05.0031

二元酸　diprotic acid　01.0124

二元乙丙橡胶　ethylene-propylene rubber, EPR
05.0329

二组分系统　two-component system　04.0029

* 1,2-二唑　pyrazole　02.0281

* 1,3-二唑　imidazole　02.0280

F

发光　luminescence　01.0769

发光材料　luminescent materials　01.0700

发光猝灭　luminescence quenching　01.0767

发光二极管　light emission diode, LED　04.1126

发光分析法　luminescence analysis　03.1258

发光量子产率　luminescence quantum yield　03.1270

发光强度　luminous intensity　03.1272

发光中心　luminescence center　01.0766

发泡　foaming　05.1003

发泡剂　foaming agent　05.1125

* 发色团　chromophore　03.1189

发射光谱　emission spectrum　01.0779

发射计算机断层显像　emission computed tomography,

ECT　06.0709

发射偏振度　emission polarization　04.1070

* 发射中子后的裂片　post-neutron emission
fragment　06.0172

* 发射中子前的裂片　pre-neutron emission fragment
06.0170

乏[核]燃料后处理　spent [nuclear] fuel reprocessing
06.0591

乏燃料　spent fuel　06.0589

[乏]燃料贮存水池　[spent] fuel storage pool　06.0588

* 0.618 法　golden cut method　03.0307

k_0 法　k_0 method　06.0502

法定计量单位　legal unit of measurement　03.0380

法拉第杯收集器　Faraday cup collector　03.2533

法拉第电流　faradaic current　03.1653

法拉第定律　Faraday law　04.0620

法拉第筒　Faraday cylinder　06.0232

法拉第效应　Faraday effect　04.1492

法拉第阻抗　faradaic impedance　04.0623

* 法尼烷　farnesane　02.0470

法扬斯法　Fajans method　03.0419

砝码　weight　03.0095

番荔枝内酯　annonaceous acetogenin　02.0567

番木鳖碱[类]生物碱　strychnine alkaloid　02.0408

矾　vitriol　01.0218

蕃　phane　02.0159

* 反　anti　02.0724

* 反叉　antiperiplanar, ap　02.0744

反叉构象　antiperiplanar conformation　02.0746

反常混晶　anomalous mixed crystal　06.0077

反常散射　anomalous scattering　04.2015

反冲　recoil　06.0098

反冲标记　recoil labeling　06.0689

反冲电子　recoil electron　06.0339

反冲动能　recoil kinetic energy　06.0247

反冲核　recoil nucleus　06.0248

反冲技术　recoil technique　06.0249

反冲[平动]能　recoil energy　04.0377

反冲射程　recoil range　06.0250

反冲室　recoil chamber　06.0233

反吹　back flushing　03.2125

* 反磁性　diamagnetism　01.0788

反萃取　back extraction, stripping　06.0602

* 反错　anticlinal, ac　02.0744

反错构象　anticlinal conformation　02.0748

* 反叠构象　antiperiplanar conformation　02.0746

反对称波函数　antisymmetrical wave function　04.1313

反芳香性　antiaromaticity　02.0619

* 反峰　negative peak　03.1917

反符合　anti coincidence　06.0137

反符合电路　anticoincidence circuit　06.0140

* 反合成　retrosynthesis　02.1211

反荷离子　counter ion　02.0934

* 反键分子轨道　antibonding [molecular] orbital　04.1251

* 反键轨道　antibonding orbital　04.1242

反胶束　reverse micelle　04.1626

* 反胶团　reverse micelle　04.1626

反结构　antistructure　04.1891

反馈键　back donating bonding　01.0569

反馈键合　backbonding　02.1462

反馈网络　feedback network　03.0316

反馈作用　back donation　01.0538

反类质同晶　anti-isomorphism　04.1894

反离子　counterion　04.1699

* 反流色谱法　counter current chromatography, CCC　03.1842

反马氏加成[反应]　anti-Markovnikov addition [reaction]　02.0881

反气相色谱法　inverse gas chromatography, IGC　03.1814

反散射　backscattering　06.0110

反射光谱　reflection spectrum　03.1348

反射光栅　reflection grating　03.0958

反射检测模式　reflection mode　03.2534

反射式高能电子衍射法　reflection high energy electron diffraction, RHEED　03.2662

反渗透　reverse osmosis　04.1538

反渗透膜　reverse osmosis membrane　05.1085

* 反式构象　antiperiplanar conformation　02.0746

反式聚合物　trans-configuration polymer, trans-polymer　05.0017

反式异构体　trans-isomer　01.0553

反式影响　trans influence　02.1539

反斯托克斯原子荧光　anti-Stokes atomic fluorescence　03.1124

反弹模型　rebound model　04.0385

* 反弹能　recoil energy　04.0377

反铁磁性　antiferromagnetism　01.0790

反铁电性　antiferroelectricity　01.0761

反铁电液晶　antiferroelectric liquid crystal, antiferroelectric LC　02.0235

反位效应　trans-effect　01.0537

* 反相分配色谱法　reversed phase partition chromatography　03.1778

反相分散聚合　inverse dispersion polymerization　05.0504

反相高效液相色谱法　reversed phase high performance liquid chromatography, RP-HPLC　03.1778

反相胶束萃取　reversed phase micelle extraction

03.0887

反相乳液聚合 inverse emulsion polymerization 05.0508

反相微乳液 reverse microemulsion 04.1752

反相悬浮聚合 inverse suspension polymerization 05.0502

反向传播法 back propagation algorithm 03.0317

反向构象 transoid conformation 02.0761

反向原子转移自由基聚合 reverse atom transfer radical polymerization, RATRP 05.0420

反协同萃取 antagonistic effect, antisynergism 06.0609

* 反演中心 inversion center 04.1820

反义核酸显像 anti-sense imaging 06.0729

* B-Z 反应 clock reaction 01.0407

反应堆化学 reactor chemistry 06.0581

反应纺丝 reaction spinning 05.1050

反应分子数 molecularity 04.0266

反应过电势 reaction overpotential 04.0523

[反应]机理 [reaction] mechanism 02.0862

反应机理 reaction mechanism 04.0290

反应间隔 reaction interval 03.2708

反应截面 reaction cross section 04.0370，06.0211

反应进度 extent of reaction 04.0162

* [反应]历程 [reaction] mechanism 02.0862

反应临界能 critical energy of reaction 04.0299

反应能垒 reaction energy barrier 04.0312

反应黏合 reaction bonding, reaction adhesion 05.1075

反应气 reaction gas 03.2459

反应气离子 reaction gas ion 03.2460

反应气相色谱法 reaction gas chromatography 03.1807

反应热 heat of reaction 04.0051

反应色谱法 reaction chromatography 03.1759

反应势垒 reaction barrier 04.0970

反应速率 reaction rate 04.0254

反应速率常数 reaction rate constant 04.0257

反应速率方程 reaction rate equation 04.0256

反应速率理论 theory of reaction rates 04.0298

反应途径 reaction path 04.0253

反应途径简并 reaction path degeneracy 04.0284

反应网络 reaction network 04.0258

反应[性]挤出 reactive extrusion 05.1001

反应[性]加工 reactive processing 05.0965

反应性聚合物 reactive polymer 05.0088

反应性热熔胶 reactive heat-melting adhesive

05.0379

反应性散射 reactive scattering 04.0368

反应注塑 reaction injection molding, RIM 05.1014

反应坐标 reaction coordinate 04.0313

反映 reflection 04.1812

反载体 holdback carrier 06.0074

反置双聚焦质谱仪 reverse double focusing mass spectrometer 03.2568

反轴 rotation-inversion axis 04.1821

返滴定法 back titration 03.0399

返硫 cure reversion 05.1025

范德瓦耳斯力 van der Waals force 02.0824

范德瓦耳斯位移 van der Waals shift 03.2248

范第姆特方程 van Deemter equation 03.1945

范托夫定律 van't Hoff law 04.0170

方波伏安法 square wave voltammetry 03.1485

方波极谱法 square wave polarography 03.1484

方差 variance 03.0187

方差分析 analysis of variance 03.0196

方差估计值 estimator of variance 03.0194

方差齐性检验法 homogeneity test method for variance 03.0235

方解石 calcite 01.0257

方钠石 sodalite 01.0275

方铅矿 galena 01.0318

方石英 cristobalite 01.0242

方铁锰矿 bixbyite 01.0295

* 方位因子 steric factor 04.0303

方向聚焦 direction focusing 03.2521

芳构化 aromatization 02.1131

芳基 aryl group 02.0579

芳基化 arylation 02.1029

芳基正[碳]离子 aryl cation 02.0954

芳炔 aryne 02.0183

芳烃 arene 02.0161

芳香化合物 aromatic compound 02.0160

芳香六隅 aromatic sextet 02.0616

芳香性 aromaticity 02.0615

芳香族聚醚 poly (aryl ether) 05.0278

芳香族聚酯 aromatic polyester 05.0266

芳香族亲电取代[反应] electrophilic aromatic substi-tution [reaction] 02.0875

芳香族亲核取代[反应] aromatic nucleophilic substi-tution [reaction] 02.0872

芳正离子　arenium ion　02.0953

防暴沸棒　antibump rod　03.0804

防臭氧剂　antiozonant　05.1116

防腐　corrosion protection　04.0586

防焦剂　scorch retarder　05.1096

防老剂　anti-aging agent　05.1115

* 防黏剂　abhesive　05.1137

* 仿生　bionic　01.0608

仿生材料　biomimic materials　01.0704

仿生传感器　biomimic sensor　03.1573

仿生[的]　biomimetic　02.0860

仿生合成　biomimetic synthesis　02.1223

仿生聚合物　biomimetic polymer　05.0093

仿生学　biomimics, bionics　02.1317

纺丝　spinning　05.1037

纺织品整理剂　textile finishing agent　05.1139

放大效应　multiplication effect　03.0725

放电电离　discharge ionization　03.2497

放电能量密度　discharge energy density　04.0580

放电容量　discharge capacity　04.0578

放热峰　exothermic peak　03.2717

放射电化学分析　radioelectrochemical analysis　06.0531

放射电泳　radioelectrophoresis　06.0535

放射发光材料　radioluminous materials　06.0744

放射分析化学　radioanalytical chemistry　06.0481

放射光致发光　radiophotoluminescence　06.0745

放射化学　radiochemistry　06.0001

放射化学产率　radiochemical yield　06.0059

放射化学纯度　radiochemical purity　06.0058

放射化学分离　radiochemical separation　06.0078

放射化学中子活化分析　radiochemical neutron activation analysis, RNAA　06.0488

放射极谱法　radiopolarography　06.0554

放射计量学　radiometrology　06.0538

放射量热法　radiometric calorimetry　06.0532

放射免疫电泳　radioimmunoelectrophoresis　06.0536

放射免疫分析　radioimmunoassay, RIA　06.0543

放射免疫分析试剂盒　radioimmunoassay kit, RIA kit　06.0544

放射免疫显像　radiimnunoimaging　06.0728

放射免疫学　radioimmunology　06.0739

放射免疫治疗　radioimnunotherapy　06.0740

放射热谱法　thermoradiography, TRG　03.2730

放射性　radioactivity　06.0014

放射性本底　radioactive background　06.0054

放射性标记　radio-labeling　06.0675

放射性标记化合物　radio-labeled compound　06.0676

放射性标准　radioactive standard　06.0055

放射性标准源　radioactive standard source　06.0056

放射性产额　radioactive yield　06.0701

放射性沉降物　radioactive fallout　06.0101

放射性纯度　radioactive purity　06.0057

放射性滴定　radiometric titration　06.0534

放射性淀质　radioactive deposit　06.0099

放射性废物　radioactive waste, radwaste　06.0100

放射性废物处理　radioactive waste treatment　06.0636

放射性废物处置　disposal of radioactive waste　06.0646

放射性废物处置库　radioactive waste repository　06.0647

放射性废物焚烧[化]　incineration of radioactive waste　06.0644

放射性废物固化　solidification of radioactive waste　06.0638

放射性废物管理　radioactive waste management, radwaste management　06.0637

放射性核素　radioactive nuclide, radionuclide　06.0006

放射性核素标记化合物　radionuclide labeled compound　06.0677

* 放射性核素纯度　radionuclide purity　06.0057

放射性核素发生器　radionuclide generator, radioisotope generator, radioactive cow　06.0746

放射性核素迁移　radionuclide migration　06.0655

放射性核素显像　radionuclide image　06.0706

放射性核素治疗　radionuclide therapy　06.0741

[放射性]活度　radioactivity　06.0035

放射性疾病　radiation-induced disease　06.0598

放射性检测　radioassay　06.0537

放射性检测器　radioactivity detector　03.2075

放射性胶体　radioactive colloid　06.0102

放射性配基结合分析　radioligand binding assay, R[L]BA　06.0546

放射性平衡　radioactive equilibrium　06.0040

放射性气溶胶　radioactive aerosol　06.0632

[放射性]去污　[radioactive] decontamination　06.0103

放射性热分析　emanation thermal analysis　03.2686

* 放射性散落物　radioactive fallout　06.0101

放射性释放测定　radio-release determination　06.0553

放射性受体分析　radioreceptor assay　06.0539

放射性束　radioactive beam　06.0235

放射性衰变　radioactive decay　06.0016

[放射性]衰变常数　[radioactive] decay constant　06.0033

[放射性]衰变纲图　[radioactive] decay scheme　06.0034

[放射性]衰变链　[radioactive] decay chain　06.0046

放射性衰变律　radioactive decay law　06.0047

* 放射性衰变系　radioactive decay series　06.0046

放射性碳年代学　radiocarbon chronology　06.0757

放射性同位素　radioisotope　06.0002

放射性同位素标记　radioisotope labeling　06.0668

放射性同位素示踪剂　radioisotope tracer　06.0674

放射性同位素烟雾报警器　radioisotope smoke alarm　06.0749

放射性污染　radioactive contamination　06.0104

放射性药物　radiopharmaceutical　06.0714

放射性元素　radioactive element, radioelement　06.0313

放射性指示剂　radioactive indicator　03.0562

放射性籽粒　radioactive seed　06.0715

放射药物化学　radiopharmaceutical chemistry　06.0716

放射药物学　radiopharmacy　06.0717

放射药物治疗　radiopharmaceutical therapy　06.0718

放射源　radioactive source　06.0335

放射自显影术　autoradiography　06.0747

放射自显影图　autoradiogram　06.0748

飞秒化学　femtochemistry　04.0361

飞秒激光　femtosecond laser　04.0360

飞行时间　time-of-flight　04.0357

飞行时间探测器　time-of-flight detector　06.0131

飞行时间质谱仪　time-of-flight mass spectrometer, TOFMS　03.2569

非必需元素　nonessential element　01.0623

非编码氨基酸　non-coded amino acid　02.1328

非参数检验　nonparameter test　03.0211

非垂直能量转移　non-vertical energy transfer　04.0957

非蛋白[质]氨基酸　non-protein amino acid　02.1326

非电解质溶液　non-electrolyte solution　04.0176

非定域粒子系集　assembly of non-localized particles　04.0227

非动态电子相关效应　non-dynamic electron correlation effects　04.1406

非独立粒子系集　assembly of interacting particles　04.0225

非对称参数　asymmetry parameter　03.2622

非对称裂变　asymmetric fission　06.0158

非对映体比例　diastereomeric ratio, *dr*　02.0807

非对映体过量[百分比]　diastereomeric excess, *de*[percent]　02.0805

非对映选择性　diastereoselectivity　02.1205

非对映异构化　diastereoisomerization　02.0792

非对映[异构]体　diastereomer　02.0707

非对映异位[的]　diastereotopic　02.0671

非法拉第电流　nonfaradaic current　03.1654

非辐射能量转移　non-radiative energy transfer　04.0995

非辐射衰变　non-radiation decay　04.0974

非辐射跃迁　non-radiative transition　03.0909

非刚性转子　nonrigid rotator　04.1297

非共轭单体　non conjugated monomer　05.0397

非共价键　non-covalent bond　02.0823

非共振原子荧光　non-resonance atomic fluorescence　03.1120

非规整聚合物　irregular polymer　05.0019

非规整嵌段　irregular block　05.0669

* 非化学计量化合物　nonstoichiometric compound　01.0707

非还原糖　non-reducing sugar　02.1274

非极性单体　non-polar monomer　05.0395

非极性[共价]键　non-polar bond　04.1237

非极性键合相　non-polar bonded phase　03.2022

非极性聚合物　non-polar polymer　05.0047

非极性溶剂　non-polar solvent　03.0652

非简谐振子　anharmonic oscillator　04.1287

* 非键分子轨道　nonbonding [molecular] orbital　04.1251

* 非键轨道　nonbonding orbital　04.1242

非键相互作用　nonbonding interaction　02.0638

非交替烃　non-alternant hydrocarbon　02.0621

非解离吸附　associative adsorption　04.0914

非金属　non-metal　01.0093

非经典碳正离子　nonclassical carbocation　02.0939

非晶区　amorphous region, noncrystalline region

05.0872

非晶取向 amorphous orientation 05.0873

非晶态 amorphous state 01.0692

非晶态催化剂 amorphous catalyst 04.0698

非晶态合金 amorphous alloy 04.1887

非晶态合金催化剂 amorphous alloy catalyst 04.0676

非晶体学对称性 non-crystallographic symmetry 04.1830

非晶相 amorphous phase, noncrystalline phase 05.0871

非晶型硅铝催化剂 amorphous silica-alumina catalyst 04.0663

非绝热过程 non-adiabatic process 04.0307

非均相反应 inhomogeneous reaction 01.0811

非均相聚合 heterogeneous polymerization 05.0492

非均相膜电极 heterogeneous membrane electrode 03.1613

非均相氢化 heterogeneous hydrogenation 02.1133

非均相系统 heterogeneous system 04.0022

非均匀展宽 inhomogeneous broadening 04.1075

非离子型表面活性剂 nonionic surfactant 04.1619

非连续联用分析 discontinuous simultaneous technique 03.2735

非牛顿流动 non-Newtonian flow 04.1728

非牛顿流体 non-Newtonian fluid 05.0924

[非平衡]定态 [non-equilibrium] stationary state 04.1215

非平衡热力学 non-equilibrium thermodynamics 04.0006

非平衡统计 non-equilibrium statistics 04.0248

非平衡系统 non-equilibrium system 04.0020

非破坏性检测器 non-destructive detector 03.2048

非热原子化器 nonthermal atomizer 03.1072

非色散原子荧光光谱仪 nondispersive atomic fluorescence spectrometer 03.1140

非手性的 achiral 02.0683

非手性位的 achirotopic 02.0696

非水滴定法 non-aqueous titration 03.0403

* 非水法后处理 non-aqueous reprocessing 06.0595

非水毛细管电泳 nonaqueous capillary electrophoresis, NACE 03.1839

非水溶剂 non-aqueous solvent 03.0649

非弹性散射 inelastic scattering 04.0367

非同位素标记化合物 non-isotopic labeled compound 06.0673

非同位素载体 non-isotopic carrier 06.0072

非完全熔合反应 incomplete fusion reaction 06.0274

非吸附性载体 non-adsorptive support 03.1858

非线性[非平衡态]热力学 [non-linear non-equilibrium] thermodynamics 04.0211

非线性光学技术 nonlinear optical technology 04.1134

非线性光学晶体 nonlinear optical crystal 04.1939

非线性光学效应 non-linear optical effect 01.0772

* 非线性化学 non-linear chemistry 04.0211

非线性化学动力学 nonlinear chemical kinetics 04.0347

非线性回归 non-linear regression 03.0276

非线性黏弹性 non-linear viscoelasticity 05.0934

非线性色谱法 non-linear chromatography 03.1746

非线性误差 nonlinear error 03.0167

非限制性的哈特里-福克方法 unrestricted Hartree-Fock method, UHF method 04.1364

非相干散射 non-coherent scattering, incoherent scatting 04.2014

非[原子]吸收谱线 non-absorption line 03.1006

非整比化合物 nonstoichiometric compound 01.0707

非自发过程 nonspontaneous process 04.0043

菲 phenanthrene 02.0168

* 菲啶 phenanthridine 02.0364

菲克第二定律 Fick second law 04.1535

菲克第一定律 Fick first law 04.1534

菲克扩散定律 Fick law of diffusion 04.0507

菲醌 phenanthrenequinone 02.0205

* 9,10-菲醌 phenanthrenequinone 02.0205

菲咯啉 phenanthroline 02.0365

α 废物 α-bearing waste 06.0635

废物的加速器嬗变 accelerator transmutation of waste, ATW 06.0659

废物埋藏场 burial ground, waste graveyard 06.0651

废物最小化 waste minimization 06.0645

沸点升高 boiling point elevation 04.0185

沸石 zeolite 01.0273

沸石[分子筛]催化剂 zeolite [molecular sieve] catalyst 04.0659

沸石膜 zeolite membrane 04.0662

费尔韦-奈尔森模型 Verwey-Niessen model 03.1696

费里德定律 Friedel law 04.1978

费林试剂 Fehling reagent 03.0523

费米-狄拉克分布 Fermi-Dirac distribution 04.0231

费米接触相互作用　Fermi contact interaction　04.1273

费米能级　Fermi level　01.0753

费米穴　Fermi hole　04.1407

费米子　fermion　04.1331

费-托催化过程　Fischer-Tropsch catalytic process　04.0874

* 费歇尔金属卡宾　Fischer carbine complex　02.1514

费歇尔卡宾配合物　Fischer carbine complex　02.1514

费歇尔-罗森诺夫惯例　Fischer-Rosanoff convention　02.0698

费歇尔投影式　Fischer projection　02.0676

分辨率　resolution　03.0050

* 分辨效应　differentiating effect　03.0657

F 分布　F-distribution　03.0133

t 分布　t-distribution　03.0134

χ^2 分布　χ^2-distribution　03.0135

分布分数　distribution fraction　03.0761

分布分数图　distribution diagram　03.0762

分步沉淀　fractional precipitation　03.0795

分步滴定法　stepwise titration　03.0398

分步反应　stepwise reaction　02.0901

* 分步激发　stepwise excitation　04.1092

分步浸渍[法]　separate impregnation [method]　04.0717

分步展开[法]　stepwise development　03.2161

分层抽样　stratified sampling　03.0359

分独立产额　fractional independent yield　06.0181

* 分光光度滴定法　photometric titration　03.0414

分光光度法　spectrophotometry　03.1250

分光光度计　spectrophotometer　03.1249

分光荧光计　spectrofluorometer　03.1314

分级　fractionation　05.0807

分解　decomposition　01.0347

分解电压　decomposition voltage　03.1724

* 分类抽样　stratified sampling　03.0359

分累积产额　fractional cumulative yield　06.0178

分离单元　separating unit　06.0570

* 分离度　resolution　03.0050

分离功　separative work　06.0572

分离和嬗变　partitioning and transmutation　06.0657

* 分离膜　membrane　06.0580

分离式正离子自由基　distonic radical cation　02.0966

分离势　separation potential　06.0571

分离数　separation number, SN　03.1958

* 分离压　disjoining pressure　04.1693

* 分离因子　separation factor　03.1960

分裂峰　split peak　03.1919

分流比　split ratio　03.1995

分流进样　split sampling, split injection　03.2108

分流器　splitter　03.1994

分凝　segregation　05.0870

分配比　distribution ratio　06.0604

分配定律　distribution law　04.0183

分配色谱法　partition chromatography　03.1749

分配系数　partition coefficient　03.0059

* 分批聚合　batch polymerization　05.0512

分散剂　dispersing agent　05.1110

分散介质　disperse medium　04.1502

分散聚合　dispersion polymerization　05.0503

分散系统　disperse system　04.1500

分散相　disperse phase　04.1501

分时　time sharing　03.2273

分速度系数　partial rate factor　02.0995

分析纯　analytically pure, A.P.　03.0040

分析裂解　analytical pyrolysis　03.2736

分析浓度　analytical concentration　03.0747

分析器　analyser　03.2513

分析天平　analytical balance　03.0086

分析物　analyte　03.0085

分析误差　analysis error　03.0165

分析线　analytical line　03.0929

分析型色谱仪　analytical type chromatograph　03.1972

分液漏斗　separatory funnel　03.0685

分支比　branching ratio　04.0255，06.0044

分支衰变　branching decay　06.0045

分子　molecule　01.0006

分子成核作用　molecular nucleation　05.0857

分子重排　molecular rearrangement　01.0353

分子带　molecular ribbon　02.0856

分子的表面积　molecular surface area　04.1265

分子的势能　potential energy of molecule　04.1353

分子动力学　molecular dynamics　04.1452

分子动力学模拟　molecular dynamics simulation　04.0318

分子镀　molecular plating　06.0239

分子对接　molecular docking　04.1462

分子发射光谱　molecular emission spectrum　03.1164

分子反应　molecular reaction　01.0352

分子反应动力学 molecular reaction dynamics 04.0251

分子分离器 molecular separator 03.2522

* 分子分离器 carry gas separator 03.2553

分子光谱 molecular spectrum 03.1162

分子轨道 molecular orbital, MO 04.1242

分子轨道法 molecular orbital method 02.0606

分子轨道空间 molecular orbital space 04.1402

分子轨道理论 molecular orbital theory 04.1246

分子轨道能级 molecular orbital energy level 04.1245

分子轨道图形理论 graph theory of molecular orbital 04.1247

分子核医学 molecular nuclear medicine 06.0702

分子活化分析 molecular activation analysis 06.0489

分子机器 molecular machine 02.0857

分子几何结构 molecular geometry 04.1290

分子间弛豫 intermolecular relaxation 04.1100

分子间光诱导电子转移 intermolecular photoinduced electron transfer 04.1000

分子间能量传递 intermolecular energy transfer 04.0278

[分子间]缩合 [intermolecular] condensation 01.0350

分子结 molecular knot 02.0855

分子晶体 molecular crystal 01.0694

分子开关 molecular switch 04.1146

* 分子扩散 molecular diffusion 03.1947

分子离子 molecular ion 03.2461

分子力场函数 molecular force field function 04.1450

[分子]链大尺度取向 global chain orientation 05.0828

分子量 molecular weight 01.0011

分子量分布 molecular weight distribution, MWD 05.0750

分子量排除极限 molecular weight exclusion limit 05.0813

* 分子量平均 molar mass average 05.0737

分子马达 molecular motor 02.0858

分子模拟 molecular simulation, molecular modeling 04.1157

* 分子内反应 inner molecular reaction 01.0353

分子内光诱导电子转移 intramolecular photoinduced electron transfer 04.0999

分子内能量传递 intramolecular energy transfer 04.0279

分子内亲核取代[反应] internal nucleophilic substitution [reaction] 02.0871

分子内振动弛豫 intramolecular vibrational relaxation, IVR 04.0280

分子配分函数 molecular partition function 04.0232

分子片 molecular fragment 01.0014

分子平动能 translational energy of molecule 04.1281

分子器件和机器 molecular devices and machines 04.1145

分子钳 molecular clamp 02.0854

分子热力学 molecular thermodynamics 04.0005

* 分子溶解度 intrinsic solubility 03.0769

分子筛 molecular sieve 01.0274

分子设计 molecular design 04.1155

分子识别 molecular recognition 01.0451

分子实体 molecular entity 01.0013

分子式 molecular formula 01.0008

分子束 molecular beam 04.0353

分子梭 molecular shuttle 02.0853

分子探针 molecular probe 02.0859

分子体系的能级 energy level in molecule 04.1244

分子吸收 molecular absorption 03.1100

分子吸收光谱 molecular absorption spectrum 03.1163

分子吸收谱带 molecular absorption band 03.1165

分子荧光分析法 molecular fluorescent method 03.1308

分子影像学 molecular imaging 06.0703

分子振动能 vibrational energy of molecule 04.1283

分子蒸馏 molecular distillation 02.1248

分子置换法 molecular replacement method 04.2043

分子转动能 rotational energy of molecule 04.1282

分子自组装 molecule self-assembly 03.1637

分子组装 molecular assembly 05.0731

* 吩噁嗪 phenoxazine 02.0367

吩噁噻 phenoxathine 02.0369

* 吩嗪 phenazine 02.0366

* 吩噻嗪 phenothiazine 02.0368

芬顿反应 Fenton reaction 01.0688

酚 phenol 02.0198

酚藏花红 phenosafranine 03.0593

酚二磺酸 phenol-2,4-disulphonic acid 03.0620

* 酚红 phenol red 03.0571

酚醛树脂 phenol-formaldehyde resin, phenolic resin

05.0190

酚酞 phenolphthalein 03.0572

酚-酮互变异构 phenol-keto tautomerism 02.0634

* 酚盐 phenolate 02.0199

酚氧化合物 phenoxide 02.0199

粉晶 powder crystal 04.1862

粉末法 powder method 04.2006

粉末 X 射线衍射法 powder X-ray diffractometry 03.1158

粉末微电极 powder microelectrode 04.0457

粉末橡胶 powdered rubber 05.0313

粉末衍射卡片 powder diffraction file 04.2007

* 粉末衍射文档 powder diffraction file 04.2007

粉体催化剂 powder catalyst 04.0669

丰度 abundance 03.2355

丰质子核素 proton-rich nuclide 06.0007

丰中子核素 neutron-rich nuclide 06.0008

风化 efflorescence 01.0328

封闭系统 closed system 04.0024

* 封端 endcapping 03.2149

封端反应 end capping reaction 05.0595

封尾 endcapping 03.2149

砜 sulfone 02.0045

砜烯 sulfene 02.0046

峰 peak 03.2715

峰背比 peak-to-background ratio 03.1098

峰底 peak base 03.1920

* 峰底宽 peak width 03.0048

峰电流 peak current 03.1656

峰电位 peak potential 03.1719

峰高 peak height 03.0047

峰高测量法 method of peak height measurement 03.1082

峰宽 peak width 03.0048

峰面积 peak area 03.0049

峰面积测量法 method of peak area measurement 03.1084

峰匹配法 peak matching method 03.2356

峰容量 peak capacity 03.1961

峰值吸光度 peak absorbance 03.1085

峰值吸收系数 peak absorption coefficient 03.1086

莳烷[类] fenchane 02.0467

蜂毒肽 melittin 02.1396

* 蜂窝催化剂 honeycomb catalyst 04.0695

蜂窝状载体 honeycomb support 04.0752

缝管原子捕集 slotted-tube atom trap, STAT 03.1055

缝式燃烧器 slot burner 03.1034

* 否定域 rejection region 03.0221

呋喃 furan 02.0263

呋喃并香豆素 furocoumarin 02.0426

呋喃树脂 furan resin 05.0194

呋喃糖 furanose 02.1258

呋甾烷[类] furostane 02.0538

弗里德-克拉夫茨反应 Friedel-Crafts reaction 02.1192

弗仑克尔激子 Frenkel exciton 04.0978

弗仑克尔缺陷 Frenkel defect 01.0721

弗斯特偶极-偶极-共振能量传递 Förster-dipole-dipole resonance-energy transfer 04.0997

弗洛里-哈金斯理论 Flory-Huggins theory 05.0769

伏安法 voltammetry 03.1464

伏安酶联免疫分析法 voltammetric enzyme-linked immunoassay 03.1541

伏安图 voltammogram 03.1678

伏安仪 voltammeter 03.1549

伏打电池 voltaic cell 04.0549

* 伏打电势 contact potential 04.0465

K 俘获 K-capture 06.0023

俘获 capture 06.0212

俘获截面 capture cross section 06.0214

氟表面活性剂 fluorinated surfactant, fluorosurfactant, fluorocarbon surfactant 04.1621

[^{18}F]-氟代脱氧葡萄糖 [^{18}F]-fluorodeoxyglucose, [^{18}F]-FDG 06.0734

氟代烷 fluoroalkane 02.0023

氟硅橡胶 fluorosilicone rubber 05.0340

氟离子选择电极 fluorine ion-selective electrode 03.1609

氟利昂 Freon 02.0230

氟磷灰石 fluorapatite 01.0306

氟醚橡胶 fluoroether rubber 05.0338

氟硼酸盐 borofluoride, fluoborate 01.0224

氟树脂 fluoroethylene resin 05.0210

氟碳树脂 fluorocarbon resin 05.0186

氟碳相 fluorocarbon phase 02.1230

氟[碳]相反应 fluorous phase reaction 02.1232

氟[碳]相有机合成 fluorous phase organic synthesis 02.1231

氟橡胶 fluororubber, fluoroelastomer 05.0339

氟油　fluorocarbon oil　02.0231

浮选　floatation　03.0898

浮选分光光度法　flotation spectrophotometry　03.1230

符号检验法　sign test method　03.0227

符合　coincidence　06.0136

符合测量　coincidence measurement　06.0141

符合测量装置　coincidence measurement setup　06.0142

符合电路　coincidence circuit　06.0139

福尔哈德法　Volhard method　03.0418

辐射保藏　radiation preservation　06.0361

辐射防护　radiation protection　06.0391

辐射防护剂　radioprotectant　06.0443

辐射防护最优化　optimization of radiation protection　06.0393

辐[射分]解　radiolysis, radiation decomposition　06.0360

辐射俘获　radiative capture　06.0213

辐射俘获截面　radiative capture cross-section　06.0219

辐射改性　radiation modification　06.0362

辐射共聚合　radiation-induced copolymerization　06.0356

辐射固定化　radiation immobilization　06.0363

辐射固化　radiation curing　06.0364

辐射合成　radiation synthesis　06.0365

辐射化工　radiation chemical engineering　06.0329

辐射化学　radiation chemistry　06.0328

辐射化学产额　radiation chemistry yield　06.0345

辐射化学初级过程　primary process of radiation chemistry　06.0366

辐射化学次级过程　secondary process of radiation chemistry　06.0367

辐射剂量学　radiation dosimetry　06.0442

辐射加工　radiation processing　06.0330

辐射降解　radiation degradation　05.0640

辐射交联　radiation crosslinking　06.0368

辐射接枝　radiation grafting　06.0369

* 辐射接枝聚合　radiation graft polymerization　06.0369

辐射聚合　radiation polymerization　06.0370

辐射离子聚合　radiation ionic polymerization　05.0442

辐射裂解　radiation cleavage　06.0371

辐射硫化　radiation vulcanization　05.1035

* 辐射灭菌　radiation pasteurization　06.0382

辐射敏化　radiosensitization　06.0374

辐射敏化剂　radiation sensitizer　06.0375

辐射能量转移　radiative energy transfer　04.0994

辐射生物化学　radiation biochemistry　06.0331

辐射事故　radiation accident　06.0458

辐射束　radiation beam　06.0334

辐射衰变　radiation decay　04.0973

辐射损伤　radiation damage　06.0381

* 辐射稳定性　radiation stability　06.0353

辐射消毒　radiation sterilization　06.0382

辐射引发　radiation induction, radiation initiation　06.0376

辐射[引发]聚合　radiation [initiated] polymerization　05.0431

辐射引发自氧化　radiation-induced autoxidation　06.0379

辐射诱导接枝　radiation induced grafting　05.0656

辐射诱发突变　radiation induced mutation　06.0377

辐射源　radiation source　06.0336

辐射跃迁　radiative transition　03.0908

* 辐射增敏作用　radiosensitization　06.0374

* 辐射增强剂　radiation enhancer　06.0375

[辐射照射]实践的正当性　justification of practice　06.0392

辐射阻尼　radiation damping　03.2217

辐照后聚合　post-irradiation polymerization　06.0380

辐照装置　irradiation facility　06.0332

L-脯氨酸　proline　02.1340

辅酶 B$_{12}$　coenzyme B$_{12}$　01.0661

辅酶　coenzyme　02.1424

辅因子　cofactor　01.0662

辅助电极　auxiliary electrode　03.1589

腐蚀电流　corrosion current　04.0597

腐蚀电势　corrosion potential　04.0596

腐蚀速率　corrosion rate　04.0598

负触变性　negative thixotropy　04.1737

负峰　negative peak　03.1917

负极　negative electrode　04.0445

* 负离子　anion　01.0019

负离子电化学聚合　anionic electrochemical polymerization　05.0453

* 负离子电解聚合　anionic electrochemical polymeri-

zation 05.0453

负离子化学电离 negative ion chemical ionization, NICI 03.2463

负离子环化聚合 anionic cyclopolymerization 05.0452

负离子环加成 anionic cycloaddition 02.1088

负离子交换膜 anion exchange membrane 05.1088

负离子聚合 anionic polymerization 05.0449

负离子异构化聚合 anionic isomerization polymerization 05.0454

负离子引发剂 anionic initiator 05.0541

负离子质谱 negative ion mass spectrum 03.2357

负离子转移重排 anionotropic rearrangement 02.1174

负离子自由基引发剂 anion radical initiator 05.0543

* 负吸附 negative adsorption 01.0372

负相关 negative correlation 03.0250

负载型催化剂 supported catalyst 04.0667

负载型非晶态催化剂 supported amorphous catalyst 04.0691

负载型离子液体催化剂 supported ionic liquid catalyst 04.0692

* 负载有机相 loaded organic phase 06.0600

附生结晶 epitaxial crystallization 05.0861

附生结晶生长 epitaxial crystallization growth 05.0862

复分解 double decomposition, metathesis 01.0410

* 复分解反应 metathesis 02.1183

复合半导体光催化剂 composite semiconductor photocatalyst 04.0689

复合反应 composite reaction 03.0716

复合纺丝 conjugate spinning 05.1053

复合核 compound nucleus 06.0226

复合结构 composite structure 04.1900

复合离子 complex ion 03.2464

复合纤维 conjugate fiber 05.0373

复合氧化物 complex oxide 01.0138

复合氧化物催化剂 composite oxide catalyst 04.0678

复合引发体系 complex initiation system 05.0529

复晶胞 multiple cell 04.1781

复丝 multifilament 05.1057

* 复相关系数 total correlation coefficient 03.0254

* 复相系统 heterogeneous system 04.0022

复盐 double salt 01.0129

复制光栅 replica grating 03.0955

副反应 side reaction 01.0438

副反应系数 side reaction coefficient 03.0765

副族 subgroup 01.0059

傅里叶变换红外光谱 Fourier transform infrared spectrum 04.0816

傅里叶变换红外光谱仪 Fourier transform infrared spectrometer, FTIR 03.1395

傅里叶变换红外光声光谱 Fourier transform infrared photoacoustic spectrum 03.1440

傅里叶变换拉曼光谱仪 Fourier transform Raman spectrometer 03.1421

傅里叶变换离子回旋共振质谱法 Fourier transfer ion cyclotron resonance mass spectrometry, FTICR mass spectrometry 03.2358

傅里叶合成 Fourier synthesis 04.2036

富电子[体系] electron rich[system] 02.0984

富集 enrichment 03.0818

富集靶 enriched target 06.0223

富集铀 enriched uranium, EU 06.0566

富兰克-康顿因子 Franck-Condon factor 04.0956

富兰克-康顿原理 Franck-Condon principle 04.0955

富勒烯 fullerene 01.0181

富燃火焰 fuel-rich flame 03.1040

富烯 fulvene 02.0180

富氧空气-乙炔火焰 enriched oxygen-acetylene flame 03.1048

* 覆盖因子 coverage factor 03.0385

G

伽伐尼电势差 Galvani potential difference 04.0474

伽伐尼腐蚀 Galvanic corrosion 04.0584

改进单纯形法 modified simplex method 03.0294

改性剂 modifier 03.1878

改性载体 modified support 03.1857

钙泵 calcium pump 01.0626

钙长石 anorthite 01.0245

钙黄绿素 calcein 03.0602

钙离子选择电极 calcium ion-selective electrode 03.1610

钙镁指示剂 calmagite 03.0603

钙试剂 calcon 03.0605

* 钙羧酸指示剂　calconcarboxylic acid　03.0604
钙钛矿　perovskite　01.0297
钙调蛋白　calmodulin　01.0637
* 钙调素　calmodulin　01.0637
钙铁石　brownmillerite　01.0293
钙指示剂　calconcarboxylic acid　03.0604
盖尔曼试剂　Gilman reagent　02.1493
盖革-米勒计数器　Geiger-Müller counter　06.0113
概率　probability　03.0127
概率密度　probability density　03.0128
干电池　dry battery　04.0568
干法　dry method, dry way　03.0038
干法反应　dry reaction　01.0358
干法后处理　dry reprocessing　06.0595
干法灰化　dry ashing　03.0857
干法柱填充　dry column packing　03.2120
干纺　dry spinning　05.1039
干凝胶　xerogel　04.1703
干[喷]湿法纺丝　dry [jet] -wet spinning　05.1041
干扰成分　interference element　03.0866
干扰元素　interference element　03.1116
干涉滤光片　interference filter　03.1204
干燥剂　desiccant　03.0675
干燥器　desiccator　03.0674
甘氨酸　glycine　02.1335
甘汞　calomel　01.0227
甘汞电极　calomel electrode　03.1593
甘油醛　glyceraldehyde　02.1278
甘油酯　glyceride　02.1443
* 肝淀粉　liver starch　02.1291
坩埚　crucible　03.0680
苷元　genin, aglycon, aglycone　02.0542
酐　anhydride　01.0121
酐化　anhydridization　01.0420
感光聚合物　photopolymer　05.0109
感胶离子序　lyotropic series　04.1713
感生放射性　induced radioactivity　06.0298
橄榄石　olivine　01.0247
刚果红　Congo red　03.0594
刚-柔嵌段共聚物　rod-coil block copolymer　05.0045
刚性链　rigid chain　05.0684
刚性链聚合物　rigid chain polymer　05.0042
刚性转子　rigid rotator　04.1296
刚玉　corundum　01.0281

钢铁分析　iron and steel analysis　03.0453
杠杆规则　level rule　04.0154
高纯锗探测器　high-purity germanium detector　06.0116
高碘酸盐滴定法　periodate titration　03.0430
高放废物　high-level [radioactive] waste, high-level [nuclear] waste, HLW　06.0626
高分辨质谱　high resolution mass spectrum, HRMS　03.2542
高分辨质谱法　high resolution mass spectrometry　03.2359
高分子　macromolecule　05.0001
高分子半导体　semiconducting polymer　05.0116
高分子表面活性剂　polymer surfactant　05.1080
* 高分子电解质　polyelectrolyte　05.0137
高分子多孔小球　porous polymer beads, GDX　03.2038
* 高分子金属络合物　polymer-metal complex　05.0054
高分子晶粒　polymer crystallite　05.0832
高分子晶体　polymer crystal　05.0831
高分子膜　polymeric membrane　05.1082
高分子试剂　polymer reactant, polymer reagent　05.0134
高分子絮凝剂　polymeric flocculant　05.1081
高分子药物　polymer drug　05.0096
高分子[异质]同晶现象　macromolecular isomorphism　05.0834
高共轭　homoconjugation　02.0604
高核簇　higher nuclearity cluster　02.1504
高级丁铎尔谱　higher order Tyndall spectra, HOTS　04.1543
高价碳正离子　carbonium ion　02.0937
高阶谐波交流极谱法　higher harmonic alternating current polarography　03.1469
高抗冲聚苯乙烯　high impact polystyrene, HIPS　05.0233
高锰酸钾滴定法　permanganometric titration　03.0423
高密度聚乙烯　high density polyethylene, HDPE　05.0213
高能表面　high energy surface　04.1677
高能辐射　high energy radiation　06.0333
高能级联反应　high energy cascade reaction　06.0286
高能离子散射谱法　high energy ion scattering spectroscopy　03.2667

高能碰撞　high energy collision　03.2465

高能原子　energetic atom　06.0091

高浓缩铀　high enriched uranium, HEU　06.0568

高频滴定法　high frequency titration　03.0413

高频电导滴定法　high frequency conductometric titration　03.1501

高频[电]火花光源　high frequency spark source　03.0943

高强度空心阴极灯　high-intensity hollow cathode lamp　03.1027

* 高斯分布　Gaussian distribution　03.0130

高斯峰　Gaussian peak　03.1910

高斯链　Gaussian chain　05.0689

高斯谱带形状　Gaussian band shape　04.1076

高斯误差函数　Gaussian error function　03.0168

高斯线型　Gaussian lineshape　03.2180

* 高弹态　elastomeric state　05.0895

高弹形变　high elastic deformation　05.0897

高铁血红素　ferriheme　01.0614

高温反射光谱法　high temperature reflectance spectrometry, HTRS　03.1358

高温灰化法　high temperature ashing method　03.0859

高烯丙醇　homoallylic alcohol　02.0032

* 高效毛细管电泳　high performance capillary electrophoresis, HPCE　03.1739

高效液相色谱法　high performance liquid chromatography, HPLC　03.1772

高性能空心阴极灯　high performance hollow cathode lamp　03.1028

高压电泳　high voltage electrophoresis　03.1823

高压纺丝　high-pressure spinning　05.1052

高压光谱法　high pressure spectrometry　03.1359

高压辉光放电离子源　high voltage glow-discharge ion source　03.2466

高压输液泵　high pressure pump　03.1997

高压梯度　high-pressure gradient　03.2143

* 高压液相色谱法　high performance liquid chromatography, HPLC　03.1772

高自旋配合物　high spin coordination compound　01.0500

高自旋态　high spin state　01.0566

* 锆氢化　hydrozirconation　02.1501

戈雷方程　Golay equation　03.1946

戈瑞　gray, Gy　06.0412

格兰函数　Gran function　03.0773

格兰图　Gran plot　03.0774

* 格劳伯　Glauber　01.0300

格雷姆盐　Graham salt　01.0215

格里斯试验　Griess test　03.0474

格林函数　Green function　04.1315

格鲁布斯检验法　Grubbs test method　03.0229

格鲁西斯-特拉帕定律　Grothus-Draper law　04.0948

格面　lattice plane　04.1776

* [格]面间距　interplanar spacing　04.1787

格矢　lattice vector　04.1775

格氏试剂　Grignard reagent　02.1457

隔离剂　separant　05.1133

隔离系统　isolated system　04.0025

隔膜泵　diaphragm pump　03.2007

镉试剂　cadion　03.0503

个人剂量限值　personal dose limit　06.0396

个体　individual　03.0119

各态历经假说　ergodic hypothesis　04.1416

各向同性温度因子　isotropic temperature factor　04.2024

* 各向异性度　anisotropy　04.1070

各向异性温度因子　anisotropic temperature factor　04.2025

* 铬黑 B　eriochrome blue black B　03.0607

铬黑 T　eriochrome black T　03.0606

铬花青 R　eriochrome cyanine R　03.0497

铬黄　chrome yellow　01.0237

铬蓝黑 B　eriochrome blue black B　03.0607

* 铬蓝黑 R　calcon　03.0605

* 铬天蓝 S　chrome azurol S　03.0504

铬天青 S　chrome azurol S　03.0504

铬铁矿　chromite　01.0311

铬紫 B　eriochrome violet B　03.0608

给电子基团　electron-donating group　02.0989

给硫剂　sulfur donor agent　05.1093

* 给硫体　sulfur donor agent　05.1093

给体　donor　01.0184, 02.1418

* π给体　π-donor　01.0568

给质子溶剂　protogenic solvent　03.0654

根　-ate, -ide, -ite　01.0134

工程塑料　engineering plastic　05.0301

* 工业 CT　industrial CT　06.0548

工业计算机断层成像　industrial computed tomography

06.0548

工业色谱法　industrial chromatography　03.1755

工业色谱仪　industrial chromatograph　03.1974

工作电极　working electrode　03.1586

公度结构　commensurate structure　04.1897

公众照射　public exposure　06.0447

功　work　04.0045

功率补偿式差热扫描量热法　power compensation differential scanning calorimetry　03.2699

功能磁共振成像　functional magnetic resonance imaging　03.2321

功能高分子　functional macromolecule　05.0082

*功能陶瓷　functional ceramics　01.0702

功能涂料　functional coating　05.0383

功能纤维　functional fiber　05.0372

功能显像　functional imaging　06.0726

σ供电子配体　σ-donor ligand　02.1478

汞池电极　mercury pool electrode　03.1607

*汞合金　amalgam　01.0229

汞化　mercuration　02.1151

汞量法　mercurimetry　03.0421

汞膜电极　mercury film electrode　03.1606

汞齐　amalgam　01.0229

汞齐化　amalgamation　01.0394

共沉淀　coprecipitation　01.0392

共沉淀[法]　co-precipitation [method]　04.0707

共轭　conjugation　02.0601

共轭单体　conjugated monomer　05.0396

共轭分子　conjugation molecule　02.0602

共轭加成　conjugate addition　02.1063

共轭碱　conjugate base　02.0909

共轭碱机理　conjugate base mechanism　01.0590

共轭聚合物　conjugated polymer　05.0089

共轭溶液　conjugate solution　04.0155

共轭酸　conjugate acid　02.0908

共轭酸碱对　conjugate acid-base pair　01.0106

共轭体系　conjugated system　02.0603

共轭相　conjugate phase　04.0156

共纺　cospinning　05.1048

共辐射接枝　direct, simultaneous, mutual radiation grafting　06.0373

共混　blending　05.0977

共混纺丝　blend spinning　05.1047

共挤出　coextrusion　05.0998

共挤出吹塑　coextrusion blow molding　05.1008

共价半径　covalent radius　04.1910

共价键　covalent bond　04.1227

共价晶体　covalent crystal　01.0693

共价配[位]键　covalent coordination bond　01.0555

共结晶　cocrystallization　04.1848

共聚单体　comonomer　05.0402

共聚合[反应]　copolymerization　05.0599

共聚合方程　copolymerization equation　05.0612

共聚甲醛　copolyoxymethylene　05.0260

共聚焦显微拉曼光谱法　confocal microprobe Raman spectrometry　03.1417

共聚醚　copolyether　05.0277

共聚物　copolymer　05.0015

*共聚物组成方程　copolymerization equation　05.0612

共聚酯　copolyester　05.0262

共去污　codecontamination　06.0615

共缩合　cocondensation　01.0351

共缩聚　copolycondensation　05.0613

共同色谱分析　cochromatography　03.1767

共吸附　coadsorption　04.1593

共线碰撞　collinear collision　04.0319

共引发剂　coinitiator　05.0542

*共振变宽　Holtsmark broadening　03.1016

共振光散射　resonance light scattering　03.1410

共振截面　resonance cross section　06.0215

共振拉曼光谱法　resonance Raman spectrometry　03.1411

共振论　resonance theory　02.0610

共振能　resonance energy　04.1280

共振瑞利散射　resonance Rayleigh scattering　03.1424

共振稳定化　resonance stabilization　03.2360

共振线　resonance line　03.0932

共振效应　resonance effect　02.0611

共振荧光技术　resonance fluorescence technique　04.1062

共振原子荧光　resonance atomic fluorescence　03.1119

共振增强多光子电离　resonance enhanced multiphoton ionization, REMPI　04.0363

共振增强拉曼光谱法　resonance enhanced Raman spectrometry　03.1413

共注塑　coinjection molding　05.0985

沟道效应　channeling effect　06.0515

构象　conformation　02.0658

构象重复单元　conformational repeating unit　05.0820

构象分析　conformational analysis　02.0742

构象搜索　conformational search　04.1470

构象无序　conformational disorder　05.0825

构象效应　conformational effect　02.0743

构象异构体　conformer　02.0659

构型　configuration　02.0655

构型保持　retention of configuration　02.0787

构型单元　configurational unit　05.0661

构型翻转　inversion of configuration　02.0794

构型熵　configuration entropy　04.1430

构型无序　configurational disorder　05.0823

构造　constitution　02.0652

构造异构体　constitutional isomer　02.0653

估计量　estimator　03.0141

* 估计值　estimator　03.0141

咕啉　corrin　02.0275

孤对电子　lone-pair electron　04.1278

孤子　soliton　04.0982

* 古蔡试砷法　Gutzeit test　03.0473

古蔡试验　Gutzeit test　03.0473

古氏坩埚　Gooch crucible　03.0681

古依-查普曼层　Gouy-Chapman layer　04.0490

L-谷氨酸　glutamic acid　02.1347

L-谷氨酰胺　glutamine　02.1334

谷胱甘肽　glutathione, GSH　02.1394

谷胱甘肽过氧化物酶　glutathione peroxidase
    01.0664

股　strand　05.1073

骨架催化剂　skeletal catalyst　04.0665

骨架电子理论　skeletal electron theory　02.1533

骨架异构化　skeletal isomerization　04.0860

骨胶原　collagen　05.0150

钴胺素　cobalamine　01.0655

钴-60 辐射源　Co-60 radiation source　06.0337

* 钴试剂　1-nitroso-2-naphthol　03.0547

固氮酶　nitrogenase　01.0666

固氮[作用]　nitrogen fixation　01.0402

固定床反应器　fixed-bed reactor　04.0885

固定化催化剂　immobilized catalyst　04.0696

固定化 pH 梯度　immobilized pH gradient　03.2550

固定流化床反应器　fixed fluidized-bed reactor

04.0884

固定相　stationary phase　03.1845

固定液　stationary liquid　03.1848

固定液的相对极性　relative polarity of stationary liquid
    03.1850

固定液极性　stationary liquid polarity　03.1849

固定因素　fixed factor　03.0242

固化　curing　05.1019

固化剂　curing agent　05.1090

固溶体　solid solution　01.0691

固态电化学　solid state electrochemistry　04.0416

固态离子学　solid state ionics　04.0418

固体表面化学发光　solid surface chemiluminescence
    03.1269

固体电解质　solid electrolyte　01.0699

固体放射性废物　solid radwaste　06.0633

固体核径迹探测器　solid state nuclear track detector,
    SSNTD　06.0127

固体基质室温磷光法　solid-substrate room temperature
    phosphorimetry, SSRTP　03.1332

固体激光器　solid state laser　04.1081

固体碱催化剂　solid basic catalyst　04.0656

固体能带理论　solid energy band theory　04.1263

固体酸　solid acid　01.0705

固体酸催化剂　solid acid catalyst　04.0655

固体氧化物燃料电池　solid oxide fuel cell, SOFC
    04.0556

固体荧光分析　solid fluorescence analysis　03.1296

固相萃取　solid phase extraction, SPE　03.0889

固相反应　solid state reaction　01.0804

固相分光光度法　solid phase spectrophotometry
    03.1233

固相挤出　solid phase extrusion　05.1002

固相聚合　solid phase polymerization　05.0495

固相缩聚　solid phase polycondensation　05.0517

固相肽合成法　solid phase peptide synthesis　02.1399

固相微萃取　solid phase micro-extraction　03.0890

固相有机合成　solid phase organic synthesis　02.1244

固-液萃取　solid-liquid extraction　03.0891

固有溶解度　intrinsic solubility　03.0769

瓜氨酸　citrulline　02.1354

寡核苷酸　oligonucleotide　02.1295

寡肽　oligopeptide　02.1376

寡糖　oligosaccharide　02.1262

拐点　inflection point　03.0847

* 关环[烯烃]互换反应　ring closure metathesis, RCM　02.1185

观测值　observed value　03.0142

官能单体　functional monomer　05.0399

官能度　functionality　05.0386

官能团　functional group　02.0582

官能团频率区　functional group frequency region　03.1375

冠硫醚　thiacrown　03.0640

冠醚　crown ether　03.0639

冠醚固定相　crown ether stationary phase　03.2026

冠状构象　crown conformation　02.0762

蔻　coronene　02.0173

管壁效应　wall effect　03.1953

管壁原子化　tube-wall atomization　03.1063

管式炉裂解器　tube furnace pyrolyzer　03.2090

贯流色谱法　perfusion chromatography　03.1843

* 灌注色谱法　perfusion chromatography　03.1843

灌注显像　perfusion imaging　06.0727

光成像体系　photoimaging system　04.1047

光程　light path　03.1210

[光]程差　[optical] path difference　04.1983

光重排反应　photorearrangement　04.1034

光臭氧化[作用]　photoozonization　04.0933

光催化　photocatalysis　04.0645

光催化反应器　photocatalytic reactor　04.0892

光催化还原　photocatalytic reduction　04.0873

光催化剂　photocatalyst　04.0687

光催化降解　photocatalytic degradation　04.0871

光催化氧化　photocatalytic oxidation　04.0872

光导纤维　photoconductive fiber　05.0375

光电倍增管　photomultiplier　03.0970

光电比色计　photoelectric colorimeter　03.1200

光电池　photocell　03.1211

光电催化　photoelectrocatalysis　04.0650

光电催化反应器　photoelectrocatalytic reactor　04.0894

光电催化剂　photoelectrocatalyst　04.0690

光电导体　photoconductor　01.0701

光电导性　photoconductivity　01.0782

光电发射　photoemission　03.2605

光电分光光度计　photoelectric spectrophotometer　03.1253

光电化学　photoelectrochemistry, PEC　04.1118

光电化学电池　photoelectrochemical cell　04.0573

光电化学蚀刻　photoelectrochemical etching　04.0606

光电解池　photoelectrolytic cell　04.0575

光电离　photo-ionization, PI　03.2467

光电离过程　photoionization process　03.2604

光电效应　photoelectric effect　01.0781

光电直读光谱计　photoelectric direct reading spectrometer　03.0979

光动力疗法　photodynamic therapy　04.1033

光动力效应　photodynamic effect　04.1032

光度滴定法　photometric titration　03.0414

光度计　photometer　03.0969

光-弗莱斯重排　photo-Fries rearrangement　04.1036

光伏电池　photovoltaic cell　04.0574

光伽伐尼电池　photogalvanic cell　04.1119

光固化　photo-curing　05.1020

光合作用　photosynthesis　01.0606

光合作用色素　photosynthetic pigment　04.1133

光化学　photochemistry　04.0929

光化学重排　photochemical rearrangement　02.1179

光化学的芳香取代　photochemical aromatic substitution　04.1021

* 光化学第二定律　Stark-Einstein law　04.0949

* 光化学第一定律　Grothus-Draper law　04.0948

光化学反应　photochemical reaction　01.0383

光化学合成　photochemical synthesis　02.1194

光化学烟雾　photochemical smog　04.1014

光还原[作用]　photoreduction　04.1029

光环合加成[反应]　photocycloaddition　04.1020

光环化　photocyclization　04.1019

光活化　photoactivation　04.0283

光活性聚合物　optical active polymer　05.0106

光激发[作用]　photo-excitation　04.0952

光降解　photodegradation　05.0647

光交联　photo crosslinking　05.0626

光解　photodecomposition　01.0384

光解离　photodissociation　04.1023

光聚合反应　photopolymerization　04.1038

光-克莱森重排　photo-Claisen rearrangement　04.1035

* 光刻胶　photoresist　05.1124

光老化　photoaging　05.0960

光离子化　photo-ionization　04.1026

光离子化检测器　photo-ionization detector, PID

03.2074

光量计 quantometer 03.0980

光卤化 photohalogenation 01.0385

光率体 indicatrix 04.1950

光敏化[作用] photosensitization 04.1131

光敏剂 photosensitizer 04.1129

光敏聚合 photo-sensitized polymerization 05.0428

光敏聚合物 photosensitive polymer 05.0107

光敏染料 photosensitizing dye 04.1132

光敏引发剂 photoinitiator 05.0532

光漂白 photobleaching 04.1018

光屏蔽剂 light screener 05.1121

光谱半定量分析 semi-quantitative spectral analysis 03.0920

光谱比长仪 spectral comparator 03.0983

光谱成像技术 spectral imaging technique 03.1371

光谱纯 spectroscopic pure, specpure 03.0999

光谱重叠 spectral overlap 03.1112

光谱电化学法 spectroelectrochemistry 03.1529

光谱定性分析 qualitative spectral analysis 03.0918

光谱分析 spectral analysis, spectroanalysis 03.0903

光谱干扰 spectral interference 03.1111

光谱感光板 spectral photographic plate 03.0990

光谱红移 bathochromic shift 04.1054

光谱化学序列 spectrochemical series 01.0575

光谱缓冲剂 spectral buffer 03.0997

光谱蓝移 hypsochromic shift 04.1055

* 光谱熵 spectroscopic entropy 04.0089

光谱烧孔 spectral hole-burning 04.0944

* 光谱投影仪 spectrum projector 03.0982

光谱响应性 spectral responsivity 04.1117

光谱项 spectroscopic term 04.1475

光谱仪 spectrometer 03.0975

光谱载体 spectroscopic carrier 03.0996

光谱增感剂 spectral sensitizer 04.1130

光气 phosgene 01.0207

光强测定术 actinometry 04.1041

光强测定仪 actinometer 04.1042

光热成像术 photothermography 04.1050

光热效应 photothermal effect 04.1049

光散射 light scattering 03.1398

光散射检测器 light scattering detector 03.2072

光栅光谱仪 grating spectrograph 03.0976

光栅红外分光光度计 grating infrared spectrophotom-

eter 03.1394

光栅效率 grating efficiency 03.0963

光生物学 photobiology 04.0934

光声光谱 optoacoustic spectroscopy 04.1112

光声光谱法 photoacoustic spectrometry, PAS 03.1433

光声光谱仪 photoacoustic spectrometer 03.1437

光声检测 photoacoustic detection 04.1111

光声可调滤光器 acousto-optical tunable filter, AOTF 03.1436

光声拉曼光谱 photoacoustic Raman spectrum 03.1438

光声效应 acoustooptic effect 03.1435，photoacoustic effect 04.1110

光顺-反异构化 photo *cis-trans* isomerization 04.1016

光碎片化 photofragmentation 04.1025

光弹性聚合物 photoelastic polymer 05.0108

光透薄层电化学池 optically transparent thin-layer electrochemical cell 03.1581

光透薄层电极 optically transparent thin-layer electrode, OTTLE 04.0456

光透玻璃碳电极 optically transparent vitreous carbon electrode 03.1626

光脱羰基[反应] photodecarbonylation 04.1022

光稳定剂 light stabilizer, photostabilizer 05.1120

光稳态 photostationary state 04.0958

光物理过程 photophysical process 04.0969

光吸收 photo-absorption 04.0936

光烯醇化 photoenolization 04.1017

光响应聚合物 photoresponsive polymer 05.0105

光消去[反应] photoelimination 04.1024

光性符号 optical sign 04.1956

光学参量振荡器 optical parametric oscillator, OPO 04.1089

[光学]参数化过程 [optical] parametric process 04.1135

* 光学产率 optical yield 02.0802

* 光学纯度 optical purity 02.0803

光学多道分析器 optical multichannel analyzer, OMA 04.1116

光学混频 light mixing 03.1376

* 光学活性 optical activity 02.0661

光学探测磁共振技术 optically detected magnetic resonance, ODMR 04.1107

* 光学异构 optical isomerism 01.0544

* 光学异构体 optical isomer 02.0660

光氧化降解　photooxidative degradation　05.0648

光氧化[作用]　photooxidation　04.1028

光氧[气]化反应　photooxygenation　04.1030

光异构化　photoisomerization　04.1015

光引发聚合　photo-initiated polymerization　05.0427

光引发-转移-终止剂　photoiniferter　05.0538

* 光诱导电离　photo-ionization, PI　03.2467

光诱导电子能量转移　photo induced electronic energy transfer　04.0993

光诱导聚合　photoinduced polymerization　04.1037

光诱导质子转移　photoinduced proton transfer　04.1027

光泽精　lucigenin　03.0646

光折变效应　photorefractive effect　04.1048

光致变色　photochromism　03.1280

[光致变色系统的]疲劳　fatigue [of a photochromic system]　04.1139

光致导电聚合物　photoconductive polymer　05.0115

光致发光　photoluminescence　03.1267

光致发光聚合物　photoluminescent polymer　05.0110

光[致]聚合　photo induced polymerization　05.0426

光致抗蚀剂　photoresist　05.1124

光[致]氧化还原反应　photoredox reaction　01.0386

光轴角　optical angle　04.1955

光子辐照度　photon irradiance　04.1045

光子活化分析　photon activation analysis, PAA　06.0499

光子晶体　photonic crystal　04.1938

光子流量率　photon fluence rate　04.1046

光子流通量　photon fluence　04.1043

光子通量　photon flux　04.1044

光子相关光谱法　photon correlation spectroscopy　04.1541

胱氨酸　cystine　02.1333

广度性质　extensive property　04.0015

广度一致性　size consistency　04.1158

广义标准加入法　generalized standard addition method　03.0336

广域缓冲剂　universal buffer　03.0745

归一化法　normalization method　03.2106

归一化强度　normalized intensity　03.2361

归中反应　comproportionation reaction　01.0344

规定熵　conventional entropy　04.0090

规整聚合物　regular polymer　05.0018

规整嵌段　regular block　05.0668

硅胺　silyl amide　02.0225

硅表面活性剂　silicon surfactant　04.1622

硅硅炔　disilyne　02.0222

硅硅烯　disilene　02.0221

硅化作用　silication　01.0445

硅胶　silica gel　03.2020

硅-锂探测器　Si -Li detector　06.0118

硅面垒探测器　silicon surface barrier detector　06.0119

硅氢化　hydrosiliconization, hydrosilation　02.1070

硅氢化作用　hydrosilication　01.0444

硅石　silica　01.0241

硅酸盐聚合物　silicate polymer, polysilicate　05.0147

硅碳炔　silyne　02.0220

硅碳烯　silene　02.0219

硅烷　silicane, silane　01.0157

硅烷[基]化　silylation　02.1025

硅烷偶联剂　silane coupling agent　05.1100

硅烯　silylene　02.0980

硅橡胶　silicone rubber　05.0341

硅亚胺　silyl imine　02.0226

硅氧烷　siloxane　01.0158

硅氧烯指示剂　siloxene indicator　03.0563

硅杂苯　silabenzene　02.0308

硅藻土　kieselguhr　01.0252

硅正离子　silylium ion　02.0956

硅自由基　silyl radical　02.0955

轨道重叠布居数　orbital overlap population　04.1380

轨道磁矩　orbital magnetic moment　01.0564

[轨道]电子俘获　[orbital] electron capture, EC　06.0022

轨道对称性守恒　conservation of orbital symmetry　04.1253

轨道角动量　orbital angular momentum　04.1199

轨道量子数　orbital quantum number　04.1200

轨道指数　orbital exponent　04.1254

* 鬼峰　ghost peak　03.1916

贵金属　noble metal, precious metal　01.0095

滚塑　rotational molding　05.1013

果糖　fructose　02.1286

过饱和度　super-saturability　03.0815

过饱和溶解液　supersaturated solution　03.0816

过饱和溶液　super-saturated solution　01.0038

过程　process　04.0031

p 过程　p-process　06.0766

r 过程　r-process　06.0767

s 过程　s-process　06.0768

过程分析　process analysis　03.0015

过程气相色谱仪　process gas chromatograph　03.1979

过程色谱法　process chromatography　03.1754

过程色谱仪　process chromatograph　03.1975

过电势　overpotential　04.0522

过渡后元素　post-transition element　01.0083

过渡金属催化剂　transition metal catalyst　05.0546

过渡态　transition state　04.0310

过渡态理论　transition state theory, TST　04.0311

过渡物种　transition species　02.0930

过渡区物种　transition region species　04.1335

过渡应答实验　transient-response experiment　04.0814

过渡元素　transition element　01.0073

过炼　dead milling　05.0976

过硫　over cure　05.1024

过硫酸盐引发剂　persulphate initiator　05.0528

过滤　filtration　03.0807

过失误差　gross error　03.0162

过酸　peracid　02.0099

* 过酸酯　perester　02.0101

过氧化　peroxidization　01.0366

过氧化氢合物　perhydrate　01.0154

过氧化氢酶　catalase　01.0671

* 过氧化酮　dioxirane　02.0247

过氧化物　peroxide　01.0140

过氧化物交联　peroxide crosslinking　05.0629

过氧化物酶　peroxidase　01.0672

过氧键　peroxy bond　01.0205

η^2-过氧配合物　η^2-peroxocomplex　02.1529

过氧桥　peroxo bridge　01.0200

过氧酸　peroxy acid　02.0100

过氧酸酯　perester　02.0101

H

哈金斯方程　Huggins equation　05.0770

哈金斯系数　Huggins coefficient　05.0771

哈马克常数　Hamaker constant　04.1701

哈米特关系　Hammett relation　04.0345

哈米特酸度函数　Hammett acidity function　03.0738

哈密顿[算符]　Hamiltonian　03.2175

哈密顿算符　Hamiltonian operator　04.1308

哈特莱检验法　Hartley test method　03.0231

哈特里-福克方程　Hartree-Fock equation　04.1361

哈特里-福克方法　Hartree-Fock method　04.1358

哈特里-福克轨道的酉变换不变性　invariance of unitary transformation of Hartree-Fock orbital　04.1369

哈特里-福克极限　Hartree-Fock limit　04.1360

哈特里-福克-罗特汉方程　Hartree-Fock-Roothaan equation　04.1365

哈特曼光阑　Hartmann diaphragm　03.0954

海波　hypo　01.0212

海松烷[类]　pimarane　02.0496

海兔烷[类]　dolabellane　02.0493

* 海因　hydantoin　02.0295

亥姆霍兹层　Helmholtz layer　04.0488

* 亥姆霍兹函数　Helmholtz function　04.0087

亥姆霍兹自由能　Helmholtz free energy　04.0087

氦离子化检测器　helium ionization detector　03.2059

氦燃烧　helium burning　06.0770

氦射流传输　He-jet transportation　06.0257

氦质谱探漏仪　helium leak detection mass spectrometer　03.2570

含氚废物　tritiated waste　06.0619

含氚化合物　tritiated compound　06.0699

含湿量　moisture content　03.0084

含时密度泛函理论　time-dependent density functional theory, TD-DFT　04.1409

含氧酸　oxo acid, oxyacid　01.0120

焓　enthalpy　04.0052

焓函数　enthalpy function　04.0100

耗散结构　dissipative structure　04.0223

合成　synthesis　02.1206

合成标准不确定度　combined standard uncertainty　03.0383

合成酶　synthetase　02.1430

合成气　synthesis gas, syngas　04.0876

合成砌块　building block　02.1229

合成纤维　synthetic fiber　05.0352

合成橡胶　synthetic rubber　05.0319

合成岩石　synroc　06.0642

合成元　synthon　02.1222

* 合成子　synthon　02.1222

合金催化剂　alloy catalyst　04.0675

合理丢失　logical losses　03.2362

* 合理中性[碎片]丢失　logical neutral losses　03.2362

何帕烷[类]　hopane　02.0522

河鲀毒素　tetrodotoxin　02.0570

核保障　nuclear safeguard　06.0542

核保障监督技术　nuclear safeguards technique
　　06.0550

核测井　nuclear logging　06.0750

核纯度　nuclear purity　06.0060

核磁共振　nuclear magnetic resonance, NMR　03.2168

核磁共振波谱法　nuclear magnetic resonance spec-
　　troscopy, NMR spectroscopy　03.2169

核磁共振波谱仪　nuclear magnetic resonance spec-
　　trometer　03.2193

核磁共振成像　nuclear magnetic resonance imaging,
　　NMRI　03.2320

核磁共振晶体学　nuclear magnetic resonance crystallog-
　　raphy, NMR crystallography　04.1972

核磁共振谱　nuclear magnetic resonance spectrum,
　　NMR spectrum　04.0826

核磁矩　nuclear magnetic moment　03.2173

* 核的旋进　precession　03.2183

核电池　nuclear battery　06.0751

核电荷　nuclear charge　01.0051

核电四极耦合张量　nuclear electric quadrupole cou-
　　pling tensor　03.2329

核反应　nuclear reaction　06.0196

[核反应的]Q 值　Q value [of a nuclear reaction]
　　06.0206

核反应堆　nuclear reactor　06.0166

核反应分析　nuclear reaction analysis　06.0482

* 核辐射式检测仪表　nuclear radiation gauge
　　06.0774

核苷　nucleoside　02.1301

核苷抗生素　nucleoside antibiotic　02.0564

核苷酸　nucleotide　02.1292

核化工　nuclear chemical engineering　06.0082

核化学　nuclear chemistry　06.0195

核结合能　nuclear binding energy　06.0066

[核]裂变　[nuclear] fission　06.0146

核欧沃豪斯效应　nuclear Overhauser effect, NOE
　　03.2268

核配分函数　nuclear partition function　04.0239

核燃料　nuclear fuel　06.0556

核燃料循环　nuclear fuel cycle　06.0557

[核]嬗变　[nuclear] transmutation　06.0658

核事故　nuclear accident　06.0457

核衰变　nuclear decay　06.0017

核四极共振　nuclear quadrupole resonance, NQR
　　03.2295

核四极矩　nuclear quadrupole moment　03.2174

核素　nuclide　01.0052

核素图　chart of [the] nuclides, nuclide chart　06.0013

核酸　nucleic acid　02.1300

核酸酶　nuclease　01.0684

核糖　ribose　02.1281

核糖核酸　ribonucleic acid, RNA　02.1298

核糖核酸酶　ribonuclease　01.0685

[核]同质异能素　nuclear isomer　06.0004

核微探针　nuclear microprobe　06.0516

核药物　nuclear pharmaceuticals　06.0704

核药[物]学　nuclear pharmacy　06.0775

核医学　nuclear medicine　06.0705

核宇宙化学　nuclear cosmochemistry　06.0765

核自旋[角动量]　nuclear spin [angular momentum]
　　04.1184

荷电酸　charged acid　03.0699

荷电效应　charge effect　03.2626

* 荷尔蒙　hormone　02.1405

* 荷移　charge-transfer　01.0755

褐铁矿　limonite　01.0307

赫尔曼-费曼定理　Hellmann-Feyman theorem　04.1320

赫曼-摩干记号　Hermann-Mauguin symbol, interna-
　　tional symbol　04.1840

赫斯定律　Hess law　04.0126

* 黑度计　microphotometer, microdensitometer
　　03.0984

黑膜　black film　04.1663

* 黑塞矩阵　Hessian matrix　04.1295

黑色金属　ferrous metal　01.0096

黑钨矿　wolframite　01.0310

痕量分析　trace analysis　03.0035

痕量级　trace level　06.0081

亨利定律　Henry law　04.0180

* 恒比共聚合　azeotropic copolymerization　05.0608

恒电荷密度假设　hypothesis of unchanged charge den-
　　sity　06.0189

恒电流电解法　constant current electrolysis　03.1504

恒电流法　galvanostatic method　03.1512

恒电流库仑法　constant current coulometry, coulometric titration　03.1507

恒电流仪　galvanostat　04.0613

恒电势法　potentiostatic method　04.0608

恒电位仪　potentiostat　03.1554

恒沸点　azeotropic point　04.0148

恒沸[混合]物　azeotrope　04.0147

恒流泵　constant flow pump　03.2001

恒流量洗脱　isorheic elution　03.2142

* 恒溶剂洗脱　isocratic elution　03.2141

恒湿器　hygrostat　03.0676

* 恒温原子化　constant temperature atomization　03.1061

恒压泵　constant pressure pump　03.2000

恒重　constant weight　03.0081

恒[组]分共聚合　azeotropic copolymerization　05.0608

恒[组]分共聚物　azeotropic copolymer　05.0048

* 横键　equatorial bond　02.0783

横向弛豫　transverse relaxation　03.2186

横向加热原子化器　transversely heated atomizer　03.1070

烘箱　oven, drying oven　03.0105

红宝石　ruby　01.0282

* 红丹　red lead　01.0235

红铅　red lead　01.0235

红外标准谱图　infrared standard spectrum　03.1382

红外波数校准　infrared wave number calibration　03.1373

红外多光子解离　infrared multiphoton dissociation　04.1091

红外多光子吸收光谱　infrared multiphoton absorption spectrum　04.1092

红外发射光谱　infrared emission spectrum　03.1343

红外反射-吸收光谱法　infrared reflection-absorption spectrometry　03.1362

红外分光光度法　infrared spectrophotometry　03.1361

红外分光光度计　infrared spectrophotometer　03.1390

红外光分束器　infrared beam splitter　03.1385

红外光化学　infrared photochemistry　04.0930

红外光谱　infrared spectrum　03.1341

红外光谱电化学法　infrared spectroelectrochemistry　03.1532

红外光谱法　infrared spectrometry　03.1353

红外光束聚光器　infrared beam condenser　03.1384

红外光源　infrared source　03.1383

红外活性分子　infrared active molecule　03.1351

红外激光光谱法　infrared laser spectrometry　03.1372

红外检测器　infrared detector　03.1387

红外偏振光谱　infrared polarization spectrum　03.1346

红外偏振器　infrared polarizer　03.1386

红外气体分析器　infrared gas analyzer　03.1397

红外热成像法　infrared thermography　03.1370

红外溶剂　infrared solvent　03.1389

红外吸收池　infrared absorption cell　03.1388

红外吸收分析[法]　infrared absorption analysis　03.1369

红外吸收光谱　infrared absorption spectrum　03.1342

红外吸收强度　infrared absorption intensity　03.1352

红外显微[技]术　infrared microscopy　03.1368

红外总吸光度重建色谱图　total infrared absorbance reconstruction chromatogram　03.1897

红移　red shift　03.1246

红移效应　bathochromic effect　02.0838

* 宏观反应动力学　macrokinetics　04.0910

* 洪德规则　Hund rule　04.0951

虹吸进样　siphon injection　03.2117

后沉淀　postprecipitation　03.0814

后端　back end　06.0560

后过渡金属催化剂　late transition metal catalyst　05.0548

* 后继反应　sequential reaction　04.1040

后聚合　post polymerization　05.0409

后硫化　post cure, post vulcanization　05.1022

后[期]过渡金属　late transition metal　02.1484

后势垒　late barrier　04.0392

后退接触角　receding contact angle　04.1672

后向散射　backward scattering　04.0379

后张力　B strain, back strain　02.0649

厚靶　thick target　06.0204

忽略双原子微分重叠方法　neglect of diatomic differential overlap method, NDDO method　04.1376

胡萝卜素[类]　carotene　02.0528

葫芦脲　cucurbituril　02.0852

糊精　dextrin, amylin　02.1267

* 虎红　rose bengal　03.0597

互变异构化　tautomerization　02.0632

互变异构[现象]　tautomerism　02.0631

互沉现象　mutual coagulation　04.1730

互穿聚合物网络　interpenetrating polymer networks, IPN　05.0078

互换机理　interchange mechanism　01.0589

互扩散　mutual diffusion　01.0800

互卤化物　interhalogen compound　01.0167

花菜状聚合物　cauliflower polymer　05.0068

花青素　anthocyanidin　02.0433

* 花色素　anthocyanidin　02.0433

滑石　talc　01.0272

滑移反射　glide reflection　04.1816

滑移夹心结构　slipped sandwich structure　02.1534

滑移面　glide plane　04.1823

* d 滑移面　diamond glide plane　04.1826

* e 滑移面　double glide plane　04.1827

* n 滑移面　diagonal glide plane　04.1825

化合　chemical combination　01.0330

化合价　valence　01.0190

化合物　compound　01.0062

* 化学变化　chemical reaction　01.0331

化学波　chemical wave　04.0213

化学纯　chemically pure, C.P.　03.0041

化学电离　chemical ionization, CI　03.2468

化学动力学　chemical kinetics　04.0249

* 化学动态学　chemical dynamics　04.0251

化学镀　chemical plating　01.0335

化学发光　chemiluminescence　03.1259

化学发光标记　chemiluminescence label　03.1275

化学发光成像分析法　chemiluminescence imaging analysis　03.1279

化学发光分析　chemiluminescence analysis　03.1273

化学发光剂　chemiluminescence reagent　03.0494

化学发光检测器　chemiluminescence detector, CLD　03.2069

化学发光量子产率　chemiluminescence quantum yield　03.1271

化学发光酶联免疫分析法　chemiluminescence enzyme-linked immunoassay　03.1277

化学发光免疫分析法　chemiluminescence immunoassay　03.1274

* 化学发光效率　chemiluminescence efficiency　03.1271

化学发光指示剂　chemiluminescent indicator　03.0561

化学发泡　chemical foaming　05.1005

化学发泡剂　chemical foaming agent　05.1127

化学反应　chemical reaction　01.0331

化学反应等温式　chemical reaction isotherm　04.0164

化学反应亲和势　affinity of chemical reaction　04.0167

化学反应性　chemical reactivity　01.0336

* 化学纺丝　reaction spinning　05.1050

化学分离　chemical separation　03.0880

化学分析　chemical analysis　03.0003

化学分析电子能谱法　electron spectroscopy for chemical analysis, ESCA　03.2610

化学改进技术　chemical modification technique　03.1090

化学干扰　chemical interference　03.1115

化学混沌　chemical chaos　04.0214

化学活化　chemical activation　04.0282

化学活性　chemical activity　01.0332

化学激发　chemical excitation　04.0966

化学激光　chemical laser　04.1079

化学计量　stoichiometry　01.0737

化学计量点　stoichiometric point　03.0844

* 化学计量化合物　stoichiometric compound　01.0706

化学计量浓度　stoichiometric concentration　03.0746

化学计量系数　stoichiometric coefficient　04.0923

化学计量[性]火焰　stoichiometric flame　03.1043

化学计量学　chemometrics　03.0115

化学剂量计　chemical dosimeter　06.0378

化学键　chemical bond　04.1225

化学降解　chemical degradation　05.0639

化学交换　chemical exchange　03.2282

化学交联　chemical crosslinking　05.0624

化学浸蚀　chemical etching　01.0333

* 化学刻蚀　chemical etching　01.0333

化学能　chemical energy　01.0040

化学平衡　chemical equilibrium　04.0163

化学气相沉积　chemical vapor deposition, CVD　01.0814

化学气相沉积[法]　chemical vapor deposition [method]　04.0733

化学气相输运　chemical vapor transportation, CVT　01.0813

化学去壳　chemical decladding, chemical decanning

06.0597

化学全同　chemical equivalence　03.2238

化学热力学　chemical thermodynamics　04.0003

化学渗透　chemosmosis　01.0338

化学式　chemical formula　01.0007

化学势　chemical potential　04.0165

化学同位素分离法　chemical isotope separation　06.0577

*化学统计学　chemometrics　03.0115

化学位移　chemical shift　03.2616

化学位移各向异性[效应]　chemical shift anisotropy　03.2247

化学稳定性　chemical stability　01.0337

化学物质　chemical substance, chemicals　01.0060

化学吸附　chemical adsorption, chemsorption　01.0374

化学纤维　chemical fiber　05.0353

化学信息学　cheminformatics　03.0112

化学修饰　chemical modification　01.0334

化学修饰电极　chemically modified electrode　03.1628

化学修饰光透电极　chemically modified optically transparent electrode　03.1629

化学需氧量　chemical oxygen demand, COD　03.0780

化学选择性　chemoselectivity　04.0841

化学诱导电子交换发光　chemically induced electron exchange luminescence, CIEEL　04.1061

化学诱导动态电子极化　chemically induced dynamic polarization, CIDP　03.2300

化学诱导动态核极化　chemically induced dynamic nuclear polarization, CIDNP　04.1011

[化学]元素　element　01.0042

*化学增塑剂　chemical plasticizer　05.1098

化学振荡　chemical oscillation　04.0212

*化学作用　chemical reaction　01.0331

还原　reduction　01.0389

还原电流　reduction current　03.1650

还原电位　reduction potential　03.1715

还原电位溶出分析法　reductive potentiometric stripping analysis　03.1493

还原二聚　reductive dimerization　02.1144

还原剂　reductant, reducing agent　01.0193

还原裂解　reductive pyrolysis　03.2764

还原态　reduction state　04.0423

还原糖　reducing sugar　02.1273

还原烷基化　reductive alkylation　02.1142

还原酰化　reductive acylation　02.1143

还原消除反应　reduction elimination　01.0435

还原性火焰　reducing flame　03.1042

环𠯤嗪　cyclazine　02.0386

环柄化合物　ansa compound　02.0565

环柄类抗生素　ansa antibiotic　02.0566

环带球晶　ringed spherulite　05.0868

*环丁砜　sulfolane, tetramethylene sulfone　02.0268

环多醇　cyclitol　02.0142

环翻转　ring reversal, ring inversion　02.0754

环蕃　cyclophane　02.0849

环庚三烯酚酮　tropolone　02.0189

环庚三烯酮　tropone　02.0190

环硅胺　cyclosilazane　02.0227

环硅氧烷聚合　cyclosiloxane polymerization　05.0523

环合　ring closure　02.1080

环合[烯烃]换位反应　ring closure metathesis, RCM　02.1185

环糊精　cyclodextrin　02.0842

环糊精诱导室温磷光法　cyclodextrin induced room temperature phosphorimetry, CD-RTP　03.1334

环化　cyclization　02.1123

*环化加成聚合　four center polymerization　05.0429

*环化加聚　cycloaddition polymerization　05.0521

环化聚合　cyclopolymerization　05.0438

环己二胺四乙酸　cyclohexanediaminetetraacetic acid　03.0633

环加成　cycloaddition　02.1082

*[4+2]环加成反应　Diels-Alder reaction　02.1083

环加成聚合　cycloaddition polymerization　05.0521

环金属化[反应]　cyclometallation　02.1477

环境　surrounding　04.0018

环境放射化学　environmental radiochemistry　06.0079

环境分析　environmental analysis　03.0014

环境监测　environmental monitoring　03.0451

环境友好聚合物　environmental friendly polymer　05.0099

环-链互变异构　ring-chain tautomerism　02.0636

*环硫丙烯　thiacyclobutene, thiete　02.0255

*环硫乙烷　thiacyclopropane, thiirane　02.0242

*环硫乙烯　thiacyclopropene, thiirene　02.0245

环试验　ring test　03.0468

环肽 cyclic peptide, cyclopeptide 02.1370

环烷烃 cycloalkane 02.0151

环烯聚合 cycloalkene polymerization 05.0522

* 环烯醚单萜 iridoid 02.0461

环烯烃 cycloalkene 02.0152

环形电极 ring electrode 03.2523

环形展开[法] circular development 03.2160

* 环氧丙烯 oxacyclobutene 02.0254

环氧化 epoxidation 02.1042

环氧化合物 epoxy compound, epoxide 02.0036

环氧树脂 epoxy resin 05.0206

* 环氧乙烷 epoxyethane 02.0241

* 环氧乙烯 oxacyclopropene, oxirene 02.0244

环酯肽 cyclodepsipeptide 02.1371

环状单体 cyclic monomer 05.0401

环状裂解器 coil pyrolyser 03.2753

缓冲 buffer 01.0421

缓冲容量 buffer capacity 03.0740

缓冲溶液 buffer solution 03.0743

缓冲值 buffer value 03.0741

缓冲指数 buffer index 03.0742

缓发质子前驱核 precursor of delayed proton emission 06.0287

缓发中子 delayed neutron 06.0155

缓发中子发射体 delayed neutron emitter 06.0193

缓发中子前驱核素 delayed neutron precursor 06.0192

缓聚剂 retarder, retarding agent 05.0593

缓聚作用 retardation 05.0591

缓蚀剂 corrosion inhibitor 04.0589

幻核 magic nucleus 06.0063

幻数 magic number 06.0062

换算因子 conversion factor 03.0831

换位反应 metathesis 02.1183

黄饼 yellow cake 06.0561

黄金分割法 golden cut method 03.0307

* 黄绿石 pyrochlore 01.0251

黄嘌呤氧化酶 xanthine oxidase 01.0665

黄铁矿 pyrite 01.0321

黄铜 brass 01.0231

黄铜矿 chalcopyrite, copper pyrite 01.0315

黄酮 flavone 02.0440

黄酮醇 flavonol 02.0441

黄酮类化合物 flavonoid 02.0437

黄烷 flavane 02.0438

黄烷醇 flavanol 02.0439

* 黄烷酮 flavanone 02.0443

黄原胶 xanthate gum 05.0152

黄原酸 xanthic acid 02.0145

黄原酸盐 xanthate, xanthonate 02.0147

黄原酸酯 xanthate, xanthonate 02.0146

磺化 sulfonation 02.1051

磺基水杨酸 sulfosalicylic acid 03.0616

磺酸 sulfonic acid 02.0043

磺酰化 sulfonylation 02.1055

灰分 ash 03.0083

灰分测定 determination of ash 03.0789

灰色分析系统 grey analytical system 03.0322

灰色关联分析 grey correlation analysis 03.0324

灰色聚类分析 grey clustering analysis 03.0323

挥发法 volatilization method 03.0457

* 挥发性缓蚀剂 vapor phase inhibitor 04.0593

* 挥发油 essential oil 02.0454

辉光放电光源 glow discharge source 03.0950

* 辉光放电聚合 plasma polymerization 05.0434

辉钼矿 molybdenite 01.0320

辉石 pyroxene 01.0248

辉锑矿 stibnite 01.0319

回摆法 oscillation method 04.2002

* 回磁比 magnetogyric ratio 03.2182

* 回滴法 back titration 03.0399

回归方程 regression equation 03.0269

回归分析 regression analysis 03.0256

回归平方和 regression sum of square 03.0238

回归曲面 regression surface 03.0271

回归曲线 regression curve 03.0270

回归系数 regression coefficient 03.0272

回火 flash back 03.0672

回收率 recovery 03.0056

回收试验 recovery test 03.0876

回缩性 nerviness 05.0898

回弹 resilience 05.0911

* 回弹性 resilience 05.0911

回咬转移 backbiting transfer 05.0588

回转半径 radius of gyration 05.0711

* 茴香烷 fenchane 02.0467

汇聚合成 convergent synthesis 02.1228

* 混纺 cospinning 05.1048

混合常数　mixed constant　03.0753

混合澄清槽　mixer-settler　06.0611

混合床离子交换固定相　mixed-bed ion exchange stationary phase　03.2034

混合电势　mixed potential　04.0478

混合法　mixing method　04.0738

混合构型熵　configuration entropy of mixing　04.1431

混合焓　enthalpy of mixing　04.0063

混合夹心配合物　mixed sandwich complex　02.1517

混合价　mixed valence　01.0734

混合价化合物　mixed valence compound　01.0155

混合金属氧化物催化剂　mixed metal oxide catalyst　04.0679

混合配体配合物　mixed ligand coordination compound　01.0513

混合期　mixing period　03.2298

混合热　heat of mixing　04.0071

混合物　mixture　01.0063

混合系综　mixed ensemble　04.1435

混合[铀、钚]氧化物燃料　mixed [uranium-plutonium] oxide fuel, MOX　06.0586

混合指示剂　mixed indicator　03.0556

混晶　mixed crystal　04.1851

混晶共沉淀　mixed crystal coprecipitation　03.0813

混炼　mixing, milling　05.0974

* 混配化合物　mixed ligand coordination compound　01.0513

混缩聚反应　mixed polycondensation　05.0488

豁免废物　exempt waste　06.0629

活度　activity　04.0194

活度计　activity meter　06.0134

活度因子　activity factor　04.0195

活化　activation　01.0387

活化单体　activated monomer　05.0398

活化分析　activation analysis　06.0483

活化复合物　activated complex　03.2363

活化焓　enthalpy of activation　04.0321

活化基团　activating group　02.0583

活化吉布斯自由能　Gibbs free energy of activation　04.0320

活化接枝　activation grafting　05.0650

活化控制反应　activation controlled reaction　04.0341

活化能　activation energy　04.0286

活化熵　entropy of activation　04.0322

活化缩聚　activated polycondensation　05.0515

* 活泼络合物　reactive intermediate, reactive complex　02.0929

活泼中间体　reactive intermediate, reactive complex　02.0929

活塞泵　piston pump　03.2004

活塞流反应器　plug flow reactor　04.0881

活性负离子聚合　living anionic polymerization　05.0451

活性高分子　living macromolecule　05.0080

活性聚合　living polymerization　05.0416

活性开环聚合　living ring opening polymerization　05.0476

* 活性配合物　labile complex　01.0515

活性炭　activated carbon, activated charcoal　01.0100

活性碳纤维　active carbon fiber　05.0368

* 活性位点　active site　01.0643

活性物种　active species　04.0800

活性氧化铝　activated aluminium oxide　03.2037

活性氧[物种]　reactive oxygen species, ROS　01.0593

活性正离子聚合　living cationic polymerization　05.0448

活性中间物　active intermediate　04.0801

活性中心　active center　01.0643，05.0568

活性种　reactive species　05.0567

活性组分　active constituent　03.0788

火花放电电离　spark ionization　03.2469

火花放电质谱法　spark source mass spectrometry　03.2364

火花光谱　spark spectrum　03.0923

火试金法　fire assaying　03.0470

* 火硝　saltpeter　01.0254

火焰背景　flame background　03.1060

火焰发射光谱　flame emission spectrum　03.1001

火焰光度分析[法]　flame photometry　03.1000

火焰光度计　flame photometer　03.1002

火焰光度检测器　flame photometric detector, FPD　03.2055

火焰离子化检测器　flame ionization detector, FID　03.2054

* 火焰熔融法　Verneuil flame fusion method　01.0818

火焰原子化　flame atomization　03.1033

火焰原子吸收光谱法　flame atomic absorption spectrometry　03.1019

火焰原子荧光光谱法 flame atomic fluorescence spectrometry 03.1135

获能度 endoergicity 04.0376

霍恩伯格-科恩定理 Hohenberg-Kohn theorems 04.1386

霍尔兹马克变宽 Holtsmark broadening 03.1016

* 霍夫迈斯特次序 Hofmeister series 04.1713

霍夫曼重排 Hofmann rearrangement 02.1191

霍夫曼规则 Hofmann rule 02.1016

* 霍夫曼降解 Hofmann degradation 02.1190

霍夫曼消除 Hofmann elimination 02.1190

霍沃思表达式 Haworth representation 02.0680

J

* 机械抽样 systematic sampling 03.0358

机械手 manipulator 06.0251

肌红蛋白 myoglobin 01.0616

积分电容 integral capacitance 04.0498

[积分]剂量 [integral] dose 06.0426

* 积分器 integrator 03.2095

积分溶解焓 integral enthalpy of solution 04.0059

积分吸附热 integral heat of adsorption 04.1583

积分吸收系数 integrated absorption coefficient 03.1081

积分型检测器 integral type detector 03.2051

积分仪 integrator 03.2095

积炭 carbon deposition, coke deposition 04.0764

基 group 01.0135

* 基本变化 primitive change 02.0900

基础电荷 elementary electric charge 03.2470

基尔霍夫定律 Kirchhoff law 04.0201

基峰 base peak 03.2365

基函数 basis function 04.1317

基频谱带 fundamental frequency band 03.1178

基态 ground state 03.0905

基体 matrix 03.1087，05.1079

基体改进剂 matrix modifier 03.1089

基体干扰 matrix interference 03.1117

基体效应 matrix effect 03.1088

基团频率 group frequency 03.1374

基团转移聚合 group transfer polymerization, GTP 05.0470

基线 baseline 03.1906

基线法 baseline method 03.1378

基线漂移 baseline drift 03.1907

基线噪声 baseline noise 03.1908

基因显像 gene imaging 06.0719

基于质量分析的离子动能谱 mass analyzed ion kinetic energy spectrum 03.2543

基元 motif 04.1771

基元变化 primitive change 02.0900

基元步骤 element step 04.0924

基元反应 elementary reaction 02.0863

基元反应步骤 elementary reaction step 02.1485

基质 matrix 03.2471

基质辅助等离子体解吸 matrix-assisted plasma desorption, MAPD 03.2472

基质辅助激光解吸电离 matrix-assisted laser desorption ionization, MALDI 03.2473

基质辅助激光解吸飞行时间质谱仪 matrix-assisted laser desorption ionization-time of flight mass spectrometer 03.2571

基准基团 fiducial group 02.0781

* 基准物 primary standard 03.0071

基组 basis set 04.1382

基组重叠误差 basis set superposition error 04.1383

畸变 distortion 04.1875

畸峰 distorted peak 03.1918

激波管 shock tube 04.0402

激动剂 agonist 02.1321

激发标记 excitation labeling 06.0688

激发电位 excitation potential 03.0907

激发光源 excitation light source 03.0937

激发过程 excitation process 04.0953

激发函数 excitation function 06.0228

激发曲线 excitation curve 06.0229

激发态 excited state 03.0906

激发态寿命 lifetime of excited state 04.0972

激发态衰变过程 decay process of excited state 04.0971

激发组态 excited configuration 04.1396

激光 laser 04.1071

激光低温荧光光谱法 laser low temperature fluorescence spectrometry 03.1429

激光电离　laser ionization　03.2474

激光电离光谱　laser ionization spectrum　03.1449

激光多光子离子源　laser multiphoton ion source 03.2475

激光共振电离光谱法　laser resonance ionization spectrometry　03.1450

激光光解　laser photolysis　04.0358

激光光谱　laser spectrum　03.1428

激光光热干涉光谱法　laser photothermal interference spectrometry　03.1447

激光光热光谱法　laser photothermal spectrometry 03.1442

激光光热偏转光谱法　laser photothermal deflection spectrometry　03.1445

激光光热位移光谱法　laser photothermal displacement spectrometry　03.1448

激光光热折射光谱法　laser photothermal refraction spectrometry　03.1446

激光光声光谱　laser photoacoustic spectrum　03.1432

激光光纤　laser fiber　05.0376

激光光源　laser source　03.1426

激光化学　laser chemistry　04.0935

激光激发原子荧光光谱法　laser excited atomic fluorescence spectrometry　03.1137

* 激光解吸　laser desorption　03.2474

激光解吸电离　laser desorption ionization, LDI　03.2476

激光拉曼光谱法　laser Raman spectrometry　03.1416

激光拉曼光声光谱法　laser Raman photoacoustic spectrometry　03.1439

激光离子源　laser ion source　03.2477

激光裂解器　laser pyrolyzer　03.2094

* 激光器　laser source　03.1426

激光染料　laser dye　04.1072

激光热解[法]　laser pyrolysis [method]　04.0735

激光热透镜光谱法　laser thermal lens spectrometry, LTLS　03.1443

激光闪光光解　laser flash photolysis　04.1115

激光烧蚀共振电离光谱法　laser ablation-resonance ionization spectrometry　03.1451

激光同位素分离法　laser isotope separation　06.0576

激光微探针　laser microprobe　03.1431

激光诱导分子荧光光谱法　laser induced molecular fluorescence spectrometry　03.1430

激光诱导光声光谱法　laser induced photoacoustic spectrometry　03.1434

激光诱导荧光　laser induced fluorescence, LIF 04.1064

激光诱导荧光光谱　laser induced fluorescence spectrum 04.0824

激光诱导荧光检测器　las er induced fluorescence detector, LIF detector　03.2066

激光诱导预解离　laser induced predissociation 04.1096

激光质谱法　laser mass spectrometry　03.2086

激活剂　activator　01.0770

激基缔合物　excimer　04.0983

激基缔合物荧光　excimer fluorescence　05.0889

激基复合物　exciplex　04.0984

激基复合物荧光　exciplex fluorescence　05.0890

激素　hormone　02.1405

激肽　kinin　02.1389

激子　exciton　06.0350

激子转移　exciton transfer, exciton migration　06.0351

* 吉布斯等温式　Gibbs isotherm　04.1608

吉布斯-杜安方程　Gibbs-Duhem equation　04.0181

* 吉布斯函数　Gibbs function　04.0086

吉布斯吸附公式　Gibbs adsorption equation　04.1608

吉布斯相律　Gibbs phase rule　04.0138

吉布斯自由能　Gibbs free energy　04.0086

吉玛烷[类]　germacrane　02.0474

极差　range　03.0199

极差控制图　R-control chart　03.0351

极大似然估计量　maximum likelihood estimator 03.0145

* 极大似然估计值　maximum likelihood estimator 03.0145

极大子群　maximal subgroup　04.1837

极化　polarization　03.1707

极化电极　polarized electrode　03.1614

极化电位　polarization potential　03.1712

极化率　polarizability　01.0757

极化曲线　polarization curve　04.0518

极化转移　polarization transfer　03.2312

极化子　polaron　04.0980

极谱波　polarographic wave　03.1666

极谱波方程式　equation of polarographic wave 03.1680

极谱催化波　polarographic catalytic wave　03.1668

极谱法　polarography　03.1463

极谱络合吸附波　polarographic adsorptive complex wave　03.1670

极谱图　polarogram　03.1677

极谱仪　polarograph　03.1547

极射赤[道]面投影　stereographic projection　04.1841

极图　pole figure　04.2010

极限半径比　radius ratio limit　04.1922

极限催化电流　limiting catalytic current　04.0537

极限电流　limiting current　03.1657

极限动力学电流　limiting kinetic current　04.0540

极限分子面积　limiting molecular area　04.1598

极限扩散电流　limiting diffusion current　03.1658

极限球　limited sphere　04.1990

极限吸附电流　limiting adsorption current　04.0536

极性单体　polar monomer　05.0394

极性反转　umpolung　02.1226

极性[共价]键　polar bond　04.1236

极性键合相　polar bonded phase　03.2027

极性聚合物　polar polymer　05.0046

极性溶剂　polar solvent　03.0653

极性效应　polar effect　02.1011

极值　extremum value　03.0225

集成橡胶　integrated rubber　05.0321

集体当量剂量　collective equivalent dose　06.0420

集体剂量　collective dose　06.0421

集体有效剂量　collective effective dose　06.0422

几何标准[偏]差　geometric standard deviation　03.0177

几何等效　geometrical equivalence　05.0821

[几何]晶类　[geometric] crystal class　04.1832

几何平均值　geometric mean　03.0150

几何异构　geometrical isomerism　01.0541

几何优化　geometry optimization　04.1465

己糖　hexose　02.1276

挤出　extrusion　05.0995

挤出吹塑　extrusion blow molding　05.1007

挤出[反应]　extrusion　02.1023

* 挤出胀大　extrudate swell　05.0997

挤拉吹塑　extrusion draw blow molding　05.1010

pH 计　pH meter, acidometer　03.1559

计时电流法　chronoamperometry　03.1516

计时电位法　chronopotentiometry　03.1518

计时电位溶出分析法　chronopotentiometric stripping analysis　03.1494

计时库仑法　chronocoulometry　03.1517

计数率　counting rate　06.0133

* G-M 计数器　Geiger-Müller counter　06.0113

计算分光光度法　computational spectrophotometry　03.1239

计算化学　computational chemistry　04.1152

计算机断层成像　computed tomography, CT　06.0547

计算机模拟　computer simulation　04.2047

* 计算机轴向断层成像　computed axial tomography, CAT　06.0547

计温学　thermometry　04.0123

记录仪　recorder　03.2096

记忆效应　memory effect　03.1097

* STPF 技术　STPF technology　03.1066

剂量当量　dose equivalent　06.0410

剂量积累　dose build-up　06.0429

剂量积累因子　dose build-up factor　06.0430

剂量监测系统　dose monitoring system　06.0475

剂量建成　dose build-up　06.0428

剂量率　dose rate　06.0405

剂量限值　dose limit　06.0395

剂量约束　dose constraint　06.0432

剂量转换因子　dose conversion factor　06.0431

季铵化合物　quaternary ammonium compound　02.0040

继发裂变　sequential fission　06.0159

加标　spike　03.2397

1,4-加成　1,4-addition　02.1062

加成二聚　additive dimerization　02.1066

加成反应　addition reaction　01.0356

加成聚合　addition polymerization　05.0414

加成聚合物　addition polymer　05.0051

加成物　adduct　02.1061

加成-消除机理　addition-elimination mechanism　02.0883

加工性　processability　05.0966

加合离子　adduction ion　03.2478

* 加聚　addition polymerization　05.0414

* 加聚物　addition polymer　05.0051

加宽函数　spreading function　05.0816

加捻　twisting　05.1068

* 加氢　hydrogenation　01.0411

加权回归　weighted regression　03.0278

加权平均值　weighted mean　03.0151

加权平均值标准偏差　standard deviation of weighted mean　03.0180

加权最小二乘法　weighted least square method　03.0267

加热或冷却曲线测定　heating or cooling curve determination　03.2688

加热曲线测定　heating-curve determination　03.2709

加热速率　heating rate　03.2704

加速老化　accelerated aging　05.0964

加速流动法　accelerated flow method　04.0395

加速器　accelerator　06.0231

加速器驱动次临界系统　accelerator driven subcritical system, ADS　06.0660

加速器质谱法　accelerator mass spectrometry, AMS　03.2366

加压薄层色谱法　pressured thin layer chromatography　03.1819

夹心化合物　sandwich compound　02.1458

夹心配合物　sandwich coordination compound　01.0507

甲醇　carbinol　02.0028

甲酚紫　cresol purple　03.0573

甲基百里酚蓝　methylthymol blue　03.0609

甲基橙　methyl orange　03.0574

甲基红　methyl red　03.0575

甲基红试验　methyl red test　03.0477

甲基黄　methyl yellow　03.0576

甲基铝氧烷　methylaluminoxane, MAO　05.0551

甲基纤维素　methyl cellulose　05.0168

甲基乙烯基硅橡胶　methylvinyl silicone rubber　05.0343

* 甲基紫　crystal violet　03.0583

甲阶酚醛树脂　resol　05.0191

甲壳质　chitin　05.0159

L-甲硫氨酸　methionine　02.1338

甲醛配合物　formaldehyde complex　02.1490

* 甲烷红　methyl red　03.0575

甲烷脱氢芳构化　methane dehydroaromatization　04.0853

甲烷无氧芳构化　methane non-oxidative aromatization　04.0852

甲酰化　formylation　02.1031

甲酰基配合物　formy lcomplex　02.1491

* 甲型强心苷元　cardenolide　02.0539

钾碱　potash　01.0217

* 钾铝矾　alum　01.0219

[钾]硝石　saltpeter　01.0254

钾-氩年代测定　potassium-argon dating　06.0759

价层电子对互斥　valence shell electron pair repulsion, VSEPR　01.0015

价层电子对互斥理论　valence-shell electron pair repulsion theory, VSEPR theory　04.1261

价带　valence band　01.0746

价带结构　valence band structure　03.2678

价带谱　valence band spectra　03.2625

价电子　valence electron　04.1218

18-价电子规则　18-valence electron rule, 18-VE rule　02.1545

价电子近似　valence electron approximation　04.1340

价互变异构　valence tautomerism　02.0637

价键理论　valence bond theory, VB　04.1224

价态电离势　valence state ionization potential, VSIP　04.1342

价态电子亲和势　valence state electron affinity　04.1341

价态分析　valence analysis　03.0446

价态起伏　valence fluctuation　01.0735

价态异构　valence isomerism　01.0549

* 价值函数　value function　06.0571

架型结构　network structure　04.1930

假保留　pseudo-retention　06.0097

假不对称碳　pseudoasymmetric carbon　02.0666

* 假芳香性　pseudoaromaticity　02.0619

假峰　ghost peak　03.1916

* 假固定相　pseudostationary phase　03.1846

假设检验　hypothesis test　03.0203

假塑性　pseudoplasticity　05.0925

假塑性流体　pseudoplastic fluid　04.1731

假酸　pseudo acid　02.0913

假象简单图谱　deceptively simple spectrum　03.2240

假旋转　pseudorotation　02.0769

假正离子活性聚合　pseudo cationic living polymerization　05.0447

假正离子聚合　pseudo cationic polymerization　05.0446

假终止　pseudotermination　05.0581

尖晶石　spinel　01.0296

肩峰　shoulder　03.1915

减色效应 hypochromic effect 04.1057

减色作用 hypochromism 03.0727

减尾剂 tailing reducer 03.1877

减阻剂 drag reducer 05.1134

剪切 shearing 04.1734

剪切变稀 shear thinning 05.0928

剪切稠化 shear thickening 04.1735

剪切黏度 shear viscosity 05.0794

剪切驱动色谱法 shear-driven chromatography, SDC 03.1766

检测管法 detection tube method 03.0466

检测期 detection period 03.2299

检测器 detector 03.2042

* 检测限 detection limit 03.0052

检出 detection 03.0043

检出限 detection limit 03.0052

t 检验法 t-test method 03.0232

F 检验法 F-test method 03.0233

x^2 检验法 x^2-test method 03.0234

检验统计量 test statistic 03.0207

* 简并度 degeneracy 04.0229

* 简并支链反应 degenerated branched chain reaction 04.0329

简单晶格 primitive lattice 04.1793

简单碰撞理论 simple collision theory, SCT 04.0300

简谐振动频率 harmonic vibrational frequency 04.1288

简谐振子 harmonic oscillator 04.1286

简正振动模式 normal vibration mode 04.1304

碱 base 01.0102

π-碱 π-base 01.0568

碱催化 base catalysis 04.0647

碱催化剂 basic catalyst 04.0654

* 碱滴定法 acidimetry 03.0407

碱度 alkalinity 03.0736

碱化 alkalization 01.0457

碱基 base 02.1303

碱金属 alkali metal 01.0067

碱量法 alkalimetry 03.0408

碱熔 alkali fusion 01.0454

碱式盐 basic salt 01.0128

碱土金属 alkaline earth metal 01.0068

碱性聚合 alkaline polymerization 01.0456

* 碱性溶剂 protophilic solvent 03.0662

碱性蓄电池 alkaline accumulator 04.0560

* 碱性艳绿 brilliant green 03.0507

碱性氧化物 basic oxide 01.0147

* 间甲酚磺肽 cresol purple 03.0573

间略微分重叠法 intermediate neglect of differential overlap method, INDO method 04.1375

* 间规聚合物 syndiotactic polymer 05.0023

间接测量法 indirect determination 03.0394

* 间接碘量法 iodometry 03.0428

间接检测 indirect detection 03.2131

间接荧光法 indirect fluorimetry 03.1297

间接原子吸收光谱法 indirect atomic absorption spectrometry 03.1022

间同[立构]度 syndiotacticity 05.0665

间同立构聚合物 syndiotactic polymer 05.0023

间位 *meta* position 02.0597

间位定位基 *meta* directing group 02.0993

间隙缺陷 interstitial defect 01.0724

间隙体积 interstitial volume 03.1891

* 间歇光照法 rotating sector method 05.0584

间歇聚合 batch polymerization 05.0512

间歇式反应器 batch reactor 04.0888

渐进因子分析 evolving factor analysis, EFA 03.0333

溅射 sputtering 03.2647

溅射产额 sputtering yield 03.2648

溅射速率 sputtering rate 03.2649

鉴定 identification 03.0042

σ 键 σ bond 04.1255

π键 π bond 04.1256

δ 键 δ bond 04.1257

键焓 bond enthalpy 04.0084

键合[固定]相 bonded [stationary] phase 03.2021

键合相色谱法 bonded phase chromatography 03.1777

键合异构 linkage isomerism 01.0543

C-H 键活化反应 C-H bond activation reaction 02.1186

键级 bond order 04.1241

键价-键长关联 bond valence-bond length correlation 04.1925

键价理论 bond-valence theory 04.1926

键矩 bond moment 04.1279

键临界点 bond critical point 04.1267

键能 bond energy 04.0083

键强度　bond strength　04.1240

键型变异原理　principle of variation of bond　04.1448

姜黄试纸　turmeric paper　03.0565

姜-泰勒效应　Jahn-Teller effect　04.1484

浆态床反应器　slurry bed reactor　04.0889

* 浆态浸渍[法]　slurry impregnation [method]　04.0715

* 浆液进样　slurry sampling　03.1059

* 浆液浸渍[法]　slurry impregnation [method]　04.0715

降变现象　falling-off phenomenon　04.0275

降解　degradation　05.0634

降解性聚合物　degradable polymer　05.0097

降木脂体　norlignan　02.0451

交叉弛豫　cross relaxation　03.2315

交叉分子束　crossed molecular beam　04.0354

交叉共轭　cross conjugation　02.0605

交叉轰击　cross bombardment　06.0234

交叉极化　cross polarization　03.2314

* 交叉检验　cross validation method　03.0266

交叉偶联反应　cross-coupling reaction　02.1060

交叉羟醛缩合　cross aldol condensation　02.1119

交叉束技术　cross beam technique　06.0512

交叉增长　cross propagation　05.0616

交叉终止　cross termination　05.0618

交互检验法　cross validation method　03.0266

交换电流　exchange current　04.0533

交换积分　exchange integral　04.1326

交换能　exchange energy　04.1323

交换容量　exchange capacity　03.1861

交换-相关势　exchange-correlation potential　04.1392

交界碱　borderline base　01.0116

交界酸　borderline acid　01.0115

交联　crosslinking　05.0623

交联度　degree of crosslinking　05.0726

* 交联聚合物　crosslinked polymer　05.0063

交联密度　crosslinking density　05.0631

交联指数　crosslinking index　05.0632

交流电弧光源　alternating current arc source　03.0938

交流伏安法　alternating current voltammetry　03.1470

交流极谱法　alternating current, AC polarography　03.1468

交流计时电位法　alternating current chronopotentiometry　03.1519

交流阻抗法　alternating current impedance method　04.0621

交替共聚合　alternating copolymerization　05.0607

交替共聚物　alternating copolymer　05.0037

交替烃　alternant hydrocarbon　02.0620

* 浇铸薄膜　casting film　05.0991

* 胶黏剂　adhesive　05.0377

胶凝剂　gelling agent　04.1705

胶凝作用　gelation　01.0398

胶溶作用　peptization　03.0732

胶乳　latex　05.0307

胶束　micelle　04.1625

胶束包合络合物　micellar inclusion complex　03.0708

胶束催化　micellar catalysis　04.1650

胶束电动色谱法　micellar electrokinetic chromatography, MEKC　03.1830

胶束化　micellization　04.1627

胶束聚集数　aggregation number of micelle　04.1634

胶束内核　micelle core　04.1630

胶束形成热　heat of micellization　04.1645

胶束增敏动力学光度法　micelle-sensitized kinetic photometry　03.1237

胶束增敏流动注射分光光度法　micelle-sensitized flow injection spectrophotometry　03.1232

胶束增敏荧光分光法　micelle-sensitized spectrofluorimetry　03.1303

胶束增敏作用　micellar sensitization　03.1234

胶束增溶分光光度法　micellar solubilization spectrophotometry　03.1236

胶束增溶作用　micellar solubilization　03.1235

胶束增稳室温磷光法　micelle-stabilized room temperature phosphorimetry, MS-RTP　03.1333

胶态化　colloidization　01.0422

胶体　colloid　04.1505

胶体电解质　colloidal electrolyte　04.1641

胶体化学　colloid chemistry　04.1508

胶体晶体　colloidal crystal　04.1510

胶体磨　colloid mill　04.1511

胶体状态　colloidal state　04.1509

* 胶团　micelle　04.1625

胶状沉淀　gelatinous precipitate　03.0800

焦耳-汤姆孙系数　Joule-Thomson coefficient　04.0203

焦耳-汤姆孙效应　Joule-Thomson effect　04.0202

焦谷氨酸　pyroglutamic acid　02.1353

* 焦三唑　tetrazole, pyrrotriazole　02.0299

焦烧　scorching　05.1028

*焦性没食子鞣质　pyrogallol tannin　02.0546

*焦性没食子酸　pyrogallol　03.0534

焦油　tar　03.2767

角重叠模型　angular overlap model　01.0576

角动量　angular momentum　04.1179

角分布　angular distribution　06.0230

角量子数　azimuthal quantum number　04.1197

角色散　angular dispersion　03.0966

角鲨烯　squalene　02.0514

角闪石　amphibole　01.0249

角型呋喃并香豆素　Isofurocoumarin　02.0427

角张力　angle strain　02.0643

校正　calibration　03.0055

校正保留体积　corrected retention volume　03.1930

校正曲线　calibration curve　03.0281

校正曲线法　calibration curve method　03.0282

校正因子　correction factor　03.2103

校准滤光片　calibration filter　03.1206

阶梯减光板　multistep attenuator　03.0953

阶梯扫描伏安法　staircase sweep voltammetry　03.1474

阶梯升温程序　stepped temperature program　03.2138

阶跃线原子荧光　stepwise line atomic fluorescence　03.1122

接触电势　contact potential　04.0465

接触角　contact angle　04.1669

接触角滞后　contact angle hysteresis　04.1673

*接界电位　liquid junction potential　03.1721

接力合成　relay synthesis　02.1214

接受域　acceptance region　03.0220

接枝点　grafting site　05.0651

接枝度　grafting degree　05.0655

接枝共聚合　graft copolymerization　05.0609

*接枝共聚物　graft copolymer　05.0077

*接枝聚合　graft copolymerization　05.0609

接枝聚合物　graft polymer　05.0077

接枝效率　efficiency of grafting　05.0654

拮抗剂　antagonist　02.1322

TLK 结构　terrace-ledge-kink structure　04.1970

*TSK 结构　terrace-step-kink structure　04.1970

结构不敏感反应　structure insensitive reaction　04.0901

结构重复单元　structural repeating unit　05.0660

结构单元　structural unit　05.0658

结构分析　structural analysis　03.0028

结构化学　structural chemistry　04.1153

结构精修　structure refinement　04.2035

结构控制剂　constitution controller　05.1111

结构敏感反应　structure sensitive reaction　04.0900

结构屏蔽　structural shield　06.0461

结构式　structural formula　01.0010

结构水　constitution water　03.0820

*结构陶瓷　structural ceramics　01.0702

结构因子　structure factor　04.2032

结构域　structural domain　02.1414

结构振幅　structure amplitude　04.2033

结合能　binding energy　03.2608

结合位点　binding site　01.0652

*结合终止　coupling termination　05.0576

结晶　crystallization　04.1847

结晶度　degree of crystallinity, crystallinity　05.0833

结晶聚合物　crystalline polymer　05.0829

结晶水　crystal water　03.0819

结晶[学]切变　crystallographic shear　01.0731

结晶紫　crystal violet　03.0583

结线　tie line　04.0157

*捷克拉斯基方法　Czochralski method　01.0816

截止滤光片　cut-off filter　03.1205

解蔽　demasking　03.0719

解聚　depolymerization　05.0633

解聚酶　depolymerase　05.0636

*解离　dissociation　01.0415

解离常数　dissociation constant　03.0754

解离度　degree of dissociation　04.0177

解离机理　dissociative mechanism　01.0587

解离能　dissociation energy　03.0994

解离吸附　dissociative adsorption　04.0913

解离阈值　dissociation threshold　04.1097

解理　cleavage　04.1957

解偏振作用　depolarization　05.0806

解取向　disorientation　05.0869

解吸电离　desorption ionization, DI　03.2479

解吸电子电离　desorption electron ionization, DEI　03.2480

解吸化学电离　desorption chemical ionization　03.2481

解折叠　unfolding　02.1420

介电弛豫　dielectric relaxation　04.0401

介电性　dielectricity　01.0758

介孔[分子筛]催化剂　mesoporous [molecular sieve] catalyst　04.0660

介子化学　meson chemistry, meschemistry　06.0085

介子素　mesonium　06.0086

介子原子　mesonic atom　06.0084

界面　interface　03.2595

界面超量　interface excess　04.1610

界面电化学　interfacial electrochemistry　04.0414

界面电势　interfacial potential　04.0470

界面分析　interface analysis　03.0026

界面聚合　interfacial polymerization　05.0519

界面膜　interface film　04.1655

界面黏度　interfacial viscosity　04.1718

界面缩聚　interfacial polycondensation　05.0520

界面相　boundary phase　05.0880

界面张力　interfacial tension　04.1554

金丹术　alchemy　01.0408

金刚石　diamond　01.0286

金刚石型滑移面　diamond glide plane　04.1826

金-硅面垒探测器　Au-Si surface barrier detector　06.0120

金合欢烷[类]　farnesane　02.0470

金红石　rutile　01.0291

金化[反应]　auration　02.1461

*金鸡纳生物碱　cinchonine alkaloid　02.0411

金绿石　chrysoberyl　01.0263

金属　metal　01.0092

金属伴侣　metallochaperone　01.0645

金属卟啉　metalloporphyrin　01.0517

金属簇　metal cluster　01.0506

*金属簇合物　metal cluster　01.0506

金属催化　metal catalysis　04.0923

金属催化剂　metal catalyst　04.0674

金属蛋白　metalloprotein　01.0628

金属电极　metallic electrode　03.1590

金属富勒烯　metallofullerene　02.1512

金属固溶体　metallic solution　04.1889

金属化　metallation　02.1148

金属间化合物　intermetallic compound　04.1888

金属键　metallic bond　04.1239

金属结合部位　metal binding site　01.0642

金属结合蛋白　metal binding protein　01.0627

金属-金属多重键　metal-metal multiple bond　01.0571

金属-金属键　metal-metal bond　01.0570

金属-金属四重键　metal-metal quadruple bond　01.0572

金属卡拜　metal carbine　01.0523

金属卡宾　metal carbene　01.0522

金属空气电池　metal-air battery　04.0567

金属离子激活酶　metal ion activated enzyme　01.0609

金属硫蛋白　metallothionein　01.0651

金属络合物催化剂　metal complex catalyst　05.0549

金属茂　metallocene　01.0524

金属酶　metalloenzyme　01.0610

金属配合物离子色谱法　metal complex ion chromatography, MCIC　03.1798

金属配合物配体　metalloligand　01.0484

金属-配体电荷转移跃迁　metal-to-ligand charge-transfer, MLCT transition　04.1067

金属配位聚合物　metal coordination polymer　01.0527

金属硼烷　metalloborane　01.0161

金属氢化物　metal hydride　02.1520

金属酞　metalphthalein　03.0610

金属酞菁　metal phthalocyanine　01.0518

金属碳硼烷　metallocarborane　01.0162

金属羰基化合物　metal carbonyl compound　01.0520

金属陶瓷　cermet　01.0234

金属亚硝酰配合物　metal nitrosyl complex　01.0521

金属氧化物电极　metal oxide electrode　04.0451

金属氧酸　oxometallic acid　01.0529

金属氧酸盐　oxometallate　01.0530

金属荧光指示剂　metalfluorescent indicator　03.0560

金属有机骨架　metal-organic framework, MOF　01.0528

金属有机化合物　organometallic compound　02.1454

金属有机化学　organometallic chemistry　02.1453

金属有机聚合物　organometallic polymer　05.0007

金属有机气相沉积　metal organic chemical vapor deposition, MOCVD　01.0815

金属杂环　metallocycle　02.1511

金属载体强相互作用　strong metal-support interaction, SMSI　04.0897

金属载体相互作用　metal-support interaction　04.0896

金属指示剂　metal indicator　03.0554

金属转运载体　metal transporter　01.0639

紧密层　compact layer　04.0491

紧密过渡态　tight transition state　04.0324

紧密离子对　contact ion pair, intimate ion pair, tight ion pair　02.0948

紧束缚近似　tight binding approximation　01.0763

近场　near field　06.0653

近场光谱仪　near field spectrometer　03.1422

近场光学显微镜法　near field optical microscope　03.2671

近场激光热透镜光谱法　near field laser thermal lens spectrometry　03.1444

近程[放射]治疗　brachytherapy　06.0742

近程分子内相互作用　short-range intramolecular interaction　05.0709

近程结构　short-range structure　05.0854

* 近地表处置　near surface disposal　06.0649

近红外傅里叶变换表面增强拉曼光谱法　near-infrared Fourier transform surface-enhanced Raman spectrometry, NIR-FT-SERS　03.1419

近红外光谱　near infrared spectrum, NIR　03.1345

近红外光谱法　near infrared spectrometry, NIRS　03.1355

近红外漫反射光谱法　near infrared diffuse reflection spectrometry　03.1356

近晶相　smectic phase　02.0238

近平衡态　near equilibrium state　04.1432

近位　*peri* position　02.0600

进动　precession　03.2183

进样阀　injection valve　03.1988

进样口　inlet　03.1987

进样量　sample size　03.0064

进样器　sample injector　03.1984

进样体积　injection volume　03.2107

浸润热　heat of immersion　04.1678

* 浸湿热　heat of immersion　04.1678

浸渍　impregnation　05.1078

浸渍[法]　impregnation [method]　04.0713

禁带　forbidden band　01.0747

禁阻辐射跃迁　forbidden radiative transition　04.0965

禁阻跃迁　forbidden transition　02.1178

经典轨迹计算　classical trajectory calculation　04.0351

* 经典极谱法　direct current polarography　03.1465

经典热力学　classical thermodynamics　04.0002

经式异构体　meridianal isomer　01.0551

晶胞　crystal cell　04.1777

晶胞参数　cell parameter, cell constant　04.1778

晶带　[crystallographic] zone　04.1788

晶带方程　zonal equation　04.1790

晶带轴　[crystallographic] zone axis　04.1789

晶格　lattice　04.1774

H 晶格　hexagonal lattice　04.1800

R 晶格　rhombohedral lattice　04.1799

晶格参数　lattice parameter, lattice constant　04.1779

[晶格]格位　[lattice] site　01.0716

晶格间隙　interstitial void　01.0717

晶格能　lattice energy　04.1935

晶格像　lattice image　04.2055

晶核　crystal nucleus　04.1846

* 晶碱　washing soda　01.0211

晶棱　crystal edge　04.1784

晶粒间界扩散　grain boundary diffusion　01.0802

晶面　crystal face　04.1783

[晶]面间距　interplanar spacing　04.1787

晶癖　crystal habit　04.1845

晶溶发光　lyoluminescence　06.0342

晶态　crystalline state　04.1854

晶体　crystal　04.1770

晶体表面结构　crystal structure on surface, crystal structure at surface　04.1959

晶体场分裂　crystal field splitting　04.1262

晶体非完美性　crystal imperfection　04.1872

晶体工程　crystal engineering　02.0861

晶体工程学　crystal engineering　04.1768

晶体光轴　optical axis of crystal　04.1951

晶体化学　crystal chemistry　04.1769

晶体结构　crystal structure　04.1890

晶体生长　crystal growth　04.1852

[晶体生长]坩埚下降法　Bridgman-Stockbarger method　01.0817

[晶体生长]提拉法　Czochralski method　01.0816

[晶体生长]焰熔法　Verneuil flame fusion method　01.0818

晶体形态学　crystal morphology　04.1843

晶体学　crystallography　04.1767

[晶体学]不对称单元　asymmetric unit　04.1907

晶体学对称性　crystallographic symmetry　04.1829

晶体学数据　crystallographic data　04.2052

晶体折叠周期　crystalline fold period　05.0819

晶体织构　crystallographic texture　04.1933

晶系　crystal system　04.1802

晶形　crystal form　04.1844

晶形沉淀　crystalline precipitate　03.0797

晶须　whisker　04.1867

晶轴　crystal axis　04.1773

晶族　crystal family　04.1801

腈　nitrile　02.0104

腈硫化物　nitrile sulfide　02.0107

* 腈酰亚胺　nitrile imide　02.0113

腈亚胺　nitrilimine　02.0113

腈氧化物　nitrile oxide　02.0106

腈叶立德　nitrile ylide　02.0974

腈正离子　nitrilium ion　02.0958

L-精氨酸　arginine　02.1348

精馏　rectification　03.0648

精密度　precision　03.0368

精密聚合　precision polymerization　05.0437

精细结构　fine structure　04.1480

精细结构常数　fine structure constant　04.1481

精油　essential oil　02.0454

精致平衡原理　principle of detailed balance　04.0294

井型计数器　well-type counter　06.0130

颈缩现象　necking　05.0901

净保留时间　net retention time　03.1925

净保留体积　net retention volume　03.1928

径迹蚀刻　track etching　06.0128

径迹蚀刻剂量计　track etch dosimeter　06.0387

径向分布函数　radial distribution function, RDF　04.1856

径向函数　radial function　04.1194

径向展开[法]　radial development　03.2156

竞聚率　reactivity ratio　05.0602

竞争放射分析　competitive radioassay　06.0777

静电纺丝　electrostatic spinning　05.1051

静电分离器　electrostatic separator　06.0300

静电分析器　electrostatic analyzer　03.2524

静电势　electrostatic potential　04.1451

静电作用　electrostatic interaction　02.0835

静汞滴电极　static mercury drop electrode, SMDE　04.0449

静态表面张力　static surface tension　04.1557

静态场质谱仪　static field spectrometer　03.2573

静态磁场　static magnetic field　03.2324

静态二次离子质谱法　static secondary ion mass spectrometry, SSIMS　03.2350

静态光散射　static light scattering　05.0780

静态质谱仪　static mass spectrometer　03.2572

镜面　mirror plane　04.1819

镜面对称　mirror symmetry　02.0704

久期方程　secular equation　04.1311

* 酒精喷灯　Meker burner　03.0673

居里　curie, Ci　06.0053

居里常数　Curie constant　01.0795

居里点　Curie point　03.2737

居里点裂解器　Curie point pyrolyzer　03.2091

* 锔后元素　transcurium element　06.0314

* 局部化学聚合　topochemical polymerization　05.0439

局部极大点　local maximum　04.1467

局部优化　local optimization　03.0296

局域场　local field　03.2274

局域密度近似　local density approximation, LDA　04.1391

局域平衡假设　assumption of local equilibrium　04.0216

矩阵　matrix　03.0339

g 矩阵　g-matrix　03.2327

矩阵表示　matrix representation　04.1497

矩阵对角化　diagonalization of matrix　04.1173

巨配分函数　grand partition function　04.1428

巨势　grand potential　04.1429

巨正则配分函数　grand canonical partition function　04.0246

巨正则系综　grandcanonical ensemble　04.0243

拒绝域　rejection region　03.0221

锯齿链　zigzag chain　05.0826

锯齿形投影式　zigzag projection　02.0678

锯木架形投影式　sawhorse projection　02.0679

* 聚(1,1-二氯乙烯)　poly(vinylidene chloride)　05.0221

聚氨基甲酸酯　polyurethane　05.0295

* 聚氨酯　polyurethane　05.0295

聚氨酯弹性纤维　polyurethane elastic fiber　05.0366

聚氨酯橡胶　polyurethane rubber　05.0344

聚苯胺　polyaniline　05.0298

聚苯并咪唑　polybenzimidazole　05.0289

聚苯并噻唑　polybenzothiazole　05.0290

聚苯硫醚　poly(*p*-phenylene sulfide), PPS　05.0281

聚苯醚　poly(phenylene oxide), PPO　05.0279

聚苯乙烯　polystyrene, PS　05.0232

聚苯乙烯-二乙烯苯树脂　polystyrene-divinylbenezene resin　03.2068

聚变　fusion　06.0279

聚变化学　fusion chemistry　06.0280

聚变截面　fusion cross section　06.0272

* 聚丙交酯　polylactide　05.0256

聚丙烯　polypropylene, PP　05.0227

聚丙烯腈　polyacrylonitrile, PAN　05.0245

聚丙烯腈纤维　polyacrylonitrile fiber　05.0361

聚丙烯酸　poly(acrylic acid), PAA　05.0246

聚丙烯酸酯　polyacrylate　05.0247

聚丙烯纤维　polypropylene fiber　05.0362

聚并　coalescence　04.1516

聚层夹心配合物　polydecker sandwich complex　02.1528

聚沉　coagulation　04.1708

聚沉值　coagulation value　04.1709

聚电解质　polyelectrolyte　05.0137

聚丁二烯　polybutadiene　05.0234

聚 1-丁烯　poly(1-butene)　05.0228

聚对苯二甲酸丁二酯　poly (tetramethylene terephthalate), poly (butylene terephthalate), PBT　05.0268

聚对苯二甲酸亚苯酯　poly(*p*-phenylene terephthalate)　05.0269

聚对苯二甲酸乙二酯　poly(ethylene terephthalate), PET　05.0267

聚对亚苯　poly(*p*-phenylene)　05.0282

聚二苯醚砜　poly(diphenyl ether sulfone)　05.0287

聚 1,2-二氯亚乙烯　poly(vinylene chloride　05.0220

聚芳砜　poly(aryl sulfone), PAS　05.0284

聚芳砜酰胺　aromatic polysulfonamide　05.0285

聚芳酰胺　polyaramide, aromatic polyamide　05.0275

聚芳酰胺纤维　aramid fiber　05.0359

聚砜　polysulfone　05.0283

聚氟乙烯　poly(vinyl fluoride)　05.0222

聚甘氨酸　polyglycine　05.0258

聚谷氨酸　poly(glutamic acid), PGA　05.0257

* 聚合促进剂　polymerization accelerator　05.0531

聚合催化剂　polymerization catalyst　05.0525

聚合动力学　polymerization kinetics　05.0597

聚合度　degree of polymerization, DP　05.0744

聚合[反应]　polymerization　05.0403

* 聚合极限温度　ceiling temperature of polymerization　05.0570

聚合加速剂　polymerization accelerator　05.0531

聚合热力学　polymerization thermodynamics　05.0598

聚合物　polymer　05.0002

ω 聚合物　ω-polymer　05.0069

聚合物催化剂　polymer catalyst　05.0132

聚[合物]电解质　polymeric electrolyte　04.0422

聚合物共混物　polyblend, polymer blend　05.0053

聚合物-金属配合物　polymer-metal complex　05.0054

聚合物溶剂　polymer solvent　05.0135

聚合物-溶剂相互作用　polymer-solvent interaction　05.0757

聚合物溶液　polymer solution　05.0756

聚合物形态　morphology of polymer　05.0835

聚合物载体　polymeric carrier, polymer support　05.0133

聚合最高温度　ceiling temperature of polymerization　05.0570

聚环戊二烯　polycyclopentadiene　05.0237

聚环氧丙烷　poly (propylene oxide)　05.0241

聚环氧氯丙烷　polyepichlorohydrin　05.0242

聚环氧乙烷　poly (ethylene oxide)　05.0240

聚集　aggregation　04.1513

聚集速度　aggregation velocity　03.0796

聚集体　aggregate　04.1514, 05.0692

聚己二酰己二胺　poly(hexamethylene adipamide　05.0273

聚己内酰胺　poly(*ε*-caprolactam)　05.0272

聚加成反应　polyaddition reaction　05.0479

聚甲基丙烯酸甲酯　poly(methyl methacrylate), PMMA　05.0249

聚甲基丙烯酸酯　polymethacrylate　05.0248

聚 4-甲基-1-戊烯　poly(4-methyl-1-pentene)　05.0230

聚甲醛　polyoxymethylene, polyformaldehyde, POM　05.0259

聚降冰片烯　polynorbornene　05.0238

聚喹喔啉　polyquinoxaline　05.0291

聚类分析　cluster analysis　03.0320

* 聚硫化物　polysulfide　02.0218

聚硫醚　polythioether　05.0280

聚硫橡胶　polysulfide rubber　05.0346

聚氯丁二烯　polychloroprene　05.0235

聚氯乙烯　poly(vinyl chloride)，PVC　05.0219

聚氯乙烯膜电极　polyvinylchloride membrane electrode　03.1643

聚氯乙烯纤维　poly(vinyl chloride) fiber　05.0365

聚醚　polyether　05.0276

聚醚氨酯　poly(ether-urethane)　05.0296

聚醚砜　poly(ether sulfone)　05.0286

* 聚醚类抗生素　polyether antibiotic　02.0562

聚醚醚酮　poly(ether-ether-ketone)，PEEK　05.0293

聚醚酮　poly(ether-ketone)，PEK　05.0292

聚醚酮酮　poly(ether-ketone-ketone)，PEKK　05.0294

聚醚酰胺　poly(ether amide)　05.0274

* 聚醚型聚氨酯　poly(ether-urethane)　05.0296

聚脲　polyurea　05.0297

聚脲树脂　carbamide resin　05.0199

聚偏氟乙烯　poly(vinylidene fluoride)，PVDF　05.0223

聚偏氯乙烯　poly(vinylidene chloride)　05.0221

聚全氟丙烯　poly(perfluoro propene)　05.0226

聚乳酸　poly(lactic acid)，PLA　05.0256

聚三氟氯乙烯　poly (chlorotrifluoroethylene)，PCTFE　05.0224

聚四氟乙烯　poly(tetrafluoroethylene)，PTFE　05.0225

聚四氢呋喃　polytetrahydrofuran, polyoxytetramethylene, PTHF　05.0243

聚碳酸酯　polycarbonate　05.0270

聚烯烃　polyolefin　05.0211

聚酰胺　polyamide　05.0271

* 聚酰胺6　polyamide 6　05.0272

* 聚酰胺66　polyamide 66　05.0273

聚酰胺纤维　polyamide fiber　05.0358

聚酰亚胺　polyimide　05.0288

聚(1-辛烯)　poly(1-octene)　05.0231

* 聚氧丙烯　polyoxytrimethylene　05.0241

* 聚氧乙烯　polyoxyethylene　05.0240

聚乙二醇　poly(ethylene glycol)，PEG　05.0252

聚乙炔　polyacetylene　05.0244

聚乙酸乙烯酯　poly(vinyl acetate)，PVAc　05.0250

聚乙烯　polyethylene, PE　05.0212

聚乙烯醇　poly(vinyl alcohol)，PVA　05.0253

聚乙烯醇缩丁醛　poly(vinyl butyral)，PVB　05.0255

聚乙烯醇缩甲醛　poly(vinyl formal)，PVF　05.0254

聚乙烯醇缩甲醛纤维　formalized poly(vinyl alcohol) fiber　05.0364

聚乙烯醇纤维　poly(vinyl alcohol) fiber　05.0363

聚[乙烯]酮类化合物　polyketide　02.0557

聚异丁烯　polyisobutylene　05.0229

聚异戊二烯　polyisoprene　05.0236

聚酯　polyester　05.0261

聚酯树脂　polyester resin　05.0203

聚酯纤维　polyester fiber　05.0360

卷积伏安法　convolution voltammetry　03.1496

卷积光谱法　convolution spectrometry　03.1244

卷曲　coiling　02.0834

卷曲构象　coiled conformation　05.0707

* 决速步　rate determining step　04.0295

绝对不对称合成　absolute asymmetric synthesis　02.1243

绝对测量　absolute measurement　06.0135

绝对电负性　absolute electronegativity　04.1347

绝对法　absolute method　06.0500

* 绝对反应速率理论　absolute rate theory　04.0311

* 绝对分析　absolute analysis　03.1094

绝对构型　absolute configuration　02.0656

绝对构型测定　determination of absolute configuration　04.2041

绝对活度　absolute activity　04.0193

[绝对]偏差　absolute deviation　03.0181

绝对误差　absolute error　03.0163

绝热电离　adiabatic ionization　03.2482

绝热电子转移　adiabatic electron transfer　04.1004

绝热过程　adiabatic process　04.0037

* 绝热近似　adiabatic approximation　04.1305

绝热式热量计　adiabatic calorimeter　04.0131

绝热势能面　adiabatic potential energy surface　04.0305

绝热系统　adiabatic system　04.0026

攫取[反应]　abstraction　02.1154

* 均方根偏差　root-mean-square deviation　03.0176

均方回转半径　mean square radius of gyration　05.0712

均方末端距　root-mean-square end-to-end distance　05.0717

Z均分子量　Z-average molecular weight, Z-average molar mass　05.0740

均化　homogenization　04.1512

均聚反应　homopolymerization　05.0404

均聚物　homopolymer　05.0014

均聚增长　homopropagation　05.0614

均裂　homolysis, homolytic　02.0932

均裂反应　homolytic reaction　01.0399

均缩聚反应　homogeneous polycondensation, homo-
　polycondensation　05.0487

* 均相沉淀　homogeneous precipitation　03.0794

均相成核　homogeneous nucleation　03.0730

均相催化　homogeneous catalysis　04.0637

均相萃取　homogeneous extraction　03.0888

均相反应　homogeneous reaction　01.0809

均相火焰化学发光　homogeneous phase flame chemi-
　luminescence　03.1268

均相聚合　homogeneous polymerization　05.0491

均相茂金属催化剂　homogeneous metallocene catalyst
　05.0556

均相膜电极　homogeneous membrane electrode　03.1612

均相平衡　homogeneous equilibrium　01.0395

均相氢化　homogeneous hydrogenation　02.1134

均相缩聚　homopolycondensation　05.0514

均相系统　homogeneous system　04.0021

均匀标记化合物　uniformly labeled compound
　06.0679

均匀沉淀　homogeneous precipitation　03.0794

均匀沉淀[法]　homogeneous precipitation [method]
　04.0708

均匀分布　uniform distribution　03.0138

均匀设计　homogeneous design　03.0291

均匀性破坏脉冲　homogeneity spoiling pulse, HSP
　03.2317

K

* β 咔啉　β-carboline　02.0385

* 咔唑　carbazole　02.0342

卡拜　carbyne　02.0979

卡宾　carbene　02.0977

卡铂　carboplatin　01.0687

卡尔·费歇尔试剂　Karl Fischer reagent　03.0405

卡尔·费歇尔滴定法　Karl Fischer titration　03.0404

卡尔曼滤波法　Kalman filtering method　03.0312

* 卡方检验　chi-square test　03.0234

卡诺定理　Carnot theorem　04.0205

卡诺循环　Carnot cycle　04.0204

卡山烷[类]　cassane　02.0500

卡塔蓝多面体　Catalan polyhedra　04.1920

开尔文公式　Kelvin equation　04.1562

开尔文模型　Kelvin model　05.0952

Q 开关激光器　Q-switched laser　04.1085

开管柱　open tubular column　03.2015

开环共聚合　ring opening copolymerization　05.0611

开环聚合　ring opening polymerization　05.0475

开环聚环烯烃　polyalkenamer　05.0239

开环易位聚合　ring opening metathesis polymerization,
　ROMP　05.0436

* 开孔　open pore　04.1596

开路弛豫计时吸收法　open-circuit relaxation
　chronoabsorptometry　03.1539

开路电位　open-circuit potential　03.1722

开路电压　open-circuit voltage　04.0476

* 锎后元素　transcalifornium element　06.0315

锎-252 中子源　Cf-252 neutron source　06.0296

凯氏定氮法　Kjeldahl method　03.0460

凯氏烧瓶　Kjeldahl flask　03.0461

蒈烷类　carane　02.0463

看谱镜　steeloscope　03.0985

康普顿散射分析　Compton scattering analysis　06.0552

糠醛苯酚树脂　furfural phenol resin　05.0196

糠醛树脂　furfural resin　05.0195

* 抗冲击剂　toughening agent　05.1105

抗磁环电流效应　diamagnetic ring current effect
　02.0617

抗磁位移　diamagnetic shift　03.2244

抗磁性　diamagnetism　01.0788

抗磁性配合物　diamagnetism coordination compound
　01.0502

抗辐射剂　anti-radiation agent　06.0354

抗辐射性　radiation resistance　06.0353

抗坏血酸　ascorbic acid　02.1285

抗降解剂　anti-degradant　05.1114

抗静电剂　antistatic agent　05.1119

抗硫化返原剂　anti-reversion agent　05.1097

抗生素　antibiotic　02.0549

抗体酶　abzyme, catalytic antibody　02.1450

抗微生物剂　biocide　05.1117

抗氧[化]剂　antioxidant　01.0194

考马斯亮蓝　Coomassie brilliant blue, CBB　03.0627

苛化　causticization　01.0403

苛性钠　caustic soda　01.0208

柯奇拉检验法　Cochrane test method　03.0230

科顿效应　Cotton effect　02.0815

科恩-沈吕九方程　Kohn-Sham equation　04.1387

科尔劳施离子独立迁移定律　Kohlrausch law of independent migration of ions　04.0440

科普曼斯定理　Koopmans theorem　04.1371

科特雷尔方程　Cottrell equation　04.0519

颗粒大小　particle size　04.0789

颗粒热分析　thermoparticulate analysis　03.2687

壳[层]模型　shell model　06.0061

壳聚糖　chitosan　05.0160

可变步长　variable step size　03.0298

V-可表示性　V-representability　04.1389

N-可表示性　N-representability　04.1390

可萃取酸　extractable acid　03.0785

可萃取物种　extractable species　06.0599

可调谐激光光源　tunable laser source　03.1427

可纺性　spinnability　05.1038

可合理达到的尽量低原则　as low as reasonably achievable principle　06.0394

可极化性　polarizability　02.0627

可见分光光度法　visible spectrophotometry　03.1171

可见光分光光度计　visible spectrophotometer　03.1251

可见吸收光谱　visible absorption spectrum　03.1168

可靠性　reliability　03.0855

可靠性顺序　reliability ranking　03.2367

可控活性自由基聚合　controlled living radical polymerization, CLRP　05.0418

可控因素　controllable factor　03.0243

可离子化基团　ionogen　03.0659

可裂变核素　fissionable nuclide　06.0163

可裂变性参数　fissionability parameter　06.0147

* 可啉　corrin　02.0275

可逆波　reversible wave　03.1672

可逆反应　reversible reaction　01.0340

可逆功　reversible work　04.0047

可逆过程　reversible process　04.0040

可逆加成断裂链转移聚合　reversible addition fragmentation chain transfer polymerization, RAFTP　05.0422

可逆凝胶　reversible gel　05.0734

可逆吸附　reversible adsorption　04.1574

* 可溶酚醛树脂　resol　05.0191

可水解鞣质　pyrogallol tannin　02.0546

可移动化　mobilization　01.0648

* 可约表示　reducible representation　04.1498

可转换核素　fertile nuclide　06.0165

克拉克氧电极　Clark oxygen electrode　03.1642

* 克拉克值　Clarke value　01.0058

克拉姆规则　Cram rule　02.0788

克拉佩龙方程　Clapeyron equation　04.0158

克拉佩龙-克劳修斯方程　Clapeyron-Clausius equation　04.0159

克莱森重排　Claisen rearrangement　02.1090

克劳修斯不等式　Clausius inequality　04.0206

克罗烷[类]　clerodane　02.0492

* 刻度移液管　measuring pipet　03.0693

客体　guest　02.0821

空间电荷电容　space charge capacitance　04.0500

空间电荷区　space charge region　04.0499

空间电荷效应　space charge effect　03.2368

空间[对称操作]群　[crystallographic] space group　04.1834

空间同位素效应　steric isotope effect　02.0921

空间稳定作用　steric stabilization　04.1694

空间相关函数　space correlation function　04.1439

* 空间效应　steric effect　01.0425

空间因子　steric factor　04.0303

空间张力　steric strain　02.0779

空间自相关函数　space auto correlation function　04.1440

空气比释动能率常数　air kerma rate constant　06.0408

空气动力学同位素分离法　aerodynamic isotope separation　06.0575

空气-乙炔火焰　air-acetylene flame　03.1047

[空气]阻尼天平　air-damped balance　03.0088

空表面态　unoccupied state　03.2675

空轨道　virtual orbital　04.1243

空速　space velocity　04.0831

空心阴极灯　hollow cathode lamp　03.1026

* 空心柱　open tubular column　03.2015

空白溶液　blank solution　03.0839

空白试验　blank test　03.0877

空白值　blank value　03.0878

空缺稳定作用　depletion stabilization　04.1696

空缺絮凝作用　depletion flocculation　04.1695

空位缺陷　vacancy defect　01.0725

空位元素　vacancy element　06.0316

空穴　hole　01.0740

孔　pore　04.1596

孔分布　pore distribution　04.0784

孔结构　pore structure　04.0783

孔径　pore size　03.1856，04.0785

孔雀绿　malachite green　03.0585

孔雀石　malachite　01.0308

孔蚀　pitting corrosion　04.0585

孔体积　pore volume　03.1855，04.0787

孔隙率　porosity　04.0788

控温程序　temperature programme　03.2681

控制电流库仑法　controlled current coulometry　03.1508

控制电位电解法　controlled potential electrolysis　03.1505

控制电位库仑滴定法　controlled potential coulometric titration　03.1510

控制电位库仑法　controlled potential coulometry　03.1509

控制中心线　control central line　03.0349

扣数　hapticity　02.1498

苦木烷[类]　quassinane　02.0519

苦杏仁酸　mandelic acid　03.0529

库恩-托马斯-赖歇加和规则　Kuhn-Thomas-Reiche sum rule　04.1285

* 库仑滴定法　constant current coulometry, coulometric titration　03.1507

库仑法　coulometry　03.1506

库仑积分　Coulomb integral　04.1324

库仑计　coulometer　03.1560

库仑检测器　coulometric detector　03.1562

库仑势垒　Coulomb barrier　06.0221

库仑相互作用　Coulomb interaction　04.1325

库帕重排　Cope rearrangement　02.1091

跨环插入　transannular insertion　02.1170

跨环重排　transannular rearrangement　02.1171

跨环相互作用　transannular interaction　02.0646

跨环张力　transannular strain　02.0647

跨膜运输　transmembrane transport　01.0647

快反应　fast reaction　04.0252

快放射化学分离　fast radiochemical separation 06.0258

* 快过程　r-process　06.0767

快化学　fast chemistry　06.0259

* 快离子导体　fast ion conductor, FIC　04.1947

快速分析　fast analysis　03.0438

快速粒子轰击　fast-particle bombardment, FPB 03.2483

快速气相色谱法　fast gas chromatography　03.1812

* 快速热解吸　flash desorption　03.2389

快速色谱法　high-speed chromatography, fast chromatography　03.1763

快速液相色谱法　flash chromatography, FC　03.1765

快速原子轰击离子源　fast atom bombardment ion source, FAB　03.2484

快中子　fast neutron　06.0154

宽带核磁共振　wide band nuclear magnetic resonance　03.2284

宽带去耦　broad band decoupling　03.2265

宽[辐射]束　broad beam　06.0448

矿化　mineralization　01.0605

矿化组织　mineralized tissue　01.0603

矿物分析　analysis of mineral　03.0452

* 矿物酸　mineral acid　01.0118

奎宁[类]生物碱　cinchonine alkaloid　02.0411

喹啉　quinoline　02.0359

* 喹啉醇　8-hydroxyquinoline　03.0538

喹啉[类]生物碱　quinoline alkaloid　02.0400

* 喹啉-8-巯醇　8-mercaptoquinoline　03.0540

8-喹啉羧酸　8-quinoline carboxylic acid　03.0530

* 2-喹啉羧酸　2-quinoline carboxylic acid　03.0531

喹哪啶红　quinaldine red　03.0584

喹哪啶酸　quinaldic acid　03.0531

* 喹诺里西啶[类]生物碱　quinolizidine alkaloid　02.0396

喹诺酮　quinolone　02.0361

喹嗪　quinolizine　02.0379

喹嗪[类]生物碱　quinolizidine alkaloid　02.0396

* 喹喔啉　benzo[b]pyrazine　02.0372

* 喹唑啉　benzopyrimidine　02.0373

喹唑啉[类]生物碱　quinazoline alkaloid　02.0413

* 昆虫外激素　pheromone, insect hormone　02.1448

昆虫信息素　pheromone, insect hormone　02.1448

醌　quinone　02.0200

醌氢醌　quinhydrone　02.0207

扩环[反应]　ring expansion, ring enlargement　02.1162

扩链剂　chain extender　05.0622

扩散　diffusion　04.0509

扩散层　diffusion layer　04.0494

扩散传质　mass-transfer by diffusion　03.1703

扩散电流　diffusion current　03.1652

扩散电流常数　diffusion current constant　03.1686

* 扩散电流公式　Ilkovic equation　03.1684

扩散过电势　diffusion overpotential　04.0525

扩散控制　diffusion control　04.0538

扩散控制反应　diffusion controlled reaction　04.0340

扩散控制速率　diffusion controlled rate　04.0539

扩散控制终止　diffusion controlled termination
　　05.0574

扩散膜　diffusion barrier　06.0580

扩散排序谱　diffusion-ordered spectroscopy, DOSY
　　03.2292

扩散系数　diffusion coefficient　04.1531

扩散限制　diffusion limitation　04.0805

扩散阻抗　diffusion impedance　04.0626

扩展 X 射线吸收精细结构谱　extended X-ray absorption
　　fine structure spectrum, EXAFSS　04.0828

扩展不确定度　expanded uncertainty　03.0384

扩展 X 射线吸收精细结构　extended X-ray absorption
　　fine structure, EXAFS　04.2059

扩张因子　expansion factor　05.0767

* 廓清　clearance　06.0437

L

拉德　rad　06.0414

* 拉电子基团　electron-withdrawing group　02.0990

拉丁方设计　Latin square design　03.0287

拉曼非活性　Raman inactivity　03.1405

拉曼光谱　Raman spectrum　03.1407

* 拉曼光谱频率　Raman shift　03.1406

拉曼光谱学　Raman spectroscopy　03.1408

拉曼光谱仪　Raman spectrometer　03.1420

拉曼活性　Raman activity　03.1404

拉曼位移　Raman shift　03.1406

拉曼效应　Raman effect　03.1399

拉莫尔频率　Larmor frequency　03.2184

拉平溶剂　leveling solvent　03.0656

拉平效应　leveling effect　03.0655

拉伸吹塑　stretch blow molding　05.1009

拉伸应力弛豫　tensile stress relaxation　05.0916

拉乌尔定律　Raoult law　04.0172

拉胀性　auxeticity　05.0922

蜡　wax　02.0011

铼-锇年代测定　rhenium-osmium dating　06.0760

L-赖氨酸　lysine　02.1350

兰多尔特反应　Landolt reaction　03.0717

蓝宝石　sapphire　01.0283

* 蓝光酸性铬花青　eriochrome cyanine R　03.0497

蓝铜矿　azurite　01.0316

蓝移　blue shift　03.1247

蓝移效应　hypsochromic effect　02.0837

镧系收缩　lanthanide contraction　01.0085

镧系位移试剂　lanthanide shift reagent　03.2309

镧系元素　lanthanide, lanthanoid　01.0084

镧系元素配合物　lanthanoid complex　02.1510

榄烷[类]　elemane　02.0473

莨菪烷[类]生物碱　tropane alkaloid　02.0393

朗伯-比尔定律　Lambert-Beer law　03.1183

朗缪尔-里迪尔机理　Langmuir-Rid-eal mechanism
　　04.0908

朗缪尔膜天平　Langmuir film balance　04.1660

朗缪尔吸附等温式[线]　Langmuir adsorption isotherm
　　04.1601

朗缪尔-欣谢尔伍德机理　Langmuir-Hinshelwood
　　mechanism　04.0907

劳埃照相法　Laue photography　03.1159

劳厄点群　Laue point group　04.1976

劳厄法　Laue method　04.2001

劳厄方程　Laue equation　04.1979

* 劳厄指数　Laue indices　04.1982

锝后元素　translawrencium element　01.0088

老化　conditioning　03.2126，04.0712

L-酪氨酸　tyrosine　02.1344

勒夏特列原理　Le Chatelier principle　04.0171

雷道克斯流程　reduction oxidation process, REDOX
　　process　06.0664

* 雷汞　fulminate　01.0226

雷姆　rem　06.0415

雷酸盐　fulminate　01.0226

镭-铍中子源　Ra-Be neutron source　06.0295

A 类标准不确定度　type A standard uncertainty　03.0386

B 类标准不确定度　type B standard uncertainty　03.0387

类卡宾　carbenoid　02.0976

类酶高分子　enzyme like macromolecule　05.0084

类氢原子　hydrogen-like atom　04.1192

类双自由基　biradicaloid　02.0965

类似物　analog, analogue　02.0003

* 类型抽样　stratified sampling　03.0359

类脂　lipid, lipoid　02.1431

类质同晶型　isomorphism　04.1893

累积产额　cumulative yield　06.0177

累积常数　cumulative constant　03.0764

累积多烯　cumulene　02.0018

累积概率　accumulative probability　03.0129

累积频数　cumulative frequency　03.0123

累积稳定常数　cumulative stability constant　01.0580

* 累积稳定常数　cumulative constant　03.0764

棱镜光谱仪　prism spectrograph　03.0977

棱镜红外分光光度计　prism infrared spectrophotometer　03.1393

棱锥型翻转　pyramidal inversion　02.0795

冷标记　cold labeling　06.0700

冷冻干燥[法]　freeze drying [method]　04.0723

冷聚变　cold fusion　06.0281

冷拉伸　cold drawing, cold stretching　05.1062

冷流　cold flow　05.0927

冷却曲线　cooling curve　04.0143

冷熔合反应　cold-fusion reaction　06.0275

冷试验　cold run, cold test　06.0617

冷轧　cold rolling　05.0979

冷蒸气原子吸收光谱法　cold vapor atomic absorption spectrometry　03.1023

冷中子活化分析　cold neutron activation analysis　06.0492

冷柱上进样　cool on-column injection　03.2111

* 离浆作用　syneresis　04.1707

离解　dissociation　01.0415

离解极限　dissociation limit　04.1301

* 离聚物　ionomer　05.0136

离去电体　electrofuge　02.1006

离去核体　nucleofuge　02.1007

离去基团　leaving group　02.1005

离散能级　discrete energy level　04.1093

离线裂解　off-line pyrolysis　03.2746

离心萃取器　centrifugal extractor　06.0612

离心法　centrifugal method　03.0806

离心机　centrifuge　03.0688

离心势垒　centrifugal barrier　06.0222

* 离心制备薄层色谱法　centric-preparation thin layer chromatography　03.1817

离域分子轨道　delocalized molecular orbital　04.1249

离域键　delocalized bond　04.1238

离子　ion　01.0016

离子半径　ionic radius　04.1909

离子泵　ion pump　01.0625

离子变色　ionochromism　04.1141

离子传输率　ion transmission　03.2369

离子导电性　ionic conductivity　01.0756

* 离子导体　ionic conductor　01.0699

离子缔合　ionic association　04.0432

离子缔合络合物　ion association complex　03.0714

离子缔合物萃取　ion association extraction　03.0884

离子电导　ionic conductance　04.0439

离子电荷　ionic charge　04.1269

离子动能谱法　ion kinetic energy spectroscopy, IKES　03.2370

离子对　ion pair　02.0935

离子对电离　ion pair ionization　03.2485

离子对返回　ion pair return　02.0996

离子对聚合　ion pair polymerization　05.0443

[离子对]内部返回　internal return　02.0997

离子对色谱法　ion pair chromatography, IPC　03.1790

离子对试剂　ion pair reagent　03.0642

[离子对]外部返回　external return　02.0998

离子对形成　ion pair formation　03.2371

离子反应　ionic reaction　01.0431

离子分配图　ionic partition diagram　03.1697

离子氛　ion atmosphere　03.2373

离子浮选法　ion floatation　03.0899

离子共聚合　ionic copolymerization　05.0604

离子光学　ion optics　03.2374

离子化　ionization　03.2486

离子化截面　ionization cross section　03.2487

离子化溶剂　ionizing solvent　03.0658

离子化室　ionization chamber　03.2488

离子回旋共振　ion cyclotron resonance　03.2525

离子回旋共振质谱仪　ion cyclotron resonance mass spectrometer, ICR　03.2574

离子活度系数　ionic activity coefficient　04.0427

离子计　ion meter　03.1558

离子键　ionic bond　04.1226

离子交换剂　ion exchanger　03.1860

离子交换膜　ion exchange membrane　03.1584

离子交换色谱法　ion exchange chromatography, IEC　03.1792

离子交换树脂　ion exchange resin　05.0176

离子解离　ionic dissociation　01.0429

离子阱　ion trap　03.2526

离子阱质谱法　ion trap mass spectrometry　03.2375

离子阱质谱仪　ion trap mass spectrometer, ITMS　03.2575

离子聚合物　ionomer　05.0136

离子-偶极相互作用　ion-dipole interaction　02.0826

离子排阻色谱法　ion exclusion chromatography, ICE　03.1795

* 离子平衡　ionic equilibrium　01.0370

离子迁移率　ionic mobility　04.0434

[离子]迁移数　transference number　04.0435

离子枪　ion gun　03.2663

离子强度　ionic strength　04.0426

离子取代　ionic replacement　01.0432

离子热合成　ionothermal synthesis　04.0732

离子溶剂化　ionic solvation　03.1698

离子散射谱法　ion scattering spectroscopy, ISS　03.2666

离子色谱法　ion chromatography, IC　03.1791

离子式　ionic formula　01.0017

离子束　ion beam　03.2489

离子束分析　ion beam analysis, IBA　03.2664

离子水合　ionic hydration　01.0430

离子碎裂机理　mechanisms of ion fragmentation　03.2376

离子探针显微分析　ion probe microanalysis　03.2602

离子探针质量分析器　ion microprobe mass analyzer, IMMA　03.2527

离子通道　ion channel　01.0646

离子通道免疫传感器　ion channel switching immunosensor　03.1571

离子线　ionic line　03.0916

离子芯　ion core　04.1222

离子[型]聚合　ionic polymerization　05.0441

离子性参数　ionicity parameter　01.0715

离子选择场效应晶体管　ion selective field effect transistor, ISFET　03.1583

离子选择电极　ion selective electrode　03.1608

离子液体　ionic liquid　02.0232

离子抑制色谱法　ion suppressed chromatography　03.1796

离子源　ion source　03.2490

离子载体　ionophore　01.0644

离子中和谱法　ion neutralization spectroscopy, INS　03.2665

离子-中性分子复合物　ion-neutral complex　03.2377

离子注入技术　ion-implantation technique　03.1546

离子注入修饰电极　ion-implantation modified electrode　03.1636

离子转移反应　ion transfer reaction　03.1694

离子-分子反应　ion-molecular reaction　03.2372

里德伯态　Rydberg state　04.1216

里德伯跃迁　Rydberg transition　04.0963

里特沃尔德法　Rietveld method　04.2049

RRK 理论　Rice-Ramsperger-Kassel theory, RRK theory　04.0272

RRKM 理论　Rice-Ramsperger-Kassel-Marcus theory, RRKM theory　04.0273

理论化学　theoretical chemistry　04.1151

理论塔板高度　height equivalent to a theoretical plate, HETP　03.1941

理论塔板数　number of theoretical plates　03.1940

理想非极化电极　ideal nonpolarized electrode　03.1617

理想共聚合　ideal copolymerization　05.0606

理想极化电极　ideal polarized electrode　03.1616

理想晶体　ideal crystal　04.1857

理想溶液　ideal solution　04.0173

理想稀溶液　ideal dilute solution　04.0174

锂电池　lithium battery　04.0562

锂化　lithiation　02.1149

锂离子电池　lithium ion battery　04.0563

力常数　force constant　04.1294

力常数矩阵　force-constant matrix　04.1295

力化学降解　mechanochemical degradation　05.0649

立方晶系　cubic system　04.1803

立方体　cube　04.1914

立构重复单元 stereorepeating unit 05.0662
立构规整度 tacticity, stereo-regularity 05.0663
立构规整聚合 stereoregular polymerization 05.0462
* 立构规整聚合物 stereoregular polymer, tactic polymer 05.0020
立构嵌段 stereoblock 05.0670
立体变更 stereomutation 02.0778
立体电子效应 stereoelectronic effect 02.0985
立体化学 stereochemistry 02.0651
立体化学式 stereoformula, stereochemical formula 02.0674
立体化学效应 stereochemical effect 04.1260
立体会聚 stereoconvergence 02.0808
立体特异标记化合物 stereospecifically labeled compound 06.0682
立体效应 steric effect 01.0425
立体选择性 stereoselectivity 02.1202
立体选择性合成 stereoselective synthesis 02.1234
立体异构 stereoisomerism 01.0545
立体异构体 stereoisomer 02.0654
立体异构源单元 stereogenicunit, stereogen, stereoelement 02.0776
立体异构源中心 stereogenic center 02.0777
立体异位[的] stereoheterotopic 02.0672
* 立体有择聚合 asymmetric selective polymerization 05.0465
立体专一性 stereospecificity 02.1203
利乌维尔定理 Liouville's theorem 04.1427
沥青固化 bitumen solidification, bituminization 06.0639
例行分析 routine analysis 03.0007
隶属度 membership 03.0329
* 粒密度 apparent density, particle density 04.0792
粒子大小分布 particle size distribution 04.0790
粒子电泳 particle electrophoresis 04.1679
* 粒子配分函数 particle partition function 04.0232
粒子散射函数 particle scattering function 05.0803
* 粒子散射因子 particle scattering factor 05.0803
粒子束 particle beam, PB 03.2491
连苯三酚 pyrogallol 03.0534
连串反应 consecutive reaction 04.0291
连接酶 ligase 02.1429
* 连锁反应 chain reaction 01.0448
连续波核磁共振[波谱]仪 continuous wave nuclear

magnetic resonance spectrometer 03.2194
连续波激光器 continuous-wave laser, CW laser 04.1077
* 连续床柱 continuous bed column 03.2039
连续萃取 continuous extraction 03.0894
连续分析法 continous analysis 03.0396
连续共沉淀[法] continuous co-precipitation [method] 04.0709
连续光谱 continuous spectrum 03.1166
连续光源背景校正法 continous source method for background correction 03.1103
连续合成 successive synthesis, sequential programmable synthesis 02.1215
连续搅拌釜式反应器 continuous stirred tank reactor, CSTR 04.0879
连续聚合 continuous polymerization 05.0510
连续流动法 continuous flow method 04.0393
连续流动反应器 continuous flow reactor 04.0880
连续流焓分析 continuous flow enthalpimetry 03.2772
连续热解分析 sequential pyrolysis 03.2765
连续式裂解器 continuous mode pyrolyser 03.2754
连续展开[法] continuous development 03.2159
联苯 biphenyl 02.0178
联苯胺 benzidine 03.0532
联吡啶 bipyridyl, bipyridine 02.0387
2, 2′-联吡啶 2, 2′-bipyridine 03.0506
联苄 bibenzyl 02.0176
* 联多烯 cumulene 02.0018
联芳 biaryl 02.0177
* 2,2′-联喹啉 cuproine 03.0520
联萘 binaphthyl 02.0179
联烯 allene 02.0017
链缠结 chain entanglement 05.0693
* 链产额 chain yield 06.0173
链长 chain length 04.0330
* 链重复距离 chain repeating distance 05.0818
链段 chain segment 05.0701
链段运动 segmental motion 05.0874
链断裂 chain breaking 05.0635
链刚性 chain rigidity 05.0685
链构象 chain conformation 05.0703
* 链骨架 main chain, chain backbone 05.0720
链间距 interchain spacing 05.0690

链间相互作用　interchain interaction　05.0691

链聚合　chain polymerization　02.1020

链末端　chain end, chain terminal　05.0714

链取向无序　chain orientational disorder　05.0824

链柔性　chain flexibility　05.0683

链[式]反应　chain reaction　01.0448

链式核裂变反应　chain nuclear fission　06.0167

链型结构　chain structure　04.1928

链型聚合物　chain polymer　05.0058

链抑制剂　chain inhibitor　04.0331

链引发　chain initiation　05.0557

链载体　chain carrier　04.0326

链增长　chain growth, chain propagation　05.0565

链折叠　chain folding　05.0842

链支化　chain branching　05.0652

链终止　chain termination　05.0571

链终止剂　chain termination agent　05.0580

链轴　chain axis　05.0817

链转移　chain transfer　02.1021

链转移常数　chain transfer constant　05.0590

链转移剂　chain transfer agent　05.0587

楝烷[类]　meliacane　02.0518

良溶剂　good solvent　05.0763

两步机理　two step mechanism　04.0916

两可[的]　ambident　02.0828

两亲的　amphiphilic　04.1522

两亲分子　amphiphilic molecule　04.1613

两亲聚合物　amphiphilic polymer　05.0100

两亲嵌段共聚物　amphiphilic block copolymer　05.0041

两亲体　amphiphile　02.0827

两性聚电解质　polyampholyte, polyamphoteric electrolyte　05.0138

* 两性离子化合物　zwitterion, zwitterionic compound　01.0022

两性离子化合物　zwitterionic compound　02.1314

两性离子聚合　zwitterion polymerization　05.0456

* 两性离子型表面活性剂　zwitterionic surfactant　04.1618

两性溶剂　amphiprotic solvent　03.0660

两性物　ampholyte　03.0661

两性型表面活性剂　amphoteric surfactant　04.1618

L-亮氨酸　leucine　02.1337

亮绿　brilliant green　03.0507

量热滴定催化终点检测　thermometric titration with catalytic endpoint detection　03.2774

* 量热滴定法　thermometric titration　03.0431

量热滴定曲线　thermometric titration curve, enthalpimetric titration curve　03.2775

量热熵　calorimetric entropy　04.0088

量热学　calorimetry　04.0124

量压裂解器　pressure monitored pyrolysis　03.2748

量值传递　dissemination of quantity value　03.0379

量值谱　magnitude spectrum　03.2222

量子产率　quantum yield　04.0975

量子电化学　quantum electrochemistry　04.0413

量子化　quantization　04.1277

量子化学　quantum chemistry　04.1149

[量子化学]从头计算　*ab initio* calculation　04.1154

量子晶体　quantum crystal　04.1937

量子力学　quantum mechanics　04.1147

量子力学-分子力学结合方法　combined quantum mechanics and molecular mechanics method, QM/MM method　04.1408

量子数　quantum number　04.1167

量子态　quantum state　04.1166

量子效应　quantum effect　04.1165

裂变产额　fission yield　06.0175

裂变产物　fission product　06.0171

裂变产物的电荷分布　charge distribution of fission product　06.0184

裂变产物的质量分布　mass distribution of fission product　06.0182

[裂变产物的质量分布曲线的]峰谷比　peak to valley ratio [of mass distribution curve of fission products]　06.0174

裂变产物化学　fission product chemistry　06.0190

裂变产物[衰变]链　fission product chain, fission product decay chain　06.0176

裂变化学　fission chemistry　06.0150

裂变计数器　fission counter　06.0151

裂变截面　fission cross-section　06.0149

裂变径迹年代测定　fission track dating　06.0752

裂变势垒　fission barrier　06.0148

裂变碎片　fission fragment　06.0191

裂变同质异能素　fission isomer　06.0168

裂解残留物　pyrolysis residue　03.2762

裂解反应　pyrolysis reaction　03.2761

裂解红外光谱　pyrolysis-infrared spectroscopy, Py-IR spectroscopy　03.2757

裂解红外光谱图　pyrolysis-infrared spectrum　03.2758

裂解红外图　infrared spectroscopy pyrogram　03.2743

裂解气相色谱　pyrolysis-gas chromatography, Py-GC　03.2755

裂解气相色谱法　pyrolysis-gas chromatography, PGC　03.1810

裂解气相色谱-红外光谱　pyrolysis-gas chromatography-infrared spectroscopy, Py-GC-IR spectroscopy　03.2756

裂解器　pyrolyser, pyrolyzer　03.2752

裂解热重分析　pyrolysis thermogram　03.2763

裂解图　pyrogram　03.2750

裂解质谱分析　pyrolysis-mass spectrometry, Py-MS　03.2759

裂解质谱分析图　pyrolysis-mass spectrum　03.2760

邻氨基苯甲酸　anthranilic acid　03.0535

邻苯二酚紫　pyrocatechol violet　03.0611

邻苯醌　*o*-benzoquinone　02.0202

邻对位定位基　*ortho-para* directing group　02.0992

邻二氮菲亚铁离子　ferroin　03.0624

邻基参与　neighboring group participation　02.1008

邻基效应　neighboring group effect　02.1010

邻位　*ortho* position　02.0596

邻位交叉构象　gauche conformation, skew conformation　02.0752

* 邻位金属化　orthometallation　02.1477

邻位效应　*ortho* effect　02.0994

邻助作用　neighboring group assistance　02.1009

林德曼机理　Lindemann mechanism　04.0271

临床分析　clinic analysis　03.0021

临界安全　criticality safety　06.0621

临界常数　critical constant　04.0117

临界猝灭半径　critical quenching radius　04.1013

临界点　critical point　04.0118

临界分子量　critical molecular weight　05.0749

临界共溶温度　critical solution temperature, consolute temperature　04.0161

临界胶束浓度　critical micelle concentration　04.1629

临界聚集浓度　critical aggregation concentration　05.0697

临界浓度　critical concentration　06.0623

临界事故　criticality accident　06.0622

临界体积　critical volume　04.0121，06.0624

临界温度　critical temperature　04.0119

临界现象　critical phenomenon　04.0116

临界压力　critical pressure　04.0120

临界值　critical value　03.0219

临界质量　critical mass　06.0625

临界状态　critical state　04.0115

淋洗　elution　02.1245

* 淋洗分级　elution fractionation　05.0810

* 淋洗色谱法　elution chromatography　03.1747

* 淋洗液　eluant　03.1864

磷光　phosphorescence　03.1319

磷光成像仪　phosphor imager　06.0778

磷光发射光谱　phosphorescence emission spectrum　03.1320

磷光分光光度法　spectrophos phorimetry　03.1324

磷光分析　phosphorescence analysis　03.1323

磷光激发光谱　phosphorescence excitation spectrum　03.1321

磷光计　phosphorimeter　03.1325

磷光强度　phosphorescence intensity　03.1322

磷光寿命　phosphorescence lifetime　04.1065

磷化　phosphorization　01.0462

磷灰石　apatite　01.0304

* 磷铈镧矿　monazite　01.0298

磷酸二酯酶　phosphodiesterase　01.0667

磷酸肽　phosphopeptide　02.1403

磷镓离子　phosphonium ion　01.0173

磷叶立德　phosphorus ylide　02.0972

磷印试验　phosphorus printing　03.0480

磷杂呋喃　phosphafuran　02.0302

磷脂　phospholipid　02.1434

磷脂酶　phospholipase　02.1433

磷属化物　pnictide　01.0133

磷属元素　pnicogen　01.0069

镂盐　phosphinium salt　02.0213

膦　phosphine　02.0212

膦氮烯　phosphazene　02.0214

膦氧化物　phosphine oxide　02.0216

灵敏度　sensitivity　03.0044

灵敏线　sensitive line　03.0931

菱镁矿　magnesite　01.0326

菱锰矿　rhodochrosite　01.0327

零场分裂　zero field splitting　01.0560

零点能　zero-point energy　04.1217

零电荷点　point of zero electric charge　04.1682

零电荷电势　potential at zero charge　04.0501

零级反应　zeroth order reaction　04.0261

* 零假设　null hypothesis　03.0215

零切[变速率]黏度　zero shear viscosity　05.0797

* 零水平　reference level　03.0748

流变分子　fluxional molecule　02.0593

流变结构　fluxional structure　02.0594

流变性　fluxionality　02.1489

流变学　rheology　04.1714

流出液　effluent　03.1866

* 流动池　flow cell　03.2041

流动分析　flow analysis　03.0434

流动双折射　flow birefringence, streaming birefringence　05.0778

流动相　mobile phase　03.1862

流动注射电位溶出分析法　flow injection potentiometric stripping analysis　03.1495

流动注射分光光度法　flow injection spectrophotometry　03.1231

流动注射分析　flow injection analysis, FIA　03.0433

流动注射焓分析　flow injection enthalpimetry　03.2776

* 流分收集器　fraction collector　03.2079

流化床反应器　fluidized-bed reactor　04.0882

流速　flow rate　03.1873

流体力学等效球　hydrodynamically equivalent sphere　05.0774

流体力学进样　hydrodynamic injection　03.2116

流体力学体积　hydrodynamic volume　05.0775

流通池　flow cell　03.2041

流延薄膜　casting film　05.0991

硫醇　thiol, mercaptan　02.0029

硫醇盐　thiolate　02.0030

硫代半缩醛　thiohemiacetal　02.0067

硫代半缩酮　thiohemiketal　02.0068

硫代米蚩酮　thio-Michler ketone　03.0647

硫代酸酯　thioester　02.0131

硫化　sulfurization　02.1067

硫化　vulcanization, cure　05.1021

硫化促进剂　vulcanization accelerator　05.1094

* 硫化返原　cure reversion　05.1025

硫化活化剂　vulcanization activator　05.1095

硫化剂　vulcanizing agent　05.1092

硫化氢分析系统　systematic separation method with hydrogen sulfide　03.0465

硫化物催化剂　sulfide catalyst　04.0683

硫化橡胶　vulcanized rubber, vulcanizate　05.0312

* 硫磷检测器　flame photometric detector, FPD　03.2055

硫硫化　sulfur vulcanization　05.0627

硫醚　sulfide　02.0035

硫羟酸　thiol acid　02.0132

硫氰酸盐　thiocyanate　02.0128

硫氰酸酯　thiocyanate　02.0127

硫醛　thioaldehyde　02.0069

硫酸喹宁　quinine sulfate　03.0546

硫酸铈剂量计　ceric sulfate dosimeter　06.0389

硫酸亚铁剂量计　ferrous sulfate dosimeter　06.0390

硫缩醛　thioacetal　02.0065

硫缩酮　thioketal　02.0066

硫羰基配体　thiocarbonyl ligand　02.1538

硫羰酸　thio acid　02.0133

硫酮　thioketone　02.0049

硫鎓离子　sulfonium ion　01.0175

* 硫芴　dibenzothiophene　02.0341

硫叶立德　sulfur ylide　02.0971

* 硫印检验法　sulfur print test　03.0476

硫印试验　sulfur print test　03.0476

* 硫茚　benzothiophene　02.0333

* 硫杂丙环　thiacyclopropane, thiirane　02.0242

硫杂冠醚　thiacrown ether　02.0841

硫杂环丙烷　thiacyclopropane, thiirane　02.0242

硫杂环丙烯　thiacyclopropene, thiirene　02.0245

硫杂环丁酮　thiacyclobutanone　02.0261

硫杂环丁烷　thiacyclobutane, thietane　02.0252

硫杂环丁烯　thiacyclobutene, thiete　02.0255

硫杂环庚三烯　thiacycloheptatriene　02.0328

* 硫杂环戊二烯　thiophene　02.0266

* 硫杂䓬　thiepine　02.0328

硫属化物　chalcogenide　01.0132

硫属元素　chalcogen　01.0070

馏分收集器　fraction collector　03.2079

六方晶系　hexagonal system　04.1804

六甲基二硅醚　hexamethyldisiloxane, HMDSO

03.2306

六甲基二硅烷　hexamethyldisilane, HMDS　03.2307

六氢吡啶　hexahydropyridine　02.0310

* 六氢吡嗪　1,4-diazacyclohexane　02.0321

* 六碳糖　hexose　02.1276

* 咯嗪　alloxazine　02.0384

龙涎香烷[类]　ambrane　02.0515

笼合物　clathrate　01.0180

笼效应　cage effect　04.0338

笼形化合物　clathrate compound　03.0713

笼状化合物　cage compound　02.0850

漏斗　funnel　03.0684

卢金毛细管　Luggin capillary　04.0486

* 卢瑟福背散射谱　Rutherford back scattering spectroscopy　03.2667

* 炉式裂解器　continuous mode pyrolyser　03.2754

卤代醇　halohydrin　02.0033

卤代烷　haloalkane　02.0022

卤仿反应　haloform reaction　02.1116

卤化　halogenations　01.0397

卤化丁基橡胶　halogenated butyl rubber　05.0332

* 卤化反应　halogenations　01.0397

卤化物　halide　01.0131

卤桥　halogen bridge　01.0203

卤素　halogen　01.0071

卤素过氧化物酶　haloperoxidase　01.0668

卤烷基化　haloalkylation　02.1113

卤𬭩离子　halonium ion　02.0946

卤正离子　halonium ion　02.0946

* 卤族元素　halogen　01.0071

鲁米诺　luminol　03.0645

路易斯碱　Lewis base　01.0109

路易斯结构　Lewis structure　02.0623

路易斯酸　Lewis acid　01.0108

路易斯酸碱理论　Lewis theory of acids and bases　01.0107

铝氢化　hydroalumination　02.1069

铝热法　aluminothermy　01.0419

铝试剂　aluminon　03.0509

铝酸酯偶联剂　aluminate coupling agent　05.1102

铝土矿　bauxite　01.0266

* 绿宝石　beryl　01.0250

绿矾　green vitriol　01.0221

绿色化学　green chemistry　02.1199

绿松石　turquoise　01.0264

绿柱石　beryl　01.0250

氯代烷　chloroalkane　02.0024

氯丁橡胶　chloroprene rubber　05.0334

氯酚红　chlorophenol red　03.0577

氯化聚乙烯　chlorinated polyethylene, CPE　05.0335

氯化四苯砷　tetraphenylarsonium chloride　03.0537

氯磺酚 S　chlorosulfophenol S　03.0505

氯磺化聚乙烯　chlorosulfonated polyethylene　05.0336

氯磺酰化　chlorosulfonation　02.1052

氯甲基化　chloromethylation　02.1112

氯醚橡胶　epichloro-hydrin rubber　05.0337

氯硼烷　chloroborane　02.0211

氯冉酸　chloranilic acid　03.0508

氯羰基化　chlorocarbonylation　02.1057

氯亚磺酰化　chlorosulfenation　02.1056

滤液　filtrate　02.1246

滤纸　filter paper　03.0097

孪晶　twin crystal, bicrystal　04.1860

卵苯　ovalene　02.0174

乱真谱带　spurious band　03.1179

伦姆-维勒方程　Rehm-Weller equation　04.1003

伦琴　roentgen, R　06.0416

轮烷　rotaxane　02.0847

轮烯　annulene　02.0184

罗丹明 6G　rhodamine 6G　03.0595

罗丹明 B　rhodamine B　03.0596

罗尔施奈德常数　Rohrschneider constant　03.1851

罗汉松烷[类]　podocarpane　02.0498

罗兰圆　Rowland circle　04.1996

萝芙木生物碱　rauwolfia alkaloid　02.0409

螺环化合物　spiro compound　02.0590

螺[环]甾烷[类]生物碱　spirosolane alkaloid　02.0418

螺桨烷　propellane　02.0155

* [a.b.c]螺桨烷　propellane　02.0155

螺烷烃　spirane　02.0154

α螺旋　α-helix　02.1410

螺旋链　helix chain　05.0822

螺旋手性　helicity　02.0766

螺旋烃　helicene　02.0182

螺旋形聚合物　helical polymer　05.0072

螺旋旋转　screw rotation　04.1815

螺旋轴　axis of helicity　02.0767, screw axis　04.1822

螺杂环化合物　spiro heterocyclic compound　02.0389

螺甾烷[类] spirostane 02.0537
螺增环 spiroannulation 02.1125
裸原子簇 naked cluster 01.0182
洛伦茨变宽 Lorentz broadening 03.1014
洛伦兹线型 Lorentzian lineshape 03.2179
洛伦兹因子 Lorentz factor 04.2020
* 络合催化剂 metal complex catalyst 05.0549
络合滴定法 complexometry 03.0410
络合剂 complexing agent, complexant 01.0472
络合色谱法 complexation chromatography 03.1787
* 络合物 coordination compound, complex 01.0465
* 络合物稳定常数 formation constant of complex
　　03.0759
络合物形成常数 formation constant of complex
　　03.0759
络合效应系数 coefficient of complexation effect
　　03.0766
络合作用 complexation 03.0715
络离子 complex ion 01.0466
络阳离子 complex cation 01.0468
络阴离子 complex anion 01.0467
落球黏度 ball viscosity 05.0789
落球黏度计 falling ball viscometer 05.0790
落球式黏度计 falling sphere viscometer 04.1727

M

马德隆常数 Madelung constant 04.1936
马尔科夫尼科夫规则 Markovnikov rule 02.0880
马弗炉 muffle furnace 03.0670
马库斯[电子转移]理论 Marcus theory [for electron
　　transfer] 04.1001
马库斯理论的反转区 inverted region in Marcus theory
　　[for electron transfer] 04.1002
马兰戈尼效应 Marangoni effect 04.1762
马利肯布电负性 Mulliken electronegativity 04.1348
马利肯布居数分析 Mulliken population analysis
　　04.1379
马尿酸 hippuric acid, N-benzoylglycine 02.1359
* 马氏规则 Markovnikov rule 02.0880
马斯曼高温炉 Massmann high-temperature furnace
　　03.1069
吗啡烷[类]生物碱 morphinane alkaloid 02.0403
吗啉 morpholine 02.0323
迈克尔加成[反应] Michael addition [reaction]
　　02.0882
麦角甾烷[类] ergostane 02.0535
麦克灯 Meker burner 03.0673
麦克雷诺常数 McReynold constant 03.1852
麦克斯韦关系 Maxwell relation 04.0208
麦克斯韦模型 Maxwell model 05.0953
麦芽糖 maltose 02.1288
脉冲电流 pulse current 03.1655
脉冲伏安法 pulse voltammetry 03.1479
脉冲辐解 pulse radiolysis 06.0349
脉冲傅里叶变换电子自旋共振仪 pulse Fourier
transform electron spin resonance spectrometer
　　03.2333
脉冲傅里叶变换核磁共振[波谱]仪 pulse Fourier
transform nuclear magnetic resonance spectrometer
　　03.2195
脉冲火焰光度检测器 pulse flame photometric detector,
　　PFPD 03.2056
脉冲激光器 pulse laser 04.1078
脉冲极谱法 pulse polarography 03.1478
脉冲间隔 pulse interval 03.2209
脉冲宽度 pulse width 03.2204
脉冲离子引出 pulse ion extraction, PIE 03.2493
* 脉冲离子引出 delayed extraction, DE 03.2551
脉冲裂解器 pulse mode pyrolyser 03.2749
脉冲倾倒角 pulse flip angle 03.2205
脉冲梯度场技术 pulse magnetic field gradient tech-
　　nology, PFG technology 03.2213
脉冲序列 pulse sequence 03.2208
脉冲延迟 pulse delay 03.2210
脉冲阻尼器 pulse damper 03.2009
曼尼希碱 Mannich base 02.0088
* 慢过程 s-process 06.0768
漫反射傅里叶变换红外光谱技术 diffuse reflectance-
Fourier transform infrared technique, DR-FTIR
　　03.1366
漫反射光谱法 diffuse reflection spectrometry, DRS
　　03.1357
芒硝 Glauber salt, mirabilite 01.0300
* 牻牛儿烷 germacrane 02.0474

毛细管常数 capillary constant 03.1685

毛细管等电聚焦 capillary isoelectric focusing, CIFE 03.1834

毛细管等速电泳 capillary isotachophoresis, CITP 03.1835

毛细管电色谱法 capillary electrochromatography, CEC 03.1836

毛细管电泳电化学发光分析仪 capillary electrophoresis electrochemiluminescence analyzer 03.1556

毛细管电泳[法] capillary electrophoresis[method], CE[method] 03.1739

毛细管电泳仪 capillary electrophoresis system 03.1981

毛细管电泳-质谱联用仪 capillary electrophoresis-mass spectrometry system, CE-MS system 03.2088

毛细管黏度计 capillary viscometer 04.1722

毛细管凝胶电泳 capillary gel electrophoresis, CGE 03.1833

毛细管凝结 capillary condensation 04.1603

毛细管区带电泳 capillary zone electrophoresis, CZE 03.1832

毛细管液相色谱法 capillary liquid chromatography 03.1781

毛细管有效长度 effective length of capillary 03.1893

毛细管柱 capillary column 03.2014

毛细力 capillary force 04.1560

毛细升高法 capillary rise method 04.1563

毛细现象 capillarity 04.1559

* 毛细作用 capillarity action 04.1559

锚定催化剂 anchored catalyst 04.0702

* 茂金属 metallocene 01.0524

没食子鞣质 gallotannin 02.0547

没药烷[类] bisabolane 02.0472

* 玫瑰红 6G rhodamine 6G 03.0595

* 玫瑰红 B rhodamine B 03.0596

玫瑰红 rose bengal 03.0597

* 玫红三羧酸铵 aluminon 03.0509

梅特罗波利斯算法 Metropolis algorithm 04.1454

酶 enzyme 02.1421

酶催化 enzyme catalysis 04.0644

酶催化动力学分光光度法 enzyme catalytic kinetic spectrophotometry 03.1222

酶催化剂 enzyme catalyst 04.0672

酶电极 enzyme electrode 03.1592

酶聚合 enzymatic polymerization 05.0478

酶学 enzymology 02.1422

镅-铍中子源 Am-Be neutron source 06.0297

每次一个原子的化学 one-atom-at-a-time chemistry 06.0260

门控去耦 gated decoupling 03.2267

蒙乃尔合金 Monel metal 01.0230

蒙特卡罗法 Monte Carlo method 03.0311

* 蒙铜 Monel metal 01.0230

咪唑 imidazole 02.0280

咪唑[类]生物碱 imidazole alkaloid 02.0412

咪唑啉 imidazoline 02.0284

咪唑烷 imidazolidine 02.0288

咪唑烷-2，4-二酮 imidazolidine-2,4-dione 02.0295

咪唑烷酮 imidazolidone 02.0293

醚 ether 02.0034

* 米花状聚合物 popcorn polymer 05.0069

米勒指数 Miller indices 04.1785

脒 amidine 02.0116

密度泛函理论 density functional theory, DFT 04.1388

密度算符 density operator 04.1436

密堆积 close packing 04.1908

密封源 sealed source 06.0402

密码样品 coded sample 03.0873

幂律流体 power-law fluid 04.1732

嘧啶 pyrimidine 02.0319

免疫电极 immunity electrode 03.1645

免疫电泳 immuno electrophoresis 03.1827

免疫放射分析 immunoradioassay, IMRA 06.0545

免疫放射自显影 immunoradioautography 06.0776

免疫分析 immune analysis 03.0019

免疫亲和色谱法 immunoaffinity chromatography, IAC 03.1785

re 面 *re*-face 02.0730

si 面 *si*-face 02.0731

面桥基 face bridging group 01.0197

面缺陷 planar defect 04.1879

面式异构体 facial isomer 01.0550

面手性 planar chirality 02.0688

面心晶格 face centered lattice 04.1798

* 面张力 F strain, forward strain 02.0648

* 瞄准距离　sighting distance　06.0210

灭菌保证水平　sterility assurance level　06.0383

灭菌剂量　sterilization dose　06.0384

敏化　sensitization　04.1691

敏化剂　sensitizer　01.0771

敏化室温磷光法　sensitized room temperature phosphorimetry, S-RTP　03.1327

敏化原子荧光　sensitized atomic fluorescence　03.1129

敏锐指数　sharpness index　03.0850

明矾　alum　01.0219

明矾石　alunite　01.0270

明胶　gelatin　05.0151

D-L 命名体系　D-L system of nomenclature　02.0699

R-S 命名体系　*R-S* system of nomenclature　02.0701

模糊聚类分析　fuzzy clustering analysis　03.0325

模糊模式识别　fuzzy pattern recognition　03.0338

模糊系统聚类法　fuzzy hierarchial clustering　03.0326

模糊正交设计　fuzzy orthogonal design　03.0289

模糊综合评判　fuzzy comprehensive evaluation　03.0328

模拟谱　simulated spectrum　03.2318

模拟退火　simulated annealing　03.0318

模式识别　pattern recognition　03.0337

模塑　molding　05.0981

模型催化剂　model catalyst　04.0701

模型法　model method　04.2045

模压成型　compression molding　05.0982

模压硫化　mould cure　05.1030

LB 膜　Langmuir-Blodgett film, LB film　05.1083

膜催化剂　membrane catalyst　04.0693

膜萃取　membrane extraction　03.0895

膜导入质谱法　membrane inlet mass spectrometry, MIMS　03.2559

膜电化学　membrane electrochemistry　03.1734

膜电极　membrane electrode　04.0454

膜电势　membrane potential　04.0466

膜反应器　membrane reactor　04.0890

膜进样质谱法　membrane inlet mass spectrometry, membrane introduction mass spectrometry　03.2379

膜压　film pressure　04.1658

摩擦发光　triboluminescence　01.0778

摩尔　mole　01.0023

摩尔磁化率　molar susceptibility　01.0793

摩尔电导率　molar conductivity　04.0438

摩尔分数　molar fraction　01.0024

摩尔丰度　molar abundance　01.0027

摩尔内能　molar internal energy　04.0104

摩尔浓度　molarity　01.0028

摩尔气体常数　molar gas constant　04.0101

摩尔热容　molar heat capacity　04.0079

摩尔溶解度　molar solubility　01.0029

摩尔熵　molar entropy　04.0102

摩尔体积　molar volume　01.0025

摩尔吸光系数　molar absorptivity　03.1188

摩尔质量　molar mass　01.0026

摩尔质量排除极限　molar mass exclusion limit　05.0812

摩尔质量平均　molar mass average　05.0737

魔角　magic angle　03.2621

魔角旋转　magic angle spinning　04.1489

魔酸　magic acid　02.0915

末端间矢量　end-to-end vector　05.0713

末端距　end-to-end distance　05.0715

莫尔法　Mohr method　03.0417

莫尔斯函数　Morse function　04.1463

莫尔盐　Mohr's salt　01.0223

默比乌斯体系　Mobius system　02.0622

模板合成　template synthesis　01.0449

模板聚合　template polymerization　05.0472

* 母体　parent　03.0117

母体核素　parent nuclide　06.0048

木栓烷[类]　friedelane　02.0525

木素　lignin　05.0161

木糖　xylose　02.1284

木脂素[类]　lignan　02.0449

目标分子导向合成　target oriented synthesis　02.1207

目标转换因子分析　target transformation factor analysis　03.0334

目视比色计　visual colorimeter　03.1199

目视滴定法　visual titration　03.0397

穆尼黏度　Mooney viscosity　05.0968

穆斯堡尔谱　Mössbauer spectrum　04.0825

穆斯堡尔谱仪　Mössbauer spectrometer　06.0540

穆斯堡尔源　Mössbauer source　06.0541

镎衰变系　ncptunium dccay scrics, ncptunium family　06.0323

镎酰　neptunyl　06.0317

纳米材料　nanomaterial　01.0712

纳米电化学　nanoelectrochemistry　04.0412

纳米电极　nanoelectrode　03.1625

纳米分析化学　nano analytical chemistry　03.0113

纳米管　nanotube　01.0710

纳米化学　nanochemistry　01.0041

纳米技术　nanotechnology　01.0714

纳米结构　nanostructure　01.0713

纳米结构电极　nanostructure electrode　04.0460

纳米粒子　nanoparticle　01.0711

纳米粒子催化剂　nanosized catalyst, nanocatalyst, nanoparticle catalyst　04.0697

纳米纤维　nano-fiber　05.0370

纳米线　nanowire　01.0709

纳喷雾　nanoflow electrospray　03.2558

纳升电喷雾　nanoelectrospray, nanoES　03.2494

* 纳伪错误　error of the second kind, type 2 error　03.0224

钠长石　albite　01.0246

钠硫电池　sodium-sulfur battery　04.0561

* 钠硝石　Chile saltpeter, Chile nitre　01.0255

* 䓛酚酮　tropolone　02.0189

* 䓛酮　tropone　02.0190

* 乃春　nitrene　02.0978

奈奎斯特图　Nyquist plot　04.0627

奈斯勒试剂　Nessler reagent　03.0522

* 耐尔蓝　Nile blue A　03.0586

萘　naphthalene　02.0163

萘并[1,8-de]嘧啶　naphtho[1,8-de] pyrimidine　02.0383

* 萘啶　naphthyridine　02.0380

5,6-萘喹啉　5,6-naphthoquinoline　03.0536

萘醌　naphthoquinone　02.0204

* 萘嵌间二氮杂苯　naphtho[1,8-de] pyrimidine　02.0383

南瓜子氨酸　cucurbitine　02.1358

难熔金属碳化物涂层石墨管　graphite tube coated with refractory metal carbide　03.1078

囊泡　vesicle　04.1637

脑啡肽　enkephalin, ENK　02.1383

* 脑酰胺　ceramide, Cer　02.1438

* 内　endo　02.0724

内靶　internal target　06.0224

内半缩醛　lactol　02.0135

内半缩酮　lactol　02.0136

内标法　internal standard method　03.0067

内标碳基准　internal carbon reference　03.2627

内标物　internal standard substance　03.0068

内标线　internal standard line　03.0933

内标元素　internal standard element　03.0998

内禀反应坐标　intrinsic reaction coordinate　04.0317

内部能量　internal energy　04.0374

内参比电极　internal reference electrode　04.0446

内层　inner sphere　01.0495

内层轨道　inner orbital　04.1221

内层机理　inner sphere mechanism　01.0591

* 内场　effective field　03.2275

内电势　inner electric potential　04.0467

内啡肽　endorphin　02.1384

内轨配合物　inner orbital coordination compound　01.0497

内过渡元素　inner transition element　01.0074

内亥姆霍兹面　inner Helmholtz plane, IHP　04.0492

* 内界　inner sphere　01.0495

内聚功　work of cohesion　04.1653

内攫取[反应]　internal abstraction　02.1155

内壳层　inner shell　04.1219

内扩散　internal diffusion　04.0802

内能　internal energy　03.2381

内羟亚胺　lactim　02.0140

内锁　internal lock　03.2230

* 内梯度　high-pressure gradient　03.2143

内脱模剂　internal releasing agent　05.1129

内稳态　homeostasis　01.0599

内鎓盐　betaine　02.0138

内酰胺　lactam　02.0139

β内酰胺抗生素　β-lactam antibiotic　02.0550

内相　inner phase　04.1746

内消旋化合物　meso-compound　02.0737

内型异构体 *endo* isomer 02.0725

内旋转 internal rotation 04.1289

* 内盐 inner salt 01.0022

内增塑作用 internal plasticization 05.0971

内张力 I strain, inner strain 02.0650

内照射 internal exposure 06.0444

内酯 lactone 02.0134

内重原子效应 internal heavy atom effect 03.1339

内转换 internal conversion 04.1478

内转换电子 internal conversion electron 06.0028

内转换系数 internal conversion coefficient 06.0029

内坐标 internal coordinate 04.1291

能带 energy band 01.0742

能带结构 energy band structure 03.2677

能带宽度 band width 01.0743

能带理论 energy band theory 04.1934

能级连续区 continuum 04.1095

* 能级相关图 correlation diagram 04.1352

能量分解 energy decomposition 04.1299

能量分析器 energy analyzer 03.2607

能量均分定律 equipartition of energy 04.1446

能量色散 X 射线分析 energy-dispersion X-ray analysis, EDX 03.2603

能量色散 X 射线荧光光谱仪 energy dispersive X-ray fluorescence spectrometer 03.1151

能量随机化 energy randomization 04.0277

能量吸收 energy absorption 06.0438

能量转移化学发光 energy transfer chemiluminescence 03.1264

能势动力学 Nosé dynamics 04.1457

能势-胡佛动力学 Nosé-Hoover dynamics 04.1458

能斯特方程 Nernst equation 04.0483

* 尼龙 6 nylon 6 05.0272

* 尼龙 66 nylon 66 05.0273

尼罗蓝 A Nile blue A 03.0586

泥浆浸渍[法] slurry impregnation [method] 04.0715

拟合优度检验 goodness of fit test 03.0268

拟卤素 pseudohalogen 01.0072

拟水平 pseudo level 03.0245

* 逆磁性 diamagnetism 01.0788

逆第尔斯-阿尔德反应 retro Diels-Alder reaction 02.1084

逆反同位素效应 inverse isotope effect 02.0919

逆合成 retrosynthesis 02.1211

逆胶束增稳室温荧光法 inversed micelle-stabilized room temperature fluorimetry 03.1304

逆拉曼效应 inverse Raman effect, IRE 03.1400

* 逆流电泳 countercurrent electrophoresis 03.1828

逆流色谱法 counter current chromatography, CCC 03.1842

逆没食子鞣质 ellagitannin 02.0548

逆片呐醇重排 retro-pinacol rearrangement 02.1165

* 逆歧化反应 comproportionation reaction 01.0344

逆羟醛缩合 retrograde aldol condensation 02.1120

逆同位素稀释分析 reverse isotope dilution analysis, RIDA 06.0525

* 逆相气相色谱 inverse gas chromatography, IGC 03.1814

逆向电子转移 back electron transfer 04.1005

逆[向]反应 backward reaction 01.0361

年摄入限值 annual limit on intake, ALI 06.0397

黏度 viscosity 04.1716

* 黏度比 viscosity ratio 05.0785

黏度改进剂 viscosity modifier 05.1135

黏度函数 viscosity function 05.0796

黏度计 viscometer 04.1721

* 黏度调节剂 viscosity modifier 05.1135

黏附功 work of adhesion 04.1652

黏附系数 sticking coefficient 04.0906

黏合 adhesion 05.1074

黏合剂 adhesive 05.0377

黏胶纤维 viscose fiber 05.0357

黏结剂 binding agent 04.0739

黏均分子量 viscosity-average molecular weight, viscosity-average molar mass 05.0741

黏流态 viscous flow state 05.0896

黏数 viscosity number 05.0787

黏弹性 viscoelasticity 05.0932

捻度 twist 05.1069

鸟氨酸 ornithine 02.1355

鸟苷 guanosine 02.1311

鸟嘌呤 guanine 02.1306

* 鸟嘌呤核苷 guanosine 02.1311

尿苷 uridine 02.1312

尿嘧啶 uracil 02.1307

* 尿嘧啶核苷 uridine 02.1312

* 尿素 urea 02.0125

尿素树脂 urea resin 05.0202

脲 urea 02.0125

脲基甲酸酯 allophanate 02.0130

脲酶 urease 01.0669

脲醛树脂 urea-formaldehyde resin 05.0198

捏合 kneading 05.0978

镍镉电池 nickel-cadmium battery 04.0565

镍金属氢化物电池 nickel metalhydride battery 04.0564

* 镍氢电池 nickel metalhydride battery 04.0564

凝固点降低 freezing point depression 04.0186

凝胶 gel 05.0728

凝胶点 gel point 05.0733

* 凝胶点剂量 gel point dose 06.0352

凝胶电泳 gel electrophoresis 03.1825

凝胶纺丝 gel spinning 05.1049

凝胶分率 gel fraction 06.0355

凝胶过滤色谱法 gel filtration chromatography, GFC 03.1801

凝胶剂量 gelation dose 06.0352

凝胶色谱法 gel chromatography 03.1799

凝胶渗透色谱法 gel permeation chromatography, GPC 03.1800

* 凝胶效应 autoacceleration effect 05.0586

凝聚 coacervation 04.1515

凝聚缠结 cohesional entanglement 05.0695

凝聚剂 coagulating agent 05.1138

凝聚态 condensed state 05.0694

凝聚系统 condensed system 04.0027

凝乳状沉淀 curdy precipitate 03.0798

牛顿剪切黏度 Newtonian shear viscosity 05.0793

牛顿流动 Newtonian flow 04.1715

牛顿流体 Newtonian fluid 05.0923

牛顿黏度 Newtonian viscosity 04.1719

扭辫分析 torsional braid analysis, TBA 05.0918

* 扭船型构象 skewboatconformation 02.0757

扭力天平 torsion balance 03.0093

扭曲分子内电荷转移态 twisted intramolecular charge transfer state, TICT state 04.1010

扭型构象 twist conformation 02.0757

扭折 kink 04.1967

扭转角 torsion angle 02.0744

扭转张力 torsional strain 02.0639

纽曼投影式 Newman projection 02.0677

农药残留分析 pesticide residue analysis 03.0450

浓差电池 concentration cell 04.0546

浓差过电位 concentration overpotential 03.1720

浓差极化 concentration polarization 03.1709

浓度 concentration 01.0034

浓度常数 concentration constant 03.0752

浓度猝灭 concentration quenching 05.0888

浓度灵敏度 concentration sensitivity 03.0045

浓度敏感型检测器 concentration sensitive detector 03.2049

* 浓度平衡常数 concentration constant 03.0752

浓度跃变 concentration jump 04.0399

浓度直读[法] concentration direct reading 03.0988

诺里什-Ⅰ光反应 Norrish type Ⅰ photoreaction 02.0898

诺里什-Ⅱ光反应 Norrish type Ⅱ photoreaction 02.0899

O

欧姆电势降 ohmic potential drop 04.0517

偶苯酰 benzil 02.0210

偶氮化合物 azo compound 02.0194

偶氮类聚合物 azo polymer 05.0146

偶氮[类]引发剂 azo type initiator 05.0527

偶氮氯膦 Ⅲ chlorophosphonazo Ⅲ 03.0513

偶氮染料 azo dye 03.0510

偶氮胂 Ⅰ arsenazo Ⅰ 03.0511

偶氮胂 Ⅲ arsenazo Ⅲ 03.0512

偶氮亚胺 azo imide 02.0197

偶电子规则 even-electron rule 03.2382

偶电子离子 even-electron ion 03.2383

偶合反应化学发光 coupling reaction chemiluminescence 03.1265

偶合终止 coupling termination 05.0576

偶极[环]加成 dipolar addition dipolar cycloaddition 02.1089

* 偶极加成 dipolar addition dipolar cycloaddition 02.1089

偶极-偶极相互作用 dipole-dipole interaction 04.1350

偶极-四极相互作用 dipole-quadrupole interaction

04.1351

偶联反应 coupled reaction, coupling reaction 01.0427

偶联剂 coupling reagent 02.1400，coupling agent
05.1099

偶联聚合 coupling polymerization 05.0480

偶然符合 random coincidence, accidental coincidence
06.0138

偶姻 acyloin 02.0144

偶姻缩合 acyloin condensation 02.1121

偶遇络合物 encounter complex 04.0339

耦合 coupling 03.2249

耦合常数 coupling constant 03.2252

耦合联用技术 coupled simultaneous technique 03.2734

耦合循环 cycle coupling 04.0926

P

帕特森函数法 Patterson function method 04.2038

帕特森寻峰法 Patterson search method 04.2039

排斥电压 repeller voltage 03.2576

排除体积 excluded volume 05.0766

排列参数 packing parameter 04.1633

排阻色谱法 exclusion chromatography 03.1750

* 哌啶 piperidine 02.0310

哌啶[类]生物碱 piperidine alkaloid 02.0395

哌啶酮 piperidone 02.0311

* 哌嗪 piperazine 02.0321

* 2,5-哌嗪二酮 piperazine-2,5-dione 02.0322

蒎烷类 pinane 02.0465

潘-法-罕吸附规则 Paneth-Fajans-Hahn adsorption rule
03.0733

盘状相 discotic phase 05.0866

判别分析 discriminant analysis 03.0331

旁观者-夺取模型 spectator-stripping model 04.0383

* 泡化碱 water glass 01.0214

泡利 [不相容]原理 Pauli [exclusion] principle
04.1332

泡沫 foam 04.1761

泡沫浮选法 foam floatation 03.0900

泡沫值 foam value 04.1766

配分函数 partition function 04.1414

* 配合物 coordination compound, complex 01.0465

* 配离子 complex ion 01.0466

* 配糖体 genin, aglycon, aglycone 02.0542

σ 配体 σ-bonding ligand 01.0482

π 配体 π-bonding ligand 01.0483

配体 ligand 02.1416

* 配体场 ligand field 01.0557

配体交换 ligand exchange 01.0539

配体交换色谱法 ligand exchange chromatography
03.1786

配体-金属电荷转移跃迁 ligand-to-metal
charge-transfer, LMCT transition 04.1068

配位层 coordination sphere 01.0494

配位场 ligand field 01.0557

配位场分裂 ligand field splitting 01.0559

配位场理论 ligand field theory 01.0558

配位场稳定化能 ligand field stabilization energy
01.0561

配位催化 coordination catalysis 04.0643

* 配位滴定法 complexometry 03.0410

配位多面体 coordination polyhedron 01.0493

配位反应 coordination reaction 01.0423

配位负离子聚合 coordinated anionic polymerization
05.0459

配位共价键 coordinate-covalent bond 02.0624

配位化合物 coordination compound, complex
01.0465

配位化学 coordination chemistry 01.0464

* 配位剂 complexing agent, complexant 01.0472

配位键 coordination bond 01.0554

配位距离 coordination distance 04.1911

配位聚合 coordination polymerization 05.0458

配位聚合物 coordination polymer 05.0057

配位数 coordination number 01.0492

配[位]体 ligand 01.0470

* 配位效应系数 coefficient of complexation effect
03.0766

配位异构 coordination isomerism 01.0540

配位原子 ligating atom, coordination atom 01.0471

配位正离子聚合 coordinated cationic polymerization
05.0460

配位作用 coordination 01.0424

* 配阳离子 complex cation 01.0468

* 配阴离子 complex anion 01.0467

喷灯　blast burner　03.0671

* 喷淋床反应　trickle-bed reactor　04.0887

喷射纺丝　jet spinning　05.1044

喷雾电离　spray ionization　03.2495

喷雾干燥[法]　spray drying [method]　04.0725

盆苯　benzvalene　02.0186

盆式构象　tub conformation　02.0763

彭宁电离　Penning ionization, PI　03.2496

硼氢化　hydroboration　02.1071

硼砂　borax　01.0213

硼砂珠试验　borax-bead test　03.0471

硼烷　borane　01.0159

硼杂环己烷　boracyclohexane, borinane　02.0313

硼中子俘获治疗　boron neutron capture therapy, BNCT　06.0779

膨胀压　swelling pressure　04.1706

碰撞变宽　collision broadening　03.1015

碰撞参数　impact parameter, collision parameter　06.0210

* 碰撞池　collision chamber　03.2577

碰撞传能　collision energy transfer　04.0302

碰撞猝灭　collisional quenching　04.0991

碰撞活化　collisional activation　03.2384

碰撞活化解离　collision activated dissociation, CAD　03.2385

* 碰撞激发　collisional excitation　03.2384

* 碰撞加宽　collision broadening　04.1074

碰撞截面　collision cross section　04.0301

碰撞理论　collision theory　04.0911

碰撞室　collision chamber　03.2577

碰撞诱导解离　collision induced dissociation, CID　03.2386

砒霜　white arsenic　01.0271

* 皮策张力　Pitzer strain　02.0642

皮芯纤维　sheath-core fiber　05.1060

皮芯效应　skin and core effect　05.1061

苉　picene　02.0171

* β片[层] (β-sheet)　β-pleated sheet　02.1411

片晶　lamella, lamellar crystal　05.0836

片呐醇　pinacol　02.0081

片呐醇重排　pinacol rearrangement　02.1164

偏差　deviation　03.0169

* 偏[二]取代乙烯单体　vinylidene monomer　05.0391

偏共振　off resonance　03.2241

偏光比色计　polarization colorimeter　03.1201

偏光荧光计　polarization fluorimeter　03.1318

偏回归系数　partial regression coefficient　03.0273

偏离函数　deflection function　04.0372

偏摩尔焓　partial molar enthalpy　04.0106

偏摩尔吉布斯自由能　partial molar Gibbs free energy　04.0107

偏摩尔量　partial molar quantity　04.0105

偏摩尔体积　partial molar volume　04.0108

偏相关系数　partial correlation coefficient　03.0255

偏倚　bias　03.0161

偏振分光光度计　polarizing spectrophotometer　03.1257

偏振光　polarized light　02.0810

偏振光谱　polarization spectroscopy　04.1069

偏振红外光技术　polarization infrared technique　03.1367

偏振[化]因子　polarization factor　04.2019

* 偏振仪　polarization spectrometer　03.1460

偏最小二乘法　partial least square method　03.0265

偏最小二乘分光光度法　partial least square regression spectrophotometry　03.1242

漂白粉　bleaching powder　01.0216

* 漂白黏土　bleaching clay　01.0253

漂白土　bleaching clay　01.0253

嘌呤　purine　02.0377

嘌呤[类]生物碱　purine alkaloid　02.0414

氕　protium　01.0064

贫电子键　electron deficient bond　02.1488

贫电子[体系]　electron deficient [system]　02.0983

贫化铀　depleted uranium, DU　06.0569

贫燃火焰　fuel-lean flame　03.1041

频率分布　frequency distribution　03.0124

* 频哪醇　pinacol　02.0081

频数　frequency　03.0122

* 频数分布图　histogram　03.0126

频域信号　frequency domain signal　03.2200

* 品红亚硫酸试剂　Schiff reagent　03.0524

* 品绿　malachite green　03.0585

* 平板色谱　planar chromatography　03.1753

平带电势　flat band potential　04.0475

平动扩散　translational diffusion　04.1532

平动配分函数　translational partition function　04.0233

平方和加和性　additivity of sum of squares　03.0237

平伏键　equatorial bond　02.0783

* 平衡表面张力　equilibrium surface tension　04.1557

平衡常数　equilibrium constant　04.0168

平衡处理　equilibrium treatment　04.0918

平衡近似　equilibrium approximation　04.0297

平衡聚合　equilibrium polymerization　05.0440

平衡溶胀　equilibrium swelling　05.0730

平衡熔点　equilibrium melting point　05.0958

平衡态　equilibrium state　04.1303

平衡统计　equilibrium statistics　04.0247

平衡系统　equilibrium system　04.0019

平均分子量　average molecular weight　03.2544

平均官能度　average functionality　05.0387

平均聚合度　average degree of polymerization　05.0745

平均孔直径　average pore diameter　04.0786

平均离子活度系数　mean ionic activity coefficient　04.0428

平均寿命　average life, mean life　06.0036

平均值　mean value　04.1164

平均值控制图　$\bar{x}$ -control chart　03.0350

平面[对称操作]群　[crystallographic] plane group　04.1835

* 平面偏振光　polarized light　02.0810

平面三角构型　trigonal planar configuration　02.1540

平面色谱法　planar chromatography　03.1753

平面四方配合物　planar square complex　01.0505

平台　plateau　03.2705，terrace　04.1964

平台原子化　platform atomization　03.1064

平坦曲线　plain curve　02.0817

平向键　equatorial bond　02.0773

平行测定　parallel determination　03.0696

平行催化波　parallel catalytic wave　03.1669

平行反应　parallel reaction　04.0292

平行合成　parallel synthesis　02.1219

平行链晶体　parallel-chain crystal　05.0850

平移　translation　04.1817

[平移]矢量　[translation] vector　04.1828

平移因子　shift factor　05.0956

屏蔽　shielding　06.0459

屏蔽常数　shielding constant　03.2187

屏蔽[地下]室　shielded cave　06.0240

屏蔽火焰　shielded flame, sheathed flame　03.1049

屏蔽室　shielded room　06.0241

屏蔽体　shield　06.0460

屏蔽效应　shielding effect　04.1276

屏蔽因子　shielding factor　04.0542

屏障　barrier　06.0652

* 迫位　*peri* position　02.0600

破坏性检测器　destructive detector　03.2047

破乳　emulsion breaking, demulsification　04.1757

破乳剂　emulsion breaker, demulsifier　04.1758

珀金反应　Perkin reaction　02.1531

铺展　spreading　04.1651

铺展系数　spreading coefficient　04.1664

葡聚糖　dextran　05.0158

葡萄糖　glucose　02.1283

葡萄糖传感器　glucose sensor　03.1569

葡[萄]糖苷　glucoside　02.1290

普雷克斯流程　plutonium and uranium recovery by extraction process, PUREX process　06.0663

普雷洛格规则　Prelog rule　02.0789

普适标定　universal calibration　05.0815

普通环　common ring　02.0586

* δ-J 谱　J-resolved spectrum　03.2286

谱带　band　03.1954

谱带展宽　band broadening　03.1955

* 谱宽　spectral width　03.2207

谱线半宽度　spectral line half width　03.1011

谱线黑度　density of spectral line　03.0992

谱线宽度　spectral width　03.2207

谱线轮廓　line profile　03.1009

谱线强度　spectral line intensity　03.0925

谱线展宽　broadening of spectral lines　04.1073

谱线自蚀　spectral line self-reversal　03.0928

谱线自吸　spectral line self-absorption　03.0927

谱项分裂　term splitting　04.1476

α 谱学　α-spectroscopy　06.0015

β 谱学　β-spectroscopy　06.0021

γ 谱学　γ-spectroscopy　06.0025

* 曝光计　actinometer　04.1042

曝射标记　exposure labeling　06.0690

Q

期望值　expectation value　03.0140

齐墩果烷[类]　oleanane, β-amyrane　02.0521

齐格勒-纳塔催化剂　Ziegler-Natta catalyst　05.0545

齐格勒-纳塔聚合　Ziegler-Natta polymerization　05.0457

* 齐聚反应　oligomerization　05.0405

* 齐聚物　oligomer　05.0009

齐拉-却尔曼斯效应　Szilard-Chalmers effect　06.0092

齐姆图　Zimm plot　05.0804

奇异核　exotic nucleus　06.0087

奇异原子　exotic atom　06.0083

奇异原子化学　exotic atom chemistry　06.0088

歧化反应　disproportionation reaction, dismutation　01.0343

歧化终止　disproportionation termination　05.0575

气动泵　pneumatic pump　03.2006

气动跑兔　pneumatic rabbit　06.0242

气动雾化器　pneumatic nebulizer　03.1052

气辅注塑　gas aided injection molding　05.0986

气固色谱法　gas-solid chromatography, GSC　03.1805

气化室　vaporizer　03.1991

气敏电极　gas sensing electrode　03.1611

气凝胶　aerogel　04.1702

气溶胶　aerosol　04.1687

气态放射性废物　gaseous radioactive waste　06.0631

气体电极　gas electrode　04.0453

气体分析　gasometric analysis　03.0432

气体激光器　gas laser　04.1083

气体扩散法　gaseous diffusion process, gaseous diffusion method　06.0573

气体离心法　gas centrifuge process, gas centrifuge method　06.0574

气相化学发光　gas-phase chemiluminescence　03.1260

气相缓蚀剂　vapor phase inhibitor　04.0593

气相聚合　gaseous polymerization, gas-phase polymerization　05.0496

气相色谱法　gas chromatography, GC　03.1803

气相色谱-傅里叶变换红外光谱联用仪　chromatograph coupled with Fourier transform infrared spectrometer, GC-FTIR　03.2085

气相色谱-质谱法　gas chromatography/mass spectrometry, GC/MS　03.2555

气相色谱专家系统　expert system of gas chromatography　03.2099

气相氧化　gas-phase oxidation　04.0847

气液色谱法　gas-liquid chromatography, GLC　03.1804

* 气质联用　gas chromatography/mass spectrometry, GC/MS　03.2555

* 弃真错误　error of the first kind, type 1 error　03.0223

汽车尾气催化剂　auto-exhaust catalyst, catalyst for automobile exhaust　04.0680

汽化焓　enthalpy of vaporization　04.0067

汽化热　heat of vaporization　04.0075

器官剂量　organ dose　06.0427

* 器官权重因子　organ weighting factor　06.0411

迁移　migration　02.1172，04.0511

迁移插入[反应]　migratory insertion　02.1516

σ迁移重排　sigmatropic rearrangement　02.1175

迁移电流　migration current　03.1662

迁移率　mobility　03.1691

迁移倾向　migratory aptitude　02.1169

迁移时间　migration time　03.1937

铅白　white lead　01.0236

* 铅丹　red lead　01.0235

铅当量　lead equivalent　06.0466

* 铅铬黄　chrome yellow　01.0237

铅室　lead castle, lead cave　06.0245

铅酸蓄电池　lead-acid accumulator　04.0559

铅糖　lead sugar　01.0238

前 E　pro-E　02.0722

前 Z　pro-Z　02.0723

* 前处理　sample pretreatment　03.0856

* 前导肽　leader peptide　02.1395

前端　front end　06.0559

前进接触角　advancing contact angle　04.1671

* 前馈网络　feedfoward network　03.0315

前列腺素　prostaglandin, PG　02.1441

前末端基效应　penultimate effect　05.0617

前[期]过渡金属　early transition metal　02.1483

前驱核素　precursor nuclide　06.0194

前驱体　precursor　04.0753

前伸峰　leading peak　03.1914

前势垒　early barrier　04.0391

前手性　prochirality　02.0727

前 *R* 手性基团　*pro-R*-group　02.0728

前 *S* 手性基团　*pro-S*-group　02.0729

前手性中心　prochiral center, prochirality centre
　02.0800

前体　precursor　02.1415

* 前体离子　precursor ion　03.2380

前线[分子]轨道　frontier [molecular] orbital, FMO
　04.1252

前向-后向散射　forward-backward scattering　04.0380

前向散射　forward scattering　04.0378

前向网络　feedfoward network　03.0315

前沿色谱法　frontal chromatography　03.1743

前张力　F strain, forward strain　02.0648

* 前置柱　precolumn　03.2010

潜固化剂　latent curing agent　05.1091

潜像　latent image　04.1138

潜在照射　potential exposure　06.0450

浅层掩埋　shallow land burial　06.0649

欠电势沉积　underpotential deposition, UPD　04.0543

欠硫　under cure　05.1026

茜素　alizarin　03.0514

茜素氨羧络合剂　alizarin complexant　03.0515

茜素红 S　alizarin red S　03.0516

茜素黄 R　alizarin yellow R　03.0578

嵌段　block　05.0667

嵌段共聚合　block copolymerization　05.0610

嵌段共聚物　block copolymer　05.0040

* 嵌段聚合　block copolymerization　05.0610

* 嵌段聚合物　block polymer　05.0040

嵌入电极　intercalation electrode　04.0461

嵌入反应　intercalation reaction　01.0354

嵌入化学　intercalation chemistry　01.0736

嵌入原子势方法　embedded atom method, EAM
　04.1464

强电解质　strong electrolyte　04.0421

强度性质　intensive property　04.0016

强啡肽　dynorphin　02.1385

强碱型离子交换剂　strong base type ion exchanger
　03.2032

强碰撞假设　strong collision assumption　04.0276

强酸型离子交换剂　strong acid type ion exchanger
　03.2030

羟脯氨酸　hydroxyproline　02.1356

羟汞化　oxymercuration　02.1152

羟基化　hydroxylation　02.1040

7-羟基-4-甲基香豆素　7-hydroxy-4-methyl-coumarin
　03.0528

8-羟基喹啉　8-hydroxyquinoline　03.0538

羟基磷灰石　hydroxyapatite　01.0305

羟基氧化物　oxyhydroxide　01.0145

羟甲基化　hydroxymethylation　02.1110

* 羟腈　cyanohydrin　02.0080

羟联　olation　01.0480

羟桥　hydroxy bridge　01.0201

羟醛　aldol　02.0143

羟醛缩合　aldol condensation　02.1118

羟烷基化　hydroxyalkylation　02.1111

羟乙基纤维素　hydroxyethyl cellulose　05.0170

2-羟乙基乙二胺三乙酸　2-hydroxy-ethylethylenedia-
　mine triacetic acid, HEDTA　03.0635

羟自由基　hydroxyl radical　01.0595

桥环体系　bridged-ring system　02.0589

桥基　bridging group　01.0195

桥连茂金属催化剂　bridged metal-locene catalyst
　05.0554

桥连碳正离子　bridged carbocation　02.0947

桥连絮凝　bridging flocculation　04.1689

桥联配体　exo-ligand, bridging ligand　01.0479

桥羰基　bridging carbonyl　02.1474

桥头原子　bridgehead atom　02.1471

桥杂环化合物　bridged heterocyclic compound
　02.0390

鞘氨醇　sphingosine,4-sphingenine　02.1437

鞘磷脂　sphingomyelin, phosphosphingolipid　02.1435

* 切变结构　shear structure　01.0731

亲电重排　electrophilicrearrangement　02.1177

亲电加成[反应]　electrophilic addition [reaction]
　02.0878

亲电取代[反应]　electrophilic substitution [reaction]
　02.0874

* 亲电试剂　electrophile　02.0999

亲电体　electrophile　02.0999

亲电性　electrophilicity　02.1000

亲电[子]试剂　electrophilic reagent　01.0186

亲和毛细管电泳　affinity capillary electrophoresis, ACE　03.1838

亲和色谱法　affinity chromatography　03.1784

亲核反应　nucleophilic reaction　02.0865

亲核取代[反应]　nucleophilic substitution [reaction]　02.0866

*亲核试剂　nucleophile　02.1001

亲核体　nucleophile　02.1001

亲核替取代[反应]　vicarious nucleophilic substitution [reaction]　02.0873

亲核性　nucleophilicity　02.1002

亲双烯体　dienophile　02.1086

亲水[的]　hydrophilic　02.0829

亲水胶体　hydrophilic colloid　04.1520

亲水聚合物　hydrophilic polymer　05.0101

亲水亲油平衡　hydrophile-lipophile balance, HLB　04.1759

亲水作用　hydrophilic interaction　02.0830

亲脂作用　lipophilic interaction　02.0833

亲质子溶剂　protophilic solvent　03.0662

青霉烷　penam　02.0551

青霉烯　penem　02.0552

青铜　bronze　01.0232

氢氨化反应　hydroamination　02.1044

氢波　hydrogen wave　03.1676

氢电极　hydrogen electrode　03.1620

氢负离子　hydride　02.0942

氢负离子亲和性　hydride affinity　03.2387

氢锆化　hydrozirconation　02.1501

*氢硅化　hydrosiliconization, hydrosilation　02.1070

氢过氧化物　hydroperoxide　01.0144

氢化　hydrogenation　01.0411

氢化丁腈橡胶　hydrogenated butadiene-acrylonitrile rubber, HNBR　05.0328

氢化酶　hydrogenase　01.0678

氢化偶氮化合物　hydrazo compound　02.0195

氢化物发生原子吸收光谱法　hydride generation-atomic absorption spectrometry, HG-AAS　03.1024

氢化物发生原子荧光光谱法　hydride generation atomic fluorescence spectrometry, HG-AFS　03.1138

氢化橡胶　hydrogenated rubber　05.0317

*氢火焰检测器　flame ionization detector, FID　03.2054

氢甲酰化[反应]　hydroformylation　02.1073

氢键　hydrogen bond　01.0204

氢解　hydrogenolysis　02.1137

氢金属化[反应]　hydrometallation　02.1499

氢离子浓度指数　hydrogen exponent　03.0737

*氢铝化　hydroalumination　02.1069

*氢某酸　hydracid　01.0119

*氢硼化　hydroboration　02.1071

氢桥　hydrogen bridge　01.0202

氢燃烧　hydrogen burning　06.0769

氢羧基化　hydrocarboxylation　02.1076

氢锡化　hydrostannation　02.1500

氢酰化　hydroacylation　02.1074

氢氧燃料电池　hydrogen-oxygen fuel cell　04.0553

氢正离子　hydron　02.0941

氢转移聚合　hydrogen transfer polymerization　05.0469

清除　clearance　06.0437

清除剂　scavenger　06.0105

清洁解控水平　clearance level　06.0630

氰胺　cyanamide　02.0126

氰醇　cyanohydrin　02.0080

氰化　cyanidation　01.0461

氰基键合相　cyano-bonded phase　03.2025

氰甲基化　cyanomethylation　02.1108

氰量法　cyanometric titration　03.0422

氰乙基化　cyanoethylation　02.1078

琼脂　agar-agar　05.0153

蚯蚓血红蛋白　hemerythrin　01.0633

球晶　spherulite　05.0841

*球碳　fullerene　01.0181

*球陀螺分子　ball top molecule　04.1258

球谐函数　spherical harmonic function　04.1195

球形胶束　spherical micelle　04.1631

球形偏转能量分析器　spherical deflection analyzer　03.2615

球状冠醚　sperand　03.0641

球状链晶体　globular-chain crystal　05.0852

巯基苯并噻唑　mercaptobenzothiazole, MBT　03.0539

8-巯基喹啉　8-mercaptoquinoline　03.0540

区带　zone　03.1956

区带电泳　zone electrophoresis　03.1821

区带扩展　zone spreading　03.1957

区带压缩　zone compression　03.2167

区分效应　differentiating effect　03.0657

区间估计　interval estimation　03.0214

区熔法　zone melting method　01.0820

区域居留因子　area occupancy factor　06.0449

区域选择性　regioselectivity　02.1200

区域专一性　regiospecificity　02.1201

d 区元素　d-block element　01.0078

ds 区元素　ds-block element　01.0079

f 区元素　f-block element　01.0080

p 区元素　p-block element　01.0077

s 区元素　s-block element　01.0076

曲率　curvature　04.1469

* TG 曲线　TG curve　03.2702

曲线拟合　curve fitting　03.0262

曲线平移　parallel displacement of curve　03.0280

屈服　yielding　05.0900

屈服温度　yield temperature　05.0902

屈服值　yield value　04.1736

䓛　chrysene　02.0170

取代[反应]　substitution [reaction]　02.0864

[取代基的]电子效应　electronic effect [of substituent]　02.0982

取代基效应　substituent effect　02.0987

取代缺陷　substitutional defect　01.0723

取向度　degree of orientation　05.0893

取向矩阵　orientation matrix　04.2000

取样　sampling　03.0058

取样电流伏安法　sampled-current voltammetry　04.0615

去保护　deprotection　02.1225

去除插入[反应]　deinsertion　02.1479

去对称化　desymmetrization　02.0665

去极化　depolarization　04.0520

去极化电极　depolarized electrode　03.1615

去极剂　depolarizer　03.1700

* 去甲二萜碱　aconitine　02.0422

去壳　decladding　06.0596

去矿化　demineralization　01.0604

去离子化　deionization　01.0364

去离子水　deionized water　01.0150

去屏蔽　deshielding　03.2188

去溶剂化　desolvation　01.0365

去铁敏　desferrioxamine　01.0657

* 去尾剂　tailing reducer　03.1877

去污剂　decontaminant, decontaminating agent　06.0616

* 去污系数　decontamination factor　06.0106

去污因子　decontamination factor　06.0106

* 去消旋化　deracemization　02.0790

去质子化分子　deprotonated molecule　03.2388

全标记化合物　generally labeled compound　06.0681

* 全氮分析　total nitrogen analysis　03.0449

全二维色谱法　comprehensive two-dimensional chromatography　03.1761

全反射 X 射线荧光分析　total reflection X-ray fluorescence analysis　06.0511

全反射 X 射线荧光光谱法　total reflection X-ray fluorescence spectrometry　03.1143

全分析　full analysis　03.0445

全合成　total synthesis　02.1209

全局最优化　global optimization　03.0295

* 全距　range　03.0199

全酶　holoenzyme　01.0673

全取向丝　fully oriented yarn　05.1058

全热解石墨管　completely pyrolytical graphite tube　03.1076

全熔合反应　complete fusion　06.0270

全同间同等量聚合物　equitactic polymer　05.0024

全同[立构]度　isotacticity　05.0664

全同立构聚合　isotactic polymerization, isospecific polymerization　05.0463

全同立构聚合物　isotactic polymer　05.0022

全同[立构]嵌段　isotactic block　05.0671

全同[配体]配合物　homoleptic complex　02.1496

全息光栅　holographic grating　03.0956

全纤维素　holocellulose　05.0162

全相关系数　total correlation coefficient　03.0254

全消耗型燃烧器　total consumption burner　03.1036

全自动比色分析器　completely automatic colorimetric analyzer　03.1202

醛　aldehyde　02.0047

醛水合物　aldehyde hydrate　02.0051

醛糖　aldose　02.1255

醛肟　aldoxime　02.0074

醛亚胺　aldimine　02.0071

炔胺　ynamine　02.0087

炔化物　acetylide, alkynide　02.0020

炔基　alkynyl group　02.0577

炔基金属　metal alkynyl, alkynyl metal　02.1519

炔[烃]　alkyne　02.0014

炔烃配合物　alkyne complex　02.1521

缺电子化合物　electron deficiency compound　04.1214

缺陷　defect　01.0718

缺陷簇　defect cluster　01.0730

缺陷的类化学平衡　quasi-chemical equilibrium of de-
fect　01.0729

缺陷的有效电荷　effective charge of defect　01.0727

缺陷晶体　imperfect crystal　01.0695

* 缺质子核素　proton-deficient nuclide　06.0008

* 缺中子核素　neutron-deficient nuclide　06.0007

确定性效应　deterministic effect　06.0434

群的阶次　order of group　04.1495

群论　group theory　04.1493

R

燃耗　burn-up　06.0590

燃料电池　fuel cell　04.0552

燃料元件　fuel element　06.0583

燃料组件　fuel assembly　06.0584

燃烧管　combustion tube　03.0678

燃烧焓　enthalpy of combustion　04.0055

燃烧量热法　combustion calorimetry　04.0129

燃烧曲线　combustion curve, burning-off curve　03.0993

染料激光器　dye laser　04.1080

染料敏化光引发　dye sensitized photoinitiation　05.0559

扰动尺寸　perturbed dimension　05.0762

扰动角关联　perturbed angular correlation, PAC　06.0493

热　heat　04.0049

热爆炸　thermal explosion　04.0332

热表面电离　thermal surface ionization, TSI　03.2498

热参数　thermal parameter　04.2026

热超声检测　thermosonimetry　03.2725

热陈化　thermal aging　03.0825

* 热传声法　thermoacoustimetry　03.2695

热磁分析　thermomagnetometry　03.2698

热猝灭　thermal quenching　01.0768

热萃取　thermal extraction　03.0893

热导检测器　thermal conductivity detector, TCD　03.2053

热导式热量计　heat conduction calorimeter　04.0130

热电分析　thermoelectrometry　03.2697

热电晶体　pyroelectric crystal　04.1940

热电离　thermal ionization　03.2499

热电离质谱法　thermal ionization mass spectrometry,
TIMS　06.0519

热电性　thermoelectricity　01.0759

热电性聚合物　pyroelectric polymer　05.0119

热反射光谱法　thermal reflectance spectroscopy　03.2727

热分级　thermal fractionation　05.0811

热分级谱法　thermofractography, TFG　03.2729

热分解　thermal decomposition, thermolysis　01.0439

* 热分离层析法　thermofractography, TFG　03.2729

热分散　thermal dispersion　04.0721

热分析　thermal analysis　03.2680

热分析联用技术　simultaneous techniques of thermal
analysis　03.2778

热分析图　thermogram　03.0829

热分析与气相色谱联用　simultaneous thermal analysis
and gas chromatography　03.2779

热分析与质谱联用　simultaneous thermal analysis and
mass spectrometry　03.2780

热固性树脂　thermosetting resin　05.0174

热光分析　thermophotometry　03.2696

热光谱法　thermospectrometry　03.2726

热焓分析　enthalpimetric analysis　03.2777

热焓图　enthalpogram　03.2773

热化学　thermochemistry　04.0122

热化学动力学　thermochemical kinetics　04.0250

热化学方程式　thermochemical equation　04.0125

热活化　thermal activation　04.0281

* 热机械分析　thermomechanical measurement　03.2693

热机械分析　thermomechanical analysis, TMA　03.2723

热机械分析仪　thermomechanical analyzer　03.2724

热-机械曲线　thermomechanical curve　05.0946

热机械性能测定　thermomechanical measurement　03.2693

热降解　thermal degradation　05.0645

热解　pyrolysis　01.0414

热解光谱　pyrolytic spectrum　03.1360

* 热解气相色谱法　thermolysis gas chromatography　03.1810

热解涂层石墨管　pyrolytically coated graphite tube　03.1077

热解物　pyrolysate, pyrolyzate　03.2751

热解吸气相色谱法　thermal desorption gas chromatography　03.1813

热解消除　pyrolytic elimination　02.1095

热聚合　thermal polymerization　05.0432

热扩散　thermal diffusion　01.0806

* 热扩散法　thermal diffusion process　06.0579

热老化　thermal aging　05.0961

* 热离子检测器　thermionic detector　03.2058

热力学　thermodynamics　04.0001

* 热力学变量　thermodynamic variable　04.0014

热力学等效球　thermodynamically equivalent sphere　05.0708

热力学第二定律　the second law of thermodynamics　04.0009

热力学第零定律　the zeroth law of thermodynamics　04.0007

热力学第三定律　the third law of thermodynamics　04.0010

热力学第一定律　the first law of thermodynamics　04.0008

热力学分析　thermodynamic analysis　03.0029

热力学概率　thermodynamic probability　04.0012

热力学函数　thermodynamic function　04.0014

热力学极限　thermodynamic limit　04.1425

热力学控制　thermodynamic control　02.0925

热力学力　thermodynamic force　04.0219

热力学流　thermodynamic flow　04.0220

热力学平衡　thermodynamic equilibrium　04.0011

热力学平衡常数　thermodynamic equilibrium constant　04.0169

热力学酸度　thermodynamic acidity　02.0910

热力学温度　thermodynamic temperature　04.0013

热历史　thermal history　05.0917

热量计　calorimeter　04.0128

热流差热扫描量热法　heat-flux differential scanning calorimetry　03.2700

热硫化　heat cure　05.1032

热敏　thermosensitivity　01.0777

热敏发光聚合物　thermosensitive luminescent polymer　05.0112

热喷雾　thermospray　03.2500

热喷雾电离　thermospray ionization, TSI　03.2501

热膨胀分析　dimensions thermodilatometry　03.2691

热膨胀分析法　thermodilatometry　03.2719

热膨胀曲线　thermodilatometric curve　03.2720

* 热平衡定律　law of thermal equilibrium　04.0007

热容　heat capacity　04.0077

热熔合反应　hot-fusion reaction　06.0276

热熔黏合剂　melt adhesive　05.0378

热色谱法　thermochromatography　06.0533

热色现象　thermochromism　03.2683

热声分析　thermoacoustimetry　03.2695

热实验室　hot laboratory　06.0254

热试验　hot run, hot test　06.0618

热室　hot cell　06.0253

热释电性　pyroelectricity　01.0760

热释发光　thermoluminescence　01.0776

热释光分析　thermoluminescence analysis　03.2732

热释光剂量计　thermoluminescent dosimeter　06.0388

热丝裂解器　hot filament pyrolyzer　03.2092

热塑性树脂　thermoplastic resin　05.0173

热塑性弹性体　thermoplastic elastomer　05.0305

热天平　thermobalance　03.2703

热脱附谱　thermal desorption spectroscopy, TDS　04.0808

热稳定剂　heat stabilizer　05.1118

热稳定性　thermal stability　04.0761

热消偏振光强度法　thermal depolarized light intensity　03.2728

热效应　heat effect　04.0050

热氧化降解　thermal oxidative degradation　05.0646

热氧老化　thermo-oxidative aging　05.0962

热引发　thermal initiation　05.0558

热引发-转移-终止剂　thermoiniferter　05.0539

热原子　hot atom　04.0289

* 热原子　energetic atom　06.0091

热原子反应　hot atom reaction　06.0093

热原子化学　hot atom chemistry　06.0094

热原子退火　hot atom annealing　06.0095

热折射法　thermorefractometry　03.2731

热致变色　thermochromism　04.1144

热致[性]液晶　thermotropic liquid crystal　05.0865

热致液晶高分子　thermotropic liquid crystalline macromolecule　05.0129

热中子　thermal neutron　06.0152

热重法　thermogravimetry, TG　04.0135

热重法与差热分析联用　simultaneous thermogravimetry and differential thermal analysis　03.2786

热重法与差示扫描量热法联用　simultaneous thermogravimetry and differential scanning calorimetry　03.2787

热重法与库仑分析联用　simultaneous thermogravimetry and coulomb analysis　03.2781

热重法与热光度法联用　simultaneous thermogravimetry and thermophotometry　03.2788

热重法与顺磁共振联用　simultaneous thermogravimetry and electron paramagnetic resonance　03.2782

热重分析　thermogravimetric analysis, TGA　03.2682

热重图　thermogravimetric curve　03.2702

热助共振原子荧光　thermally assisted resonance atomic fluorescence　03.1126

热助阶跃线原子荧光　thermally assisted stepwise atomic fluorescence　03.1127

热助原子荧光　thermally assisted atomic fluorescence　03.1125

热助直跃线原子荧光　thermally assisted direct-line atomic fluorescence　03.1128

人工放射性　artificial radioactivity　06.0299

* 人工放射性元素　artificial [radio] element, man-made [radio]element　06.0318

人工老化　artificial aging　05.0963

人工神经网络　artificial neutral network　03.0314

人造放射性元素　artificial [radio] element, man-made [radio]element　06.0318

人造元素　artificial element　01.0050

韧致辐射　bremsstrahlung　03.2614

韧致辐射源　bremsstrahlung source　06.0403

韧性断裂　ductile fracture　05.0904

* 容量法　volumetric method　04.1606

[容]量瓶　volumetric flask　03.0101

* 容量因子　capacity factor　03.1959

容许[误]差　tolerance error, allowable error　03.0185

容许限　tolerance limit　03.0373

溶出伏安法　stripping voltammetry　03.1487

溶度参数　solubility parameter　05.0773

溶度积　solubility product　01.0039

溶剂　solvent　01.0032

θ溶剂　theta solvent　05.0760

* 溶剂萃取　liquid-liquid extraction, LLE　03.0892

溶剂萃取法　solvent extraction method　03.0881

溶剂峰消除技术　solvent elimination technique　03.2316

* 溶剂峰抑制技术　solvent suppression technique　03.2316

溶剂合物　solvate　01.0156

溶剂合异构　solvate isomerism　01.0548

溶剂化　solvation　01.0417

溶剂化电子　solvated electron　06.0340

溶剂化金属原子浸渍[法]　solvated metal atom impregnation [method]　04.0718

溶剂化模型　solvation model　04.1474

溶剂化质子　solvated proton　03.0664

[溶剂]极性　[solvent] polarity　02.1012

溶剂极性　solvent polarity　03.0648

溶剂极性参数　solvent polarity parameter　04.1053

溶剂解　solvolysis　01.0367

溶剂笼　solvent cage　04.0337

溶剂强度　solvent strength　03.1870

溶剂热处理　solvothermal treatment　04.0731

溶剂热法　solvothermal method　01.0823

溶剂热合成　solvothermal synthesis　04.0730

溶剂同位素效应　solvent isotope effect　02.0922

溶剂位移　solvent shift　03.2246

溶剂效应　solvent effect　02.0986

溶剂阳离子　lyonium ion　03.0702

溶剂阴离子　lyate ion　03.0701

溶剂诱导对称破坏　solvent-induced symmetry breaking　04.1052

溶剂助分散[法]　solvent-assisted spreading [method]　04.0722

溶胶　sol　04.1684

溶胶-凝胶法　sol-gel method　01.0824

溶胶-凝胶转化　sol-gel transformation　05.0735

溶解度　solubility　01.0035

溶解度参数　solubility parameter　03.1869

溶解焓　enthalpy of solution　04.0057

溶解金属还原　dissolving metal reduction　02.1138

溶解热　heat of solution　04.0058

溶解氧　dissolved oxygen　03.0779

溶聚丁苯橡胶　solution polymerized styrene-butadiene rubber, SSBR　05.0325

溶纤剂　cellosolve　02.0037

溶液　solution　01.0031

溶液电阻　solution resistance　04.0625

溶液法　solution method　02.1398

溶液纺丝　solution spinning　05.1042

溶液聚合　solution polymerization　05.0498

溶胀度　degree of swelling　05.0729

溶质　solute　01.0033

溶质性质检测器　solute property detector　03.2046

溶致变色　solvatochromism　04.1143

溶致液晶　lyotropic liquid crystal　04.1639

溶致液晶高分子　lyotropic liquid crystalline macro-
molecule　05.0128

熔纺　melt spinning　05.1046

熔合截面　fusion cross section　06.0271

熔合蒸发反应　fusion-evaporation reaction　06.0273

熔化焓　enthalpy of fusion　04.0065

熔化热　heat of fusion　04.0073

熔剂　flux　03.0079

熔炼分析　melting analysis　03.0441

熔融　fusion　03.0078

熔融缩聚　melt phase polycondensation　05.0516

熔融碳酸盐燃料电池　molten carbonate fuel cell,
MCFC　04.0557

熔体流动速率　melt flow rate　05.0967

熔体破裂　melt fracture　05.0996

熔盐电化学　electrochemistry of molten salt　04.0411

* 熔珠试验　borax-bead test　03.0471

熔铸　fusion casting　05.0992

柔性链　flexible chain　05.0682

柔性链聚合物　flexible chain polymer　05.0043

鞣质　tannin　02.0545

铷-锶年代测定　rubidium-strontium dating　06.0762

蠕变　creep　05.0935

蠕变柔量　creep compliance　05.0939

蠕虫状链　worm-like chain　05.0681

蠕动泵　peristaltic pump　03.2003

乳化剂　emulsifier, emulsifying agent　04.1754

乳化效率　emulsifying efficiency　04.1755

乳化作用　emulsification　04.1739

乳剂校准[特性]曲线　emulsion calibration [characteristic]
curve　03.0991

乳聚丁苯橡胶　emulsion polymerized sty-
rene-butadiene rubber, ESBR　05.0326

乳液纺丝　emulsion spinning　05.1043

乳液聚合　emulsion polymerization　05.0506

乳状液　emulsion　04.1740

乳状液变型　inversion of emulsion　04.1756

入射道　entrance channel　06.0208

软化温度　softening temperature　05.0957

软碱　soft base　01.0112

软锰矿　pyrolusite　01.0292

软水　soft water　01.0152

软酸　soft acid　01.0111

软物质　soft matter　04.1507

软硬酸碱[规则]　hard and soft acid and base[rule],
HSAB[rule]　01.0110

锐钛矿　anatase　01.0289

瑞利比　Rayleigh ratio, Rayleigh factor　05.0801

瑞利公式　Rayleigh equation　04.1549

瑞利散射　Rayleigh scattering, RS　03.1425

瑞利散射分光光度法　Rayleigh scattering spectropho-
tometry　03.1423

* 瑞利因子　Rayleigh ratio, Rayleigh factor　05.0801

瑞香烷[类]　daphnane　02.0501

润湿　wetting　04.1674

* 润湿方程　Young-Dupre equation　04.1668

[润湿]临界表面张力　critical surface tension of wetting
04.1675

* 润湿热　heat of immersion　04.1678

弱电解质　weak electrolyte　04.0420

弱碱型离子交换剂　weak base type ion exchanger
03.2033

弱酸型离子交换剂　weak acid type ion exchanger
03.2031

S

脎　osazone　02.1272

塞曼效应　Zeeman effect　03.1104

塞曼效应校正背景法　Zeeman effect background cor-
rection method　03.1105

塞曼原子吸收分光光度计　Zeeman atomic absorption
spectrophotometer　03.1108

塞曼原子吸收光谱法　Zeeman atomic absorption spec-
trometry, ZAAS　03.1021

塞式流型　plug flow　03.1970

* 9-噻吨酮　9-thioxanthone　02.0358

噻二唑　thiadiazole　02.0297

噻吩　thiophene　02.0266

噻喃　thiopyran　02.0307

噻嗪　thiazine　02.0325

噻唑　thiazole　02.0278

* 1,2-噻唑　isothiazole　02.0279

* 1,3-噻唑　thiazole　02.0278

噻唑啉　thiazoline　02.0283

噻唑烷　thiazolidine　02.0287

三标准试样法　method of three standard samples
　03.0986

三波长分光光度法　three wavelength spectrophotome-
　try　03.1212

* 三齿配体　tridentate ligand　02.1495

三重峰　triplet　03.2279

三重四极质谱仪　triple-stage quadrupole mass spec-
　trometer, TSQ-MS　03.2578

* 三重态　triplet state　03.1337

三重态-三重态能量传递　triplet-triplet energy transfer,
　TTET　04.1066

三重态-三重态湮灭　triplet-triplet annihilation
　04.0990

三单元组　triad　05.0675

* 三氮杂苯　triazine　02.0326

三电极电解池　three-electrode cell　03.1582

三电极系统　three-electrode system　04.0611

* 三噁烷　trioxane　02.0315

三方晶系　trigonal system　04.1806

三分子反应　termolecular reaction　04.0270

三份法　triplicate　03.0698

三氟甲磺酸盐　triflate　02.0149

三氟甲磺酸酯　triflate　02.0148

三官能[基]单体　trifunctional monomer　05.0389

三官能引发剂　trifunctional initiator　05.0534

三环倍半萜　tricyclic sesquiterpene　02.0480

三环二萜　tricyclic diterpene　02.0494

三级反应　third order reaction　04.0265

三级结构　tertiary structure　02.1251

三价碳正离子　carbenium ion　02.0938

三键　triple bond　04.1230

三角型碳　trigonal carbon　02.0715

三角型杂化　trigonal hybridization　02.0608

三聚　trimerization　02.1065

三聚氰胺-甲醛树脂　melamine-formaldehyde resin,

melamine resin　05.0201

三聚体　trimer　05.0011

三扣[连]配体　trihapto ligand　02.1495

三棱镜　triangular prism　03.0968

三磷酸腺苷　triphosadenine　02.1297

三羟铝石　bayerite　01.0268

三嗪　triazine　02.0326

三水铝石　gibbsite　01.0267

三萜　triterpene　02.0513

三萜皂苷　triterpenoid saponin　02.0543

* 三维缩聚　three dimensional polycondensation
　05.0518

三维荧光光谱　three dimensional fluorescence spectrum
　03.1285

三烯　triene　02.0016

三线态　triplet state　03.1337

三相点　triple point　04.0144

三效催化剂　three-way catalyst　04.0681

三斜晶系　triclinic system　04.1809

* 三亚甲基亚胺　azacyclobutane, azetidin, azetane
　02.0253

1,3,5-三氧杂环己烷　1,3,5-trioxacyclohexane
　02.0315

三元共聚合　ternary copolymerization　05.0601

三元共聚物　terpolymer　05.0032

三元络合物　ternary complex　03.1248

三元乙丙橡胶　ethylene-propylene terpolymer, EPT;
　ethylene-propylene-diene monomer, EPDM　05.0330

三中心键　three center bond　04.1234

三组分系统　three-component system　04.0030

三唑　triazole　02.0298

伞形花内酯　umbelliferone　02.0425

散裂产物　spallation product　06.0283

散裂[反应]　spallation [reaction]　06.0282

散裂中子源　spallation neutron source　06.0284

* 散射比浊度法　nephelometry　03.1197

散射的非对称性　dissymmetry of scattering　05.0805

散射辐射　scattered radiation　06.0468

散射角　scattering angle　04.0369

散射截面　scattering cross section　06.0216

散射矩阵　scattering matrix, S matrix　04.1187

散射效率　scattering efficiency　04.1544

桑德尔指数　Sandell index　03.1193

桑色素　morin　03.0644

扫场模式　field sweep mode　03.2198

ω扫描　omega scan　04.2008

ϕ扫描　phi scan　04.2009

扫描薄层色谱法　scanning thin layer chromatography　03.1818

扫描电化学显微镜　scanning electrochemical microscope　03.1553

扫描电化学显微术　scanning electrochemical microscopy, SECM　04.0632

扫描电子显微镜　scanning electron microscopy, SEM　04.0821

扫描俄歇微探针[法]　scanning Auger microprobe, SAM　03.2634

扫描范围　scan range　03.2579

扫描红外分光光度计　scanning infrared spectrophotometer　03.1391

扫描近场光学显微镜　scanning near field optical microscope　03.2672

扫描隧道谱法　scanning tunneling spectroscopy　03.2659

扫描隧道显微镜　scanning tunnel microscope　03.2658

扫描隧道显微术　scanning tunnelling microscopy, STM　03.0114

扫描探针显微镜　scanning probe microscope, SPM　04.2056

扫描透射离子显微镜　scanning transmission ion microscope　06.0520

扫描质子微探针　scanning proton microscopy　06.0521

扫频模式　frequency sweep mode　03.2199

L-色氨酸　tryptophan[e]　02.1343

色料　colorant　05.1112

* 色满　chroman　02.0353

色谱[法]　chromatography　03.1736

色谱分析　chromatographic analysis　03.1737

色谱峰　chromatographic peak　03.1909

色谱工作站　chromatographic workstation　03.2098

色谱数据系统　chromatographic data system　03.2097

色谱图　chromatogram　03.1894

色谱仪　chromatograph　03.1971

色谱-原子吸收光谱联用仪　chromatography-atomic absorption spectrometer　03.2084

色谱柱　chromatographic column　03.1881

色散力　dispersion force　04.1264

色散率　dispersion　03.0964

色散型谱　dispersion spectrum　03.2221

* 色酮　chromone　02.0355

* 色烯　chromene　02.0351

* 2H-色烯-2-酮　2H-chromen-2-one　02.0354

* 4H-色烯-4-酮　4H-benzapyran-4-one　02.0355

色心　color center　04.1882

色原醇　chromanol　02.0431

色原酮　chromone　02.0430

色原烷　chromane　02.0429

色原烯　chromene　02.0432

沙蚕毒素　nereistoxin　02.0569

沙哈方程　Saha equation　03.0995

[沙]海葵毒素　palytoxin　02.0568

纱[线]　yarn　05.1072

筛板　frit　03.1892

[筛]目　mesh　03.0057

钐-钕年代测定　samarium-neodymium dating　06.0763

闪发聚合　flash polymerization　05.0482

闪光光解　flash photolysis　04.1114

闪光光谱法　flash spectroscopy　06.0348

闪解　flash pyrolysis　03.2740

闪解吸　flash desorption　03.2389

闪烁探测器　scintillation detector, scintillation counter　06.0121

NaI(Tl)闪烁体　NaI(Tl) scintillator　06.0122

闪烁液　scintillation cocktail　06.0126

闪锌矿　sphalerite, zinc blende　01.0317

闪耀波长　blaze wavelength　03.0961

闪耀光栅　blazed grating　03.0960

闪耀角　blaze angle　03.0962

闪蒸气相色谱法　flash gas chromatography　03.1811

扇形场质谱仪　sector-type magnetic mass spectrometer　03.2582

扇形磁场　magnetic sector　03.2580

扇形电场　electric sector　03.2581

商品检验　commodity inspection　03.0787

熵　entropy　04.0085

熵产生　entropy production　04.0217

熵流　entropy flux　04.0218

熵增原理　principle of entropy increase　04.0207

上警告限　upper alarm limit　03.0352

上控制限　upper control limit　03.0354

上相微乳液　upper-phase microemulsion　04.1748

上行展开[法]　ascending development method　03.2153

上转换　up conversion　04.1136

烧爆作用　decrepitation　03.0826

* 烧碱　caustic soda　01.0208

烧碱石棉　ascarite　03.0677

烧结　sintering　01.0807

[烧结]玻璃砂[滤]坩埚　sintered-glass filter crucible　03.0104

烧结成型　sinter molding　05.1017

烧绿石　pyrochlore　01.0251

烧石膏　burnt plaster　01.0303

烧蚀聚合物　ablative polymer　05.0124

少数原子化学　few atom chemistry　06.0262

* 舍弃域　rejection region　03.0221

射程　range　06.0143

射流传送　jet transfer　06.0243

[射频发射器的]偏置　off-set　03.2232

射频放电　radio frequency spark　03.2583

射频感应冷坩埚法　radio frequency cold crucible method　01.0821

射气　emanation, Em　06.0319

X 射线单色器　X-ray monochromator　03.2613

X 射线发光　X-ray luminescence　01.0775

X 射线发生器　X-ray generator　06.0503

X 射线峰增宽　X-ray peak broadening　04.2050

X 射线光电子能谱法　X-ray photoelectron spectroscopy, XPS　03.2609

X 射线光电子能谱小面积分析法　small area analysis by X-ray photoelectron spectroscopy　03.2611

[X 射线或中子]屏蔽穿透比　shielding transmission ratio [for X-ray or neutron]　06.0478

X 射线激发俄歇电子　X-ray excited Auger electron, XAES　03.2635

γ 射线剂量常数　specific gamma ray dose constant, SGRDC　06.0407

X 射线结构分析　X-ray structure analysis　04.1975

X 射线晶体学　X-ray crystallography　04.1973

X 射线漫散射　X-ray diffuse scattering　04.2017

γ 射线能谱法　γ-ray spectrometry　06.0026

X 射线微区分析　X-ray microanalysis　03.2597

X 射线吸收近边结构　X-ray absorption near edge structure　04.2058

X 射线吸收精细结构　X-ray absorption fine structure, XAFS　04.2057

X 射线吸收限光谱法　X-ray absorption edge spectrometry　03.1155

X 射线小角散射　small angle X-ray scattering, SAXS　03.1160

X 射线衍射　X-ray diffraction, XRD　04.2053

X 射线衍射谱　X-ray diffraction spectrum, XRD spectrum　04.0815

X 射线衍射物相分析　phase analysis by X-ray diffraction　03.1156

X 射线衍射学　X-ray diffractometry　04.1974

X 射线荧光分析　X-ray fluorescence analysis　06.0504

X 射线荧光光谱法　X-ray fluorescence spectrometry　03.1141

X 射线源　X-ray source　04.1994

摄谱仪　spectrograph　03.0974

摄入　intake　06.0476

* 麝香草酚蓝　thymol blue　03.0569

* 麝香草酚酞　thymolphthalein　03.0570

伸展链晶体　extended-chain crystal　05.0851

伸直长度　contour length　05.0718

* 砷华　white arsenic　01.0271

砷鎓离子　arsonium ion　01.0174

砷叶立德　arsenic ylide　02.0973

[深]地质处置　[deep] geological disposal　06.0648

深度分辨率　depth resolution　03.2651

* 神经氨基醇　sphingosine,4-sphingenine　02.1437

神经节苷脂　ganglioside, GA　02.1439

* 神经鞘磷脂　sphingomyelin, phosphosphingolipid　02.1435

神经酰胺　ceramide, Cer　02.1438

胂　arsine　02.0217

渗流　percolation　04.1753

渗碳　carburization　01.0459

渗透计　osmometer　04.1536

渗透天平　osmotic balance　04.1537

渗透性　permeability　03.1890

渗透压　osmotic pressure　04.0188

渗透因子　osmotic factor　04.0190

渗透[作用]　osmosis　04.0187

渗析器　dialyzer　03.0687

升汞　corrosive sublimate　01.0228

升华焓　enthalpy of sublimation　04.0066

升华热　heat of sublimation　04.0074

升温时间　temperature rise time, TRT　03.2769

升温速率　temperature rate　03.2139

升温速率曲线　heating rate curve　03.2137

生成常数　formation constant　01.0584

生成焓　enthalpy of formation　04.0053

生成截面　production cross section, formation cross section　06.0217

生化分析　biochemical analysis　03.0012

生化需氧量　biochemical oxygen demand, BOD　03.0781

生色团　chromophoric group　03.1189

* 生石膏　gypsum　01.0301

生石灰　quicklime　01.0261

生物半衰期　biological half-life　06.0463

生物传感器　biosensor　03.1565

生物催化剂　biological catalyst　04.0671

生物催化[作用]　biocatalysis　02.1315

生物电化学　bioelectrochemistry　04.0408

生物发光　bioluminescence　04.0968

生物发光免疫分析　bioluminescence immunoassay　03.1276

生物高分子　bio-macromolecule　05.0085

* 生物耗氧量　biochemical oxygen demand, BOD　03.0781

生物合成　biosynthesis　02.1320

生物活性高分子　bioactive macromolecule　05.0086

生物甲基化　biomethylation　02.1470

生物碱　alkaloid　02.0391

生物降解　biodegradation　05.0638

生物胶体　biocolloid　04.1506

生物可蚀性聚合物　bioerodable polymer　05.0098

生物矿化　biomineralization　01.0600

生物矿物　biomineral　01.0601

生物利用度　bioavailability　01.0607

生物模拟　biosimulation　01.0608

生物膜电极　biomembrane electrode　03.1644

生物燃料电池　biofuel cell　04.0555

生物色谱法　biological chromatography　03.1756

生物弹性体　bioelastomer　05.0095

生物探针　bioprobe　02.1319

生物陶瓷　bioceramic　01.0602

生物体液原态分析　analysis of original organism in body fluid　03.0436

生物医学色谱法　biomedical chromatography　03.1757

生物医用高分子　biomedical macromolecule　05.0087

生物有机化学　bioorganic chemistry　02.1318

生物质谱法　biological mass spectrometry, BMS　03.2390

生物转化　biotransformation　02.1316

* 生物转换　bioconversion　02.1316

生物自显影法　bioautography　03.2164

生橡胶　raw rubber, crude rubber　05.0306

声波喷雾电离　sonic spray ionization, SSI　03.2502

声化学合成　sonochemical synthesis　02.1196

声致发光　sonoluminescence　04.1059

声子　phonon　01.0765

* 省　acene　02.0181

剩余辐射　residual radiation　06.0453

剩余[核]辐射　residual [nuclear] radiation　06.0467

剩余耦合常数　residual coupling constant　03.2253

失活机理　deactivation mechanism　04.0758

失活[作用]　deactivation　04.0757

失透　devitrification　01.0812

施特恩层　Stern layer　04.0489

湿存水　hygroscopic water　03.0822

湿法　wet method, wet way　03.0037

湿法反应　wet reaction　01.0357

湿法灰化　wet ashing　03.0861

* 湿法冶金　electrowinning　04.0604

湿法柱填充　wet column packing　03.2119

湿纺　wet spinning　05.1040

湿润剂　wetting agent　05.1132

十二面体　dodecahedron　04.1917

十分之一值层厚度　tenth-value layer, TVL　06.0465

石房蛤毒素　saxitoxin　02.0571

石膏　gypsum　01.0301

* 石灰　quick lime　01.0261

石灰石　limestone　01.0260

* 石灰岩　limestone　01.0260

石蜡　paraffin wax　02.0010

石榴[子]石　garnet　01.0280

石墨　graphite　01.0285

石墨电极　graphite electrode　03.1601

石墨化碳黑　graphitized carbon black　03.2036

石墨炉　graphite furnace　03.1068

石墨炉原子吸收光谱法　graphite furnace atomic absorption spectrometry, GFAAS　03.1020

* 石青　azurite　01.0316

石蕊试纸　litmus paper　03.0564

石英管原子捕集法　quartz tube atom-trapping　03.1057

石英晶体微天平　quartz crystal microbalance　03.0094

石英炉原子化器　quartz furnace atomizer　03.1075

石油树脂　petroleum resin　05.0180

石竹烷[类]　caryophyllane　02.0477

时间常数　time constant　03.2130

时间反演不变性　time inversion invariance　04.1449

时间分辨傅里叶变换红外光谱法　time-resolved Fourier transform infrared spectrometry, FTIR-TRS　03.1365

时间分辨光谱　time-resolved spectrum　04.0942

时间分辨光谱法　time-resolved spectrometry, TRS　03.1452

时间分辨光谱学　time-resolved spectroscopy　04.0405

* 时间分辨光声谱技术　time-resolved optoacoustic technique　03.1441

时间分辨激光诱导荧光光谱法　time-resolved laser-induced fluorimetry　03.1453

时间分辨荧光　time-resolved fluorescence　03.1286

时间分辨荧光光谱法　time-resolved fluorescence spectrometry　03.1287

时间分辨荧光免疫分析法　time-resolving fluorescence immunoassay　03.1278

时间平均法　time averaging method　03.2234

时间平均[值]　time average　04.1411

时间平移不变性　time translational invariance　04.1445

时间相关函数　time correlation function　04.1443

* 时刻一个原子的化学　one-atom-at-a-time chemistry　06.0260

时空收率　space-time yield　04.0834

时-温等效原理　time-temperature equivalent principle　05.0954

时域光声谱技术　time-resolved optoacoustic technique　03.1441

时域信号　time domain signal　03.2201

时钟反应　clock reaction　01.0407

实际晶体　real crystal　04.1858

实验设计　experimental design　03.0284

实验式　empirical formula　01.0009

食品防腐剂分析　food preservative analysis　03.0790

食品分析　food analysis　03.0020

食品添加剂分析　food additive analysis　03.0791

史蒂文森规则　Stevenson rule　03.2391

* 史罗克卡宾配合物　Schrock carbine complex　02.1515

* 士的宁[类]生物碱　strychnine alkaloid　02.0408

示波滴定法　oscillographic titration　03.1527

示波极谱滴定法　oscillopolarographic titration　03.1528

示波极谱法　oscillopolarography　03.1475

示波极谱仪　oscillographic polarograph　03.1552

示差分光光度法　differential spectrophotometry　03.1216

示差谱　difference spectrum　03.2319

示差折光检测器　differential refractive index detector　03.2063

示踪技术　tracer technique　06.0685

示踪剂　tracer　06.0683

* 示踪量级　trace level　06.0081

示踪原子扩散　tracer diffusion　01.0799

式量　formula weight　01.0012

式量电位　formal potential　03.1714

事故照射　accidental exposure　06.0456

势垒　potential barrier　04.1181

势能面　potential energy surface, PES　04.0304

LEP 势能面　London-Eyring-Polanyi potential energy surface, LEPPES　04.0315

LEPS 势能面　London-Eyring-Polanyi-Sato potential energy surface, LEPSPES　04.0316

势能面交叉　curve crossing　04.0306

势能剖面　potential energy profile　04.0314

势能最低原理　minimum total potential energy principle　04.1300

* 视式比色计　visual colorimeter　03.1199

试剂　reagent　03.0039

试剂空白　reagent blank　03.0879

试剂瓶　reagent bottle　03.0111

试样　sample　03.0063

试液　test solution　03.0077

试纸　test paper　03.0098

pH 试纸　pH paper　03.0099

室温磷光法　room temperature phosphorimetry, RTP　03.1326

适配体　aptamer　02.1451

铈(Ⅳ)量法　cerimetric titration　03.0425

铈土　ceria　01.0325

释放剂　releasing agent　03.1093

释能度　exoergicity　04.0375

嗜热菌蛋白酶　thermolysin　01.0679

收集系数　collection coefficient　04.0541

收率　yield　04.0833

手动进样器　manual injector　03.1986

手光性的　chiroptic, chiroptical　02.0694

α手套箱　alpha glove box　06.0255

手套箱技术　glove-box technique　02.1494

手性　chirality　02.0681

手性的　chiral　02.0682

手性放大　chiral amplification, asymmetric amplification　02.1238

手性分子　chiral molecule　02.0684

手性辅基　chiral auxiliary, chiral adjuvant　02.1237

手性高分子　chiral macromolecule　05.0081

手性固定相　chiral stationary phase　03.1847

手性流动相　chiral mobile phase　03.1863

手性毛细管电泳　chiral capillary electrophoresis, CCE　03.1837

手性面　chirality plane　02.0689

手性配合物　chiral coordination compound　01.0514

手性色谱法　chiral chromatography　03.1758

手性矢向　chirality sense　02.0693

手性位的　chirotopic　02.0695

手性位移试剂　chiral shift reagent　03.2311

手性选择剂　chiral selector　03.1876

手性液相色谱法　chiral liquid chromatography　03.1783

手性因素　chirality element　02.0692

手性元　chiron, chiral building block　02.1235

手性中心　chiral center, chirality center　02.0685

手性轴　chiral axis, axis of chirality　02.0690

首端过程　head-end process　06.0592

受激发射　stimulated emission　04.0947

受激发射系数　stimulated emission coefficient　03.0913

受激发射跃迁　stimulated emission transition　03.0911

受激拉曼散射　stimulated Raman scattering　03.1403

受激吸收跃迁　stimulated absorption transition　03.0912

受屏蔽核　shielded nuclide　06.0183

受体　acceptor, receptor　01.0185

* π受体　π-acceptor　01.0567

受体　receptor, acceptor　02.1417

受体显像　receptor imaging　06.0720

受限链　confined chain　05.0687

受限态　confined state　05.0699

受阻旋转　restricted rotation, hindered rotation　02.0640

梳形聚合物　comb polymer　05.0070

疏电[子]试剂　electrophobic reagent　01.0187

疏水[的]　hydrophobic　02.0832

疏水胶体　hydrophobic colloid　04.1519

疏水聚合物　hydrophobic polymer　05.0102

疏水溶胶　hydrophobic sol　04.1685

疏水作用　hydrophobic interaction　02.0831

疏水作用色谱法　hydrophobic interaction chromatography　03.1789

疏质子溶剂　protophobic solvent　03.0663

舒尔策-哈代规则　Schulze-Hardy rule　04.1692

舒尔茨-齐姆分布　Schulz-Zimm distribution　05.0755

[舒]缓激肽　bradykinin　02.1391

输运性质　transport property　04.1433

熟化　ripening　05.1066

熟石灰　slaked lime　01.0262

曙红　eosine　03.0598

束-箔谱学　beam-foil spectroscopy　06.0522

束化学　beam chemistry　06.0236

束监视器　beam monitor, BM　03.2536

束流能量　beam energy　06.0237

束流强度　beam intensity　06.0238

树胶　gum　05.0154

树枝[状]晶体　dendrite　05.0838

树[枝]状聚合物　dendrimer, dendritic polymer, tree polymer　05.0066

树脂　resin　05.0171

* ABS 树脂　ABS resin　05.0184

树脂传递模塑　resin transfer molding, RTM　05.0990

树脂交换容量　exchange capacity of resin　03.0739

* 竖键　axial bond　02.0782

* 竖向键　axial bond　02.0772

数据处理　data handling, data processing　03.0116

数均分子量　number-average molecular weight, number-average molar mass　05.0738

数量分布函数　number distribution function　05.0752

数密度　number density　04.1441

α 衰变　α-decay　06.0018

β 衰变　β-decay　06.0019

β⁺衰变 β⁺-decay 06.0020

γ衰变 γ-decay 06.0024

* 衰变率 decay rate 06.0035

衰减 attenuation 06.0471

衰减当量 attenuation equivalent 06.0472

衰减全反射 attenuated total reflection, ATR 03.1380

双氨基化 bisamination 02.1037

双苄基异喹啉[类]生物碱 bisbenzylisoquinoline alkaloid 02.0406

双波长分光光度计 dual wavelength spectrophotometer 03.1256

双侧检验 two-tailed test, two-side test 03.0218

双层脂质膜 bilayer lipid membrane, BLM 04.1662

双重标记 double labeling, double-tagging 06.0686

双重氮联苯胺 bis-diazotized benzidine 03.0533

双重膜 duplex film 04.1661

双氮配合物 dinitrogen complex 02.1480

双电层 double electric layer 04.0487

双电层电容 double layer capacitance 04.0496

双电层厚度 double layer thickness 04.1697

双电荷离子 double-charged ion 03.2503

双电弧法 double arc method 03.0989

双电位阶跃法 double-potential-step method 03.1524

双电子积分 two-electron integral 04.1328

双反式环烯 betweenanene 02.0153

双分子反应 bimolecular reaction 04.0269

双分子共轭碱消除[反应] bimolecular elimination [reaction] through conjugate base 02.0888

双分子还原 bimolecular reduction 02.1140

双分子碱催化烷氧断裂[反应] bimolecular base-catalyzed alkyl-oxygen cleavage 02.0895

双分子碱催化酰氧断裂[反应] bimolecular base-catalyzed acyl-oxygen cleavage [reaction] 02.0891

双分子亲电取代[反应] bimolecular electrophilic substitution [reaction] 02.0877

双分子亲核取代[反应] bimolecular nucleophilic substitution [reaction] 02.0869

双分子酸催化烷氧断裂[反应] bimolecular acid-catalyzed alkyl-oxygen cleavage [reaction] 02.0893

双分子酸催化酰氧断裂[反应] bimolecular acid-catalyzed acyl-oxygen cleavage [reaction] 02.0890

双分子消除[反应] bimolecular elimination [reaction] 02.0886

双分子终止 bimolecular termination 05.0572

双酚A环氧树脂 bisphenol A epoxy resin 05.0208

双份法 duplicate 03.0697

双峰 doublet 03.2277

双负离子 dianion 02.0945

双功能螯合剂 bifunctional chelator 06.0721

双功能催化剂 bifunctional catalyst, dual functional catalyst 04.0670

双功能连接剂 bifunctional conjugating agent 06.0722

双共振 double resonance 03.2261

* 双共振技术 spin decoupling 03.2262

双[股]链 double strand chain 05.0827

双官能[基]单体 bifunctional monomer 05.0388

双官能引发剂 bifunctional initiator, difunctional initiator 05.0533

双光束分光光度计 double beam spectrophotometer 03.1255

双光束光零点红外分光光度计 double beam optical-null infrared spectrometer 03.1392

双光束原子吸收光谱仪 double beam atomic absorption spectrometer 03.1109

双光子激发 two photon excitation 04.0967

双光子激发原子荧光 two photon excited atomic fluorescence 03.1130

双光子解离 biphotonic dissociation 04.1099

双光子吸收 biphotonic absorption 04.1098

双恒电势仪 bipotentiostat 04.0614

双幻核 double magic nucleus 06.0064

双黄酮 biflavone 02.0446

* 双基终止 bimolecular termination 05.0572

双极化子 bipolaron 04.0981

双间同立构聚合物 disyndiotactic polymer 05.0028

双键 double bond 04.1229

* 双键-无键共振 double bond-no-bond resonance 02.0614

双键移位 double bond migration 02.1158

双交换 double exchange 01.0797

双阶跃计时库仑法 double-step chronocoulometry 03.1526

双金属催化剂 bimetallic catalyst 05.0552

双金属电极 bimetallic electrode 03.1591

双金属酶 bimetallic enzyme 01.0654

双浸渍[法] double impregnation [method] 04.0716

* 双晶 twin crystal, bicrystal 04.1860

双聚焦质谱仪　double focusing mass spectrometer　03.2584

双连续系统　bicontinuous system　04.1751

双木脂体　dilignan　02.0453

* 双扭环烯　betweenanene　02.0153

双羟基化反应　dihydroxylation　02.1041

双氢催化剂　dihydride catalyst　02.1482

双全同立构聚合物　diisotactic polymer　05.0025

双疏的　amphiphobic　04.1523

双竖键加成[反应]　diaxial addition [reaction]　02.0879

双 β 衰变　double β-decay　06.0032

双双峰　double doublet　03.2278

双水相萃取　aqueous two-phase extraction　03.0886

双缩脲法　biuret method　03.0489

* 双糖　disaccharide　02.1261

双通道原子吸收分光光度计　dual-channel atomic absorption spectrophotometer　03.1110

* 双尾检验　two-side test　03.0218

双温交换[法]　dual-temperature exchange　06.0579

* 双烯　diene　02.0015

双烯单体　diene monomer　05.0393

双烯聚合物　diene polymer　05.0140

双烯[类]聚合　diene polymerization　05.0413

双向展开[法]　two-dimensional development method　03.2155

双向轴滑移面　double glide plane　04.1827

双氧配合物　dioxygen complex　02.1481

* 双照射　spin decoupling　03.2262

双折射　birefringence, double refraction　04.1949

双正离子　dication　02.0944

双轴晶体　biaxial crystal　04.1954

双轴拉伸　biaxial drawing　05.1064

双轴取向　biaxial orientation, biorientation　05.0892

双柱定性法　double-column qualitative method　03.2101

* 双子表面活性剂　gemini surfactant　04.1624

双自由基　biradical, diradical　02.0964

双组分催化剂　bicomponent catalyst　05.0547

双π甲烷重排　di-π-methane rearrangement　02.1189

水包油乳状液　oil in water emulsion　04.1742

水玻璃　water glass　01.0214

* 水的活度积　ionic product of water　03.0758

水的离子积　ionic product of water　03.0758

水法后处理　aqueous reprocessing　06.0594

* 水分含量　moisture content　03.0084

水辅注塑　water aided injection molding　05.0987

水合　hydration　01.0349

水合焓　enthalpy of hydration　04.0064

水合[化]电子　hydrated electron　06.0338

水合离子　aqua ion　01.0020

水合能　hydration energy　04.0433

水合氢离子　hydronium ion　01.0021

水合热　heat of hydration　04.0072

水合数　hydration number　01.0586

水合物　hydrate　01.0148

水解　hydrolysis　01.0346

水解降解　hydrolytic degradation　05.0644

水解酶　hydrolase　01.0681

水铝石　diaspore, boehmite　01.0269

* 水铝氧石　gibbsite　01.0267

* 水绿矾　green vitriol　01.0221

水煤气反应　water-gas reaction　01.0345

水煤气转化反应　water-gas shift reaction　04.0875

水泥固化　cement solidification　06.0640

水凝胶　hydrogel　04.1704

水热处理　hydrothermal treatment　04.0727

水热法　hydrothermal method　01.0822

水热合成　hydrothermal synthesis　04.0728

水热晶化　hydrothermal crystallization　04.0729

水热失活[作用]　hydrothermal deactivation　04.0759

水热稳定性　hydrothermal stability　04.0762

水溶发光　aquoluminescence　06.0341

水溶胶　hydrosol　04.1686

水溶性碱　water soluble alkali　03.0783

水溶性聚合物　water soluble polymer　05.0104

水溶性酸　water soluble acid　03.0784

水溶助长[作用]　hydrotopy　04.1649

水杨醛肟　salicylaldoxime　03.0541

水杨酸比色法　colorimetric method with salicylic acid　03.0486

水硬度　water hardness　03.0782

水浴　water bath　03.0106

水蒸气重整　steam reforming　04.0863

水蒸气蒸馏　water vapor distillation　03.0459

δ 睡眠肽　delta sleep inducing peptide, DSIP　02.1387

顺铂　cisplatin　01.0686

顺磁共振[波谱]仪　electron paramagnetic resonance

spectrometer 03.2197

顺磁屏蔽 paramagnetic shielding 03.2189

顺磁位移 paramagnetic shift 03.2245

顺磁物质 paramagnetic substance 03.2191

顺磁效应 paramagnetic effect 03.2192

顺磁性 paramagnetism 01.0787

顺磁性配合物 paramagnetism coordination compound 01.0501

顺磁性位移试剂 paramagnetic shift reagent 03.2310

* 顺错 synclinal, sc 02.0744

顺错构象 synclinal conformation 02.0749

* 顺叠 synperiplanar, sp 02.0744

顺叠构象 synperiplanar conformation 02.0747

顺丁橡胶 cis-1,4-polybutadiene rubber 05.0323

顺反异构 cis-trans isomerism 02.0717

顺反异构体 cis-trans isomer 02.0718

* 顺式构象 syn conformation 02.0747

顺式聚合物 cis-configuration polymer, cis-polymer 05.0016

顺式异构体 cis-isomer 01.0552

顺向构象 cisoid conformation 02.0760

CIP 顺序规则 Cahn-Ingold-Prelog sequence rule, CIP system, CIP priority 02.0700

顺序扫描电感耦合等离子体光谱仪 sequential scanning inductively coupled plasma spectrometer 03.0981

顺旋 conrotatory 02.0904

瞬发辐射 prompt radiation 06.0156

瞬发辐射分析 prompt radiation analysis 06.0549

瞬发 γ 射线[中子]活化分析 prompt gamma ray [neutron] activation analysis 06.0495

* 瞬间聚合 flash polymerization 05.0482

瞬间偶极矩 transient dipole moment 04.1271

瞬态光谱 transient spectrum 04.0943

L-丝氨酸 serine 02.1341

丝网印刷电极 screen printing electrode 04.0459

斯顿-伏尔莫公式 Stern-Volmer equation 04.0988

斯莱特-康顿规则 Slater-Condon rule 04.1334

斯莱特理论 Slater theory 04.0274

斯莱特型轨道 Slater type orbital, STO 04.1333

斯塔克-爱因斯坦定律 Stark-Einstein law 04.0949

斯塔克变宽 Stark broadening 03.1017

斯托克斯位移 Stokes shift 04.0941

斯托克斯原子荧光 Stokes atomic fluorescence 03.1123

死端聚合 dead end polymerization 05.0425

死时间 dead time 03.1922

死体积 dead volume 03.1926

四氨基硅烷 silanetetramine 02.0228

四苯硼钠 sodium tetraphenylborate 03.0542

四重峰 quartet 03.2280

四单元组 tetrad 05.0676

四电极系统 four-electrode system 04.0612

四方晶系 tetragonal system 04.1805

四分[法] quartering 03.0062

四环二萜 tetracyclic diterpene 02.0502

四环素 tetracycline 02.0558

四环素类抗生素 tetracycline-antibiotic 02.0559

* 四级铵化合物 quaternary ammonium compound 02.0040

四级结构 quaternary structure 02.1252

四极质谱仪 quadrupole mass spectrometer, QMS 03.2585

四甲基硅烷 tetramethylsilane, TMS 03.2305

四硫代富瓦烯 tetrathiafulvalene 02.0388

2,3,7,8-四氯代二苯并[b, e][1,4]-二噁英 2,3,7,8-tetra-chlorodibenzo[b, e][1,4]dioxin 02.0370

四面体 tetrahedron 04.1913

四面体构型 tetrahedral configuration 02.0664

四面体配合物 tetrahedral complex 01.0504

四面体型碳 tetrahedral carbon 02.0714

四面体杂化 tetrahedral hybridization 02.0607

四面体中间体 tetrahedral intermediate 02.0931

四氢吡咯 tetrahydropyrrole 02.0271

四氢吡喃 tetrahydropyran 02.0304

* 四氢吡唑 pyrazolidine 02.0289

* 四氢噁唑 oxazolidine 02.0286

四氢呋喃 tetrahydrofuran, THF 02.0264

* 四氢咪唑 imidazolidine 02.0288

四氢噻吩 tetrahydrothiophene 02.0267

四氢噻吩砜 sulfolane, tetramethylene sulfone 02.0268

* 四氢噻唑 thiazolidine 02.0287

* 四氢异噁唑 isoxazolidine 02.0290

* 四去甲三萜 meliacane 02.0518

四萜 tetraterpene 02.0527

* 四溴苯酚磺酰酞 bromophenol blue 03.0580

* 四溴荧光黄 eosine 03.0598

四圆衍射仪 four-circle diffractometer 04.1992

四中心聚合 four center polymerization 05.0429

四唑　tetrazole, pyrrotriazole　02.0299

似对映体　quasi-enantiomer　02.0706

似平伏键　quasi-equatorial bond, pseudo-equatorial bond　02.0785

似外消旋化合物　*quasi*-racemic compound　02.0739

似外消旋体　*quasi*-racemate　02.0738

似直立键　quasi-axial bond, pseudo-axial bond　02.0784

* 松弛　relaxation　05.0936

松散过渡态　loose transition state　04.0323

松香烷[类]　abietane　02.0495

D-(−)-苏阿糖　threose　02.1280

L-苏氨酸　threonine　02.1342

* 苏打　soda　01.0209

* 苏丁糖　threose　02.1280

苏木素-伊红染色法　hematoxylineosin staining　03.0488

苏式构型　*threo* configuration　02.0712

苏型双间同立构聚合物　*threo*-disyndiotactic polymer　05.0029

苏型双全同立构聚合物　*threo*-diisotactic polymer　05.0026

苏型异构体　*threo* isomer　02.0713

* 素炼　mastication　05.0975

速差动力学分析法　differential reaction-rate kinetic analysis　03.1217

速度选择器　velocity separator　06.0301

速控步　rate controlling step　04.0295

速率常数　rate constant　04.0912

速率分布　velocity distribution　04.0373

速率分布函数　velocity distribution function　04.1421

速率理论　rate theory　03.1944

* 速率理论方程　van Deemter equation　03.1945

塑化　plasticizing　05.0969

塑解剂　peptizer　05.1098

塑晶　plastic crystal　04.1868

塑炼　plastication　05.0975

塑料　plastic　05.0300

塑料固化　plastics solidification　06.0641

塑料合金　plastic alloy　05.0302

塑性　plasticity　04.1729

塑性变形　plastic deformation　05.0930

塑性流动　plastic flow　05.0931

塑性流体　plastic fluid　04.1730

* 塑性流体　plastic fluid　05.0926

塑性体　plastomer　05.0299

溯源性　traceability　03.0378

酸　acid　01.0101

π 酸　π-acid　01.0567

酸催化　acid catalysis　04.0646

酸催化剂　acid catalyst　04.0653

* 酸滴定法　alkalimetry　03.0408

酸度　acidity　03.0734

酸度常数　acidity constant　03.0755

酸度函数　acidity function　02.0912

* 酸度计　pH meter, acidometer　03.1559

酸酐　acid anhydride　01.0122

酸化　acidification　01.0455

酸碱催化　acid-base catalysis　04.0648

酸碱滴定法　acid-base titration　03.0406

* 酸碱电子理论　Lewis theory of acids and bases　01.0107

酸碱平衡　acid-base equilibrium　01.0453

酸碱指示剂　acid-base indicator　03.0552

酸碱质子理论　Brønsted-Lowry theory of acids and bases　01.0103

酸解　acidolysis　01.0452

酸量法　acidimetry　03.0407

酸式盐　acid salt　01.0127

酸效应系数　coefficient of acid effect　03.0767

* 酸性溶剂　protophobic solvent　03.0663

[酸性]四号橙　orange Ⅳ　03.0587

酸性氧化物　acidic oxide　01.0146

酸雨分析　analysis of acid rain　03.0455

酸值　acid value　03.0775

算术晶类　arithmetic crystal class　04.1833

[算术]平均偏差　arithmetic average deviation　03.0175

算术平均值　arithmetic mean　03.0149

随机变量　random variable　03.0120

随机抽样　random sampling　03.0356

随机动力学　stochastic dynamics　04.1455

随机化　randomization　03.0364

随机区组设计　randomized block design　03.0285

随机搜索　random search, stochastic search　04.1473

* 随机搜索法　Monte Carlo method　03.0311

随机误差　random error　03.0158

随机性效应　stochastic effect　06.0435

随机样本　random sample　03.0363

随机因素　random factor　03.0241

碎裂反应　fragmentation　02.1102
碎裂[反应]　fragmentation [reaction]　06.0285
碎片峰　fragment peak　03.2392
碎片离子　fragment ion　03.2393
碎片质量谱图　mass fragmentogram　03.2545
隧道效应　tunnel effect　03.2657
* 羧基端　carboxyl terminal　02.1380
羧基化　carboxylation　02.1035
羧甲基纤维素　carboxymethyl cellulose　05.0169
羧酸　carboxylic acid　02.0089
缩氨基脲　semicarbazone　02.0079
缩丙酮化合物　acetonide　02.0057
缩丁醛树脂　butyral resin　05.0189
缩合　condensation　02.1117
* 缩合聚合反应　condensation polymerization,
　　polycondensation　05.0486

缩环[反应]　ring contraction　02.1161
缩甲醛树脂　methylal resin　05.0188
缩聚反应　condensation polymerization,
　　polycondensation　05.0486
缩聚物　condensation polymer, polycondensate
　　05.0052
缩醛　acetal　02.0055
缩醛交换　transacetalation　02.1114
缩醛树脂　acetal resin　05.0187
缩酮　ketal　02.0056
* 索尔维法　Solvay process　01.0409
索雷谱带　Soret band　01.0659
* 索氏抽提法　Soxhlet extraction method　03.0865
索氏萃取法　Soxhlet extraction method　03.0865
索烃　catenane　02.0848
锁-模激光器　mode-locked laser　04.1084

T

塔板理论　plate theory　03.1938
塔板理论方程　plate theory equation　03.1939
塔费尔方程　Tafel equation　04.0527
* 塔费尔公式　Tafel equation　04.0527
塔曼温度　Tammann temperature　04.0895
台阶　step　04.1965
太阳[能]电池　solar cell　04.0572
* CT 态　CT state　04.1007
θ 态　theta state　05.0758
态密度　density of state　01.0745
态-态反应动力学　state-to-state reaction dynamics
　　04.0349
肽　peptide　02.1366
肽单元　peptide unit　02.1378
肽激素　peptide hormone　02.1375
肽键　peptide bond　02.1372
肽抗生素　peptide-antibiotic　02.0555
肽库　peptide library　02.1401
肽类生物碱　peptide alkaloid　02.0420
肽模拟物　peptidomimetic　02.1377
肽序列标签　peptide sequence tag, PST　03.2591
肽质量指纹图　peptide mapping fingerprinting, PMF
　　03.2546
肽缀合物　peptide conjugate　02.1402
钛试剂　tiron　03.0617

钛酸酯偶联剂　titanate coupling agent　05.1101
钛铁矿　ilmenite　01.0290
* 钛铁试剂　tiron　03.0617
泰伯试剂　Tebbe reagent　02.1537
* 酞络合剂　metalphthalein　03.0610
弹性回复　elastic recovery　05.0909
弹性散射　elastic scattering　04.0366
弹性体　elastomer　05.0304
弹性形变　elastic deformation　05.0907
弹性滞后　elastic hysteresis　05.0908
α檀香烷[类]　α-santalane　02.0485
炭黑　carbon black, charcoal black　01.0284
探测器　detector　06.0111
* CZT 探测器　CZT detector　06.0124
探头　probe　03.2203
探针原子化　probe atomization　03.1065
碳棒原子化器　carbon rod atomizer, CRA　03.1073
* 碳铂　carboplatin　01.0687
碳-氮-氧循环　C-N-O cycle　06.0771
碳电极　carbon electrode　03.1596
碳二亚胺　carbodiimide　02.0129
碳分子筛　carbon molecular sieve　04.0664
碳氟化合物　fluorocarbon　02.0229
碳负离子　carbanion　02.0940
碳负离子聚合　carbanionic polymerization　05.0450

碳-13 核磁共振　^{13}C nuclear magnetic resonance, ^{13}C-NMR　03.2171

碳糊电极　carbon paste electrode　03.1600

碳化　carburization　04.0747

碳化硼纤维　boron carbide fiber　05.0369

碳化物催化剂　carbide catalyst　04.0682

碳金属化反应　carbometallation　02.1150

碳链聚合物　carbon chain polymer　05.0059

碳纳米管　carbon nano-tube　05.0371

碳纳米管电化学生物传感器　carbon nanotube-based electrochemical biosensor　03.1631

碳纳米管电化学脱氧核糖核酸传感器　carbon nanotube-based electrochemical deoxyribonucleic acid sensor　03.1634

碳纳米管酶电极　carbon nanotube-based enzyme electrode　03.1632

碳纳米管生物组合电极　carbon nanotube-based biocomposite electrode　03.1633

碳纳米管修饰电极　carbon nanotube modified electrode　03.1630

碳-14 年代测定　^{14}C dating　06.0758

碳硼化[反应]　carboboration　02.1476

碳硼烷　carborane　01.0160

碳氢化合物　hydrocarbon　02.0009

* 碳炔　carbyne　02.0979

碳水化合物　carbohydrate　02.1253

碳酸酐酶　carbonic anhydrase　01.0682

碳酸氢盐　bicarbonate　01.0225

* 碳鎓离子　carbonium ion　02.0937

* 碳烯　carbene　02.0977

碳纤维　carbon fiber　05.0367

碳纤维微盘电极　carbon fiber micro-disk electrode　03.1598

* 碳酰胺树脂　carbamide resin　05.0199

碳正离子　carbocation　02.0936

碳正离子聚合　carbonium ion polymerization, carbocationic polymerization　05.0445

汤姆森散射　Thomson scattering　04.2012

* 羰基合成　oxo process　02.1073

羰基化　carbonylation　01.0460，02.1072

羰基铀配合物　uranium carbonyl complex　02.1542

羰自由基　ketyl　02.0960

唐南电势　Donnan potential　04.0473

唐南平衡　Donnan equilibrium　04.1539

糖　(1)saccharide (2)sugar　02.1254

糖醇　alditol　02.1268

糖蛋白　glycoprotein　02.1265

糖苷　glycoside　02.1289

糖醛酸　uronic acid　02.1271

* 糖脎　osazone　02.1272

糖酸　aldonic acid　02.1269

糖肽　glycopeptide　02.1393

糖原　glycogen　02.1291

糖脂　glycolipid　02.1436

躺滴法　sessile drop method　04.1571

桃拓烷[类]　totarane　02.0499

* 陶瓷金属　cermet　01.0234

陶瓷膜催化剂　ceramic membrane catalyst　04.0694

陶瓷膜电极　ceramic membrane electrode　03.1602

特[克斯]　tex　05.1071

特鲁顿规则　Trouton rule　04.0209

特殊指示剂　specific indicator　03.0558

特效试剂　specific reagent　03.0075

* 特效性　specificity　03.0868

特性黏数　intrinsic viscosity, limiting viscosity number　05.0768

特性吸附　specific adsorption　04.0502

特征函数　characteristic function　04.0092

特征离子　characteristic ion　03.2547

特征能量损失谱法　characteristic energy loss spectroscopy　03.2655

特征浓度　characteristic concentration　03.1095

* 特征频率　group frequency　03.1374

特征值　eigenvalue　03.0340

特征质量　characteristic mass　03.1096

梯度共聚物　gradient copolymer　05.0039

梯度洗脱　gradient elution　03.2140

梯度寻优　gradient search　03.0304

梯度液相色谱法　gradient liquid chromatography　03.1788

梯形聚合物　ladder polymer　05.0071

梯[形]烷　ladderane　02.0157

提取离子色谱图　extracted ion chromatogram　03.1899

体积弛豫　volume relaxation　05.0938

体积法　volumetric method　04.1606

体积功　volume work　04.0046

* 体积摩尔浓度　molarity　01.0028

体积热膨胀分析法　volume thermo-dilatometry

03.2722

体扩散　bulk diffusion　01.0803

体模　phantom　06.0470

体内分析　in vivo analysis　03.0442

体内中子活化分析　in vivo neutron activation analysis　06.0497

体缺陷　bulk defect　04.1880

体外分析　in vitro analysis　03.0443

* 体系　system　04.0017

体相　bulk phase　04.1573

体心晶格　body centered lattice　04.1797

体型聚合物　three dimensional polymer　05.0063

体型缩聚　three dimensional polycondensation　05.0518

替换方法　alternative method　03.0871

L-天冬氨酸　aspartic acid　02.1346

天冬酰胺　asparagine　02.1331

天青蛋白　azurin　01.0617

天然氨基酸　natural amino acid　02.1324

天然放射性核素　natural radionuclide　06.0327

天然放射性元素　natural radioelement　06.0320

天然高分子　natural macromolecule　05.0004

天然树脂　natural resin　05.0172

天然纤维　natural fiber　05.0350

天然橡胶　natural rubber　05.0318

天然铀　natural uranium, NU　06.0565

天线效应　antenna effect　04.0939

添加剂　additive　05.1089

添加物　additive　04.0754

* 填充床反应器　fixed-bed reactor　04.0885

填充毛细管柱　packed capillary column　03.2019

填充因子　filling factor, FF　04.1121

填充原理　building up principle　04.1310

填充柱　packed column　03.2013

填料　packing material　03.1853，filler　05.1103

填料粒度　particle size　03.1854

条带织构　banded texture　05.0867

条件溶度积　conditional solubility product　03.0757

条件生成常数　conditional formation constant　01.0585

条件稳定常数　conditional stability constant　01.0578

调聚反应　telomerization　05.0406

调聚物　telomer　05.0012

调整保留时间　adjusted retention time　03.1924

调整保留体积　adjusted retention volume　03.1929

调制边带　modulated side band　03.2227

调制结构　modulated structure　04.1899

萜类化合物　terpenoid　02.0455

萜烯树脂　terpene resin　05.0183

铁磁晶体　ferromagnetic crystal　04.1945

铁磁聚合物　ferromagnetic polymer　05.0122

铁磁性　ferromagnetism　01.0789

铁蛋白　ferritin　01.0629

铁电晶体　ferroelectric crystal　04.1944

铁电聚合物　ferroelectric polymer　05.0123

铁电液晶　ferroelectric liquid crystal, ferroelectric LC　02.0234

铁结合物　siderophore　01.0598

* 铁类金属　ferrous metal　01.0096

铁硫蛋白　iron-sulfur protein　01.0650

铁系元素　iron group　01.0081

铁氧化还原蛋白　ferredoxin　01.0632

* 铁载体　siderophore　01.0598

* 呫吨　xanthene　02.0356

* 9-呫吨酮　9-xanthenone　02.0357

* 烃　hydrocarbon　02.0009

烃基　hydrocarbyl group　02.0959

烃类树脂　hydrocarbon resin　05.0178

停流法　stopped-flow method　04.0394

停流分光光度法　stopped-flow spectrophotometry　03.1219

停流技术　stopped-flow technique　03.2132

停留时间　residence time　04.0830

通量-速度-角度等量线图　flux-velocity-angle-contour map　04.0388

* 通用标准加入法　generalized standard addition method　03.0336

通用聚合物　commodity polymer　05.0091

通用型检测器　common detector　03.2043

通用指示剂　universal indicator　03.0551

同　syn　02.0724

同步辐射　synchrotron radiation　04.1995

同步辐射激发 X 射线荧光法　synchrotron radiation excited X-ray fluorescence spectrometry　03.1148

同步辐射 X 射线荧光分析　synchrotron radiation X-ray fluorescence analysis　06.0510

同步荧光分析法　synchronous fluorimetry　03.1300

同多核配合物　isopolynuclear coordination compound　01.0511

同多酸　isopolyacid　01.0532

同芳香性　homoaromaticity　02.0618

同构　isostructure　04.1892

同构型法　isostructure method　04.2046

同核去耦　homonuclear decoupling　03.2259

同角度有关的 X 射线光电子能谱法　angular depend-
ent X-ray photoelectron spectroscopy, AD-XPS
03.2620

同晶置换法　isomorphous replacement method
04.2042

同离子　coion　04.1698

同离子效应　common ion effect　03.0728

同量异位素　isobar　01.0047

* 同面反应　synfacial reaction　02.0907

同 σ 迁移重排　homosigmatropic rearrangement　02.1176

同手性[的]　homochiral　02.0697

同素环状化合物　homocyclic compound　02.0591

* 同素异价化合物　mixed valence compound
01.0155

同素异形体　allotrope　01.0089

同素异形转化　allotropic transition　01.0375

同位素　isotope　01.0045

同位素边峰　isotope side band　03.2258

同位素编码亲和标签　isotope coded affinity tag, ICAT
03.2592

同位素标记　isotope labeling　06.0667

同位素标记化合物　isotopically labeled compound
06.0783

同位素簇离子　isotopic cluster　03.2593

同位素地球化学　isotope geochemistry　06.0772

同位素地质年代学　isotope geochronology　06.0753

同位素地质学　isotope geology　06.0754

同位素分离　isotope separation　06.0563

同位素分馏　isotope fractionation, isotopic fractiona-
tion　06.0067

同位素丰度　isotopic abundance　01.0049

同位素峰　isotope peak　03.2394

同位素富集　isotopic enrichment　06.0564

同位素富集离子　isotopically enriched ion　03.2395

同位素化学　isotope chemistry　06.0068

同位素激发 X 射线荧光法　isotope excited X-ray Fluo-
rescence spectrometry, IEXRF　03.1149

同位素交换　isotope exchange　02.0920

同位素年代测定　isotope dating　06.0756

同位素取代化合物　isotopically substituted compound
06.0782

同位素示踪剂　isotope tracer　06.0670

同位素水文学　isotope hydrology　06.0773

同位素稀释分析　isotope dilution analysis, IDA
06.0524

同位素稀释质谱法　isotopic dilution mass spectrome-
try　03.2396

同位素相关核保障监督技术　isotopic correlation safe-
guards technique　06.0551

同位素效应　isotope effect, isotopic effect　06.0070

同位素仪表　isotope gauge　06.0774

同位素载体　isotopic carrier　06.0071

同位素[组成]改变的化合物　isotopically modified com-
pound　06.0781

同位素[组成]未变化合物　isotopically unmodified com-
pound　06.0780

同系化　homologization　02.1077

同系物　homolog　02.0002

同向聚集作用　orthokinetic aggregation　04.1711

同心雾化器　concentric nebulizer　03.1051

同心转筒式黏度计　concentric cylinder viscometer
04.1725

同质多晶　polymorphism　04.1895

[同质多晶]型变　polymorphic modification　04.1896

同质异能素比　isomer ratio, isomeric ratio　06.0244

同质异能跃迁　isomeric transition, IT　06.0027

同中子[异位]素　isotone　06.0003

同轴挤出　coaxial extrusion　05.1000

* 铜试剂　cuprone　03.0526

铜铁试剂　cupferron　03.0543

* 铜锌原电池　Daniell cell　04.0551

酮　ketone　02.0048

α 酮醇重排　α-ketol rearrangement　02.1163

酮卡宾　keto carbene　02.0981

酮醛糖　ketoaldose　02.1257

酮水合物　ketone hydrate　02.0052

* 酮酸　oxo carboxylic acid　02.0118

酮酸酯　keto ester　02.0119

酮糖　ketose　02.1256

酮糖酸　ketoaldonic acid, ulosonic acid　02.1270

酮肟　ketoxime　02.0075

酮-烯醇互变异构　keto-enol tautomerism　02.0633

酮亚胺　ketimine　02.0072

统计假设　statistical assumption　03.0209

统计检验　statistical test　03.0201

统计[结构]共聚物　statistical copolymer　05.0036

统计力学　statistical mechanics　04.1148

统计链段　statistical segment　05.0702

统计量　statistic　03.0208

统计权重　statistical weight　04.0229

统计热力学　statistical thermodynamics　04.0004

统计熵　statistical entropy　04.0089

统计推断　statistical inference　03.0222

* 统计线团　statistic coil　05.0678

统计相关性　statistical correlation　04.1419

桶烯　barrelene　02.0187

筒镜能量分析器　cylinder mirror analyzer, CMA　03.2636

头孢烷　cepham　02.0553

头孢烯　cephem　02.0554

头基　head group　04.1615

投影式　projection formula　02.0675

投影算符　projection operator　04.1174

* 透射比浊度法　turbidimetry, turbidimetric method　03.1196

透射电子显微镜　transmission electron microscope, TEM　04.0822

透射率　transmissivity　03.1185

透射系数　transmission coefficient　06.0227

透析　dialysis　03.0805

突壁　ledge　04.1966

图解统计分析　graphical-statistical analysis　03.0202

涂布器　spreader　03.2089

涂料　coating　05.0382

涂渍　coat　03.2121

途径　path　04.0044

土壤分析　soil analysis　03.0454

* 土硝　saltpeter　01.0254

吐根碱类生物碱　emetine alkaloid　02.0405

钍试剂　thorin　03.0599

钍衰变系　thorium decay series, thorium family　06.0321

湍流燃烧器　turbulent flow burner　03.1037

[团]簇　cluster　04.1259

团簇结构幻数　magic number of cluster structure　04.1865

团簇碰撞电离　massive-cluster impact ionization, MCI　03.2504

团迹　blob　06.0346

团聚　agglomeration　04.1517

推迟时间　retardation time　05.0942

推迟[时间]谱　retardation [time] spectrum　05.0943

推斥型势能面　repulsive potential energy surface　04.0390

* 推电子基团　electron-donating group　02.0989

推广的休克尔分子轨道法　extended Hückel molecular orbital method, EHMO method　04.1357

* 推荐方法　alternative method　03.0871

推扫　sweeping　03.2166

* 退化　degradation　05.0634

退化链转移　degradative chain transfer　05.0589

退化支链反应　degenerated branched chain reaction　04.0329

退役　decommissioning　06.0662

蜕皮激素　ecdysone, molting hormone　02.1445

* 蜕皮酮　ecdysone, molting hormone　02.1445

褪色分光光度法　discolor spectrophotometry　03.1223

托　Torr　03.2586

托伦试剂　Tollen reagent　03.0482

托马斯-费米模型　Thomas-Fermi model　04.1385

* 托品烷[类]生物碱　tropane alkaloid　02.0393

拖尾峰　tailing peak　03.1911

拖尾因子　tailing factor　03.1913

脱氨基　deamination　02.1094

脱辅基蛋白　apoprotein　01.0618

脱附　desorption　04.0807

* 脱环法　Du Noüy ring method　04.1566

脱磺酸基化　desulfonation　02.1053

脱甲基化　demethylation　02.1027

* 脱矿　demineralization　01.0604

* 脱离子化　deionization　01.0364

脱硫　desulfurization　02.1146

脱卤　dehalogenation　02.1047

脱卤化氢　dehydrohalogenation　02.1093

脱模剂　releasing agent　05.1128

* 脱气机　degasser　03.1993

脱气装置　degasser　03.1993

脱氢　dehydrogenation　01.0442

* 脱氢聚合　oxidative polymerization　05.0483

脱氰[基]化　decyanation　02.1098

脱氰乙基化　decyanoethylation　02.1079

* 脱色土　decoloring clay　01.0253

脱水　dehydration　01.0441

脱水收缩　syneresis　04.1707

脱羧　decarboxylation　02.1046

脱羧硝化　decarboxylative nitration　02.1049

脱羰　decarbonylation　02.1075

脱硒　deselenization　02.1147

脱酰胺化　decarboxamidation　02.1097

脱氧　deoxygenation　02.1145

脱氧核苷　deoxynucleoside　02.1302

脱氧核苷酸　deoxynucleotide　02.1293

脱氧核糖　deoxyribose　02.1282

脱氧核糖核酸　deoxyribonucleic acid, DNA　02.1299

脱氧核糖核酸电化学生物传感器　deoxyribonucleic acid electrochemical biosensor　03.1568

脱氧核糖核酸酶　deoxyribonuclease　02.1426

脱氧核糖核酸杂交指示剂　deoxyribonucleic acid hybridization indicator　03.1733

脱氧胸苷　thymidine thymine-2-deoxyriboside　02.1313

拓扑缠结　topological entanglement　05.0696

拓扑化学聚合　topochemical polymerization　05.0439

拓扑异构化　topomerization　02.0673

拓扑指数　topological index　04.1393

W

* 瓦博格阻抗　Warburg impedance　04.0626

瓦尔登翻转　Walden inversion　02.1014

瓦尼尔激子　Wannier exciton　04.0979

瓦斯卡配合物　Vaska complex　02.1544

* 外　exo　02.0724

外靶　external target　06.0225

外标法　external standard method　03.0066

外标物　external standard compound　03.2304

外层　outer sphere　01.0496

外层机理　outer sphere mechanism　01.0592

外电势　outer electric potential　04.0468

外轨配合物　outer orbital coordination compound　01.0498

外亥姆霍兹面　outer Helmholtz plane, OHP　04.0493

* 外界　outer sphere　01.0496

外扩散　external diffusion　04.0803

外来标记化合物　foreign labeled compound　06.0784

外来碳基准　adventitious carbon reference　03.2628

外量子效率　external quantum efficiency　04.0976

外斯常数　Weiss constant　01.0796

外锁　external lock　03.2229

* 外梯度　low-pressure gradient　03.2144

* 外推始点　extrapolated onset　03.2718

外脱模剂　external releasing agent　05.1130

外相　external phase　04.1745

外消旋堆集体　conglomerate　02.0740

外消旋固体溶液　racemic solid solution　02.0736

外消旋化　racemization　02.0733

外消旋化合物　racemic compound　02.0735

外消旋体　racemate　02.0734

外型异构体　exo isomer　02.0726

外延点　extrapolated onset　03.2718

* 外延结晶　epitaxial crystallization　05.0861

* 外延结晶生长　epitaxial crystallization growth　05.0862

外延生长　epitaxial growth　04.1853

外延生长反应　epitaxial growth reaction　01.0805

外增塑作用　external plasticization　05.0972

外照射　external exposure　06.0445

外重原子效应　external heavy atom effect　03.1340

弯曲夹心化合物　bent sandwich compound　02.1463

完备集　complete set　04.1178

* 完美溶液　perfect solution　04.0173

完全不可逆过程　totally irreversible process　04.0505

完全活性空间自洽场方法　complete active space self consistent field method, CASSCF method　04.1403

完全组态相互作用法　full configuration interaction　04.1397

烷基　alkyl group　02.0572

烷基苯　alkylbenzene　02.0175

* 烷基碘[化物]　alkyl iodide　02.0026

* 烷基氟[化物]　alkyl fluoride　02.0023

烷基化　alkylation　02.1024

烷基化反应　alkylation reaction　04.0854

烷基裂解　alkylolysis, alkyl cleavage　02.1099

* 烷基卤[化物]　alkyl halide　02.0022

* 烷基氯[化物]　alkyl chloride　02.0024

* 烷基溴[化物]　alkyl bromide　02.0025

烷[烃]　alkane　02.0012

* 烷亚基　alkylidene group, alkylene　02.0573

烷氧羰基化　carbalkoxylation　02.1033

* 晚势垒　late barrier　04.0392

王水　aqua regia　01.0130

网格搜索　grid search　04.1471

网络　network　05.0727

* 网络聚合物　network polymer　05.0063

* 网络密度　network density　05.0726

网式　arachno-　01.0166

网状玻碳电极　reticulated vitreous carbon electrode　03.1599

往复式活塞泵　reciprocating piston pump　03.2005

威尔金森催化剂　Wilkinson catalyst　02.1547

威尔逊氏症　Wilson disease　01.0690

微波促进的反应　microwave assisted reaction　02.1197

微波萃取分离　microwave extraction separation　03.0882

微波等离子体发射光谱检测器　microwave plasma emission spectroscopic detector　03.2061

微波辐射处理　microwave irradiation treatment　04.0737

微波激发无极放电灯　microwave excited electrodeless discharge lamp　03.1030

微波硫化　microwave cure　05.1034

* 微波消化法　microwave digestion　03.0862

微波消解　microwave digestion　03.0862

微波诱导等离子体　microwave induced plasma, MIP　03.0949

微波诱导等离子体原子发射光谱法　microwave induced plasma atomic emission spectrometry, MIP-AES　03.0936

微波诱导等离子体原子吸收光谱法　microwave induced plasma atomic absorption spectrometry, MIP-AAS　03.1025

微电池　microcell　04.0569

微电极　microelectrode　03.1623

微分电容　differential capacitance　04.0497

微分反应截面　differential reaction cross section　04.0371

微分脉冲伏安法　differential pulse voltammetry　03.1483

微分脉冲极谱法　differential pulse polarography　03.1482

微分曲线　derivative curve　03.2710

微分溶解焓　differential enthalpy of solution　04.0060

微分吸附热　differential heat of adsorption　04.1584

微分型检测器　differential type detector　03.2052

* 微观反应动力学　microkinetics　04.0909

微观可逆性　microscopic reversibility　02.0926

微观可逆性原理　principle of microreversibility　04.0293

微胶囊　microcapsule　04.1638

微晶　microcrystal, crystallite　04.1863

微孔扩散　micropore diffusion　04.0804

微库仑检测器　microcoulometric detector　03.2062

微量分析　microanalysis　03.0033

微量天平　micro [analytical] balance　03.0091

微量元素　microelement, trace element　01.0624

微流控　microfluidics　03.1741

微炉裂解器　microfurnace pyrolyzer　03.2093

微凝胶　microgel　05.0732

微泡体　vesicle　02.0839

微球催化剂　microspherical catalyst　04.0700

微区元素分析　micro-area element analysis　04.0823

微全分析系统　micro-total analysis system, μ-TAS　03.1742

微扰理论　perturbation theory　04.1410

微乳[法]　microemulsion [method]　04.0734

微乳液电动色谱法　microemulsion electrokinetic chromatography, MEEKC　03.1831

微乳液聚合　microemulsion polymerization　05.0509

微乳液增稳室温磷光法　microemulsion stabilized room temperature phosphirimetry, ME-RTP　03.1329

微乳[状液]　microemulsion　04.1747

微商热重法　derivative thermogravimetry, DTG　04.0136

微生物电极传感器　microbe electrode sensor　03.1572

微相区　microphase domain　05.0879

微型单光子发射计算机断层显像　micro-photon emission computed tomography　06.0713

微型反应器　microreactor　04.0878

微型色谱仪　micro-chromatograph　03.1976

微型正电子发射断层显像　micropositron emission tomography　06.0711

微正则配分函数　microcanonical partition function　04.0245

微正则系综　microcanonical ensemble　04.0241

微柱液相色谱法　micro-column liquid chromatography
　03.1782

* 韦茨巴赫技术　Wilzbach technique　06.0690

* 韦德规则　Wade rule　02.1533

唯铁氢化酶　Fe-only hydrogenase　02.1492

维蒂希反应　Wittig reaction　02.1182

维尔纳配合物　Werner complex　02.1546

* 维格纳规则　Wigner rule　04.1103

* 维里定理　virial theorem　04.1372

* 维里系数　virial coefficient　05.0765

* 维生素 C　Vitamin C　02.1285

伪肽　pseudopeptide　02.1374

* 尾吹气　makeup gas　03.1875

尾端过程　tail-end process　06.0593

位错　dislocation　01.0696

位点对称性　site symmetry　04.1836

位力定理　virial theorem　04.1372

位力系数　virial coefficient　05.0765

位相差　phase difference　04.1984

* 位形　configuration　04.1290

位形积分　configuration integral　04.1442

位形空间　configuration space　04.1354

位形坐标　configuration coordinate　01.0780

位移试剂　shift reagent　03.2308

位置灵敏探测器　position sensitive detector　06.0129

位阻　steric hindrance　02.0786

魏森贝格法　Weissenberg method　04.2004

魏森贝格效应　Weissenberg effect　04.1738

* 温差电效应　thermoelectric effect　01.0759

θ 温度　theta temperature　05.0759

* 温度猝灭　thermal quenching　01.0768

温度滴定法　thermometric titration　03.0431

* 温度-形变曲线　thermomechanical curve　05.0946

温度跃变　temperature jump　04.0397

温控裂解　temperature-programmed pyrolysis
　03.2768

温控时间　temperature time profile, TTP　03.2770

温控相分离催化　thermoregulated phase-separable ca-
　talysis　04.0641

温控相转移催化　thermoregulated phase-transfer ca-
　talysis　04.0640

温熔合反应　warm-fusion reaction　06.0277

温室效应　greenhouse effect　01.0463

文石　aragonite　01.0258

* 紊流燃烧器　turbulent flow burner　03.1037

稳定常数　stability constant　01.0581

稳定岛　island of stability, stability island　06.0310

稳定核素　stable nuclide　06.0005

稳定离子　stable ion　03.2398

稳定同位素　stable isotope　01.0048

稳定同位素标记　stable isotope labeling　06.0669

稳定同位素标记化合物　stable isotope labeled com-
　pound　06.0672

稳定同位素示踪剂　stable isotope tracer　06.0671

稳定温度石墨炉平台技术　stabilized temperature plat-
　eau furnace technology　03.1066

稳定性　stability　03.0374

* 稳定自由基聚合　nitroxidemediated polymerization,
　NMP　05.0421

稳健回归　robustness regression　03.0261

稳泡剂　foam stabilizer　04.1765

稳态　steady state　04.0512

* 稳态　[nonequilibrium] stationary state　04.1215

稳态处理　state-steady treatment　04.0917

* 稳态点　stationary point　04.1468

稳态电流　steady state current　04.0534

稳态过程　steady state process　04.0513

稳态近似　steady state approximation　04.0296

* 稳态离子　stable ion　03.2398

稳态相分离　binodal decomposition　05.0878

𨦡离子　onium ion　01.0170

𨦡盐　onium salt　01.0176

涡流扩散　eddy diffusion　03.1948

沃尔夫-基希纳反应　Wolff-Kishner reaction　02.1193

* 沃尔夫-基希纳-黄鸣龙反应　Wolff-Kishner reaction
　02.1193

* 沃伊特模型　Voigt model　05.0952

肟　oxime　02.0073

乌氏黏度计　Ubbelohde viscometer　04.1724

乌氏[稀释]黏度计　Ubbelohde [dilution] viscometer
　05.0788

乌索烷[类]　ursane　02.0523

乌头碱[类]生物碱　aconitine alkaloid　02.0422

* 钨锰铁矿　wolframite　01.0310

钨青铜　tungsten bronze　01.0233

无保护流体室温磷光法　non-protected fluid room
　temperature phosphorimetry, NP-RTP　03.1330

无标分析　standardless analysis　03.1094

* 无表面活性剂乳液聚合　surfactant-free emulsion polymerization　05.0507

无场区　field-free region, FFR　03.2587

无尘操作区　dust-free operating space　03.0869

无催化聚合　uncatalyzed polymerization　05.0474

无定形沉淀　amorphous precipitation　03.0799

无纺布　non-woven fabrics　05.1054

无辐射跃迁　radiationless transition　04.0964

无公度结构　incommensurate structure　04.1898

无规共聚合　random copolymerization　05.0605

无规共聚物　random copolymer　05.0035

无规降解　random degradation　05.0643

无规交联　random crosslinking　05.0630

无规卷曲　random coil　02.1413

无规[立构]度　atacticity　05.0666

无规立构聚合物　atactic polymer　05.0021

无规[立构]嵌段　atactic block　05.0672

无规线团　random coil　05.0678

无规线团模型　random coil model　05.0705

无规行走模型　random walk model　05.0704

无荷电酸　uncharged acid　03.0700

无环倍半萜　acyclic sesquiterpene　02.0469

无环单萜　acyclic monoterpene　02.0458

无环二萜　acyclic diterpene　02.0487

无机分析　inorganic analysis　03.0009

* 无机高分子　inorganic polymer　05.0005

无机共沉淀剂　inorganic coprecipitant　03.0801

无机光导材料　inorganic photoconductive materials　04.1124

无机聚合物　inorganic polymer　05.0005

无机离子定性检测　inorganic ion qualitative detection　03.0464

无机酸　inorganic acid　01.0118

无畸变极化转移增强　distortionless enhancement by polarization transfer, DEPT　03.2272

无极放电灯　electrodeless discharge lamp　03.1029

无键共振　no-bond resonance　02.0614

* 无配体原子簇　naked cluster　01.0182

无偏估计量　unbiased estimator　03.0143

* 无偏估计值　unbiased estimator　03.0143

无扰尺寸　unperturbed dimension　05.0761

无扰末端距　unperturbed end-to-end distance　05.0716

无热溶液　athermal solution　04.0179

无溶剂反应　solvent-free reaction　02.1198

无乳化剂乳液聚合　emulsifier-free emulsion polymerization　05.0507

* 无色花色素　leucoanthocyanidin　02.0435

* 无手性的　achiral　02.0683

无水石膏　anhydrite　01.0302

无序取向　disorder orientation　04.1931

无压成型　zero pressure molding　05.1015

无压硫化　non-pressure cure　05.1029

无盐过程　salt-free process　06.0606

无氧酸　hydracid　01.0119

无源探询　passive interrogation　06.0528

无载体　carrier free　06.0075

* 无皂液聚合　soap-free emulsion polymerization　05.0507

五单元组　pentad　05.0677

五环二萜　pentacyclic diterpene　02.0508

五甲基环戊二烯基　pentamethylcyclopentadienyl　02.1527

伍德科克变标度恒温法　Woodcock rescaling isokinetic thermostat　04.1459

伍尔夫网　Wulff net　04.1842

η^5-戊二烯基　η^5-pentadienyl　02.1526

戊环并吡喃萜[类]化合物　iridoid　02.0461

戊糖　pentose　02.1275

芴　fluorene　02.0167

* 物理缠结　physical entanglement　05.0695

物理发泡　physical foaming　05.1004

物理发泡剂　physical foaming agent　05.1126

物理交联　physical crosslinking　05.0700

物理老化　physical aging　05.0959

物理吸附　physical adsorption, physisorption　01.0373

* 物料衡算　material balance　03.0749

物料平衡　material balance　03.0749

[物]相结构　phase structure　04.0795

[物]相组成　phase composition　04.0796

* 物质的量浓度　molarity　01.0028

* 物种分析　species analysis　03.0027

误差　error　03.0157

误差传递　error propagation　03.0160

雾化器　nebulizer　03.1050

雾化效率　nebulization efficiency　03.1054

X

吸电子基团　electron-withdrawing group　02.0990

吸附　adsorption　01.0372

吸附波　adsorption wave　03.1675

吸附层　adsorption layer　04.1597

吸附等量线　adsorption isostere　04.1592

BET 吸附等温式　Brunauer-Emmett-Teller adsorption isotherm, BET adsorption isotherm　04.1602

吸附等温线[式]　adsorption isotherm　04.1590

吸附等压线　adsorption isobar　04.1591

吸附电流　adsorption current　03.1661

吸附电势　adsorption potential　04.0471

吸附分离法　adsorption separation　03.0902

* 吸附伏安法　adsorptive stripping voltammetry, adsorptive voltammetry　03.1490

吸附共沉淀　adsorption coprecipitation　03.0811

吸附活化能　activation energy of adsorption　04.1586

吸附剂　adsorbent　04.1580

吸附胶束　admicelle　04.1642

吸附聚合　adsorption polymerization　05.0497

吸附量　adsorbed amount　04.1604

吸附平衡　adsorption equilibrium　04.1589

吸附气泡分离法　adsorption bubble separation method　04.1607

吸附热　heat of adsorption　04.1582

吸附溶出伏安法　adsorptive stripping voltammetry, adsorptive voltammetry　03.1490

吸附溶剂强度参数　adsorption solvent strength parameter　03.1868

吸附色谱法　adsorption chromatography　03.1748

吸附速率　adsorption rate　04.1588

吸附物　adsorptive　04.1579

* 吸附相　adsorption layer　04.1597

吸附型缓蚀剂　adsorption inhibitor　04.0592

吸附原子　adatom　04.1968

吸附增溶　adsolubilization　04.1648

吸附指示剂　adsorption indicator　03.0553

吸附质　adsorbate　04.1578

吸附滞后　adsorption hysteresis　04.1594

吸附中心　adsorption center　04.1587

吸光度　absorbance　03.1184

吸光系数　absorptivity　03.1186

吸量管　measuring pipet　03.0693

吸留共沉淀　occlusion coprecipitation　03.0812

[吸能核反应的] 阈能　threshold [of an endoergic nuclear reaction]　06.0207

吸热峰　endothermic peak　03.2716

吸收　uptake　06.0479

* CT 吸收　CT absorption　04.1008

吸收池　absorption cell, cuvette　03.1209

吸收光谱电化学法　absorption spectroelectrochemistry　03.1531

吸收剂量　absorbed dose　06.0404

吸收截面　absorption cross section　04.0938，06.0218

* 吸收曲线　molecular absorption spectrum　03.1163

吸收系数　absorption coefficient　04.0937

吸收线　absorption line　03.0917

吸收限　absorption limit, absorption edge　04.2022

吸收型谱　absorption spectrum　03.2220

吸收因子　absorption factor　04.2021

吸水性聚合物　water absorbent polymer　05.0103

吸引型势能面　attractive potential energy surface　04.0389

席夫试剂　Schiff reagent　03.0524

希[沃特]　sievert, Sv　06.0413

析出电位　deposition potential　03.1723

* 析钢仪　steeloscope　03.0985

析因试验设计　factorial experiment design　03.0286

烯胺　enamine　02.0086

烯丙醇　allylic alcohol　02.0031

烯丙基　allyl group　02.0575

烯丙基聚合　allylic polymerization　05.0455

烯丙基树脂　allyl resin　05.0179

烯丙位[的]　allylic　02.0576

烯丙型重排　allylic rearrangement　02.1159

π烯丙型络合机理　π-allyl complex mechanism　02.0896

烯丙型迁移　allylic migration　02.1160

烯丙型氢过氧化　allylic hydroperoxylation　02.1127

烯丙型双分子亲核取代[反应]　bimolecular nucleophilic substitution with allylic rearrangement [reaction]　02.0870

烯醇　enol　02.0082

烯醇化　enolization　02.1115

烯醇化物　enolate　02.0085

烯醇醚　enol ether　02.0083

烯醇钠引发剂　alfin initiator　05.0544

烯醇酯　enol ester　02.0084

烯反应　ene reaction　02.1087

烯基　alkenyl group　02.0574

* 烯基胺　enamine　02.0086

烯基金属　metal alkenyl, alkenyl metal　02.1518

* 烯类聚合　vinyl polymerization　05.0412

烯炔　enyne　02.0019

烯[烃]　(1)alkene (2)olefin　02.0013

* 烯烃复分解反应　olefin metathesis　02.1184

烯烃共聚物　olefin copolymer, OCP　05.0141

* 烯烃互换反应　olefin metathesis　02.1184

* 烯烃换位反应　olefin metathesis　02.1184

烯烃配合物　olefin complex　02.1523

烯酮　ketene　02.0098

硒代半胱氨酸　selenocysteine　02.1351

硒吩　selenophene　02.0300

硒化　selenylation　02.1068

硒羰基　selenocarbonyl　02.1536

稀溶液依数性　colligative property of dilute solution　04.0184

稀释　dilution　03.0840

稀释焓　enthalpy of dilution　04.0061

稀释热　heat of dilution　04.0069

* 稀土金属有机配合物　rare earth complex　02.1510

稀土元素　rare earth element　01.0075

稀有金属　rare metal　01.0090

稀有气体　noble gas, rare gas　01.0091

* 锡氢化　hydrostannation　02.1500

席夫碱　Schiff base　03.0643

洗出液　eluate　03.1865

洗涤　scrubbing　06.0603

洗涤碱　washing soda　01.0211

洗瓶　wash bottle　03.0108

洗脱分级　elution fractionation　05.0810

洗脱剂　eluant　03.1864

* 洗脱能力　eluting power　03.1867

洗脱强度　eluting power　03.1867

洗脱色谱法　elution chromatography　03.1747

洗脱体积　elution volume　05.0814

喜树碱[类]生物碱　camptothecine alkaloid　02.0410

* $4n$ 系　thorium decay series, thorium family　06.0321

* $4n+1$ 系　neptunium decay series, neptunium family　06.0323

* $4n+2$ 系　uranium decay series, uranium family　06.0322

* $4n+3$ 系　actinouranium decay series　06.0324

系间穿越　inter-system crossing　04.0985

* 系间窜越　inter-system crossing　04.0985

* α 系数　side reaction coefficient　03.0765

系统　system　04.0017

系统抽样　systematic sampling　03.0358

系统分析　systematic analysis　03.0006

系统聚类分析　hierarchial-cluster analysis　03.0321

系统搜索　systematic search　04.1472

系统误差　systematic error　03.0159

系统消光　systematic extinction, systematic absence　04.2029

系综　ensemble　04.0240

系综平均[值]　ensemble average　04.1412

细胞分析　cell analysis　03.0018

细胞色素　cytochrome　01.0619

细胞色素 P-450　cytochrome P-450　01.0620

细胞色素 c 氧化酶　cytochrome c oxidase　01.0621

* 细颈现象　necking　05.0901

细菌降解　bacterial degradation　05.0637

细菌浸出　bacterial leaching　06.0558

细小乳状液　miniemulsion　04.1744

细致平衡　detailed balance　04.1424

狭缝　slit　03.0951

下警告限　lower alarm limit　03.0353

下控制限　lower control limit　03.0355

下相微乳液　lower-phase microemulsion　04.1750

下行展开[法]　descending development method　03.2154

先进核燃料后处理流程　advanced nuclear fuel reprocessing process　06.0587

先驱离子　precursor ion　03.2380

纤维　fiber　05.0349

纤维晶　fibrous crystal　05.0839

纤维素　cellulose　02.1264

α 纤维素　α-cellulose　05.0163

β 纤维素　β-cellulose　05.0164

γ 纤维素　γ-cellulose　05.0165

酰胺　amide　02.0108

酰碘　acyl iodide　02.0097

酰叠氮　acyl azide　02.0115

酰氟　acyl fluoride　02.0094

酰化　acylation　02.1030

酰基重排　acyl rearrangement　02.1168

酰基过氧化物　acyl peroxide　02.0102

酰基裂解　acylolysis, acyl cleavage　02.1100

酰[基]物种　acyl species　02.0949

酰[基]正离子　acyl cation　02.0950

酰腈　acyl cyanide　02.0120

酰肼　hydrazide　02.0114

酰卤　acyl halide　02.0093

酰氯　acyl chloride　02.0095

酰溴　acyl bromide　02.0096

酰亚胺　imide　02.0109

酰氧基化　acyl oxylation　02.1045

显色剂　chromogenic reagent　03.0484

* 显微电泳　microscopic electrophoresis　04.1679

显微分析　microanalysis　03.2596

显微结构分析　micro structure analysis　03.2600

* 显微结晶分析　microscopic analysis　03.0444

显微镜分析　microscopic analysis　03.0444

显微拉曼光谱　microscopic Raman spectrum　03.1418

显微形貌分析　micro morphology analysis　03.2599

显微荧光成像分析　microscopic fluorescence imaging analysis　03.1312

显线法　developing line method　03.0919

显像剂　imaging agent　06.0724

显著性差异　significant difference　03.0206

显著性检验　significance test　03.0204

显著性水平　significance level　03.0205

现场分析　field assay　03.0437

现场中子活化分析　in situ neutron activation analysis　06.0496

线对强度比　intensity ratio of line pair　03.0926

线缺陷　line defect　04.1878

线色散　linear dispersion　03.0965

线速度　linear velocity　03.1872

线团-球状转换　coil-globule transition　05.0698

线团状聚合物　coiling type polymer　05.0067

线型低密度聚乙烯　linear low density polyethylene, LLDPE　05.0215

线型聚合物　linear polymer　05.0062

线型肽　linear peptide　02.1368

线性滴定法　linear titration　03.0401

线性范围　linearity range　03.0283

线性[非平衡]态热力学　linear [non-equilibrium] thermodynamics　04.0210

线性合成　linear synthesis　02.1227

线性回归　linear regression　03.0275

线性吉布斯自由能关系　linear Gibbs free energy relation　04.0344

线性检测模式　linear mode　03.2535

线性黏弹性　linear viscoelasticity　05.0933

线性热膨胀分析法　linear thermodilatometry　03.2721

线性扫描伏安法　linear sweep voltammetry　03.1473

线性扫描伏安仪　linear sweep voltammeter　03.1550

线性扫描极谱法　linear sweep polarography　03.1472

线性色谱法　linear chromatography　03.1745

线状裂解器　filament pyrolyzer　03.2738

限定几何构型茂金属催化剂　constrained geometry metallocene catalyst　05.0555

限制性的哈特里-福克方法　restricted Hartree-Fock method, RHF method　04.1363

[陷]阱　trap　01.0739

* 陷落电子　trapped electron　01.0741

陷落自由基　trapped radical　06.0347

腺苷　adenosine　02.1309

* 腺苷-5'-三磷酸　adenosine 5'-triphosphate, ATP　02.1297

腺嘌呤　adenine　02.1304

* 腺嘌呤核苷　adenosine　02.1309

* 腺三磷　triphosadenine　02.1297

* 霰石　aragonite　01.0258

相　phase　04.0137

相比　phase ratio　03.1885

相对保留值　relative retention value　03.1934

相对标准[偏]差　relative standard deviation, RSD　03.0183

相对法　relative method　06.0501

* 相对分子质量　relative molecular mass　01.0011

相对丰度　relative abundance　03.2399

相对构型　relative configuration　02.0657

* 相对活度　relative activity　04.0194

相对校正因子　relative correction factor　03.2104

相对灵敏度系数　relative sensitivity coefficient　03.2400

相对论效应　relativistic effect　04.1223

相对黏度　relative viscosity　05.0785

相对黏度增量　relative viscosity increment　05.0786

相对偏差　relative deviation　03.0182

相对强度　relative intensity　03.2401

相对误差　relative error　03.0164

* 相对原子质量　relative atomic mass　01.0002

相对 R_f 值　relative R_f value　03.1936

相关　correlation　04.1438

相关长度　persistence length　05.0719

相关分析　correlation analysis　03.0252

相关函数　correlation function　03.2178

相关时间　correlation time　03.2177

相关图　correlation diagram　04.1352

相关系数　correlation coefficient　03.0253

相关性检验　correlation test　03.0251

* 相关自然轨道　correlating natural orbital　04.1377

相合熔点　congruent melting point　04.0151

相互作用参数　χ-parameter　05.0772

相邻再入模型　adjacent reentry model　05.0846

* 相容剂　compatibilizer　05.1108

相溶性　miscibility　05.0881

相容性　compatibility　05.0883

相变　phase change, phase transition　04.0139

相变焓[热]　phase transition enthalpy [heat]　04.0140

相分离　phase separation　05.0876

相干反斯托克斯拉曼散射　coherent anti-Stokes Raman scattering　03.1402

相干辐射　coherent radiation　04.1088

相干控制　coherent control　04.0362

相干散射　coherent scattering　04.2013

相干转移路径　coherence transfer pathway　03.2291

相空间　phase space　04.1415

相图　phase diagram　04.0141

相位　phase　03.2228

相转变温度　phase inversion temperature, PIT　04.1760

相转化聚合　phase transfer polymerization　05.0493

相转移催化　phase-transfer catalysis　04.0639

* 香豆素　coumarin　02.0354

香豆素类抗生素　coumarin antibiotics　02.0424

香蕉键　banana bond　02.0625

* α-香树脂烷　ursane　02.0523

* β-香树脂烷类　oleanane, β-amyrane　02.0521

镶嵌结构　mosaic structure　04.1873

响应因子　response factor　03.2105

向列相　nematic phase　02.0236

向心展开[法]　centripedal development　03.2157

橡胶　rubber　05.0303

橡胶胶乳　rubber latex　05.0308

橡胶态　rubbery state　05.0895

消除　elimination　02.1092

消除反应　elimination reaction　01.0428

消除-加成　elimination-addition　02.1096

消除聚合　elimination polymerization　05.0471

* 消光度　extinction　03.1184

消化　digestion　03.0823

* 消解　digestion　03.0823

消泡剂　foam breaker, defoamer　04.1764

* 消石灰　slaked lime　01.0262

消旋酶　racemase　02.1428

硝胺　nitramine　02.0110

* 硝淀剂　nitron　03.0544

硝化　nitration　02.1048

* 硝化纤维素　cellulose nitrate　05.0166

硝基化合物　nitro-compound　02.0038

硝基邻二氮菲亚铁离子　nitroferroin　03.0625

硝酸试剂　nitron　03.0544

* 硝酸-双氮-甲基吖啶　lucigenin　03.0646

硝酸纤维素　cellulose nitrate　05.0166

硝酸盐还原酶　nitrate reductase　01.0674

硝酮　nitrone　02.0077

硝亚胺　nitrimine　02.0111

小波变换多元分光光度法　wavelet transformation-multiple spectrophotometry　03.1243

小环　small ring　02.0585

小角张力　small angle strain　02.0644

小苏打　baking soda　01.0210

肖特基缺陷　Schottky defect　01.0722

α 效应　α-effect　02.1003

楔压　disjoining pressure　04.1693

蝎毒素　scorpion toxin　02.1397

协变量　concomitant variable　03.0121

协萃剂　synergistic extractant　03.0669

协方差　covariance　03.0197

协方差分析　analysis of covariance　03.0198

协同催化　concerted catalysis　01.0380

协同萃取　synergistic extraction　06.0608

协同反应　synergic reaction, concerted reaction　01.0382

协同显色效应　synergistic chromatic effect　03.1192

协同效应　synergic effect, cooperative effect　01.0381, 04.0773

协同作用　synergistic interaction　04.0925

* 偕二胺　aminal　02.0059

* 偕二羟基化合物　aldehyde hydrate　02.0051

携流效应　carryover　03.1962

L-缬氨酸　valine　02.1345

泄漏辐射　leakage radiation　06.0451

谢乐公式　Scherrer equation　04.2011

心房肽　atrial natriuretic factor, ANF; atrial natriuretic peptide, ANP　02.1388

A 心晶格　A-base centered lattice　04.1795

B 心晶格　B-base centered lattice　04.1796

C 心晶格　C-base centered lattice　04.1794

心甾内酯[类]　cardenolide　02.0539

芯片电泳　microchip electrophoresis　03.1824

芯片毛细管电泳　chip capillary electrophoresis　03.1840

芯片液相色谱法　chip liquid chromatography, chips-LC　03.1780

辛可宁　cinchonine　03.0545

锌白　zinc white　01.0239

锌矾　zinc vitriol　01.0220

锌铬黄　zinc yellow　01.0240

* 锌黄　zinc yellow　01.0240

锌试剂　zincon　03.0614

锌指蛋白　zinc finger protein　01.0634

新木脂素　neolignan　02.0450

新铜铁试剂　neocupferron　03.0517

新亚铜试剂　neocuproine　03.0518

信背比　signal background ratio　03.0372

信封型构象　envelope conformation　02.0759

信号平均累加器　computer of average transients　03.2223

信号肽　signal peptide, leader peptide　02.1395

信息　information　03.0341

信息比价　specific information price　03.0344

信息容量　information capacity　03.0342

信息效率　information efficiency　03.0343

信息效益　information profitability　03.0345

信息增益　information gain　03.0346

信噪比　signal to noise ratio　03.0051

兴奋剂分析　incitant analysis　03.0017

星形聚合物　star polymer　05.0073

形变　deformation　04.1876

形貌　morphology　04.0782

形式合成　formal synthesis　02.1212

形态分析　species analysis　03.0027

形状记忆高分子　shape-memory macromolecule　05.0083

形状记忆效应　shape memory effect　04.1948

形状同质异能素　shape isomer　06.0169

bola 型表面活性剂　bola surfactant　04.1623

gemini 型表面活性剂　gemini surfactant　04.1624

性激素　sex hormone　02.1447

胸腺嘧啶　thymine　02.1308

雄黄　realgar　01.0314

雄甾烷[类]　androstane　02.0531

熊夫利记号　Schönflies symbol　04.1839

休克尔分子轨道法　Hückel molecular orbital method, HMO method　04.1355

休克尔 4n+2 规则　Hückel (4n+2) rule　04.1356

休眠种　dormant species　05.0417

修饰电极　modified electrode　03.1627

修约方法　round-off method　03.0389

修约规则　rule of rounding off　03.0391

修约误差　round-off error　03.0390

修正的俄歇参数　modified Auger parameter　03.2644

锈蚀　tarnishing　01.0808

溴百里酚蓝　bromothymol blue　03.0579

溴代邻苯三酚红　bromopyrogallol red　03.0519

溴代烷　bromoalkane　02.0025

溴酚蓝　bromophenol blue　03.0580

溴化内酯化反应　bromolactonization　02.1181

* 溴甲酚蓝　bromocresol green　03.0581

溴甲酚绿　bromocresol green　03.0581

* 溴价　bromine number　03.0777

溴量法　bromometry　03.0429

* 溴麝香酚蓝　bromothymol blue　03.0579

溴值　bromine number　03.0777

* 虚假谱带　spurious band　03.1179

虚拟筛选　virtual screening　04.1466

虚拟原子　phantom atom, imaginary atom　02.0667

虚拟远程耦合　virtual long-range coupling　03.2255

* 序贯抽样　sequential analysis　03.0360

序贯分析　sequential analysis　03.0360

序贯寻优　sequential search　03.0303

序列长度分布　sequence length distribution　05.0621

序列共聚物　sequential copolymer　05.0034

序列聚合　sequential polymerization　05.0481

絮凝　flocculation　04.1688

絮凝浓度[值]　flocculation concentration　04.1690

蓄电池　accumulator, secondary battery　04.0548

悬滴法　pendent drop method　04.1568

悬浮聚合　suspension polymerization　05.0501

悬浮液　suspension　04.1504

悬浮液进样　suspension sampling　03.1059

悬汞电极　hanging mercury drop electrode, HMDE　03.1605

* 旋磁比　magnetogyric ratio　03.2182

旋滴法　spinning drop method　04.1572

旋光产率　optical yield　02.0802

旋光纯度　optical purity　02.0803

旋光光谱仪　polarization spectrometer　03.1460

旋光活性　optical activity　02.0661

旋光计　polarimeter　03.1457

* 旋光率　specific rotatory power　03.1458

旋光色散　optical rotatory dispersion　02.0813

旋光性　optical rotation　03.1456

旋光异构　optical isomerism　01.0544

旋光异构体　optical isomer　02.0660

旋进法　precession method　04.2003

旋转　rotation　04.1811

旋转边带　spinning side band　03.2257

旋转薄层色谱法　rotating thin layer chromatography　03.1817

旋转薄层色谱仪　rotating thin layer chromatograph　03.2081

* 旋转不变性　rotational invariance　04.1159

旋转倒反　rotoinversion, rotationinversion　04.1814

旋转电极　rotating electrode　03.1646

旋转光闸法　rotating sector method　05.0584

旋转环盘电极　rotating ring-disk electrode　04.0455

旋转木马式反应器　merry-go-round reactor, turntable reactor　04.1109

旋转能垒　rotational barrier　02.0768

旋转异构体　rotamer　02.0741

旋转与多脉冲相关谱　combined rotation and multiple pulse spectroscopy, CRAMPS　03.2293

旋转圆盘电极　rotating disk electrode　03.1647

旋转轴　rotation axis　04.1855

旋转坐标系的欧沃豪斯增强谱　rotating frame Over-

hauser-enhancement spectroscopy, ROESY　03.2270

选速器　velocity selector　04.0365

选态　state selection　04.0387

选择催化还原　selective catalytic reduction　04.0865

选择定则　selection rule　04.1477

选择加氢　selective hydrogenation　04.0855

选择离子电泳图　selective ion electropherogram　03.1904

选择离子监测　selected ion monitoring, SIM　03.2537

* 选择离子检测　selected ion detection, SID　03.2537

选择离子色谱图　selective ion chromatogram　03.1898

选择吸附　selective adsorption　04.1595

选择性　selectivity　03.0073

选择性检测器　selective detector　03.2044

选择性脉冲　selective pulse　03.2214

选择[性]试剂　selective reagent　03.0074

选择性因子　selectivity factor　03.1960

选择氧化　selective oxidation　04.0845

薛定谔方程　Schrödinger equation　04.1306

穴蕃　cryptophane　02.0844

* 穴合剂　cryptand　01.0477

穴合物　cryptate　01.0519

穴醚　cryptand　02.0845

穴醚络合物　cryptate　02.0846

穴状配体　cryptand　01.0477

* 学生氏分布　*t*-distribution　03.0134

雪松烷[类]　cedrane　02.0481

血卟啉　hemoporphyrin　01.0611

血池显像　blood pool imaging　06.0725

* 血管紧张素　angiotensin　02.1390

血管紧张肽　angiotensin　02.1390

血红蛋白　hemoglobin　01.0615

血红素　heme　01.0613

血红素蛋白　hemoprotein　01.0612

血浆铜蓝蛋白　ceruloplasmin　01.0631

血蓝蛋白　hemocyanin　01.0635

巡测仪　survey meter　06.0480

循环伏安法　cyclic voltammetry　03.1476

循环伏安图　cyclic voltammogram　03.1679

循环伏安仪　cyclic voltammeter　03.1551

循环过程　cyclic process　04.0039

循环流化床反应器　circulating fluidized-bed reactor　04.0883

循环色谱法　recycling chromatography　03.1768

Y

压磁晶体　piezomagnetic crystal　04.1942

压电传感器　piezo-electric sensor　03.1574

压电光谱电化学法　piezo-electric spectroelectrochemistry　03.1533

压电晶体　piezo-electric crystal　04.1941

压电聚合物　piezo-electric polymer　05.0118

压电酶传感器　piezo-electric enzyme sensor　03.1576

压电免疫传感器　piezo-electric immunosensor　03.1577

压电脱氧核糖核酸传感器　piezo-electric deoxyribonucleic acid sensor　03.1575

压电微生物传感器　piezo-electric microbe sensor　03.1578

压电性　piezoelectricity　01.0762

* 压力变宽　collision broadening　03.1015

压力梯度校正因子　pressure gradient correction factor　03.1874

压力跃变　pressure jump　04.0398

压力展宽　pressure broadening　04.1074

压敏黏合　pressure sensitive adhesion　05.1076

压敏黏合剂　pressure sensitive adhesive　05.0381

* 压缩成型　compression molding　05.0982

压缩因子　compressibility factor　04.0113

压缩因子图　compressibility factor diagram　04.0114

压延　calendaring　05.0980

压致变色　piezochromism　04.1142

压致发光　piezoluminescence　04.1058

雅布隆斯基作图　Jablonski plot　04.0940

亚氨基酸　imino acid　02.0137

亚胺　imine　02.0070

亚胺-烯胺互变异构　imine-enamine tautomerism　02.0635

亚砜　sulfoxide　02.0044

亚化学计量分析　substoichiometric analysis　06.0526

亚化学计量同位素稀释分析　substoichiometric isotope dilution analysis　06.0527

亚磺酰化　sulfenylation　02.1054

亚甲基化反应　methylenation, methylidenation　02.1188

* 亚甲基肼　diaziridine　02.0248

亚甲蓝　methylene blue　03.0626

亚脒　imidine　02.0117

亚铁螯合酶　ferrochelatase　01.0675

亚铁磁性　ferrimagnetism　01.0791

亚烃基配合物　alkylidene complex　02.1515

亚铜试剂　cuproine　03.0520

亚烷基　alkylidene group, alkylene　02.0573

亚稳峰　metastable peak　03.2548

亚稳离子　metastable ion　03.2402

亚稳离子衰减　metastable ion decay, MID　03.2403

亚稳态　metastable state　05.0875

亚稳态相分离　spinodal decomposition　05.0877

亚相　subphase　04.1657

亚硝化　nitrosation　02.1050

* N-亚硝基苯胺铵　cupferron　03.0543

亚硝基化合物　nitroso compound　02.0076

1-亚硝基-2-萘酚　1-nitroso-2-naphthol　03.0547

* 亚硝基萘胲铵　neocupferron　03.0517

亚硝酸盐还原酶　nitrite reductase　01.0676

亚硝亚胺　nitrosimine　02.0112

1,1-亚乙烯基单体　vinylidene monomer　05.0391

1,2-亚乙烯基单体　vinylene monomer　05.0392

亚原子粒子　subatomic particle　06.0037

氩离子化检测器　argon ionization detector　03.2060

氩-氩年代测定　argon-argon dating　06.0761

* 咽侧体激素　juvenile hormone, JH　02.1446

烟草烷[类]　cembrane　02.0511

湮没辐射　annihilation radiation　06.0452

湮灭　annihilation　04.0989

延迟发光　delayed luminescence　04.1060

延迟弹性　retarded elasticity　05.0913

延迟形变　retarded deformation　05.0912

延迟引出　delayed extraction, DE　03.2551

* 延迟引出技术　pulse ion extraction, PIE　03.2493

延迟荧光　delayed fluorescence　03.1284

* 延迟作用　retardation　05.0591

岩盐　rock salt　01.0324

研钵　mortar　03.0682

盐　salt　01.0126

盐桥　salt bridge　03.1710

盐溶效应　salting in effect　03.0724

盐析效应　salting out effect　03.0723

盐效应　salt effect　03.0722

衍射光栅 diffraction grating 03.0957

衍射光栅光谱仪 diffraction grating spectrometer 03.0978

衍射级 order of diffraction 04.1981

衍射群 diffraction group 04.1977

衍射图案 diffraction pattern 04.1991

衍射指数 indices of diffraction 04.1982

衍生室温磷光法 derivatization room temperature phosphorimetry, D-RTP 03.1335

衍生物 derivative 02.0004

掩蔽剂 masking agent 03.0718

掩蔽指数 masking index 03.0770

演化期 evolution period 03.2297

厌氧黏合剂 anaerobic adhesive 05.0380

焰色试验 flame test 03.0472

羊齿烷[类] fernane 02.0526

* 羊毛罂红 A erioglaucine A 03.0628

羊毛甾烷[类] lanostane 02.0516

阳极 anode 04.0442

阳极保护 anodic protection 04.0587

阳极沉积 anodic deposition 01.0376

阳极传递系数 anodic transfer coefficient 04.0532

阳极电流 anodic current 03.1649

阳极合成 anodic synthesis 01.0378

阳极极化 anodic polarization 04.0515

阳极去极剂 anodic depolarizer 03.1701

阳极溶出伏安法 anodic stripping voltammetry 03.1488

阳极型缓蚀剂 anodic inhibitor 04.0591

阳极氧化 anodic oxidation 01.0377

阳离子 cation 01.0018

阳离子交换剂 cation exchanger 03.2028

阳离子交换色谱法 cation exchange chromatography, CEC 03.1793

* 阳离子聚合 cationic polymerization 05.0444

阳离子酸 cationic acid 03.0703

阳离子型表面活性剂 cationic surfactant 04.1617

杨-杜普雷公式 Young-Dupre equation 04.1668

杨-拉普拉斯公式 Young-Laplace equation 04.1561

氧饱和曲线 oxygen saturation curve 01.0640

* 氧代羧酸 oxo carboxylic acid 02.0118

氧氮杂环丙烷 oxaziridine 02.0250

氧氮杂环丁烷 oxazacyclobutane, oxazetidine 02.0259

氧电极 oxygen electrode 03.1641

氧合作用 oxygenation 01.0660

氧化 oxidation 01.0433

氧化电流 oxidation current 03.1651

氧化电位 oxidation potential 03.1716

氧化电位溶出分析法 oxidative potentiometric stripping analysis 03.1492

氧化还原催化 redox catalysis 04.0649

氧化还原滴定法 redox titration 03.0412

氧化还原对 redox couple 04.0485

氧化还原聚合 redox polymerization 05.0424

氧化还原树脂 redox resin 05.0175

氧化还原缩合法 redox condensation method 02.1530

氧化还原液流电池 redox flow battery 04.0566

氧化还原引发剂 redox initiator 05.0530

氧化还原指示剂 oxidation-reduction indicator 03.0555

氧化还原[作用] oxidation-reduction, redox 01.0341

氧化剂 oxidant, oxidizing agent 01.0192

氧化加成反应 oxidation addition 01.0434

氧化加成[反应] oxidative addition 02.1524

氧化聚合 oxidative polymerization 05.0483

氧化裂解 oxidative pyrolysis 03.2747

S-氧化硫酮 thioketone S-oxide 02.0050

氧化偶氮化合物 azoxy compound 02.0196

氧化偶联 oxidative coupling 04.0850

氧化偶联聚合 oxidative coupling polymerization 05.0484

* 氧化数 oxidation number 01.0191

氧化态 oxidation state 01.0191

氧化脱氢 oxidative dehydrogenation 04.0851

氧化脱羧 oxidative decarboxylation 02.1130

氧化稳定性 oxidation stability 03.0858

氧化物 oxide 01.0137

氧化物催化剂 oxide catalyst 04.0677

氧化物间强相互作用 strong oxide-oxide interaction 04.0898

氧化性火焰 oxydizing flame 03.1045

氧化性损伤 oxidative damage 01.0653

氧化亚氮-乙炔火焰 nitrous oxide acetylene flame 03.1046

氧联 oxalation 01.0481

* 氧硫杂蒽 phenoxathine 02.0369

氧桥 oxo bridge 01.0199

μ-氧桥双金属烷氧化物催化剂　bimetallic μ-oxo
　　alkoxide catalyst　05.0553
氧炔焰　oxy-acetylene flame　01.0416
氧𬭩化合物　oxonium compound　01.0172
氧𬭩离子　oxonium ion　01.0171
氧𬭩叶立德　oxonium ylide　02.0975
* 氧芴　dibenzofuran　02.0340
氧亚基代羧酸　oxo carboxylic acid　02.0118
* 氧茚　benzofuran　02.0332
氧杂环丙烷　oxacyclopropane　02.0241
氧杂环丙烯　oxacyclopropene, oxirene　02.0244
氧杂环丁酮　oxacyclobutanone　02.0260
* 1-氧杂环丁-2- 酮　oxacyclobutanone　02.0260
氧杂环丁烷　oxacyclobutane, oxetane　02.0251
氧杂环丁烯　oxacyclobutene　02.0254
氧杂环庚三烯　oxacycloheptatriene　02.0327
1-氧杂环戊-2-酮　1-oxacyclopentan-2-one　02.0265
* 氧杂䓬　oxepin　02.0327
氧载体　oxygen carrier　01.0597
样本　sample　03.0118
样本标准偏差　standard deviation of sample　03.0178
样本方差　sample variance　03.0189
样本偏差　sample deviation　03.0174
样本平均值　sample mean　03.0148
样本容量　sample capacity　03.0362
样本值　sample value　03.0146
* 样品　sample　03.0063
样品池　sample cell　03.2712
样品池组件　specimen-cell assembly　03.2714
样品导入　sample introduction　03.2552
样品堆积　stacking　03.2165
* 样品环　sample loop　03.1989
样品污染　sample contamination　03.0867
样品预处理　sample pretreatment　03.0856
遥爪聚合物　telechelic polymer　05.0074
药物分析　pharmaceutical analysis　03.0016
叶立德　Ylide, ylid　02.0969
叶立德配合物　ylide complex　02.1548
叶绿素　chlorophyll　02.1277
液滴模型　liquid drop model　06.0065
液固色谱法　Liquid-solid chromatography　03.1771
液化焓　enthalpy of liquefaction　04.0068
液化热　heat of liquefaction　04.0076
液晶　liquid crystal　02.0233

液晶纺丝　liquid crystal spinning　05.1045
液晶高分子　liquid crystal macromolecule　05.0127
液晶态　liquid crystal state　05.0864
* 液膜萃取　liquid film separation　03.0896
液膜电极　liquid membrane electrode　03.1622
液膜分离　liquid film separation　03.0896
液体接界电位　liquid junction potential　03.1721
液体闪烁探测器　liquid scintillation detector, liquid
　　scintillation counter　06.0125
液体橡胶　liquid rubber　05.0314
液相电离　liquid ionization, LI　03.2505
液相二次离子质谱法　liquid secondary ion mass spec-
　　trometry, LSIMS　03.2404
液相反应　liquid phase reaction　04.0336
液相化学发光　liquid phase chemiluminescence　03.1261
液相碱度　liquid phase basicity　03.2405
液相色谱法　liquid chromatography, LC　03.1769
液相色谱-傅里叶变换红外光谱联用仪　liquid chro-
　　matography-Fourier transform infrared spectrometer,
　　LC-FTIR　03.2083
液相色谱-核磁共振谱联用仪　liquid chromatog-
　　raphy/nuclear magnetic resonance system, LC-NMR
　　system　03.2087
液相色谱-质谱法　liquid chromatography-mass spec-
　　trometry, LC/MS　03.2556
液相色谱-质谱联用仪　liquid chromatography/mass
　　spectrometry system, LC-MS　03.2082
液相氧化　liquid phase oxidation　04.0846
液芯光纤分光光度法　liquid core optical fiber spec-
　　trophotometry　03.1238
液-液萃取　liquid-liquid extraction, LLE　03.0892
液-液界面　liquid-liquid interface　03.1544
液-液界面电化学　electrochemistry at liquid-liquid in-
　　terface　03.1543
液-液两相催化　liquid-liquid two-phase catalysis, liq-
　　uid-liquid diphase catalysis　04.0638
液-液色谱法　liquid-liquid chromatography　03.1770
* 液质联用　liquid chromatography /mass spectrometry,
　　LC/MS　03.2556
* 一步反应　synergic reaction, concerted reaction
　　01.0382
* 一次电池　primary battery　04.0547
一次通过式燃料循环　once-through fuel cycle
　　06.0614

一锅反应　one pot reaction　02.1218
一级标准　primary standard　03.0071
一级反应　first order reaction　04.0262
一级结构　primary structure　02.1249
一级同位素效应　primary isotope effect　02.0917
一级图谱　first order spectrum　03.2235
一级相变　first order phase transition　04.0145
一元酸　monoprotic acid　01.0123
伊尔科维奇方程　Ilkovic equation　03.1684
医学内照射剂量　medical internal radiation dose, MIRD　06.0735
医用电子加速器　medical electron accelerator　06.0736
医用放射性废物　medical radioactive waste　06.0737
医用回旋加速器　medical cyclotron　06.0738
铱异常　iridium anomaly　06.0755
仪器分析　instrumental analysis　03.0004
仪器联用技术　hyphenated technique of instruments　03.0005
仪器中子活化分析　instrumental neutron activation analysis, INAA　06.0490
移动床反应器　moving-bed reactor　04.0886
移动极差　moving range　03.0200
移动界面电泳　moving boundary electrophoresis　03.1820
* 移动相　mobile phase　03.1862
* 移动因子　shift factor　05.0956
移位取代　cine substitution　02.1038
移液管　pipet　03.0692
遗传算法　genetic algorithm　03.0313
乙醇解　ethanolysis　02.1107
乙二胺四乙酸　ethylenediaminetetraacetic acid, EDTA　03.0631
乙二醇双(2-氨基乙醚)四乙酸　ethyleneglycol bis (2-aminoethylether) tetraacetic acid, EGTA　03.0634
* 乙硅炔　disilyne　02.0222
* 乙硅烯　disilene　02.0221
乙基化　ethylation　02.1028
乙阶酚醛树脂　resitol　05.0192
* 乙内酰脲　imidazolidine-2,4-dione　02.0295
乙炔类聚合物　acetylenic polymer　05.0142
乙酸纤维素　cellulose acetate　05.0167
乙烯基单体　vinyl monomer　05.0390
乙烯基[单体]聚合　vinyl polymerization　05.0412

乙烯类聚合物　vinyl polymer　05.0139
乙烯-乙酸乙烯酯共聚物　ethylene-vinyl acetate copolymer, EVA　05.0251
乙酰丙酮　acetylacetone　03.0521
乙酰胆碱　acetylcholine, Ach　02.1440
乙酰化　acetylation　02.1032
* 乙型强心苷元　bufanolide　02.0540
椅型构象　chair conformation　02.0755
异常值　outlier　03.0226
异噁唑　isoxazole　02.0277
异噁唑烷　isoxazolidine　02.0290
异构合成　isosynthesis　04.0861
异构化聚合　isomerization polymerization　05.0468
异构酶　isomerase　02.1427
异构体　isomer　02.0005
E 异构体　E isomer　02.0721
Z-E 异构体　Z-E isomer　02.0719
Z 异构体　Z isomer　02.0720
异构[现象]　isomerism　02.0791
异核化学位移相关谱　heteronuclear chemical shift correlation spectrum　03.2288
异核去耦　heteronuclear decoupling　03.2260
异黄酮　isoflavone　02.0442
异腈　isocyanide　02.0105
异腈配合物　isocyanide complex, isonitrile complex　02.1509
异喹啉　isoquinoline　02.0360
异喹啉[类]生物碱　isoquinoline alkaloid　02.0401
异离子效应　diverse ion effect　03.0729
L-异亮氨酸　isoleucine　02.1336
异裂　heterolysis　02.0933
异裂反应　heterolytic reaction　01.0400
异硫氰酸荧光素　fluorescein isothiocyanate, FITC　03.0591
异面反应　antarafacial reaction　02.0907
异噻唑　isothiazole　02.0279
异位[的]　heterotopic　02.0669
异戊橡胶　isoprene rubber　05.0320
异相成核　heterogeneous nucleation　03.0731
异相化学发光　heterophase chemiluminescence　03.1262
异向聚集作用　perikinetic aggregation　04.1712
* 异盐效应　diverse ion effect　03.0729
异吲哚　isoindole　02.0335
异甾烷[类]生物碱　homosteroid alkaloid　02.0419

异质聚沉　heterocoagulation　04.1710

抑泡剂　foam inhibitor　04.1763

抑制褪色分光光度法　inhibition discoloring spectro-photometry　03.1225

抑制柱　suppressed column　03.2012

抑制[阻滞]效应　inhibiting effect　04.0777

易变配合物　labile complex　01.0515

易裂变核素　fissible nuclide　06.0162

易位聚合　metathesis polymerization　05.0435

逸出功　work function　03.2679

逸出气分析　evolved gas analysis, EGA　03.2685

逸度　fugacity　04.0191

逸度因子　fugacity factor　04.0192

溢流氢效应　spill-over hydrogen effect　04.0779

溢流束源　effusive beam source　04.0355

因素水平　level of factor　03.0244

因素效应　factorial effect　03.0246

g 因子　g-factor　03.2256

因子分析　factor analysis　03.0332

因子交互效应　factor interaction　03.0248

阴极　cathode　04.0443

阴极保护　cathodic protection　04.0588

阴极传递系数　cathodic transfer coefficient　04.0531

阴极电流　cathodic current　03.1648

阴极极化　cathodic polarization　04.0516

阴极溅射原子化器　cathode sputtering atomizer　03.1074

阴极去极剂　cathodic depolarizer　03.1702

阴极溶出伏安法　cathodic stripping voltammetry　03.1489

阴极射线发光　cathodoluminescence　01.0774

阴极型缓蚀剂　cathodic inhibitor　04.0590

阴极荧光　cathode fluorescence　03.2674

阴离子　anion　01.0019

阴离子碱　anion base　03.0705

阴离子交换剂　anion exchanger　03.2029

阴离子交换色谱法　anion exchange chromatography, AEC　03.1794

* 阴离子聚合　anionic polymerization　05.0449

阴离子酸　anionic acid　03.0704

阴离子型表面活性剂　anionic surfactant　04.1616

阴阳离子型表面活性剂　catanionic surfactant　04.1620

铟锡氧化物电极　indium-tin oxide electrode　03.1635

银-氯化银电极　Ag/AgCl electrode　03.1595

银镜试验　silver mirror test　03.0481

银量法　argentimetry　03.0416

银纹　craze　05.0910

银锌电池　silver-zinc battery　04.0558

引发　initiation　02.1018

引发剂　initiator　05.0524

引发剂效率　initiator efficiency　05.0562

引发-转移剂　initiator transfer agent, inifer　05.0536

引发-转移-终止剂　initiator-transfer agent-terminator, iniferter　05.0537

吲哚　indole　02.0334

1H-吲哚-2,3-二酮　1H-indole-2,3-dione　02.0339

吲哚[类]生物碱　indole alkaloid　02.0407

* 吲哚里西啶[类]生物碱　indolizidine alkaloid　02.0397

* 吲哚满二酮　1H-indole-2,3-dione　02.0339

吲哚嗪　indolizine　02.0381

吲哚试验　indole test　03.0478

吲哚酮　indolone　02.0337

吲嗪[类]生物碱　indolizidine alkaloid　02.0397

* 吲唑　indazole　02.0347

茚　indene　02.0164

茚三酮反应　ninhydrin reaction　03.0475

茚树脂　indene resin　05.0181

应变软化　strain softening　05.0921

应变硬化　strain hardening　05.0920

应力发白　stress whitening　05.0919

应力开裂　stress cracking　05.0914

应力-应变曲线　stress-strain curve　05.0915

* 应力致白　stress whitening　05.0919

应用电化学　applied electrochemistry　04.0407

缨状微束模型　fringed-micelle model　05.0848

罂红 A　erioglaucine A　03.0628

樱草花烷[类]　hirsutane　02.0483

* 迎头色谱法　frontal chromatography　03.1743

荧光　fluorescence　03.1281

* 荧光氨羧络合剂　calcein　03.0602

荧光胺　fluorescamine　03.0592

荧光标记分析　fluorescence marking assay　03.1309

荧光标准物　fluorescence standard substance　03.1293

荧光薄层板　fluorescent thin layer plate　03.2080

荧光猝灭常数　fluorescence quenching constant　03.1292

荧光猝灭法　fluorescence quenching method　03.1306

荧光猝灭效应　fluorescence quenching effect　03.1291

荧光发射光谱　fluorescence emission spectrum　03.1283

荧光分光光度法　fluorescence spectrophotometry　03.1299

荧光分光光度计　spectrophotofluorometer　03.1316

荧光分子平均寿命　average life of fluorescence molecule　03.1289

荧光共振能量传递　fluorescence resonance energy transfer, FRET　04.0359

荧光共振能量转移　fluorescence resonance energy transfer，FRET　03.1311

荧光光度计　fluorophotometer　03.1315

* 荧光黄　fluorescein　03.0600

荧光激发光谱　fluorescence excitation spectrum　03.1282

荧光计　fluorimeter　03.1313

荧光检测器　fluorescence detector　03.2067

* 荧光量子产额　fluorescence efficiency　03.1290

* 荧光量子效率　fluorescence efficiency　03.1290

荧光免疫分析　fluorescence immunoassay, FIA　03.1310

荧光强度　fluorescence intensity　03.1288

荧光试剂　fluorescent reagent　03.0493

荧光寿命　fluorescence lifetime　04.1063

荧光素　fluorescein　03.0600

荧光探针　fluorescence probe　03.1294

荧光显微法　fluorescence microscopy　03.1307

荧光效率　fluorescence efficiency　03.1290

荧光增白剂　optical bleaching agent, fluorescent whitening agent　05.1113

荧光指示剂　fluorescent indicator　03.0559

萤石　fluorite, fluorspar　01.0323

影像板　imaging plate　04.1999

映谱仪　spectrum projector　03.0982

硬碱　hard base　01.0114

* 硬石膏　anhydrite　01.0302

硬水　hard water　01.0151

硬酸　hard acid　01.0113

硬质胶　ebonite　05.0309

永生[的]聚合　immortal polymerization　05.0477

优势区域图　predominant region diagram　03.0768

* 优先吸附　preferential adsorption　04.1595

油包水乳状液　water in oil emulsion　04.1741

油漆　paint　05.0384

油脂酸败试验　rancidity test of fat　03.0479

铀后元素　transuranium element　01.0087

铀浓缩物　uranium concentrate　06.0562

铀-铅年代测定　uranium-lead dating　06.0764

* 铀试剂 III　arsenazo III　03.0512

铀衰变系　uranium decay series, uranium family　06.0322

铀酰　uranyl　06.0325

铀氧化物　uranium oxide, UOX　06.0585

* 游离基聚合　free radical polymerization　05.0415

游码　rider　03.0096

游走重排　walk rearrangement　02.1019

有规立构聚合物　stereoregular polymer, tactic polymer　05.0020

有机沉淀剂　organic precipitant　03.0525

有机电化学　organic electrochemistry　04.0409

有机二次离子质谱法　organic secondary ion mass spectrometry, organic SIMS　03.2407

有机发光二极管　organic light emission diode, OLED　04.1127

有机分析　organic analysis　03.0010

有机分子的发光　organic molecular luminescence　04.1051

* 有机高分子　organic polymer　05.0006

有机共沉淀剂　organic coprecipitant　03.0491

有机硅胺　organyl silazane　02.0224

有机硅树脂　silicone resin　05.0209

有机化合物　organic compound　02.0001

有机及高分子光导材料　organic and polymeric photoconductive materials　04.1125

有机金属催化剂　organometallic catalyst　04.0673

有机聚合物　organic polymer　05.0006

有机试剂　organic reagent　03.0490

有机显色剂　organic chromogenic reagent　03.0492

有机异质结　organic heterojunction　04.1120

有机银阴离子盐　organoargentate　02.1525

有机质谱　organic mass spectrometry, OMS　03.2406

有理指数定律　law of rational indices　04.1786

有色金属　non-ferrous metal　01.0097

* 有限线碰撞阻止本领　restricted linear collision stopping power　06.0436

有效半衰期　effective half-life　06.0464

有效场　effective field　03.2275

有效当量剂量　effective equivalent dose　06.0417

有效当量剂量率　effective equivalent dose rate　06.0418

有效剂量　effective dose　06.0419

有效数字　significant figure　03.0388

有效塔板高度　effective plate height　03.1943

有效塔板数　effective plate number　03.1942

有效淌度　effective mobility　03.1968

有效芯势　effective core potential　04.1384

有效原子序数规则　effective atomic number rule　01.0573

有序点缺陷　ordered point defect　01.0732

有序分子组合体　organized molecular assembly　04.1635

有序合金　ordered alloy　04.1886

有序-无序[相]转变　order-disorder [phase] transition, order-disorder [phase] transformation　04.1885

有序-无序转变　order-disorder transition　01.0733

有源探询　active interrogation　06.0529

有源中子探询法　active neutron interrogation　06.0530

酉矩阵　unitary matrix　04.1175

* 右旋糖酐　dextran　05.0158

右旋异构体　dextro isomer　02.0662

诱导反应　induced reaction　01.0412

诱导分解　induced decomposition　05.0563

诱导偶极矩　induced dipole moment　04.1270

诱导期　induction period　05.0561

诱导效应　inductive effect　02.0628

诱发裂变　induced fission　06.0161

* δ诱眠肽　delta sleep inducing peptide, DSIP　02.1387

淤浆聚合　slurry polymerization　05.0500

鱼叉模型　harpoon model　04.0386

鱼藤酮类黄酮　rotenoid　02.0448

宇称守恒[定律]　parity conservation　04.1170

宇称算符　parity operator　04.1169

宇生放射性核素　cosmogenic radionuclide　06.0326

羽扇豆烷[类]　lupane　02.0524

预辐射接枝　pre-irradiation grafting　06.0372

预辐照聚合　pre-irradiation polymerization　06.0357

预富集　preconcentration　03.0060

预混合型燃烧器　premix burner　03.1035

预胶束化　premicellization　04.1628

预聚合　prepolymerization　05.0408

预聚物　prepolymer　05.0013

预离解　predissociation　04.1302

预硫化　presulfidation　04.0746

预柱　precolumn　03.2010

* 阈能　threshold energy　04.0299

薁　azulene　02.0188

[元素的]核合成　nucleosynthesis [of elements]　06.0302

[元素的]核起源　nucleogenesis [of elements]　06.0303

元素分析　elemental analysis　03.0011

元素丰度　abundance of element　01.0058

元素符号　atomic symbol　01.0043

* 元素高分子　element polymer　05.0008

元素聚合物　element polymer　05.0008

元素有机化合物　elemento-organic compound　02.1456

元素有机化学　elemento-organic chemistry　02.1455

元素周期表　periodic table of the elements　01.0054

元素周期律　periodic law of the elements　01.0053

原胞　primitive cell　04.1780

* 原初光反应　primary photoreaction　04.1039

* 原初过程　primary process of radiation chemistry　06.0366

* 原电池腐蚀　Galvanic corrosion　04.0584

原电池[组]　primary battery　04.0547

原假设　null hypothesis　03.0215

* 原料　substrate　02.0927

原始数据　raw data　03.0365

原酸　orthoacid　01.0117

原酸酯　ortho ester　02.0091

原位定量　in situ quantitation　03.2163

原位反应技术　in situ reaction　04.0903

原位分析　in situ analysis　03.0440

原位傅里叶变换红外光谱　in situ Fourier transform infrared spectrum　04.0817

原位富集　in situ concentration　03.1058

原位进攻　ipso-attack　02.0595

原位聚合　in situ polymerization　05.0513

原位预处理　in situ pretreatment　04.0902

原纤　fibril　05.0355

原酰胺　ortho amide　02.0092

原小檗碱类生物碱　protoberberine alkaloid　02.0404

* ALARA 原则　ALARA principle　06.0394

原子　atom　01.0001

原子捕集技术　atom trapping technique　03.1056

原子单位　atomic unit, AU　03.2408

* 原子的净电荷　net charge　04.1205

原子的平均质量　atomic average mass　01.0004

原子电荷　atomic charge　04.1205

原子发射光谱　atomic emission spectrum　03.0922

原子发射光谱法　atomic emission spectrometry, AES　03.0934

原子[分数]坐标　atomic [fractional] coordinate　04.1903

原子光谱　atomic spectrum　03.0904

原子光谱定量分析　quantitative analysis of atomic spectral　03.0921

原子轨道　atomic orbital　04.1193

原子轨道轮廓图　contour plot of atomic orbital　04.1203

原子轨道能级　atomic orbital energy level　04.1202

原子轨道线性组合　linear combination of atomic orbitals, LCAO　04.1204

原子化　atomization　03.1031

原子化能　atomization energy　04.1206

原子化器　atomizer　03.1067

原子化效率　atomization efficiency　03.1032

* 原子价　valence　01.0190

原子结构　atomic structure　04.1188

* 原子晶体　atomic crystal　01.0693

原子力显微镜法　atomic force microscope, AFM　03.2670

原子量　atomic weight　01.0002

原子散射因子　atomic scattering factor　04.2018

* 原子吸收分光光度计　atomic absorption spectrophotometer　03.1107

原子吸收光谱　atomic absorption spectrum　03.1003

原子吸收光谱法　atomic absorption spectrometry　03.1004

原子吸收光谱仪　atomic absorption spectrometer　03.1107

[原子]吸收谱线的强度　intensity of absorption line　03.1007

[原子]吸收谱线轮廓　absorption line profile　03.1010

原子吸收系数　atomic absorption coefficient　03.1080

原子吸收线　atomic absorption line　03.1005

原子线　atomic line　03.0915

原子芯　atomic core　04.1207

* 原子序　atomic number　01.0044

原子序数　atomic number　01.0044

原子荧光　atomic fluorescence　03.1118

原子荧光猝灭效应　quenching effect of atomic fluorescence　03.1132

原子荧光的饱和效应　saturation effect of atomic fluorescence　03.1133

原子荧光光谱法　atomic fluorescence spectrometry, AFS　03.1134

原子荧光光谱仪　atomic fluorescence spectrometer　03.1139

原子荧光量子效率　atomic fluorescence quantum efficiency　03.1131

原子质量常量　atomic mass constant　01.0005

原子质量单位　atomic mass unit　03.2409

原子转移自由基聚合　atom transfer radical polymerization, ATRP　05.0419

圆二色性　circular dichroism　02.0814

圆偏振光　circularly polarized light　02.0812

圆双折射　circular birefringence　04.1491

α 源　α-source　06.0399

β 源　β-source　06.0400

γ 源　γ-source　06.0401

源后衰变　post source decay, PSD　03.2506

源内断裂　in-source fragmentation　03.2507

源内裂解　in-source pyrolysis　03.2742

* 源内碎裂　in-source fragmentation　03.2507

远场　far field　06.0654

远程[放射]治疗　teletherapy　06.0743

远程分子内相互作用　long range intramolecular interaction　05.0710

远程结构　long range structure　05.0855

远程耦合　long range coupling　03.2254

远红外光谱　far infrared spectrum　03.1344

远红外光谱法　far infrared spectrometry　03.1354

远离 β 稳定线核素　nuclide far from β stability　06.0012

远位　*amphi* position　02.0599

约化胞　reduced cell　04.1782

* CT 跃迁　CT transition　04.1009

n-π* 跃迁　n-π* transition　04.0960

π-π* 跃迁　π-π* transition　04.0961

* γ 跃迁　γ-transition　06.0024

跃迁概率　transition probability　04.1338

* 跃迁几率　transition probability　04.1338

跃迁能　transition energy　04.1339
跃迁[偶极]矩　transition [dipole] moment　04.0962
云母　mica　01.0277
匀场　shimming　03.2224
匀场线圈　shim coil　03.2225
*匀浆填充　slurry packing　03.2119

允许偏差　allowable deviation　03.0170
允许误差　permissible error　03.0171
孕甾生物碱　pregnane alkaloid　02.0416
孕甾烷[类]　pregnane　02.0532
运动黏度　kinematic viscosity　04.1717
运铁蛋白　transferring　01.0630

Z

杂第尔斯-阿尔德反应　hetero-Diels-Alder reaction　02.1085
杂多核配合物　heteropolynuclear coordination compound　01.0512
杂多化合物催化剂　heteropolycompound catalyst　04.0685
杂多酸　heteropolyacid　01.0533
杂多酸催化剂　heteropolyacid catalyst　04.0686
*sp 杂化　diagonal hybridization　02.0609
*sp² 杂化　trigonal hybridization　02.0608
*sp³ 杂化　tetrahedral hybridization　02.0607
杂化　hybridization　04.1232
杂化物　hybrid [compound]　02.0007
杂环　heterocycle　02.0239
杂环化合物　heterocyclic compound　02.0240
杂环聚合物　heterocyclic polymer　05.0064
杂链聚合物　heterochain polymer　05.0060
杂硼烷　heteroborane　01.0163
杂散辐射　stray radiation　06.0469
杂原子分子筛催化剂　heteroatomic incorporated molecular sieve catalyst　04.0661
杂原子炔烃　heteroalkyne　02.1503
杂原子烯烃　heteroalkene　02.1502
杂质缺陷　extrinsic defect, impurity defect　01.0720
甾体　steroid　02.0529
甾体生物碱　steroid alkaloid　02.0415
甾体皂苷　steroid saponin　02.0544
载流子　carrier, charge carrying particle　01.0751
载流子浓度　carrier concentration　01.0750
载流子迁移率　carrier mobility　01.0754
载气　carrier gas　03.1871
载气分离器　carry gas separator　03.2553
载体　carrier　01.0206
载体沉淀　carrier precipitation　03.0802
载体共沉淀　carrier coprecipitation　06.0076

载体涂渍开管柱　support coated open tubular column, SCOT column　03.2016
载体效应　support effect　04.0775
载体诱导晶体生长　support-induced crystal growth　04.0899
再结晶　recrystallization　04.1849
再聚合　repolymerization　05.0410
再生胶　reclaimed rubber　05.0310
再生[作用]　regeneration　04.0763
再现性　reproducibility　03.0370
再循环　recycling　06.0555
再引发　reinitiation　05.0564
在束电子电离　in-beam electron ionization　03.2508
在束化学电离　in-beam chemical ionization, IBCI　03.2509
在束谱学　in-beam spectroscopy　06.0523
*在束 γ 射线谱学　in-beam γ-ray spectroscopy　06.0523
在线分析　on line analysis　03.0435
在线富集　on-line concentration　03.0061
在线气相化学装置　on-line gas-chemistry apparatus, OLGA　06.0266
暂时平衡　transient equilibrium　06.0042
暂态电流　transient current　04.0535
暂态法　transient method　04.0609
*遭遇络合物　encounter complex　04.0339
*早势垒　early barrier　04.0391
*皂甙　saponin　02.0541
皂苷　saponin　02.0541
皂化　saponification　02.1106
皂化值　saponification number　03.0778
皂膜流量计　soap film flow meter　03.1996
造孔剂　pore-making agent　04.0740
造影剂　contrast agent　01.0649
择形效应　shape-selective effect　04.0772

择形选择性　shape selectivity　04.0840

择优溅射　preferential sputtering　03.2650

择优取向　preferred orientation　04.1932

增长链端　propagating chain end　05.0566

增稠剂　thickening agent, thickener　05.1136

增环反应　annulation　02.1124

* 增量剂　plasticizer extender　05.1109

增黏剂　tackifier　05.1107

增强　reinforcing　05.0973

增强剂　reinforcing agent　05.1104

增韧剂　toughening agent　05.1105

增容剂　compatibilizer　05.1108

增容作用　compatibilization　05.0885

增溶作用　solubilization　04.1647

增色团　hyperchrome, hyperchromic group　03.1190

增色效应　hyperchromic effect　04.1056

增色作用　hyperchromism　03.0726

增塑剂　plasticizer　05.1106

增塑增容剂　plasticizer extender　05.1109

增塑作用　plasticization　05.0970

增效分析试剂　enhanced analytical reagent　03.0496

札依采夫规则　Zaitsev rule, Saytzeff rule　02.1015

窄[辐射]束　narrow beam　06.0454

展开　development　03.1879

展开槽　developing tank　03.2078

展开槽饱和　chamber saturation　03.2152

展开剂　developing solvent　03.1880

占有率　occupancy, site occupation factor, SOF
　04.1904

张力法　tensammetry　03.1486

章动　nutation　03.2215

樟烷类　camphane　02.0466

涨落　fluctuation　04.1426

胀流型流体　dilatant fluid　04.1733

着火温度　ignition temperature　03.0827

照射孔道　irradiation channel　06.0582

照射量　exposure　06.0406

γ 照相机　γ-camera　06.0707

折叠　folding, fold　02.1419，03.2233

折叠表面　fold surface　05.0843

* 折叠长度　folding length　05.0819

折叠环　puckered ring　02.0780

折叠链晶体　folded-chain crystal　05.0849

折叠面　fold plane　05.0844

β折叠片[层]　β-pleated sheet　02.1411

折叠体　foldamer　02.0851

折叠微区　fold domain　05.0845

* 折光计　refractometer　03.1455

* 折光率　refractive index　03.1454

* 折光指数检测器　differential refractive index detector
　03.2063

折光指数增量　refractive index increment　05.0800

折射率　refractive index　03.1454

* 折射率检测器　differential refractive index detector
　03.2063

* 折射率增量　refractive index increment　05.0800

折射仪　refractometer　03.1455

锗-锂探测器　Ge-Li detector　06.0117

锗酸铋探测器　bismuth germinate detector　06.0123

* 褶合光谱法　convolution spectrometry　03.1244

蔗糖　sucrose　02.1287

真空成型　vacuum molding　05.1016

真空干燥[法]　vacuum drying [method]　04.0726

真空闪热解　flash vacuum pyrolysis, FVP　02.1101

真空线技术　vacuum line technique　02.1543

真空紫外光谱　vacuum ultraviolet spectrum　03.1170

真空紫外光源　vacuum ultraviolet photosource
　03.2623

真密度　true density　04.0793

真值　true value　03.0139

阵列毛细管电泳　array capillary electrophoresis, ACE
　03.1841

振荡磁场　oscillating magnetic field　03.2323

* 振荡反应　oscillating reaction　01.0407

振动弛豫　vibrational relaxation　04.0977

振动光谱　vibrational spectrum　04.1487

振动配分函数　vibrational partition function　04.0236

振动射流法　oscillating jet method　04.1570

振动特征温度　characteristic vibrational temperature
　04.0237

振动-振动能量传递　vibration-vibration energy transfer,
　V-V energy transfer　04.1101

振动-转动光谱　vibrational-rotational spectrum　03.1167

振子强度　oscillator strength　03.1008

蒸发光散射检测器　evaporative light-scattering
　detector, ELSD　03.2073

蒸发皿　evaporating dish　03.0689

蒸馏　distillation　03.0458

蒸馏水　distilled water　01.0149

蒸气硫化　steam cure　05.1033

蒸气压渗透法　vapor pressure osmometry, VPO　05.0799

蒸气压下降　vapor pressure lowering　04.0189

整备　conditioning　06.0661

整比化合物　stoichiometric compound　01.0706

整体收缩　whole contraction　03.0299

整体性质检测器　integral property detector　03.2045

整体柱　monolithic column　03.2039

正比计数器　proportional counter　06.0114

正比探测器　proportional detector　04.1997

正长石　orthoclase　01.0244

正电子发射断层显像　positron emission tomography, PET　06.0710

正电子素　positronium　06.0089

正电子素化学　positronium chemistry　06.0090

正电子湮没谱学　positron annihilation spectroscopy, PAS　06.0494

正多面体　regular polyhedron　04.1912

正负[离子]同体化合物　zwitterion, zwitterionic compound　01.0022

* 正负离子型表面活性剂　catanionic surfactant　04.1620

正规溶液　regular solution　04.0178

正极　positive electrode　04.0444

正交　orthogonality　04.1176

正交表　orthogonal table, orthogonal layout　03.0290

正交多项式回归　orthogonal polynomial regression　03.0259

正交归一轨道　orthonormal orbital　04.1329

正交归一化函数　orthonormal function　04.1314

正交化　orthogonalization　04.1177

正交晶系　orthorhombic system　04.1807

正交试验设计　orthogonal design of experiment　03.0288

正空间　direct space　04.1985

* 正离子　cation　01.0018

正离子交换膜　cation exchange membrane　05.1087

正离子聚合　cationic polymerization　05.0444

正离子引发剂　cationic initiator　05.0540

正离子转移重排　cationotropic rearrangement　02.1173

正硫[化]　optimum cure　05.1023

正氢　orthohydrogen　01.0098

正态分布　normal distribution　03.0130

* 正吸附　positive adsorption　01.0372

正相高效液相色谱法　normal phase high performance liquid chromatography　03.1779

正相关　positive correlation　03.0249

正[向]反应　forward reaction　01.0360

正则分子轨道　canonical molecular orbital　04.1250

正则哈特里-福克轨道　canonical Hartree-Fock orbital　04.1362

正则配分函数　canonical partition function　04.0244

正则系综　canonical ensemble　04.0242

支持电解质　supporting electrolyte, inert electrolyte　03.1706

支持还原剂　holding reductant　06.0607

支化度　degree of branching　05.0653

支化聚合物　branched polymer　05.0075

* 支化密度　degree of branching　05.0653

支化密度　branching density　05.0725

支化系数　branching index　05.0724

支化因子　branching factor　04.0334

支链　branch chain　05.0721

支链爆炸　branched chain explosion　04.0333

支链淀粉　amylopectin　05.0157

支链反应　branched chain reaction　04.0328

枝晶　dendritic crystal　04.1866

织构　texture　05.0863

脂肪酶　lipase　02.1425

脂肪族化合物　aliphatic compound　02.0008

脂肪族环氧树脂　aliphatic epoxy resin　05.0207

脂肪族聚酯　aliphatic polyester　05.0265

脂环化合物　alicyclic compound　02.0150

脂肽　lipopeptide　02.1404

N-脂酰鞘氨醇　ceramide, Cer　02.1438

* 脂质　lipid, lipoid　02.1431

脂质体　liposome　02.1432

直方图　histogram　03.0126

* 直接碘量法　iodimetric titration　03.0427

直接法　direct method　04.2044

直接反应　direct reaction　04.0381

直接化学电离　direct chemical ionization　03.2510

直接甲醇燃料电池　direct methanol fuel cell, DMFC　04.0554

直接进样　direct inlet, DI　03.2554

直接进样量热分析　direct injection enthalpimetry, DIE

03.2771

直接进样探头　direct probe　03.2557

直接裂变产额　direct fission yield　06.0179

直立键　axial bond　02.0782

直链淀粉　amylose　05.0156

直链反应　straight chain reaction　04.0327

直流等离子体光源　direct current plasma source　03.0946

直流电弧光源　direct current arc source　03.0939

直流伏安法　direct current voltammetry　03.1467

直流极谱法　direct current polarography　03.1465

直线型碳　diagonal carbon　02.0716

直线型杂化　diagonal hybridization　02.0609

直跃线原子荧光　direct-line atomic fluorescence　03.1121

e 值　e value　05.0620

* G 值　radiation chemistry yield　06.0345

* pH[值]　pH [value]　03.0737

Q 值　Q value　05.0619

R_f 值　R_f value　03.1935

δ 值　δ-value　03.2242

τ 值　τ-value　03.2243

职业照射　occupational exposure　06.0446

植物激素　phytohormone　02.1449

植物烷[类]　phytane　02.0488

* 止逆阀　one-way valve　03.1998

* 纸层析　paper chromatography　03.1815

纸电泳　paper electrophoresis　03.1822

纸色谱法　paper chromatography　03.1815

指前因子　pre-exponential factor　04.0288

指示电极　indicating electrode　03.1587

指示剂　indicator　03.0550

指示剂变色点　indicator transition point　03.0849

指示剂常数　indicator constant　03.0567

[指示剂]封闭　blocking　03.0720

[指示剂]僵化　ossification of indicator　03.0721

指示剂空白　indicator blank　03.0568

酯　ester　02.0090

酯化　esterification　02.1104

酯交换　transesterification　02.1105

酯交换缩聚　transesterification polycondensation, esterexchange polycondensation　05.0489

酯酶　esterase　01.0677

酯肽　depsipeptide　02.1369

制靶法　targetry　06.0202

制备参数　preparation parameter　04.0705

制备气相色谱法　preparative gas chromatography　03.1808

制备色谱法　preparative chromatography　03.1764

制备色谱仪　preparative chromatograph　03.1973

制备条件　preparation condition　04.0704

质荷比　mass-to-charge ratio　03.2410

质量标尺　mass marker　03.2411

质量标样　mass standard　03.2412

* 质量标准　mass standard　03.2412

质量产额　mass yield　06.0173

质量电泳图　mass electropherogram　03.1905

质量范围　mass range　03.2413

质量分布函数　mass distribution function　05.0753

* 质量分析器　analyser　03.2513

* 质量管理图　control chart for quality　03.0348

质量控制　quality control　03.0347

质量控制图　control chart for quality　03.0348

质量控制样品　quality management sample　03.0816

质量亏损　mass defect　03.2414

质量灵敏度　mass sensitivity　03.0046

质量敏感型检测器　mass sensitive detector　03.2050

质量摩尔浓度　molality　01.0030

质量歧视效应　mass discrimination　03.2415

质量色谱图　mass chromatogram　03.1900

质量色散　mass dispersion　03.2416

质量数　mass number　01.0046

* 质量选择[性]检测器　mass selective detector, MSD　03.2076

质量阻止本领　mass stopping power　06.0441

质谱　mass spectrum, MS　04.0820

质谱本底　background of mass spectrum　03.2417

质谱法　mass spectrometry, MS　03.2335

质谱检测器　mass spectrometric detector, MSD　03.2076

质谱图　mass spectrum　03.2539

质谱仪　mass spectrometer　03.2560

质体蓝素　plastocyanin　01.0636

质子传递　proton transfer　01.0401

质子传递物　protolyte　03.0666

质子滴线　proton drip line　06.0010

质子给体　proton donor　03.2418

质子核磁共振　proton magnetic resonance, PMR

03.2170

质子化 protonation 01.0393

质子化常数 protonation constant 01.0583

质子化分子 protonated molecule 03.2420

质子激发 X 射线荧光分析 proton-induced X-ray emission analysis 06.0508

质子激发 X 射线荧光光谱法 proton excited X-ray fluorescence spectrometry 03.1145

* 质子碱 Brønsted base 01.0105

质子桥接离子 proton-bridged ion 03.2421

质子亲和势 proton affinity 03.2345

质子溶剂 protic solvent 03.0665

* 质子守恒 proton condition 03.0750

质子受体 proton acceptor 03.2419

* 质子酸 Brønsted acid 01.0104

质子条件 proton condition 03.0750

质子噪声去耦 proton noise decoupling 03.2266

质子转移重排 prototropic rearrangement 02.1157

质子自递常数 autoprotolysis constant 03.0772

质子自递作用 autoprotolysis 03.0667

致死剂量 lethal dose 06.0477

智利硝石 Chile saltpeter, Chile nitre 01.0255

智能聚合物 intelligent polymer 05.0094

置换滴定法 replacement titration 03.0400

置换反应 displacement reaction 01.0443

置换色谱法 displacement chromatography 03.1744

* 置信范围 confidence interval 03.0376

置信区间 confidence interval 03.0376

置信系数 confidence coefficient 03.0377

置信限 confidence limit 03.0375

中放废物 intermediate-level [radioactive] waste 06.0627

中和 neutralization 01.0348

中和焓 enthalpy of neutralization 04.0062

中和热 heat of neutralization 04.0070

中环 medium ring 02.0587

中间体 intermediate 02.0928

中阶梯光栅 echelle grating 03.0959

* 中空吹塑 blow moulding 05.1006

中空纤维 hollow fiber 05.1059

中位值 median 03.0152

中相微乳液 middle-phase microemulsion 04.1749

中心力场近似 central field approximation 04.1322

中心切割 heart-cutting 03.2150

中心原子 central atom 01.0469

中性点 neutral point 03.0848

中性红 neutral red 03.0582

中性化再电离质谱法 neutralization reionization mass spectrometry, NRMS 03.2422

中性火焰 neutral flame 03.1044

中性滤光片 neutral filter 03.1208

* 中性密度滤光片 neutral filter 03.1208

中性碎片再电离 neutral fragment reionization, NFR 03.2511

中压液相色谱法 middle-pressure liquid chromatography 03.1774

* 中子成相 neutron imaging 06.0487

中子滴线 neutron drip line 06.0011

中子发生器 neutron generator 06.0288

中子俘获 neutron capture 06.0289

中子活化分析 neutron activation analysis, NAA 06.0484

中子计数器 neutron counter 06.0145

中子剂量计 neutron dosimeter 06.0473

中子监测器 neutron monitor 06.0474

中子[能]谱学 neutron spectroscopy 06.0290

中子散射 neutron scattering 04.1540

中子散射分析 neutron scattering analysis 06.0485

* 中子射线照相术 neutron radiography 06.0487

中子探测器 neutron detector 06.0144

* 中子通量 neutron flux 06.0292

* 中子通量密度 neutron flux density 06.0292

中子吸收 neutron absorption 06.0293

中子衍射 neutron diffraction 04.2054

中子衍射分析 neutron diffraction analysis 06.0486

中子源 neutron source 06.0294

中子照相术 neutron photography 06.0487

中子注量 neutron fluence 06.0291

中子注量率 neutron fluence rate 06.0292

终点 end point 03.0846

终点误差 end point error 03.0853

终了温度 final temperature 03.2707

* 终裂片 final fragment 06.0172

终止剂 terminator 05.0579

种子聚合 seeding polymerization 05.0505

仲裁分析 referee analysis, arbitration analysis 03.0008

仲氢 parahydrogen 01.0099

众数 mode 03.0153

重氮氨基化合物 diazoamino compound 02.0193

重氮化 diazotization 02.1058

重氮化合物 diazo compound 02.0041

重氮偶联 diazonium coupling 02.1059

重氮氢氧化物 diazohydroxide 02.0192

重氮烷 diazoalkane 02.0042

重氮盐 diazonium salt 02.0191

重铬酸钾滴定法 dichromate titration 03.0424

重核 heavy nucleus 06.0267

重均分子量 weight-average molecular weight, weight-average molar mass 05.0739

重离子核化学 heavy ion nuclear chemistry 06.0268

重离子加速器 heavy ion accelerator 06.0269

重离子诱导解吸 heavy ion induced desorption, HIID 03.2512

重量法 gravimetric method 04.1605

重量分布函数 weight distribution function 05.0754

重量分析法 gravimetric analysis 03.0392

* 重量因数 gravimetric factor 03.0830

重量因子 gravimetric factor 03.0830

重水 heavy water 01.0153

* 重碳酸盐 bicarbonate 01.0225

重原子法 heavy atom method 04.2040

重原子效应 heavy atom effect 03.1338

舟皿 boat 03.0679

周环反应 pericyclic reaction 02.0902

周期 period 01.0055

周期共聚物 periodic copolymer 05.0038

轴晶 axialite 05.0837

轴向滑移面 axial glide plane 04.1824

轴向手性 axial chirality 02.0691

* 朱砂 cinnabar 01.0322

珠-棒模型 bead-rod model 05.0776

珠-簧模型 bead-spring model 05.0777

* 珠状聚合 suspension polymerization 05.0501

* 逐步共聚 copolycondensation 05.0613

逐步回归 stepwise regression 03.0277

* 逐步加成聚合 polyaddition reaction 05.0479

逐步模糊聚类法 fuzzy nonhierarchical clustering 03.0327

逐步[增长]聚合 step [growth] polymerization 05.0485

* 逐次逼近法 successive approximate method 03.0310

逐次近似法 successive approximate method 03.0310

逐级分解 stepwise decomposition 01.0404

逐级解离 stepwise dissociation 01.0405

逐级水解 stepwise hydrolysis 01.0406

逐级稳定常数 stepwise stability constant 01.0579

逐级稀释 stepwise dilution 03.0841

逐级形成常数 stepwise formation constant 03.0760

主成分分析 principal component analysis, PCR 03.0319

主成分回归法 principal component regression method 03.0260

主成分回归分光光度法 principal component regression spectrophotometry 03.1240

主从机械手 master-slave manipulator 06.0252

主带 main band 03.2226

* 主动探询 active interrogation 06.0529

* 主分量分析 principal component analysis, PCR 03.0319

主客体化合物 host-guest compound 01.0178

主客体化学 host-guest chemistry 02.0822

主链 main chain, chain backbone 05.0720

主链型液晶聚合物 main chain liquid crystalline polymer 05.0130

主量子数 principal quantum number 04.1196

主体 host 02.0820

主同位素 principle isotope 03.2425

主效应 main effect 03.0247

* 主自然轨道 principal natural orbital 04.1377

主族 main group 01.0057

助表面活性剂 cosurfactant 04.1614

助剂 promoter 04.0751

助剂效应 promoting effect 04.0774

助熔剂 assistant flux 03.0864

助熔剂法 flux method 01.0819

助色团 auxochrome, auxochromic group 03.1191

注拉吹塑 injection draw blow molding 05.1011

注射泵 syringe pump 03.2002

注射成型 injection molding 05.0984

* 注[射模]塑 injection molding 05.0984

注塑焊接 injection welding 05.0988

驻电体热分析 electret thermal analysis 03.2733

柱长 column length 03.1882

柱后反应器 post column reactor 03.2136

柱后衍生化 post column derivatization 03.2135

柱流失　column bleeding　03.1887

柱内径　column internal diameter　03.1883

柱前衍生化　pro-column derivatization　03.2133

柱切换　column switching　03.2123

柱容量　column capacity　03.1889

* 柱塞泵　piston pump　03.2004

柱色谱法　column chromatography　03.1752

柱上检测　on-line detection　03.2151

柱上进样　on-column injection　03.2110

柱上衍生化　on-column derivatization　03.2134

柱寿命　column life　03.1888

* 柱头进样　on-column injection　03.2110

柱外效应　extra-column effect　03.1952

柱温箱　column oven　03.2040

柱效[能]　column efficiency　03.1886

柱形胶束　cylindrical micelle　04.1632

柱压　column pressure　03.1884

柱再生　column regeneration　03.2122

铸塑　cast molding　05.0993

铸塑聚合　cast polymerization　05.0411

抓桥氢　agnostic hydrogen　02.1459

抓氢键　agnostic hydrogen bond　02.1460

* 专属性　specificity　03.0868

* 专一试剂　specific reagent　03.0075

专一性　specificity　03.0868

转氨基化　transamination　02.1039

* α 转变　glass transition　05.0949

转化定量法　trans-quantitative method　03.0395

转化率　conversion　04.0832

转换频率　turnover frequency　04.0836

转换数　turnover number　04.0835

转熔温度　peritectic temperature　04.0153

转移氢化　transfer hydrogenation　02.1136

转动弛豫时间　rotational relaxation time　04.1102

转动光谱　rotational spectrum　04.1486

转动扩散　rotational diffusion　04.1533

转动配分函数　rotational partition function　04.0234

转动特征温度　characteristic rotational temperature
04.0235

β 转角　β-turn,β-bend　02.1412

转轮多探测器分析器　rotating wheel multi-detector
analyzer, ROMA　06.0265

转盘式反应器　rotating disc reactor　04.0891

T 状配合物　T-shaped complex　02.1541

* 状态函数　state function　04.0014

* 状态图　state diagram　04.0940

锥板式黏度计　cone and plate viscometer　04.1726

锥形瓶　erlenmeyer flask　03.0100

缀合物　conjugate　02.0006

准备期　preparation period　03.2296

准参比电极　quasi-reference electrode, pseudo-reference
electrode　04.0447

* 准单分子反应　pseudo-unimolecular reaction
04.0267

准定位标记化合物　nominally labeled compound
06.0678

准对称性　pseudo-symmetry　04.1870

准分子离子　quasi-molecular ion　03.2426

准各态历经假说　quasi-ergodic hypothesis　04.1417

准固定相　pseudostationary phase　03.1846

准经典轨迹　quasiclassical trajectory　04.0352

准晶　quasicrystal　04.1869

准可逆波　quasi-reversible wave　03.1673

准可逆过程　quasi-reversible process　04.0504

准连续区　quasicontinuum　04.1094

准平衡理论　quasi-equilibrium theory, QET　03.2427

准确度　accuracy　03.0367

准一级反应　pseudo first order reaction　04.0263

准易裂变核素　quasi fissible nuclide　06.0164

准直镜　collimator　03.0952

准周期性　pseudo-periodicity　04.1871

准自由电子　quasi-free electron　06.0385

准自由电子近似　quasi-free electron approximation
01.0764

灼烧　ignition　03.0828

浊点　cloud point　04.1646

浊度　turbidity　04.1548

浊度法　nephelometry　03.1197

* 着色剂　colorant　05.1112

* 子离子　product ion　03.2457

μ子谱学　muon spectroscopy　06.0506

子体核素　daughter nuclide　06.0049

* 子样　sample　03.0118

紫胶　shellac　05.0148

紫脲酸铵　murexide　03.0615

紫杉烷[类]　taxane　02.0497

紫外反射光谱法　ultraviolet reflectance spectrometry
03.1173

紫外分光光度法　ultraviolet spectrophotometry　03.1172

紫外光电子能谱[法]　ultraviolet photoelectron spectroscopy, UPS　03.2624

紫外激发激光共振拉曼光谱　ultraviolet excited laser resonance Raman spectrum　03.1412

紫外-可见分光光度计　ultraviolet-visible spectrophotometer　03.1252

紫外-可见光检测器　ultraviolet-visible light detector　03.2065

* 紫外-可见光吸收检测器　ultraviolet-visible light detector　03.2065

紫外可见吸收光谱　UV-visible absorption spectrum　04.0819

紫外拉曼光谱　ultraviolet Raman spectrum　04.0818

紫外吸收光谱　ultraviolet absorption spectrum　03.1169

紫外吸收检测器　ultraviolet absorption detector　03.2064

紫外线稳定剂　ultraviolet stabilizer　05.1122

紫外线吸收剂　ultraviolet absorber　05.1123

* 紫移　blue shift　03.1247

自避随机行走模型　self-avoiding random walk model　05.0706

自猝灭　self quenching　04.0992

自催化　autocatalysis　04.0749

自催化缩聚　autocatalytic polycondensation　05.0490

自电离　autoionization　03.2428

自电离谱法　self-ionization spectroscopy　03.2673

自动滴定　automatic titration　03.0462

自动加速效应　autoacceleration effect　05.0586

自动进样　automatic sampling　03.0065

自动进样器　automatic sampler　03.1985

自动快速化学装置　automated rapid chemistry apparatus, ARCA　06.0264

自发拆分　spontaneous resolution　02.0799

自发单层分散　spontaneous monolayer dispersion　04.0720

自发发射　spontaneous emission　04.0946

自发发射系数　spontaneous emission coefficient　03.0914

自发发射跃迁　transition of spontaneous emission　03.0910

自发反应　spontaneous reaction　01.0371

自发过程　spontaneous process　04.0042

自发解吸质谱法　spontaneous desorption mass spectrometry, SDMS　03.2429

自发聚合　spontaneous polymerization　05.0407

自发裂变　spontaneous fission　06.0160

自发终止　spontaneous termination　05.0578

自放电　self-discharge　04.0581

自分解　autodecomposition　01.0379

自辐解　autoradiolysis, self-radiolysis　06.0386

自交联　self crosslinking　05.0625

自扩散　self-diffusion　06.0107

自洽场方法　self-consistent field　04.1359

自然轨道　natural orbital　04.1377

自然线宽　natural line width　03.1012

自燃　spontaneous ignition, autoignition　01.0390

自热重整　autothermal reforming　04.0862

自散射　self-scattering　06.0109

自身指示剂法　self indicator method　03.0557

自时间相关函数　auto-time correlation function　04.1444

* 自缩聚　autocatalytic polycondensation　05.0490

自吸收　self-absorption　06.0108

自吸收校正背景法　self-absorption background correction method, Smith-Hieftje background correction method　03.1106

自吸展宽　self-absorption broadening　03.1018

自旋　spin　04.1182

自旋标记　spin labeling　03.2331

自旋捕捉　spin trap　03.2332

自旋成对　spin pairing　04.1336

自旋磁矩　spin magnetic moment　01.0563

自旋多重度　spin multiplicity　04.1186

自旋轨道分裂　spin-orbit splitting　04.1105

自旋轨道耦合　spin-orbit coupling　04.1104

自旋回波重聚[焦]　spin echo refocusing　03.2231

自旋极化　spin polarization　04.1185

自旋禁阻跃迁　spin-forbidden transition　04.1274

* 自旋-晶格弛豫　spin-lattice relaxation　03.2185

自旋量子数　spin quantum number　04.1201

自旋密度　spin density　04.1368

自旋劈裂　spin split　04.1337

自旋去耦　spin decoupling　03.2262

* 自旋容许跃迁　spin-allowed transition　04.1274

自旋守恒规则　spin conservation rule　04.1103

自旋锁定　spin locking　03.2216

自旋微扰　spin tickling　03.2264

* 自旋转道　spin orbital　04.1318

* 自旋-自旋弛豫　spin-spin relaxation　03.2186

自旋-自旋裂分　spin-spin splitting　03.2250

自旋自旋耦合　spin-spin coupling　04.1106

自氧化　auto-oxidation　02.1126

自氧化化学发光　auto-oxidation chemiluminescence　03.1263

自氧化还原反应　self-redox reaction　01.0342

自由度　degree of freedom　03.2430

自由感应衰减　free induction decay, FID　03.2218

自由基　free radical　01.0136

自由基捕获剂　radical trapping agent　05.0583

自由基捕捉剂　free radical catcher　04.1108

自由基反应　free radical reaction　04.0325

自由基负离子　radical anion　02.0963

自由基共聚合　radical copolymerization　05.0603

自由基聚合　free radical polymerization　05.0415

自由基离子　radical ion　02.0961

自由基链降解　free radical chain degradation　05.0642

自由基清除剂　free radical scavenger　01.0596

自由基寿命　free radical lifetime　05.0585

自由基异构化聚合　free radical isomerization polymerization　05.0423

自由基引发催化作用　free radical induced catalysis　04.0750

自由基引发剂　radical initiator　05.0526

自由基正离子　radical cation　02.0962

自由价　free valency　04.1292

自由连接链　freely-jointed chain　05.0679

自由能函数　free energy function　04.0099

自由旋转　free rotation　02.0770

自由旋转链　freely-rotating chain　05.0680

自增强聚合物　self-reinforcing polymer　05.0092

自增长　self propagation　05.0615

自憎现象　autophobization　04.1666

自终止　self termination　05.0582

自组织现象　self-organization phenomenon　04.0215

自组装　self-assembly　01.0450

自组装单层膜　self-assembled monolayer membrane　03.1639

自组装膜　self-assembled membrane　03.1638

自组装膜修饰电极　self-assembled layer modified electrode　03.1640

腙　hydrazone　02.0078

* 总包反应　overall reaction　04.0259

总氮分析　total nitrogen analysis　03.0449

* 总发光光谱　total luminescence spectrum　03.1285

总发射电流　total emission current　03.2588

总反应　overall reaction　04.0259

[总]反应级数　reaction order　04.0260

总截面　total cross section　06.0220

总离子检测　total ion detection　03.2538

总离子流电泳图　total ion electropherogram　03.1902

总离子流色谱图　total ion chromatogram　03.1895

总离子强度缓冲液　total ionic strength adjustment buffer　03.1726

总酸度　total acidity　03.0735

总体　population　03.0117

总体方差　population variance　03.0188

总体偏差　population deviation　03.0173

总体平均值　population mean　03.0147

总稳定常数　overall stability constant　03.0763

总线阻止本领　total linear stopping power　06.0440

总相关谱　total correlation spectroscopy　03.2294

* 总相关系数　total correlation coefficient　03.0254

* 总悬浮颗粒物　total suspended substance　03.0786

总悬浮物　total suspended substance　03.0786

纵向弛豫　longitudinal relaxation　03.2185

纵向扩散　longitudinal diffusion　03.1947

族　group, family　01.0056

* 阻碍旋转　restricted rotation, hindered rotation　02.0640

阻隔聚合物　barrier polymer　05.0125

阻聚剂　inhibitor　05.0594

* 阻聚期　induction period　05.0561

阻聚作用　inhibition　05.0592

阻燃剂　flame retardant　05.1131

阻塞效应　blocking effect　06.0517

阻抑动力学分光光度法　inhibition kinetic spectrophotometry　03.1226

阻黏剂　abhesive　05.1137

* 阻滞剂　retarder, retarding agent　05.0593

阻转异构体　atropisomer　02.0771

L-组氨酸　histidine　02.1349

组成重复单元　constitutional repeating unit　05.0659

组成单元　constitutional unit　05.0657

组成非均一性　constitutional heterogeneity, compositional

heterogeneity 05.0736

组成水 essential water 03.0821

组合催化 combinatorial catalysis 04.0651

组合导数分光光度法 combined derivative spectro-
photometry 03.1218

组合电化学 combinatorial electrochemistry 04.0417

组合电极 combination electrode 03.1603

组合峰 combination line 03.2239

组合化学 combinatorial chemistry 02.1216

组间变异性 variation between laboratories 03.0156

组间方差 variance between laboratories 03.0192

组距 class interval 03.0125

组内变异性 variation within laboratory 03.0155

组内方差 variance within laboratory 03.0191

组试剂 group reagent 03.0495

组态相互作用法 configuration interaction, CI 04.1395

组织等效材料 tissue equivalent materials 06.0455

组织权重因子 tissue weighting factor 06.0411

钻穿效应 penetration effect 04.1275

最大多重性原理 principle of maximum multiplicity
04.0951

最大功率升温 maximum power temperature program
03.1079

最大隶属度原则 maximum membership principle
03.0330

最大裂解温度 maximum pyrolysis temperature 03.2745

最大泡压法 maximum bubble pressure method 04.1569

最大容许误差 maximum allowable error 03.0186

最大吸收波长 maximum absorption wavelength
03.1083

最低检测浓度 minimum detectable concentration
03.2128

最低临界共溶温度 lower critical solution temperature,
LCST 05.0886

最低能量途径 minimum energy path, MEP 04.0309

* 最低未占[分子]轨道 lowest unoccupied molecular
orbital, LUMO 04.1268

最丰反应中间物 most abundant intermediate species
04.0919

最概然电荷 most probable charge 06.0185

最概然分布 most probable distribution 04.1418

最高临界共溶温度 upper critical solution temperature,
UCST 05.0887

最高谱带的半高宽 full wide of half maximum,
FWHM 04.1086

最高占据[分子]轨道 highest occupied molecular
orbital, HOMO 04.1268

最后裂解温度 final pyrolysis temperature 03.2739

最后线 persistent line 03.0930

最佳倾倒角 optimum pulse flip angle 03.2206

最佳无偏估计量 best unbiased estimator 03.0144

* 最佳无偏估计值 best unbiased estimator 03.0144

最速上升法 steepest ascent method 03.0305

最速下降法 steepest descent method 03.0306

最小残差法 minimum residual method 03.0308

最小二乘法 least square method 03.0263

最小二乘法拟合 least square fitting 03.0264

最小检出量 minimum detectable quantity 03.2127

最小母群 minimal supergroup 04.1838

最小熵产生原理 principle of minimum entropy produc-
tion 04.0221

最小势能假设 hypothesis of minimum potential energy
06.0188

最优估计 optimal estimate 03.0300

最优区组设计 optimal block design 03.0302

最优值 optimal value 03.0301

左旋异构体 laevo isomer 02.0663

坐标变换不变性 invariance of coordinate transfor-
mation 04.1159